Abwassertechnik

Von Dipl.-Ing. Wolfgang Bischof
Professor a. D. der Fachhochschule Kiel
Fachbereich Bauwesen in Eckernförde

11., neubearbeitete und erweiterte Auflage
Mit 561 Bildern, 202 Tafeln
und zahlreichen Beispielen

Springer Fachmedien Wiesbaden GmbH 1998

Die Deutsche Bibliothek - CIP-Einheitsaufnahme

Hosang, Wilhelm:
Abwassertechnik: mit zahlreichen Beispielen / von Wilhelm Hosang;
Wolfgang Bischof. - 11., neubearb. und erw. Aufl.

Bischof, Wolfgang: Abwassertechnik
ISBN 978-3-663-09205-6 ISBN 978-3-663-09204-9 (eBook)
DOI 10.1007/978-3-663-09204-9

Ursprünglich erschienen bei B. G. Teubner Stuttgart · Leipzig 1998

Gesamtherstellung: AZ Druck und Datentechnik GmbH, Kempten
Einbandgestaltung: Peter Pfitz, Stuttgart

Vorwort

Das technische Fachgebiet der Abwassertechnik hat in den letzten Jahren weiterhin durch die erhöhten Forderungen an die Reinhaltung der Gewässer und durch die Fortschritte in Technik und Forschung an Umfang und Tiefe zugenommen. Weitergehende Erfolge in der Gewässerreinhaltung werden angestrebt. Mit dem Einsatz der rechtlichen und finanziellen Instrumente (Verordnungen, Abwasserabgabe, Subventionen) wird die Reinhaltung der Gewässer und des Grundwassers fortschreiten. Die Europäische Harmonisierung der Normen spielt dabei ihre besondere Rolle.

Das vorliegende Buch, welches nunmehr in der 11. Auflage erscheint, versucht in konzentrierter Form an die Aufgabenstellungen der Abwassertechnik heranzuführen. Ausgewählte Verfahren, anwendungsorientierte Berechnungsmethoden und Bemessungswerte für die Praxis sollen insbesondere dem auszubildenden Bauingenieur und dem Städteplaner einen orientierenden Überblick, interesseweckenden Einblick und Anregungen zum Selbststudium vermitteln.

Der bis zur 7. Auflage beibehaltene Titel „Stadtentwässerung“ wurde dem Inhalt des Buches entsprechend seit der 8. Auflage in „Abwassertechnik“ umgeändert.

Die vorliegende 11. Auflage wurde insgesamt gründlich überarbeitet, inhaltlich ergänzt und insbesondere im Abschnitt 4 „Abwasserreinigung“ erweitert. Die vielfältigen, neueren Verfahren der Klärtechnik wurden eingearbeitet und dem Stand der Technik angepaßt. Besondere Berücksichtigung fanden die Verfahren zur „weitergehenden Abwasserreinigung“. Neuere Merk- und Arbeitsblätter der Abwassertechnischen Vereinigung (ATV) wurden beachtet. Im allgemeinen konnten nur bereits eingeführte Verfahren berücksichtigt werden. Spezielle oder in der Erprobung befindliche Verfahren sollten in den entsprechenden Veröffentlichungen nachgeschlagen werden. Der Abschnitt 4.8 „Gewerbliches und industrielles Abwasser“ hat einführenden exemplarischen Wert. Es wird hierzu auf Spezialliteratur verwiesen.

Da in der Baupraxis der Umbau und die Erweiterung von Kläranlagen sowie die Sanierung von Kanälen z.Zt. eine große Rolle spielen, wurde auch darauf verstärkt eingegangen. Wenn ältere, praxiserprobte Konstruktionen oder Verfahren weiterhin erwähnt sind, so deshalb, weil sie in finanzschwachen Zeiten oder Regionen mit weniger hohen Anforderungen an den Umweltschutz die wesentlichen Beiträge zum Gewässerschutz bieten können.

Ich hoffe, daß auch diese Auflage wieder freundliche Aufnahme bei allen in der Abwassertechnik Tätigen findet. Ich danke für Anregungen und Kritik zur 10. Auflage und hoffe, daß das rege kritische Interesse auch für diese 11. Auflage erhalten bleibt.

Eckernförde, Frühjahr 1998 — Wolfgang Bischof

Inhalt

1 Arten und Mengen des Abwassers 1

1.1 Arten und Begriffe 1

1.2 Menge des Schmutzwassers 2
1.2.1 Haushaltungen 2
1.2.2 Gewerbe, Industrie, öffentliche Einrichtungen und Fremdwasser 4

1.3 Menge des Regenwassers 10
1.3.1 Regenspende 10
1.3.2 Zeitbeiwert 12
1.3.3 Berechnungsregen, Bemessungshäufigkeiten 15
1.3.4 Abflußbeiwert, Abflußbildung 17

1.4 Abflußmenge in der Leitung 23
1.4.1 Flutlinien 23
1.4.2 Summenlinienverfahren mit festem Berechnungsregen und geschätzter Fließzeit 25
1.4.3 Summenlinienverfahren 27
1.4.4 Allgemeine Mängel der Verfahren 29
1.4.5 Summenlinienverfahren mit Berücksichtigung der Speicherwirkung 30
1.4.6 Zeitbeiwertverfahren 34
1.4.7 Berechnungsverfahren mit dem Zeitabflußfaktor 37
1.4.8 Vergleich und Anwendung der hydrologischen Berechnungsverfahren 41
1.4.9 Berechnungsverfahren mit Datenverarbeitung (hydrodynamische Verfahren) 42

1.5 Dezentrale Versickerung von Niederschlagswasser 49

1.6 Hydraulische Grundlagen (nach ATV-A 138) 53

2 Grundlagen des Entwässerungsentwurfs 55

2.1 Vorerhebungen 55

2.2 Grundstücksentwässerung 55
2.2.1 Arten der Grundstücksentwässerung 55
2.2.2 Anschlußkanal 57
2.2.3 Grundleitungen 60
2.2.4 Kontrollschächte 60
2.2.5 Falleitungen 61
2.2.6 Rohrweiten der Grundstücksentwässerungsleitungen 61
2.2.7 Sonstige Einrichtungen der Grundstücksentwässerung 68

2.3 Entwässerungsverfahren 76
2.3.1 Mischverfahren 76
2.3.2 Trennverfahren 76
2.3.3 Vor- und Nachteile beider Verfahren 77

2.4 Querschnittsformen der Leitungen 81
2.4.1 Kreisprofil 81
2.4.2 Eiprofil 81

2.4.3 Maulprofil . . . 81

2.5 Hydraulische Berechnung der Leitungen . . . 81
2.5.1 Kontinuitätsgleichung . . . 81
2.5.2 Empirische Geschwindigkeitsformeln . . . 83
2.5.3 Geschwindigkeitsformel nach Prandtl-Colebrook . . . 86
2.5.4 Teilfüllung . . . 92
2.5.5 Berechnungsbeispiele . . . 98
2.5.6 Offene Kanäle (Gerinne) . . . 99

2.6 Entwurf einer Ortsentwässerung . . . 101
2.6.1 Begrenzung des Entwässerungsgebietes . . . 101
2.6.2 Beschaffenheit des Entwässerungsgebietes . . . 101
2.6.3 Vorüberlegung zu den Hauptteilen einer Ortsentwässerung . . . 101
2.6.3.1 Kläranlage und Abwasserpumpwerke – 2.6.3.2 Leitungsnetz – 2.6.3.3 Lage der Leitungen im Straßenkörper – 2.6.3.4 Tiefenlage der Leitungen – 2.6.3.5 Gefälle

2.7 Bearbeiten eines Entwässerungsentwurfs . . . 112
2.7.1 Planbeschaffung . . . 112
2.7.2 Geländebegehung, generelle örtliche Erkundung . . . 113
2.7.3 Vermessungsarbeiten . . . 113
2.7.4 Generelle Lösung der Entwurfsaufgabe . . . 113
2.7.5 Eintragen der Kanalachsen im Lageplan . . . 113
2.7.6 Aufteilen des Entwässerungsgebietes . . . 114
2.7.7 Vorkotierung der Kanäle im Lageplan . . . 114
2.7.8 Zeichnen der Längsschnitte . . . 119
2.7.9 Hydraulische Berechnung . . . 119
2.7.10 Ergänzung und Korrektur der Längsschnitte und des Lageplans . . . 121
2.7.11 Massenermittlung . . . 128
2.7.12 Leistungsbeschreibungen und Kostenvoranschlag . . . 128
2.7.13 Erläuterungsbericht . . . 129
2.7.14 Bestandspläne . . . 130

2.8 Statische Berechnung von Entwässerungsleitungen . . . 131
2.8.1 Baugrubenbreite . . . 131
2.8.2 Rohrbelastung . . . 133
2.8.3 Lagerungsfälle . . . 140
2.8.4 Sicherheitsbeiwerte . . . 142
2.8.5 Tragfähigkeitsnachweis . . . 143
2.8.6 Berechnungsbeispiel . . . 144
2.8.7 Spannungsnachweis . . . 146
2.8.8 Berechnungsbeispiel . . . 148
2.8.9 Verformungsnachweis . . . 151
2.8.10 Berechnungsbeispiel . . . 153

3 Bauliche Gestaltung von Entwässerungsanlagen **155**

3.1 Baustoffe der Entwässerungsleitungen . . . 155
3.1.1 Steinzeug . . . 155
3.1.2 Beton . . . 164
3.1.3 Rohrverbindungen für Steinzeugrohre nach DIN 1230 und Betonrohre nach DIN 4032 170
3.1.3.1 Rohrverbindungen für Muffenrohre – 3.1.3.2 Rohrverbindungen für Falzrohre
3.1.4 Stahlbetonrohre und Stahlbetondruckrohre (DIN 4035) . . . 172
3.1.5 Mauerwerk . . . 174
3.1.6 Faserzementrohre (FZ) . . . 175

3.1.7 Kunststoffrohre . . . 176
3.1.7.1 Kunststoffrohre mit Profilwand – 3.1.7.2 Glasfaserverstärkte Kunststoffrohre (GFK-Rohre)
3.1.8 Stahlrohre . . . 179
3.1.9 Gußeiserne Rohre (GGG) . . . 179
3.1.10 Rohre aus Verbundwerkstoffen . . . 182
3.1.10.1 Beton-Keramik-Rohr (BK-Rohr) – 3.1.10.2 Beton-Kunststoff-Rohr
3.1.11 Bauvolumen und Abschreibungssätze . . . 182

3.2 Leitungsbau . . . 184
3.2.1 Offene Bauweisen . . . 184
3.2.1.1 Vermessungsarbeiten – 3.2.1.2 Bodenaushub – 3.2.1.3 Einsteifen der Baugrube – 3.2.1.4 Rohrlagerung – 3.2.1.5 Verlegen von Leitungen und Einrichten der Rohre
3.2.2 Geschlossene Bauweisen, Grabenloses Bauen . . . 196
3.2.2.1 Horizontal-Bohrgerät zum Unterbohren kurzer Strecken – 3.2.2.2 Geschlossene Bauweise im Messervortrieb, Kölner Verbau und Rohrvortriebsverfahren – 3.2.2.3 Vortriebsverfahren
3.2.3 Steilstrecken und Absturzbauwerke . . . 204
3.2.4 Wasserhaltung . . . 210
3.2.4.1 Offene Wasserhaltung – 3.2.4.2 Grundwasserabsenkung durch Brunnen – 3.2.4.3 Grundwasserabsenkung durch das Vakuumverfahren – 3.2.4.4 Grundwasserabsenkung durch Elektro-Osmose-Verfahren – 3.2.4.5 Stabilisierung nicht stehender Böden unter gleichzeitiger Grundwasserhaltung durch das Gefrierverfahren oder durch chemische Verfestigung

3.3 Bauwerke der Ortsentwässerung . . . 213
3.3.1 Straßenabläufe . . . 213
3.3.2 Schachtbauwerke . . . 216
3.3.2.1 Einsteigschächte – 3.3.2.2 Einlaufbauwerke – 3.3.2.3 Umleitungs- und Verbindungsbauwerke – 3.3.2.4 Absturzbauwerke im Rahmen eines Kanalzuges – 3.3.2.5 Konstruktionsanleitung für Schachtbauwerke – 3.3.2.6 Fertigteilschächte (Systemschächte)
3.3.3 Regenentlastungsbauwerke in Mischwasserkanälen . . . 229
3.3.3.1 Planungsgrundlagen, Abflüsse nach ATV-A 128 – 3.3.3.2 Berechnungsbeispiele zur Ermittlung der Bemessungsdaten – 3.3.3.3 Regenüberlaufbauwerke (RÜ) – 3.3.3.4 Regenwasserbecken – 3.3.3.5 Bemessung von Regenwasserbecken
3.3.4 Kreuzungsbauwerke . . . 263
3.3.4.1 Düker – 3.3.4.2 Heber – 3.3.4.3 Rohrbrücken – 3.3.4.4 Bahnkreuzungen
3.3.5 Abwasserhebung . . . 270
3.3.5.1 Pumpen und Antriebsmaschinen – 3.3.5.2 Pumpwerksarten – 3.3.5.3 Bau von Abwasserpumpwerken – 3.3.5.4 Berechnung von Abwasserpumpwerken – 3.3.5.5 Berechnungsbeispiel – 3.3.5.6 Abwasserdruckrohrleitungen – 3.3.5.7 Ausführungsbeispiele größerer Abwasserpumpwerke – 3.3.5.8 Pneumatische Abwasserförderung – 3.3.5.9 Entwässerungssysteme im Druck-, Vakuumverfahren, durch Stufenentwässerung oder durch Gefälledruckentwässerung
3.3.6 Unterhaltung, Betrieb und Sanierung der Entwässerungsanlagen . . . 311
3.3.6.1 Unterhaltung und Betrieb – 3.3.6.2 Sanierung

4 Abwasserreinigung . . . 319

4.1 Grundlagen der Abwasserreinigung . . . 319
4.1.1 Wirkung von Abwassereinleitungen auf die Gewässer . . . 319
4.1.2 Zusammensetzung des Abwassers . . . 323
4.1.3 Parameter der Abwasserverschmutzung . . . 325
4.1.4 Abwasserabgabegesetz (AbwAG) . . . 333

4.2 Anforderungen an die Abwasserbehandlung . . . 334
4.2.1 Grenzwerte für Abwassereinleitungen . . . 334
4.2.1.1 Mindestanforderungen – 4.2.1.2 Wasserrechtlicher Bescheid – 4.2.1.3 Die Umweltverträglichkeitsprüfung (UVP)
4.2.2 Belastung des Vorfluters . . . 338
4.2.3 Selbstreinigung des Vorfluters . . . 339
4.2.4 Berechnungsbeispiele . . . 341
4.2.5 Einleiten von Abwasser in Seen und Küstengewässer . . . 345
4.2.6 Reinigungswirkung von Kläranlagen . . . 346
4.2.7 Abwasserreinigungsverfahren . . . 348

4.3 Bestandteile einer Kläranlage und Kosten der Abwassserentsorgung . . . 349
4.3.1 Bestandteile einer Kläranlage . . . 349
4.3.2 Kosten der Abwasserentsorgung . . . 356
4.3.2.1 Baukosten – 4.3.2.2 Betriebskosten – 4.3.2.3 Möglichkeiten zur Kostensenkung – 4.3.2.4 Die Abwassergebühr – 4.3.2.5 Jährlicher Kostenaufwand

4.4 Mechanische Abwasserreinigung . . . 365
4.4.1 Absetzen und Flotation . . . 365
4.4.1.1 Absetzen von körnigen Stoffen – 4.4.1.2 Absetzen von Flocken
4.4.2 Siebe und Rechen . . . 367
4.4.2.1 Siebe – 4.4.2.2 Stabrechen – 4.4.2.3 Maschinell bediente Rechen – 4.4.2.4 Berechnung von Stabrechen
4.4.3 Sandfänge . . . 376
4.4.3.1 Langsandfang – 4.4.3.2 Tiefsandfang – 4.4.3.3 Rundsandfang – 4.4.3.4 Hydrozyklon
4.4.4 Absetzbecken . . . 391
4.4.4.1 Flachbecken – 4.4.4.2 Trichterbecken – 4.4.4.3 Rundbecken mit zentral angetriebenem Räumer – 4.4.4.4 Zweistöckige und kombinierte Absetzanlagen
4.4.5 Flotationsbecken . . . 408
4.4.6 Berechnung von Absetzbecken . . . 412
4.4.6.1 Durchflußzeiten – 4.4.6.2 Flächenbeschickung – 4.4.6.3 Beckentiefe – 4.4.6.4 Parallelplattenabscheider (Lamellenseparator) – 4.4.6.5 Berechnungsbeispiele

4.5 Biologische Abwasserreinigung . . . 423
4.5.1 Festbettkörperverfahren (Biofilmverfahren) . . . 424
4.5.1.1 Berechnung von Tropfkörpern nach ATV-A 135 – 4.5.1.2 Bau und Betrieb der Tropfkörper – 4.5.1.3 Berechnungsbeispiele – 4.5.1.4 Weitere Überlegungen zur Bemessung und Ausbildung von Tropfkörpern – 4.5.1.5 Kunststofftropfkörper (KTK) – 4.5.1.6 Tropfkörper bei zwei biologischen Reinigungsstufen – 4.5.1.7 Getauchte Festbettkörper
4.5.2 Belebungsverfahren . . . 448
4.5.2.1 Berechnung von Belebungsbecken – 4.5.2.2 Berechnungsbeispiel – 4.5.2.3 Bau und Betrieb der Belebungsbecken – 4.5.2.4 Kombinierte Belebungsbecken – 4.5.2.5 Mehrstufige Belebungsanlagen – 4.5.2.6 Das CAST-Verfahren – 4.5.2.7 Anaerobe Abwasserbehandlung
4.5.3 Natürlich-biologische Verfahren und Abwasserteiche . . . 494
4.5.3.1 Rieselverfahren – 4.5.3.2 Bodenfilter – 4.5.3.3 Pflanzenanlagen – 4.5.3.4 Beregnungsverfahren – 4.5.3.5 Abwasserteiche
4.5.4 Weitergehende Abwasserreinigung . . . 507
4.5.4.1 Phosphor – 4.5.4.2 Biologische Phosphorelimination – 4.5.4.3 Stickstoff – 4.5.4.4 Berechnungsbeispiel für eine vorgeschaltete Denitrifikation nach [39c] – 4.5.4.5 Bemessungsansätze für einstufige Belebungsanlagen ab 5000 EW nach ATV-A 131 [1] – 4.5.4.6 Berechnungsbeispiel für weitergehende Abwasserreinigung unter

Berücksichtigung des Arbeitsblattes ATV-A 131 [1] – 4.5.4.7 Bemessungsansätze für mehrstufige Kläranlagen zur Stickstoffelimination – 4.5.4.8 Verfahrensbeispiele für zweistufige Kläranlagen mit weitergehenden Reinigungsleistungen – 4.5.4.9 Simulation des Klärprozesses
4.5.5 Filtrationsverfahren 557
4.5.5.1 Schnellfilter mit abwärtsgerichteter Strömung – 4.5.5.2 Trockenfiltration – 4.5.5.3 Der aufwärts durchströmte Schnellfilter – 4.5.5.4 Kontinuierlich betriebene Filter – 4.5.5.5 Filtertrommelsystem – 4.5.5.6 Tuchfilter – 4.5.5.7 Flockungsfiltration – 4.5.5.8 Membran-Trennverfahren
4.5.6 Hilfsstoffe bei der Abwasserreinigung und Schlammbehandlung 573
4.5.6.1 Polymere – 4.5.6.2 Chitin und Chitosan – 4.5.6.3 Biologische Zusatzstoffe – Bakterien, Enzyme, Vitamine, Algen

4.6 Behandlung des Abwasserschlammes 575
4.6.1 Grundlagen 575
4.6.2 Aerobe Schlammstabilisation 578
4.6.2.1 Simultane aerobe Schlammstabilisation – 4.6.2.2 Getrennte aerobe Schlammstabilisierung bei Normaltemperatur – 4.6.2.3 Aerob-thermophile Schlammstabilisation
4.6.3 Schlammfaulung 580
4.6.3.1 Bau der Faulräume – 4.6.3.2 Betrieb der Faulräume – 4.6.3.3 Bemessen der Faulräume
4.6.4 Duale biologische Schlammstabilisierung 597
4.6.5 Schlammentwässerung 600
4.6.5.1 Eindicken – 4.6.5.2 Natürliche Schlammentwässerung auf Schlammplätzen – 4.6.5.3 Künstliche Schlammentwässerung
4.6.6 Schlammbeseitigung 615
4.6.6.1 Landwirtschaftliche Schlammverwertung und Schlammbeseitigung – 4.6.6.2 Schlammkompostierung – 4.6.6.3 Schlammverbrennung (-veraschung) – 4.6.6.4 Gasgewinnung
4.6.7 Behandlung und Beseitigung von Schlamm aus Kleinkläranlagen (Fäkalschlamm) 623
4.6.7.1 Rechtsgrundlagen – 4.6.7.2 Menge und Beschaffenheit – 4.6.7.3 Kosten – 4.6.7.4 Behandlung von Fäkalschlämmen und Schlamm aus Kleinkläranlagen in zentralen Kläranlagen – 4.6.7.5 Behandlung von Fäkalschlämmen in Abwasserteichen, durch maschinelle Systeme, Kalkzugabe und in Bodenfiltern

4.7 Kleine Kläranlagen 632
4.7.1 Belebungsanlagen in Schachtbauweise 636
4.7.2 Oxidationsgraben – Belebungsgraben 636
4.7.3 Die Schreiber-Tropfkörper-Kläranlage 640
4.7.4 Becken mit Kreiselbelüftung 641
4.7.5 Das Gegenstrom-Rundbecken 641
4.7.6 Kläranlagen mit Scheiben- oder Walzentauchkörpern 644
4.7.7 Anlagen mit Aufstaubetrieb (*SBR*-Verfahren) 646
4.7.8 Teichkläranlagen 649
4.7.8.1 Unbelüftete Teiche – 4.7.8.2 Belüftete Teiche – 4.7.8.3 Teiche mit chemischer Fällung – 4.7.8.4 Belüftete Teiche mit Schlammrückführung – 4.7.8.5 Teiche in Kombination mit Tropfkörpern, Tauchkörpern oder Belebungsanlagen – 4.7.8.6 Teiche mit Einrichtungen zur Nitrifikation und zur Denitrifikation – 4.7.8.7 Ablaufbehandlung im Schönungsteich
4.7.9 Bemessung von Kläranlagen für kleine Gemeinden 656
4.7.10 Kleine Kläranlagen für besondere Reinigungsleistungen 667
4.7.10.1 Kläranlagen mit Direktfällung – 4.7.10.2 Mehrstufige kleine Kläranlagen unter erschwerten Wasserversorgungs- und Vorflutverhältnissen

4.8 Gewerbliches und industrielles Abwasser . . . 669
4.8.1 Hochofenwerke . . . 682
4.8.2 Papierfabriken . . . 683
4.8.3 Steinkohlenbergbau . . . 684
4.8.4 Metallindustrie . . . 685
4.8.5 PVC-Abwasserreinigung mit Rohstoff-Recycling . . . 688
4.8.6 Textilindustrie . . . 689
4.8.7 Lebensmittelindustrie . . . 690

Literaturverzeichnis **700**

Normen zur Abwassertechnik **708**

Sachverzeichnis **715**

Hinweise auf DIN-Normen in diesem Werk entsprechen dem Stand der Normung bei Abschluß des Manuskripts. Maßgebend sind die jeweils neuesten Ausgaben der Normblätter des DIN Deutsches Institut für Normung e.V., die durch den Beuth-Verlag, Berlin und Köln, zu beziehen sind. – Sinngemäß gilt das gleiche für alle in diesem Buch angezogenen amtlichen Richtlinien, Bestimmungen, Verordnungen usw.

Maßeinheiten. Verwendet werden die durch das „Gesetz über Einheiten im Meßwesen" vom 2. 7. 1969 und seiner „Ausführungsverordnung" vom 26. 6. 1970 eingeführten Einheiten.

Hinweise zur Umrechnung in „neue" Einheiten und umgekehrt
Ab 1.1.1978 sind nur noch diese SI-Einheiten für den Gebrauch im Bauwesen zugelassen

Bezeichnungen	Neue gesetzliche Einheiten	Alte Einheiten
Belastungen, Kraft	1 N (Newton) 10 N 1 kN (Kilonewton) 10 kN 1 MN (Meganewton)	0,1 kp *) 1 kp 100 kp 1 Mp 100 Mp
Spannungen, Festigkeiten	0,1 N/mm^2 1 $N/mm^2 = 1\ MN/m^2$ 1 $MN/m^2 = 10^6\ N/10^6\ mm^2 = 1\ N/mm^2$ 1 Pa (Pascal) = 1 N/m^2 1 MPa = 1 MN/m^2 = 1 N/mm^2	1 kp/cm^2 10 kp/cm^2
Moment	1 Nm 10 Nm 10 kNm	0,1 kpm *) 1 kpm 1 Mpm
Energie, Arbeit, Wärmemenge	1 J (Joule) = 1 Nm 1 kJ (Kilojoule) 1 W (Watt) = 1 Nm/s = 1 J/s 1 J = 1 Ws	0,1 kpm
Sonstige gebräuchliche Maßeinheiten:		
Temperaturdifferenzen	1 K (Kelvin)	1 grd
Gasdruck	1 bar = 0,1 N/mm^2 = 0,1 MPa	≈ 1 at (= 1 kp/cm^2)
Masse	1 kg	1 kg

*) Hinreichende Genauigkeit in der Praxis

Umrechnung von kcal/h in Watt (W)
1 W = 0,86 kcal/h — 1 kcal/h = 1,16 W
z.B. Wärmeleitzahl λ: — 1 kcal/(m h K) = 1,16 W/(m K)

Mengen von Gasen und gelösten Stoffen werden mmol/l oder in mol/m^3 angegeben, z.B.:

$$100\,mg/l\ SO_4 = \frac{100}{32+4\cdot 16} = \frac{100}{96} = 1{,}04\,mmol/l \qquad \frac{mg/l}{mg/mmol} \rightarrow mmol/l$$

96 ≙ Molekülmasse in mg/mmol oder in g/mol

Die der relativen Molekülmasse entsprechende Gramm-Menge heißt

1 Grammolekül, abgekürzt: 1 Mol — 1 Mol $SO_4 = 96\,g/mol = 96\,mg/mmol$

1 Arten und Mengen des Abwassers

Die Abwassertechnik ist ein wichtiges Teilgebiet der Siedlungswasserwirtschaft und damit des Gesamtgebietes Wasserwirtschaft.

Die Entwässerung der Wohnsiedlungen und Industrieanlagen ist eine selbstverständliche Forderung neuzeitlicher Ortshygiene. Ihre Aufgabe ist es, das in Siedlungsgebieten anfallende Schmutz- und Niederschlagswasser zusammenzuführen, betriebssicher und gefahrlos abzuleiten und durch eine entsprechende Behandlung unschädlich zu machen.

1.1 Arten und Begriffe

Nach der DIN 4045 ist Abwasser: „Durch Gebrauch verändertes abfließendes Wasser und jedes in die Kanalisation gelangende Wasser". Zum Schmutzwasser gehören häusliche Abwasser, wie Bade-, Spül-, Wasch- und Fäkalabwasser, sowie gewerbliches und industrielles Abwasser. Unter Niederschlagswasser versteht man Regen- und Schmelzwasser. Mischwasser ist gemeinsam abgeleitetes Schmutz-, Regen- und evtl. Fremdwasser. Rohabwasser ist das einer Kläranlage zufließende Abwasser.

Häusliches Schmutzwasser fällt an:
bei privaten Haushalten durch Kochen, Geschirrspülen, Reinigen, Wäschewaschen, Körperpflege; Abortbenutzung; Reinigung von Außenanlagen und Kfz.

bei öffentlichen Gebäuden durch Reinigung der Gebäude, Körperpflege des Personals, Kantine; Abortbenutzung; Reinigung der Außenanlagen und Kfz.

bei Kleingewerbebetrieben wie im privaten Haushalt.

Besonders genannt werden hier Touristenanlagen: Gasthäuser, Umrechnung der Sitzplätze und ihre Ausnutzung pro Tag in Einwohnergleichwerte nach DIN 4261. – Hotels finden nach Bettenzahl, Restaurants, Schwimmbecken Berücksichtigung. – Campinganlagen haben je nach Ausbaugrad unterschiedlichen Abwasseranfall. Man unterscheidet Dauer-, Kurzzeit- und Wochenend-Campingplätze. – Strandbäder mit WC, Duschen und Schwimmbecken.

Kommunales Schmutzwasser:
Hierunter faßt man alle Abwasserarten der Gemeinden zusammen, die in der öffentlichen Kanalisation abgeleitet werden, in der Bundesrepublik Deutschland ca. $5 \cdot 10^9$ m^3/a. 89% der Wohnbevölkerung sind an Kläranlagen angeschlossen (1995).

Fremdwasser
ist ein Bestandteil des kommunalen Schmutzwassers. Es ist meist unverschmutzt. Es ist unerwünscht oder aus baulichen oder wirtschaftlichen Gründen absichtlich mit abgeleitetes Wasser.

Gewerbliches und industrielles Abwasser:
Es ist als Rohstoff, Produktionsmittel oder Kühlwasser gebrauchtes Reinwasser und

stammt aus dem Netz oder betriebseigenen Wassergewinnungsanlagen (vgl. Abschn. 4.8). Der Abwasseranfall ist abhängig von u.a.: Art des Betriebes, Rohmaterial, Herstellungsmethode, Betriebsgröße, Betriebsweise, Saisontätigkeit, Energieversorgung, innerbetriebliche Wasserkreisläufe. Hinsichtlich der Ableitung unterscheidet man Direkteinleiter (Abwasser über eigene Kanalisation und Kläranlage in ein öffentliches Gewässer) und Indirekteinleiter (Abwasser wird der öffentlichen Kanalisation und Kläranlage zugeführt und danach in ein öffentliches Gewässer).

1.2 Menge des Schmutzwassers

Die Schmutzwassermenge orientiert sich am Wasserbedarf. Dieser läßt sich aufgliedern nach: Haushaltungen, Kleingewerbe, öffentliche Einrichtungen, Großgewerbe und Industrie, Landwirtschaft, Wasserwerke und Rohrnetz, Löschwasserbedarf.

1.2.1 Haushaltungen

Als Einheit zählt der Verbrauch je Einwohner und Tag $l/(E \cdot d)$. Um die Schmutzwassermenge eines Gebietes zu ermitteln, muß man seine Einwohnerzahl und die Höhe des Wasserverbrauches kennen. Richtwerte gibt Tafel **1**.1.

Tafel **1**.1 Richtwerte für die Besiedlungsdichte

Geschoßflächenzahl	>1,8	1,4 bis 1,8	0,7 bis 1,4	0,4 bis 0,7	0,3 bis 0,4
Art der Besiedlung	sehr dicht	dicht	geschlossen	offen	weitläufig
Besiedlungsdichte E/ha	>500	400 bis 500	200 bis 400	100 bis 200	50 bis 100

Genauere Werte sind dem städtischen Bebauungsplan zu entnehmen oder durch Auszählung zu ermitteln.

Die Bebauungsdichte entspricht i. allg. nicht der Besiedlungsdichte, z.B. Punkt-Hochhäuser = offene Bebauung und dichte Besiedlung oder enge Reihenhausbebauung = dichte Bebauung und weitläufige Besiedlung.

Der Wasserverbrauch einer Stadt ergibt sich aus der Förderung der Wasserwerke. Da verhältnismäßig geringe Wassermengen verlorengehen, aber durch Einzelbrunnen Wasser hinzukommt, kann die zu erwartende Schmutzwassermenge der von der Wasserversorgung abgegebenen Reinwassermenge gleichgesetzt werden. Der Wasserverbrauch je Einwohner und Tag ist örtlich verschieden. Die Werte der Tafel **1**.2 sollen als Mindestwerte für die Ermittlung des Schmutzwasserabflusses bei der Planung zugrunde gelegt werden. Der derzeitige Wasserverbrauch ist seit 1981 etwa konstant und beträgt im Mittel $\approx 146 l/(E \cdot d)$ in Deutschland.

Der Bedarf für Gewerbebetriebe, öffentliche Zwecke und der Eigenbedarf der Wasserwerke ist in den Werten mit enthalten. Es ist nach Tafel **1**.2 erkennbar, daß die Verbrauchsmenge mit zunehmender Gemeindegröße steigt.

Diese Zahlen sind mit Vorsicht und beim Aufstellen eines Entwurfs nur dann zugrunde zu legen, wenn kein genauerer Anhalt vorhanden ist. Wie sehr der Wasserverbrauch schwanken kann, zeigt die Gegenüberstellung der Verbrauchswerte in verschiedenen deutschen Städten.

Tafel **1**.2 Planungsrichtwerte des Wasserverbrauchs w in l/(E · d), Mittelbildung aus dem Ergebnis verschiedener statistischer Untersuchungen, unter Angleichung an ATV-A 118 [1], der Tagesstundenmittel in l/h bzw. in l/(s · E) · 10^3

Gemeindecharakter	Einwohnerzahl	mittl. tägl. Wasserverbrauch w in l/(E · d)	SW-Abfluß, Tagesstd.mittel $Q_x = \frac{1}{x} Q_{sd}$ [1)] x	l/(s · E) · 10^3 oder l/s je 1000 E
ländliche Gemeinden	< 5000	150	8	5,2
Landstädte	5 000 bis 10 000	175 bis 180	10	5,0
Kleinstädte	10 000 bis 50 000	200 bis 220	12	5,1
Mittelstädte	50 000 bis 250 000	225 bis 260	14	5,0
Großstädte	> 250 000	250 bis 300	16	5,2
Kur- und Badeorte		200 bis 600	10 bis 16	5,0

(Werte der letzten Spalte zusammengefaßt: ≈ 5,0)

1) eigentlich: $Q_x = \frac{24}{x} \cdot \frac{Q_{sd}}{24}$ mit $\frac{24}{x} > 1,0$; nach ATV-A 128: $Q_{sx} \mathrel{\widehat{=}}$ Tagesstundenmittel

Einfluß auf den örtlichen Wasserverbrauch haben: das Vorhandensein einer Kanalisation, die häuslichen Einrichtungen (WC, Bad, Badebecken, Sauna, Gartenbäder), Springbrunnen, Hallenbäder, Hausgärten und der Wasserpreis. Die Höhe des Wasserverbrauchs kann als Maßstab für den Lebensstandard einer Stadt oder eines Landes mit herangezogen werden.

Für die Bemessung der Entwässerungsleitungen ist, sofern kein Regenwasser zufließt, der höchste Stundenabfluß maßgebend. Dieser wird normalerweise im Sommer am Tag des höchsten Wasserverbrauchs um die Mittagszeit auftreten. Jedoch legt man im Abwasserwesen als größten Stundenabfluß meistens 1/16 bis 1/8 des 24stündigen durchschnittlichen Abflusses, also des 24stündigen durchschnittlichen Wasserverbrauches, somit den Wert $Q_{16} = 1/16 Q_{sd}$ bis $Q_8 = 1/8 Q_{sd}$, den Leitungsberechnungen zugrunde. Dabei ist Q_{sd} die über ein Jahr ermittelte mittlere, täglich verbrauchte Wassermenge.

Für sehr kleine Einzugsgebiete wird empfohlen, die Pumpstationen nach max $Q = 0{,}4\sqrt{E}$ in l/s zu bemessen.

Eine mögliche Verteilung des Schmutzwasseranfalls über den Tag hinweg stellt Bild **1**.1 dar. Die dort gezeigte Ganglinie hat sich als häufig vorkommende Mittellinie erwiesen. Es gibt jedoch Städte, bei denen die Verteilung des Schmutzwasseranfalls einen völlig anderen Verlauf dieser Kurve ergibt.

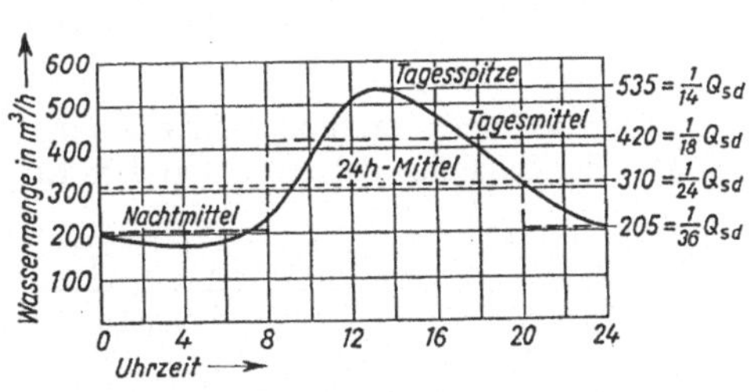

1.1 Verteilung des häuslichen Schmutzwasseranfalles über einen Tag

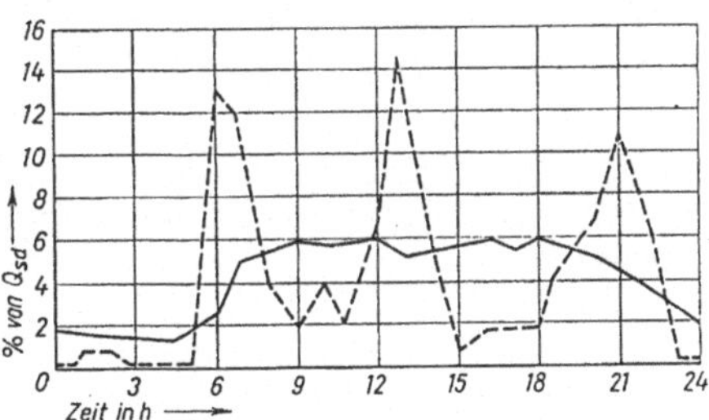

1.2 SW-Ganglinie einer Stadt (———) und einer ländlichen Gemeinde (– – – –) [36]

Die Tagesspitze, z.B. Q_{14}, nimmt man für die Bemessung von Kanälen und auch bei offenen Gerinnen, wie sie z.B. in Kläranlagen vorkommen, und bei Pumpstationen als größten Stundenabfluß an. Als Mittelwerte dienen für die Bemessung von Absetzbecken und Tropfkörpern $Q_{18} = 1/18 Q_{sd}$, für Betriebskostenrechnungen Q_{24} und für die Bestimmung des geringsten Abflusses in Kanälen, beim Nachtbetrieb der Pumpstationen und der Tropfkörper Q_{36}. Q_{18} und Q_{36} gelten jeweils für 12 h: $\frac{Q_{sd}}{36} \cdot 12 + \frac{Q_{sd}}{18} \cdot 12 = Q_{sd}$.

Bild **1**.2 stellt die Tages-Ganglinien einer ländlichen Gemeinde und einer Stadt gegenüber. Es ist erkennbar, wie sehr die tageszeitlich gleichen Arbeits- und Lebensgewohnheiten der kleinen Gemeinde zu starken Spitzen der Kurve an bestimmten Tageszeiten führen, während in der Stadt ein deutlich spürbarer Ausgleich feststellbar ist. Von verschiedenen Seiten wird deshalb empfohlen, auch in der Abwassertechnik für die Abwassertagesspitze in kleinen Gemeinden mit $1/12$ bis $1/8 Q_{sd} = Q_{12}$ bis Q_8 zu rechnen.

1.2.2 Gewerbe, Industrie, öffentliche Einrichtungen und Fremdwasser

Sie werden besonders berücksichtigt. Als Hilfsmittel verwendet man den „Einwohnergleichwert", der auch bei der Abwasserreinigung eine wichtige Rolle spielt.

Der Einwohnergleichwert (EG, auch EW, E, EGW) entspricht der Zahl der Einwohner, deren tägliches Abwasser nach Menge oder Verschmutzungsgrad dem Abwasser aus einem gewerblichen oder industriellen Betrieb oder aus öffentlichen Einrichtungen gleichzusetzen wäre.

Einwohnergleichwerte können sich auf verschiedene Meßwerte des Abwassers beziehen. Am gebräuchlichsten ist der Bezug auf:

Meßwert	heranzuziehen für die Bemessung von
Abwassermenge (hydraulischer EG)	Kanalnetze, Kläranlagen, Pumpstationen
Biochemischer Sauerstoffbedarf (BSB_5-EG)	Belebungsbecken, Nachklärbecken, Vorfluter
Schlammenge (Schlamm-EG)	Schlammbehälter, Faulräume
Phosphatgehalt (Phosphor-EG)	zusätzliche, besondere Reinigungsverfahren

Eine wesentliche Bedeutung spielt der EG auch bei der Gebührenbemessung für Gewerbe und Industrie.

I. allg. versteht man unter dem EG jedoch nur die Beziehung zum häuslichen Abwasser hinsichtlich der biochemischen Verschmutzung des Industrieabwassers (Schmutzbeiwert).

Tafel **1**.3 gibt Werte für $w = Q_{sd}$ des Kleingewerbes und der öffentlichen Einrichtungen an. Diese Werte ändern sich mit der Betriebsgröße, der Lage des Betriebes und dem Einzugsgebiet.

Wenn keine genaueren Angaben über Art und Größe der Betriebe gemacht werden können, empfiehlt ATV-A 118 [1] folgende Schmutzwasserabflußspenden q_g in l/(s·ha) als Zuschlag für Gewerbe und Industrie:

Betriebe mit	l/(s · ha))
geringem Wasserverbrauch	0,5
mittlerem Wasserverbrauch	1,0
starkem Wasserverbrauch	1,5

Tafel **1**.3 Anhaltswerte des Wasserverbrauchs w im Jahresdurchschnitt in l/d und Schmutzbeiwerte für öffentliche Einrichtungen und Kleingewerbe

Verbraucher		l/d	Schmutz-beiwert
Schule	je Schüler	10 bis 15	0,2
– mit Duschanlage	je Schüler	30 bis 50	0,1
Hallenbäder	je Besucher	150 bis 180	0,15 bis 0,3
Kino, Sportplatz	je Platz	5	0,05
Gaststätten mit Küchenbetrieb	je Platz	150 bis 300	1
Autobahnraststätten	je Bett	≥200	1,5 bis 2,0
Sporthäfen	je Liegeplatz	200	3,5
Camping- und Zeltplätze	je Standplatz	≥200	1,75
Hotel, Ferienheime	je Bett	150 bis 600	1
Büro, Geschäft	je Betriebsangehöriger	40 bis 60	0,2 bis 0,4
Werkstatt (ohne Duschen)	je Betriebsangehöriger	20 bis 50	0,5
Gewerbe- und Industriebetriebe ohne Produktionsabwasser (mit Duschen)	je Betriebsangehöriger	50 bis 80	1
Bäcker, Konditor, Friseur	je Betriebsangehöriger	100 bis 200	1 bis 1,5
Fleischer	je Betriebsangehöriger	150 bis 300	15
Krankenhaus	je Bett	300 bis 600	1,5 bis 3,0
Kaserne	je Mann	250 bis 350	1,2 bis 3,0

Die Menge des gewerblichen und industriellen Abwassers läßt sich über den Wasserverbrauch abschätzen, wenn nicht erhebliche Mengen verdunsten (Kühlanlagen), im Kreislauf geführt werden oder in das Produkt eingehen. Das Abwasser fällt je nach Art des Industriezweiges über die Produktionszeit hinweg gleichmäßig oder aber stoßweise an. Die Zusammensetzung des Abwassers ist mit Durchschnittswerten für die gesamte Industrie nicht anzugeben. Die Verarbeitungsprozesse sind zu unterschiedlich. Als Grundlage für die Bemessung von Kläranlagen und für die Abwassergebühr wird die Verschmutzung in Einwohnergleichwerten ausgedrückt (Tafel **1**.4). Dieser Wert ist auf die Einheit des verarbeiteten Materials, des Produktes oder auf die Zahl der Beschäftigten bezogen. Bei besonders schwierig zu reinigendem Abwasser erhält der Einwohnergleichwert bei der Gebührenveranlagung noch einen Zuschlag, um damit erhöhte Reinigungskosten zu decken. Es können bei der Angabe von Einwohnergleichwerten für die Verschmutzung des Abwassers nur Industriebetriebe berücksichtigt werden, deren Abwassermeßwerte zu häuslichem Abwasser in Beziehung gesetzt werden können. Wenn Industriebetriebe in eine Entwurfsplanung mit einbezogen werden sollen, sind die Werksangaben einzuholen oder zu messen. Die Tafel **1**.4 besitzt in dieser Hinsicht nur exemplarischen Wert.

Einen erheblichen Anteil des in den Schmutzwasserkanälen (SW-Kanälen) abfließenden Wassers kann das Fremdwasser Q_f bilden. Es dringt unkontrolliert in die Kanalhaltungen ein und ist meist Sicker- oder Grundwasser. Sein Weg führt durch Lüftungsöffnungen der Schachtdeckel, durch undichte Stellen in den Rohrverbindungen, an der Einmündung der Hausanschlüsse oder in den Schachtwänden. Derartige schadhafte Stellen können durch Fehler beim Bau der Leitungen, durch nachträgliche Setzungen oder Überbeanspruchung des Rohrwerkstoffs entstehen. Bei neu gebauten Kanalnetzen im Trennsystem entstehen durch Falschanschlüsse auf den Grundstücken oft große Fremdwassermengen. Sie müssen beseitigt werden.

Der Anteil des Fremdwassers kann bis zu einem Vielfachen von Q_x ausmachen. Er beträgt auch bei neuen Netzen oft 20 bis 100% von Q_x. Dies muß man bei der Entwurfsbearbeitung bereits berücksichtigen. Nach Inbetriebsetzung des Kanalnetzes kann der Anteil durch Vergleich des Schmutzwasserabflusses in Regenzeiten mit dem in Trockenwetterperioden annähernd genau festgestellt werden. ATV-A 118 [1] empfiehlt einen Fremdwasserzuschlag von 100% des Schmutzwasserabflusses in l/s,

Tafel **1**.4 Anhaltswerte des Wasserverbrauchs und der Schmutzbeiwerte von industriellem und gewerblichem Abwasser in Einwohnergleichwerten (EG), vgl. auch [24a] [74] [39a] [58a]

Industriezweig/Produktionszweig	Art der Produktionseinrichtung	Einheit	Wasserverbrauch/Einheit	Wasserverbrauch in m^3/Beschäftigter und Jahr	EG/Einheit
Nahrungsmittelindustrie	Nährmittel	1 t Getreide	1,5 bis 8 m^3	50	500
	Obst- und Gemüsekonserven	1 t Konserven	2,5 bis 6 m^3	110	500
	Süßwaren	1 t Waren	6 m^3	150	40 bis 150
	Zucker ohne Fallwasserkreislauf	1 t Rüben	4 bis 6 m^3	10000	45 bis 70
	Holzverzuckerung	1000 l Alkohol	32 m^3	—	700
	Fleisch- und Fischwaren Schlachthäuser	1 Stück Großvieh oder 2,5 Schweine	0,3 bis 0,4 m^3	300 bis 400	30 bis 200
	Frischmilchmolkerei	1000 l Milch	1 bis 2 m^3	900	25 bis 70
	Käserei oder Butterherstellung	1000 l Milch	10 m^3	900	50 bis 250
	Margarine	1 t Margarine	20 m^3	1100	500
	Brauerei,Mälzerei	1000 l Bier	3 bis 15 m^3	1100	150 bis 350
	Wein- und Likörbrennerei	1000 l Getreide	4 bis 6 m^3	300	2000 bis 3500
Leder- und Textilindustrie	Schuhe	1 Paar Schuhe	5 l	5	0,3
	Leder, Gerberei	1 t Häute	25 bis 60 m^3	510	1000 bis 3500
	Wollwäscherei	1 t Wolle	120 bis 230 m^3	390	2000 bis 4500
	Bleicherei	1 t Ware	90 bis 150 m^3	—	1000 bis 3500
	Färberei	1 t Ware	100 bis 220 m^3	390	2000 bis 3500
Reinig.-Gewerbe	Maschinenwäscherei	1 t Wäsche	5 m^3	670	350 bis 900
Holz- und Papierindustrie	Zellwolle	1 t Zellwolle	400 bis 1300 m^3	4500 bis 7500	300 bis 450
	Sulfitzellstoff	1 t Zellstoff	200 bis 300 m^3	20000	3000 bis 5500
	Papierfabrik mit Zellstofferzeugung	1 t Papier	24 m^3	6500	200 bis 900
	Druckerei und Papierverarbeitung	1 Beschäftigter	120 l/Tag	9 bis 40	1
Chemische Industrie	Lacke und Anstrichmittel	1 Beschäftigter	110 l/Tag	35	20
	Glas	1 t Glas	3 bis 38 m^3	55	—
	Seifen und Waschmittel	1 t Seife	25 m^3	300	1000
	Kohlenwertstoffe	1 t synth. Brennstoff	60 bis 90 m^3	2500	—
	Basen, Säuren, Salze Grundstoffe	1 t Chlor	50 m^3	5000 bis 15000	—
	Gummi	1 t Fertigfabrikat	100 bis 150 m^3	200 bis 500	—
	Kunstgummi	1 t Buna	500 m^3	—	—
Fertigwaren	Feinmechanik, optische und Elektroindustrie	1 Beschäftigter	20 bis 40 l/Tag	8 bis 14	1
	Feinkeramik	1 Beschäftigter	40 l/Tag	16	1
	Maschinenbau	1 Beschäftigter	40 l/Tag	13	1
	Stahlbau	1 Beschäftigter	40 bis 200 l/Tag	10 bis 20	1
	Automobilindustrie	1 PKW-Herstellung	55 m^3	—	—
	Eisen-, Stahl-, Blech- und Metallverarbeitung	1 Beschäftigter	60 l/Tag	20	1:10 bis 15 bei säureh. Abwasser
	Galvanisierwerke	1 Beschäftigter	—	—	100
	Holzverarb. Industrie	1 fm Sperrholz	4 m^3	9 bis 40	1
	Holzbearbeitung	1 fm Schnittholz	0,7 m^3	65	—
	Dachpappe und Asphalt	1000 m^2 Dachpappe	1 bis 2 m^3	300	—
Bergbau, Hütten- und Stahlwerke	Eisen- und Temperguß	1 t Guß	3 bis 8 m^3	70	12 bis 30
	Zieherei und Kaltwalzwerk	1 t Endprodukt	8 bis 50 m^3	300	8 bis 50
	Schmiede, Hammer-, Preßwerk	1 t Endprodukt	80 m^3	300	—
	Eisenerzbergbau	1 m^3 gewasch. Erz	16 m^3	350	500
	Kali- und Steinsalzbergbau	1 t Carnalit	1 m^3	350	—
	Metallhalbzeug	1 t Ware	10 m^3	750	—
	Steinkohlenbergbau	1 t Kohle	$\approx$10 m^3	1650	—
	Stahl	1 t Rohstahl	65 bis 220 m^3	1750	8

Tafel **1**.4 Fortsetzung

Industrie-zweig/Pro-duktions-zweig	Art der Produktionseinrich-tung	Einheit	Wasser-verbrauch/ Einheit	Wasser-verbrauch in m³/ Beschäftigter und Jahr	EG/Einheit
Land-wirtschaft	Kuhstall	1 Kuh	0,050 bis 0,075 m³/Tag		5 bis 10
	Schweinestall	1 Schwein			3
	Geflügelfarm	1 Henne			0,1 bis 3
	Futtersilo	1 t Silofüllung			250 bis 650
	Futtersilo	1 t Silofüllung		je Tag	4 bis 11
Sonstiges	Mülldeponie	1 ha Fläche			50
	ausgelaufenes Mineralöl	1 t Öl			11000

auch $q_f = 0{,}05$ bis $0{,}15$ l/(s · ha). Folgerichtiger wäre es Q_t auf Q_d zu beziehen und die Q_f-Werte in m³/h oder in l/s konstant den Q_x-Werten zuzuschlagen. Für die Umrechnung von der Tagesmenge auf Q_x wird $x = 24$ h/d meistens angesetzt. $Q_{tx} = Q_x + Q_t \,\hat{=}\,$ Trockenwetterabfluß im Tagesmittel, nach ATV-A 128: $Q_{tx} = Q_{sx} + Q_{f24}$. Der Mischwasserabfluß Q_m zur Kläranlage setzt sich aus dem Trockenwetterabfluß Q_t und dem Regenabfluß Q_r zusammen. Q_m ist in der Regel mit $2Q_x + Q_f$ anzusetzen.

Beispiel: Ein Siedlungsgebiet mit weitläufiger Bebauung (80 E/ha), 60 ha groß, soll an die Schmutzwasservorflut einer Stadt von 100 000 E angeschlossen werden. Der Fremdwasseranteil beträgt 100% von Q_{14}. Welche Wassermengen fallen entsprechend Bild **1**.1 im Gesamtgebiet an?

Maßgebend sind der Wasserverbrauch Q_{sd} und die SW-Mengen Q_{14} bis Q_{36} (ohne Fremdwasser). Die Fremdwasserangabe bezieht sich oft auf Q_{sd}. Die stündliche Fremdwassermenge ist dann abweichend von diesem Beispiel

$$Q_f = \frac{1}{24} \cdot Q_{f,d}; \quad \text{nach ATV-A 128: } Q_{f24}$$

Es betrage der Verbrauch und damit der gleichgroße Schmutzwasseranfall ohne Fremdwasser

$$w_s = 260 \text{ l/(E} \cdot \text{d)}; \qquad q_f = 1{,}0 \cdot w_s = 260 \text{ l/(E} \cdot \text{d)} = q_{sd}$$

Einwohnerzahl des Siedlungsgebietes = 80 · 60 = 4800 E

Es fallen einschließlich Fremdwasser als Bemessungswert an ($Q_{tx} \,\hat{=}\,$ Trockenwettermenge):

$$Q_{t14} = Q_{14} + Q_f = \frac{4800 \cdot 260}{14 \cdot 60 \cdot 60} + 1{,}0 Q_{14} = 49{,}52 \text{ l/s}$$

$$Q_{t18} = Q_{18} + Q_f = \frac{4800 \cdot 260}{18 \cdot 60 \cdot 60} + 1{,}0 Q_{14} = 44{,}02 \text{ l/s}$$

$$Q_{t24} = Q_{24} + Q_f = \frac{4800 \cdot 260}{24 \cdot 60 \cdot 60} + 1{,}0 Q_{14} = 39{,}20 \text{ l/s}$$

$$Q_{t36} = Q_{36} + Q_f = \frac{4800 \cdot 260}{36 \cdot 60 \cdot 60} + 1{,}0 Q_{14} = 34{,}39 \text{ l/s}$$

Die Tagestrockenwettermenge ergibt sich dann zu

$$Q_{t,d} = \frac{4800 \cdot 260}{1000} + \frac{4800 \cdot 260 \cdot 24}{1000 \cdot 14} = 1248 + 2139 = 3387 \text{ m}^3\text{/d}$$

Bei der sehr häufigen, alternativen Vorgabe $q_f = 100\%$ von Q_d wäre der Bemessungswert geringer, nämlich

$$Q_{t14} = \frac{4800 \cdot 260}{14 \cdot 60 \cdot 60} + \frac{4800 \cdot 260}{24 \cdot 60 \cdot 60} = 39{,}20 \text{ l/s}$$

Für die Kanalbemessung interessiert nur Q_{t14}. Die Teilwassermengen der einzelnen Sammler berechnet man nach der Gleichung

$$Q_{t14} = q_{t14} \cdot A_E$$

Hierin bedeuten:
Q_{t14} = Trockenwetterablauf = TW-Menge eines Sammlers an seinem tiefsten Punkt in l/s
q_{t14} = Trockenwetterabflußspende = TW-Menge je ha Fläche in l/(s · ha)
A_E Einzugsgebiet eines Sammlers in ha

Es ergibt sich für das Beispiel $q_{t14} = \dfrac{49{,}52}{60} = 0{,}825$ zl/(s · ha).

Läge im Siedlungsgebiet eine Schule, die von 400 Schülern besucht würde, so müßte man zur Einwohnerzahl $400 \cdot \dfrac{15}{260} = 23$ EG addieren. Es ergäbe sich eine Gesamtzahl von $4800 + 23 =$ 4823 EG.

Die tägliche Wassermenge beträgt insgesamt ohne Fremdwasser

$$Q_{sd} = 4823 \cdot 0{,}260 = 1254\,\text{m}^3/\text{d}.$$

Hier wurde der EG auf die Wassermenge bezogen. Den gleichen Wert erhält man ohne Umrechnung: $Q_d = 4800 \cdot 0{,}260 + 400 \cdot 0{,}015 = 1254\ \text{m}^3/\text{d}$.

Die SW-Menge eines Industriewerks ist diesem im allgemeinen bekannt. Für den Entwurf ist sie zu erfragen, ebenso die zeitliche Verteilung ihres Anfalls. Erst wenn keine genauen Unterlagen zur Verfügung stehen, sollte man die Werte der Tafel **1.4** oder die Empfehlungen ATV-A 118 [1] benutzen.

Der maximale Abfluß aus der Industrie kann mit Q_x zusammenfallen. Meist verzögert sich aber dieser Abfluß wegen der von den Wohnsiedlungen entfernten Lage des Betriebes, so daß sich die Abflußspitze abflacht und verbreitert. Um bei den Stundenwerten Q_x bis Q_{36} die Industrie richtig berücksichtigen zu können, muß man die Verteilung des Produktionswassers über den Tag kennen.

Beispiel: Das Einzugsgebiet des im vorstehenden Beispiel behandelten Siedlungsgebietes erweitert sich um zwei Industriewerke, um

a) eine Lederfabrik, welche täglich 10 t Häute in einer Arbeitszeit von 7 bis 12 Uhr bei gleichmäßigem Abwasseranfall in dieser Zeit verarbeitet

Wasserverbrauch 50 m³/t, Schmutzbeiwert = 2500 EG/t (Tafel **1.4**)

b) eine Glasfabrik mit einer Fertigung von 15 t Glas in einer Arbeitszeit von 8 bis 17 Uhr bei gleichmäßigem Abwasseranfall

Wasserverbrauch 20 m³/t, EG = 0 (Tafel **1.4**)

Tagesmittel

$$Q^*_{t18} = 44{,}02 + \frac{10 \cdot 50 \cdot 1000}{5 \cdot 3600} + \frac{15 \cdot 20 \cdot 1000}{9 \cdot 3600} = 44{,}02 + 27{,}78 + 9{,}26 = 81{,}06\,\text{l/s}$$

Nachtmittel

$$Q^*_{t36} = 34{,}39 + 0 + 0 = 34{,}39\,\text{l/s}$$

Tagesspitze: Es muß die Tageszeit der Abwasserspitze für häusliches Abwasser festgestellt werden, z.B. 13 Uhr

$$Q^*_{t14} = 49{,}52 + 0 + 9{,}26 = 58{,}78\,\text{l/s}$$

bei einer Spitze um 11.30 Uhr

$$Q^*_{t14} = 49{,}52 + 27{,}78 + 9{,}26 = 86{,}56\,\text{l/s}$$

Hinsichtlich der Verschmutzung (Tafel **1.4**) erhält man an Einwohnergleichwerten

$$\text{EG} = 4800 + 10 \cdot 2500 + 0 = 29\,800$$

Bei der Verwendung des Einwohnergleichwertes ist die Angabe eines genauen Bezuges auf Art und Zeit des Meßwertes unerläßlich.

Beträgt z.B. der BSB_5 (Biochemischer Sauerstoffbedarf nach 5 Tagen, s. Abschn. 4.1.3) für 1 Einwohner (E)= 60 g/(E · d), so wäre bei einer Stadt von 100 000 E der

$$BSB_5/\text{d} = \frac{100\,000 \cdot 60}{1000} = 6000\,\text{kg/d}$$

Der EG, bezogen auf den täglichen BSB_5, wäre 100 000. Soll ein hinsichtlich der Abwasserqualität vergleichbares Industriewerk mit einbezogen werden, ergäbe sich z.B. bei 8000 m^3 Schmutzwasser pro Tag mit einem BSB_5 von 500 g/m^3 ein

$$BSB_5/d = \frac{8000 \cdot 500}{1000} = 4000\,\text{kg/d}$$

$$\text{Der EG wäre } \frac{4000 \cdot 1000}{60} = 66\,700$$

Für Stadt und Industrie ergibt sich der $BSB_5/\text{d} - \text{EG}$ mit

$$100\,000 + 66\,700 = 166\,700$$

Beispiel (1.3) für die Berechnung der SW-Menge in einem Kanalnetz.
Gegeben Einzugsgebiet $A_E = 14$ ha als reines Wohngebiet mit zwei Industriewerken, 400 E/ha, Wasserverbrauch $w = 200$ l/(E · d), Fremdwasser 50% von Q_{14}; Werk A = 3000 m^3 SW-Anfall von 6 bis 16 Uhr; Werk B = Eisengießerei mit Produktion von 300 t Guß/d, Wasserverbrauch 8 m^3/t von 0 bis 24 Uhr.

Gesucht Q^*_{14} vor den Schächten 2, 4_2, 4_3, 5

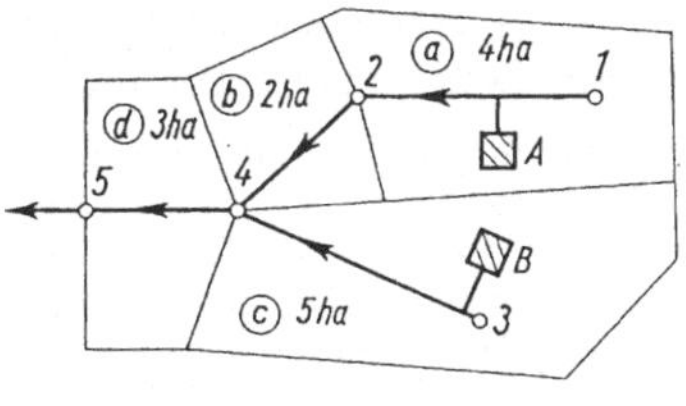

1.3 Schmutzwasser-Netz-Berechnung der Wassermengen

Lösung: $q_{s14} = \frac{200 \cdot 400}{14 \cdot 3600} = 1{,}59$ l/(s · ha)

$q_f = 0{,}5 \cdot 1{,}59 = 0{,}79$ l/(s · ha)

$q_{t14} = \quad = 2{,}38$ l/(s · ha)

Werk A $Q_A = \frac{3000 \cdot 1000}{10 \cdot 3600} = 83{,}40$ l/s

Werk B $Q_B = \frac{300 \cdot 8 \cdot 1000}{24 \cdot 3600} = 27{,}80$ l/s

Gebiet	Schacht	SW-Menge Q_t^* in l/s	ΣQ_t^* in l/s
a	2	$4 \cdot 2{,}38 + 83{,}40 = 92{,}92$	$92{,}92$
b	4_2	$2 \cdot 2{,}38 = 4{,}76$	$92{,}92 + 4{,}76 = 97{,}68$
c	4_3	$5 \cdot 2{,}38 + 27{,}80 = 39{,}70$	$39{,}70$
d	5	$3 \cdot 2{,}38 = 7{,}14$	$97{,}68 + 39{,}70 + 7{,}14 = 144{,}52$

1.3 Menge des Regenwassers

Kanäle, die nur Regenwasser (RW-Kanäle) oder Regen- und Schmutzwasser (Mischwasser, MW-Kanäle) abführen, sind so zu planen, daß das Regenwasser direkt oder über Regenauslässe (Mischsystem) möglichst schnell dem Vorfluter zugeführt wird. Da die Regenwassermenge das 50- bis 200fache der Schmutzwassermenge ausmacht, kann diese bei der überschlägigen Bemessung der MW-Kanäle unberücksichtigt bleiben. Für die Abführung des kleinen Trockenwetterabflusses sollen aber in den großen MW-Kanälen trotzdem gute hydraulische Bedingungen bestehen. Das führt zur Verwendung von Ei- oder zusammengesetzten Profilen.

1.3.1 Regenspende

Zur Bestimmung der Regenwassermenge eines Einzugsgebietes muß man zunächst einen Wert für die auf 1 ha entfallende Regenwassermenge, die Regenspende r in l/(s · ha), annehmen. Die Regenhöhe N in mm und Regendauer T in min wird mit selbstschreibenden Regenmessern gemessen, die von Wetterwarten, Wasserversorgungsunternehmen und Entwässerungsämtern aufgestellt sind. Ist $i = N/T$ die Regenstärke, dann erhält man die Regenspende zu

$$r = 166{,}7i \quad \text{in l/(s}\cdot\text{ha)} \tag{1.1}$$

aus $$\frac{N(\text{mm}) \cdot 10\,000\,(\text{m}^2/\text{ha}) \cdot 100\,(\text{dm}^2/\text{m}^2)}{T\,(\text{min}) \cdot 60\,(\text{s/min}) \cdot 100\,(\text{mm/dm})} = 166{,}7\frac{N}{T}\,\text{dm}^3/(\text{s}\cdot\text{ha})$$

Sind q in l/m² und T in min vorgegeben, erhält man $r = 166{,}7\frac{q}{T}$ in l/(s · ha) oder als Abfluß-Summe $Q_R = N \cdot A_{red} \rightarrow Q_R\,(\text{m}^3) = 10N(\text{mm}) \cdot A_{red}\,(\text{ha})$.

Da es heftige und schwache Regen gibt, muß entschieden werden, welche Regenspende für die Leitungsberechnung herangezogen werden soll. Dabei ist von Bedeutung, wie häufig die verschiedenen Regenstärken auftreten. Hierfür wurden durch Messungen über längere Zeiträume hinweg Regenreihen ermittelt.

Es sind zeichnerische und rechnerische Verfahren zur Auswertung von Regenschreiberaufzeichnungen entwickelt worden. Bild **1.4** zeigt die Regenschreiberaufzeichnung eines Regens, eine Regenhöhenganglinie. Man teilt diese Ganglinie vom meist in der Mitte liegenden Abschnitt der größten Regenstärke ausgehend in feste Zeitabschnitte auf, und zwar: $T = 5, 10, 20, 30, 45, 60, 120, 180,$ 240 min (Tafel **1.5**).

Trägt man die Auswertung der Tafel **1.5** graphisch über Regenstärke bzw. Regenspende (Ordinate) und Regendauer (Abszisse) auf, so erhält man eine parabelförmige Kurve. Bei der Auswertung anderer Regenereignisse ergeben sich ähnliche Kurven. Wenn man für eine bestimmte Region und über einen langen Zeitraum die Anzahl der Regen gleicher Spende und gleicher Dauer auszählt, ergibt sich eine Tabelle (Tafel **1.6**), welche einen Beobachtungszeitraum von 20 Jahren umfaßt. Aus Tafel **1.6** ist abzulesen, daß z.B. jährlich im Durchschnitt 42,6 Regen mit einer Regenspende von 30 l/(s · ha) und einer Regendauer von 0 bis 5 min fallen. 22,7 Regen gleicher Spende haben eine Regendauer von 5 bis 10 min, 11,1 eine von 10 bis 15 min und nur 3,9 eine von 20 bis 25 min.

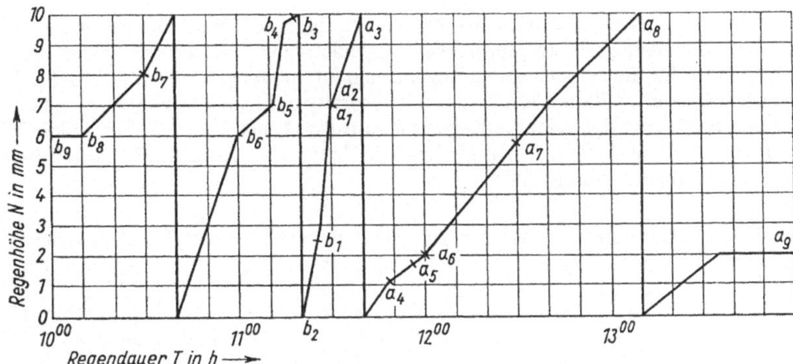

1.4 Regenschreiberaufzeichnung (Regenhöhenganglinie)

Tafel **1.5** Auswertung der Regenschreiberaufzeichnung von Bild **1.4**

Zeile	Abschnitt	T in min	N in mm	$i = N/T$ in mm/min	r in l/(s · ha)
1	a_1 bis b_1	5	4,5	0,90	150,0
2	a_2 bis b_2	10	7,0	0,70	116,7
3	a_3 bis b_3	20	10,0	0,50	83,4
4	a_4 bis b_4	30	11,3	0,38	63,3
5	a_5 bis b_5	45	14,7	0,33	55,0
6	a_6 bis b_6	60	16,0	0,27	45,0
7	a_7 bis b_7	120	27,8	0,23	38,3
8	a_8 bis b_8	180	34,0	0,19	31,7
9	a_9 bis b_9	240	36,0	0,15	25,0

Tafel **1.6** Auswertung einer 20jährigen Regenschreiberaufzeichnung

T in min	Anzahl der Regen in einem Jahr mit $r \geq \cdots$ in l/(s · ha)											
	30	40	50	60	70	80	90	100	125	150	175	200
0	42,6	27,3	18,7	14,0	10,8	8,2	6,6	4,9	3,4	2,3	1,4	0,6
5	22,7	14,0	9,4	7,0	5,4	4,2	3,1	1,9	1,2	0,5	0,3	
10	11,1	6,8	4,6	3,5	2,8	1,9	1,3	0,8	0,3	0,2		
15	5,8	3,6	2,3	1,7	1,2	0,8	0,5	0,3	0,1			
20	3,9	2,2	1,3	1,0	0,6	0,4	0,1	0,05				
25	2,7	1,3	0,9	0,7	0,4	0,3	0,2	0,05				
30	2,3	1,1	0,7	0,5	0,3	0,2	0,05	0,05				
40												

Tafel **1.7** Regenreihe für $n = 1$, entwickelt aus Tafel **1.6** mit $r_{15,n=1} = 75$ l/(s · ha)

Häufigkeit	Regenspende r in l/(s · ha)) für $T \geq$					
	5	10	15	20	25	30
$n = 1{,}0$	132	96	75	60	47	42

Tafel **1.6** und **1.7** enthalten exemplarische Werte. Die Regenspenden $r_{15,n=1}$ sind im Bereich der deutschen Städte etwas höher (s. Tafel **1.9**).

Durch Interpolieren lassen sich aus dieser Liste Regenreihen bestimmter jährlicher Häufigkeit finden. Für die Häufigkeit pro Jahr ist die Treppenkurve in Tafel **1**.6 angegeben, aus der sich die Regenspenden für die verschiedenen Regenzeiten interpolieren lassen. (Tafel **1**.6 z.B. r für 15 bis 20 min liegt zwischen 70 und 80 $l/(s \cdot ha)$ mit den entsprechenden Häufigkeiten 1,2 und 0,8. Das ergibt 75 $l/(s \cdot ha)$). Tafel **1**.7 zeigt die Regenreihe für $n = 1$ aus Tafel **1**.6. Für andere Häufigkeitswerte, z.B. 0,5; 2; 3; usw. könnte man ähnlich verfahren. Man erhält so Regenreihen für bestimmte Regenhäufigkeiten (Tafel **1**.8).

Tafel **1**.8 Regenreihen mit verschiedener Häufigkeit für Nordost- bis Mitteldeutschland nach [60]

T in min	5	10	15	20	25	30	40	50	60	90	150	Häufigkeit
r in $l/(s \cdot ha)$	211	155	123	101	87	76	69	50	43	30	19	$n = 0{,}5$
	161	121	94,5	78	67	59	46	38	34	24	15,5	$n = 1$
	133	92	71	59	50	44	35	29	25	17	11	$n = 2$
	100	74	59	49	42	36	29	24	20	14	9	$n = 3$

Diese Regenreihen lassen folgendes erkennen:

1. Mit zunehmender Dauer T nimmt bei gleicher Häufigkeit n die Regenspende r ab, oder mit anderen Worten: Starke Regen dauern in der Regel kürzere Zeit als schwächere.

2. Mit zunehmender Häufigkeit n nimmt bei gleicher Dauer T die Regenspende r ebenfalls ab, d.h., bei gleicher Regendauer sind stärkere Regen seltener als schwächere.

Die Regenreihe mit der jährlichen Häufigkeit $n = 1$ enthält also alle Regen nach Spende und Dauer, die jährlich einmal, mit $n = 2$ alle Regen, die jährlich zweimal überschritten werden usw., $n = 0{,}5$ bedeutete eine halbe Überschreitung im Jahr oder eine Überschreitung in 2 Jahren, $n = 0{,}2$ eine Überschreitung in 5 Jahren usw.

Die Regenhäufigkeit n gibt an, wie oft im Durchschnitt eine Regenstärke oder Regenspende jährlich erreicht oder überschritten wird. Man schreibt dann z.B.

$$r_{20,n=1} = 78\ l/(s \cdot ha)$$
$$r_{20,n=0,5} = 101\ l/(s \cdot ha)$$
$$r_{20,n=0,2} = 135\ l/(s \cdot ha)$$

d.h. in Worten: Die Regenspende von $\geq 78\ l/(s \cdot ha)$ eines 20-min-Regens kommt jährlich einmal vor.

Für die Bemessung von Entwässerungsleitungen ergibt sich die Folgerung: Legt man dem Entwurf eines Entwässerungsnetzes eine Regenreihe mit einer Häufigkeit von z.B. $n = 3$ zugrunde, so ist zwar eine dreimalige Überstauung im Verlauf eines Jahres zu erwarten, jedoch sind die Regenspenden kleiner als bei $n = 1$.

1.3.2 Zeitbeiwert

Da die Regenverhältnisse mit den Regionen und Städten wechseln, haben diese auch verschiedene Regenreihen. Tafel **1**.9 nennt die Werte $r_{15,n=1}$ in $l/(s \cdot ha)$, aus denen man mit Hilfe des Zeitbeiwertes φ Regenreihen entwickeln kann.

Ist der Wert $r_{15,n=1}$ bekannt, so kann mit Hilfe des φ-Wertes aus Bild **1**.5 oder Tafel **1**.10 jede andere Regenspende ermittelt werden. Zu beachten ist, daß alle Kurven auf

Tafel **1.9** Jährlich einmal überschrittene Regenspende $r_{15,n=1}$ in l/(s · ha) für $T = 15$ min nach neueren Regenauswertungen ATV-A 118 [1]

Flensburg	100	Dieburg	132	Trier	131
Münster	100	Dortmund	120	Saarland	135
Neumünster	111	Essen	96	Tübingen	200
Oldenburg	108	Krefeld	112	Ulm (Donau)	140
Lübeck	106	Lampertheim (Hessen)	129	Sprendlingen	133
Hamburg	99	Köln	96,6	Stuttgart	125,7
Hannover	100	Bonn	108	Passau	123
Bremen	108	Gelsenkirchen	120	Rüsselsheim	130
Wilhelmshaven	85	Gießen	120	Ingolstadt	105
Wolfsburg	112	Göttingen	98	München	135
Lingen (Ems)	130	Wetzlar	122	Baden-Baden	120
Braunlage	96	Dresden	102	Konstanz	150
Berlin	94	Frankfurt/Main	120	Garmisch-Partenkirchen	200
Osnabrück	150	Mainz	117		

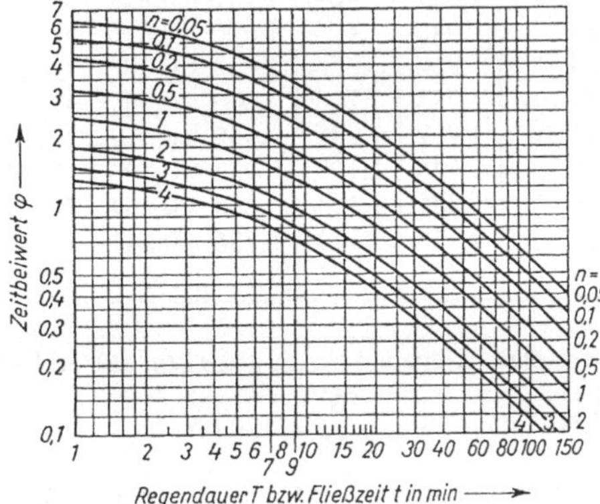

1.5
Zeitbeiwertkurven, bezogen auf $r_{15,n=1}$
maßgebend
T für Regenspendenermittlung
t für Listenrechnung

$r_{15,n=1} = 1$ bezogen sind. Sie sind nur dann direkt anzuwenden, wenn diese Regenspende bekannt ist. Eine gesuchte Regenspende ergibt sich dann nach der Gleichung

$$r_{x,n=y} = \varphi_{x,n=y} \cdot r_{15,n=1} \tag{1.2}$$

Beispiel: Gegeben $r_{15,n=1} = 85$ l/(s · ha).

Gesucht $r_{20,n=0,2}$.

Lösung: Aus Tafel **1.10** ergibt sich für $n = 0{,}2$ und $T = 20$ min der Zeitbeiwert $\varphi = 1{,}475$

$$r_{20,n=0,2} = 1{,}475 \cdot 85 = 125{,}375 \text{ l/(s} \cdot \text{ha)}$$

Durch Umstellen der Gl. (1.2) kannn man umgekehrt zu einer beliebigen Regenspende $r_{i,n=k}$ auch das zugehörige $r_{15,n=1}$ berechnen.

$$r_{15,n=1} = \frac{r_{i,n=k}}{\varphi_{i,n=k}} \tag{1.3}$$

Tafel **1**.10 Zeitbeiwert φ nach der Formel $\varphi = \frac{38}{T+9}\left(\frac{1}{\sqrt[4]{n}} - 0{,}369\right)$

Regendauer $= T$ in min	Zeitbeiwert φ für $n=0{,}2$	$n=0{,}5$	$n=1{,}0$	$n=2{,}0$	$n=3{,}0$	Regendauer $= T$ in min	Zeitbeiwert φ für $n=0{,}2$	$n=0{,}5$	$n=1{,}0$	$n=2{,}0$	$n=3{,}0$
0	4,754	3,462	2,664	1,993	1,651						
1	4,279	3,116	2,398	1,794	1,486	22	1,380	1,005	0,773	0,579	0,479
2	3,889	2,832	2,180	1,631	1,351	24	1,296	0,944	0,727	0,544	0,450
3	3,566	2,597	1,998	1,495	1,238	26	1,222	0,890	0,685	0,512	0,425
4	3,291	2,397	1,844	1,380	1,143	28	1,157	0,842	0,648	0,485	0,402
5	3,056	2,226	1,713	1,281	1,061	30	1,097	0,799	0,615	0,460	0,381
6	2,852	2,077	1,599	1,196	0,991	32	1,044	0,760	0,585	0,437	0,362
7	2,674	1,948	1,499	1,121	0,929	34	0,995	0,725	0,558	0,417	0,346
8	2,516	1,833	1,410	1,055	0,874	36	0,951	0,692	0,533	0,398	0,330
9	2,377	1,731	1,332	0,996	0,825	38	0,910	0,663	0,510	0,382	0,316
10	2,252	1,640	1,262	0,944	0,782	40	0,873	0,636	0,489	0,366	0,303
11	2,139	1,558	1,199	0,897	0,743	42	0,839	0,611	0,470	0,352	0,291
12	2,037	1,484	1,142	0,854	0,708	44	0,807	0,588	0,452	0,338	0,280
13	1,945	1,416	1,090	0,815	0,675	46	0,778	0,567	0,436	0,326	0,270
14	1,860	1,355	1,043	0,780	0,646	48	0,751	0,547	0,421	0,315	0,261
15	1,783	1,298	1,000	0,747	0,619	50	0,725	0,528	0,406	0,304	0,252
16	1,712	1,246	0,959	0,717	0,594	60	0,620	0,452	0,348	0,260	0,215
17	1,646	1,198	0,922	0,690	0,571	70	0,542	0,394	0,304	0,227	0,188
18	1,585	1,154	0,888	0,664	0,550	80	0,481	0,350	0,269	0,202	0,167
19	1,528	1,113	0,856	0,641	0,531	90	0,432	0,315	0,242	0,181	0,150
20	1,475	1,074	0,827	0,618	0,512	100	0,393	0,286	0,220	0,165	0,136

Beispiel: Gegeben $r_{40,n=4} = 30$ l/(s · ha). Ablesung aus Bild **1**.5: $\varphi_{40,n=4} = 0{,}25$.

Lösung: $r_{15,n=1} = \frac{30}{0{,}25} = 120$ l/(s · ha)

Ferner läßt sich aus einer beliebigen, bekannten Regenspende $r_{i,n=y}$ eine andere beliebige Regenspende $r_{x,n=y}$ ermitteln.

$$r_{x,n=y} = \frac{\varphi_{x,n=y}}{\varphi_{i,n=k}} r_{i,n=k} \tag{1.4}$$

$$\varphi = \frac{38}{T+9}\left(\frac{1}{\sqrt[4]{n}} - 0{,}369\right) \quad \text{oder angenähert}$$

$$\varphi = \frac{24}{n^{0{,}35}(T+9)}$$

Beispiel: Gegeben $r_{10,n=0{,}5} = 150$ l/(s · ha).
Gesucht $r_{25,n=2}$.

Lösung: $r_{25,n=2} = \frac{\varphi_{25,n=2}}{\varphi_{10,n=0{,}5}} r_{10,n=0{,}5} = \frac{0{,}528}{1{,}64} 150 = 48{,}3$ l/(s · ha)

Vor Aufstellen eines Entwurfes ist zu entscheiden, wieviel Überlastungen des Entwässerungsnetzes man jährlich zulassen will. Leitungen, die jeden überhaupt möglichen Starkregen unschädlich ableiten können, erfordern unwirtschaftlich hohe Baukosten. Ein Überstauen des Leitungsnetzes mit all seinen nachteiligen Folgen, wie Keller- und Straßenüberstauungen, kann dagegen z.B. in Landgemeinden, da dort die sich ergebenden Schäden geringer sind, eher zugelassen werden als in größeren Städten.

Der Kompromiß zwischen Abflußleistung und Überstauung ist jedoch nach ATV-A 118 [1] streng zugunsten der Abflußleistung entschieden. Die n-Werte richten sich nach der Art der Bebauung und liegen zwischen 0,05 und 1,0 (s. Abschn. 1.3.3).

1.3.3 Berechnungsregen, Bemessungshäufigkeiten

Als Berechnungsregen bezeichnet man die der Querschnittsberechnung der Kanäle zugrunde gelegte Regenspende. Hat man sich für die Häufigkeit der Überstauungen entschieden, ist die Dauer T des Berechnungsregens anzunehmen (Tafel **1**.10). Dabei ist zu beachten, daß sich die kurzen, starken Regen nicht in vollem Umfange auswirken, denn nach Einsetzen des Regens nimmt die trockene Oberfläche und das Rohrsystem, bis ein Fließvorgang entsteht, zunächst Wasser auf; der Erst-Abfluß verzögert sich. Bisher wurde in der Regel die Häufigkeit $n = 1$ gewählt. Das Arbeitsblatt A 118 der ATV [1] empfiehlt folgende n-Werte:

Allgemeine Baugebiete	$n = 0{,}5$ bis 1,0
Straßen außerhalb bebauter Gebiete	$n = 1{,}0$
Stadtzentren, wichtige Gewerbe- und Industriegebiete	$n = 0{,}2$ bis 1,0
Straßenunterführungen, U-Bahnanlagen, usw., einschließlich der Vorflutanlagen	$n = 0{,}05$ bis 0,2
Grundstücksentwässerungsanlagen nach DIN 1986 (s. Abschn. 2.2.6)	$n = 0{,}1$ bis 1,0

Man sollte sich wegen der zu erwartenden Anpassung des A 118 schon jetzt nach den Werten der EN 752 (s. S. 16) richten.

Bis zur Fließzeit der Berechnungsregendauer T bleibt die Regenspende konstant. Für länger anhaltende Regen gleicher Häufigkeit erfolgt die Anpassung der Regendauer an die Länge der Fließzeit durch den Zeitbeiwert φ oder den Zeitabflußfaktor ε (hier schon nach 5 min Fließzeit).

Der Berechnungsregen mit einer kürzeren Regendauer als $T = 15$ min sollte nur für Einzugsgebiete mit höherem Anteil befestigter Flächen eingesetzt werden. Wegen des schnellen Abflusses von den befestigten Flächen werden bei kurzen Starkregen leicht die Anfangshaltungen überlastet.

A 118 [1] empfiehlt in Abhängigkeit vom Spitzenabflußbeiwert ψ_s nach Bild **1**.28 folgende Berechnungsregenspenden

Regenspende	Gruppe	befestigte Fläche in %
r_{15}	1	≤ 50
r_{10}	1	> 50
	2,3	0 bis 100
	4	≤ 50
r_5	4	> 50

Beispiel: Welche Regenspende ist für ein B-Plan-Gebiet im Raum zwischen Frankfurt (Main) und Kassel bei der Berechnung der Entwässerungsleitungen zugrunde zu legen? Als Regendauer des

Berechnungsregens sollen 10 min angenommen und für das Entwässerungsnetz soll eine einmalige Überstauung im Jahr zugelassen werden.

Die Regenkarte, hier Tafel **1**.9, gibt für das bezeichnete Gebiet $r_{15,n=1} = 120$ l/(s · ha) an. Maßgebend ist $r_{10,n=1}$, und es ergibt sich aus den Zeitbeiwertlinien für $n = 1$ und $T = 10$ min der Wert $\varphi = 1{,}262$. Der Berechnungsregen hat also die Regenspende

$$r_{10,n=1} = 1{,}262 \cdot 120 = 151 \text{ l/(s} \cdot \text{ha)}$$

Bemessungshäufigkeiten nach der Europa-Norm (EN 752). Das ATV-A 118 geht davon aus, daß der rechnerische Wasserspiegel für die vorgegebene Regenhäufigkeit unterhalb des Kanalscheitels liegt.

Wenn die tatsächliche Leistungsfähigkeit von Regen- und Mischwasserkanälen beurteilt werden soll, muß nachgewiesen werden, wie häufig bestimmte, den Überlastungsfall anzeigende Wasserspiegellagen erreicht oder überschritten werden. Solche Überlastungsspiegellagen können sein:

1. Erreichen oder Überschreiten der Rohrscheitel, mit Einstau bezeichnet (Einstauhäufigkeit).

2. Erreichen oder Überschreiten eines bestimmten Bezugniveaus, z.B. der Straßen- oder Geländeoberkante, des Kanalscheitels oder Höhen zwischen den beiden, mit Überstau bezeichnet (Überstauhäufigkeit) nach ATV 1996.

3. Überflutungen von Oberflächen oder Gebäuden (Überflutungshäufigkeit). Diese Wasserspiegellagen können auch unter der Geländeoberkante nach 2. liegen, wenn die Keller keine Rückstauverschlüsse besitzen. Das RW entweicht aus dem Entwässerungssystem oder kann nicht in dieses eintreten.

4. Oberflächenüberflutung. Wie bei 3., das RW verbleibt auf der Oberfläche oder dringt von dort in Gebäude ein.

In der deutschen Entwässerungspraxis kann bei Einhalten der DIN 1986 (Rückstausicherung der Hausanschlüsse bis Straßenniveau) Überflutung erst bei Wasserständen > Geländeniveau, d.h. Oberflächenüberflutung, eintreten.

5. Erreichen oder Überschreiten eines bestimmten Niveaus zwischen Rohrscheitel und Geländeoberkante, z.B. 2 m unter Geländeoberkante (als übliches Maß der Kellersohle), maßgebend in Ländern ohne die Vorschrift zum Einbau von Rückstauverschlüssen.

Diese Unterscheidungen sind in der Europäischen Norm (CEN-Norm) EN 752 zur Kanalnetzberechnung enthalten. CEN ≙ Comité Européen de Normalisation.

Für die Überstauhäufigkeiten zur Bemessung von Neu- und Umbauten werden von der ATV-Arbeitsgruppe 1.2.6 (1995) folgende Werte empfohlen (T = Wiederkehrzeit):

Ländliche Gebiete und Wohngebiete	$n \leq 0{,}33/\text{a} \mathrel{\hat{=}} T \geq 3$ Jahre
Stadtzentren, Industrie- und Gewerbegebiete	$n \leq 0{,}20/\text{a} \mathrel{\hat{=}} T \geq 5$ Jahre
Unterführungen, unterirdische Verkehrsanlagen	$n \leq 0{,}10/\text{a} \mathrel{\hat{=}} T \geq 10$ Jahre

Für die Überstauhäufigkeiten zur Kennzeichnung der Mindestleistungsfähigkeit vorhandener Kanalnetze:

Ländliche Gebiete und Wohngebiete	$n \leq 0{,}50/\text{a} \mathrel{\hat{=}} T \geq 2$ Jahre
Stadtzentren, Industrie- und Gewerbegebiete	$n \leq 0{,}33/\text{a} \mathrel{\hat{=}} T \geq 3$ Jahre
Unterführungen, unterirdische Verkehrsanlagen	$n \leq 0{,}20/\text{a} \mathrel{\hat{=}} T \geq 5$ Jahre

Die hydraulischen Anforderungen an den Entwurf oder an die Sanierung von Kanälen (europäischer Normentwurf) gründen sich auf der Überflutungshäufigkeit.

Folgende Werte werden empfohlen (EN 752):

Geltungsbereiche	Regenhäufigkeit des Bemessungsregens *) n [l/a]	rechnerische Überflutungshäufigkeit n [l/a]
Ländliche Gebiete	1,0	0,10
Wohngebiete	0,5	0,05
Stadtzentrum, Industrie- und Gewerbegebiete	{ 0,5	0,033
	{ 0,2	kein Überflutungsnachweis
Untergrundbahnen, Unterführungen	0,1	0,02

*) Für Bemessungregen dürfen keine Überlastungen auftreten.

Neben der Bemessung mit der Regenhäufigkeit wird mit Ausnahme ländlicher Gebiete auch die Überflutungshäufigkeit nachzuweisen sein. Aufgrund der bisher bekannten Zusammenhänge zwischen Regenhäufigkeit und Überflutungshäufigkeit ist damit zu rechnen, daß die Überflutungshäufigkeit das kritische Bemessungskriterium darstellt. Dies ist von der CEN gewollt, da bei allen Diskussionen die Gefahren infolge von Überschwemmungen als maßgebendes Kriterium zur Kanalbemessung angesehen wurden. Diese Auffassung deckt sich auch mit der des Bundesgerichtshofes (Urteil vom 5.10.89).

Die verhältnismäßig kleine Überflutungshäufigkeit ist aber nicht mit der Überstauhäufigkeit der ATV-Arbeitsgruppe 1.2.6 zu verwechseln. Ein Wasserspiegelanstieg auf Geländehöhe (mit Ausnahme der Unterführungen) muß noch keine Überflutung zur Folge haben. Diese Gefahr kann durch ingenieurtechnische Maßnahmen am Kanalnetz, z.B. durch Erhöhung der Bordsteine oder der Hauszufahrten wirksam vermindert werden.

In der CEN-Norm ist aber vorgesehen, daß die zuständigen Behörden auch andere Häufigkeiten festsetzen können. Nur wenn dies nicht geschieht, sollen die o.g. Werte gelten.

Es wird davon ausgegangen, daß die Überflutungshäufigkeit rechnerisch nachgewiesen werden muß. Dies kann mit vorgegebenen Modellregen oder mit der Langzeitsimulation erfolgen. Die verwendeten Abflußmodelle sind vorher zu kalibrieren. Trotzdem wird die rechnerische Überflutungshäufigkeit vor allem bei größeren Kanalnetzen vom Rechenmodell und den zugrunde gelegten Regendaten entscheidend abhängen. Eindeutiger wäre bei bestehenden Kanalnetzen die tatsächlich meßbare bzw. auftretende Überflutungshäufigkeit.

Für die Position Stadtzentrum, Industrie-, Gewerbegebiete ist alternativ allein der Nachweis der Regenhäufigkeit $n = 0{,}2$ l/a oder $n = 0{,}5$ l/a oder dieser und zusätzlich der Nachweis der Überflutungshäufigkeit von 0,033 l/a möglich. Dies wurde wegen der unterschiedlichen Schutzvorstellungen der europäischen Länder vorgesehen.

1.3.4 Abflußbeiwert, Abflußbildung

Nicht der gesamte Niederschlag wird durch Entwässerungsleitungen abgeführt. Ein großer Teil versickert oder verdunstet. Das Verhältnis von Abfluß- zur Regenwassermenge wird allgemein als Abflußbeiwert ψ bezeichnet. Er kann nicht $> 1{,}0$ sein.

Man unterscheidet

den Spitzen- oder Scheitelabflußbeiwert ψ_s
den Gesamtabflußbeiwert ψ_{ges}
den Jahresabflußbeiwert ψ_a

ψ_s dient zur Bemessung der Kanäle und ist definiert als Verhältnis von maximaler Abflußspende zur maximalen Regenspende eines Regenereignisses

$$\psi_s = \frac{\text{max Abflußspende}}{\text{max Regenspende}} = \frac{\max q}{\max r} = \frac{\text{l/(s} \cdot \text{ha)}}{\text{l/(s} \cdot \text{ha)}}$$

Der Gesamtabflußbeiwert ψ_{ges} dient zur Bemessung von RW-Pumpwerken und Regenwasserbecken (vgl. Abschn. 3.3.3). Er ist definiert durch das Verhältnis von Gesamtabflußmenge zum gesamten Niederschlag eines Regenereignisses.

$$\psi_{ges} = \frac{\text{Gesamtabflußmenge}}{\text{Gesamtregenmenge}} = \frac{\int_{t_a}^{t_e} q \, dt}{\int_0^T r \, dt} = \frac{\text{m}^3}{\text{m}^3} \qquad \begin{array}{l} t_a \mathrel{\widehat{=}} \text{Abflußanfang} \\ t_e \mathrel{\widehat{=}} \text{Abflußende} \\ T \mathrel{\widehat{=}} \text{Regendauer} \end{array}$$

Der Jahresabflußbeiwert ψ_a dient zur Ermittlung der Energie für RW-Pumpwerke und der Vorfluterbelastung im Mischsystem.

Lange hat man den Abflußbeiwert als zeitlich konstanten Faktor in die RW-Netzberechnungen eingehen lassen, obwohl seine Veränderlichkeit während eines Regens nachgewiesen wurde. Pecher [56] hat Untersuchungen angestellt und empfiehlt das Berechnungsverfahren mit dem Zeitabflußfaktor (Abschn. 1.4.7). Danach muß man beim Abflußvorgang folgende Wirkungen unterscheiden.

Bei trockener Abflußfläche vor Regenbeginn findet zunächst eine Benetzung der Dächer, Straßen, Pflanzen usw. statt. Der Benetzungsverlust beträgt bei undurchlässigen Flächen 0,2 bis 0,5 mm der Niederschlagshöhe N. Dann folgt die Auffüllung der Flächenunebenheiten mit Wasser. Der Muldenverlust beträgt für stärker geneigte ($\geq 10\%$) undurchlässige Flächen 0,2 bis 0,5 mm, bei schwach geneigten ($< 10\%$) 1,5 mm, bei ebenen undurchlässigen Böden mit niedrigem Pflanzenbewuchs (Wiesen) 0,6 bis 2,5 mm und bei hohem Pflanzenbewuchs (Wald) 2,5 bis 4,0 mm. Daraus ergeben sich die Muldenverluste von dicht bebauten Stadtbezirken mit 0,6 bis 1,5 mm und von Gebieten mit offener Bebauung mit 1,0 bis 2,0 mm.

Die für Benetzung und Auffüllung der Mulden notwendige Zeit hängt von der Regenspende r ab. Bei $r = 100$ l/(s · ha) beträgt sie 1,5 bis 4 min, bei $r = 10$ l/(s · ha) 15 bis 40 min.

Die Verdunstung wird durch Luftaustausch, Sättigungswert der Luft, Wärme, Bodenüberdeckung usw beeinflußt. Der maximale Wert liegt bei 1,5 l verdunstete Wassermenge/(s · ha). Dieser Wert ist im Vergleich zu den üblichen Berechnungsregenspenden vernachlässigbar klein.

Die Versickerung ist zeitlich nicht konstant, sondern nimmt mit der Regendauer ab und erreicht erst nach 1 bis 2 h einen gleichbleibenden Endwert. Die Anfangsversickerung bei trockenen Böden ist höher als bei feuchten. Bindige Böden haben Werte zwischen 5 bis 20 l/(s · ha), nicht bindige 100 bis 150 l/(s · ha) (vollständige Versickerung).

Zur Berechnung der Infiltrationsrate wird im allgemeinen der Ansatz nach Horton benutzt:

$$V_s = V_e + (V_0 - V_e) \cdot e^{-kt} \quad \text{in l/(s · ha) oder in mm/min}$$

mit

V_s ≙ Versickerung zur Zeit t
V_e ≙ Endversickerung = 5 bis 40 l/(s · ha) oder 0,03 bis 0,24 mm/min (Tafel **1**.11) und (1.1)
V_0 ≙ Anfangsversickerung = 50 bis 120 l/(s · ha) oder 0,3 bis 0,72 mm/min
k ≙ bodenabhängiger Faktor = 0,04 bis 0,08 l/min

Es ergeben sich aus **1**.6 unterschiedliche Bilanzgleichungen für die zwei Flächenanteile: undurchlässige Flächen (Index u):

$$N_{w,u} = N - (B_{v,u} + h_{v,u} + M_u)$$

teildurchlässige und durchlässige Flächen (Index d):

$$N_{w,d} = N - (B_{v,d} + h_{v,d} + M_d + V_{s,d})$$

Im zweiten Fall ist die Versickerungskomponente vorhanden, im ersten nicht. Da sich auch die anderen Verlustkomponenten in den beiden Fällen unterscheiden, ist die Abflußbildung dieser beiden Flächenarten insgesamt sehr unterschiedlich.

Die vorgenannten Bilanzgleichungen der undurchlässigen, teildurchlässigen oder durchlässigen Flächen beziehen sich auf die Abflußbildung abgeschlossener Niederschlagsereignisse, d.h. auf die Summenwerte des Niederschlags, der Verlustkomponenten und des Abflusses. Da ein wesentli-

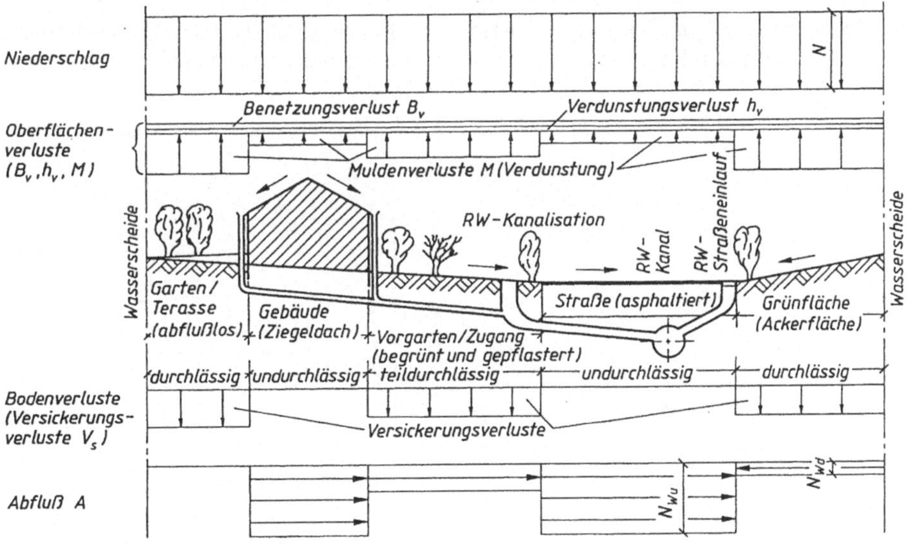

1.6 Schema der Abflußbildung

Tafel **1.**11 Endversickerung V_e in Abhängigkeit von Bodenzustand und Bodenart in l/(s · ha)

Bodenzustand		Bodenart		
Nutzung Verdichtungsgrad Bedeckung	Repräsentative Beispiele	Lehm lehmiger Ton schluffiger Lehm	sandiger Lehm humoser Lehm lehmiger Humus	lehmiger Sand humoser Sand
Intensive Nutzung stark verdichtet geringe Bedeckung	Rastplätze Mittelstreifen Boden ohne Bewuchs	5	10	15
normale Nutzung mittl. Verdichtungsgrad mittl. Bedeckung	Böschung Rasen	10	20	30
keine Nutzung locker sehr dichte Bedeckung	Wiese Weide Garten	20	30	40

cher Vorteil der hydrodynamischen Kanalnetzmodelle darin besteht, den Abflußvorgang in kleinen Zeitschritten zu berechnen, interessiert im weiteren die Frage, wie sich die abflußwirksamen Niederschläge zeitlich auf die vorgegebene Niederschlagsdauer verteilen. Der Arbeitsbericht ATV-Arbeitsgruppe 1.2.6 beschreibt hierzu genauere Methoden.

1.7 zeigt qualitativ den zeitlichen Verlauf der Abflußspende q bei einer zeitlich nicht konstanten Regenspende r.

Folgende Regeln lassen sich aufstellen:

Der Abflußbeiwert wächst für eine bestimmte Regenspende mit der Regendauer auf einen Wert ψ_s an, der dann etwa beibehalten wird.

Die Größe dieses Wertes hängt von der Höhe der Regenspende und der Art der Entwässerungsfläche ab. Die Dauer bis zum Erreichen des Scheitelwertes hängt von der Regenspende, der Flächenneigung und der Einzugsbreite ab.

Je größer r und die Flächenneigung und je kleiner die Breite, desto früher wird ψ_s erreicht.

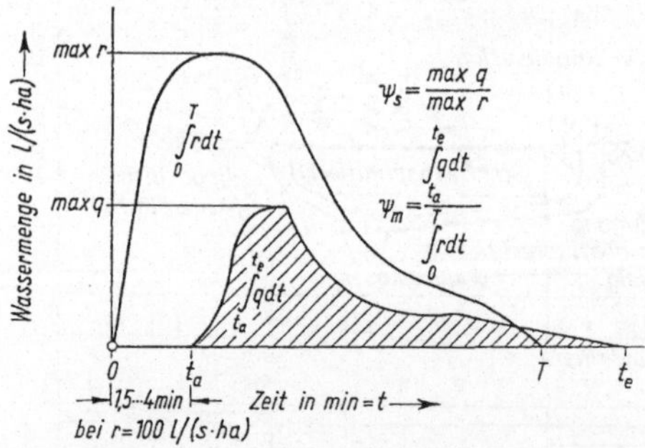

1.7 Zeitlicher Verlauf von Regenspende r und Abflußspende q für ein Entwässerungsgebiet

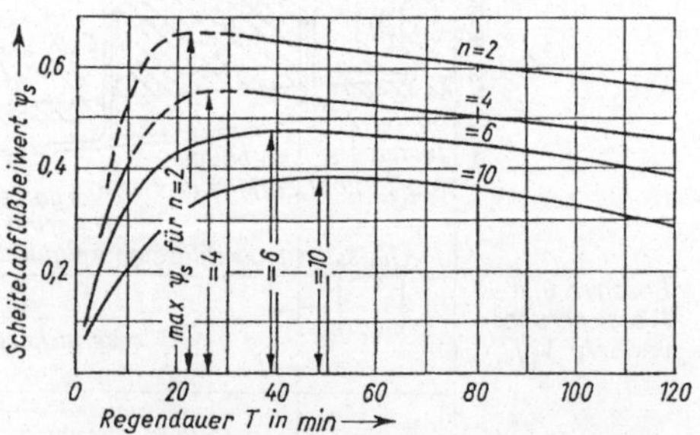

1.8 Scheitelabflußbeiwerte in Abhängigkeit von Regendauer T und Regenhäufigkeit n nach [56]

Die entscheidende Rolle spielt die Regenintensität = Größe der Regenspende r. Bei der Bemessung der Kanäle legt man die Regenhäufigkeit und die Regendauer der Regenspende zugrunde (**1**.7). Die Regenspenden geringerer Häufigkeit sind bei gleicher Regendauer größer als die großer Häufigkeit. Trägt man die Scheitelabflußbeiwerte der Regenreihen gleicher Häufigkeit über die Regendauer auf (**1**.8), so ergibt sich:

1. ψ_s steigt in 10 bis 20 min auf den Größtwert max ψ_s = Spitzenabflußbeiwert an und nimmt danach wieder bis zu einem unteren Grenzwert ab.

2. Der untere Grenzwert ist etwa so groß wie der Anteil der undurchlässigen Flächen am gesamten Entwässerungsgebiet.

3. Eine geringere Regenhäufigkeit der Regenreihe bewirkt einen höheren Größtwert.

4. Eine größere Neigung der Oberfläche erhöht den Größtwert. Er tritt außerdem zeitlich früher auf.

Der variable Scheitelabflußbeiwert ψ_s wird in dem Berechnungsverfahren für Kanalnetze nach Pecher [56] berücksichtigt (Abschn. 1.4.7).

Daneben rechnet man bei kleineren Einzugsgebieten, in der Grundstücksentwässerung, im Straßenbau und bei Regenentlastungsanlagen mit dem konstanten Abflußbeiwert ψ, dessen Größe sich nach Anteil und Art der befestigten Flächen oder genereller nach der Bebauungsart richtet. Diese können nach Karten geschätzt, durch eine terrestrische

Tafel **1**.12 Abflußbeiwerte ψ [38] und mittlere Abflußbeiwerte ψ für Berechnungsverfahren mit konstantem ψ, z.B. in der Grundstücksentwässerung

Oberflächenbefestigung	ψ	Bebauungsart	mittleres ψ
Metall- und Schieferdächer	0,95	1. Dichte Bebauung (City, eng bebaute Stadtregion mit festen Straßendecken > 3 Geschosse, 200 bis 1000 E/ha)	0,8 bis 0,9
Dachziegel und Dachpappe	0,90		
Holzelement-, Preßkies-, Flachdächer	0,5 bis 0,7	2. Geschlossene Bebauung (zusammenhängende Baublöcke mit fast durchgehend befestigten Geländeflächen; 3 bis 6 Geschosse; 150 bis 500 E/ha)	0,6 bis 0,8
Asphaltpflaster und dichte Fußwegdecken	0,85 bis 0,9		
Fugendichtes Pflaster aus Stein oder Holz	0,75 bis 0,85	3. Aufgelockerte, geschlossene Bebauung (zusammenhängende Baublöcke mit teil- oder unbefestigten Hofflächen, befestigten Straßen- und Grünflächen; 1 bis 3 Geschosse; 80 bis 400 E/ha)	
Reihenpflaster ohne Fugenverguß	0,5 bis 0,7		
wassergebundene Schotterstraßen und Kleinsteinpflaster	0,25 bis 0,60	ohne Grünflächen bei wenig Grünflächen (< 20%)	0,7 bis 0,8 0,6 bis 0,7
Kieswege mit Kanalanschluß	0,15 bis 0,30	4. Offene Bebauung (Ein- oder Mehrfamilienhäuser in Gartenflächen oder punktförmige Wohnblocks in Gartenanlagen mit festen Straßen; 1 bis 3 Geschosse bzw. vielgeschossig; 60 bis 300 E/ha)	0,35 bis 0,5
Unbefestigte Flächen mit Kanalanschluß	0,1 bis 0,2		
Park- und Gartenflächen (drainiert mit Anschluß an die Kanalisation)	0 bis 0,1		

Geländeaufnahme oder durch eine kostengünstige Luftbildmessung, Fehlerquote < 2,5%, ermittelt werden.

Tafel **1**.12 nennt charakteristisch bebaute Teilflächen eines Einzugsgebietes. Daraus läßt sich mit den Teilflächengrößen A_i ein konstanter Wert ψ für das Einzugsgebiet ermitteln.

$$\psi = \frac{A_1 \cdot \psi_1 + A_2 \cdot \psi_2 + \cdots}{A_1 + A_2 + \cdots}$$

Fläche	ψ	A_E ha	A_u ha
	1,0	0,18	0,18
	0,9	0,17	0,17
	0,5	0,12	0,12
	0,4	0,26	–
	0,05	0,20	–
	0,00	0,07	–

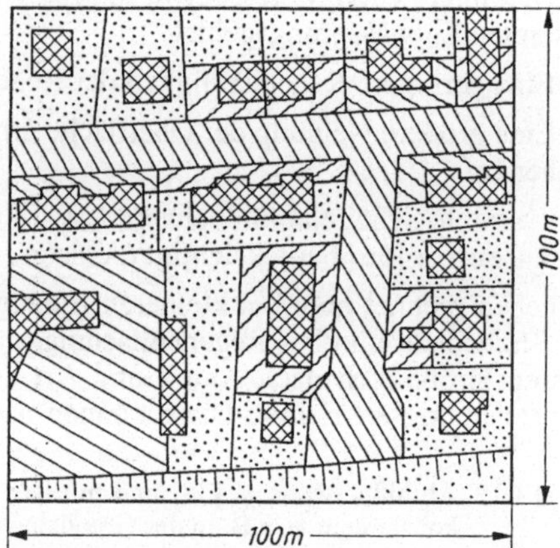

1.9 Ermittlung des mittleren Abflußbeiwertes ψ aus dem Bebauungsplan

Die abfließende Regenwassermenge = Abflußmenge ergibt sich zu

$$Q_r = \psi \cdot r_{x,n=y} \cdot A_E \quad \text{in l/s} \tag{1.5}$$

oder nach ATV-A 128: $Q_r = r_{x,n=y} \cdot A_u$, auch $Q_r = r_{x,n=y} \cdot A_{red}$ nach ATV-A 138 mit $r_{x,n=y}$ = Regenspende für den Berechnungsregen in l/(s · ha) und A_E = Einzugsgebiet in ha, A_u = undurchlässiger Flächenanteil von A_E in ha. Aus **1**.9 ergibt sich:

$$\psi = \frac{0{,}18 \cdot 1 + 0{,}17 \cdot 0{,}9 + 0{,}12 \cdot 0{,}5 + 0{,}26 \cdot 0{,}4 + 0{,}20 \cdot 0{,}05 + 0{,}07 \cdot 0{,}00}{0{,}18 + 0{,}17 + 0{,}12 + 0{,}26 + 0{,}20 + 0{,}07} = 0{,}507 \approx 0{,}5$$

$\psi \cdot A_E = 0{,}5 \cdot 1{,}0 = 0{,}5$ ha/ha, d.h. Bebauungsart 4. Offene Bebauung.

Bei Verwendung des konstanten Abflußbeiwertes ψ sollte dieser $\geq$ **0,35** eingesetzt werden.

Bei Verwendung des undurchlässigen Flächenanteils würde sich $A_u = 0{,}18 + 0{,}17 + 0{,}12 = 0{,}47$ ha/ha ergeben.

Auf das ATV-A 138 [1], Anlagen zur dezentralen Versickerung von Niederschlagswasser, wird hingewiesen, s. Abschn. 1.5. Es gelten:

A_{red} in m² angeschlossene befestigte Fläche
A_s in m² verfügbare Versickerungsfläche
$A_{s,w}$ in m² wirksame Versickerungsfläche
$x = A_{red}/A_s$ in 1
V_s in m³ Speichervolumen

1.4 Abflußmenge in der Leitung

Abflußmengen werden mit Hilfe von Flutlinien oder mit einer Listenrechnung ermittelt. Die verschiedenen hier beschriebenen Verfahren (Abschn. 1.4.2 bis 1.4.9), von denen die Listenrechnungen häufiger angewandt werden, liefern nicht gleiche Ergebnisse.

1.4.1 Flutlinien

Während man für Gebiete mit Fließzeiten, die kleiner als die Regendauer sind, die abzuführende Wassermenge nach Gl. (1.5) ermitteln kann, muß bei größeren Gebieten eine Abflußverzögerung berücksichtigt werden. In der Entwässerungsleitung ist die Ablaufzeit des Regenwassers meist größer als die Regendauer selbst. Wenn es aufgehört hat zu regnen, fließt weiter Regenwasser in der Leitung ab. Vom Regenbeginn bis zu dem Zeitpunkt, an dem das letzte Wasser des Regens die Leitung verläßt, vergeht eine Zeit, die sich aus der Regendauer und der Fließzeit des am entferntesten Punkt zuletzt in die Leitung gelangenden Wassers zusammensetzt.

Die Durchflußdauer τ am Leitungsendpunkt ist

$$\tau = T + t = T + \frac{L}{v} \qquad \text{min} = \text{min} + \frac{\text{m}}{\text{m/min}} \tag{1.6}$$

mit L = Leitungslänge, vom Punkt mit der größten Fließzeit t aus gemessen
v = mittlere Fließgeschwindigkeit
t = Fließzeit in der Leitung
T = Regendauer

Beispiel: Wie groß ist die Durchflußdauer τ des Regenabflusses, wenn Gefälle und Querschnitt der Leitung so bemessen sind, daß die Fließgeschwindigkeit in der Leitung $v = 1$ m/s und die Leitungslänge $L = 420$ m betragen? Der Regen dauert 300 s.

$$\tau = T + \frac{L}{v} = \frac{300}{60} + \frac{420}{1 \cdot 60} = 5 + 7 = 12\,\text{min}$$

Der Abfluß in der Leitung endet im vorliegenden Fall erst 7 min nach Aufhören des Regens.

Um die Leitung bemessen zu können, muß man die größte Durchflußmenge kennen. Die Größe der Regenspende und der zu entwässernden Fläche sowie der Abflußbeiwert bestimmen zwar die Abflußspitze, die zeitliche Verteilung des Abflusses muß jedoch besonders ermittelt werden.

Die zeitliche Verteilung der Abflußmengen wird bei einer gleichbleibenden Regendauer $T_1 = T_2 = T_3 = 10$ min und verschiedenen Fließzeiten $t_1 = 6$ min, $t_2 = 10$ min und $t_3 = 25$ min untersucht und im Bild **1.**10 graphisch ermittelt. Die angenommene Abflußmenge $Q_r = Q = 800$ l/s wurde mit Gl. (1.5) berechnet.

Trägt man für jeden der 3 Fälle in einem bestimmten Maßstab auf der Waagerechten die Zeiten t und T, auf der Senkrechten die Abflußmengen Q auf, dann ergeben sich 3 Flutkurven für den jeweiligen unteren Endpunkt der Leitung (**1.**10). Die gestrichelten Linien stellen die Funktion des Abflusses $Q = f(t)$ dar. Ohne die Werte von Q zu verändern, kann man diese Linien zu einem Parallelogramm schließen und erhält die „Flutflächen“. Die jeweiligen Q-Werte sind die senkrechten Abstände der Parallelogrammseiten.

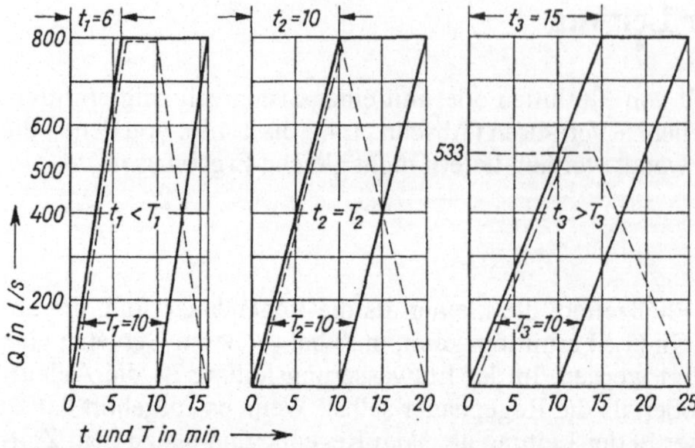

1.10
Flutflächen bei verschiedener Fließzeit t

1. $t_1 < T_1$: Nach Einsetzen des Regens fließt dem Leitungsende zuerst wenig Wasser aus der allernächsten Umgebung zu. Der Abfluß wächst ständig. Nach 6 min durchfließt den Querschnitt die Menge $Q = 800$ l/s. Nach 10 min hört es auf zu regnen, der Abfluß wird geringer und ist mit der 16. Minute beendet.

2. $t_2 = T_2$: Die den Leitungspunkt durchfließende Wassermenge wächst zunächst wieder. Sie steigt von Null innerhalb 10 min auf ihren Größtwert $Q = 800$ l/s, wird dann sofort wieder geringer, um nach weiteren 10 min auf Null abzusinken.

3. $t_3 > T_3$: Die den Leitungspunkt in der Zeiteinheit durchfließende Wassermenge wird zunächst wieder ständig größer. Sie wächst innerhalb 10 min auf ihren Größtwert an. Von der 10. bis 15. Minute verharrt sie auf diesem Wert, der aber hier nur $Q = 533$ l/s beträgt. In den anschließenden 10 min geht sie auf Null zurück.

Man erkennt, daß bei $t_3 > T_3$ der maximale Durchfluß am Endpunkt der Leitung geringer ist als die Abflußmenge. Statt 800 l/s sind es nur 533 l/s, das ergibt eine Minderung der Berechnungsmenge auf

$$\frac{533\,\text{l/s}}{800\,\text{l/s}} = 0,667 \quad \text{oder} \quad 66,7\%\ \text{der Abflußmenge}$$

Ist bei gleichbleibender Regendauer und verschiedenen Fließzeiten die Fließzeit größer als die Regendauer des Berechnungsregens, dann ist die maximale Durchflußmenge kleiner als die errechnete Abflußmenge.

Während diese Betrachtung von Regen gleicher Dauer und auch gleicher Stärke bei verschiedenen Fließzeiten, d.h. von Einzugsgebieten verschiedener Längenausdehnung ausging, sollen nun Flutflächen bei gleicher Fließzeit, aber verschiedener Regendauer betrachtet werden (**1.11**).

4. $t_4 = 20\,\text{min}$ $T_4 = 10\,\text{min}$
5. $t_5 = 20\,\text{min}$ $T_5 = 20\,\text{min}$
6. $t_6 = 20\,\text{min}$ $T_6 = 30\,\text{min}$

Entsprechend der Regenreihe $n = 1$ für Mitteldeutschland (Abschn. 1.3.1) ergeben sich die Regenspenden

$$r_4 = 121\ \text{l/(s} \cdot \text{ha)} \qquad r_5 = 78\ \text{l/(s} \cdot \text{ha)} \qquad r_6 = 59\ \text{l/(s} \cdot \text{ha)}$$

Für die Fläche $A = 20$ ha und $\psi_m = 0{,}6$ betragen die Abflußmengen nach Gl. (1.5)

$$Q_4 = 0{,}6 \cdot 121 \cdot 20 = 1450 \text{ l/s}$$
$$Q_5 = 0{,}6 \cdot 78 \cdot 20 = 940 \text{ l/s}$$
$$Q_6 = 0{,}6 \cdot 59 \cdot 20 = 710 \text{ l/s}$$

Die entsprechenden Flutflächen zeigt Bild **1.**11.

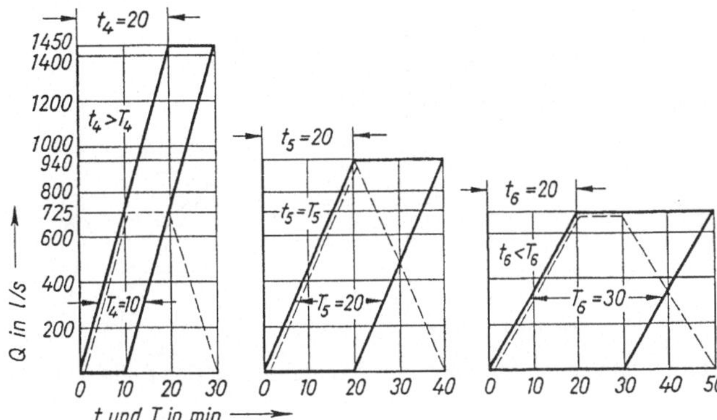

1.11
Flutflächen bei verschiedener Regendauer T

4. $T_4 < t_4$: Zwar beträgt der errechnete Abfluß

$$Q_4 = 1450 \text{ l/s}$$

doch zeigt die Flutkurve, daß höchstens die Menge $Q = 725$ l/s von der 10. bis 20. Minute durchfließt.

5. $T_5 = t_5$: Der errechnete Abfluß ist $Q_5 = 940$ l/s. Die Flutfläche zeigt, daß in der 20. Minute tatsächlich diese Menge den unteren Leitungspunkt durchfließt.

6. $T_6 > t_6$: Der Abfluß beträgt $Q_6 = 710$ l/s. Diese Menge durchfließt den unteren Leitungsquerschnitt von der 20. bis 30. Minute.

Bei gleichbleibender Fließzeit und verschiedener Regendauer bringt der Regen etwa den stärksten Abfluß, dessen Dauer gleich der Fließzeit ist ($T = t$, hier $T_5 = t_5$).

1.4.2 Summenlinienverfahren mit festem Berechnungsregen und geschätzter Fließzeit

Wir haben damit zwei wichtige grundsätzliche Erkenntnisse gewonnen und zugleich ein Verfahren zur Ermittlung der Durchflußmengen, das „Flutlinienverfahren" oder „Summenlinienverfahren". Es beruht darauf, daß man die Flutflächen der Teileinzugsgebiete aneinanderreiht.

Beispiel (**1.**12): Gegeben Einzugsgebiet $A_E = 30$ ha, Berechnungsregen $r_{15,n=1} = 90$ l/(s · ha), mittlere Abflußbeiwerte $\psi_{A,B,C,D,E} = 0{,}6$ und $\psi_{F,G} = 0{,}4$. Fließzeit $v = 1{,}0$ m/s eingesetzt.

Sind die Gefälle der Kanäle bekannt, können die tatsächlichen v-Werte der Teilgebiete zunächst eingesetzt werden.

Lösung: Für jedes Teilgebiet wird Q errechnet. Die einzelnen Flutflächen werden so aneinandergesetzt, wie es der zeitlichen Entwicklung des Abflusses entspricht. max Q erhält man durch Abgreifen der größten Ordinate zwischen den Parallelogrammseiten oder durch die Summenlinie, die entsteht, wenn man die Summe der Ordinaten nochmals von der Zeitachse an aufträgt (**1.**12).

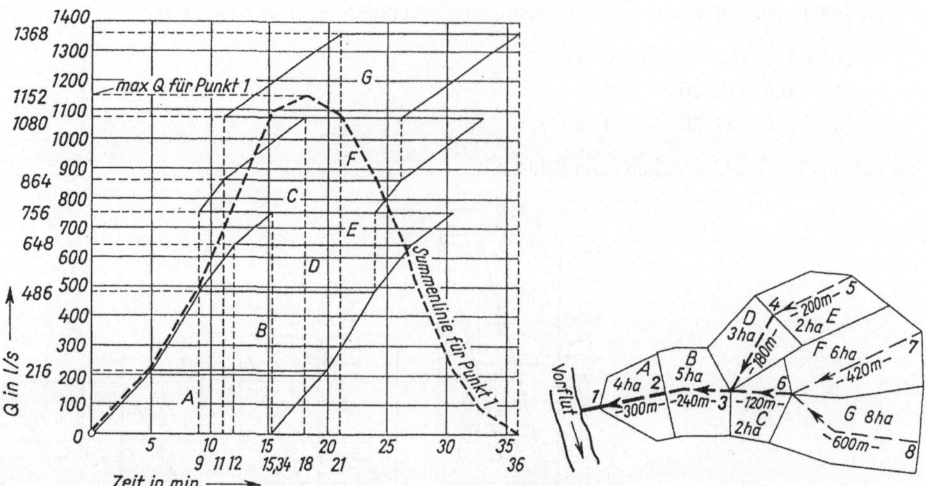

1.12 Flutplan mit Summenlinie = Ganglinie für den Endpunkt 1 des Einzugsgebietes

Das Auftragen der Summenlinie kann man vermeiden, wenn man nur die Anlauflinien der Einzelgebiete aufträgt und durch „Herunterklappen" der spitzen Ecken die geknickte Anlauflinie herstellt (**1.**13). Mit Hilfe eines transparenten Deckblattes, welches Q- und Zeiteinteilung in gleichem Maßstab wie der Flutplan enthält, findet man max Q für den Punkt $1 = 18$ min nach Regenbeginn, wenn man unter Parallellage der Achsen den Nullpunkt auf der Anlauflinie entlang schiebt und bei $t = 15$ min die Wassermengen-Ordinaten vergleicht, bis man max Q gefunden hat.

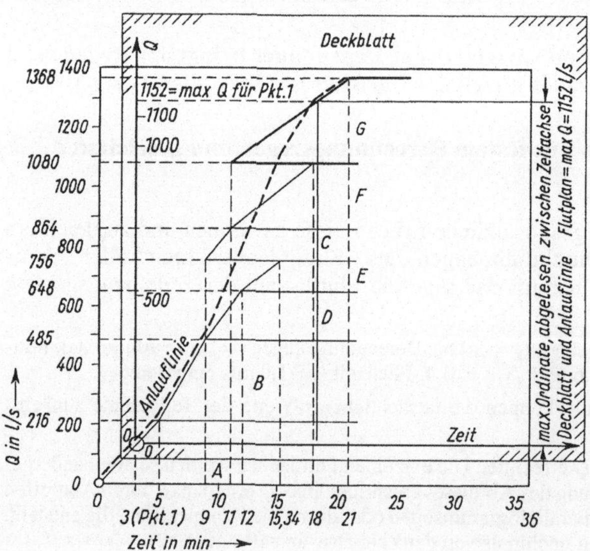

1.13
Flutplan mit Anlauflinie für Gebiete A bis G

1.4.3 Summenlinienverfahren

Bisher ist die Höchstwassermenge nur unter der Annahme einer Regenspende von bestimmter Dauer und Intensität ermittelt worden. Dies ist eine grobe Vereinfachung. Man muß vielmehr aus der gewählten Regenreihe den Regen finden, der für den betreffenden Netzteil den größten Abfluß bewirkt. Man benutzt das Regendiagramm nach Hauff-Vicari (**1**.14). Hier ist auf einem transparenten Deckblatt Q und die Zeit in gleichem Maßstab wie beim Flutplan aufgetragen. Bis zur Zeitordinate des vorliegenden Berechnungsregens verlaufen die Q-Linien horizontal. Dann laufen sie verzerrt auseinander. Die Ordinate einer Q-Linie ergibt sich dann mit

$$Q \cdot \frac{\varphi \text{Berechnungsregen}}{\varphi \text{Zeitordinate}},$$

z.B. bei $Q = 500$ l/s und dem Berechnungsregen $r_{15,n=1}$ für den Zeitpunkt 30 min

$$500 \frac{1}{0{,}615} = 500 \cdot 1{,}625 = 812{,}5\,\text{l/s}$$

Man erspart sich durch dieses Regendiagramm das Zeichnen mehrerer Flutpläne für verschiedene Regenspenden einer Regenreihe und entsprechender Deckblätter nach Bild **1**.14.

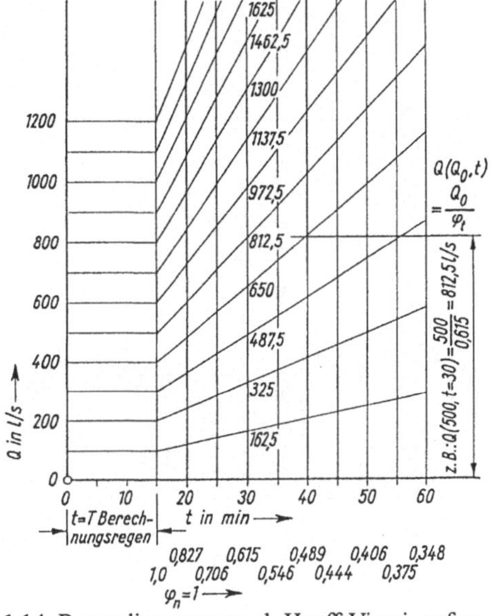

1.14 Regendiagramm nach Hauff-Vicari, aufgetragen im Maßstab des Flutplanes

Bild **1**.15 und Tafel **1**.13 zeigen die Berechnung eines RW-Einzugsgebietes nach dem Summenlinienverfahren für verschiedene Regenspenden (nach Kehr). Der Flutplan wird mit einer Listenrechnung gekoppelt. Sobald nach der Kotierung des Netzes der Netzplan mit ψ-Werten, Größen der Teilgebiete, Längen der Kanalstrecken und dem Gefälle bekannt ist, trägt man im 3. Quadranten eines Koordinatensystems gebietsweise Flutflächen aneinander. Die Endpunkte der Fließzeiten von gleichzeitig durchflossenen Flächen liegen dabei untereinander. Die Fließzeiten von nacheinander

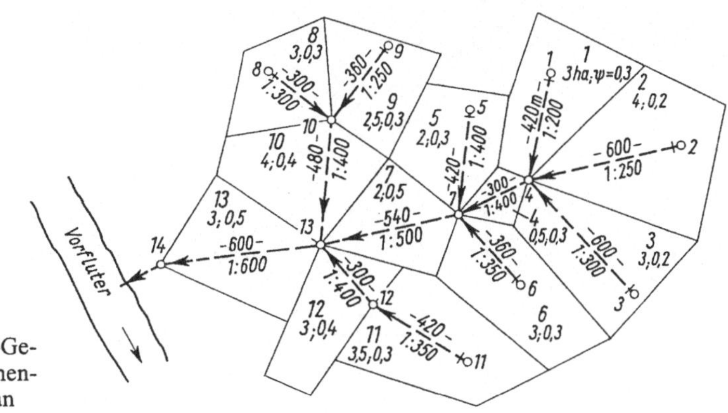

1.15
Berechnung eines RW-Gebietes nach dem Summenlinienverfahren-Lageplan

Tafel **1**.13 Berechnung eines RW-Gebietes nach dem Summenlinienverfahren – Flutplan, Summenlinien, Tabelle für das Gebiet Bild **1**.15

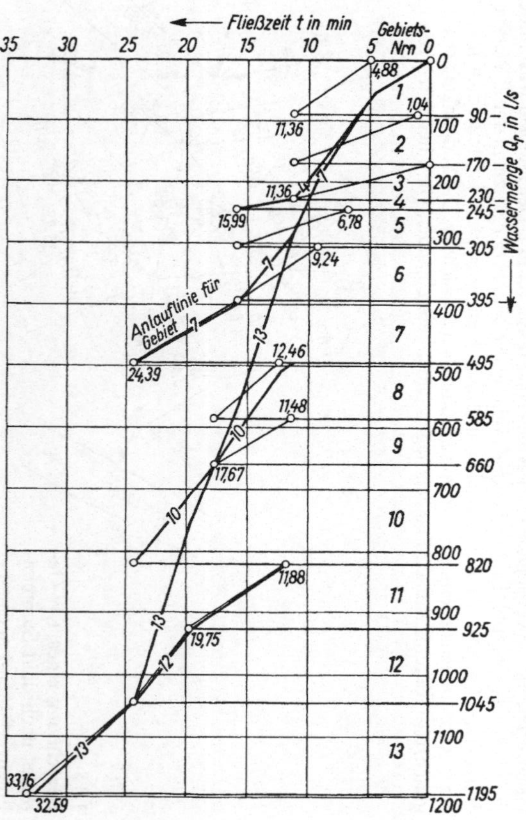

Q_r in l/s	ΣQ_r in l/s	$\Sigma red Q_r = Q_R$ in l/s	Gefälle 1 : n	Kanalprofil d in mm	Vollfüllung Q_o in l/s	Vollfüllung v_o in m/s	Kanallänge in m	Fließzeit t in min	Fließzeit Σt in min	Zeitbeiwert φ	Bemerkungen
90	90	90	1:200	350	104	1,08	420	6,48	6,48	1	
80	80	80	1:250	350	93	0,97	600	10,32	10,32	1	
60	60	60	1:300	350	85	0,88	600	11,36	11,36	1	
15	245	235	1:400	600	305	1,08	300	4,63	**15,99**	0,959	
60	60	60	1:400	350	73,4	0,76	420	9,21	9,21	1	
90	90	90	1:350	400	111	0,89	360	6,75	6,75	1	
100	495		1:500	800	583	1,16	540	7,76	23,75	0,733	aus Summenlinie
		363		700	410	1,07		8,40	24,39	0,719	
		356		700	410	1,07		8,40	24,39		
		380		700	410	1,07		8,40	**24,39**		
90	90	90	1:300	400	120	0,96	300	5,21	5,21	1	
75	75	75	1:250	350	93	0,97	360	6,19	6,19	1	
160	325	325	1:400	700	459	1,19	480	6,72	12,91	1	
105	105	105	1:350	400	111	0,89	420	7,87	7,87	1	
120	225	225	1:400	600	305	1,08	300	4,64	12,51	1	
150	1195		1:600	1200	1549	1,37	600	7,30	31,69	0,59	
		703		900	727	1,14		8,77	33,16	0,57	aus Summenlinie
		680		900	727	1,14		8,77	33,16		
		850		1000	968	1,22		8,20	**32,59**		

durchflossenen Flächen werden addiert. Solange die Fließzeit die Regendauer nicht überschreitet, gilt der Berechnungsregen $\varphi = 1$. Wird die Fließzeit größer, gilt die kleinere Regenspende, deren Regendauer der Fließzeit entspricht, $\varphi < 1$. Die Wassermengen reduzieren sich, was eine weitere Verminderung der Fließzeiten bewirken kann. Nur diese werden mit dem Auftragen der Flutflächen korrigiert. Die Wassermengen bleiben unvermindert aufgetragen. Wenn die Flutflächen für alle Teilgebiete aufgetragen sind, werden die Anlauflinien = Summenlinien für die verschiedenen Gebietsgruppen gezeichnet und durch Auflegen und Verschieben des Nullpunktes des Regendiagrammes die max Q_R-Werte ermittelt. Die Ordinaten von max Q_R werden zwischen den divergierenden Q-Linien abgelesen. Für die max Q_R-Werte werden wieder Leitungsquerschnitt, (Spiegelgefälle) und Fließzeit bestimmt und die in der Summenlinie zunächst eingetragene Fließzeit berichtigt. Die so korrigierte Summenlinie liefert einen neuen max Q_R-Wert. Diese schrittweise Annäherung wird solange durchgeführt, bis max Q_R, Fließzeit und Summenlinie übereinstimmen. In dem Beispiel (**1**.15) ergibt sich ein max $Q_R = 850$ l/s unterhalb Schacht 13 bei $\Sigma t = 32{,}59$ min. Unvermindert hätte $Q_r = 1195$ l/s betragen.

1.4.4 Allgemeine Mängel der Verfahren

1. Die Änderung des Abflußbeiwertes ψ mit der Regendauer ist nicht berücksichtigt. Es gibt ein Verfahren nach Pecher, das diese Ungenauigkeit zu eliminieren sucht [56], vgl. Abschn. 1.4.7. Für kleinere Gebiete kann man auch mit festem Abflußbeiwert rechnen, ohne große Fehler zu machen.

2. Man berücksichtigt nicht die Teilfüllungen in den Anfangsstrecken. Damit ergeben sich kleinere Fließgeschwindigkeiten und größere Fließzeiten. Die Anlauflinie würde bei gleichen Q-Werten flacher werden und damit würden kleinere max Q_R-Werte abgelesen werden.

3. Man vernachlässigt den Unterschied zwischen dem für den Abfluß maßgebenden Wasserspiegelgefälle und dem der Rechnung zugrunde gelegten Sohlgefälle. Die Differenz ist meist gering und tritt nachteilig nur bei Rückstau auf.

4. Die Speicherwirkung des Rohrnetzes wird vernachlässigt. Gemeint ist die Auffüllung des Rohrvolumens, bis eine stationäre Strömung nach den Rechnungsannahmen entsteht. Dieser Fehler erhöht die Sicherheit der Berechnungen. Das Verfahren von Müller-Neuhaus, vgl. Abschn. 1.4.5, berücksichtigt diese Abflußverzögerung.

5. Man nimmt eine gleichzeitige Regendauer für das Einzugsgebiet an. Dies ist bei größeren Gebieten nicht der Fall. Nach **1**.16 würde sich die Zeit vom Regenbeginn bis zum Abfluß aus dem ganzen Gebiet A_E (die Fließzeit t) vergrößern, weil der Regen gegen die Fließrichtung zieht.

$$t = \frac{l}{v} + \frac{l}{v_R}$$

Bildet die Fließrichtung mit der Zugrichtung einen Winkel α, dann müßte es genauer heißen

$$t = \frac{l}{v} + \frac{l \cdot \cos\alpha}{v_R}$$

Bei einer mit der Fließrichtung gleichsinnigen Zugrichtung würde sich die Fließzeit entsprechend verringern. Im ersten Fall würde die Anlauflinie flacher, max Q_R

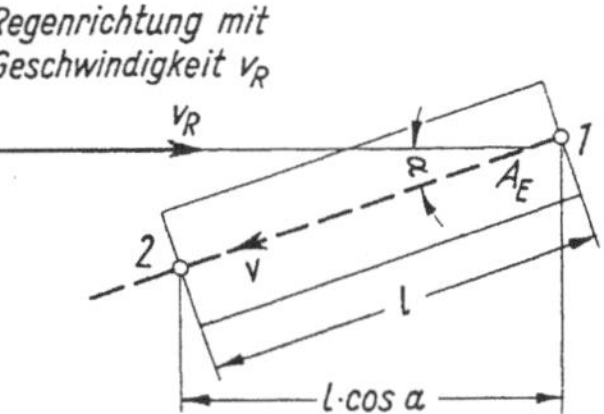

1.16 Regenbewegung über dem Einzugsgebiet

kleiner; im zweiten Fall steiler, max Q_R größer werden. Der Einfluß wandernder Regen ist nur bei größeren Einzugsgebieten und in Landschaften mit typischen Regenrichtungen zu berücksichtigen.

1.4.5 Summenlinienverfahren mit Berücksichtigung der Speicherwirkung (nach Müller-Neuhaus)

Um einen bestimmten Abfluß aus einem Rohrsystem zu bekommen, wenn zunächst wenig Wasser hineingelangt, bedarf es einer bestimmten Auffüll- oder Speicherzeit, bis ein stationärer Fließzustand erreicht ist, d.h. bis die abfließende Wassermenge der zufließenden entspricht. Besonders bei Regen mit einer Regendauer unterhalb der Speicherzeit wirkt sich der rückhaltende Einfluß stark abflußmindernd aus.

Es gelten die drei Voraussetzungen wie beim Summenlinienverfahren (**1**.17).

1. Gleichbleibende Regenstärke i während der Regendauer.
2. Die Wassermengen fließen gleichmäßig auf der ganzen Kanallänge zu.
3. Gefälle und Querschnitt bleiben gleich.

Nach einer Zeit t beteiligt sich ein unteres Teilgebiet von A_E am Abfluß. Im Kanal hat sich am Schacht 2 eine Füllhöhe $h'(t)$ eingestellt (**1**.18). Der Zufluß beträgt $Q_{zu} \cdot t$. Die Abflußmenge Q_{an} im Zeitbereich t_l hängt von der Füllhöhe ab. Die in der Kanalhaltung gespeicherte Wassermenge $V(t)$ ist zeitabhängig.

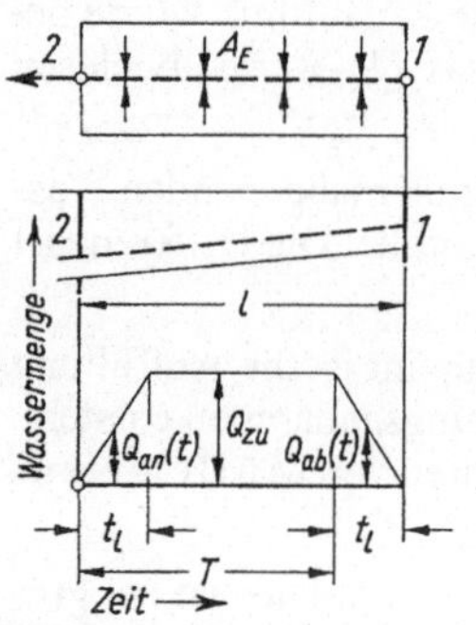

1.17 Ideale Einflußfläche des Flutplanes

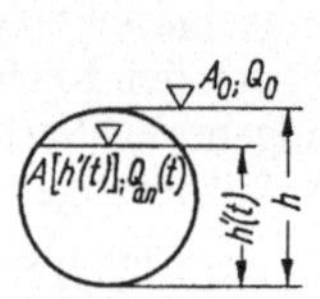

1.18 Bezeichnungen beim Kreisprofil

$$V(t) = Q_{zu} \cdot t - \int Q_{an}(t) \cdot dt \tag{1.7}$$

$$V(t) = l \cdot A[h'(t)] \tag{1.8}$$

$l \mathrel{\widehat{=}}$ Länge des Kanals
$A[h'(t)] \mathrel{\widehat{=}}$ Fließquerschnitt

Näherungsweise kann man im mittleren Bereich der Füllungskurven, etwa von $10\% < Q < 90\%$ (vgl. Abschn. 2.5.4) eine lineare Abhängigkeit zwischen h' und Q annehmen.

Dies gilt auch für h' und $A(h')$. Mit h, A_0 und Q_0 für Vollfüllung ergibt sich

$$\frac{A[h'(t)]}{h'(t)} = \frac{A_0}{h} \qquad A[h'(t)] = \frac{A_0}{h} h'(t) \tag{1.9}$$

in Gl. (1.8)

$$V(t) = l \cdot \frac{A_0}{h} \cdot h'(t) \tag{1.10}$$

ebenso gilt

$$\frac{h'(t)}{Q_{an}(t)} = \frac{h}{Q_0} \qquad h'(t) = \frac{h}{Q_0} \cdot Q_{an}(t) \tag{1.11}$$

eingesetzt in Gl. (1.10)

$$V(t) = l \cdot \frac{A_0}{Q_0} \cdot Q_{an}(t) \tag{1.12}$$

mit $Q_0 = v \cdot A_0$ und $t_l = \frac{l}{v}$, $l = t_l \cdot v$

$$V(t) = t_l \cdot Q_{an}(t) \tag{1.13}$$

Gl. (1.7) und (1.13) gleichgesetzt, ergeben

$$Q_{zu} \cdot t - \int Q_{an}(t) \cdot dt = t_l \cdot Q_{an}(t) \tag{1.14}$$

differenziert nach dt

$$Q_{zu} - Q_{an}(t) = \frac{d(Q_{an}(t))}{dt} \cdot t_l \quad \text{oder} \quad \frac{d(Q_{an}(t))}{dt} \cdot t_l + Q_{an}(t) = Q_{zu} \tag{1.15}$$

Die Lösung dieser Differentialgleichung 1. Ordnung vom Typ

$$y' \cdot a + y = b \quad \text{wäre} \quad y = b\left(1 - e^{-x/a}\right) \quad \text{hier} \quad Q_{an}(t) = Q_{zu}\left(1 - e^{-t/t_l}\right) \tag{1.16}$$

ist die Gleichung der Anlauflinie.
In ähnlicher Weise könnte man die Gleichung der Ablauflinie aufstellen. Sie heißt

$$Q_{ab}(t') = Q_{zu}(t) \cdot e^{-t'/t_l} \tag{1.17}$$

Man kann nun in Gl. (1.16) für t Werte einsetzen und erhält

t	$Q_{an}(t)/Q_{zu}$
0 t_l	0
0,7 t_l	$\approx$0,5
1 t_l	0,63
2 t_l	0,86
3 t_l	0,95
4 t_l	0,98
5 t_l	0,99
6 t_l	1,00

Bei den gebräuchlichsten Profilformen (Kreis und Ei) sind die Fließgeschwindigkeiten bei $h' = 0{,}5\,h$ und $h' = 1{,}0\,h$ etwa gleich (s. Abschn. 2.5.4). Die Dimensionierung der Rohre wird Füllhöhen h' in diesem Füllungsbereich ergeben. Es kann auch näherungsweise angenommen werden, daß für steigende Füllmengen im Bereich $0 \leq h' \leq 0{,}5\,h$ die Fließgeschwindigkeiten etwa bei $0{,}5\,v_0$ liegen. Damit wird die Fließzeit in diesem Bereich verdoppelt. Andererseits wird $Q_{an}(t) \approx 0{,}5\,Q_{zu}$ bei $0{,}7\,t_l$ erreicht. Bei einer Verdoppelung der Fließzeit t im Bereich der halben Rohrfüllung erhält man $2 \cdot 0{,}7\,t_l = 1{,}4\,t_l$. Dieser Wert wird auf $1{,}7\,t_l$ erhöht. Man erhält die korrigierte Anlaufkurve nach (**1**.19). Sie dehnt sich jetzt auf $7\,t_l$ aus. Die Ablaufkurve klingt bei $11\,t_l$ ab. Man dehnt ebenfalls die Fließzeiten unter halber Rohrfüllung entsprechend aus. Es entsteht das Bild einer verbesserten

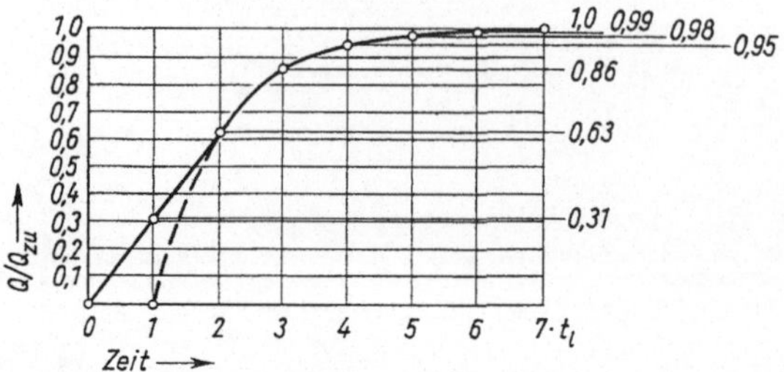

1.19 Verbesserte Anlaufkurve mit Ordinatenangaben Q/Q_{zu} über 7 t_l

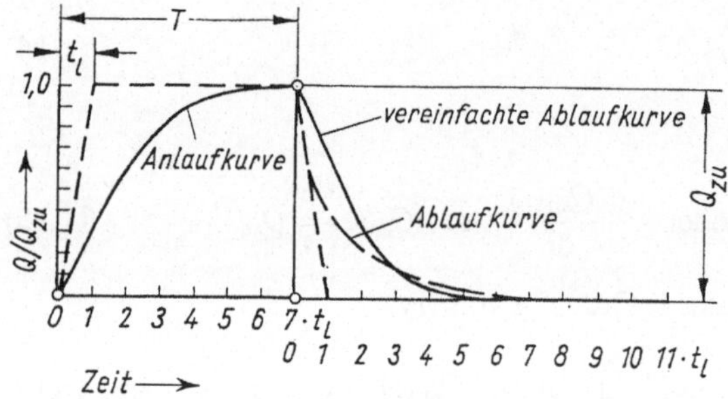

1.20 Verbesserte An- und Ablaufkurve (Flutfläche) unter Berücksichtigung des Speichervermögens der Kanäle

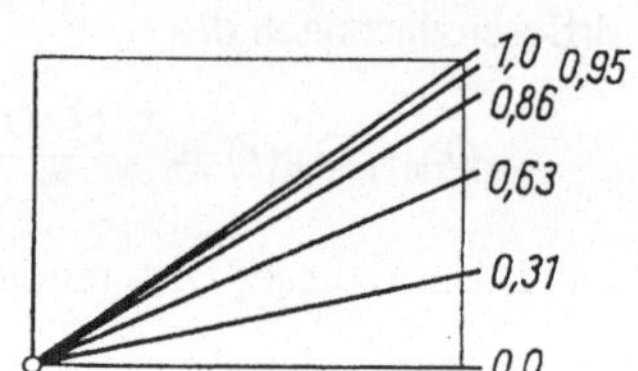

1.21 Proportionalitätsmaßstab zur Erleichterung der Auftragungen von Q/Q_{zu}

Flutkurve nach (**1.**20). Um das Verfahren dem Summenlinienverfahren anzupassen, werden die Längen der An- und Ablaufkurven auf je $7t_l$ beschränkt und damit die Ablaufkurve der Anlaufkurve angeglichen.

Die Ablaufkurve erscheint nun als die an der t-Achse gespiegelte und in den Ablaufbereich verschobene Anlaufkurve. Die Flutfläche läßt sich dann ähnlich wie vorher bei der Umwandlung von der Trapez- in die Parallelogrammfläche in eine Flutfläche mit kurvenförmigen, parallellaufenden An- und Ablauflinien umwandeln. Damit wird es möglich, bei diesem Verfahren auch nur die Anlauflinien zu zeichnen und das Regendiagramm zu verwenden.

Bei der Anwendung des Verfahrens für ein größeres Einzugsgebiet geht man zunächst so vor, wie beim Summenlinienverfahren (Tafel **1.**13). Dann werden die Anlauflinien der Einzelgebiete oder von Gebietsgruppen nach den Ordinaten Q/Q_{zu} gezeichnet. Man bedient sich hier eines Proportionalitäts-Maßstabes und überträgt für beliebige Werte von Q_{zu} die Ordinaten ohne Rechnung.

Bild **1.**22 und Tafel **1.**14 bringen ein Beispiel für das verbesserte Summenlinienverfahren nach dem Lageplan Bild **1.**23. Der Arbeitsplan ist etwa folgender:

1. Die Zuflußmengen Q_{zu} des Regenwassers oder des Mischwassers werden wie beim Summenlinienverfahren (Abschn. 1.4.3) ermittelt.

2. Kanalprofil, Fließgeschwindigkeit und Fließzeit werden für voll $Q = Q_0$ ermittelt.

3. Die Anlauflinien der Anfangskanalstrecken werden für ihre Fließzeiten t_l mit Hilfe des Proportionalitätsmaßstabes gezeichnet (Ordinaten = Q/Q_{zu}; zeitliche Länge der Anlauflinien = $7t_l$).

4. Folgt auf das erste Teilgebiet ein zweites Gebiet hintereinander, so gilt als Gesamtzuflußordinate = $Q_{zu(1+2)}$ die Summe aus der Ordinate der Anlauflinie von Gebiet 1 zur Zeit t plus der Ordinate Q_{zu2} von Gebiet 2, abgemindert mit dem Faktor $Q/Q_{(1+2)}$ auf die Länge $7t_l$. Hier wird gegenüber

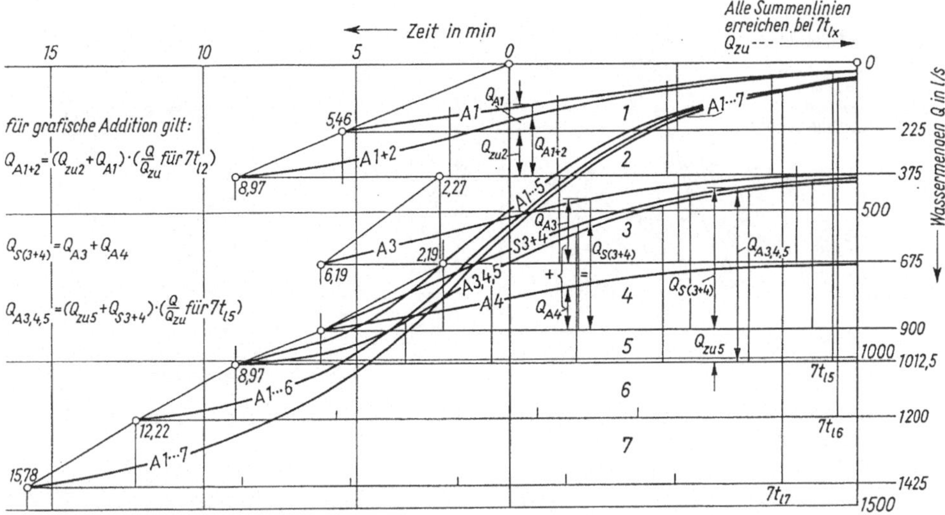

1.22 Berechnung des RW-Gebietes (Bild 1.23) nach dem verbesserten Summenlinienverfahren – Flutplan, Summenlinien, Tabelle

Tafel 1.14

Q_r in l/s	ΣQ_r in l/s in	$\Sigma \text{red} Q_r = Q_R$ in l/s	Gefälle 1 : *n*	Kanalprofil *d* in mm	Vollfüllung Q_0 in l/s	v_0 in m/s	Kanallänge in m	Fließzeit *t* in min	Σt in min	Zeitbeiwert φ	Bemerkungen
225	225		1:250	500	239	1,22	400	5,46	5,46	1	aus Summenlinie
		140		450	181	1,14		5,84	5,84	1	
150	375		1:250	600	387	1,37	290	3,51	**8,97**	1	a. S.
		230		500	239	1,22		3,96	**9,80**		
300	300		1:200	600	433	1,53	360	3,92	3,92	1	a. S.
		240		500	267	1,36		4,41	4,41		
225	225		1:300	600	353	1,25	300	4,0	4,0	1	a. S.
		170		500	218	1,11		4,51	4,51		
112,5	637,5		1:300	800	754	1,50	250	2,78	6,78	1	a. S.
		470		700	531	1,38		3,02	7,53		
187,5	1200	1172	1:400	Ei900/1350	1429	1,54	300	3,25	**12,22**	$\frac{1,13}{1,262} = 0,985$	a. S.
		1046		Ei800/1300	1048	1,43		3,50	**13,30**		
225	1425	1090	1:500	1200	1696	1,50	320	3,56	**15,78**	$\frac{0,967}{1,262} = 0,766$	a. S.
		860		1700	1051	1,34		3,98	**17.28**		

der mathematischen Ableitung ein Fehler gemacht, weil der Zufluß von Gebiet 1 zeitlich nicht konstant ist, sondern eigentlich $Q_{zu}(t)$. Die Größe des Fehlers wirkt sich nur auf die ersten Zeitabschnitte der Anlauflinie von Gebiet 2 aus.

5. Werden zwei Teilgebiete (3 und 4) zusammengeführt (Gebiete nebeneinander), so werden für jedes unabhängig die Anlauflinien Q/Q_{zu} auf $7t_l$ gezeichnet. Die Ordinaten der beiden Anlauf-

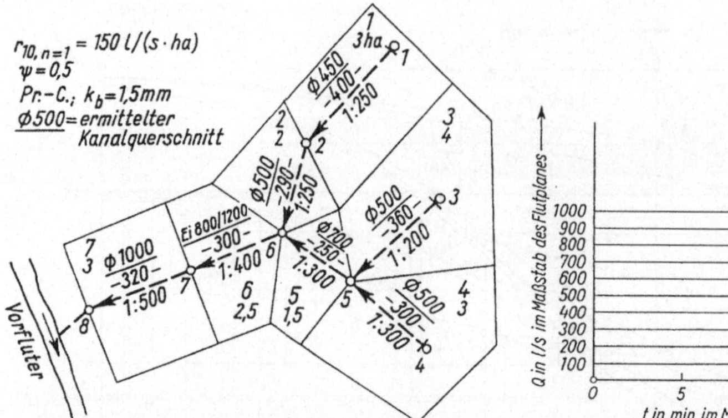

1.23 Berechnung eines RW-Gebietes nach dem verbesserten Summenlinienverfahren-Lageplan

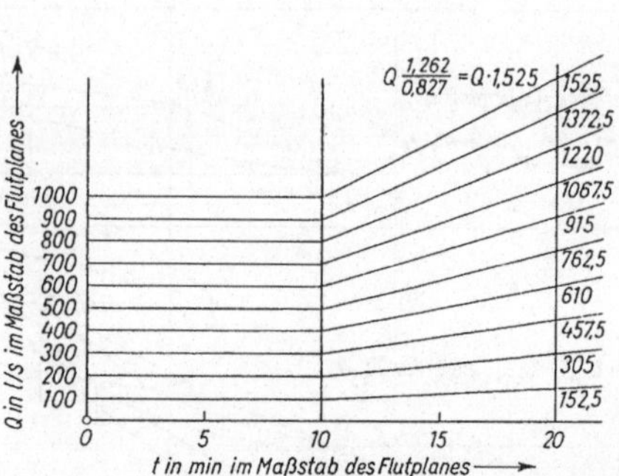

1.24 Regendiagramm für das Beispiel 1.23

linien werden dann algebraisch (zeichnerisch) addiert und damit eine Anlauflinie für den Zufluß $Q_{zu(3+4)}(t)$ für das unterhalb liegende Gebiet 5 als Zwischenlösung gezeichnet. Mit dieser verfährt man dann so wie mit der Anlauflinie von $Q_{zu1}(t)$ unter Punkt 4.

6. Die so erhaltenen Summenlinien werden wie beim Summenlinienverfahren der Auswertung mit dem Regenabflußdiagramm zwecks Ermittlung von max Q_R unterzogen. Bild 1.24 zeigt das Regenabflußdiagramm für das gerechnete Beispiel (Tafel 1.14).

Das verbesserte Summenlinienverfahren berücksichtigt die Gestalt des Leitungsnetzes, des Einzugsgebietes, die Teilfüllungen, das Speichervermögen der Kanäle und die ungünstige Regenspende einer Regenreihe. I. allg. werden damit kleinere Kanalabmessungen erreicht. Das Verfahren erfordert mehr Arbeitsaufwand.

1.4.6 Zeitbeiwertverfahren (vgl. Abschn. 2.7.9)

Ein rechnerisches Verfahren zur Ermittlung der Durchflußmengen ist das Zeitbeiwertverfahren. Man benutzt eine Liste (Listenrechnung). In dieser ist für jeden zu berechnenden Leitungspunkt eine Zeile vorhanden. Man ermittelt für jeden dieser Punkte den Regen, dessen Dauer der Fließzeit entspricht. Die errechnete Abflußmenge ist dann zugleich die größte Durchflußmenge. Der Berechnungsregen gilt als Ausgangswert. Bei Fließzeiten kleiner als der Regendauer des Berechnungsregens gilt dieser. Bild 1.25 und Tafel 1.15 zeigen ein Berechnungsbeispiel (kleineres Entwässerungsgebiet, mit Spitzenabflußbei-

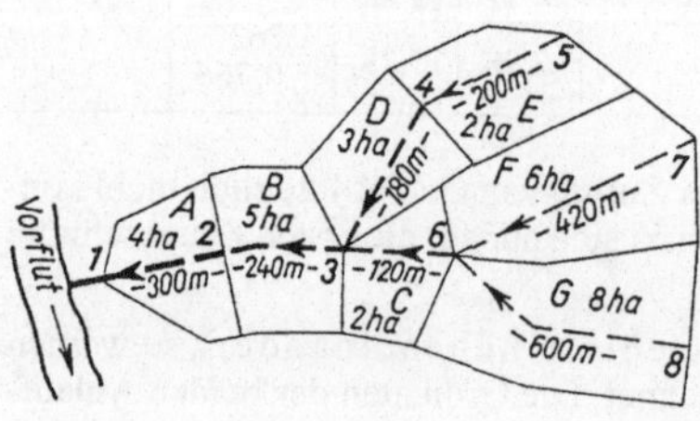

1.25 Berechnung eines RW-Gebietes nach dem Zeitbeiwertverfahren und mit ψ_s (Lageplan)

Tafel **1**.15 Listenrechnung zur Ermittlung der Durchflußmengen mit dem Spitzen-Abflußbeiwert ψ_s. Berechnungsregenspende $r_{15,n=1} = 100$ l/(s · ha)

1	2	3	4	5	6	7	8	9	10	11	12	13	14	15	16	17	18	19
Gebiet		Strecke von | bis Schacht		Kanallänge in m		Einzugsgebiet in ha		Anteil der befestigten Flächen $A_{E,bef.}$	Geländeneigung in %	ψ_s	Regenwasserabflußspende $q_r=\psi_s \cdot r$	Abfluß						
lfd. Nr.	Name	oben	unten	l	Σl	A_E	ΣA_E	in %			in l/(s · ha)	Zufluß von Gebiet	$A_E \cdot q_r$	$\Sigma A_E \cdot q_r = Q_r$	geschätzte Fließzeit t in min	Zeitbeiwert φ	$Q_R = \varphi \cdot Q_r$	weitergegeben nach Gebiet
1	G	8	6	600	600	8	8	40	<1	0,37	37	–	296	296	10	1	296	C
2	F	7	6	420	1020	6	6	40	1 bis 4	0,44	44	–	264	264	7	1	264	C
3	C	6	3	120	1140	2	16	60	4 bis 10	0,62	62	G bis F	124	684	12	1	684	B
4	E	5	4	200	1340	2	2	60	4 bis 10	0,62	62	–	124	124	3,3	1	124	D
5	D	4	3	180	1520	3	5	60	4 bis 10	0,62	62	E	186	310	6,3	1	310	B
6	B	3	2	240	1760	5	26	60	>10	0,65	65	D bis C	325	1319	16,0	0,96	1266	A
7	A	2	1	300	2060	4	30	60	>10	0,65	65	B	260	1579	21,0	0,80	(1263) 1266	Vorflut

wert ψ_s nach Tafel **1**.16). Bei kleineren Gebieten (Grundstücke, C-Plätze) verwendet man auch den konstanten Abflußbeiwert ψ (s. Tafel **1**.12 und Bild **1**.9).

Bei einer Berechnungsregenspende $r_{15,n=1}$ gilt für das Anfangsgebiet 1

$$Q_{R1} = \varphi_{x,n=1} \cdot r_{15,n=1} \cdot \psi_s \cdot A_E \tag{1.18}$$

x = Fließzeit bis zum unteren Schacht des Gebietes. Für mehrere $= m$ Teilgebiete oberhalb des Berechnungspunktes gilt

$$Q_{R1} = \varphi_{x,n=1} \cdot \sum_1^m r_{15,n=1} \cdot \psi_s \cdot A_E \tag{1.19}$$

x = längste Fließzeit $t = x$ min innerhalb dieser Teilgebiete bis zum Berechnungspunkt. Das Verfahren ist mit dem konstanten Abflußbeiwert aus den verschiedenen Teilflächenbefestigungen durchzuführen (Tafel **1**.12) oder mit dem veränderlichen Spitzenabflußbeiwert (Tafel **1**.16).

Der Zeitbeiwert kann wieder aus Tafel **1**.10 ermittelt werden. Der Index x entspricht der Fließzeit t und wird, wie früher die Regendauer T, auf der waagerechten Achse abgelesen. Solange die Fließzeit $t \leq T = 15$ min bleibt, ist $\varphi_{15,n=1} = 1$ einzusetzen.

Ist eine andere Regenspende als $r_{15,n=1}$ Berechnungsregen, z.B. $r_{i,n=k}$, dann tritt an Stelle von $\varphi_{x,n=1}$ in Gl. (1.19) der Quotient zweier Werte. Die zweite Form der Gl. (1.20) wird in der Praxis bevorzugt.

$$Q_R = \frac{\varphi_{x,n=k}}{\varphi_{i,n=k}} \cdot \sum_1^m r_{i,n=k} \cdot \psi_s \cdot A_E \quad \text{oder} \quad Q_R = \varphi_{x,n=k} \cdot \sum_1^m \overbrace{\frac{r_{i,n=k}}{\varphi_{i,n=k}}}^{r_{15,n=1}} \cdot \psi_s \cdot A_E \tag{1.20}$$

In Spalte 6 wurden die Kanallängen durchsummiert. Oft werden die Längen des Fließweges summiert. Dies bringt aber bei der Ermittlung der Fließzeiten (Sp. 16) keinen Vorteil, weil die Fließgeschwindigkeiten in den Teilstrecken verschieden sind.

In Spalte 17 der Liste wird nach (1.20) ggf. der Quotient eingesetzt. Bei der Addition der Teileinzugsgebiete ist darauf zu achten, daß nur zusammengehörige Gebiete addiert werden.

Wird die errechnete Wassermenge Q eines Punktes gegenüber dem oberhalb liegenden vorherigen Punkt kleiner, weil ein besonders schmales Teileinzugsgebiet durchflossen wurde, dann soll das Q des vorherigen Punktes eingesetzt werden (Zeile 7). Bei wenig vergrößerter Fläche gab es eine größere Fließzeitverlängerung.

Bei ungleichmäßigen Einzugsgebieten, Gefälleverhältnissen oder Anteilen der befestigten Flächen tritt der größte Abfluß nicht bei Überregnung des gesamten Einzugsgebietes auf. Die Bilder **1**.26 und **1**.27 stellen zwei mögliche Fälle dar.

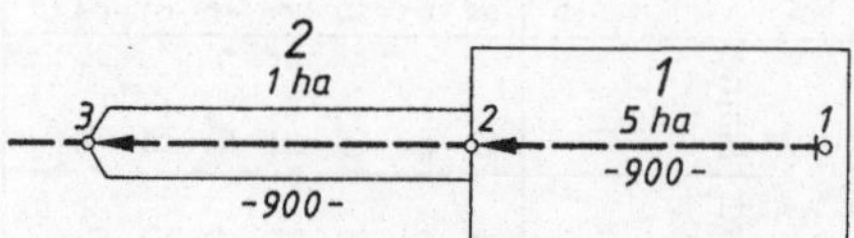

1.26
Zwei Einzugsgebiete hintereinander, Geb. 1 groß, Geb. 2 klein und lang.
$r_{15,n=1} = 100$ l/(s · ha);
$\psi_m = 0,5$; $v_m = 1,0$ m/s.

Nach Zeitwertverfahren schematisch:
Q_R vor Schacht 2 = $1 \cdot 0{,}5 \cdot 100 \cdot 5 = 250$ l/s; $t = 15$ min, $\varphi = 1{,}0$
Q_R vor Schacht 3 = $0{,}615 \cdot 0{,}5 \cdot 100(5+1) = 184{,}5$ l/s; $t = 30$ min, $\varphi = 0{,}615$
hier ist für das Gebiet 2 der Wert 250 l/s einzusetzen. Dieser höhere Wert entsteht, wenn nur das Geb. 1 mit $r_{15,n=1} = 100$ l/(s · ha) überregnet wird.

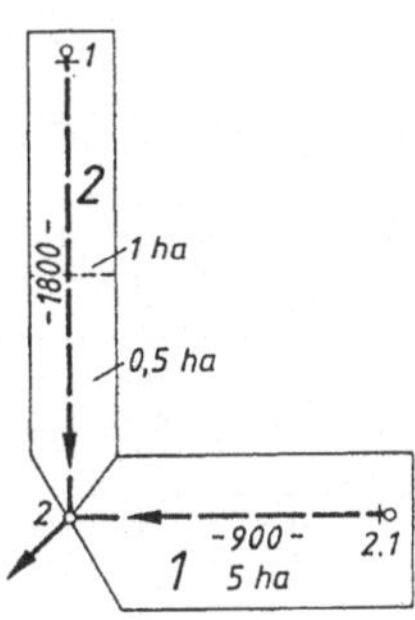

1.27
Zwei Einzugsgebiete nebeneinander, Geb. 2 klein und lang, Geb. 1 groß. $r_{15,n=1} = 100$ l/(s · ha); $\psi_m = 0{,}5$; $v_m = 1{,}0$ m/s.
Nach Zeitbeiwertverfahren schematisch:
Q_R vor Schacht 2(1) = $0{,}615 \cdot 0{,}5 \cdot 100 \cdot 1 = 30{,}75$ l/s;
$t = 30$ min, $\varphi = 0{,}615$
Q_R vor Schacht 2(2.1) = $1{,}0 \cdot 0{,}5 \cdot 100 \cdot 5 = 250$ l/s;
$t = 15$ min, $\varphi = 1{,}0$
hinter Schacht 2 = $0{,}615 \cdot 0{,}5 \cdot 100(1+5) = 184{,}5$ l/s;
$t = 30$ min, $\varphi = 0{,}615$

Beim Zusammenfluß aus mehreren Kanalstrecken mit sehr unterschiedlichen Fließzeiten ist zu prüfen, ob das Gebiet mit der kleineren Fließzeit und dem größeren Berechnungsregen zusammen mit Teilabflüssen aus den anderen Gebieten den größten Abfluß bringt (Überregnung nur eines Teiles des Gesamteinzugsgebietes, orientiert an der Fließzeit = Regendauer des kurzen Gebietes). [39a] nennt als Kriterium $Q_{r2} \leq (t_2/9) \cdot Q_{r1}$ (s. **1**.27), danach
hinter Schacht 2: $Q_r = (Q_{r1} + Q_{r2} \cdot t_1/t_2)\varphi_1$ und $t = t_1$
Nach **1**.27 ergibt sich $Q_{r2} = 50 < 30/9 \cdot 250 = 833$ l/s und
hinter Schacht 2: $Q_r = (250 + 50 \cdot 15/30) \cdot 1{,}0 = 275$ l/s; $t = 15$ min.

Eine Schwierigkeit bei der Listenrechnung liegt in der Schätzung der Fließzeit. Bei großer Abweichung der tatsächlichen Fließgeschwindigkeit von der angenommenen müssen nachträglich φ und Q korrigiert werden.

Für Fließzeiten, die kürzer als die Berechnungsregendauer sind, ist der Zeitbeiwert konstant zu halten.

1.4.7 Berechnungsverfahren mit dem Zeitabflußfaktor

Dieses Verfahren berücksichtigt die mit der Regendauer bestehende Veränderlichkeit des Scheitelabflußbeiwertes ψ_s (s. Abschn. 1.3.4). Es wird der Scheitelabflußbeiwert oder Spitzenabflußbeiwert ψ_s verwendet, welcher der Regenreihe mit der Regenhäufigkeit n der Berechnungsregenspende entspricht. Es ist lediglich der Anteil der befestigten Fläche (Dächer, Straßen, Höfe usw.) zur Gesamtfläche festzustellen. Man liest dann unter Berücksichtigung der Geländeneigung den Wert ψ_s direkt aus Bild **1**.28 oder Tafel **1**.16 ab.

Wie beim Zeitbeiwertverfahren wird der größte Abfluß für den Zustand Fließzeit = Regendauer ermittelt. Für Fließzeiten unterhalb der Berechnungsregendauer (5, 10, 15 min) berücksichtigt der Zeitabflußfaktor bereits die entsprechende Regenspende.

Der Zeitabflußfaktor $\varepsilon(t)$ berücksichtigt die Änderung der Regenspende und des Scheitelabflußbeiwertes ψ_s mit der Regendauer. Er ist aus Bild **1**.29 oder Tafel **1**.17 abzulesen. Der Regenwasserabfluß beträgt dann

$$Q_R = \varepsilon(t) \cdot \sum \psi_s \cdot r_{15,n=1} \cdot A_E \tag{1.21}$$

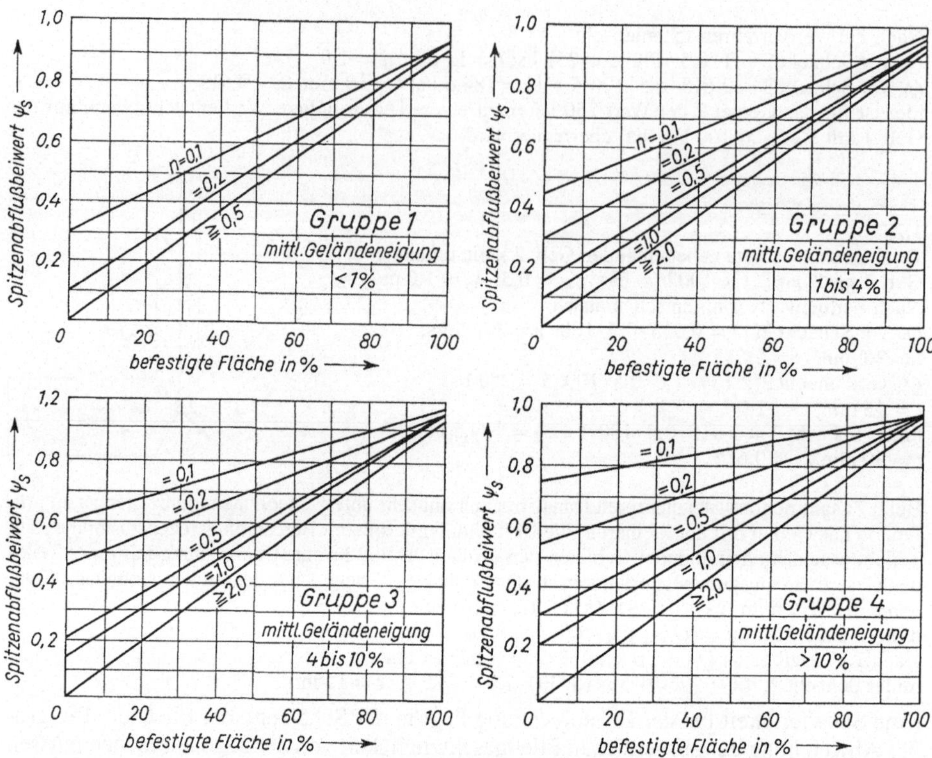

1.28 Scheitelabflußbeiwerte ψ_s für verschiedene mittlere Geländeneigungsbereiche J_g der Entwässerungsgebiete in Abhängigkeit vom Anteil der befestigten Flächen nach [56].
Es entsprechen bei $r_{15,n=1} = 100$ l/(s · ha): $n = 0,1 - 225$; $n = 0,2 - 180$; $n = 0,5 - 130$; $n = 1,0 - 100$; $n = 2,0 - 75$ l/(s · ha)

Tafel **1.16** Scheitelabflußbeiwerte ψ_s für verschiedene mittlere Neigungsbereiche der Entwässerungsgebiete in Abhängigkeit vom Anteil der befestigten Flächen nach [56] zu Bild **1.28**

Anteil der befestigten Fläche in %	Gruppe 1 $J_g < 1\%$		Gruppe 2 $1\% \leq J_g \leq 4\%$		Gruppe 3 $4\% \leq J_g \leq 10\%$		Gruppe 4 $J_g \geq 10\%$	
	100 1	130 0,5	100 1	130 0,5	100 1	130 0,5	100 1	$130 = r_{15(n)}$ $0,5 = n$
0	0,00	0,00	0,10	0,15	0,15	0,20	0,20	0,30
10	0,09	0,09	0,18	0,23	0,23	0,28	0,28	0,37
20	0,18	0,18	0,27	0,31	0,31	0,35	0,35	0,43
30	0,28	0,28	0,35	0,39	0,39	0,42	0,42	0,50
40	0,37	0,37	0,44	0,47	0,47	0,50	0,50	0,56
50	0,46	0,46	0,52	0,55	0,55	0,58	0,58	0,63
60	0,55	0,55	0,60	0,63	0,62	0,65	0,65	0,70
70	0,64	0,64	0,68	0,71	0,70	0,72	0,72	0,76
80	0,74	0,74	0,77	0,79	0,78	0,80	0,80	0,83
90	0,83	0,83	0,86	0,87	0,86	0,88	0,88	0,89
100	0,92	0,92	0,94	0,95	0,94	0,95	0,95	0,96

Die Werte $r_{15(n)}$ bezogen auf $r_{15,n=1} = 100$ l/(s · ha)

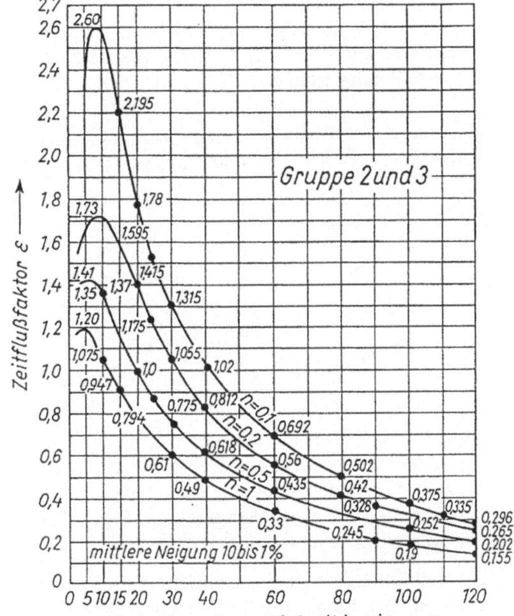

1.29
Zeitabflußfaktor ε für verschiedene mittlere Neigungsbereiche der Entwässerungsgebiete in Abhängigkeit von der Regendauer T nach [56]

Es entsprechen bei $r_{15,n=1} = 100$ l/(s · ha):
$n = 0{,}1$ $r_{15,n=0,1} = 225$ l/(s · ha)
$n = 0{,}2$ $r_{15,n=0,2} = 180$ l/(s · ha)
$n = 0{,}5$ $r_{15,n=0,5} = 130$ l/(s · ha)
$n = 1$ $r_{15,n=1} = 100$ l/(s · ha)

Tafel **1**.17 Zeitabflußfaktor ε zu Bild **1**.29

Regendauer T bzw. Fließzeit t_f	Zeitabflußfaktor ε											
	Gruppe 1 mittlere Neigung $J_g < 1\%$				**Gruppe 2 und Gruppe 3** mittlere Neigung $1\% \leq J_g \leq 10\%$				Gruppe 4 mittlere Neigung $J_g > 10\%$			
	100	130	180	225	100	130	180	225	100	130	180	225 $= r_{15(n)}$
in min	1	0,5	0,2	0,1	1	0,5	0,2	0,1	1	0,5	0,2	0,1 $= n$
0	1,070	1,400	1,540	1,585	1,200	1,410	1,730	2,600	1,190	1,420	2,130	2,840
5	1,070	1,400	1,540	1,585	1,200	1,410	1,730	2,600	1,190	1,420	2,130	2,840
7	1,070	1,400	1,540	1,585	1,150	1,410	1,730	2,600	1,155	1,420	2,130	2,840
10	1,070	1,350	1,540	1,585	1,075	1,370	1,730	2,600	1,085	1,390	2,080	2,760
15	0,945	1,160	1,350	1,400	0,974	1,175	1,595	2,195	0,945	1,190	1,700	2,245
20	0,790	0,995	1,140	1,185	0,794	1,000	1,415	1,780	0,805	1,025	1,435	1,830
25	0,680	0,865	0,992	1,050	0,684	0,880	1,225	1,520	0,700	0,900	1,240	1,550
30	0,605	0,765	0,886	0,950	0,610	0,775	1,055	1,315	0,615	0,785	1,070	1,330
40	0,485	0,610	0,751	0,815	0,490	0,618	0,812	1,020	0,500	0,625	0,820	1,040
50	0,395	0,500	0,640	0,710	0,400	0,510	0,660	0,835	0,410	0,520	0,670	0,855
60	0,325	0,425	0,550	0,625	0,330	0,435	0,560	0,692	0,340	0,445	0,570	0,712
70	0,285	0,370	0,470	0,545	0,290	0,379	0,480	0,585	0,300	0,388	0,495	0,605
80	0,240	0,320	0,415	0,480	0,245	0,328	0,420	0,502	0,255	0,336	0,440	0,522
90	0,210	0,285	0,365	0,420	0,215	0,292	0,375	0,430	0,225	0,300	0,390	0,450
100	0,185	0,245	0,321	0,365	0,190	0,252	0,335	0,375	0,200	0,260	0,350	0,395
110	0,165	0,220	0,290	0,320	0,170	0,225	0,295	0,330	0,180	0,228	0,310	0,355
120	0,150	0,200	0,255	0,290	0,155	0,202	0,265	0,296	0,165	0,205	0,277	0,322

Die Werte $r_{15(n)}$ bezogen auf $r_{15,n=1} = 100$ l/(s · ha)

Beispiel 1: Berechnung des RW-Gebietes nach **1.**25 mit $r_{15,n=1} = 90$ l/(s · ha), $v_m = 1$ m/s, befestigter Flächenanteil = 30%, A_E = Größe des Einzugsgebietes oberhalb des Berechnungspunktes in ha, mittlere Geländeneigung ≈ 2%.

Schacht	t (min)	max ψ_s	$r_{15,n=1}$ [l/(s · ha)]	ΣA_E (ha)	$\varepsilon(t)$	Q_R (l/s)
4	3,34	0,35	90	2	1,20	75,6
3_4	6,34	0,35	90	5	1,167	178,4
6_7	7	0,35	90	6	1,15	217,4
6_8	10	0,35	90	8	1,075	270,9
3_6	12	0,35	90	16	1,024	516,1
2	16	0,35	90	26	0,916	750,2
1	21	0,35	90	30	0,772	729,5

Korrekturen der Fließzeit t, welche durch die Dimensionierung der Kanäle entstehen, werden wie beim Zeitbeiwertverfahren (s. Tafel **1.**10) durch Verändern des Zeitabflußfaktors $\varepsilon(t)$ berücksichtigt. Ist eine andere Berechnungsregenspende als $r_{15,n=1}$ gegeben, z.B. $r_{5,n=0,5}$, dann wird diese auf die Bezugsregenspende $r_{15,n=1}$ umgerechnet (vgl. Abschn. 1.3.2). $r_{15,n=1,0}$ wird in Gl. (1.21) eingesetzt). ψ_s und ε werden unter $n = 0,5$ abgelesen.

Der Zeitabflußfaktor $\varepsilon(t)$ kann auch beim Summenlinienverfahren verwendet werden (Abschn. 1.4.3 und 1.4.5). Der mit der Fließzeit veränderliche Zeitabflußfaktor $\varepsilon(t)$ wird berücksichtigt, wenn man eine Regenharfe (s. Abschn. 1.4.3) verwendet, deren Q-Linien statt mit dem Zeitbeiwert φ mit dem Zeitabflußfaktor $\varepsilon(t)$) divergieren.

Tafel **1.**18 Listenrechnung zum Zeitabflußfaktorverfahren zum Beispiel Bild **1.**15

	Länge		Fläche A_E							Spitzenabflußbeiwert ψ_s				Zeitabflußbeiwert ε			Regenabfluß unverändert (ohne ε) $Q_{r15} = r_{15} \cdot \psi_s \cdot A_E$			
	einzeln	zus.		befestiger Anteil in %						mittlere Geländeneigung				mittlere Geländeneigung			einzeln	zusammen ΣQ_{r15} mittlere Geländeneigung		
Geb. Nr.	L	ΣL	Nr.	35	40	45	50	55		$J_g<1\%$	$1\%\leq J_g\leq 4\%$	$4\%\leq J_g\leq 10\%$	$J_g>10\%$	$J_g<1\%$	$1\%\leq J_g\leq 10\%$	$J_g>10\%$	Q_{r15}	$J_g<1\%$	$1\%\leq J_g\leq 10\%$	$J_g>10\%$
	[m]	[m]	–	[ha]	[ha]	[ha]	[ha]	[ha]	[ha]	[–]	[–]	[–]	[–]	[–]	[–]	[–]	[l/s]	[l/s]	[l/s]	[l/s]
1	2	3	4	5	6	7	8	9	10	11	12	13	14	15	16	17	18	19	20	21
1	420	420		3									0,46			1,19	138			138
2	600	600		4									0,46			1,14	184			184
3	600	600		3									0,46			1,13	138			138
4	300	900		0,5									0,46			1,04	23			483
5	420	420		2								0,43			1,12		86		86	
6	360	360		3								0,43			1,2		129		129	
7	540	1440					2					0,55			0,84	0,86	110		325	483
8	300	300		3							0,40				1,2		120		120	
9	360	360		2,5							0,40				1,2		100		100	
10	480	840			4						0,44				1,06		176		396	
11	420	420		3,5							0,40				1,18		140		140	
12	300	730			3						0,44				1,08		132		272	
13	600	2040					3				0,52				0,68	0,7	156		1149	483

Beispiel 2 (Tafel **1.**18): Es soll das RW-Gebiet des Bildes **1.**15 für $r_{15,n=1} = 100$ l/(s · ha) berechnet werden. Die Anteile der befestigten Flächen (Spalten 4 bis 10) und die mittleren Geländeneigungen (Spalten 15 bis 17) sind für die Teilgebiete verschieden und werden zusätzlich wie folgt angegeben:

Spalte 4 bis 10: Die in den Teilflächen angegebenen ψ_m Werte für das Zeitbeiwertverfahren gelten hier als Anteile der befestigten Flächen (Annahme)

Spalte 15 bis 17: Fläche 1 bis 4 $J_g = 12\%$
Fläche 5, 6, 7 $J_g = 8\%$
Fläche 8 bis 13 $J_g = 3\%$

Die ψ_s Werte sollen $\geq$ **0,35** in die Berechnung eingesetzt werden.

1.4.8 Vergleich und Anwendung der hydrologischen Berechnungsverfahren

In Tafel **1.**19 sind die hier behandelten Verfahren zusammengestellt, beurteilt und die Möglichkeiten ihrer Anwendungen erläutert.

Bei diesen hydrologischen Berechnungsverfahren werden u.a. folgende Einschränkungen in Kauf genommen:

1. Zuordnung eines allen Netzteilen gemeinsamen Fließzustandes fehlt. Der Ansatz beim Zeitbeiwertverfahren: „max Q_R bei Regendauer gleich Fließzeit" trifft nicht immer zu. Die trapezförmigen Abflußkurven beim Summenlinienverfahren sind stark vereinfacht.

2. Ermittlung der Fließzeiten für Vollfüllung oder Teilfüllung und Sohlgefälle der Leitungen. Abweichungen des Spiegelgefälles, Rückstau, Wechsel der Fließrichtung werden nicht erfaßt.

Regenabfluß verändert (mit ε) $Q_R = \Sigma(\varepsilon \cdot \Sigma Q_{r15})$				**Fließzeit**		**Gefälle** $1:n$		**Querschnitt**		**Vollfüllung**		**Regenwetter**		**Bemerkungen**
zusammen ΣQ_{r15} mittlere Geländeneigung			zus.	ein-zeln	zus.	Sohle	Wsp.	Form	Größe	Leist.	Ge-schw.	Ge-schw.	Füllh.	
$J_g<1\%$	$1\%\leq J_g\leq 10\%$	$J_g>10\%$	Q_R	t_f	Σt_f	J_s	J_w			Q_V	v_V	v_m	h_m	
[l/s]	[l/s]	[l/s]	[l/s]	[min]	[min]	n	n	–	[mm]	[l/s]	[m/s]	[m/s]	[cm]	
22	23	24	25	26	27	28	29	30	31	32	33	34	35	36
		164	164	4,9		200			500	268	1,36	1,43	28	ε wurde für v_m berechnet
		210	210	7,3		250			500	240	1,22	1,37	36	
		156	156	8,3		300			500	218	1,11	1,2	31	
		502	502	3,5	11,8	400			800	654	1,3	1,43	53	
	96		96	7,4		400			400	105	0,83	0,94	30	
	155		155	5,3		350			500	202	1,03	1,13	33	
1)	273	415,4	688,4	6,4	18,2	500			900	797	1,25	1,4	60	
	144		144	2,6		300			500	218	1,11	1,9	29	
	120		120	5,6		250			400	133	1,05	1,08	29	
	420		420	5,0	10,6	400			700	459	1,19	1,34	50	
	165		165	5,8		350			500	202	1,03	1,15	34	
	294		294	4,1	9,9	400			600	306	1,08	1,23	45	
2)	781,3	338,1	1119,4	6,8	25	600			1200	1549	1,37	1,48	73	

1) $325 \cdot 0{,}84 = 273$; $483 \cdot 0{,}86 = 415{,}4$; $273 + 415{,}4 = 688{,}4$

2) $1149 \cdot 0{,}68 = 781{,}3$; $483 \cdot 0{,}7 = 338{,}1$; $781{,}3 + 338{,}1 = 1119{,}4$

Tafel 1.19 Vergleich der hydrologischen Berechnungsverfahren für RW-Mengen

	1	2	3+)	4	5
Verfahren	Verfahren mit festem Abflußbeiwert und konstanter Regenspende $Q_r = \Sigma\psi \cdot r \cdot A_E$ rechnerisch	Flutlinienverfahren, Summenlinienverfahren zeichnerisch und rechnerisch	verbessertes Summenlinienverfahren nach Müller-Neuhaus zeichnerisch und rechnerisch	Zeitbeiwertverfahren (Listenrechnung) nach Imhoff $Q_R = \varphi \cdot \Sigma\psi_S \cdot r \cdot A_E$ rechnerisch	Zeitabflußfaktorverfahren (Listenrechnung) nach Pecher $Q_R = \varepsilon(t) \Sigma\psi_S \cdot r \cdot A_E$ rechnerisch
Beurteilung des Verfahrens	Berechnung einfach, Dimensionierung unwirtschaftlich bei größeren Gebieten. Form des Einzugsgebietes bleibt unberücksichtigt.	Zeitaufwand groß. Genauere, wirtschaftliche Dimensionierung bei größeren Gebieten. Form des Einzugsgebietes wird berücksichtigt.	Zeitaufwand sehr groß. Genauere, wirtschaftliche Dimensionierung, Speicherwirkung der Kanäle wird berücksichtigt, deshalb kleinere Abmessungen. Form des Gebietes wird berücksichtigt.	Listenrechnung, Zeitaufwand mäßig. Berücksichtigung von Regen längerer Dauer. Form des Einzugsgebietes nur teilweise berücksichtigt. Wirtschaftlichkeit der Dimensionierung entspricht etwa 2.	Listenrechnung, Zeitaufwand gering. Berücksichtigung von Regen längerer Dauer. Form des Einzugsgebietes teilweise berücksichtigt. Zeitl. Veränderlichkeit des Abflußbeiwertes berücksichtigt. Wirtschaftliche Dimensionierung.
Anwendungsbereich	Bei kleinen, gleichmäßig geformten Gebieten, wenn die Fließzeit < Regendauer des Berechnungsregens.	Bei ungleichmäßigen, größeren Gebieten. Ergänzungsuntersuchungen von Sammlern.	Bei ungleichmäßigen, größeren Gebieten und schwachem Gefälle. Nachrechnung vorhandener Netze auf zusätzliche Aufnahmefähigkeit.	Sehr häufig angewandt. Geeignet bei Gebieten mit etwa gleichmäßiger Gebietsform.	Neueres Verfahren. Auch anwendbar in Kombination mit dem Summenlinienverfahren. Anwendung, wenn Differenzierung der Abflußvorgänge vom Einzugsgebiet her notwendig.

+) Verfahren unter 3 (verbessertes Summenlinienverfahren) wird nur noch selten hydrologisch verwendet; es wird durch hydrodynamische Verfahren ersetzt.

3. Verbundwirkung des Netzes bleibt unberücksichtigt. Verzweigungsberechnungen können bei vorhandenen Netzen ungeeignete Sanierungen vermeiden.
4. Speicherraum des Kanalnetzes wird vernachlässigt. Man verzichtet auf die bei kürzeren Regen und flachem Gefälle sehr willkommene Retentionswirkung.

Kennzeichnend für die hydrologischen Methoden sind getrennte Abfluß- und Wassertiefenberechnungen. Zunächst werden die Abflüsse ermittelt. Danach wird unter der Annahme des Normalabflusses über eine Fließformel oder über Teilfüllungskurven die zum Maximalabfluß gehörende Wassertiefe berechnet. Tritt im Kanalnetz Rückstau oder Vollfüllung (Druckrohrabfluß) auf, so verlieren die Übertragungsfunktionen bei Abweichung vom Normalabfluß ihre Gültigkeit. Die bei freiem, nicht rückgestautem Abfluß vorhandene Wasserspeicherung (Retention) im Kanal kann z.B. durch einen linearen Einzelspeicher oder eine Speicherkaskade ersetzt werden. Die Modellparameter der Speicherkaskade werden dabei aus den geometrisch-hydraulischen Kenngrößen wie Profilabmessungen, Gefälle, Rauheit abgeleitet.

1.4.9 Berechnungsverfahren mit Datenverarbeitung (hydrodynamische Verfahren)

Bei großen RW-Gebieten und für die Nachrechnung von großen, schon vorhandenen RW-Netzen empfiehlt sich die Benutzung von hydrodynamischen Methoden und der EDV. Grundlage bilden die hier unter Abschn. 1.4.2 bis 1.4.8 beschriebenen oder andere mathematische Verfahren (z.B. : Ganglinien-Volumen-Methode nach Dorsch oder Oberflächenabflußmodell der Water Res. Engineers, Cal. USA, Elnet der Steinzeugindustrie). Der Oberflächenabfluß wird mathematisch simuliert, unter Verwendung der partiellen Differentialgleichungen der Hydraulik elektronisch gerechnet. Als Eingabe werden Niederschlagsganglinien von Regen und die Oberflächendaten benutzt. Errechnet werden Abflußganglinien von Testgebieten. Der Abflußbeiwert ψ braucht nicht mehr geschätzt zu werden. Die Abflußganglinien des Oberflächenabflusses bilden dann die Zuflußganglinien als Input für das Programm der Kanalnetzberechnung.

Durch vergleichende Messungen in städtischen RW-Netzen wird die Brauchbarkeit des Programms nachgewiesen (Modellregen).

Hydraulische Grundlagen für den Oberflächenabfluß (St. Venant)

Kontinuitätsgleichung (s. a. Abschn. 2.5.1 und Tafel **2.**12):

$$\frac{\partial h}{\partial t} + \frac{\partial q}{\partial x} = r(t) - i(t) - \frac{\partial B}{\partial t} - \frac{\partial M(y, J_s)}{\partial t} \tag{1.22}$$

Energiegleichung:

$$\frac{\partial h}{\partial t} + \frac{v \cdot \partial v}{g \cdot \partial x} + \frac{\partial v}{g \cdot \partial t} = J_S - J_R \tag{1.23}$$

- J_R — Reibungsgefälle
- J_S — Sohlengefälle
- $\frac{\partial v}{g \cdot \partial t}$ — lokale Beschleunigung
- $\frac{v \cdot \partial v}{g \cdot \partial x}$ — konvektive Beschleunigung
- $\frac{\partial h}{\partial t}$ — Änderung der Wassertiefe h mit dem Fließweg x

mit

h = Wassertiefe	r = Regenspende
x = Fließweg	i = Versickerung
t = Zeit	B = Benetzungsverlust
q = spezifischer Abfluß z.B. in l/(s · ha)	M = spezieller Muldenverlust
v = Fließgeschwindigkeit	J_s = Oberflächengefälle
g = Erdbeschleunigung	J_R = Reibungsgefälle

Für J_R stehen die bekannten Fließformeln zur Verfügung. ATV-A 110 [1] empfiehlt die Formel von Darcy mit λ nach Prandtl-Colebrook. Für offene Gerinne wird die Formel von Gaukler-Manning-Strickler empfohlen (s. Abschn. 2.5).

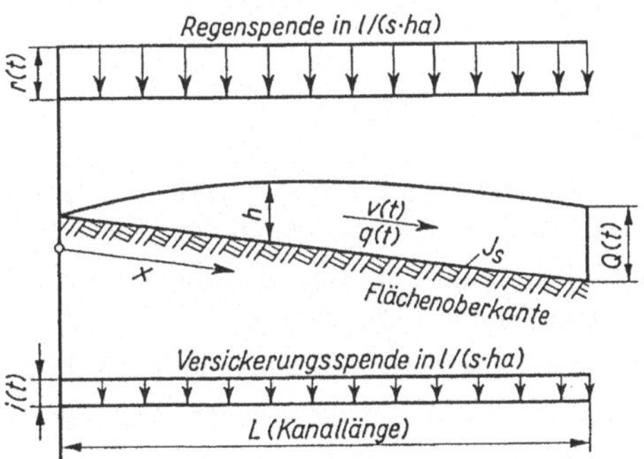

1.30 Schema des Oberflächenabflusses

Die Benetzungsverluste B sind nur zeitabhängig. Die Muldentiefen werden für einen Flächenabschnitt gleichmäßig verteilt angenommen. Das Muldenvolumen ist abhängig von der Muldentiefe und dem Oberflächengefälle: $M(hJ_s)$.

Die Versickerung wird meist mit empirischen Formeln beschrieben, z.B. Gleichung von Horton (s. Tafel **1**.11).

Die Verdunstung spielt eine Rolle bei der Abkühlung der Oberfläche zu Regenbeginn. Sie kann bei den Benetzungsverlusten mit berücksichtigt werden. Die Verdunstung von den mit Wasser überzogenen Flächen bei Starkregen ist vernachlässigbar klein.

Der Abfluß in einem Abwasserkanal ist meist ein ungleichförmiger, diskontinuierlicher und instationärer Fließvorgang.

Ungleichförmigkeit liegt vor, wenn sich die Fließgeschwindigkeit, die Fülltiefe und der durchflossene Querschnitt ändern. Dies geschieht durch Zuflüsse, Querschnittwechsel, Gefällewechsel, Schachtgerinne, Rückstau, Abstürze. Bei den manuellen Verfahren geht man von einem konstanten Abfluß in einer Kanalstrecke mit konstantem h', v und A aus. Mit Hilfe der Energiegleichung läßt sich dies genauer berücksichtigen.

Diskontinuierlicher Abfluß liegt bei $\partial Q/\partial x \neq 0$ vor. Q ändert sich im Kanal ständig durch Hausanschlüsse, Straßeneinläufe usw. Das Glied $\frac{v \cdot \partial v}{g \cdot \partial x}$ berücksichtigt den Energieaufwand für die Beschleunigung der Zuflüsse.

Instationärer Abfluß liegt bei $\partial v/\partial t \neq 0$ vor. In RW-Netzen verläuft der Abfluß in Form einer Ganglinie $Q = f(t)$. Dies auch bei dem fiktiven Fall r und $\psi = \text{const}$. Normal ist aber $r = f(t)$ und $\psi = f(t)$.

Die geschlossene Lösung der o.g. partiellen Differentialgleichungen ist nur schwer möglich. Man vereinfacht die Energiegleichung dann oft zu:

$$\frac{v \cdot \mathrm{d}v}{g \cdot \mathrm{d}x} + \frac{\mathrm{d}h}{\mathrm{d}x} = J_s - J_R$$

und berücksichtigt das Reibungsgefälle J_R nach Darcy-Weisbach mit λ nach Prandtl-Colebrook

$$J_R = \lambda \cdot \frac{l}{4R} \cdot \frac{v^2}{2g}$$

Man ermittelt die Abflußganglinie im wesentlichen mit der Kontinuitätsgleichung, wobei das Speichervermögen des Kanals $= V$ bis zur Bildung des eigentlichen Fließvorganges berücksichtigt wird:

$$Q_{zu}(t) - Q_{ab}(t) = \frac{\mathrm{d}V}{\mathrm{d}t}$$

$Q_{ab}(t)$ und $\mathrm{d}V/\mathrm{d}t$ können aus der Energiegleichung gewonnen werden. Die Abflußganglinie und die Wasserspiegelhöhe läßt sich dann iterativ ermitteln.

Bild **1**.31 stellt die Berechnung von zwei RW-Einzugsgebieten nach der Ganglinien-Volumen-Methode gegenüber.

Bild **1**.32 zeigt einen Rechennetzplan für ein RW-Testgebiet.

Die beiden Differentialgleichungen (1.22) und (1.23) sind über die Wassertiefe h miteinander gekoppelt und nicht geschlossen lösbar. Daher werden sie in Differenzengleichungen überführt und

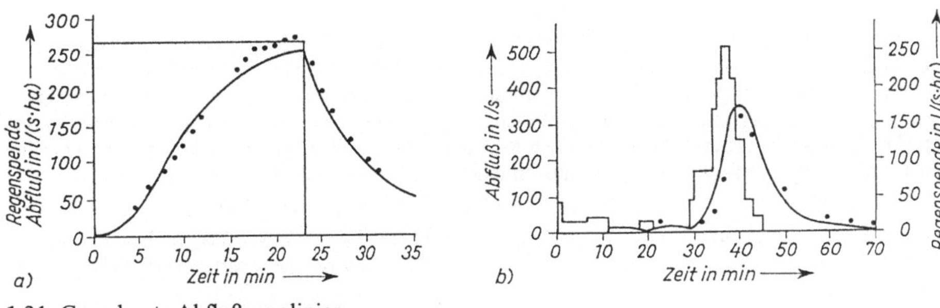

1.31 Gerechnete Abflußganglinien
a) Testfläche mit Rasen, Gefälle 1%
b) Stadtgebiet, Regendauer $T = 45$ min; $N = 13$ mm

gemessener Abfluß
gemessener Niederschlag
gerechneter Abfluß

mit expliziten oder impliziten Rechenverfahren gelöst. Die Wahl der Differenzenquotienten und der Weg- und Zeitintervalle hat großen Einfluß auf Konvergenz, Genauigkeit und Berechnungsaufwand. Abfluß und Wassertiefen werden gleichzeitig berechnet. Rückstaueinflüsse, Vermaschungen, Druckrohrabfluß und Fließumkehr können erfaßt werden. Der Rechenaufwand ist erheblich höher als bei den hydrologischen Methoden.

Für Sonderbauwerke wie z.B. Regenüberläufe, Becken, Schieber, Stauraumkanäle werden in hydrologischen und hydrodynamischen Berechnungen vereinfachende Modellannahmen getroffen. In hydrodynamischen Berechnungen können Sonderbauwerke wie Haltungen behandelt werden. Ihre Funktion kann durch die Übergabebedingungen zu den angeschlossenen Haltungen berücksichtigt werden. Dies setzt die Kenntnis der Abmessungen des Bauwerks voraus, was bei Sanierungsmaßnahmen nicht immer gegeben ist.

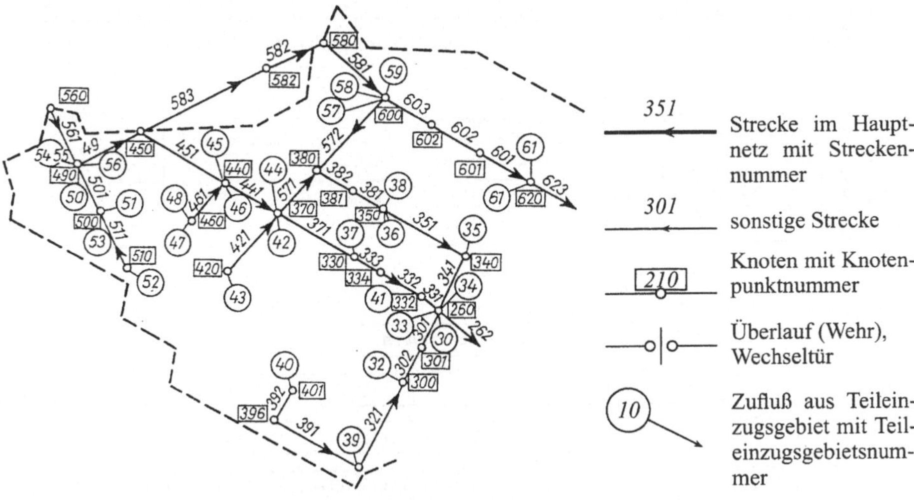

1.32 Ausschnitt aus einem Rechennetzplan für ein Testgebiet

Die hydrodynamische Kanalnetzberechnung kann eingesetzt werden für die Bemessung der Kanäle und Sonderbauwerke bei Abführung der maßgebenden Abflüsse; die Darstellung von Betriebsvorgängen in Entwässerungsnetzen (Abflußsteuerung); die günstigste Lösung von Sanierungsmaßnahmen, mittels Untersuchung mehrerer Varianten; den Nachweis der Wasserspiegellagen im Kanalnetz für einen bestimmten Regen z.B. nach Rückstauschäden. Der Anwendungsbereich geht über den Bereich der hydrologischen Verfahren hinaus, die für die Nachrechnung und Sanierung bzw. Erneuerung der Kanalnetze für vorgegebene Berechnungsregen geeignet sind.

Die richtige Auswahl einer Berechnungsmethode sichert noch keine zuverlässigen Berechnungsergebnisse, wenn die Berechnungsgrundlagen, die Durchführung der Berechnung oder die ausgearbeitete Entwässerungslösung fehlerhaft ist.

Berechnungsmodelle sind immer dann anzusetzen, wenn die zeitliche Verteilung des Niederschlags berücksichtigt und die Entwicklung der Abflüsse und Wasserstände ermittelt werden soll. Dies gilt insbesondere bei einer Überprüfung der Berechnungsergebnisse anhand von gemessenen Niederschlags- und Abflußereignissen.

Die Oberflächenabflußmodelle können die Umwandlung des Niederschlags in Zuflußganglinien zum Kanal wirklichkeitsnah darstellen. Voraussetzung dafür ist, daß sie an Niederschlags-Abfluß-Messungen geeicht sind.

Die Anwendung hydrologischer Transportmodelle ist beschränkt auf Netze, deren Abflußverhalten nicht wesentlich durch Vermaschung oder Rückstau beeinflußt wird. Dann können die Modelle zur Nachrechnung und Dimensionierung großer Netze eingesetzt werden. Wegen des verhältnismäßig geringen Rechenaufwandes sind sie auch dazu geeignet, lange Niederschlagszeiträume zu verarbeiten (Langzeitsimulation), um Aussagen über die langjährige Abflußhäufigkeit in Kanalnetzen und Überlaufwassersummen an Regenüberläufen zu erhalten.

Die hydrodynamischen Transportmodelle sind dagegen bei schwierigen Netzverhältnissen, z.B. starker Rückstaueinfluß, starke Vermaschung oder schwierige hydraulische Verhältnisse im Zusammenhang mit Sonderbauwerken, geeignet. Sie können bei solchen Verhältnissen sowohl für die

Tafel 1.20 Anwendungsbereiche der Methoden zur Kanalnetzberechnung. S. auch [1]-ATV-A 119 u. -ATV-A 120, [19a], [21b], [21d], [41a], [55a], [70a], [73a]

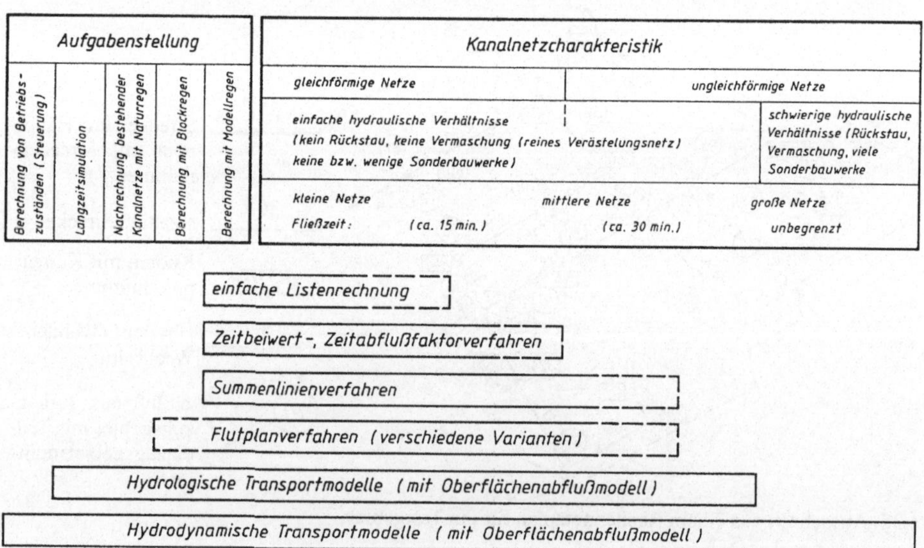

Dimensionierung als auch für die Langzeitsimulation eingesetzt werden. Ebenso können sie benutzt werden, wenn verschiedene Betriebszustände in Kanalnetzen, z.B. Abflußsteuerung, simuliert werden sollen.

Tafel **1**.20 gibt eine Übersicht zur Anwendung der verschiedenen Verfahren, abhängig von der Aufgabenstellung und der Charakteristik des Kanalnetzes.

Die Terminologie der EN 752 unterscheidet zwischen den Methoden
– einfache empirische Verfahren (z.B. Zeitbeiwertverfahren und Zeitabflußfaktor);
– hydrologische Verfahren, in denen der Oberflächenabfluß auf einfache Weise berücksichtigt wird (z.B. Abflußganglinien mit konstantem oder veränderlichem Spitzenabflußbeiwert);
– hydrologische Verfahren, in denen der Oberflächenabfluß auf detaillierte Weise berücksichtigt wird (z.B. Verlustratenansätze in der Abflußbildung, lineare Speicherkaskaden in der Abflußkonzentration [ATV-M 165, 1994]);
– hydrodynamische Verfahren, in denen der Oberflächenabfluß auf einfache oder detaillierte Weise berücksichtigt wird.

Die Füllhöhen werden entweder nach dem hydrologisch ermittelten Abfluß festgestellt (stationäre Wasserspiegellagenberechnung) oder über ein hydrodynamisches Modell instationär berechnet.

Es sei an dieser Stelle darauf hingewiesen, daß im Rahmen dieses Buches keine weiteren Einführungen in die elektronische Kanalnetzberechnung gegeben werden können. Auf folgende Berechnungsprogrammpakete wird hingewiesen:

1. Hystrem-Extran, L. Fuchs und C. Scheffer, Institut für technische Hydrologie der Universität Hannover (Prof. Sieker) mit 4 verschiedenen Rechenprogrammen (Zebev, Hystem, Extrav, Extran) und 6 verschiedenen Eingabeprogrammen (Zebein, Hysein, Extein, Halein, Sonein, Regein)

Anwendung: Durchführung von Kanalnetzberechnungen – Bemessung/Nachrechnung

Leistung: Oberflächen-Abflußberechnung haltungsweise mit einem hydrologischen Modell;
Hydrodynamische Abflußtransportberechnung (Lösung des vollständigen Saint-Venantschen Gleichungssystems) für beliebige Querschnittsformen;
Berücksichtigung aller vorkommenden Sonderbauwerke (Wehre, Abstürze, Pumpen, Speicherbecken, Drosselstrecken etc.);
Ausgaben von Maximalwerten und Ganglinien, Printerplot von Wasserstands- und Abflußganglinien;
Plotsoftware (Längsschnitt mit Ergebnisdarstellung, Ganglinien, Lageplan) sowie Erweiterungspakete zur Langzeitsimulation und Schmutzfrachtberechnung sind verfügbar;
Lauffähig unter MS/DOS oder Unix.

2. Plot

Anwendung: Graphische Darstellung der Ergebnisse hydrologischer Berechnungen

Leistung: Darstellung der Struktur eines Kanalnetzes im Grundriß basierend auf den Koordinaten der Schächte;
Darstellung von Abfluß-, Geschwindigkeits- und Wasserstandsganglinien basierend auf den Berechnungsergebnissen des Programmpakets Hystem-Extran;
Darstellung von Längsschnitten sowohl ohne als auch mit den Berechnungsergebnissen des Programmpakets Hystem-Extran;
Maus-unterstützte interaktive Auswahl der darzustellenden Bereiche oder Punkte;
Darstellung sowohl auf dem Bildschirm als auch Ausgabe auf einen Plotter;
Wahl von Schriftgrößen, Stempelfeld etc.

3. Fluter

Anwendung: Modellierung des Niederschlag-Abfluß-Prozesses in kleinen Einzugsgebieten

Leistung: Flächendetailliertes, hydrologisches Modell;
Alternative Abflußbildungsansätze;
Systemhydrologische Abflußkonzentrationsberechnung;
Abflußtransport mit kinematischem Wellenansatz;
Kopplung der Modellkomponenten mit dem Programmpaket Hystem-Extran;
Berücksichtigung von Sonderbauwerken (Wehre, Pumpen, Speicherbecken);
Ausgabe von Maximalwerten und Ganglinien, Printerplots von Abflußganglinien und Speicherwasserständen;
Plotsoftware (Längsschnitt mit Ergebnisdarstellung), Erweiterungspaket für eine Langzeitsimulation etc. ist verfügbar.

4. Speika/Kosim

Anwendung: Nachweis der Mischwasserentlastungsanlagen – Schmutzfrachtberechnung

Leistung: Langzeit-Kontinuums-Simulation des Niederschlag-Abfluß-Prozesses;
Berücksichtigung von bis zu 50 Entlastungsbauwerken;
Bauwerkstypen gemäß ATV-A 128;
Schmutzfrachtermittlung nach Zwei-Komponenten-Methode;
Aussagen zum Entlastungsverhalten hinsichtlich Menge und Fracht anhand von Absolutwerten, Verhältniswerten, Häufigkeitsverteilungen und Dauerlinien.

5. DRA

Anwendung: Aufnahme, Auswertung und Bereitstellung von Regendaten für hydrologische Planungen und Berechnungen

Leistung: Digitale Erfassung von Niederschlags-Registrierungen, Datenverwaltung, Korrektur und Fortschreibung der Daten;
Ausdruck von Niederschlagsdaten in Jahrestabellen für Tageswerte oder in Listen für Daten kleinerer Zeitintervalle;
Graphische Darstellung von Tages-Summenlinien;
Berechnung von Gebietsniederschlägen nach dem Thiessen-Verfahren;
Erstellung jährlicher und partieller Serien von Niederschlagshöhen verschiedener Dauerstufen;
Statistische Analyse von Starkregen nach Wiederkehrzeit und Dauer entsprechend der Regel DVWK 124/ATV-A 121 für jährliche und/oder partielle Serien für Einzelstationen oder Gebietsniederschläge;
Auswahl abgeschlossener Niederschlagsereignisse nach vorgebbaren Trennkriterien und Sortierung nach Zeit, Niederschlagshöhe oder -intensität;
Umformatierung von Niederschlagszeitreihen.

6. DYNA

Anwendung Hydrodynamisches Transportmodell zur Streckenberechnung (Kanalhaltungen) und zur Knotenpunktsberechnung (Schächte und sonstige Bauwerke)

Leistung: Streckenberechnung nach der instationär ungleichförmigen, diskontinuierlichen Bewegungsgleichung (Saint-Venant) explizit.
Knotenpunktsberechnung erfaßt die sprunghaften Änderungen der Impulsverteilung infolge veränderter Profilformen, Sohlsprünge und Volumenänderungen. Berücksichtigung von Wehren und Rückhaltebecken.

1.5 Dezentrale Versickerung von Niederschlagswasser

Die Regenwasserversickerung ist ein alternatives Mittel, um bei hohem Entwässerungsanspruch die Nachteile der Ableitung zu vermeiden. Die Möglichkeiten sind an natürliche Verhältnisse gebunden und bestehen in Versickerung, Speicherung und Ableitung. Nach ATV-A 138 ist die Versickerung nur bei nicht schädlich verunreinigtem Niederschlagswasser von Dach und Terassenflächen von überwiegend zu Wohnzwecken genutzten Grundstücken, Verwaltungsbauten und ähnlich genutzten Anwesen (auch im gewerblichen Bereich) zulässig. Es wird weiterhin vorausgesetzt, daß eine Versickerung in chemischer, physikalischer und biologischer Hinsicht keine nachteilige Veränderung des Grundwassers eintreten läßt.

Als Nachteil der Regenwasserableitung in Kanälen gelten: Sinkende Grundwasserstände, verminderte Niedrigwasserführung in den Wasserläufen, häufigere Scheitelabflüsse und erhöhte Schadstoffeinträge in die Oberflächengewässer.

Ein kombiniertes Regenentwässerungssystem besteht aus vielfältigen Bauelementen. Bei beengtem Raum muß auf kombinierte oder zentrale Lösungen ausgewichen werden. Die Versickerung soll oberflächennah durch die bewachsene und belebte Bodenzone erfolgen, die in einer Stärke von einigen dm eine gute Reinigungswirkung besitzt. Wegen des Grundwassers ist eine direkte Versickerung zu vermeiden.

Die wichtigsten Systeme werden im folgenden genannt.

Flächenversickerung. Das Regenwasser wird durch die durchlässige Oberfläche versikkert, auch bei durchlässigen Pflasterungen. Die Aufnahme des Bodens muß größer sein als die Höhe des Bemessungsregens. Anwendbar bei Hoffläche, Parkwegen, Campingsplätzen und Sportanlagen.

Versickerungsmulden und -becken dienen zur Speicherung und Versickerung. Um die Mulden flach zu halten, soll das Wasser möglichst oberflächennah zugeführt werden (**1**.33).

Für Versickerungsmulden nennt das ATV-A 138 als Richtwert einen Durchlässigkeitsbeiwert $k_f \geq 5 \cdot 10^{-6}$ m/s, um die Entleerungszeiten zu begrenzen. Das Trocknen der Mulden zwischen den Regen erhält die Sickerfähigkeit. Der Flächenbedarf für Mulden, Tiefe $\approx$ 30 cm, liegt je nach Durchlässigkeit bei $\approx$ 10 bis 20% von A_{red}. Versickerungsbecken benötigen wegen der größeren Einstauhöhe eine geringere Fläche. Mulden-Rigolen-Elemente (**1**.34, **1**.35) können über Rohrleitungen miteinander verbunden werden, so daß auch die gedrosselte Regenwasserableitung möglich ist. Das den Mulden als erstem Speicher zugeführte Regenwasser sickert durch eine 30 cm starke Mutterbodenschicht in die Rigole darunter, deren Speichervermögen dem Porenvolumen des Füllmaterials entspricht (Kies $\approx$ 25 bis 30%, Lava $\approx$ 40%). Die Rigole dient als 2. Speicher. Sie entleert sich durch Versickerung oder durch Abfluß. Mulden-Rigolen werden gebaut, wenn man

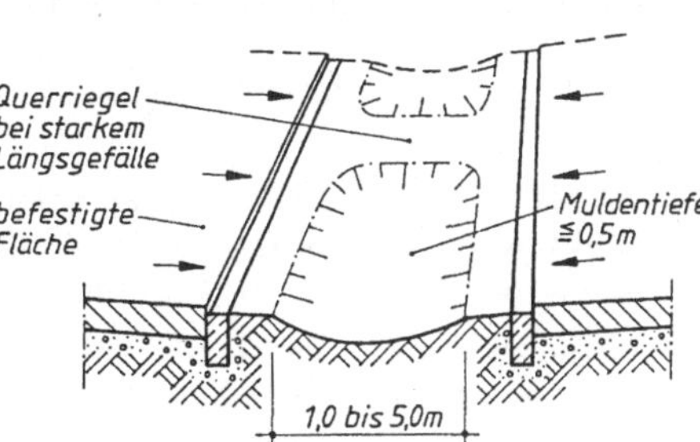

1.33
Muldenversickerung nach ATV-A 138 [1]

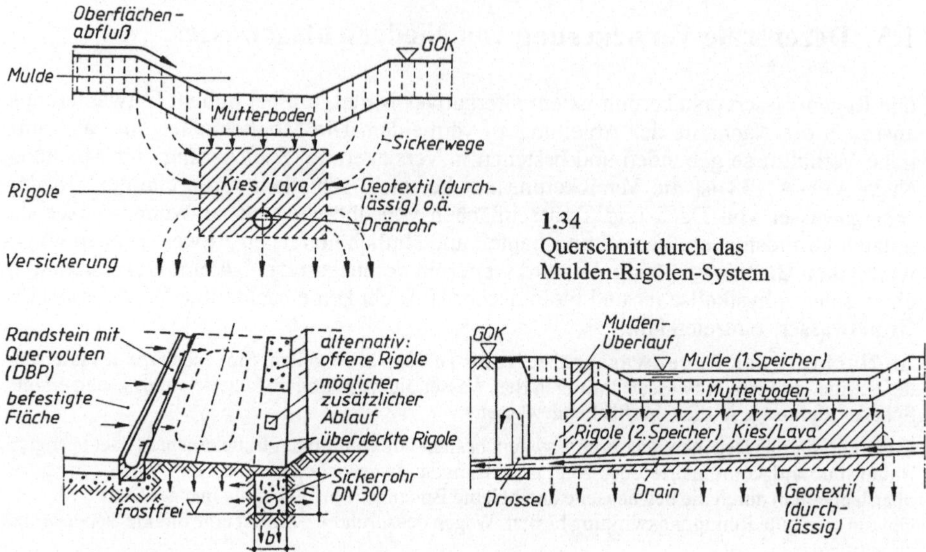

1.34 Querschnitt durch das Mulden-Rigolen-System

1.35 Perspektive und Längsschnitt des Mulden-Rigolen-Systems

wegen Platzmangel mit Mulden alleine nicht auskommt. Ein Teil der Speicherung wird so in den Untergrund verlegt. Der Flächenbedarf für Mulden liegt, da die Durchlässigkeit des Mutterbodens manipuliert werden kann, k_f-Wert möglichst um $2 \cdot 10^{-5}$ m/s, bei 5 bis 10% von A_{red}.

Rigolen-Systeme mit Abfluß werden bei Bodenverhältnissen eingesetzt, die eine Versickerung nur bei sehr großem Speichervolumen zulassen würden, $k_f < 1 \cdot 10^{-6}$ m/s. Es sind meist Gebiete mit stärkeren RW-Abflüssen.

Gedichtete Rigolen ohne vorgeschaltete Mulden haben ausschließlich Speichereigenschaft. Entleerung durch gedrosselten Abfluß. Sie werden an Sohle und seitlich gedichtet, z.B. durch Folien oder Bentonit, damit kein ungereinigtes Regenwasser versickert. Der Abfluß wird am Auslaß durch Bodenfilter oder Vegetationspassagen gereinigt.

Transportelemente werden auch bei Versickerungssystemen benötigt. Es werden Rasenmulden, Gräben, Pflaster- oder Fertigteilrinnen verwendet. Unterirdisch kommen Kanalrohre oder duktile Gußrohre zum Einsatz.

Schachtversickerung. Das Niederschlagswasser wird in einem durchlässigen Schacht zwischengespeichert und verzögert in den Untergrund abgegeben (Bild **1**.36). Die Speicherung wird bei der Bemessung berücksichtigt. Versickerungsschächte kommen insbesondere für Einfamilienhausgrundstücke bzw. andere kleinere abflußwirksame Flächen in Frage.

Rückhaltebauwerke können zum Schutz der Vorfluter vor hydraulischer Überlastung notwendig werden. Retentionsräume dienen der zeitweisen Speicherung von Regenwassermengen, die nicht sofort dezentral abgeleitet werden können.

Begleitend zu Versickerungsmaßnahmen ist die Vermeidung von Abflüssen zu prüfen. Dazu gehören der Verzicht auf die Versiegelung von Flächen, z.B. durch das Begrünen von Dächern. Die Bemessung von Transportleitungen erfolgt für den maximalen

Tafel 1.21 Versickerung des Niederschlagsabflusses unter Berücksichtigung der abflußliefernden Flächen außerhalb von Wasserschutzgebieten nach ATV-Arbeitsgruppe 1.4.1 [1]

		dezentrale Versickerungsanlagen			zentrale Versickerungsanlage			
					$A_{red} : A_s < 15 : 1$		$A_{red} : A_s > 15 : 1$	
	Fläche/Gebietsdefinition	ohne Oberbodenpassage	breitflächige Versickerung	(Seiten)-mulde	ohne Oberbodenpassage	Versickerungsbecken	ohne Oberbodenpassage	Versickerungsbecken
	1	2	3	4	5	6	7	8
1	Dachflächen in Wohn- und vergleichbaren Gewerbegebieten	++	++	++	++	++	–	++
2	Rad- und Gehwege in Wohngebieten							
3	Hofflächen in Wohn- und vergleichbaren Gewerbegebieten							
4	Straßen mit DTV < 2000 Kfz	–	++	++	–	++	–	+
5	Dachflächen in sonstigen Gewerbe-/Industriegebieten							
6	Straßen mit DTV 2000 bis 15 000 Kfz							
7	Parkierungsflächen	–	++	+	–	+	–	+
8	Straßen mit DTV < 15 000 Kfz	–	++	+	–	+	–	+
9	Landwirtschaftliche Hofflächen	–	++	+	–	–	–	–
10	Hofflächen und Straßen in sonstigen Gewerbe-/Industriegebieten	nicht zulässig	***	***	nicht zulässig	***	nicht zulässig	***

Erläuterungen:
++ in der Regel zulässig
+ in der Regel zulässig mit der Möglichkeit der Entfernung von Stoffen
– nur in Ausnahmefällen zulässig
*** Versickerung nur nach Vorbehandlung in Sonderanlagen zulässig

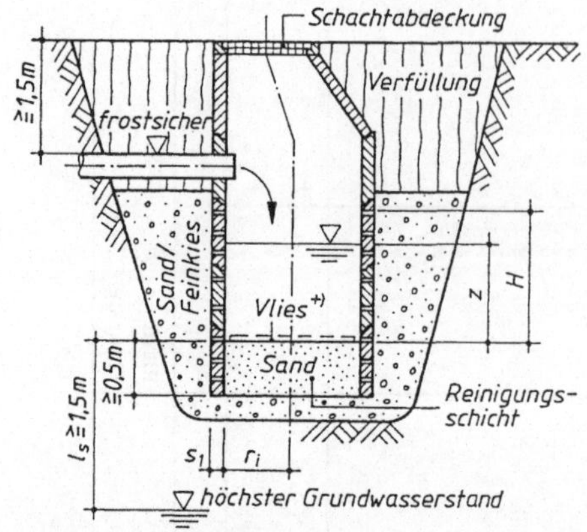

1.36
Versickerungsschacht nach ATV-A 138 [1]

Abfluß. Für Speicher- und Versickerungsbauwerke empfiehlt sich bezüglich Abflußvolumen das Nachweisverfahren. Die maßgebenden Regenereignisse kann man durch Langzeitsimulation ermitteln.

Tafel **1**.22 Möglichkeiten der Versickerung von nicht schädlich verunreinigtem Niederschlagswasser in Abhängigkeit von der Untergrundbeschaffenheit nach ATV-A 138 [1]

Schutzzone	Untergrundbeschaffenheit *)	Versickerung	Art der Versickerung
I	ungünstig mittel günstig	–	
II	ungünstig mittel günstig	–	
IIIA III **)	ungünstig	+	Flächenversickerung, Muldenversickerung
	mittel	+	Flächenversickerung, Muldenversickerung, Rigolen- und Rohrversickerung 1)
	günstig	+	Flächenversickerung, Muldenversickerung, Rigolen- und Rohrversickerung 1), Schachtversickerung 1)
IIIB IV **)	ungünstig	+	Flächenversickerung, Muldenversickerung, Rigolen- und Rohrversickerung 1)
	mittel günstig	+	Flächenversickerung, Muldenversickerung, Rigolen- und Rohrversickerung 1), Schachtversickerung 1)
Außerhalb von Schutzzonen	ungünstig mittel günstig	+	Flächenversickerung, Muldenversickerung, Rigolen- und Rohrversickerung 1), Schachtversickerung 1)

*) Nach DVGW-Arbeitsblatt W 101, Febr. 1975 **) Bei Heilquellenschutzgebieten

Versickerung:
– In der Regel nicht tragbar, + In der Regel tragbar

1) In Einzelfällen in IIIA bzw. III: Abstand > 1 km zur Fassungsanlage und Abstandsgeschwindigkeit < 3 km/Tag

Art der Versickerung:
Flächenversickerung, Boden z.T. bewachsen; Muldenversickerung, Boden bewachsen; Rigolen- und Rohrversickerung; Schachtversickerung

In den Schutzzonen der Trinkwasserschutzgebiete (nach DVGW-W 101) sind Versickerungsanlagen nur begrenzt zulässig. In den Schutzzonen I und II keine Versickerung, in II und IV nach Tafel **1**.22.

1.6 Hydraulische Grundlagen (nach ATV-A 138)

Nach Darcy gilt für die Versickerung

$v_{f,u} = k_{f,u} \cdot J$ in m/s ($k_{f,u}$ = Durchlässigkeitswert der ungesättigten Zone)
$k_f = k_{f,u}/2$ in m/s (k_f = Durchlässigkeitswert der gesättigten Zone)
$J = (J_s + z)/(J_s + z/2)$ in m/m nach **1**.37 vereinfacht. $J = 1$, wenn $z = 0$ (Flächenversickerung)
$v_{f,u} = k_f \cdot (J_s + z)/(2J_s + z)$ in m/s; $v_{f,u} = k_f/2$, wenn $z = 0$.
$Q_s = v_{f,u} \cdot A_{s,w}$ in m^3/s
$Q_s \mathrel{\widehat{=}}$ Versickerungsrate; $A_s \mathrel{\widehat{=}}$ wirksame Versickerungsfläche in m^2

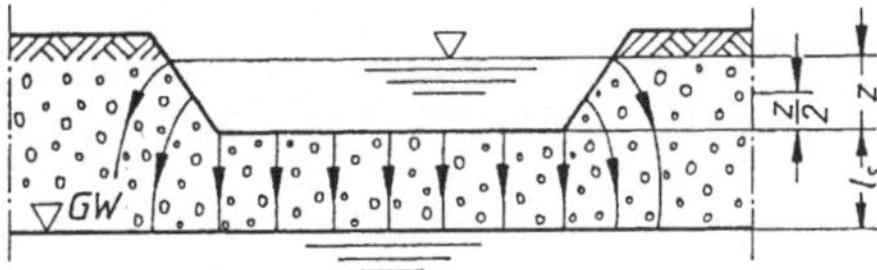

1.37
Sickerweg aus einer Mulde

RW-Zufluß aus Bemessungsregen

$n = 0{,}2 \quad 1/a$
$T = 10$ min oder $T = 15$ min bei flachen Anschlußflächen
$Q_{zu} = 10^{-7} \cdot r_{T,n=x} \cdot (A_{red} + A_S)$ in m^3/s (A_{red} = bef. Fläche in m^2), beide Flächen werden überregnet
$r_{T,n=x}$ in l/(s · ha); A_{red} in m^2;
$10^{-7} \mathrel{\widehat{=}}$ Umrechnungsfaktor für m^2/ha und l/m^3.

Diese Formeln müssen für jedes Versickerungssystem sinngemäß angewandt werden, s. ATV-A 138.

Beispiel: Muldenversickerung. Annahme konstante Versickerungsrate. Das Speichervolumen V_S ergibt sich als Differenz von Niederschlagsmenge und Versickerungsvolumen

$$V_S = (\Sigma Q_{zu} - \Sigma Q_S) \cdot T \cdot 60$$

$$V_S = (A_{red} + A_S) \cdot 10^{-7} \cdot r_{T,n=x} \cdot T \cdot 60 - A_S \cdot T \cdot 60 \cdot k_f/2 \quad \text{in } m^3 \qquad (1.24)$$

V_S = Speichervolumen in m^3;
A_S = Versickerungsfläche in m^2; Überschreitungshäufigkeit $n = 0{,}2$, d.h. alle 5 Jahre;
$z = 0$; $J = 1$ gesetzt.
$r_{T,n=0,2} = r_{15,n=1} \cdot \varphi_{T,n=0,2}$ oder angenähert

$$\varphi_{T,n=0,2} = \frac{24}{0{,}2^{0,35}(T+9)} = \frac{42{,}2}{T+9}$$

in (1.24) eingesetzt, ergibt das max. Speichervolumen

$$V_S = 2{,}53 \cdot 10^{-4}(A_{red} + A_S) \cdot r_{15,n=1} \cdot \frac{T}{T+9} - A_S \cdot T \cdot 60 \cdot k_f/2 \qquad (1.25)$$

Die Dauer des Bemessungsregens ergibt sich aus $\mathrm{d}V_S/\mathrm{d}T = 0$.

$$V_S = a\frac{T}{T+9} - b\cdot T \quad \text{(Gleichung (1.25) vereinfacht)}$$

$$\frac{\mathrm{d}V_S}{\mathrm{d}T} = a\frac{(T+9)-T}{(T+9)^2} - b = 0 \rightarrow b(T+9)^2 = 9a \rightarrow T = \sqrt{\frac{9a}{b}} - 9$$

$$T = \sqrt{\frac{9\cdot 2{,}53\cdot 10^{-4}(A_{\text{red}}+A_S)\cdot r_{15,n=1}}{A_S\cdot 60\cdot k_f/2}} - 9 \rightarrow \sqrt{\frac{7{,}6\cdot 10^{-5}(A_{\text{red}}+A_S)\cdot r_{15,n=1}}{A_S\cdot k_f}} - 9 \quad (1.26)$$

Anwendungsbeispiel:
Gegeben $A_{\text{red}} = 1000\ \text{m}^2$; $A_S = 300\ \text{m}^2$; $k_f = 10^{-5}$ m/s; $r_{15,n=1} = 100$ l/(s · ha)
Gewählt $n = 0{,}2$ l/a; Gesucht V_S.
Maßgebende Regendauer nach (1.26)

$$T = \sqrt{\frac{7{,}6\cdot 10^{-5}(1000+300)\cdot 100}{300\cdot 10^{-5}}} - 9 = 48{,}4\ \text{min}$$

und nach (1.25)

$$\text{erf}\,V_S = 2{,}53\cdot 10^{-4}(1000+300)\cdot 100\cdot\frac{48{,}4}{48{,}4+9} - 300\cdot 48{,}4\cdot 60\cdot 10^{-5}/2$$

$$\text{erf}\,V_S = 23{,}37\ \text{m}^3,\ \text{gewählt}\ V_S = 25\ \text{m}^3$$

Dieses Speichervolumen läßt sich durch eine mittlere Muldentiefe von 0,083 m → 0,1 m erreichen:

$$\text{vorh}\,V_S = 0{,}1\cdot 300 = 30\,\text{m}^3 > 25\,\text{m}^3$$

Die maßgebende Berechnungsregenspende ist

$$r_{48.4,n=0,2} = \frac{24}{0{,}2^{0.35}(48{,}4+9)}\cdot 100 = 73{,}2\,\text{l/s}$$

Beispiel: Flächenversickerung. Die Versickerungsfähigkeit der durchlässigen Oberfläche A_S muß mindestens so groß sein wie die auf die Gesamtfläche entfallende Regenspende Q_{zu}.

$$v_{\text{f,u}}\cdot A_S = Q_{\text{zu}}$$

$$k_f/2\cdot A_S = 10^{-7}\cdot r_{\text{T},n=\text{x}}\cdot(A_{\text{red}}+A_S)$$

$$A_S\left(1 - 10^{-7}\cdot r_{\text{T},n=\text{x}}\cdot\frac{2}{k_f}\right) = 10^{-7}\cdot r_{\text{T},n=\text{x}}\cdot A_{\text{red}}\cdot\frac{2}{k_f}$$

$$A_S = \frac{A_{\text{red}}}{10^7\cdot k_f/2r_{\text{T},n=\text{x}} - 1} \quad (1.27)$$

Anwendungsbeispiel:
Gegeben $A_{\text{red}} = 1000\ \text{m}^2$, $k_f = 10^{-4}$ m/s; $r_{15,n=1} = 100$ l/(s · ha); Überschreitungshäufigkeit $n = 0{,}2$ l/a; $T = 20$ min; nach Tafel **1.10** $r_{20,n=0,2} = 1{,}475\cdot 100 = 147{,}5$ l/(s · ha)

$$\text{erf}\,A_S = \frac{1000}{10^7\cdot 10^{-4}/2\cdot 147{,}5 - 1} = 418\,\text{m}^2$$

2 Grundlagen des Entwässerungsentwurfs

2.1 Vorerhebungen

Die Planbearbeitung eines Entwässerungsgebietes erfordert viele Vorüberlegungen. In erster Linie ist die Geländegestalt zu untersuchen; dabei wird immer eine Ergänzung der vorhandenen Unterlagen durch Höhenaufnahmen notwendig. Graben-, Bach- und Flußläufe sind besonders zu beachten und ihre Sohlen- und Wasserspiegelhöhen bei verschiedener Wasserführung zu ermitteln.

Die Dichte der vorhandenen Bebauung und insbesondere die Art der Straßenbefestigung sind festzustellen. Eine Kenntnis der maßgebenden Kellertiefen ist notwendig. Soweit das Entwässerungsgebiet unbebaute Flächen umfaßt, sind etwa vorhandene Bebauungs- oder Flächennutzungspläne heranzuziehen, die mit den Forderungen der Ortsentwässerung koordiniert werden müssen, wobei bereits bestehende Entwässerungsanlagen zu berücksichtigen sind.

Unterlagen über Untergrund- und Grundwasserverhältnisse sind eingehend zu überprüfen; wo sie nicht vorliegen, werden Bohrungen notwendig. Die Einwohnerzahl und ihre Veränderung im Laufe der letzten Jahre sowie die künftige Wohn- und Wirtschaftsentwicklung bestimmen das Planungsziel. Art und Umfang der Wasserversorgung sind für den Schmutzwasseranfall von Bedeutung. Schließlich sind wichtige Industriebetriebe und gewerbliche Unternehmen besonders zu beachten. Es ist auch notwendig, über die Art der Abwasserbehandlung und die Beseitigung von Faulschlamm sowie über den für diese Maßnahmen notwendigen Geländebedarf vor der Entwurfsaufstellung Klarheit zu haben.

In den folgenden Abschnitten wird die ingenieurmäßige Behandlung dieser Fragen erörtert. Die Abwassertechnische Vereinigung hat die Arbeitsblätter A 101 und A 102 [1] herausgegeben, die bei der Bearbeitung eines Entwurfes herangezogen werden sollten.

Der Begriff „Entwässerungsverfahren“ umfaßt sowohl die Art der Abwassersammlung auf den Grundstücken als auch die der Abwasserableitung in den Straßen.

2.2 Grundstücksentwässerung

2.2.1 Arten der Grundstücksentwässerung

Die vollkommene Entwässerung. Schmutz- und Regenwasser werden vollständig und laufend abgeführt. Beim Neubau von Ortsentwässerungen ist nur noch dieses Verfahren zulässig. Unter bestimmten Voraussetzungen, s. ATV-A 138 [1], ist die dezentrale Versickerung des Niederschlagswassers möglich (s. Abschnitt 1.5).

Die unvollkommene oder Teilentwässerung. Nur das Regenwasser und ein Teil des Schmutzwassers werden zusammengefaßt und abgeführt, während der andere Teil, meist die Fäkalien, in Gruben oder Trockenaborten – dazu gehören auch die Hausklär-

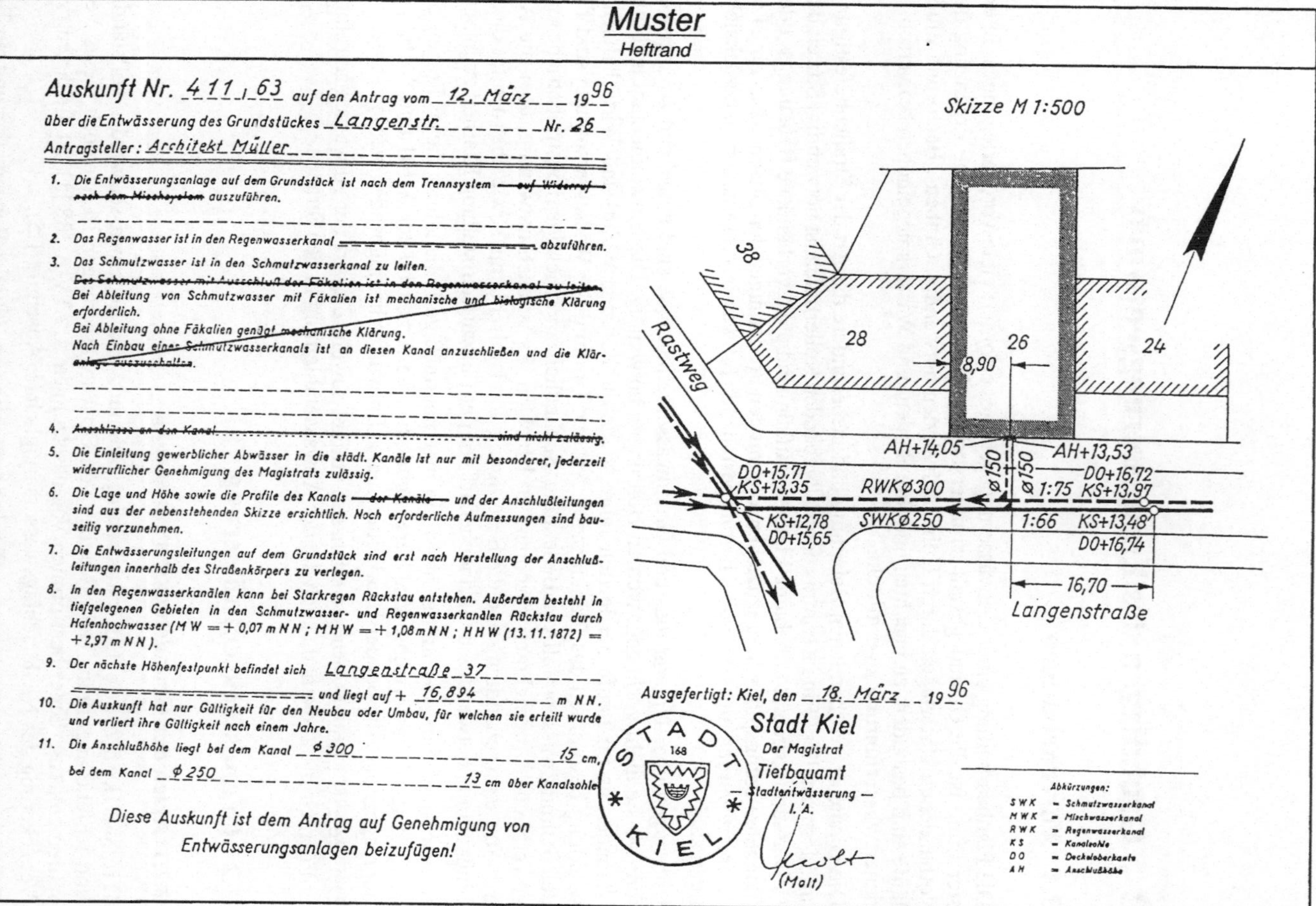

Muster

Heftrand

Auskunft Nr. 411/63 auf den Antrag vom 12. März 1996

über die Entwässerung des Grundstückes Langenstr. Nr. 26

Antragsteller: Architekt Müller

1. Die Entwässerungsanlage auf dem Grundstück ist nach dem Trennsystem ~~auf Widerruf nach dem Mischsystem~~ auszuführen.

2. Das Regenwasser ist in den Regenwasserkanal abzuführen.

3. Das Schmutzwasser ist in den Schmutzwasserkanal zu leiten.
~~Das Schmutzwasser mit Ausschluß der Fäkalien ist in den Regenwasserkanal zu leiten.~~
~~Bei Ableitung von Schmutzwasser mit Fäkalien ist mechanische und biologische Klärung erforderlich.~~
~~Bei Ableitung ohne Fäkalien genügt mechanische Klärung.~~
~~Nach Einbau eines Schmutzwasserkanals ist an diesen Kanal anzuschließen und die Kläranlage auszuschalten.~~

4. ~~Anschlüsse an den Kanal sind nicht zulässig.~~

5. Die Einleitung gewerblicher Abwässer in die städt. Kanäle ist nur mit besonderer, jederzeit widerruflicher Genehmigung des Magistrats zulässig.

6. Die Lage und Höhe sowie die Profile des Kanals ~~der Kanäle~~ und der Anschlußleitungen sind aus der nebenstehenden Skizze ersichtlich. Noch erforderliche Aufmessungen sind bauseitig vorzunehmen.

7. Die Entwässerungsleitungen auf dem Grundstück sind erst nach Herstellung der Anschlußleitungen innerhalb des Straßenkörpers zu verlegen.

8. In den Regenwasserkanälen kann bei Starkregen Rückstau entstehen. Außerdem besteht in tiefgelegenen Gebieten in den Schmutzwasser- und Regenwasserkanälen Rückstau durch Hafenhochwasser (M W = + 0,07 m NN; M H W = + 1,08 m NN; H H W (13. 11. 1872) = + 2,97 m NN).

9. Der nächste Höhenfestpunkt befindet sich Langenstraße 37 und liegt auf + 16,894 m NN.

10. Die Auskunft hat nur Gültigkeit für den Neubau oder Umbau, für welchen sie erteilt wurde und verliert ihre Gültigkeit nach einem Jahre.

11. Die Anschlußhöhe liegt bei dem Kanal ϕ 300 15 cm, bei dem Kanal ϕ 250 13 cm über Kanalsohle

Diese Auskunft ist dem Antrag auf Genehmigung von Entwässerungsanlagen beizufügen!

Ausgefertigt: Kiel, den 18. März 1996

Stadt Kiel
Der Magistrat
Tiefbauamt
– Stadtentwässerung –
I. A.
(Molt)

Abkürzungen:
SWK = Schmutzwasserkanal
MWK = Mischwasserkanal
RWK = Regenwasserkanal
KS = Kanalsohle
DO = Deckeloberkante
AH = Anschlußhöhe

2.1 Behördliche Entwässerungsauskunft

anlagen – gesammelt und abgefahren wird. Sie gestatten zwar die Ableitung allen Abwassers, müssen aber periodisch leergepumpt werden. Eine Teilentwässerung der Grundstücke ist hygienisch immer unbefriedigend. Sofern sie in älteren Ortsteilen noch oder in neu zu erschließenden Gebieten vorübergehend besteht, darf sie nur als Behelf betrachtet werden.

Grundstücke ohne Entwässerungsmöglichkeit kommen selten vor. Das Unterbringen des Schmutzwassers auf dem Grundstück ist stets eine hygienisch bedenkliche Lösung; als endgültig kann sie nur bei abgelegenen Gehöften in Betracht kommen. Eine bestimmte Grundstücksgröße, z.B. $\geq$ 600 bis 800 m^2, ist dann vorgeschrieben.

In größeren Städten erhält der Bauherr oder in seinem Auftrage der Architekt bei den Tiefbauämtern eine sog. Entwässerungsauskunft (**2.**1), die genaue Angaben über die vorzusehenden Entwässerungsverhältnisse des zu bebauenden Grundstückes enthält.

Für die Grundstücksentwässerungsanlagen gelten DIN 1986-1 bis 4 und DIN 1986-30 bis 33 sowie EN 12050-1 bis 4 und EN 12056-1 bis 6. Die zusätzlichen Forderungen der örtlichen Behörden sind in der Entwässerungsauskunft und in den Ortssatzungen über die Entwässerung enthalten. Zu einem Entwässerungsantrag gehören:

1. Lageplan des Grundstücks M 1 : 500 bis 1 : 1000 mit Eintragung der Gebäude, Brunnen, Dungstätten, Kläranlagen, Grundstücksgrenzen und -bezeichnungen (Auszug aus Flurkarte), Anschlußkanäle in der Straße, Dränagen des Grundstücks.

2. Grundrisse der Geschosse M 1 : 100 mit Eintragung der Zapfstellen, Abläufe, Fallrohre. Besonders wichtig ist der Kellergrundriß. Er soll enthalten: Grundleitungen mit Angabe der DN (Nennweite), Werkstoffe, Reinigungsöffnungen, Schächte, Absperrschieber, Rückstauverschlüsse, Fettabscheider, Benzinabscheider, Fäkalienhebeanlagen, Hauskläranlagen.

3. Schnitte der Gebäude M 1 : 100 durch die Hauptgrundleitungen bis zur Anschlußleitung mit Höhenangaben. Die Höhenzahlen sollen errechnet sein. Es sind die in DIN 1986-1 angegebenen Sinnbilder für die Entwässerungsanlagen zu verwenden.

4. Ein Leitungsbild (Strangschema) mit den Rohrweiten der Anschluß-, Fall- und Lüftungsleitungen.

5. Die Berechnung der einzelnen Grund- und Falleitungen nach DIN 1986-2.

Bild **2.**2 zeigt einen Kellergrundriß für Trennsystem. Die Zusammenführung aller Leitungen erfolgt vor den Kontrollschächten. Die SW-Entwässerungseinrichtungen im Kellergeschoß sind über eine Fäkalienhebeanlage mit Druckrohr DS an die SW-Grundleitung angeschlossen. Wenn es räumlich möglich ist, sollten alle Grundleitungen und Kontrollschächte außerhalb des Gebäudes untergebracht werden. In Bild **2.**3 ist ein Gebäudeaufriß für Trennsystem dargestellt.

2.2.2 Anschlußkanal

Jedes Grundstück soll mit nur einem Anschlußkanal (bei Trennsystem je einem für Schmutz- und Regenwasser) an den (die) Straßenkanäle angeschlossen sein. Der Anschlußkanal führt ohne horizontale Richtungsänderung vom Straßenkanal zum Kontrollschacht auf dem Grundstück, der direkt hinter der Grundstücksgrenze oder bei kurzen Anschlüssen ($\leq$ 15 m Abstand Kontrollschacht bis Straßenkanal) im Keller des Hauses liegt. An einen Schacht der Straßenkanäle darf nur bei besonderen Schachtkonstruktionen angeschlossen werden, wenn dadurch die Kontroll- und Reinigungsarbeiten nicht behindert werden. Das Gefälle der Hausanschlüsse beträgt bei Wohnhäusern $J = 1 : 50$ bis $1 : 100$. Bei tiefer Lage des Straßenkanals kann man nach dem Anschluß in Kämpferhöhe durch Krümmer zunächst in die vertikale und dann bei normaler und ausreichender Tiefenlage

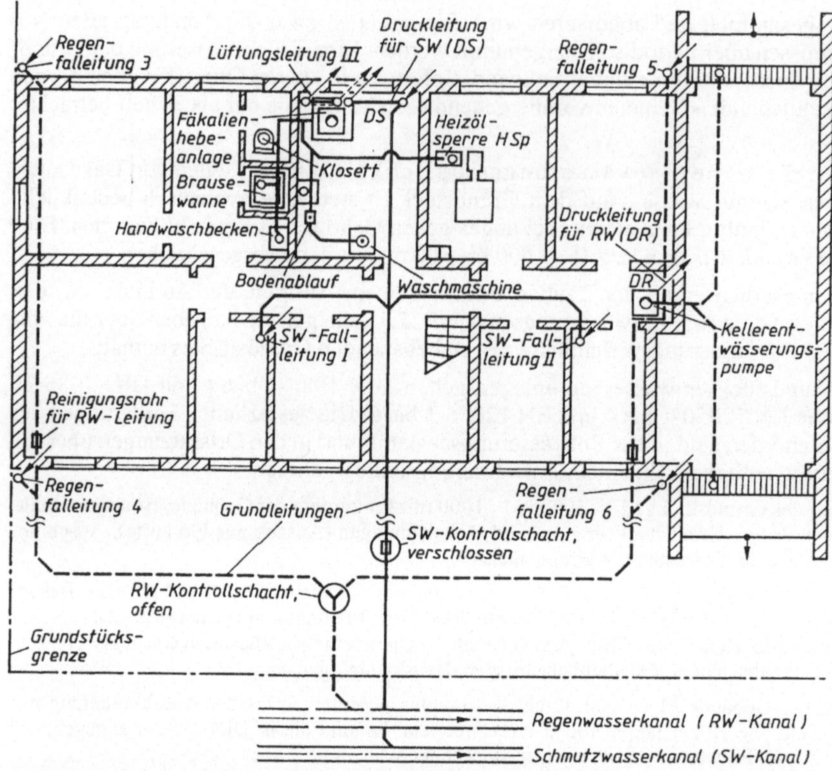

2.2 Grundstücksentwässerung im Trennverfahren nach DIN 1986-1 – Kellergrundriß.
SW ≙ Schmutzwasser, RW ≙ Regenwasser

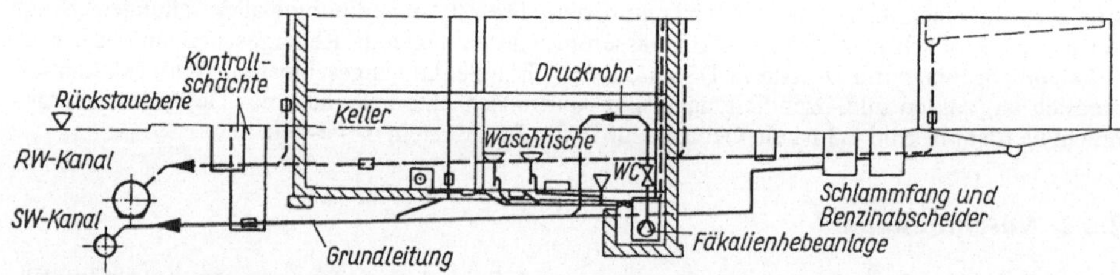

2.3 Schematischer Gebäudeaufriß für Entwässerung im Trennsystem mit Entwässerungsgegenständen im Keller und tieferliegender Grundleitung

wieder in horizontale Verlegerichtung übergehen. Das vertikale Anschlußteilstück in der Straße ist gut mit Stampfbeton zu unterstampfen und bis zum oberen Krümmer ebenfalls in einen Stampfbetonmantel zu setzen. Die Anschlußleitung bis zur Grundstücksgrenze wird i. allg. durch die Gemeinde auf Kosten des Anschlußnehmers hergestellt (**2**.35 und **2**.36).

Schwierigkeiten entstehen beim Aufsuchen der Anschlüsse an der Grundstücksgrenze.

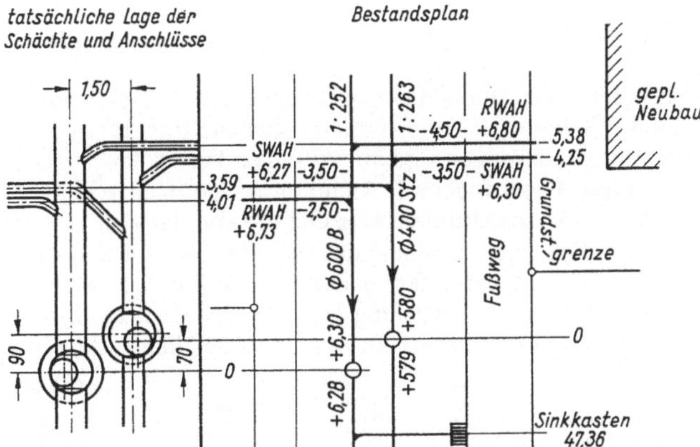

2.4
Anschlußleitungen im Bestandsplan und in ihrer tatsächlichen Lage

Bild **2.4** zeigt die Gegenüberstellung eines Bestandplanes mit der tatsächlichen Lage der Schächte und Anschlüsse (SWAH = Schmutzwasseranschlußhöhe, RWAH = Regenwasseranschlußhöhe).

Bei Straßenneubauten und/oder bei großer Anliegerdichte (Städte) kann man die Hausanschlußleitungen sternförmig an die Straßenkontrollschächte heranführen (**2.5**). Zur Ausbildung der notwendigen senkrechten Abstürze ist ein vergrößerter Schachtdurchmesser erforderlich, ≥ 2,0 m. Anschlußkanäle einzelner Grundstücke sollten möglichst, in Wasserschutzgebieten grundsätzlich, an Schächte angeschlossen werden.

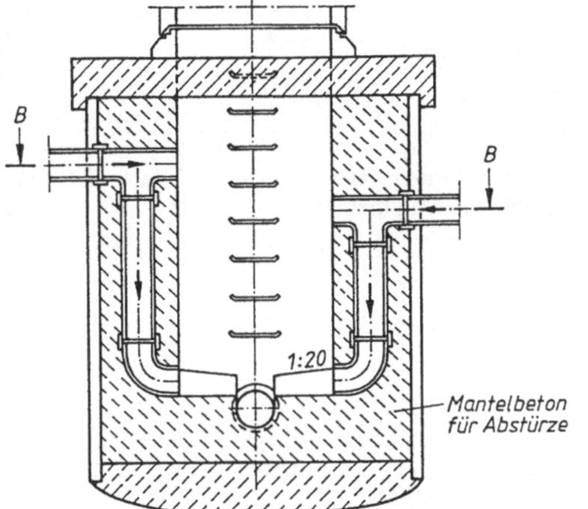

2.5
Kontrollschacht mit Anschlußkanälen von 4 Grundstücken nach ATV-A 241 [1]

2.2.3 Grundleitungen

Grundleitungen sind auf dem Grundstück im Erdreich oder im Baukörper verlegte Leitungen mit Sohlgefälle. Im Erdreich sollen sie frostfrei liegen (Überdeckung z.B. ≥ 1,0 m). Richtungsänderungen sind mit Hilfe von Formstücken (Krümmer, Abzweige, Übergangsformstücke) vorzunehmen. Richtungsänderungen von ≥ 45° sind durch mehrere Bogenstücke ≤ 45° auszuführen. Das Gefälle von geraden Leitungsabschnitten muß gleichmäßig sein. Dränagen sammeln das Grundwasser. Geschlossene Leitungen führen das Wasser ab. Die fehlerhafte Verwendung von Dränrohren an Stelle von geschlossenen Muffenleitungen führt zur Verteilung des Wassers auf dem Grundstück und entspricht nicht der baulichen Absicht. Innerhalb des Gebäudes liegen die Grundleitungen unter oder in der

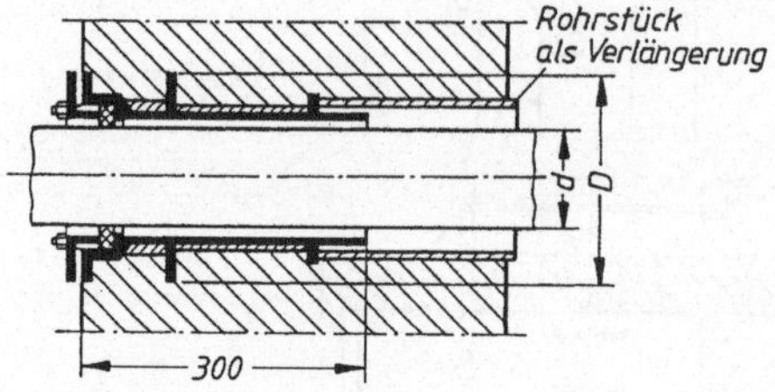

2.6 Wanddurchführung aus Gußeisen oder Edelstahl, einseitig dichtend

2.7 Mauerdurchführung einer Grundleitung, System Cordes, für DN 100,125,150, 200, anschließbar an alle Rohrarten

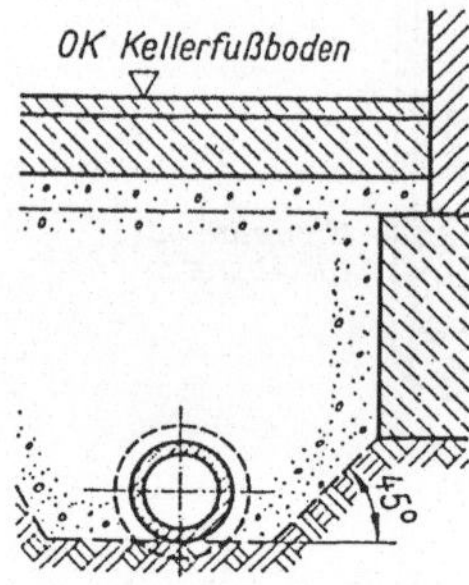

2.8
Grundleitung parallel zum Streifenfundament

Grundplatte. Liegende Leitungen, die nicht im Erdreich oder in der Grundplatte verlegt sind, nennt man Sammelleitungen. Als Erdleitungen verwendet man Steinzeug-, Beton-, Kunststoff- oder Faserzementrohre, in den Kellerräumen wegen der Montage bzw. des Gewichts Grauguß, Kunststoff oder Faserzement. Durch Wände geführte Leitungen dürfen nicht fest eingebaut werden (**2.6** und **2.7**). Parallel zu den Fundamenten verlaufende Leitungen sollen vom Fundament nicht belastet werden und auch dessen Tragfähigkeit nicht vermindern (**2.8**).

2.2.4 Kontrollschächte

Sie werden in weniger als 15 m Entfernung vom Straßenkanal, sonst in Abständen ≤ 20 m oder vor Richtungsänderungen gefordert. Im Freien entsprechen die Schächte auf den Grundstücken in der baulichen Ausführung den Schächten der Straßenkanäle (s. Abschn. 3.3.2 und DIN 19549). Die lichte Weite besteigbarer Schächte soll jedoch mindestens 0,8 · 1,0 m, 0,9 · 0,9 m oder ∅ 1,0 m betragen. Schächte mit < 0,8 m Tiefe sollen ≥ 0,6 m · 0,8 m bzw. ∅ 0,8 m haben. Die Leitungen können offen oder müssen geschlossen durch den Schacht geführt werden. Bei Prüfschächten im Gebäude (**2**.9) müssen die Reinigungsöffnungen der Leitungen geschlossen sein. Bei Schächten, deren Deckel un-

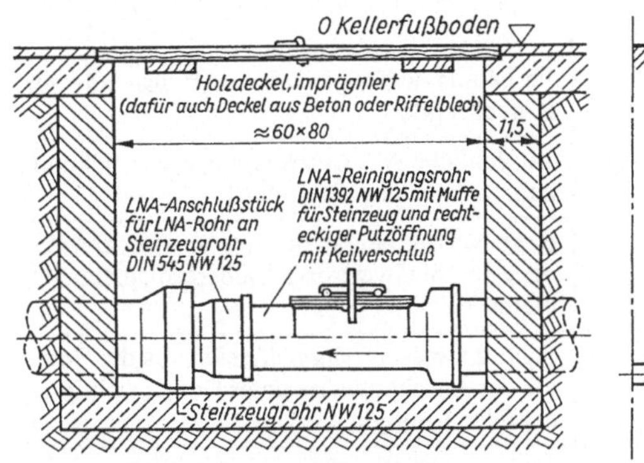

2.9 Prüfschacht im Kellergeschoß

2.10 Kontrollschacht außerhalb eines Gebäudes mit geschlossenem Reinigungsrohr, Schachttiefe < 1,6 m

ter der Rückstauebene liegen, sind die Rohre geschlossen hindurchzuführen, oder die Schächte sind gegen Wasseraustritt zu sichern (**2**.10). Die Verpflichtung zur Reinigung des Anschlußkanals bis zum Straßenkanal obliegt dem Anschlußnehmer.

2.2.5 Falleitungen

Falleitungen sind lotrechte Leitungen, die ohne Querschnittsverengung durch die Geschosse führen und an der Grund- oder Sammelleitung enden. Es ist zum freien Abfluß nötig, daß sich Luft bewegen und auch entweichen kann. Alle Falleitungen sollen deshalb senkrecht bis über das Dach geführt werden und dürfen keine Geruchsverschlüsse haben. Auch die Belüftung der Straßenkanäle erfolgt über die Fallrohre der Grundstücksentwässerung. Falleitungen für hohe Häuser sind durch zwei Formstücke mit 45° und Zwischenstück der Länge ≥ 2,5 DN in liegende Leitungen zu überführen.

2.2.6 Rohrweiten der Grundstücksentwässerungsleitungen

Die Nennweite der Rohrleitungen wird nach DIN 1986-2 bestimmt. Es soll gewährleistet sein, daß

1. das Abwasser im Sinne von DIN 4109 (Schallschutz im Hochbau) geräuscharm abfließt,
2. der durch den Abflußvorgang verursachte Sperrwasserverlust die Geruchverschlußhöhe um nicht mehr als 25 mm reduziert,
3. das Sperrwasser weder durch Unterdruck durchbrochen noch durch Überdruck herausgedrückt wird,

Tafel **2**.1 Begriffe, Einheiten und Erklärungen nach DIN 1986

Benennung	Zeichen	Einheit	Erklärung
Regenspende	r	l/(s · ha)	Regensumme in der Zeiteinheit, bezogen auf die Fläche
Regenwasser-abflußspende	q_r	l/(s · ha)	Regenwasserabfluß, bezogen auf die Fläche
Abflußbeiwert	ψ	1	Verhältnis der Regenwasserabflußspende zur Regenspende
Abwasserabfluß	Q_e	l/s	Tatsächliche Abwassermenge, die je Sekunde zufließt bzw. abgeführt wird
Regenwasserabfluß	Q_r	l/s	Regenwassermenge, die sich aus Regenspende, Abflußbeiwert und Niederschlagsfläche ergibt
Schmutzwasserabfluß	Q_s	l/s	Schmutzwassermenge, die sich aus der Summe der Anschlußwerte unter Berücksichtigung der Gleichzeitigkeit ergibt
Mischwasserabfluß	Q_m	l/s	Summe von Schmutzwasser- und Regenwasserabfluß
Förderstrom der Pumpe	Q_p	l/s	Abwassermenge, die je Sekunde von einer Pumpe aus der Abwasserhebeanlage gefördert wird
Anschlußwert	AW_s	1	Dimensionsloser Bemessungswert für den angeschlossenen Entwässerungsgegenstand ($1 AW_s \mathrel{\widehat{=}} 1$ l/s)
Summe (Σ) der Anschlußwerte	ΣAW_s	1	
Abflußkennzahl	K	l/s	Variable Größe; ergibt sich aus Gebäudeart und Abflußcharaktenstik
Abfluß bei Vollfüllung	Q_v	l/s	Rechnerischer Abfluß einer Leitung (eines Kanals) bei voller Füllung ($h = d$)
Abfluß bei Teilfüllung	Q_T	l/s	Rechnerischer Abfluß einer Leitung (eines Kanals) bei teilweiser Füllung (h)
Füllungsgrad	h/d	1	Verhältnis der Füllhöhe h zum Durchmesser d
Gefälle	J	1 : n oder ‰	Gefälle der Energielinie = Leitungsgefälle

4. größere Nennweiten, als nach dieser Norm erforderlich, nicht verwendet werden,
5. die Selbstreinigung der Leitungen erreicht und
6. die Lüftung der Entwässerungsanlage gesichert ist.

Für Hausentwässerungssysteme mit einer Hauptlüftung (s. DIN 1986 Bl.1 – meist üblich) gelten die hier gemachten Ausführungen.

Leitungen für Schmutzwasser. Maßgebend für die Bestimmung der Nennweiten ist der Schmutzwasserabfluß Q_S, der unter Berücksichtigung der Gleichzeitigkeit aus der Summe der Anschlußwerte ermittelt wird.

$$Q_s = K \cdot \sqrt{\Sigma AW_s}$$

$K \mathrel{\widehat{=}}$ Abflußkennzahl

Im Wohnungsbau gilt

$$Q_s = 0{,}5\sqrt{\Sigma AW_s} \qquad \text{(Bild 2.11)}$$

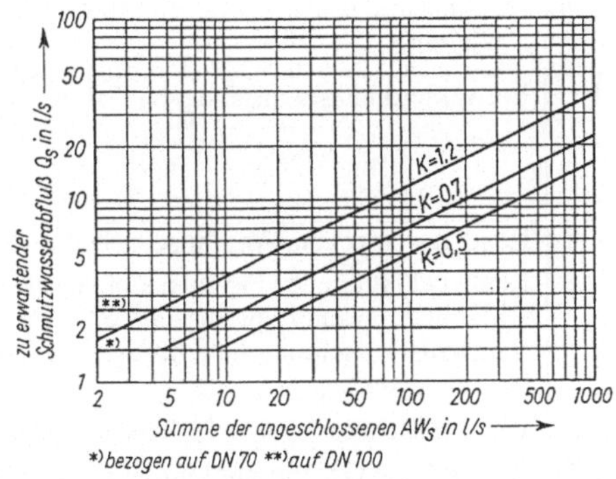

2.11 Ermittlung der Schmutzwassermenge Q_s aus der Anschlußwertsumme ΣAW_s

Bei Entwässerungsanlagen, die den genannten Bedingungen nicht entsprechen, ist der zu erwartende Schmutzwasseranfall gesondert festzulegen. Zum Beispiel kann bei Anlagen, die sowohl reine Industrieabwässer als auch Wasser aus Sozialräumen abführen, die Abflußkennzahl wie bei Schulen, Krankenhäusern, Großgaststätten und Großhotels sein.

$$Q_s = 0{,}7\sqrt{\Sigma AW_s} \qquad \text{(Bild 2.11)}$$

Für Reihendusch- oder -waschanlagen gilt als Richtwert

$$Q_s = 1{,}0\sqrt{\Sigma AW_s}$$

Für Laboranlagen in Industriebetrieben gilt als Richtwert

$$Q_s = 1{,}2\sqrt{\Sigma AW_s} \qquad \text{(Bild 2.11)}$$

Ist der nach diesem Verfahren ermittelte Wert kleiner als der größte Anschlußwert eines einzelnen Entwässerungsgegenstandes, so ist letzterer maßgebend.

$$AW_s = \frac{Q}{1{,}0 \text{ l/s}}$$

mit Q in l/s, ergibt AW_s in 1 (dimensionslos).

Die erforderlichen Nennweiten von Einzelanschlußleitungen sind mit den zugehörigen Anschlußwerten in Tafel **2.2** aufgeführt.

Wird eine Einheit (Wohnung, Hotelzimmer) betrachtet, dann können statt der aus Tafel **2.2** ermittelten ΣAW_s für die Bemessung von Fall-, Sammel- und Grundleitungen die reduzierten Werte ΣAW_s nach Tafel **2.3** verwendet werden; nicht jedoch für Sammelanschlußleitungen.

Die Zahlen der Tafel **2.4** sind Erfahrungswerte unter Berücksichtigung der unterschiedlichen Wahrscheinlichkeit gleichzeitiger Abflußvorgänge.

Sammelanschlußleitungen werden nach Tafel **2.4**, Falleitungen nach Tafel **2.6** und liegende Leitungen (Sammel- und Grundleitungen) nach Bild **2.12** bis **2.14** bemessen.

Die Sammelansschlußleitungen dürfen nicht kleiner sein als die größte Einzelanschlußleitung, die Lüftungsleitungen nicht kleiner als die kleinste Einzelanschlußleitung.

Tafel 2.2 Anschlußwerte AW_s der Entwässerungsgegenstände und Nennweite der Einzelanschlußleitung

Nr.	Entwässerungsgegenstand oder Art der Leitung	Anschlußwert AW_s	Nennweite der Einzelanschlußleitung DN
1	Handwaschbecken, Waschtisch, Sitzwaschbecken	0,5	40
2	Küchenablaufstellen (Spülbecken, Spültisch einfach und doppelt) einschließlich Geschirrspülmaschine bis zu 12 Maßgedecken, Ausguß, Haushalts-Waschmaschine bis zu 6 kg Trockenwäsche mit eigenem Geruchverschluß	1	50
3	Waschmaschine 6 bis 12 kg Trockenwäsche	1,5*)	70
4	Gewerbliche Geschirrspülmaschine, Kühlmaschine	2*)	100
5	Urinal (Einzelbecken)	0,5	50
5a	Urinalrinnen und Reihenurinale		
	bis 2 Stände	0,5	70
	bis 4 Stände	1	70
	bis 6 Stände	1,5	70
	über 6 Stände	2	100
6	Bodenablauf DN 50	1	50
	DN 70	1,5	70
	DN 100	2	100
7	Klosett, Steckbeckenspülapparat	2,5	100
8	Brausewanne, Fußwaschbecken	1	50
9	Badewanne mit direktem Anschluß	1	50
10	Badewanne mit direktem Anschluß, Anschlußleitung oberhalb des Fußbodens bis zu 1m Länge, eingeführt in eine Leitung $\geq$ DN 70	1	40
11	Badewanne oder Brausewanne mit indirektem Anschluß (Badablauf), Anschlußleitung bis 2 m Länge	1	50
12	Badewanne oder Brausewanne mit indirektem Anschluß (Badablauf), Anschlußleitung länger als 2m	1	70
13	Verbindungsleitung zwischen Wannenablaufventil und Badablauf min.	–	32

*) Bei vorliegenden Werksangaben müssen der Bemessung die tatsächlichen Werte zugrunde gelegt werden.

Die Nennweiten müssen betragen:
für Falleitungen mindestens DN 70, für alle im Erdbereich verlegten Leitungen mindestens DN 100.

Leitungen für Regenwasser. Die lichten Weiten der liegenden Leitungen (Sammel- und Grundleitungen) sind abhängig von der angeschlossenen Niederschlagsfläche (Grundrißfläche) in m^2, der örtlich verschiedenen, maximalen Regenspende in $l/(s \cdot ha)$, dem gewählten Gefälle und dem Abflußbeiwert (s. Tafel **2.7**).

Die lichten Weiten mit den zugeordneten Nennweiten werden nach **2.**13 ermittelt. Regenwasserfalleitungen und -anschlußleitungen sind nach **2.**13 wie Leitungen im Gefälle 1 : 100 für mindestens eine Regenspende von 300 $l/(s \cdot ha)$ zu bemessen.

Tafel **2.3** Reduktion der Anschlußwerte

Nr.	Zahl der an eine Fallleitung angeschlossenen Sanitärräume	Reduktionsfaktor	Sanitärausstattung und zugehörige Anschlußwerte nach Tafel **2.2** (Beispiele)		ΣAW_s	reduzierte ΣAW_s, auf 0,5 gerundet
1	3 Sanitärräume einer Wohnung	0,7	Küche, Spüle	1		
			Bad, Klosett	2,5		
			Wanne o. Dusche	1		
			Waschtisch	0,5		
			WC-Raum, Klosett	2,5		
			Waschtisch	0,5	8	5,5
2	2 Sanitärräume einer Wohnung	0,7	Bad, Klosett	2,5		
			Wanne	1		
			Waschtisch	0,5		
			WC-Raum, Klosett	2.5		
			Waschtisch	0,5	7	5,0
3	1 Sanitärraum (ausgenommen Küche)	0,9	Hotelbadezimmer o.ä.			
			Klosett	2,5		
			Dusche o. Wanne	1		
			Sitzwaschbecken	0,5		
			Waschtisch	0,5	4,5	4,0

Tafel **2.4** Summe der zulässigen Anschlußwerte AW_s der Sammelanschlußleitungen (Geschoßleitungen)

Nennweite der Anschlußleitung DN		50	70	100
zul. ΣAW_s	unbelüftet	1	3	16
	zul. L in m	6	10	10
	belüftet [1)]	1,5	4,5	25

1) indirekt, umlüftet, sekundär

Tafel **2.5** Weitere Belüftungsbedingungen von Sammelanschlußleitungen
$L \mathrel{\hat{=}}$ abgewickelte Leitungslänge, $H \mathrel{\hat{=}}$ Höhenunterschied

unbelüftet	DN 50, $L \leq 6$ m, $H < 1$ m DN 70, DN 100, $L \leq 10$ m, $H < 1$ m
belüftet oder nächsthöherer DN	DN 50, $L \leq 6$ m, $H = 1$ bis 3 m DN 70, DN 100, $L \leq 10$ m, $H = 1$ bis 3 m
belüftet	DN 100, $H > 1$ m mit Klosettanschlüssen DN 50, $L > 6$ m oder $H > 3$ m oder $AW_s > 16$ DN 70, DN 100, $L > 10$ m oder $H > 3$ m oder $AW_s > 16$

Tafel **2.6** Schmutzwasserfalleitungen mit Hauptlüftung

1	2	3	4 [2)]	5
DN	LW mm zul. Abw. bis 5% [1)]	zul. Anschlüsse AW_s	Anzahl der Klosetts	Q_s l/s zul. Wohnungsbau
70 [3)]	70	9	–	1,5
100	100	64	13	4
125	118 [2)]	112	22	5,3
	125	154	31	6,2
150	150	408	82	10,1

[1)] Bezogen auf die Querschnittsfläche (ohne Berücksichtigung der Auswirkung auf die hydraulische Bemessung).

[2)] Um Funktionsstörungen zu vermeiden, wurde beim Klosett als dem Entwässerungs-Gegenstand mit z. T. großem Feststoff- und Abwasseranfall die Anzahl der zulässigen Anschlüsse begrenzt.

[3)] Es dürfen nicht mehr als 4 Küchenablaufstellen an eine gesonderte Falleitung (Küchenstrang) angeschlossen werden.

Tafel **2.7** Abflußbeiwerte zur Ermittlung des Regenwasserabflusses Q_r
Q_r in l/s = (Fläche in ha) · [Regenspende in l/(s · ha)] · Abflußbeiwert

Art der angeschlossenen Fläche	Abflußbeiwert ψ	Art der angeschlossenen Fläche	Abflußbeiwert ψ
Dächer, $\geq 15°$ Neigung	1	ungepflasterte Straßen, Höfe und Promenaden	0,5
Dächer, $< 15°$ Neigung	0,8	Spiel- und Sportplätze	0,25
Kiesschüttdächer	0,5	Vorgärten	0,15
Dachgärten	0,3	größere Gärten	0,1
Pflaster mit Fugenverguß, Schwarzdecken oder Betonflächen	0,9	Parks, Schreber- und Siedlungsgärten	0,05
Fußwege mit Platten oder Schlacke	0,6	Parks und Anlageflächen an Gewässern	0

Es gilt allgemein:

$$Q_r = \psi \cdot A \frac{r}{10000} \quad \text{in l/s} \tag{2.1}$$

A = Niederschlagsfläche in m²
r = Regenspende in l/(s · ha)

Liegende Leitungen für Mischwasser. Der für die Bemessung von Mischwasserleitungen maßgebende Abfluß Q_m setzt sich zusammen aus dem anteiligen Schmutzwasserabfluß Q_s nach Bild **2.**11 und dem Regenwasserabfluß Q_r nach Gl. (2.1).

$$Q_m = Q_s + Q_r \quad \text{in l/s}$$

Mit der Summe der Abflüsse Q_m wird nach Bild **2.**14 die lichte Weite bestimmt.

Die Nennweite von Grundleitungen für Regen- und Mischwasser außerhalb von Gebäuden und Anschlußkanälen im Anschluß an einen Schacht mit offenem Durchfluß kann ab DN 150 für Vollfüllung, Füllungsgrad $h/d = 1$ ermittelt werden.

Gefälleleitungen hinter der Anschlußstelle einer Abwasserdruckleitung sind nach folgendem Verfahren zu bemessen: Bei Regenwasserleitungen ist der maximale Förderstrom der

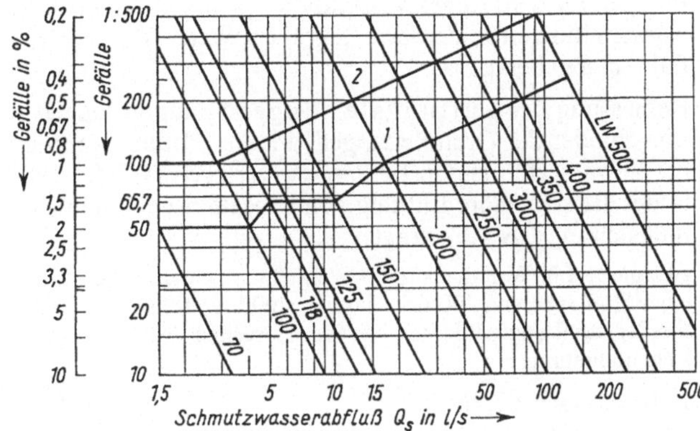

2.12
Ermittlung der lichten Weiten in mm von liegenden Schmutzwasserleitungen nach Prandtl-Colebrook
Füllungsgrad $h/d = 0{,}5$
Betriebsrauhigkeit $k_b = 1{,}0$ mm
$t = 10°$ C
Mindestgefälle:
1 = innerhalb von Gebäuden
2 = außerhalb von Gebäuden

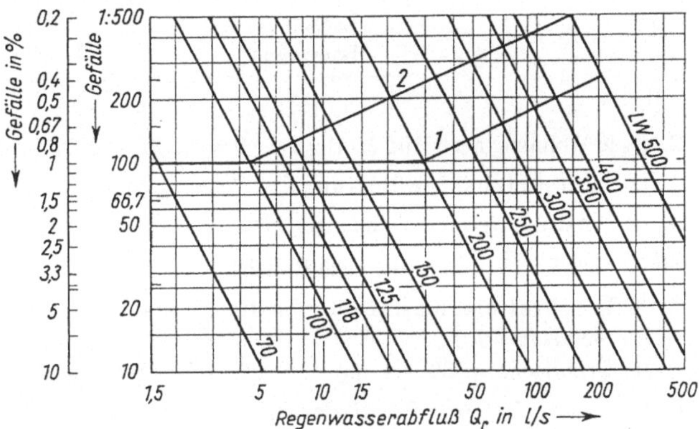

2.13
Ermittlung der lichten Weiten in mm von Regenwasserleitungen nach Prandtl-Colebrook
Füllungsgrad $h/d = 0{,}7$
Betriebsrauhigkeit $k_b = 1{,}0$ mm
$t = 10°$ C
Mindestgefälle:
1 = innerhalb von Gebäuden
2 = außerhalb von Gebäuden

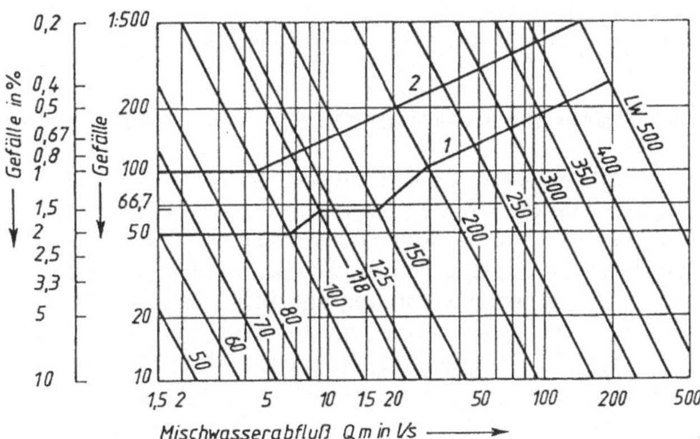

2.14
Ermittlung der lichten Weiten in mm von Mischwasserleitungen nach Prandtl-Colebrook
Füllungsgrad $h/d = 0{,}7$
Betriebsrauhigkeit $k_b = 1{,}0$ mm
$t = 10°$ C
Mindestgefälle:
1 = innerhalb von Gebäuden
2 = außerhalb von Gebäuden

Pumpen Q_P dem Regenwasserabfluß Q_r hinzuzuzählen. Bei Schmutzwasser- und Mischwasserleitungen ist der jeweils größere Wert – Pumpenleistung oder übriger Abwasseranfall – maßgebend.

Bemessung der Lüftungsleitungen: Hauptlüftungen sind im Querschnitt der Falleitungen oder der Grundleitungen, andere Lüftungen mit einem verminderten Querschnitt der abwasserführenden Leitung zu verlegen (s. DIN 1986-2, Ziff. 13). Eine Ausnahme bildet die sekundäre Lüftung von Klosettanschlußleitungen, wo der Querschnitt der Lüftungsleitung DN 50 beträgt.

Beispiel: Ein Wohnhaus mit 8 Wohnungen, einer Dachfläche von 400 m² mit 4 Falleitungen und einer Hoffläche von 200 m², max $r = 200$ l/(s · ha) soll im Mischverfahren mit $J = 1:66{,}7$ an den Straßenkanal angeschlossen werden. Berechne die Anschlußleitung (liegende Leitung) und eine Regenfalleitung:

1. Berechnung der AW_s		AW_s (nach Tafel **2.2**)
je Wohnung	2 Handwaschbecken	$2 \cdot 0{,}5 = 1{,}0$
	1 Küchenablaufstelle	$1 \cdot 1{,}0 = 1{,}0$
	1 Waschmaschine	$1 \cdot 1{,}5 = 1{,}5$
	1 Geschirrspülmaschine	$1 \cdot 2{,}0 = 2{,}0$
	1 Klosett	$1 \cdot 2{,}5 = 2{,}5$
	1 Badewanne	$1 \cdot 1{,}0 = 1{,}0$
		$\Sigma AW_s = 9{,}0$

2. Q_s je Wohnung nach Bild **2.**11 $= 0{,}5\sqrt{9} = 1{,}5$ l/s, $< 2{,}5$ l/s, erhöht auf 2,5 l/s
3. Die Sammelanschlußleitung der Wohnung hätte nach Tafel **2.**4 die DN = 100 mm
4. Die Falleitung für 4 Wohnungen hätte nach Tafel **2.**6 die DN = 100 mm

mit $Q_s = 0{,}5\sqrt{36} = 3$ l/s oder nach Bild **2.**11

5. Je Regenfalleitung sind $400:4 = 100$ m² $= 0{,}01$ ha Dachfläche zu entwässern.

ψ für Steildach $= 1{,}0$ $\quad Q_r = 1{,}0 \cdot 300 \cdot 0{,}01 = 3$ l/s

r für Dachfläche $= 300$ l/(s · ha) $\quad$ erf. DN = 100 mm nach Bild **2.**13, Kurve 2 für $J = 1:100$

6. Liegende Leitung für Mischwasser (Hausanschluß)

$Q_r = 4 \cdot 3{,}0 + 0{,}9 \cdot 200 \cdot 0{,}02 = 15{,}6$ l/s $\quad \psi$ für Hoffläche $= 0{,}9$

$Q_s = 0{,}5\sqrt{72} = 4{,}23$ l/s

$Q_m = 4{,}23 + 15{,}6 = 19{,}83$ l/s

nach Bild **2.**14, Kurve 2 mit $J = 1:66{,}7$, LW = 200 mm
mit $J = 1:50$ wäre LW = 150 mm ausreichend

2.2.7 Sonstige Einrichtungen der Grundstücksentwässerung

Eine sehr wichtige Maßnahme ist der Schutz gegen Rückstau. Die Rückstauebene ist eine von der örtlichen Behörde festgelegte Höhe, unterhalb derer Entwässerungseinrichtungen auf den Grundstücken gegen Rückstau zu sichern sind. Höchste Rückstauebene ist im allgemeinen die Straßenoberfläche vor dem Grundstück, weil darüber hinaus Straßenüberschwemmung und keine Druckerhöhung mehr eintritt. Regenwasserabläufe von Flächen unterhalb der Rückstauebene dürfen an das öffentliche Kanalnetz nur angeschlossen werden, wenn das Abwasser über eine Hebeanlage zugeführt wird. Ausnahmen macht man bei kleinen Flächen, wie Kellerniedergängen, tiefliegenden Garageneinfahrten o.ä., wenn der Einsatz einer Pumpe nicht lohnt. Hier kann man Bodenabläufe mit frostsicher angelegten Absperrvorrichtungen (Rückstauverschlüsse) verwenden, sofern das sich oberflächlich sammelnde Regenwasser nicht in tiefliegende Räume eindringen kann. Wenn bei Regenwasseranschlüssen ohnehin eine Hebeanlage notwendig wurde, sollte man die Kellerniedergänge mit anschließen. Die zuständige DIN 1997 verlangt, daß Rückstauverschlüsse stets zwei voneinander unabhängige Verschlüsse (selbsttätig und handbedient) haben müssen. Die selbsttätigen Verschlüsse arbeiten nach dem Schwimmer- oder Klappenprinzip. Automatische Absperrarmaturen sind meist druckluftgesteuert und schließen durch ein Schlauchquetschventil. Sie können durch Verunreinigungen undicht werden. Dann ist nur die Handbedienung sicher. Kellerabläufe sollte man nur beim Wasserablaß öffnen und danach wieder schließen. Rückstauverschlüsse für Mischsystem im Gebäude sind so anzuordnen, daß der Regenwasserabfluß in der Grundleitung bei gesperrtem Verschluß nicht unterbrochen wird. Die Verschlüsse müssen oberhalb des letzten Anschlußstutzens für Regenwasser liegen (Bild **2**.15).

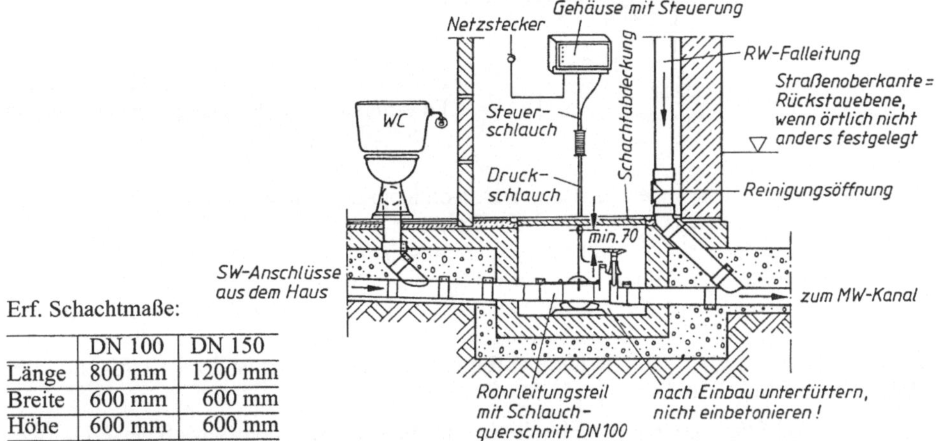

Erf. Schachtmaße:

	DN 100	DN 150
Länge	800 mm	1200 mm
Breite	600 mm	600 mm
Höhe	600 mm	600 mm

2.15 Rückstau-Doppelverschluß aus automatischer Absperrarmatur mit Schlauchventil und Handverschluß für Anschluß an MW-Kanäle

Schmutzwasser, das unterhalb der Rückstauebene anfällt, ist der öffentlichen Kanalisation über eine automatisch arbeitende Abwasserhebeanlage rückstaufrei (Heben über die Rückstauebene, Rückstauschleife) zuzuführen. Abweichend davon darf bei Vorhandensein natürlichen Gefälles und für Räume in Bereichen untergeordneter Nutzung Schmutzwasser aus Klosettanlagen oder Urinalanlagen (fäkalienhaltiges Abwasser) über Rückstauverschlüsse nach DIN 19578-1, EN 12050-4 abgeleitet werden, wenn der Benutzerkreis der Anlagen klein ist (wie z.B. bei Einfamilienhäusern, auch mit Einliegerwohnung) und ihm ein WC oberhalb der Rückstauebene zur Verfügung steht.

Schmutzwasser ohne Anteile aus Klosettanlagen oder Urinalanlagen (fäkalienfreies Abwasser) kann über Rückstauverschlüsse nach DIN 1997-1 oder DIN 19578-1 abgeleitet werden, wenn bei Rückstau auf die Benutzung der Ablaufstellen verzichtet werden kann, s. auch EN 12050-2.

Die Abwasserhebe-Anlage (**2**.16) sollte so bemessen sein, daß sie das Abwasser mehrmals täglich abpumpt. Sammelbehälter von Abwasserhebeanlagen für Schmutzwasser, das Geruchsbelästigungen verursachen kann, insbesondere für fäkalienhaltiges

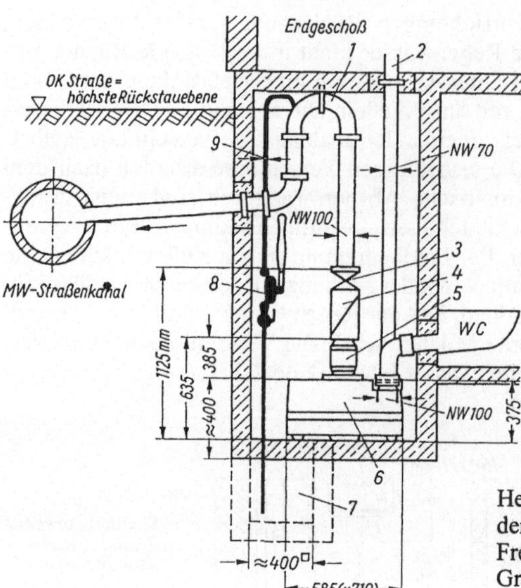

2.16
Fäkalienhebeanlage
1 Rückstaubogen
2 Falleitung
3 Schieber
4 Rückschlagklappe
5 E-Motor für Pumpe
6 Geschlossene Fäkalienhebeanlage mit Speicherraum und Pumpe
7 Pumpenschacht für Sicker- und Schwitzwasser
8 Handpumpe
9 Druckleitung DN $1\frac{1}{2}''$ für Pumpenschacht

Hebeanlagen außerhalb des Gebäudes werden als kleine Pumpstationen mit Kanalrad-, Freistromrad-, Zerkleinerungspumpen oder mit Grobstoffstau ausgeführt (s. **3**.128 bis **3**.130).

Schmutzwasser, müssen geschlossen, wasserdicht und geruchdicht sein und ein Nutzvolumen von mindestens 20 l haben; die Behälter sind direkt zu lüften, dabei darf die Lüftungsleitung des Behälters alternativ auch in Nebenlüftungen oder Sekundärlüftungen eingeführt werden. Als Anhalt kann bei Einfamilienhäusern ein Waschgang eines Haushaltswaschautomaten mit 200 bis 300 l angesehen werden. Bei Mehrfamilienhäusern der Wasseranfall von 1/2 Tag. In Hebeanlagen sollte man nur den Teil des Schmutzwassers leiten, der im freien Gefälle nicht abführbar ist. Maßgebend ist DIN 19760 und DIN 19761 sowie EN 12050-1 bis -4.

Um Stoffe und Flüssigkeiten, welche die Baustoffe angreifen, den Betrieb der Entwässerungsanlagen stören oder Gerüche verbreiten, von den öffentlichen Kanälen abzuhalten, sind Abscheider in die Grundstücksentwässerung einzubauen. Man unterscheidet:

Sand- und Schlammfänge in Keller- und Hofabläufen; Regenwassersandfänge in Regenwasserleitungen; Fettabscheider, Benzinabscheider, Neutralisations-, Spalt-Entgiftungs-, Desinfektionsanlagen.

Sandablagerungen sind hygienisch harmlos. Sie vermindern jedoch das Leistungsvermögen der Netze, erfordern zusätzliche Unterhaltung. verschleißen die Pumpen und lagern sich im Vorfluter ab. Leichtflüssigkeiten verunreinigen die Oberfläche der Gewässer. Sie dürfen wegen der Explosionsgefahr nicht in das Schmutzwassernetz gelangen.

Abscheider für Leichtflüssigkeiten – Benzinabscheider, Heizölabscheider (DIN 1999) – gibt es mit und ohne selbsttätigen Abschluß. Müssen nichtüberdachte Flächen angeschlossen werden, dann ist die Einzugsfläche des Abscheiders möglichst klein zu halten, notwendigenfalls durch Einbau eines besonderen Leitungssystems. Heizölsperren vermindern das zufällige Ablaufen von Heizöl, Heizölabscheider haben einen Rückhalteraum und werden dort angeordnet, wo sich größere Mengen Öl ansammeln könnten. Alle Abscheider für Leichtflüssigkeiten haben Tauchwände und Schwimmerverschlüsse. Benzinabscheider werden in den Nenngrößen 1,0 bis 100, ≙ Wasserdurchfluß in l/s bei

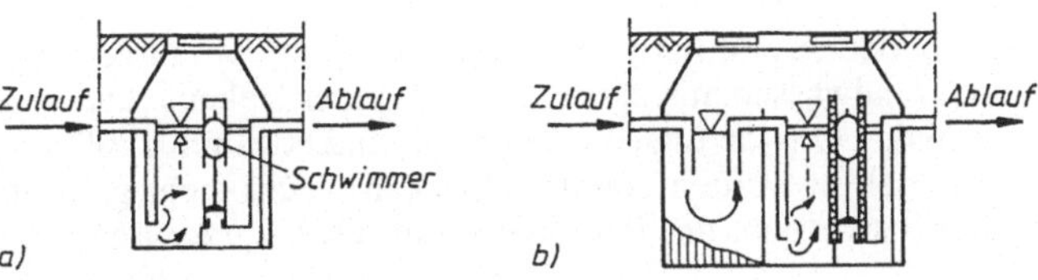

2.17 a) Leichtflüssigkeitsabscheider nach DN 1999-1 und -2
b) Koaleszenzabscheider mit integriertem Schlammfang und Leichtflüssigkeitsabscheider

der Prüfung nach DIN 1999-3, hergestellt. Kolloide werden durch Koaleszenzabscheider, meist in Verbindung mit Schlammfang und Benzinabscheider, zurückgehalten (DIN 1999-4 bis -6 und EN 858-1).

Fett würde sich in verhärteter Form in den Kanälen und Druckrohren festsetzen sowie die Funktion der Kläranlage durch Bildung von Schwimmschlamm stören. Fettabscheider sind außerhalb der Gebäude anzulegen. Maßgebend für Bemessung und Bau sind DIN 4040, 4041, 4042 und EN1825-1 (**2.**18).

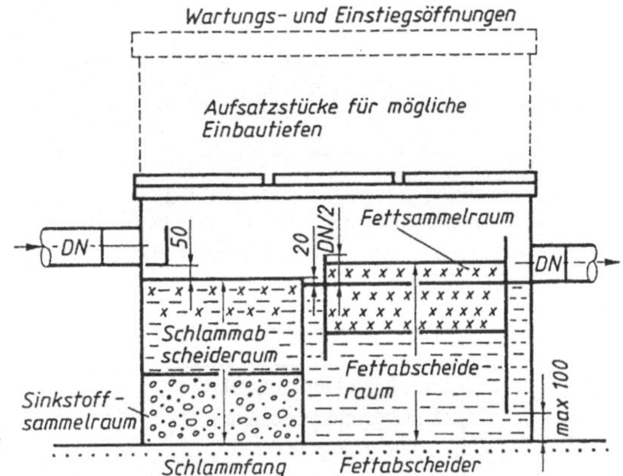

2.18
Vertikalschnitt durch einen Fettabscheider (Gußeisen-Ausführung)

Säurehaltiges, alkalisches, giftiges, radioaktives oder infektiöses Abwasser hat hinsichtlich der Reinigungsfähigkeit keine Ähnlichkeit mit häuslichem Abwasser und darf nicht der öffentlichen Kläranlage zugeleitet werden. Es muß neutralisiert, dekontaminiert usw. werden, bevor es abgegeben wird. Der Aufwand für die Anlagen kann erheblich sein.

Immer wieder genannt werden Abfallzerkleinerer. Sie verkraften alles, wie Speisereste, Flaschen, Glas, Blechdosen usw. Jedoch zerkleinern sie nur und beseitigen nicht. Zum Transport der zermahlenen Abfälle muß Reinwasser verwendet werden. Auf der Kläranlage müssen die Stoffe wieder entfernt werden. Orts- und Grundstücksentwässerungsanlagen wären überfordert, wenn man diese Geräte verwenden würde, um die Müllabfuhr zu ersetzen.

Die Abwasserbeseitigung auf Grundstücken ohne Kanalisation ist nach den Ortssatzungen in den letzten Jahren erschwert worden. Das Abwasser verbleibt auf dem Grundstück, sofern nicht die Möglichkeit besteht, nach Klärung in einer Kleinkläranlage in einen naheliegenden Wasserlauf einzuleiten. Mehrkammerkläranlagen nach DIN 4261 werden aber nach dem Wasserhaushaltsgesetz und den Landes-Wassergesetzen kaum noch erlaubt, so daß in diesem Falle eine vollbiologische kleine Hauskläranlage gebaut werden müßte. Es besteht u. U. die Möglichkeit, einer Kleinkläranlage eine Untergrundverrieselung oder Sandfiltergräben nachzuschalten. Voraussetzung ist ein rieselfähiger Boden, ein Grundwasserspiegel von ≥ 2,0 m unter Gelände und eine Mindestgrundstücksgröße, die in den Ortssatzungen genannt ist, und etwa um 1000 m^2 je Wohneinheit liegt. Sammelgruben werden von der DIN 4261 nicht mehr genannt. Wegen des häufigen Auspumpens versieht der Betreiber sie oft nach kurzer Zeit mit einem unzulässigen Abfluß.

Kleinkläranlagen werden in der DIN 4261-1 bis -4 behandelt. Teil 1 „Anlagen ohne Abwasserbelüftung" sieht drei Verfahren der Abwasserbehandlung vor:

die mechanische Behandlung (Entschlammung);
die anaerobe biologische Behandlung;
die aerobe biologische Nachbehandlung.

Teil 2 behandelt Anlagen mit Abwasserbelüftung.

Tafel 2.8 Inhalte der DIN 4261-1 bis -4

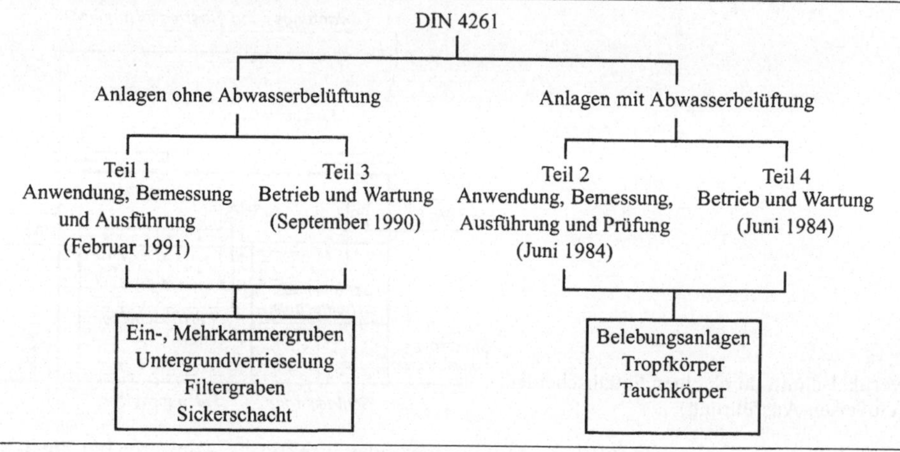

Die mechanische Reinigung wird als Behelf angesehen. Sie wird weiterhin durch Mehrkammergruben erreicht, die einer biologischen Nachbehandlung vorgeschaltet sein sollen. Als selbständiges Reinigungsverfahren können sie nur für eine Übergangszeit vorgesehen werden. Sie sollen jährlich mindestens einmal geräumt werden. Erf. Nutzvolumen 300 l/E; Gesamtnutzvolumen ≥ 3000 l; ab 4000 l drei Kammern.

Eine anaerobe biologische Behandlung erreicht man in Mehrkammerausfaulgruben. Der Vorteil gegenüber den einfachen Mehrkammergruben ist nicht eine höhere Reinigungswirkung – sie liegt bei nur 25 bis 50% – sondern das größere Volumen zum Zwecke des Mengen- und Schmutzstoffausgleichs und zur Schlammausfaulung. Sie sollen geräumt werden, wenn 40% der Wassertiefe über dem Boden mit Schlamm gefüllt sind. Zu den biologischen Verfahren ohne Abwasserbelüftung rechnen die Untergrundverrieselung und die Sandfiltergräben. Als normaler täglicher Abwasseranfall werden ≥ 150 l/(E · d) angenommen. Erf. Nutzvolumen 1500 l/E; Gesamtnutzvolumen ≥ 6000 l; min 3 Kammern.

Werden Mehrkammeranlagen nachträglich mit einer biologischen Stufe ausgerüstet, spricht man von Nachrüstung.

Teil 2 der DIN 4261 behandelt Anlagen nach dem Prinzip des Belebungs- und Tropfkörperverfahrens sowie Tauchkörper, die in vielseitigen und teilweise bewährten Ausführungsarten angeboten werden (Typenkläranlagen), vgl. auch ATV-A 122, A 123, A 126, A 131, A 135.

Bei Kleinbelebungsanlagen nach DIN 4261-2 ist mindestens eine Grobentschlammung, besser eine Vorreinigung in einer Mehrkammergrube, vorzusehen. Die BSB_5-Raumbelastung B_R ist auf 0,2 kg/($m^3 \cdot d$) und die Schlammbelastung B_{TS} auf 0,05 kg/(kg $TS \cdot d$) begrenzt. Auch bei der Bemessung der Nachklärbecken ist eine größere Sicherheit vorzusehen, die Oberflächenbeschickung soll $q_A = 0{,}3\ m^3/(m^2 \cdot h)$ nicht übersteigen (**2**.19), s. Abschn. 4.5.2.

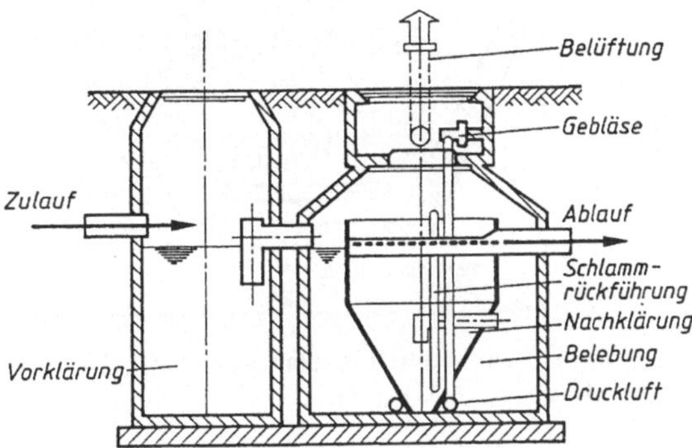

2.19
Kleinkläranlage nach dem Belebungsverfahren (Vertikalschnitt)

Bei Tropfkörpern und Tauchkörpern müssen Mehrkammer-Absetzgruben oder Mehrkammer-Ausfaulgruben vorgeschaltet werden. Allen biologischen Anlageteilen ist eine Einrichtung zur Trennung von Schlamm und gereinigtem Abwasser nachzuschalten. Die Füllung des Körpers muß mindestens 1,50 m hoch sein. Für die BSB_5-Raumbelastung sind 0,15 bis 0,25 kg/($m^3 \cdot d$) anzusetzen. Für die Nachklärbecken soll eine Oberflächenbeschickung von $q_A \leq 0{,}4\ m^3/(m^2 \cdot h)$ und eine Aufenthaltszeit von $t_{NB} > 3{,}5$ h angesetzt werden. Die Oberfläche der Nachklärbecken soll mindestens 0,7 m^2, die Tiefe $> 1{,}0$ m betragen (s. Abschn. 4.5.1). Auch bei Tauchkörpern ist das Abwasser mechanisch vorzubehandeln. Sie werden nach der Flächenbelastung der Scheiben bemessen, die $B_A = 4$ bis 8 g/($m^2 \cdot d$) nicht überschreiten soll, s. Abschn. 4.7.

Bei den Biofilmanlagen handelt es sich um von unten her belüftete statische Tauchkörper (**2**.20), siehe auch Abschn. 4.5.1.7. Erforderlich ist ein Gebläse und eine Doppelzeitschaltuhr, die Belüftung, Schlammrezirkulation und Überschußschlammabzug steuert. Eine O_2-Steuerung mit vorgegebenen Begrenzungswerten minimiert den Energieverbrauch. Die Biomasse sitzt auf den Aufwuchsflächen des überstauten Festbettkörpers. Sie wird vom Abwasser umgeben, das durch sein Volumen einen hydraulischen Puffer bildet. Durch eine feinblasige Belüftung erfolgt der Sauerstoffeintrag. Dieses Verfahren eignet sich auch für den Umbau einer 3-Kammeranlage zu einer mechanisch-biologischen Anlage. Festbettkörper und Belüftungseinrichtung werden in die 2. oder 3. Kammer eingebaut.

Die Dimensionierung erfolgt je nach erforderlicher Reinigungsleistung über die Biofilmbelastung $B_A = 0{,}5/1{,}0$; 2,0/4,0; 4,0/8,0 g BSB_5/(m^2 Festbett $\cdot$ d) (Abwasserreinigung mit Nitrifikation/nur C-Abbau). Damit ist auch die hydraulische Mindestaufenthaltszeit gewährleistet.

Die Anlagen benötigen einen Überschußschlammabzug, sonst tritt Schwimmschlammbildung infolge Denitrifikation auf. Der Wartungsaufwand ist gering. Eine mechanische Vorklärung ist erforderlich. Der Überschußschlamm wird in die 1. Kammer gepumpt.

Eine Weiterentwicklung ist die Biofilm/Belebtschlamm-Anlage. Der im Biofilm fixierte Impfschlamm ermöglicht eine rasche Anpassung bei Saisonbeginn. Die Anlagen können ohne oder mit integrierter Vorklärung betrieben werden. Eine feinblasige Belüftung versorgt den Belebt-

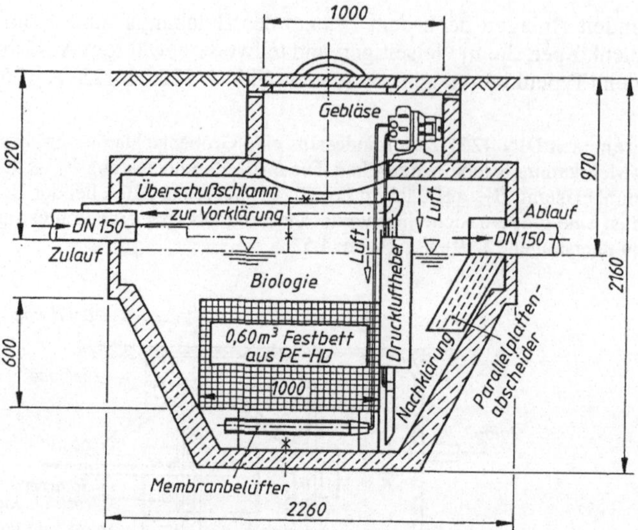

2.20 Vertikalschnitt durch Belebung und Nachklärung einer belüfteten Tauchkörperanlage (TK 10/12, Fa. Unger)

schlamm und den auf dem Festbettkörper gewachsenen Biofilm mit Sauerstoff. Die Rücklaufschlammförderung erfolgt in das Biobecken. Der Überschußschlamm kann mit Pumpen oder mit Drucklufttheber abgezogen werden.

Wird die BF/BS-Anlage über eine SPS (Speicher-Programmierbare Steuerung) gesteuert, kann auch eine Funktionsüberwachung des Reinigungssystems, die Dosierung von Fällmitteln sowie eine Störungsanzeige installiert werden.

Man sollte immer versuchen, mehrere Einzelgrundstücke an eine gemeinsame Kleinkläranlage anzuschließen. Der Betrieb wird dadurch sicherer.

Neben diesen herkömmlichen Lösungen gibt es bei Kleinkläranlagen auch die Verbindung von Mehrkammer-Absetzgruben mit großflächigen biologischen Verfahren wie unbelüfteten Teichen, Hangverrieselungen oder Pflanzenbeeten. Diesen naturnahen Reinigungsverfahren sollte man besonders im ländlichen Raum verstärkte Beachtung schenken.

Das Hangverrieselungsverfahren zur Abwasserreinigung ist eine mögliche Lösung zur biologischen Behandlung des Abwassers. Der Flächenbedarf liegt bei etwa 5 m^2/E.

Die Behandlung in unbelüfteten Abwasserteichen (s. Abschn. 4.5.3.5 und 4.7.8.1) ist fast problemlos. Bemessung der Teiche erfolgt nach örtlichen Richtlinien, ca. 20 m^2/E, Teichfläche $\geq 100\,m^2$. Das Regenwasser der Hof- und Dachflächen sollte zur O_2-Anreicherung dem Teich ebenfalls zugeleitet werden, Drainagen jedoch nicht. Eine Mehrkammer-Absetzanlage ist vorzuschalten (**2.**21).

Bei einer nachgeschalteten Pflanzenanlage oder bepflanzten Bodenabwasserreinigungsstufe besteht die Möglichkeit, einen unbelüfteten Teich nachzuschalten. Für die Bemessung von Pflanzenanlagen gibt es noch keine gesicherten Regeln (s. Abschn. 4.5.3.3). Das Hauptproblem liegt in der Beurteilung der Bodendurchlässigkeit, denn die Leistung ist abhängig von der hydraulischen Belastbarkeit. Pflanzenbeete mit überwiegend kiesigsandigem Bodenmaterial, $k_f \geq 10^{-4}$ m/s ≥ 5 m^2/E, $k_f \geq 10^{-5}$ m/s $\geq 7{,}5$ m^2/E, sind wohl betriebssicherer als Beete mit bindigem Material (**2.**22). Die Reinigung erfolgt vorwiegend durch Bakterien im Bodenkörper. Die Pflanzen verhindern die Bodenverdichtung, fördern die Bodenbelüftung und die Verdunstung. Jedes Pflanzenbeet sollte eine ca. 2,0 m lange Kieszone 6/20 und 2/6 vor- und nachgeschaltet haben.

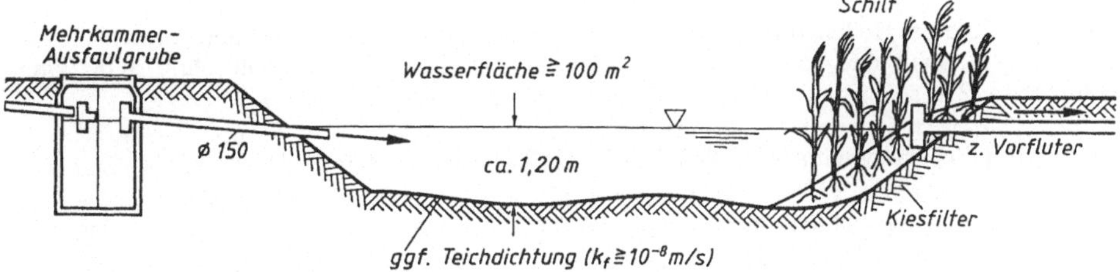

2.21 Nachgeschalteter unbelüfteter Abwasserteich (Vertikalschnitt)

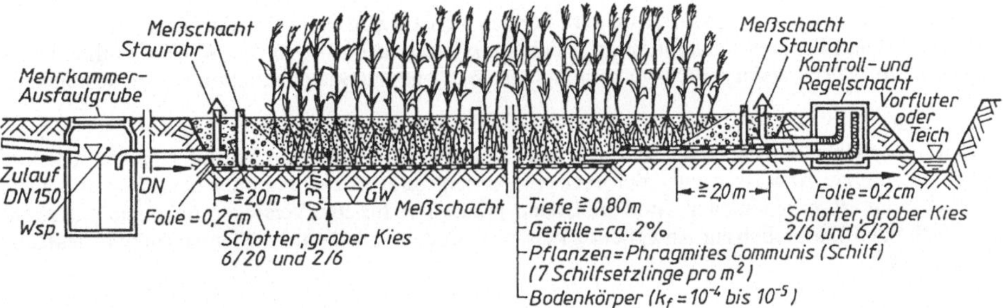

2.22 Nachgeschaltete Pflanzenanlage (Vertikalschnitt) oder „bepflanzte Bodenabwasserreinigungsstufe"

Bemessungsbeispiel für einen nichtbindigen Bodenkörper, horizontal durchflossen (2.22), häusliches Abwasser, vgl. ATV-A 262(E) [1].

Anschlußnehmer: Wohnhaus mit 6 Personen

Vorreinigung: Dreikammerausfaul-Anlage

$$6\,\mathrm{E} \cdot 1{,}5\,\mathrm{m}^3/\mathrm{E} = 9{,}0\,\mathrm{m}^3 > 6{,}0\,\mathrm{m}^3$$

Falls die Bodenstufe durch eine Pumpe beschickt wird, ist eine Tauchpumpe mit Intervallbetrieb zweckmäßig:

$$Q_\mathrm{d} = 6\,\mathrm{E} \cdot 150\,\mathrm{l}/(\mathrm{E} \cdot \mathrm{d}) = 900\,\mathrm{l/d}, \qquad \max i\ (\text{Schaltspiel}) = 6\ 1/\mathrm{d}$$

Fördermenge pro Schaltspiel = 900/6 = 150 l. Diese Menge wäre zu speichern. ∅ Pumpenschacht = 1,0 m.

$$\mathrm{erf}\,\Delta h = 4 \cdot 0{,}150/\pi \cdot 1{,}0^2 = 0{,}19\,\mathrm{m} \quad \text{gewählt} \quad 1{,}0\,\mathrm{m} \rightarrow V_\mathrm{PS} = \pi \cdot 1{,}0^2 \cdot 1{,}0/4 = 0{,}79\,\mathrm{m}^3.$$

Speicherzeit

$$t_\mathrm{SP} = 0{,}79/0{,}9 = 0{,}88\,\mathrm{d} \approx 21\,\mathrm{h} = \text{Zeit zum Auswechseln der Pumpe}$$

Bodenreinigungsstufe: Gewählt 80% Feinsand 0,06/0,2; 5% Grobschluff 0,02/0,06; 15% Grobsand, 0,6/2,0. $k_\mathrm{f} \geq 10^{-4}$ m/s i.M.
Gew. Pflanzfläche

$$A_\mathrm{Pf} = 6\,\mathrm{E} \cdot 7{,}5\,\mathrm{m}^2/\mathrm{E} = 45\,\mathrm{m}^2 > 25\,\mathrm{m}^2. \quad \text{Erforderlich wären} \geq 5{,}0\,\mathrm{m}^2/\mathrm{E}$$

Gew. Pflanzbreite 4,5 m, erf. Pflanzlänge 10 m. Kiesschüttungen 6/20 und 2/6 im Zulauf- und Ablaufbereich, je 2,0 m lang.

Gewählte Tiefe des Bodenkörpers 1,0 m, Böschungsneigung 1 : 1,5. Gesamt-Sohllänge 14 – 1,5 – 1,5 = 11,0 m, Sohlbreite 4,5 – 1,5 – 1,5 = 1,5 m. Δh zwischen Zu- und Ablaufrohr 0,20 m. Porenvolumen ≈ 22%,

$$\text{vorh. Speichervolumen} = 2{,}0 \cdot 4{,}5 \cdot 0{,}20 \cdot 0{,}22 = 0{,}4\,\text{m}^3 = 400\,\text{l} > 150\,\text{l}.$$

Sohl- und Böschungsdichtung mit Polyethylen-Folie, $d = 1$ mm, auf 10 cm Feinsand oder, wenn anstehend, Ton mit $k_f \leq 10^{-9}$ m/s.

Bepflanzung möglich, mit Schilf bevorzugt (Phragmites australis oder Phr. communis), Flatterbinse, Flechtbinse, Kalmus, Rohrglanzgras, Rohrkolben, Wasserminze, Wasserschwertlilie oder andere Sumpfpflanzen. Pflanzdichte ≥ 4 Pflanzen/m^2.

Überschlägliche Bemessungswerte können sich auf den Flächenbedarf in m^2/EGW beziehen. Horizontalfilter benötigen für einen gesicherten C-Abbau 5 bis 10 m^2/EGW. Vertikalfilter benötigen ≈ 3 m^2/EGW, wenn die O_2-Versorgung gesichert und die Speicherzeit im Boden ausreichend ist.

Wenn in der Nähe der zu entwässernden Grundstücke keine geeigneten Vorfluter vorhanden sind, ist das gereinigte Abwasser entweder über eine Untergrundverrieselung oder über Sickerschächte in das Grundwasser einzuleiten. Sind die Bodenverhältnisse für eine Versickerung ungeeignet, können auch Sandfiltergräben zur Anwendung kommen. Überwiegend wird die Untergrundverrieselung angewandt.

2.3 Entwässerungsverfahren

2.3.1 **Mischverfahren** (Bild **2.**23)

Zusammen mit dem Schmutzwasser wird die wesentlich größere Menge des Regenwassers in einer Leitung befördert. Es sind daher große Querschnitte erforderlich. Um bei den Hauptsammlern nicht übermäßig große Profile in den Straßen unterbringen zu müssen, werden die Mischwasserleitungen in gewissen Abständen entlastet. Dies geschieht meist durch seitliche Überfallschwellen, sogenannte Entlastungsbauwerke (s. Abschn. 3.3.3), über die ein bestimmter Teil des Mischwassers abläuft und dem nächsten Vorfluter zufließt. Das Verdünnungsverhältnis der im Netz weiterzuleitenden Wassermenge wird von der Wasseraufsichtsbehörde festgesetzt oder aus der Belastbarkeit des Vorfluters berechnet.

2.3.2 **Trennverfahren** (Bild **2.**23)

Jede Straße erhält in der Regel zwei Kanalleitungen. Das Regenwasser wird gesondert vom Schmutzwasser dem nächsten Vorfluter zugeführt und meist in Kanälen abgeleitet. Offene Gräben zur Regenwasserableitung kommen nur noch in unbebauten oder in Gebieten mit weiträumiger Bauweise vor. Regenüberläufe fallen fort. Dem Vorfluter fließt bei jedem Regen das Wasser zu. Das Schmutzwasser wird der zentralen Kläranlage zugeleitet.

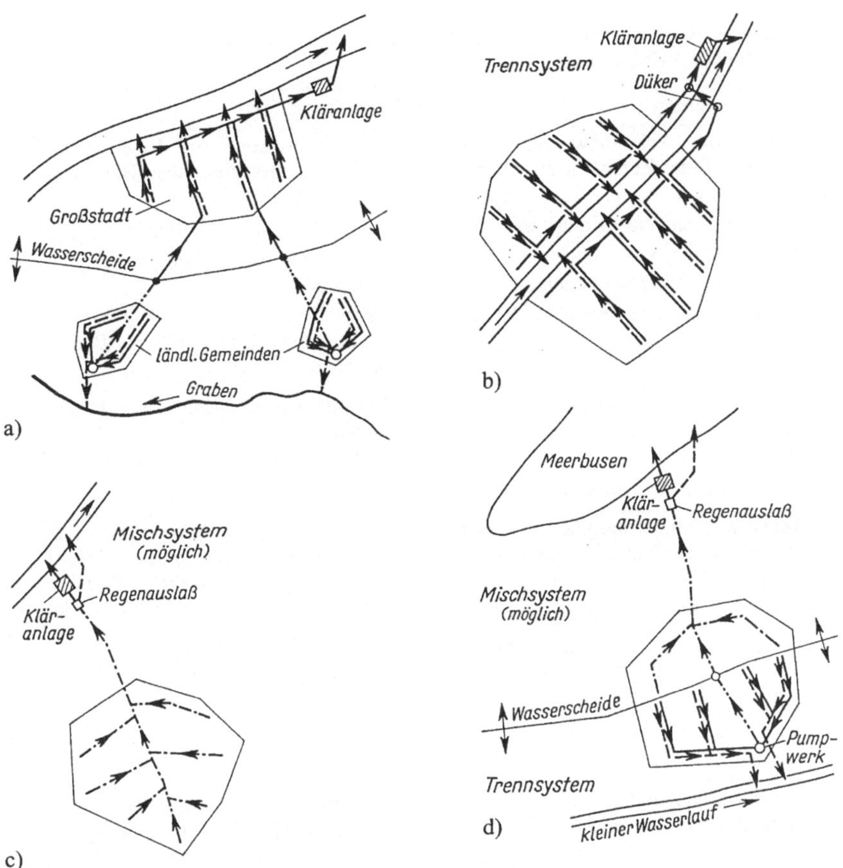

2.23 Lagepläne für die Lösung der Ortsentwässerung

2.3.3 Vor- und Nachteile beider Verfahren

Das Mischverfahren verursacht normalerweise geringere Baukosten für den Leitungsbau als das Trennverfahren, da nur ein Kanal notwendig ist. Die biochemische Verschmutzung des Vorfluters bei stärkerem Regen ist jedoch größer als beim Trennverfahren, da auch Fäkalien bei der Entlastung durch Regenüberläufe ohne Klärung in den Vorfluter gelangen. Dafür wird bei Regenbeginn und kleineren Regen der Schmutz der Straßen vom Vorfluter ferngehalten. Kellerückstau und Straßenüberschwemmungen sind wegen der mitgeführten Fäkalien besonders unangenehm. Kläranlagen und Pumpstationen sind für große Wassermengen zu bemessen und werden damit baulich und betrieblich teuer. Entlastungsbauwerke und Rückstauverschlüsse sind notwendig. Die Sohle der MW-Kanäle liegt, bei gleicher Anschlußhöhe im Kämpfer des Straßenkanals, infolge der wesentlich größeren Profile tiefer als die der SW-Kanäle des Trennsystems.

Das Trennverfahren hat den Vorzug der kleineren Kläranlagen und Pumpstationen mit entsprechend niedrigeren Bau- und Betriebskosten. Der Vorfluter erhält das geklärte Schmutz-

Tafel **2**.9 Gegenüberstellung von Trenn- und Mischverfahren
V = Vorteil, N = Nachteil, vgl. Bild **2**.24

Objekt	Trennverfahren	V/N	Mischverfahren	V/N
Kläranlage	Erhält nur Schmutzwasser, damit gleichmäßiger Zulauf. Klärtechnisch gut	V	Durch Trocken- und Regenwetterzufluß unterschiedliche Belastung. Klärtechnisch schlecht	N
	Regenbecken zur Entlastung sind nicht erforderlich	V	Regenbecken erforderlich	N
	Streusalz wird ferngehalten	V	Streusalz wird zugeführt, stört Klärprozeß (Biologie und Schlammfaulung)	N
	Bemessungswerte kleiner, Betrieb billiger	V	Bemessungswerte größer, Betrieb teurer	N
Vorfluter	Ungeklärte Ableitung des Regenwassers oder besondere Kläranlagen für RW	N	Bei Starkregen Auslaß von Mischwasser	N
	Kein Schmutzwasser in den Vorfluter	V	Bei schwächerem Regen keine Vorfluterbelastung	V
Hebung des Abwassers	Meist nur für Schmutzwasser erforderlich, kleine Pumpstationen. Betrieb billig	V	Neben Trockenwetterpumpen auch große Regenwetterpumpen erforderlich, welche nur wenige Stunden/Jahr arbeiten. Stationen groß, Betrieb teuer	N
Hausanschlüsse	Zwei Anschlußkanäle nötig	N	Ein Anschlußkanal ausreichend	V
	Fehlanschlüsse möglich	N	Fehlanschlüsse nicht möglich	V
	Kellerrückstau durch Regenwasser und Vorfluter nicht möglich	V	Kellerückstau möglich	N
Straßen-Kanalnetz	Zwei Straßenkanäle mit den erforderl. Schachtbauwerken nötig, Baukosten höher	N	Ein Straßenkanal ausreichend	V
	Schlechte Unterbringung bei Platzmangel im Straßenkörper	N	Sohlentiefe bei gleicher Schmutzwasseranschlußhöhe größer, Baukosten insgesamt geringer	V
	Mindestgefälle für SW-Kanäle muß eingehalten werden, sonst Ablagerungen	N	Weniger Platzbedarf im Straßenk.	V
	Sonderbauweisen, z.B. STEINKA, in weitläufig bebauten Gebieten möglich	V	Gefälle kann kleiner sein als beim SW-Kanal. Der hydraulische Radius ist auch beim Trockenwetterabfluß meist gut. Spülwirkung der Regenwetterabflüsse groß	V
	Grund- und Kühlwasseraufnahme nur in den RW-Kanal möglich	N	Grund- und Kühlwasser kann aufgenommen werden	V
	Wegen der kleinen Profile des SW-Kanals kann widerstandsfähiges Rohrmaterial (Steinzeug) kostensparend eingesetzt werden	V	Die Auskleidung mit Profilschalen oder Klinkern, die Verwendung von Betonkeramikrohren, ist kostspielig. Oft wird darauf verzichtet	N
			Entlastungsbauwerke notwendig	N
Unterhaltung des Kanalnetzes	Ablagerungen in Anfangshaltungen und bei schwachem Gefälle im SW-Kanal. Kanallänge wegen der doppelten Leitungen groß	N	Spülwirkung der Regenwetterabflüsse verringert die Unterhaltungskosten. Kanallänge nur etwa halb so groß wie im Trennsystem	V

wasser und das meist ungeklärte oder einfach geklärte Regenwasser. Da zwischen der Schmutzwasserleitung des Grundstückes und dem RW-Straßenkanal keine Verbindung besteht, ist die Gefahr der Kellerüberstauungen bei starkem Regen gering. Tafel **2.**9 stellt die beiden Verfahren gegenüber.

In Bild **2.**23 sind einige Entwässerungslösungen schematisch dargestellt, bei denen sich die Wahl des Kanalisationssystems vornehmlich nach der Lage des Entwässerungsgebietes zum Vorfluter richtet.

Bild **2.**24 stellt exemplarisch für einen Hauptort mit zwei Nebenorten (Gruppe) die Lösungen für Trenn- und Mischsystem gegenüber. Bild **2.**24a zeigt das Trennsystem. Die Gruppe erhält eine SW-Kläranlage am wasserreichsten Vorfluter. Die Orte haben je eine Pumpstation. A hebt in das Netz von C, B hebt das SW direkt zur Kläranlage. Das Schmutzwasser von A wird also zweimal gehoben. Die Nebenwasserläufe werden bei Regenbeginn mit Schmutzstoffen belastet. RW-Klärung ggf. erforderlich. Der am Fluß entwickelte Ort C hat einen SW-Abfangsammler und mehrere RW-Einläufe. Kanalisation teuer; SW-Hebung teuer; Kläranlage wirtschaftlich, Vorfluterbelastung gering.

Bild **2.**24b zeigt dieselbe Gruppe im Mischverfahren. Es sind drei MW-Kläranlagen unterschiedlicher Größe erforderlich mit drei Einleitungsstellen. Die Orte A und B haben je einen, der Ort C drei parallelgeschaltete Regenüberläufe, die nur bei starkem Regen anspringen. Hierdurch entstehen zeitweilig fünf weitere Einleitungsstellen. Zu untersuchen wäre, ob die kleineren Wasserläufe die Schmutzbelastung aufnehmen können. Kanalisation wirtschaftlich, MW-Hebung nur einmal, jedoch teuer; drei MW-Kläranlagen, teuer; Vorfluterbelastung bei starkem Regen größer.

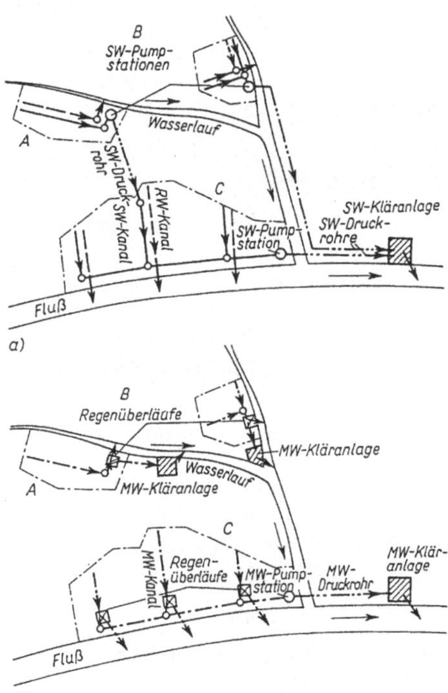

2.24
Lageplan einer alternativen Entwässerungslösung
a) Trennsystem
b) Mischsystem (statt der Regenüberläufe, häufiger ein Regenwasserklärbecken im Klärwerk)

2.4 Querschnittsformen der Leitungen

Die Querschnittsform wird von der Wasserführung bestimmt und soll möglichst günstige hydraulische Eigenschaften haben. Allerdings können auch andere Gesichtspunkte Einfluß haben, z.B. geringe vorhandene Bauhöhe, statische Belastung, Baukosten. Hier wird nur auf eine Auswahl der Leitungsquerschnitte des Wasserbaues nach DIN 4263 (Tafel **2**.10) eingegangen, daneben ist aber auch praktisch jede andere Form möglich.

2.4.1 Kreisprofil

Es ist das gebräuchlichste Profil (Tafel **2**.10 A 1), weil es hydraulisch sehr günstig und leicht herstellbar ist. Beim fast vollen Kreisprofil erreicht der hydraulische Radius $R = A/U$, das Verhältnis des Wasserquerschnittes zum benetzten Umfang, einen Größtwert. Bei sehr geringer Wasserführung, z.B. Trockenwetterabfluß des Mischverfahrens, ist durch die verhältnismäßig flach gekrümmte Sohle die Wassertiefe gering, und es setzen sich daher leicht schlammige Bestandteile ab. Die Kreisform wird jedoch bei kleineren Entwässerungsleitungen, $\leq$ DN 1000, bevorzugt.
Kreisprofile DN $\geq$ 900 gelten als begehbar.

2.4.2 Eiprofil

Die Eiform (Tafel **2**.10 B2 bis B5) ist der Kreisform bei kleinen Wassermengen überlegen, weil die Füllhöhe bei gleichem Fließquerschnitt größer ist. Das Profil erfordert jedoch eine größere Baugrubentiefe. Damit wird die Bauausführung teurer und bei Grundwasser schwieriger. Normale Eiquerschnitte haben das Verhältnis Breite b zu Höhe $h = 2:3$. Eiprofile werden meist als Betonfertigteile hergestellt. Sie können aber auch aus Kanalklinkern gemauert sein. Ei $\geq 700/1050$ sind begehbar und Ei $\geq 600/900$ bekriechbar.

2.4.3 Maulprofil

Um bei geringer Bauhöhe (OK Straße bis Kanalsohle) trotzdem größere Wassermengen ableiten zu können, wurde das Maulprofil (Tafel **2**.10 C 6 bis C 8) geschaffen. Es ist, vor allem bei Teilfüllung, hydraulisch nicht besonders günstig.

2.5 Hydraulische Berechnung der Leitungen

2.5.1 Kontinuitätsgleichung

Im allgemeinen handelt es sich bei den Entwässerungskanälen um Leitungen, deren Wasserspiegel sich meistens nicht unter hydraulischem Überdruck, sondern frei einstellt. Die durchfließende Wassermenge ist bei Voll- oder Teilfüllung errechenbar nach der Kontinuitätsgleichung

$$Q = A \cdot v \quad \text{in m}^3/\text{s} \tag{2.2}$$

A = durchflossene Querschnittsfläche in m²; sie läßt sich graphisch oder rechnerisch bestimmen.
v = Fließgeschwindigkeit in m/s; sie ist mit Formeln zu ermitteln, die bei Versuchen aufgestellt oder theoretisch genau abgeleitet wurden.

Tafel **2.**10 Leitungsquerschnitte nach DIN 4263

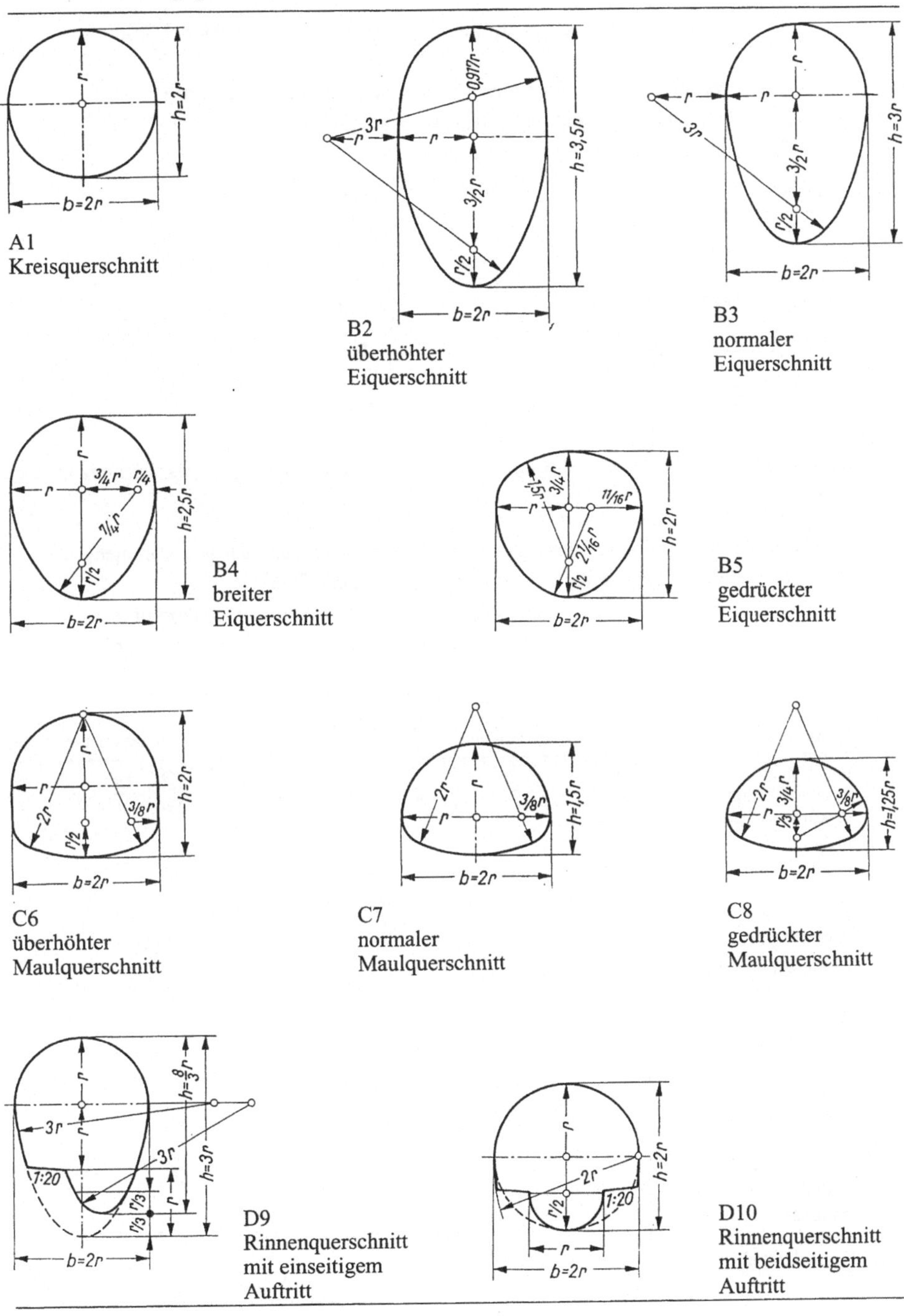

Tafel **2**.11 Abflußformen in Abwasserleitungen nach ATV-A 110 [1]

$\frac{\delta()}{\delta t}$ Veränderlichkeit einer Strömungsgröße (), z.B. Q, h, v mit der Zeit t

$\frac{\delta()}{\delta x}$ Veränderlichkeit einer Strömungsgröße () mit dem Fließweg x

q seitlicher Zufluß je Längeneinheit in Fließrichtung

Fr Froudezahl, Re Reynoldszahl

Bezeichnung	Kriterium
stationär / instationär	$\frac{\delta()}{\delta t} = 0$ / $\frac{\delta()}{\delta t} \approx 0$
gleichförmig / ungleichförmig	$\frac{\delta()}{\delta x} = 0$ / $\frac{\delta()}{\delta x} \approx 0$
kontinuierlich / diskontinuierlich	$q = 0$ / $q \neq 0$
strömend / schießend	$Fr < 1$ / $Fr > 1$
laminar / turbulent	$Re < 2320$ / $Re > 2320$

Tafel **2**.12 Mathematische Berechnungsansätze für Abflußvorgänge in Abwasserleitungen nach ATV-A 110 [1]

Q Durchfluß

q seitlicher Zufluß je Längeneinheit in Fließrichtung (stationär angenommen)

A Fließquerschnitt senkrecht zur Sohle, J_{So} Sohlengefälle

J_{R} Reibungsgefälle = J_{E}, x Wegkoordinate in Fließrichtung, t Zeitkoordinate

h Füllhöhe im Profil bzw. Wassertiefe bzw. die Druckhöhe in vollaufenden Leitungen an der Rohr- bzw. Profilsohle

v mittlere Fließgeschwindigkeit in einem Querschnitt, g Erdbeschleunigung

	Berechnungsweise	Bewegungsgleichung	Kontinuitätsgleichung
0	instationär ungleichförmig diskontinuierlich	$\frac{1}{g}\cdot\frac{\delta v}{\delta t}+\frac{v}{g}\cdot\frac{\delta v}{\delta x}+\frac{v}{g\cdot A}\cdot q+\frac{\delta h}{\delta x}=J_{\text{So}}-J_{\text{R}}$	$\frac{\delta Q}{\delta x}+\frac{\delta A}{\delta t}=q$
1	instationär ungleichförmig	$\frac{1}{g}\cdot\frac{\delta v}{\delta t}+\frac{v}{g}\cdot\frac{\delta v}{\delta x}+\frac{\delta h}{\delta x}=J_{\text{So}}-J_{\text{R}}$	$\frac{\delta Q}{\delta x}+\frac{\delta A}{\delta t}=0$
2	instationär vereinfacht ungleichförmig	$\frac{1}{g}\cdot\frac{\delta v}{\delta t}+\frac{\delta h}{\delta x}=J_{\text{So}}-J_{\text{R}}$	$\frac{\delta Q}{\delta x}+\frac{\delta A}{\delta t}=0$
3	vereinfacht instationär ungleichförmig	$\frac{v}{g}\cdot\frac{\delta v}{\delta x}+\frac{\delta h}{\delta x}=J_{\text{So}}-J_{\text{R}}$	$\frac{\delta Q}{\delta x}+\frac{\delta A}{\delta t}=0$
4	vereinfacht instationär vereinfacht ungleichförmig	$\frac{\delta h}{\delta x}=J_{\text{So}}-J_{\text{R}}$	$\frac{\delta Q}{\delta x}+\frac{\delta A}{\delta t}=0$
5	stationär ungleichförmig	$\frac{v}{g}\cdot\frac{\delta v}{\delta x}+\frac{\delta h}{\delta x}=J_{\text{So}}-J_{\text{R}}$	$\frac{\delta Q}{\delta x}=0$
6	stationär vereinfacht ungleichförmig	$\frac{\delta h}{\delta x}=J_{\text{So}}-J_{\text{R}}$	$\frac{\delta Q}{\delta x}=0$
7	stationär gleichförmig Normalabfluß	$\frac{\delta h}{\delta x}=J_{\text{So}}-J_{\text{R}}=0$ $J_{\text{So}}=J_{\text{R}}=J$	$\frac{\delta Q}{\delta x}=0$

2.5.2 Empirische Geschwindigkeitsformeln

Auf die Vielzahl der vorhandenen Formeln soll hier nicht eingegangen werden.

1. Gebräuchlich waren in der Abwassertechnik die Formel von Brahms und de Chezy

$$v = C \cdot R^{1/2} \cdot J^{1/2} \quad \text{in m/s} \qquad \text{mit} \quad C = \frac{100 \cdot \sqrt{R}}{m + \sqrt{R}} \tag{2.3}$$

nach Kutter (deshalb „kleine Kuttersche Formel")

$R = \frac{A}{U}$ = hydraulischer Radius = $\frac{\text{durchflossene Querschnittsfläche}}{\text{benetzter Umfang}}$ in $\frac{\text{m}^2}{\text{m}} = \text{m}$, auch mit

$r_{\text{hy}} = \frac{A}{l_{\text{u}}}$ bezeichnet.

m = Geschwindigkeitsbeiwert in $\text{m}^{1/2}$
J = Wasserspiegelgefälle 1 : n, z.B. 1 : 200 oder 0,005 (Reibungsgefälle), auch mit J_{E} bezeichnet
A = in m^2

Diese Formel wurde für Wasserläufe und offene Kanäle entwickelt. Sie ist für gleichförmige Strömung in Rohrleitungen unbrauchbar [32].

2. Eine einfach zu handhabende Gleichung, die für Entwässerungsleitungen gute Werte liefert, ist die Geschwindigkeitsformel von Gauckler-Manning-Strickler (Abkürzung: G-M-Str)

$$v = k_{\text{St}} \cdot R^{2/3} \cdot J^{1/2} \quad \text{m/s} = \frac{\sqrt[3]{\text{m}}}{\text{s}} \sqrt[3]{\text{m}^2},$$

auch

$$v = k_{\text{St}} \cdot r_{\text{hy}}^{2/3} \cdot J_{\text{E}}^{1/2} \tag{2.4}$$

k_{St} = Geschwindigkeitsbeiwert in $\text{m}^{1/3}/\text{s}$ konstant für eine Wandrauhigkeit.

Obwohl diese Formel empirisch gefunden wurde und mathematisch nicht exakt ist [32], liefert sie für die Kanäle der Abwassertechnik brauchbare Werte, die besonders im Bereich NW 800 bis 1000 mit $k_{\text{St}} = 80$ und $k_{\text{b}} = 1{,}0$ (Rauhigkeitsbeiwert nach Prandtl-Colebrook) mit denen nach Gl. (2.9) und (2.10) gut übereinstimmen. Da das Tabellen-Volumen gering ist, wurde die Formel in den Tafeln **2.14**, **2.15** und **2.16** ausgewertet.

Der Geschwindigkeitsbeiwert k_{St} drückt den Einfluß der Wandrauhigkeit der Leitung auf den Fließvorgang aus. Je glatter die Kanalwand, desto größer ist k_{St}. Viele Kanäle werden durch die sogenannte „Sielhaut" glatt, die aber andere schädliche Folgen (Korrosion) haben kann.

Tafel **2.13** k_{St}-Werte in $\text{m}^{1/3}/\text{s}$ nach Schewior-Press [66]

Kanäle aus Ziegelmauerwerk, gut gefugt	80
Betonkanäle mit Zementglattstrich	90 bis 100
Beton mit Stahlschalung	90 bis 100
Beton mit Holzschalung, ohne Verputz	65 bis 70
Stahlbeton-Druckrohrleitungen	85 bis 95
Stahlrohre	100
alte Betonrohrleitungen aus Einzelrohren	75

Steinzeugrohre kann man etwa mit glattem Beton gleichsetzen

$(k_{St} = 90 \text{ bis } 100)$.

In Tafel **2.**13 überwiegen Werte $k_{St} > 80$. Die Tafeln **2.**14, **2.**15 und **2.**16 enthalten also mit $k_{St} = 80$ eine gewisse Reserve. Tafel **2.**18 stellt die Verbindung zwischen der Wandrauhigkeit k nach Prandtl-Colebrook (s. Tafel **2.**17) und dem Beiwert k_{St} her.

Die Tafeln **2.**14, **2.**15 und **2.**16 dienen zur Querschnittsbestimmung. Sie sind für $k_{St} = 80\ \text{m}^{1/3}/\text{s}$ berechnet. Für andere Werte k_{Stx} können die Tafelwerte mit dem Verhältnis $k_{Stx}/80$ multipliziert werden.

$$v_x = \frac{k_{Stx}}{80} v_{80} \quad \text{und} \quad Q_x = \frac{k_{Stx}}{80} Q_{80} \tag{2.5}$$

Für vollaufende Querschnitte bereitet die Verwendung der Gl. (2.3) oder (2.4) keine Schwierigkeiten, da R bekannt ist. Bei teilgefüllten Profilen sind jedoch die durchflossene

Tafel **2.**14 Werte x, y und z für vollaufende Kreisprofile A 1 mit $k_{St} = 80$ (nach G-M-Str)

$$\left(v = \frac{x}{\sqrt{n}} \quad n = \frac{y}{Q^2} \quad Q = \frac{z}{\sqrt{n}} \right)$$

Lichte Weite	r	A	U	R	x	y	z
	$1/2b$	$3{,}142r^2$	$6{,}283r^2$	$0{,}500r$	$k_{St} \cdot R^{2/3}$	$k_{St}^2 \cdot R^{4/3} \cdot A^2$	$k_{St} \cdot R^{2/3} \cdot A$
in mm	in m	in m²	in m	in m	in m/s	in m⁶/s²	in m³/s
100	0,050	0,0079	0,314	0,025	6,83	0,003	0,054
125	0,0625	0,012	0,393	0,031	7,89	0,009	0,095
150	0,075	0,018	0,471	0,038	9,03	0,026	0,163
200	0,10	0,031	0,628	0,050	10,87	0,114	0,337
250	0,125	0,049	0,785	0,063	12,60	0,381	0,615
300	0,15	0,071	0,942	0,075	14,24	1,012	1,011
350	0,175	0,096	1,100	0,088	15,82	2,31	1,518
400	0,20	0,126	1,257	0,100	17,23	4,72	2,17
450	0,225	0,159	1,414	0,113	18,69	8,84	2,97
500	0,25	0,196	1,571	0,125	20,0	15,38	3,92
600	0,30	0,283	1,885	0,150	22,6	40,8	6,39
700	0,35	0,385	2,199	0,175	25,0	92,8	9,63
800	0,40	0,503	2,513	0,200	27,3	189,0	13,75
900	0,45	0,636	2,827	0,225	29,6	354	18,8
1000	0,50	0,785	3,142	0,250	31,8	620	24,9
1200	0,60	1,131	3,770	0,300	35,8	1645	40,5
1400	0,70	1,539	4,398	0,350	39,7	3730	61,1
1600	0,80	2,011	5,026	0,400	43,4	7620	87,3
1800	0,90	2,545	5,655	0,450	47,0	14300	119,6
2000	1,00	3,142	6,283	0,500	50,4	25100	158,3
2200	1,10	3,801	6,912	0,550	53,7	41700	204
2400	1,20	4,524	7,540	0,600	56,8	66200	257
2600	1,30	5,308	8,168	0,650	60,0	101200	318
2800	1,40	6,158	8,797	0,700	63,0	150500	388
3000	1,50	7,069	9,425	0,750	66,0	218000	467

Tafel **2**.15 Werte x, y und z für vollaufende Eiprofile B 3 mit $k_{St} = 80$ (nach G-M-Str)

$$\left(v = \frac{x}{\sqrt{n}} \quad n = \frac{y}{Q^2} \quad Q = \frac{z}{\sqrt{n}}\right)$$

Lichte Weite	r	A	U	R	x	y	z
	$1/2b$	$4{,}594r^2$	$7{,}930r^2$	$0{,}579r$	$k_{St} \cdot R^{2/3}$	$k_{St}^2 \cdot R^{4/3} \cdot A^2$	$k_{St} \cdot R^{2/3} \cdot A$
$b \times h$ in mm	in m	in m²	in m	in m	in m/s	in m⁶/s²	in m³/s
400× 600 [1)]	0,20	0,184	1,586	0,116	19,0	12,3	3,50
500× 750	0,25	0,287	1,982	0,145	22,1	40,3	6,34
600× 900	0,30	0,413	2,379	0,147	24,9	106,0	10,30
700×1050	0,35	0,563	2,775	0,203	27,6	243	15,57
800×1200	0,40	0,735	3,172	0,232	30,2	493	22,2
900×1350	0,45	0,930	3,568	0,261	32,7	924	30,4
1000×1500	0,50	1,149	3,965	0,290	35,0	1620	40,2
1100×1650	0,55	1,390	4,361	0,319	37,3	2690	51,8
1200×1800	0,60	1,654	4,758	0,348	39,6	4280	65,4

[1)] nicht genormt

Tafel **2**.16 Werte x, y und z für vollaufende Maulprofile C 7 mit $k_{St} = 80$ (nach G-M-Str)

$$\left(v = \frac{x}{\sqrt{n}} \quad n = \frac{y}{Q^2} \quad Q = \frac{z}{\sqrt{n}}\right)$$

Lichte Weite	r	A	U	R	x	y	z
	$1/2b$	$2{,}378r^2$	$5{,}603r^2$	$0{,}424r$	$k_{St} \cdot R^{2/3}$	$k_{St}^2 \cdot R^{4/3} \cdot A^2$	$k_{St} \cdot R^{2/3} \cdot A$
$b \times h$ in mm	in m	in m²	in m	in m	in m/s	in m⁶/s²	in m³/s
1600×1200	0,80	1,522	4,482	0,340	38,9	3510	59,3
1800×1350	0,90	1,926	5,043	0,382	42,1	6530	80,0
2000×1500	1,00	2,378	5,603	0,424	45,2	11520	107,3
2400×1800	1,20	3,424	6,723	0,509	51,0	30500	174,5
2800×2100	1,40	4,661	7,844	0,594	56,5	69300	264
3200×2400	1,60	6,087	8,964	0,679	61,8	141500	376
3600×2700	1,80	7,704	10,085	0,764	66,9	266000	516

Fläche und der benetzte Umfang meist nicht bekannt, weil die Füllhöhe h' unbekannt ist. Um die Leistung der Kanäle festzustellen, müßte man also Füllhöhen annehmen, z.B. $0{,}25 \cdot h$, $0{,}5 \cdot h$, $0{,}75 \cdot h$ oder $1{,}0 \cdot h$, und die durchflossene Fläche ermitteln, wobei h die lichte Höhe des Profils bedeutet. Die Aufgabe stellt sich dem Entwurfsbearbeiter aber anders. Bekannt sind Q und J, unbekannt sind A, U und Füllhöhe h'. Rechnerisch sehr umständlich wäre es, die Gl. (2.3) nach einer dieser gesuchten Größen aufzulösen. Man benutzt besser Tabellen oder Kurventafeln, die für die gebräuchlichsten Profile aufgestellt wurden (s. Tafel **2**.22, **2**.23, **2**.25, **2**.26, Bild **2**.26).

2.5.3 Geschwindigkeitsformel nach Prandtl-Colebrook

Ausgangsgleichung ist Gl. (2.3)

$$v = C \cdot R^{1/2} \cdot J^{1/2}, \qquad \text{auch mit} \quad v = C \cdot r_{\text{hy}}^{1/2} \cdot J_{\text{E}}^{1/2} \quad \text{bezeichnet}$$

Setzt man für $C = \sqrt{8g/\lambda}$ und für $R = D/4$, dann ergibt sich die für ein vollaufendes Kreisprofil als „Dükerformel" bekannte Gleichung von D'Aubuisson de Voisins und Weisbach

$$J = \frac{h_{\text{r}}}{L} = \lambda \cdot \frac{1}{D} \cdot \frac{v^2}{2g} \quad \text{oder} \quad h_{\text{r}} = \lambda \cdot \frac{L}{D} \cdot \frac{v^2}{2g} \tag{2.6}$$

J = Reibungsgefälle
h_{r} = Energieverlust in m
L = Länge der Rohrleitung in m
D = Durchmesser der Rohrleitung in m
v = mittlere Fließgeschwindigkeit im Rohr in m/s
g = Fallbeschleunigung in m/s^2
λ = Rauhigkeitsbeiwert (einheitenlos)

Prandtl und Colebrook [32] fanden physikalisch fundierte Beiwerte λ für den glatten und rauhen Fließbereich. Der für Kanalleitungen zwischen beiden Werten liegende Rauhigkeitsbeiwert für teilweise rauhes Fließverhältnis heißt

$$\frac{1}{\sqrt{\lambda}} = -2\,lg\left[\frac{2{,}51}{Re\sqrt{\lambda}} + \frac{k}{3{,}71 \cdot D}\right] \quad \text{oder} \quad \lambda = \left[-2\,lg\left[\frac{2{,}51}{Re\sqrt{\lambda}} + \frac{k}{3{,}71 \cdot D}\right]\right]^{-2} \tag{2.7}$$

$$Re = \frac{v \cdot D}{\nu} (= \text{Reynoldsche Zahl}) \tag{2.8}$$

ν = kinematische Zähigkeit von Wasser($= 1{,}31 \cdot 10^{-6}$ m^2/s bei 10°C für Reinwasser)

Unter Berücksichtigung von Gl. (2.6) und (2.7) ergibt sich die Geschwindigkeitsgleichung für vollaufende Kreisprofile

$$v = \left[-2\,lg\left(\frac{2{,}51 \cdot \nu}{D \cdot \sqrt{2g \cdot J \cdot D}} + \frac{k}{3{,}71 \cdot D}\right)\right]\sqrt{2g \cdot J \cdot D} \tag{2.9}$$

und für nicht kreisförmige Profile mit $D = 4R$

$$v = \left[-2\,lg\left(\frac{0{,}63 \cdot \nu}{R \cdot \sqrt{8g \cdot J \cdot R}} + \frac{k}{14{,}84 \cdot R}\right)\right]\sqrt{8g \cdot J \cdot R} \tag{2.10}$$

Q = Wassermenge in m^3/s
v = mittlere Fließgeschwindigkeit in m/s
$R = A/U$ = hydraulischer Radius in m
D = Durchmesser des Kreisrohres in m
k/D = relative Rauhigkeit für Kreisrohre
$k/4R$ = relative Rauhigkeit für Nicht-Kreisrohre
k ≙ absolute Rauhigkeit in m
ν ≙ kinematische Zähigkeit in m^2/s

Die Werte sind vom Rohrmaterial abhängig und liegen bei $k = 0{,}01$ bis 1,0 mm; z.B. für Steinzeugrohre bei $k = 0{,}02$ bis 0,15 mm, für Schleuderbetonrohre bei $k = 0{,}25$ mm. In diesen Werten sind neben dem Einfluß der Rohrverbindungen auch die Genauigkeitsschwankungen durch die Fertigung, Verlegung und Dichtung enthalten. Die Werte der absoluten Rauhigkeit k werden durch Wasserbau-Versuchsanstalten festgestellt [32].

Die Abwassertechnische Vereinigung (ATV) hat in ihrem Arbeitsblatt 110 Richtlinien für die Berechnung von Abwasserkanälen nach der Formel von Prandtl-Colebrook festgelegt. Diese Formel ist theoretisch genau und wird schon seit Jahren von Fachleuten der Hydraulik als die praktisch

Tafel **2**.17 Pauschalwerte für die betriebliche Rauhigkeit k_b in mm

k_b in mm	Anwendung/Leitungsstrecken	zulässige DN
0,25	Drosselstrecken, Druckrohrleitungen, Düker und Reliningstrecken ohne Schächte, ohne Einlauf-, Auslauf- und Krümmungsverluste	alle DN
0,50	Transportkanäle mit Schächten, deren Auftritte bis DN 500 in Scheitelhöhe und bei DN > 500 über dem WS von $2Q_t$, mind. 50 cm über der Sohle	alle DN
0,75	Sammelkanäle und -leitungen mit Schächten wie vor und mit angeformten Schächten nach **3**.67	bis DN 1000 alle DN
	Transportkanäle mit Sonderschächten mit tiefliegender Berme	alle DN
1,50	Transportkanäle mit Sonderschächten wie vor	alle DN
	Mauerwerkskanäle, Ortbetonkanäle, Kanäle aus nicht genormten Rohren ohne besonderen Nachweis der Wandrauhigkeit	alle DN

Tafel **2**.18 Zusammenhang zwischen k und k_{St} nach $k_{St} \cdot k^{1/6}/g^{1/2} = 8{,}2$ (Gleichstellung der Dimensionen beachten)

k in mm	0,1	0,25	0,5	0,75	1,0	1,5
k_{st} in $m^{1/3}/s$	119	102	91	85	81	76
Bereich $D = 4R$ in mm	>200	>500	>1000	>1500	>2000	>3000

Gilt nur in dem Bereich des rauhen Verhaltens nach Moody mit $2000 > D/k > 20$. Abweichungen von $Q < 5\%$.

brauchbarste bezeichnet. Es bestand jedoch Unsicherheit in der Wahl der Rauhigkeitsbeiwerte k. Dies und die schwierige analytische Handhabung der Formel führten dazu, daß sie lange Zeit nicht sehr verbreitet war. Nachdem jedoch Kirschmer [34] Rauhigkeiten untersucht und die ATV Betriebsrauhigkeiten k_b vorgeschlagen hat, wurde von Kirschmer ein umfangreiches Tabellenwerk aufgestellt, welches die üblichen Rohrquerschnitte und das Rohrmaterial berücksichtigt (Tafel **2**.19 und **2**.20).

Für die praktische Anwendung benutzt man die sogenannte Betriebsrauhigkeit k_b. Hierin sind neben den Verlusten im geraden Rohrstrang auch alle zusätzlichen Verluste durch Stöße an den Muffenverbindungen, Ungenauigkeiten in der Fertigung, Verlegung und Dichtung sowie der Einfluß von vorübergehenden und wechselnden Ablagerungen, von seitlichen Zuläufen und von Schächten enthalten. k_b in mm soll nach den Richtlinien des ATV-A 110 gewählt (Tafel **2**.17) werden.

Bei Kenntnis genauerer Einflüsse können die Einzelverluste gesondert berechnet werden. Diese entstehen durch Lageungenauigkeiten und -änderungen; Rohrstöße; Zulauf-Formstücke; Schachtbauwerke in Regelausführung (ATV-A 241) (gerader Durchgang); Schachtbauwerke in Sonderausführung (gerader Durchgang); Strömungsumlenkung und Vereinigungsbauwerke.

Die Verluste werden berechnet als Verlusthöhen $h_{VE} = \zeta \cdot v^2/2g$ in m. Tabellen für Verlustbeiwerte ζ enthält ATV-A 110, s.auch Tafel **3**.34.

Zur Vermeidung einer aufwendigen Berechnung des Energiehöhenverlustes (Reibungsverlustes) in der Berechnungsstrecke eines Sammelkanals mit seitlichen Zuflüssen durch Hausanschlüsse o.ä. verwendet man einen konstanten, gedachten Durchfluß (Ersatzdurchfluß). Die Verwendung eines mittleren Durchflusses Q_m (Mittelwert zwischen den Durchflüssen am Anfang Q_a und am Ende Q_e der Berechnungsstrecke) ergibt grundsätzlich einen zu kleinen Reibungsverlust. Dies ist daher nicht zulässig. Bei Verwendung des Durchflusses Q_e am Ende der Berechnungsstrecke als konstan-

Tafel **2.19** Werte voll v (in m/s) und voll Q (in l/s) für Kreis- und Eiprofile nach Prandtl-Colebrook. $k_b = 1{,}5$ mm, $\nu = 1{,}25$ bis $1{,}31 \cdot 10^{-6}$ m²/s

Lichte Weite in mm		200		250		300		350		400		500		600		700	
Gefälle ‰	1 : n	v	Q	v	Q	v	Q	v	Q	v	Q	v	Q	v	Q	v	Q
100	1:10	3,37	106	3,90	192	4,4	311	4,86	468	5,30	666	6,12	1201	6,87	1944	7,58	2918
80	1:12,5	3,01	94,6	3,49	171	3,93	278	4,35	418	4,74	596	5,47	1074	6,15	1738	6,78	2610
66,7	15	2,75	86	3,19	156	3,59	254	3,97	382	4,33	544	4,98	981	5,61	1586	6,19	2383
60	16,7	2,61	82	3,02	148	3,4	241	3,76	362	4,1	516	4,74	930	5,32	1505	5,87	2260
50	20	2,38	75	2,76	135	3,11	220	3,44	331	3,75	471	4,32	849	4,86	1374	5,36	2063
40	25	2,13	67	2,47	121	2,78	196	3,07	296	3,35	421	3,87	759	4,35	1230	4,79	1845
33,3	30	1,94	61	2,25	110	2,54	179	2,80	270	3,06	384	3,53	693	3,97	1121	4,38	1684
30	33,3	1,84	57,9	2,13	105	2,4	170	2,66	256	2,9	364	3,35	657	3,76	1064	4,15	1597
28,6	35	1,80	57	2,09	103	2,25	166	2,60	250	2,84	357	3,27	642	3,68	1038	4,05	1558
25	40	1,68	53	1,95	96	2,2	155	2,43	234	2,65	333	3,06	600	3,43	971	3,79	1458
20	50	1,5	47	1,74	86	1,96	139	2,17	209	2,37	297	2,73	537	3,07	868	3,39	1305
16,7	60	1,37	43	1,59	78	1,79	127	1,98	191	2,16	271	2,49	490	2,80	792	3,09	1190
15	66,7	1,3	40,8	1,51	74	1,7	120	1,88	181	2,05	257	2,36	464	2,66	752	2,93	1128
14,3	70	1,27	40	1,47	72	1,66	117	1,83	176	2,0	251	2,31	453	2,59	733	2,86	1102
12,5	80	1,19	37	1,38	68	1,55	110	1,71	165	1,87	235	2,16	424	2,43	686	2,68	1030
11,1	90	1,12	35	1,3	64	1,46	103	1,62	155	1,76	221	2,03	400	2,29	647	2,52	971
10	100	1,06	33	1,23	60	1,39	98	1,53	147	1,67	210	1,93	379	2,17	613	2,39	921
9,1	110	1,01	32	1,17	58	1,32	95	1,46	141	1,59	200	1,84	361	2,07	585	2,28	878
8,3	120	0,97	30	1,12	55	1,26	90	1,4	135	1,53	192	1,76	346	1,98	560	2,18	841
8	125	0,95	29,8	1,1	53,9	1,24	87,6	1,37	132	1,49	188	1,73	339	1,94	548	2,14	823
7,7	130	0,93	29	1,08	53	1,21	86	1,34	129	1,46	184	1,69	332	1,9	538	2,1	807
7,1	140	0,9	28	1,04	51	1,17	83	1,29	125	1,41	177	1,63	320	1,83	518	2,02	778
6,67	150	0,86	27	1,0	49	1,13	80	1,25	120	1,36	171	1,57	309	1,77	500	1,95	752
6,25	160	0,84	26	0,97	48	1,09	77	1,21	116	1,32	166	1,52	299	1,71	484	1,89	728
5,84	170	0,81	26	0,94	46	1,06	75	1,17	113	1,28	161	1,48	290	1,66	470	1,83	706
5,6	180	0,79	25	0,91	45	1,03	73	1,14	110	1,24	156	1,44	282	1,62	457	1,78	686
5,26	190	0,77	24	0,89	44	1,0	71	1,11	107	1,21	152	1,4	275	1,57	445	1,73	667
5	200	0,75	24	0,87	43	0,98	69	1,08	104	1,18	148	1,36	268	1,53	433	1,69	651
4,55	220	0,71	22	0,83	41	0,93	66	1,03	99	1,12	141	1,30	225	1,46	413	1,61	620
4,17	240	0,68	21	0,79	39	0,89	63	0,99	95	1,08	135	1,24	244	1,40	395	1,54	594
4	250	0,67	21	0,77	38	0,87	61,8	0,97	93	1,05	132	1,22	239	1,37	387	1,51	581
3,85	260	0,66	21	0,76	37	0,86	61	0,95	91	1,03	130	1,19	235	1,34	380	1,48	570
3,57	280	0,63	20	0,73	36	0,83	58	0,91	88	1,0	125	1,15	226	1,29	366	1,43	549
3,5	286	0,62	19,6	0,72	35,6	0,82	57,7	0,9	86,9	0,99	124	1,14	224	1,28	362	1,41	544
3,33	300	0,61	19	0,71	35	0,8	56	0,88	85	0,96	121	1,11	218	1,25	353	1,38	531
3,0	333	0,58	18,2	0,67	32,9	0,76	53,4	0,84	80,5	0,91	115	1,05	207	1,18	335	1,31	503
2,86	350	0,56	17,7	0,65	32	0,74	52	0,82	79	0,89	112	1,03	202	1,16	327	1,28	491
2,5	400	0,53	16,6	0,61	30	0,69	49	0,76	73	0,83	105	0,96	189	1,08	306	1,19	459
2,22	450	0,5	15,6	0,58	28,3	0,65	46	0,72	69	0,78	99	0,91	178	1,02	288	1,12	433
2,0	500	0,47	14,8	0,55	26,8	0,62	43,5	0,68	66	0,74	94	0,86	169	0,97	273	1,07	410
1,67	600	0,43	13,5	0,5	24,4	0,56	39,7	0,62	60	0,68	85	0,78	154	0,88	249	0,97	374
1,5	667	0,41	12,8	0,47	23,2	0,53	37,6	0,59	56,7	0,64	80,8	0,74	146	0,84	236	0,92	355
1,43	700	0,4	12,5	0,46	22,6	0,52	36,7	0,58	55	0,63	79	0,73	142	0,82	231	0,9	346
1,25	800	0,37	11,6	0,43	21,1	0,49	34,3	0,54	52	0,59	74	0,68	133	0,76	216	0,84	324
1,11	900	0,35	11	0,41	20	0,46	32,3	0,51	48,7	0,55	69,4	0,64	125	0,72	203	0,79	305
1,0	1000	0,33	10,4	0,38	19	0,43	30,7	0,48	46,2	0,52	65,8	0,61	119	0,68	193	0,75	289
0,83	1200	0,3	9,5	0,35	17,2	0,4	27,9	0,44	42	0,48	60	0,55	108	0,62	176	0,69	264
0,8	1250	0,3	9,3	0,34	16,8	0,39	27,4	0,43	41,2	0,47	58,8	0,54	106	0,61	172	0,67	259
0,71	1400	0,28	8,8	0,32	15,9	0,37	25,8	0,4	39	0,44	55,5	0,51	100	0,57	163	0,63	244
0,63	1600	0,26	8,2	0,3	14,8	0,34	24,1	0,38	36,4	0,41	52	0,48	94	0,54	152	0,59	228
0,6	1667	0,25	8,0	0,3	14,5	0,33	23,6	0,37	35,6	0,4	50,8	0,47	91,8	0,53	149	0,58	224
0,56	1800	0,25	7,7	0,28	14	0,32	22,7	0,36	34,3	0,39	48,9	0,45	88	0,51	143	0,56	215
0,5	2000	0,23	7,5	0,27	13,2	0,3	21,5	0,34	32,5	0,37	46,3	0,43	84	0,48	136	0,53	204
0,4	2500	0,21	6,5	0,24	11,8	0,27	19,2	0,3	29	0,33	41,4	0,38	75	0,43	121	0,47	182
0,33	3000	0,19	5,9	0,22	10,8	0,25	17,5	0,27	26,5	0,3	37,7	0,35	68	0,39	110	0,43	166
0,3	3333	0,18	5,6	0,21	10,2	0,23	16,6	0,26	25,0	0,28	35,7	0,33	64,6	0,37	105	0,41	157
0,25	4000	0,16	5,1	0,19	9,3	0,21	15,1	0,24	22,8	0,26	32,5	0,3	58,8	0,34	95,4	0,37	143

800		900		1000		1200		Ei 500/750		Ei 600/900		Ei 700/1050		Ei 800/1200		Ei 900/1350	
v	Q	v	Q	v	Q	v	Q	v	Q	v	Q	v	Q	v	Q	v	Q
8,25	4149	8,89	5656	9,5	7462	10,65	12046	6,72	1929	7,55	3120	8,32	4683	9,06	6655	9,75	9070
7,38	3709	7,95	5057	8,49	6671	9,52	10770	6,01	1726	6,75	2791	7,44	4189	8,1	5953	8,72	8113
6,74	3387	7,26	4618	7,75	6091	8,69	9834	5,49	1576	6,16	2548	6,8	3825	7,39	5434	7,96	7407
6,39	3212	6,88	4379	7,36	5777	8,25	9326	5,21	1495	5,85	2417	6,45	3627	7,01	5154	7,55	7025
5,83	2933	6,28	3999	6,71	5275	7,53	8516	4,75	1364	5,34	2207	5,88	3312	6,4	4706	6,89	6414
5,22	2622	5,62	3576	6,01	4717	6,73	7615	4,25	1220	4,77	1973	5,26	2962	5,73	4208	6,17	5736
4,76	2394	5,13	3264	5,48	4306	6,15	6951	3,88	1114	4,36	1801	4,8	2703	5,23	3841	5,63	5235
4,52	2270	4,87	3095	5,2	4083	5,83	6592	3,68	1056	4,13	1708	4,56	2564	4,96	3643	5,34	4966
4,4	2216	4,74	3021	5,07	3987	5,69	6436	3,59	1031	4,03	1668	4,45	2503	4,84	3557	5,22	4848
4,12	2072	4,44	2826	4,75	3729	5,32	6019	3,36	964	3,77	1559	4,16	2341	4,52	3326	4,87	4533
3,69	1854	3,97	2528	4,24	3334	4,76	5383	3,0	862	3,37	1395	3,72	2093	4,05	2974	4,36	4054
3,37	1692	3,63	2307	3,87	3045	4,34	4913	2,74	787	3,08	1273	3,39	1910	3,69	2715	3,98	3700
3,19	1604	3,44	2187	3,67	2886	4,12	4659	2,6	746	2,92	1207	3,22	1812	3,5	2575	3,77	3509
3,11	1567	3,36	2136	3,59	2817	4,02	4548	2,54	728	2,85	1178	3,14	1768	3,42	2513	3,68	3425
2,91	1465	3,14	1998	3,35	2635	3,76	4254	2,37	681	2,66	1102	2,94	1655	3,2	2350	3,44	3205
2,75	1381	2,96	1883	3,16	2484	3,55	4010	2,24	642	2,51	1039	2,77	1559	3,01	2216	3,25	3021
2,6	1310	2,81	1786	3,0	2356	3,36	3804	2,12	609	2,38	985	2,63	1479	2,86	2106	3,08	2865
2,48	1249	2,68	1703	2,86	2247	3,21	3627	2,02	581	2,27	939	2,51	1410	2,73	2004	2,94	2731
2,38	1195	2,56	1630	2,74	2151	3,07	3473	1,94	556	2,17	899	2,4	1350	2,61	1918	2,81	2616
2,33	1171	2,51	1596	2,68	2106	3,01	3400	1,9	544	2,13	881	2,35	1322	2,56	1879	2,75	2561
2,28	1148	2,46	1566	2,63	2066	2,95	3336	1,86	534	2,09	864	2,3	1297	2,51	1843	2,7	2512
2,2	1107	2,37	1509	2,53	1991	2,84	3214	1,79	514	2,01	832	2,22	1249	2,42	1775	2,6	2420
2,13	1069	2,29	1458	2,45	1923	2,74	3105	1,73	497	1,94	804	2,14	1207	2,33	1715	2,51	2338
2,06	1035	2,22	1412	2,37	1862	2,66	3006	1,68	481	1,88	778	2,08	1168	2,26	1660	2,43	2263
2,0	1004	2,15	1369	2,3	1806	2,58	2917	1,63	467	1,83	755	2,01	1133	2,19	1611	2,36	2196
1,94	976	2,09	1331	2,23	1755	2,50	2835	1,58	453	1,77	734	1,96	1102	2,13	1565	2,29	2134
1,89	949	2,03	1295	2,17	1708	2,44	2759	1,54	441	1,73	714	1,9	1072	2,07	1523	2,23	2076
1,84	925	1,98	1262	2,12	1665	2,38	2686	1,5	430	1,68	696	1,86	1045	2,02	1485	2,18	2024
1,75	882	1,89	1203	2,02	1587	2,26	2563	1,43	410	1,6	663	1,77	996	1,93	1415	2,07	1929
1,68	845	1,81	1154	1,93	1520	2,17	2454	1,37	392	1,54	635	1,69	953	1,84	1355	1,99	1847
1,64	827	1,77	1127	1,89	1487	2,12	2402	1,34	384	1,5	622	1,66	934	1,81	1327	1,94	1809
1,61	811	1,74	1107	1,86	1460	2,08	2357	1,31	377	1,48	610	1,63	916	1,77	1301	1,91	1775
1,55	782	1,67	1066	1,79	1406	2,01	2272	1,26	363	1,42	588	1,57	882	1,71	1254	1,84	1709
1,54	773	1,66	1054	1,77	1391	1,99	2246	1,25	359	1,41	582	1,55	873	1,69	1241	1,82	1692
1,5	755	1,62	1030	1,73	1359	1,94	2194	1,22	351	1,37	568	1,51	852	1,65	1211	1,77	1651
1,42	715	1,53	976	1,64	1287	1,84	2079	1,16	333	1,3	538	1,44	808	1,56	1149	1,68	1566
1,39	699	1,5	953	1,6	1258	1,79	2031	1,13	325	1,27	525	1,4	789	1,53	1121	1,64	1528
1,3	654	1,4	891	1,5	1176	1,68	1899	1,06	304	1,19	491	1,31	737	1,43	1048	1,54	1429
1,22	616	1,32	840	1,41	1109	1,58	1789	1,0	286	1,12	463	1,24	695	1,34	988	1,45	1347
1,16	585	1,25	797	1,34	1051	1,5	1698	0,94	271	1,06	439	1,17	659	1,27	937	1,37	1278
1,06	533	1,14	727	1,22	968	1,37	1549	0,86	249	0,97	401	1,07	601	1,16	855	1,25	1166
1,0	505	1,08	689	1,16	909	1,3	1468	0,82	235	0,92	380	1,01	570	1,1	811	1,19	1105
0,98	493	1,06	672	1,13	889	1,27	1435	0,8	229	0,9	371	0,99	557	1,08	791	1,16	1079
0,92	461	0,99	628	1,06	829	1,18	1342	0,75	214	0,84	347	0,92	520	1,01	741	1,08	1009
0,86	434	0,93	592	1,0	782	1,12	1263	0,7	202	0,79	327	0,87	490	0,95	697	1,03	952
0,82	412	0,88	562	0,94	741	1,06	1197	0,67	191	0,75	310	0,83	465	0,9	661	0,97	903
0,75	376	0,81	512	0,86	676	0,97	1092	0,61	174	0,68	282	0,75	424	0,82	603	0,88	822
0,73	368	0,79	502	0,84	662	0,95	1070	0,6	171	0,67	277	0,74	415	0,8	591	0,87	806
0,69	347	0,75	474	0,8	626	0,89	1011	0,56	161	0,63	261	0,71	392	0,76	558	0,82	762
0,65	325	0,7	443	0,74	585	0,84	945	0,53	151	0,59	244	0,65	367	0,71	522	0,76	712
0,63	318	0,68	434	0,73	573	0,82	926	0,51	148	0,58	239	0,64	359	0,7	511	0,75	697
0,61	306	0,66	418	0,7	551	0,79	891	0,49	142	0,56	230	0,61	346	0,67	492	0,72	670
0,58	290	0,62	396	0,67	523	0,75	845	0,47	135	0,53	218	0,58	328	0,63	466	0,68	636
0,52	259	0,56	354	0,59	467	0,67	755	0,42	120	0,47	195	0,52	293	0,57	416	0,61	568
0,47	236	0,51	322	0,54	426	0,61	688	0,38	110	0,43	178	0,47	267	0,52	380	0,56	518
0,45	224	0,48	306	0,51	404	0,58	652	0,36	104	0,41	168	0,45	253	0,49	360	0,53	491
0,41	204	0,44	279	0,47	368	0,53	595	0,33	94,7	0,37	153	0,41	231	0,45	328	0,48	448

Tafel **2.**20 Werte voll v (in m/s) und voll Q (in l/s) für Kreis- und Eiprofile nach Prandtl-Colebrook. $k_b = 0{,}75$ mm, $\nu = 1{,}25$ bis $1{,}31 \cdot 10^{-6}$ m^2/s

Lichte Weite in mm		200		250		300		350		400		500		600		700	
Gefälle ‰	1 : n	v	Q	v	Q	v	Q	v	Q	v	Q	v	Q	v	Q	v	Q
100	1:10	3,74	117	4,32	212	4,85	343	5,35	515	5,83	732	6,71	1317	7,52	2126	8,28	3187
80	1:12,5	3,34	105	3,86	189	4,34	307	4,79	460	5,21	655	6,0	1178	6,72	1901	7,40	2850
60	16,7	2,89	91	3,34	164	3,75	265	4,14	400	4,51	567	5,19	1019	5,82	1646	6,41	2467
50	20	2,64	83	3,05	150	3,43	242	3,78	364	4,12	517	4,74	930	5,31	1502	5,85	2252
40	25	2,36	74	2,73	134	3,06	217	3,38	325	3,68	462	4,24	832	4,75	1343	5,23	2013
30	33,3	2,04	64	2,36	116	2,65	187	2,93	281	3,18	400	3,67	720	4,11	1163	4,53	1743
25	40	1,86	58,5	2,15	106	2,42	171	2,67	257	2,91	365	3,35	657	3,75	1061	4,13	1591
20	50	1,66	52,3	1,92	94,4	2,16	153	2,39	230	2,60	326	2,99	587	3,36	949	3,70	1422
15	66,7	1,44	45,2	1,66	81,7	1,87	132	2,06	199	2,25	282	2,59	508	2,90	821	3,20	1231
12,5	80	1,31	41,2	1,52	74,5	1,71	121	1,88	181	2,05	258	2,36	464	2,65	749	2,92	1123
10	100	1,17	36,8	1,36	66,8	1,52	108	1,68	162	1,83	230	2,11	415	2,37	670	2,61	1004
9	111	1,11	35	1,29	63,1	1,45	102	1,60	154	1,74	218	2,0	393	2,25	635	2,47	952
8	125	1,05	33	1,21	59,5	1,36	96,3	1,50	145	1,64	206	1,89	371	2,12	600	2,33	898
7	143	0,98	30,8	1,13	55,6	1,27	90	1,41	135	1,53	192	1,76	346	1,98	560	2,18	839
6,5	154	0,94	29,6	1,09	53,5	1,23	86,7	1,35	130	1,47	185	1,7	334	1,9	539	2,1	808
6,0	167	0,91	28,5	1,05	51,4	1,18	83,3	1,3	125	1,42	178	1,63	321	1,83	518	2,02	777
5,8	172	0,89	28	1,03	50,5	1,16	82	1,28	123	1,39	175	1,60	315	1,80	509	1,98	763
5,6	179	0,87	25,5	1,01	49,6	1,14	80,4	1,26	121	1,37	172	1,58	310	1,77	500	1,95	750
5,4	185	0,86	27	0,99	48,7	1,12	79	1,23	119	1,34	169	1,55	304	1,74	491	1,91	736
5,2	192	0,84	26,5	0,97	47,8	1,1	77,5	1,21	116	1,32	166	1,52	298	1,7	482	1,88	723
5,0	200	0,83	25,9	0,95	46,9	1,07	75,9	1,19	114	1,29	162	1,49	292	1,67	472	1,84	708
4,8	208	0,81	25,4	0,94	45,9	1,05	74,4	1,16	112	1,27	159	1,46	286	1,64	463	1,8	694
4,6	217	0,79	24,9	0,92	44,9	1,03	72,8	1,14	109	1,24	156	1,43	280	1,6	453	1,77	679
4,4	227	0,77	24,3	0,9	43,9	1,01	71,2	1,11	107	1,21	152	1,4	274	1,57	443	1,73	664
4,2	238	0,76	23,7	0,87	42,9	0,98	69,5	1,09	105	1,18	149	1,36	268	1,53	433	1,69	649
4,0	250	0,74	23,2	0,85	41,9	0,96	67,8	1,06	102	1,15	145	1,33	261	1,49	422	1,65	633
3,5	286	0,69	21,6	0,8	39,1	0,9	63,4	1,0	95,3	1,08	136	1,24	244	1,4	395	1,54	592
3,0	333	0,64	20	0,74	36,2	0,83	58,6	0,92	88,1	1,0	125	1,15	226	1,29	365	1,42	548
2,5	400	0,58	18,2	0,67	33,0	0,76	53,4	0,84	80,4	0,91	114	1,05	206	1,18	333	1,3	499
2,0	500	0,52	16,3	0,6	29,4	0,67	47,7	0,75	71,7	0,81	102	0,94	184	1,05	297	1,16	446
1,5	667	0,45	14,0	0,52	25,4	0,58	41,2	0,64	62,0	0,7	88,2	0,81	159	0,91	257	1,0	386
1,25	800	0,41	12,8	0,47	23,1	0,53	37,5	0,59	56,5	0,64	80,4	0,74	145	0,83	234	0,91	352
1,0	1000	0,36	11,4	0,42	20,6	0,47	33,5	0,52	50,4	0,57	71,8	0,66	129	0,74	209	0,82	314
0,80	1250	0,32	10,2	0,37	18,4	0,42	29,9	0,47	44,9	0,51	64,0	0,59	115	0,66	187	0,73	280
0,60	1667	0,28	8,7	0,32	15,9	0,36	25,8	0,4	38,8	0,44	55,2	0,51	99,7	0,57	161	0,63	242
0,50	2000	0,25	8,0	0,29	14,4	0,33	23,4	0,37	35,3	0,4	50,3	0,46	90,8	0,52	147	0,57	221
0,40	2500	0,23	7,1	0,26	12,9	0,3	20,9	0,33	31,5	0,36	44,9	0,41	81,0	0,46	131	0,51	197
0,30	3333	0,19	6,1	0,23	11,1	0,25	18,0	0,28	27,1	0,31	38,7	0,36	69,9	0,4	113	0,44	170
0,25	4000	0,18	5,5	0,2	10,1	0,23	16,4	0,26	24,7	0,28	35,2	0,32	63,6	0,36	103	0,4	155

ter Ersatzdurchfluß über die gesamte Haltung wird dagegen ein zu hoher Reibungsverlust ermittelt, mit dem der meistens zusätzliche Einleitungsverlust der diskontinuierlichen Strömung erfaßt ist. Der Einsatz von Q_e für die ganze Haltung ist zulässig und üblich.

Ablagerungen in den Kanälen sind unerwünscht. Sie werden vermieden, wenn eine bestimmte Fließgeschwindigkeit nicht unterschritten wird. Tafel **2.**21 nennt Grenzwerte für einen Feststoffanteil von 0,05‰ bei $k_b = 1{,}0$ mm, auch anwendbar im Bereich $k_b = 0{,}25$ bis 1,5 mm. Die Werte beziehen sich auf den Füllungsgrad $h'/d = 50\%$. Die unter Abschn. 2.6.3.5 genannten Mindestgefälle als Faustwerte für die Entwurfsbearbeitung sind größer als die Werte der Tafel **2.**21 bis DN 700. Dies erscheint im Hinblick auf die Teilfüllungen in Anfangshaltungen auch als sinnvoll.

800		900		1000		1200		Ei 500/750		Ei 600/900		Ei 700/1050		Ei 800/1200		Ei 900/1350	
v	Q	v	Q	v	Q	v	Q	v	Q	v	Q	v	Q	v	Q	v	Q
9,0	4523	9,68	6159	10,3	8116	11,6	13079	7,36	2112	8,24	3409	9,08	5108	9,86	7247	10,6	9866
8,05	4045	8,66	5508	9,24	7258	10,3	11696	6,58	1889	7,37	3049	8,12	4567	8,82	6481	9,48	8823
6,97	3502	7,50	4769	8,0	6284	8,95	10127	5,70	1635	6,38	2639	7,03	3955	7,63	5611	8,21	7639
6,36	3196	6,84	4352	7,3	5736	8,17	9243	5,20	1492	5,83	2409	6,41	3609	6,97	5122	7,49	6972
5,69	2858	6,12	3892	6,53	5129	7,31	8266	4,65	1334	5,21	2154	5,73	3227	6,23	4580	6,7	6235
4,92	2474	5,30	3369	5,65	4440	6,33	7156	4,02	1155	4,51	1865	4,96	2794	5,39	3965	5,8	5398
4,49	2258	4,83	3075	5,16	4053	5,78	6531	3,67	1054	4,12	1702	4,53	2550	4,92	3619	5,3	4926
4,02	2019	4,32	2749	4,16	3624	5,16	5840	3,28	942	3,68	1521	4,05	2280	4,4	3235	4,73	4405
3,48	1748	3,74	2380	4,0	3137	4,47	5056	2,84	816	3,18	1317	3,51	1973	3,81	2801	4,1	3813
3,17	1595	3,14	2172	3,64	2862	4,08	4614	2,59	744	2,91	1202	3,2	1801	3,48	2556	3,74	3480
2,84	1426	3,09	1942	3,26	2559	3,65	4125	2,32	665	2,6	1074	2,86	1610	3,11	2285	3,34	3111
2,69	1352	2,89	1841	3,09	2427	3,46	3913	2,2	631	2,46	1019	2,71	1527	2,95	2167	3,17	2951
2,54	1274	2,73	1736	2,91	2288	3,26	3688	2,07	595	2,32	960	2,56	1439	2,78	2043	2,99	2781
2,37	1192	2,55	1623	2,72	2139	3,05	3449	1,94	556	2,17	898	2,39	1346	2,6	1910	2,8	2601
2,28	1148	2,46	1564	2,62	2061	2,94	3322	1,86	535	2,09	865	2,3	1296	2,5	1840	2,69	2506
2,19	1103	2,36	1502	2,52	1980	2,82	3192	1,79	514	2,01	831	2,21	1245	2,4	1768	2,59	2407
2,16	1084	2,32	1477	2,48	1946	2,77	3138	1,76	506	1,98	817	2,18	1224	2,36	1738	2,54	2366
2,12	1065	2,28	1451	2,43	1912	2,73	3083	1,73	497	1,94	802	2,14	1203	2,32	1707	2,5	2325
2,08	1046	2,24	1424	2,39	1878	2,68	3027	1,7	488	1,91	788	2,1	1181	2,28	1676	2,45	2283
2,04	1026	2,2	1398	2,35	1842	2,63	2970	1,67	479	1,87	773	2,06	1159	2,24	1645	2,41	2240
2,0	1006	2,15	1370	2,3	1806	2,58	2912	1,63	469	1,83	758	2,02	1136	2,19	1613	2,36	2196
1,96	986	2,11	1343	2,25	1770	2,52	2853	1,6	460	1,8	742	1,98	1113	2,15	1580	2,31	2151
1,92	965	2,07	1314	2,21	1732	2,47	2793	1,57	450	1,76	727	1,94	1089	2,1	1546	2,26	2106
1,88	943	2,02	1285	2,16	1694	2,41	2731	1,53	440	1,72	711	1,89	1065	2,06	1512	2,21	2059
1,83	922	1,97	1255	2,11	1655	2,36	2668	1,5	430	1,68	694	1,85	1041	2,01	1477	2,16	2012
1,79	899	1,93	1225	2,06	1615	2,3	2603	1,46	419	1,64	677	1,8	1015	1,96	1441	2,11	1963
1,67	841	1,8	1145	1,92	1510	2,15	2434	1,37	392	1,53	633	1,69	949	1,83	1348	1,97	1835
1,55	778	1,67	1060	1,78	1397	1,99	2253	1,26	363	1,42	586	1,56	878	1,7	1247	1,83	1698
1,41	709	1,52	967	1,62	1274	1,82	2055	1,15	331	1,29	534	1,42	801	1,55	1137	1,67	1549
1,26	634	1,36	864	1,45	1139	1,62	1836	1,03	295	1,15	477	1,27	716	1,38	1016	1,49	1384
1,09	548	1,17	747	1,25	985	1,4	1588	0,89	255	1,0	413	1,1	619	1,2	879	1,29	1197
0,99	500	1,07	681	1,14	898	1,28	1449	0,81	233	0,91	376	1,0	564	1,09	802	1,17	1092
0,89	446	0,96	608	1,02	802	1,14	1294	0,72	208	0,81	336	0,9	504	0,97	716	1,05	975
0,79	399	0,85	543	0,91	716	1,02	1156	0,65	186	0,73	300	0,8	450	0,87	639	0,94	871
0,69	344	0,74	469	0,79	619	0,88	999	0,56	160	0,63	259	0,69	389	0,75	552	0,81	753
0,62	314	0,67	428	0,72	564	0,81	911	0,51	146	0,57	236	0,63	354	0,69	504	0,74	686
0,56	280	0,6	382	0,64	504	0,72	813	0,45	130	0,51	211	0,56	316	0,61	449	0,66	613
0,48	242	0,52	330	0,55	435	0,62	703	0,39	112	0,44	182	0,49	273	0,53	388	0,57	529
0,44	220	0,47	300	0,5	396	0,57	640	0,36	102	0,4	166	0,44	249	0,48	354	0,52	482

Tafel **2**.21 Mindestwerte von J und v für den Abfluß ohne Ablagerungen nach ATV-A 110

DN in mm	250	300	350	400	450	500	600	700	800	900	1000	1200	1500
J in ‰	1,63	1,51	1,48	1,45	1,42	1,40	1,37	1,33	1,31	1,29	1,26	1,24	1,19
J in 1/n	1/613	1/662	1/676	1/689	1/704	1/714	1/729	1/752	1/763	1/775	1/794	1/806	1/840
v in m/s	0,52	0,56	0,62	0,67	0,72	0,76	0,84	0,91	0,98	1,05	1,12	1,24	1,39

2.5.4 Teilfüllung

Während man unter Vollfüllung die gesamte Querschnittsfläche als Fließquerschnitt versteht, ist bei Teilfüllung das Rohr nur teilweise gefüllt. Bei Vollfüllung kann hydraulischer Überdruck herrschen, bei Teilfüllung nicht. Abwasserkanäle sind fast immer teilgefüllt. Nach Abschn. 2.5.3 ist

$$v = \sqrt{\frac{8g}{\lambda}} \cdot \sqrt{R \cdot J}$$

Man kann v mit voll v ins Verhältnis setzen und erhält

$$\frac{v}{\text{voll}\, v} = \sqrt{\frac{\text{voll}\, \lambda \cdot R}{\lambda \cdot \text{voll}\, R}}$$

Francke [39] hat durch Versuche gefunden, daß

$$\sqrt{\frac{\text{voll}\, \lambda}{\lambda}} = \left(\frac{R}{\text{voll}\, R}\right)^{1/8}$$

und damit

$$\frac{v}{\text{voll}\, v} = \left(\frac{R}{\text{voll}\, R}\right)^{5/8} = \left(\frac{R}{\text{voll}\, R}\right)^{0{,}625} \tag{2.11}$$

und

$$\frac{Q}{\text{voll}\, Q} = \frac{A}{\text{voll}\, A}\left(\frac{R}{\text{voll}\, R}\right)^{5/8} = \frac{A}{\text{voll}\, A}\left(\frac{R}{\text{voll}\, R}\right)^{0{,}625} \tag{2.12}$$

Sauerbrey (durch Messungen) und Tiedt (durch Rechnung) haben nachgewiesen, daß die Wirkung der Luftreibung (max. $\lambda_L = 0{,}0000216$) gegenüber der Rohrwand ($\lambda = 0{,}01$ bis $0{,}05$) vernachlässigbar klein ist. Im Kreisrohr z.B. (Tafel **2**.23) wird bei $h'/h = 0{,}82$ bereits das voll Q erreicht. Die darüberliegende Zone bis $h'/h = 1{,}0$ ist instabil. Eine kleine Störung, z.B. Rückstau, genügt, um die Leitung vollschlagen zu lassen. Die Teilfüllungskurven werden deshalb bei $Q/\text{voll}\, Q = 1{,}0$ abgebrochen.

Mit Hilfe der Gleichungen (2.11) und (2.12) kann man die Füllungskurven berechnen und zeichnen (s. Tafel **2**.23, **2**.25 und **2**.26). Die Tafeln kann man mit ausreichender Genauigkeit auch für die Formel von Gauckler-Manning-Strickler, Gl. (2.4), verwenden.

Geometisch ähnliche Profilformen können auf die drei Füllungskurven zusammengefaßt werden, wenn keine genaueren Füllungskurven vorhanden sind. Ähnlich sind der

Kreis-Profilkurve (Tafel **2**.23)	die überhöhten Kreisprofile (Halbkreisflächen mit Rechteckteil dazwischen);
Ei-Profilkurve (Tafel **2**.25)	die Profile B2, B4, B5 (Tafel **2**.10 und Bild **2**.26c);
Maul-Profilkurve (Tafel **2**.26)	die Profile C6, C8 (Tafel **2**.10 und Bild **2**.26b und e).

Die Ortsentwässerung kommt in der Regel mit den Profilen nach DIN 4263 aus (Tafel **2**.10). In Ausnahmefällen erforderliche, nicht genormte, Profile sollten im Hinblick auf die Berechnung möglichst einfacher Art sein. Auch bei der Nachprüfung alter Entwässerungssysteme trifft man auf besondere Profile, die der damaligen Bauausführung, meist aus Mauerwerk, besser entsprachen.

Tafel **2**.22 Teilfüllungswerte für das Kreisprofil in Abhängigkeit von vorh Q/ voll Q

vorh Q / voll Q	h'/h	vorh v / voll v	**vorh Q / voll Q**	h'/h	vorh v / voll v	**vorh Q / voll Q**	h'/h	vorh v / voll v
0,001	0,02	0,17	**0,360**	0,41	0,92	**0,510**	0,506	1,005
0,002	0,03	0,21	**0,370**	0,42	0,93	**0,520**	0,512	1,009
0,004	0,04	0,26	**0,380**	0,43	0,93	**0,530**	0,518	1,014
0,006	0,05	0,29	**0,390**	0,43	0,94	**0,540**	0,524	1,018
0,008	0,06	0,32	**0,400**	0,44	0,95	**0,550**	0,530	1,023
0,010	0,07	0,34	**0,410**	0,45	0,95	**0,560**	0,536	1,027
0,012	0,07	0,36	**0,420**	0,45	0,96	**0,570**	0,542	1,031
0,014	0,08	0,37	**0,430**	0,46	0,96	**0,580**	0,547	1,035
0,016	0,09	0,39	**0,440**	0,46	0,97	**0,590**	0,553	1,039
0,018	0,09	0,40	**0,450**	0,47	0,97	**0,600**	0,559	1,043
0,020	0,10	0,41	**0,460**	0,48	0,98	**0,610**	0,565	1,047
0,022	0,10	0,42	**0,470**	0,48	0,99	**0,620**	0,571	1,051
0,024	0,10	0,43	**0,480**	0,49	0,99	**0,630**	0,577	1,054
0,026	0,11	0,45	**0,490**	0,49	1,00	**0,640**	0,583	1,058
0,028	0,11	0,45	**0,500**	0,50	1,00	**0,650**	0,589	1,061
0,030	0,12	0,46				**0,660**	0,595	1,065
0,035	0,13	0,48				**0,670**	0,601	1,068
0,040	0,13	0,50				**0,680**	0,607	1,071
0,045	0,14	0,52				**0,690**	0,613	1,075
0,050	0,15	0,54				**0,700**	0,619	1,078
0,055	0,16	0,55				**0,710**	0,625	1,081
0,060	0,16	0,57				**0,720**	0,631	1,084
0,065	0,17	0,58				**0,730**	0,637	1,087
0,070	0,18	0,59				**0,740**	0,643	1,090
0,075	0,18	0,60				**0,750**	0,649	1,092
0,080	0,19	0,61				**0,760**	0,655	1,095
0,085	0,19	0,62				**0,770**	0,661	1,098
0,090	0,20	0,63				**0,780**	0,667	1,100
0,095	0,21	0,64				**0,790**	0,674	1,103
0,100	0,21	0,65				**0,800**	0,680	1,105
0,110	0,22	0,67				**0,810**	0,686	1,107
0,120	0,23	0,69				**0,820**	0,693	1,109
0,130	0,24	0,70				**0,830**	0,699	1,112
0,140	0,25	0,72				**0,840**	0,706	1,114
0,150	0,26	0,73				**0,850**	0,712	1,116
0,160	0,27	0,74				**0,860**	0,719	1,117
0,170	0,28	0,76				**0,870**	0,726	1,119
0,180	0,28	0,77				**0,880**	0,733	1,121
0,190	0,29	0,78				**0,890**	0,740	1,123
0,200	0,30	0,79				**0,900**	0,747	1,124
0,210	0,31	0,80				**0,910**	0,754	1,125
0,220	0,32	0,81				**0,920**	0,761	1,127
0,230	0,32	0,82				**0,930**	0,769	1,128
0,240	0,33	0,83				**0,940**	0,776	1,129
0,250	0,34	0,84				**0,950**	0,784	1,129
0,260	0,35	0,85				**0,960**	0,792	1,130
0,270	0,35	0,86				**0,970**	0,800	1,130
0,280	0,36	0,86				**0,980**	0,809	1,131
0,290	0,37	0,87				**0,990**	0,818	1,131
0,300	0,37	0,88				**1,000**	0,827	1,130
0,310	0,38	0,89						
0,320	0,39	0,89						
0,330	0,39	0,90						
0,340	0,40	0,91						
0,350	0,41	0,92						

Tafel **2.**23 Füllungskurve und Querschnittswerte des Kreisprofils

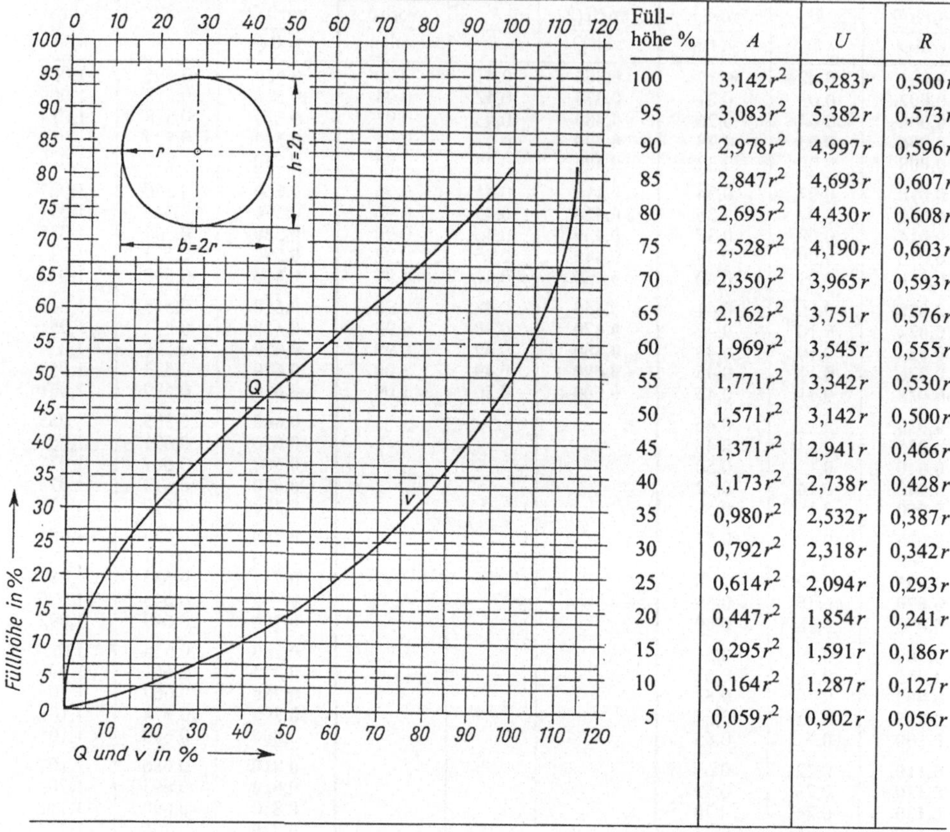

Füllhöhe %	A	U	R
100	$3{,}142r^2$	$6{,}283r$	$0{,}500r$
95	$3{,}083r^2$	$5{,}382r$	$0{,}573r$
90	$2{,}978r^2$	$4{,}997r$	$0{,}596r$
85	$2{,}847r^2$	$4{,}693r$	$0{,}607r$
80	$2{,}695r^2$	$4{,}430r$	$0{,}608r$
75	$2{,}528r^2$	$4{,}190r$	$0{,}603r$
70	$2{,}350r^2$	$3{,}965r$	$0{,}593r$
65	$2{,}162r^2$	$3{,}751r$	$0{,}576r$
60	$1{,}969r^2$	$3{,}545r$	$0{,}555r$
55	$1{,}771r^2$	$3{,}342r$	$0{,}530r$
50	$1{,}571r^2$	$3{,}142r$	$0{,}500r$
45	$1{,}371r^2$	$2{,}941r$	$0{,}466r$
40	$1{,}173r^2$	$2{,}738r$	$0{,}428r$
35	$0{,}980r^2$	$2{,}532r$	$0{,}387r$
30	$0{,}792r^2$	$2{,}318r$	$0{,}342r$
25	$0{,}614r^2$	$2{,}094r$	$0{,}293r$
20	$0{,}447r^2$	$1{,}854r$	$0{,}241r$
15	$0{,}295r^2$	$1{,}591r$	$0{,}186r$
10	$0{,}164r^2$	$1{,}287r$	$0{,}127r$
5	$0{,}059r^2$	$0{,}902r$	$0{,}056r$

Tafel **2.**24 Querschnittswerte vollaufender Profile nach DIN 4263 im Verhältnis zum Kreisprofil (Index Kr) mit gleicher Breite $b = 2r$. Profilbezeichnungen s. Tafel. **2.**10

Profil	Leitungs-querschnitt	$b:h$	A	U	R	Gauckler-Manning-Strickler v/v_{Kr}	Gauckler-Manning-Strickler Q/Q_{Kr}	Prandtl-Colebrook v/v_{Kr}	Prandtl-Colebrook Q/Q_{Kr}
A1	**Kreisquerschnitt**	2:2	$3{,}142r^2$	$6{,}238r$	$0{,}500r$	1,0	1,0	1,0	1,0
	Eiquerschnitt								
B2	überhöht	2:3,5	$5{,}492r^2$	$8{,}851r$	$0{,}621r$	1,16	2,03	1,145	2,001
B3	normal	2:3	$4{,}594r^2$	$7{,}930r$	$0{,}579r$	1,11	1,62	1,096	1,603
B4	breit	2:2,5	$3{,}823r^2$	$7{,}032r$	$0{,}544r$	1,07	1,30	1,054	1,283
B5	gedrückt	2:2	$3{,}097r^2$	$6{,}286r$	$0{,}493r$	0,99	0,975	0,991	0,977
	Maulquerschnitt								
C6	überhöht	2:2	$3{,}378r^2$	$6{,}603r$	$0{,}512r$	1,02	1,10	1,015	1,091
C7	normal	2:1,5	$2{,}378r^2$	$5{,}603r$	$0{,}424r$	0,895	0,68	0,902	0,683
C8	gedrückt	2:1,25	$1{,}937r^2$	$5{,}169r$	$0{,}375r$	0,82	0,51	0,835	0,514

Tafel **2.25** Füllungskurve und Querschnittswerte des Eiprofils

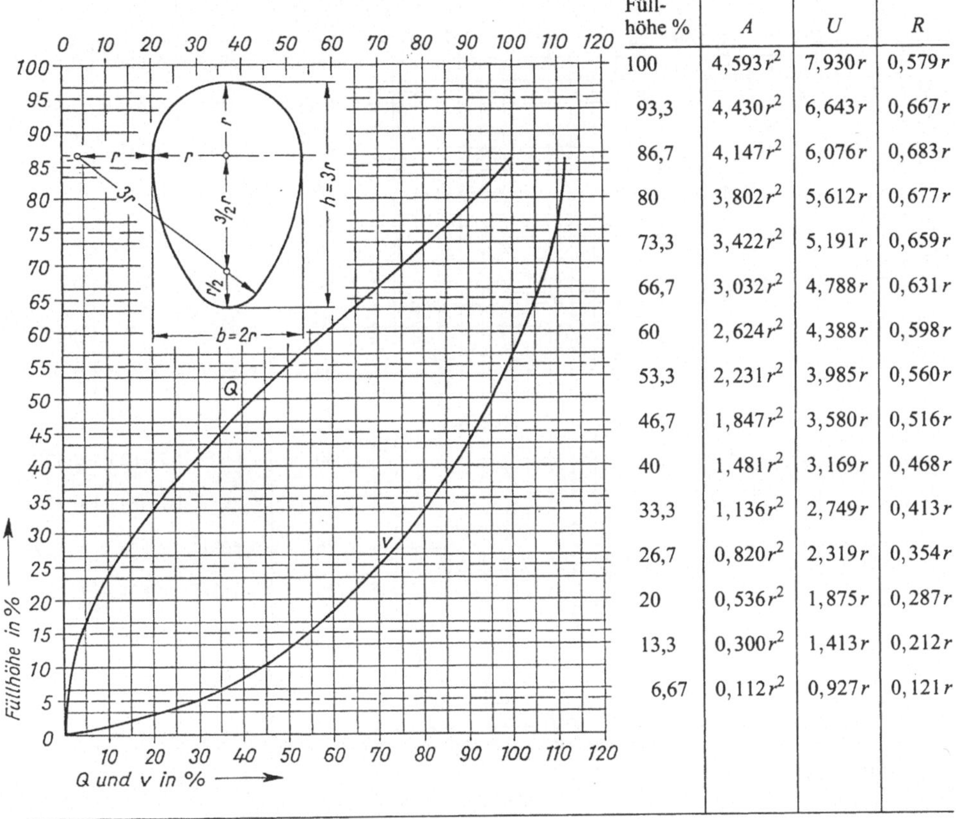

Füllhöhe %	A	U	R
100	$4{,}593r^2$	$7{,}930r$	$0{,}579r$
93,3	$4{,}430r^2$	$6{,}643r$	$0{,}667r$
86,7	$4{,}147r^2$	$6{,}076r$	$0{,}683r$
80	$3{,}802r^2$	$5{,}612r$	$0{,}677r$
73,3	$3{,}422r^2$	$5{,}191r$	$0{,}659r$
66,7	$3{,}032r^2$	$4{,}788r$	$0{,}631r$
60	$2{,}624r^2$	$4{,}388r$	$0{,}598r$
53,3	$2{,}231r^2$	$3{,}985r$	$0{,}560r$
46,7	$1{,}847r^2$	$3{,}580r$	$0{,}516r$
40	$1{,}481r^2$	$3{,}169r$	$0{,}468r$
33,3	$1{,}136r^2$	$2{,}749r$	$0{,}413r$
26,7	$0{,}820r^2$	$2{,}319r$	$0{,}354r$
20	$0{,}536r^2$	$1{,}875r$	$0{,}287r$
13,3	$0{,}300r^2$	$1{,}413r$	$0{,}212r$
6,67	$0{,}112r^2$	$0{,}927r$	$0{,}121r$

In den Tafeln **2.**14 bis **2.**16 und **2.**19, **2.**20 sind die Hauptprofile (Kreis-, Ei- und Maulquerschnitt) berechnet. Alle Werte beziehen sich auf voll Q. Es gelten $J = \frac{1}{n}$, v in m/s und Q in m^3/s.

Um für jede beliebige Füllhöhe h' die entsprechenden Werte in Q und v errechnen zu können, sind Füllungskurven aufgestellt (Tafel **2.**22, **2.**23, **2.**25, **2.**26 und Bild **2.**26). Man kann den Füllungsgrad h'/h ablesen, wenn das Verhältnis der vorhandenen Wassermenge zu der bei Vollfüllung oder das Verhältnis der entsprechenden Geschwindigkeiten bekannt ist (Bild **2.**25).

Als Ergebnis hat man also zwei Verhältnisse

$$\frac{h'}{h} \quad \text{und} \quad \frac{\text{vorh}\,v}{\text{voll}\,v}$$

oder

$$\frac{h'}{h} \quad \text{und} \quad \frac{\text{vorh}\,Q}{\text{voll}\,Q}$$

Tafel **2**.26 Füllungskurve und Querschnittswerte des Maulprofils

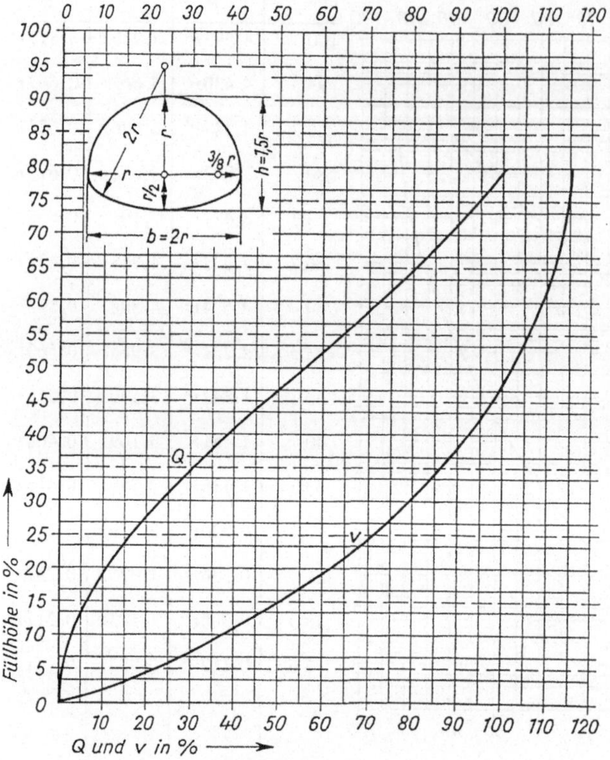

Füllhöhe %	A	U	R
100	$2,378 r^2$	$5,603 r$	$0,424 r$
93,3	$2,319 r^2$	$4,696 r$	$0,493 r$
86,7	$2,224 r^2$	$4,316 r$	$0,516 r$
80	$2,078 r^2$	$4,014 r$	$0,518 r$
73,3	$1,926 r^2$	$3,73\ r$	$0,517 r$
66,7	$1,759 r^2$	$3,509 r$	$0,502 r$
60	$1,578 r^2$	$3,282 r$	$0,48 r$
53,3	$1,392 r^2$	$3,07 r$	$0,453 r$
46,7	$1,198 r^2$	$2,863 r$	$0,418 r$
40	$1,003 r^2$	$2,661 r$	$0,377 r$
33,3	$0,807 r^2$	$2,461 r$	$0,326 r$
26,7	$0,608 r^2$	$2,258 r$	$0,269 r$
20	$0,415 r^2$	$2,038 r$	$0,203 r$
13,3	$0,235 r^2$	$1,769 r$	$0,133 r$
6,67	$0,084 r^2$	$1,268 r$	$0,066 r$

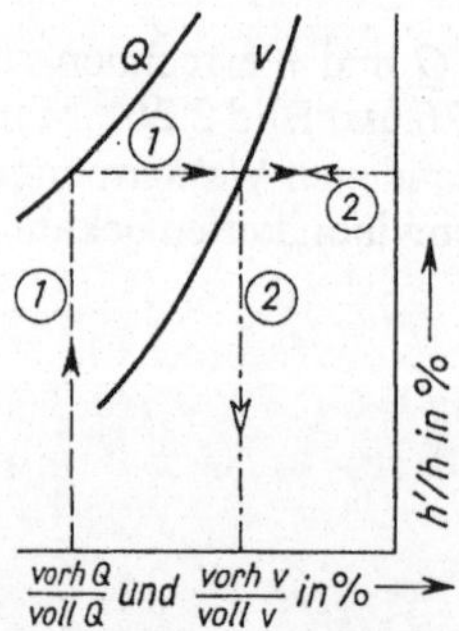

2.25 Ablesefolge bei den Füllungskurven

Wenn man h, voll v oder voll Q des gewählten Profils einsetzt, erhält man h', vorh v oder vorh Q.

Das direkte Ablesen der Werte für Vollfüllung ist nur in den Tafeln **2**.14, **2**.15, **2**.16, **2**.19 und **2**.20 möglich. Für die übrigen Profile der Tafel **2**.10 kommt man auf dem Umweg über das Kreisprofil zu den Angaben bei Vollfüllung. In der Tafel **2**.24 sind die Verhältniszahlen für Q und v des betreffenden Profils zum Kreisprofil (v_{Kr}, Q_{Kr}) mit der gleichen Breite $b = 2r$ angegeben, z.B. für den überhöhten Eiquerschnitt B 2 nach Gauckler-Manning-Strickler.

$$\text{voll}\, v = 1{,}16\, v_{Kr}$$

$$\text{voll}\, Q = 2{,}03\, Q_{Kr}$$

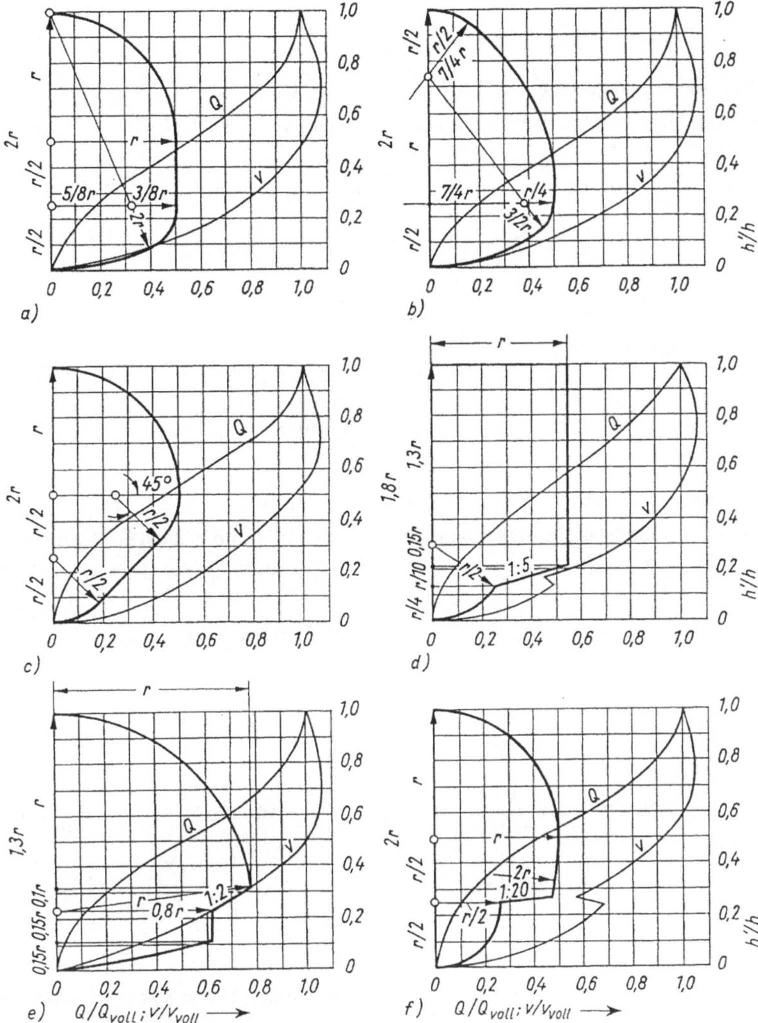

2.26 Teilfüllungskurven weiterer gebräuchlicher Profile

a) Profil C 6 (Tafel 2.10), überhöhter Maulquerschnitt,
$b/h = 2/2$; $A = 3{,}378\,r^2$; $U = 6{,}603r$; $R\,0{,}512 \cdot r$; $v/v_{Kr} = 1{,}015$; $Q/Q_{Kr} = 1{,}09$

b) Profil Haubenquerschnitt (auch: Parabelquerschnitt)
$b/h = 2/2$; $A = 3{,}007\,r^2$; $U = 6{,}283r$; $R = 0{,}479\,r$; $v/v_{Kr} = 0{,}974$; $Q/Q_{Kr} = 0{,}932$

c) Profil Drachenquerschnitt
$b/h = 2/2$; $A = 2{,}921\,r^2$; $U = 6{,}127r$; $R = 0{,}477\,r$; $v/v_{Kr} = 0{,}971$; $Q/Q_{Kr} = 0{,}903$

d) Profil Kastenquerschnitt mit runder Sohlrinne,
$b/h = 2/1{,}8$; $A = 3{,}297\,r^2$; $U = 7{,}199r$; $R = 0{,}46\,r$; $v/v_{Kr} = 0{,}949$; $Q/Q_{Kr} = 0{,}996$

e) Profil Haubenquerschnitt mit dreieckiger Fließrinne (für große Kanäle und Durchlässe in Wellblechüberwölbung geeignet),
$b/h = 2/1{,}3$; $A = 1{,}911\,r^2$; $U = 5{,}317r$; $R = 0{,}359\,r$; $v/v_{Kr} = 0{,}813$; $Q/Q_{Kr} = 0{,}494$

f) Profil D 10 (Tafel 2.10) Rinnenquerschnitt mit beidseitigem Auftritt,
$b/h = 2/2$; $A = 2{,}933\,r^2$; $U = 6{,}563r$; $R = 0{,}447\,r$; $v/v_{Kr} = 0{,}932$; $Q/Q_{Kr} = 0{,}87$

2.5.5 Berechnungsbeispiele

Beispiel 1: Gegeben $Q = 0{,}130\,\text{m}^3/\text{s}$, $n = 400$, $k_{St} = 80$.

Gesucht das entsprechende Kreisprofil mit vorh v und h' nach G-M-Str (Gauckler-Manning-Strickler).

Nach Tafel **2**.14 ist $z = Q\sqrt{n} = 0{,}130\sqrt{400} = 2{,}6$. Gewählt wird DN 450 mit $z = 2{,}97$ und

$$\text{voll}\,Q = \frac{z}{\sqrt{n}} = \frac{2{,}97}{\sqrt{400}} = 0{,}1485\,\text{m}^3/\text{s} \qquad \text{voll}\,v = \frac{x}{\sqrt{n}} = \frac{18{,}69}{\sqrt{400}} = 0{,}9345\,\text{m/s}$$

Nach Tafel **2**.22 ist

$$\frac{\text{vorh}\,Q}{\text{voll}\,Q} = \frac{0{,}130}{0{,}1485} = 0{,}875 \quad \frac{h'}{h} = 73\% \quad \text{und} \quad h' = 0{,}73 \cdot 450 = 328{,}5\,\text{mm}$$

$$\frac{\text{vorh}\,v}{\text{voll}\,v} = 1{,}12 \quad \text{und} \quad \text{vorh}\,v = 1{,}12 \cdot 0{,}9345 = 1{,}046\,\text{m/s}$$

Beispiel 2: Gegeben $Q = Q_x = 0{,}300\,\text{m}^3/\text{s}$, $n = 250$, $k_{St} = k_{Stx} = 90$.

Gesucht das entsprechende normale Eiprofil mit vorh v und h' nach G-M-Str.

Nach Tafel **2**.15 ist $z = Q_{80}\sqrt{n}$. Man könnte jetzt diese Tafel anwenden, wenn das Profil für $k_{St} = 80$ zu ermitteln wäre.

Da $k_{St} = 90$ ist, muß nach Gl. (2.5) erst $Q_{80} = \frac{80}{k_{Stx}} Q_x$ ermittelt werden.

Damit wird $z = \frac{80}{k_{Stx}} Q_x \sqrt{n} = \frac{80}{90} 0{,}30\sqrt{250} = 4{,}22$.

Gewählt wird Ei 500 × 750 mit $z = 6{,}34$ und

$$\text{voll}Q_{80} = \frac{z}{\sqrt{n}} = \frac{6{,}34}{\sqrt{250}} = 0{,}4\,\text{m}^3/\text{s} \qquad \text{voll}\,v_{80} = \frac{x}{\sqrt{n}} = \frac{22{,}1}{\sqrt{250}} = 1{,}4\,\text{m}^3/\text{s}$$

$$\text{voll}Q_{90} = \frac{90}{80} 0{,}4 = 0{,}45\,\text{m}^3/\text{s} \qquad \text{voll}v_{90} = \frac{90}{80} 1{,}4 = 1{,}58\,\text{m}^3/\text{s}$$

Nach Tafel **2**.22 ist

$$\frac{\text{vorh}\,Q}{\text{voll}\,Q} = \frac{0{,}3}{0{,}45} = 0{,}667 \quad \frac{h'}{h} = 0{,}599\% \quad \text{und} \quad h' = 0{,}599 \cdot 750 = 449\,\text{mm}$$

$$\frac{\text{vorh}\,v}{\text{voll}\,v} = 1{,}067 \quad \text{und} \quad \text{vorh}\,v = 1{,}067 \cdot 1{,}58 = 1{,}69\,\text{m/s}$$

Beispiel 3: Gegeben $Q = 1{,}400\,\text{m}^3/\text{s}$, $n = 500$, $k_b = 1{,}5$.

Gesucht der gedrückte Eiquerschnitt Form B5 nach Prandtl-Colebrook.

Nach Tafel **2**.24 ist $Q = 0{,}975 Q_{Kr}$ und $v = 0{,}991\,v_{Kr}$.

$$\text{erf}\,Q_{Kr} = \frac{Q}{0{,}975} = \frac{1{,}40}{0{,}975} = 1{,}436\,\text{m}^3/\text{s} = 1436\,\text{l/s}$$

Nach Tafel **2**.19 hat DN 1200 voll $Q_{Kr} = 1698$, voll $v_{Kr} = 1{,}5$.

Gewählt wird der gedrückte Eiquerschnitt 1200 × 1200 mit voll $Q = 0{,}975 \cdot 1698 = 1656\,\text{l/s}$ und voll $v = 0{,}991 \cdot 1{,}5 = 1{,}487\,\text{m/s}$.

Beispiel 4: Gegeben Maulprofil Form C7 2000 × 1500, $n = 900$ und eine Füllhöhe $h' = 1000\,\text{mm}$, $k_{\text{St}} = 80$.

Gesucht vorh Q und vorh v nach G-M-Str. Nach Tafel **2.**16 ist

$$\text{voll}\,Q = \frac{z}{\sqrt{n}} = \frac{107{,}3}{\sqrt{900}} = 3{,}58\,\text{m}^3/\text{s} \quad \text{und} \quad \text{voll}\,v = \frac{x}{\sqrt{n}} = \frac{45{,}2}{\sqrt{900}} = 1{,}51\,\text{m/s}$$

Mit

$$\frac{h'}{h} = \frac{1000}{1500} = 0{,}667 \quad \text{wird nach Tafel } \mathbf{2.}26 \quad \frac{\text{vorh}\,Q}{\text{voll}\,Q} = 0{,}83 \quad \text{und} \quad \frac{\text{vorh}\,v}{\text{voll}\,v} = 1{,}12$$

$$\text{vorh}\,Q = 0{,}83 \cdot 3{,}58 = 2{,}97\,\text{m}^3/\text{s} \qquad \text{vorh}\,v = 1{,}12 \cdot 1{,}51 = 1{,}69\,\text{m/s}$$

Beispiel 5: Gegeben $Q = 0{,}850\,\text{m}^3/\text{s}$, $J = 3{,}33‰ = 1:300$, $k_{\text{b}} = 1{,}5\,\text{mm}$.

Gesucht Kreisprofil mit vorh v und h' nach Prandtl-Colebrook. Nach Tafel **2.**19 wird gewählt DN 900 mm mit voll $v = 1{,}62\,\text{m/s}$ und voll $Q = 1030\,\text{l/s}$

$$\frac{\text{vorh}\,Q}{\text{voll}\,Q} = \frac{850}{1030} = 0{,}825$$

Nach Tafel **2.**22 ist $\frac{h'}{h} = 69{,}6\%$ und $h' = 0{,}696 \cdot 900 = 626\,\text{mm}$

$$\frac{\text{vorh}\,v}{\text{voll}\,v} = 110{,}5\% \quad \text{und} \quad \text{vorh}\,v = 1{,}105 \cdot 1{,}62 = 1{,}79\,\text{m/s}$$

Beispiel 6: Digitale Profilberechnung nach Prandtl-Colebrook (Programm)

```
200 PRINT"Abfluss bei bekannt I,DN, (Gefaelle und Rohrlaenge) "
210 INPUT"kb [ m ] ="; K
220 INPUT"DN [ m ] ="; D
230 INPUT"Gefaelle [dez (1:?)] ="; I
240 INPUT"Laenge [ m ] ="; M
250 A =(( D\^{} 2 ) * PI) / 4
260 IF I $>$ 1 THEN LET I = 1/I
280 B = ( I * D * 19.62 )^.5
290 V = -2 * LOG (((3.20025E-6 ) /(D*B)) + (K/D) / 3.71)
 * (SQR(19.62*I*D)
300 Q = V * A
310 H = I * M
330 PRINT"Q = "; Q," [ m3/s ]
340 PRINT"V ="; V," [ m/s ]
350 PRINT"Hv="; H,"[ m ]
360 T = M / V / 60
370 PRINT"Fliesszeit = "; T ," [min]
380 GOTO 220
```

2.5.6 Offene Kanäle (Gerinne)

Offene Kanäle oder Gerinne kommen mit regelmäßigem Betonquerschnitt in Kläranlagen vor. Sie sind hier besonders geeignet, weil das Abwasser flach unter Gelände durch die Anlagen geleitet wird. Außerdem kann man das Abwasser beobachten.

Es sind in Bild **2.**27 auf der Grundlage der Formel von Gauckler-Manning-Strickler jeweils für das Rechteck- und Trapezprofil die Q- und v-Kurven bei verschiedenen

Füllungsgraden h'/h aufgezeichnet. Die Kurven sind Vergleichskurven zum Kreisprofil mit gleichem d.

d für das Gerinne ist zu wählen. Man bildet zunächst das Verhältnis Q/Q_{Kr} (Q_{Kr} = abfließende Wassermenge im Kreisprofil mit d bei Vollfüllung und gleichem J), geht dann zur $Q_{\cup}$- oder $Q_{\sqcup}$-Kurve hinauf und nach links hinüber, um den Wert h'/d abzulesen, woraus h' zu errechnen ist.

Die DIN 19556 empfiehlt als Maße für Rechteckrinnen: $b = d = 0{,}2$; 0,3 bis 0,8; 1,0 bis 5,0 m, Sicherheitsüberstand $m = 0{,}2$ m.

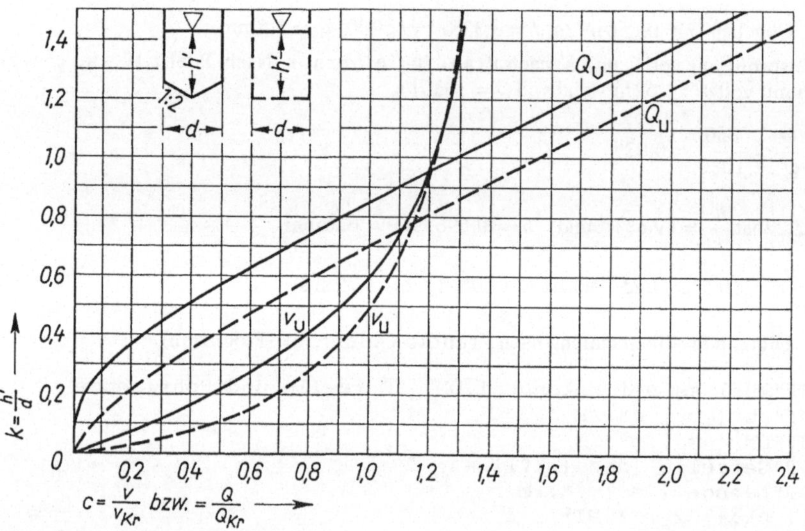

2.27 Abfluß in offenen Gerinnen

Beispiel: Gegeben $Q = 0{,}250\,\text{m}^3/\text{s}$, $J = 1:400$, $k_{St} = 80$.

Gesucht d und h' des Rechteckprofils bei etwa quadratischem Fließquerschnitt.

Gewählt $d = 450$ mm.

Nach Tafel **2.14** ist

$$Q_{Kr} = \frac{2{,}97}{\sqrt{400}} = 0{,}1485\,\text{m}^3/\text{s} \qquad v_{Kr} = \frac{18{,}69}{\sqrt{400}} = 0{,}9345\,\text{m/s}$$

$$\frac{Q}{Q_{Kr}} = \frac{0{,}250}{0{,}1485} = 1{,}68, \qquad \text{nach Bild } \mathbf{2.27}\text{:} \quad \frac{h'}{d} = 1{,}07 \quad h' = 1{,}07 \cdot 450 = 482\,\text{mm}$$

$$\frac{v}{v_{Kr}} = 1{,}23 \qquad v = 1{,}23 \cdot 0{,}9345 = 1{,}15\,\text{m/s}$$

2.6 Entwurf einer Ortsentwässerung

2.6.1 Begrenzung des Entwässerungsgebietes

Die Begrenzung ergibt sich vorwiegend aus seiner Oberflächengestalt. Die Fläche, deren Abwasser mit natürlichem Gefälle einem Tiefpunkt zugeführt werden kann, ist das Einzugsgebiet des Tiefpunktes. Noch unbebautes Stadtgebiet sollte als bebaut angenommen werden, wenn mit seiner Bebauung innerhalb der nächsten 50 Jahre zu rechnen ist. Die Bebauungspläne veranschaulichen die städtebauliche Situation. Das daraus entstehende planerische Bild sollte möglichst großzügig abgerundet werden.

Entwässerungstechnisch ist dann am weitesten vorausgeplant, wenn die Wasserscheiden das Einzugsgebiet ohne Rücksicht auf politische Grenzen bestimmen; für dieses ermittelte Gebiet wird das Kanalnetz entworfen. Die Entwässerungsleitungen folgen den Straßenzügen oder liegen im öffentlichen Gelände. Die Lage des Hauptsammlers wird durch die Notwendigkeit bestimmt, sein Einzugsgebiet möglichst groß zu machen. Es ist daher erwünscht, ihn in die „Schwerlinie" des Gesamtgebietes zu legen. Meistens wird er der Linie mit dem kleinsten Gefälle zum Tiefpunkt folgen. Wenn Ortschaften an Wasserläufen liegen, werden sich die Hauptsammler im wesentlichen deren Verlauf anpassen. Besonders tiefliegende Teile des Gesamteinzugsgebietes sind über eine Abwasserhebeanlage an das Hauptgebiet anzuschließen.

2.6.2 Beschaffenheit des Entwässerungsgebietes

Für den Entwurf des Entwässerungsnetzes ist die Höhenermittlung eine wichtige Voraussetzung. Die Meßtischblätter der Landesaufnahme im Maßstab 1:25 000 geben zwar gute Anhaltspunkte, müssen aber stets durch ausführliche Höhenmessungen ergänzt werden. In Lageplänen M 1 : 1000 bis 1 : 5000, die alle Straßenfluchtlinien und Gewässer enthalten, sind die Straßenhöhen einzutragen. Soweit sie nicht aus vorhandenen Plänen entnommen werden können, sind Höhenaufnahmen erforderlich. Wichtige Höhenpunkte sind Straßenkreuzungen, Endpunkte der Kanäle und alle Gefällwechsel der Straßenoberflächen. Für die Ermittlung des Erdaushubs im Kostenvoranschlag oder im Leistungsverzeichnis genügen Höhenordinaten im Abstand von $\approx$ 50 m, falls das Gelände nicht besonders starke Gefällwechsel enthält.

Vorhandene Entwässerungsleitungen und Gräben sind nach Lage, Größe und Gefälle aufzumessen. Sind sie brauchbar, so werden sie zur Ableitung von Regenwasser herangezogen. Weitere wichtige Faktoren für die bauliche Ausbildung der Kanäle und die Kostenermittlung sind die Bodenbeschaffenheit und der Grundwasserstand. Erforderlichenfalls sind Probebohrungen und Grundwasseruntersuchungen durchzuführen.

2.6.3 Vorüberlegung zu den Hauptteilen einer Ortsentwässerung

Bau- und Betriebskosten einer Ortsentwässerung sind i. allg. am niedrigsten, und das Klärwerk arbeitet am zuverlässigsten, wenn das gesamte Abwasser in einem System gesammelt und gereinigt wird. Dieser Grundsatz sollte unter allen Umständen beachtet werden. Auch mehrere Ortschaften können zu einem Entwässerungsgebiet zusammengefaßt werden. Den größten Einfluß auf die Wahl des Entwässerungsverfahrens hat jedoch die Lage des Gebietes zum Vorfluter (**2**.23) und die Qualität des Vorfluters selbst.

Die Trasse des Hauptsammlers wird durch die Oberflächengestalt, den Verlauf des Vorfluters und die Lage der Reinigungsanlage festgelegt. Selbst wenn das Regenwasser im Einzugsgebiet nach mehreren verschiedenen Vorflutern abgeführt wird, ist oft die Zusammenfassung des gesamten Schmutzwassers an einem Punkt die günstigere Lösung, auch wenn eine Bodenerhöhung durchstoßen oder durch Pumpen überwunden werden muß.

2.6.3.1 Kläranlage und Abwasserpumpwerke

Wichtig ist die frühzeitige Entscheidung über die Art der Abwasserreinigung und über den Standort der Kläranlage. Eine Landbehandlung des Abwassers ist meist nicht möglich, weil die erforderlichen sehr großen Flächen und ihre Bewirtschaftung nicht sichergestellt werden können. Dagegen läßt sich eine Anlage zur künstlichen biologischen Reinigung, auch Teichkläranlagen, auf viel kleinerer Fläche und bei moderner Ausführung und sorgfältigem Betrieb ohne Geruchsbelästigung in unmittelbarer Nähe der Ortschaft unterbringen. Möglichst ist ein Abstand zur nächsten Wohnbebauung (mindestens etwa 400 m, o.ä.) einzuhalten.

Über das Reinigungsverfahren entscheidet die Wasserführung und Selbstreinigungskraft

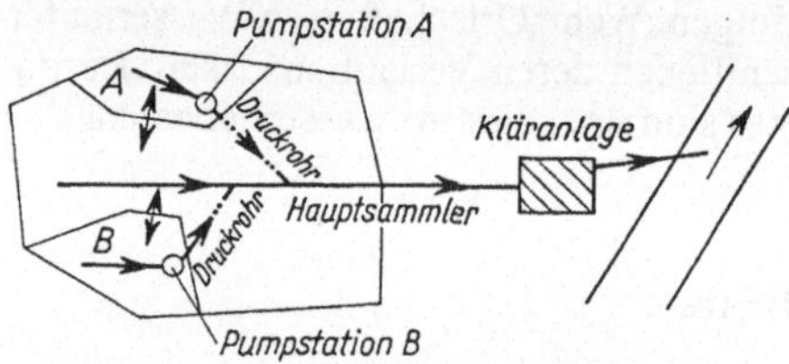

2.28 Abwasserhebung: tiefliegende Teilgebiete ohne natürliche Vorflut zum Hauptsammler

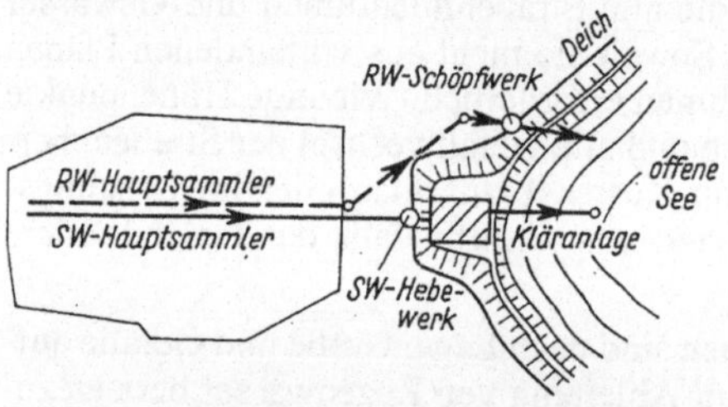

2.29 Abwasserhebung: Gesamteinzugsgebiet ohne oder mit nur zeitweiliger Vorflut. Ständige Hebung des Schmutzwassers, ständige oder nur zeitweilige Hebung des Regenwassers (Tide)

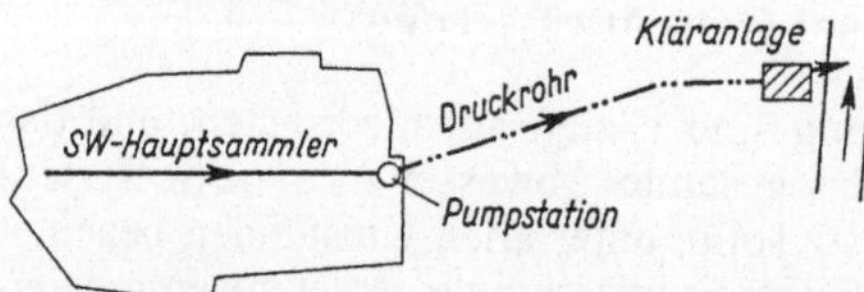

2.30 Abwasserhebung: Gesamteinzugsgebiet ohne natürliche Vorflut zur Kläranlage

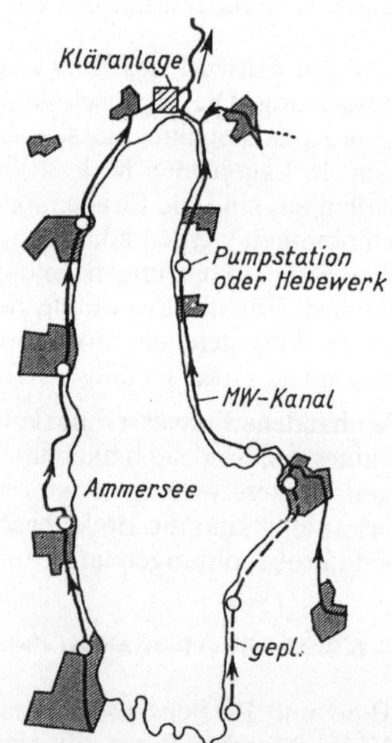

2.31 Abwasserhebung aus Mischwasserkanälen zur Vermeidung unwirtschaftlicher Tiefenlagen rings um den Ammersee (Typ der modernen Seesanierung)

des Vorfluters. Der Entwurfsbearbeiter muß die Forderungen der Wasserwirtschaftsverwaltung kennen. Die Reinigungsanlage sollte so hoch liegen, daß das gereinigte Abwasser auch bei Hochwasser mit natürlichem Gefälle in den Vorfluter abfließen kann. Bei allgemein tiefer Lage des Stadtgebietes erreicht man das Klärwerk nicht im freien Gefälle, so daß man ein Abwasserpumpwerk dazwischenschalten muß. Auch innerhalb der Kläranlagen werden meist Pumpwerke notwendig. Die Bilder zeigen häufige Fälle der Abwasserhebung. Bild **2**.31 zeigt die stufenförmige Hebung im Zuge einer See-Ringleitung.

2.6.3.2 Leitungsnetz

Verschiedene, örtlich bedingte Faktoren bestimmen die Form des Leitungsnetzes. Ein bestimmtes Schema gibt es nicht. Charakteristische Netzformen, auf die der entwerfende Ingenieur während der Entwurfsarbeit immer wieder zurückkommt, sind in Bild **2**.32 gezeigt. Die Leitungsabschnitte kann man zu Verästelungsnetzen oder zu vermaschten Netzen verbinden. In einem Verästelungsnetz werden die an einem Schacht ankommenden Wassermengen in eine Fließrichtung abgeführt. Von einer Vermaschung spricht man, wenn die Leitungen von einem Schacht mit verschiedenen Fließrichtungen abgehen. Liegen die Sohlen dieser abgehenden Leitungen auf verschiedenen Höhen, so wird eine Vermaschung erst bei größerem Abfluß, z.B. Regenwasserabfluß, wirksam. Bis dahin fließt das Abwasser wie in einem Verästelungsnetz lediglich in einer Richtung ab. Eine Vermaschung wird auch beim Ausbau bestehender Netze zwecks Verteilung des Abflusses angestrebt.

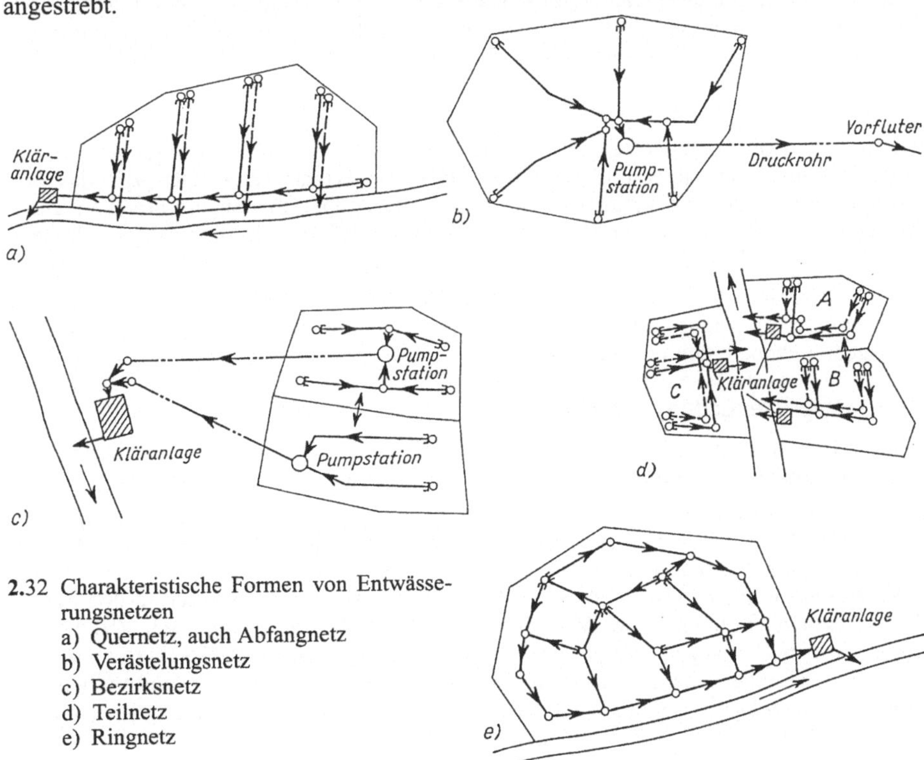

2.32 Charakteristische Formen von Entwässerungsnetzen
a) Quernetz, auch Abfangnetz
b) Verästelungsnetz
c) Bezirksnetz
d) Teilnetz
e) Ringnetz

Quernetz mit SW-Abfangsammler. Die RW-Sammler verlaufen etwa quer zur Richtung des Vorfluters und münden in diesen ein. Die SW-Sammler werden am Vorfluter durch einen Hauptsammler abgefangen (Abfangnetz).

Verästelungsnetz. Muß bei relativ ebenem Gelände das Abwasser zum Vorfluter gehoben werden, so legt man das Pumpwerk möglichst in den Schwerpunkt des Entwässerungsgebietes. Bei unebenem Gelände wird das Abwasser im Tiefpunkt des Gebietes zusammengeführt.

Bezirksnetz. Ist die zentrale Zusammenfassung des Abwassers bei großen Entwässerungsgebieten nicht möglich, so wird das Gebiet in Bezirke aufgeteilt. Jeder Bezirk hat sein eigenes Leitungssystem und führt das Abwasser über ein Pumpwerk der gemeinsamen Kläranlage zu.

Teilnetz. Ebenfalls nur bei großen Entwässerungsgebieten kommt eine Aufteilung in Teilgebiete in Frage. Jedes Teilgebiet sammelt und klärt das Schmutzwasser in einer eigenen Kläranlage.

Ringnetz. Fällt die Oberfläche des Entwässerungsgebietes nach allen Seiten hin ab, dann wird es zweckmäßig mit einem Ringkanal umgeben, in den von der Mitte her die Nebenkanäle einmünden (ringförmige Form des Abfangsammlers).

Abgrenzung der Sammlergebiete. Man unterscheidet ihrer Bedeutung nach Kanäle, die auf kürzestem Wege zum Sammler führen und den Straßen folgen, sowie Nebensammler und Hauptsammler. Jeder Sammler hat eine Gruppe von Nebenkanälen aufzunehmen. Sein Einzugsgebiet ergibt sich aus der Geländegestalt. Es wird durch die Wasserscheide gegenüber dem Bereich des nächsten Sammlers abgegrenzt. Die Einzugsgebiete der einzelnen Sammler sollen im Lageplan des Entwurfs besonders kenntlich gemacht werden.

Um kleinere Bodenerhebungen zu durchqueren, werden unter Umständen Baugrubentiefen bis zu 6 m, die noch in offener Baugrube erreicht werden können, in Kauf genommen. Liegt der Kanal noch tiefer, muß man grabenlose Bauverfahren anwenden, z.B. das Vorpreßverfahren. Man wird vermeiden, derart tiefe Baugruben für längere Strecken (mehrere hundert Meter) zu planen. In solchen Fällen wird das anfänglich als geschlossene Einheit gedachte Entwässerungsgebiet besser in mehrere Sammlergebiete aufgeteilt.

Die Sammler münden in einen Hauptsammler, der das Abwasser zum Klärwerk, zu einer Hauptpumpstation oder direkt in den Vorfluter (Regenwasser) leitet. Große Entwässerungsgebiete haben mehrere Hauptsammler.

2.6.3.3 Lage der Leitungen im Straßenkörper

Werden Leitungsachsen in städtischen Straßen festgelegt, so ist zu berücksichtigen, daß der Straßenquerschnitt eine große Zahl von Leitungen aller Art aufzunehmen hat (**2.**33).

Da in den letzten Jahrzehnten diese Leitungen nach und nach verlegt wurden, sind sie oft nicht planvoll verteilt. Dann ist es schwierig, neue Leitungen unterzubringen. Bei Straßenneubauten sollte man jedenfalls die „Richtlinien für das Einordnen von öffentlichen Versorgungsleitungen“ (DIN 1998) beachten. Transportleitungen werden in den Seiten, Entwässerungsleitungen in der Mitte der Fahrbahn und Versorgungs- und Verkehrsleitungen in den Gehwegen verlegt. Weil die Hauptsammler der Entwässerung an das erforderliche Gefälle gebunden sind, müssen sie Vorrang haben; notfalls sind vorhandene Leitungen umzulegen. Bei der Wahl der Leitungsachse sind noch andere Gesichtspunkte maßgebend, wie z.B. die Rücksichtnahme auf den Verkehr während der Bauausführung.

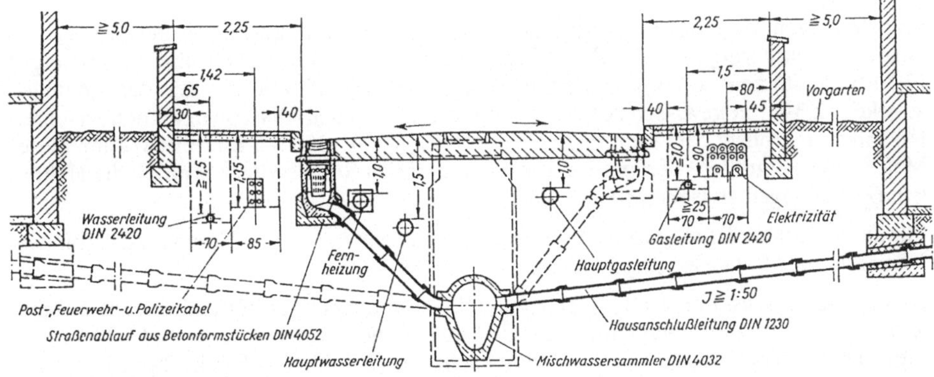

2.33 Querschnitt durch eine Stadtstraße

Normalerweise werden e i n e Entwässerungsleitung (Mischsystem) oder z w e i (Trennsystem) etwa in Fahrbahnmitte verlegt.

Bei Ortsdurchfahren und klassifizierten Straßen bevorzugt man den Straßenrand. Ist die Straße breiter als $\approx 25\,\text{m}$, so verlegt man, um an Länge bei den Anschlußleitungen zu sparen, auf jeder Straßenseite eine Straßenleitung. Man verbessert damit das Gefälle der Hausanschlüsse. Eine Straßenleitung wird dann als Haupt- und die andere als Nebenleitung ausgeführt, die in Abständen durch Verbindungsleitungen in die Hauptleitung entlastet wird. Größere Plätze erhalten ringsherum Entwässerungsleitungen. Grünflächen können ohne Bedenken unterfahren werden. Wird nach dem Trennverfahren entwässert, so werden Regen- und Schmutzwasserleitungen möglichst zusammen in einer Baugrube verlegt, um Kosten zu sparen. Bei ländlichen Gebieten kommen Gehwege und Seiten-Streifen als Trassen in Frage.

Einsteigschächte. Sie sind wichtige Betriebseinrichtungen des Kanalnetzes und dienen zum Be- und Entlüften, Reinigen, Spülen und zur baulichen Unterhaltung der Entwässe-

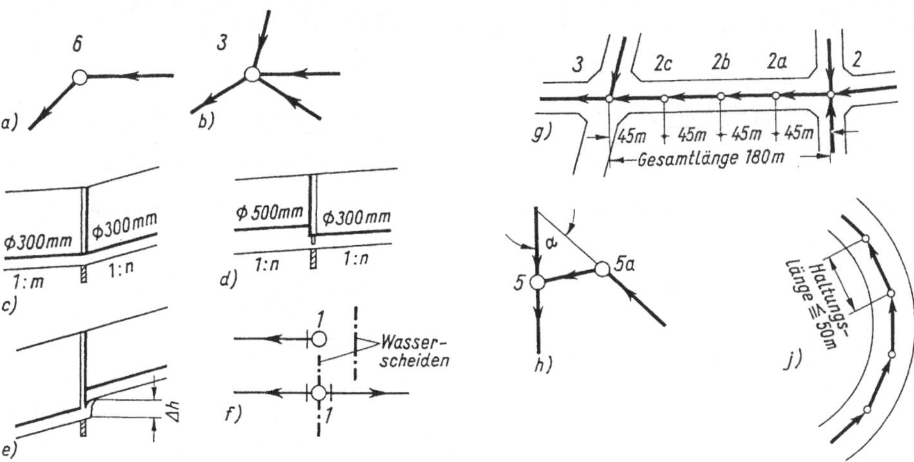

2.34 Anordnung von Einsteigschächten

rungsleitungen. Angeordnet werden sie bei horizontaler Richtungsänderung (**2**.34a), Kanalzusammenführungen (**2**.34b), Gefällewechsel (**2**.34c), Querschnittsänderungen (**2**.34d), Abstürzen (**2**.34e), an Leitungsendpunkten (**2**.34f) und bei geraden Leitungsstrecken (**2**.34g) in gewissen Abständen, die bei allen Kanal-DN 100 m nicht überschreiten sollen. Für begehbare Leitungen (≥ DN 900, ≥ 700/1050 bei Eiprofilen) kann dieses Maß weiter vergrößert werden. Bei stark gekrümmten Straßenzügen werden die Haltungen (Kanallängen zwischen zwei Schächten) verkürzt.

Für die Entlüftung ist es günstig, Kanalenden auch dann durch eine Haltung zu verbinden, wenn diese als Entwässerungsleitung nicht erforderlich wäre.

Nicht günstig ist es, eine Haltung gegen die Fließrichtung des abführenden Kanals einzuleiten. Dies führt zu großen Umleitungsfließrinnen und damit zu großen Schächten. Hier fügt man zweckmäßig einen Zwischenschacht ein (**2**.34h). Bei Straßenbögen verkürzt man die Haltungen zu einem Sehnenzug (**2**.34j).

2.6.3.4 Tiefenlage der Leitungen

Die Mindesttiefenlage der Schmutzwasserleitungen des Trennverfahrens wurde bisher oft durch den Anschluß der Kellereinläufe der älteren Gebäude bestimmt; i. allg. liegen die Leitungen damit frostsicher. Normalerweise ergeben sich dann die in Bild **2**.35 dargestellten Höhenverhältnisse. Die nach DIN 1986 ausgeführten Gebäude trennen i.a. die Abläufe der Obergeschosse von denen des Kellergeschosses. Das Schmutzwasser des Kellergeschosses und das Niederschlagswasser tiefer Flächen, beides unterhalb der Rückstauebene, wird über Hebeanlagen den öffentlichen Kanälen zugeführt. Damit ergibt sich die Möglichkeit, geringere Mindesttiefen für die Straßenkanäle anzunehmen. Wenn man

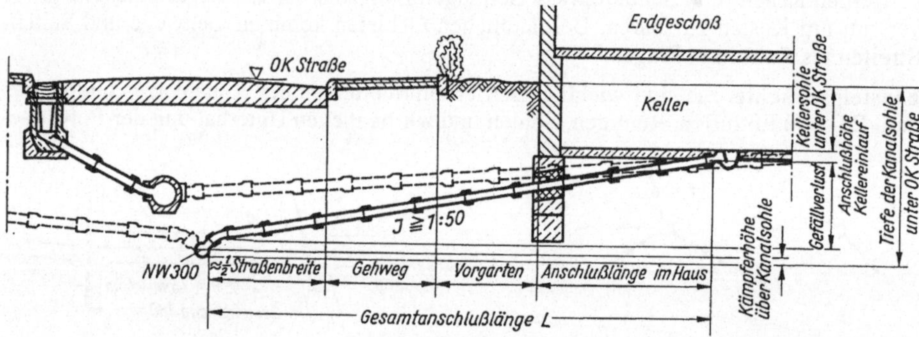

2.35 Ermittlung der Tiefenlage eines Schmutzwasserkanals bei Anschluß des Kellerablaufs

Beispiel zu Bild **2**.35:

≈ 1/2 Straßenbreite	= 2,40 m	Kellerflußbodentiefe unter OK-Straße	= 1,80 m
Gehweg	= 2,20 m	Tiefe des Kellereinlaufstutzens	= 0,25 m
Vorgarten	= 2,00 m	Gefällverlust $= 1/50\,L = 1/50 \cdot 10{,}10$	= 0,20 m
Anschlußlänge im Haus	= 3,50 m	Kämpferhöhe über Kanalsohle	= 0,15 m
		Höhenverlust für Abzweigstutzen und Bogen	= 0,10 m
Gesamtanschlußlänge L	= 10,10 m	Tiefe der Kanalsohle unter OK-Straße	= 2,50 m
		Richtwert	≈ 2,50 m

auf den direkten Anschluß des Kellerablaufs verzichtet (s. DIN 1986, Bl.1, Ziffer 8), kann man die Mindesttiefe des SW-Kanals auf etwa 2,0 m verringern. Der RW-Kanal sollte jedoch wegen der in der Regel flacheren Vorflut höher liegen als der SW-Kanal. Zu beachten ist auch die Reinwasserleitung in etwa 1,50 m Tiefe.

Die Mindesttiefe der Regenwasserleitungen des Trennverfahrens wird i. allg. durch den längsten Hofsinkkastenanschluß bestimmt. Weil bereits die RW-Hausanschlußleitungen frostfrei liegen sollen, kommt man in den Anfangshaltungen meist zu Tiefen, die $\approx$ 0,5 m kleiner sind als die der SW-Kanäle. Dachfalleitungen und Straßensinkkästen lassen sich dann ohne Schwierigkeiten anschließen. Schon bei verhältnismäßig kleinen Einzugsgebieten städtischen Charakters ergeben sich schnell große Profile. Besonders bei hohen Profilformen bedeutet dies bei gleicher Höhenlage des Anschlußpunktes im Kämpfer eine Vertiefung der Sohlenlage.

Mischwasserkanäle erfordern folgerichtig die größten Sohlentiefen. Bei gleicher Höhenlage des Kämpfers liegen ihre Sohlen wegen der größeren Profile gegenüber den kleineren SW-Kanälen beim Trennsystem tiefer.

Normalerweise können für Kanäle in Wohngebieten als Mindesttiefen der Kanalsohle unter Straßenoberkante angenommen werden:

Kanäle	SW-	RW-	MW-
breite Großstadtstraßen	3,0 m	2,5 m	3,0 m
Wohnstraßen	2,5 m	2,0 m	2,5 m
für Landgemeinden	2,5 m	2,0 m	2,5 m

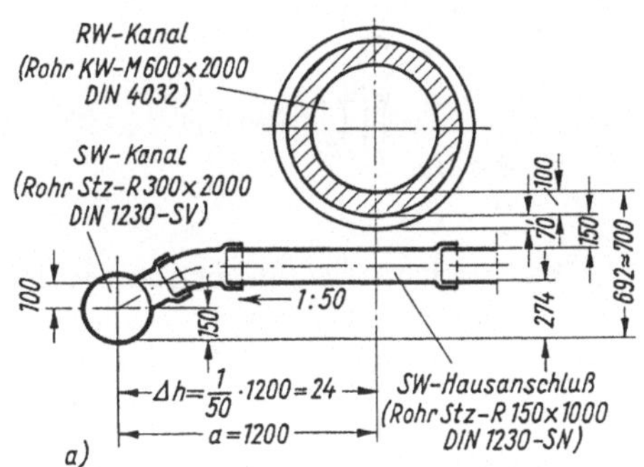

Bild **2**.36a zeigt die Kreuzung einer SW-Hausanschlußleitung mit einem RW-Kanal ∅ 600 mm. Die Sohlen-Höhendifferenz der Straßenkanäle wurde mit 700 mm ermittelt. Bei kleineren SW-Kanälen kommt man mit 500 bis 550 mm aus. Es empfiehlt sich, bei Straßenkanälen mit 0,20 bis 0,40 cm ∅ als ungefähre Anschlußhöhe für die Sohle des Anschlußkanals die Kämpferhöhe + 0,10 m anzunehmen. Bei größeren Profilen schließt man ohne Vertikalkrümmer in Kämpferhöhe an.

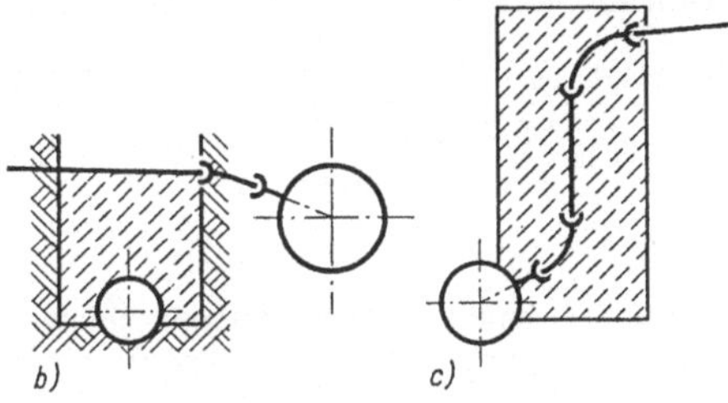

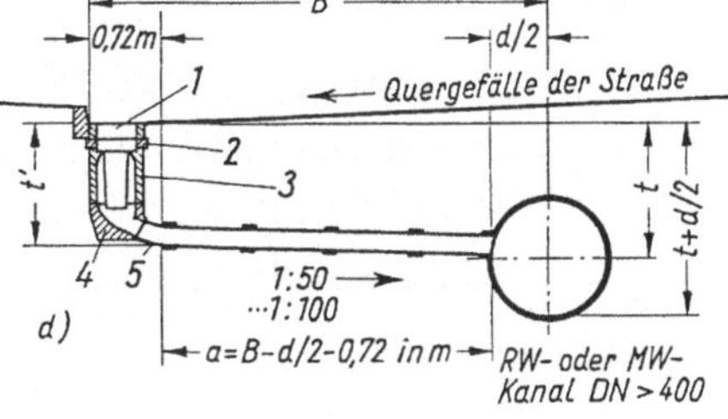

2.36
Anschlußleitungen im Verhältnis zu den Straßenkanälen
a) Höhendifferenz beim Trennsystem
b) und c) bauliche Sicherung von Anschlußleitungen
d) Höhenverhältnisse bei Straßenabläufen (vgl. auch Tafel **2**.27)

Bild **2**.36b zeigt die Setzungssicherung der Anschlußleitung über der Baugrube des kreuzenden Straßenkanals bei unsicherem Baugrund. Bild **2**.36c zeigt die Stampfbetonummantelung der Aufkrümmung des Hausanschlusses. Dies ist bei tiefen Straßenkanälen üblich und die Ummantelung notwendig, um zu vermeiden, daß Abzweig oder Krümmer abreißen.

Bild **2**.37 zeigt die Möglichkeiten des Anschlusses bei Höhendifferenzen zum Straßenkanal.

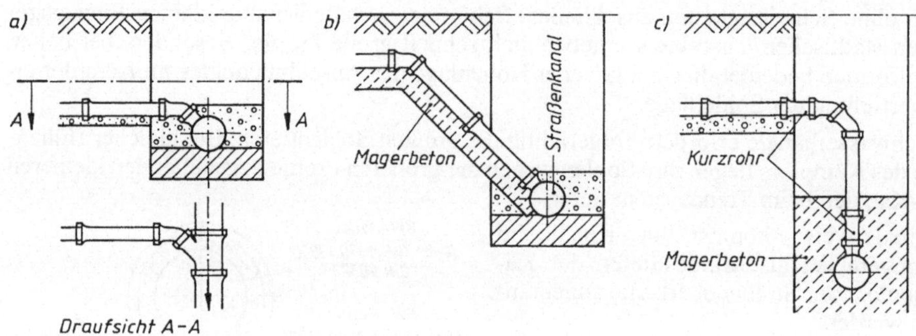

2.37 Hausanschlüsse bei unterschiedlichen Höhen zum Straßenkanal
a) Kämpferanschluß mit 45°-Krümmer
b) Kämpferanschluß mit 45°-Absturz
c) Scheitelanschluß Absturz (möglichst vermeiden)

Das Bild **2**.36d und die Tafel **2**.27 geben die Mindesttiefen der Straßenabläufe und der aufnehmenden Straßenkanäle an. Zu den Gesamttiefen t' der Tafel **2**.27 ist noch $\Delta h = J_{\text{Anschlußleitung}} \cdot a$, meist $\frac{1}{50}\,a$, und $d/2$ des Straßenkanals hinzuzurechnen, um die Sohlentiefe des Straßenkanals zu erhalten. Bei kleinen Straßenkanälen sollte man wie oben statt $d/2$, $(d/2 + 0{,}10)$ m addieren.

Tafel **2**.27 Abmessungen eines Straßenablaufs, Kl. C 250 bis F 900

Nr. nach 2.36d	Bauteil	Länge in cm mit	
		langem Schaft	kurzem Schaft
1	Aufsatz (DIN 4293) mit Fuge	17,0	17,0
2	Unterlagsring (DIN 4052)	8,0	8,0
3	Schaft (DIN 4052)	60,0	22,5
4	Bodenteil (DIN 4052) mit Fuge, 30°	≈ 20,0	≈ 20,0
5	Krümmer (DIN 1230 oder DIN 4032)	≈ 7,0	≈ 7,0
	Gesamttiefe t'	112,0	74,5

Z.B.: Ablauf lang $B = 5,00\,\text{m}$ RW-Kanal ∅ 400 mm $t' = 1,12\,\text{m}$ (s. Bild **2.**36)

$$a = 5,00 - 0,20 - 0,72 = 4,08\,\text{m} \quad \Delta h = \frac{1}{50} \cdot 4,08 = 0,082\,\text{m}$$

$$t = 1,12 + 0,08 = 1,2\,\text{m} \quad t + (d/2 + 0,1) = 1,2 + (0,2 + 0,1) = 1,5\,\text{m}$$

(Mindesttiefe, um den Ablauf aufzunehmen. Bei Anschluß in Kämpferhöhe 0,1 m weniger).

Die erforderliche Kanaltiefe wird in der Regel durch Frostfreiheit oder durch den längsten RW-Hausanschluß bestimmt. Lediglich bei Anfangshaltungen kann der Straßenablauf maßgebend werden. Wenn unter Verzicht auf die Frosttiefe der Vorfluter erreicht werden muß, liegen RW-Leitungen u. U. bei kleinem Gefälle sehr flach.

2.6.3.5 Gefälle

Das Schmutzwasser enthält Fäkalien, Küchenabfälle und sonstige Abfallstoffe aus den Haushaltungen; das Regenwasser Sand, Kies und Schmutzstoffe der Straße, Mischwasser alle diese Stoffe. Ist die Fließgeschwindigkeit des Abwassers zu gering, lagern sich die schweren Teile am Boden der Kanäle ab; ist sie zu groß, wird die Kanalsohle abgerieben. Maßgebend für diese Vorgänge ist die Schleppspannung τ.

$$\tau = \rho \cdot g \cdot R \cdot J \qquad \frac{\text{N}}{\text{m}^2} = \frac{\text{kg}}{\text{m}^3} \cdot \frac{\text{m}}{\text{s}^2} \cdot \text{m} \cdot 1 \qquad N = 1\,\text{kg} \cdot \frac{\text{m}}{\text{s}^2} \tag{2.13}$$

$$\tau = 1000 \cdot 9,81 \cdot \frac{d}{4} \cdot \frac{1}{d \cdot 1000} \text{ bei Vollfüllung mit } R = d/4$$

$$\text{näherungsweise: } \min \tau = 10\,000 \cdot \frac{d}{4} \cdot \frac{1}{d \cdot 1000} = 2,5\,\text{N/m}^2$$

$$\text{Z.B. für DN 200 und } J = 1:200 \quad \text{mit} \quad R = \frac{d}{4} = 0,2/4 = 0,05\,\text{m}:$$

$$\tau = 1000 \cdot 9,81 \cdot 0,05 \cdot \frac{1}{200} \approx 2,5\,\text{N/m}^2$$

Die Schleppspannung τ ist die im Abfluß auf $1\,\text{m}^2$ Kanalsohle wirkende, über den Querschnitt gemittelte Kraft in Fließrichtung. Sie ist bei Halb- und bei Vollfüllung des Kreisprofils erreicht, wenn $J = 1/d$ ist ($d = LW$ der Leitung in mm) (Faustformel).

ρ = Dichte des Wassers in kg/m³
g = Normalfallbeschleunigung in m/s²
R = hydraulischer Radius des teilgefüllten Kanals in m
J = Spiegelgefälle des Kanals; es wird für die praktische Berechnung dem Sohlengefälle gleichgesetzt (Normalabfluß).

Für den Entwurf ist sowohl min J wie auch max J von Interesse (Tafel **2.**28). Bestimmt werden beide durch die Grenzwerte der Schleppspannung: $2,5\,\text{N/m}^2 \leq \tau \leq 43\,\text{N/m}^2$.

Für die Praxis bezieht man sich besser auf die Grenzgeschwindigkeiten. Es soll min $v = 0,5\,\text{m/s}$ sein, max v ist vom Rohrmaterial abhängig, das ATV-A 118 [1] schlägt 6 bis 8 m/s vor. Für max v lassen sich verbindliche Werte nur durch Langzeitversuche, z.B. Kipprohre mit Sand-Wasser-Gemisch, ermitteln, die aber bisher noch nicht für jedes Rohrmaterial und nach vergleichbaren Versuchsbedingungen durchgeführt wurden. Es ist zur Zeit üblich, mit obenstehenden Werten max v zu rechnen:

Rohrart	max v in m/s
Steinzeug-Rohre	10,0
Beton-Rohre nach DIN 4032	6,0
Stahlbetonrohre	8,0 bis 12,0 (je nach Betongüte)
Faserzementrohre	6,0
epoxidharzbeschichtete Beton- oder Asbestzementrohre	10,0
PVC-Rohre	5,0

Tafel **2**.28 Sohlengefälle von Entwässerungsleitungen

Leitungen *LW* in mm = *d*	kleinste Gefälle	größte Gefälle	günstigste Gefälle
Hausanschlüsse	1: 100	1:10	1: 50
∅ 200 bis 300	1: 200 bis 1:300	1:10 bis 1:15	1: 50 bis 1:200
∅ 300 bis 600	1: 300 bis 1:600	1:20	1:100 bis 1:300
∅ 600 bis 1000	1: 600 bis 1:800	1:30	1:200 bis 1:400
∅ 1000 bis 2000	1:1000	1:50	1:300 bis 1:800

Sehr oft werden diese Fließgeschwindigkeiten überschritten und damit die Betriebsdauer der Rohre u. U. eingeschränkt. Optimale Fließgeschwindigkeiten liegen bei 0,6 bis 1,5 m/s.

Läßt sich beim Entwässerungsentwurf für $\min v = 0{,}5\,\text{m/s}$ das notwendige Gefälle nicht erreichen, muß der Kanal regelmäßig gespült werden. Besonders unangenehm sind Ablagerungen in den SW-Kanälen (Fäulnis, Geruch). Die Anfangshaltungen eines Kanalnetzes sind diesen Mängeln durch die geringe Wasserführung besonders häufig ausgesetzt.

Unter dem Gefälle einer Entwässerungsleitung wird i. allg. ihr Sohlengefälle J_s verstanden. Für die Abflußleistung einer Leitung ist jedoch das Gefälle des Wasserspiegels J maßgebend. Dieses Spiegelgefälle stimmt in der Regel nicht mit dem Sohlengefälle überein. Eine gleichförmige stationäre Strömung herrscht jedoch nur bei $J = J_s$. Man versucht, durch die Wahl des Sohlengefälles diesem Idealfall möglichst nahezukommen. Von dem verfügbaren Gesamtgefälle eines Kanalzuges werden also die oberen Haltungen einen größeren Anteil bekommen als die unteren (**2**.38). Die Spiegellinien müssen um so steiler sein, je kleiner das Profil ist. Denn deren hydraulischer Radius ist klein und die Wandreibung groß. Sie läßt sich nur durch eine große Schleppspannung überwinden. Diese ist aber dem Spiegelgefälle proportional (Gl. (2.13)).

Verschieden große Profile können regenwetter-, scheitel- und sohlengleich verbunden werden. R e g e n w e t t e r g l e i c h wird man bei großen Wassermengen anschließen, um durch den Profilwechsel keine Unruhe in die Strömung zu bringen. Die Sohlenhöhen

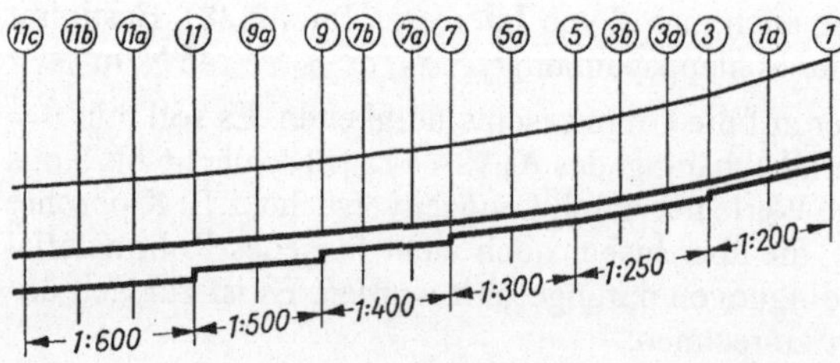

2.38
Längsschnitt durch einen Kanalzug

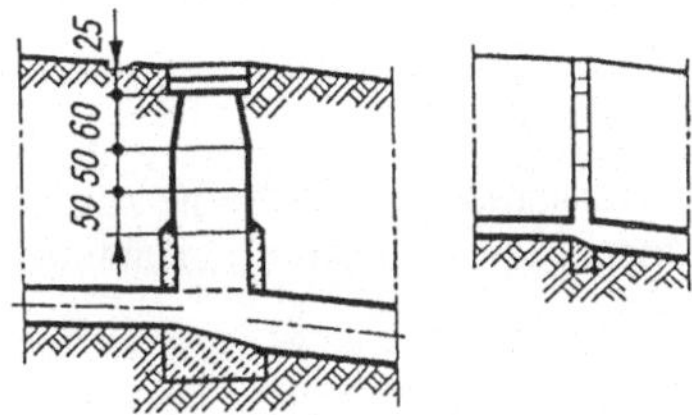

2.39 Scheitelgleiche Verbindung zweier Kanalhaltungen, möglichst nur bei geringem Gefälle der Haltungen anwenden.

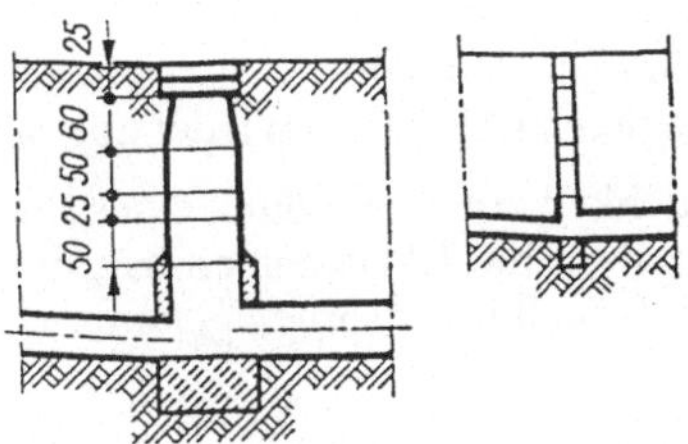

2.40 Sohlengleiche Verbindung zweier Kanalhaltungen

der Kanäle werden so angeordnet, daß die Wasserspiegellinie beim Abfluß des Berechnungsregens gleichmäßig durchläuft. Scheitelgleich sollte man anschließen, wenn genügend Gefälle zur Verfügung steht (2.39). Sohlengleich wird man verbinden, wenn wenig Gefälle z. Verfügung steht und durch den Profilwechsel keine Höhe verlorengehen darf (2.40).

Wenn der Profilscheitel unterhalb der Wasserspiegellinie liegt, arbeiten die Leitungen als Druckleitungen. Die Kanäle unterliegen einem Innendruck, der sichtbar dadurch zum Ausdruck kommt, daß der Wasserspiegel in den Schächten sich entsprechend der Spiegellinie einstellt. Ist der Unterschied zwischen Profilscheitel und Wasserspiegellinie $\leq 5{,}0\,\text{m}$, so kann der Überdruck bei gut gedichteten Muffenrohren als unbedenklich angesehen werden. Rohrstöße von Falzrohren sollte man jedoch durch besondere Maßnahmen sichern.

Ein Regenwassernetz wird dann die errechnete Wassermenge ohne Überflutung der GOK abführen können, wenn die Wasserspiegellinien, vom Vorfluter ausgehend haltungsweise aneinandergereiht, niemals die Geländeoberfläche erreichen.

Bild 2.41 zeigt ein Beispiel für die näherungsweise Berechnung eines Kanalaufstaus in einem RW-Kanal. Es wird davon ausgegangen, daß der Auslauf in den Wasserlauf bei 3A frei ist. In dem unteren Stück der Haltung 3 bis 3A würde dann bereits eine Senkungslinie entstehen. Es wird hier der Kanalscheitel als Ausgangspunkt für die Spiegellinie angenommen. Das erf. J für 3 bis 3A beträgt 1:131,6 bei $Q_R = 802$ l/s. Der Gefälleverlust beträgt $(1/131{,}6) \cdot 52 = 0{,}395\,\text{m}$. Ordinate von J am Schacht $3 = 0{,}70 + 0{,}395 = 1{,}095\,\text{m}$ NN. So wird für jede Haltung die Rechnung fortgeführt. Die Spiegellinie schneidet im Punkt X die Geländeoberkante (GOK). Oberhalb dieses Punktes tritt dann Wasser aus den Schächten, wenn keine druckfesten Abdeckungen verwendet werden.

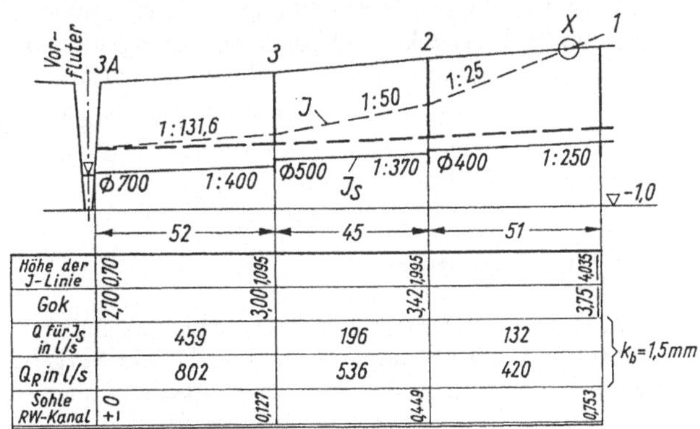

2.41
Längsschnitt eines RW-Kanals und Stau-Ordinaten der Wasserspiegel-Gefällelinie

Ein Kanalaufstau kann durch ausreichend bemessene Zwischenabschnitte oder höhenmäßigen Ausgleich (Abstürze) wieder abgebaut werden.

Die Möglichkeit zur Ausbildung eines Staugefälles ohne Wasseraustritt stellt eine zusätzliche Sicherheit bei RW-Kanälen dar, die bei Regen übermäßiger Intensität („Katastrophenregen") auch in Anspruch genommen wird.

2.7 Bearbeiten eines Entwässerungsentwurfs

Man unterscheidet bei der Planung von Abwasseranlagen hinsichtlich der Entwurfsreife die Studie, den Generalentwässerungsplan (für überörtliche Gebiete, Städte, o.ä.), die Vorplanung, die Entwurfsplanung und die Ausführungsplanung. Wie bei anderen planerischen Aufgaben geht man auch hier den Weg, von dem generellen Lösungsansatz her durch Verdichtung und zunehmende Genauigkeit der Ausarbeitung das Planungsziel optimal und gründlich zu erarbeiten. Nicht selten gibt es mehr als nur eine Lösung und erst ergänzende Untersuchungen, z.B. hinsichtlich der Wirtschaftlichkeit, bestimmen die Entscheidung zur Bauausführung. Im folgenden wird eine Reihenfolge für die Entwurfsbearbeitung an einem kleineren Entwurfsgebiet vorgeschlagen, um dem Entwurfsanfänger den Weg zu erleichtern. Andere Arbeitsprogramme sind möglich.

Die HOAI (Honorarordnung für Architekten und Ingenieure) unterscheidet folgende Leistungsphasen:

Grundlagenermittlung, Vorplanung, Entwurfsplanung, Genehmigungsplanung und Ausführungsplanung mit jeweils zugeordneten Gebührenanteilen. Nicht mehr zum Entwurf, aber zu den Leistungen des Ingenieurs gehören die Vergabe der Bauleistungen, die Bauoberleitung, die Objektbetreuung, die örtliche Bauleitung und die Anfertigung von Bestandsplänen.

Die Studie untersucht verschiedene technische Lösungen und deren Einfluß auf die Umwelt (z.B. Gewässer, Landwirtschaft, Immissionswirkung u.a.).

Die Vorplanung gibt grundsätzliche Lösungen an und stellt die Grundlage für den Bauentwurf dar. Sie besteht aus: Beschreibung, generellen Plänen, generellen Berechnungen und dem Kostenüberschlag.

Die Entwurfsplanung liefert alle notwendigen Unterlagen für die behördlichen Verfahren. Sie besteht aus: Beschreibung, Entwurfszeichnungen (Übersichtsplan, Lageplan, Längsschnitte, Bauwerks- und Sonderzeichnungen), hydraulischen und verfahrenstechnischen Berechnungen, Kostenvoranschlag, Betriebskostenberechnungen u.a.

Die Ausführungsplanung liefert alle Unterlagen für die Bauausführung (Detailpläne, Statik, Vermessung u.a. als Ergänzung der Entwurfsplanung). Sie dient als Grundlage für die Vergabe der Bauleistungen.

2.7.1 Planbeschaffung

Für die Übersichtspläne bzw. Übersichtslagepläne sind Maßstäbe von 1 : 2000, 1 : 10000 bis 1 : 50000 möglich. Der Plan hat die Aufgabe, die Beziehungen des Entwurfs zur Umgebung, insbesondere zu wasserwirtschaftlichen Anlagen deutlich zu machen. Wesentliche Teile des Objekts wie Vorfluter, Hauptsammler, Tiefpunkte, Höhensichtlinien,

Grenzen der Einzugsgebiete, Hochwassergebiete, Schutzzonen, sollen eingetragen werden.

Der Lageplan ist der eigentliche Arbeitsplan des Entwurfs. Maßstäbe von 1:2000, 1:1000 und 1:500 sind möglich. Viel gebraucht wird der Maßstab 1:1000.

Die Pläne sind als Vorlagen bei den Vermessungsämtern zu beziehen. Hinsichtlich der Bebauung müssen sie oft durch den Planaufsteller ergänzt werden.

Der Planer fertigt frei an: Rechennetzpläne, Fließschemata (unmaßstäblich), Längsschnitte (z.B. 1 : 1000/100 bis 1 : 500/100), Bauwerkspläne (1 : 100 bis 1 : 10), Zeit- und Kostenpläne (z.B. Bauzeitenplan).

2.7.2 Geländebegehung, generelle örtliche Erkundung

Für Eintragungen eignet sich ein Plan 1 : 5000 recht gut. Es soll ein allgemeiner Überblick verschafft werden. Erste Vorstellungen über die Entwässerungslösung werden in den Plan eingetragen. Eventuell werden Gefällerichtungen und Nivellementstrassen schon festgelegt. Wichtig ist die Unterrichtung des Planers über das Entwurfsgebiet, über bestehende Pläne und über Anlagen, die nicht festgehalten wurden, evtl. auch durch ortskundige Einwohner und über Gewerbe und Industrie. Bauleitpläne müssen beschafft, mit den Ortsplanern besprochen und berücksichtigt werden.

2.7.3 Vermessungsarbeiten

Es wird das Grundnivellement aufgenommen. Man kommt oft mit Streckennivellements über die vorgesehenen Kanaltrassen aus. Für unerschlossene Baugebiete wird ein Flächennivellement erforderlich.

2.7.4 Generelle Lösung der Entwurfsaufgabe

Dies ist der eigentlich planerische Bestandteil und damit sehr wichtig. Man benutzt den Lageplan. Die Lösungsvorschläge sind mit den Genehmigungsbehörden, der Gemeinde, der Siedlungsgemeinschaft und sonstigen Beteiligten abzustimmen. Es ist zu prüfen, ob erforderliche Grundstücke zur Verfügung stehen werden. Am schnellsten klärt man diese Fragen auf einer gemeinsamen Sitzung der Beteiligten unter Vorlage der Arbeitspläne. Erst wenn nach der Studie oder der Vorplanung die allgemeine Entscheidung für eine bestimmte Lösung gefallen ist, sollte die detaillierte Entwurfsplanung beginnen.

2.7.5 Eintragen der Kanalachsen im Lageplan

Das Kanalnetz wird trassiert, und es wird eine Numerierung der Teilgebiete oder der Schächte vorgenommen. Hierbei ist die Nummernfolge so zu wählen, daß die Reihenfolge der hydraulischen Berechnung gewahrt werden kann, ohne Gebiete auszulassen. Für die Schachtnummern sind verschiedene Schemata üblich, z.B. Gebiete nach dem Dezimal-System, Hauptsammler mit 1, 2, 3 und die Nebensammler mit 1.1, 1.2 usw. ATV-A 118 [1] oder RW-Schächte mit ungeraden und SW-Schächte mit geraden Zahlen zu versehen oder eine der Schachtarten durch Buchstabenvorsatz R bzw. S zu kennzeichnen. Man kann auch die Schachtnummern für SW in Steil-, für die RW in Schrägschrift darstellen. Hauptschächte sind Endschächte von Entwässerungsteilgebieten. Sie erhalten nur Zahlen, z.B. 18. Zwischenschächte können durch Zahlen mit kleinen Buchstaben gekennzeichnet werden, z.B. 18 a. Diese Benennung dient der Übersichtlichkeit und ermöglicht es, später Schächte mit den richtigen Nummern einzufügen, falls sich dies bei weiterer Bearbeitung als notwendig erweisen sollte, z.B. bei Gefällewechseln, Abstürzen, Profilwechseln usw. (**2**.48). Ein Zusatznivellement kann sich hier als notwendig erweisen.

2.7.6 **Aufteilen des Entwässerungsgebietes** (Bild **2**.42 und **2**.43)

Die Entwässerungsleitungen erhalten ihre Zuflüsse von den Straßen und den Grundstükken. An die Kanäle werden Straßenablauf- und Hausanschlußleitungen in Kämpferhöhe herangeführt. Die Abmessungen der Straßenkanäle richten sich bei Fertigteilen nach handelsüblichen Maßen. Sie können der Wasserführung nicht in jedem Leitungspunkt genau angepaßt werden. Es genügt deshalb, die aufzunehmende Wassermenge in einfacher Weise zu bestimmen. I. allg. braucht nur der Wasserzufluß aus den Flächenanteilen der Teileinzugsgebiete, die beiderseits der Kanalstrecke liegen, ermittelt zu werden. Die Mittellinien und Winkelhalbierenden der Baublöcke genügen oft als Grenzen dieser Anteile. Eine genaue Halbierung der Eckwinkel ist nicht nötig. Es ist anzustreben, daß die zugeordneten Teilflächen möglichst den tatsächlichen Anschlußverhältnissen entsprechen.

Lediglich bei weitläufiger Bebauung und bei punktförmigen Einleitungen großer Wassermengen empfiehlt es sich, die Anschlußnehmer dem betreffenden Kanalstrang genau zuzuordnen. Die mit der Schmutzwasserabflußspende q_s oder der Regenwasserabflußspende q_r multiplizierten Teilflächen ergeben den Abfluß des Teilgebietes. Die gefundenen Q-Werte legt man der Leitungsbemessung für den Leitungsabschnitt zugrunde, obwohl sie nur an dessen Ende anfallen. Damit ist im oberen Teil der Leitungsstrecke eine Querschnittsreserve vorhanden. Bei Kanalabschnitten von > 200 bis 300 m sollte man die Strecke unterteilen und das Profil abstufen. Es ist so zu unterteilen, daß keine Größenstufe der Profile übersprungen wird. Beim Trennsystem ist, bezogen auf die beiden Kanalachsen, eine unterschiedliche Gebietsaufteilung für SW und RW erforderlich, wenn die Einzugsgebiete oder die Vorflut unterschiedlich sind.

2.7.7 **Vorkotierung der Kanäle im Lageplan**

Darunter ist die Eintragung der Kanalsohlenhöhen im Lageplan zu verstehen, ohne die Längsschnitte schon gezeichnet zu haben. Diese Vorkotierung erleichtert das spätere Zeichnen der Längsschnitte und vermeidet das Entwerfen am Längsschnitt, welches mit viel Zeichenarbeit verbunden ist. Bei entsprechender Übung kann ein Kanalnetz ohne Schnitte weitestgehend baureif kotiert werden. Hier ist auch der Einsatz der EDV sinnvoll. Die Schnitte dienen dann nur zur Überprüfung für den Entwurfsbearbeiter und als Unterlage für die Entwurfsprüfung und Bauausführung. Schwierig ist es zwar, ohne Kenntnisse der Kanalprofile zu kotieren, aber diese können wegen der fehlenden Gefälleangaben (**2**.45) zunächst nicht errechnet werden. Man kann aber überschläglich die Wassermengen und Profilgrößen für das Netz ermitteln oder gleichlaufend die Hydraulik rechnen. Um das notwendige Sohlengefälle zu erhalten, empfiehlt es sich (besonders bei RW- und MW-Netzen), zunächst die Gefällelinien der Anschlußhöhen zu kotieren und später den Abstand zur Kanalsohle hinzuzurechnen. Bei SW-Netzen (**2**.44) kann man das ganze Netz oder große Netzteile für das Mindestprofil kotieren. Hier werden die Sohlenordinaten gleich eingetragen.

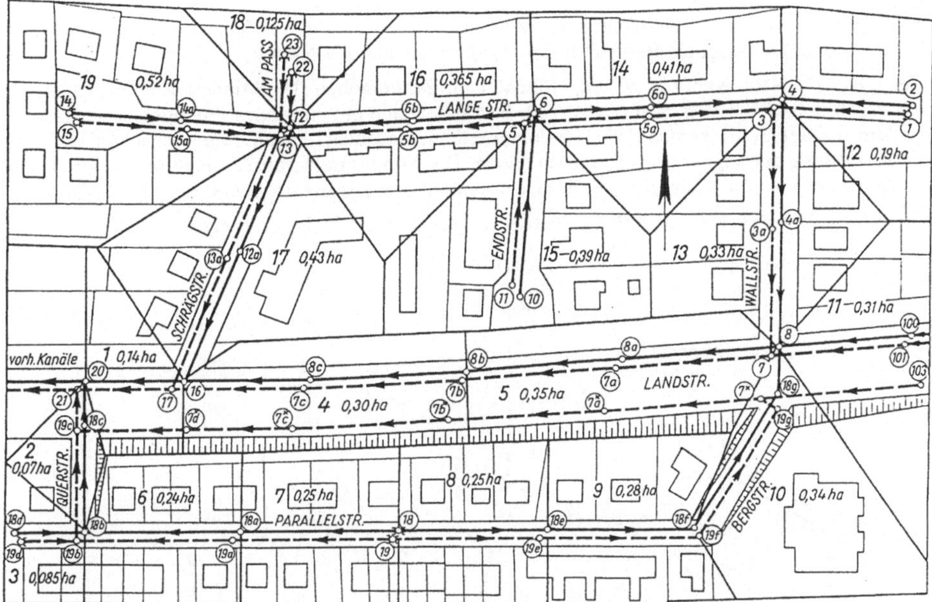

2.42 Aufgeteiltes Entwässerungsgebiet (SW) ⟵ SW-Kanal ⟵ – – RW-Kanal

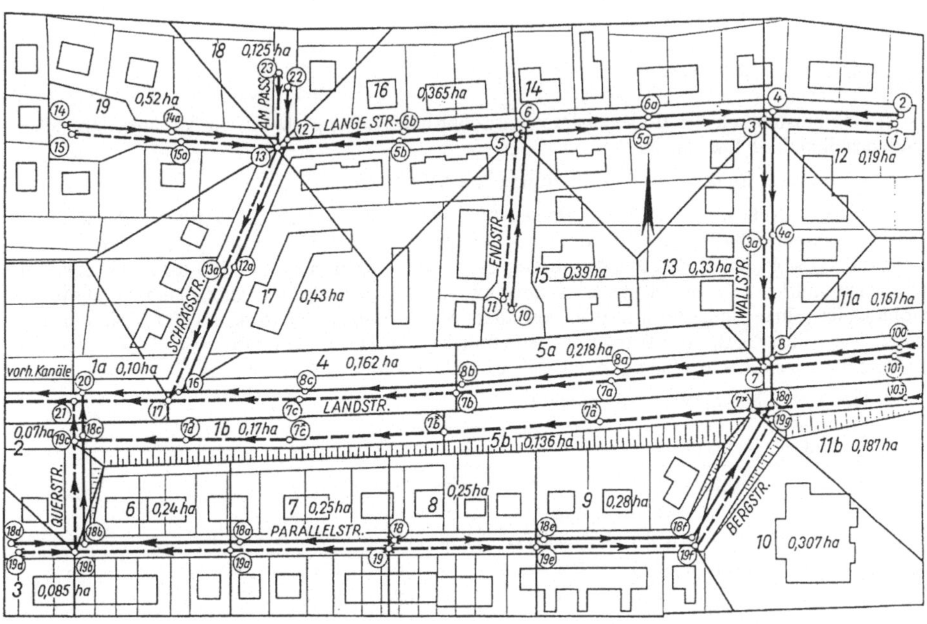

2.43 Aufgeteiltes Entwässerungsgebiet (RW) ⟵ – – RW-Kanal ⟵ SW-Kanal

Es empfiehlt sich, den Entwurfsanfänger auf diese Vorkotierung durch Kotierungsübungen vorzubereiten. Bild **2**.44 zeigt ein **Beispiel** für die Kotierung eines SW Netzes.

Gegeben: SW-Netz, Kanal ⌀ 20 cm, Höhenlinien, Deckelhöhen (D), Mindesttiefe der Kanalsohlen = 2 m, max$J = 1:10$, min$J = 1:200$. Es handelt sich um ein reines Wohngebiet mit flachen Kellern. Lediglich die beiden besonders eingezeichneten Häuser haben überdurchschnittlich tiefe Keller, welche mit angeschlossen werden sollen. Die Mindesttiefe von 2,0 m ist hier mehr als exemplarischer Wert zu sehen. Die Mindesttiefen sind normalerweise größer (s. Abschn. 2.6.3.4).

Gesucht: 1. Höhen der Kanalsohlen an den Schächten, 2. Gefälle der Leitungen.

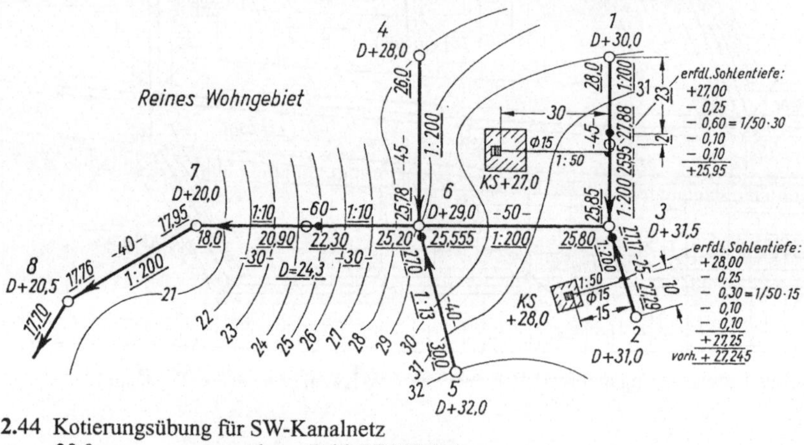

2.44 Kotierungsübung für SW-Kanalnetz

28,0 = vorgegebene Zahl (NN-Höhe)
18,0 = ermittelte Zahl
—⊖•— = zusätzlich eingefügter Schacht mit äußerem Absturz
KS = Kellersohle über NN

Es ist eine hinsichtlich des Bodenaushubs wirtschaftliche Lösung zu suchen. Die unterstrichenen Zahlen stellen diese Lösung dar.

Bild **2**.45 zeigt ein **Beispiel** für die Kotierung eines MW-Netzes.

Gegeben: MW-Netz mit Teileinzugsgebieten ($r_{15,n=1} = 100 \text{l}/(\text{s} \cdot \text{ha})$; $\psi = 0{,}8$); Mindesttiefe der Schmutzwasseranschlußhöhen (SWAH) unter Gelände = 2,50 m; SWAH über Kanalsohle = $d/2 +$ 0,10 m für $\varnothing \leq 40$ cm, $= d/2$ für $\varnothing > 40$ cm; max$J_s = 1:10$, min$J_s = 1:200$ für Anfangshaltungen, sonst min$J = 1:n$ ($n \mathrel{\hat{=}}$ Rohr-⌀ in mm); min Rohr-⌀ $= 25$ cm. Es handelt sich um ein reines Wohngebiet (ohne Industrie) mit zwei besonders ausgewiesenen Häusern mit tiefen Kellern und langen Anschlüssen. Bei der Wassermengenermittlung zur Bestimmung der Rohr-⌀ wird auf den im Verhältnis zum RW-Abfluß geringen SW-Abfluß verzichtet.

Es ergeben sich folgende Wassermengen Q_r:

Gebiet	Q_r in l/s
1	0,8 · 100 · 0,4 = 32
2	0,8 · 100 · 0,5 = 40
3	32 + 40 + 0,8 · 100 · 0,5 = 112
4	0,8 · 100 · 1,0 = 80
5	0,8 · 100 · 0,6 = 48
6	80 + 48 + 0,8 · 100 · 0,6 = 176
7	112 + 176 + 0,8 · 100 · 0,8 = 352

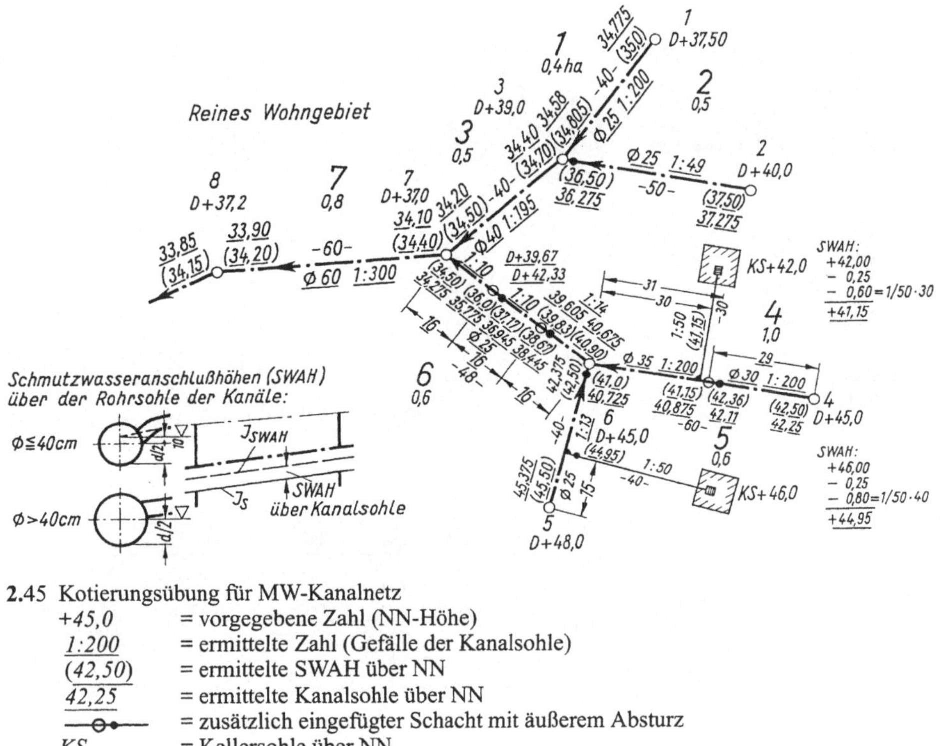

2.45 Kotierungsübung für MW-Kanalnetz

+45,0 = vorgegebene Zahl (NN-Höhe)
1:200 = ermittelte Zahl (Gefälle der Kanalsohle)
(42,50) = ermittelte SWAH über NN
42,25 = ermittelte Kanalsohle über NN
—⊖•— = zusätzlich eingefügter Schacht mit äußerem Absturz
KS = Kellersohle über NN

Gesucht: 1. Höhen der Kanalsohlen an den Schächten, 2. Gefälle der Leitungen, 3. Kanalprofile der Leitungen.

Es ist die wirtschaftlichste Lösung zu suchen. Die unterstrichenen Zahlen stellen diese Lösung dar.

Man geht so vor, daß man zunächst das Gefälle der Linie der Schmutzwasseranschlußhöhen bestimmt. Dann muß man mit diesem Gefälle die Kanalprofile hydraulisch bemessen. Bei größeren Einzugsgebieten bedeutet dies die Durchführung des hydraulischen Berechnungsverfahrens. Im Beispiel wurde mit konstantem Berechnungsregen vereinfachend gerechnet. Danach werden die Kanalsohlenordinaten unter Berücksichtigung der Höhendifferenz SWAH bis Kanalsohle errechnet.

Man kann einige Regeln für die Kotierungsaufgaben aufstellen (**2.46**), welche die Abhängigkeit vom Geländegefälle und von den Anschlußtiefen betreffen. Die Lösung f) stellt eine in der Regel unwirtschaftlichere aber evtl. hydraulisch bessere Lösung zu e) dar. Tiefe Keller sind nur dann mit anzuschließen, wenn das Prinzip der Kostengleichheit für alle Anschlußnehmer etwa gewahrt bleibt, sonst sind Hebeanlagen für die tiefen Keller vorzusehen. Bild **2.46**g) zeigt die Zahlenbeschriftung von Kanalhaltungen. Es handelt sich um die Errechnung des Gefälles aus den Höhenangaben für die Kanalsohle, wenn diese für die Schachtmitten oder für die Schachtenden gemacht wurden, um die Darstellung von inneren und äußeren Abstürzen und um die Berechnung der Höhenordinate aus einem vorgegebenen Gefälle. Als lichte Schachtweite wurde 1 m angenommen.

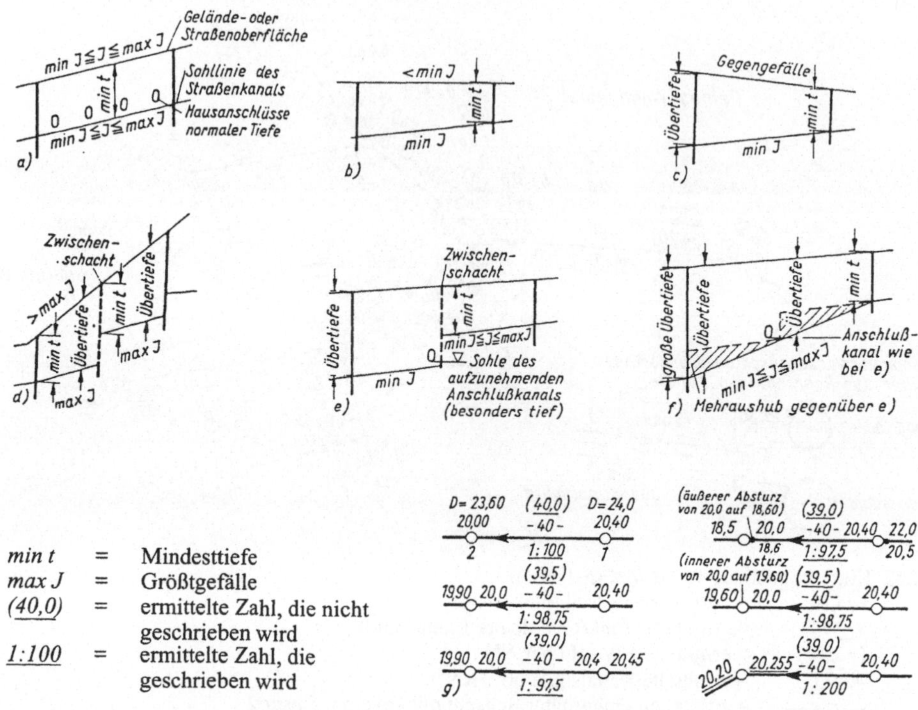

2.46 Typische Gefälle- und Höhenverhältnisse und Darstellung der Beschriftung von Kanalhaltungen im Lageplan

2.7.8 Zeichnen der Längsschnitte (Bild 2.48)

Die sich aus dem Lageplan ergebenden Zwangspunkte wie Schächte, Kreuzungspunkte von Kanälen, Vorfluter, werden in die Längsschnitte übernommen. Die Schnitte werden im Verhältnis 1 : 5, **1 : 10** oder 1 : 20 überhöht gezeichnet. Höhen- und Gefällefehler sind damit auch grafisch leicht erkennbar.

Es empfiehlt sich, in die Längsschnitte zunächst die Sohlenlinien der Kanäle einzutragen. Erst nach der hydraulischen Berechnung werden die Scheitellinien ergänzt und die Sohlenlinien verbessert (Profilwechsel, Gefälleverbesserung, Abstürze). Bei den Längsschnitten im Trennsystem muß man sich für eine Kanalachse als Bezugsachse entscheiden. Meist wählt man die des SW-Kanals. Man soll dann unter Rücksicht auf die Haltungslängen der RW-Kanäle die RW-Schächte in ihrer richtigen Lage zu den SW-Schächten eintragen. Die RW-Maßlinien muß man ggf. unterbrechen. Ergeben sich an Eckpunkten Sprungstellen – RW-Schacht einmal vor und einmal hinter dem SW-Schacht o.ä. –, sollte man Sprungpfeile eintragen oder das Schnittprofil einfach unterbrechen (**2**.48). Längsschnitte müssen übersichtlich sein und durch Anschlußpfeile den Zusammenhang des Gebietes erkennen lassen. Straßen- oder Gebietsbezeichnungen stehen über den Schnitten. Quer zum Schnitt verlaufende Leitungen werden unter Angabe der Sohlenordinaten und des Querschnitts eingetragen. Es ist zweckmäßig, die Formate der Schnittpläne nur in

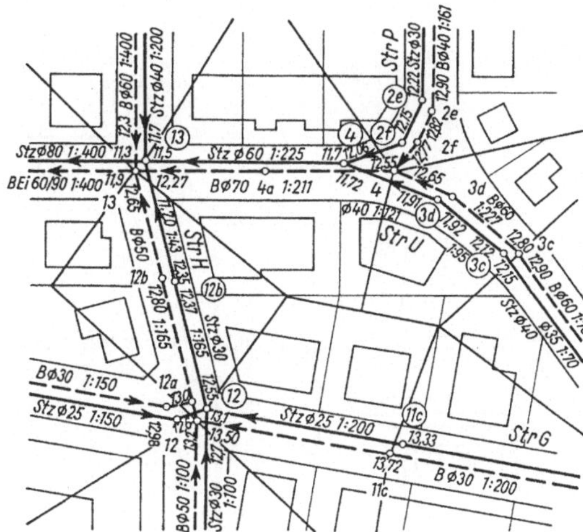

2.47
Auszug aus dem Lageplan eines Entwässerungsentwurfs für Trennsystem

DIN A 4-Höhe, aber in der jeweils erforderlichen Länge, zu wählen. Man kann dann meist zwei Schnittprofile – z.B. Hauptsammler mit Nebensammlern – übereinander zeichnen. Bei großen Gebieten sollte man sich mit Hilfe von Planskizzen überlegen, wie man die Schnitte legt und zueinander ordnet. Die Schnittprofile sollen seitenrichtig zum Lageplan gezeichnet werden. Die geringe Blatthöhe hat den Vorteil, daß man bei der Prüfung das Profil neben die entsprechenden Kanalabschnitte im Lageplan legen kann. Für die Strichstärke der Sohllinien sollte man 0,1 oder 0,2 mm wählen, damit man notfalls die Sohlenhöhen graphisch ablesen kann. Die Scheitellinie wird entsprechend der Kanalwand im Scheitel 0,4 bis 1,0 mm dick gezeichnet. Sie markiert außerdem die Kanalart (SW = voll, RW = lang gestrichelt, MW = Strich-Punkt usw.).

2.7.9 Hydraulische Berechnung (Tafel 2.29, 2.30 und 2.32)

Es wird auf die Abschn. 1.2, 1.3 und 1.4 verwiesen. Man verwendet heute meist die in Abschn. 1.4 besprochenen Listenrechnungen, bei größeren Gebieten Berechnung mit EDV. Beim MW-System benutzt man eine Liste. Beim Trennsystem werden zwei Listen erforderlich, falls man beim SW-Netz nicht mit dem Mindestprofil auskommt. Listenköpfe für normale Entwurfsaufgaben zeigen Tafel **2.**29, **2.**30 und **2.**32. Statt des in Tafel **2.**30 u. **2.**32 genannten Spitzenabflußbeiwertes ψ_s kann man auch bei kleineren Maßnahmen mit dem konstanten Abflußbeiwert nach Tafel **1.**12 rechnen. Die Tafeln können dann vereinfacht werden. Bei Anwendung des Zeitabflußfaktor-Verfahrens kann der Listenkopf der Tafel **1.**18 verwendet werden. Man schätzt zunächst die Fließzeit t, die man nach der Bemessung der Kanäle für Teilfüllung nachprüft. Ergeben sich wesentliche Änderungen, so muß der gewählte Kanalquerschnitt verändert werden.

Besteht das Entwurfsgebiet aus einzelnen Leitungssträngen (Entwürfe für ländliche Gebiete), kann man bei der SW-Berechnung q_s statt auf die Fläche auch auf den laufenden Meter SW-Kanal beziehen.

Für Teilfüllung ist die kleinste Fließgeschwindigkeit min v nachzuprüfen. Ergeben sich

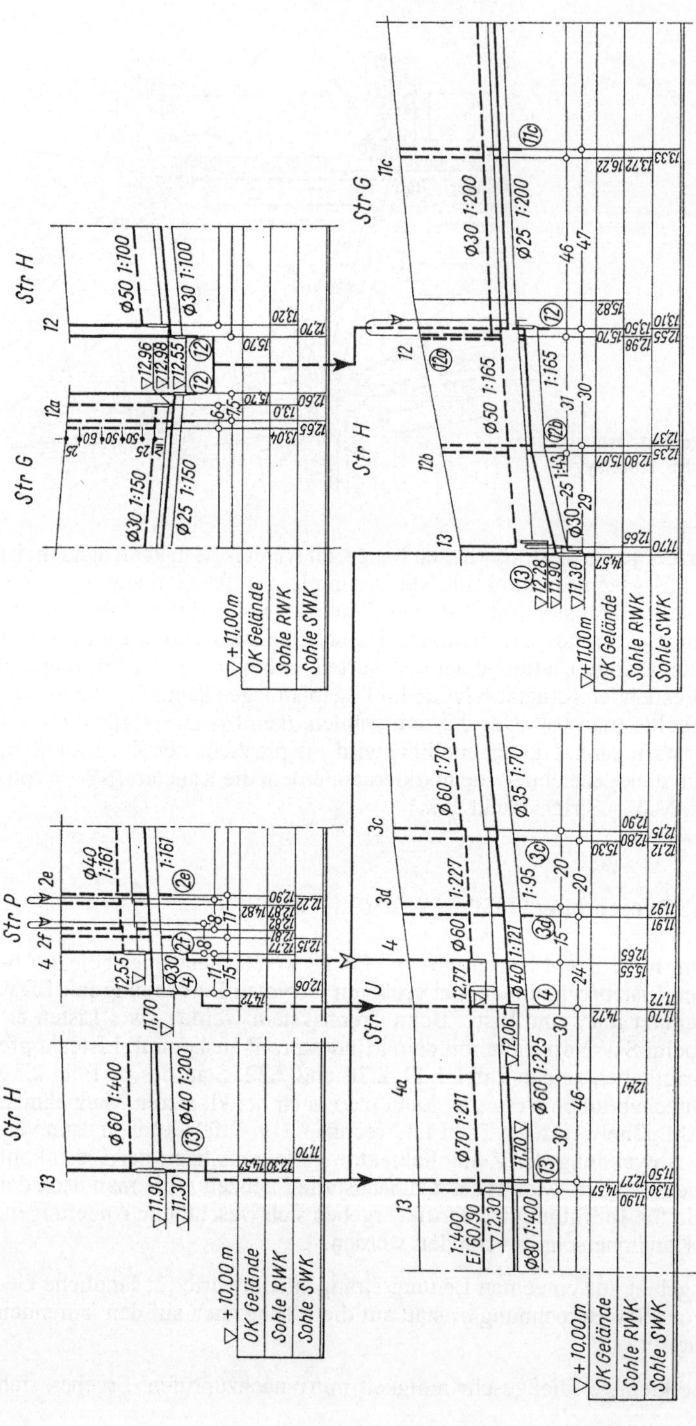

2.48 Auszug aus einem Plan der Längsschnitte eines Entwässerungsentwurfs für Trennsystem (dargestellt ist der Lageplan 2.47)

Geschwindigkeiten $\leq 0{,}5\,\mathrm{m/s}$, muß Spülung vorgesehen werden. Man rechnet die Liste zunächst bis zu den Werten Q_0, v_0 und nach Überprüfung der Längsschnitte zu Ende.

2.7.10 Ergänzung und Korrektur der Längsschnitte und des Lageplans

Aus der Hydraulik ergeben sich die endgültigen Kanalquerschnitte. Man kann in die Längsschnitte jetzt die Scheitellinien eintragen und evtl. Korrekturen hinsichtlich der Höhenlagen (Parallelverschiebung der Sohllinien), die sich aus Höhendifferenzen im Schacht wegen Profilwechsel, mangelhaften Überdeckungshöhen usw. ergeben, vornehmen. Bei jetzt notwendigen Gefälleänderungen ist die Hydraulik zu korrigieren. Die Schnittänderungen sind rückwirkend in den Lageplan zu übertragen. Meist handelt es sich um die Änderung weniger Zahlen (Sohlenordinaten).

Mit der hier vorgeschlagenen Arbeitsfolge erspart man sich wesentliche Korrekturen an den Schnitten. Zahlen sind leichter zu ändern als Zeichnungen. Voraussetzung ist jedoch eine möglichst fehlerfreie Kotierung des Netzes im Lageplan. Auch das Entwerfen an den Schnittplänen ist bei kleinen Maßnahmen möglich.

Mit Hilfe der EDV kann man Schnittpläne direkt aus dem Nivelliergerät heraus weitestgehend zeichnen lassen (plotten). Diese Aufzeichnungen müssen von Hand verfeinert und ergänzt werden.

In den Plänen sollen dann die Kanäle noch mit Rohr-∅, Gefälle, Haltungslänge, Rohrbaustoff, Deckeloberkanten usw. beschriftet werden. In den Schnitten hat man dafür mehr Platz. Man kann dann im Lageplan auf viele Angaben verzichten, wenn eine eindeutige Bezifferung der Schächte vorgenommen wurde. DIN 2425 und DIN 4050 nennen Planzeichen und Farben für Kanäle (MW = violett, SW = siena, RW = blau, Rü = Regenüberlauf = blau-weiß, Druckrohr = braun-rot). Die Kanalstrecken sollen zwischen zwei dünnen Strichen farbig angelegt werden. Dieses Farbenspiel sollte ausgedruckt werden, es fordert von Hand sehr viel Zeichenarbeit angesichts der für Genehmigungsverfahren vielen Entwurfsexemplare. Farben werden aber oft gefordert. Man kann ein Farbenspiel dadurch erreichen, daß man nur die überall obligaten Schachtnullkreise mit Farbe betupft.

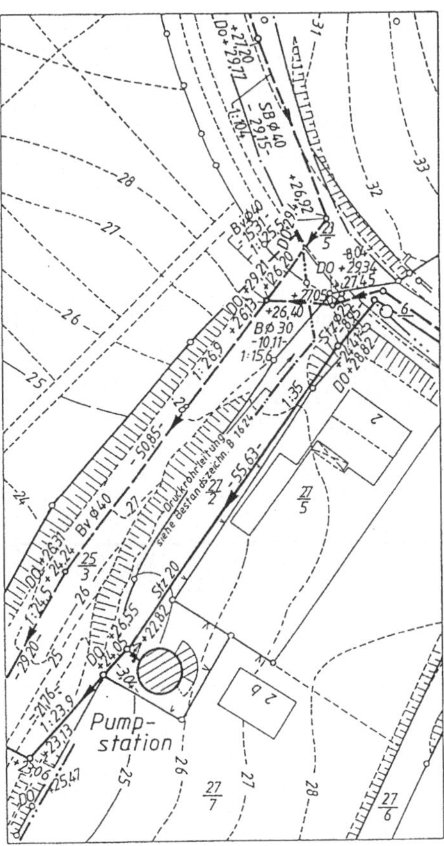

2.49 Ausschnitt aus Entwurfs-Lageplan einer Großstadt, M 1 : 500

Tafel **2**.29 Listenrechnung für die SW-Kanäle nach Bild **2**.42

1	2	3	4	5	6	7	8	9	10	11	12
Nr. des Gebiets	Straße	Strecke		Kanallänge		Einzugsgebiet		Einwohnerdichte	Einwohnerzahl		Wasserverbrauch 160 l/(E·d) Fremdwasser 50% SW-Abflußspende q_t
		von Schacht oben	bis Schacht unten	einzeln L	zusammen ΣL	A_E	ΣA_E		Teilgebiet	Gesamtgebiet	
				in m	in m	in ha	in ha	in E/ha	in E	in E	in l/sha
15	Endstraße	10	6	57,0	57,0	0,39	0,39	120	47	47	$\frac{160 \cdot 120}{14 \cdot 3600} 1{,}5$
16	Lange Str.	6	12	80,0	137	0,365	0,755	120	44	91	= 0,57
18	Am Paß	22	12	18,0	155	0,125	0,125	120	15	15	„
19	Lange Str.	14	12	72,0	227	0,52	0,52	120	62	62	„
17	Schrägstr.	12	16	89,0	316	0,43	1,83	120	52	219	„
14	Lange Str.	6	4	81,5	397,5	0,41	0,41	120	50	50	„
12	Lange Str.	2	4	44,0	441,5	0,19	0,19	120	23	23	„
13	Wallstr.	4	8	77,5	519	0,33	0,93	120	40	113	„
11	Landstr.	100	8	48,0	567	0,31	0,31+2,5	120	37	37+300	„
8	Parallelstr.	18	18e	48,0	615	0,25	0,25	120	30	30	„
9	Parallelstr.	18e	18f	48,0	663	0,28	0,53	120	34	64	„
10	Bergstr.	18f	8	65,0	728	0,34	0,87	120	41	105	„
5	Landstr.	8	86	100,0	828	0,35	2,46+2,5	120	42	297+300	„
4	Landstr.	86	16	90,0	918	0,30	2,76+2,5	120	36	333+300	„
1	Landstr.	16	20	32,0	950	0,14	4,73+2,5	120	17	569+300	„
7	Parallelstr.	18	18a	50,0	1000	0,25	0,25	120	30	30	„
6	Parallelstr.	18a	18b	50,0	1050	0,24	0,49	120	29	59	„
3	Parallelstr.	18d	18b	23,0	1073	0,085	0,085	120	10	10	„
2	Querstr.	18b	20	47,5	1120,5	0,07	0,645	120	8	77	„
0	Landstr.	ab 20	–	–	–	–	5,375+2,5	120	–	646+300	„

13	14	15	16	17	18	19	20	21	22	23	24
häusliches Abwasser		gewerbliches Abwasser Q_g		SW-menge	Abflußleistung der Kanäle						Bemerkungen
					Sohlgefälle	Kanalquerschnitt	Vollfüllung		Teilfüllung		
$q_t \cdot A_E$	$Q_t = \Sigma q_t \cdot A_E$	jetzt	später	Q_t	$J = 1 : n$ / n	Form Größe	Q_0	v_0	Füllhöhe h'	v_T	
in l/s	in l/s	in l/s	in l/s	in l/s	in m/m	in m/m	in l/s	in m/s	in cm	in m/s	
–	–	–	–	0,222	150	⌀250	50,2	1,03	gering		Spülen
–	–	–	–	0,43	150	(Mindestprofil)	50,2	1,03	„		
–	–	–	–	0,071	200	„	43,5	0,89	„		Spülen
–	–	–	–	0,296	200	„	43,5	0,89	„		Spülen
–	–	–	–	1,04	70	„	73,5	1,51	2,1	0,53	
–	–	–	–	0,234	160	„	48,6	1,0	gering		Spülen
–	–	–	–	0,108	120	„	56,2	1,15	„		Spülen
–	–	–	–	0,53	160	„	48,6	1,0	1,9	0,32	
–	–	–	–	1,6	200	„	43,5	0,89	3,32	0,42	Am Schacht 100 fließt das Schmutzwasser aus einem ostwärts liegenden Einzugsgebiet mit 2,5 ha und 300 E zu
–	–	–	–	0,142	130	„	53,9	1,1	gering		Spülen
–	–	–	–	0,302	130	„	53,9	1,1	„		
–	–	–	–	0,495	60	„	79,4	1,63	„		
–	–	–	–	2,83	200	„	43,5	0,89	4,25	0,5	
–	–	–	–	3,0	200	„	43,5	0,89	4,5	0,52	
–	–	–	–	4,12	200	„	43,5	0,89	5,25	0,56	
–	–	–	–	0,142	68	„	74,7	1,53	gering		Spülen
–	–	–	–	0,278	68	„	74,7	1,53	„		
–	–	–	–	0,048	60	„	79,4	1,63	„		Spülen
–	–	–	–	0,368	54	„	83,7	1,72	„		
–	–	–	–	4,48	400	„	30,7	0,63	6,25	0,45	

Tafel **2.**30 Listenrechnung für die RW-Kanäle nach Bild **2.**43 (kleines RW-Gebiet mit längster Fließzeit $< T$). Die Spalten 17 bis 19, 21 bis 26, 29 bis 37 werden bei MW-Kanälen zusätzlich ausgefüllt.

Kanal-Nr. / Gebiets-Nr.	Straßenname	Haltung von Schacht-Nr.	Haltungs-Nr	Länge		Fläche A_E							Spitzenabflußbeiwert				Einwohner			Zufluß von Kanal-Nr
							befestigter Anteil in %						mittlere Geländeneigung					Anzahl		
				ein-zeln	zu-sammen								$J_g < 1\%$	$1\% \leq J_g \leq 4\%$	$4\% \leq J_g = 10\%$	$J_g > 10\%$	Dichte D	ein-zeln	zus.	
		oben	unten	l	Σl	Nr.	35	40	45	50	55									
–	–		–	in m	in m	–	in ha	in ha	in ha	in ha	in ha	in ha	–	–	–	–	in E/ha	in E	in E	–
1	2		3	4	5	6	7	8	9	10	11	12	13	14	15	16	17	18	19	20
15	Endstr.	11	5	53,5	53,5		0,39								0,43					
16	LangeStr.	5	13	80,0	133,5		0,365								0,43					
18	AmPaß	23	13	25,0	158,5		0,125								0,43					
19	LangeStr.	15	13	69,0	227,5		0,52								0,43					
17	Schrägstr.	13	17	89,0	316,5		0,43								0,43					
14	LangeStr.	5	3	81,5	398,0			0,41						0,44						
12	LangeStr.	1	3	44,0	442,0			0,19						0,44						
13	Wallstr.	3	7	75,5	517,5			0,33						0,44						
11a	Landstr.	101	7	48,0	565,5			0,161					0,37							200 l/s
5a	Landstr	7	7b	100,0	665,5			0,218					0,37							
4	Landstr.	7b	17	90,0	755,5			0,162					0,37							
1a	Landstr.	17	21	32,0	787,5			0,10					0,37							
8	Parallelstr.	19	19e	48,0	835,5		0,25								0,43					
9	Parallelstr.	19e	19f	50,5	885,0		0,28								0,43					
10	Bergstr.	19f	7	54,0	939,0		0,307								0,43					
11b	Landstr.	103	7	52,0	991,0						0,187		0,51							100 l/s
5b	Landstr.	7	7b	100,0	1091,0						0,136		0,51							
1b	Landstr.	7b	19c	120,0	1211,0						0,17		0,51							
7	Parallelstr.	19	19a	51,0	1262,0				0,25						0,51					
6	Parallelstr.	19a	19b	51,0	1313,0				0,24						0,51					
3	Parallelstr.	19d	19b	19,0	1332,0				0,085						0,51					
2	Querstr.	19b	19c	34,5	1366,5				0,07						0,51					
–	Landstr.	19c	21	13,0	1379,5				–											
0	Landstr.	ab21	–	–	–				–											

Anmerkung: Die Fließzeit beträgt im Beispiel $T \leq 10\,\text{min}$, d.h. nach Gl. (1.20) erste Form $Q_R = \frac{1{,}262}{1{,}262}\Sigma 126{,}2 \cdot \Psi_s \cdot A_E$, oder zweite Form $Q_R = 1{,}262 \cdot \Sigma 100 \cdot \Psi_s \cdot A_E$.

Tafel **2.**31 Listenkopf für Massenermittlung von Kanalbaumaßnahmen

Bauteil	Schacht		Länge	Verlegelänge der Rohre in m											Baugruben											
				Material: *Stz SN* Kreis-Ø in cm						Mat.: .... Ei-Profil b/h in cm			Mat.: .... Sonst. Profile (Zchg.)		Länge in m bei Tiefen von ... bis ... in m											
			zwischen den Schacht-mitten											Rinnen-quer-schnitt	< 1,25	1,26 bis 1,75	1,76 bis 2,0	2,01 bis 2,25	2,26 bis 2,50	2,51 bis 2,75	2,76 bis 3,0	3,01 bis 3,25	3,26 bis 3,50	3,51 bis 3,75	3,76 bis 4,0	Boden-klasse nach DIN 18300
Nr.	von Nr.	bis Nr.		20	25	30	40	50	60	60/90	70/105	90/135	Haube 2:2	2:2												
14	5	6	105		49	54												30								2,23
																			40	25						2,24
																										2,25
																										2,26

Berechnungsregendauer $T = 10$ min; $r_{10,n=1} = 1{,}262 \cdot 100 = 126{,}2\,\mathrm{l/(s{\cdot}ha)}$; $r_{15,n=1} = 100\,\mathrm{l/(s{\cdot}ha)}$; Fließzeit $t < 10$ min

Schmutzwasserabfluß				Fremdwasserabfluß	Trockenwetterabfluß	Regenabfluß		Mischwasserabfluß	Gefälle		Querschnitt		Rauhigkeit	Vollfüllung		Trockenwetter-Geschw.	Regenwetter		Bemerkung
einzeln	zus.	einzeln	zus.			einzeln	zus.		Sohle	Wsp.	Form	Größe		Leist.	Geschw.		Geschw.	Füllh.	
Q_h	ΣQ_h	Q_g	ΣQ_g	Q_f	Q_t	Q_R	ΣQ_R	Q_{ges}	J_s	J_w			k_b	Q_v	v_v	v_t	v_m	h_m	
in l/s	in l/s	in l/s	in l/s	in l/s	in l/s	in l/s	in l/s	in l/s	in ‰	in ‰	–	in mm	in mm	in l/s	in m/s	in m/s	in m/s	in cm	
21	22	23	24	25	26	27	28	29	30	31	32	33	34	35	36	37	38	39	40
						21,2	21,2		6,67		Ø	250	1,5	49	1,0		0,96	11,5	min Ø = DN250
						19,8	41		6,67		Ø	250		49	1,0		1,08	18	
						6,8	6,8		5		Ø	250		43	0,87		0,64	6,75	
						28,2	28,2		5		Ø	250		43	0,87		0,91	15	
						23,3	99,3		14,3		Ø	300		110	1,55		1,77	22,2	
						22,8	22,8		6,25		Ø	250		48	0,97		0,96	12,3	
						10,6	10,6		8,33		Ø	250		55	1,12		0,87	7,3	
						18,3	51,7		6,25		Ø	300		77	1,09		1,2	17,7	
						7,5	207,5		5		Ei	500/750		430	1,5		1,47	39,8	min Ei=500/750
						10,2	269,4		5		Ei	500/750		430	1,5		1,55	46,5	
						7,6	277		5		Ei	500/750		430	1,5		1,56	47,5	
						4,7	381		5		Ei	500/750		430	1,5		1,67	58,5	
						13,6	13,6		12,5		Ø	250		68	1,38		1,09	7,5	
						15,2	29,1		7,7		Ø	250		53	1,08		1,13	12,8	
						16,7	45,8		16,7		Ø	250		78	1,59		1,7	13,5	
						12,0	112,0		5		Ø	400		148	1,18		1,32	30,4	
						8,8	166,6		5		Ø	500		268	1,36		1,47	28	
						10,9	177,5		5		Ø	500		268	1,36		1,5	29	
						16,1	16,1		14,7		Ø	250		73	1,49		1,21	8	
						15,5	31,6		14,7		Ø	250		73	1,49		1,43	11,5	
						5,5	5,5		16,7		Ø	250		78	1,59		0,94	4,5	
						4,5	41,6		20		Ø	250		86	1,74		1,72	12,3	
						0	219,1		16,7		Ø	400		271	2,16		2,44	26,8	
						0	600,1		2,5		Ei	700/1050		737	1,31		1,28	70,4	Abfluß hinter Schacht 21

Straßenabläufe						Austauschboden			Schächte														
									Schachtunterteile				Abstürze Höhendifferenz in m		Schachtringe Ø in m 1,0 mit Höhe				Schacht abdeckungen in Stück für				
Anzahl Stck.	Ø in cm	Einzellänge in m	mittl. Tiefe in m	Boden-Klasse n. DIN 18300	Straßenabläufe Stck. l=lang k=kurz	Strecke von … bis …	Menge in m^3	erf. Bodenart	gemauert		Fertigteile	Systemstücke	äußere (Untersturz) Rohr Ø cm	innere von Ø … bis Ø …	in m		in Stück		Klasse				
									rund	ecking					25	50	Konus 60	Auflagering	A	B	C	D	E
1	15	5	1,30	2,23	1	10m vor Sch. 5a bis Sch. 6	350	Kies $U \geq 4$	2				1·0.6; Ø 15		1	6	2	3				2	
1	15	5	1,30	2,24	1																		
				2,25																			
				2,26																			

Tafel **2.**32 Listenrechnung für die RW-Kanäle nach Bild **2.**43 (kleines RW-Gebiet mit längster Fließzeit > T). Die Spalten 17 bis 19, 21 bis 26, 34 und 42 werden bei MW-Kanälen zusätzlich ausgefüllt.

Kanal-Nr. / Gebiets-Nr.	Straßenname	Haltung von Schacht-Nr. / Haltungs-Nr oben	unten	Länge einzeln l	Länge zusammen Σl	Fläche A_E Nr.	befestigter Anteil in % 35	40	45	50	55		Spitzenabflußbeiwert, mittlere Geländeneigung $J_g < 1\%$	$1\% \leq J_g \leq 4\%$	$4\% \leq J_g = 10\%$	$J_g > 10\%$	Einwohner Dichte D	Anzahl einzeln	Anzahl zus.	Zufluß von Kanal-Nr
–	–		–	in m	in m	–	in ha	in ha	in ha	in ha	in ha	in ha	–	–	–	–	in E/ha	in E	in E	–
1	2		3	4	5	6	7	8	9	10	11	12	13	14	15	16	17	18	19	20
15	Endstr.	11	5	53,5	53,5		0,39								0,43					
16	LangeStr.	5	13	80,0	133,5		0,365								0,43					
18	AmPaß	23	13	25,0	158,5		0,125								0,43					
19	LangeStr.	15	13	69,0	227,5		0,52								0,43					
17	Schrägstr.	13	17	89,0	316,5		0,43								0,43					
14	LangeStr.	5	3	81,5	398,0			0,41						0,44						
12	LangeStr.	1	3	44,0	442,0			0,19						0,44						
13	Wallstr.	3	7	75,5	517,5			0,33						0,44						
11a	Landstr.	101	7	48,0	565,5			0,161					0,37							200 l/s
5a	Landstr	7	7b	100,0	665,5			0,218					0,37							
4	Landstr.	7b	17	90,0	755,5			0,162					0,37							
1a	Landstr.	17	21	32,0	787,5			0,10					0,37							
8	Parallelstr.	19	19e	48,0	835,5		0,25								0,43					
9	Parallelstr.	19e	19f	50,5	885,0		0,28								0,43					
10	Bergstr.	19f	7	54,0	939,0		0,307								0,43					
11b	Landstr.	103	7	52,0	991,0						0,187		0,51							100 l/s
5b	Landstr.	7	7b	100,0	1091,0						0,136		0,51							
1b	Landstr.	7b	19c	120,0	1211,0						0,17		0,51							
7	Parallelstr.	19	19a	51,0	1262,0				0,25						0,51					
6	Parallelstr.	19a	19b	51,0	1313,0				0,24						0,51					
3	Parallelstr.	19d	19b	19,0	1332,0				0,085						0,51					
2	Querstr.	19b	19c	34,5	1366,5				0,07						0,51					
–	Landstr.	19c	21	13,0	1379,5				–											
0	Landstr.	ab21	–	–	–				–											

Anmerkung: Die Fließzeiten betragen bei diesem Beispiel teilweise $T > 5$ min, d.h. nach Gl. (1.20) zweite Form $Q_R = \varphi_{t,n=1} \Sigma 100 \cdot \Psi_s \cdot A_E$.
Prüfung auf Ungleichmäßigkeit des Einzugsgebietes nach Bild **1.**27 für Abfluß hinter Schacht 21:
$Q_{r2} = 343{,}5$ l/s $> 12{,}9/9 \cdot 194 = 278{,}1$ l/s, d.h. Gebiet ist gleichmäßig, vollständige Überregnung kann angenommen werden.

Tafel **2.**31 Fortsetzung

Aufbruch befestiger Flächen in m; m² Nutzungsart der Fläche	Länge × Breite	Fläche	Befestigungsart	Unterbau	Hausanschlüsse Anzahl Stck.	Ø in cm	Einzellänge in m (horizontal)	mittl. Tiefe in m	Boden-Klasse n. DIN 18 300	Verschlußteller Stck.	Absturzhöhe Δh in m
Straße	80 × 1,40	112	3 cm Afb., 10 cm Agb.	10 cm Sch. 60 cm Kies	2	15	6	1,80	2,23	2	1 × 0,5
					2	15	7 u. 8	1,60	2,24	2	2 × 0,8
									2,25		
									2,26		

Berechnungsregendauer $T = 5$ min, $r_{5,n=1} = 1{,}713 \cdot 100 = 171{,}3$ l/(s · ha); $r_{15,n=1} = 100$ l/(s · ha); Fließzeiten t teilweise > 5 min

Zeitbeiwert	Regenabfluß			Fließzeit			Mischwasserabfluß	Gefälle		Querschnitt		Rauhigkeit	Vollfüllung		Trockenwetter-Geschw.	Regenwetter		Bemerkungen
	einzeln	zusammen		einzeln	zus.			Sohle	Wsp.	Form	Größe		Leist	Geschw.		Geschw.	Füllh.	
φ	Q_{15}	ΣQ_{15}	Q_R	t	Σt		Q_{ges}	J_s	J_w			k_b	Q_v	v_v	v_t	v_m	h_m	
–	in l/s	in l/s	in l/s	in s	in s	in min	in l/s	in ‰	in ‰	–	in mm	in mm	in l/s	in m/s	in m/s	in m/s	in cm	
27	28	29	30	31	32	33	34	35	36	37	38	39	40	41	42	43	44	45
1,713	16,8	16,8	28,8	50	50	0,83		6,67		Ø	250	1,5	49	1,0		1,07	13,5	min Ø =DN 250
1,713	15,7	32,5	55,7	64	114	1,9		6,67		Ø	300		80	1,13		1,25	15	min Ei = 500/750
1,713	5,4	5,4	9,3	69	69	1,15		5		Ø	250		43	0,87		1,0	18,5	
1,713	22,4	22,4	38,4	70	70	1,17		5		Ø	250		43	0,87		0,99	18,3	
1,713	18,5	78,8	134,9	43	157	2,62		14,3		Ø	350		176	1,83		2,05	22,8	
1,713	18,0	18,0	30,8	77	77	1,28		6,25		Ø	250		48	0,97		1,06	14	
1,713	8,4	8,4	14,4	46	46	0,77		8,33		Ø	250		55	1,12		0,95	8,8	
1,713	14,5	40,9	70,1	61	138	2,3		6,25		Ø	250		77	1,09		1,24	18,5	
1,23	6,0	206	253,4	31	631	10,5		5		Ei	500/750		430	1,5		1,53	45	t bis Schacht 101 = 10 min
1,165	8,1	255	297	62	693	11,6		5		Ei	500/750		430	1,5		1,61	49,5	
1,11	6,0	261	297	60	753	12,6		5		Ei	500/750		430	1,5		1,61	49,5	Z. 27-30: 1,11 · 261 = 290 < 297; 297 maßgebend
1,09	3,7	343,5	374	19	772	12,9		5		Ei	500/750		430	1,5		1,65	57,5	Gebiet 2
1,713	10,8	10,8	18,5	35	35	0,6		12,5		Ø	250		68	1,38		1,17	8,8	
1,713	12,0	22,8	39,1	42	77	1,3		7,7		Ø	250		53	1,08		1,21	15,8	
1,713	13,2	36,0	61,7	30	107	1,8		16,7		Ø	250		78	1, 59		1,8	16,5	
1,54	9,5	109,5	168,6	35	395	6,6		5		Ø	500		268	1,36		1,48	28	t bis Schacht 103 = 6 min
1,437	6, 9	152,4	219	65	460	7,7		5		Ø	500		268	1,36		1,54	34	
1,34	8,7	161,1	219	78	538	8,97		5		Ø	500		268	1,36		1, 54	34	Z. 27-30: 1,34 · 161,1 = 216 216 < 219
1,713	12, 8	12,8	21,9	39	39	0,65		14,7		Ø	250		73	1,49		1,31	9,3	
1,713	12,2	25,0	42,8	32	71	1,2		14,7		Ø	250		73	1,49		1,59	13,5	
1,713	4,3	4,3	7,4	19	19	0,32		16,7		Ø	250		78	1,59		1,02	5,3	
1,713	3,6	32,9	56,4	18	89	1,5		20		Ø	250		86	1,74		1,91	14,5	
1,328	0	194	257,63	5	543	9,05		16,7		Ø	400		271	2,16		2,44	31,4	Gebiet 1
1,09	0	537,5	586	0	772	12,9		2,5		Ei	700/1050		737	1,31		1,43	76,7	Abfluß hinter Schacht 21

Anmerkung: Die zahlenlosen Spalten 21 bis 26 wie in Tafel **2.**30 wurden hier fortgelassen.

Wasserhaltung										Sonstiges	Bemerkung
Strecke		Länge insges.	Länge der Absenkung in m für			Länge der strecken in m für Absenkhöhen in m					
von	bis	in m	offene Whtg.	Vakuum-verf.	Brunnen	< 5	0, 5 bis 1,0	1,0 bis 1,5	1,5 bis 2		
Sch. 5	Sch. 6	105	30			30				vorhandener Kanal zwischen Schacht 5a und 5 neben der Baugrube	
				75			75				

Farbig werden oft auch die Grenzen der Teilentwässerungsgebiete der Hauptsammler markiert. Es empfiehlt sich, SW-Gebiete in der Farbenpalette rot–braun–gelb und RW-Gebiete in dem Farbbereich blau–violett–grün zu wählen.

2.7.11 Massenermittlung

Im Kanalbau handelt es sich um der Art nach wiederkehrende Massen. Um diese ermitteln zu können, bedarf es neben der Entwurfsauswertung i. allg. noch folgender Untersuchungen:

1. Bodenarten des Aushubbodens nach DIN 18 300 (unterschiedliche Bodenklassen fordern entsprechende Leistungspositionen; nicht verdichtungsfähiger Boden muß durch verdichtungsfähigen ersetzt werden).
2. Gründungsfähigkeit der tieferliegenden Bodenschichten.
3. Art der befestigten Flächen, die aufgebrochen werden müssen (Straßen, Gehwege, Parkplätze, Hofflächen, Grünanlagen, Mutterbodenabtrag).
4. Grundwasserstand für die Kanalabschnitte (im Zusammenhang mit den Bodenarten ist die Art der Grundwasserabsenkung festzulegen).

Es empfiehlt sich die Massenermittlung in Listenform (Tafel **2.**31) vorzunehmen, wobei die Kanalabschnitte als Bauteileinheiten (Spalte 1) so begrenzt zu bemessen sind, daß Übersicht und Vollständigkeit der Ermittlung erhalten bleiben. Die Liste ist für jede Baumaßnahme besonders anzulegen. Tafel **2.**31 gibt als Beispiel einen Listenkopf für Maßnahmen begrenzten Umfangs an. Wenn neben der Liste weitere Massenansätze festgehalten werden müssen, empfiehlt es sich, auch diese prüf- und zuordnungsfähig darzustellen. Beim Aushub der Rohrgräben sind die Massenansätze nach m^3 Bodenaushub oder nach m Kanalbaugrube üblich. Die Liste sollte den beabsichtigten Ansatz berücksichtigen.

2.7.12 Leistungsbeschreibungen und Kostenvoranschlag

Zum Entwurf gehört auch der Kostenvoranschlag. Dieser enthält kurzgefaßte Leistungsbeschreibungen, während die Bauausschreibung vollständig sein muß, weil sie Vertragsbestandteil wird.

Es empfiehlt sich, besonders für den wenig erfahrenen Ingenieur, die Standardleistungsbücher des Gemeinsamen Ausschusses Elektronik im Bauwesen (GAEB) [4] o.ä. zu benutzen. Für Maßnahmen des Kanalbaues sind die Leistungsbereiche 02 (Erdarbeiten DIN 18 300) und 09 (Abwasserkanalarbeiten DIN 18 306) besonders wichtig.

Die Ordnung der Verschlüsselung der Texte ist so vorgenommen, daß sie für Leistungsverzeichnisse in herkömmlicher Art und zur Anwendung in der Datenverarbeitung geeignet ist. Jeder Text besteht aus max. fünf Textteilen, von denen jeder eine drei- bzw. zweistellige Nummer hat, unter welcher er im Teil C der Standardleistungsbücher auffindbar ist. Tafel **2.**33 zeigt zwei Textbeispiele für Erd- und Verlegearbeiten im Kanalbau.

Die im Kostenvoranschlag einzusetzenden Preise sollten kalkulierbar werden, aber dem konjunkturellen Stand der Preise im Mittel angepaßt werden, evtl. durch besonderen Hinweis. Maßgebend für die Kostenermittlung ist der Zeitpunkt der Entwurfsaufstellung. Die Preise können später mit Hilfe des Bauindex grob an die Preisentwicklung angeglichen werden.

Tafel **2.**33 Ausschreibungstexte nach GAEB [4]

Beispiel 1 Zusammenstellung der Textteile:								
02	T1	T2	T3	T4	T5		Menge	Einheit
	501					Boden der **Gräben** für Abwasserkanäle ab Geländeoberfläche		
		51				**ausheben.** Der **Boden** wird Eigentum des Auftragnehmers und ist zu **beseit**igen. Verbau gemäß DIN 18303 nach Wahl des Auftragnehmers.		
			03			Bodenklassen DIN 18 300 Fassung Juni 1996, Abschn. 2.23–**2.26**		
				32		Aushubtiefe bis 3,00 m		
					25	Lichte Breite der Sohlen bis 1,70 m		
						daraus Kurztext:		
02	501	51	03	32	25	**Gräben ausheben Boden beseit-2.26**	250	m
Beispiel 2 Langtext (für Leistungsverzeichnis zusammengestellt)							Menge	Einheit
09	121	13	01	10	02	Rohre für Abwasserkanäle, Verlegung nach DIN 4033 einschl. Auflager und Einbettung aus Sand oder Feinkies in vorhandenen Gräben, Grabentiefe 1,75 bis 3,00 m.		
						Steinzeugrohre DIN 1230–SN (normalwandig) **DN 500.** Dichtung mit Vergußmasse DIN 4038	250	
						daraus Kurztext:		
09	121	13	01	10	02	**Steinzeugrohre DN 500**	250	m

2.7.13 Erläuterungsbericht

Er wird erst bei Abschluß der Entwurfsbearbeitung unter Auswertung der Notizen, die man sich dabei gemacht hat, aufgestellt. In der Gliederung hält man sich zweckmäßig an etwa diese Reihenfolge, s. auch ATV-A101 [1]:

1 Veranlassung und Aufgabenstellung
1.1 Träger der Maßnahme
1.2 Veranlassung
1.3 Gegenstand der Planung
1.4 Einbindung in andere Planungen
1.5 Erfordernisse des Gewässerschutzes
1.6 Planungsabstimmung mit Planungsträger, Genehmigungsbehörde, Techn. Fachbehörde u.a.
1.7 Rechtsfragen
2 Örtliche Verhältnisse
2.1 Entwässerungsgebiet, Beschreibung
2.2 Verbindung mit anderen Entwässerungsgebieten
2.3 Bauleitplanung
2.4 Bevölkerungverhältnisse
2.5 Gewerbe, Industrie, Direkteinleiter, Indirekteinleiter
2.6 Niederschlagsverhältnisse
2.7 Vorfluterverhältnisse
2.8 Untergrundverhältnisse
2.9 Wasserversornung

2.10 Vorhandene Abwasseranlagen
2.11 Bestehende Abwassereinleitungen in Gewässer
2.12 Sonderprobleme
Natur- und Landschaftsschutz, Hochwasserschutz, Streusiedlungen, Campingplätze, Kleingärten, Verkehrswege, Bergsenkungen
3 Technische Grundlagen
3.1 Entwässerungsverfahren
3.2 Sicherheitsvorgaben
Regenhäufigkeit, Überlastungshäufigkeit, Entlastungshäufigkeit, -menge, -dauer, Jahresschmutzfrachten, Wasserspiegellagen, Überschwemmungswege
3.3 Abwassermenge und -beschaffenheit bei Regenwetter
3.4 Abwassermenge und -beschaffenheit bei Trockenwetter
3.5 Hydraulische Kennwerte für Kanäle und Sonderbauwerke
3.6 Berechnungsmethoden
4 Planungs-Ergebnis
4.1 Varianten
4.2 Bewertung der Varianten
4.3 Gewählte Lösung
4.4 Technische Auslegung
5 Bauliche Gestaltung, Ausrüstung, Betrieb
5.1 Kanäle
5.2 Regel- und Sonderbauwerke
5.3 Betriebliche Gesichtspunkte
Personal, Wartung, Unterhaltung, Störmeldungen, Übertragung von Meßdaten, Rückstandsbeseitigung
6 Kosten
6.1 Herstellungskosten
6.2 Gesamtkosten
6.3 Betriebskosten
6.4 Kostenvergleiche
Jahreskosten, Barwerte
7 Zeit- und Kostenplanung
7.1 Ausbaustufen
7.2 Dringlichkeiten
7.3 Bauabschnitte mit Herstellungskosten
7.4 Zwischenlösungen
8 Zusammenfassung
9 Schrifttumsverzeichnis
10 Verzeichnis der Anlagen und Pläne

2.7.14 **Bestandspläne** (Bild **2**.50)

Sie halten die Straßenkanäle, Anschlußleitungen oder Anschlußstutzen lage- und höhenmäßig fest. Leider werden sie oft nicht angefertigt. Da bis auf die Schachtabdeckungen alles unter der Erde liegt, orientiert man sich am besten an diesen. Längenmaße werden jeweils auf den unteren Schacht einer Haltung (Mittelpunkt der Schachtabdeckung) als Nullpunkt bezogen. Bei Anschlußstutzen ist die Mitte des Verschlußtellers einzumessen.

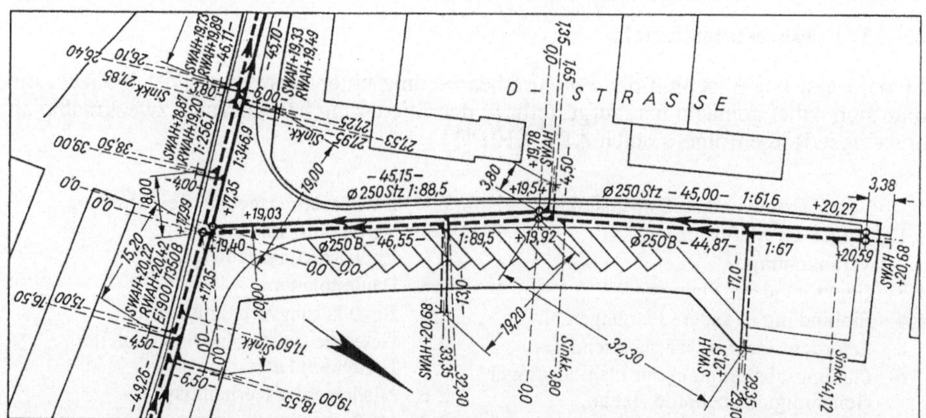

2.50 Bestandsplan
(SWAH ≙ Schmutzwasser-Anschlußhöhe, RWAH ≙ Regenwasser-Anschlußhöhe)

Die Länge der Anschlußleitungen ist von der Achse des Straßenkanals aus festzulegen. Angaben über Gefälle und Baustoffe sind ebenfalls aufzunehmen.

Man bezeichnet:

Steinzeug	= Stz	Grauguß	= Guß	Beton mit Stz-Sohlschalen	= BStz
Beton	= B	duktiler Guß	= dGuß	Faserzement	= Fz
Stahlbeton	= SB	Walzbeton	= WB	Polyvenylchlorid	= PVC
Mauerwerk	= M	Schleuderbeton	= SchlB	Polyethylen	= PE
Stahl	= St	Betonkeramik	= BK	glasfaserverstärkte Kunststoffe	= GFK

Bestandspläne sollten besser zu viel als zu wenig Maßangaben enthalten; sie sind in DIN 2425 behandelt.

2.8 Statische Berechnung von Entwässerungsleitungen

2.8.1 Baugrubenbreite

Rohrleitungen der Ortsentwässerung werden überwiegend in Gräben verlegt. Bei der Erdlast der Kanäle unterscheidet man zwischen Graben- und Dammbedingung. Die Grabenbedingung (2.51) liegt vor, wenn die Baugrubenbreite im Verhältnis zur Überdeckungshöhe klein ist und damit gerechnet werden kann, daß durch die Verspannung des Füllbodens gegen die Baugrubenwand des gewachsenen Bodens entlastende Reibungskräfte

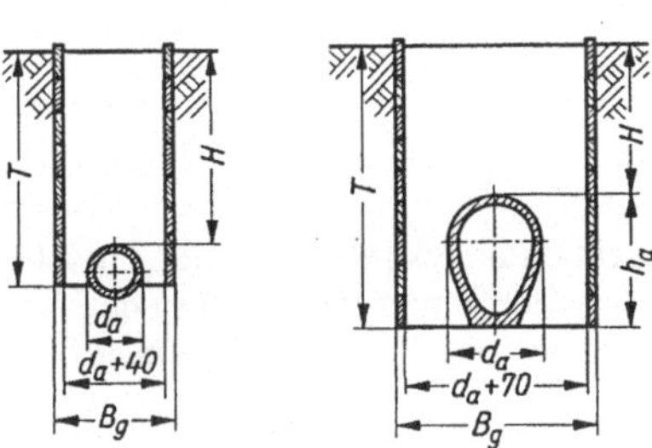

2.51 Einzelbaugruben

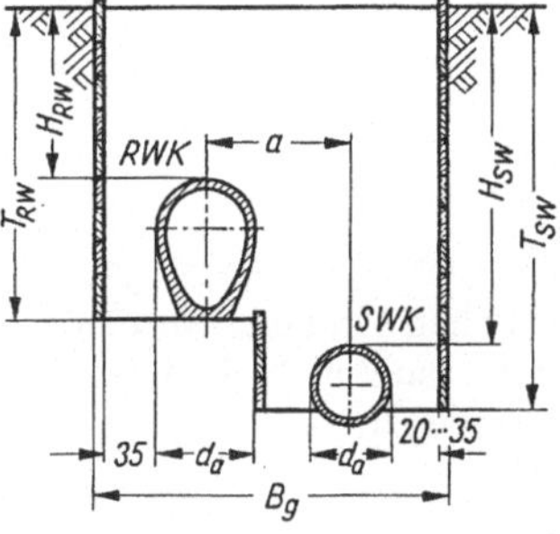

2.52 Doppelbaugrube (Stufengraben)

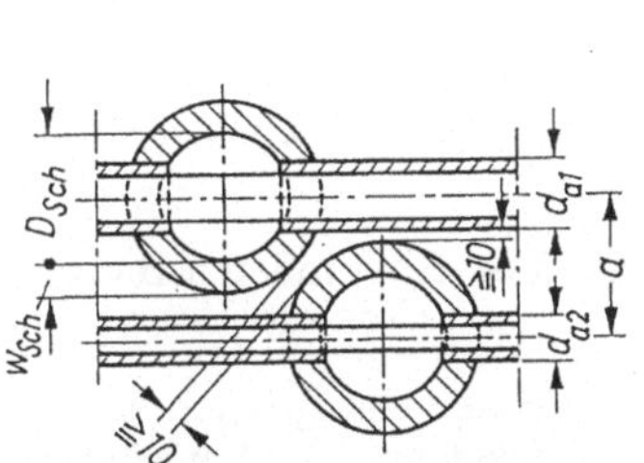

2.53 Doppelschacht, Ermittlung des Achsabstandes der Kanäle

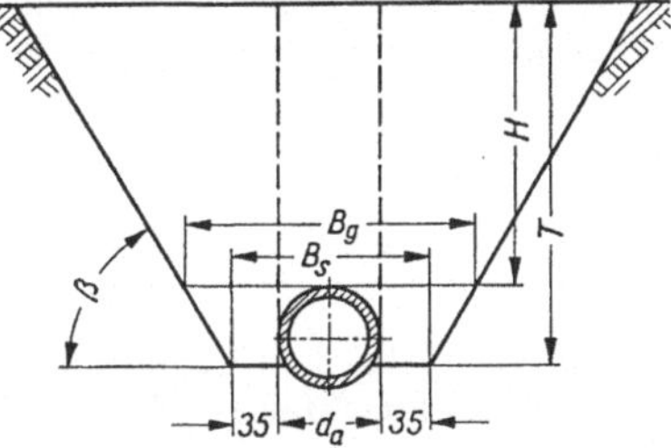

2.54 Geböschte Baugrube
$B_S \geq d_a + 40$ für $d_a \leq 40$ cm
oder $d_a > 40$ cm und $\beta < 60°$.
$B_S \geq d_a + 70$ für $d_a > 40$ cm

für den Rohrscheitel entstehen (Silotheorie). Bei der Dammbedingung (**2.**52 und **2.**54) können wegen der großen Baugrubenbreite diese entlastend wirkenden Kräfte nicht in Rechnung gesetzt werden, sondern es kann im Gegenteil eine zusätzliche Belastung des Rohres dadurch eintreten, daß sich die Erdteile neben dem Rohr stärker setzen als das Rohr selbst mit seiner Auflast. Grabenbedingung tritt bei den meisten Einzelbaugruben auf. Dammbedingungen meist bei Doppelbaugruben und unter Dämmen.

Als lichte Breite (Tafel **2.**34) gilt bei unverkleideter Baugrube die Sohlenbreite, bei verkleideter Baugrube der lichte Abstand der Schalwände.

Tafel **2.**34 Lichte Baugrubenbreite B_i nach DIN 4124

Art der Baugrube	Böschungswinkel β in °	äußerer Rohrdurchmesser d_a in m	B_i in m bei T $\leq 1{,}75$ m	B_i in m bei T $> 1{,}75$ m
unverkleidet	beliebig	$\leq 0{,}40$	$d_a + 0{,}40$ $\geq 0{,}60$	$d_a + 0{,}40$ $\geq 0{,}80$
	≤ 60	$< 0{,}40$	$d_a + 0{,}40$	
	> 60	$> 0{,}40$	$d_a + 0{,}70$	
verkleidet	—	$\leq 0{,}40$	$d_a + 0{,}40$ $\geq 0{,}60$	$d_a + 0{,}40$ $\geq 0{,}80$
		$> 0{,}40 \quad \leq 0{,}60$	$d_a + 0{,}70$ $\geq d_a + 0{,}50$	
		$> 0{,}40 \quad \leq 1{,}75$	$d_a + 0{,}70$	
		$> 1{,}75$	$d_a + 1{,}00$	

Aus wirtschaftlichen Gründen werden schmale Baugruben angestrebt. Für die statische Berechnung interessiert nicht die lichte Breite der verschalten Baugrube, sondern der Abstand der Erdwände B_g; es ist also die Verschalung zweimal zu addieren (**2.**51 und **2.**52).

Weiter interessiert nicht die Breite an der Sohle der Baugrube, sondern die in Scheitelhöhe des Rohres (**2.**54).

Bei Doppelbaugruben bestimmt der Achsabstand der beiden Kanäle die Baugrubenbreite. Der Sockel, auf dem der höher liegende Kanal ruht, sollte möglichst verbohlt werden; dadurch wird der Achsabstand verringert. In der Regel bestimmen die Abmessungen der Schächte den Achsabstand der Kanäle (**2.**53).

Bei nicht kreisförmigen Profilen gilt die größte Außenbreite des Rohrschaftes als Rohrdurchmesser d_a.

Die Angaben der Tafel **2.**34 gelten für Baugrubentiefen bis 5 m. Bei größeren Baugrubentiefen ist die Grabenbreite im Einzelfall festzulegen.

Die DIN 18 300 rechnet abweichend von DIN 4124 den Arbeitsraum vom größten Außendurchmesser bzw. der größten Breite der Rohrleitung und berücksichtigt die Verschalung mit $2 \cdot 0{,}15$m. Dies ist bei Leistungsverzeichnissen mit m^3-Bodenaushub und bei der Abrechnung von Wechselboden von Gewicht.

2.8.2 **Rohrbelastung** (vgl. auch [86], ATV-A 127 [1], EN 1295)

Es gibt mehrere theoretische Überlegungen und praktische Versuche, die Lasten für erdverlegte Leitungen rechnerisch zu erfassen. Da Kanäle meist in Gräben verlegt werden, kann man für das Füllgut die Silotheorie anwenden. Man nimmt an, daß das Füllgut an den Wänden abgleitet und durch die Reibungskräfte einen Teil seines Gewichtes auf die Wände absetzt. Nur der andere Teil lastet auf dem Rohrscheitel.

Janssen hat diesen Vorgang zuerst berechnet, Marston wendete die Silotheorie auf Erdgräben an. Voellmy berücksichtigte die Elastizitätstheorie und die Rankinsche Erddrucktheorie. Kehr und Wetzorke [86] führten Messungen an erdverlegten Rohren durch und stellten fest, daß die Silotheorie mit dem Verhältnis K_1 zwischen Horizontal- und Vertikalkomponente von 0,5 anwendbar ist (vgl. auch DIN 1055 Bl. 6). Man geht davon aus, die vorhandene Last mit der Bruchlast der Rohre beim Scheiteldruckversuch zu vergleichen. Neuere Überlegungen enthält das Arbeitsblatt A 127 der ATV [1], die hier berücksichtigt werden sollen.

Die Erdlast P_E kann als ruhende Last angesehen werden:

$$p_E = \kappa \cdot \gamma_B \cdot H \quad \text{in kN/m}^2 \qquad \text{und} \qquad P_E = \kappa \cdot \gamma_B \cdot H \cdot d_a \quad \text{in kN/m} \tag{2.14}$$

oder nach Wetzorke, wenn keine Lastkonzentration λ über dem Rohrscheitel berücksichtigt wird (überschläglich):

$$P_E = \kappa \cdot \gamma_B \cdot H \cdot B_g \quad \text{in kN/m} \tag{2.15}$$

κ = Abminderungsfaktor infolge von Reibungskräften an den Grabenwänden, abhängig vom Verhältnis H/B_g und von der Bodenart (Tafel **2.**35)

Mit größer werdender Grabenbreite B_g nähert sich κ dem Wert 1,0. Im Fall der Dammschüttung ist $\kappa = 1{,}0$.

$$\kappa = \frac{1 - e^{-2H/B_g \cdot K_1 \cdot \tan\delta}}{2H/B_g \cdot K_1 \cdot \tan\delta} \quad \text{und für} \quad \underset{\text{(Wetzorke)}}{K_1 = 0{,}5;} \quad \delta = \varphi' : \quad \kappa = \frac{1 - e^{-H/B_g \cdot \tan\varphi'}}{H/B_g \cdot \tan\varphi'} \tag{2.16}$$

φ' = Winkel der inneren Reibung des drainierten Bodens (Kies = 35°, Sand = 30°, sandiger Ton = 25°, Ton = 20°)
δ = Wandreibungswinkel
γ_B = Raumgewicht des Füllbodens in kN/m^3 nach ATV-A 127 = 20 kN/m^3
B_g = Grabenbreite über dem Rohrscheitel in m
H = Überdeckungshöhe in m
K_1 = Verhältnis von horizontalem zu vertikalem Erddruck

Für geböschte Baugruben (**2.**54) gilt wenn:

$$\varphi' \leq \beta \leq 90° : \kappa_\beta = 1 - \frac{\beta}{90} + \kappa_{90}\frac{\beta}{90} \qquad \beta \text{ in Grad, } \kappa_{90} \text{ für } B_g \text{ über dem Rohrscheitel}$$

$$0 \leq \beta < \varphi' : \kappa_\beta = 1$$

$$\beta = 0 \,(\text{Damm}): \kappa_\beta = 1$$

Maßgebend für die Abminderung der Erdlast in Gräben sind der Seitendruck auf die Grabenwände, ausgedrückt durch das Verhältnis K_1 von horizontalem Seitendruck auf die

Tafel **2**.35 Kennwerte der Bodenarten

Nr.	Bodenart	γ_B in	φ'	Verformungsmodul E_B [N/mm²] bei Proctordichte in % (D_{Pr})					
		kN/m³	in °	85	90	92	95	97	100
G1	Nichtbindige Böden	20	35	2,4	6	9	16	23	40
G2	Schwachbindige Böden	20	30	1,2	3	4	8	11	20
G3	Bindige Mischböden, Schluff (bindiger Sand und Kies, bindiger steiniger Verwitterungsboden)	20	20	0,8	2	3	5	8	13
G4	Bindige Böden (Ton, Lehm)	20	20	0,6	1,5	2	4	6	10

Grabenwände zu vertikalem Erddruck, sowie der wirksame Wandreibungswinkel δ. Zur Wahl dieser Parameter werden vier Fälle der Bauausführung unterschieden.

A1. Lagenweise gegen den gewachsenen Boden verdichtete Grabenverfüllung (ohne Nachweis des Verdichtungsgrades): $K_1 = 0{,}5$; $\delta = 2/3\,\varphi'$.

A2. Senkrechter Verbau des Rohrgrabens mit Kanaldielen oder Leichtspundprofilen, die erst nach dem Verfüllen gezogen werden; Verbauplatten oder -geräte, die bei der Verfüllung des Grabens schrittweise entfernt werden; unverdichtete Grabenverfüllung; Einspülen der Verfüllung (nur geeignet bei Böden der Gruppe G1): $K_1 = 0{,}5$; $\delta = 1/3\,\varphi'$.

A3. Senkrechter Verbau des Rohrgrabens mit Spundwänden, Holzbohlen, Verbauplatten oder -geräten, die erst nach dem Verfüllen entfernt werden: $K_1 = 0{,}5$; $\delta = 0$.

A4. Lagenweise gegen den gewachsenen Boden verdichtete Grabenverfüllung mit Nachweis der Proctordichte: $K_1 = 0{,}5$; $\delta = \varphi'$. Die Proctordichte ist gemäß ZTVE-StB nachzuweisen. Die Überschüttungsbedingung A4 ist nicht anwendbar bei Böden der Gruppe G4.

Wenn auf der Oberfläche des Grabens ruhende, gleichmäßig verteilte Flächenlasten vorhanden sind, z.B. Lagergut oder Fundamente, dann wird deren Druck auf den Scheitel des Rohres erfaßt mit den Gleichungen:

$$p_{E,0} = \kappa_0 \cdot p_0 \quad \text{in kN/m}^2 \quad \text{und} \quad P_{E,0} = \kappa_0 \cdot p_0 \cdot d_a \quad \text{in kN/m} \tag{2.17}$$

p_0 = Oberflächenbelastung in kN/m² Grabenoberfläche
κ_0 = Abminderungsfaktor: $\kappa_0 = \mathrm{e}^{-2H/B_g \cdot K_1 \cdot \tan\delta}$ (2.18)

Verkehrslasten sind für Rohrkanäle besonders schwierig zu erfassen. Die vertikalen Spannungen im Boden werden nach der Theorie von Boussinesq berechnet. Sie stellen eine bewegliche oder dynamische Last dar. Es gilt

$$p_v = \varphi \cdot p \quad \text{in kN/m}^2 \qquad P_v = \varphi \cdot p \cdot d_a \quad \text{in kN/m} \tag{2.19}$$

p = Bodenspannung infolge Verkehrsbelastung in kN/m², bezogen auf die Grundrißfläche des Rohres (Tafel **2**.36, **2**.37, **2**.38, **2**.39)
d_a = äußerer Rohrdurchmesser in m, φ = Stoßfaktor

Der Beiwert φ berücksichtigt sowohl die zusätzliche Wirkung aus der Bewegung als auch die durch die Rohrsteifigkeit bewirkte Lastkonzentration. Die hervorgerufenen Rohrbeanspruchungen hängen wesentlich von der Lastverteilungsfunktion der Straßendecke ab.

Tafel **2.36** Bodenspannungen p infolge Verkehrslasten **SLW 60**, Überdeckungshöhen H = 0,5 bis 3,0 m, abhängig vom Rohr-DN

H	200	250	300	350	400	500	600	700	800	900	1000	1200	1400	1600
,50	107,65	103,54	99,96	96,79	93,90	88,67	84,58	81,06	77,94	75,14	72,62	68,29	64,66	61,18
,55	97,92	94,69	91,84	89,30	86,95	82,68	79,29	76,36	73,72	71,34	69,18	65,44	62,27	59,20
,60	88,99	86,43	84,17	82,13	80,23	76,74	73,95	71,51	69,30	67,29	65,46	62,25	59,51	56,82
,65	80,98	78,96	77,14	75,50	73,97	71,12	68,82	66,80	64,95	63,26	61,71	58,97	56,61	54,28
,70	73,92	72,30	70,84	69,51	68,27	65,94	64,05	62,37	60,82	69,40	58,09	55,77	53,74	51,72
,75	67,73	66,43	65,26	64,18	63,16	61,26	59,69	58,29	57,00	55,81	54,70	52,73	50,99	49,25
,80	62,35	61,30	60,34	59,46	58,63	57,06	55,76	54,60	53,52	52,51	51,58	49,90	48,42	46,92
,85	57,67	56,82	56,04	55,32	54,63	53,34	52,26	51,29	50,38	49,53	48,74	47,32	46,05	44,76
,90	53,62	52,92	52,28	51,68	51,12	50,04	49,15	48,33	47,57	46,86	46,19	44,97	43,89	42,78
,95	50,10	49,52	48,99	48,50	48,04	47,14	46,39	45,71	45,07	44,46	43,90	42,86	41,93	40,98
1,00	47,04	46,56	46,13	45,72	45,33	44,58	43,96	43,38	42,84	42,33	41,85	40,97	40,17	39,35
1,05	44,38	43,98	43,62	43,28	42,96	42,33	41,80	41,32	40,86	40,43	40,02	39,27	38,59	37,89
1,10	42,05	41,73	41,42	41,14	40,87	40,35	39,90	39,49	39,11	38,74	38,39	37,75	37,17	36,56
1,15	40,02	39,75	39,50	39,26	39,03	38,59	38,22	37,87	37,55	37,23	36,94	36,39	35,89	35,37
1,20	38,24	38,01	37,80	37,60	37,41	37,04	36,72	36,43	36,15	35,89	35,64	35,17	34,74	34,29
1,25	36,66	36,47	36,29	36,13	35,97	35,65	35,39	35,14	34,90	34,68	34,46	34,07	33,70	33,32
1,30	35,27	35,11	34,96	34,82	34,68	34,42	34,19	33,98	33,78	33,59	33,41	33,07	32,76	32,43
1,35	34,02	33,89	33,76	33,64	33,53	33,31	33,12	32,94	32,77	32,60	32,45	32,16	31,89	31,61
1,40	32,91	32,80	32,69	32,59	32,49	32,30	32,14	31,99	31,85	31,71	31,58	31,33	31,10	30,86
1,45	31,91	31,81	31,72	31,64	31,55	31,39	31,26	31,13	31,01	30,89	30,77	30,56	30,37	30,16
1,50	31,00	30,92	30,84	30,77	30,70	30,56	30,45	30,34	30,23	30,13	30,03	29,85	29,69	29,51
1,55	30,17	30,10	30,03	29,97	29,91	29,80	29,70	29,61	29,52	29,43	29,35	29,19	29,05	28,90
1,60	29,40	29,35	29,29	29,24	29,19	29,09	29,01	28,93	28,85	28,78	28,71	28,57	28,45	28,32
1,65	28,70	28,65	28,60	28,56	28,52	28,43	28,36	28,29	28,23	28,16	28,10	27,99	27,89	27,77
1,70	28,04	28,00	27,96	27,92	27,89	27,82	27,75	27,70	27,64	27,59	27,53	27,44	27,35	27,25
1,75	27,43	27,39	27,36	27,33	27,30	27,23	27,18	27,13	27,08	27,04	26,99	26,91	26,83	26,75
1,80	26,85	26,82	26,79	26,76	26,74	26,68	26,64	26,60	26,56	26,52	26,48	26,41	26,34	26,27
1,85	26,30	26,28	26,25	26,23	26,20	26,16	26,12	26,08	26,05	26,02	25,98	25,92	25,86	25,80
1,90	25,78	25,76	25,74	25,72	25,70	25,66	25,63	25,59	25,56	25,53	25,51	25,45	25,40	25,35
1,95	25,28	25,26	25,24	25,23	25,21	25,18	25,15	25,12	25,10	25,07	25,05	25,00	24,96	24,91
2,00	24,80	24,79	24,77	24,76	24,74	24,71	24,69	24,66	24,64	24,62	24,60	24,56	24,52	24,48
2,05	24,34	24,33	24,31	24,30	24,29	24,26	24,24	24,22	24,20	24,18	24,17	24,13	24,10	24,07
2,10	23,90	23,88	23,87	23,86	23,85	23,83	23,81	23,79	23,77	23,76	23,74	23,71	23,69	23,66
2,15	23,46	23,45	23,44	23,43	23,42	23,40	23,39	23,37	23,36	23,34	23,33	23,30	23,28	23,26
2,20	23,04	23,03	23,02	23,01	23,01	22,99	22,98	22,96	22,95	22,94	22,93	22,90	22,88	22,86
2,25	22,63	22,62	22,61	22,61	22,60	22,59	22,57	22,56	22,55	22,54	22,53	22,51	22,49	22,47
2,30	22,23	22,22	22,22	22,21	22,20	22,19	22,18	22,17	22,16	22,15	22,14	22,13	22,11	22,09
2,35	21,84	21,83	21,83	21,82	21,81	21,80	21,79	21,79	21,78	21,77	21,76	21,75	21,73	21,72
2,40	21,45	21,45	21,44	21,44	21,43	21,42	21,42	21,41	21,40	21,39	21,39	21,37	21,36	21,35
2,45	21,08	21,07	21,07	21,06	21,06	21,05	21,04	21,04	21,03	21,03	21,02	21,01	21,00	20,99
2,50	20,71	20,71	20,70	20,70	20,69	20,69	20,68	20,67	20,67	20,66	20,66	20,65	20,64	20,63
2,55	20,35	20,34	20,34	20,34	20,33	20,33	20,32	20,32	20,31	20,31	20,30	20,29	20,29	20,28
2,60	19,99	19,99	19,99	19,98	19,98	19,97	19,97	19,97	19,96	19,96	19,95	19,95	19,94	19,93
2,65	19,64	19,64	19,64	19,64	19,63	19,63	19,62	19,62	19,62	19,61	19,61	19,60	19,60	19,59
2,70	19,30	19,30	19,30	19,29	19,29	19,29	19,28	19,28	19,28	19,27	19,27	19,26	19,26	19,25
2,75	18,96	18,96	18,96	18,96	18,96	18,95	18,95	18,95	18,94	18,94	18,94	18,93	18,93	18,92
2,80	18,63	18,63	18,63	18,63	18,63	18,62	18,62	18,62	18,62	18,61	18,61	18,61	18,60	18,60
2,85	18,31	18,31	18,31	18,30	18,30	18,30	18,30	18,29	18,29	18,29	18,29	18,28	18,28	18,28
2,90	17,99	17,99	17,99	17,99	17,98	17,98	17,98	17,98	17,98	17,97	17,97	17,97	17,96	17,96
2,95	17,68	17,68	17,67	17,67	17,67	17,67	17,67	17,67	17,66	17,66	17,66	17,66	17,65	17,65
3,00	17,37	17,37	17,37	17,37	17,36	17,36	17,36	17,36	17,36	17,36	17,35	17,35	17,35	17,35

Der Stoßfaktor φ wird unabhängig von H eingesetzt: SLW 60, $\varphi = 1,2$; SLW 30, $\varphi = 1,4$; LKW 12, $\varphi = 1,5$.

Für Verkehrsbelastungen aus Schienenverkehr gilt das in der DV 804 (BE) der Deutschen Bundesbahn angegebene Belastungsbild UIC 71:

$$H = 1,5\,\mathrm{m} : p = 48\ \mathrm{kN/m^2};$$
$$H \geq 5,5\,\mathrm{m} : p = 20\ \mathrm{kN/m^2}(\text{für 1 Gleis});\ p = 30\ \mathrm{kN/m^2}\ (\text{für 2 und mehr Gleise})$$

Tafel **2**.37 Bodenspannungen p infolge Verkehrslasten **SLW 30**, Überdeckungshöhen $H = 0,5$ bis $3,0$ m, abhängig vom Rohr-DN

H	200	250	300	350	400	500	600	700	800	900	1000	1200	1400	1600
,50	60,92	58,59	56,57	54,77	53,13	50,17	47,86	45,87	44,11	42,52	41,09	38,65	36,59	34,62
,55	54,38	52,59	51,01	49,59	48,29	45,92	44,04	42,41	40,94	39,62	38,42	36,34	34,58	32,87
,60	48,68	47,28	46,04	44,92	43,89	41,98	40,45	39,12	37,91	36,81	35,81	34,05	32,55	31,08
,65	43,75	42,66	41,68	40,79	39,96	38,43	37,18	36,09	35,09	34,18	33,34	31,86	30,59	29,33
,70	39,53	38,66	37,88	37,17	36,51	35,26	34,25	33,35	32,53	31,17	31,07	29,82	28,74	27,66
,75	35,91	35,22	34,60	34,03	33,49	32,48	31,65	30,91	30,22	29,59	29,00	27,96	27,04	26,11
,80	32,82	32,27	31,76	31,30	30,86	30,04	29,35	28,74	28,17	27,64	27,15	26,27	25,49	24,70
,85	30,17	29,72	29,32	28,94	28,58	27,90	27,34	26,83	26,36	25,91	25,50	24,75	24,09	23,42
,90	27,90	27,54	27,20	26,90	26,60	26,04	25,58	25,15	24,76	24,38	24,04	23,40	22,84	22,26
,95	25,95	25,65	25,38	25,13	24,88	24,42	24,03	23,68	23,35	23,03	22,74	22,20	21,72	21,23
1,00	24,27	24,03	23,80	23,59	23,39	23,00	22,68	22,38	22,11	21,84	21,59	21,14	20,73	20,31
1,05	22,82	22,62	22,43	22,26	22,09	21,77	21,50	21,25	21,01	20,79	20,58	20,19	19,84	19,48
1,10	21,56	21,39	21,24	21,09	20,95	20,68	20,46	20,25	20,05	19,86	19,68	19,35	19,06	18,74
1,15	20,46	20,32	20,19	20,07	19,96	19,73	19,54	19,36	19,20	19,04	18,89	18,61	18,35	18,09
1,20	19,50	19,39	19,28	19,18	19,08	18,89	18,73	18,58	18,44	18,31	18,18	17,94	17,72	17,49
1,25	18,66	18,57	18,47	18,39	18,31	18,15	18,01	17,89	17,77	17,65	17,54	17,34	17,15	16,96
1,30	17,92	17,84	17,76	17,69	17,62	17,49	17,37	17,27	17,16	17,07	16,97	16,80	16,64	16,48
1,35	17,26	17,19	17,13	17,07	17,01	16,90	16,80	16,71	16,62	16,54	16,46	16,31	16,18	16,03
1,40	16,67	16,61	16,56	16,51	16,46	16,36	16,28	16,21	16,13	16,06	16,00	15,87	15,75	15,63
1,45	16,14	16,09	16,05	16,01	15,96	15,88	15,81	15,75	15,69	15,63	15,57	15,46	15,36	15,26
1,50	15,66	15,62	15,58	15,55	15,51	15,44	15,39	15,33	15,28	15,23	15,18	15,09	15,00	14,91
1,55	15,23	15,19	15,16	15,13	15,10	15,04	14,99	14,95	14,90	14,86	14,82	14,74	14,67	14,59
1,60	14,83	14,80	14,77	14,75	14,72	14,67	14,63	14,59	14,55	14,52	14,48	14,41	14,35	14,29
1,65	14,46	14,44	14,42	14,39	14,37	14,33	14,29	14,26	14,23	14,20	14,16	14,11	14,05	14,00
1,70	14,12	14,10	14,08	14,06	14,05	14,01	13,98	13,95	13,92	13,89	13,87	13,82	13,77	13,73
1,75	13,81	13,79	13,77	13,75	13,74	13,71	13,68	13,66	13,63	13,61	13,59	13,55	13,51	13,46
1,80	13,51	13,49	13,48	13,46	13,45	13,42	13,40	13,38	13,36	13,34	13,32	13,28	13,25	13,21
1,85	13,22	13,21	13,20	13,19	13,18	13,15	13,13	13,12	13,10	13,08	13,06	13,03	13,00	12,97
1,90	12,96	12,95	12,93	12,92	12,91	12,90	12,88	12,86	12,85	12,83	12,82	12,79	12,77	12,74
1,95	12,70	12,69	12,68	12,67	12,67	12,65	12,63	12,62	12,61	12,59	12,58	12,56	12,54	12,52
2,00	12,46	12,45	12,44	12,43	12,42	12,41	12,40	12,39	12,38	12,36	12,35	12,33	12,32	12,30
2,05	12,22	12,21	12,21	12,20	12,19	12,18	12,17	12,16	12,15	12,14	12,13	12,11	12,10	12,08
2,10	11,99	11,99	11,98	11,97	11,97	11,96	11,95	11,94	11,93	11,92	11,92	11,90	11,89	11,87
2,15	11,77	11,77	11,76	11,76	11,75	11,74	11,73	11,73	11,72	11,71	11,71	11,69	11,68	11,67
2,20	11,56	11,55	11,55	11,54	11,54	11,53	11,53	11,52	11,51	11,51	11,50	11,49	11,48	11,47
2,25	11,35	11,35	11,34	11,34	11,33	11,33	11,32	11,32	11,31	11,30	11,30	11,29	11,28	11,27
2,30	11,15	11,14	11,14	11,14	11,13	11,13	11,12	11,12	11,11	11,11	11,10	11,09	11,09	11,08
2,35	10,95	10,94	10,94	10,94	10,94	10,93	10,93	10,92	10,92	10,91	10,91	10,90	10,90	10,89
2,40	10,75	10,75	10,75	10,75	10,74	10,74	10,73	10,73	10,73	10,72	10,72	10,71	10,71	10,70
2,45	10,56	10,56	10,56	10,56	10,55	10,55	10,55	10,54	10,54	10,54	10,53	10,53	10,52	10,52
2,50	10,38	10,38	10,37	10,37	10,37	10,37	10,36	10,36	10,36	10,35	10,35	10,35	10,34	10,34
2,55	10,19	10,19	10,19	10,19	10,19	10,18	10,18	10,18	10,18	10,17	10,17	10,17	10,16	10,16
2,60	10,02	10,01	10,01	10,01	10,01	10,01	10,00	10,00	10,00	10,00	10,00	9,99	9,99	9,98
2,65	9,84	9,84	9,84	9,84	9,83	9,83	9,83	9,83	9,83	9,82	9,82	9,82	9,82	9,81
2,70	9,67	9,67	9,66	9,66	9,66	9,66	9,66	9,66	9,66	9,65	9,65	9,65	9,65	9,64
2,75	9,50	9,50	9,50	9,49	9,49	9,49	9,49	9,49	9,49	9,49	9,48	9,48	9,48	9,48
2,80	9,33	9,33	9,33	9,33	9,33	9,33	9,32	9,32	9,32	9,32	9,32	9,32	9,31	9,31
2,85	9,17	9,17	9,17	9,17	9,16	9,16	9,16	9,16	9,16	9,16	9,16	9,16	9,15	9,15
2,90	9,01	9,01	9,01	9,01	9,00	9,00	9,00	9,00	9,00	9,00	9,00	9,00	8,99	8,99
2,95	8,85	8,85	8,85	8,85	8,85	8,85	8,85	8,84	8,84	8,84	8,84	8,84	8,84	8,84
3,00	8,70	8,69	8,69	8,69	8,69	8,69	8,69	8,69	8,69	8,69	8,69	8,69	8,68	8,68

Zwischen diesen Werten darf geradlinig interpoliert werden.

$H = 1{,}5$ m bzw. $H = d_i$ (Innendurchmesser) sind Mindestwerte für Überdeckung

$$\varphi \text{ unter Gleisen} = 1{,}40 - 0{,}1(H - 0{,}50) \geq 1{,}0 \quad \text{mit } H \text{ in m}$$

Diese Werte werden in Gl. (2.19) zur Berechnung von p_v eingesetzt.

Bei Flugplätzen sind die anzusetzenden Lasten bei der Flughafenverwaltung zu erfragen.

Tafel **2**.38 Bodenspannungen p infolge Verkehrslasten **LKW 12**, Überdeckungshöhen $H = 0{,}5$ bis 3,0 m, abhängig vom Rohr-DN

H	150	200	250	300	350	400	500
,50	52,95	50,61	48,68	46,99	45,50	44,14	41,68
,55	46,49	44,72	43,24	41,94	40,78	39,71	37,75
,60	40,98	39,63	38,49	37,48	36,57	35,73	34,18
,65	36,31	35,27	34,38	33,59	32,88	32,21	30,97
,70	32,33	31,52	30,83	30,21	29,65	29,11	28,12
,75	28,94	28,31	27,77	27,27	26,82	26,40	25,60
,80	26,04	25,54	25,11	24,72	24,36	24,02	23,38
,85	23,55	23,15	22,81	22,50	22,21	21,93	21,41
,90	21,40	21,08	20,81	20,56	20,32	20,10	19,68
,95	19,53	19,28	19,06	18,86	18,67	18,49	18,14
1,00	17,91	17,70	17,53	17,36	17,21	17,06	16,78
1,05	16,49	16,32	16,18	16,04	15,92	15,80	15,57
1,10	15,24	15,10	14,99	14,88	14,78	14,68	14,49
1,15	14,13	14,02	13,93	13,84	13,76	13,68	13,52
1,20	13,16	13,07	12,99	12,92	12,85	12,78	12,66
1,25	12,29	12,22	12,15	12,09	12,04	11,98	11,88
1,30	11,51	11,45	11,40	11,35	11,31	11,26	11,18
1,35	10,82	10,77	10,73	10,69	10,65	10,61	10,54
1,40	10,20	10,16	10,12	10,09	10,06	10,03	9,97
1,45	9,63	9,60	9,57	9,55	9,52	9,50	9,45
1,50	9,13	9,10	9,08	9,05	9,03	9,01	8,97
1,55	8,67	8,64	8,62	8,61	8,59	8,57	8,54
1,60	8,25	8,23	8,21	8,20	8,18	8,17	8,14
1,65	7,87	7,85	7,84	7,83	7,81	7,80	7,78
1,70	7,52	7,51	7,49	7,48	7,47	7,46	7,44
1,75	7,20	7,19	7,18	7,17	7,16	7,15	7,14
1,80	6,91	6,90	6,89	6,88	6,87	6,87	6,85
1,85	6,64	6,63	6,62	6,62	6,61	6,60	6,59
1,90	6,39	6,38	6,37	6,37	6,36	6,36	6,35
1,95	6,15	6,15	6,14	6,14	6,14	6,13	6,12
2,00	5,94	5,94	5,93	5,93	5,92	5,92	5,91
2,05	5,74	5,74	5,73	5,73	5,73	5,72	5,72
2,10	5,55	5,55	5,55	5,54	5,54	5,54	5,53
2,15	5,38	5,38	5,37	5,37	5,37	5,37	5,36
2,20	5,21	5,21	5,21	5,21	5,21	5,20	5,20
2,25	5,06	5,06	5,06	5,05	5,05	5,05	5,05
2,30	4,92	4,91	4,91	4,91	4,91	4,91	4,91
2,35	4,78	4,78	4,78	4,77	4,77	4,77	4,77
2,40	4,65	4,65	4,65	4,65	4,64	4,64	4,64
2,45	4,53	4,53	4,52	4,52	4,52	4,52	4,52
2,50	4,41	4,41	4,41	4,41	4,41	4,41	4,40
2,55	4,30	4,30	4,30	4,30	4,30	4,30	4,29
2,60	4,19	4,19	4,19	4,19	4,19	4,19	4,19
2,65	4,09	4,09	4,09	4,09	4,09	4,09	4,09
2,70	4,00	4,00	4,00	3,99	3,99	3,99	3,99
2,75	3,90	3,90	3,90	3,90	3,90	3,90	3,90
2,80	3,82	3,81	3,81	3,81	3,81	3,81	3,81
2,85	3,73	3,73	3,73	3,73	3,73	3,73	3,73
2,90	3,65	3,65	3,65	3,65	3,65	3,65	3,65
2,95	3,57	3,57	3,57	3,57	3,57	3,57	3,57
3,00	3,49	3,49	3,49	3,49	3,49	3,49	3,49

Tafel **2**.39 Bodenspannungen p infolge Verkehrslasten **SLW 60, SLW 30, LKW 12**, Überdeckungshöhen $H = 3{,}0$ bis 10,0 m

H	SLW 60	SLW 30	LKW 12
3,00	17,34	8,68	3,49
3,10	16,75	8,38	3,35
3,20	16,17	8,10	3,21
3,30	15,62	7,82	3,09
3,40	15,09	7,55	2,97
3,50	14,57	7,29	2,86
3,60	14,08	7,05	2,75
3,70	13,60	6,81	2,65
3,80	13,15	6,58	2,56
3,90	12,71	6,36	2,47
4,00	12,29	6,15	2,38
4,10	11,88	5,94	2,30
4,20	11,49	5,75	2,23
4,30	11,12	5,56	2,15
4,40	10,76	5,38	2,08
4,50	10,42	5,21	2,02
4,60	10,09	5,05	1,95
4,70	9,77	4,89	1,89
4,80	9,47	4,74	1,83
4,90	9,18	4,59	1,78
5,00	8,90	4,45	1,72
5,20	9,37	4,19	1,62
5,40	7,89	3,95	1,53
5,60	7,44	3,72	1,44
5,80	7,03	3,51	1,36
6,00	6,64	3,32	1,29
6,20	6,29	3,15	1,22
6,40	5,96	2,98	1,16
6,60	5,66	2,83	1,10
6,80	5,37	2,69	1,05
7,00	5,11	2,56	1,00
7,20	4,86	2,43	,95
7,40	4,63	2,32	,91
7,60	4,42	2,21	,87
7,80	4,22	2,11	,83
8,00	4,03	2,02	,79
8,20	3,86	1,93	,76
8,40	3,69	1,85	,73
8,60	3,54	1,77	,70
8,80	3,39	1,70	,67
9,00	3,26	1,63	,64
9,20	3,13	1,56	,62
9,40	3,00	1,50	,59
9,60	2,89	1,44	,57
9,80	2,78	1,39	,55
10,00	2,68	1,34	,53

Bei geringen Überdeckungshöhen, ≤ 1 m, kann der so errechnete Lastanteil größer werden als der auf die Grundrißfläche des Rohres entfallende Raddruck des Regelfahrzeuges. In diesem Falle ist anstelle von $p \cdot d_a$ der unmittelbare Lastanteil des Regelfahrzeuges (Radlast) maßgebend.

Tafel 2.40 Verkehrsbelastung p nach der DIN 1072 Dez. 85

Regel-fahrzeug	Gesamtlast in kN	Radlast kN vorn	Radlast kN hinten	Ersatzlast in kN/m²	Zuordnung
SLW 60	**600**	**100**		**33,3**	BAB, B, L, S
SLW 30	**300**	**50**		**16,7**	K, G, W_S, S
LKW 12	**120**	**20**	**40**	**6,7**	W_L

BAB Bundesautobahnen
B Bundesstraßen
L Landstraßen (LIO)
S Stadtstraßen
K Kreisstraßen
W_S Hauptwirtschaftswege
W_L Wirtschaftswege für leichten Verkehr

Regelfahrzeuge

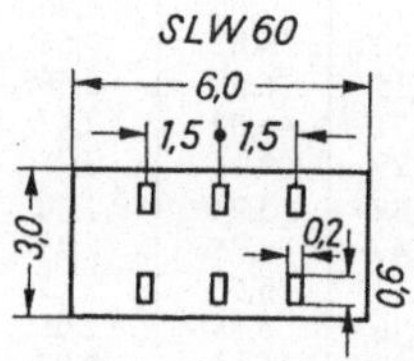

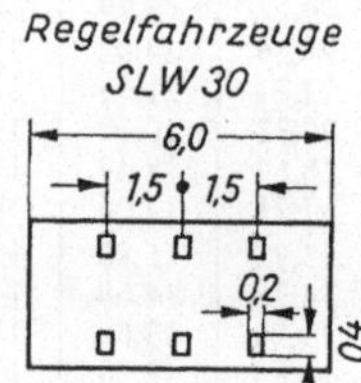

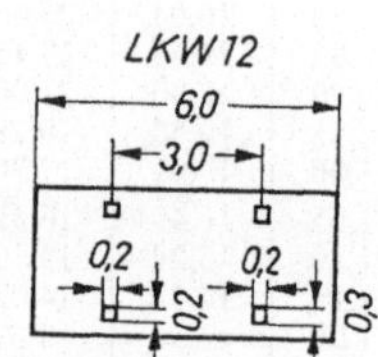

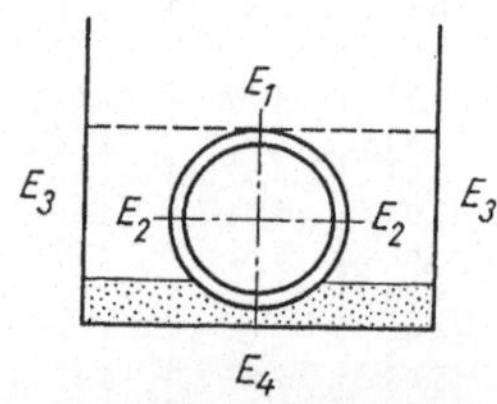

2.55 Bezeichnung der Verformungsmoduln für die verschiedenen Bodenzonen

Lastkonzentration. Durch unterschiedliche Steifigkeit des Rohres und des umgebenden Bodens werden die Lasten über dem Rohr konzentriert. Die Größe des Konzentrationsfaktors ist außerdem abhängig von der tatsächlichen relativen Ausladung a; der relativen Überdeckung H/d_a, der relativen Grabenbreite B/d_a.

Die wirksame relative Ausladung a' erhält man aus der tatsächlichen relativen Ausladung a (2.56), multipliziert mit dem Verhältnis der Verformungsmoduln des Bodens über dem Rohr E_1 und seitlich des Rohres E_2:

$$a' = a \cdot E_1/E_2; \quad E_1 = E_2 \text{ ergibt } a' = a$$

Bei geringer Verdichtung neben dem Rohr oder wenn Sackungen durch Grundwassereinfluß zu befürchten sind, wird $E_1/E_2 \geq 2$ gesetzt.

Die den Lagerungsfällen nach Abschn. 2.8.3 entsprechenden Verdichtungsgrade sowie die als Richtwerte den Bodenarten nach Tafel 2.35 zugeordneten Verformungsmoduln E_1 und E_2 sind Abschn. 2.8.3 zu entnehmen. Für gewachsenen Boden sind die Werte E_3 und E_4 durch Versuche zu ermitteln, soweit nicht $E_3 = E_2$ und $E_4/E_1 = 10$ gesetzt wird. In

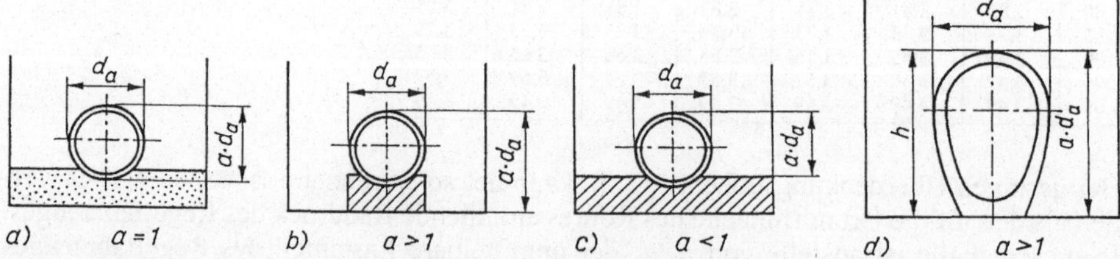

2.56 Relative Ausladung a bei verschiedenen Einbauzuständen

der Regel kann bei Verlegung im Damm $E_1 = E_2 = E_3$ gesetzt werden. Mögliche Ansätze zur Verringerung von E_2 nach ATV A-127 [1].

Für die Abhängigkeit des Konzentrationsfaktors λ_R über dem Rohr von der relativen Grabenbreite B_g/d_a gilt die idealisierte Annahme

$$\lambda_R = \lambda_{RG} = \frac{\lambda_R - 1}{3} \cdot \frac{B_g}{d_a} + \frac{4 - \lambda_R}{3} \quad \text{im Bereich } 1 \le B_g/d_a \le 4 \text{ (Graben geringer Breite)} \qquad (2.20)$$

und für λ_B neben dem Rohr

$$\lambda_B = \frac{4 - \lambda_R}{3} = \text{const.} \quad \text{im Bereich } 4 \le B_g/d_a \le \infty, \text{ wenn } \max\lambda < 4 \qquad (2.21)$$

Es ergeben sich die idealisierten Spannungsumlagerungen nach **2.**57.

Oberer Grenzwert von λ ist durch die Scherfestigkeit des Bodens gegeben:

$$\begin{aligned} &\lambda_{gr} = 1 + 4K_1 \tan\varphi' \quad \varphi' = 37{,}5° \\ &\lambda_R = \max\lambda, \text{wenn } V_S \ge 100 \quad \text{(starre Rohre) im Bereich } 4 \le B_g/d_a \le \infty \end{aligned} \qquad (2.22)$$

Allgemein gilt für $\max\lambda$ die Formel nach L e o n h a r d t [ATV-A 127]. Der maximal mögliche Konzentrationsfaktor $\lambda_R = \max\lambda$ für ein starres Rohr und $B_g/d_a = \infty$ (breiter Graben, Dammschüttung – vgl. auch **2.**58) beträgt:

$$\max\lambda = 1 + \frac{H/d_a}{\frac{3{,}5}{a'} + \frac{2{,}2}{a' - 0{,}25} \cdot \frac{E_1}{E_4} + \left(\frac{0{,}62}{a'} + \frac{1{,}6E_1/E_4}{a' - 0{,}25}\right)\frac{H}{d_a}} \qquad (2.23)$$

gültig in den Grenzen $0{,}25 \le a' \le 10$, $0{,}25 \le E_4/E_1 \le \infty$ und $H/d_a \le \infty$.

Es können $E_4/E_1 = 10$ und $E_3 = E_2$ gesetzt werden, wenn E-Werte nicht durch Versuche ermittelt werden.

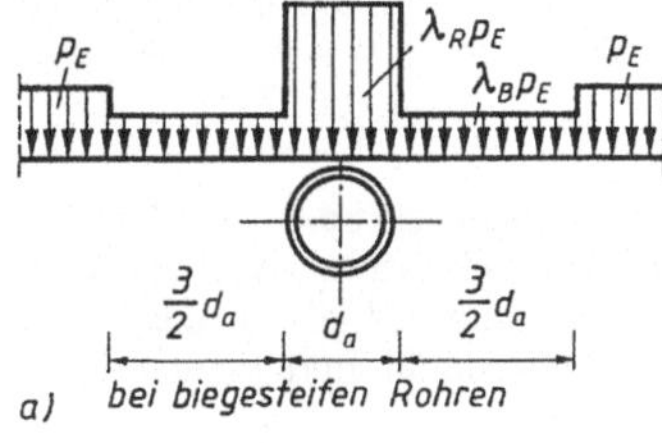

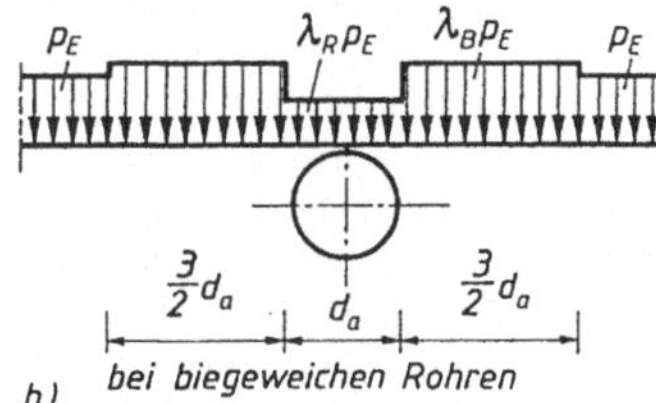

2.57 Umlagerung der Bodenspannungen bei breiten Baugruben $4 \le B_g/d_a \le \infty$

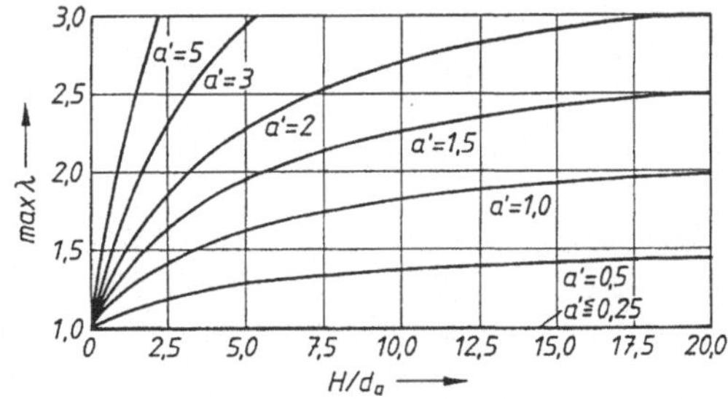

2.58 Konzentrationsfaktor $\max\lambda$ für biegesteife Rohre und für $B_g/d_a = \infty$ und $E_4 = 10 \cdot E_1$ nach Gl. (2.23)

Die vertikale Gesamtbelastung des Rohres ist dann:

$$q_v = \lambda(\kappa \cdot \gamma \cdot H + \kappa_0 \cdot p_0) + p_v \tag{2.24}$$

und die Gesamtauflast

$$F_{ges} = q_v \cdot d_a \tag{2.25}$$

Der Seitendruck q_h ist abhängig vom vertikalen Druck im Boden neben der Rohrleitung (s. **2.**57)

$$q_h = K_2 \cdot \lambda_B \cdot (\kappa \cdot \gamma_B \cdot H + \kappa_0 \cdot p_0) + K_2 \cdot \gamma_B \cdot d_a/2 \quad \text{mit } K_2 \text{ nach Tafel } \mathbf{2.}44 \tag{2.26}$$

Das Erddruckverhältnis K_2 im Boden neben dem Rohr ist abhängig von der Systemsteifigkeit

$$V_{RB} = S_R/S_{Bh}$$

mit $S_R = E_R \cdot J/r_m$ in N/cm² $\widehat{=}$ Rohrsteifigkeit; $E_R \widehat{=}$ Elastizitätsmodul des Rohres
und $S_{Bh} = 0{,}6 \cdot \zeta \cdot E_2$ $\widehat{=}$ Horizontale Bettungssteifigkeit;
$\zeta \widehat{=}$ Korrekturfaktor für den Einfluß der Verformbarkeit des Bodens neben dem Rohr (E_2) und neben dem Rohrgraben (E_3).

$$\zeta = \frac{1{,}44}{\Delta f + (1{,}44 - \Delta f)E_2/E_3} \quad \text{mit} \quad \Delta f = \frac{B_g/d_a - 1}{1{,}154 + 0{,}444(B_g/d_a - 1)} \leq 1{,}44 \quad \text{s. auch Bild } \mathbf{2.}66$$

$S_{Bv} = E_2/a \widehat{=}$ Vertikale Bettungssteifigkeit

$J = s^3/12$ in cm⁴/cm = cm³ = Trägheitsmoment des Rohres/cm. s = Wandstärke in cm, $r_m = 1/2\,(r_a + r_i)$ = mittlerer Radius

und λ_B aus $$\lambda_B = \frac{4 - \max\lambda}{3} = \text{const.} \tag{2.27}$$

Wenn die Auflagerreaktionen nach Abschn. 2.8.3 bereits eine horizontale Komponente enthält (Lagerungsfall II), darf der Seitendruck nach Gl. (2.26) erst oberhalb des Auflagers angesetzt werden.

2.8.3 Lagerungsfälle

Folgende Lagerungsfälle werden unterschieden:

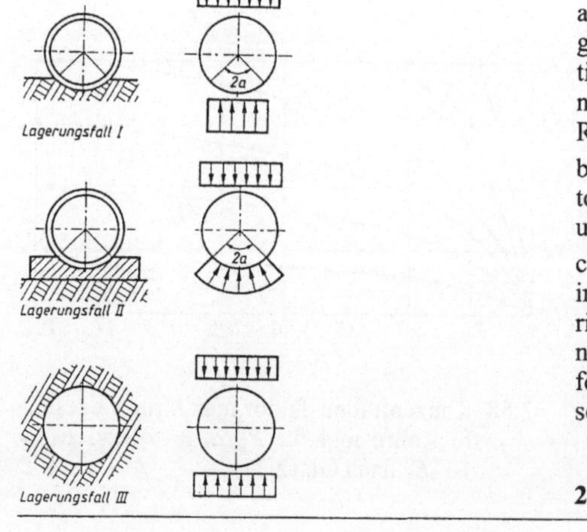

a) Lagerungsfall I. Auflager im Boden. Vertikal gerichtete und rechteckförmig verteilte Reaktionen. Dieser Lagerungsfall gilt für den Spannungsnachweis biegesteifer und biegeweicher Rohre.

b) Lagerungsfall II. Festes Auflager (z.B. Beton) nur für biegesteife Rohre. Radial gerichtete und rechteckförmig verteilte Reaktionen.

c) Lagerungsfall III. Auftager und Einbettung im Boden für biegeweiche Rohre. Vertikal gerichtete und rechteckförmig verteilte Reaktionen. Dieser Lagerungsfall gilt nur für den Verformungsnachweis biegeweicher Rohre (s. Abschn. 2.8.8).

2.59 Lagerungsfälle

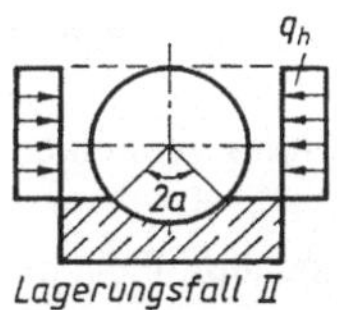

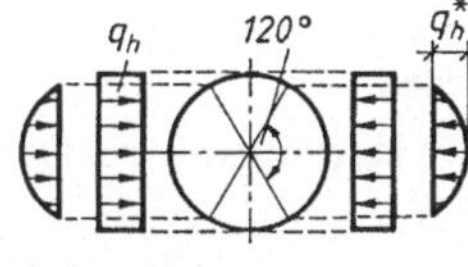

2.60 Seitendruck
q_h Anteil infolge vertikaler Erdlast
q_h^* Reaktionsdruck infolge Rohrverformung

Tafel **2.41** Einbauziffern EZ

Lagerungs-fall	Auflager-winkel $2a$	Einbau-ziffer EZ
I	60°	1,59
	90°	1,91
	120°	2,18
II	90°	2,17
	120°	2,50
	180°	3,69

Für Rohre mit Fuß nach DIN 4032 Form KFW mit der Wanddicke im Scheitel s_2 und der Wanddicke in der Sohle s_3 gilt

$$EZ = 1{,}07\left(\frac{s_3}{s_2}\right)^2 \quad (2.28)$$

Für Eiprofile nach DIN 4032 Form EF kann $EZ = 2{,}1 = \text{const}$ angesetzt werden.

Tafel **2.42** Verformungsmodule E_1 und E_2

Überschüttungs-bedingung		A1		A2 und A3		A4	
Einbettungs-bedingung		B1		B2 und B3		B4	
Verdichtungsgrad D_{Pr} in % Verformungsmodul $E_{1,2}$ in N/mm²		D_{Pr}	$E_{1,2}$	D_{Pr}	$E_{1,2}$	D_{Pr}	$E_{1,2}$
Boden Gruppe	G1	95	16	90	6	97	23
	G2	95	8	90	3	97	11
	G3	92	3	90	2	95	5
	G4	92	2	90	1,5	—	—

Bei gleichwertiger Verdichtung des Bodens neben und über dem Rohr kann $E_2 = E_1$ erreicht werden. E_2 darf nicht größer E_1 angenommen werden. Ausgenommen bei Bodenaustausch in der Leitungszone oder Einbettungsbedingung B4.

Der Seitendruck auf die Rohrleitung setzt sich zusammen aus dem Anteil q_h infolge vertikaler Erdlast und gegebenenfalls dem Bettungsreaktionsdruck $q_h^* =$ Scheitelwert bei parabelförmiger Druckverteilung infolge Rohrverformung bei weichen Rohren:

$$q_h = K_2\lambda_B(\kappa\cdot\gamma_B\cdot H + \kappa_0\cdot P_0) + K_2\cdot\gamma_B\frac{d_a}{2}$$

$q_h^* = (q_v - q_h)\cdot K^*$, horizontal gerichtet (s. **2.60**)

$K^* \,\hat{=}\,$ Beiwert für den Bettungsreaktionsdruck

$$K^* = \frac{c_{h1}}{V_{RB} - c_{h2}} \quad (c\text{-Werte nach Tafel } \mathbf{2.45})$$

$$c_v^* = c_{v1} + c_{v2}\cdot K^*; \quad V_S = \frac{S_R}{|c_v^*|\cdot S_{BV}}$$

Tafel **2.43** Werkstoffkennwerte

Werkstoff	Elastizitäts-modul E_R in N/mm²	Wichte γ_R in kN/m³	Biegezug-spannung Rechenwert σ_R
Faserzement	25000	20	s. DIN 19850
Beton	30000	24	s. DIN 4032
Gußeisen-ZM (duktil)	170000	70,5	s. DIN 19690
Gußeisen- (Lamellengraphit)	100000	71,7	s. DIN 19522, Teil 2
Polyethylen-hart (HDPE)	1000/ 150[1)]	9,5	s. DIN 19537
Polyvinylchlorid (PVC)-hart	3600/ 1750[1)]	13,8	s. DIN 19534
Stahl-ZM	210000	77	s. DIN 1629 u. DIN 1626
Stahlbeton	30000	25	s. DIN 4035
Spannbeton	39000	25	s. DIN 4227
Steinzeug	50000	22	s. DIN 1230

[1)] Kurzzeit-/Langzeitrechenwert. Die Werte gelten nur für extrudierte glatte Vollwandrohre.

Tafel **2.44** Erddruckverhältnis K_2

1	2	3
Boden Gruppe	K_2	
	$V_{RB} > 0{,}1$	$V_{RB} \le 0{,}1$
G1	0,5	0,4
G2	0,5	0,3
G3	0,5	0,2
G4	0,5	0,1
Bettungsreaktionsdruck	$q_h^* = 0$	$q_h^* > 0$

Einbettungsbedingungen für die Rohrleitung. Für die Einbettung in der Leitungszone werden vier Einbettungsbedingungen B1 bis B4 unterschieden:

B1: Lagenweise gegen den gewachsenen Boden bzw. lagenweise in der Dammschüttung verdichtete Einbettung (ohne Nachweis des Verdichtungsgrades)

B2: Senkrechter Verbau innerhalb der Leitungszone mit Kanaldielen oder Leichtspundprofilen, die erst nach dem Verfüllen gezogen werden

Verbauplatten und -geräte, unter der Voraussetzung, daß die Verdichtung des Bodens nach dem Ziehen des Verbaus sichergestellt ist

Einspülen der Einbettung (nur geeignet bei Böden der Gruppe G1)

B3: Senkrechter Verbau innerhalb der Leitungszone mit Spundwänden, Holzbohlen, Verbauplatten oder -geräten, ohne daß nach dem Ziehen eine wirksame Nachverdichtung erfolgt

B4: Lagenweise gegen den gewachsenen Boden bzw. lagenweise in der Dammschüttung verdichtete Einbettung mit Nachweis der nach ZTVE-StB erforderlichen Proctordichte. Die Einbettungsbedingung B4 ist nicht anwendbar bei Böden der Gruppe G4.

Tafel **2**.45 Verformungsbeiwerte

Auflagerwinkel	c_{v1}	c_{v2}	c_{h1}	c_{h2}
60°	−0,1053	+0,0640	+0,1026	−0,0658
90°	−0,0966	+0,0640	+0,0956	−0,0658
120°	−0,0893	+0,0640	+0,0891	−0,0658
180°	−0,0833	+0,0640	+0,0833	−0,0658

2.8.4 Sicherheitsbeiwerte

Grundlagen. Die Sicherheitsbeiwerte sind auf der Grundlage der probabilistischen Zuverlässigkeitstheorie ermittelt. Dabei werden die Streuungen der Belastbarkeit der Rohre (z.B. Festigkeit, Abmessungen) und der Belastung (z.B. Bodeneigenschaften, Verkehrslasten, Einbaubedingungen) berücksichtigt.

Aufgrund der unterschiedlichen Streuungen der Festigkeiten, Abmessungen, Steifigkeiten und Prüfmethoden sowie der unterschiedlichen Inanspruchnahme der Stützfunktion des Bodens ergeben sich für die verschiedenen Rohrwerkstoffe bei gleicher Versagenswahrscheinlichkeit unterschiedliche Sicherheitsbeiwerte.

Sicherheitsbeiwerte gegen Versagen der Tragfähigkeit. Hierunter fallen die Versagensarten Bruch und Instabilität. Die erforderlichen Sicherheitsbeiwerte sind in Abhängigkeit von den Sicherheitsklassen in den Tafeln **2**.46 und **2**.47 angegeben. Den Sicherheitsklassen sind Versagenswahrscheinlichkeiten p_f zugeordnet.

Die Sicherheitsbeiwerte beziehen sich für die Werkstoffe

– Faserzement, Beton, Gußeisen-ZM, Polyethylen-hart (HDPE), Polyvinylchlorid (PVC)-hart und Steinzeug auf die 5-%-Fraktile der Ringbiegezugfestigkeit;
– Stahlbeton auf die Rechenwerte nach DIN 1045;
– Stahl auf die 5-%-Fraktile der Biegestreckgrenze (0,2%).

Sicherheitsklasse A: Regelfall

– Verlegung unter Verkehrsflächen
– Gefährdung des Grundwassers
– Beeinträchtigung der Nutzung
– Versagen hat beachtliche wirtschaftliche Folgen

Tafel **2**.46 Sicherheitsbeiwerte, Versagen durch Bruch (Grenze der Tragfähigkeit)

Rohrwerkstoff	γ	
	Sicherheitsklasse A (Regelfall) $p_f = 10^{-5}$	Sicherheitsklasse B (Sonderfall) $p_f = 10^{-3}$
Faserzement Beton Steinzeug	2,2	1,8
Stahlbeton, Spann-	1,75	1,4
Polyethylen-hart (HDPE), PE Polyvinylchlorid (PVC)-hart	2,5	2,0
Stahl-ZM Gußeisen-ZM	1,5	1,3

Tafel **2**.47 Sicherheitsbeiwerte, Versagen durch Instabilität

Rohrwerkstoff	γ	
	Sicherheitsklasse A $p_f = 10^{-5}$	Sicherheitsklasse B $p_f = 10^{-3}$
- Stahl Gußeisen-ZM Polyethylen-hart (HDPE), PE Polyvinylchlorid (PVC)-hart	2,5	2,0

$p_f \mathrel{\hat{=}}$ Versagenswahrscheinlichkeit

Sicherheitsklasse B: S o n d e r f a l l
- Keine Gefährdung des Grundwassers
- Geringe Beeinträchtigung der Nutzung
- Versagen hat geringe wirtschaftliche Folgen

2.8.5 Tragfähigkeitsnachweis

Dieser Nachweis gilt für Steinzeugrohre nach DIN 1230, Betonrohre nach DIN 4032 und Fz-Rohre nach DIN 19850. Die ungünstigste Beanspruchung wäre die der Scheiteldruckprüfung, bei der die Rohre linienförmig belastet werden. Eine Last- und Auflagerkraftverteilung erfolgt nicht. Je sorgfältiger und lastverteilender jedoch die Rohre in der Baugrube gelagert sind, desto geringer werden sie bei gleich großer Belastung beansprucht, oder desto höher kann die Belastung gegenüber der Scheiteldruckprüfung sein. Durch die E i n b a u z i f f e r EZ (s. Abschn. 2.8.3) werden die Einbaubedingungen gegenüber der Scheiteldruckkraft F_N berücksichtigt.

Die in Abschn. 2.8.3 angegebenen Einbauziffern sind ohne Berücksichtigung des Seitendruckes nach Abschn. 2.8.2 berechnet. Damit wird ein Ausgleich geschaffen dafür, daß beim Tragfähigkeitsnachweis Eigengewicht und Wasserfüllung meist unberücksichtigt bleiben. Die Ergebnisse bleiben damit im allgemeinen auf der sicheren Seite. Bei Nennweiten ≥ 500 kann es vorteilhaft sein, Seitendruck, Eigengewicht und Wasserfüllung zu berücksichtigen.

Der Sicherheitsfaktor γ wird nachgewiesen mit Hilfe der Gleichung

$$\gamma = \frac{EZ \cdot F_N}{F_{ges}}, \quad \gamma \geq \text{nach Tafel } \mathbf{2}.46 \text{ und } \mathbf{2}.47, \tag{2.29}$$

oder

$$EZ_{erf} \geq \frac{\gamma F_{ges}}{F_N} \quad \text{oder} \quad F_{ges} \leq \frac{EZ \cdot F_N}{\gamma}$$

Ist die Tragfähigkeit F_{ges} kleiner als die errechnete Gesamtbelastung, dann sind entweder Rohre mit einer höheren Scheitelprüflast zu verwenden oder die Einbaubedingungen der vorgesehenen Rohre durch Vergrößerung der Einbauziffer zu verbessern.

Durch Deformationsschichten über oder auf der oberen Rohrhälfte lassen sich erhebliche Lastumlagerungen auf die Erdteile neben dem Rohr erzielen. Man benutzt Schaumstoffplatten mit E-Werten von 60 bis 200 kN/m^2 in etwa 5 cm Dicke. Leonhardt erreichte mit vorgewalktem Schaumstoff ($E = 60$ kN/m^2) von 4,2 cm Dicke und einer Breite $= 1{,}5 \cdot d_a$ eine Abminderung der Erdlast auf 13% derjenigen ohne Deformationsschicht. Die Steinzeugindustrie bietet das System Flexogres an. Es besteht aus Polyethylen-Schaumstoffplatten, 3 cm bis 8 cm dick und 2 m lang, und dem Rohr. Der Verformungsmodul der Platte beträgt bei 50% Stauchung $E \approx 200$ kN/m^2.

2.8.6 Berechnungsbeispiel

Gegeben: Doppelbaugrube (**2.**61), auch Stufengraben mit Füllboden = Sand $\gamma = 20$ kN/m^3, gute Verdichtung, Baugrube verkleidet; SLW 60.

Bauausführung nach Fall A1: $K_1 = 0{,}5$; $\delta = 2/3\varphi'$, s.Abschn. 2.8.2 und Tafel **2.**35.

Bodenart 2 (Sand): $\gamma_B = 20$ kN/m^3; $\varphi' = 30°$; $E_1 = 3{,}0$ bei 90% Proctordichte; $E_4/E_1 = 10$; $\delta = 2/3 \cdot 30° = 20°$; $E_2 = 3{,}0$; $E_4 = 30$

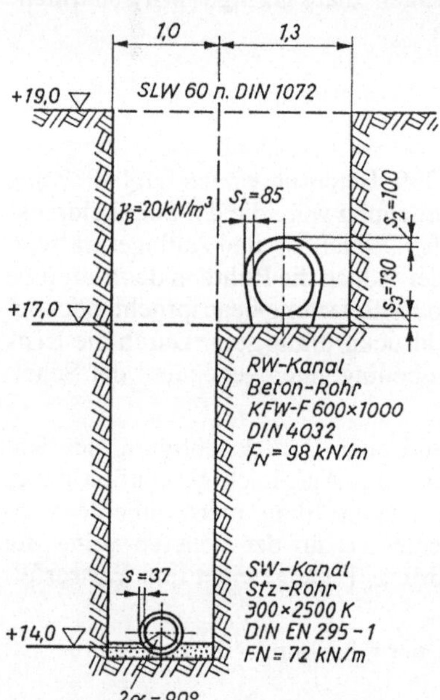

2.61 Doppelbaugrube (Stufengraben) Bauausführung nach Fall 1: Bodenart 2 (Sand)

1 SW-Kanal
DN = 300Stz 240/72, Verbindungssystem
C ≙ Steckmuffe K $d_a = 300 + 2 \cdot 37 = 374$ mm

$F_N = 72$ kN/m

$H_1 = 17{,}0 - (14{,}0 + 0{,}3 + 0{,}037) = 2{,}663$ m

$H_2 = 19{,}0 - 17{,}0 = 2{,}0$ m

$B_g = 1{,}0$m

1.1 Unterer Grabenteil

$H_1/B_g = 2{,}663/1{,}0 = 2{,}663$

$$\kappa = \frac{1 - e^{-2 \cdot 2{,}663 \cdot 0{,}5 \cdot \tan 20°}}{2 \cdot 2{,}663 \cdot 0{,}5 \cdot \tan 20°} = 0{,}64 \quad \text{s. GL. (2.16)}$$

$p_{E_1} = 0{,}64 \cdot 20 \cdot 2{,}663 = 34{,}1$ kN/m^2 s. Gl. (2.14)

$P_{E_1} = 34{,}1 \cdot 0{,}374 = 12{,}76$ kN/m s. Gl. (2.14)

1.2 Der verbreiterte Grabenteil, oberhalb +17,0 m NN wird als Auflast berechnet

$\kappa_0 = e^{-2 \cdot 2{,}663 \cdot 0{,}5 \cdot \tan 20°} = 0{,}38$ s. Gl. (2.18)

$p_0 = 2{,}0 \cdot 20 = 40$ kN/m^2

$p_{E_2} = 0{,}38 \cdot 40 = 15{,}2$ kN/m^2 s. Gl. (2.17)

$P_{E_2} = 15{,}2 \cdot 0{,}374 = 5{,}68$ kN/m

1.3 Lastkonzentration. Die Verformbarkeit des Rohres wird nicht berücksichtigt.

$a = 1$ (nach **2.**56)

$a' = a \cdot E_1/E_2 = 1 \cdot 3{,}0/3{,}0 = 1{,}0$

$E_4/E_1 = 10$ gesetzt (nach **2.**55)

$$\max\lambda = 1 + \frac{2{,}663/0{,}374}{\frac{3{,}5}{1} + \frac{2{,}2}{1-0{,}25} \cdot \frac{1}{10} + \left(\frac{0{,}62}{1} + \frac{1{,}6 \cdot 1/10}{1-0{,}25}\right) \cdot \frac{2{,}663}{0{,}374}} = 1{,}732 \quad \text{s. Gl. (2.23)}$$

$\max\lambda = 1{,}732 = \lambda_R$ wegen $1 \leq B_g/d_a = 2{,}67 \leq 4$

$$\lambda_{RG} = \frac{1{,}732 - 1}{3} \cdot \frac{1{,}0}{0{,}374} + \frac{4 - 1{,}732}{3} = 1{,}408 \quad \text{s. Gl. (2.20)}$$

Oberer Grenzwert:

$$\lambda_{gr} = 1+4\cdot K_2 \tan\varphi' = 1+4\cdot 0{,}5\cdot 0{,}5774 = 2{,}155 > \mathbf{1{,}408} \qquad \text{s. Gl. (2.22)}$$

$1{,}408$ ist maßgebend

1.4 Verkehrslast

$$p_v = \varphi\cdot p \quad p \text{ für eine Überdeckungshöhe } H = H_1 + H_2 = 4{,}663\text{m} \qquad \text{s. Gl. (2.19)}$$

$$p_v = 1{,}2\cdot 10{,}09 = 12{,}108\text{ kN/m}^2 \sim 12{,}11\text{ kN/m}^2$$

$$P_v = 12{,}108\cdot 0{,}374 = 4{,}528\text{ kN/m}$$

1.5 Gesamtlast

$$q_v = 1{,}408(34{,}1+15{,}2)+12{,}11 = 82{,}52\text{ kN/m}^2 \qquad \text{s. Gl. (2.24)}$$

$$F_{ges} = 82{,}52\cdot 0{,}374 = 30{,}86\text{ kN/m} \qquad \text{s. Gl. (2.25)}$$

Näherungsweise nach Wetzorke (2.15):

$$F_{ges} = 0{,}64\cdot 20\cdot 2{,}663\cdot 1{,}0+0{,}38\cdot 40\cdot 1{,}0+4{,}528 = 53{,}81\text{ kN/m}$$

1.6 Sicherheit mit Auflagerwinkel $2\alpha = 90°$ (**2.**59, Lagerungsfall I)

$$\gamma = \frac{1{,}91\cdot 72}{30{,}71} = 4{,}48 > 1{,}8, > 2{,}2 \qquad \text{nach Gl. (2.29) und Tafel } \mathbf{2.}46$$

hier wäre auch der Einsatz von Rohren Stz 300 FN × 2000 K DIN EN 295-1 der Tragfähigkeitsklasse 160/48 ($F_N = 48$ kN/m) in beiden Sicherheitsklassen nach ATV-A 127 möglich:

$$\gamma \approx \frac{1{,}91\cdot 48}{30{,}71} = 2{,}99 > 1{,}8\text{ (B)} > 2{,}22\text{ (A)}$$

2 RW-Kanal (Gleichungsbezüge wie bei 1, SW-Kanal)

$$\text{DN} = 600,\text{KFW-F};\ d_a = 600+2\cdot 85 = 770\,\text{mm}$$

$$F_N = 98\text{ kN/m}$$

$$H = 19{,}0-(17{,}0+0{,}130+0{,}600+0{,}100) = 1{,}17\,\text{m}$$

$$B_g = 2{,}3\,\text{m}$$

2.1

$$H/B_g = 1{,}17/2{,}3 = 0{,}509$$

$$\kappa = \frac{1-e^{-2\cdot 0{,}509\cdot 0{,}5\cdot\tan 20°}}{2\cdot 0{,}509\cdot 0{,}5\cdot\tan 20°} = 0{,}91$$

$$p_E = 0{,}91\cdot 20\cdot 1{,}17 = 21{,}29\text{ kN/m}^2$$

$$P_E = 21{,}29\cdot 0{,}770 = 16{,}4\text{ kN/m}$$

2.2 Lastkonzentration

$$a = 1 \quad a' = a\cdot E_1/E_2 = 1\cdot 3{,}0/3{,}0 = 1{,}0$$

$$\max\lambda = 1+\frac{1{,}17/0{,}77}{\frac{3{,}5}{1}+\frac{2{,}2\cdot 1}{(1-0{,}25)10}+\left(\frac{0{,}62}{1}+\frac{1{,}6+1/10}{1-0{,}25}\right)\cdot\frac{1{,}17}{0{,}77}}$$

$$\max\lambda = 1{,}30$$

wegen $1 \le B_g/d_a = 2{,}99 \le 4$

$$\lambda_{RG} = \frac{1{,}30-1}{3}\cdot\frac{2{,}3}{0{,}77}+\frac{4-1{,}30}{3} = 1{,}199 \approx 1{,}2$$

$\lambda_{gr} = 2{,}155$ wie unter 1.3, **1,2** ist maßgebend

2.3 Verkehrslast

$p_v = 1{,}2 \cdot 37{,}62 = 45{,}14 \text{ kN/m}^2 \approx 45{,}0$ für eine Überdeckungshöhe von $H = 1{,}17$ m

$P_v = 45{,}0 \cdot 0{,}770 = 34{,}65$ kN/m nach Tafel **2**.36

2.4 Gesamtlast

$q_v = 1{,}2 \cdot 21{,}29 + 45{,}0 = 70{,}55 \text{ kN/m}^2$

$F_{ges} = 70{,}55 \cdot 0{,}770 = 54{,}32$ kN/m

2.5 Sicherheit mit $EZ = 1{,}07\left(\frac{130}{100}\right)^2 = 1{,}81$ nach Gl. (2.28)

$$\gamma = \frac{1{,}81 \cdot 98}{54{,}32} = 3{,}27 > 1{,}5 > 2{,}3$$

2.8.7 Spannungsnachweis

Der Spannungsnachweis wird in der Regel für Stahl-ZM-, Stahlbeton-, Spannbeton- und Gußeisen-Rohre ausgeführt.

Für diese Rohre führt man die Berechnung der Schnittkräfte unter den äußeren Lastannahmen durch. Das exakte statische Verfahren nach der Schalentheorie ist aufwendig. Man kann aber Rohre als Ringträger rechnen und den Schnittpunkt der Rohrachsen als Angriffspunkt der 3 statisch unbekannten Größen (M,N,Q) als elastischen Pol wählen und vereinfacht sich damit die Matrix. Schwierig ist die Annahme der Lastverteilung im Boden. Man wählt die gleichmäßig oder parabelförmig verteilte Last. Sicherheitshalber kann man auch den passiven Erddruck seitlich der Rohre vernachlässigen. Die Auflagerdruckverteilung ist statisch schwer bestimmbar und abhängig von der Weichheit des Bodens.

Tafel **2**.48 gibt Beiwerte in m und n entsprechend den Schnittgrößen $M =$ Moment und $N =$ Normalkraft für die verschiedenen Lagerungsfälle (**2**.59) an. Positive Biegemomente entstehen bei gezogener Faser an Rohrinnenwand, positive Normalkräfte bei Zugspannung im Wandquerschnitt. Die Querkräfte in Ringrichtung können vernachlässigt werden. Die Beiwerte gelten nur für Kreisquerschnitte mit konstanter Wanddicke.

Mit den Beiwerten m und n werden die Schnittkräfte nach folgenden Gleichungen ermittelt:

Vertikale Gesamtbelastung q_v:

$$M_{qv} = m_{qv} \cdot q_v \cdot r_m^2 \quad (2.30)$$
$$N_{qv} = n_{qv} \cdot q_v \cdot r_m \quad (2.31)$$

Seitendruck q_h:

$$M_{qh} = m_{qh} \cdot q_h \cdot r_m^2 \quad (2.32)$$
$$N_{qh} = n_{qh} \cdot q_h \cdot r_m \quad (2.33)$$

Horizontaler Reaktionsdruck q_h^*:

$$M_{qh}^* = m_{qh}^* \cdot q_h^* \cdot r_m^2 \quad (2.34)$$
$$N_{qh}^* = n_{qh}^* \cdot q_h^* \cdot r_m \quad (2.35)$$

Eigengewicht:

$$M_g = m_g \cdot \gamma_R \cdot s \cdot r_m^2 \text{ oder } M_g = m'_g \cdot F_g \cdot r_m \quad (2.36)$$
$$N_g = n_g \cdot \gamma_R \cdot s \cdot r_m \qquad N_g = n'_g \cdot F_g \quad (2.37)$$

Wasserfüllung:

$$M_w = m_w \cdot \gamma_w \cdot r_m^3 \text{ oder } M_w = m'_w \cdot F_w \cdot r_m \quad (2.38)$$
$$N_w = n_w \cdot \gamma_w \cdot r_m^2 \qquad N_w = n'_w \cdot F_w \quad (2.39)$$

Überdruck $p_e = p_i - p_a$:

$$M_{pe} = (p_i - p_a) r_i \cdot r_a \left(\frac{1}{2} - \frac{r_i \cdot r_a}{r_a^2 - r_i^2} \cdot \ln \frac{r_a}{r_i}\right) \quad (2.40)$$
$$N_{pe} = p_i \cdot r_i - p_a \cdot r_a \quad (2.41)$$

Tafel 2.48 Momenten- und Normalkraftbeiwerte
Vorzeichen: Moment:
+ Zug auf Rohrinnenseite Normalkraft: + Zug
– Zug auf Rohraußenseite – Druck

Lagerungsfall/2α	Schnittstelle	Momentenbeiwerte					Normalkraftbeiwerte				
		m_{qv}	m_{qh}	m^*_{qh}	m_g / m'_g	m_w / m'_w	n_{qv}	n_{qh}	n^*_{qh}	n_g / n'_g	n_w / n'_w
III/180°	Scheitel	+0,250	–0,250	–0,181	+0,345	+0,172	0	–1,000	–0,577	+0,167	+0,583
					+0,055	+0,055				+0,027	+0,186
	Kämpfer	–0,250	+0,250	–0,208	–0,393	–0,196	–1,000	0	0	–1,571	+0,215
					–0,063	–0,063				–0,250	+0,068
	Sohle	+0,250	–0,250	–0,181	+0,441	+0,220	0	–1,000	–0,577	–0,167	+1,417
					+0,070	+0,070				–0,027	+0,451
I/60°	Scheitel	+0,286	–0,250	–0,181	+0,459	+0,229	+0,080	–1,000	–0,577	+0,417	+0,708
					+0,073	+0,073				+0,066	+0,225
	Kämpfer	–0,293	+0,250	+0,208	–0,529	–0,264	–1,000	0	0	–1,571	+0,215
					–0,084	–0,084				–0,250	+0,068
	Sohle	+0,377	–0,250	–0,181	+0,840	+0,420	–0,080	–1,000	–0,577	–0,417	+1,292
					+0,134	+0,134				–0,066	+0,411
I/90°	Scheitel	+0,274	–0,250	–0,181	+0,419	+0,210	+0,053	–1,000	–0,577	+0,333	+0,667
					+0,067	+0,067				+0,053	+0,212
	Kämpfer	–0,279	+0,250	+0,208	–0,485	–0,243	–1,000	0	0	–1,571	+0,215
					–0,077	–0,077				–0,250	+0,068
	Sohle	+0,314	–0,250	–0,181	+0,642	+0,321	–0,053	–1,000	–0,577	–0,333	+1,333
					+0,102	+0,102				–0,053	+0,424
I/120°	Scheitel	+0,261	–0,250	–0,181	+0,381	+0,190	+0,027	–1,000	–0,577	+0,250	+0,625
					+0,061	+0,061				+0,040	+0,199
	Kämpfer	–0,265	+0,250	+0,208	–0,440	–0,220	–1,000	0	0	–1,571	+0,215
					–0,070	–0,070				–0,250	+0,068
	Sohle	+0,275	–0,250	–0,181	+0,520	+0,260	–0,027	–1,000	–0,577	–0,250	+1,375
					+0,083	+0,083				–0,040	+0,438
II/90°	Scheitel	+0,266	–0,245		+0,396	+0,198	+0,038	–0,989		+0,285	+0,643
					+0,063	+0,063				+0,045	+0,205
	Kämpfer	–0,271	+0,244		–0,460	–0,230	–1,000	0		–1,571	+0,215
					–0,073	–0,073				–0,250	+0,068
	Sohle	+0,277	–0,224		+0,524	+0,262	–0,452	–0,718		–1,587	+0,707
					+0,083	+0,083				–0,253	+0,225
II/120°	Scheitel	+0,240	–0,232		+0,314	+0,517	–0,020	–0,960		+0,105	+0,552
					+0,050	+0,050				+0,016	+0,176
	Kämpfer	–0,240	+0,228		–0,362	–0,181	–1,000	0		–1,571	+0,215
					–0,058	–0,058				–0,250	+0,068
	Sohle	+0,202	–0,187		+0,291	+0,145	–0,558	–0,540		–1,918	+0,541
					+0,046	+0,046				–0,305	+0,172
II/180°	Scheitel	+0,163	–0,163		+0,071	+0,035	–0,212	–0,788		–0,500	+0,250
					+0,011	+0,011				–0,080	+0,080
	Kämpfer	–0,125	+0,125		0	0	–1,000	0		–1,571	+0,215
					0	0				–0,250	+0,068
	Sohle	+0,087	–0,087		–0,071	–0,035	–0,788	–0,212		–2,642	+0,179
					–0,011	–0,011				–0,420	+0,057

Die Werte gelten nur für kreisförmige Rohre mit konstantem Trägheitsmoment über den ganzen Rohrquerschnitt.

Spannungsermittlung. Mit den so ermittelten Schnittkräften werden die Spannungen berechnet zu:

$$\sigma = \frac{N}{A} \pm \frac{M}{W} \alpha_k \tag{2.42}$$

Korrekturfaktor α_k zur Berücksichtigung der Krümmung der inneren (i) bzw. äußeren (a) Randfaser

$$\alpha_{ki} = 1 + \frac{1}{3}\frac{s}{r_m} = \frac{3 \cdot d_i + 5 \cdot s}{3 \cdot d_i + 3 \cdot s} \qquad \alpha_{ka} = 1 - \frac{1}{3}\frac{s}{r_m} = \frac{3 \cdot d_i + s}{3 \cdot d_i + 3 \cdot s} \tag{2.43}$$

Die nach (2.42) ermittelte Spannung σ im Gebrauchszustand ist mit dem Rechenwert σ_R aus Tafel **2.**43 zu vergleichen. Aus dem Verhältnis beider Spannungen ergibt sich der vorhandene Sicherheitsbeiwert γ.

$$\gamma = \frac{\sigma_R}{\sigma} \tag{2.44}$$

2.8.8 Berechnungsbeispiel

Druckrohrleitung DN 800 Stahlbeton nach DIN 4035 in geböschter Baugrube, Betriebsdruck $p_e = 3$ bar; Überdeckung 2,50 m $= H$, Wandstärke $s = 90$ mm; $\gamma_B = 20$ kN/m^3; $\delta = 30°$; G2; Verkehrslast SLW 60; $\gamma_R = 25$ kN/m^3; B45; $E_R = 37000$ N/mm^2; $2\alpha = 90°$. Lagerungsfall I/90. $\beta = 45°$, $\gamma_R = 25$ kN/cm.
(Gleichungsbezüge für Lastermittlung wie in Abschnitt 2.8.6)

$$d_a = 800 + 2 \cdot 90 = 980\,\text{mm}; \quad r_m = 1/2(400 + 490) = 445\,\text{mm}$$
$$B_g = 1050 + 2 \cdot 784 = 2618\,\text{mm oberhalb des Rohres}; \quad H/d_a = 2{,}5/0{,}98 = 2{,}55$$
$$H/B_g = 2{,}50/2{,}618 = 0{,}955; \quad B_g/d_a = 2{,}618/0{,}98 = 2{,}67$$

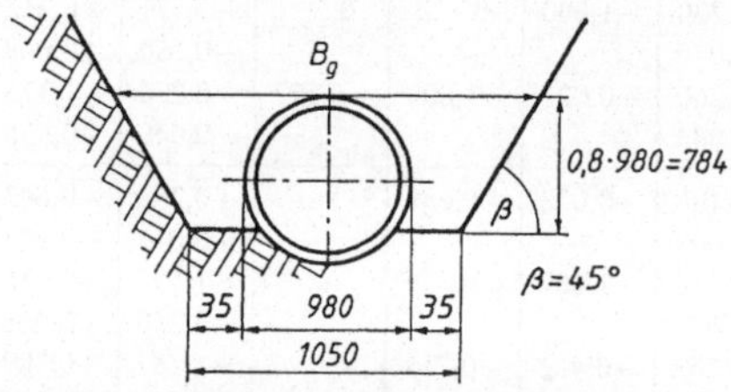

2.62 Querschnitt durch Leitungszone

$$\kappa_{90°} = \frac{1 - e^{-2 \cdot 0{,}955 \cdot 0{,}5 \cdot \tan 30°}}{2 \cdot 0{,}955 \cdot 0{,}5 \cdot \tan 30°} = 0{,}769$$
$$\kappa = 1 - \frac{45}{90} + 0{,}769\frac{45}{90} = 0{,}885$$
$$p_E = 0{,}885 \cdot 20 \cdot 2{,}50 = 44{,}25\ \text{kN/m}^2$$
$$P_E = 44{,}25 \cdot 0{,}980 = 43{,}365\ \text{kN/m}$$
$$a' = a \cdot E_1/E_2 \quad E_1/E_2 = 1$$
$$a' = a \approx 0{,}8 \text{ nach } \mathbf{2.}56\text{c} \quad E_1/E_4 = 1/10$$

$$\max\lambda = 1 + \frac{2{,}5/0{,}98}{\frac{3{,}5}{0{,}8} + \frac{2{,}2}{10(0{,}8-0{,}25)} + \left(\frac{0{,}62}{0{,}8} + \frac{1{,}6}{10(0{,}8-0{,}25)}\right) \cdot \frac{2{,}5}{0{,}98}} = 1{,}34 \qquad \text{s. Gl. (2.23)}$$

$$\lambda_{RG} = \frac{1{,}34-1}{3} \cdot \frac{2{,}618}{0{,}98} + \frac{4-1{,}34}{3} = 1{,}189; \quad \lambda_B = \frac{4-1{,}34}{3} = 0{,}887 \qquad \text{s. Gl. (2.20) und (2.21)}$$

$$\lambda_{gr} = 1 + 4 \cdot 0{,}5 \cdot \tan 30° = 2{,}1547 > 1{,}189$$
$$p_v = 1{,}2 \cdot 20{,}67 = 24{,}8\ \text{kN/m}^2$$
$$P_v = 24{,}8 \cdot 0{,}98 = 24{,}3\ \text{kN/m}$$
$$q_v = 1{,}189 \cdot 44{,}25 + 24{,}8 = 77{,}41\ \text{kN/m}^2$$
$$F_{ges} = 77{,}41 \cdot 0{,}98 = 75{,}86\ \text{kN/m}$$
$$q_h = 0{,}5 \cdot 0{,}887 \cdot 44{,}25 + 0{,}5 \cdot 20 \cdot 0{,}445 = 24{,}07\ \text{kN/m}^2, \quad q_h^* \text{ wird vernachlässigt.}$$

Schnittkräfte (S $\mathrel{\hat{=}}$ Scheitel, K $\mathrel{\hat{=}}$ Kämpfer, So $\mathrel{\hat{=}}$ Sohle), s. Gl. (2.36) bis (2.41)

aus q_v:

$$\begin{aligned}
&\text{S: } M_{qv} = +0{,}274 \cdot 77{,}41 \cdot 0{,}445^2 &&= +4{,}2\,\text{kN} \cdot \text{m/m}\\
&\text{K: } \phantom{M_{qv}} = -0{,}279 \cdot 77{,}41 \cdot 0{,}445^2 &&= -4{,}277\,\text{kN} \cdot \text{m/m}\\
&\text{So: } \phantom{M_{qv}} = +0{,}314 \cdot \underbrace{77{,}41 \cdot 0{,}445^2}_{15{,}339} &&= +4{,}813\,\text{kN} \cdot \text{m/m}
\end{aligned}$$

$$\begin{aligned}
&\text{S: } N_{qv} = +0{,}053 \cdot 77{,}41 \cdot 0{,}445 &&= +1{,}826\,\text{kN/m}\\
&\text{K: } \phantom{N_{qv}} = -1{,}0 \cdot 77{,}41 \cdot 0{,}445 &&= -34{,}447\,\text{kN/m}\\
&\text{So: } \phantom{N_{qv}} = -0{,}053 \cdot \underbrace{77{,}41 \cdot 0{,}445}_{34{,}447} &&= -1{,}826\,\text{kN/m}
\end{aligned}$$

aus q_h:

$$\begin{aligned}
&\text{S: } M_{qh} = -0{,}25 \cdot 24{,}07 \cdot 0{,}445^2 &&= -1{,}192\,\text{kN} \cdot \text{m/m}\\
&\text{K: } \phantom{M_{qh}} = +0{,}25 \cdot 24{,}07 \cdot 0{,}445^2 &&= +1{,}192\,\text{kN} \cdot \text{m/m}\\
&\text{So: } \phantom{M_{qh}} = -0{,}25 \cdot 24{,}07 \cdot 0{,}445^2 &&= -1{,}192\,\text{kN} \cdot \text{m/m}
\end{aligned}$$

$$\begin{aligned}
&\text{S: } N_{qh} = -1{,}0 \cdot 24{,}07 \cdot 0{,}445 &&= -10{,}71\,\text{kN/m}\\
&\text{K: } \phantom{N_{qh}} = 0 \cdot 24{,}07 \cdot 0{,}445 &&= 0\,\text{kN/m}\\
&\text{So: } \phantom{N_{qh}} = -1{,}0 \cdot 24{,}07 \cdot 0{,}445 &&= -10{,}71\,\text{kN/m}
\end{aligned}$$

aus Eigengewicht:

$$\begin{aligned}
&\text{S: } M_g = +0{,}419 \cdot 25 \cdot 0{,}09 \cdot 0{,}445^2 &&= +0{,}187\,\text{kN} \cdot \text{m/m}\\
&\text{K: } = -0{,}485 \cdot 25 \cdot 0{,}09 \cdot 0{,}445^2 &&= -0{,}216\,\text{kN} \cdot \text{m/m}\\
&\text{So: } = +0{,}642 \cdot \underbrace{25 \cdot 0{,}09 \cdot 0{,}445^2}_{0{,}4456} &&= +0{,}286\,\text{kN} \cdot \text{m/m}
\end{aligned}$$

$$\begin{aligned}
&\text{S: } N_g = +0{,}333 \cdot 25 \cdot 0{,}09 \cdot 0{,}445 &&= +0{,}333\,\text{kN/m}\\
&\text{K: } = -1{,}571 \cdot 25 \cdot 0{,}09 \cdot 0{,}445 &&= -1{,}571\,\text{kN/m}\\
&\text{So: } = -0{,}333 \cdot \underbrace{25 \cdot 0{,}09 \cdot 0{,}445}_{1{,}0} &&= -0{,}333\,\text{kN/m}
\end{aligned}$$

aus Wasserfüllung:

$$\begin{aligned}
&\text{S: } M_w = +0{,}21 \cdot 1{,}0 \cdot 0{,}445^3 &&= +0{,}0185\,\text{kN} \cdot \text{m/m}\\
&\text{K: } = -0{,}243 \cdot 1{,}0 \cdot 0{,}445^3 &&= -0{,}0214\,\text{kN} \cdot \text{m/m}\\
&\text{So: } = +0{,}321 \cdot \underbrace{1{,}0 \cdot 0{,}445^3}_{0{,}08812} &&= +0{,}0283\,\text{kN} \cdot \text{m/m}
\end{aligned}$$

$$\begin{aligned}
&\text{S: } N_w = +0{,}667 \cdot 1{,}0 \cdot 0{,}445^2 &&= +0{,}132\,\text{kN/m}\\
&\text{K: } = +0{,}215 \cdot 1{,}0 \cdot 0{,}445^2 &&= +0{,}043\,\text{kN/m}\\
&\text{So: } = +1{,}333 \cdot \underbrace{1{,}0 \cdot 0{,}445^2}_{0{,}198} &&= +0{,}264\,\text{kN/m}
\end{aligned}$$

aus Überdruck: $p_e = p_i$, $p_a = 0$

$$\left.\begin{array}{l}\text{S:}\\ \text{K:}\\ \text{So:}\end{array}\right\} \begin{aligned} M_{pe} &= 3 \cdot 10^2 \cdot 0{,}4 \cdot 0{,}49 \left(1/2 - \frac{0{,}4 \cdot 0{,}49}{0{,}49^2 - 0{,}4^2} \cdot \ln \frac{0{,}49}{0{,}4}\right)\\ &= 0{,}2\,\text{kN} \cdot \text{m/m}\end{aligned}$$

$$\text{S: } N_{pe} = +3 \cdot 10^2 \cdot 0{,}4 = +120\,\text{kN/m}$$

Resultierende Momente:

$$\begin{aligned}
&\text{S: } M = +4{,}2 - 1{,}192 + 0{,}187 + 0{,}0185 + 0{,}2 &&= +3{,}41\,\text{kN} \cdot \text{m/m}\\
&\text{K: } M = -4{,}227 + 1{,}192 - 0{,}216 - 0{,}0214 + 0{,}2 &&= -3{,}12\,\text{kN} \cdot \text{m/m}\\
&\text{So: } M = +4{,}813 - 1{,}192 + 0{,}286 + 0{,}0283 + 0{,}2 &&= +4{,}14\,\text{kN} \cdot \text{m/m}
\end{aligned}$$

Resultierende Normalkräfte:

$$\begin{aligned}
&\text{S: } N = +1{,}826 - 10{,}71 + 0{,}333 + 0{,}132 + 120 &&= +111{,}58\,\text{kN/m}\\
&\text{K: } N = -34{,}447 + 0 - 1{,}571 + 0{,}043 + 120 &&= +\ 84{,}03\,\text{kN/m}\\
&\text{So: } N = -1{,}826 - 10{,}71 - 0{,}333 + 0{,}264 + 120 &&= +107{,}39\,\text{kN/m}
\end{aligned}$$

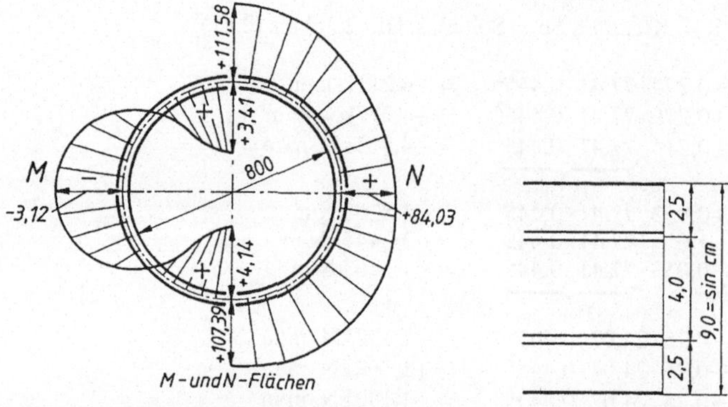

2.63 Momenten- und Normalkraftflächen für ein Rohr DN 800

2.64 Längsschnitt durch Rohrwand mit Bewehrung

$$A = 0{,}09 \cdot 1{,}0 = 0{,}09\,\text{m}^2/\text{m} \qquad W = \frac{0{,}09^2 \cdot 1{,}0}{6} = 0{,}00135\,\text{m}^3/\text{m}$$

Daraus würde sich z.B. bei homogenem Material die Spannung im Scheitel außen ergeben:

S: $\sigma_\text{a} = +\dfrac{111{,}58}{0{,}09} + \dfrac{3{,}41}{0{,}00135} \cdot 0{,}933 = +3596{,}47\text{ kN/m}^2 = +359{,}65\,\text{N/cm}^2$ s. Gl. (2.42)

mit $\alpha_\text{Ki} = 1 + 1/3 \cdot \dfrac{0{,}09}{0{,}445} = 1{,}067 \quad \alpha_\text{Ka} = 1 - 1/3 \cdot \dfrac{0{,}09}{0{,}445} = 0{,}933$ s. Gl. (2.43)

Größte Randspannung in der Sohle innen zu:

So: $\sigma_\text{a} = +\dfrac{107{,}39}{0{,}09} + \dfrac{4{,}14}{0{,}00135} \cdot 1{,}067 = +4456\text{ kN/m}^2 = +446{,}5\,\text{N/cm}^2$

Bemessung als bewehrter Betonquerschnitt gemäß DIN 1045 als B45; $E_\text{B} = 37\,000\,\text{MN/m}^2$, Stahl 220/340 RU:

S, innen: $M_\text{S} = +3{,}41 - 111{,}58 \cdot 0{,}02 = +1{,}178\,\text{kN} \cdot \text{m/m}$

$k_\text{h} = 6{,}5/\sqrt{1{,}178/1{,}0} = 5{,}99 \approx 6 \rightarrow k_\text{s} = 8{,}2$

$\text{erf}A_\text{S} = \dfrac{1{,}178}{6{,}5} \cdot 8{,}2 + \dfrac{10 \cdot 111{,}58}{126} = 10{,}34\,\text{cm}^2/\text{m}$

erf $\varnothing$ 10, $10{,}34/0{,}79 = 13{,}09$ Stck/m $\rightarrow$ ($a = 7{,}6$ cm) $a = 6{,}5$ cm (s. So, innen)

K, innen: $M_\text{S} = -3{,}12 - 84{,}03 \cdot 0{,}02 = -4{,}8\,\text{kN} \cdot \text{m/m}$

$k_\text{h} = 6{,}5/\sqrt{4{,}8/1{,}0} = 2{,}97 \rightarrow k_\text{s} = 8{,}49$

$\text{erf}A_\text{S} = \dfrac{-4{,}8}{6{,}5} \cdot 8{,}49 + \dfrac{10 \cdot 84{,}03}{126} = 0{,}399\,\text{cm}^2/\text{m} \approx 0{,}4\,\text{cm}^2/\text{m}$

K, außen: $M_\text{S} = -3{,}12 + 84{,}03 \cdot 0{,}02 = -1{,}44\,\text{kN} \cdot \text{m/m}$

$k_\text{h} = 6{,}5/\sqrt{1{,}44/1{,}0} = 5{,}42 \rightarrow k_s = 8{,}23$

$\text{erf}A_\text{S} = +\dfrac{1{,}44}{6{,}5} \cdot 8{,}23 + \dfrac{10 \cdot 84{,}03}{126} = 8{,}49\,\text{cm}^2/\text{m} \approx 8{,}5\,\text{cm}^2/\text{m}$

gewählt $\varnothing 10$, $a = 6{,}5$ cm, $A_\text{S} = 12{,}15\,\text{cm}^2/\text{m}$

So, innen: $M_S = 4{,}14 - 107{,}39 \cdot 0{,}02 = +1{,}192\,\text{kN} \cdot \text{m/m} \approx 2{,}0\,\text{kN} \cdot \text{m/m}$

$$k_h = 6{,}5/\sqrt{2{,}0/1{,}0} = 4{,}6 \quad \rightarrow k_s = 8{,}28$$

$$\text{erf}A_S = \frac{2{,}0}{6{,}5} \cdot 8{,}28 + \frac{10 \cdot 107{,}39}{126} = 11{,}07\,\text{cm}^2/\text{m}$$

gewählt ⌀10, $11{,}07/0{,}79 = 14{,}01$ Stck/m $\rightarrow a = 6{,}5\,\text{cm}$, $A_S = 12{,}15\,\text{cm}^2/\text{m}$

2.8.9 Verformungsnachweis

Die Lastaufnahme dünnwandiger, verformbarer Rohre (PVC, PE) unterscheidet sich wesentlich von der bei starren Rohren. Diese Rohre sind nachgiebiger als der umgebende Boden. Die Rohre werden weniger belastet als starre Rohre, weil sich in dem Erdkeil zusätzliche Setzungen ergeben und damit Gewölbebildung über dem Rohr. Es gibt zur Berechnung mehrere Theorien mit unterschiedlichen Ergebnissen. Der einflußreichste Faktor ist das Verformungsverhalten des Bodens in der Rohrleitungszone. Bekannt sind die Theorien von Spangler, Bossen, Molin und Leonhardt. Leonhardt liegt dem ATV-Arbeitsblatt A127 zugrunde und soll hier wiedergegeben werden.

Die relative Verformung der Rohre soll für den Langzeitnachweis nicht größer als 6% sein.

$$\delta_v = \frac{\Delta d_v}{2r_m} \cdot 100 = c_v^* \frac{q_v - q_h}{S_R} \cdot 100 \quad \text{in } \% \quad < 6\% \tag{2.45}$$

Die vertikale Durchmesseränderung Δd_v wird nach Lagerungsfall III (s. Abschn. 2.8.3) berechnet:

$$\Delta d_v = c_v^* \frac{q_v - q_h}{S_R} 2 \cdot r_m \tag{2.46}$$

$$c_v^* = c_{v1} + c_{v2} \cdot K^* \tag{2.47}$$

mit c_{v2}-Beiwert für Δd_v infolge q_h^* (s. Tafel **2.45**)
c_{v1}-Beiwert für Δd_v infolge q_v

$$K^* = \frac{c_{h1}}{V_{RB} - c_{h2}} \tag{2.48}$$

Reaktionsdruckbeiwert mit c_{h1}-Beiwert für Δd_h infolge q_v
c_{h2}-Beiwert für Δd_h infolge q_h^*

$$V_{RB} \mathrel{\hat{=}} \text{Systemsteifigkeit } V_{RB} = \frac{S_R}{S_{Bh}} \tag{2.49}$$

mit $S_R \mathrel{\hat{=}}$ Rohrsteifigkeit nach Gl. (2.52)
$S_{Bh} \mathrel{\hat{=}}$ horizontale Bettungssteifigkeit nach Gl. (2.54)

Mit der Systemsteifigkeit V_{RB} wird der Grad der Inanspruchnahme von horizontalen Bettungsreaktionsdrücken erfaßt.

Die Berechnung der Verformungen mit Hilfe der Verformungsmoduln nach Tafel **2.**42 ergibt Mittelwerte. Um größere Verformungen infolge veränderter Bodeneigenschaften zu erfassen, wird E_2 für den Verformungsnachweis auf 2/3 des nach ATV-A 127 Gleichung (6.02) berechneten Wertes zurückgestuft. Kriecheffekte werden bei den Bodenarten OU, OT und OH der Gruppe G4 berücksichtigt, indem bei der Berechnung der Langzeitverformung für E_2 und E_3 die Hälfte der Werte eingesetzt wird.

Steifigkeitsverhältnis. Das Steifigkeitsverhältnis ist abhängig von der Rohrsteifigkeit S_R, vom Beiwert der vertikalen Durchmesseränderung c_v^* bzw. c_{v1}, gegebenenfalls von der

Steifigkeit einer Deformationsschicht S_D sowie von der vertikalen Bettungssteifigkeit des Bodens seitlich des Rohres S_{Bv}.

Die Mindestrohrsteifigkeit (Langzeit) min $S_R = 3 \cdot 10^{-3}$ N/mm² wird vorausgesetzt.

Das Steifigkeitsverhältnis wird wie folgt berechnet:

a) bei Berücksichtigung des horizontalen Bettungsreaktionsdruckes

$$V_S = \frac{S_R}{|c_v^*| \cdot S_{Bv}} \tag{2.50}$$

b) ohne Berücksichtigung des horizontalen Bettungsreaktionsdruckes (siehe Abschnitt 2.8.2)

$$V_S = \frac{S_R}{|c_{v1}| \cdot S_{Bv}} \tag{2.51}$$

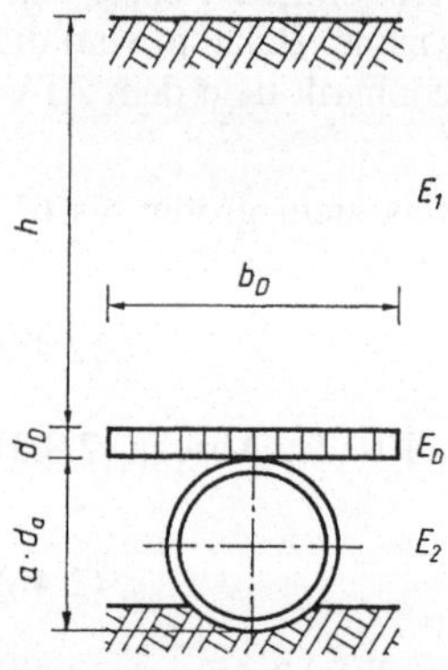

2.65 Deformationsschicht

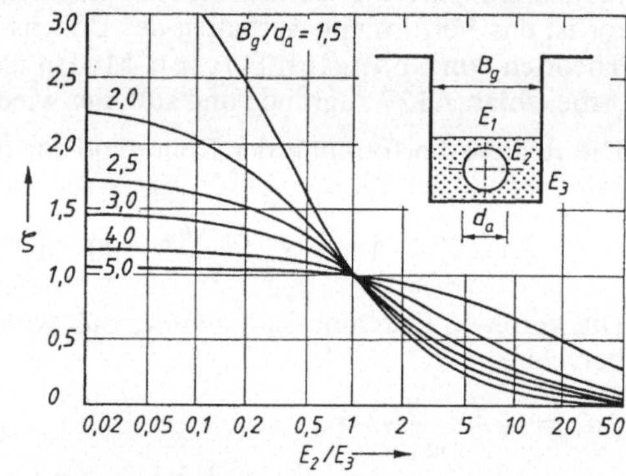

2.66 Korrekturfaktor ζ

c) bei Berücksichtigung einer Deformationsschicht (s. Abschn. 2.8.5). Für den vereinfachten Nachweis mit $S_R = \infty$ und $K_2 = 0$ gelten die Grenzen $2 \cdot q_v \leq E_D \leq 1/5 \cdot E_1$.

$$V_S = \frac{S_D}{S_{Bv}}$$

Darin bedeuten:

$$S_R = \frac{E_R \cdot J}{r_m^3} \mathrel{\widehat{=}} \text{Rohrsteifigkeit} \tag{2.52}$$

$$S_D = E_D \frac{b_D}{d_D} \mathrel{\widehat{=}} \text{Steifigkeit der Deformationsschicht} \tag{2.53}$$

mit E_D = Elastizitätsmodul der Deformationsschicht
b_D = Breite der Deformationsschicht

$$S_{Bv} = \frac{E_2}{a} \mathrel{\widehat{=}} \text{Vertikale Bettungssteifigkeit}$$

$$S_{Bh} = 0{,}6 \cdot \zeta \cdot E_2 \mathrel{\widehat{=}} \text{Horizontale Bettungssteifigkeit} \tag{2.54}$$

2.8.10 Berechnungsbeispiel

Rohr PE hart 1000 × 31 nach DIN 8074; Überdeckungshöhe $H = 5{,}0\,\text{m}$; bindiger Mischboden $\gamma = 20\ \text{kN/m}^3$; $\varphi' = 25$; $\delta = 25°$; geforderte Betriebszeit 50 Jahre; $E_R = 150\,\text{N/mm}^2$ = Elastizitätsmodul nach 50 Jahren; nur Erdauflast, Bauausführung A4; $E_2 = 2/3 \cdot 2\,\text{N/mm}^2$; $D_{Pv} = 90\%$; $E_2/E_3 = 0{,}5$; Auflagerwinkel $2\alpha = 90°$; G3 (Gleichungsbezüge für Lastermittlung wie in Abschn. 2.8.6)

$$d_a = 100\,\text{cm} \quad B_g = 1{,}00 + 2 \cdot 0{,}35 + 2 \cdot 0{,}06 = 1{,}82\,\text{m}; \quad B_g/d_a = 1{,}82$$

(Bohlendicke = 6 cm)

$$H = 5{,}0\,\text{m}; \quad H/d_a = 5{,}0/1{,}0 = 5{,}0; \quad H/B_g = 5{,}0/1{,}82 = 2{,}747; \quad K_1 = 0{,}5$$

$$\kappa = \frac{1 - e^{-2 \cdot 2{,}747 \cdot 0{,}5 \cdot \tan 25°}}{2 \cdot 2{,}747 \cdot 0{,}5 \cdot \tan 25°} = 0{,}564$$

$$p_E = 0{,}564 \cdot 20 \cdot 5{,}0 = 56{,}4\ \text{kN/m}^2;$$

$$P_E = 56{,}4 \cdot 1{,}0 \qquad = 56{,}4\ \text{kN/m}$$

Lastkonzentration:

$$\max\lambda = 1{,}65 \text{ nach } \mathbf{2.58} \text{ für } a' = 1{,}0$$

damit ergibt sich

$$\lambda_R = \frac{\max\lambda \cdot V_S + a' \cdot \frac{4K_2}{3} \cdot \frac{\max\lambda - 1}{a' - 0{,}25}}{V_S + a' \cdot \frac{3 + K_2}{3} \cdot \frac{\max\lambda - 1}{a' - 0{,}25}} \le 4 \qquad \text{Berechnung der Formelwerte siehe unten} \qquad (2.55)$$

$$= \frac{1{,}65 \cdot 0{,}336 + 1 \cdot \frac{4 \cdot 0{,}2}{3} \cdot \frac{1{,}65 - 1}{1 - 0{,}25}}{0{,}336 + 1 \cdot \frac{3 + 0{,}2}{3} \cdot \frac{1{,}65 - 1}{1 - 0{,}25}} = 0{,}623 \quad \text{mit}$$

$$V_S = \frac{S_R}{|c_v^*| \cdot S_{Bv}} = \frac{0{,}00327}{0{,}0073 \cdot 2/3 \cdot 2} = 0{,}336; \quad S_{BV} = \frac{E_2}{a} = \frac{2}{3} \cdot 2 \quad |c_v^*| \text{ nach Gl. (2.47)}$$

$$\lambda_B = \frac{4 - \lambda_R}{3} = \frac{4 - 0{,}623}{3} = 1{,}126 \qquad \text{s. Gl. (2.21)}$$

Vertikale Gesamtlast:

$$q_v = 0{,}632 \cdot 56{,}4 = 35{,}137\ \text{kN/m}^2 = 0{,}03514\,\text{N/mm}^2$$

Reaktionsdruck neben dem Rohr:

$$q_h = K_2 \cdot \lambda_B \cdot \kappa \cdot \gamma_B \cdot H + K_2\gamma_B \cdot \frac{d_a}{2} = 0{,}2 \cdot 1{,}126 \cdot 0{,}564 \cdot 20 \cdot 5{,}0 + 0{,}2 \cdot 20 \cdot \frac{1{,}0}{2}$$

$$= 14{,}7\ \text{kN/m}^2 = 0{,}0147\,\text{N/mm}^2$$

Berechnung der Verformung:

$$d_m = \frac{1{,}0 + 0{,}938}{2} = 0{,}969\,\text{m}; \quad r_m = 0{,}969/2 = 0{,}4845\,\text{m} = 484{,}5\,\text{mm}$$

$$J = 3{,}1^3/12 = 2{,}483\,\text{cm}^3 = 2483\,\text{mm}^3, \text{ eigentlich in cm}^4/\text{cm bzw. mm}^4/\text{mm}$$

$$S_R = E_R \cdot J/r_m^3 = 150 \cdot 2483/484{,}5^3 = 0{,}00327\ \text{N/mm}^2 \qquad \text{s. Gl. (2.52)}$$

$$S_{Bh} = 0{,}6 \cdot \zeta \cdot E_2 = 0{,}6 \cdot 1{,}5 \cdot 2/3 \cdot 2 = 1{,}2\ \text{N/mm}^2 \qquad \text{s. Gl. (2.54)}$$

$$V_{RB} = S_R/S_{Bh} = 0{,}00327/1{,}2 = 0{,}002725 < 0{,}1 \qquad \text{s. Gl. (2.49)}$$

$$K^* = \frac{c_{h1}}{V_{RB} - c_{h2}} = \frac{0{,}0956}{0{,}002725 + 0{,}0658} = 1{,}395 \qquad \text{s. Gl. (2.48)}$$

$$c_v^* = c_{v1} + c_{v2} \cdot K^* = -0{,}0966 + 0{,}0640 \cdot 1{,}395 = -0{,}0073 \qquad \text{s. Gl. (2.47)}$$

$$K_2 = 0{,}2 \quad \text{(s. Tafel } \mathbf{2.}44\text{)}$$

$$\Delta d_v = -0{,}0073\,\frac{0{,}03514 - 0{,}0147}{0{,}00327} \cdot 2 \cdot 484{,}5 = -44{,}22\,\text{mm} \qquad \text{s. Gl. (2.46)}$$

$$\delta_v = -\frac{44{,}22}{2 \cdot 484{,}5} \cdot 100 = -4{,}56\% < -6\% \qquad \text{s. Gl. (2.45)}$$

3 Bauliche Gestaltung von Entwässerungsanlagen

3.1 Baustoffe der Entwässerungsleitungen

3.1.1 Steinzeug

Steinzeug hat sich als Rohrwerkstoff für Entwässerungsleitungen sehr bewährt. Rohre, Formstücke, Sohlschalen und Platten werden aus Ton unter Zugabe von Schamotten als Magerungsmittel geformt, mit Spatglasur überzogen und gebrannt. Sie haben den großen Vorzug, von saurem oder alkalischem Abwasser nicht angegriffen zu werden. Eine Ausnahme bildet die Flußsäure. Außerdem ist Steinzeug sehr abriebfest (vgl. Abschn. 3.2.3). Hohe Fließgeschwindigkeiten bis $v = 10\,\mathrm{m/s}$ sind unbedenklich. I. allg. hat sich Steinzeug beim Bau von Schmutzwasserkanälen in Form von Rohrfertigteilen durchgesetzt, während es bei Mischwasserkanälen als Wandverkleidung oder Sohlschalen Verwendung findet.

Anforderungen an Rohre und Formstücke (Auszug aus DIN EN 295)

DIN EN 295 besteht z. Zt. aus sieben Teilen:
Teil 1: Anforderungen,
Teil 2: Güteüberwachung und Probenahme,
Teil 3: Prüfverfahren,
Teil 4: Anforderungen an Sonderformteile, Übergangsbauteile und Zubehörteile,
Teil 5: Anforderungen an gelochte Steinzeugrohre und Formstücke,
Teil 6: Anforderungen an Steinzeugschächte,
Teil 7: Anforderungen an Steinzeugrohre und Verbindungen beim Rohrvorbetrieb.

Der folgende Auszug befaßt sich mit Teil 1. Die laufenden Nummern entsprechen der EN 295-1.

DEUTSCHE NORM November 1991

	Steinzeugrohre und Formstücke sowie Rohrverbindungen für Abwasserleitungen und -kanäle Teil 1: Anforderungen Deutsche Fassung EN 295-1 : 1991	DIN EN 295 Teil 1

Vitrified clay pipes and fittings and pipe joints for drains and sewers;
Part 1: Specifications;
German version EN 295-1 : 1991

Tuyaux et accessoires en grès et assemblages de tuyaux pour canalisations d'eaux usées et d'egouts;
Partie 1: Exigences;
Version allemande EN 295-1 : 1991

Mit DIN EN 295 T 2/11.91 und DIN EN 295 T 3/11.91 Ersatz für DIN 1230 T 2/01.86, DIN 1230 T 7/08.83, DIN 1230 T 202/03.91 und teilweise Ersatz für DIN 1230 T 1/01.86 und DIN 1230 T 6/08.83

Die Europäische Norm EN 295-1 : 1991 hat den Status einer Deutschen Norm.

2 Rohre und Formstücke

2.1 Werkstoffe und Herstellung

Rohre und Formstücke müssen aus geeigneten Tonen hergestellt und bis zur Sinterung gebrannt sein. Die Tone müssen nach Qualität und Homogenität so beschaffen sein, daß die daraus hergestellten Produkte dieser Norm entsprechen. Rohre und Formstücke müssen klar und einwandfrei klingen sowie frei von Fehlern sein, die ihre Funktion beim bestimmungsgemäßen Gebrauch beeinträchtigen könnten.

Optische Merkmale wie Glasurfehlstellen, Unebenheiten, Quetschfalten am Übergang vom Rohrschaft zur Muffenschräge und geringfügige Beschädigungen an der Oberfläche schließen die Verwendung nicht aus, sofern hierdurch die Dichtheit, Dauerhaftigkeit und die hydraulische Leistungsfähigkeit nicht eingeschränkt werden.

Rohre und Formstücke können innen und/oder außen glasiert oder unglasiert sein. Wenn sie glasiert sind, können sie an den Verbindungsoberflächen von Spitzende und Muffe unglasiert sein.

Rohre und Formstücke werden als biegesteif, die Verbindungen als flexibel klassifiziert und haben gemeinsam eine sehr hohe Korrosionsbeständigkeit.

2.3 Baulänge

Die bevorzugten Baulängen von Rohren ab DN 200 müssen entweder den in Tabelle 2 angegebenen Werten entsprechen oder ganzzahlige Vielfache von 250 mm sein. Für Rohre DN 100 und DN 150 sind keine bevorzugten Baulängen festgelegt.

Tabelle 2. Bevorzugte Baulängen nach DIN EN 295-1

Nennweite DN	Baulänge l_1 in m
200	1,5/2,0
225	1,5/1,75/2,0
250	1,5/2,0
300	1,5/2,0/2,5
≥350	1,5/2,0/2,5/3,0

Darüber hinaus gelten Baulängen von 1,0 m, 1,6 m und 1,85 m im Bereich der Nennweiten DN 200 bis DN 450 ebenfalls als bevorzugte Baulängen.

2.5 Abweichung von der Geraden

Bei Prüfung nach EN 295 Teil 3, Abschnitt 3, dürfen die in Tabelle 3 angegebenen Werte für die zulässige Abweichung des Rohrschaftes von den Geraden nicht überschritten werden; bei der Prüfung ist auf ganze Millimeter zu messen.

Tabelle 3. Abweichung des Rohrschaftes von der Geraden in mm/m Baulänge

>DN 150	≥DN 150 ≤DN 250	>DN 250
≤ 6	≤ 5	≤ 4

2.14 Wasserdichtheit von Rohren

Bei Prüfung von Rohren oder Rohrabschnitten nach EN 295 Teil 3, Abschnitt 9, darf der Wasserzugabewert W_{15}, der zur Aufrechterhaltung des Prüfdrucks von 50 kPa (0,5 bar) erforderlich ist, 0,07 l/m^2 – bezogen auf die innere Rohroberfläche – nicht übersteigen; dabei dürfen keine Undichtheiten auftreten.

2.15 Chemische Beständigkeit

Steinzeugrohre und -formstücke nach dieser Norm sind beständig gegen chemischen Angriff. Für besondere Anwendungsfälle kann die chemische Beständigkeit durch Prüfung nach EN 295 Teil 3, Abschnitt 10, bestimmt werden.

2.16 Wandrauheit

Steinzeugrohre und -formstücke nach dieser Norm haben eine geringe Wandrauheit. Für besondere Anwendungsfälle kann die Wandrauheit durch Prüfung nach EN 295 Teil 3, Abschnitt 11, nachgewiesen werden.

2.17 Abriebfestigkeit

Steinzeugrohre und -formstücke nach dieser Norm sind beständig gegenüber Abriebbeanspruchung. Für besondere Anwendungsfälle kann die Abriebfestigkeit durch Prüfung nach EN 295 Teil 3, Abschnitt 12, bestimmt werden.

3 Rohrverbindungen

3.1 Verbindungsmaterialien

3.1.1 Gummidichtungen

Gummidichtungen müssen ISO 4633 entsprechen; wenn Gummidichtungen mit Rohren oder Formstücken fest verbunden sind, dürfen sie darüber hinaus bei der Ozonprüfung nach EN 295 Teil 3, Abschnitt 14, keine sichtbaren Risse aufweisen.

3.1.2 Polyurethandichtelemente

Polyurethandichtelemente müssen bei Prüfung nach EN 295 Teil 3, Abschnitt 15, die in Tabelle 7 angegebenen Anforderungen erfüllen.

3.1.3 Polypropylen-Überschiebkupplungen – Anforderungen an den Werkstoff

Polypropylen-Überschiebkupplungen, die von Herstellern mit einem Überwachungszeichen nach dieser Norm gefertigt werden, müssen bei Prüfung nach EN 295 Teil 3, Abschnitt 16, die in Tabelle 8 angegebenen Anforderungen erfüllen.

3.1.4 Polypropylen-Überschiebkupplungen – Anforderungen an die Funktion

Polypropylen-Überschiebkupplungen, die von einem fremden Hersteller zugekauft werden, müssen bei Prüfung nach EN 295 Teil 3, Abschnitt 17, einer der beiden folgenden Belastungen standhalten:

a) konstanter innerer Wasserdruck von 60 kPa (0,6 bar) während mindestens einer Minute ohne sichtbare Undichtheit,

oder

b) konstanter innerer Luftdruck von 30 kPa (0,3 bar) während einer Minute ohne sichtbare Undichtheit bei Eintauchen in Wasser.

3.1.5 Andere Materialien für die Rohrverbindungen

Andere Materialien für die Rohrverbindungen müssen übereinstimmen mit den technischen Angaben des Herstellers der Rohre und Formstücke, wobei auch die Anforderungen für das Langzeitverhalten enthalten sein müssen.

Tafel **3**.1 Leistungsangebot der Steinzeug GmbH für Rohre nach DIN EN 295

DN	Tragfähigkeitsklasse/F_N in kN/m	Verbindungssystem	Baulänge l_1 in m	DN	Tragfähigkeitsklasse/F_N in kN/m	Verbindungssystem	Baulänge l_1 in m
100	34/34	F	1,0/1,25	450	160/72	C	2,0
125	34/34	F	1,0/1,25	500	120/60	C	2,5
150	34/34	F	1,0/1,25/1,50	500	160/80	C	2,5
200	160/32	F/C	1,0/1,50/2,0	600	95/57	C	2,5
200	240/48	C	2,0	600	160/96	C	2,5
250	160/40	C	2,0	700	L/60	C	2,0
250	240/60	C	2,0	700	120/84	C	2,0
300	160/48	C	2,5	800	L/60	C	2,0
300	240/72	C	2,5	800	120/96	C	2,0
350	160/56	C	2,0	900	L/60	C	2,0
350	200/70	C	2,0	1000	L/60	C	2,0
400	160/64	C	2,5	1000	–/–	–	–
400	200/80	C	2,5	1200	L/60	C	2,0
450	–/–	–	–	1400	L/60	C	2,0

Tafel **3**.2 Maße von Rohren und Formstücken mit Steckmuffe K, Normallastreihe N nach Werknorm WN295, Programm CeraDyn (Stz-GmbH)

Nennweite DN	d_1	d_3	s_1	m_1	d_8
200	200	242	Die gefertigten Wanddicken unterliegen der Fremdüberwachung	70	330
250	250	296		70	390
300	300	351		70	460
350	348	417		70	525
400	410	484		70	620
500	496	581		75	730
600	597	687		80	860
700	697	790		80	970
800	797	895		80	1090
900	897	1002		90	1240
1000	998	1109		90	1360
1200	1198	1320		95	1600
1400	1396	1550		105	1850
1600	2)				
1800					
2000					

Scheiteldruckkräfte F_N in kN/m nach DIN EN 295-1 siehe Tafeln **3**.7 bis **3**.11.

Tafel **3**.3 Maße von Rohren und Formstücken mit Steckmuffe K, Hochlastreihe H nach Werknorm WN295, Programm CeraDyn (Stz-GmbH)

Nennweite DN	d_1	d_3	s_1	m_1	d_8
200	200	251	Die gefertigten Wanddicken unterliegen der Fremdüberwachung	70	350
250	250	318		70	440
300	300	374		70	510
350	348	430		70	570
400	398	490		70	650
450	447	548		70	720
500	496	607		75	790
600	597	721		80	930
700	697	831		80	1060
800	797	941		80	1190

Tafel **3**.4 Maße von Bögen[1] nach DIN EN 295-1, vgl. Tafel **3**.5

Nennweite DN	Tragfähigkeitsklasse	Dichtung Steckmuffe	Verb.-System	min r für 15°, 30° 45°, 90°	e min.
100	34	L	F	100	70
125	34	L	F	125	70
150	34	L	F	150	75
200	160/240	L/K	F/C	200	85
250	160/240	K	C	250	85
300	160/240	K	C	300	85
≥350	2)				

[1] Bögen 90° dürfen nur für den Anschluß von Fallleitungen an Grundleitungen verwendet werden. Innerhalb von Grundleitungen sind sie nicht zulässig.

[2] Sonderanfertigung nach Vereinbarung

Tafel **3**.5 Maßbezeichnungen von Rohren, Sonderformstücken, Abzweigen, Bögen

Rohre (Tafel **3**.1, **3**.2 und **3**.3)

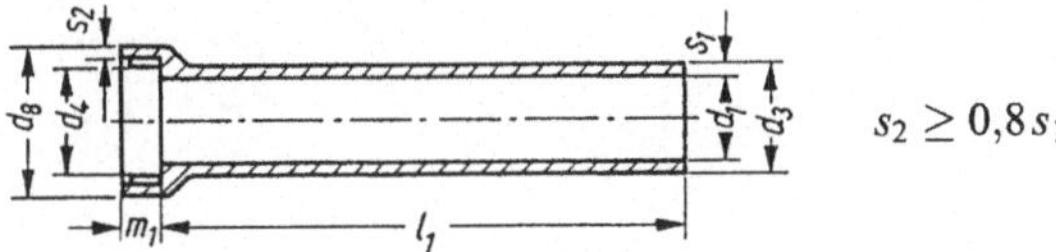

$s_2 \geq 0{,}8\, s_1$

Bezeichnung eines Steinzeugrohres von Nennweite 400, Baulänge $l_1 = 2500$ mm, mit Verbindungssystem C:

Rohr DIN EN 295 – R 400 160/64 × 2500 – C, C ≙ Verbindungssystem (VBS)

Abzweige nach Leistungsangebot der Steinzeug GmbH

Für Abzweige gelten die Maße nach DIN EN 295-1. Weitere Maße in den folgenden Bildern.

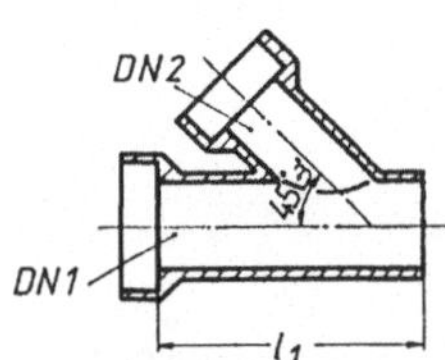

Abzweige 45°:
Nennweiten DN 1/DN 2: 200/100 bis 450/200
Tragfähigkeitsklassen (TFK):
DN 1/DN 2: 160/34, 160/160 (N); 240/34, 240/160, 200/34, 200/160, 160/34, 160/160 (H)
Verbindungssysteme L/L, C/F oder C/C
l_1 = min 0,4, 0,5 oder 0,6 m

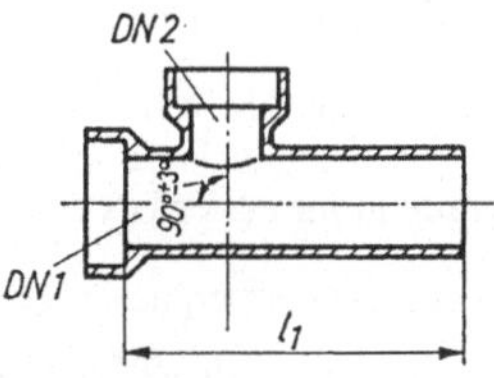

Abzweige 90°:
Nennweiten DN 1/DN 2: 250/150 bis 450/200
Tragfähigkeitsklassen:
DN 1/DN 2: 160/34, 160/160 (N); 240/34, 240/160, 200/34, 200/160,160/34, 160/160 (H)
Verbindungssysteme L/L, C/F oder C/C
l_1 = min 0,4, 0,5 oder 0,6 m

Im Kleinrohrprogramm CeraFix stehen auch maschinengefertigte 45°-Abzweige in DN 100/100 bis DN 200/200 zur Verfügung

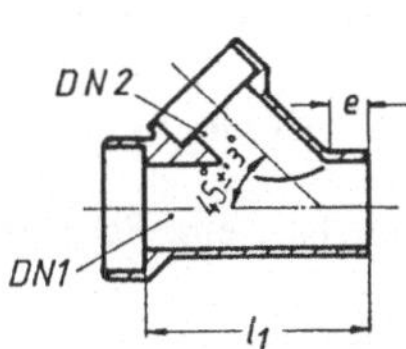

Kompaktabzweig 45°:
DN 1/DN 2 TFK
200/150 160 oder 240/34
250/150 160 oder 240/34
300/150 160 oder 240/34
Verbindungssysteme C/F; l_1 = 0,50 m

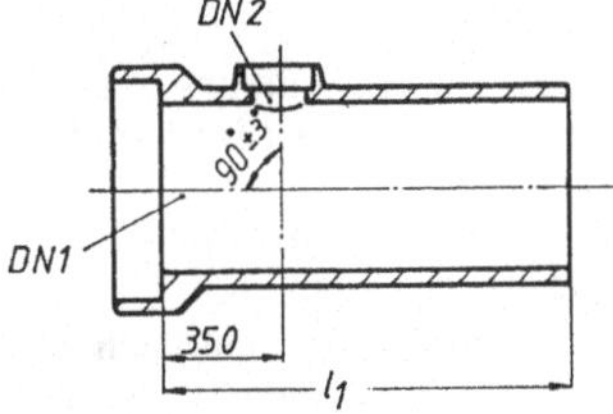

Kompaktabzweig 90°:
DN 1/DN 2: 400/150 bis 800/200
Tragfähigkeitsklassen:
DN 1/DN 2: 160/34, 160/160; 120/34, 120/160, 95/34, 95/160 (N); 200/34, 200/160, 160/34, 160/160, 120/34, 120/160 (H)
Verbindungssysteme C/F oder C/C l_1 = 1,0 m

Kompaktabzweig (AK). Bezeichnung eines Steinzeug-Kompaktabzweiges (AK) 90° von Nennweite DN 1 = 500, Tragfähigkeitsklasse 120, Anschlußrohr Nennweite DN 2 = 150, Tragfähigkeitsklasse 34, Baulänge l_1 = 1000 mm, Verbindungssysteme C/F:

Abzweig DIN EN 295 – AK 90 – 500/150 – 160/34 – 1000 – C/F

Tafel 3.5 Fortsetzung

Bogen (Tafel **3.4**)

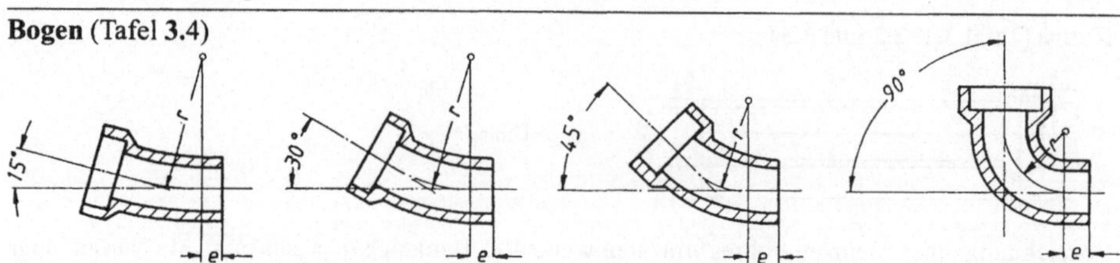

Bezeichnung eines Steinzeug-Bogens (B) 30° von Nennweite (DN) 200, Tragfähigkeitsklasse 160: Bogen DIN EN 295 – B30 – 200 – 160, VBS: F (DN 100 bis 200), C (DN 200 bis 300)

3.5 Sohlengleichheit

Bei Prüfung nach EN 295 Teil 3, Abschnitt 19, dürfen die Absätze in der Fließsohle benachbarter Rohre und Formstücke die folgenden Werte nicht überschreiten:

5 mm bis einschließlich DN 300
6 mm über DN 300 bis einschließlich DN 600
1% der Nennweite in mm über DN 600

Steinzeugrohre werden in Einwegverpackungen angeliefert.

Steinzeug-Vortriebsrohre werden für DN 200 bis DN 1000 in geschlossener Bauweise eingesetzt. Die Rohrenden werden stumpf gestoßen und mit VT-Kupplung aus Kautschuk-Elastomer mit Stahlkorb oder mit Zwischenlage eines Hartholzringes und mit Edelstahl- oder Kunststoffmanschette verbunden. Bis DN 500 ist die Dichtung in der Kunststoffmanschette integriert. Bei der Stahlmanschette wird die Dichtung durch Profilringe erreicht.

Europa-Norm (EN)

Steinzeug ist der erste Baustoff, für den einheitliche Technische Regeln unter dem Mandat der EG und der EFTA als Europäische Norm (EN) erarbeitet und von CEN aufgenommen wurden.

1. EN 295-1 enthält alle Anforderungen an Rohre, Bögen, Abzweige und zugehörige Formstücke mit vorgefertigten Verbindungen (Steckmuffen), die nach EN 295-2 überwacht werden. Prüfverfahren nach EN 295-3.
Für anderweitige Bauteile (Sonderformstücke und Übergangsbauteile mit Steckmuffe und Zubehörteilen) gilt EN 295-4.

2. Jedes Bauteil aus Steinzeug muß nach seiner Herkunft eindeutig identifizierbar sein. Es trägt deshalb ein Herstellerkennzeichen (Tafel 3.6).

Die deutsche Steinzeug GmbH bietet auf der Grundlage der DIN EN 295 mehrere Programme von Steinzeug-Teilen an, z.B.:
CeraFix (Kleinrohr-Programm), CeraDyn (Standardrohr-P), CeraLongS (Langrohr-P, DN 300 bis DN 600, $l_1 = 2{,}5\,\text{m}$), CeraCop (Schächte und Sonderbauteile), CeraDig (Vortriebsrohr-P, DN 150 bis DN 1000), FlexoSet (Zubehör-P). CeraBell (glasierte Rohre für die Grundstücksentwässerung, DN 150), TopTon (innen glasierte, außen unglasierte Rohre, DN 100 bis 150), CeraCare (Rohre für Wassergewinnungsgebiete, DN 150 bis 600, Prüfdruck 2,4 bar).

Die Fa. Euro-Ceramic bietet folgendes Steinzeug-Rohr-Programm an:
EURO TRAD (Traditionelle Stz-Rohre, EuroTOP (Rohre mit Überschieb-Kupplung, DN 100 bis DN 300), EURO MIX (unglasierte Rohre für Misch- und RW-Kanäle, DN 250 bis DN 600), Green Sleve (unglasierte Rohre für die Grundstücksentwässerung).

Tafel **3.6** Kennzeichnungs-Beispiel nach DIN EN 295-1

1	2	3	4	5	6	7
EN 295-1	C + B	02.01.92	DN 300	F_N 72	C	(CE)

Herstelldatum — Tragfähigkeit — CE-Symbol

Herstellerkennzeichen — Nennweite — Verbindungssystem

Europäische Norm, die in das jeweilige nationale Normenwerk, z.B. DIN EN 295, umgesetzt ist.

3. Im Rahmen des Güteschutzes müssen die Herstellbedingungen für jedes Bauteil rekonstruiert werden können. Dazu gehört das genaue Herstelldatum mit Tag, Monat und Jahr. Dieses wird eingeprägt und eingebrannt. Das Herstelldatum der nachträglich aufzubringenden Steckmuffen wird durch Stempelung markiert.

4. Die in EN 295 aufgeführten Durchmesser der Steinzeug-Bauteile erfassen den Bereich von DN 100 bis DN 1200.
Andere Nennweiten sowie Zwischenwerte innerhalb der aufgeführten bevorzugten Nennweiten sind möglich. Bei Bögen und Abzweigen ist hier zusätzlich eine Angabe für den Winkel erforderlich.

5. Um Tragfähigkeiten und Nennweiten einander zuzuordnen, wurden in der EN 295 Tragfähigkeitsklassen (TFK) gebildet (Tafel **3.7**), beschränkt auf TFK 95, 120, 160, 200.

Tafel **3.7** Scheiteldruckkräfte F_N in kN/m nach DIN EN 295-1, Tabelle 5

Nennweite DN	Tragfähigkeitsklasse					
	Klasse L*)	95	120	160	200	240**)
200			24	32	40	48
225			28	36	45	54
250			30	40	50	60
300			36	48	60	72
350			42	56	70	84
400		38	48	64	80	96
450		43	54	72		
500		48	60	80		
600	48	57	72	96		
700	60	67	84			
800	60	76	96			
1000	60	95				
1200	60					

*) Leichte Klasse **) über die Tabelle 5 hinausgehende TFK

Höhere Tragfähigkeitsklassen können in Schritten von 40 angeboten werden, z.B. TFK 240 oder 280. Die Scheiteldruckkräfte für andere Nennweiten, ausgenommen Klasse L, sind zu berechnen nach:

$$\text{Scheiteldruckkraft } F_N = \frac{\text{Tragfähigkeitsklasse} \cdot \text{Zahlenwert der Nennweite}}{1000} \text{ in kN/m}$$

Höhere Scheiteldruckkräfte als in Tafel **3.7** können angeboten werden, sofern sie mit den Anforderungen der nächsthöheren Tragfähigkeitsklasse übereinstimmen. Rohre gleicher TFK können unter gleichen Verlegebedingungen und gleichen Sicherheiten nach ATV-A 127 (vgl. Abschn. 2.8) eingebaut werden.

Tafel 3.8 Scheiteldruckkräfte F_N nach Einsatzbereichen nach DIN EN 295-1

Einsatzbereich	DN	Normallastreihe		Hochlastreihe	
		F_N in kN/m	Klasse	F_N in kN/m	Klasse
a) Leitungen	100	–	-	34	34
	125	–	–	34	34
	150	–	–	34	34
b) Sammelkanäle	200	32	160	48	240
	250	40	160	60	240
	300	48	160	72	240
	350	56	160	84	240
	400	64	160	96	240
	450	72	160	–	–
c) Transportkanäle	500	60	120	80	160
	600	72	120	96	160
	700	60	L	84	120
	800	60	L	96	120
	1000	60	L	95	95
	1200	60	L		
	1400	60	L		

Tafel 3.9 Zuordnung der Bruchmomente bei Längsbiegung (MLB)

DN	Klasse	F_N in kN/m	MLB in kN · m	Kennzeichnung	Bemerkung
100	34	34	1,7	34/1,7	Hochlastreihe
125	34	34	3,0	34/3,0	Hochlastreihe
150	34	34	4,0	34/4,0	Hochlastreihe
200	160	32	6,2	32/6,2	Normallastreihe
200	240	48	9,3	48/9,3	Hochlastreihe

Hierzu wurde aus den nach DIN EN 295-1 (Tafel 3.8) möglichen Tragfähigkeiten eine einsatzbezogene Auswahl getroffen, und zwar mit Differenzierung nach den Bereichen

Leitungen für die Grundstücksentwässerung und Anschlußkanäle DN 100 bis DN 150
Sammelkanäle für die Ortsentwässerung DN 200 bis DN 450
Transportkanäle DN 500 bis DN 1400

Für die so definierten Bereiche wurden Produktreihen festgelegt (Tafel 3.8), Tragfähigkeitsklassen für Normallastreihe und Hochlastreihe.

Beiden Lastreihen sind in der statischen und dynamischen Belastbarkeit Einsatzbereiche zugeordnet, z.B. Überdeckung 0,5 bis 6,0 m für die Normallastreihe DN 200 bis 450 bei Lastfall A 2, B 2 nach ATV-A 127 (s. Tafel 2.42). Einzelheiten hierzu sind der technischen Lieferbeschreibung zu entnehmen, die bei der Steinzeug GmbH angefordert werden kann. Auch ein Musterleistungsverzeichnis steht zur Verfügung.

Für Rohre DN < 250 sind in EN 295 Mindestwerte für die Biegefestigkeit in Längsrichtung gefordert. Diese Anforderung trägt den oft unzulänglichen Verlegebedingungen in der Grundstücksentwässerung Rechnung. Die Anforderung ist definiert als Bruchmoment bei Längsbiegung (MLB) in kN · m (Tafel 3.9). Hier für die betreffenden DN der Tafel 3.8. Bei der Kennzeichnung wird dem jeweiligen Wert für F_N das MLB angefügt.

6. Steinzeug-Rohre und Formstücke nach EN 295 werden nur mit vorgefertigten Verbindungen ausgeliefert. Damit ist das Prinzip der Einheit von Rohr und Dichtung „Allgemein Anerkannter Stand der Technik“. Auch das Prinzip der uneingeschränkten Austauschbarkeit gleichwertiger Bauteile (gleiche Scheiteldruckkraft, gleiche Nennweite) wurde verankert.

Tafel **3.**10 Maße und Grenzabmaße für das durch die Muffe bestimmte Verbindungssystem C

DN	Klasse	F_N in kN/m	System C d_4*) **in mm**	±... **in mm**
100		28		
150		28	**197,0**	
150		34	**202,0**	
150		(40)	**208,0**	
200	120	24	**256,0**	
200	160	32	**260,0**	
200	200	40	**269,0**	
200	(240)	48	**275,0**	
225	120	28		
225	160	36		
225	200	45		
250	120	30	**315,0**	
250	160	40	**317,5**	
250	200	50	**328,0**	
250	(240)	60	**341,5**	
300	120	36	**375,5**	
300	160	48	**371,5**	
300	200	60	**402,0**	
350	120	42	**431,5**	**0,5**
350	160	56	**433,5**	
350	200	70	**459,0**	
400	95	38	**481,0**	
400	120	48	**483,5**	
400	160	64	**507,5**	
400	(200)	80	**515,5**	
450	95	43		
450	120	54	**547,0**	
450	160	72	**579,0**	
500	95	48	**609,0**	
500	120	60	**605,0**	
500	160	80	**637,0**	
600	L	48	**697,0**	
600	95	57	**720,0**	
600	120	72	**737,5**	
600	(160)	96	**758,0**	
700	L	60	**826,5**	
700	95	67	**840,0**	
700	120	84	**871,0**	
800	L	60	**932,0**	
800	95	76	**950,0**	
800	120	96	**976,0**	
1000	L	60	**1152,5**	
1000	95	95	**1203,0**	
1000	(120)	120		
1200	L	60	**1380,0**	

*) d_4 = Innendurchmesser der Muffe oder des Ausgleichsrings in der Muffe

Tafel **3.**11 Maße und Grenzabmaße für das durch das Spitzende bestimmte Verbindungssystem F

DN	Klasse	F_N in kN/m	System F d_3*) **in mm**	±... **in mm**
100	–	22		
100	–	18		
100	–	34	**131,0**	**1,5**
100	–	(40)	**138,0**	**2,0**
150	–	22		
150	–	28		
150	–	34	**186,0**	**2,0**
150	–	(40)	**194,0**	**2,0**
200	120	24		
200	160	32	**242,0**	**3,0**
200	200	40	**248,0**	**3,0**
200	(240)	48		
225	120	28	**290,0**	**2,0**
225	160	36	**271,0**	**3,0**
225	200	45		
250	120	30		
250	160	40	**287,0**	**3,0**
250	200	50	**292,0**	**3,0**
250	(240)	60	**296,0**	**3,0**
300	120	36		
300	160	48		
300	200	60		
400	95	38		
400	120	48		
400	160	64		

*) d_3 = Mittelwert des Spitzend-Außendurchmessers (durch Umfangsmessung bestimmt)

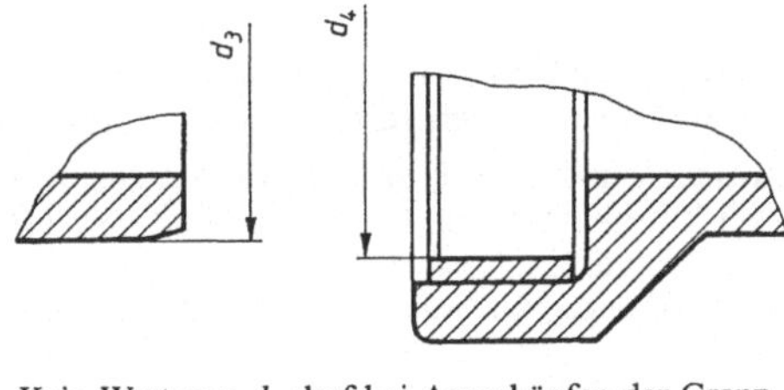

Kein Wert von d_4 darf bei Ausschöpfen der Grenzabmaße näher als 1,0 mm an den Maßbereich eines anderen in dieser Tabelle aufgeführten Systems heranreichen.

Je nach Wanddicke der gefertigten Bauteile wurden verschiedene Verbindungssysteme (A bis D; E bis G) definiert, die jeweils ein in sich geschlossenes System bilden. Zur Leistungsbeschreibung ist es daher erforderlich, neben der geplanten Nennweite DN und Scheiteldruckkraft F_N auch das Verbindungssystem (A bis G) aufzuführen.

Die Verbindungs-Systeme unterscheiden sich danach, ob ihre Maße durch die Muffe bestimmt

(System A bis D), oder durch das Spitzende bestimmt (System E bis G) sind. Einzelangaben für System C und System F sind in Tafel **3.**10 bzw. Tafel **3.**11 als Auszüge für System C bzw. System F enthalten.

Für die Einbindung dieser Darstellung an die Festlegungen von DIN 1230 gilt:
System C entspricht Steckmuffe K nach DIN 1230, Teil 1, dort Abschn. 3.1.2, System F entspricht Steckmuffe L nach DIN 1230, Teil 1, dort Abschn. 3.1.1.

7. Das zur Erarbeitung von EN 295 seitens der Kommission erteilte Mandat bezieht sich auf EG-Richtlinien zur Reinhaltung des Wassers und berücksichtigt die EG-Bauprodukten-Richtlinie. Nach deren Umsetzung in nationales Recht wird für Bauprodukte die Übereinstimmung mit den sogenannten Wesentlichen Anforderungen dieser EG-Richtlinie durch Führen des CE-Symbols bestätigt.

3.1.2 Beton

Betonrohre haben sich bei Entwässerungsleitungen seit langem bewährt. Meistens werden fertige Rohre für Regen- und Mischwasserkanäle verwendet. Fertigbetonrohre werden fabrikmäßig im Rüttelpreßverfahren mit senkrechter Achse hergestellt. Für unbewehrte Fertigbetonrohre gilt DIN 4032 (nachfolgend Auszug).

Rohrformen. Betonrohre und -formstücke haben kreisförmige und eiförmige Abflußquerschnitte oder Sonderquerschnitte. Sie werden ohne oder mit Fuß, mit Muffe oder Falz mit normaler oder – für kreisförmige Rohre – mit verstärkter Wanddicke hergestellt. Sonderformen mit Wanddicken und Scheiteldruckkräften entsprechend den statischen Erfordernissen sind zulässig.

Es bezeichnet:

K	kreisförmige Rohre ohne Fuß
KW	kreisförmige Rohre ohne Fuß, wandverstärkt
KF	kreisförmige Rohre mit Fuß
KFW	kreisförmige Rohre mit Fuß, wandverstärkt
EF	eiförmige Rohre mit Fuß

Die Ausführung der Rohrenden mit Muffe oder Falz wird durch Anfügen von -M für Muffe und -F für Falz bezeichnet.

Maße, Bezeichnung

Rohre. Die Baulänge l_1 in mm muß ein durch 500 ganzzahlig teilbarer Wert sein; die zulässige Abweichung beträgt $\pm 1\%$. Die gewünschte Baulänge ist in der Bezeichnung anzugeben. Die Maße der Rohre sind in den Tafeln **3.**12 und **3.**13 aufgeführt.

Seiten- und Scheitelzuläufe. Seitenzuläufe für Rohre mit Muffe bzw. Falz nach Tafel **3.**12 werden mit Muffe in den Nennweiten 100, 150 und 200 hergestellt. Die Achse des Seitenzulaufs bildet mit der Achse des Durchgangsrohres einen Winkel α von 45° oder 90° und ist bei Rohren mit Fuß 10° gegen die Waagerechte nach oben geneigt. Die Achsen müssen sich schneiden.

Herstellung

Beton. Für Bereitung, Verarbeitung und Nachbehandlung gelten sinngemäß die Anforderungen nach DIN 1045.

Transportbewehrung. Stahleinlagen als Transportbewehrung müssen mindestens 20 mm von Beton überdeckt sein.

Rohre für betonschädliche Wässer und Böden. Rohre und Formstücke, die Berührung mit angreifenden Wässern, Böden und Gasen haben, müssen so hergestellt oder geschützt werden, daß sie deren Angriffen widerstehen. Betonangreifende Wässer, Böden und Gase sind nach DIN

4030 zu beurteilen. Für die Herstellung von Beton mit hohem Widerstand gegen chemische Angriffe ist sinngemäß DIN 1045 zu beachten.

Maßnahmen gegen Temperatureinwirkungen. Bei der Lagerung der Rohre können bei ungleichmäßiger Erwärmung oder Abkühlung schädliche Spannungen in der Rohrwand auftreten. Geeignete Gegenmaßnahmen sind z.B. Abdecken, Feuchthalten oder weißer Deckanstrich. Müssen die Rohre bei Frost im Freien gelagert werden, so ist dafür zu sorgen, daß sie nicht mit dem Boden zusammenfrieren und daß sich in ihnen kein Wasser ansammeln kann.

Anforderungen. Rohre und Formstücke müssen zum Zeitpunkt der Auslieferung, spätestens im Betonalter von 28 Tagen, den nachfolgenden Anforderungen genügen.

Beschaffenheit. Rohre und Formstücke müssen von gleichmäßiger Beschaffenheit sein. Sie dürfen keine Beschädigungen oder Stellen aufweisen, die ihren Gebrauchswert, z.B. Festigkeit, Wasserdichtheit oder Dauerhaftigkeit, beeinträchtigen. Kleine Kerben und unregelmäßig verlaufende, spinnennetzartige Schwindrisse sind für den Gebrauchswert ohne Belang, wenn die Anforderungen dieser Norm erfüllt sind. Die Rohrenden müssen vollkantig geformt sein. Rohre mit Seitenzulauf dürfen im Innern am Ansatz keine Unebenheiten aufweisen. Rohre und Formstücke dürfen nach dem Erhärten nicht geschlämmt werden.

Maße. Die Maße müssen den Tafeln **3**.12 und **3**.13 entsprechen. Bei Rohren darf die innere Rohrwand nicht mehr als 0,5% der Baulänge von der Geraden abweichen. Die Fußfläche von Rohren mit Fuß muß parallel zur Rohrachse sein, ihre Abweichung von der Ebene darf nicht mehr als 0,5% der Baulänge betragen. Die Stirnflächen der Rohrenden sollen rechtwinklig zur Rohrachse stehen. Die zulässige Differenz zweier gegenüberliegender Mantellinien (Länge von Stirnfläche zu Stirnfläche) darf die in Tab. 1 oder 2 (DIN 4032) enthaltenen Werte nicht überschreiten.

Festigkeit. Scheiteldruckfestigkeit. Bei der Prüfung nach Abschn. 8.3.1 (DIN 4032) müssen die in Tafel **3**.13 angegebenen Mindestwerte der Scheiteldruckkraft in kN/m Baulänge erreicht werden.

Festigkeit von Bruchstücken. Die durchgeführten Prüfungen an Bruchstücken haben nur orientierenden Charakter.

Festigkeit des Betons (Würfeldruckfestigkeit, Wasserzementwert). Bei der ggf. neben den Prüfungen nach Abschn. 8.3.1 und 8.3.2 (DIN 4032) durchgeführten Prüfungen des Betons nach Abschn. 8.3.3 (DIN 4032) müssen die Prüfergebnisse in entsprechender Relation zu den Ergebnissen der Scheiteldruckprüfung stehen. Der Beton muß dabei mindestens der Festigkeitsklasse B 45 entsprechen.

Wasserdichtheit. Bei der Prüfung nach Abschn. 8.4 (DIN 4032) dürfen bei 0,5 bar (5 m WS) Innendruck die in Tab. 9 (DIN 4032) angegebenen Werte der Wasserzugabe nicht überschritten werden, auch wenn feuchte Flecken oder einzelne Tropfen an der Rohrwand auftreten.

Wandrauheit. Die Rauheit der Innenflächen von Rohren und Formstücken muß die Anwendung der Werte der Betriebsrauheit des ATV-Arbeitsblattes A 110 [1] ermöglichen.

Abriebfestigkeit. Der Abriebfestigkeit kommt bei hohen Fließgeschwindigkeiten und extremer Sandfracht (z.B. Steilstrecken) besondere Bedeutung zu. Sofern hierfür ein Nachweis erforderlich wird, sind Anforderungen und ein geeignetes Prüfverfahren zu vereinbaren.

Rohrverbindungen. Rohr, Rohrverbindung und Dichtmittel bilden eine technische Einheit. Für die allg. Anforderungen an Rohrverbindung gilt DIN 19543. Rohrverbindungen mit Dichtringen sind nach DIN 4060-1, Rohrverbindungen mit kalt verarbeitbaren plastischen Dichtstoffen sind nach DIN 4062 (erf. Bandquerschnitte) zu prüfen.

Solange die Maße der Muffenverbindungen nach Abschn. 3.1.3 noch nicht in allen Einzelheiten festgelegt sind, hat der Rohrhersteller die Dichtringe nach DIN 4060-1 in der Regel mitzuliefern. In der DIN 4032, Ausgabe Juni 1973, wurden die Scheiteldruckkräfte F_N für wandverstärkte, kreisförmige Rohre im Nennweitenbereich DN 300 bis DN 1500 neu festgelegt.

Tafel 3.12 Maß-Bezeichnungen von Rohren, Rohrverbindungen, Bogen und Seitenzuläufen von Beton-Rohren

a) Rohre mit kreisförmigem Querschnitt

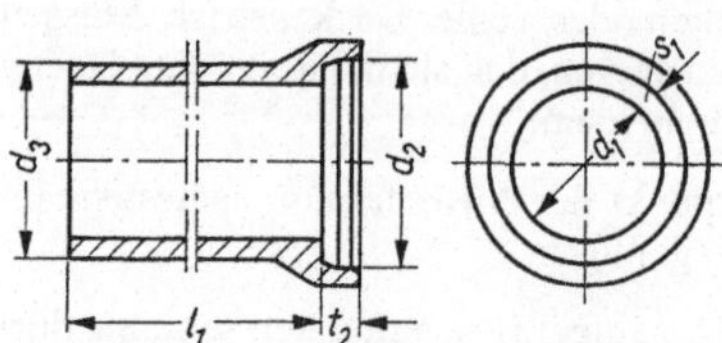

1. Kreisförmige Rohre mit Muffe, Formen K und KW

Bezeichnung eines kreisförmigen Muffenrohres ohne Fuß in wandverstärkter Ausführung (KW-M), von Nennweite 400 und Baulänge $l_1 = 2000\,\text{mm}$:

Betonrohr DIN 4032-KW-M 400 × 2000

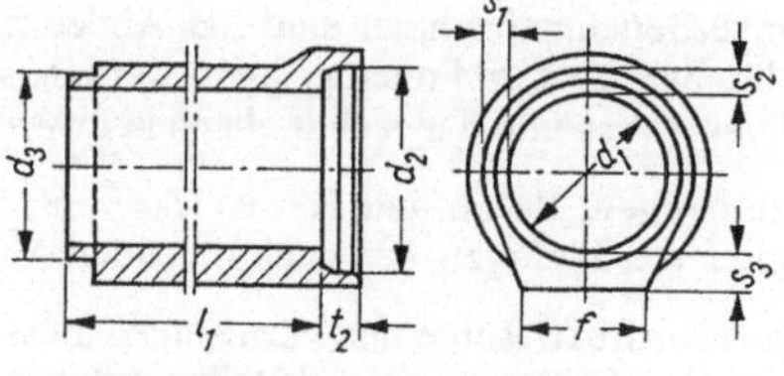

2. Kreisförmige Rohre mit Muffe, Formen KF und KFW

Bezeichnung eines kreisförmigen Muffenrohres mit Fuß mit normaler Wanddicke (KF-M), von Nennweite 500 und Baulänge $l_1 = 2000\,\text{mm}$:

Betonrohr DIN 4032-KF-M 500 × 2000

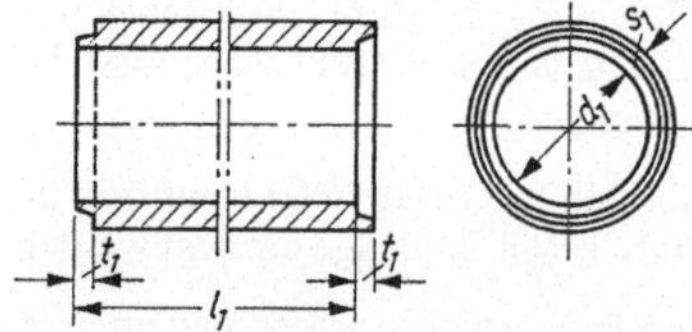

3. Kreisförmige Rohre mit Falz, Formen K und KW

Bezeichnung eines kreisförmigen Falzrohres ohne Fuß mit normaler Wanddicke (K-F), von Nennweite 250 und Baulänge $l_1 = 1000\,\text{mm}$:

Betonrohr DIN 4032-K-F 250 × 1000

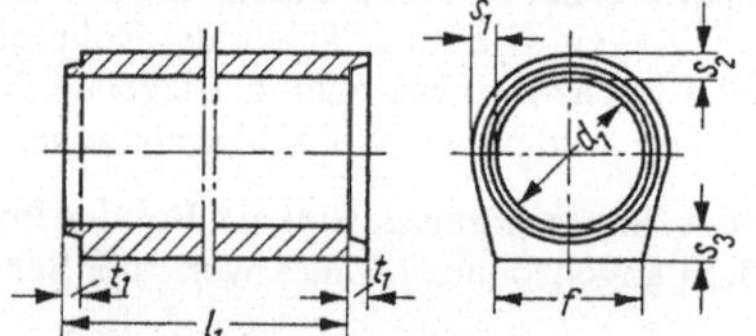

4. Kreisförmige Rohre mit Falz, Formen KF und KFW

Bezeichnung eines kreisförmigen Falzrohres mit Fuß in wandverstärkter Ausführung (KFW-F), von Nennweite 800 und Baulänge $l_1 = 1000\text{mm}$:

Betonrohr DIN 4032-KFW-F 800 × 1000

b) Rohre mit eiförmigem Querschnitt

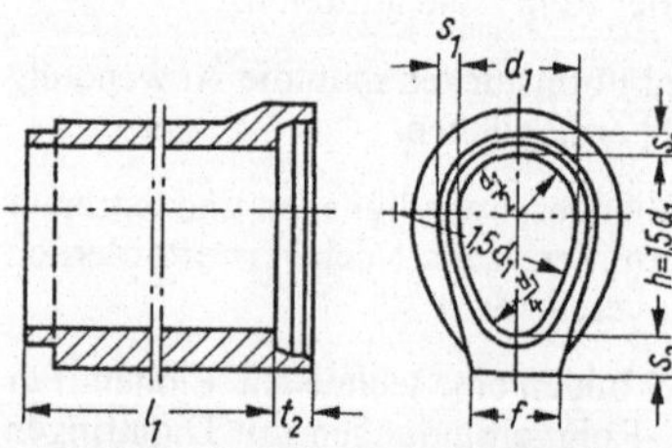

1. Eiförmige Rohre mit Muffe, Form EF

Bezeichnung eines eiförmigen Muffenrohres (EF-M), von Nennweite 600/900 und Baulänge $l_1 = 2000\,\text{mm}$:

Betonrohr DIN 4032-EF-M 600/900 × 2000

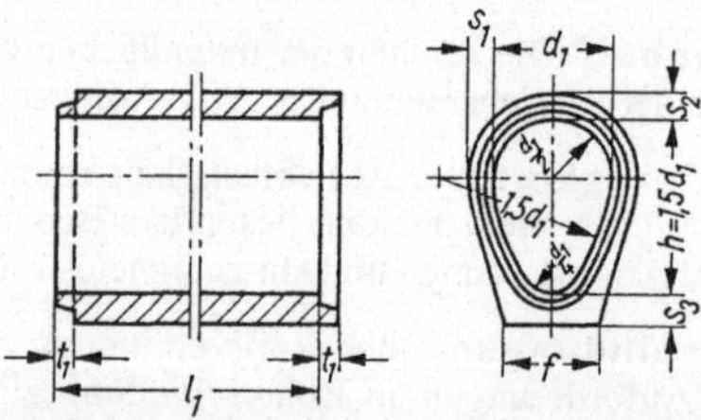

2. Eiförmige Rohre mit Falz, Form EF

Bezeichnung eines eiförmigen Falzrohres (EF-F), von Nennweite 800/1200 und Baulänge $l_1 = 1000\,\text{mm}$:

Betonrohr DIN 4032-EF-F 800/1200 × 1000

Tafel **3**.12 Fortsetzung

c) Rohrverbindungen

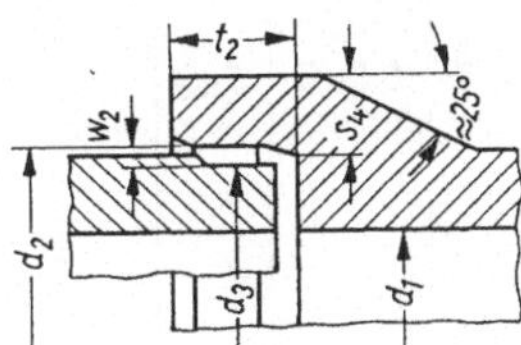

1. Rohrverbindung bei Muffenrohren für Rollringdichtung (Auswahl)

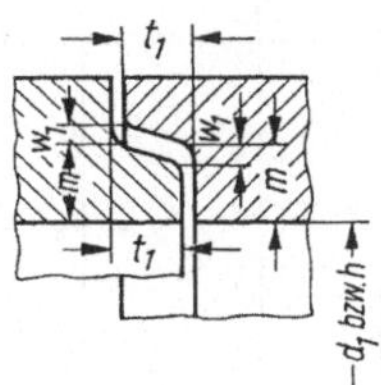

2. Rohrverbindung bei Falzrohren

d) Bögen. Bögen werden nur mit kreisförmigem Querschnitt und ohne Fuß in den Nennweiten nach Tabelle 7 (DIN 4032) hergestellt.

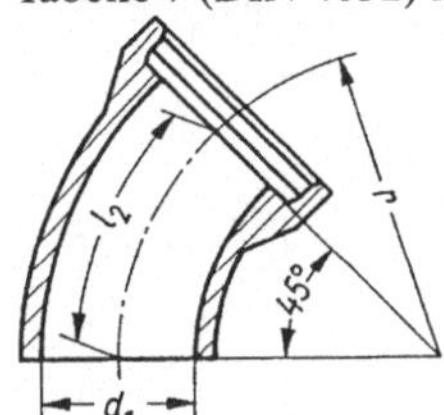

Übrige Maße
wie a)1.
wie c)1.

1. Bogen mit Muffe

Bezeichnung eines Bogens mit Muffe (B-M), von Nennweite 150:

Bogen DIN 4032-B-M 150

Tabelle 7 (DIN 4032) Bögen

Nennweite (DN)	$r \approx$	Baulänge l_2
100	$2{,}5d_1 = 250$	$1{,}96d_1 = 195$
150	$2{,}0d_1 = 300$	$1{,}57d_1 = 235$
200	$2{,}0d_1 = 400$	$1{,}57d_1 = 315$

e) Rohre mit Seitenzulauf

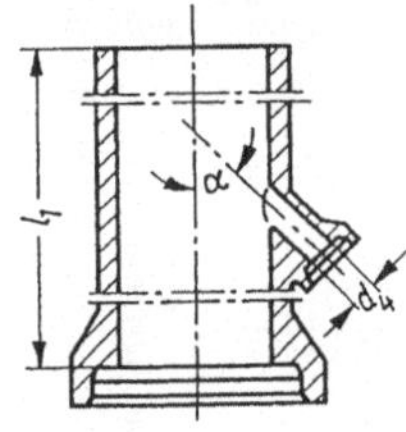

1. Rechter Seitenzulauf bei kreisförmigem Durchgangsrohr mit Fuß und Muffenverbindung

Bezeichnung eines rechten (R) bzw. linken (L) Seitenzulaufs (S) unter 45° mit kreisförmigem Durchgangsrohr mit Muffe und Fuß (KF-M), von Nennweite 800 und Zulaufrohr von Nennweite 100 sowie Baulänge $l_1 = 2000\,\text{mm}$:

Betonrohr DIN 4032-KF-M 800 × 2000 mit Seitenzulauf DIN 4032-RS 45 × 100

Bei kreisförmigen Durchgangsrohren ohne Fuß fällt die Angabe „rechts" bzw. „links" weg.

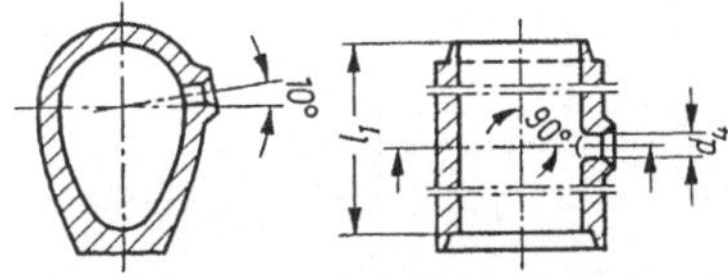

2. Rechter Seitenzulauf bei eiförmigem Durchgangsrohr mit Fuß und Muffenverbindung

Bezeichnung eines rechten (R) bzw. linken (L) Seitenzulaufs (S) unter 90° mit eiförmigem Durchgangsrohr mit Falz (EF-F), von Nennweite 600/900 und Zulaufrohr von Nennweite 150 sowie Baulänge $l_1 = 1000\,\text{mm}$:

Betonrohr DIN 4032-EF-F 600/900 × 1000 mit Seitenzulauf DIN 4032-LS 90 × 150

Tafel 3.13 Maße und Scheiteldruckkräfte von Beton-Rohren

	Nennweite (DN)	Fuß breite	Mindestwanddicken K	KF u. EF		KW	KFW			Muffen- tiefe	wand- dicke	Falzmaße			Scheiteldruckkraft F_N in kN/m min.	
		$f \approx$	s_1	s_1	s_2 und s_3	s_1 [1)]	s_1 [1)]	s_2 [1)]	s_3 [1)]	t_2	s_4	t_1	m	w_1	K und KF	KW und KFW
Kreisförmige Rohre	100	80	22	22	22	–	–	–	–	60	30	16	11	4	24	–
	150	120	24	24	24	–	–	–	–	60	35	16	12	4	26	–
	200	160	26	26	26	–	–	–	–	60	40	18	13	4	27	–
	250	200	30	30	30	–	–	–	–	60	45	18	15	5	28	–
	300	240	40	40	40	50[1)]	50[1)]	50[1)]	65[1)]	80	50	20	18	5	30	50[1)]
	400	320	45	45	45	65[1)]	50[1)]	65[1)]	90[1)]	80	55	22	21	6	32	63[1)]
	500	400	50	50	60	85	70	85	115	90	60	26	25	6	35	80[1)]
	600	450	60	60	70	100	85	100	130	90	70	30	29	7	38	98[1)]
	700	500	70	70	80	115	100	115	150	90	80	34	33	7	41	111
	800	550	75	75	90	130	115	130	170	90	85	38	37	8	43	125
	900	600	nach Vereinbarung			145	130	145	195	100	95	40	41	8	Die Scheiteldruckkräfte sind entsprechend den statischen Erfordernissen festzulegen	138
	1000	650				160	145	160	215	100	100	44	45	9		152
	(1100)	680				175	160	175	240	100	115	48	48	9		166
	1200	730				190	170	190	260	100	125	50	51	10		181
	(1300)	780				205	185	205	280	110	135	50	54	10		194
	1400	840				220	200	220	300	110	140	50	57	10		207
	(1500)	900				235	215	235	320	110	140	50	60	10		220
Eiförmige Rohre	500 × 750	320	–	64	84	–	–	–	–	–	–	26	32	6	61	
	600 × 900	375	–	74	98	–	–	–	–	–	–	30	37	7	69	
	700 × 1050	430	–	84	110	–	–	–	–	–	–	34	42	7	75	
	800 × 1200	490	–	94	122	–	–	–	–	–	–	38	47	8	77	
	900 × 1350	545	–	102	134	–	–	–	–	–	–	40	51	8	80	
	1000 × 1500	600	–	110	146	–	–	–	–	–	–	44	55	9	83	
	1200 × 1800	720	–	122	160	–	–	–	–	–	–	50	61	10	86	

Eingeklammerte Nennweiten möglichst vermeiden.

1) Die der FBS-Qualitätsrichtlinie unterworfenen Rohre haben in dem DN 300, 400 und 500 KW und KFW erhöhte Wandstärken und in den DN 300 auf 75, DN 400 auf 85, DN 500 auf 95, DN 600 auf 100 kN/m erhöhte Scheiteldruckkräfte F_N. FBS ≙ Fachvereinigung Beton- und Stahlbetonrohre e.V.

Es besteht eine fast lineare Abhängigkeit von der Nennweite:

$$F_N = 9{,}6 + 0{,}14\,\mathrm{DN} \text{ in kN/m}$$

Die Betondruckfestigkeit muß für alle Betonrohre mindestens der Festigkeitsklasse B 45 nach DIN 1045 entsprechen.

Die wichtigsten Betonrohr-Hersteller in Deutschland haben sich zu einer Fachvereinigung Betonrohre und Stahlbetonrohre e.V. (FBS) zusammengeschlossen.

Die FBS-Qualitätsrichtlinien sind in wichtigen Punkten strenger als die DIN-Normen. Gefordert wird u.a.:

Prüfung jeden Rohres bis DN 600 auf Dichtheit,
Prüfung der Rohre mit einem Wasserdruck von 1 bar anstelle von 0,5 bar,
Prüfung der Rohrverbindung von Rohren bis DN 800 bei Anwinklung mit einem Prüfdruck von 2,5 bar anstelle von 0,5 bar,
Prüfung der Rohrverbindungen mit einer 5fach höheren Scherlast und einem Prüfdruck von 1,0 bar anstelle von 0,5 bar,
Verwendung einer fest in die Muffe eingebauten Dichtung bei allen Betonrohren bis DN 1000, Rollringdichtungen sind nicht zugelassen.

Normale Betonrohre sind billiger als Steinzeugrohre, aber empfindlicher gegen chemische Angriffe. Da frisches häusliches Abwasser Beton nicht angreift, könnten sie auch als SW-Leitungen verwendet werden. Man zieht jedoch hierfür Steinzeugrohre vor, um eine Sicherheit gegen das – an sich unzulässige – Einleiten von aggressivem gewerblichem Abwasser zu haben. Grundwasser kann aggressive Kohlensäure und Sulfate enthalten. Besonders Sulfate sind gefährlich. Diese können auch im Schmutzwasser durch Fäulnis aus Schwefelwasserstoff entstehen. Man kann den Beton jedoch durch Mischzusätze oder besondere Zemente (z.B. Dyckerhoff Sulfadur) gegen Sulfate bei pH-Werten 7 bis 6 beständig machen.

Korrosionsschutz bieten auch Innenbeschichtungen, z.B. aus PVC-Folie oder Kunstharz, besser ist ein inneres Schutzrohr aus PE oder Polyesterharzbeton und außen Stahlbeton (Gekaton-Rohr u.a.).

Bei Verwendung zementgebundener Baustoffe beurteilt man das Angriffsvermögen eines Wassers nach einer chemischen Analyse. Für Wasser vorwiegend natürlicher Zusammensetzung (Grund- und Oberflächenwasser) sind in der DIN 4030 Grenzwerte aufgestellt worden:

Tafel **3**.14 Beurteilung des Angriffsgrades natürlicher Wässer nach DIN 4030

Angreifende Bestandteile	Angriffsgrad[1)] schwach angreifend	stark angreifend	sehr stark angreifend
Säuren pH-Wert	6,5 bis 5,5	5,5 bis 4,5	$< 4{,}5$
Kalklösende Kohlensäure CO_2 in mg/l	15 bis 30	30 bis 60	> 60
Ammonium NH_4^+ in mg/l	15 bis 30	30 bis 60	> 60
Magnesium Mg^{2+} in mg/l	100 bis 300	300 bis 1500	> 1500
Sulfat SO_4^{2-} in mg/l	200 bis 600	600 bis 3000	> 3000

1) Für die Beurteilung ist der Wert der chemischen Analyse maßgebend, der den höchsten Angriffsgrad ergibt; liegen zwei oder mehr Werte im oberen Viertel eines Bereichs (bei pH-Wert im unteren), so ist der Angriffsgrad außer bei Meerwasser um eine Stufe zu erhöhen.

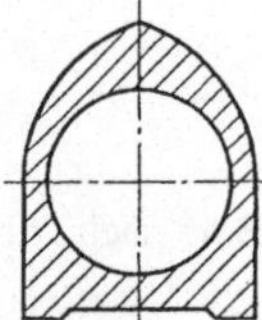

3.1 Atlas-Betonrohr

Die Fließgeschwindigkeit in Betonrohren sollte $v \leq 6$ m/s sein. Bei hohen Geschwindigkeiten und bei aggressivem Abwasser kleidet man die Rohre durch aufgelegte oder eingelassene Steinzeug-Sohlschalen aus. Man kann die Rohre auch innen durch eine Kunststoffbeschichtung auf Polyesterbasis (Dicke $\approx$ 1,5 mm) schützen. Die Rauhigkeit der Wand (k_b-Wert) wird dadurch verringert. Verschiedene Firmen stellen Rohre nach DIN 4032 mit größerer Scheiteldrucklast her. Sie werden als Atlasrohre (3.1), Großlastrohre o.a. bezeichnet. Eine besondere DIN-Vorschrift ist in Vorbereitung. Die Scheiteldruckfestigkeit ist etwa dreimal so groß wie bei normalen Betonrohren gleicher Nennweiten nach DIN 4032.

Polymerbeton besteht aus einem Gemisch von mineralischen, quarzitischen Füllstoffen mit einer Sieblinie nach DIN 1045 und vernetzten ungesättigten Polyesterharzen als Bindemittel. Polymerbeton ist resistent gegen sehr stark angreifende Medien nach DIN 4030 (Tafel 3.14). Materialkennwerte: Druckfestigkeit 100 N/mm^2, E-Modul 25 bis 30 kN/mm^2, absolute Rauhigkeit $k = 0{,}1$ mm. Der Werkstoff hat sich in der Industrie bewährt. Durch Serienfertigung besteht auch eine kostengünstige Alternative für den kommunalen Bereich.

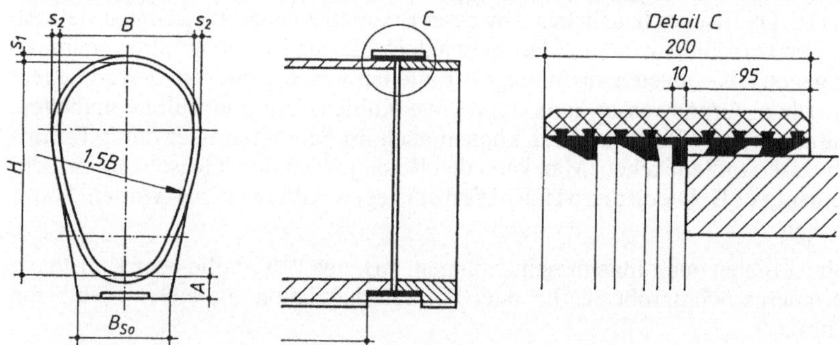

3.2 Ei-Profile aus Polymerbeton (Polycrete) mit verringerter Wanddicke gegenüber Tafel 3.13

Kanalrohre aus Polymerbeton werden mit glatten Enden in Baulängen von 3 m und in DN 300 bis 2500 hergestellt, Verbindung durch Steckkupplung aus glasfaserverstärktem Polyesterharz mit elastomerer Doppellippen-Dichtung (3.2). Die Rohre können mit $\leq$ 2,4 bar abgedrückt werden. Die Herstellung von Eiprofil-Rohren ist problemlos. Die hohe Druckfestigkeit, die glatte Oberfläche, die geringe Mantelreibung und die flexible GFK-Manschette machen Polymerbeton-Rohre auch für den Rohrvortrieb geeignet.

3.1.3 Rohrverbindungen für Steinzeugrohre nach DIN 1230 und Betonrohre nach DIN 4032

3.1.3.1 Rohrverbindungen für Muffenrohre

Eine altbewährte Rohrverbindung für Maßnahmen geringen Umfangs ist das Dichten mit Gießring und Vergußmasse. Die Vergußmasse soll eine Temperatur von 170 °C haben und dünnflüssig sein. Sie wird in eines der beiden Löcher des Gießringes gegossen, bis sie in dem zweiten Loch aufsteigt. Nach dem Erhärten wird der Gießring abgenommen. Für Qualität und Verarbeitung der Vergußmasse gilt DIN 4038. Die Prüfung bei Anlieferung erfolgt nach DIN 1995. Rohrverbindungen mit Muffenverguß werden nur noch in speziellen Fällen angewandt.

In den letzten Jahren sind viele neue Rohrverbindungen entwickelt worden, welche die Verlegearbeiten vereinfachen. Die Rollringe (Denso-Chemie, Phoenix-Gummiwerke, Mücher, Cordes tecotext u.a.) haben sich gut eingeführt. Der Ring wird auf das Spitzende gelegt und dieses in die Muffe des vorher verlegten Rohres geschoben. Der Ring rollt dabei mit (**3**.3). Man unterscheidet weiche (**3**.3), harte und Rollringe mit Stahlring. Ebenfalls gut bewährt haben sich die Steckmuffenverbindungen (Fachverband Steinzeugindustrie). Bei der Steckmuffe K (**3**.4) für Rohre ≥ NW 200 wird im Werk auf dem Spitzende und in der Muffe je ein Kunststoffbelag aus Polyurethan aufgebracht. Beim Verlegen werden beide Beläge fest miteinander verpreßt. Bei der Steckmuffe L für Rohre ≤ NW 200 befindet sich nur in der Muffe ein Lamellen- oder Lippenring aus synthetischem Kautschuk, welcher in Vergußmasse verankert ist (**3**.5 und **3**.6). Die Anfertigung trägt besonders den häufigen Rohrverkürzungen und der Formstückverwendung bei Hausanschlußleitungen Rechnung. Die Maßtoleranzen der Rohrenden werden gut überbrückt.

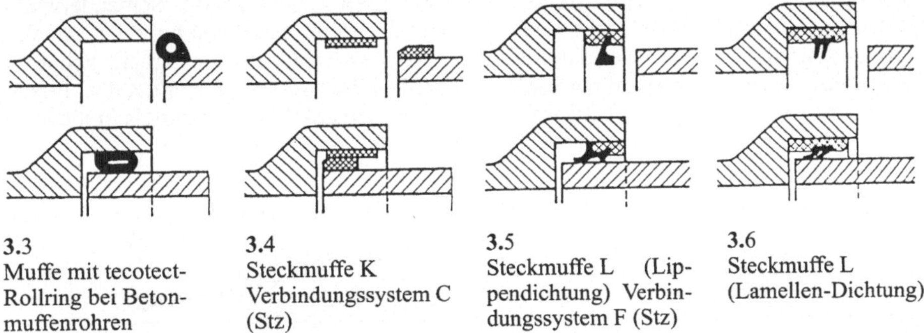

3.3 Muffe mit tecotect-Rollring bei Betonmuffenrohren

3.4 Steckmuffe K Verbindungssystem C (Stz)

3.5 Steckmuffe L (Lippendichtung) Verbindungssystem F (Stz)

3.6 Steckmuffe L (Lamellen-Dichtung)

3.1.3.2 Rohrverbindungen für Falzrohre

Falzverbindungen sind schwieriger herzustellen. Es werden meist plastische Teer- oder Bitumenbänder verwendet, die sowohl auf den Falz als auch in die Nut gelegt werden. Die Rohre müssen in Längsrichtung stark aneinandergepreßt werden. Dabei verformen sich die Bänder und füllen die Hohlräume zwischen Falz und Nut plastisch aus. Die Dichtung von Falzrohren ist besonders bei äußerem Grundwasserüberdruck problematisch. Die Dichtungsbänder müssen dann sehr sorgfältig aufgebracht werden (**3**.7).

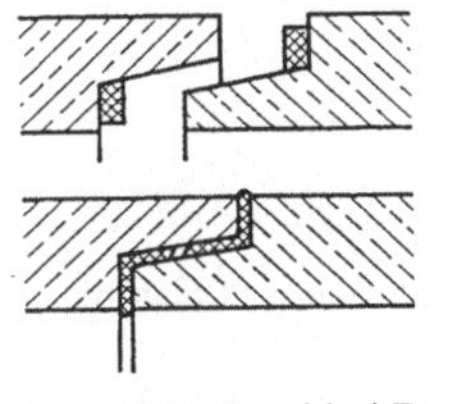

3.7 TOK-Band bei Betonfalzrohr

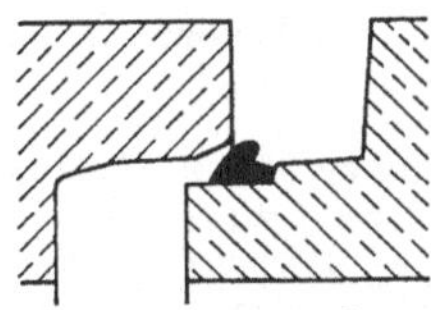

3.8 Lippengleitdichtung bei Falzrohren mit Elastomer-Dichtring (Fa. Dywidag)

3.1.4 Stahlbetonrohre und Stahlbetondruckrohre (DIN 4035)

Die Konstruktionsmerkmale der Rohre, z.B. Baulänge, Wanddicke, Rohrform, Rohrverbindung, Betonstahlbewehrung, bestimmen das Herstellverfahren. Die Rohre werden liegend oder stehend mit unterschiedlichen Verdichtungsverfahren, die auch kombiniert werden können, hergestellt, z.B.: Stampfen, Pressen, Rütteln bzw. Vibrieren, Schleudern und Walzen.

Nach dem Rüttelverfahren werden Rohre beliebiger Querschnitte in stehenden Formen, die an Kern und Außenform mit Rüttelaggregaten besetzt sind, hergestellt. Dieses Verfahren hat in den letzten Jahren für die Herstellung von Rohren großer Durchmesser an Bedeutung gewonnen.

Beim kombinierten Rüttelpreßverfahren wird zusätzlich zur Vibration ein parallel zur Rohrachse wirkender Verdichtungsdruck mit hydraulisch wirkendem Preßstempel auf den Beton aufgebracht und damit zugleich die Obermuffe geformt.

Eine spezielle Art des Rüttelverfahrens ist das Vakuumverfahren. Der Frischbeton wird bei gleichzeitigem Rütteln einem Unterdruck ausgesetzt. Damit wird der Beton zusätzlich verdichtet und überschüssiges Anmachwasser entzogen.

Den sogenannten Radialverdichtungsverfahren (Packerhead-, Schleuderwalz-, Schleuderpreßverfahren u.a.) ist gemeinsam, daß der Beton rechtwinklig zur Rohrachse verdichtet wird. Bei diesen Verfahren wird das Rohr zwischen einer senkrecht stehenden Außenform und einem vertikal bewegten, rotierenden Preßwerkzeug gebildet. Der Frischbeton wird zunächst an die Außenform geschleudert und anschließend mittels Preßbacken oder Preßwalzen verdichtet.

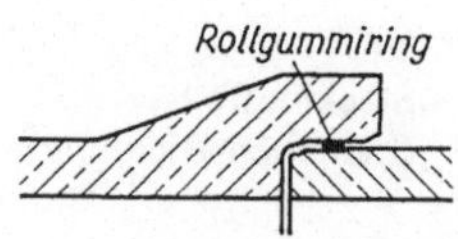

3.9 Glockenmuffe mit Rollring eines Walzbetonrohres (Dyckerhoff & Widmann)

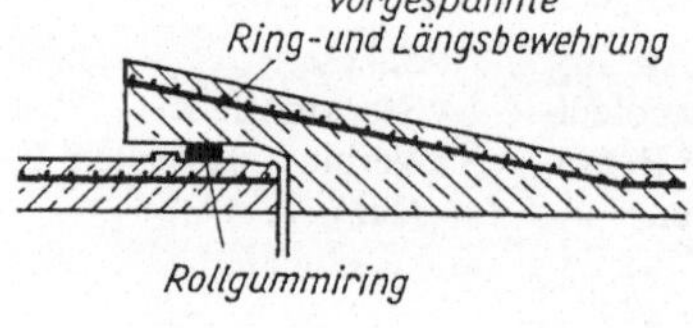

3.10 Muffe mit Rollring eines Sentabspannbetonrohres (Dyckerhoff & Widmann)

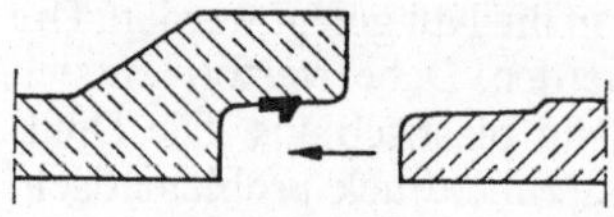

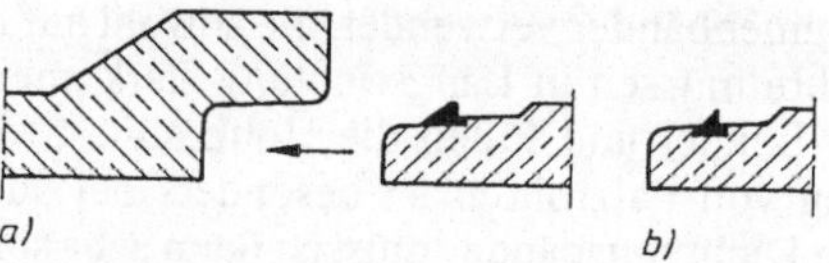

3.11 Gleitringdichtung mit in der Muffe eingebauter Dichtung
FBS: Für Beton- und Stahlbetonrohre ≤ DN 1200, auch bei >DN 1200

3.12 Gleitringdichtung mit eingebauter Dichtung auf dem Spitzende
a) Stufen- oder b) Kammerausbildung.
FBS: für Betonrohre ≥ DN 1200, für Stahlbetonrohre ≤ DN 1200 Dichtung nur in Kammern, für Stahlbetonrohre > DN 1200 Dichtung in Kammern oder vor einer Schulter.
Für Vortriebsrohre mit Falzmuffe sind alle 3 Dichtungen zugelassen, haben sie einen Stahlführungsring, dann nur Ausführungen 3.12 a) oder b)

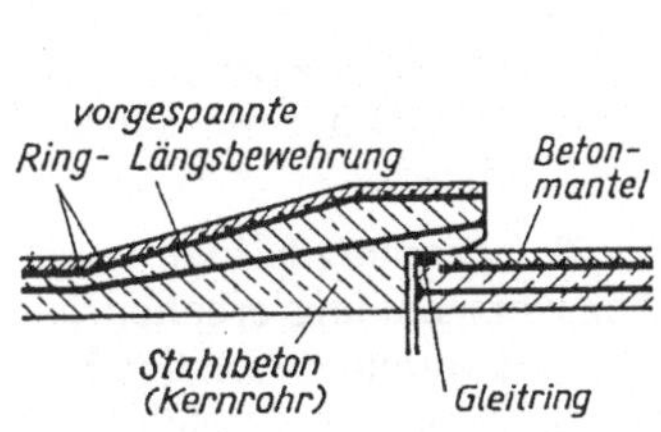

3.13 Muffe mit Gleitring eines Schleuderbeton-Vorspannrohres (Züblin)

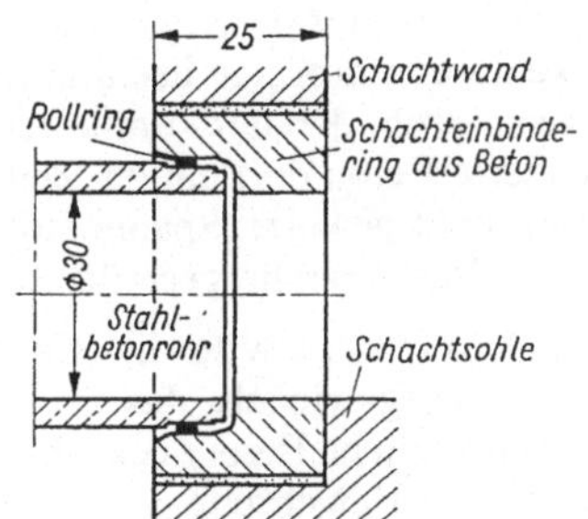

3.14 Schachtanschluß für ein Stahlbetonrohr (Hagewe, Ötigheim)

Die Wirkung der Zentrifugalkraft wird beim Schleuderverfahren zur Betonverdichtung genutzt. In die horizontal gelagerte, rotierende äußere Rohrform wird Beton eingebracht und gleichmäßig verteilt. Anschließend wird die Drehzahl der Schleudermaschine gesteigert, wodurch der Beton verdichtet und überschüssiges Anmachwasser abgegeben wird.

Beim Walzverfahren erfolgt die Rohrfertigung in einem kombinierten Schleuder- und

Tafel **3**.15 Übersicht der Betonrohrarten

Rohrart Benennung	Norm	Werkstoff	Nenndruck- bereich in bar	Nennweiten- bereich in mm
Betonrohre kreisförmiger Querschnitt mit und ohne Fuß mit – normaler Wanddicke – verstärkter Wanddicke eiförmiger Querschnitt Sonderquerschnitte und -formen	DIN 4032 EN 1916	Beton nach DIN 4032 und DIN 1045	drucklos	100 bis 800 300 bis 1500 500/700 bis 1200/1800
Stahlbetonrohre kreisförmiger Querschnitt sonstige Formen	DIN 4035 EN 1916	Stahlbeton nach DIN 4035 und DIN 1045	drucklos	250 bis 4000 und größer
Stahlbetondruckrohre	DIN 4035	Stahlbeton nach DIN 4035 und DIN 1045	für den Einzelfall zu bemessen	500 bis 4000 und größer
Spannbetonrohre kreisförmiger Querschnitt sonstige Formen	DIN 4035 (als Anhalt)	Spannbeton nach DIN 4227	drucklos	500 bis 4000 und größer
Spannbetondruckrohre	DIN 4035 (als Anhalt)	Spannbeton nach DIN 4227	für den Einzelfall zu bemessen	500 bis 4000 und größer
Filterrohre	Richtlinien	haufwerkporiger Beton	drucklos	80 bis 400

Walzvorgang. Die Rohrform hängt waagerecht auf einer rotierenden Welle, wobei die Rohrwanddicke durch Laufringe bestimmt wird. Die Umfangsgeschwindigkeit der Rohrform ist gerade so groß, daß der kontinuierlich erdfeucht eingebrachte und an die Formwand geschleuderte Beton dort haften bleibt. Durch die rotierende Welle wird der Beton gegen die Form dicht gewalzt. Spannbetonrohre und -druckrohre, $\geq$B 55, werden nach unterschiedlichen Verfahren hergestellt:

Beim Wickel-Verfahren wird die Ringbewehrung unter Vorspannung auf ein vorgefertigtes Kernrohr aufgewickelt, das u.U. bereits eine Längsvorspannung erhalten hat. Dann wird eine zusätzliche Betondeckschicht aufgebracht, die als Verbundbeton den Korrosionsschutz für die Bewehrung und eine zusätzliche Wandverstärkung darstellt. Das Kernrohr des Spannbeton-Blechmantel-Rohres enthält anstelle der vorgespannten Längsbewehrung einen dünnwandigen zylindrischen Blechmantel. Beim Sentab-Verfahren wird das Rohr in einem Arbeitsgang hergestellt. Stahlbewehrung und Beton werden zwischen eine dehnbare Außenschalung und eine den Innenkern umgebende Gummihülle eingebracht und durch Rütteln verdichtet. Mit Wasserdruck von innen bis zur endgültigen Härtung des Betons wird das Rohr dann aufgeweitet und die Ringbewehrung vorgespannt. Bild **3**.9 bis **3**.14 zeigen Rohrverbindungen von Stahlbetonrohren. Tafel **3**.15 gibt eine Übersicht der z.Z. gebräuchlichen Betonrohrarten.

3.1.5 Mauerwerk

Zur Herstellung von Mauerwerk im Kanalbau verwendet man vorwiegend Kanalklinker (Tafel **3**.16). Die besonderen Steinformen des Schachtklinkers oder des Keilklinkers ergeben sich aus den rund zu mauernden Grundrissen bzw. Gewölben. Neben der Verwendung bei Einsteigschächten und anderen Bauwerken der Stadtentwässerung wurde Mauerwerk bei größeren Kanalprofilen eingesetzt. Die Stampf- oder Stahlbetonbaukörper werden innen mit Kanalklinkern ausgemauert oder das Klinkermauerwerk wird hintermauert. Da die Wandrauhigkeit gering sein soll, muß auf glatte Fugen Wert gelegt werden. Während die Hintermauersteine Hartbrandziegel im Normalformat sein können, sind für die Innenflächen wegen der Profilwölbung und Verschleißfestigkeit Kanalklinker nach DIN 4051 erforderlich. Bei Wölbungen mit $r \geq 1$ m sind auch normale Ziegelformate verwendbar. Die lichte Profilhöhe soll bei gemauerten Profilen (**3**.15) $\geq 1{,}2$ m sein, damit die Verfugung und weitere Nachverfugungen ausgeführt werden können. Als Mörtelmischung schreibt das ATV-A 139 [1] Zementmörtel der Mörtelgruppe III DIN 1053-1 vor. Für DN 700/1050 und DN 800/1200 gilt vollständige Halbsteinummauerung (115 mm), bei DN 900/1350 und DN 1600/2400 besteht das Gewölbe aus zwei Reihen zu 115 mm.

Ein Traßzusatz ist für die Dichte des Mörtels günstig. Ausgewaschene Fugen müssen

Tafel **3**.16 Kanalklinker nach DIN 4051

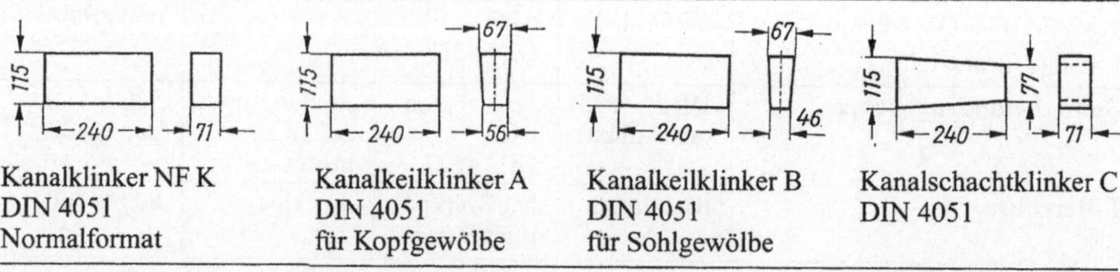

Kanalklinker NF K
DIN 4051
Normalformat

Kanalkeilklinker A
DIN 4051
für Kopfgewölbe

Kanalkeilklinker B
DIN 4051
für Sohlgewölbe

Kanalschachtklinker C
DIN 4051

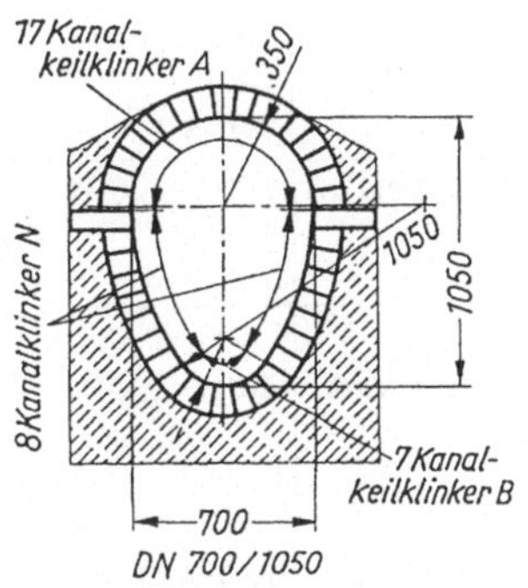

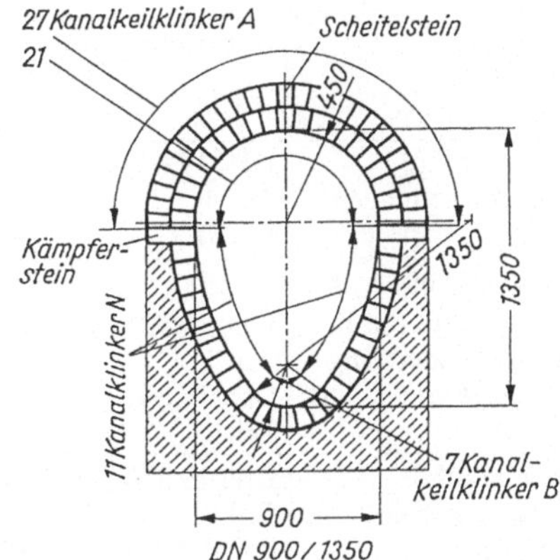

3.15 Gemauerte Kanäle

neu verstrichen werden. Bei Leitungen mit starkem Gefälle und bei MW-Kanälen schützt man die Sohle durch Steinzeugschalen gegen Abschleifen und chemische Aggression. Gemauerte Kanäle haben wenig Stoßfugen.

3.1.6 Faserzementrohre (FZ)

Das Material wird für Gefälleleitungen, Abwasserdruckrohre und für die Hausentwässerung als Fall- und Erdleitungen (DN 100 bis 1500) verwendet. Hauptbestandteil ist eine Hochmodul-Faser aus Zellstoff und Portland-Zement nach DIN 1164 (Anteil 80 bis 90%). Hohe Verdichtung, glatte Oberfläche, lange Rohrstücke (ab DN 400, $l = 5{,}0\,\text{m}$), geringes Gewicht und einfache Rohrverbindungen sind Vorteile der Faserzementrohre. Sie sind jedoch, ähnlich wie Betonrohre, wegen des Zementgehaltes chemischen Angriffen ausgesetzt, allerdings nicht in dem gleichen Ausmaße. Anstriche aus Steinkohlenteerpech, Bitumen, Epoxidharzbeschichtung oder sulfatbeständige Zemente steigern den Korrosionswiderstand. Die Rohre werden durch Wicklung von dünnen Faserzementlagen (Filzen) um einen Stahlkern hergestellt. Bei dem Autoklavverfahren bzw. der Hochdruckdampfhärtung wird dem Zement Quarzmehl zugesetzt, das den bei der Zementerhärtung entstehenden freien Kalk bindet. Die Rohre sind durch geringeren Gehalt an freiem Kalk weniger der Aggression ausgesetzt. Scheiteldruckkräfte in kN/m nach Klasse B (DN 100 bis DN 350) und nach Klasse A oder B (DN 400 bis DN 1500). Klasse B ist wandverstärkt.

Maßgebende DIN-Vorschriften sind DIN 19 800 (FZ-Druckrohre), DIN 19 850/EN 588-1

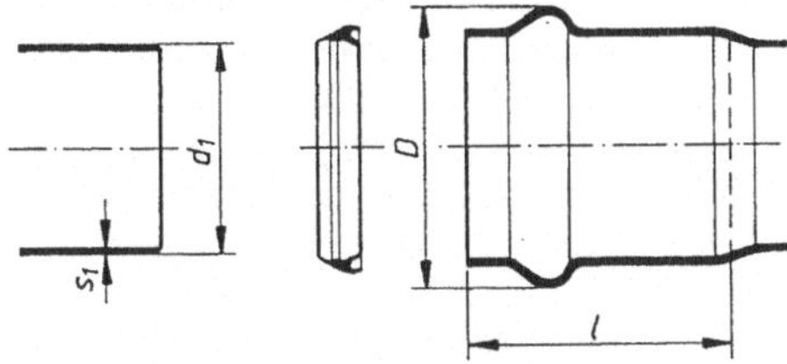

3.16 Reka-Kupplung (Eternit)

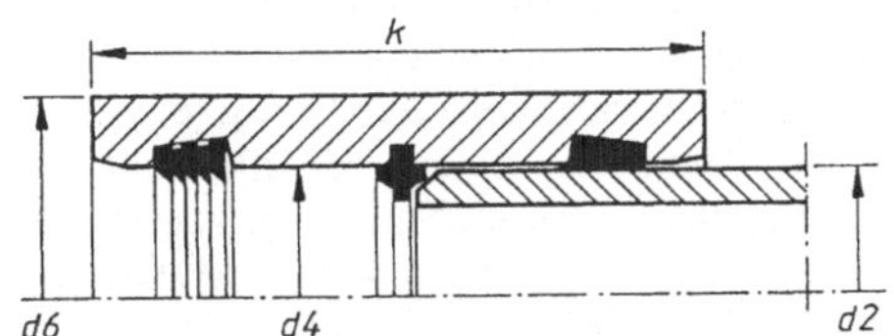

3.17 Zugfeste Kupplung, Typ Z-O-K, ähnlich auch Typ DCL bei Hobas-Rohren aus GFK (Eternit)

Tafel **3.**17 Normen und Einsatzbereiche von Faserzementrohren

Rohrart Benennung	Maßnorm	Technische Lieferbedingungen	Werkstoff	Nenndruckstufe	Nennweitenbereich
Faserzementrohre für Druckrohrleitungen	DIN 19800 Teil 1 EN 512	DIN 19800 Teil 2	Faserzement nach DIN 19800 Teil 2	2,5 bis 16	100 bis 2000
Faserzement-Abflußrohre mit fester Muffe (Grundstücksentw.) oder angeformte Muffe mit Dichtmanschette	DIN 19831 Teil 1 DIN 19841 Teil1	DIN 19830	Faserzement nach DIN 19830, DIN 19840	drucklos	50 bis 200
Faserzementrohre für Abwasserkanäle und -leitungen (Freispiegelleitungen)	DIN 19850 Teil 1 EN 588-1	DIN 19850 Teil 1 EN 588-1	Faserzement nach DIN 19850 Teil 1 EN 588-1	drucklos	100 bis 1500 (B) 400 bis 1500 (A) Rohrklassen A und B
Einstieg- und Inspektionsschächte	EN 588-2	EN 588-2		drucklos	

(Faserzementrohre und -formstücke für Freispiegelleitungen) und für Hausinstallationen DIN 19830, 19831 und 19840 (FZ-Abflußrohre und -formstücke). Die Rohrverbindung der FZ-Rohre wird entweder durch Überschiebmuffen mit Reka-Dichtungsringen (Fa. Eternit) (**3.**16), durch Steckmuffen mit Gummirillenringdichtung oder durch Spannmuffen (Manschetten) (Fa. Eternit) hergestellt. Als zugfeste Rohrverbindungen dienen verschiedene zugfeste Kupplungen (**3.**17). Auch Vortriebsrohre aus Faserzement DN 150 bis 800 in geschlossener Bauweise werden verwendet (Herstellung nach DIN 19800 und DIN 19850 mit Zulassung des Instituts für Bautechnik Berlin PA-I 3900 vom 15. 08. 90). Tafel **3.**17 gibt einen Überblick.

3.1.7 Kunststoffrohre

Kunststoffrohre werden neuerdings für Abwasserleitungen häufiger verwendet. Rohre aus PVC-U und PE-HD werden in DN von 100 bis 1200 mm und, als Profilwickelrohre bis DN 1800 geliefert. Die Rohrverbindung wird bei PVC-U-Rohren meist durch Steckmuffen mit Gummidichtring und bei PE-HD-Rohren geschweißt hergestellt (**3.**18). Besonders in der Installation von Abwasserleitungen innerhalb von Gebäuden ist das PP-s-Rohr (Polypropylen schwerentflammbar) verbreitet. Andere Kunststoffarten sind das Polyethylen (PE), Polyester (auch glasfaserverstärkt) und für Muffendichtungen Polyurethan oder Epoxid-Harze. Der Vorteil des Kunststoffes für die Abwassertechnik liegt in seiner chemischen Beständigkeit gegen die meisten hier möglichen Verunreinigungen, in der ausreichenden mechanischen Festigkeit, der leichten Verwendbarkeit, geringem Gewicht und ausreichender Wärme- und Kältebeständigkeit (Tafel **3.**18). Das Rohr hat eine besonders glatte Wand, die auch nach längerem Gebrauch glatt bleibt. Die Betriebsrauhigkeit (k_b) ist gering = 0,25 bis 0,4 mm. Maßgebend sind für PVC die DIN-Normen 8061, 8062, 19534, für Polypropylen DIN 19560 und für HDPE die DIN-Normen 8074, 8075 und 19537.

Der gelenkige Anschluß für Kunststoffrohre an Schächte kann durch ein Schachtfutter (**3.**19) erfolgen.

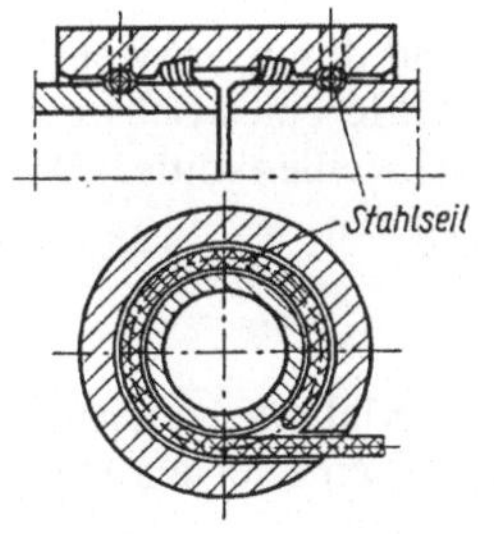

3.18 PVC-Steckmuffenverbindung mit Gleitring

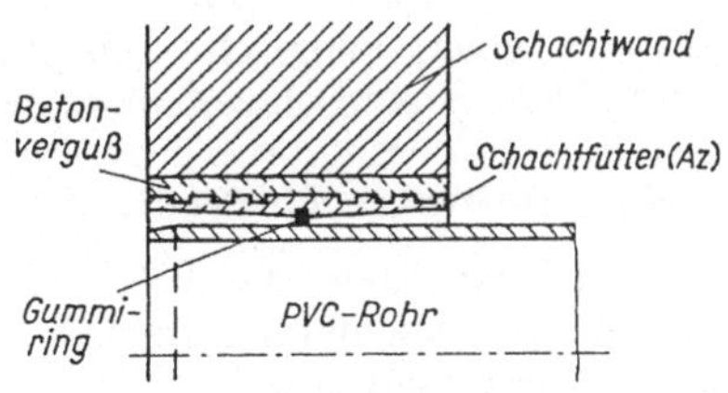

3.19 Schachtanschluß für ein PVC-Rohr (Gebr. Anger, München)

Extrudierte nahtlose Rohre und Formstücke aus Polyethylen hart (HDPE) nach DIN 8075 bzw. DIN 19537 und Abmessungen nach DIN 8074 werden im Abwasserleitungsbau als DN 100 bis 1200 (ab DN 700 branchenüblich, DN = Außendurchmesser d) und in fünf verschiedenen Wanddickenreihen eingesetzt. Die Rohre werden in Handelslängen von 5,

Tafel 3.18 Widerstandsfähigkeit von Kunststoffen der Abwassertechnik gegenüber chemischen Angriffen (× = beständig, ○ = bedingt widerstandsfähig, – = unbeständig) nach [49]. Dies sind Richtwerte, welche durch veränderte Zusammensetzung der Kunststoffe andere Vorzeichen bekommen können, für $T = 20\,°C$ und Dauereinwirkung

Kunststoffart	Polyester vernetzt	Epoxyd	Polyurethan	Polyethylen	Polyvinylchlorid	
Elastizitätsmodul E in 10^5 N/cm²	2,9 bis 4,5 11 bis 40[1]		0,85 bis 1,05	0,1 bis 0,3	2,8 bis 3,4	
	härtbar			thermoplastisch		
Kurzzeichen	UP	EP	PUR	PE	PVC	
Säuren, konzentriert	○	○	–	○	×	○
Säuren, schwach	×	×	○	×	×	×
Laugen, konzentriert	○	○	–	×	×	○
Laugen, schwach	×	×	○	×	×	×
Alkohole	×	×	–	×(–)	×	–
Ester	–	×	×	○	–	–
Ketone	–	○	○	○	–	–
Äther	○	–	×	○	–	–
Chlorkohlenwasserstoffe	–	○	–	–	–	–
Benzol	○	×	○	–	–	–
Benzin	×	×	×	–	×	–
Treibstoff	×	×	○	–	–	–
Mineralöl	×	×	×	○	×	○
Tierische und pflanzliche Öle und Fette	×	×	×	○	×	○

[1] in Matten

6 und 12,0 m hergestellt (Sonderlängen bis 300 m sind lieferbar) und durch Schweißen nach DVS 2207-1 bzw. -2 entweder durch Stumpfschweißen mit Hilfe eines Schweißspiegels (Heizelementstumpfschweißung) oder durch Heizelementschweißen mittels Widerstandsdrähten (Elektroschweißmuffe) unlösbar miteinander verbunden.

3.1.7.1 Kunststoffrohre mit Profilwand

Es handelt sich um Rohre aus PVC, PE oder PP, die im Wickelverfahren hergestellt und mit einer schraubenförmig umlaufenden Profilverstärkung versehen oder als Doppelwandprofil gefertigt werden.

Es können Rohre fast jeden Durchmessers, zur Zeit DN 300 bis 3500, in beliebiger Wanddicke hergestellt werden. Die Wanddicke kann gegenüber einem Vollwandrohr wegen der Profilverstärkung gering gehalten werden. Es ergibt sich bei gleicher Rohrsteifigkeit eine wesentliche Gewichtseinsparung. Des weiteren lassen sich Glasfasern oder Stahldrähte zur Erhöhung der Innendruckfestigkeit oder Hohlprofile zur materialsparenden Erhöhung des Widerstandsmoments für eine bestimmte Ringsteifigkeit einwickeln (**3**.20).

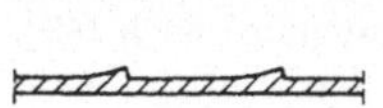

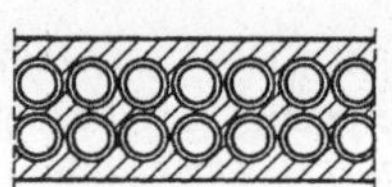
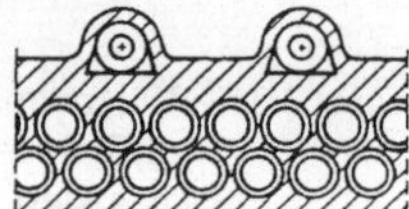

3.20 Profilwände von Kunststoffrohren (Spiralrohre) (Fa. BauKu GmbH)

Spiralkanalrohre werden in Baulängen bis 6,0 m hergestellt. Die Rohre erhalten zum besseren Erreichen glatter Übergänge einseitig Muffen und werden je nach Nennweite von innen oder außen verschweißt oder durch Steckmuffe mit Elastomer-Dichtring verbunden.

Für Spiralrohre (Abwasserrohre) gilt die Norm DIN 16961 „Rohre aus thermoplastischen Kunststoffen mit profilierter Wandung und glatter Rohrinnenfläche".

3.1.7.2 Glasfaserverstärkte Kunststoffrohre (GFK-Rohre)

Glasfaserverstärkte Kunststoffe (**3**.21) bestehen aus den beiden Komponenten Harz und Glasfasern unter Zugabe von Füllstoffen. Als Harz wird vorwiegend Polyesterharz und in geringem Umfang auch Epoxidharz eingesetzt.

Nach DIN 16 869-1, wird als Füllstoff hauptsächlich Quarzsand mit einer Korngröße von 0,25 bis 1 mm zugegeben. Der Füllstoff erhöht die Rohrsteifigkeit.

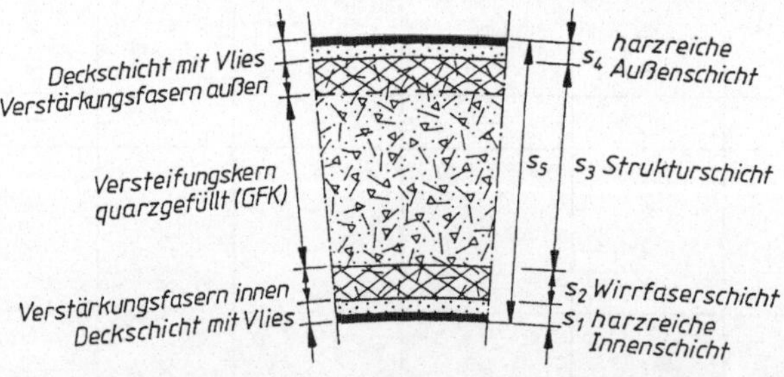

3.21 Glasfaserverstärktes Kunststoff-Rohr (GFK-Rohr) Wandaufbau, links mögliche Konstruktion, rechts Bezeichnungen nach DIN 16868-1

Die Herstellung erfolgt durch:

Handlaminieren. GFK-Matten oder -Gewebe werden auf eine Form oder das Bauteil aufgelegt und das Harz von Hand aufgetragen.

Faserspritzverfahren. Harz, Glasfasern und Füllstoffe werden gleichzeitig auf eine Form aufgespritzt.

Wickelverfahren. Lagenweises maschinelles Aufwickeln von harzgetränkten Rovings oder Gewebebändern auf einen rotierenden Wickeldorn.

Schleuderverfahren. Entweder Einlegen einer Glasfasermatte in einen Hohlzylinder. Dieser wird anschließend in Rotation versetzt und gleichzeitig über eine Leitung das Harz zugegeben. – Oder in den sich drehenden Hohlzylinder werden über einen Zugabearm Harz, geschnittene Glasfasern sowie der Füllstoff gleichzeitig oder nacheinander mit dem Ziel eines Schichtenaufbaus eingebracht.

Man erhält beim Schleuderverfahren ein Rohr mit einem definierten Außendurchmesser und glatter Außenseite. Bei den anderen Herstellungsverfahren ist die Innenwand glatt und der Innendurchmesser durch die Form festgelegt.

GFK-Rohre werden in offener Bauweise als Freispiegel- oder Druckleitungen DN 200 bis DN 2400 (Längen: 6, 9, 12 oder 18 m, Drücke bis PN 6) und in geschlossener Bauweise in Form von Vortriebsrohren (Außendurchmesser DN 272 bis DN 2047, Längen 1 bis 3 m) verwendet. GFK-Rohre haben hohe Tragfähigkeit und Innendruckfestigkeit. Sie sind als biegeweiche Rohre eingestuft. Dehnungs-, Verformungs- und Stabilitätsnachweis sind zu führen. Für den Dehnungsnachweis bei Druckrohren ist von den überlagerten Ringzug- und Biegespannungen auszugehen. Bemessungskriterium ist die Dehnung oder Verformung $\leq$ 5% des Durchmessers (Deutschland). Bei erhöhtem Innendruck kann der Glasanteil, bei höheren Erd- und Verkehrslasten die Wanddicke verstärkt werden.

Die heute zum Einsatz kommenden Abwasserrohre werden fast ausschließlich im Wickel- oder im Schleuderverfahren hergestellt.

Der Wandaufbau, z.B. von geschleuderten GFK-Rohren für den Einsatz im Abwassersektor, ist in DIN 16 868-1 festgelegt.

3.1.8 Stahlrohre

In der Regel wird dieser Werkstoff nur bei besonderen Anforderungen im Abwasserleitungsbau, wie für Druckrohre, Düker, Halbdüker, Schutzrohre, Rohrbrücken oder in schwierigem Gelände verwendet. Für Rohre und Formstücke aus längsnahtgeschweißtem Stahlrohr, feuerverzinkt, als Abwasserleitungen, gilt DIN 19 530/EN 1123-1 und -2. Stahlrohre sind unabhängig vom Angriffsgrad nach DIN 11530-2 innen mit einem Korrosionsschutz in Form einer Plastomerbeschichtung, unter Verwendung eines Haftvermittlers, zu versehen. Für Rohre und Formstücke aus längsnahtgeschweißtem, nichtrostendem Stahlrohr mit Steckmuffe gilt EN 1124-1, -2, -3.

3.1.9 Gußeiserne Rohre (GGG)

Seit 1956 werden in der Bundesrepublik Deutschland duktile Gußrohre hergestellt. Der Unterschied zum Grauguß liegt in der Form des Graphitanteils. Grauguß enthält Lamellengraphit, duktiler Guß Kugelgraphit. Dadurch werden besonders die mechanischen Eigenschaften bestimmt. Grauguß ist spröde, duktiler Guß hat eine hohe Zugfestigkeit (mind. 420 N/mm^2) und eine beachtliche Verformbarkeit (Mindestbruchdehnung duktiler

Schleudergußrohre 10%). Außerdem ist duktiles Gußeisen im Gegensatz zum Grauguß schweißbar.

Der Anwendungsbereich erstreckt sich auf Straßenkanäle und Grundstücksleitungen (nach DIN EN 598 keine Prüfzeichenpflicht). Nach DIN EN 598 ist der Einsatz für höhere Drücke > PN 6 vorgesehen. Einsatz auch für Unterdruckleitungen möglich. Zur Anwendung der DIN EN 598 gelten 32 Defininitionen. Auf zwei soll hier hingewiesen werden:

Die Ringsteifigkeit gilt für den Widerstand gegen Ovalisierung. Sie wurde in die DIN neu aufgenommen.

$$S = 1000 \cdot \frac{E \cdot J}{D^3} = 1000 \cdot \frac{E}{12} \cdot \left(\frac{e}{D}\right)^3$$

mit S	=	Ringsteifigkeit	in kN/m^2
E	=	Elastizitätsmodul (170000)	in N/mm^2
J	=	Widerstandsmoment der Rohrwand	in mm^3
e	=	Rohrwanddicke	in mm
D	=	mittlerer Rohrdurchmesser ($DE - e$)	in mm
DE	=	Nennaußendurchmesser des Rohres	in mm

Die Ovalität $\widehat{=}$ Unrundheit wird berechnet aus

$$O = \frac{A_1 - A_2}{A_1 + A_2} \cdot 100 \quad \text{in \%}$$

$A_1 = d_1$ max $\widehat{=}$ gemessener maximaler Rohraußendurchmesser
$A_2 = d_1$ min $\widehat{=}$ gemessener minimaler Rohraußendurchmesser
O $\widehat{=}$ Ovalität

Die Anforderungen an die Dichtheit für Rohre und Formstücke sind in DIN EN 598 zusätzlich zur Werksprüfung auf die Betriebsart bezogen:

Art des Betriebs	Innendruck bar		Außendruck bar
	dauernd	kurzzeitig	dauernd
Freispiegel	0 bis 0,5	2	1
positiver Druck	6	9	1
negativer Druck	−0,5	−0,8	1

Erdverlegte Gußrohre müssen einen äußeren und inneren Korrosionsschutz erhalten. Für den äußeren Korrosionsschutz schreibt DIN EN 598 standardmäßig einen Zinküberzug plus Deckbeschichtung vor. Fa. Halberg verwendet eine mehrschichtige äußere Beschichtung aus Verzinkung, Epoxidharz und Zementmörtel mit Kunststoff-Fasern armiert. Eine hohe Schlagfestigkeit wird so erreicht. Der innere Korrosionsschutz ist entsprechend DIN EN 598 in Form einer Zementmörtel-Auskleidung herzustellen. Für extreme korrosionschemische Beanspruchungen können die Rohre innenseitige Sonderbeschichtungen, z.B. Zementmörtel-Auskleidungen auf der Basis von Tonerdeschmelzzement oder Auskleidungen mit Epoxidharz erhalten.

Rohre aus duktilen Gußeisen werden als Druckleitungen oder für Leitungen in schwierigem Gelände und bei höheren Beanspruchungen eingesetzt.

Nach DIN EN 598 (ersetzt DIN 19690 bis DIN 19692) sind sie für den Bau von erdverlegten Freispiegelleitungen und für den Bau von Druckleitungen auch für PN > 6 und für Unterdruckleitungen im Bereich von DN 100 bis DN 2000 zugelassen.

Eines der wichtigsten Konstruktionselemente der Freispiegelleitung ist die Schachteinbindung. Das duktile Rohrsystem bietet für diesen Zweck Schachtanschlußstücke von DN 150 bis DN 1200

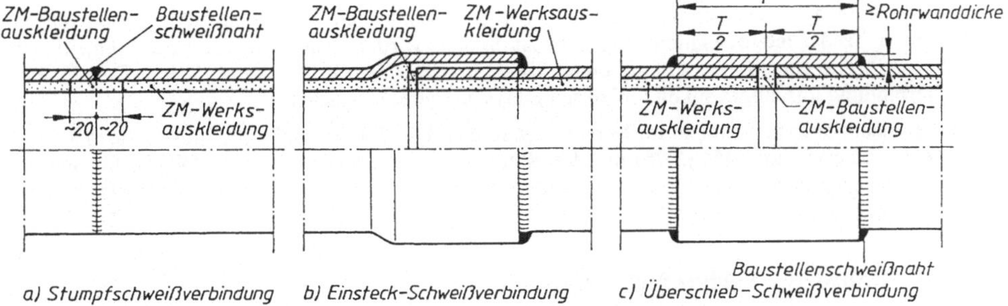

3.22 Schweißverbindungen von Stahlrohren mit Zementmörtelauskleidung (ZM)

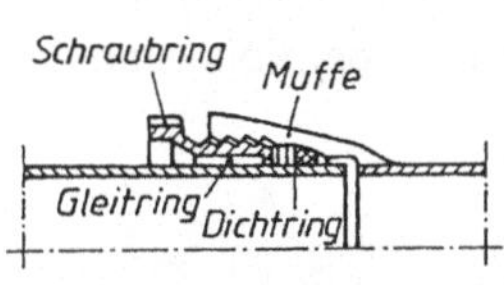

3.23 Verbindung von Gußrohren
a) Schraubmuffen-Verbindung

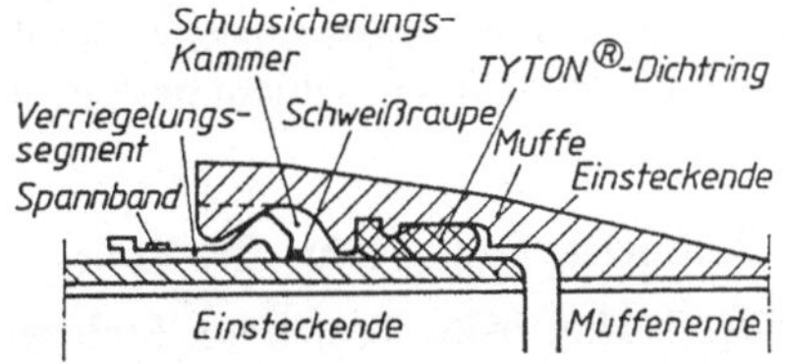

b) Steckmuffensystem Tyton mit TKF-Zugsicherung

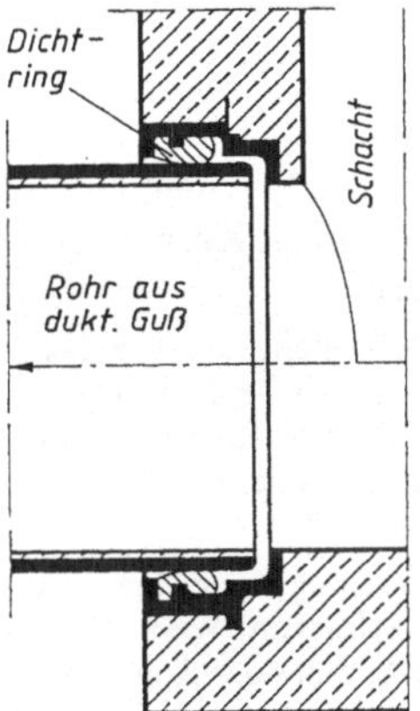

3.24 Schachteinbindung

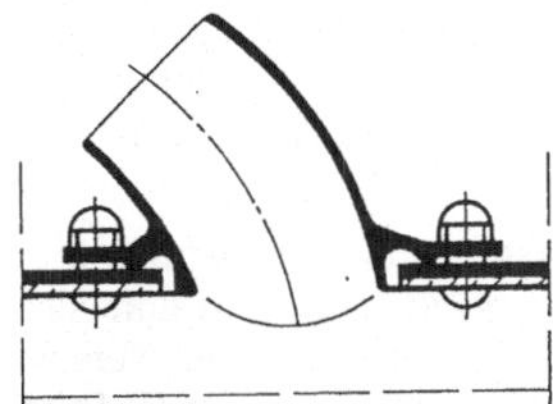

3.25 Anbohrsattelstück

(**3.24**). Diese Stücke entsprechen in ihrer inneren Gestalt der Steckmuffe System TYTON mit einem speziellen Dichtring.

Um bei Erdverlegung Glattrohre auf einfache Weise schnell und sicher miteinander zu verbinden, sind TYTON-K u p p l u n g e n im Nennweitenbereich von DN 150 bis DN 1200 geeignet. **3.**23b zeigt eine Tyton-Verbindung mit TKF-Zugsicherung. Die Kompressionsdichtung aus Kautschuk nach DIN 4060 bleibt auch nach Alterung von > 50 a druckdicht.

Bei der Montage der Rohrverbindungen wird das Einsteckende in die Muffe geschoben. Dadurch verpreßt sich der Dichtring. Im zweiten Schritt sind bei achsgleicher Lage von Muffe und Einsteckende die Verriegelungssegmente einzuführen. Dies geschieht durch ein in der Muffenstirn angeordnetes Fenster. Die Segmente gleiten im Muffenspalt nach unten und füllen so den ganzen Ringraum, bis das letzte Segment eingesetzt ist. Sodann wird der ganze Segmentkranz um eine halbe Fensterbreite verschoben und mit einem Bindedraht auf dem Einsteckende fixiert. Danach kann die Verbindung ggf. abgewinkelt und durch Längszug gereckt werden.

Für den nachträglichen Einbau im Nennweitenbereich DN 250 bis DN 1200 gibt es die Anbohrsattelstücke 90° und 45° (3.25) mit den Stutzennennweiten DN 150 und DN 200 für den Anschluß von Steinzeug- bzw. Guß-Rohren. Sie ermöglichen die einfache und sichere Montage mit kanalüblichen Kronenbohrgeräten.

3.1.10 Rohre aus Verbundwerkstoffen

Um die Vorteile verschiedener Werkstoffe zu nutzen, wurden Verbundrohre entwickelt. Man verwendet meist zwei Schichten, Tragschicht und Korrosionsschutzschicht. Die Tragschicht wird von einem Beton- bzw. Stahlbetonrohr nach DIN 4032 bzw. 4035 gebildet, die innenliegende Schutzschicht besteht aus Keramik, Kunststoff oder Polyesterharzbeton.

3.1.10.1 Beton-Keramik-Rohr (BK-Rohr)

Es verbindet das korrosionsbeständige Steinzeugrohr nach DIN 1230 mit der hohen Tragfähigkeit des Stahlbetonrohres. Eine Anpassung an nahezu alle Belastungen bei gleichzeitiger Korrosionssicherheit ist möglich. Die Rohre werden für Verlegung im offenen Graben oder für Rohrvortrieb hergestellt und können in Nennweiten von DN 250 bis DN 1400 und Längen bis zu 1,75 m geliefert werden.

3.1.10.2 Beton-Kunststoff-Rohr

Hier wird die innere Schutzschicht aus Kunststoffen gebildet. Für die Verwendung der Auskleidungsmaterialien in Form von Bahnen, Platten oder rohrförmigen Körpern muß die Richtlinie des Instituts für Bautechnik Berlin eingehalten werden.

Folgende Rohrfabrikate werden verwendet: Stahlbetonrohre mit einer PVC-weich-Folie der Systeme Amerplate, Leschuplast und Dynamit-Nobel. Beton- und Stahlbetonrohre mit PE-HD-Stegplatten, System BKU II der Fa. Friatec. Stahlbetonrohre mit einem inneren PVC-hart-Rohr (Trovidur) oder einem gewickelten (System Berringer) oder geschleuderten GFK-Rohr (System Hobas). Das Fabekun-Rohrsystem umfaßt Betonrohre mit Kunststoff-Inliner DN 200 bis 1400.

Eine weitere Variante stellen die Stahlbetonrohre mit Kunstharzausschleuderung der Firmen Züblin und Möller (Hamburg) dar. Das Aufschleudern der Kunstharzschicht erfolgt im Werk. Beton-Kunststoff-Rohre sind nicht an bestimmte Nennweiten gebunden. Die Ausbildung der Rohrverbindung muß auch den Korrosionsschutz für die Stirnwände der Rohre sichern.

3.1.11 Bauvolumen und Abschreibungssätze

Im Jahr 1987 betrug die Kanallänge der SW- und MW-Kanäle in der damaligen Bundesrepublik Deutschland $\approx$ 292 000 km, der RW-Kanäle $\approx$ 57 000 km und auf den Grundstücken $\approx$ 700 000 km Erdleitungen. Die neuen Bundesländer brachten $\approx$ 30 050 km SW- und MW-Kanäle und 6 100 km RW-Kanäle hinzu (Stand 1989). Etwa 82% der Kanäle war jünger als 50 Jahre, 1% älter als 100 Jahre, entsprechend 43% bzw. 2,9% für die neuen Bundesländer. Die spezifischen Kanallängen betrugen 5,1 m/E bzw. 2,2 m/E.

Über die tatsächliche Nutzungsdauer läßt sich daraus noch wenig ableiten. Die Abschreibungssätze verschiedener Institutionen weisen deshalb sehr unterschiedliche Werte aus

(Tafel **3**.19). Die gleichen Sätze weist das ATV-A133 [1] und die Kommunale Gemeinschaftsstelle für Verwaltungsvereinfachung (KGSt) aus. Höher sind die Abschreibungssätze des Bundesfinanzministers (BMF) für steuerliche Zwecke. Dazwischen liegen der Bundesbauminister (BMBau) und Steenbock, R. (Steinzeug Kurier 3.84). Die LAWA (Länderarbeitsgemeinschaft für Wasser) hat ihre Sätze 1993 neu formuliert [38a]. Das Kommunalabgabengesetz (KAG) enthält bei den Bauwerken relativ hohe Sätze. Es sei aber darauf hingewiesen, daß die Örtlichkeit maßgebend für Abweichungen sein kann.

Tafel **3**.19 Abschreibungssätze für Anlagen der Abwassertechnik nach [75a]

Gegenstand	Abschreibungssätze in %					
	Steenbock	BMF	BMBau	KAG	KGSt/ ATV-A 133	LAWA (1993)
Kanalrohre einschl. Grundstücksanschlüsse und Straßenabläufe		5		2 bis 2,5	1 bis 2 (1,25 bis 2,5)	
Faserzement						
Beton/Stahlbeton (Schmutzwasser)	2,5 bis 3		2 bis 3,3			
Beton/Stahlbeton (Regenwasser)			1,7 bis 2,5			
Steinzeug			1 bis 1,25			1,25 bis 2 (1)
Ortbeton mit Innenauskleidung	1,5 bis 2		1			
Mauerwerk						
Kunststoff	2,5 bis 3					
Stahl	3 bis 3,5					
Druckrohrleitungen	3 bis 3,5				2 bis 3,5	2 bis 3,5
Einstieg- und Kontrollschächte	wie Kanalrohre		Beton 1,25 bis 1,7; Klinker 1 bis 1,25			2
Sonderbauwerke in den Rohrleitungen (ohne maschinelle Einrichtung), wie z.B.						
Einlaufbauwerke						
Auslaufbauwerke	2,5 bis 3,5	2,5		3	1,5 bis 2,5	1,5 bis 2,5
Regenrückhalte- und -überlaufbauwerke						
Zusammenführungs- und Trennungsbauwerke						
Andere Bauwerke, insbesondere Pumpwerke und Kläranlagen (ohne maschinelle Einrichtung)	2,5 bis 3,5	5	1,7 bis 3,3	5	2,5 bis 3,5	2,5 bis 4,0
Maschinelle Einrichtungen	5 bis 20	(10)	2,5 bis 5		4 bis 20	4 bis 10
als Durchschnittswert	10					6

In den Großstädten haben 60 bis 85% der Kanäle eine Nennweite DN $\leq$ 400. Der Rest besteht aus vorgefertigten Rohren, Ortbeton- und Mauerwerkskanälen. Bei den Werkstoffen führen mit großem Abstand Steinzeug und Beton, jeweils in den Bereichen 35 bis 55%. Der Trend bis zum Jahr 2000 erscheint hier gleichlaufend, jedoch wird den Kunststoffrohren ein Wachstum auf 5 bis 10%-Anteil vorausgesagt.

3.2 Leitungsbau

3.2.1 Offene Bauweisen

Es sind darunter Bauverfahren zu verstehen, die es ermöglichen, Kanäle in einer offenen Baugrube herzustellen. Begrenzt ist die Anwendung durch die maximal zu erreichende Tiefe, durch die Verkehrsbeeinträchtigung in stark befahrenen Stadtstraßen, durch die Setzungsgefahr für Anliegergebäude und durch Platzmangel für die Arbeitsvorgänge. Außerdem besteht immer Abhängigkeit vom Wetter. Geräuschbelästigungen der Umgebung sind unvermeidbar.

Bild **3.**26 zeigt, wie groß der Arbeitsraum ist, den ein verhältnismäßig tiefer Rohrgraben mit größerem Rohrprofil (∅ 1,40 m) schon benötigt. Dabei ist hier der ausgehobene Boden nicht einmal neben der Baugrube gelagert, sondern abgefahren worden, ein Verfahren, das bei Platzmangel immer erforderlich ist. Man fährt den Boden der ersten Haltung ab und füllt dann immer den Boden der nächsten Haltung in die vorherige. Für die letzte Haltung wird der Boden der ersten wieder herbeigeholt. Dies geht nur bei verdichtungsfähigem Boden, sonst ist Bodenaustausch erforderlich.

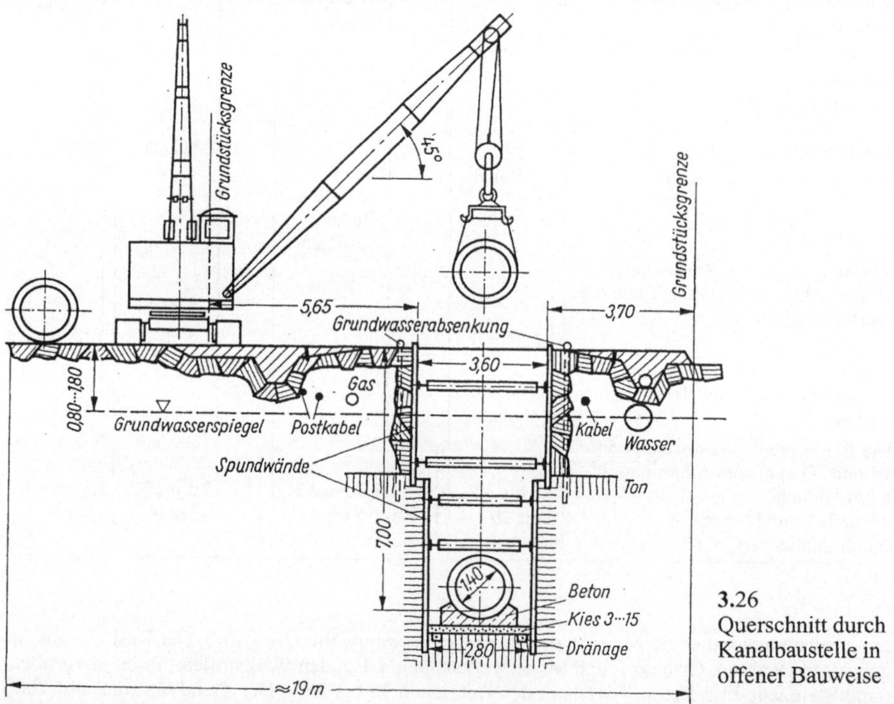

3.26 Querschnitt durch Kanalbaustelle in offener Bauweise

3.2.1.1 Vermessungsarbeiten

Vor Beginn der Ausschachtungsarbeiten wird die Leitungsführung in den Straßen bzw. im Gelände abgesteckt. Hierbei wird jeder Schacht auf Grenzsteine, Gebäudeecken usw.

mit Winkelspiegel, Bandmaß oder anderen Hilfsmitteln eingemessen und durch Fluchtstäbe gekennzeichnet. Durch Einfluchten weiterer Stäbe zwischen den Schächten wird der genaue Verlauf der Leitung festgelegt. Zu beiden Seiten der Fluchtstäbe, rechtwinklig und mit Abstand zum Leitungsverlauf, können dann Pfähle für Peilbretter oder Höhenmarkierungen eingegraben werden. Bei Verwendung von Leitungspeiltafeln werden Peilbretter waagerecht an die Pfähle, ≈ 1,00 bis 1,50 m über Geländeoberkante, genagelt. Die Visierlinie verläuft dann zwischen den Visieren (Pfähle mit Peilbrettern) parallel zur Leitungssohle. Diese Arbeiten vereinfachen sich bei Verwendung von Kanalbau-LaserGeräten (Abschn. 3.2.1.5). Es wird dann an den Schächten nur Lage und Tiefe ausgepflockt. Die gefällegerechte Verlegung der Rohre erfolgt dann mit Hilfe des Laserstrahles.

Beispiel(3.27)

Schacht 1:	Leitungssohle	140,00	m üNN
	Geländeoberkante	142,10	m üNN
	nivellierter Nagel	142,63	m üNN
Schacht 3:	Leitungssohle	140,40	m üNN
	Geländeoberkante	142,80	m üNN
	nivellierter Nagel	143,15	m üNN

Gewählte Visierhöhe der Rohrpeiltafel 3,50 m
(Bei der Grabenpeiltafel muß man einen Zuschlag = Rohrstärke + Bettungsschicht machen.)

Schacht 1: 140,00 + 3,50 = 143,50 m üNN
= Höhe des Peilbrettes
143,50 − 142,63 = 0,87 m üNN
= Höhe des Peilbrettes über dem Nagel

Schacht 3: 140,40 + 3,50 = 143,90 m üNN
= Höhe des Peilbrettes
143,90 − 143,15 = 0,75 m üNN
= Höhe des Peilbrettes über dem Nagel

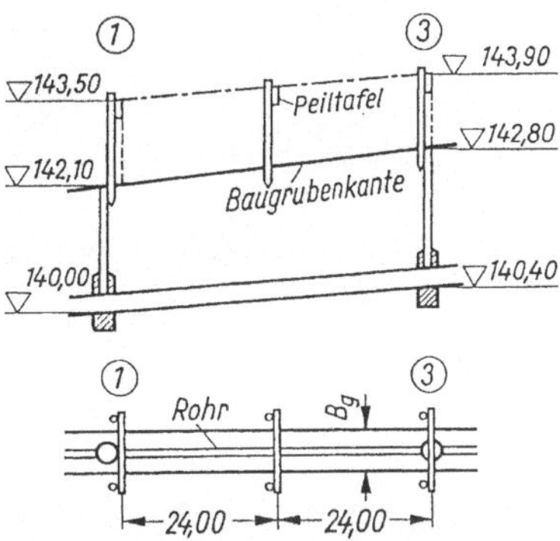

3.27 Setzen der Peiltafeln

3.2.1.2 Bodenaushub

Die Baugrubenbreite ist von dem zu verlegenden Rohrdurchmesser abhängig und so zu bestimmen, daß bei normaler Bauausführung neben dem Rohr in Kämpferhöhe bei übersteigbaren Rohren (d_a < 400 mm) ein freier, ≥ 20 cm breiter Arbeitsraum vorhanden ist. Mindestbreite der Baugrube ist jedoch 80 cm, bei größeren Tiefen entsprechend mehr (s. Abschn. 2.8.1).

Bei nicht übersteigbaren Rohren ($d_a \geq 400$ mm) soll der Arbeitsraum neben dem Kämpfer ≥ 35 cm breit sein.

Die Straßendecke ist sorgfältig aufzuschneiden bzw. -zubrechen. Der Boden wird zweckmäßig auf einer Baugrubenseite gelagert, um die andere für Abtransport und Lagern von Baustoffen freizuhalten. Zwischen Baugrube und ausgehobenem Boden ist ein ≈ 60 cm breiter Zwischenraum vorzusehen, damit Rohrverlegekräne eingesetzt werden können und die Gefährdung der Baugrube durch Auflast vermindert wird. Die Baugrube ist sorgfältig abzusperren und zu beleuchten.

Bei geböschten Baugruben (3.28a) richtet sich die Böschungsneigung nach der Bodenart, der

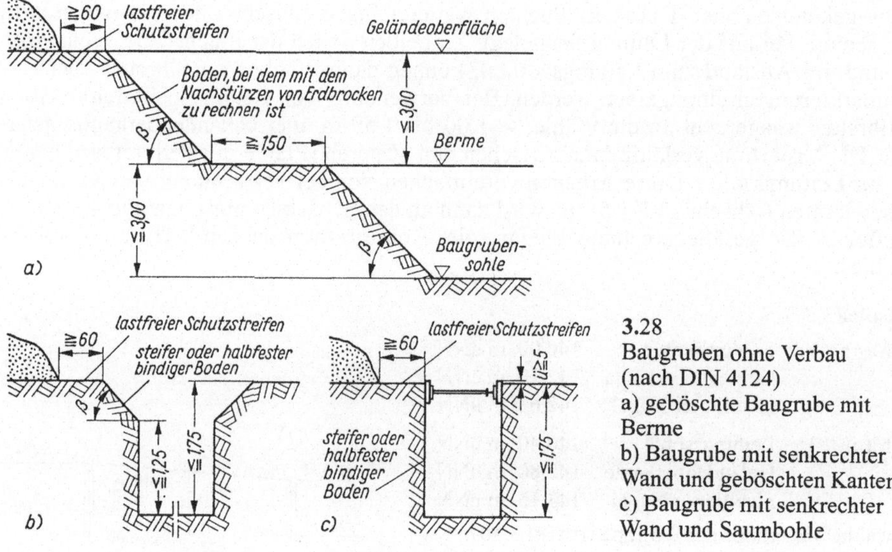

3.28 Baugruben ohne Verbau (nach DIN 4124)
a) geböschte Baugrube mit Berme
b) Baugrube mit senkrechter Wand und geböschten Kanten
c) Baugrube mit senkrechter Wand und Saumbohle

Bauzeit und den Belastungen der Böschungen. I. allg. können folgende größte Böschungswinkel vorgesehen werden:

a) nichtbindiger oder weicher bindiger Boden $\beta = 45°$
b) steifer oder halbfester bindiger Boden $\beta = 60°$
c) leichter Fels $\beta = 90°$
d) schwerer Fels $\beta = 80°$

Baugruben und Gräben bis zu 1,25 m Tiefe dürfen i. allg. ohne besondere Sicherung mit senkrechten Wänden hergestellt werden.

Bei 1,25 bis 1,75 m hohen Wänden im standfesten, gewachsenen Boden genügt es i. allg., den mehr als 1,25 m über der Sohle liegenden Bereich der Wand abzuböschen (**3.**28b) oder mit Saumbohlen zu sichern (**3.**28c).

3.2.1.3 Einsteifen der Baugrube[1)]

Nach den Unfallverhütungsvorschriften der Tiefbau-Berufsgenossenschaft müssen alle Gräben für Leitungen mit $T \geq 1,25$ m, soweit sie nicht in Fels oder ähnlich standfestem Boden ausgeführt werden, der Bodenart, den Grundwasserverhältnissen und der Straßenbefestigung entsprechend abgeböscht oder sachgemäß verbaut (abgesteift) werden. Die Baugrube ist so zu verkleiden, daß der Arbeitsraum möglichst wenig beschränkt wird und Umsteifungen vermieden werden. Holzbohlen sollen ≥ 5 cm dick sein. In Großstädten werden 6 bis 8 cm Dicke erforderlich. Die Bohlen sind 4,5 m lang und 20 cm breit, sollen parallel besäumt und mindestens an der Baugrubenwand scharfkantig sein. Brusthölzer müssen $\geq 8/12$ cm Querschnitt haben. Weil die Steifen nur durch Reibungskräfte gehalten werden, dürfen sie nicht benutzt werden, um in die Baugrube zu gelangen oder sie zu verlassen; hierfür sind Leitern bereitzuhalten. Die Steifen dürfen nur mit besonderer Vorsicht und in dem Maße beseitigt werden, wie die Baugrube verfüllt wird.

[1)] DIN 18 303.

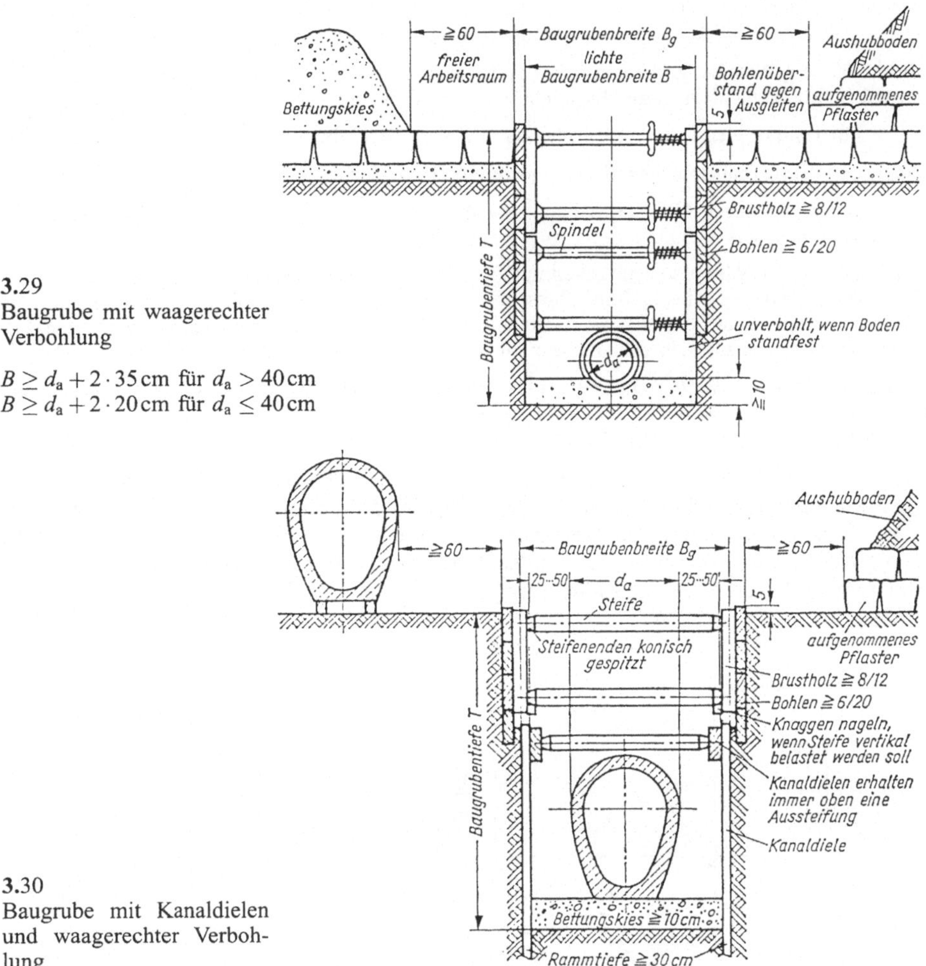

3.29
Baugrube mit waagerechter Verbohlung

$B \geq d_a + 2 \cdot 35\,\text{cm}$ für $d_a > 40\,\text{cm}$
$B \geq d_a + 2 \cdot 20\,\text{cm}$ für $d_a \leq 40\,\text{cm}$

3.30
Baugrube mit Kanaldielen und waagerechter Verbohlung

Waagerechter Verbau (**3.**29, **3.**30) wird gewählt, wenn der Boden mindestens so standfest ist, daß er auf die Tiefe einer Bohlenbreite frei abgeschachtet werden kann, bevor die Bohle eingezogen wird. Ausbohlen und Ausschachten müssen miteinander Schritt halten. Die Schalbohlen müssen durch Brusthölzer verbunden werden, die über 3 bis 4 Bohlen greifen (**3.**29). Der Abstand der Brusthölzer ist von der Tiefe der Baugrube und vom Erddruck abhängig; er beträgt gewöhnlich 1,5 bis 2,5 m. Jedes Bohlenende muß abgesteift werden. Die oberste Bohle ist zum Schutz für die Arbeiter in der Baugrube 5 cm über den stehenden Boden zu ziehen. Steifen sollen am Ende konisch gespitzt werden, damit sie nicht splittern. Auch Schachtbaugruben müssen gut ausgesteift sein. Vernachlässigt werden oft die Stirnwände zu den Kanalbaugruben hin, von denen aus dann der Boden abrutscht.

Baugruben mit Bohlen zwischen I-Trägern (Rammträgerverbau) werden angelegt, wenn Steifen in der Baugrube stören würden oder bei großen Baugrubenbreiten. Die I-Träger müssen 1,5 m, als Mittelstützen sogar 3,0 m unter die Baugrubensohle reichen. Die Bohlen sollen fest gegen das Erdreich gepreßt werden. Hohlräume zwischen Baugrubenwand und Schalung sind auszufüllen (**3**.32).

Bild **3**.33 zeigt eine Baugrube von 8,6 m Tiefe, die nach den Vorschriften der Bauberufsgenossenschaft Hamburg angelegt wurde. Es gelten folgende Abmessungen:

bis 6,3 m Tiefe Bohlen 6/20 cm, Brusthölzer 10/16 cm, Steifen ⌀15 cm

über 6,3 m Tiefe Stahlspundwand, Brusthölzer 16/18 cm, Steifen ⌀17 cm

Alle Steifen sind gegen Abrutschen durch Knaggen oder Spitzklammern zu sichern. Die Steifenlänge beträgt höchstens 2,40 m.

Die angegebenen Abmessungen gelten nur für Rohrgräben normaler Abmessungen. Wo die Maße in Breite und Tiefe (bis 8,80 m) überschritten werden, ist die behördliche Genehmigung beim Bauaufsichtsamt unter Vorlage von Zeichnungen und statischen Berechnungen zu beantragen. Die Gleitbohlen dienen zur Sicherung der Steifen beim Herablassen schwerer Kanalrohre.

Der Baugrubenquerschnitt ist im Entwurf festzulegen. Er beeinflußt die Bemessung der einzubauenden Rohre. Weichen die örtlichen Gegebenheiten von den Annahmen ab, so muß durch zusätzliche Maßnahmen vor Ort ein Ausgleich erreicht werden.

Senkrechter Verbau wird notwendig, wenn eine lose Bodenart (körnig, wasserhaltig) den waagerechten nicht mehr zuläßt. Die ≈ 1,5 bis 5,0 m langen Bohlen sollen mit dem Fortschreiten der Baugrubenausschachtung senkrecht eingetrieben werden. Bei tieferen Baugruben werden sie schräg nach außen gerichtet geschlagen, um den Arbeitsraum nach unten nicht zu verengen. Sie sollen eingebaut ≥ 30 cm unter die Baugrubensohle reichen (**3**.30).

Tafel **3**.20 Abmessungen von Kanaldielen[1)]

Fabrikat	Bezeichnung	Querschnitt	Breite b in mm	Höhe h in mm	Dicke t in mm	Gewicht je m² Wand g in kg	Widerstandsmoment W in cm³/m	Stahlsorte *St*	Stahlsorte *Sp*	übliche Längen l in m
Hoesch[2)]	HKD 220	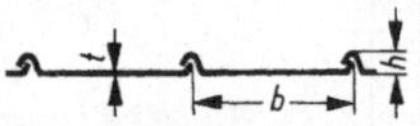	220	31	5,5	51,8	32	45		1,3 bis 3,5
	HKD 400	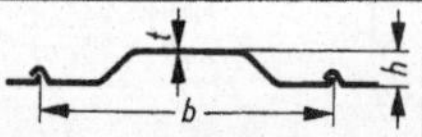	400	50	5	46	85	45		3,5 bis 5,0
Krupp[3)]	KD II	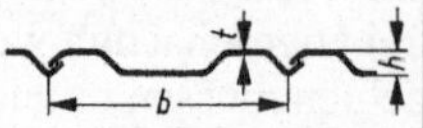	330	35	5,5	51	55	37		3,5 bis 4,5
	KD III	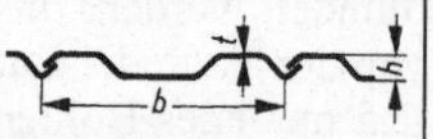	375	38	5,5	53	70	37		3,5 bis 4,5
Larssen[4)]	UKD II	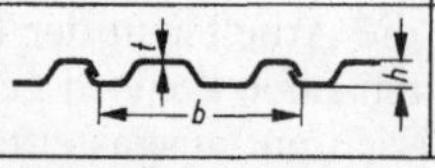	330	33	6	51	55	37	45	2,5 bis 6,0

[1)] Alle Typen werden auf Wunsch mit einer Lochung ⌀ 40 mm, 150 mm von der Oberkante entfernt, geliefert.

[2)] Hoesch AG Westfalenhütte, Dortmund

[3)] Hütten- und Bergwerke Rheinhausen AG, Hüttenwerk Rheinhausen

[4)] Hüttenunion Dortmund

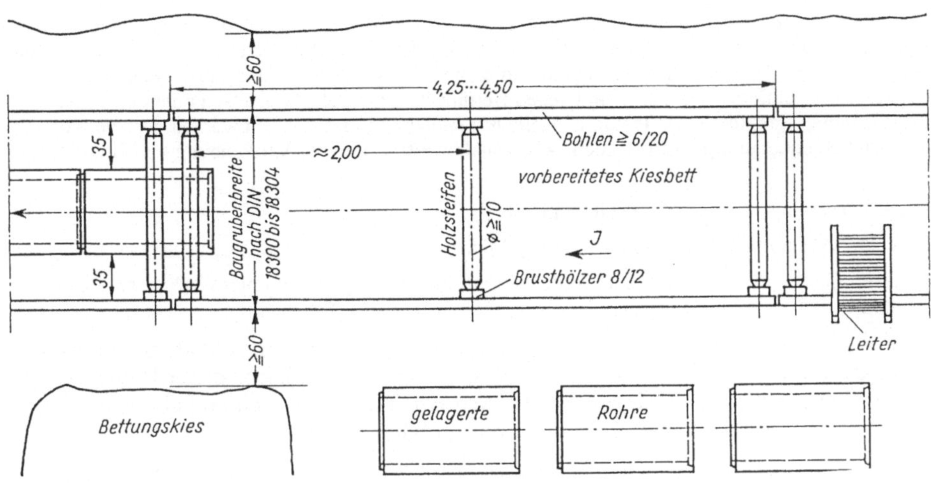

3.31 Grundriß einer Baugrube

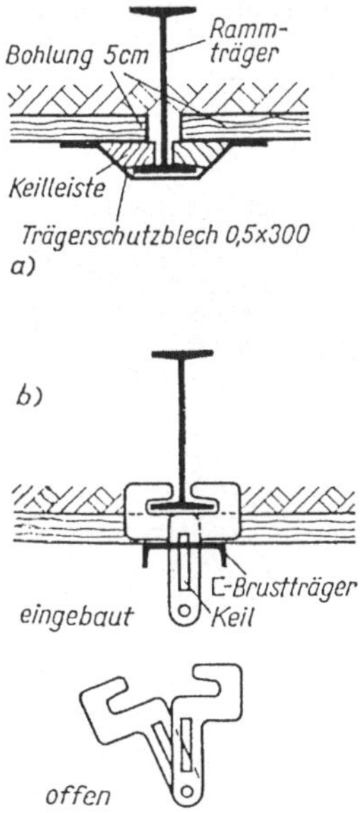

3.32
Rammträgerverbau
a) Verkeilen der Bohlen an den Rammträgern
b) Befestigung der Bohlen mit Schipplie-Eisen

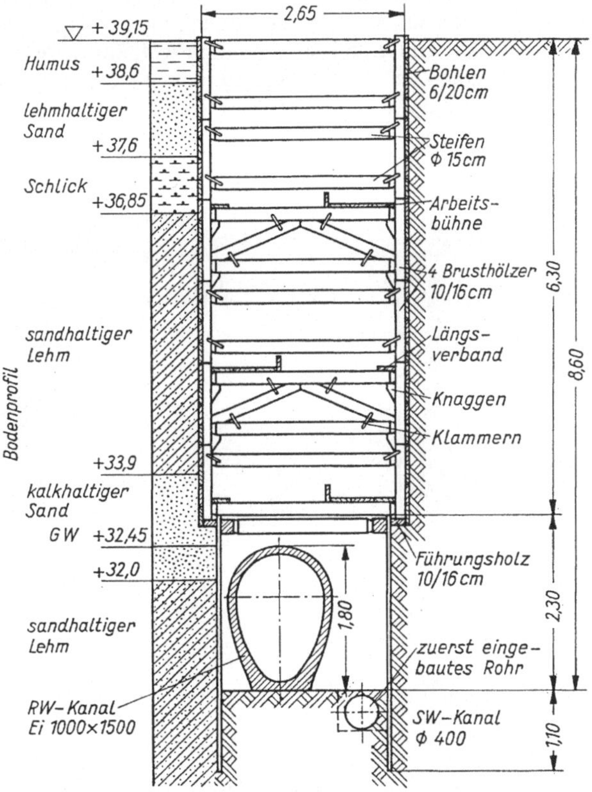

3.33 Querschnitt einer tiefen horizontal verschalten Baugrube

Häufig verkleidet man die Baugrube durch stählerne Kanaldielen. Man kann sie verwenden, wenn die Verkleidung nicht durch ein Schloß gedichtet werden muß. Die Dielen sollen sich seitlich gut überdecken und ≥ 30 cm in den Boden hinabreichen. Sie sind oben immer abzusteifen (Gurte und Steifen). Die stählernen Spreizen sind gegen Herunterfallen durch Hängeeisen oder dgl. zu sichern. Die einzelnen Kanaldielen sollen durch Keile fest an das Erdreich gepreßt werden. Der Verbau muß statisch berechnet und geprüft werden. Als Anhaltswerte gelten bei Verwendung von Breitflanschträgern:

Abstand des obersten Gurtes von Grabenkante ≤ 1,0 m

lotrechter Abstand der horizontalen Gurte ≤ 2,0 m

unterster Gurt ≤ 1,7 m über Grabensohle, wenn Kanaldielen ≥ 0,6 m unter Grabensohle gerammt werden

Stählerne Kanaldielen (Tafel **3**.20) lassen sich wiederverwenden, so daß ihr Einsatz verhältnismäßig wirtschaftlich ist. Sie sind jedoch teurer als ein horizontaler Bohlenverbau. Beim Ziehen hinterlassen sie einen schmalen Hohlraum, der nachträglich leicht zu verdichten ist (Widerlager für Rohrkämpfer muß erhalten bleiben).

Bei tiefen Baugruben wird der Verbau in mehreren Stufen (Gefachen) ausgeführt. Es gibt zwei Verfahren:

Einrammen der Kanaldielen schräg, 10 : 1 geneigt, gegen die Baugrubenwand (**3**.34). Man spart am Bodenaushub. Man steift auch die so gerammten Dielen mit Spindelsteifen ab und sichert die Gurte und Steifen durch Aufhängen an den Dielen (Kölner Verbau). Die zweite Möglichkeit ist, senkrecht zu rammen. Man setzt die nächste Bohle immer um ein

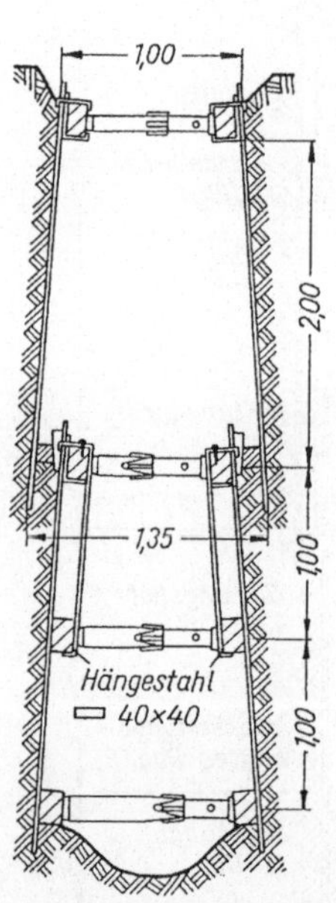

3.34 Kölner Verbau mit Spindelspreizen

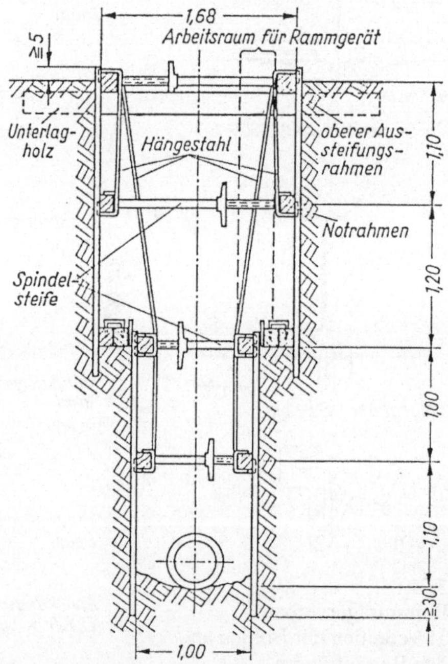

3.35 Mehrstufenausbau mit Kanaldielen und Spindelsteifen

von der Ramme vorgegebenes Maß nach innen ab. Hier erhält man größeren Bodenaushub (**3**.35).

Stählerne Kanalstreben und Spindelköpfe müssen den „Grundsätzen für den Bau und die Prüfung der Arbeitssicherheit von in der Länge verstellbaren Aussteifungsmitteln für den Leitungsgrabenbau" entsprechen. Sie müssen von der TBG geprüft und mit einem Prüfkennzeichen versehen sein.

Die Aussteifung waagerechter Grabenverkleidungen muß aus rahmenartigen Konstruktionen bestehen, d.h. alle Brusthölzer oder Aufrichter müssen mindestens durch zwei Streben gehalten werden. Dies gilt auch bei Umsteifungen während der Rohrverlegungsarbeiten oder beim Rückbau. Ein Ansetzen der Streben auf der Verkleidung ist unzulässig. Beim senkrechten Verbau sind Gurthölzer oder Gurtträger durch Hängeisen o.ä. an der Grabenwand aufzuhängen (**3**.35).

Über diese grundlegenden Bestimmungen hinaus werden in den Abschnitten 6 und 7 der DIN 4124 weitere Angaben zur Mindestgüte und zu den Abmessungen der Verbauteile gemacht. Außerdem werden Normausführungen für waagerechten und senkrechten Verbau (Normverbau) festgelegt, die bei Einhaltung der Voraussetzungen ohne Standsicherheitsnachweis verwendet werden dürfen. Konventioneller Verbau ist sehr lohnaufwendig. Deshalb wurden Verbaugeräte entwickelt, mit deren Hilfe ein Holzbohlen- oder Kanaldielenverbau außerhalb des Grabens vorgefertigt werden kann (Verbaukörbe) oder die das Vorstrecken eines senkrechten Verbaus im Graben erleichtern (Vorstreckgeräte, Verbauwagen). Diese Geräte bezeichnet man als Verbauhilfsgeräte. Sie sind nicht Bestandteil des Verbaus selbst. Voraussetzung für ihren Einsatz ist, daß die Wände maschinell ausgehobener Leitungsgräben bis zum Einsetzen oder Vorstrecken des nächsten Verbauabschnittes, standfest sind. Der Grabenaushub darf höchstens um die Länge eines Verbaufeldes, bei Vorstreckgeräten höchstens um 3,50 m vorauseilen. Der Rückbau muß konventionell ohne Hilfe des Verbaugerätes erfolgen. Verbauhilfsgeräte bedürfen eines Prüfzeichens durch den Fachausschuß Tiefbau.

Verbauplatten, Kammerplatten. Als Verbauplatten kommen überwiegend werksgefertigte, bis zu 3,50 m lange und bis zu 3,0 m hohe Verbaufelder zum Einsatz. Die beidseitigen Verbauplatten bestehen aus waagerecht übereinanderliegenden, verschweißten Stahlprofilen. Darauf aufgeschweißte senkrechte Führungsschienen (Gurtungen, Aufrichter) aus Profilstahl dienen dem gelenkigen Anschluß der Streben. Als Ergänzung zu den Grundelementen gibt es Aufstockelemente. Die maximal zulässige Grabentiefe liegt nach Prüfbescheinigung zwischen 4 und 7 m (**3**.36).

Die Bauarten der Verbauelemente unterscheiden sich durch die Schwere der Ausführung und durch die Lage der Führungsschienen. Leichtere Bauarten haben nur eine Führungsschiene in der Mitte, schwerere Bauarten haben Führungsschienen an beiden Enden (**3**.37b). Je Führungsschiene sind mindestens zwei Streben einzubringen, die so hoch angesetzt werden können, daß darunter ein ausreichender Raum für die Rohrverlegung verbleibt.

Wenn die Grabenwände nicht standfest sind, dürfen Stahlverbauplatten nur eingesetzt werden, wenn sie im Absenkverfahren eingebracht werden und keine fließenden Bodenarten anstehen. Der Grabenaushub darf dann bis höchstens 50 cm unterhalb der Verbauplatten vorauseilen. Wenn die Verbauelemente nicht nachrutschen, werden sie vom Baggerlöffel nachgedrückt.

Für den Verbau im Absenkverfahren gut geeignet ist die Trennung von Gleitschienen und Verbauplatten. Ein Paar Gleitschienen mit Streben wird eingebracht und anschließend die Stahlplatten in die Führungsnuten eingelegt und ebenfalls abgesenkt (**3**.37c). Bei tieferen Rohrgräben können Gleitschienen mit zwei Führungsnuten eingesetzt werden. Die zunächst abzusenkenden Verbauplatten werden in die äußeren Nuten eingeführt. Im unteren Grabenabschnitt werden die Verbauplatten an den oberen vorbei in den inneren Nuten abgesenkt und beim Rückbau als erste gezogen (**3**.36).

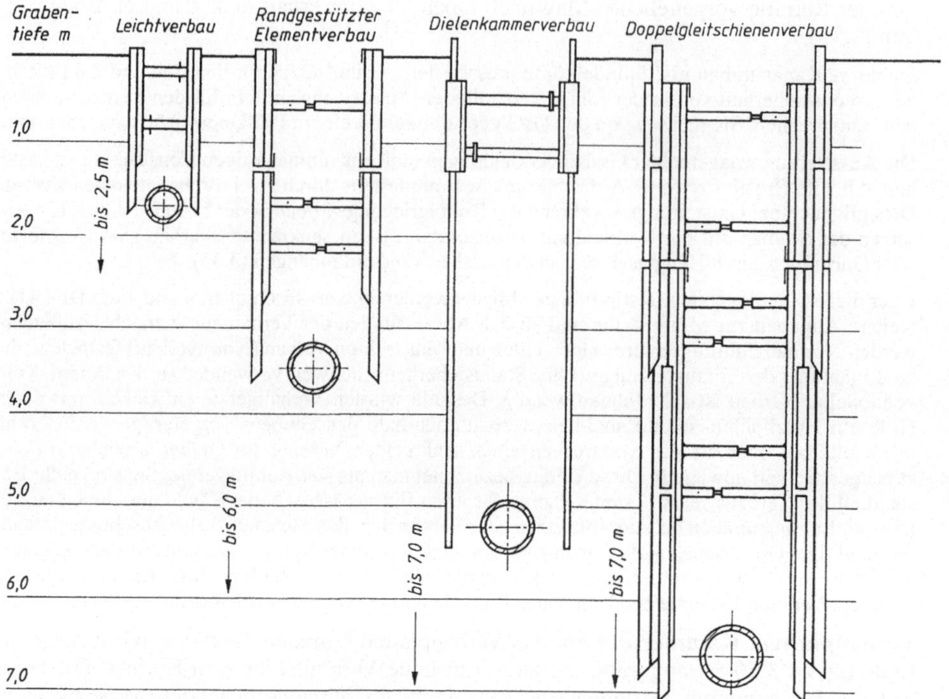

3.36 Einsatzbereiche von Kammerelementen

Eine Weiterentwicklung der Verbaukörbe in Richtung Plattenverbau ist. der Kammerplatten- oder Dielenkammerverbau. Die Kammerelemente, 75 cm bis 2 m hoch, besorgen die Grabenaussteifung im oberen Grabenbereich. Anschließend werden Kanaldielen in die Kammern eingeführt und während des Aushubs eingerammt oder einvibriert (**3**.37d und e). Kammerplattenverbau war bisher bis zu einer Tiefe von 8 m zugelassen. Die bauartabhängige zulässige Tiefe setzt die Prüfbescheinigung fest.

Rückbau und Rohrstatik. Der fachgerechte Rückbau des Verbaus beeinflußt besonders auch die statische Berechnung der Rohrleitung (s. Abschn. 2.8). Danach werden im Rohrbettungsbereich bis 30 cm über Rohrscheitel die Einbettungsbedingungen B1 bis B4, im darüberliegenden Überschüttungsbereich die Überschüttungsbedingungen A1 bis A4 unterschieden. Nach diesen Bedingungen ergeben sich die Verformungsmoduln E_B. ATV-A 127, 3. Auflage (E) enthält neuere Berechnungsansätze für die Rohrbelastung mit gespundetem Verbau.

Die höchsten E-Module ergeben sich bei den Bedingungen B1 und A1 bzw. B4 und A4. Sie werden erreicht, wenn lagenweise gegen den gewachsenen Boden verdichtet wird. B4/A4 erfordert zusätzlich den Nachweis des Verdichtungsgrades nach ZTVE. Lagenweises Verdichten bedeutet, in der Leitungszone maximale Schütthöhe 30 cm, oberhalb dürfen mittlere und schwere Verdichtungsgeräte (Vibrationsstampfer über 25 kg, Explosionsstampfer über 100 kg, Rüttelplatten über 300 kg, Vibrationswalzen über 600 kg Arbeitsgewicht) erst ab einer Scheitelüberdeckung von 1 m eingesetzt werden.

Die Bedingungen Bl/A1 bzw. B4/A4 sind nur bei unverbauten Gräben oder bei verbauten Gräben zu erreichen, wenn der Verbau lagenweise zurückgenommen und erst nach dem Rückbau gegen die

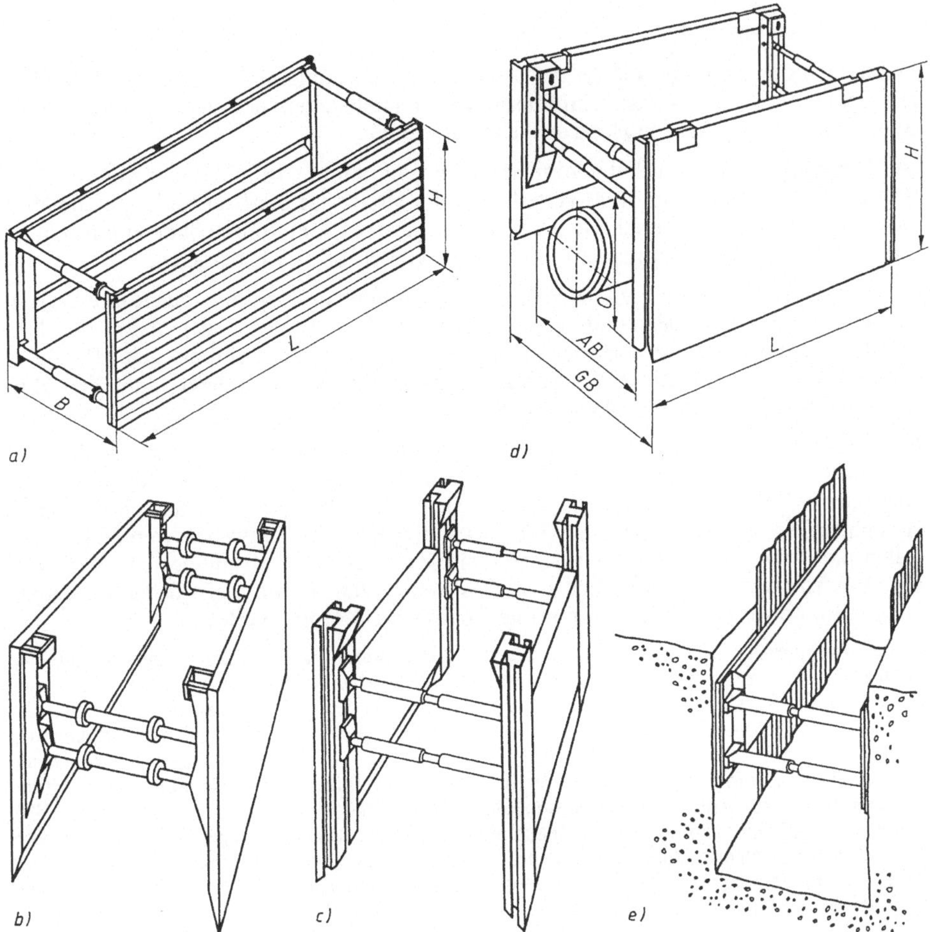

3.37 Verbauplatten, Kammerelemente

a) Graben-Verbau-Box. Stahlelement (Fa. Krings).
Maße in mm: $L = 3500$, $H = 1800$, $O = 950$, Grabenbreite 1150 bis 1520, Arbeitsbreite 980 bis 1350 oder $L = 3500$, $H = 2600$, $O = 1500$, $GB = 1150$ bis 1520, $AB = 980$ bis 1350
b) Randgestützte Verbauplatten
c) Verbauplatten mit Gleitschienen
d) Dielen-Kammer-Element (Fa. Krings) aus zwei Kammerplatten, die durch Teleskop-Gewinde-Spindeln verbunden sind. Die in die Kammerplatte eingearbeiteten Mittelstege bzw. Abstandhalter übertragen den Bodendruck von der Außenwand auf die horizontal angeordneten Tragbalken. Zwischen beiden ist ein Freiraum zum Einbringen der Dielen.
Länge 3730, $B =$ Einstellbreite 1250 bis 1950, Höhe wahlweise 750 oder 1500
e) Kammerplattenverbau mit Kanaldielen

Grabenwände verdichtet wird. Das ist durch herkömmlichen waagerechten Verbau, durch Plattenverbau mit Gleitschienen oder mit einem Dielenkammerverbau erreichbar. Beim Verdichten gegen Kanaldielen können nur die Bedingungen B2/A2, gegen Holzbohlen, Spundwände oder Verbauplatten nur die Bedingungen B3/A3 erreicht werden, mit niedrigeren E-Moduln.

3.2.1.4 Rohrlagerung

Im Bereich der Gründungsfläche der Leitung darf die Sohle nicht aufgelockert werden. Die Gefahr der Lockerung ist beim Einsatz von Grabenbaggern besonders groß. Der letzte Boden sollte möglichst von Hand ausgehoben werden.

Die Lagerungsart der Rohrleitung im Graben beeinflußt ihre Tragfähigkeit wesentlich (s. Bild **2**.56). Bei Rohren mit Fuß verteilt sich der Druck auf die Rohrsohle gleichmäßig, damit ist eine größere Tragfähigkeit des Rohres gegeben. Bei Rohren ohne Fuß ist punktförmiges Auflagern zu vermeiden. Der Auflagewinkel soll $\geq 90°$ betragen.

Ist der anstehende, gewachsene Boden für die unmittelbare Lagerung der Rohre brauchbar, was für sandigen Boden und Feinkies, aber auch für bindigen Boden oft zutrifft, dann soll die Auflagerfläche entsprechend der Form der Rohraußenwand aus dem Boden so herausgeformt werden, daß das Rohr auf der ganzen Länge satt aufliegt. Unter den Muffen ist die Mulde entsprechend zu vertiefen.

Ist der Boden für unmittelbares Auflagern ungeeignet, dann muß die Grabensohle tiefer ausgehoben und ein Auflager aus Sand, Feinkies oder Beton hergestellt werden. Bei Sand oder Kies soll die Auflagerschicht $\geq 1/10\,\mathrm{DN} + 10\,\mathrm{cm}$ dick sein. Die Schicht ist gut zu verdichten. Besteht die Gefahr, daß Sand als Auflagerschicht ausgespült werden kann, so sollen die Rohre auf Beton gelagert werden. Die Betongüte soll mindestens B 15 sein. Eine Bewehrung kann erforderlich sein. Das Betonauflager wird meist fertig hergestellt, und die Rohre werden in die vorgeformte Oberfläche in Mörtel verlegt.

I. allg. kommt man mit den in Abschn. 2.8.3 gezeigten Lagerungsarten und der Rohrummantelung in Ortbeton für vorgefertigte Rohre aus. Besonders schwierige Bodenarten erfordern jedoch noch weitere Konstruktionen. Bild **3**.38 zeigt ein Walzbetonrohr (Fa. Dywidag), das im Seeton des Tegernsees verlegt wurde. Hier hat man sich gegen den im feuchten Zustand auseinanderfließenden Seeton mit einem Maschendrahtgewebe geholfen, welches das Kies-Sand-Auflager zusammenhält. Es wurde in Trogform gebogen. An anderer Stelle mit sehr steinigem, ungleichmäßigem Untergrund hat man die gleiche Rohrart auf ein Betonbankett verlegt, das V-förmig hergestellt wurde (**3**.39). Durch eine 2-Linienlagerung wird die Spannungsspitze in der Rohrsohle abgemindert. Die Zwickel wurden nachträglich ausbetoniert; damit wird ein Auflagewinkel von 120° erreicht. Unter dem Rohr liegt eine Dränleitung zur offenen Grundwasserhaltung (s. Abschn. 3.2.4.1). Das wasserführende Schotterbett geht über die ganze Baugrubenbreite.

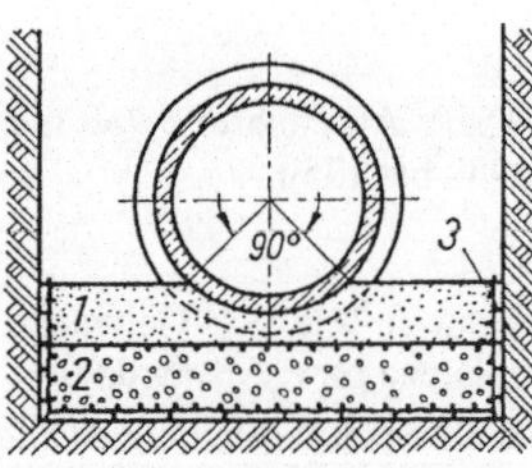

3.38 Dywidag-Walzbetonrohr im Seeton

1 Sand
2 Kies als Filterschicht
3 Maschendraht oder Geotextil

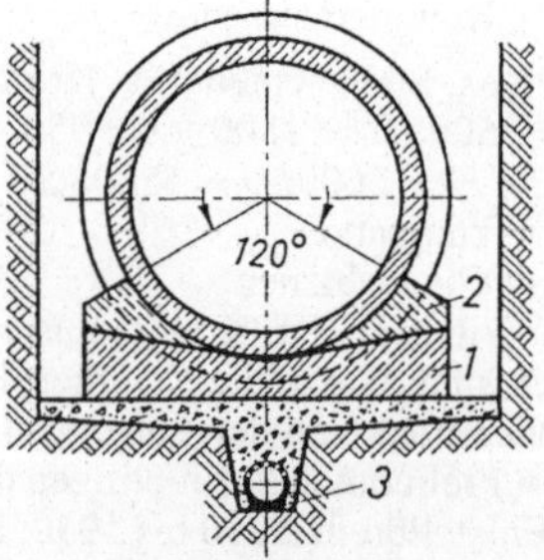

3.39 Dywidag-Walzbetonrohr auf einem Betonbankett

1 Bankett aus B 25
2 Zwickelbeton B 25
3 Dränleitung

Die Tragfähigkeit kann durch eine Betonummantelung gesteigert werden. Das Rohr wird entweder bis über den Kämpfer oder aber ganz in Stampfbeton gehüllt. Man kann im letztgenannten Fall auch noch Baustahlgewebe über Kämpfer und Scheitel einlegen. Die Betongüte soll mindestens B 15 sein. In geeigneten Abständen sind Dehnungsfugen anzuordnen.

Bei nicht tragfähigen Schichten (Torf, Moor, Schlick) kleinerer Mächtigkeit unter der Sohle versucht man, nachträgliches Setzen der Leitung durch Austausch dieser Schichten gegen Sand und Kies zu vermeiden. Bei größerer Tiefenlage und Mächtigkeit der nicht tragenden Schichten ist eine Pfahlgründung mit hölzernen Pfählen oder Stahlbetonpfählen notwendig. Die Pfahlabstände betragen $\approx$ 3 bis 6 m. In größeren Abständen ist ein Pfahlzweibock vorzusehen, um u.U. auftretende horizontale Seitenlasten aufzunehmen. Das Leitungsgewicht wird durch Längsbalken auf die Pfähle übertragen. Holzwerk soll möglichst ganz im Grundwasser stehen. Bei aggressivem Grundwasser muß Beton durch besondere Zusätze verbessert werden. Statt der Pfahlgründung ist ggf. ein „Geogitter" unter den Rohren zur Lastverteilung auf den Untergrund geeignet.

3.2.1.5 Verlegen von Leitungen und Einrichten der Rohre

Zum Einrichten der Rohre können für jede Leitungshaltung drei Peilbretter gesetzt werden. Eine bewegliche Peiltafel wird auf die Rohrsohle gestellt und über die Peilbretter eingefluchtet (**3.**40a und b). Dieses Einrichten ist für jedes Rohr durchzuführen. Um die Höhe der Grabensohle beim Aushub zu bestimmen, benutzt man Grabenpeiltafeln, die $\approx$ 10 bis 20 cm länger sind als Rohrpeiltafeln.

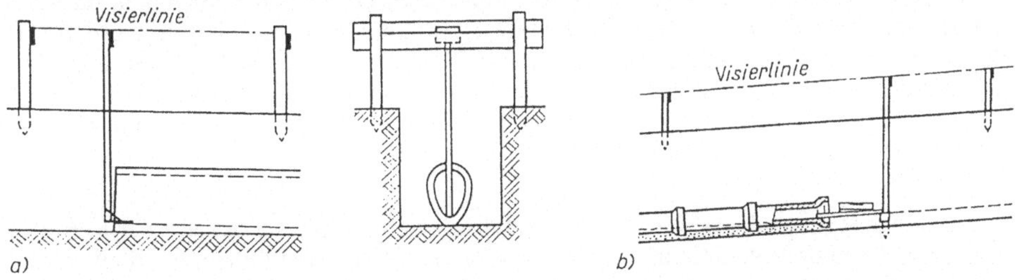

3.40 Einrichten der Rohre
a) Höhenlage der Rohrsohle b) Höhenlage der Rohrsohle mit Achspfählen

Die Lage der Leitungen wird durch eine von Peilbrett zu Peilbrett gespannte Schnur und Abloten der Richtung bestimmt. Die Peilbretter wurden vorher so an die Pfähle geschlagen, daß die versetzte Zweifarbenmarkierung die Kanalachse festlegt.

Statt jedes Rohr einzeln in die richtige Lage zu bringen, können auch 3 bis 4 m entfernte Achspfähle in die Baugrubensohle geschlagen und ihre Oberkante wie vorher eingepeilt werden (**3.**40). Nach diesen Pfählen werden dann die Rohre in die geplante Lage und Höhe gebracht. Hierzu wird ein Richtscheit benutzt, das mit einem Ende auf den Pfahl, mit dem anderen Ende in die Rohrsohle gelegt wird. Auf das Richtscheit wird eine Wasserwaage gesetzt und mit der Neigung des Sohlengefälles befestigt. Das untere Ende des Richtscheites und damit das Rohrende wird dann so lange gehoben, bis die Wasserwaage einspielt. Man verlegt grundsätzlich von der tieferen zur höheren Stelle, so daß die Muffen oben liegen. Bei Verlegung größerer Profile wird jedes Rohr einzeln einnivelliert.

Diese Verlegeart spielt nur noch bei kurzen Leitungslängen und in der Grundstücksentwässerung eine Rolle.

Eine für die Genauigkeit der Rohrverlegung sehr vorteilhafte Neuentwicklung stellt der Laser-Strahl dar, welcher als „Kanalbau-Laser" im Leitungsbau Verwendung findet.

Die Verlegung mit dem Laser-Gerät wird in der Regel bei Straßenkanälen bzw. langen Kanalstrecken eingesetzt.

Das Gerät hat die Form eines flachen Prismas. Es wird meist so aufgestellt, daß der Laserstrahl die Achse der zu verlegenden Leitung markiert. Zunächst wird die Zielachse durch eine Libelle horizontiert, dann wird die Steigung (Gefälle) direkt auf einer Skala eingestellt. Die Zielscheibe befindet sich im anderen Rohrende. Der Rohrleger verlegt das Rohr so, daß der Laserstrahl durch das Achsenkreuz der Zieltafel geht. Die Reichweite des Lasers beträgt etwa 180 m, automatische Neigungseinstellung, Neigungsbereich bis 25 bis 30%, Arbeitsgenauigkeit 0,01% (**3**.41).

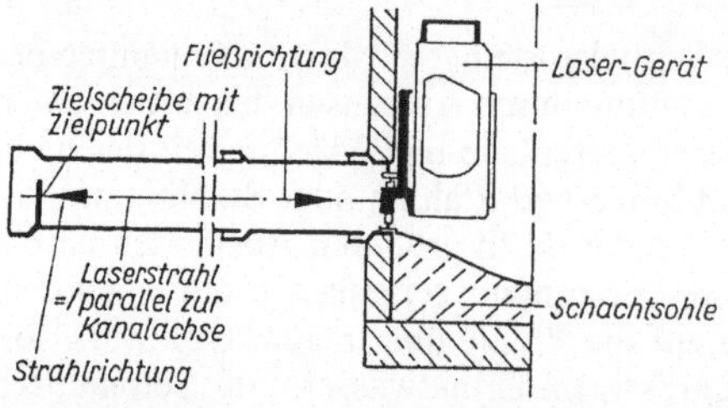

3.41: Kanallaser bei der Rohrverlegung

Kontrollen der Rohrverlegung. Die Kontrolle kann optisch mit einer Lampe und einem Kanalspiegel, mit einem Kanalfernauge, durch Druckluft oder hydraulisch erfolgen. Die abzudrückende Kanalhaltung wird bei der hydraulischen Druckprüfung bei noch offener Baugrube beiderseits durch Verschlußdeckel wasserdicht gemacht. Der obere Verschluß erhält ein Standrohr von $\geq$ 5 m Höhe über dem tiefsten Sohlpunkt der Prüfstrecke (**3**.42). Die Haltung wird von unten her mit Reinwasser gefüllt, bis der Wasserspiegel im Standrohr 5 m über der Sohle steht. Während einer Dauer von 15 Minuten darf nur eine bestimmte Höchstwassermenge, 0,02 l/m^2 Rohrinnenfläche, nachgefüllt werden, damit dieser Wasserspiegel nicht absinkt (DIN 4033). Tritt Wasser in der Haltung aus, so ist nachzudichten. Die Prüfstrecke soll 24 Stunden vorher bereits mit Wasser gefüllt sein. Die DIN pr EN 1610 sieht andere Prüfkriterien vor. Die Prüfung soll danach an der bereits verfüllten Haltung erfolgen. Diese Norm enthält auch Dichtheitskriterien für die Luftdruckprüfung.

Verfüllen des Rohrgrabens. Besonders sorgfältig ist der Graben beiderseits der Kämpfer und bis zu 30 cm über dem Scheitel (Leitungszone) mit Kies und feinem Sand zu verfüllen. Auch die restliche Baugrube ist lagenweise bei ständigem Verdichten des Bodens zu verfüllen. Schwere Maschinenstampfer oder Rüttelgeräte dürfen erst 1,0 m über Rohr scheitel eingesetzt werden. Beim Verfüllen unter Wasserzugabe (Einschlämmen) ist Vorsicht geboten, weil dabei ganze Bodenschichten ausgespült werden können (Sackungen). Gefrorener Boden darf nicht verfüllt werden. Auf [48] und ATV-A139 [1] wird verwiesen. Tafel **3**.21 zeigt einen Auszug aus [48, Tafel 1].

3.2.2 Geschlossene Bauweisen, Grabenloses Bauen

Es sind darunter Bauverfahren zu verstehen, mit deren Hilfe die unterirdische Herstellung von Kanalisationsanlagen möglich ist. Trotz der gegenüber der offenen Bauweise höheren Kosten werden sie in letzter Zeit häufiger eingesetzt, weil folgende V o r t e i l e bestehen:

1. Unabhängigkeit von Witterungs- und klimatischen Einflüssen und vom Tageslicht
2. geringe Störung des Verkehrsraumes durch die Baustelle
3. Geräuschbelästigungen lassen sich durch die Art der verwendeten Maschinen vermindern.
4. Vorhandene Anlagen auf der Erdoberfläche werden bei sachgemäßer Durchführung der geschlossenen Bauweise nicht gefährdet.

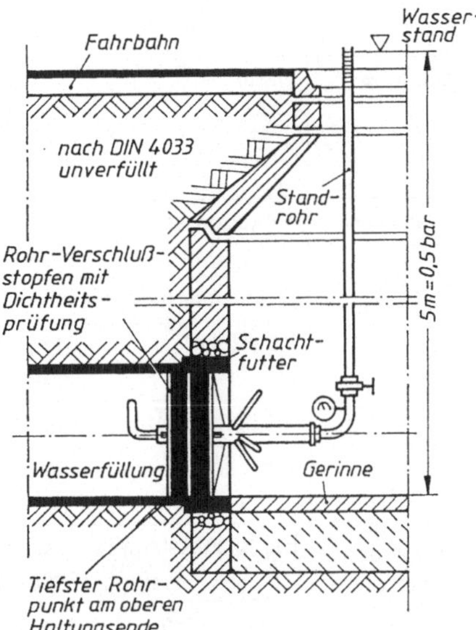

3.42
Wasserdruckprüfung, Standrohr im oberen Schacht der Prüfstrecke

5. Man ist nicht an den Straßenraum als Trasse gebunden und kann nötigenfalls auch vorhandene Bebauung unterfahren.

6. Alle Einflüsse 1 bis 5 zusammen bewirken, daß die Bauzeit allein von dem Arbeitsfortschritt bestimmt wird.

Höhere Baukosten entstehen durch den relativ größeren Maschineneinsatz, Einsatz von teuereren Bauhilfsgeräten sowie manchmal besonders gutem Rohrmaterial. Dafür entfallen Aufbrucharbeiten, Bodenaushub, Grundwasserabsenkungen, Verkehrsumlenkungen u.a.

Die heute zur Verfügung stehenden Bauverfahren lassen sich unterteilen nach Vortriebsverfahren, Ausbruchverfahren und Ausbauverfahren (Herstellungsverfahren des Baukörpers).

Vortriebsverfahren. In Frage kommen die Bodenverdrängungs- und Bodenentnahmeverfahren, z.B. die Getriebezimmerung, das Messerverfahren, der Vortrieb im Kölner Verbau, der Schildvortrieb u.a.

Ausbruchverfahren. Es erfolgt durch Handausbruch, mechanischen Ausbruch oder in einer Kombination von beiden.

Ausbauverfahren (Herstellung des Baukörpers). Als wichtigste Verfahren sind hier zu nennen:

1. die ein- oder mehrschichtige Ausmauerung

2. horizontale Ausbohrung kurzer Strecken und nachträgliches Einziehen von Rohren (**3**.43)

3. Herstellen der Tunnelrohre in Ortbeton nach dem Colcrete-Verfahren; der hinter dem Schild verbleibende Hohlraum wird durch Nachpressen des Korngerüstes ausgefüllt

4. Versetzen von Fertigrohren im Ausbruchquerschnitt und die Verfüllung des freibleibenden Hohlraumes zwischen Rohrwand und anstehendem Gebirge (z.B. beim Gefrierverfahren)

5 Versetzen von Stahlbeton- oder eisernen Tübbings, die entweder als endgültiger Ausbau stehenbleiben oder einbetoniert werden; die statische Last wird von den Tübbings allein aufgenommen

6. Herstellung der Tunnelröhre durch Vorpressen von Stahlbetonrohren, Stahlrohren, FZ-Rohren oder Verbundrohren von einer Preßgrube aus (s. Bild **3**.45). Das Vorpreßrohr kann direkt als Leitungsrohr oder als Mantelrohr für ein nachträgliches noch einzuziehendes Leitungsrohr verwendet

Tafel 3.21 Leistungswerte bei der Verdichtung von Baugruben (nach [48] Auszug) und ATV-A 139[1], × ≙ empfohlen; ○ ≙ überwiegend geeignet

Gerätklasse	Gerät		Dienstgewicht in kg	Bodengruppe III (gemischt körnig bis bindig)		
				Eignung	Schütthöhe in cm	Anzahl der Übergänge
Leichte Verdichtungsgeräte (für die Leitungszone)	Vibrationsstampfer	leicht	bis 25	×	bis 15	2 bis 4
		mittel	25 bis 60	×	15 bis 25	3 bis 4
	Explosionsstampfer	mittel	bis 100	×	15 bis 25	3 bis 5
	Rüttelplatten	leicht	bis 100	○	bis 15	4 bis 6
		mittel	100 bis 300	○	13 bis 25	4 bis 6
	Vibrationswalzen	leicht	bis 600	○	15 bis 25	5 bis 6
Mittlere und schwere Verdichtungsgeräte (oberhalb der Leitungszone)	Vibrationsstampfer	mittel	25 bis 60	×	15 bis 30	2 bis 4
		schwer	60 bis 200	×	20 bis 40	2 bis 4
	Explosionsstampfer	mittel	100 bis 500	×	25 bis 35	3 bis 4
		schwer	500	×	30 bis 50	3 bis 4
	Rüttelplatten	mittel	300 bis 750	○	20 bis 40	3 bis 5
		schwer	750	○	30 bis 50	3 bis 5
	Vibrationswalzen		600 bis 8000	×	20 bis 40	5 bis 6

werden. Dieses Verfahren ist in den letzten Jahren im großstädtischen Kanalbau oft angewandt worden, weil es eine Anzahl von Vorteilen hat:

a) Der Baukörper ist von Arbeitsbeginn an bis vor Ort fertig. Insbesondere ist seine statische Sicherheit gewährleistet.

b) Das Rohrmaterial kann bei der Herstellung im Werk einwandfrei überwacht und kontrolliert werden.

c) Der Beton hat schon beim Einbau seine volle Druckfestigkeit und Materialdichte.

d) Die Hohlraumbildung zwischen Rohrkörper und anstehendem Gebirge läßt sich bei guter Vortriebseinrichtung (Pressen) weitgehend vermeiden.

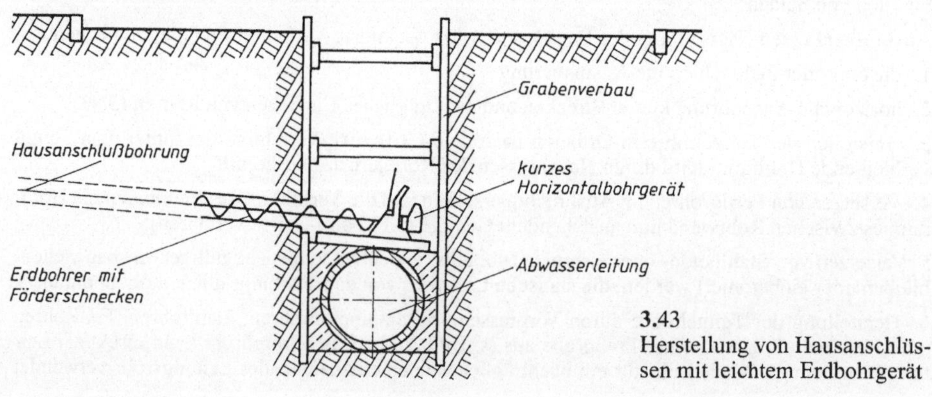

3.43 Herstellung von Hausanschlüssen mit leichtem Erdbohrgerät

3.2.2.1 Horizontal-Bohrgerät zum Unterbohren kurzer Strecken

Diese Bohrgeräte sind seit Jahren im Gebrauch. Nach der Druckübertragung bezeichnet man sie als leichte Erdbohrgeräte bzw. Bohrpreßanlagen. Sie eignen sich zum Unterbohren von Straßen, Bahnen, Gräben, Erdbuckeln o.ä. auf Längen $\leq$ 40 m (**3**.43). Der Boden wird mit einer Bohr- und zugleich Förderschnecke durchbohrt und das Bohrgut zurückgeholt. In standfesten Böden können Bohrungen von 100 bis 350 mm ohne Verrohrung hergestellt werden.

Bei der Bohrpreßanlage wird zusätzlich ein Mantelrohr aus Stahl eingepreßt. Der Bohrkopf der Schnecke läuft direkt vor dem Ende des Mantelrohres. Auch nicht standfeste Böden können so angebohrt werden. Einsatz bis Mantelrohrnennweite von 400 mm.

Die Mindestüberdeckung bei beiden Verfahren beträgt 1,0 m.

3.2.2.2 Geschlossene Bauweise im Messervortrieb, Kölner Verbau und Rohrvortriebsverfahren

Man kann keine besondere Norm für die Wahl des Verfahrens setzen, da die Durchführung der Baumaßnahmen sich nach den örtlichen Verhältnissen richtet.

In einem Bauabschnitt erhielt ein Kanal DN 1700, während die Kanalsohle $\approx$ 7,0 m unter Gelände lag. Der Untergrund bestand aus mittel- bis feinsandigen Böden. Als Vortriebsverfahren wählte man das Messerverfahren und den Kölner Verbau. Zunächst legte man Schächte an, von denen aus der Vortrieb beginnen konnte. Die Arbeiten an verschiedenen Abschnitten konnten parallel laufen. Die nächste Kanalstrecke wurde begonnen, während die erste noch nicht fertig war.

Beim Messerverfahren (**3**.44) werden über hufeisenförmige, gebogene Stahlprofilträger im Abstand von 1 m (Messergerüst) 4,5 m lange, 20 cm breite Stahldielen (Messer), die in einer Längsnut wie bei Kanaldielen lose ineinandergreifen, mit einer hydraulischen Presse ins Erdreich vorgetrieben. Vor Ort wird der anstehende Boden von Hand gelöst und in Loren zum Förderschacht transportiert. Im hinteren Teil des von den Messern gebildeten Gewölbes wird nach Herstellen einer Betonsohle in Abschnitten von 1 m mit Hilfe einer Stahlinnenschalung das Kanalprofil betoniert. Der Beton B 25 wird mit Rüttlern verdichtet. Nach dem Betonieren werden die Messer wieder um 1 m vorgetrieben. Die Kanalsohle erhält zum Abschluß noch einen 2,5 cm dicken Estrich aus Quarzsandmörtel.

Beim Kölner Verbau werden Stahl-Kanaldielen über starre Bögen in Pfändung schräg nach oben und den Seiten vorgetrieben. Bei einem Sammler in Hannover betrug der Abstand der Bögen 1,3 bis 1,4 m. Der Stollen wurde in 70 m Länge aufgefahren und anschließend die Sohle in Abschnitten von 8 bis 12 m Länge sowie mittels Stahl-Innenschalung der Ortbetonkanal in 5-m-Abschnitten hergestellt. Dabei blieben die Kanaldielen als verlorene Schalung im Boden. Da hierbei keine Setzungen entstehen können, eignet sich das Verfahren besonders in setzungsgefährdeten Strecken.

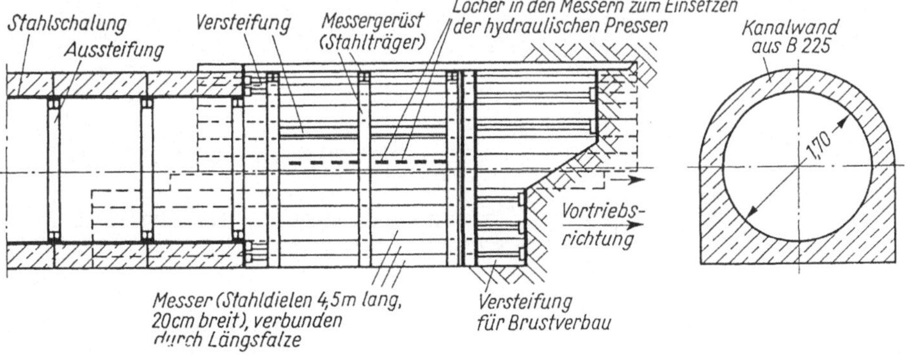

3.44 Messervortrieb

In einem anderen Bauabschnitt dieses Sammlers wurde ein gewerblich genutztes Gelände unterfahren. Teilweise lag die Trasse auch in einer Straße mit 3- bis 5geschossiger Bebauung. Die Kanalsohle lag hier ≈ 6,5 m unter Gelände, der Grundwasserspiegel 3,0 m, Baugrund wasserführender Mittel- und Feinsand. Gewählt wurde das hydraulische Vorpreßverfahren mit Einbau von Schleuderbetonrohren (**3**.45). Die Grundwasserabsenkung wurde durch Tauchpumpen in 16 m tiefen Filterbrunnen erreicht, die im Abstand von 20 m erbohrt wurden. Die in großen Abständen angelegten Preßschächte wurden mit Stahlspundbohlen umschlossen. Abmessungen 4,5 m · 7,5 m, 6,5 m tief. Ein Schacht enthält Sohle, Pressen, Widerlager, Lager- und Führungsgerüst für Pressen, Druckring, Rohr, 2 hydraulische Pressen (Druckkraft 6000 kN), Ölpumpe und Mischanlage für ein Gleitmittel zur Minderung des Reibungswiderstandes (Bentonit). Über dem Schacht wurde ein Fördergerüst errichtet, um Rohre hinabzulassen und Ausbauboden fördern zu können. Die verwendeten Schleuderbetonrohre DN 1600 waren 3,3 m lang und hatten eine Wandstärke von 16 cm (Rohrverbindung nach **3**.45). Das erste Rohr trug den Schneidschuh. Er war mit dem Rohr durch Bolzen lose verbunden. Durch Handpressen, die sich gegen die Stirnwand des ersten Rohres abstützten, konnten mit dem Schneidschuh Steuermanöver ausgeführt werden. Das Bentonit konnte über einen Leitungskranz als Gleitmittel im Abstand von ≤ 20 m zwischen Rohraußenwand und Erdreich gedrückt werden. Bei großen Durchpreßstrecken (> 60 m) war zu erwarten, daß die große Reibungskraft von den angesetzten Pressen nicht mehr aufgebracht werden konnte. Es wurden deshalb nach jeweils 66 m statt eines Rohres Zwischenpressen eingesetzt. Sie bestanden aus einem 2,0 m langen Stahlzylinder im Durchmesser des Überschiebringes, in den 10 hydraulische Pressen mit je 70 kN Druckkraft und 55 cm Hub eingebaut waren. Diese Pressen konnten den bis dahin vorgepreßten Rohrstrang vorschieben ohne Betätigung der Pressen im Vorpreßschacht. Der hinter den Zwischenpressen liegende Rohrteil wurde dann um 55 cm nachgeschoben. Die Vortriebsleistung/Tag betrug bei 24 h Arbeitszeit im Mittel 6 m, max 12 m. Abstand der Preßschächte 35 bis 165 m. Die geschlossene Bauweise im Vorpreßverfahren wird bei schwierigen Bausituationen vermehrt eingesetzt. Die Betonrohr-Industrie hat dafür das FBS-Vortriebsrohr entwickelt. Die Rohre aus Stahlbeton B 45 oder B 55 ermöglichen sehr lange Preßstrecken. Die Rohrverbindungen müssen bei Abwinklung der Rohre und bei einer Scherkraft von 50 · DN in N bis zum Prüfdruck von 1,0 bar dicht bleiben. Die Anpassung an das Objekt ist möglich durch spezielle Statik (Bewehrung und Wanddicke); DN 250 bis DN 4000 herstellbar; Rohrlängen nach erforderlichen Steuerradien; abgewinkelte Stirnflächen für gekrümmte Trassen; Kreis-, Ei- und Rechteckquerschnitte.

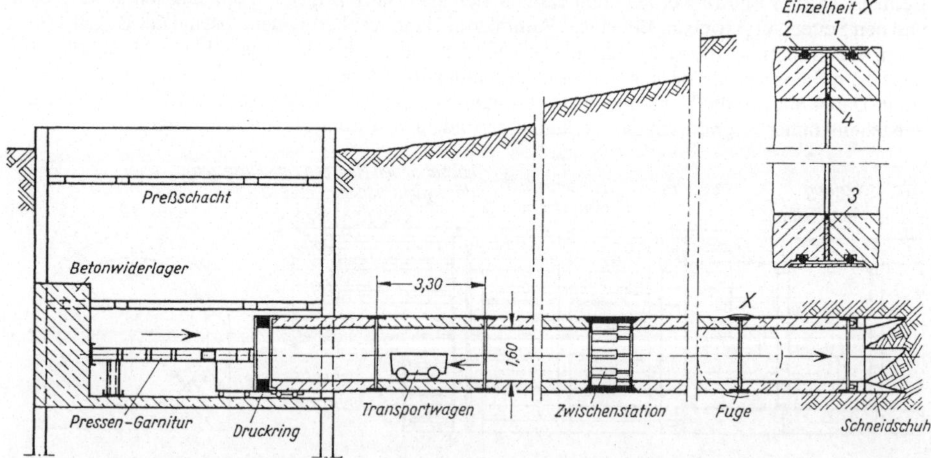

3.45 Hydraulisches Vorpreßverfahren (Längsschnitt), konventioneller Schildvortrieb
1 Stahlring *3* Holzring
2 Dichtungsring *4* Nachträgliche Auskittung

Tafel **3**.22 Horizontale Vortriebsverfahren für Leitungen unter DN 2000; mögliche Vortriebslängen und Außen-Durchmesser

	Verfahren/Gerät	Arbeitsprinzip	max ∅	maximale Vortriebslänge in m
Bodenverdrängung	1. Erdverdrängungshammer	Verdrängung desBodens bei selbsttätigem Vortrieb, gleichzeitiges Einziehen der Produktrohre ist möglich.	200	Erdverdrängungs-Hammer
	2. Horizontalramme mit geschlossenem Rohr	Verdrängung des Bodens mit gleichzeitigem Eintreiben eines Schutz- oder- Produktrohres.	200	Horizontalramme
	3. Leichte Preßanlagen	Einpressen eines Gestänges. Beim Ziehen des Gestänges Aufweitung und Einzug des Produktrohres.	200	leichte Horizontalpreßanlage
Bodenentnahmenverfahren	4. Horizontalramme mit offenem Rohr	Eintreiben eines offenen Stahlrohres mittels Erdverdrängungshammer, nach träglicher Bodenabbau und - abförderung mittels Spülung oder Bohrschnecke.	2000	Horizontalramme (offen)
	5. Leichtes Erdbohrgerät	Durchbohren des Bodens mittels Bohrkopf und Förderschnecke; nach Ziehen der Schnecke Einbau des Produktrohres. Bei speziellem Bohrkopf auch gleichzeitiges Einziehen der Rohre möglich.	280	leichtes Erdbohrgerät
	6. Bohrpreßgerät	Durchbohren mittels Bohrkopf und Abförderung des Bohrgutes mit Förderschnecken. Gleichlaufendes Einpressen eines Stahlschutzrohres, Bohrkopf läuft vor dem Rohr.	400	Preßbohranlage
	7. Preßbohrgerät	Wie 6., Bohrkopf läuft jedoch immer im Rohr bzw. maximal im Bereich der Rohrschneide.	2000	0 20 40 60 80 100

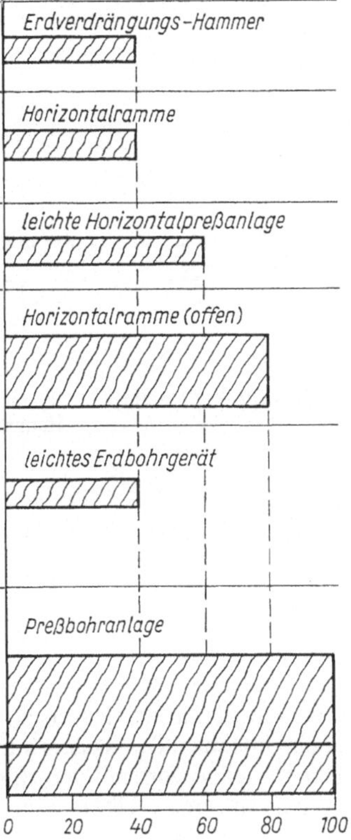

3.2.2.3 Vortriebsverfahren

Einen Überblick geben Tafel **3**.22 und **3**.23. Unter Microtunnelbau (microtunneling in Englisch) versteht man die grabenlose Herstellung von Leitungen mit nicht begehbarer Nennweite, meist durch Rohrvortrieb.

Nicht steuerbare Verfahren. Üblich sind Bodenverdrängungs- und Bodenentnahmeverfahren. Bei der Bodenverdrängung wird von einer Baugrube aus ein Verdrängungskörper (**3**.46) durch kontinuierlichen Druck oder dynamisch in den Baugrund vorgetrieben. In den Hohlraum werden meist zugleich die Rohre eingezogen. Der Bodenverdrängungshammer (**3**.46) ist ein Hohlrohr mit Kopf, das durch einen Schlagkolben innerhalb des Rohres vorwärts getrieben wird, Antrieb durch Kompressor von 0,8 bis 6 m^3/min Leistung und PN = 6 bis 7 bar. Vortriebsgeschwindigkeit bei festen Böden (Mergel, verwitterte Tonschiefer, Sandbänke und Mergelstein) 0,5 bis 3 m/h, bei Kies, Kiessand, Sand 15 bis 25 m/h und bei Tonen, Tonsanden und Auelehm 30 bis 90 m/h.

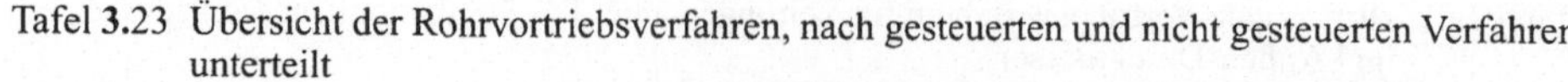

Tafel 3.23 Übersicht der Rohrvortriebsverfahren, nach gesteuerten und nicht gesteuerten Verfahren unterteilt

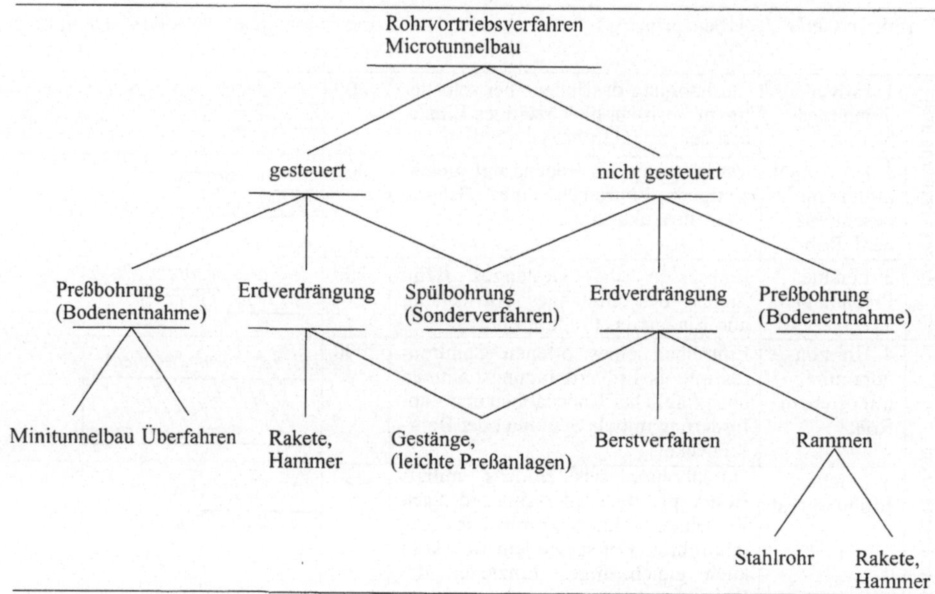

Als Horizontalramme bezeichnet man einen Bodenverdrängungshammer, mit dem man ein Stahlrohr als Mantel- oder Produktenrohr horizontal in den Baugrund treibt. Hat das Rohr einen Kopf, dann entsteht wieder Bodenverdrängung. Von der Baugrube aus wird ein Stahlrohr, dessen hinteres Ende einen Grundschlagkegel hat, eingerammt. Danach Umsetzen des Kegels auf daß nächste Rohrstück und Verschweißen mit dem ersten. Dann wieder Vortrieb von nun zwei Rohrlängen usw. Infolge der höheren Radialkräfte ist eine minimale Überdeckung von $12 \cdot D_a$ erforderlich. Bei der Preßanlage wird der Boden zunächst durch ein Pilotgestänge mit Rammschuh verdrängt. Ist der Zielschacht erreicht, wird das Gestänge mit konischem Ziehkopf und den Rohren versehen wieder zurückgezogen, dabei Aufweitung der Pilotbohrung. Antrieb durch Hydraulikpumpe außerhalb der Startbaugrube.

Bodenentnahmeverfahren werden bei Außendurchmessern $D_a > 200$ mm eingesetzt.

Bei der Horizontalramme mit offenem Rohr wird ein vorn offenes Stahlrohr dynamisch in den Boden eingerammt. Kraftübertragung von Bodenverdrängungshammer auf das Rohr erfolgt durch Grundschlag- und Aufsatzkegel. Bodenentnahme erfolgt kontinuierlich oder diskontinuierlich. Häufiger ist die diskontinuierliche Entnahme unter Abnahme der Ramme und der Kegel am Ende des Vortriebsrohres im Startschacht.

Mit Hilfe von Horizontal-Preßbohrgeräten kann ein vorn offener Rohrstrang aus Stahl mittels hydraulischer Presse in den Boden vorgetrieben werden. Der Boden wird an der Ortsbrust laufend durch einen Bohrkopf gelöst und durch Förderschnecke zur Startbaugrube zurückgebracht. Antriebsmaschinen außerhalb der Baugrube, Pumpenaggregat mit Diesel- oder Elektroantrieb. In der Baugrube Widerlager gegen Vorpreßkräfte. Bohrköpfe sind austauschbar und können den vorhandenen Bodenarten angepaßt werden.

Steuerbare Verfahren. Um die Zielgenauigkeit der Leitungsverlegung zu verbessern, wurden ferngesteuerte Vortriebsverfahren entwickelt. Für den Kanalbau kommen im wesentlichen drei Verfahren in Frage.

Pilotrohr-Vortrieb (**3**.46). Ein Pilotrohr wird gesteuert durch den Baugrund gedrückt. Nachfolgend erfolgt durch Bodenverdrängungs- oder Bodenentnahmeverfahren der Vortrieb des Kanalrohres bei Aufweitung der Bohrung. Das Pilotrohr gelangt in die Zielbaugrube.

Preßbohr-Vortrieb. Vortrieb des Mantel- oder Kanalrohres mit Bodenabbau an der Ortsbrust durch Bohrkopf und Bodenförderung durch das vorgepreßte Rohr mittels Förderschnecke. Die Antriebe für Bohrkopf und Schnecke sind in der Startbaugrube (**3**.47).

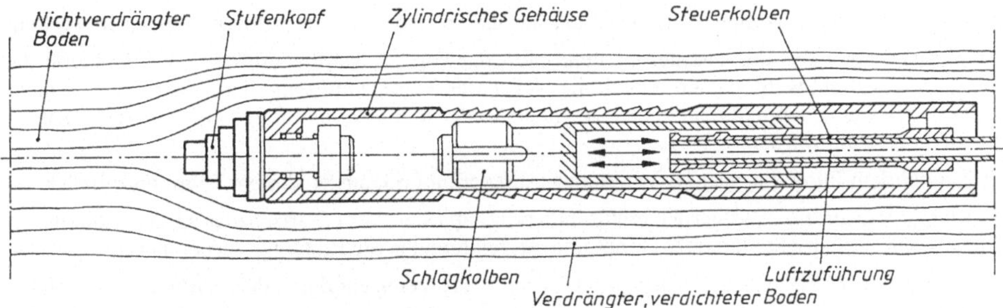

3.46 Schnitt durch Bodenverdrängungshammer mit Darstellung der Bodenverdichtung durch Dichtelinien

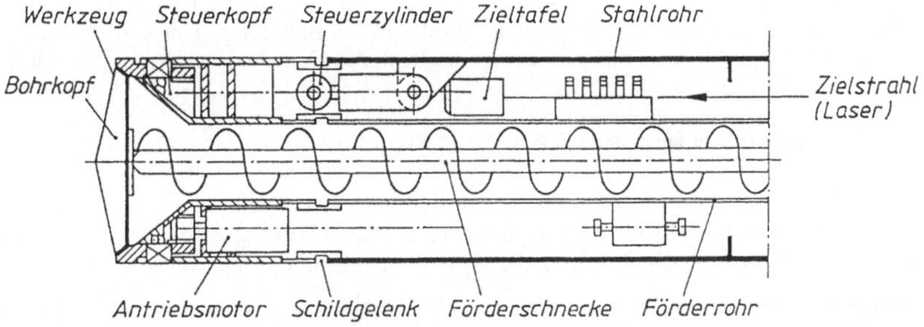

3.47 Preßbohr-Rohrvortrieb: Vortriebsmaschine Herrenknecht AV-T mit direktem Bohrkopfantrieb

Schild-Rohrvortrieb. Vortrieb des Mantel- oder Kanalrohres mit Bodenabbau an der Ortsbrust durch einen Bohrkopf und ständiger Bodenförderung zum Startschacht. Der Antrieb des Bohrkopfes befindet sich in der Schild-Vortriebsmaschine.

Daneben bestehen als Sonderverfahren die Horizontal-Spülbohrung und die Horizontal-Verdrängungsbohrung.

Generell kann man unterscheiden:

Vortrieb in einem Arbeitsgang. Das Kanalrohr (Produktenrohr) wird hinter der Vortriebsmaschine endgültig verlegt.

Vortrieb in zwei Arbeitsgängen.

1. Vortrieb eines Mantelrohres und danach Einbau des Kanalrohres ins Mantelrohr mit Verdämmung des Ringraumes. Hier sind alle Rohrmaterialien und -arten einsetzbar.

2. Vortrieb eines Mantelrohres (Pilotrohr). Danach Einpressen des Kanalrohres mit gleichem Außendurchmesser in gleicher Lage unter Herauspressen des Mantelrohres. Als Kanalrohre sind nur Vortriebsrohre geeignet.

3. Vortrieb eines Pilotrohres kleineren Durchmessers aus Stahl. Danach Einpressen des Kanalrohres in gleicher Achslage. Das Pilotrohr wird vor Kopf des Kanalrohres herausgepreßt. Das Kanalrohr mit dem größeren Durchmesser bedarf einer Aufweitungsbohrung. Nur Vortriebsrohre geeignet.

Der Vortrieb in zwei Arbeitsgängen hat den Vorteil, daß der erste vorbereitende Arbeitsgang beim Auftreten von unüberwindbaren Hindernissen abgebrochen werden kann, ohne umfassende Mehrarbeiten.

Die Korrekturmöglichkeiten sollen am Pilotrohr und an zwei Steuertechniken erläutert werden.

1. Verwendung eines abeschrägten Steuerkopfes, der von der Startbaugrube aus um 360° um die Rohrachse gedreht werden kann. Durch die wegen der Schräge einseitige Druckwirkung des nicht gelockerten Boden kann durch Drehen des Steuerkopfes in die Korrekturlage die korrekte Achslage wiederhergestellt werden.

2. Ein mit dem Pilotrohr gelenkig verbundener Steuerkopf mit auslenkbarem Führungszylinder.

Bei eingetretener unzulässiger Richtungsänderung, ablesbar vom Startschacht an der Zieltafel im Steuerkopf, wird der Steuerkopf gekippt und ausgefahren bis die Richtung wieder stimmt.

Die Steuerbarkeit beim Preßbohr-Rohrvortrieb entsteht durch den Aufbau der Vortriebsmaschine aus zwei gelenkig verbundenen Teilen. Zwischen dem Steuerkopf und dem Nachläufer befinden sich Steuerzylinder, so daß der Steuerkopf in jede gewünschte Richtung abgewinkelt werden kann. Der Vortrieb von Kanalrohren ohne Mantelrohr wird durch die Bodenförderung nach rückwärts in einem speziellen Rohr kleineren Durchmessers mit Schnecke begünstigt (**3**.47).

Gegenüber dem Preßbohr-Verfahren verfügt der Schild-Rohrvortrieb über Antriebsaggregate für den Bohrkopf und die Steuerzylinder direkt im Schildbereich. Der gelöste Boden wird naß gefördert, wobei durch das Transportwasser zugleich das Grundwasser gestützt werden soll.

3.2.3 Steilstrecken und Absturzbauwerke

Unter Steilstrecken versteht man in der Abwassertechnik Leitungsabschnitte, die wegen ihres steilen Gefälles eine besondere Bauausführung erfordern. Das Gefälle des Geländes ist steiler als das höchstzulässige Sohlgefälle der Kanäle.

Dagegen bezeichnet man in der Hydraulik Rohrleitungen dann mit steil, wenn der Abfluß im schießenden Bereich liegt. Das kritische Gefälle wird dabei überschritten (Tafel **3**.24).

Tafel **3**.24 J_{krit} und v_{krit} bei verschiedenen Nennweiten der Kreisprofile

Nennweite DN in mm	250	300	350	400	450	500	600	700	800
krit. Gefälle J_{krit} in $1/n$	1/55	1/60	1/60	1/60	1/65	1/65	1/70	1/70	1/70
krit. Geschw. v_{krit} m/s	2,10	2,30	2,50	2,65	2,80	3,00	3,25	3,50	3,75

Hydraulik. Am Anfang einer Steilstrecke wird der Abfluß bei abnehmender Fließtiefe beschleunigt. Etwas später setzt die Luftblasenaufnahme ein und die Tiefe wächst wieder bis zu einem konstanten Höchstwert an. Dieser Wert plus Reverse gegen Zuschlagen ist Grundlage für die Wahl der Rohrweite DN.

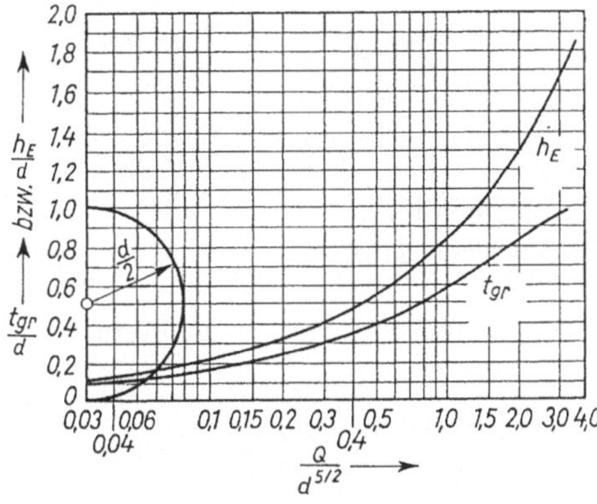

3.48 Grenztiefe t_{gr} und Energiehorizont h_E beim Kreisquerschnitt

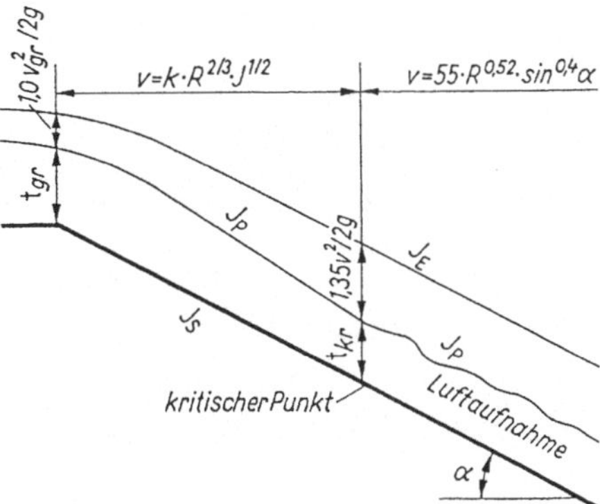

3.49 Abfluß in einer Steilstrecke mit schießendem Abfluß

In dem Fließquerschnitt treten in Abhängigkeit von der Wassertiefe h' zwei mögliche Fließgeschwindigkeiten auf. Es gibt lediglich eine Tiefe, bei der max Q abgeführt wird. Dies ist die Grenztiefe t_{gr}. Der Abflußvorgang ist strömend, wenn $h' > t_{gr}$; und schießend, wenn $h' < t_{gr}$. t_{gr} kann zeichnerisch ermittelt werden. Man vergleicht die Energiehöhen

$$h_E = h' + Q^2/\left(A^2 \cdot 2g\right)$$

bei verschiedenen h' und const. Q. Zu min h_E gehört t_{gr}.

Bild **3**.48 zeigt die Grenztiefen im Kreisquerschnitt bei verschiedenen Q-Werten. Man kann berechnen:

1. Q bei Gerinneeinengung, wenn h_E constant bleibt
2. t_{gr} bei Sohlabstürzen
3. t_{gr} um zu prüfen, ob Bewegung strömend oder schießend.

Beispiel: $Q = 1\,\text{m}^3/\text{s}$, $d = 1{,}0$ m, $k_b = 1{,}5$ mm. Gesucht: t_{gr}, h_E, v_{gr}, J_{gr}
$Q/d^{5/2} = 1{,}0$. Aus **3**.48: $t_{gr}/d = 0{,}58$; $t_{gr} = 0{,}58$ und $h_E/d = 0{,}82$; $h_E = 0{,}82$.
$h_E - t_{gr} = v_{gr}^2/2\,\text{g}$; $v_{gr}^2/2\,\text{g} = 0{,}24\,\text{m}$; $v_{gr} = 2{,}16$ m/s; mit $t_{gr} = h'$
nach Tafel **2**.22 voll $v = v_{gr}/1{,}056 = 2{,}05$ m/s
nach Tafel **2**.19 $J_{gr} = 1 : 213 = 4{,}7‰$

Bei Steilstrecken stellt sich wegen des starken Sohlgefälles oft schon am Anfang der Strecke die Grenztiefe ein. Es folgt nach wenigen Metern die schießende Wasserbewegung (**3**.49). Der Wasserstrahl durchsetzt sich nach dem kritischen Punkt (t_{kr}) stark mit Luft. Die Geschwindigkeitsverteilung über den Querschnitt ist sehr ungleichmäßig, deshalb wird $v^2/2\,\text{g}$ mit einem Faktor multipliziert, der von 1,0 am Anfang der Strecke auf 1,35 am kritischen Punkt anwächst. Die Wasserbewegung verläuft beschleunigt bis $J_E \approx 3J_p$. v bis zum kritischen Punkt kann nach den üblichen Formeln berechnet werden, auch z.B. nach $v = k \cdot R^{2/3} \cdot J^{1/2}$ (vgl. Abschn. 2.5.2).

Nach t_{kr} ist

$$v = 55R^{0{,}52} \cdot \sin^{0{,}4}\alpha$$

zu berechnen, $\alpha \mathrel{\hat{=}}$ Neigungswinkel der Rinnensohle [64].

Für Kanalisationsrohre ist ab der Gefällespanne $J = 6$ bis 20% die Bildung des Wasser-

Luft-Gemisches zu beachten. Die Gemischbildung setzt etwa an der Stelle mit $Bou = 6{,}0$ ein.

$$Bou = \frac{v_W}{(g \cdot R)^{1/2}}$$

Bou ≙ Boussinesq-Zahl für Wasserabfluß ohne Luft, dimensionslos
v_w ≙ Wassergeschwindigkeit in m/s, g ≙ Erdbeschleunigung in m/s²
R ≙ hydraulischer Radius für Wasserabfluß ohne Luft in m

Luftkonzentration C und Gemischgeschwindigkeit v_G ergeben sich nach den Formeln

$$C = \frac{\text{Luftmenge}}{\text{Luftmenge} + \text{Wassermenge}} = 1 - \frac{1}{0{,}02(Bou - 6{,}0)^{1,5} + 1}$$

$$v_G = v_w\left(1 - C^{2,09}\right) \approx v_w\left(1 - C^2\right)$$

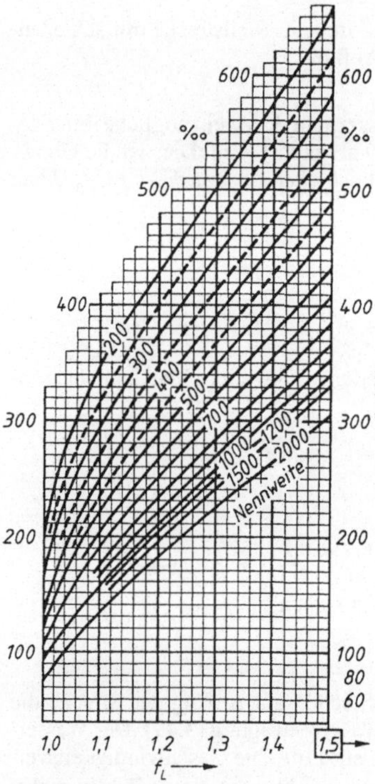

Der Rohrdurchmesser muß wegen der Gemischbildung und der Geschwindigkeitsverminderung des Gemisches u.U. vergrößert werden. Dies geschieht mit Hilfe des Vergrößerungsfaktors f_L.

$$Q_{\text{Dim}} = f_L \cdot Q_w; \qquad f_L \text{ aus Bild } \mathbf{3.50}$$

Beispiel (unter Verwendung von Hydraulik-Tabellen):
$J = 1:5 = 200‰$; $Q_w = 2750$ l/s; $k_b = 1{,}5$ mm;

erster Ansatz DN 600; nach **3.50** → $f_L = 1{,}1$
$Q_{\text{Dim}} = 1{,}1 \cdot 2750 = 3025$ l/s
→ DN 700 mit $Q = 4128$ l/s, nach **3.50** $f_L = 1{,}12$
$Q_{\text{Dim}} = 1{,}12 \cdot 2750 = 3080$ l/s
→ DN 700 ≙ gesuchter Durchmesser
voll $v_w = 10{,}73$ m/s;

$$\frac{2750}{4128} = 0{,}67 \rightarrow \frac{h'}{h} = 0{,}6; \qquad \frac{v_w}{\text{voll } v_w} = 1{,}068$$

$R = 0{,}55 \cdot 0{,}35 = 0{,}193$ m; $v_w = 1{,}068 \cdot 10{,}73 = 11{,}46$ m/s
nach Tafel **2.22** und **2.23**

$$Bou = \frac{11{,}46}{(9{,}81 \cdot 0{,}193)^{1/2}} = 8{,}33 > 6$$

$$C = 1 - \frac{1}{0{,}02(8{,}33 - 6{,}0)^{1.5} + 1} = 0{,}066$$

Luftanteil $Q_L = Q_w \cdot C/(1 - C)$
$= 2750 \cdot 0{,}066/0{,}923 = 194$ l/s
$v_G = 11{,}46\left(1 - 0{,}066^{2.09}\right) = 11{,}42 \text{ m/s} < v_w = 11{,}46$ m/s

3.50 Vergrößerungsfaktor f_L für $k_b = 1{,}5$ mm

Es treten außerdem hohe Fließgeschwindigkeiten auf, die zu einem starken Abrieb des Rohrmaterials führen können. Die Grenze dieser Fließgeschwindigkeit festzustellen ist sehr schwierig. Sie ist vom Rohrmaterial abhängig. Bei Steinzeugrohren sind jedoch schon bei Geschwindigkeiten von 7,0 bis 10,0 m/s keine nachteiligen Folgen festgestellt worden. Als Maßstab sei hier nach der Formel von Prandtl-Colebrook die Geschwindigkeit bei Vollfüllung für $J = 1:5$ angegeben:

DN 250 voll $v = 5{,}52$ m/s DN 300 voll $v = 6{,}22$ m/s

Falls man also in der Lage ist, das Gefälle 1 : 5 bis 1 : 4 einzuhalten, können hinsichtlich der max Geschwindigkeiten keine Bedenken bestehen.

Die Abriebbeständigkeit Ab der Rohre wird beeinflußt von der Geschwindigkeit der mitgeführten Geschiebemenge und dem Mischwert des Geschiebes. Sie kann bei Steilstrecken vermindert werden. Die Abhängigkeiten sind etwa folgende:

Ab wird kleiner

a) mit steigender Geschwindigkeit v: $Ab \sim \frac{1}{v^2}$

b) mit erhöhter Geschiebemenge G: $Ab \sim \frac{1}{G}$

c) mit wachsendem Mischwert a, wobei a groß ist bei Geschiebe mit großem Korndurchmesser und stark unterschiedlicher Körnung: $Ab \sim \frac{1}{a}$

Bei Abriebprüfungen am Institut für Wasserbau der Technischen Hochschule Darmstadt (Prof. Kirschmer) wurden für Steinzeugrohre bei praxisnahen, normalen Verhältnissen ($Q = 0{,}1\,\text{m}^3/\text{s}$, Feststoffanteil 50 mg/l) folgende Abriebbeständigkeit Ab festgestellt:

v m/s	3,0	5,0	10,0
Ab Jahre	> 100	> 100	100

bei extremen Verhältnissen ($Q = 1{,}0\,\text{m}^3/\text{s}$, Feststoffanteil 100 mg/l)

v m/s	3,0	5,0	10,0
Ab Jahre	110	40	10
N Tage/Jahr	365	150	36

N ist die Nutzungsdauer in Tagen/Jahr, der das Rohr diesen extremen Beanspruchungen unterliegen kann, wenn es eine normale Gesamtnutzungsdauer erreichen soll.

Statik. Bei Längsneigungen von etwa 1 : 8 treten zusätzliche Beanspruchungen auf, die durch Längskräfte hervorgerufen werden. Sie setzen sich zusammen aus:

a) der Komponente des Rohrgewichtes in Rohrlängsrichtung
b) der Wandreibung des fließenden Wassers
c) der Komponente der Erdauflast und Verkehrsauflast in Rohrlängsrichtung

Es ist daher ratsam, bei herkömmlichen Rohrverlegungen (Steinzeug-, Betonmuffenrohre) zugfeste Rohrverbindungen zu wählen, oder bei K-Muffe, Konusdichtung oder Dichtungsring in Abständen von etwa 5 bis 10 m um die Muffen standfeste Betonwiderlager anzulegen. Bei großen Überdeckungshöhen ist außerdem die Vollummantelung vorzusehen mit zweckmäßigerweise horizontalen Sohlabstufungen.

Steilstrecken in Verbindung mit Übergangsbauwerken. Steilstrecken erfordern Überlegungen hinsichtlich des Rohrmaterials wegen Abrieb und bei der statischen Bemessung wegen Schwallerscheinungen und Unterdruck.

Die Fugen müssen besonders sorgfältig ausgebildet sein und die Leitungen müssen gegen Verschieben infolge von Druckstößen gesichert sein.

Innerhalb der Steilstrecke dürfen keine offenen Leitungsabschnitte vorhanden sein. Zur Reinigung der Leitungen nur geschlossene Reinigungsstücke verwenden.

Damit die in Steilstrecken vorhandene größere Energiehöhe nicht zu einem Rückstau in den ankommenden Kanal führt, ist am Anfang der Steilstrecke ein Übergangsbauwerk als Absturzschacht oder eine Übergangsstrecke vorzusehen.

Am Ende von Übergangsstrecken sind Be- und Entlüftungsschächte anzuordnen, deren Abdeckung über der Druckhöhe des ankommenden Kanals liegen muß. Die Abdeckungen sind gegen Abheben zu sichern. Der Übergang vom großen zum kleinen Profil ist hydraulisch zu gestalten.

Am Ende der Steilstrecke ist ein Übergangsbauwerk anzuordnen, das die Ableitung von $2Q_t$ und die Energieumwandlung bei $2Q_t$ überschreitender Wasserführung sicherstellt.

In dem Beispiel (**3.**51) für kleine Wassermengen gibt es unter Berücksichtigung des Vorstehenden folgende Möglichkeiten für die Ausführung der Haltung 3 bis 4:

Lösung a, Kanäle mit großem Gefälle (**3.**51a). Verlegung der Rohre in einem Gefälle von 1 : 5 bis 1 : 3. Ummantelung der Muffen im Abstand von ≥ 5,0 m, Verwendung von besonders guten Beton- oder Steinzeugrohren DN 200 im Bereich der Steilstrecke, Erweiterung des Profils am Einlauf bei Schacht 3, keine Tosbecken, sondern Vergrößerung des Profils in der Auslaufstrecke zwischen den Schächten 4 bis 5 auf DN 300, Rohrmaterial besonders guter Beton oder Steinzeug. Ab Schacht 5 wieder normale Profilgrößen DN 200 und Beton bzw. Steinzeug als Material. Die Abkrümmung muß wegen der Reinigungsmöglichkeiten in den Schächten selbst liegen. Das Anschneiden des Böschungsfußes wird dadurch umgangen, daß das Rohr in die Anschüttung gelegt wird. Falls eine Anschüttung in standfester Form möglich ist, wäre diese Lösung anzustreben.

Lösung b, Fallrohr (**3.**51b). Heranziehen des Schachtes 3 oder eines Zwischenschachtes so weit wie möglich an die Böschungskante und Herstellen einer Falleitung, die möglichst steil liegen sollte und aus Stahl hergestellt werden müßte, DN ≥ 200. Die Leitung ist zweckmäßigerweise durch Bohrung herzustellen. Schwierigkeiten macht das Auffangen der Leitung am Böschungsfuß. Hier müßte eine Horizontalbohrung in den Böschungsfuß von Schacht 4 her vorgetrieben werden, DN 300. Auslaufstrecken wie bei Lösung a. Die Reinigung des Fallrohres würde entfallen, und die horizontale Leitung vor dem Schacht 4 könnte von diesem her gereinigt werden.

Lösung c, Kaskaden (**3.**51c). Auflösen der Steilstrecke in 3 Teilhaltungen mit 3 Absturzschächten. Es handelt sich um die konventionelle und bekannteste Bauweise für Steilstrecken. Die äußeren Abstürze an den Schächten 3a, 3b und 3c können in Steinzeugrohren DN ≥ 200 hergestellt werden. Sie sind dann mit Stampfbeton B ≥ 15 zu ummanteln. Einfacher ist die Herstellung in einem Rohrstück aus Stahl oder Eternit, das lediglich am Fuß ein Fundament erhalten müßte. Die Rohre der Horizontalstrecken sind aus Gründen der Belüftung und der Reinigung bis an die Schächte

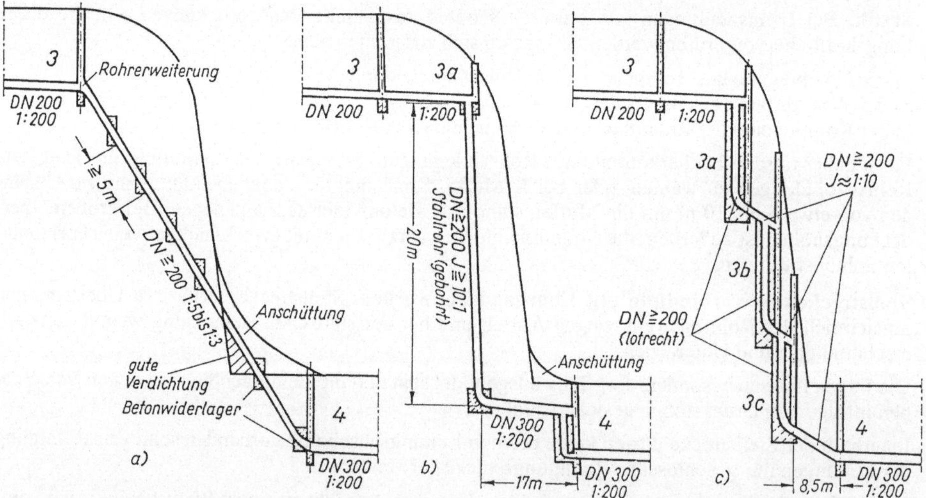

3.51 Verschiedene Möglichkeiten für die bauliche Ausbildung einer Steilstrecke (10fach überhöht dargestellt)

durchzuführen. Hier scheint das Gefälle 1 : 10 tragbar zu sein. Äußerste Vorsicht ist geboten bei Herstellung der Haltung 3c bis 4 durch das Anschneiden des Böschungsfußes. Evtl. ist hier ebenfalls auf ≈ 8,5 m Länge eine Horizontalbohrung erforderlich. Die Schächte sind am besten unter weitgehender Verwendung von Fertigteilen herzustellen, wobei nicht bis zum horizontalen Rohr gemauert zu werden braucht. Auslaufstrecke wie bei Lösung a.

Die hier beschriebene Steilstrecke führt kleine Wassermengen. Bei *großen Wassermengen* muß man die Höhenunterschiede in den Schächten selbst überwinden. Eine besondere bauliche Gestaltung wird dann erforderlich. ATV-A 241 [1] unterscheidet folgende Schachttypen:

Absturzbauwerke mit Schußrinne (**3**.72) werden angewandt bei DN > 800 und in Misch-

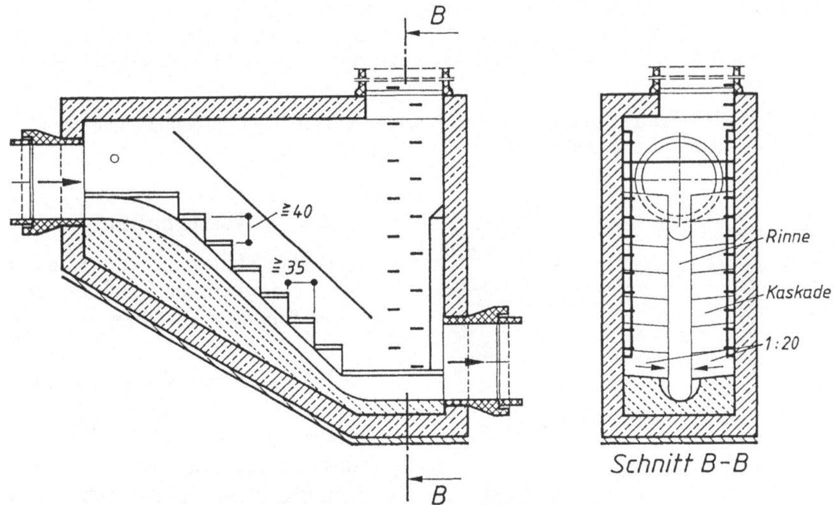

3.52 Innerer Absturz mit Rinne und Kaskade nach ATV-A 241 – Vertikalschnitte –

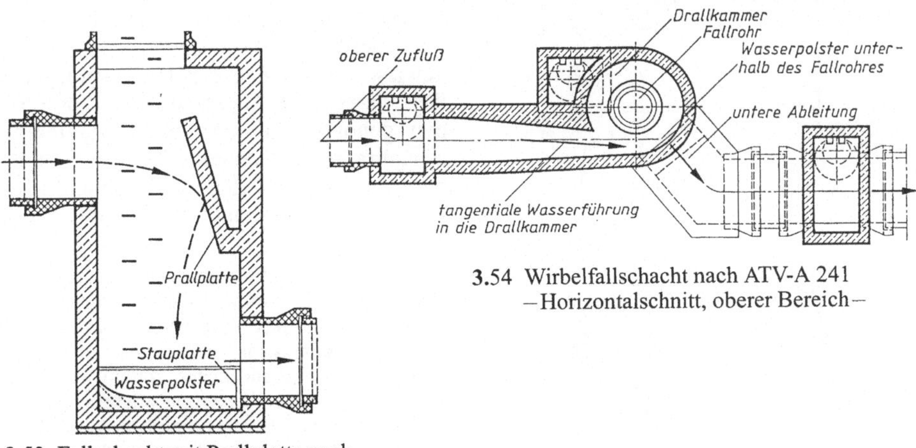

3.54 Wirbelfallschacht nach ATV-A 241 – Horizontalschnitt, oberer Bereich –

3.53 Fallschacht mit Prallplatte nach ATV-A 241 – Vertikalschnitt –

wasserkanälen mit besonders großem Trockenwetteranteil, sowie bei Schmutzwasserkanälen ab DN 400. Vor dem Bauwerk ist aus Gründen der Unfallsicherheit ein Einstiegschacht anzuordnen. Die Schußrinne soll so ausgebildet werden, daß das Wasser bis zum zweifachen Trockenwetterabfluß in der Rinne geführt wird. Die geometrische Form hierfür ist die Wurfparabel. Die dem Einlauf gegenüberliegende Wand soll als Prallwand ausgebildet werden.

Absturzbauwerke mit Kaskaden (**3**.52) werden bei größeren begehbaren Kanälen ($h \geq 1{,}80$ m) ausgeführt. Sie erhalten zur Ableitung des zweifachen Trockenwetterabflusses eine Rinne oder einen Unterlauf. Aus Gründen des Unfallschutzes sind Handläufe üblich.

Fallschächte (**3**.53) werden bei fehlender ständiger Schmutzwasserführung eingesetzt, z.B. bei Regenwasserkanälen im Trennverfahren oder bei Entlastungskanälen im Mischverfahren. Bei stärkeren Zuflüssen oder größeren Höhenunterschieden ist die Anordnung von Prallplatten zur Energieumwandlung erforderlich. Bei allen Absturzbauwerken ist für gute Entlüftung zu sorgen. Fallschächte sollen ein Wasserpolster zum Schutz der Sohle erhalten. Dieses soll sich selbsttätig entleeren können.

Der Wirbelfallschacht (**3**.54) wird in besonderen Fällen bei großen Höhenunterschieden eingesetzt. Eine hydraulische Berechnung ist erforderlich.

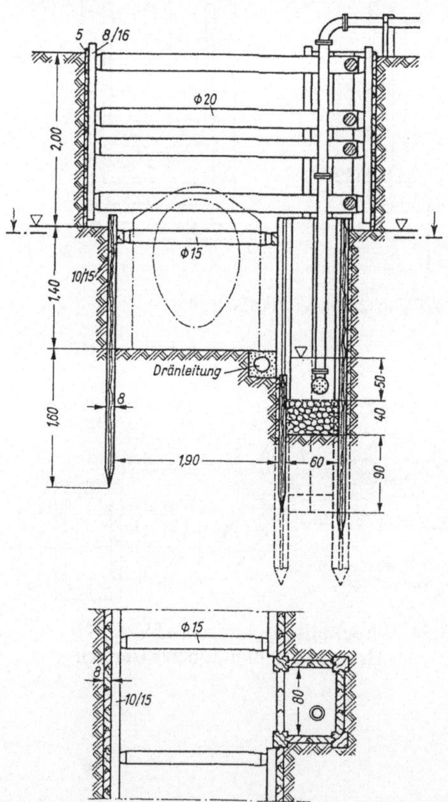

3.55 Kanalbaugrube mit offener Wasserhaltung

3.2.4 Wasserhaltung

Für die Sicherung von Kanalbauten gegen Grundwasser kommen im wesentlichen folgende Verfahren in Frage:

3.2.4.1 Offene Wasserhaltung

Die offene Wasserhaltung ist in sandigen Böden ≈ 30 bis 60 cm unterhalb des Grundwasserspiegels möglich (**3**.55). Um das Wasser in der Sohle der Baugrube oberflächlich abzuleiten, wird entweder eine grobe Kiesschüttung oder bei stärkerem Wasserandrang eine Längsdränage verlegt, die mit Steinschlag oder grobem Kies umhüllt wird. Aus Pumpensümpfen, die in gewissen Abständen anzulegen sind, wird das Wasser mit Hand- oder Motorpumpen gehoben und abgeleitet. Membran-(Diaphragma-), Kreisel- oder auch Tauchpumpen (Flygt-, Robot- u.ä. Pumpen) sind gut geeignet, da sie auch sandhaltiges Wasser fördern.

Bei der offenen Wasserhaltung besteht die Gefahr des Nachströmens feiner Bodenteilchen, wodurch das umgebene Erdreich gelockert werden kann, und zwar besonders dann, wenn Fließsand angeschnitten wird, der unter dem Druck des Grundwassers in Bewegung gerät. Durch Spundwände verhindert man zwar das Fließen von den Seiten her; der gefährliche Auftrieb von unten bleibt dagegen bestehen. Es ist ratsam, die Dränage nach Beendigung der Bauarbeiten dichtzusetzen, um eine dauernde Grundwasserabsenkung zu verhindern.

3.2.4.2 Grundwasserabsenkung durch Brunnen

In sandigen Böden mit einem Durchlässigkeitsbeiwert $k_f \geq 0{,}01$ m/s wird eine trockene Baugrube am vollkommensten durch die Grundwasserabsenkung mit Rohrbrunnen erreicht (**3**.56). Der Grundwasserspiegel wird so weit abgesenkt, daß die Baugrube trocken ist und normal ausgesteift werden kann. Es werden meist Filterrohre DN 150 aus Stahl 2 bis 3 mm dick oder Kunststoff mit Filterschlitzen in eine Bohrung DN 200 bis 250 eingesetzt. Stahlrohre sind mit Tressengewebe 0,5 bis 0,9 mm umgeben. Der Abstand der Rohrbrunnen soll etwa der wasserführenden Schicht entsprechen, er beträgt 4 bis 7 m. Man rechnet mit einer Fließgeschwindigkeit im Rohr $v = 0{,}75$ bis 1 m/s. Die Filterfläche wird je nach Größe der Sandkörnung bemessen. Ist die Hälfte der Sandkörner $< 0{,}25\,\text{mm} < 0{,}50\,\text{mm} < 1{,}00$ mm, so kann die Eintrittsgeschwindigkeit entsprechend $\leq 0{,}5\,\text{mm/s} \leq 1{,}0\,\text{mm/s} \leq 2{,}0$ mm/s sein.

In das Filterrohr hängt man ein Saugrohr DN 100 aus Stahl und schließt es an eine horizontale Saugleitung DN 150 bis 200 an. Diese steigt zur Pumpe hin an. Die Pumpe steht in der Mitte oder am Ende von 6 bis 8 Brunnen. Sie wird zunächst 3 bis 4 m über der vorgesehenen Baugrubensohle aufgestellt. Ist die Saughöhe für Kreiselpumpen zu groß, setzt man Tauchpumpen ein, welche so tief in den Brunnen gehängt werden, daß sie das Wasser nur unter Druck fördern. Ist die Absenkung zu groß, setzt man die Pumpe bei der nächsten Brunnenreihe höher. Wenn die Saugleitungen innerhalb der Baugrube verlegt werden sollen, ist die Baugrube um 30 bis 40 cm zu verbreitern. Der Boden wird zunächst bis auf den Grundwasserspiegel ausgehoben und eingesteift, dann werden die Brunnen gebohrt. Für die Berechnung einer Grundwasserabsenkung wird auf [72] verwiesen.

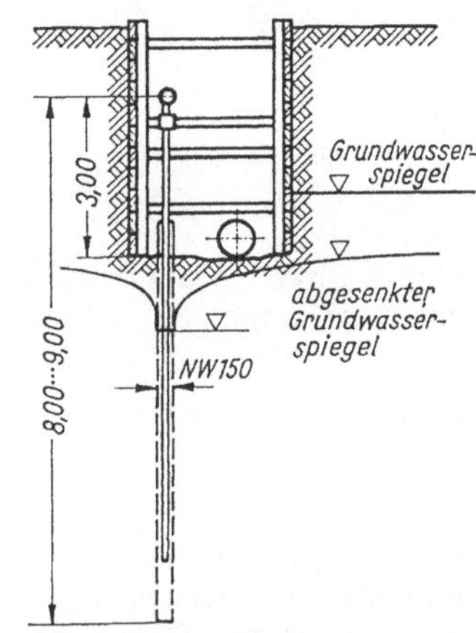

3.56 Grundwasserabsenkung durch Brunnen

3.2.4.3 Grundwasserabsenkung durch das Vakuumverfahren

Für kiesig-sandige Böden mit $k_f = 10^{-3}$ bis 10^{-7}m/s und für feinkörnig-sandige bis lehmige Erdschichten mit $k_f = 10^{-5}$ bis 10^{-7}m/s und mit Korngröße $d_{10} = 0{,}03$ bis 0,003 mm, hat sich das Spülfilterverfahren – auch Vakuumverfahren genannt – bewährt. Bei diesen Böden wird das Wasser durch Adhäsion an den Körnern festgehalten. Es fließt nicht durch die Schwerkraft in das Filterrohr, sondern muß hineingesaugt werden. Dies geschieht jedoch nur zum Teil durch eine Vakuumpumpe. Der Rest des Wassers wird durch den atmosphärischen Überdruck im Boden festgehalten. Gleichzeitig werden die Sandkörner zusammengepreßt, so daß Feinsand bei 1 bis 2 m hoher, steiler Böschung steht (**3**.57).

In geringen Abständen (1 m) werden Kunststoffilter aus PVC-hart ⌀1,75″ bis 2,0″ mit eiserner Spülspitze durch Wasser und Druckluft (10 m in 5 min) in den Boden eingespült und an ein Saugrohrnetz angeschlossen. Die Filter sitzen so tief, daß ihre Oberkante ≈ 1 m unterhalb der Baugrubensohle liegt. Sie werden über ein Aufsatzrohr mit Gummisaugschläuchen (Spiralschläuche) an eine verzinkte Sammelleitung angeschlossen, die zur Pumpe führt.

Die Pumpen sollen vor Beginn des Bodenaushubs 12 bis 48 h ohne Unterbrechung laufen. Eine Reservepumpe ist bereitzuhalten. Eine Pumpe bedient 50 m Sammelrohr. Es werden

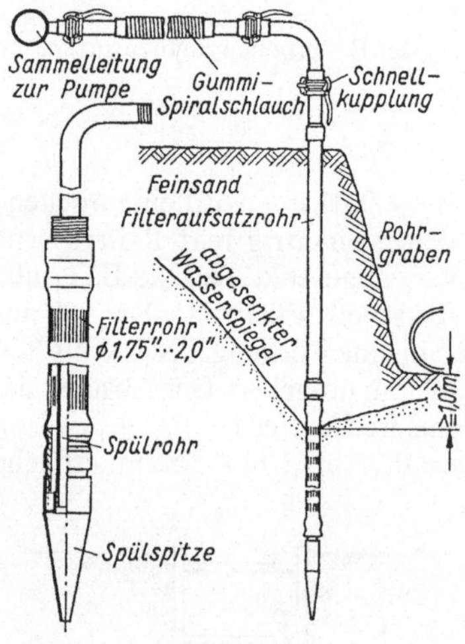

3.57 Vakuumverfahren

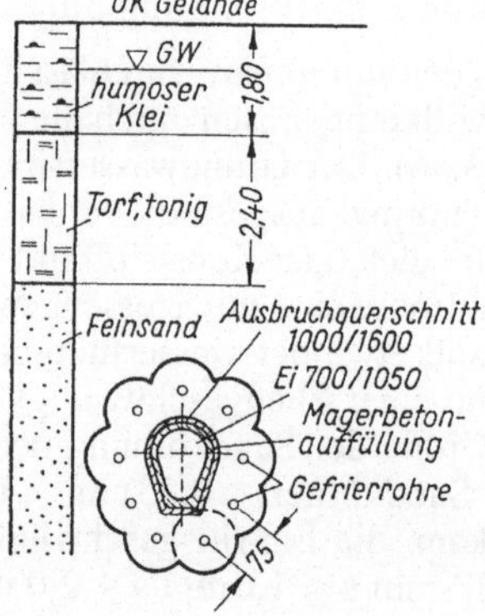

3.58 Gefrierverfahren (Anwendung in Hamburg)

doppelt wirkende Membran- oder Kreiselpumpen verwendet. Zum Einspülen braucht man eine Druckpumpe von ≤ 25 bar.

3.2.4.4 Grundwasserabsenkung durch Elektro-Osmose-Verfahren

Man kann anstelle des Unterdrucks auch den Wasserspiegel durch elektrischen Gleichstrom, der das Wasser zu einer Kathode zieht, absenken. Als Anode wählt man alte Stahlteile, als Kathode dient das Filterrohr des Brunnens oder Kathodenstäbe, die an die äußere Filterwand gesetzt werden. Als Stromquelle dienen Gleichstromaggregate mit ≤ 100 V Spannung. Das Verfahren ist teuer und wird nur bei schwierigsten Bodenarten angewandt.

3.2.4.5 Stabilisierung nicht stehender Böden unter gleichzeitiger Grundwasserhaltung durch das Gefrierverfahren oder durch chemische Verfestigung

Beim Gefrierverfahren wird durch horizontal in den Boden getriebene Gefrierlanzen von 20 bis 30 m Länge eine Eiszone rund um den Ausbaukern geschaffen. Sie stabilisiert den Boden durch Einfrieren des darin enthaltenen Wassers mittels Gefriermittel (z.B. Freon 22) bei -20 bis $-25\,°C$ und schützt damit die Arbeitsvorgänge vor Grundwasser. Das Verfahren arbeitet sicher, ist aber teuer. Es ist anwendbar, wenn die Grundwasserabsenkung oder der Schildvortrieb nicht geeignet sind. Es wurde bisher vorwiegend bei senkrechtem Arbeitsgang (Brunnenbau) eingesetzt, eignet sich aber auch für horizontale Bauweisen (Kanalbau). In Frankfurt (Main) und Hamburg hat es sich bei der geschlossenen Kanalbauweise (3.58) bewährt. Wegen der beschränkten Gefrierlanzenlänge müssen in Abständen von 40 bis 50 m Vorpreßschächte oder mit 20 bis 30 m Abstand Kavernen als Arbeitsräume angelegt werden.

Wenn Bauwerke im Schildvortrieb mit Druckkraft unterfahren werden müssen, kann es zweckmäßig sein, unerwünschte Setzungen durch chemische Bodenverfestigung auszuschalten.

3.3 Bauwerke der Ortsentwässerung

3.3.1 Straßenabläufe

Straßenabläufe führen das von den Straßen abfließende Regenwasser den Straßenleitungen zu und halten in den meisten Fällen außerdem den Sand zurück, der von den Straßen abgespült wird. Die Abflußleistung eines Straßenablaufes hängt wesentlich von der Quer- und Längsneigung des Gerinnes sowie von der zulässigen Wasserspiegelbreite ab. Gerinne und Ablauf bilden eine Einheit. Die Richtlinie für die Anlage von Straßen-Entwässerung (RAS-Ew-Ergänzung), Ausgabe 1987, enthält „Tabellen zur Bemessung von Entwässerungsrinnen und -mulden in befestigten Verkehrsflächen".

Voraussetzung für die Bemessung ist die Festlegung der zulässigen Wasserspiegelbreite b in der Bordrinne. Hierfür können folgende Richtwerte eingesetzt werden ($n \mathrel{\widehat{=}}$ Regenhäufigkeit):

Bordrinne am Mittelstreifen (Abfluß bei $n = 0{,}3$) $b = 1{,}00$ m

Andere Bordrinnen (Abfluß bei $n = 1$) $b =$ etwa 1/10 der Breite der zur Bordrinne hin entwässernden Straßenfläche.

Man erhält für einen Straßenablauf dann ein Einzugsgebiet von $A_E = 200$ bis $500\,m^2$ Straßen- und Gehwegfläche. Die Abläufe, auch Straßensinkkästen genannt, werden meist mit Betonrohen DN 150 an die RW- oder MW-Kanäle in Kämpferhöhe angeschlossen.

In Stadtstraßen soll die Rinne für das Oberflächenwasser je nach der Art der Straßenbefestigung ein Mindestgefälle von > 0,5% haben. Die meisten Straßen haben ein ausreichendes Längsgefälle. Dann verläuft die Rinnensohle parallel zur Bordsteinkante.

Bei Straßen ohne oder mit geringerem Längsgefälle muß die Rinnensohle Hochpunkte (Gefällbrechpunkte) und Tiefpunkte (Straßenabläufe) erhalten (**3**.59). An den Hochpunkten ragt die Oberkante Bordstein etwa 9 bis 10, an den Tiefpunkten 18 cm über die Rinnensohle hinaus. Das Gefälle zwischen den beiden Punkten soll ≥ 0,5% sein. Damit ergibt sich ein Ablaufabstand von ≥ 36,0 m, welcher nach der RAS-Ew nachzuprüfen wäre.

Bei Straßenkreuzungen (**3**.60) sollen die Abläufe so angeordnet werden, daß die Fußgän-

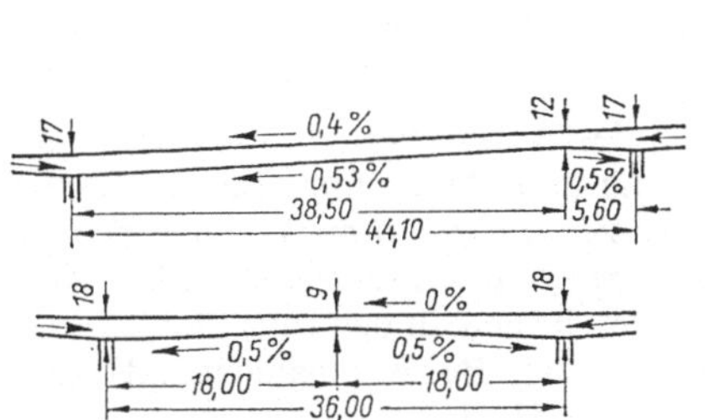

3.59 Mindestgefälle in Straßenrinnen

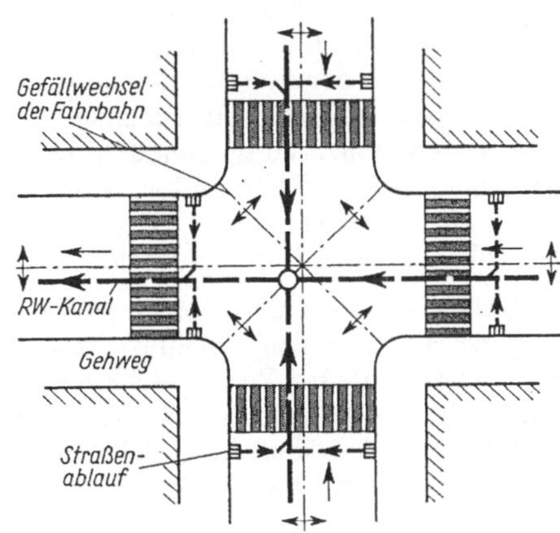

3.60 Straßenkreuzung

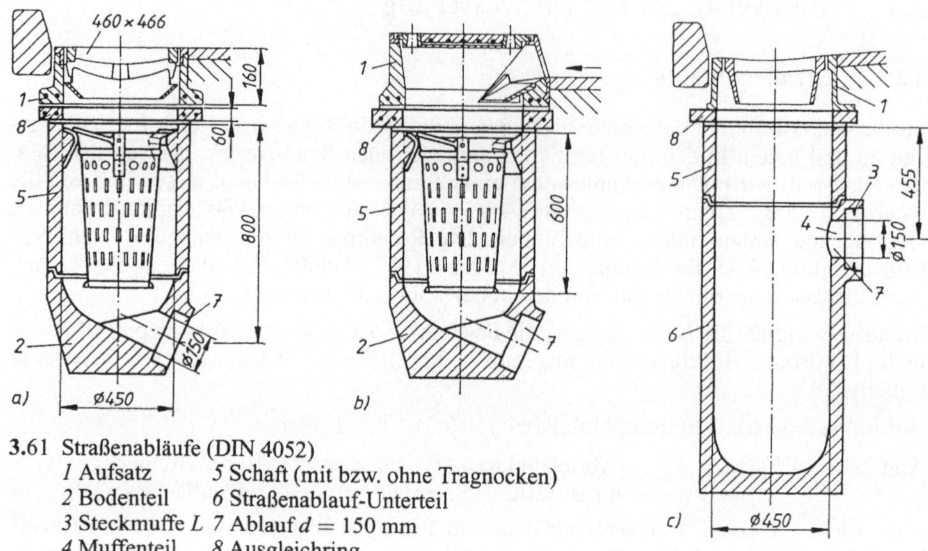

3.61 Straßenabläufe (DIN 4052)
1 Aufsatz *5* Schaft (mit bzw. ohne Tragnocken)
2 Bodenteil *6* Straßenablauf-Unterteil
3 Steckmuffe *L* *7* Ablauf $d = 150$ mm
4 Muffenteil *8* Ausgleichring

gerüberwege wasserfrei bleiben. Die Entwässerung von Kreuzungen und Plätzen kann schwierig sein. Sie ist jedoch abhängig von den aus fahrdynamischen Gesichtspunkten projektierten Längs- und Quergefällen der Straßen. Man trägt in einen Lageplan M 1 : 200 oder größer die Höhenschichtlinien der Differenzen 5 oder 10 cm ein und setzt danach die Straßenabläufe. Straßenbahnschienen haben eine eigene Entwässerungsleitung, die in Abständen in den Straßenkanal abwirft.

Straßenabläufe (**3.**61) werden aus Einzelteilen nach DIN 4052-3 ohne oder nach DIN 4052-4 mit Eimer zusammengesetzt. Die lichte Weite ist 450 mm. Man unterscheidet im wesentlichen zwei Typen. Straßenabläufe mit S c h l a m m e i m e r werden am häufigsten verwendet (**3.**61a und b). Man benutzt sie bei ausreichendem Kanalgefälle und auch dann, wenn in kleineren Gemeinden der Betrieb eines Schlammsaugewagens nicht lohnen würde. Ihre Aufsatzschlitze sollen möglichst quer zur Straßenachse liegen. Zum höhenmäßig richtigen Einbau der Aufsätze dienen Ausgleichringe aus Beton. Oft ist es schwierig, den Höhenunterschied zwischen Ablaufstutzen und Kanalkämpfer mit den genormten, geraden Rohrfertigteilen zu überwinden. Dann sollten Krümmer verwendet werden, um zu vermeiden, daß die Rohre in den Muffen verkantet werden. Geruchverschlüsse werden nicht mehr häufig verwendet, da man erkannt hat, daß die Öffnung des Ablaufes zum Straßenkanal für die Lüftung des unterirdischen Kanalnetzes wertvoll ist.

Die Straßenabläufe unterscheiden sich in der Form des Aufsatzes und in der Tiefe des Schaftes. Bei normalen Abläufen verwendet man die tiefe Ablaufform (langer Eimer, Form A) (**3.**61a), bei kurzen Schäften wird der kurze Eimer (Form B) eingesetzt (s. Bild **3.**62b). Diesen Ablauf verwendet man bei flacher Lage des Straßenkanals. Der Aufsatz bildet den Abschluß des Straßenablaufs nach oben. Er enthält den Rost und bei seitlichem Einlauf des Wassers (**3.**61b) eine Reinigungsöffnung. Bei Autobahnen und Landstraßen werden Aufsätze mit Scharnierdeckeln verwendet (**3.**61b).

Bei s t e i l e n S t r a ß e n (Längsgefälle $\geq 8\%$) verwendet man Doppelroste, da die höhere Geschwindigkeit des abfließenden Wassers schwieriger in die vertikale Komponente umzulenken ist. Bei Bergstraßen (Längsgefälle wesentlich größer als das Quergefälle) strömt das Wasser schräg über die Fahrbahn. Man verwendet Abläufe in Rinnenform, die quer über die Fahrbahn gehen und mit Gitterrosten aus Stahl abgedeckt sind. Straßenabläufe mit Schlammfang (**3.**61c) werden periodisch durch Schlammwagen mit Absaugeinrichtung entleert. Sie kommen bei kleinem Gefälle der Straßenleitungen und bei starkem Sandanfall (Kieswege, Streusand) in Frage.

Die Entwässerung der Landstraßen hat neben der Ableitung des Wassers von der Straßenoberfläche auch noch die Entfernung des Sickerwassers aus dem Untergrund der Straße (Frostgefahr) zur Aufgabe. Bei kleineren Wassermengen leitet man das Wasser durch das Quergefälle der Straßen in seitliche Rinnen, Gräben oder Mulden ab.

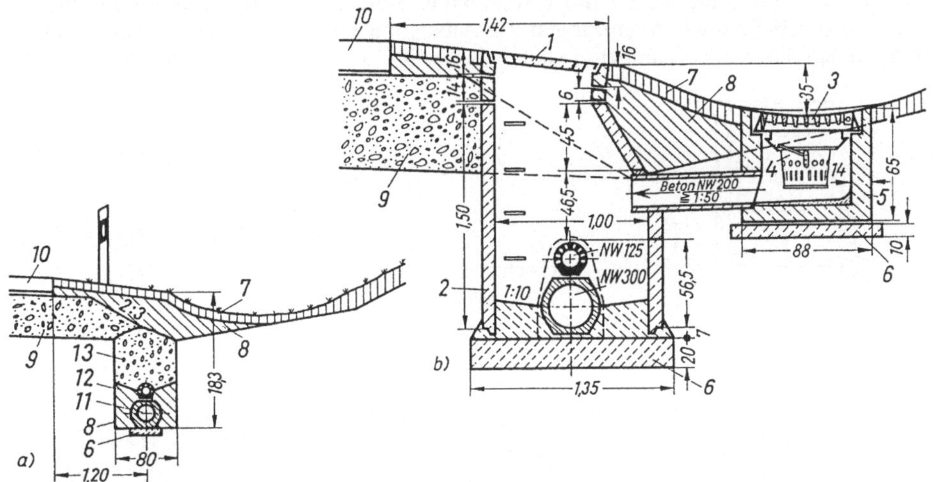

3.62 Straßenentwässerung einer Landstraße

1 Begu-Abdeckung (Klasse D)
2 Schachtelement (Fertigteil)
3 Gußeiserner Autobahnablauf
4 Schlammeimer (kurze Form nach DIN 4052)
5 Fertigteilschacht
6 Arbeitssohle B 15
7 Rollrasen
8 bindiger Dammbaustoff
9 Frostschutzschicht
10 Straßendecke
11 Betonrohr mit Doppelfuß
12 Betonfilterrohr
13 Filterkies 0,2 bis 30 mm

Möglichst oft wird es dann von Quergräben oder -kanälen von der Straße zu Vorflutern abgeführt. Bei größeren Wassermengen ist es erforderlich, längs der Straße in den Randstreifen oder Mulden Entwässerungskanäle anzulegen (**3.**62a). Der Entwässerungskanal aus Beton (*11*) trägt die Dränleitung (*12*) für die Entwässerung des Planums. In Abständen gibt der Drän das Wasser in den Kanal ab. Die Entwässerungsmulde ist mit Abläufen (*3*) versehen, die das Oberflächenwasser in die Kontrollschächte und von dort in den RW-Kanal abgeben (**3.**62b). Die Schächte sind weitgehend unter Verwendung von Fertigteilen hergestellt. Oberhalb des Dräns muß bis zur Frostschutzschicht durchlässiger Filterkies 0,2 bis 30 mm verwendet werden.

3.3.2 Schachtbauwerke

3.3.2.1 Einsteigschächte

Der Einsteigschacht gliedert sich in Schachtunterteil mit Arbeitsraum, Schachtoberteil und Schachtabdeckung. Man unterscheidet vier Typen:

1. Schächte aus Fertigteilen (**3**.63). Der Schacht besteht nur aus vorgefertigten Beton- oder Werkteilen, die örtlich verschieden geformt sein können. Bild **3**.63 zeigt einen Schacht aus Betonteilen nach DIN 4034, Bild **3**.64 zeigt einen Einsteigschacht der Stadtentwässerung Hamburg. Bild **3**.65 zeigt einen Schacht aus Faserzement-Fertigteilen. Hierzu gehören auch Schächte mit vorgefertigten Bau- und Sohlrinnensystemen (Systemschächte – Abschn. 3.3.2.6), s. auch Bild **3**.78, **3**.79, **3**.80, **3**.81, **3**.82 und **3**.83.

2. Schächte mit eckig oder rund gemauertem Schachtunterteil und einem Oberteil aus fertig gelieferten Schachtringen. Der Übergang zwischen beiden wird bei größeren Unterteilen durch eine Stahlbetonplatte hergestellt (Tafel **3**.25d).

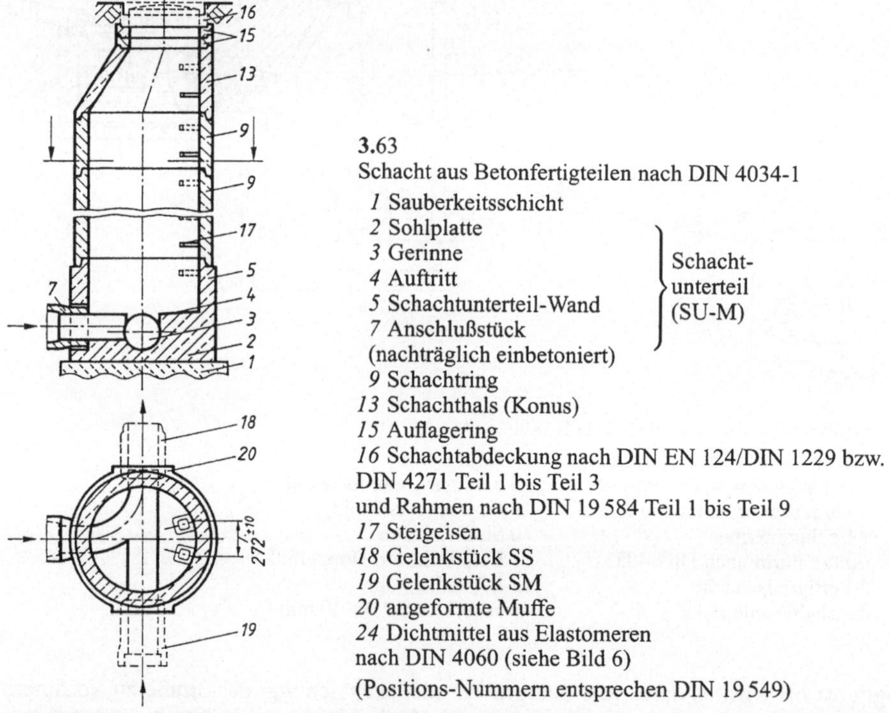

3.63
Schacht aus Betonfertigteilen nach DIN 4034-1

- *1* Sauberkeitsschicht
- *2* Sohlplatte
- *3* Gerinne
- *4* Auftritt
- *5* Schachtunterteil-Wand
- *7* Anschlußstück (nachträglich einbetoniert)

} Schacht-unterteil (SU-M)

- *9* Schachtring
- *13* Schachthals (Konus)
- *15* Auflagering
- *16* Schachtabdeckung nach DIN EN 124/DIN 1229 bzw. DIN 4271 Teil 1 bis Teil 3 und Rahmen nach DIN 19 584 Teil 1 bis Teil 9
- *17* Steigeisen
- *18* Gelenkstück SS
- *19* Gelenkstück SM
- *20* angeformte Muffe
- *24* Dichtmittel aus Elastomeren nach DIN 4060 (siehe Bild 6)

(Positions-Nummern entsprechen DIN 19 549)

3. Schächte mit bis zur Geländeoberkante hochgeführtem Mauerwerk (3.68), Bestand. Sie werden nur noch selten ausgeführt.

4. Schächte aus Ortbeton, Betongüte mind. B 35 (DIN 1045). Bewehrung nach statischen Erfordernissen.

Der Schachtunterteil ist so geräumig anzulegen, daß die dort zu leistenden Arbeiten (s. Abschn. 3.3.6) durchgeführt werden können. Die lichte Weite des Schachtes ergibt sich aus der Zahl und Größe der zu verbindenden Kanäle, soll jedoch $\geq$ 1,0 m ⌀ bzw. $\geq$ 1,0 m □

sein. Größere Schächte erhalten stets einen eckigen Grundriß. Das Fundament unter der tiefsten Leitungssohle soll ≥ 20, besser 30 cm dick sein. Die Sohlenrinne ist entweder aus Beton oder Estrich, durch eine Steinzeugsohlschale oder aus Kanalklinkern herzustellen. Sohlschalen kommen nur bei gerader Rinne in Frage. Die Rinne ist bei Kreisprofilen ≤ 500 mindestens bis zum Scheitel, bei größeren Profilen, > 500, und bei Eiprofilen > 50 cm über die Sohle oder bis $\min h'$ für $2Q_s + Q_f$ hochzuziehen. Bei starken Höhen-

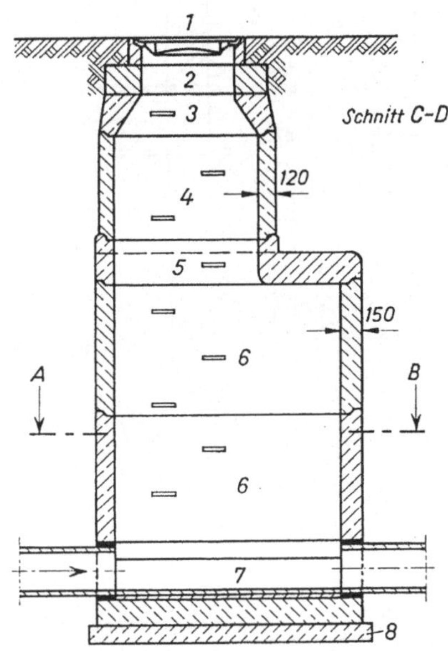

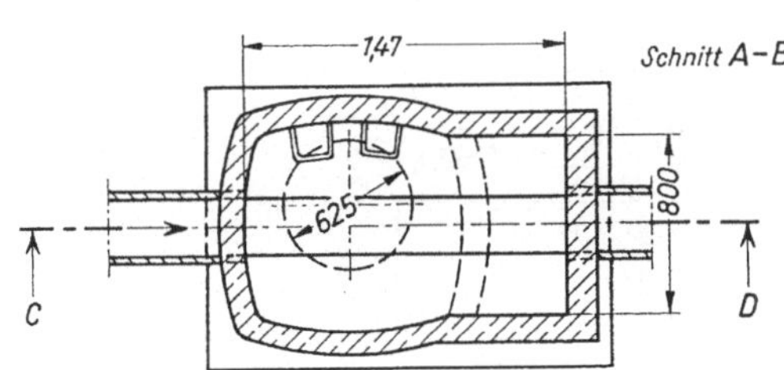

3.64 Schacht aus Fertigteilen
1 Schachtabdeckung
2 Ausgleichschicht
3 Konus
4 Schachtteil
5 Deckenteil
6 Kammerteil
7 Bodenteil
8 Betonsohlenplatte

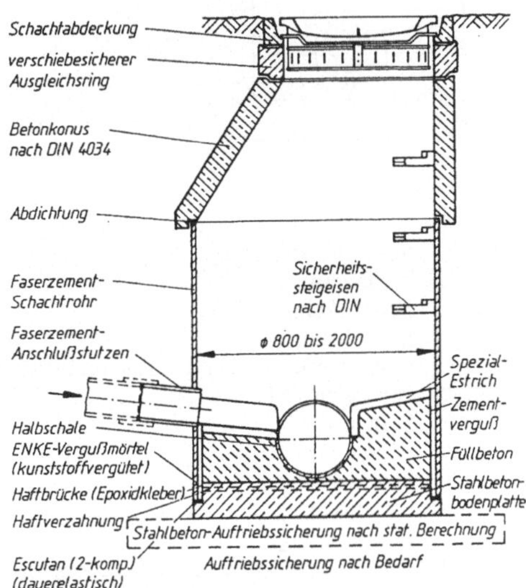

3.65 Schacht aus Faserzement-Fertigteilen

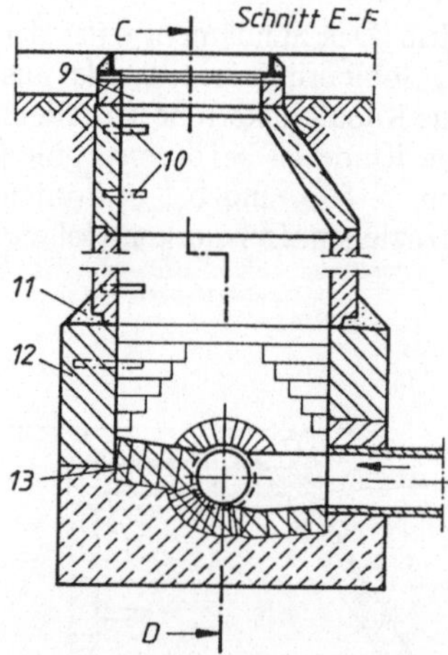

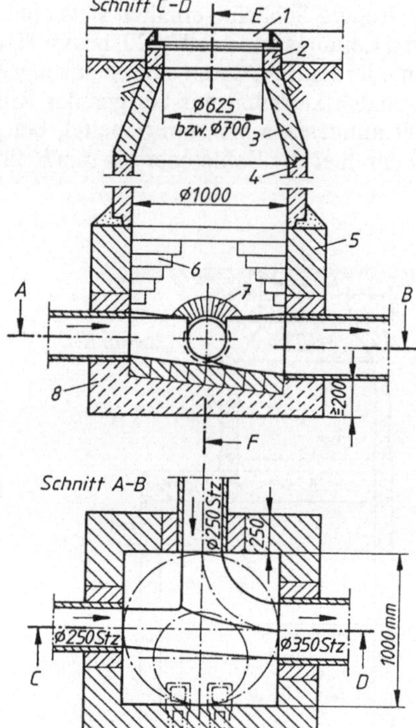

3.66 Normalschacht mit eckigem Schachtunterteil
1 Schachtabdeckung
2 Auflagering
3 Schachthals
4 Schachtring
5 Mauerwerk der Wand, Sohle und Podest
6 verzogenes Mauerwerk
7 Stützschicht
8 Fundamentbeton
9 Schmutzfänger
10 Steigeisen
11 Mörtelschräge
12 3facher Schutzanstrich auf Außenputz
13 Bankett mit Gefälle 1 : 20

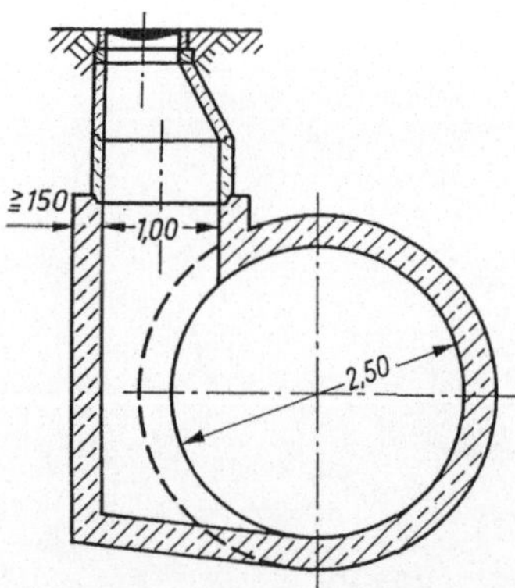

3.67 Einsteigschacht für große Kanalprofile – Unterteil seitlich angesetzt

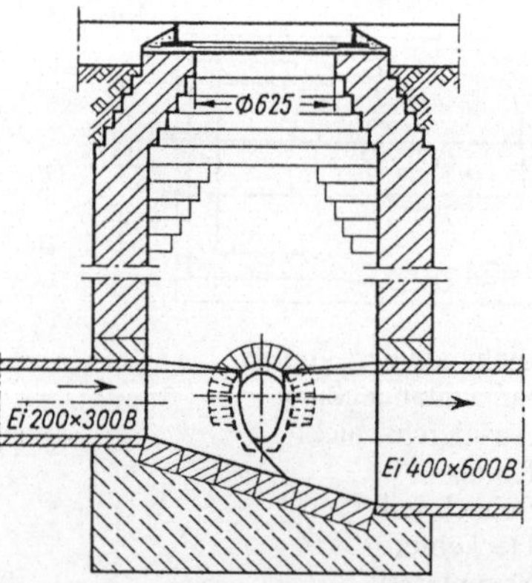

3.68 Gemauerter Schacht, Bestand, bei Neubauten nur noch selten ausgeführt.

Tafel **3**.25 Schachtteile aus Beton und Stahlbeton nach DIN 4034-1

a) Schachtunterteile

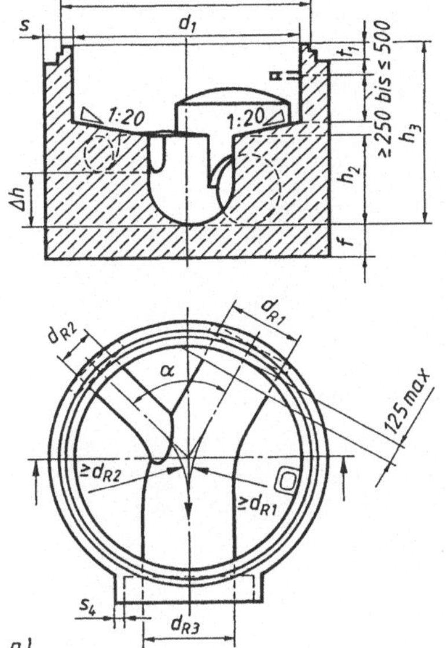

Maße der Schachtunterteile

DN	d_1	s min	d_{R3} max	h_2	h_3 min	f min
1000 und 1200	1000 ± 8	150	150	150	500	150
			200	200	500	
	1200 ± 10	150	250	250	600	
			300	300	700	
			400	400	800	
			500	500	900	
			600	500	1000	
1200	1200 ± 10	150	700	500	1100	
			800	500	1200	
1500	1500 ± 10	150	900	500	1300	200
			1000	500	1400	200

Bezeichnung eines Schachtunterteils für Muffenverbindung (SU-M),
Nennweite 1000 und Bauhöhe h_3 = 1000 mm:
Schachtunterteil DIN 4034 – SU-M 1000 × 1000

b) Schachtringe

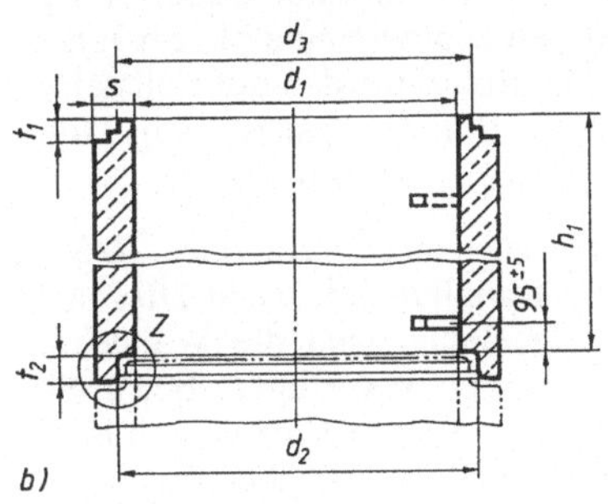

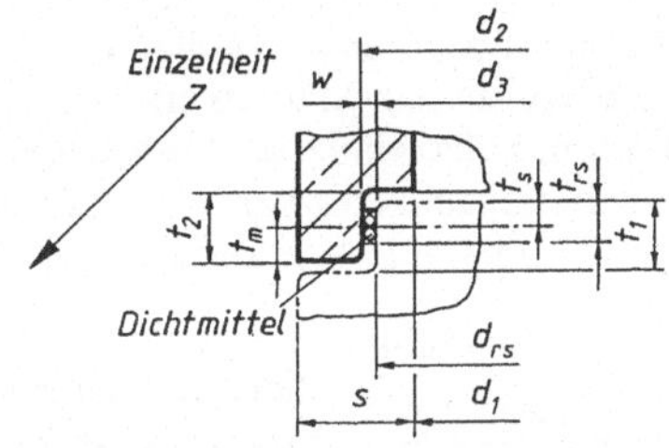

Bezeichnung eines Schachtringes mit Muffe (SR-M),
Nennweite 1000 und Regelbauhöhe h_1 = 1000 mm:
Schachtring DIN 4034 – SR-M 1000 × 100

Maße der Schachtringe

DN[1)]	d_1	d_2	d_3	s	t_1	t_2
1000	1000 ± 8	1113 ± 1,0	1090 ± 2,0	120	65 ± 2	70 ± 1,0
1200	1200 ± 10	1327 ± 1,0	1300 ± 3,0	135	75 ± 3	80 ± 1,0
1500	1500 ± 11	1652 ± 1,5	1620 ± 3,5	150	85 ± 3,5	90 ± 1,0

Maße zu Einzelheit Z

DN	t_m	t_s	w
1000	39	26	11,5 ± 1,5
1200	43	32	13,5 ± 2,0
1500	49	36	16,0 ± 2,5

[1)] In Sonderfällen werden auch Schachtringe der Nennweite 800 hergestellt. Maße der Schachtringe mit Muffe.

Tafel 3.25 Fortsetzung

c) Schachthals

Ø Einstieg

Muffe d_1 h_1

DIN 4034 – SH-M 1000/625 × 600 /700

d) Abdeckplatte

Stat. Bewehrung Ø Einstieg

Muffe d_1 h_1

DIN 4034 – AP-M-S 1000/625 × 200 /700

*) Ø700 für Klasse D 400 nach DIN 4034 (9/93)

differenzen der Kanäle bestimmt die größte Bankethöhe die Konstruktion der Sohlrinne. Die seitlichen Bankettflächen sollen zur Schachtwand hin $\leq 1:20$ steigen. Die Sohlrinne soll im Schacht gleichmäßig fallen oder bei größerem Höhenunterschied in Form einer flachliegenden Wendelinie, max Neigung 45°, geführt werden. Gebogene Sohlenrinnen sollen einen Krümmungsradius der Achse von $\geq 2d$ des oder der anschließenden Kanäle haben. Rohre sind voll in das Mauerwerk des Schachtes einzubinden und bis zur Innenwand durchzuführen. Falze sind sauber abzuschlagen. Die Rohre werden mit Keilsteinen überwölbt. Der Scheitelstein soll mittig auf der senkrechten Rohrachse sitzen. Aus Gründen der Sauberkeit sind alle Ecken und Kanten der Fließrinne zu runden.

Die Wände eines gemauerten Arbeitsraumes werden meist aus 24 cm oder 36,5 cm dickem Mauerwerk aus Kanalklinkern nach DIN 4051 und DIN 105 hergestellt. Innen sind die Wände mit möglichst kalkarmem Zement zu verfugen. Bei größeren Schächten empfiehlt es sich, den Arbeitsraum bis zu 2,0 m lichte Höhe über den Bankettflächen hochzuziehen; er ist dann begehbar. Die Wände kleinerer Schächte sind ≥ 25 cm über den höchsten Rohrscheitel senkrecht zu führen und erst dann zu verziehen. Die Kanäle sind damit fest eingebunden. Im Übergang vom gemauertem Unterteil zum Schachtring kragen die Steine mit mindestens fünf Schichten stufenweise aus. Eine andere Möglichkeit zeigt Bild 3.69. Die Außenflächen des Schachtunterteils erhalten einen 1 bis 2 cm dicken Rapputz; bei aggressivem Grundwasser kommt darauf ein dreifacher Schutzanstrich aus Bitumen.

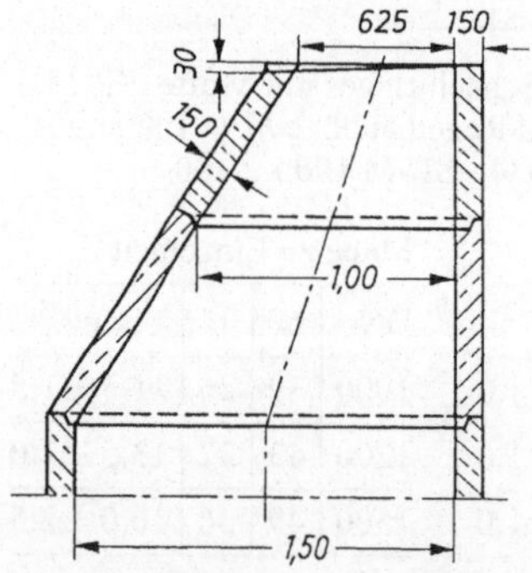

3.69 Schachtabschluß für einen Schacht Ø150 cm

Schachtringe und Schachtkonus müssen an der Einstiegwand eine durchgehende Senkrechte bilden. Der Einstieg soll so liegen, daß die Bankettflächen auch erreicht werden können. In der Einstiegsenkrechten werden drei oder vier Steigeisen je m versetzt. Es empfiehlt sich, Schachtringe mit 0,25 m Steigeisenabstand zu wählen, weil auf der Baustelle dann keine Verwechslungen möglich sind. Mauerwerk erhält lange Steigeisen nach DIN 1212. Der Schachthals hat eine obere lichte Weite von 625 oder 700 mm. Die Schlupfweite der Schachtabdeckung soll $\geq$ 610 mm sein. Die DIN EN 124/DIN 1229 klassifizieren die Abdeckungen nach der Einbaustelle. Klasse A 15 gilt für Verkehrsflächen, die ausschließlich von Fußgängern und Radfahrern benutzt werden können, und vergleichbare Flächen, z.B. Grünflächen. Klasse L 15 nach DIN 19599 gilt für Flächen mit leichtem Fahrverkehr ohne Gabelstapler in gewerblichen Räumen (Fahrzeug-Gewicht $\leq$ 200 kg). Klasse B 125 gilt für Gehwege, Fußgängerbereiche, PKW-Parkflächen und -Parkdecks. Klasse M 125 nach DIN 19599 gilt für Flächen mit Fahrverkehr, z.B. Werkstätten, Fabriken und Parkhäuser, Klasse D 400 für Fahrbahnen von Straßen, Parkflächen und vergleichbaren Verkehrsflächen (z.B. BAB-Parkplätze), Klasse E 600 für nicht öffentliche Verkehrsflächen bei hohen Radlasten, z.B. im Industriebau. Bei Schächten mit Betonringen ist die Schachtabdeckung auf Schichten aus Kanalklinkern oder mindestens einem Auflagering, aber < 16 cm Auflageringhöhe insgesamt zu lagern, damit beim Versetzen der Abdeckung auf Straßenhöhe der Konus nicht tiefer gesetzt oder angeschlagen werden muß. Die Abdeckung mit oder ohne Lüftungsöffnungen hat einen herausnehmbaren Schmutzfänger nach DIN 1221. Der Deckel kann eine dämpfende Einlage, z.B. Pewerpren oder Duropren gegen „Klappern" erhalten. Die Straßenbefestigung soll dicht an die Abdeckung anschließen und hat bei Pflasterstraßen zweckmäßigerweise quadratische, sonst runde Form. Besondere Beachtung verdient der Rohranschluß am Schacht (**3**.74). Die Steinzeug GmbH bietet ein BKK(Beton-Keramik-Steckmuffe K)-Dichtelement an. Es ist ein Schachtanschlußelement für Stz-Rohre CeraDyn, CeraLong S und CeraCare mit Steckmuffe K und S, Verbindungssystem C und wird in Schachtunterteile nach DIN 4034 eingebaut, Material Polystyrol.

Doppelschächte. Sie fassen beim Trennsystem zwei Einzelschächte zusammen. Es darf keine Verbindung zwischen den Kanälen entstehen. Lediglich Wandteile können beiden gemeinsam sein. Konstruktiv besser ist es, zwei Einzelschächte ohne Verbindung versetzt nebeneinander anzuordnen.

3.3.2.2 Einlaufbauwerke

Sie werden vorgesehen, um Oberflächenwasser in eine Regen- oder Mischkanalisation aufzunehmen. Das Oberflächenwasser muß ohne Überflutung des Geländes aufgenommen werden. Mitgeführte Sinkstoffe (Sand, Geröll) sind vor oder im Bauwerk aufzufangen (Sand-, Geröllfang). Die konstruktiven Lösungen hängen von der Wassermenge, der Tiefe und dem zur Verfügung stehenden Platz ab.

Ausgeführt werden:

- Schächte mit vertiefter Sohle (Sandfangraum zwischen Schachtsohle und Sohle des abgehenden Kanals);
- Bauwerke mit drainierten Sandkammern;
- Bauwerke mit meist offenen Langsandfängen (drainiert und undrainiert);
- Bauwerke mit rundem Sandfang (meist offen zur GOK);
- Bauwerke mit Tiefsandfängen (meist geschlossen).

3.3.2.3 Umleitungs- und Verbindungsbauwerke (3.70)

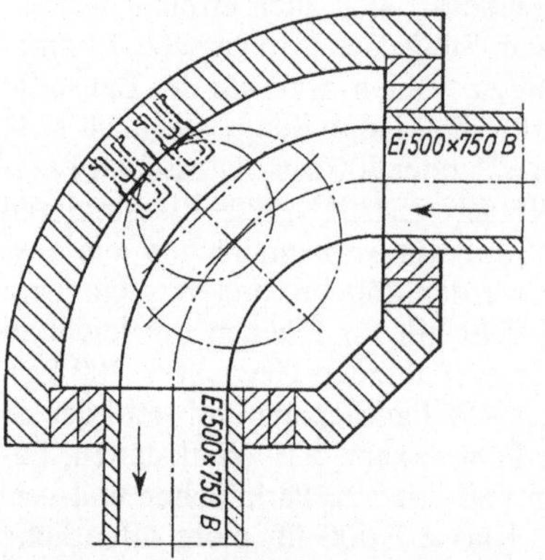

3.70: Umleitungsbauwerk

Bei Richtungsänderungen und zum Zusammenführen mehrerer Kanäle mit großer Wasserführung sind Normalschächte nicht verwendbar. Es sind entsprechende Bauwerke unter besonderer Beachtung des Strömungsvorganges anzulegen. Das Sohlengerinne darf nicht zu stark gekrümmt sein. Der Krümmungsradius der Sohlrinnenachse soll $\geq$ 2 DN, bei großen Profilen, $\geq$ DN 1200, $>$ 12 m wegen der Reinigung sein. Meist schließt eine Stahlbetondecke von möglichst $\geq$ 2,0 m lichter Höhe über dem Bankett bzw. der Sohlrinne das Schachtunterteil nach oben ab. Lange Bauwerke erfordern zwei Einstiege.

3.3.2.4 Absturzbauwerke im Rahmen eines Kanalzuges

Ein Schacht wird als Absturzbauwerk ausgebildet, wenn er eine größere Höhendifferenz zwischen zwei Kanälen zu überwinden hat. Man unterscheidet äußere Abstürze (Untersturzbauwerke, **3**.71) und innere Abstürze (**3**.72). S. auch **3**.52 bis **3**.54.

Beim Untersturzbauwerk zweigt in der Sohle des ankommenden Kanals vor dem Schacht eine Falleitung ab, durch die das Wasser zur Schachtsohle und zum abgehenden Kanal geleitet wird. Der ankommende Kanal ist außerdem bis zur Schachtwand weiterzuführen, weil diese Öffnung zur Reinigung dient. Die Fallrohre sollen voll mit Stampfbeton ummantelt werden. Ihr Profil kann kleiner als das der Kanalhaltung, mindestens jedoch DN 200 sein. Ab DN 500 des ankommenden Kanals empfiehlt sich für die Falleitung DN 250. Sie sollte auch bei Betonkanälen aus Steinzeug bestehen. Bei Kanälen mit großer Wasserführung, d.h. $\geq$ DN 400 (SW) und $\geq$ DN 800 (MW, RW), sind ein innerer Absturz (**3**.72) und das Sohlengerinne als Parabel mit Wendepunkt auszubilden. Die Schußrinne ist so tief auszubilden, daß bei Kreisprofilen der Scheitel, bei Eiprofilen der Kämpfer erreicht wird. Die Einsteigöffnung soll über der tiefsten Stelle des Podestes angeordnet werden. Seitlich des Podestes sind Halteeisen anzubringen. Daneben verwendet man noch Absturzbauwerke mit Kaskaden, Fallschächte und Wirbelfallschächte (s. ATV-A 241).

3.3.2.5 Konstruktionsanleitung für Schachtbauwerke

Normalschächte erfordern keine besonderen Konstruktionspläne. Diese werden bei schwierigen Schächten notwendig. Hier soll eine einfache Schachtgruppe mit eckigem bzw. rundem Grundriß behandelt werden (**3**.73).

Zunächst trägt man Kanalachsen und Kanalbreiten des größeren Schachtes in Kämpferhöhe im Grundriß auf und legt die Fließrinnen im Schacht durch tangentiale Verbindung der Kämpferinnenseiten fest. Um Unstetigkeiten in den Kurven zu vermeiden, benutzt man ein Kreis- oder ein Kurvenlineal. Durch die Abzweigungspunkte der Fließgerinne verlaufen die Innenkanten der Seitenwände des Schachtes, und zwar stets senkrecht zu den jeweiligen Kanalachsen. Es ergeben sich damit die Lichtmaße des Schachtgrundrisses. Die Hauptfließrinne, vom größten ankommenden Kanal zum abgehenden, läuft durch.

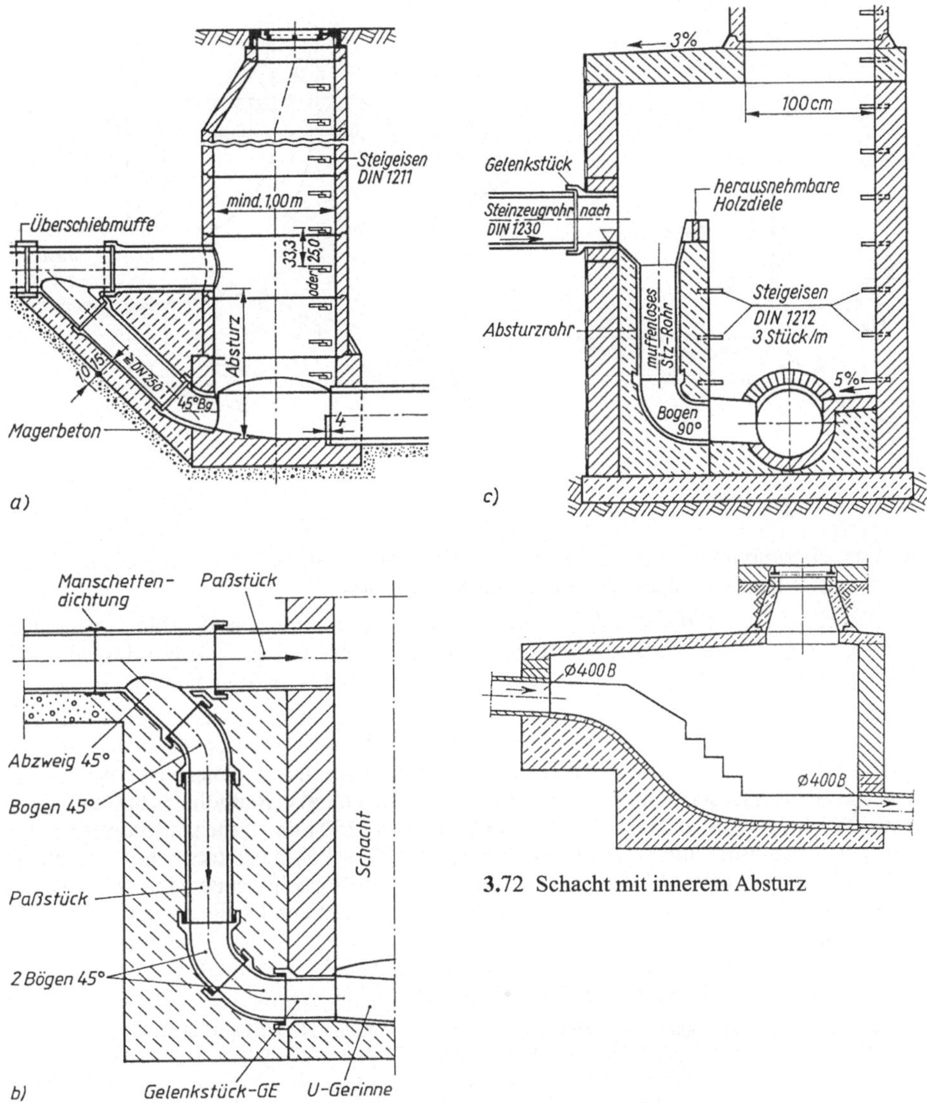

3.72 Schacht mit innerem Absturz

3.71 a) Schacht mit äußerem Absturz (außenliegender Untersturz)
b) Schachtanschluß durch senkrechten Absturz (außenliegender Untersturz)
c) Schacht mit innerem Absturz (innenliegender Untersturz) (nach ATV-A 241)

Die anderen (Nebenfließrinnen) münden darin ein. Unter Umständen fehlende Wände ergänzt man so, daß für die Auftritte der Bankette genügend Breite ≥ 25 cm übrigbleibt. Die anzutragende Wanddicke ist durch die Länge der Kämpfersteine gegeben, denn diese sollten nicht in die Seitenwand hineinreichen. Die kleineren, rund ausgeführten SW-Schächte werden so angeordnet, daß die Achsabstände von SW- und RW-Kanal möglichst klein

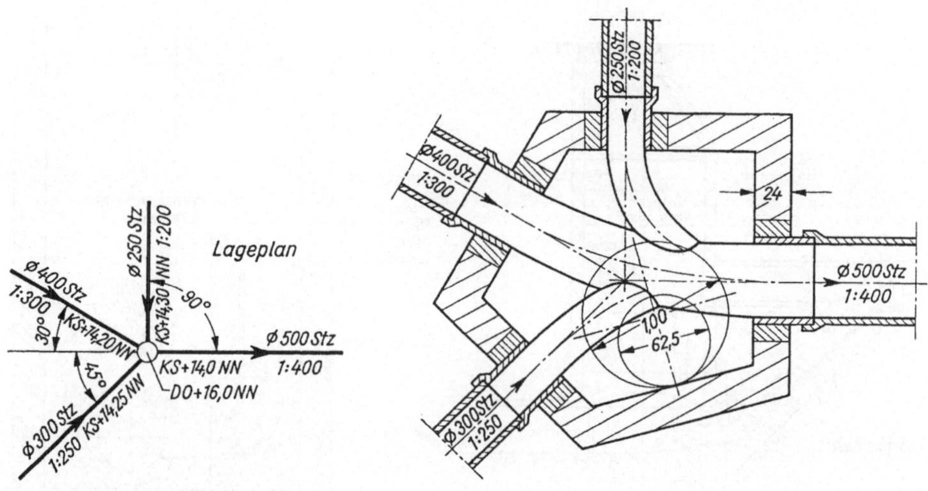

3.73 Schachtgrundriß

werden. Hierdurch wird der stark beanspruchte Straßenraum und die Rohrgräben schmal, die statische Beanspruchung der Rohre aus Erdlast klein.

Im Aufriß ist darauf zu achten, daß die Anzahl der zu verziehenden Schichten nicht zu klein ist. Der größte Abstand von einer Schachtecke bis zur Innenkante des untersten Schachtringes ist maßgebend. Man sollte nicht mehr als 5 bis 6 Schichten verziehen.

Ist der Schacht größer, so erhält der untere gemauerte Schachtteil als Abschluß eine Betondecke mit Einstiegsöffnung. Die Anzahl der Schachtringe ist nach dem bis zur Straßenoberfläche zu überwindenden Höhenunterschied auszurechnen. Die Abmessungen von Schachtring (Bauhöhe = 500 mm) und Schachthals (Bauhöhe = 600 mm) sind nach DIN 4034 genormt. Schachtringe mit Bauhöhe = 250 mm werden auf Wunsch geliefert. Für Auflagering und Schachtabdeckung sind 250 mm Höhe zu rechnen. Es empfiehlt sich, bei Muffenrohren dicht an den Außenkanten der Schachtwände Muffen als Bewegungsfugen für den Schacht anzuordnen und erforderlichenfalls die ersten Rohrstücke am Schacht in verkürzter Form einzubauen (**3.**74 und **3.**75). Das Ablängen der Rohre erfolgt durch Trennscheiben, Schneidketten oder Schneidringe (Stzg). Für den untersten Schachtring verwendet man auch Fußauflageringe (**3.**76).

Die Bankettflächen der Schachtunterteile (**3.**77) sind meist zu der Hauptfließrinne hin geneigte Ebenen. Man konstruiert sie mit Hilfe eines Dreiecks *(ABC)*, dessen Endpunkte sich höhenmäßig aus den Sohlhöhen der am Schacht ankommenden und abgehenden Kanäle errechnen lassen. Nimmt man z.B. Punkt C mit $2/3d$ über Sohlhöhe an, ergibt sich $20{,}07 + 2/3 \cdot 0{,}50 = 20{,}41$ m. In Bild **3.**77 ist das Rohr ∅150 mm das Fallrohr eines äußeren Absturzes. Seine Sohlhöhe am Schacht kann man frei wählen. Sie soll so hoch gewählt werden, daß der aufzunehmende Nebenkanal hoch in die Hauptfließrinne eingeführt werden kann (bei Punkt 3).

Wenn die Endpunkte des Hilfsdreiecks höhenmäßig festliegen, ergeben sich alle weiteren Konstruktionspunkte, z.B. 1, 2 und 3 durch Hilfsstrahlen, die man auf die Dreiecksebene legt. Z.B. schneidet der Hilfsstrahl von A nach 2 die Dreiecksseite BC im Punkt S_2. Man projiziert S_2 auf die entsprechende Dreiecksseite im Schnitt $A - B$, verbindet mit A und verlängert über S_2 hinaus. Auf diesem freien Strahlende liegt Punkt 2, den man aus dem Grundriß heraufprojiziert. So lassen sich auch punktweise die Kanten der Fließrinnen aus dem Grundriß in den Schnitt $A - B$ projizieren (z.B. Punkt 3). Hat man so die notwendigen Eckpunkte der Bankettfläche $A1B2C3$ gefunden, verbindet

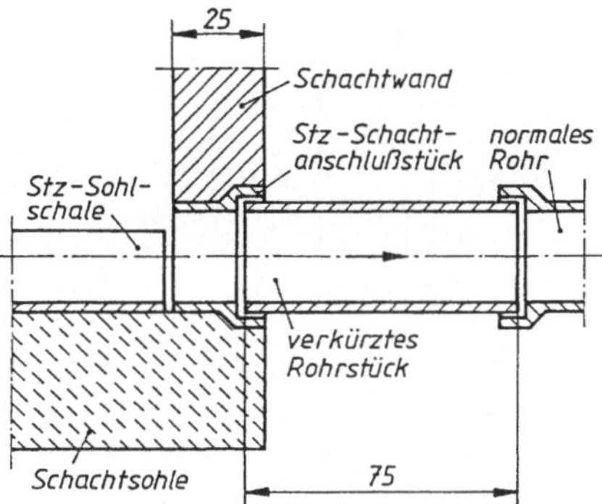

3.74
Bewegungsfuge am Schacht durch besondere Anschlußformstücke (Fachverband Steinzeugindustrie)

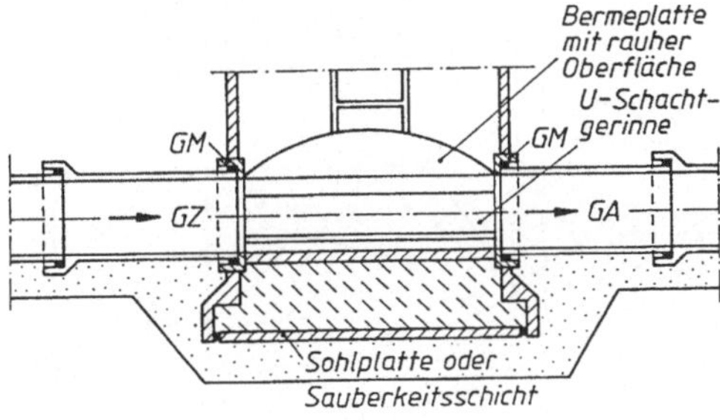

3.75
Schachtanschlußstücke durch Gelenkstück (GM) und kurze Rohrstücke (GZ, GA) an einen Rohrschacht, z.B. Stz-Schacht

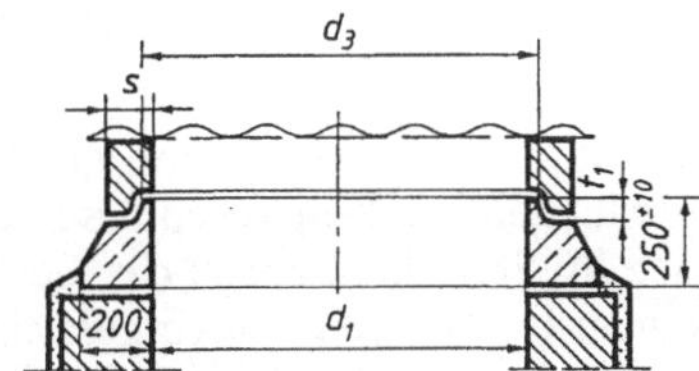

3.76
Schachtfußauflagerung für den untersten zylindrischen Schachtring

man diese im Schnitt $A - B$. Man sollte versuchen, die Bankettähöhen so anzupassen, daß die Bankettfläche um eine horizontale Achse zur Hauptfließrichtung gekippt werden kann. Die Neigung der Bankettflächen soll $\leq 1 : 20$ betragen.

3.3.2.6 Fertigteilschächte (Systemschächte)

Hierunter versteht man Bausysteme in Fertigbauweise, die für einfache Schächte (Normalschächte) verwendet werden können. Eine Serienherstellung der Einzelteile ist möglich, weil der Verwendungsanlaß sich oft wiederholt. Als ein Beispiel sei hier der Delta-Schacht, Typen A bis F, angeführt. Er besteht aus vorgefertigten Betonteilen, die unter Verwendung von Zement mit hohem Sulfatwiderstand hergestellt werden und eine hohe Beständigkeit gegen aggressives Wasser haben. Durch ein besonderes Herstellungsverfahren wird wasserdichter Beton B 35 erreicht. Die Wandstärke beträgt 12 bis 15 cm. Die Verbindung der einzelnen Schachtteile erfolgt wasserdicht mit Gleitprofil-Lippendichtung. Das Schachtunterteil wird mit dem jeweiligen Gerinneprofil sowie den Zu- und Abläufen in Spezialformen in einem Arbeitsgang gefertigt. Gerinne aus Polymerbeton. Rohran-

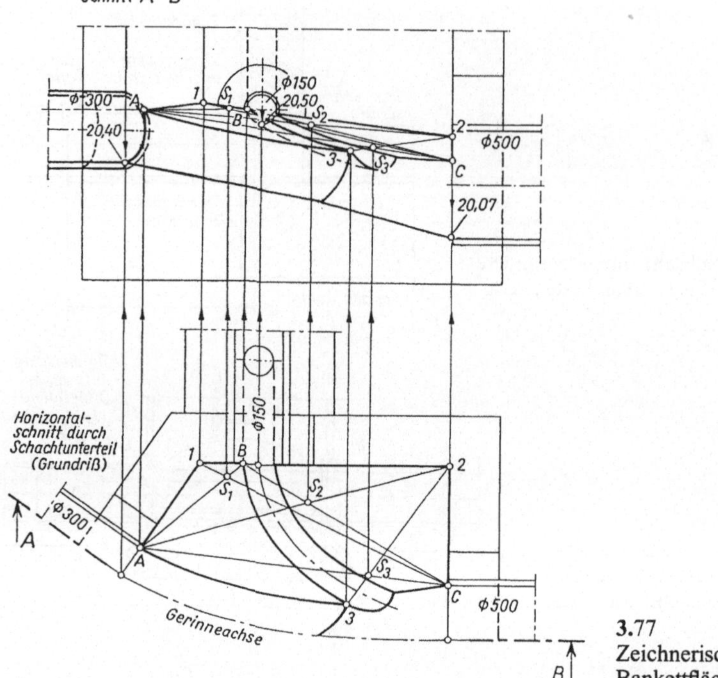

3.77
Zeichnerische Konstruktion der Bankettfläche

schlüsse sind für alle Rohrarten DN 150 bis DN 1600 vorgesehen. Die Rollgummiringverbindungen der Rohranschlüsse der Schachtunterteile stellen eine elastische Verbindung her. Im Schachtboden ist das Gerinne für den Hauptdurchlauf und die Seiteneinläufe mit einem Gefälle von 5% vorgefertigt. Es werden sechs Standardausführungen Typ A/B/C DN 1000, Typ D DN 1200, Typ E DN 1500, Typ F DN 2000 variabel hergestellt (**3**.78).

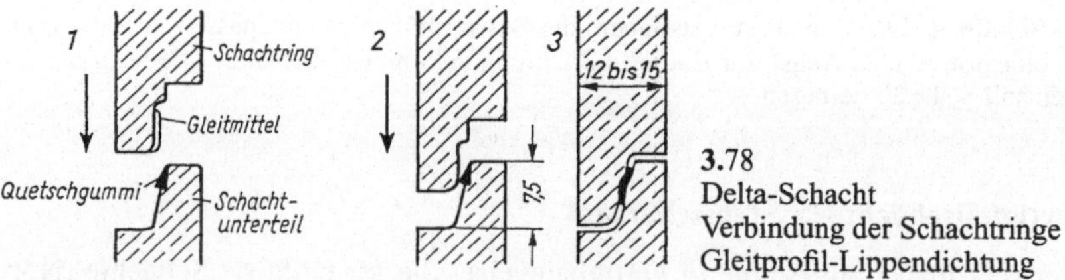

3.78
Delta-Schacht
Verbindung der Schachtringe
Gleitprofil-Lippendichtung

Für besonders aggressives Abwasser steht auch der Steinzeug-Schacht zur Verfügung. Er besteht überwiegend aus Steinzeugbauteilen und wird in einem Spezialbetrieb vorgefertigt (**3**.79). Er ist völlig korrosionsfest, dauerhaft haltbar, wasserdicht, leicht montierbar, begehbar und wartungsfreundlich.

Ähnliche Anforderungen sind durch Fertigteilschächte mit PE-HD-Auskleidung (BKU-System o.a.) zu erfüllen (**3**.80). Diese Auskleidungen lassen sich auch bei Ortbetonschächten verwenden. Fugen im inneren Bereich können mit Polyurethan-Spachtelmasse korrosionsfest und wasserdicht gegen äußere Wasserdrücke bis 1,5 bar gedichtet werden.

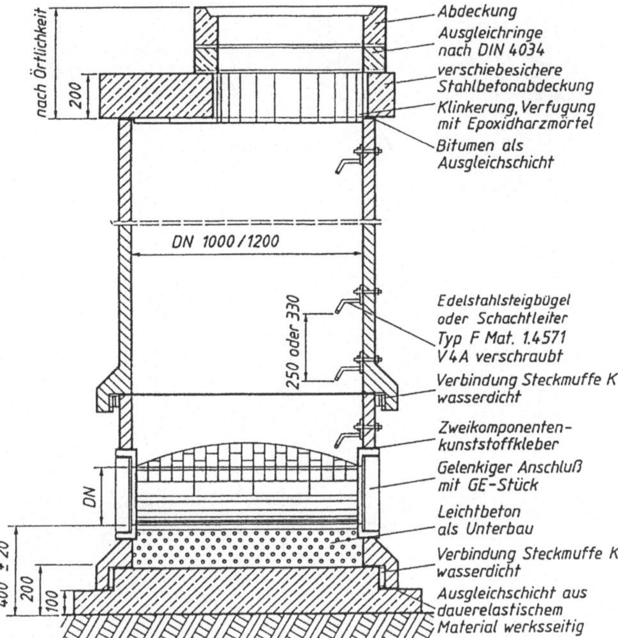

3.79 Steinzeug-Schacht

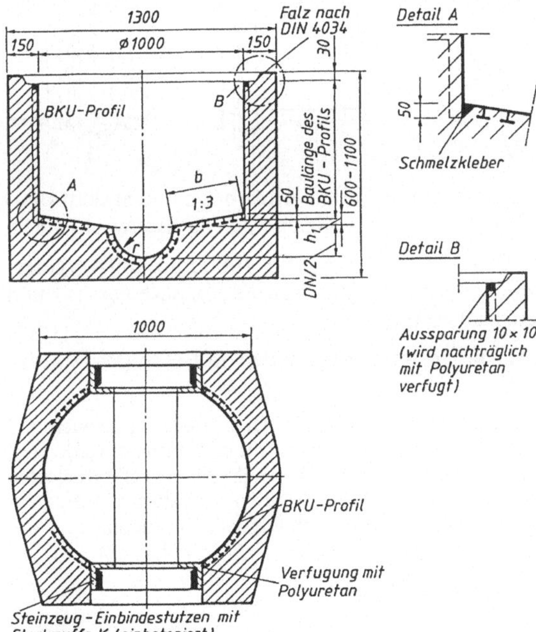

3.80 Fertigteilschacht mit Korrosionsschutz aus PE-HD (BKU-System)

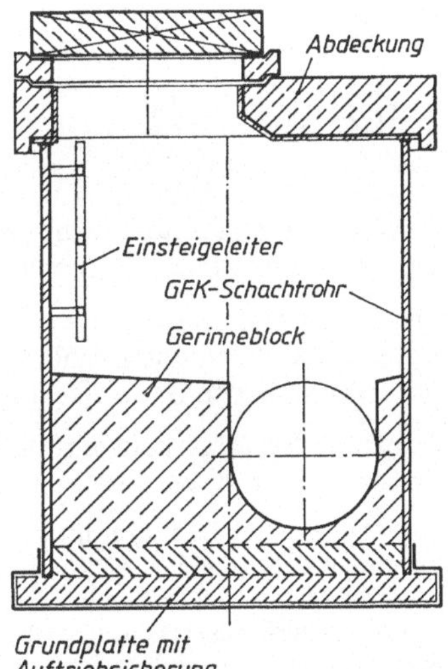

3.81 GFK-Schacht (Glasfaserverstärkter Kunststoffschacht). GFK-Rohrzylinder bis DN 2400 können zu Schächten, Bauwerken und Behältern verwendet werden

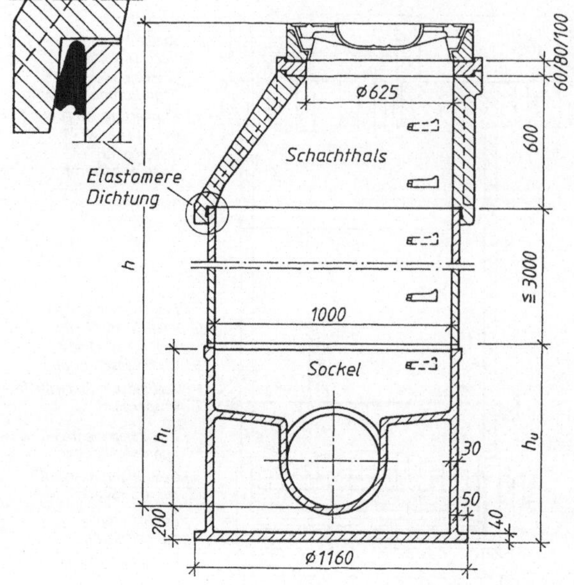

3.82
Systemschacht aus Polymerbeton Polycrete DN 1000 Anschlußvarianten für verschiedenes Rohrmaterial
a) Polycrete-Rohr
b) Gußrohr
c) Stz-Rohr (GM)
d) Stz-Rohr (GE)
e) GFK-Rohr

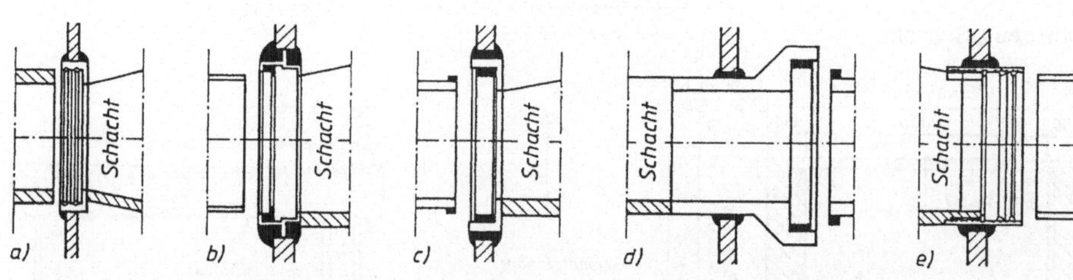

GFK-Rohre bilden senkrecht gesetzt die Schäfte von GFK-Schächten und andern Bauwerken. Grundplatte, Gerinnebeton und Abdeckung vervollständigen das Bauwerk (**3**.81).

Die Fa. Romold fertigt PE-Schächte, $D = 500$, 600, 625, 800, 1000 mm, mit vorgefertigten Fließrinnen unter Einlauf-Winkeln von 9 bis 90°, beidseitige Einläufe von 45° und 90°. Monolitische Bauweise, Steigeisen aus CrNi-Stahl.

Polycrete-Systemschächte (**3**.82) sind aus polyesterharz-gebundenem Beton (Polymerbeton) gefertigt und sehr korrosionssicher.

Die Quarzzuschläge liegen im porenarmen Sieblinienverlauf gemäß DIN 1045; das Bindemittel entspricht DIN 16946-2. Alle Schachtbauteile und der Estrich von Auftritt und Gerinne werden mit Polyesterharzmörtel verbunden. Der Sockel besteht aus einem Stück. An ihn können alle Rohrarten mit Anschlußformstücken angeschlossen werden. Die Formstücke (Muffen oder Stutzen) werden in Kernbohrungen eingeklebt. In Anlehnung an DIN 4034 ergeben sich folgende Zuordnungen:

Schacht	Anschlüsse
DN 1000	≤ DN 500
DN 1200	≤ DN 800
DN 1500	≤ DN 1000

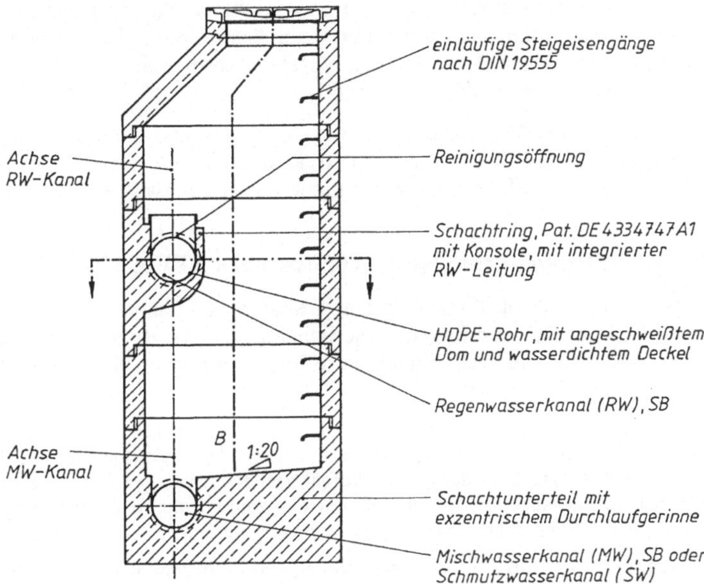

3.83 Multro-Schacht. Durchführung von zwei Rohrleitungen übereinander (SW, MW unten, RW oben) durch einen Schacht

Für größere Einbautiefen bei DN $\geq$ 1200 empfiehlt es sich, die Schächte oberhalb der Stehhöhe durch Übergangsplatten auf DN 1000 zu reduzieren.

Im Fall der Trennkanalisation oder der differenzierten Mischkanalisation mit Teilstromerfassung, wenn zwei Rohrleitungen als Straßenkanäle verlegt werden müssen, kommt u.U. ein modifiziertes Kanalisationssystem in Frage. Dies besteht darin, beide Rohrleitungen übereinander in einem Rohrgraben zu verlegen. Dadurch ist es möglich, auf den zweiten Rohrgraben zu verzichten. Die Verlegung von zwei übereinander liegenden Rohrleitungen in einem Rohrgraben bedingt die entsprechende Ausbildung der Schachtbauwerke. Hierzu wird beim Multi-Rohr-Schacht (patentiert) (**3.**83) [91] die RW-Leitung in einer Konsole geschlossen, seitlich durch einen Beton-Schachtring geführt, damit ein Durchstieg in den tieferen Schachtteil zur SW/MW-Leitung möglich ist. Die Nennweite des Betonfertigteilschachtes wird entsprechend größer gewählt. Zu Wartungs- und Reinigungsarbeiten ist die RW-Leitung über eine Reinigungsöffnung mit Klappdeckel zugänglich.

Grundlage dieser Überlegungen sind die Kosten der reinen Rohrlieferung und -verlegung. Sie betragen $\approx$ 10 bis 30% der Kanalbaukosten. Die restlichen 90 bis 70% für Grabenaushub, -verbau, Verfüllung und Deckenaufbruch könnten erheblich, bis zur Hälfte, reduziert werden.

3.3.3 Regenentlastungsbauwerke in Mischwasserkanälen

Auf das Arbeitsblatt A 128 der ATV [1] wird hingewiesen. Diese Richtlinien gelten für Regenentlastungen im Kanalnetz und im Klärwerk.

Die beim Mischverfahren abzuleitenden Regenwassermengen übertreffen den Trockenwetterabfluß um ein Vielfaches. Würde die gesamte Mischwassermenge Q_{MW} dem Hauptsammler, der Kläranlage oder dem Pumpwerk zugeführt, so müßten diese außerordentlich groß bemessen werden, und die Bau- und Betriebskosten würden hoch sein. Zur Entlastung des Mischwassernetzes sind an geeigneten Stellen Regenentlastungsanlagen vorzusehen. Sie leiten nach Erreichen einer bestimmten Verdünnung des Schmutzwassers durch Regenwasser, der kritischen Mischwassermenge, den darüber hinaus abfließenden Teil des Mischwassers dem Vorfluter zu.

Zu den Regenentlastungsanlagen des Mischsystems gehören: Regenüberläufe, Regenüberlaufbecken, Kanalstauräume und Regenrückhaltebecken. Regenklärbecken des Trennverfahrens dienen der Regenwasserbehandlung.

3.3.3.1 Planungsgrundlagen, Abflüsse nach ATV-A 128

Aus wasserwirtschaftlichen und aus Kostengründen ist es vorrangig, bei der Abwassersammlung und der Regenwasserbehandlung den Regenabfluß in die Kanalisation zu vermeiden. Für die verbleibenden Abflüsse werden in Mischwasserkanälen Regenentlastungsbauwerke angeordnet.

Beim Niederschlagsabfluß können hohe Schmutzfrachten auftreten, die die Gewässer stark belasten. Die Belastungen treten nur zeitweilig auf, können aber diejenigen aus den Abläufen von Kläranlagen um ein mehrfaches übertreffen. Aufgabe ist es, den Regenabfluß zur Kläranlage so zu begrenzen, daß dort die angestrebten Ablaufwerte eingehalten und gleichzeitig die stoßweisen Belastungen des Gewässers aus Regenentlastungen verringert werden.

Wesentlichen Einfluß auf die Überlaufmenge und -konzentration haben die Größen Niederschlag, Fließzeit, Gefälle, Kanalspeichervermögen, Starkverschmutzer und im Trennverfahren entwässerte Gebiete.

Nach Berücksichtigung der Abflußverringerung bzw. der Abflußvermeidung sind für die verbleibenden Abflüsse vorentlastete sowie nicht vorentlastete Entlastungsbauwerke zu bemessen.

Grundsätzlich stehen hierfür zwei Verfahren zur Verfügung:

Vereinfachtes Aufteilungsverfahren mittels Diagrammen (Abschn. 3.3.3.2 Beispiel 2a), Nachweisverfahren mittels Schmutzfrachtberechnungen.

Während die Normalanforderungen emissionsbezogen sind, werden weitergehende Anforderungen auf der Grundlage von Immissionsbetrachtungen gestellt. Im Einzelfall ist zu entscheiden, welche Anforderungen zu erfüllen sind. Wird ein Oberflächengewässer durch mehrere Regenentlastungs- bzw. Kläranlagen belastet, so sind für jedes Entlastungsbauwerk als auch für das wasserwirtschaftlich zusammengehörige Gesamtsystem die Anforderungen zu erfüllen. Die wichtigsten Bemessungswerte werden im folgenden erläutert.

Mischwasserabfluß zur Kläranlage Q_m besteht aus dem Trockenwetterabfluß Q_{tx} und dem Regenabfluß Q_r. $Q_m = 2Q_{sx} + Q_{f24}$ soll biologisch behandelt werden können.

Trockenwetterabfluß Q_t. Er setzt sich zusammen aus dem Anteil aus Wohngebieten und Kleingewerbe (Q_x), dem gewerblichen und industriellen Anteil (Q_{gx}) und dem Fremdwasser (Q_{f24}) (vgl. Abschn. 1.2). $x = 24 \mathrel{\widehat{=}} 24$-h-Mittel.

$$Q_{tx} = Q_x + Q_{gx} + Q_{f24} = Q_{sx} + Q_{f24}$$

Die kritische Regenspende r_{krit}. Dies ist die Regenspende in l/(s · ha), bei der ein Regenüberlauf rechnerisch anspringt. Bei größerem MNQ des Vorfluters kann r_{krit} abgemindert und damit die Anzahl der Entlastungen vergrößert werden.

Nach der Neufassung des ATV-Arbeitsblattes A 128 vom 04. 1992 ist die kritische Regenspende nur noch von der Fließzeit t_f abhängig:

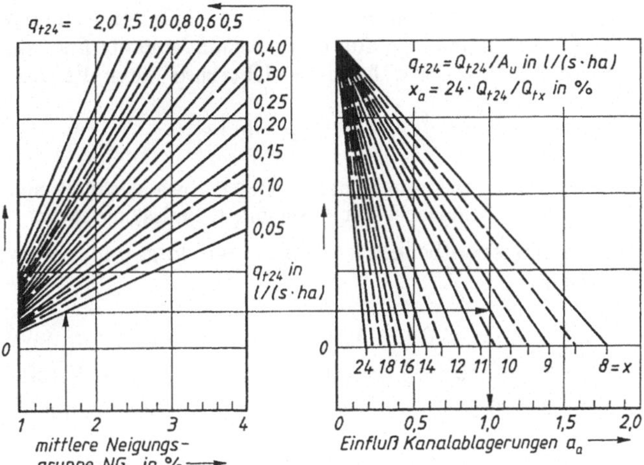

3.84
Einfluß der Kanalablagerungen

$$r_{krit} = 15 \cdot 120/(t_f + 120) \quad \text{in l/(s·ha)}$$

t_f in min eingesetzt, gilt für $t_f \leq 120$ min

$$r_{krit} = 7{,}5 \text{ l/(s·ha) gilt für } t_f > 120 \text{ min}$$

$t_f \mathrel{\hat{=}}$ längste Fließzeit bis zum Regenüberlauf aus unmittelbaren Einzugsgebieten, ohne Berücksichtigung von reinen Transportsammlern.

Der kritische Regenwasserabfluß $Q_{r\,krit}$. Es ist die mit r_{krit} ermittelte Regenwasserabflußmenge des Einzugsgebietes A_E eines Entlastungsbauwerkes

$$Q_{r\,krit} = r_{krit} \cdot A_u \quad \text{in l/s}$$

$A_u \mathrel{\hat{=}}$ undurchlässiger Flächenanteil von A_E in ha oder die mit Ψ_m multiplizierte Fläche A_E (Abschn. 1.4).

Der kritische Mischwasserabfluß Q_{krit}

$$Q_{krit} = Q_{tx} + Q_{r\,krit} + \Sigma Q_{dr,i} \quad \text{in l/s}$$

$\Sigma Q_{dr,i} \mathrel{\hat{=}}$ im Kanal zugeführter kritischer Mischwasserabfluß aus oberhalb liegenden Regenüberläufen (Drosselabfluß Q_{dr}).

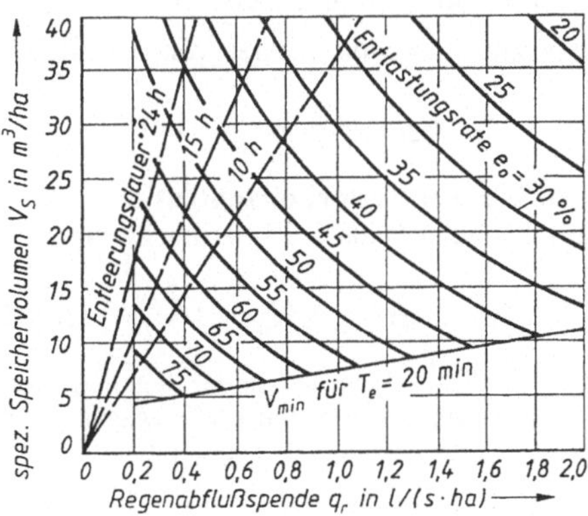

3.85
Spezifisches Speichervolumen in Abhängigkeit von der Regenabflußspende und der zulässigen Entlastungsrate nach ATV-A 128 [1]

Mittlerer Entlastungsabfluß Q_{re}. Man erhält ihn, wenn man über ein Jahr die entlastete MW-Abflußsumme VQ_e durch die Gesamtdauer der Entlastungen dividiert, zuzüglich des RW-Anteils Q_{r24}, der während des Überlaufs durch die Drossel abfließt.

$$Q_{re} = VQ_e/(T_e \cdot 3{,}6) + Q_{r24} \quad \text{in l/s} \tag{3.1}$$

mit VQ_e in m³ = in einem Jahr entlastete Mischwasserabflußsumme,
T_e in h = in einem Jahr aufsummierte Entlastungsdauer.

Für Regenüberlaufbecken kann $Q_{re} \approx$ wie folgt errechnet werden, wenn $q_r < 2$ l/(s · ha); s. Tafel **3**.26:

$$\begin{aligned} Q_{re} &= a_f \cdot (3{,}0A_u + 3{,}2Q_{r24}) && \text{in l/s} = a_f(3 + 3{,}2q_r)A_u \\ a_f &= 0{,}50 + 50/(t_f + 100) && \text{für } t_f \leq 30 \text{ min} \\ a_f &= 0{,}885 && \text{für } t_f > 30 \text{ min} \end{aligned} \tag{3.2}$$

mit a_f = Fließzeitabminderung des Entlastungsabflusses,
t_f in min = längste Fließzeit bis zum Regenbecken
Q_{r24} in l/s = Regenwasseranteil im Drosselabfluß

Bei Regenabflußspenden $q_r > 2$ l/(s · ha) muß der mittlere Entlastungsabfluß Q_{re} durch ein Nachweisverfahren (3.2) bestimmt werden.

Abflußspenden beziehen spezifische Abflußmengen auf den undurchlässigen Flächenanteil A_u des Einzugsgebietes A_E.

Die Trockenwetterabflußspende q_{t24} berücksichtigt den als Jahresmittel auftretenden Trockenwetterabfluß Q_{t24}

$$q_{t24} = Q_{t24}/A_u \quad \text{in l/(s} \cdot \text{ha)}$$

Die Regenabflußspende q_r errechnet sich aus dem im Jahresmittel auftretenden Regenabfluß Q_{r24}.

$$Q_{r24} = Q_m - Q_{t24} - Q_{rT24}$$

$Q_{rT24} = Q_{sT24}$ gesetzt als unvermeidbarer Regenwasserzufluß bei Trenngebieten (Index T) des Einzugsgebietes über den Fremdwasseranteil in $Q_{t24} = Q_{s24} + Q_{f24}$ hinaus.

q_r ergibt sich dann mit den vorstehenden Werten zu

$$q_r = Q_{r24}/A_u \quad \text{in l/(s} \cdot \text{ha)}$$

Die Trockenwetterkonzentration c_t des Abwassers wird als Jahresmittelwert des Kläranlagenzulaufs als CSB berücksichtigt

$$c_t = (Q_h \cdot c_h + Q_g \cdot c_g)/(Q_h + Q_g + Q_{f24})$$

$h \mathrel{\hat=}$ häusliches Abwasser, in der Regel Q_{24}, Konzentration c_h
$g \mathrel{\hat=}$ gewerbliches und industrielles Abwasser, in der Regel Q_{gx}, Konzentration c_g
Q_{f24} wird unverschmutzt angenommen

Diese und weitere Werte sind in Tafel **3**.26 zusammengestellt.

Tafel **3**.26 Bezeichnungen und Formeln nach ATV-A 128

	lfd. Nr.	Bezeichnung	Formel, Erläuterung		Dimension
Ausgangswerte	1	mittlerer Jahresniederschlag	hNa	Deutscher Wetterdienst	mm
	2	undurchlässige Gesamttläche	A_u	85 bis 100% der bef. Fläche	ha
	3	längste Fließzeit im Gesamtgebiet	t_f	nur bedeutsamere Flächen	min
	4	mittlere Geländeneigungsgruppe	NG_m	Summe $NG_i \cdot A_{E,i}$/ Summe $A_{E,i}$	–
	5	*CSB*-Konzentration im TW-Abfluß	c_t	Jahresmittel einschl. Q_f	mg/l
	6	TW-Abfluß, Tagesstundenmittel	Q_{tx}	aus Misch- und Trenngebieten	l/s
	7	TW-Abtluß im Tagesmittel (24h-Mittel)	Q_{t24}	aus Misch- und Trenngebieten	l/s
	8	Regenabfluß aus Trenngebieten	Q_{rT24}	100% von Q_{s24} aus Trenngebieten	l/s
	9	Mischwasserabfluß zur Kläranlage, in Teilgebieten anteilig	Q_m	i.d. Regel = $2Q_s + Q_f$, RW-Zufluß zur biol. Stufe	l/s
Berechnungswerte	10	Regenabfluß im Tagesmittel	Q_{r24}	$= Q_m - Q_{t24} - Q_{rT24}$	l/s
	11	Regenabflußspende	q_r	$= Q_{r24}/A_u$	l/(s·ha)
	12	TW-Abflußspende aus Gesamtgebiet	q_{t24}	$= Q_{t24}/A_u$	l/(s·ha)
	13	Fließzeitabminderung	a_f	$= 0{,}5+50/(t_f+100); \geq 0{,}885 \rightarrow$ Mindestwert	–
	14	mittlerer Entlastungszufluß	Q_{re}	$= a_f \cdot (3+3{,}2q_r) \cdot A_u = a_f(3A_u+3{,}2Q_{r24})$	l/s
	15	mittleres Mischverhältnis	m	$= (Q_{re}+Q_{rT24})/Q_{t24};\ m \geq 7$	–
	16	mittlere *CSB*-Konzentrationen	$c_t : c_r : c_k$	$=$ 600 : 107 : 70	mg/l
	17	m. *CSB*-Konzentr. im Trockenwetterabfl.	c_t	$\approx 600;\ c_t = c_s \cdot Q_{s24}/Q_{t24}$	mg/l
	18	m. *CSB*-Konzentr. im abfl. Regenwasser	c_r	≈ 107	mg/l
	19	m. *CSB*-Konzentr. im Kläranl.-Ablauf	c_k	≈ 70	mg/l
	20	x-Wert des Tagesstundenmittels	x_a	$= 24 \cdot Q_{t24}/Q_{tx}$	–
	21	Einflußwert TW-Konzentration	a_c	$= c_t/600$; mindestens 1,0	–
	22	Einflußwert Jahresniederschlag	a_h	$= hNa/800 - 1$: $-0{,}25$ bis $+0{,}25$	–
	23	Einflußwert Kanalablagerungen	a_a	= aus Bild **3**.84	–
	24	Bemessungskonzentration	c_b	$= 600 \cdot (a_c+a_h+a_a)$	mg/l
	25	rechnerische Entlastungskonzentration	c_e	$= (m \cdot c_r + c_b)/(m+1)$	mg/l
	26	mittlere –"– mit den Werten Zeile 18	c_e	$= (m \cdot 107 + c_b)/(m+1)$	mg/l
	27	zulässige Entlastungsrate	e_0	$= 100 \cdot (c_r - c_k)/(c_e - c_k)$	%
	28	mittlere –"– mit den Werten Zeile 18 u. 19	e_0	$= 100 \cdot (107-70)/(c_e-70) = 3700/(c_e-70)$	%
	29	spez. Volumen	V_S	= aus Bild **3**.85	m^3/ha
	30	Gesamtvolumen	V	$= V_S \cdot A_u$	m^3

Regenüberläufe (RÜ)

Sie leiten mindestens den kritischen Mischwasserabfluß Q_{krit} zur Kläranlage weiter.

Ergibt sich ein Mischverhältnis $m_{RÜ} = (Q_{dr} - Q_{t24})/Q_{t24} \geq 7$, so ist das Mischverhältnis von $m_{RÜ} = 7$ für den RÜ zugrunde zu legen. Liegt die mittlere *CSB*-Konzentration im Trockenwetterabfluß c_t über 600 mg/l, so ist das Mischverhältnis m zu erhöhen, um stärkere Verdünnungen zu erzielen:

$$m_{RÜ} \geq (c_t - 180)/60$$

Die Überläufe sind möglichst mit hochgezogenem Wehr auszubilden. Durchmesser eines Drosselrohres $d_u \geq 0{,}2$ m. Ein RÜ mit Bodenöffnung (Springüberlauf) ist bei schießendem Abfluß sinnvoll. Der Mindest-Drosselabfluß errechnet sich zu

$$Q_{dr} = (m_{RÜ} + 1) \cdot Q_{t24}; \quad Q_{dr} \geq 50\,\mathrm{l/s}; \quad A_u \geq 2\,\mathrm{ha}$$

Regenüberlaufbecken (RÜB). Sie sollen mindestens ein Speichervolumen haben von

$$V_S, \min = 3{,}60 + 3{,}84 q_r \quad \text{in m}^3/\text{ha}$$

Durchlaufbecken (DB) sollen $V_S \geq 100\,\text{m}^3$ haben,
Fangbecken (FB) sollen $V_S \geq 50\,\text{m}^3$ haben.
Mindestmischverhältnis für Durchlaufbecken

$$m_{RÜB} = (Q_{re} + Q_{rT24})/Q_{t24} \geq 7 \quad \text{für } c_t \leq 600\,\text{mg/l}$$

$$m_{RÜB} \geq (c_t - 180)/60 \quad \text{für } c_t > 600\,\text{mg/l}$$

Im Nachweisverfahren kann nach einer Langzeitsimulation das mittlere Mischverhältnis nachgerechnet werden:

$$m_{RÜB} = (c_t - c_e)/(c_e - c_r)$$

mit $c_e = SF_e/VQ_e$; Entlastungskonzentration = entlastende Jahresschmutzfracht/entlastende Jahresmischwassermenge
$c_r = SF_r/VQ_r$; CSB-Konzentration im Regenwasser (RW) = RW-Jahresschmutzfracht/ Regenabflußsumme im Jahr

Klärbedingungen. In Durchlaufbecken soll die Oberflächenbeschickung $q_A \leq 10$ m/h bei einer unabgeminderten kritischen Regenspende von 15 l/(s · ha) betragen.

Unter der gleichen Bedingung soll die mittlere horizontale Fließgeschwindigkeit $v_m \leq 0{,}05$ m/s sein. Die Länge eines rechteckigen Durchlaufbeckens soll in Fließrichtung mindestens der zweifachen Beckenbreite entsprechen. Wird ein Regenüberlaufbecken in einzelne Kammern gegliedert, so gilt dies für jede Kammer.

Um die Klärbedingungen einzuhalten, ist es meist notwendig, den Beckenzufluß durch den -überlauf zu begrenzen. Würde der Klärüberlauf ohne wesentliche Verletzung der Klärbedingungen erfolgen, oder würde der Beckenüberlauf < 10 mal jährlich anspringen, so kann auf ihn verzichtet werden.

Stauraumkanäle (SK)

Stauraumkanäle mit oben liegender Entlastung werden in der Regel wie Fangbecken bemessen, sofern die Bedingungen für Fangbecken eingehalten werden können. Andernfalls sind sie wie Stauraumkanäle mit unten liegender Entlastung zu behandeln. Sie sind auch für Speichervolumen $< 50\,\text{m}^3$ sinnvoll.

Stauraumkanäle mit unten liegender Entlastung erhalten im vereinfachten Aufteilungsverfahren wegen der schlechteren Absetzwirkung einen Volumen-Zuschlag. Das spezifische Speichervolumen V_s ist wie für Regenüberlaufbecken zu ermitteln.

$$V_{SKU} = 1{,}5 \cdot V_S \cdot A_u \quad \text{in m}^3$$

mit V_S in m³/ha $\widehat{=}$ spezifisches Speichervolumen
A_u in ha $\widehat{=}$ undurchlässige Fläche des zugehörigen Teileinzugsgebietes

In Nachweisverfahren sind die Besonderheiten für Stauraumkanäle mit unten liegender Entlastung zu beachten (s. Abschn. 3.3.3.4). Die Entleerungsdauer von Stauraumkanälen sollte < 15 h sein. Das Mindestmischverhältnis ist wie für Regenüberlaufbecken festzulegen.

Klärbedingungen. In Stauraumkanälen mit unten liegender Entlastung soll bei einer unabgeminderten kritischen Regenspende von 15 l/(s · ha) die horizontale Fließgeschwindigkeit $v_m \leq 0{,}3$ m/s am Beginn der Staustrecke sein. Vor dem Entlastungsbauwerk ist eine Beruhigungsstrecke vorzusehen, z.B. durch eine allmähliche Aufweitung der Fließrinne.

Regenrückhaltebecken (RRB). Sie werden nicht nach dem Arbeitsblatt A 128 bemessen. Ihre Auswirkung auf nachfolgende Entlastungsbauwerke hängt von der Regenabflußspende q_r ab (s. Abschn. 3.3.3.2, Beispiel 2).

Regenrückhaltebecken mit Drosselabflußspenden $< q_r = 5$ l/(s · ha) beeinflussen die nachfolgenden Entlastungsbauwerke. Es genügt die Volumenverteilung mit dem vereinfachten Bemessungsverfahren nicht mehr. Es muß ein Nachweisverfahren durchgeführt werden. Darin werden Regenrückhaltebecken mit vollem Volumen und tatsächlichem Drosselabluß berücksichtigt.

3.3.3.2 Berechnungsbeispiele zur Ermittlung der Bemessungsdaten

Hierzu gehören die Entlastungs-Abflüsse, Speicher-Volumen, Schmutzfrachten, Mischverhältnisse u.a.

1. Berechnungsbeispiel für ein Regenüberlaufbecken nach ATV-A 128 [1] (vgl. Tafel **3**.26 und Bild **3**.84)

Ausgangswerte:

$$hNa = 850\,\text{mm};\ A_E = 100\,\text{ha};\ A_u = 90\,\text{ha};$$
$$t_f = 15\,\text{min};\ NG_m = 3;\ c_t = 700;$$
$$Q_{tx} = 60\,\text{l/s};\ Q_{t24} = 30\,\text{l/s};\ Q_{rT24} = 10\,\text{l/s};$$
$$Q_m = 150\,\text{l/s}$$

Berechnungswerte:

$$Q_{r24} = 110\,\text{l/s};\ q_r = 1{,}22\,\text{l/(s}\cdot\text{ha)};\ q_{t24} = 0{,}33;$$
$$a_f = 0{,}93;\ Q_{re} = 578\,\text{l/s};\ m = 19{,}6;\ x_a = 12;$$
$$a_c = 1{,}17;\ a_h = 0{,}0625;\ a_a = \text{aus Bild } \mathbf{3}.84 = 0{,}25;\ c_b = 890\,\text{mg/l}$$
$$c_e = 145\,\text{mg/l};\ e_o = 49{,}3\%;\ V_S \text{ aus Bild } \mathbf{3}.85 = 10{,}5\,\text{m}^3\text{/ha}$$
$$\text{erf. Gesamtvolumen} = 10{,}5 \cdot 90 = 945\,\text{m}^3$$

2. Anwendungsbeispiel für die Berechnung eines Mischgebietes nach der Schmutzfracht-Methode nach ATV-A 128 [1]

Das Schema des Einzugsgebietes zeigt **3**.86. Die Teilgebiete 1, 2, 3, 4 und 5 entlasten sich in einen leistungsfähigen Vorfluter. Die Kläranlage ist als Mischwasserkläranlage zu berechnen.

Teilgebiet 1 ist über ein Regenrückhaltebecken (RRB) an ein Mischgebiet angeschlossen. Der Drosselabfluß beträgt im Mittel zwischen Staubeginn und Wasserstand bei Anspringen des Notüberlaufes 100 l/s. Das Speichervolumen beträgt 2000 m^3.

Teilgebiet 2 soll über einen Regenüberlauf RÜ entlastet werden.

Teilgebiet 3 entwässert in ein Fangbecken FB, das mit einer Pumpe entleert werden muß.

Teilgebiet 4 hat Trennverfahren. Der Schmutzwasserkanal mündet in den Hauptsammler des Mischwassergebietes 5.

Teilgebiet 5 bekommt den Zufluß aus allen anderen Entlastungsanlagen. Es erhält ein Durchlaufbecken DB, dessen Drosselabfluß dem Zufluß zur Kläranlage entspricht.

Die biologische Stufe der Kläranlage kann einen Mischwasserzufluß von 110 l/s aufnehmen. Bei Trockenwetter wurde vor der Vorklärung eine mittlere *CSB*-Konzentration von 427,7 mg/l gemessen. Die Teilgebietsdaten sind in Tafel **3**.27 aufgelistet. Bezeichnungen nach Tafel **3**.26.

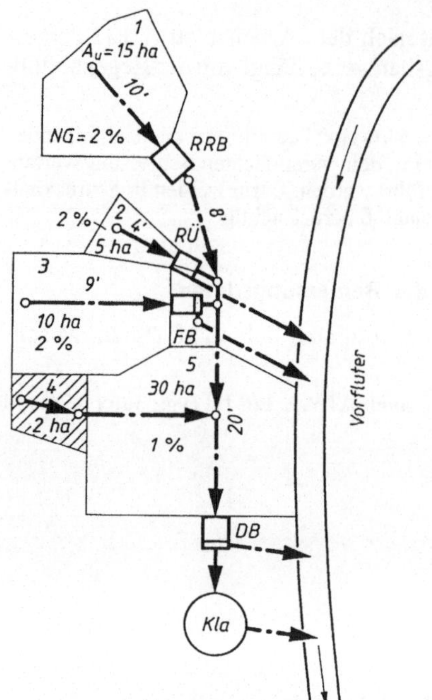

3.86
Lageplan zum Berechnungsbeispiel Schmutzfrachtmethode
RRB ≙ Regenrückhaltebecken
RÜ ≙ Regenüberlauf
FB ≙ Fangbecken
DB ≙ Durchlaufbecken
Kla ≙ Kläranlage

a) Zunächst wird für das Gesamtgebiet eine zulässige Entlastungsrate ermittelt.

$$Q_{s24} = \frac{11000 \cdot 200}{24 \cdot 60 \cdot 60} = 25{,}5\,\mathrm{l/s} \qquad Q_{t14} = 43{,}7 + 10{,}3 = 54{,}0\,\mathrm{l/s}$$

$$Q_{s14} = \frac{25{,}5 \cdot 24}{14} = 43{,}7\,\mathrm{l/s} \qquad Q_{rT24} = \frac{1000 \cdot 200}{24 \cdot 60 \cdot 60} = 2{,}3\,\mathrm{l/s}$$

$$Q_{f24} \approx 40\% \text{ von } Q_{s24} = 0{,}4 \cdot 25{,}5 = 10{,}3\,\mathrm{l/s} \qquad c_s = 600\,\mathrm{mg/l}$$

$$Q_{t24} = 25{,}5 + 10{,}3 = 35{,}8\,\mathrm{l/s} \qquad c_t = \frac{600 \cdot 25{,}5}{35{,}8} = 427\,\mathrm{mg/l}$$

Aus diesen Daten können nach Tafel **3**.26 weitere Werte errechnet werden.

Regenabfluß zur Kläranlage

$$Q_{r24} = 110 - 35{,}8 - 2{,}3 = 71{,}9\,\mathrm{l/s}$$

Trockenwetter-Abflußspende

$$q_{t24} = 35{,}8/60 = 0{,}597\,\mathrm{l/(s \cdot ha)}$$

Regenabflußspende

$$q_r = Q_{r24}/A_u = 71{,}9/60 = 1{,}2\,\mathrm{l/(s \cdot ha)}$$

Fließzeitabminderung für das Gesamtgebiet $t_f = 38$ min von Anfang Gebiet 1 bis DB

$$a_f = 0{,}5 + 50/(t_f + 100) = 0{,}5 + 50/(38 + 100) = 0{,}862$$

hier ist jedoch der Mindestwert einzusetzen = 0,885

Mittlerer Entlastungsabfluß

$$Q_{re} = a_f(3 + 3{,}2 q_r) \cdot A_u = 0{,}885(3 + 3{,}2 \cdot 1{,}2) \cdot 60 = 363{,}2\,\mathrm{l/s}$$

Mischungsverhältnis

$$m = (Q_{re} + Q_{rT24})/Q_{t24} = (363{,}2 + 2{,}3)/35{,}8 = 10{,}21$$

Tafel **3**.27 Gebietsdaten zum Berechnungsbeispiel Mischgebiet, Schmutzfrachtmethode

Zeichen/ Einheit	Erläuterungen	Gebiet Nr. 1	2	3	4	5	Kläranlage
		Entlastungsbauwerke					
		RRB	RÜ	FB	Trennsyst. RÜ (fiktiv)	DB	
Einwohner	EG	2000	500	1500	1000	6000	11000
A_u in ha	undurchl. Teil von A_E	15	5	10	(2)	30	60
t_f in min	längste Fließzeit	10+8	4	9	–	20	38
NG bzw. NG_m in %	Neigungsgefälle	2	2	2	–	1	1,5
x in h							14
Q_{s24} in l/s	200·EG/24·60·60	4,63	1,16	3,47	2,3	13,9	25,46
Q_{rT24} in l/s	Regenabfluß Geb. 4	–	–	–	2,3	–	2,3
Q_{f24} in l/s	40% von Q_{s24}	1,85	0,46	1,39	1,0	5,56	10,26
Q_{t24} in l/s	$Q_{s24} + Q_{f24}$	6,48	1,62	4,86	3,3	19,46	35,72
ΣQ_{t24} in l/s		6,48	1,62	4,86	3,3	35,72	35,72
Q_{sx} in l/s	$Q_{s14} = Q_{s24} \cdot 24/14$	7,94	1,99	5,95	3,94	23,83	43,65
Q_{tx} in l/s	$Q_{t14} = Q_{s14} + Q_{f24}$	9,79	2,45	7,34	4,94	29,39	53,91
ΣQ_{tx} in l/s		9,79	2,45	7,34	4,94	53,91	53,91
$Q_{dr} = Q_m$ in l/s	Drossel- = Mischwasserabfluß	100	75	15	–	110	110
Q_{r24} in l/s	Regenabfl. im 24h-Mittel = $Q_m - \Sigma Q_{t24} - Q_{rT24}$	93,52	73,38	10,14	–	71,98	71,98
q_r in l/(s · ha)	Q_{r24}/A_u	6,23	14,68	1,01	–	1,2	1,2
c_s in mg/l	SW-Konzentration	600	600	600	600	600	600
c_t in mg/l	TW-Konzentration $= c_s \cdot Q_{s24}/Q_{t24}$	429	429	428,4	418	428,6	427,7
Σc_t in mg/l	TW-Konzentration $= c_s \cdot \Sigma Q_{s24}/\Sigma Q_{t24}$	429	429	428,4	418	427,7	427,7

Einfluß der Trockenwetterkonzentration

$a_c = c_t/600 = 426/600$; mind. 1,0 $\quad = 0{,}71 \rightarrow 1{,}0$

Einfluß der Jahresniederschlagshöhe

$a_h = hNa/800 - 1 = 700/800 - 1 \quad = -0{,}125$

Einfluß der Kanalablagerungen (**3**.84)

$x_a = 24 \cdot Q_{t24}/Q_{tx} = 24 \cdot 35{,}8/54 \quad = 15{,}9$

mit $NG_m = 1{,}5$ und $q_{t24} = 0{,}597$ ergibt sich a_a $\quad = 0{,}3$

Bemessungskonzentration

$c_b = 600(a_c + a_h + a_a) = 600(1{,}0 - 0{,}125 + 0{,}3) \quad = 705$ mg/l

Rechnerische Entlastungskonzentration

$c_e = (m \cdot 107 + c_b)/(m + 1) = (10{,}21 \cdot 107 + 705)/(9{,}4 + 1) \quad = 172{,}8$ mg/l

zulässige Entlastungsrate

$e_o = 3700/(c_e - 70) = 3700/(172{,}8 - 70) \quad = 35{,}99\% \approx 36\%$

Bei einem mittleren Mischwasserzufluß zur Kläranlage von 110 l/s und dem Trockenwetterabfluß $Q_{t24} \approx 35{,}8$ l/s fließen 74,2 l/s Regenwasser zu. Berücksichtigt man das Regenwasser aus dem Trenngebiet 4 mit 2,3 l/s, dann ergibt sich eine Regenabflußspende von $(74{,}2 - 2{,}3)/60 = 1{,}2$ l/(s · ha) s. oben.

Bei einer vorhandenen Jahresniederschlagshöhe *hNa* von 700 mm ergibt sich nach ATV-A 128, 7.4 das Mindestspeichervolumen zu

$$V_{S,min} = 3{,}6 + 3{,}84 q_{r,min} = 3{,}6 + 3{,}84 \cdot 1{,}16 = 8{,}05\,\text{m}^3/\text{ha}$$

mit $q_{r,min} = [(48/x_a - 1) \cdot Q_{t24} - Q_{rT24}]/A_{u,ges} = [(48/15{,}9 - 1) \cdot 35{,}72 - 2{,}3]/60 = 1{,}16 < 1{,}2\,\text{l/(s} \cdot \text{ha)}$
Das hier notwendige Speichervolumen ermittelt sich nach **3**.85 mit $q_r = 1{,}2$ und $e_o = 36\%$ zu $V_S = 23\,\text{m}^3/\text{ha} > 8{,}05\,\text{m}^3/\text{ha}$, damit

$$V = 23 \cdot 60 = 1380\,\text{m}^3$$

Dieses soll aufgeteilt werden nach Einzugsflächen A_u (10 ha u. 60 ha):

$$V_{FB} = 200\,\text{m}^3 \quad \text{und} \quad V_{DB} = 1180\,\text{m}^3$$

Die Berechnung unter a) stellt einen 1. Iterationsschritt dar, der durch die weiteren Berechnungen ggf. korrigiert werden muß.

b) Ermittlung der Bemessungsdaten für die einzelnen Entlastungsbauwerke, zusammengefaßt in Tafel **3**.27.

Gebiet 1 (RRB)
Regenrückhaltebecken bleiben bei der Bemessung von Überlaufbecken unberücksichtigt, wenn ihre Drossel-Abflußspende $> q_r = 5\,\text{l/(s} \cdot \text{ha)}$ ist. Ihr Volumen wird dann nicht auf nachfolgende Speicherräume angerechnet. Bei $q_r < 5\,\text{l/(s} \cdot \text{ha)}$ werden die nachfolgenden Entlastungsbauwerke beeinflußt. Nachweis nach ATV-A 128, 8 erforderlich.

hier: $q_r = 6{,}23 > 5\,\text{l/(s} \cdot \text{ha)}$, s. Tafel **3**.27.

Gebiet 2 (RÜ)

$$r_{krit} = 15 \cdot 120/(t_f + 120) = 15 \cdot 120/(4 + 120) = 14{,}52\,\text{l/(s} \cdot \text{ha)}$$
$$Q_{r_{krit}} = 14{,}52 \cdot 5 = 72{,}6\ \text{l/s}$$
$$Q_{tx} = Q_{t14} = 2{,}45\,\text{l/s}$$
$$\Sigma Q_{dr,i}\ \text{(oberhalb liegende Drosselzuläufe)} = 0\ \text{l/s}$$
$$Q_{dr} = 72{,}6 + 2{,}45 + 0 = 75{,}05\,\text{l/s}$$
$$\text{gew. } Q_{dr} = 75\,\text{l/s} = Q_{krit}$$

Mindestmischungsverhältnis, $c_t = 429\,\text{mg/l} < 600\,\text{mg/l}$

$$m_{RÜ} = (Q_{dr} - Q_{t14})/Q_{t14} \geq 7 \quad \text{für } c_t \leq 600\,\text{mg/l und}$$
$$m_{RÜ} \geq (c_t - 180)/60 \geq 7 \quad \text{für } c_t > 600\,\text{mg/l}$$

hier: $m_{RÜ} = (75 - 2{,}45)/2{,}45 = 29{,}6 > 7$

Gebiet 3 (FB = RÜB nach ATV-A 128)

$$V_{FB} > 50\,\text{m}^3,\ \text{gew. } V_{FB} = 200\,\text{m}^3$$
$$m \geq 7 \text{ für } c_t \leq 600\,\text{mg/l};\ c_t = 428{,}4\,\text{mg/l} < 600\,\text{mg/l}$$
$$m = (c_t - 180)/60 \geq 7 \text{ für } c_t > 600\,\text{mg/l}$$
$$m = (Q_{re} + Q_{rT24})/Q_{t24}$$
$$Q_{re} = a_f(3 + 3{,}2 q_r) \cdot A_u$$
$$a_f = 0{,}5 + 50/(t_f + 100) = 0{,}5 + 50/(9 + 100) = 0{,}96 > 0{,}885$$
$$q_r \text{ aus Tafel } \mathbf{3}.27 = 1{,}01;\ A_u = 10\,\text{ha};\ Q_{t24} = 4{,}86\,\text{l/s}$$
$$Q_{re} = 0{,}96(3 + 3{,}2 \cdot 1{,}01) \cdot 10 = 59{,}8\,\text{l/s}$$

$m = (59{,}8 + 0)/4{,}86 = 12{,}3 > 7$

$\min V_{FB} = (3{,}6 + 3{,}84 \cdot q_{r,min}) \cdot A_u = (3{,}6 + 3{,}84 \cdot 1{,}16) \cdot 10 = 80{,}54\,m^3$

mit $q_{r,min} = 1{,}16 < 1{,}2$ nach a) bezogen auf das Gesamtgebiet

gew. $V_{FB} = 200\,m^3 > 80{,}54\,m^3$

Entleerungsdauer $t_e = V_{FB}/(Q_{dr} - Q_{t24}) = 200/[(15 - 4{,}86) \cdot 3{,}6] = 5{,}48\,h < 10\,h$

Gebiet 5 (DB = RÜB nach ATV-A 128)

$V_{DB} > 100\,m^3$, gew. $V_{RÜB} = 1180\,m^3$

$m \geq 7$ für $c_t \leq 600\,mg/l$; $c_t = 427{,}7\,mg/l < 600\,mg/l$

$m = (c_t - 180)/60 \geq 7$ für $c_t > 600\,mg/l$

$m = (Q_{re} + Q_{rT24})/Q_{t24}$; $Q_{rT24} \mathrel{\widehat{=}}$ Regenwasserzufluß aus dem Trenngebiet 4.

$Q_{re} = a_f(3 + 3{,}2q_r) \cdot A_u$

$a_f = 0{,}5 + 50/(38 + 100) = 0{,}862 \rightarrow 0{,}885$

q_r aus Tafel **3**.27 = 1,2

$Q_{re} = 0{,}885(3 + 3{,}2 \cdot 1{,}2) \cdot 60 = 363{,}2\,l/s$

$m = (363{,}2 + 2{,}3)/35{,}72 = 10{,}23 > 7$

$\min V_{DB} = (3{,}6 + 3{,}84 \cdot 1{,}16) \cdot 60 = 483{,}3\,m^3$

gew. $V_{DB} = 1180\,m^3 > 483{,}3\,m^3$

$t_e = 1180/[(110 - 35{,}72) \cdot 3{,}6] = 4{,}4\,h < 10\,h$

Mit den hier ermittelten Werten wären die Entlastungsbauwerke weiter zu berechnen gemäß Abschn. 3.3.3.3 und 3.3.3.4.

3.3.3.3 Regenüberlaufbauwerke (RÜ)

Die kritische Mischwassermenge berechnet sich aus dem Tagesstundenmittel des Trockenwetterabflusses, dem kritischen Regenabfluß des unmittelbar zugehörigen Entwässerungsgebietes und gegebenenfalls aus den oberhalb liegenden Drosselabflüssen von Regenüberläufen und Regenbecken.

$$Q_{krit} = Q_{tx} + Q_{r\,krit} + \Sigma Q_{dr,i} \qquad \text{(Formelzeichen s. Abschn. 3.3.3.1)}$$

mit

Q_{tx} in l/s = Trockenwetterabfluß, Tagesstundenmittel
$Q_{r\,krit}$ in l/s = kritischer Regenabfluß aus dem unmittelbaren Einzugsgebiet
$\Sigma Q_{dr,i}$ in l/s = Summe aller unmittelbar von oberhalb zufließender Drosselabflüsse.

Berechnung der Regenüberläufe. Als Regenüberläufe werden eingesetzt:

Überläufe mit hochgezogenem Wehr (Berechnungsbeispiel 1)

Überläufe mit Bodenöffnungen (Springüberlauf, Leaping Weir) im schießenden Abflußbereich

$Q_o = Q_m = Q_t$ bis $\max Q_m$
$Q_u = Q_t$ bis Q_{krit} bis $\max Q_u$
$Q_{RÜ} = 0$ bis $(Q_m - Q_{krit})$ bis $(\max Q_m - \max Q_u)$

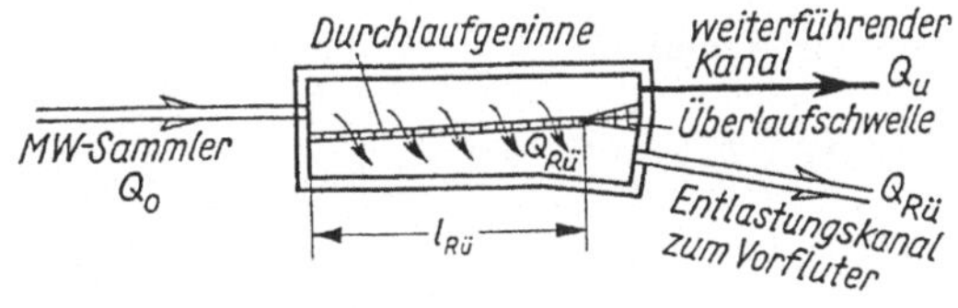

Durchlaufgerinne
weiterführender Kanal Q_u
Überlaufschwelle
MW-Sammler Q_o
$Q_{Rü}$
$l_{Rü}$
Entlastungskanal zum Vorfluter $Q_{Rü}$

3.87 Regenüberlauf (schematisch)

Streichwehre mit seitlich angeordneten, niedrigen Wehrschwellen, deren Wehrhöhe auf Abflußhöhe von Q_{krit} liegt (Berechnungsbeispiel 2)

Zungenüberläufe mit Trennblechen in Höhe des Wasserspiegels von Q_{krit} mit $h \geq 0{,}25$ m.

Hydraulik. Je nach Lage der Schwellenhöhe zum Unterwasserspiegel unterscheidet man zwischen vollkommenem oder unvollkommenem Überfall, je nach Richtung der Überlaufschwelle zur Fließrichtung zwischen senkrechtem Überfall und Streichwehr. Die Aufgabe stellt sich dem Ingenieur entweder so, daß er mit angenommener Wehrhöhe die Länge der Drosselstrecke, die Stauhöhe und die Wehrlänge $l_{RÜ}$ berechnet (bei hoher Wehrschwelle) oder daß er bei angenommener Länge der Staustrecke l_{dr} und errechneter Wehrhöhe, Stauhöhe und Wehrlänge $l_{RÜ}$ berechnet. Weitere Nachweise, s. ATV-A 111 [1].

Aus der Hydraulik bekannt ist die durch Beiwerte ergänzte Formel von Poleni:

$$l_{RÜ} = \frac{\eta \cdot Q_{RÜ}}{2/3 \cdot c \cdot \mu\sqrt{2g} \cdot h_m^{3/2}} \quad \text{in m}$$

oder

$$h_m = \left(\frac{3 \cdot \eta Q_{RÜ}}{2c \cdot l_{RÜ} \cdot \mu\sqrt{2g}}\right)^{2/3} \quad \text{in m} \tag{3.3}$$

$Q_{RÜ}$ in m³/s $\widehat{=}$ überfallende Wassermenge $= \max Q_m - Q_{krit}$;
η = Sicherheitsbeiwert = 1,5 für Streichwehre ohne Stau vor Q_u oder unvollkommenem Überfall
= 1,0 für Wehre senkrecht zur Fließrichtung und Streichwehre mit Stau
μ = Überfallbeiwert, der die Form der Wehrkrone berücksichtigt (**3.**88)
c = Beiwert, der den unvollkommenen Überfall berücksichtigt (Tafel **3.**28)
h_m = rechnerischer Mittelwert für die Höhe des Wasserspiegels im Mischwasserkanal über der Wehrkrone in m (**3.**89 und **3.**90). Oft wird $h_m = h_u$ gesetzt.

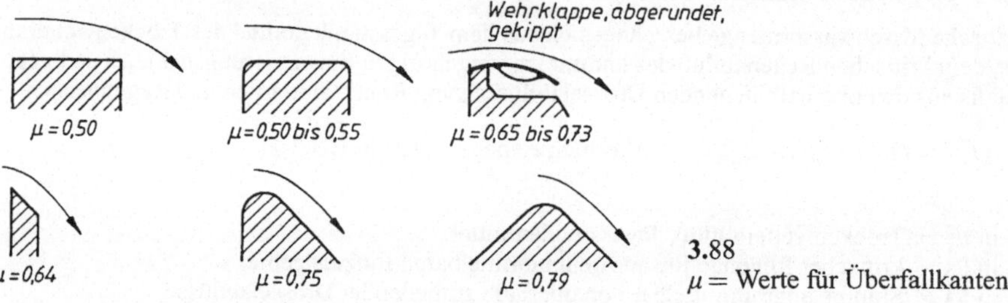

3.88
μ = Werte für Überfallkanten

Tafel **3.**28 Beiwerte c für unvollkommenen Überfall

h^*/h_m	0	0,1	0,2	0,3	0,4	0,5	0,6	0,7	0,8	0,9	1,0
c	1,0	0,99	0,98	0,97	0,96	0,94	0,91	0,86	0,78	0,62	0

Bei Streichwehren

$$h_m = h_o + \frac{2}{3}(h_u - h_o) \tag{3.4}$$

mit $h_o = t_o - s_o$; für $t_o \leq s_o$ ist $h_o = 0$ und $h_m = 2/3 h_u$
und $h_u = t_u - s_u$; für $t_u \leq s_u$ ist $h_u = 0$ und $h_m = 1/3 h_o$

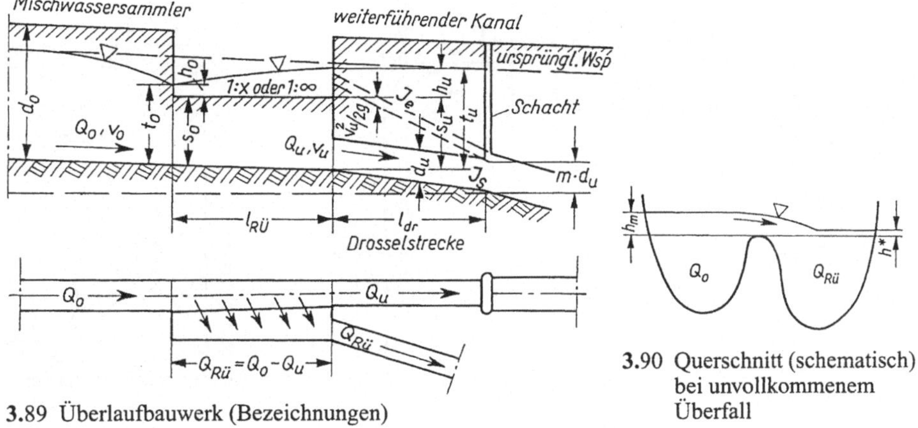

3.89 Überlaufbauwerk (Bezeichnungen)

3.90 Querschnitt (schematisch) bei unvollkommenem Überfall

Bei $t_u > d_u$ steht der weiterführende Kanal (Q_u, v_u) unter Stau. Man kann dann t_u berechnen nach

$$t_u = m \cdot d_u + \frac{v_u^2}{2g}(1 + \lambda_e) + l_{dr}(J_e - J_s) \quad \text{oder} \quad l_{dr} = \frac{t_u - m \cdot d_u - (1 + \lambda_e)v_u^2/2g}{J_e - J_s} \tag{3.5}$$

t_u = Stauhöhe vor dem weiterführenden Kanal in m. Sie muß angenommen werden und soll nicht höher liegen als der Wasserspiegel des Oberwassers.
d_u = Durchmesser des weiterführenden Kanals in m
λ_e = Beiwert für Eintrittsverlust $\geq 0{,}35$
l_{dr} = Länge der Staustrecke in m, der Drosselstrecke
m = Beiwert für Drucklinie am Ende der Drossel, abhängig von der Froude-Zahl. Näherungsweise = 1.
h^* = Höhe des Wasserspiegels im Entlastungskanal über der Wehrkrone (**3**.90). Beim vollkommenen Überfall ist $h^* = 0$ und $c = 1$.
J_e = Gefälle der dynamischen Drucklinie. Sie läßt sich ermitteln aus Tafel **2**.14 oder **2**.19 als das Sohlgefälle, in das der weiterführende Kanal gelegt werden müßte, um die erforderliche Wassermenge abzuführen.
J_s = Sohlgefälle der Staustrecke.

Bauliche Gestaltung (3.91). Allgemein gelten die gleichen Baugrundsätze wie für Schachtbauwerke (s. Abschn. 3.3.2). Das Durchlaufgerinne ist zügig zu führen. Die Übergänge vom Mischwassersammler zum weiterführenden Kanal (min. $d_u = 20\,\text{cm}$) sind sorgfältig auszubilden.

Die Sohle des weiterführenden Kanals am Bauwerk soll einige Zentimeter unterhalb der Sohle des Mischwassersammlers liegen. Die Wehrkrone soll möglichst hoch liegen, mindestens jedoch 25 cm über der Sohle des Durchlaufgerinnes. Das Wehr ist fest einzubauen.

In besonderen Fällen ist auch ein Dammbalkenwehr zulässig, wenn bei fortschreitendem Ausbau des Kanalnetzes erst später die endgültige Wassermenge aus dem Einzugsgebiet zufließt.

Empfehlenswert ist der Einsatz eines Siebrechens auf der Wehrkrone. Dabei ist der hydraulische Effekt des Siebrechens zu beachten: Betonoberkante des Wehres niedriger, Betonsockel plus Siebrechen höher als Betonwehr ohne Rechnen.

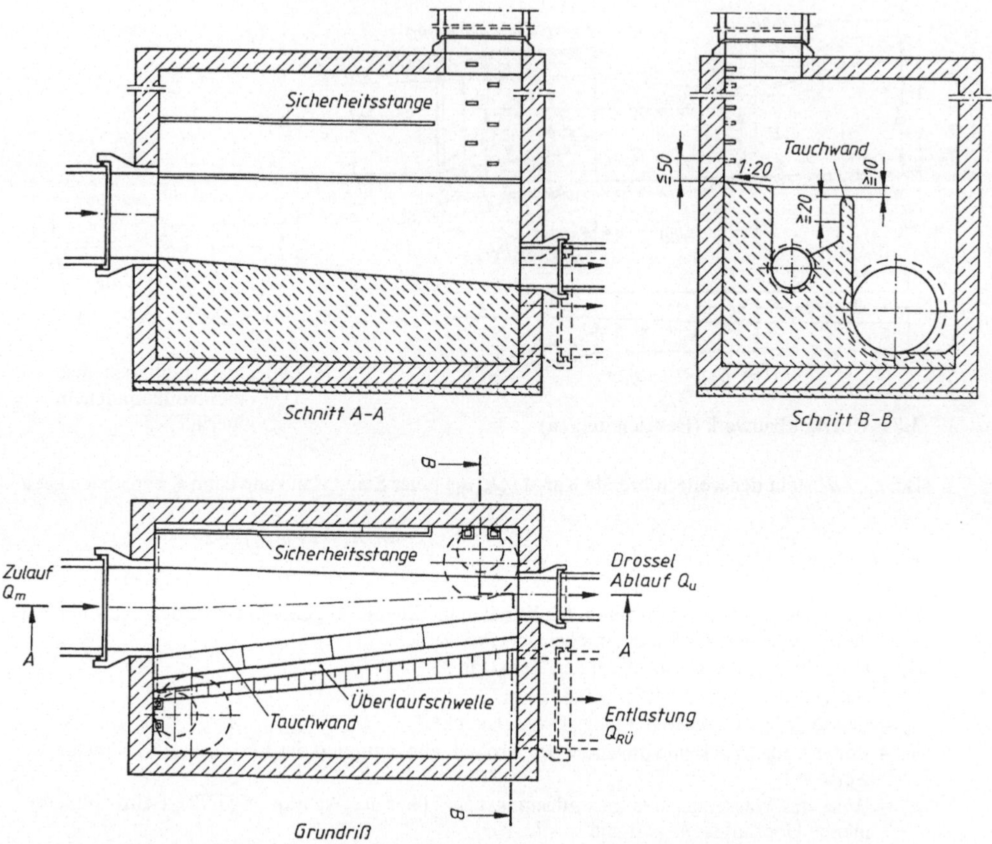

3.91 Regenüberlaufbauwerk als Streichwehr mit einseitiger Überlaufschwelle nach ATV-A 241 [1]

Beispiel 1: Regenüberlauf mit hochgezogenem Wehr. Dieser liegt vor, wenn die Wehrhöhe höher ist als die Fülltiefe bei Q_{krit}. Wehrhöhe bei $v \geq 0{,}5$ m/s für Q_{tx} im Zulaufkanal so hoch wie möglich, $\geq 0{,}6 d_o$. Abfluß von Q_{krit} soll strömend sein. Dies ist durch Beruhigungsstrecken mit geringerem Sohlgefälle erreichbar. Die Wehroberkante soll über dem Bemessungswasserspiegel des Vorfluters liegen. Die Drosselstrecke sollte einen Durchmesser $d_u \geq 0{,}20$ m haben. Sie soll Q_{tx} ohne Rückstau abführen. Bei Q_{krit} darf der Stau höchstens bis zur Wehrhöhe reichen. Die Wehrkrone soll waagerecht und $\geq 0{,}05$ m über dem Scheitel des weiterführenden Kanals liegen. Verschiedene Ausbaustufen lassen sich durch Drosselschieber oder durch Veränderung der Wehrhöhe erreichen.

$Q_{tx} = 15$ l/s; $Q_{r\,krit} = 105$ l/s; $\max Q_m = 1600$ l/s; $Q_{krit} = Q_{tx} + Q_{r\,krit} = 15 + 105 = 120$ l/s. Es soll ein Überlauf mit hochgezogenem Wehr berechnet werden, als Stirnwehr.

1. Zulaufkanal

$J_s = 1:600$; $k_b = 1{,}5$ mm; MW-Kanal $d_o = 1400$ mit voll $Q = 2320$ l/s und voll $v = 1{,}51$ m/s; bei $\max Q = 1600$ l/s nach [79a] oder nach Tafel **2**.14

$$\frac{\text{vorh } Q}{\text{voll } Q} = \frac{1600}{2320} = 0{,}69 \rightarrow \frac{h'}{h} = 0{,}61 \quad h' = 0{,}61 \cdot 1400 = 854\,\text{mm}; \quad \frac{\text{vorh } v}{\text{voll } v} = 1{,}075 \text{ n. Tafel } \mathbf{2}.22$$

vorh $v = 1{,}075 \cdot 1{,}51 = 1{,}62 \approx 1{,}6\,\text{m/s}$; bei $Q_{\text{tx}} = 15\,\text{l/s}$; $\frac{15}{2320} = 0{,}0065 \to \frac{h'}{h} = 0{,}0525$;

$h' = 0{,}0525 \cdot 1400 = 73{,}5\,\text{mm}$ nach Tafel **2.**22

$$\frac{\text{vorh } v}{\text{voll } v} = 0{,}30;\ \text{vorh } v = 0{,}30 \cdot 1{,}51 = 0{,}453\,\text{m/s}$$

Energiehöhe am Bauwerkseinlauf

$$h_{\text{E,o}} = h' + \frac{v^2}{2g} = 0{,}0735 + \frac{0{,}453^2}{2g} = 0{,}084\,\text{m}$$

Bei max Q_{m} herrscht strömender Fließzustand, s. **3.**48, Nachprüfung der Grenztiefe t_{gr}. Schwellenhöhe Annahme

$$s_{\text{u}} = 0{,}6 \cdot 1400 = 840\,\text{mm}$$

Der Rückstau soll nicht über Rohrscheitel steigen.

2. Drosselstrecke. Wegen der kurzen Länge gewählt:

$$k_{\text{b}} = 1{,}5\,\text{mm}\ (k_{\text{b}} = 0{,}25\,\text{mm möglich});\ J_{\text{s}} = 1 : 200 = 0{,}005$$

Um $Q_{\text{krit}} = 120\,\text{l/s}$ in freiem Gefälle abzuführen, wäre ein Durchmesser $d_{\text{u}} = 400\,\text{mm}$ erforderlich. Damit bei Q_{krit} ein Stau entsteht, wird $d_{\text{u}} = 250\,\text{mm}$ gewählt.

Bei $Q_{\text{tx}} = 15\,\text{l/s}$; voll $Q = 43\,\text{l/s}$; voll $v = 0{,}87\,\text{m/s}$ nach Tafel **2.**19

$$\frac{\text{vorh } Q}{\text{voll } Q} = \frac{15}{43} = 0{,}35 \to h' = 0{,}41 \cdot 250 = 103\,\text{mm} \quad \text{nach Tafel } \mathbf{2.}22$$

$$\text{vorh } v = 0{,}92 \cdot 0{,}87 = 0{,}8\,\text{m/s}, > 0{,}5\,\text{m/s}$$

$$h_{\text{E,u}} = 0{,}103 + \frac{0{,}8^2}{2g} = 0{,}136\,\text{m}$$

Die Sohlhöhendifferenz zwischen Ein- und Auslauf Bauwerk sollte mindestens betragen

$$\Delta h = h_{\text{E,u}} - h_{\text{E,o}} = 0{,}136 - 0{,}084 = 0{,}052\,\text{m}$$

Δh wird mit 0,10 m angenommen.

Schwellenhöhe des Stirnwehres

$$s_{\text{u}} = 840 + 100 = 940\,\text{mm}$$

Länge der Drosselstrecke (aus Q_{krit})

$$v_{\text{u}} = \frac{Q_{\text{krit}}}{A} = \frac{0{,}120}{0{,}049} = 2{,}45\,\text{m/s}$$

$$\text{mit} \quad A = \frac{\pi \cdot d^2}{4} = \frac{\pi \cdot 0{,}25^2}{4} = 0{,}049\,\text{m}^2 \ \text{erf} J_{\text{e}} = 1 : 25{,}5 = 0{,}0392 \text{ aus Tafel } \mathbf{2.}19$$

$$\text{aus} \quad t_{\text{u}} = d_{\text{u}} + \frac{v_{\text{u}}^2}{2g}(1 + \lambda_{\text{e}}) + l_{\text{dr}}(J_{\text{e}} - J_{\text{s}}) \tag{3.6}$$

$$\text{mit} \quad \lambda_{\text{e}} = 0{,}35 \to \frac{v_{\text{u}}^2}{2g}(1 + \lambda_{\text{e}}) = \frac{2{,}45^2}{2g}(1 + 0{,}35) = 0{,}41\,\text{m};\ t_{\text{u}} = s_{\text{u}} \ \text{gesetzt,}$$

weil keine Überstauung der Wehrschwelle bei Q_{krit} erfolgen soll:

$$l_{dr} = \frac{t_u - d_u - 0{,}41}{J_e - J_s} = \frac{0{,}94 - 0{,}25 - 0{,}41}{0{,}0392 - 0{,}005} = 8{,}19\,\text{m} \qquad \text{nach (3.5)}$$

gewählt $10{,}0\,\text{m} > \min l_{dr} = 20 \cdot d_u = 20 \cdot 0{,}25 = 5{,}0\,\text{m}$

$200\,\text{mm} \leq d_u \leq 500\,\text{mm}$, aber $J_s = 5‰ > 3‰$

Nachweis des selbsttätigen Füllens der Drosselstrecke beim kritischen Abfluß (3.92).

Bei scharfkantigen Einläufen füllen sich die Drosselstrecken u.U. nicht selbsttätig. Es wird dann ein geringeres Q_u abgeführt, und der Überlauf springt an, bevor Q_{krit} erreicht ist.

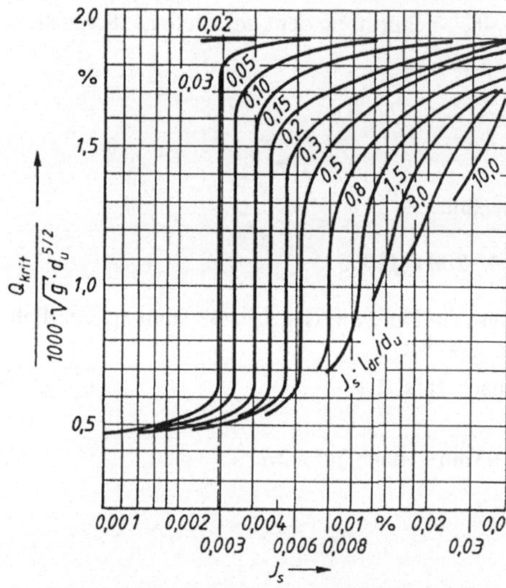

3.92 Selbsttätiges Füllen des Ablaufs. Es liegt der Widerstandsbeiwert $\lambda = 0{,}02$ zugrunde. Anwendung z.B. bei Vollfüllung, Rechenpunkt links vom dazugehörigen Parameter $J_s \cdot l_{dr}/d_u$ bedeutet Vollfüllung

$$\frac{Q_{krit}}{1000 \cdot \sqrt{g} \cdot d_u^{5/2}} = \frac{120}{1000\sqrt{g} \cdot 0{,}25^{5/2}} = \frac{120}{97{,}9} = 1{,}23$$

Parameter $\frac{J_s \cdot l_{dr}}{d_u} = \frac{0{,}005 \cdot 10{,}0}{0{,}25} = 0{,}20$

Drosselstrecke füllt sich nicht selbsttätig. Einlauf muß rundkantig ausgeführt werden.

3. Überfallwehr. Überschlägliche Wehrlänge

$l_{RÜ} = \frac{4}{1000} \cdot \frac{\max Q_m}{d_o}$ in m; $\max Q_m$ in l/s

$l_{RÜ} = \frac{4}{1000} \cdot \frac{1600}{1{,}4} = 4{,}6$ m gew. 5,0 m

$Q_{RÜ} = Q_{max} - Q_{krit} = 1600 - 120 = 1480\,\text{l/s}$

aus $l_{RÜ} = \frac{\eta \cdot Q_{RÜ}}{2/3 \cdot c \cdot \mu \cdot \sqrt{2g} \cdot h^{3/2}}$

mit $\mu = 0{,}64$; $c = 1{,}0$; $\eta = 1{,}0$ (Stirnwehr)

$$h_{RÜ} = \left(\frac{1{,}0 \cdot 1{,}48}{2/3 \cdot 1{,}0 \cdot 0{,}64 \cdot \sqrt{2g} \cdot 5{,}0}\right)^{2/3} \text{nach (3.3)}$$

$h_{RÜ} = 0{,}29\,\text{m}$

$t_u = s_u + h_{RÜ} = 0{,}94 + 0{,}29 = 1{,}23$ m, $\widehat{=}$ 1,13 m über Sohle Zulauf < 1,4 m = Scheitel Zulaufkanal.

Beispiel 2: Streichwehr mit niedriger Überfallschwelle und unvollkommenen Überfall. Das Bauwerk soll bei der Verdünnung $Q_{krit} = (1+7)Q_{tx}$ beginnen Mischwasser abzuwerfen.

Gegeben $\max Q_m = 1000\,\text{l/s}$; $Q_{tx} = 9{,}4\,\text{l/s}$; $Q_{krit} = (1+7)Q_{tx} = (1+7)9{,}4 = 75\,\text{l/s}$; $Q_{r\,krit} = 65{,}6\,\text{l/s} \rightarrow Q_{krit} = Q_{tx} + Q_{r\,krit} = 9{,}4 + 65{,}6 = 75\,\text{l/s}$; $d_u = 0{,}20\,\text{m}$; $l_{dr} = 20\,\text{m}$; $J_s = 1:250$; $\lambda_e = 0{,}45$. Höhen und Gefälle nach Bild 3.93.

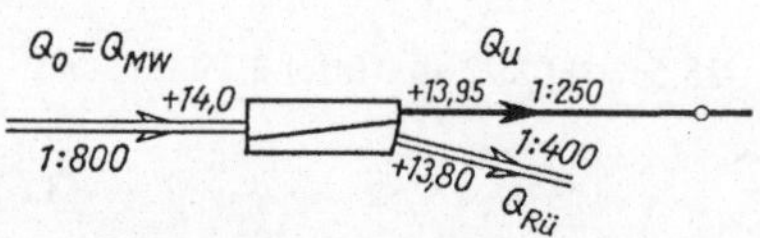

3.93 Lageplan zum Beispiel

1. Zulaufkanal

$\max Q_m = 1000\,\text{l/s} \qquad J_s = 1:800$

vorh. Ei 900/1350 mit voll $Q = 1{,}009\,\text{m}^3/\text{s}$; voll $v = 1{,}08$ m/s nach Tafel 2.19.

Teilfüllungswerte für $Q_m = 1000$ l/s;

$h'/h \approx 1{,}0$; $h'_m = 1{,}35\,\text{m}$;

$v_m = 1{,}08\,\text{m/s}$ nach Tafel 2.19

Teilfüllungswerte für $Q_{tx} = 9{,}4$ l/s; nach Tafel **2**.25:

$$\frac{9{,}4}{1009} = 0{,}0093 \rightarrow \frac{h'}{h} = 0{,}06; \quad h' = 0{,}08\,\text{m}; \quad v_{tx} = 0{,}35 \cdot 1{,}08 = 0{,}378\,\text{m/s} < 0{,}5\,\text{m/s}$$

Teilfüllungswerte für $Q_{krit} = 75$ l/s;

$$75/1009 = 0{,}074 \rightarrow h'/h = 20\%; \quad h' = 0{,}2 \cdot 1{,}35 = 0{,}27\,\text{m};$$
$$v_{krit} = 0{,}62 \cdot 1{,}08 = 0{,}67\,\text{m/s} > 0{,}5\,\text{m/s}$$

2. Drosselstrecke

$$d_u = 0{,}20\,\text{m}; J_s = 1 : 250 = 0{,}004; \text{voll}\,Q = 21\,\text{l/s}; \text{voll}\,v = 0{,}67\,\text{m/s}$$

Teilfüllungswerte für $Q_{tx} = 9{,}4$ l/s;

$$9{,}4/21 = 0{,}45 \rightarrow h'/h = 0{,}47; \quad h' = 0{,}094\,\text{m}; \quad v_{tx} = 0{,}67 \cdot 0{,}97 = 0{,}65\,\text{m/s}$$

Stauwerte für $Q_{krit} = 75$ l/s; nach Tafel **2**.19:

$$J_e = 1 : 20 = 0{,}05\,(1 : 32{,}3 = 0{,}031); \quad v_{krit} = 2{,}38\,\text{m/s}$$

Es wurde $k_b = 1{,}5$ mm eingesetzt, $k_b = 0{,}25$ mm ist möglich, Werte in Klammern.

3. Wehrhöhe

$$s_u \geq d_u + 2{,}0 \cdot v_u^2/2g \text{ nach ATV-A 111 [1]} \quad \text{für } Q_{krit} = 75\,\text{l/s} \quad (v_u = v_{krit})$$
$$s_u \geq 0{,}20 + 2{,}0 \cdot 2{,}38^2/2g = 0{,}78\,\text{m}; \quad \text{gewählt } s_u = 0{,}78\,\text{m}$$

Gefälle im Regenüberlaufbauwerk $\Delta s = 0{,}05$ m gewählt

$$s_o = 0{,}78 - 0{,}05 = 0{,}73\,\text{m}; \; s_o \geq 0{,}5 \cdot d_o = 0{,}675\,\text{m}; \; s_o \leq 0{,}8 \cdot d_o = 1{,}08\,\text{m}$$

4. Drosselstrecken-Länge

$$\lambda_e = 0{,}45; \; m = 1{,}0;$$

für Q_{krit} wird mit $t_u = s_u$, weil keine Überstauung der Wehrschwelle bei Q_{krit}:

$$l_{dr} = \frac{t_u - d_u - (1 + \lambda_e)v_u^2/2g}{J_e - J_s} = \frac{0{,}78 - 0{,}20 - 1{,}45 \cdot 2{,}38^2/2g}{0{,}05 - 0{,}004} = 3{,}51\,\text{m} < 20 d_u = 4\,\text{m}$$

gewählt 4,0 m (5,98 m) (0,031)

Bedingungen für selbsttätiges Füllen der Drossel sind:

$$0{,}2\,\text{m} \leq d_u \leq 0{,}5; \; l_{dr} \geq 20 d_u; \; J_s \leq 3‰. \quad \text{Vorh. } J_s = 4‰ > 3‰.$$

Bedingung nicht erfüllt, Nachweis erforderlich, s. **3**.92.

5. Überfallhöhe. Max Q_u durch die Drossel soll 90 l/s betragen. Die Trennschärfe TSf beträgt dann

$$TSf \leq Q_u/Q_{krit} - 1{,}0 = 90/75 - 1{,}0 = 0{,}20; \text{ erf.} \leq 20$$

Die Werte für 90 l/s in der Drosselstrecke betragen

$$v_u = 2{,}87\,\text{m/s}\,(2{,}87); \; J_e = 73{,}1‰ = 1 : 13{,}6\,(44‰ = 1 : 22{,}5)$$
$$t_u = 0{,}20 + 2{,}87^2/2g \cdot (1 + 0{,}45) + 4{,}0(0{,}0731 - 0{,}004) = 1{,}09\,\text{m} \quad (0{,}97\,\text{m}) \quad \text{nach (3.5)}$$

Die Querschnittsfläche A_u vor dem Drosseleinlauf beträgt

$$A_u = d_u \cdot t_u = 0{,}2 \cdot 1{,}09 = 0{,}218\,\text{m}^2; \quad v_{A_u} = Q_u/A_u = 0{,}09/0{,}218 = 0{,}413\,\text{m/s}$$
$$v_{A_u}^2/2g = 0{,}009\,\text{m} \approx 0; \quad h_u = t_u - s_u = 1{,}09 - 0{,}78 = 0{,}31\,\text{m} \quad (0{,}19\,\text{m})$$

Werte für $Q_m = 1000$ l/s im Zulauf mit $h'_m = 1{,}35$ m.
Im oberen Teil des Bauwerks ergeben sich für max $Q_m = 1000$ l/s folgende Werte:

$$A_o = b \cdot h'_m = 0{,}9 \cdot 1{,}35\,\text{m} = 1{,}215\,\text{m}^2; \; v_A = Q_m/A_o = 1{,}0/1{,}215 = 0{,}82\,\text{m/s}$$

Im Zulaufkanal ist $v_m = 1{,}08$ m/s

$$v_o = (0{,}82 + 1{,}08) \cdot 1/2 = 0{,}95\,\text{m/s}; \; v_o^2/2g = 0{,}046\,\text{m}$$

Bei horizontaler Energielinie über dem Streichwehr (Energieverluste = 0) gilt:

$$t_o + v_o^2/2g + \Delta s = t_u + v_{A_u}^2/2g + h_v; \; h_v = 1/2(J_{e,o} + J_{e,u}) \cdot l_u;$$

hier $h_v = 0$.

$$t_o = 1{,}09 + 0{,}009 + 0 - 0{,}046 - 0{,}05 = 1{,}003\,\text{m} \quad (0{,}88\,\text{m})$$
$$h_o = t_o - s_o = 1{,}003 - 0{,}73 = 0{,}27\,\text{m} \quad (0{,}15\,\text{m})$$
$$h_m = 0{,}27 + 2/3(0{,}31 - 0{,}27) = 0{,}30\,\text{m} \quad (0{,}18\,\text{m}) \text{ nach (3.4)}$$

Nach **3**.93 ergibt sich: Höhe der Wehrkrone über $NN = +13{,}95 + 0{,}78 = +14{,}73\,\text{m}\,NN$

6. Entlastungskanal

$$Q_{RÜ} = \max Q_m - \max Q_u = 1000 - 90 = 910\,\text{l/s}; \; J_s = 1:400 = 2{,}5‰$$

Nach Tafel **2**.19 gewählt DN 1000 mit voll $Q = 1176$ l/s, voll $v = 1{,}5$ m/s;

$$910/1176 = 0{,}774; \text{ nach Tafel 2.22} \quad h'/h = 66{,}3\%; \quad h' = 0{,}663 \cdot 1{,}0 = 0{,}66\,\text{m};$$
$$v = 1{,}099 \cdot 1{,}5 = 1{,}65\,\text{m/s}$$

Nach **3**.93 liegt der Wasserspiegel auf $+13{,}80 + 0{,}66 = +14{,}46$ m über NN. Die Wehrkrone liegt $14{,}73 - 14{,}46 = 0{,}27$ m höher, d.h. vollkommener Überfall, $c = 1{,}0$.

7. Schwellenlänge

$$Q_{RÜ} = 910\,\text{l/s}; \; \mu = 0{,}52$$

Nach (3.3)

$$\text{erf}\,l_{RÜ} = \frac{1{,}0 \cdot 0{,}910}{2/3 \cdot 1{,}0 \cdot 0{,}52 \cdot \sqrt{2g} \cdot 0{,}30^{3/2}} = 3{,}61\,\text{m} \quad (7{,}76\,\text{m})$$

gewählt einseitiger Überlauf mit

vorh $l_{RÜ} = 4{,}4\,\text{m} > 3{,}61\,\text{m}$ $(7{,}8\,\text{m})$; $\geq 4 \cdot d_o = 4 \cdot 1{,}10 = 4{,}4\,\text{m}$ (Die Leistung eines Kreisprofils von $d_o = 1{,}10$ m entspricht $\approx$ der bei Vollfüllung von Ei 900/1350).

Auf einen erneuten Nachweis der Überfallhöhe wird verzichtet, da die Trennschärfe wegen $l_{RÜ} >$ erf $l_{RÜ}$ verbessert wird.

Man erkennt aus der Vergleichsrechnung welche wesentlichen Auswirkungen die Beschaffenheit der Drossel hat. Hier wurde $k_b = 1{,}5$ und $k_b = 0{,}25$ mm gegenübergestellt.

Das luftgesteuerte Heberwehr (3.94) besteht aus 0,8 m breiten Heberkammern aus glasfaserverstärktem Kunststoff. Am Heberscheitel ist das wesentliche Konstruktionsmerkmal angebracht: die schwimmergesteuerte Luftregelung. Durch diese kann die Lufteintrittsfläche im Heberscheitel verändert werden. So wird eine kontinuierliche Abflußregulierung der Wassermengen im Bereich $0 \leq Q \leq \max Q$ schon bei geringen Änderungen des Oberwasserzustandes (Δh = 5 cm) ermöglicht. Durch einen oberwasserseitigen Schwimmer wird bei wechselnden Zuflüssen eine Luftklappe gesteuert: hoher OW-Spiegel – kleine Luftöffnung; niedriger OW-Spiegel – große Luftöffnung. Die Entlastung der Wassermengen in das Unterwasser UW erfolgt nur dann, wenn das Stauziel erreicht ist. Sobald das Stauziel unterschritten wird, öffnet sich die schwimmergesteuerte Luftklappe, wodurch die Entlastungswassermenge kontinuierlich abnimmt. Bei einer Stauzielunterschreitung von 5 cm tritt keine Entlastung mehr ein. In Verbindung mit dem Mobilen Meßdatenerfassungssystem (MDS-System) ist es möglich, die Entlastungswassermenge und die Entlastungshäufigkeiten zu registrieren.

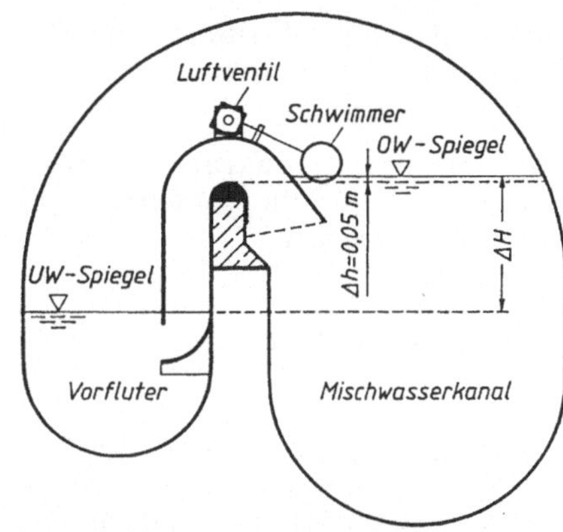

3.94 Luftgesteuertes Heberwehr (Querschnitt) nach Fa. WAS

3.3.3.4 Regenwasserbecken

Man unterscheidet nach [39a] Regenwasserrückhaltebecken, Regenüberlaufbecken und Regenklärbecken (3.95).

Regenwasserrückhaltebecken speichern bei starkem Regen einen Teil der ankommenden Wassermenge Q_{max} und geben sie langsam wieder ab. Der unterhalb liegende Kanal, das Pumpwerk oder die Kläranlage sind durch die Abminderung der Abflußspitze entlastet. Diese Becken haben keinen Überlauf zum Vorfluter und können das Wasser nur in das Netz weitergeben. Durch die Füllung des Beckens verlängert sich die Abflußzeit t insgesamt, und damit verteilt sich die abfließende Wassermenge über einen längeren Zeitraum, die Spitze wird abgebaut.

Das Regenüberlaufbecken hat zusätzlich noch einen Überlauf zum Vorfluter. Die Regenwasserspitze wird hier nach Vorklärung in den Vorfluter abgegeben. Die zufließende Wassermenge Q_{max} wird durch Verzögerung und durch Verminderung um $Q_{ü}$ verkleinert. Bis

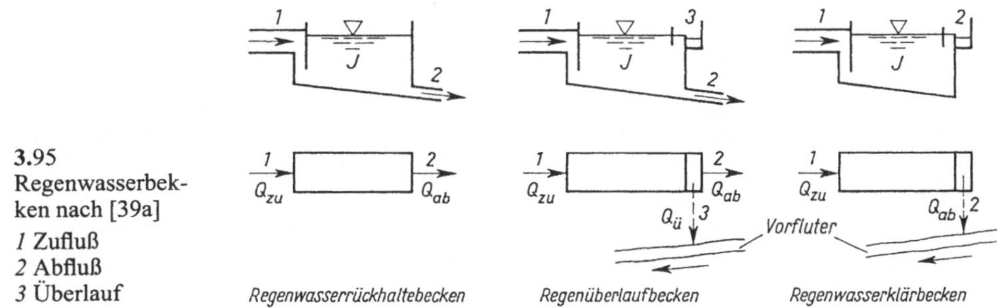

3.95 Regenwasserbecken nach [39a]
1 Zufluß
2 Abfluß
3 Überlauf

zum Beginn des Überlaufs wirkt dieses Becken wie ein Rückhaltebecken. Der Überlauf tritt bei einer bestimmten kritischen Regenspende (r_{krit}) in Funktion.

Die Möglichkeiten zum mechanischen Feststoffrückhalt in Regenüberlaufbecken sind:

Sedimentation von Feststoffen im Speicherraum, Einsatz von Rechen oder Sieben an der Entlastungsstelle, Einsatz von hydrodynamischen Abscheidern zur Behandlung des Entlastungsabflusses.

Die Sedimentationsrate in Absetzräumen ist generell nach K. H. Pecher (RWTH Aachen) eine Funktion der Oberflächenbeschickung, welche er auch für die Speicherbeschickung anwendet:

$$q_A = 3{,}6 \cdot \frac{Q}{V} \cdot H \tag{3.7}$$

q_A = Speicherbeschickung in m/h = Q/A
Q = Volumenstrom durch den Speicherraum in l/s
V = eingestautes Speichervolumen in m^3
H = Einstauhöhe in m
A = Oberfläche des Speicherraumes in m^2

q_A in m/h	1,0	2,0	4,0	6,0	8,0	10
$\frac{c_{\text{Entlastung}}}{c_{\text{Zulauf}}}$	0,37	0,5	0,65	0,77	0,87	0,95

$c \mathrel{\widehat{=}}$ Konzentrationswert für abfiltrierbare Stoffe (AFS)

Bis zu einer Speicherbeschickung von ≈ 10 m/h ist danach mit einem sedimentativen Stoffrückhalt zu rechnen. Dieser Zahlenwert wird häufig als Grenzwert für den kritischen Mischwasserabluß aus dem Einzugsgebiet gewählt. Der kritische Mischwasserabfluß tritt jedoch nur selten auf. Bei einem Großteil der Regenabflüsse treten wesentlich geringere Beckenbeschickungen mit den entsprechend höheren Entlastungen auf.

Von Einfluß ist die konstruktive Ausbildung des Speicherraumes. Durch erhöhte Turbulenz im Ein- und Auslaufbereich L' (**3**.96) müssen diese als nicht sedimentationswirksam angesehen werden. Muth bezifferte für Rechteckbecken mit den Abmessungen $L/B/H = 4{,}5/1{,}0/0{,}45$ das Verhältnis L'/L auf Werte zwischen $L'/L = 0{,}8$ (Rohreinlauf) und $L'/L = 0{,}3$ (Energieumwandlung durch Überfall mit Lamellenwand) [51a]. Bei längeren Stauraumkanälen verringert sich der Bereich des gestörten Abflusses entsprechend.

Zusätzlich können auch Kurzschluß-, Rotations- und Drallströmungen auftreten, die das Sedimentationsverhalten negativ beeinflussen. Deshalb Optimierung der Sedimentationsräume möglichst durch langgestreckte Speicherausbildung (ggf. Unterteilung des Speicherraumes durch Trennwände oder Ausbildung als Stauraumkanal mit unten liegender Entlastung); keine Strömungsumlenkungen, Rotations- oder Drallströmungen (ggf. Einbau von Leitwänden oder Gleichströmern; Anordnung der Entlastungsschwelle vor Kopf); Minimierung der Speicherbeschickung (ggf. Einbau von Parallelplattenabscheidern); Minimierung der Strömungsgeschwindigkeit zur Vermeidung von Turbulenzen.

Bei Rechen erfogt eine eindimensionale Einengung des Fließquerschnitts. Siebe können als zweidimensionale Einengung des Fließquerschnitts betrachtet werden. Bei Rechen oder Sieben an Entlastungsbauwerken sind die starken Quantitäts- und Qualitätsschwankungen des Mischwassers zu beachten. Während der Beckenfüllung sollte eine maschinelle oder selbständige Rechen- oder Siebreinigung erfolgen. Darüber hinaus ist eine Notentlastung für große Entlastungsstöße zweckmäßig.

Regenwasserklärbecken sollen das Regenwasser durch Absetzen der Schmutzstoffe vor Ablauf in den Vorfluter mechanisch reinigen. Sie kommen in Kläranlagen und vor Ausläufen in Frage.

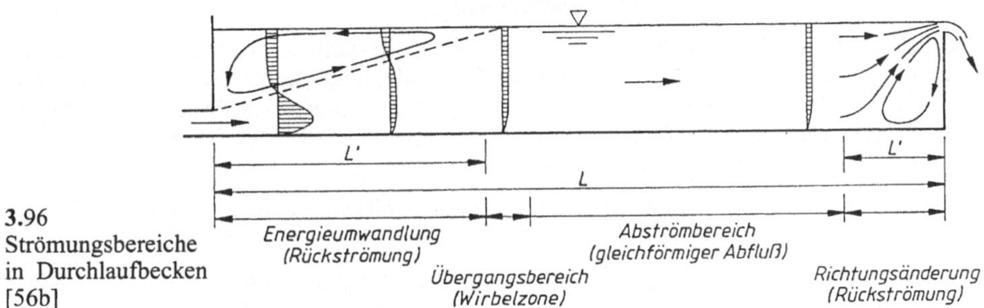

3.96 Strömungsbereiche in Durchlaufbecken [56b]

Anwendung. Rückhalte-, Überlauf- und Klärbecken kommen vor

1. Beim Bau neuer Kanalnetze für Randgebiete mit bestehenden langen Vorflutsammlern. Man muß berücksichtigen, daß die Becken eine gewisse Speicherhöhe und damit einen Höhenverlust benötigen.

2. Beim Bau insgesamt neuer Kanalnetze, um Baukosten, Pumpkosten usw. zu ersparen. Es werden meist natürliche Geländemulden als Teiche angelegt und in die städtebauliche Planung mit einbezogen.

3. Zur Sanierung überlasteter Kanalnetze. Man erspart den Neubau von Sammlern. Da hier meist kein Gefälle zur Verfügung steht, müssen die Becken flach sein oder durch Pumpen die verlorene Speicherhöhe wieder ausgeglichen werden.

4. Zur Entlastung des Vorfluters meist als Regenüberlaufbecken (s. Bild **3**.95). Daneben erreicht man beim Mischsystem eine Vorklärung des ersten stark verschmutzten Abwasserzuflusses.

5. Zur Entlastung der Mischwasser-Kläranlage. Das Becken sammelt einen Teil des Mischwassers und gibt es bei Trockenwetter meist über Pumpen an die Kläranlage weiter. Außerdem kann es bei Trockenwetter aus Ausgleichbecken für den Schmutzwasserzufluß dienen. Regenwasserbecken werden im Zuge eines Kanalnetzes meist als geschlossene Anlagen, in Kläranlagen und in Randgebieten als offene Beton- oder Erdbecken angelegt.

Bauliche Ausführung. Diese hängt von den örtlichen Bedingungen ab. Die zur Verfügung stehende Höhe entscheidet über die Art der Leerung: Gefälleabfluß oder Leerung durch Pumpwerk.

Bei geringer Höhe steht im ungünstigen Falle nur die Differenz zwischen Wasserspiegel Trockenwetterzufluß und der zulässigen Rückstauebene als Stauhöhe zur Verfügung. Die Staukurve für das oberhalb liegende Netz ist zu ermitteln. Im Einstaubereich treten Ablagerungen und der längste Rückstau auf.

Müssen die Becken durch Abwasserpumpen entleert werden, so wachsen die Bau- und Betriebskosten. Diese Becken sollten dann vor ohnehin notwendige Hebewerke gelegt werden.

Offene Becken sollte man nur anlegen, wenn keine hygienische Gefährdung besteht, in der Regel nur bei reinem Regenwasser (Trennsystem). Dann sollte die ständige Füllhöhe $\geq$ 1,0 m sein, Ufer $<$ 1 : 1,5, Teichform möglich. Tauchwände, Rampen zur besseren Reinigung, und Umzäumung sind zweckmäßig.

Geschlossene Becken sind bei Mischkanalisation und in Wohngebieten üblich. Langgestreckte Becken in Kammern aufteilen. Runde Becken erhalten tangentialen Einlauf.

3.3.3.5 Bemessung von Regenwasserbecken

Regenwasserrückhaltebecken. Die Bemessung ist deshalb schwierig, weil der für das Kanalnetz maßgebende Regen nicht für die Beckenbemessung gilt. Der max Inhalt läßt sich durch Vergleichsrechnung für Regen verschiedener Dauer T und Häufigkeit n ermitteln. Es gibt aber auch verschiedene Iterationsverfahren, z.B. nach Müller-Neuhaus [53], Randolf [59] und Malpricht [44].

Annen und Londong [2] benutzen die Differenzfläche zwischen Zu- und Abflußganglinie zur Ermittlung des Speicherraumes für verschiedene Regenspenden.

Richtlinien für die Bemessung, die Gestaltung und den Betrieb geben die Arbeitsblätter A 128 und A 117 der ATV [1].

Der erforderliche Beckeninhalt ergibt sich häufig aus länger anhaltendem Regen, deren $Q_R \leq$ als das Q_R für die Bemessung der Kanäle (3.97).

$$Q_{zu} = r_{15,\,n=y} \cdot A_{E,\,bef} \quad \text{oder} \quad Q_{zu} = r_{15,\,n=y} \cdot \psi \cdot A_E \quad \text{oder} \quad Q_{zu} = r_{15,\,n=y} \cdot A_u$$

Für die Becken werden geringere Regenhäufigkeiten n als bei Kanälen gewählt, weil die Becken nur selten überstaut werden dürfen. $n = 0{,}5$ bis $0{,}2$ bei Rohrzuläufen und $n = 0{,}1$ bei offenen Zuläufen sind üblich. Bei Abflußverhältnissen $\eta = Q_{ab}/Q_{zu} > 0{,}2$ wächst die Sicherheit gegen Überstauungen. Nachfolgend wird ein Näherungsverfahren nach ATV-A 117 [1] beschrieben. Genauere Bemessungswerte können durch hydrologisch-mathematische Modelle gewonnen werden. Die Regenauswertungen nach Reinhold o.ä. (konstanter ψ-Wert, Blockregen, stationäres Fließverhalten im Kanalnetz) werden dann relativiert (s. Beispiel 2, Seite 253).

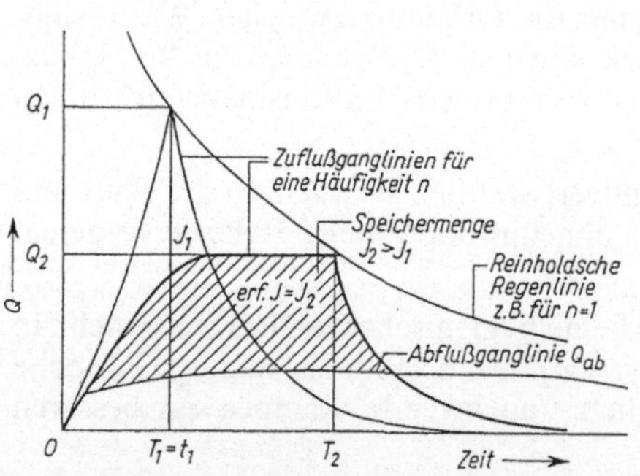

3.97 Ermittlung des Speicherinhalts aus verschiedenen Regenereignissen nach [2]

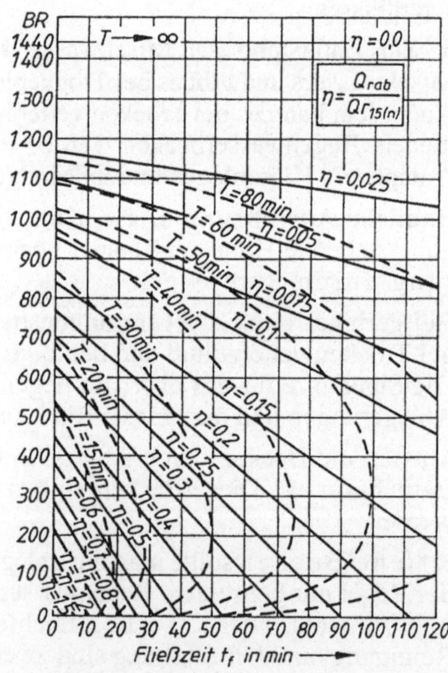

3.98 Ermittlung des Bemessungswertes BR für Regenrückhaltebecken

Es bedeuten:

A_E = Fläche des Einzugsgebietes in ha für das Regenwasserbecken ($A_{red} \approx A_{E,bef} = \psi \cdot A_E$ oder A_u)

ψ_m = mittlerer Abflußbeiwert

t_f = Fließzeit in min bis zum Rückhaltebecken

$r_{15,\,n=y}$ = Regenspende in l/(s · ha)

Q_{ab} = Ablaufmenge des Rückhaltebeckens in l/s, bei Speicherbecken mit anschließender Drosselstrecke ist Q_{ab} nicht konstant. Es hat sein Minimum bei Beginn der Speicherung und sein Maximum bei max Stauhöhe (**3**.97). Man rechnet mit dem Mittelwert

$$Q_{ab} = \frac{1}{2}(\min Q_{ab} + \max Q_{ab})$$

$$Q_{zu} = \text{zufließende Wassermenge in l/s}$$

$$Q_{zu} = Q_{r15} = r_{15,n=y} \cdot A_E \cdot \psi_m \quad \text{oder} \quad r_{15,n=y} \cdot A_u \quad \text{in l/s} \tag{3.8}$$

$$\eta = \frac{Q_{ab}}{Q_{r15}}$$

Aus Bild **3**.98 wird der Bemessungswert BR abgelesen. Erforderlicher Beckeninhalt

$$\text{erf}\, V_{RRB} = BR \cdot \frac{Q_{zu}}{1000} \quad \text{in m}^3 \tag{3.9}$$

Beispiel: Der Ablaufkanal hat eine Leistung von $Q_{ab} = 300$ l/s. Es soll ein Gebiet von 40 ha mit $\psi = 0{,}30$, $\widehat{=} A_u = 12$ ha, und einer Fließzeit von $t_f = 30$ min angeschlossen werden. Berechnung für $n = 1{,}0$ und alternativ für $n = 0{,}2$.

1. $r_{15,n=1} = 100$ l/(s · ha) $\varphi = 0{,}615$ nach Tafel **1**.10
   $Q_R = 100 \cdot 40 \cdot 0{,}3 \cdot 0{,}615 = 738$ l/s (nach Gl. (1.18)) = Berechnungswassermenge für das Kanalnetz
   $Q_R > Q_{ab}$ Es ist ein Rückhaltebecken erforderlich
2. Für die Überstauungshäufigkeit $n = 1{,}0$
   $Q_{zu} = Q_{r15,n=1} = 100 \cdot 40 \cdot 0{,}3 = 1200$ l/s

$$\eta = \frac{Q_{ab}}{Q_{zu}} = \frac{300}{1200} = 0{,}25 \qquad t_f = 30\,\text{min} \tag{3.10}$$

Nach Bild **3**.98 ergibt sich $BR = 460$ s $\quad$ erf $V = 460 \frac{1200}{1000} = 552$ m³ nach Gl. (3.9)

3. Für die Überstauungshäufigkeit $n = 0{,}2 \rightarrow r_{15,n=0,2} = 1{,}783 \cdot 100 = 178{,}3$ l/(s · ha)
   $n = 0{,}2 \rightarrow \varphi = 1{,}783 \quad Q_{zu} = 1{,}783 \cdot 1200 = 2140$ l/s $= Q_{r15,n=0,2}$

$$\eta = \frac{300}{2140} = 0{,}14;\ t_f = 30\,\text{min nach } \mathbf{3}.98\ \ BR = 700;\ \ \text{erf}\, V = 700\frac{2140}{1000} = 1498\,\text{m}^3 \tag{3.11}$$

Ein mathematisches Modell zur Bemessung von Regenwasserrückhaltebecken (RRB) stellt Ohlenroth in KA 9/96 vor. Er benutzt die Niederschlagshöhen N der Regenreihen des Deutschen Wetterdienstes, welche die Niederschläge abhängig von Dauer und jährlicher Überschreitungshäufigkeit angeben (Tafel **3**.30). Bei $Q_{ab}/Q_{zu} > 0{,}1$ kann das RRB nach ATV-A 117 bemessen werden. Kleinere Verhältnisse erfordern eine andere Berechnungsmethode.

Aus Tafel **3**.30 geht hervor, daß bei gleichbleibender Häufigkeit die Niederschlagsmenge mit der Dauer zunimmt, die Zunahme jedoch mit wachsender Dauer geringer wird.

Geht man bei einem RRB vereinfachend von einer gleichbleibenden Abflußmenge aus, so wird das maximale Volumen dann erreicht, wenn der Abfluß gleich dem Zufluß ist. Darstellbar ist dies durch ein Diagramm, indem die Zu- und Abflußsummen aufgetragen werden. Die Zuflußsumme ist dabei direkt dem Niederschlag proportional (Tafel **3**.29).

Die Zuflußmenge V_{zu} während der Regendauer T beträgt

$$V_{zu} = N \cdot A_{red} \cdot 10 \qquad m^3 = \frac{\text{mm}}{1000\,\text{mm/m}} \cdot \text{ha} \cdot 10000\,\frac{\text{m}^2}{\text{ha}}; \tag{3.12}$$

N in mm; A_{red} in ha.

Die Abflußmenge bei gleichbleibendem Abfluß während T ergibt sich aus dem sekundlichen Abfluß, multipliziert mit der Zeit

$$V_{ab} = q_{ab} \cdot T \qquad q_{ab} \mathrel{\widehat{=}} \text{Drosselabfluß in m}^3\text{/h}; \quad T \text{ in h}$$

V'_{ab} in mm N ausgedrückt und q'_{ab} in $\text{m}^3/(\text{s} \cdot \text{ha})$ eingesetzt ergibt

$$V'_{ab} = q'_{ab} \cdot T \cdot 3600/10 \qquad \text{mm} = \frac{\text{m}^3}{\text{s} \cdot \text{ha}} \cdot \text{h} \cdot 3600 \frac{\text{s/h} \cdot 1000^3\,\text{mm}^3/\text{m}^3}{10000\,\text{m}^2/\text{ha} \cdot 1000^2\,\text{mm}^2/\text{m}} \tag{3.13}$$

Die zunächst steil, dann flacher ansteigende Kurve der Niederschläge läßt sich mathematisch darstellen durch die Formel $N = b \cdot T^x$; differenziert nach T: $\text{d}N/\text{d}T = x \cdot b \cdot T^{x-1}$. Damit ergibt sich

$$V_{zu} = b \cdot T^x \cdot A_{red} \cdot 10 \tag{3.14}$$

mit $x = \log(N_1/N_2)/\log(T_1/T_2)$; $b = N_i/T_i^x$ ($i \mathrel{\widehat{=}}$ beliebige Stelle zwischen $T = 1$ und $T = 12$ h)

Da die statistische Kurve der Niederschlagsverteilung der Regenreihen Knicks bei $T =$ 60 min und $T = 12$ h aufweist, ist die Formel für N für diese Bereiche getrennt zu ermitteln. Bei RRB längerer Beschickungsdauer kommt meist der Bereich zwischen $T = 1$ h und 12 h in Frage. Generell ist das Speichervolumen

$$V_{RRB} = V_{zu} - V_{ab} = b \cdot T^x \cdot A_{red} \cdot 10 - q_{ab} \cdot T \tag{3.15}$$

Das Speichervolumen hat sein Maximum, wenn die Steigung der Zuflußkurve und die der Abflußkurve gleich groß sind. Dieser Zeitpunkt wird mit T_0 bezeichnet. Die Differenzkurve $V_{zu} - V_{ab}$ hat dann die Steigung 0.

$$\text{d}(V_{zu} - V_{ab})/\text{d}T = 0$$

$$10 \cdot A_{red} \cdot b \cdot x \cdot T_o^{x-1} - q_{ab} = 0 \rightarrow q_{ab} = 10 \cdot A_{red} \cdot b \cdot x \cdot T_o^{x-1}$$

$$\rightarrow T_o^{x-1} = q_{ab}/10 \cdot A_{red} \cdot b \cdot x = T_o^{-(1-x)} \qquad \text{nach (3.15)} \tag{3.16}$$

$$T_o = (10 \cdot A_{red} \cdot b \cdot x/q_{ab})^{1/(1-x)} \tag{3.17}$$

für gleichbleibenden Abfluß wird

$$\text{erf}\,V_{RRB} = 10 \cdot A_{red} \cdot b \cdot T_o^x - q_{ab} \cdot T_o \tag{3.18}$$

Es gilt auch:

$$\frac{V_{ab}}{V_{zu}} = \frac{q_{ab} \cdot T_o}{N \cdot A_{red} \cdot 10} = \frac{T_o^{x-1} \cdot 10 \cdot A_{red} \cdot b \cdot x \cdot T_o}{b \cdot T_o^x \cdot A_{red} \cdot 10} = x \tag{3.19}$$

$$V_{zu} = V_{ab}/x \rightarrow V_{zu} = T_o \cdot q_{ab}/x; \qquad V_{ab} = T_o \cdot q_{ab} \tag{3.20}$$

Mit Andauern der Fließzeit t bis zum RRB wächst q_{ab}. Der volle Abfluß q_{ab} ist erst erreicht, wenn $q_{zu} = q_{ab}$. Beim Blockregen ist am Ende von t der volle Zufluß erreicht, der volle Abfluß schon am Ende von t_a = Anlaufzeit der Ganglinie. Bei konstantem Abfluß gilt

$$\frac{q_{ab}}{q_{zu}} = \frac{V_{ab}}{V_{zu}} = \frac{t_a}{t} \rightarrow t_a = t\frac{V_{ab}}{V_{zu}}; \quad t_a = t \cdot x$$

Bei gleichmäßiger Zunahme von q_{ab} während t_a, z.B. durch Aufstau, wird

$$\Delta V_{ab} = 1/2 \cdot t_a \cdot q_{ab}$$
$$\Delta V_{ab} = 1/2 \cdot t \cdot q_{ab} \cdot V_{ab}/V_{zu} = 1/2 \cdot t \cdot q_{ab} \cdot x$$

Damit wird das erf. Beckenvolumen bei wachsendem Abfluß q_{ab} verringert.

$$V_{RRB} = V_{zu} - V_{ab} - 1/2 \cdot t \cdot q_{ab} \cdot x$$
$$V_{RRB} = T_o \cdot q_{ab}/x - T_o \cdot q_{ab} - 1/2 \cdot t \cdot q_{ab} \cdot x \quad \text{nach (3.20)} \tag{3.21}$$
$$V_{RRB} = q_{ab}(T_o/x - T_o - 1/2t \cdot x)$$
$$V_{RRB} = q_{ab}[T_o(1-x)/x - 1/2t \cdot x) \tag{3.22}$$

Um das Volumen des RRB noch genauer bestimmen zu können, muß die Abflußleistung des Beckenablaufs untersucht werden. Im allgemeinen wird diese nicht konstant sein. Ist der Anfangsabfluß gleich Null, so ist der durchschnittliche Abfluß während der Füll- und Entleerungszeit etwa:

$$q_{ab} = 2/3 q_{ab,max} \tag{3.23}$$

Ist bereits zu Beginn der Beckenfüllung ein Abfluß q_{min} vorhanden, so ist der mittlere Abfluß:

$$q_{ab} = 2/3(q_{max}^3 - q_{min}^3)/(q_{max}^2 - q_{min}^2) \tag{3.24}$$

$q_{max} \mathrel{\hat{=}}$ der Gesamtabfluß, einschließlich q_{min}.

Beispiel für ein mathematisch-hydrologisches Modell unter Verwendung der Niederschlagshöhen N. $A_{red} = 1{,}0$ ha; $q_{ab} = 2$ l/(s · ha) = 2 · 3,6 m³/(h · ha) konstant; $n = 1$. Berechnung der Werte in Spalte 3 (Tafel **3**.29)

$$\text{zB: für } T = 1\text{ h} \rightarrow V'_{ab} = 2/1000 \cdot 1{,}0 \cdot 3600/10 = 0{,}72\,\text{mm} \quad \text{nach (3.13)}$$
$$\text{zB: für } T = 6\text{ h} \rightarrow V'_{ab} = 2/1000 \cdot 6{,}0 \cdot 3600/10 = 4{,}32\,\text{mm}$$

Auswertung mit Grafik in Tafel **3**.29

$$x = \log(14/24{,}1)/\log 1/12 = 0{,}2185; \qquad b = 24{,}1/12^{0{,}2185} = 14 \quad (1\text{h} < T < 12\text{h})$$
$$T_o = (10 \cdot 1 \cdot 14 \cdot 0{,}2185/3{,}6 \cdot 2)^{1/(1-0{,}2185)} = 6{,}37\text{h} \quad \text{nach (3.17)}$$
$$\text{erf } V_{RRB} = 10 \cdot 1 \cdot 14 \cdot 6{,}37^{0{,}2185} - 2 \cdot 6{,}37 \cdot 3{,}6 = 163{,}95 \approx 164\,\text{m}^3 \quad \text{nach (3.18)}$$

Tafel **3**.29 Tabelle und Diagramm zum Beispiel für $A_{red} = 1{,}0$ ha und $q_{ab} = 2$ l/(s · ha).

1	2	3	4
Zeit in h	N in mm	V'_{ab} in mm	Diff in mm
0,25	9,1	0,18	8,92
0,5	11,5	0,36	11,14
1	14,0	0,72	13,28
2	16,8	1,44	15,36
3	18,4	2,16	16,24
6	21,2	4,32	**16,88**
12	24,1	8,64	15,46
24	28,7	17,28	11,42
36	31,7	25,92	5,78
48	34,3	34,56	−0,26
60	36,4	43,20	−6,80
72	38,0	51,84	−13,84

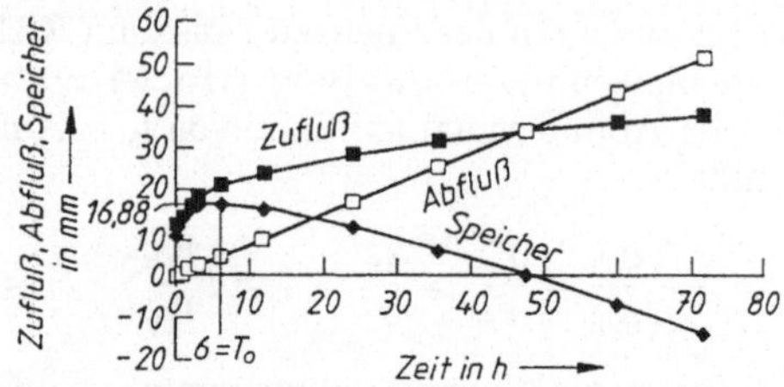

Nach Tafel **3**.29 beträgt der Wert 16,88 mm. $16{,}88 \cdot 10^4/10^3 = 168{,}8\ \text{m}^3$. Die Differenz entsteht durch Abweichungen der Regenreihen gegenüber der mathematischen Formel.

Vergleichsrechnung nach ATV-A 117:

$$Q_R = 100 \cdot 1{,}0 \cdot 1{,}562 = 156{,}2\,\text{l/s}$$

$$Q_{zu} = Q_{r15,n=1} = 100 \cdot 1{,}0 = 100\,\text{l/s} \qquad \eta = \frac{Q_{ab}}{Q_{zu}} = \frac{2}{100} = 0{,}02$$

nach **3**.98 $\rightarrow BR \approx 1250$ s

$$\text{erf}\ V_{RRB} = 1250\frac{100}{1000} = 125\,\text{m}^3 < 164\,\text{m}^3$$

Dieser Wert ist geringer als nach den mathematischen Formeln. Die Regenreihen nach Reinhold haben einen oberen Grenzwert, und die Zeitbeiwerte weichen von den Regenreihen nach Tafel **3**.30 ab.

Unter Berücksichtigung eines wachsenden Abflusses. $t = 120$ min =2 h angenommen:

$$V_{RRB} = 2 \cdot 3{,}6\left[6{,}37(1-0{,}2185)/0{,}2185 - \frac{1}{2}2{,}0 \cdot 0{,}2185\right] \quad \text{nach (3.22)}$$

$$V_{RRB} = 162{,}47\,\text{m}^3 \approx 162\,\text{m}^3$$

Ausführungsbeispiel. Auch bei Regenwasserableitung von Bundes- und Landesstraßen spielen Regenwasserrückhaltebecken eine erhebliche Rolle. Bei dem in Bild **3**.99 gezeigten Becken handelt es sich um die Aufgabe, das Regenwasser der Straße sowie das einer Tank- und Rasthofanlage zurückzuhalten. Das in Stahlbeton ausgeführte Becken ist normalerweise ≈ 70 cm hoch gefüllt, so daß etwa auslaufendes Öl zwischen tief herabgezogenen Tauchwänden festgehalten wird. Bei Regenwetter füllt sich der Speicherraum V, weil die Leistung der 6 Abflußrohre DN 50 begrenzt ist. Das Wasser läuft dann unter Staudruck ab. An der Ablaufseite befindet sich quer zur Durchflußrichtung eine Schlammrinne mit einem Schlammsumpf, aus dem von Zeit zu Zeit der Schlamm abgesaugt wird. Zu diesem Zweck öffnet man vorher den Grundablaß ⌀50 und läßt das Wasser abströmen, bis sich Öl oder Schlamm im Ablauf zeigen. Dann wird geschlossen, der Rest durch Schlammsaugewagen entfernt. Dieses Rückhaltebecken erfüllt zugleich die Aufgabe eines Öl- und Benzinabscheiders.

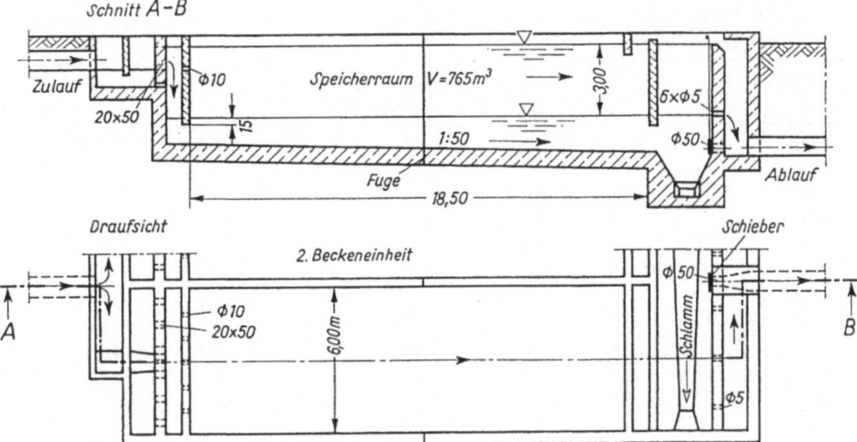

3.99 Rückhaltebecken für eine Bundesstraße

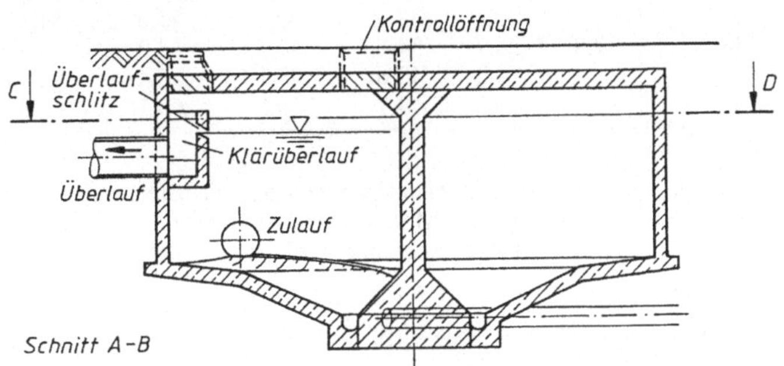

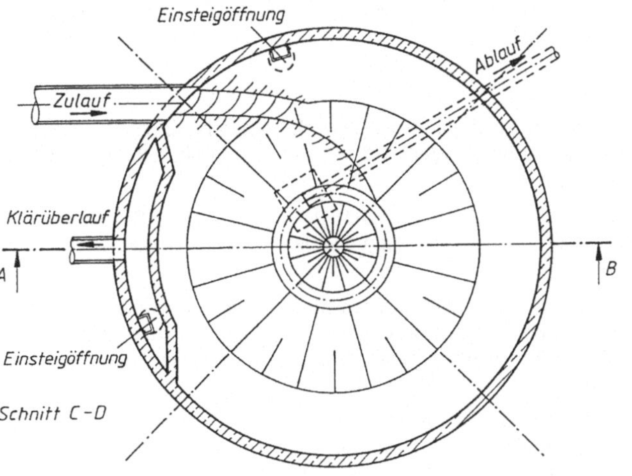

3.100 Regenüberlaufbecken (Regenzyklonbecken) für kleinere RW-Mengen (Fa. Vogelsberger)

Tafel **3**.30 Niederschlagshöhen, abhängig von Regendauer und Häufigkeit nach dem Regenatlas des Deutschen Wetterdienstes

T in min·h	N in mm							
	$n=2$	$n=1$	$n=0{,}5$	$n=0{,}2$	$n=0{,}1$	$n=0{,}05$	$n=0{,}02$	$n=0{,}01$
5 min	4,8	5,2	5,7	6,3	6,8	7,2	7,8	8,3
10 min	6,1	7,7	9,2	11,2	12,8	14,3	16,4	17,9
15 min	6,9	9,1	11,3	14,1	16,3	18,5	21,3	23,5
20 min	7,5	10,1	12,7	16,2	18,8	21,4	24,9	27,5
30 min	8,3	11,5	14,8	19,1	22,3	25,6	29,9	33,1
45 min	9,1	13,0	16,8	22,0	25,8	29,7	34,9	38,7
60 min	9,6	14,0	18,3	24,0	28,3	32,7	38,4	42,7
90 min	11,1	15,6	20,1	26,1	30,6	35,1	41,0	54,5
2 h	12,2	16,8	21,4	27,5	32,1	36,7	42,9	47,5
3 h	13,6	18,4	23,2	29,5	34,3	39,1	45,5	50,3
4 h	14,7	19,6	24,5	31,0	35,9	40,8	47,3	52,2
6 h	16,2	21,2	26,3	33,0	38,1	43,2	49,9	55,0
9 h	17,6	22,9	28,1	35,1	40,3	45,6	52,5	57,8
12 h	18,7	24,1	29,4	36,5	41,9	47,3	54,4	59,7
18 h	21,0	26,7	32,3	39,8	45,5	51,1	58,6	64,3
24 h	22,8	28,7	34,6	42,3	48,2	54,1	61,8	67,7
48 h	27,9	34,3	40,6	49,1	55,4	61,8	70,2	76,6
72 h	31,4	38,0	44,7	53,5	60,1	66,8	75,6	82,2

Merkmale des RÜB nach **3**.100 sind geringe Betriebskosten, selbstreinigend durch gegliederte Beckensohle (außen flach geneigt, Mitteltrichter steil, umlaufende Sohlrinne), Zulauf tangential, Klärüberlauf nach $\approx$ 75% Umlauf, Schwimmstoffabzug zentral.

Regenüberlaufbecken und Kanalstauräume. Nach dem Arbeitsblatt A 128 der ATV [1] gelten auch sie als Entlastungsbauwerke. Man unterscheidet:

Fangbecken, welche den Spülstoß (erste Phase des Mischwasserabflusses nach Regenbeginn) aufnehmen. Sie werden danach wieder entleert oder nur von Q_{tx} durchflossen. Einsatz bei nicht vorentlasteten Einzugsgebieten, wenn $t_f \leq 15\,\text{min}$. Im Nebenschluß werden sie über ein Trennbauwerk beschickt. Q_{tx} und Q_{ab} gehen am Becken vorbei zum Klärwerk. Nach Füllung des Beckens tritt der Beckenüberlauf in Aktion. Es entsteht kein Gefälleverlust. Bei Trockenwetter und kleinen Regen mit $Q_R \leq Q_{ab}$ kein Zufluß zum Becken. Entleerung durch Pumpe mit konstanter zusätzlicher Beschickung des Klärwerkes (**3**.101).

Im Hauptschluß geht der Klärwerkszufluß durch das Becken. Einfache Anordnung, kein Trennbauwerk, eventuell Gefälleverlust, Entleerung ohne Pumpe, Abfluß schwankend ohne Steuervorrichtung (**3**.102).

Durchlaufbecken haben zusätzlich einen Überlauf für geklärtes Wasser (Klärüberlauf), der vor dem Beckenüberlauf anspringt und das im Becken mechanisch geklärte Mischwasser zum Vorfluter leitet.

Bemessung. Der hier erläuterten Methode liegen hydraulische Bedingungen (A_u und t_f) zugrunde. Auf die Schmutzfracht-Methode nach ATV-A 128 unter Abschnitt 3.3.3.1 wird hingewiesen. Man erhält damit einen den Regenüberläufen vergleichbaren Gewässerschutz. Die kritische Regenspende r_{krit} sollte $\geq 10\,\text{l/(s}\cdot\text{ha)}$ sein.

Durchlaufbecken im Kanalbereich sollen $\geq 100\,\text{m}^3$, Fangbecken $\geq 50\,\text{m}^3$ Inhalt haben. In Durchlaufbecken sollen mindestens folgende Durchflußzeiten t_{DB} eingehalten werden:

r_{krit} in l/(s · ha)	30	15	10
t_{DB} in min	10	17	20

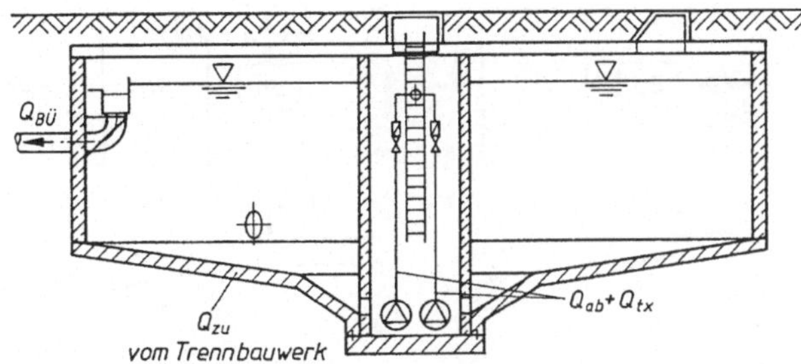

3.101 Regenüberlaufbecken als Fangbecken im Nebenschluß mit naß aufgestellten Entleerungspumpen im Mittelbauwerk (Rundbecken) (Fa. AWAS)

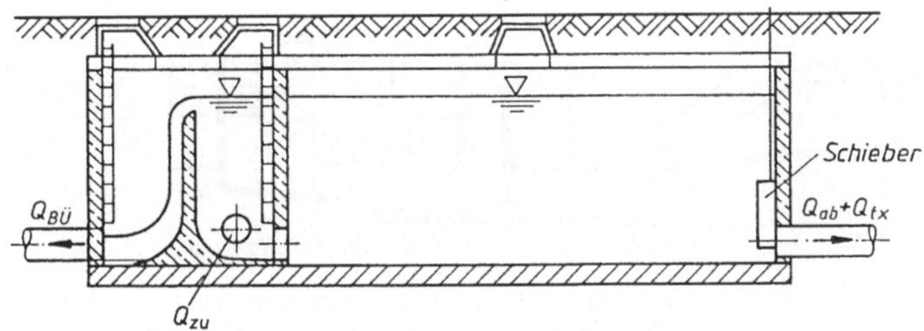

3.102 Regenüberlaufbecken als Fangbecken im Hauptschluß (Rechteckbecken)

Beispiel 1: Fangbecken im Hauptschluß (s.S. 237, Gebiet 3)

$A_{E,bef} = 10\,\text{ha}$, z.B. aus $\psi \cdot A_E$ oder A_u $\quad Q_{f24} = 1{,}39\,\text{ls}$

$t_f = 9\,\text{min}$ (keine Vorentlastung) $\quad Q_{tx} = Q_x + Q_{f24} = 7{,}34\,\text{l/s}$

$Q_x = 5{,}95\,\text{l/s}$; mit $r_{9,n=0,5} = 1{,}731 \cdot 100 = 173\,\text{l/(s} \cdot \text{ha)}$ $\quad Q_{dr} = 15\,\text{l/s}$ (konstant)

$\max Q_m = 173 \cdot 10 = 1730\,\text{l/s}$ $\quad Q_{BÜ} = 1730 - 15\,\text{l/s} = 1715$

1. Volumen

$$r_{ab} = \frac{Q_{ab}}{A_u} = \frac{15}{10} = 1{,}5\ \text{l/(s} \cdot \text{ha)}$$

$$V_{FB} = 200\,\text{m}^3 \text{ mit } t_e = 5{,}48\,\text{h} \quad \text{(s.S. 239)}$$

Tafel **3.**31 Überfallwassermengen an den Entlastungsstellen der RW-Becken

Bauwerk	Fangbecken FB		Durchlaufbecken DB	
	Hauptschluß	Nebenschluß	Hauptschluß HS	Nebenschluß NS
Q_{TB}	–	$Q_{zu}-Q_{ab}-Q_{tx}$	–	$Q_{zu}-Q_{ab}-Q_{tx}$
$Q_{BÜ}$	$Q_{zu}-Q_{ab}-Q_{tx}$	$Q_{zu}-Q_{ab}-Q_{tx}$	$Q_{zu}-\max Q_{KÜ}-Q_{ab}-Q_{tx}$	$Q_{zu}-\max Q_{KÜ}-Q_{ab}-Q_{tx}$
$Q_{KÜ}$	–	–	$\geq Q_{krit}-Q_{ab}-Q_{tx}$	$\geq Q_{krit}-Q_{ab}-Q_{tx}$

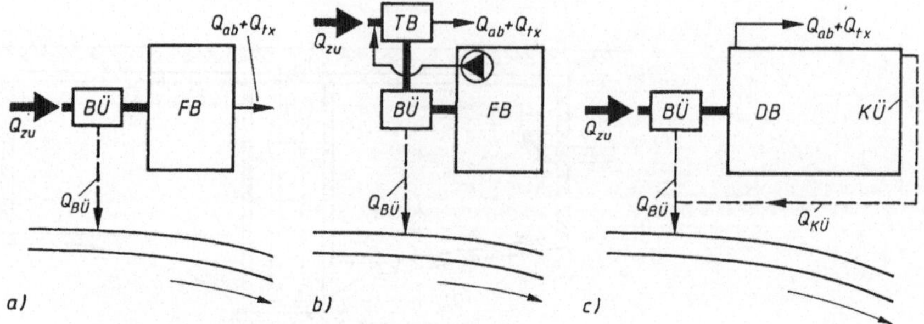

3.103 RW-Becken (Betriebsschema)
TB ≙ Trennbauwerk, BÜ ≙ Beckenüberlauf, KÜ ≙ Klärüberlauf
a) Fangbecken FB im Hauptschluß b) Fangbecken FB im Nebenschluß
c) Durchlaufbecken DB im Hauptschluß

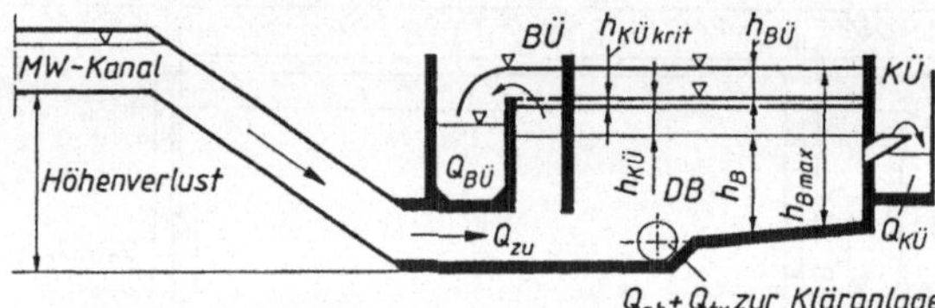

3.104 Durchlaufbecken im Hauptschluß, Überlaufphase (s. auch **3.**103c).
Bei Zulauf über Hebeanlagen muß die Fördehöhe bis zum Wasserspiegel BÜ gehen

2. Wehrlänge des Beckenüberlaufs (s.S. 240)

$$l_{BÜ} = \frac{\eta \cdot Q_{BÜ}}{\frac{2}{3} \cdot c \cdot \mu \cdot \sqrt{2g} \cdot h_{BÜ}^{3/2}} \qquad c \text{ und } \eta = 1{,}0;\ \mu = 0{,}6 \text{ gewählt; } h_{BÜ} = 0{,}3 \text{ m gewählt}$$

$$\text{erf}\, l_{BÜ} = \frac{1{,}715}{\frac{2}{3} \cdot 0{,}6 \cdot \sqrt{2g} \cdot 0{,}3^{3/2}} = 5{,}89\,\text{m} \rightarrow 6{,}0\,\text{m}$$

Beispiel 2: Durchlaufbecken im Nebenschluß (s.S. 237 und 239, Gebiet 5)

$A_u = 60\,\text{ha}$ $t_f = 38\,\text{min}$ $Q_x = 43{,}65$ l/s $Q_{f24} = 10{,}26$ l/s
$Q_{tx} = Q_x + Q_{f24} = 53{,}91$ l/s; $Q_{ab} = Q_{dr} = 110$ l/s (konstant)
$r_{38,n=0,2} = 0{,}91 \cdot 100 = 91$ l/(s · ha) $\max Q_m = 91 \cdot 60 = 5460$ l/s

Bild **3.**105 zeigt das Becken a) während der Füllung b) in gefülltem Zustand mit Überläufen.

1. Volumen

$$r_{ab} = \frac{Q_{ab}}{A_u} = \frac{110}{60} = 1{,}83 \text{ l/(s} \cdot \text{ha)}$$

gew. $V_{DB} = 1180\,\text{m}^3$ (s.S. 239)

gewählte Beckenabmessungen: $L = 57{,}0\,\text{m}$; $B = 6{,}0\,\text{m}$; $h = 3{,}5\,\text{m}$ vorh $V_{DB} = 1197\,\text{m}^3$

2. Stauhöhen. Als größte Stauhöhe werden 0,8 m angenommen. $\max h = 3{,}5 + 0{,}8 = 4{,}3\,\text{m}$

Der größte Klärüberlauf $\max Q_{KÜ}$ ergibt sich bei einer max horizontalen Fließgeschwindigkeit im Becken von $\max v = 0{,}05\,\text{m/s}$ überschläglich zu $\max Q_{KÜ} = 1000 \cdot B \cdot \max h \cdot \max v = 1000 \cdot 6{,}0 \cdot 4{,}3 \cdot 0{,}05 = 1290$ l/s

Der max Beckenabfluß $Q_{BÜ}$ ergibt sich zu $Q_{BÜ} = \max Q_m - \max Q_{KÜ} - Q_{tx} - Q_{ab}$

$Q_{BÜ} = 5460 - 1290 - 53{,}91 - 110 = 4006 \text{ l/s} \approx 4000$ l/s

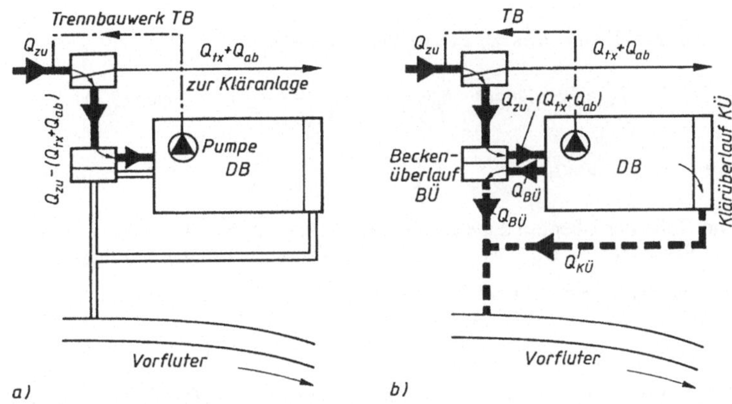

3.105 Durchlaufbecken im Nebenschluß
a) Füllphase b) Überlaufphase

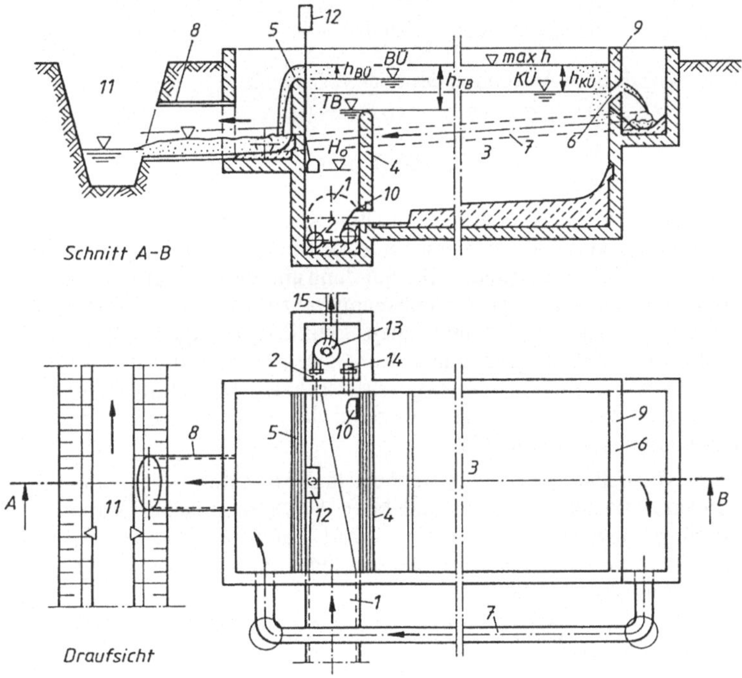

3.106 Regenüberlaufbecken als Durchlaufbecken (DB) im Nebenschluß mit integriertem Beckenüberlauf [13a]

1	Zulaufkanal	*6*	Klärüberlauf (KÜ)	*11*	Vorfluter
2	Beckenablauf	*7*	Entlastungsleitung (KÜ)	*12*	Überwachungsgerät
3	Durchlaufbecken (DB)	*8*	Entlastungsleitung für BÜ und KÜ	*13*	Ablaufdrossel
4	Trennbauwerk (TB)	*9*	Schlitzwand	*14*	Umlaufleitung
5	Beckenüberlauf (BÜ)	*10*	Rückstauklappe	*15*	Ablauf zur Kläranlage

3. Überfallhöhe des Beckenüberlaufs $= h_{BÜ}$

$$B = l_{BÜ} \text{ (Wehrlänge)} \quad h_{BÜ} = \left(\frac{Q_{BÜ}}{\frac{2}{3}\cdot\mu\cdot\sqrt{2g}\cdot B}\right)^{2/3} \quad \text{nach (3.3)}$$

$$\text{mit} \quad Q_{BÜ} = 4000\,\text{l/s} \quad h_{BÜ} = \left(\frac{4{,}0}{\frac{2}{3}\cdot 0{,}6\cdot\sqrt{2g}\cdot 6{,}0}\right)^{2/3} = 0{,}521\,\text{m} \approx 0{,}52\,\text{m}$$

Die Höhe der Überlaufkante für $Q_{BÜ}$ liegt dann bei $h = 4{,}30 - 0{,}52 = 3{,}78\,\text{m}$ über Beckensohle. Die Stauhöhen für $Q_{KÜ}$ bis zum Anspringen vom Beckenüberlauf liegen zwischen 3,78 und 3,50 = 0,28 m. Schlitzweite für den Klärablauf $e = \dfrac{Q_{KÜ}}{l_{BÜ}\cdot\mu\cdot\sqrt{2gh}}$; e mit 0,085 m angenommen

$$e = \frac{1{,}29}{6{,}0\cdot 0{,}65\cdot\sqrt{2g(0{,}8 - 0{,}043)}} = 0{,}086 \approx 0{,}085\,\text{m} \qquad 0{,}043 = e/2$$

4. $Q_{KÜ}$ vor dem Anspringen des Beckenüberlaufs

$$Q_{KÜ} = e\cdot L\cdot\mu\cdot\sqrt{2g\cdot h} \qquad Q_{KÜ} = 0{,}085\cdot 6{,}0\cdot 0{,}65\cdot\sqrt{2g\left(0{,}28 - \frac{0{,}085}{2}\right)}$$

$$Q_{KÜ} = 0{,}715\,\text{m}^3/\text{s}$$

5. $Q_{KÜ}$ bei max Stauhöhe

$$Q_{KÜ} = 0{,}085\cdot 6{,}0\cdot 0{,}65\cdot\sqrt{2g\left(0{,}80 - \frac{0{,}085}{2}\right)} = 1{,}278 \approx 1{,}28\,\text{m}^3/\text{s}$$

Regenspende beim Anspringen des Beckenüberlaufs:

$$Q_r = Q_{KÜ} + Q_{ab} = 715 + 110 = 825\ \text{l/s}$$

$$r_{BÜ} = \frac{Q_r}{A_u} = \frac{825}{60} = 13{,}75\,\text{l/(s}\cdot\text{ha)} > r_{krit} = 12\,\text{l/(s}\cdot\text{ha)}$$

Kanalstauräume. Es ist zweckmäßig, Kanalstauräume wie ein Fangbecken im Hauptschluß anzulegen. Man unterscheidet oben und unten liegende Entlastungen (**3.**107 und **3.**108). Ein Kanalstauraum sollte nur dann angeordnet werden, wenn beim Trockenwetterabfluß eine ausreichende Schleppspannung zur Beseitigung von Ablagerungen vorhanden ist ($v \geq 0{,}8\,\text{m/s}$). Bei automatischen Spülhilfen genügt $v \geq 0{,}5\,\text{m/s}$. Das Stauprofil sollte $\geq$ das Profil des ankommenden Kanals sein. Am Stauende werden gesteuerte Schieber oder Drosseleinrichtungen vorgesehen, die den Abfluß im Staufalle begrenzen. Die Entlastungspunkte liegen soweit oberhalb des Stauraumes, wie es unter Hinblick auf das Rückstauniveau möglich ist.

Nach Versuchen der RWTH Aachen (K. H. Pecher) an Stauraumkanälen mit unten liegenden Entlastungen finden auch bei hohen hydraulischen Stauraumbelastungen Absetzvorgänge statt. Der Feststoffrückhalt kann für stationäre Entlastungsereignisse indirekt durch Gl. (3.25) beschrieben werden. Eingeführt ist die für Absetzbecken bekannte Oberflächenbeschickung.

$$q_A = 3{,}6\cdot\frac{Q\cdot H}{V} \tag{3.25}$$

q_A = Speicherbeschickung in m/h
Q = Beschickungsvolumenstrom in l/s
H = Querschnittshöhe in m
V = nutzbares Speichervolumen in m^3
A = Oberfläche in m^2 des Stauraumkanals

q_A in m/h		1,0	2,0	3,0	4,0
η%	AFS	63	50	42	35
	CSBges	53	40	32	25

AFS $\widehat{=}$ abfiltrierbare Stoffe

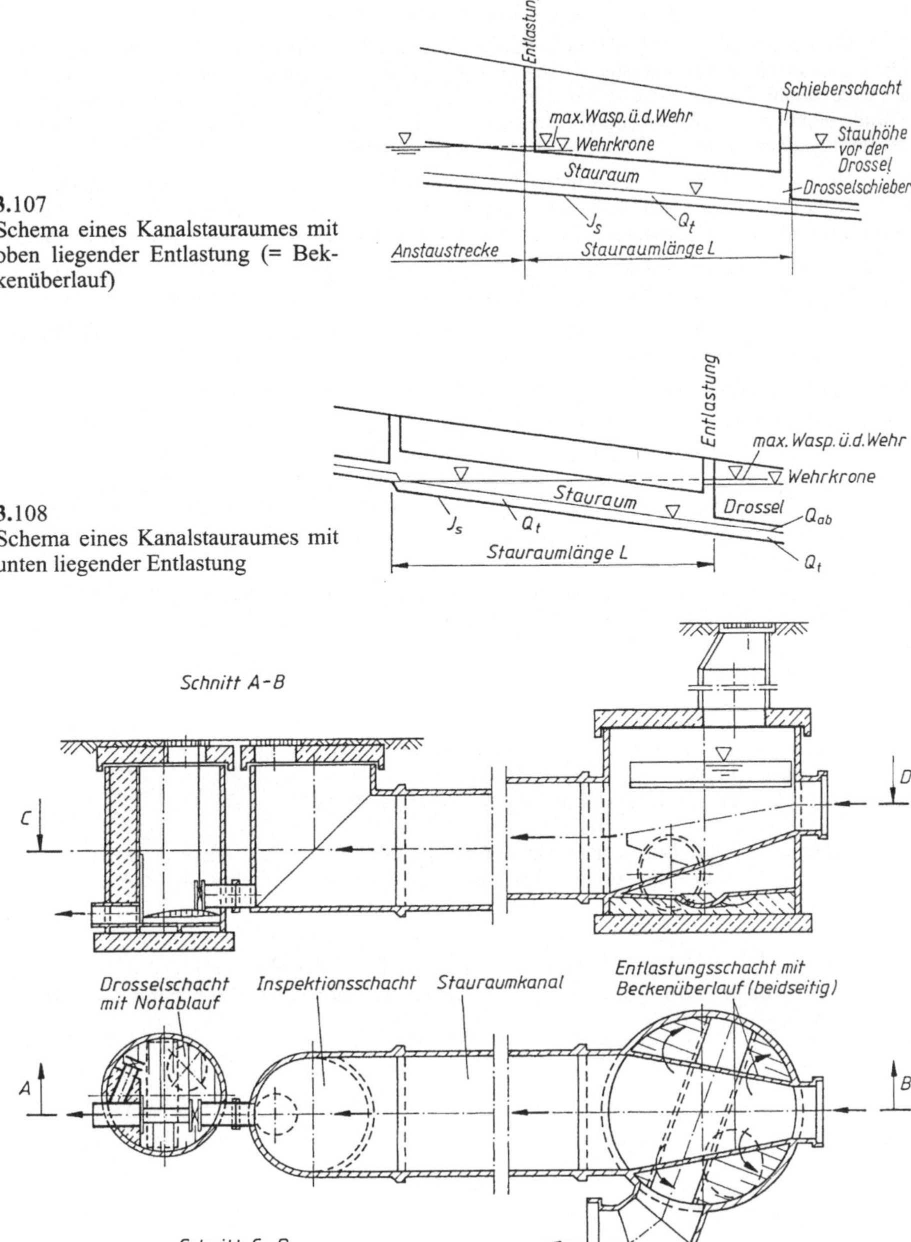

3.107
Schema eines Kanalstauraumes mit oben liegender Entlastung (= Beckenüberlauf)

3.108
Schema eines Kanalstauraumes mit unten liegender Entlastung

3.109 Kanalstauraum mit oben liegender Entlastung durch beidseitigen Überfall. Herstellung des Stauraums aus PE-HD-Rohren (Fa. bauku)

Es ist mit einer ungleichmäßigen Konzentrationsverteilung der Feststoffe zu rechnen.

Interessant ist auch der zum Ende der Entleerungsphase auftretende Leerlaufstoß. Durch den mit der Stauraumentleerung verbundenen Anstieg der Sohlschubspannungen kommt es zu einem Austrag der während der Einstauphase sedimentierten Feststoffe. Dies führt zu Konzentrationen im Drosselabfluß, welche die Trockenwetterkonzentrationen erheblich überschreiten können. Unter bestimmten Bedingungen ist dadurch eine Selbstreinigung der Kanäle unterhalb möglich.

Generell kann gelten, daß auch bei hohen hydraulischen Belastungen Absetzvorgänge in Stauraumkanälen stattfinden. Auch oberhalb der im ATV-Arbeitsblatt A 128 [1] genannten maximalen rechnerischen Fließgeschwindigkeit für Durchlaufbecken von 0,05 m/s sind Sedimentationen möglich.

Neben der Mischwasserspeicherung kann während der Entlastungsphase anders als beim Stauraumkanal mit oben liegender Entlastung ein zusätzlicher Feststoffrückhalt erzielt werden.

Der im ATV-Arbeitsblatt A 128 genannte Volumenzuschlag für Stauraumkanäle mit unten liegender Entlastung, 50 %, sollte überprüft werden.

Bemessung. Kanalstauraum mit unten liegender Entlastung (**3.**108)

Im vereinfachten Aufteilungverfahren ist das Speichervolumen gegenüber einem Fangbecken um 50 % zu vergrößern. Die Entleerungsdauer sollte 15 h nicht überschreiten.

Nach ATV-A 128

$$\text{erf}\,V_{\text{SKU}} = 1{,}5 \cdot V_{\text{S}} \cdot A_{\text{u}} \quad \text{in m}^3$$

V_{S} ≙ spez. Speichervolumen in m³/ha, ermittelt wie für Regenüberlaufbecken, s. Bild **3.**85
A_{u} ≙ undurchlässige Fläche in ha des Einzugsgebietes

Beispiel: Kanalstauraum mit oben liegender Entlastung (**3.**107), alternativ zum Fangbecken, Gebiet 3, S. 238

$$\begin{array}{rll} A_{\text{E,bef}} = A_{\text{u}} = 10\,\text{ha} & t_{\text{f}} = 9\,\text{min} & \\ \max Q_{\text{m}} = 1730\,\text{l/s} & Q_{\text{tx}} = 7{,}34\,\text{l/s} & q_{\text{r}} = 1{,}01\,\text{l/(s}\cdot\text{ha)} \\ Q_{\text{ab}} = 15\,\text{l/s} & e_{\text{o}} = 36\% & \\ \text{nach } \mathbf{3.}85 \quad V_{\text{s}} = 30\,\text{m}^3/\text{ha} & \text{erf} = V_{\text{SKO}} = 30 \cdot 10 = 300\,\text{m}^3 & \end{array}$$

Volumenbemessung wie beim Fangbecken im Hauptschluß. Als Stauprofil gewählt zusammengesetztes Profil D 10 nach **2.**26 f mit $J_{\text{s}} = 3‰$ und $k_{\text{b}} = 1{,}5\,\text{mm}$ nach Prandtl-Colebrook

$$r = 1{,}0\,\text{m};\quad b = 2{,}0\,\text{m};\quad d_{\text{o}} = 2{,}0\,\text{m}$$

$$\text{voll}\,Q = 0{,}87 \cdot 7{,}94 = 6{,}91\,\text{m}^3/\text{s};\quad A = 2{,}933 \cdot 1{,}0^2 = 2{,}933\,\text{m}^2$$

$$\text{voll}\,v = 0{,}932 \cdot 2{,}53 = 2{,}36\,\text{m/s}.\quad Q_{\text{tx}} + Q_{\text{ab}} \text{ nur im unteren Profilbereich mit } d = 1{,}0\,\text{m:}$$

$$\frac{Q_{\text{tx}} + Q_{\text{ab}}}{\text{voll}\,Q_{\text{DN}\,1000}} = \frac{22{,}34}{1287} = 0{,}017 \rightarrow \frac{h'}{h} \cdot 100 \approx 9\%;\quad h' = 0{,}09 \cdot 100 = 9\,\text{cm};\quad A = 0{,}034\,\text{m}^2$$

Für den Stauraum steht der Querschnittsanteil $\Delta A = 2{,}933 - 0{,}034 = 2{,}9\,\text{m}^2$ zur Verfügung.

Erforderliche Stauraumlänge

$$L = \frac{300}{2{,}90} = 103{,}4$$

Der weiterführende Kanal erfordert mit $J_{\text{s}} = 3‰$, $k_{\text{b}} = 1{,}5$ mm nach Prandtl-Colebrook für $Q_{\text{t}} + Q_{\text{ab}} = 22{,}34\,\text{l/s}$ ein Kreisprofil mit $d_{\text{u}} = 0{,}25$ m.

Die Entlastung (Beckenüberlauf) liegt im oberen Bereich der Staustrecke. Die Wehroberkante liegt etwa 2,0 m (Profilhöhe) über der Kanalsohle.

Größte Stauhöhe über dem Drosselschieber

$$h\max \approx 2{,}0 + 3‰ \cdot 103{,}4 = 2{,}31\,\text{m}$$

v hinter dem Drosselschieber $= \sqrt{2g \cdot h\max}$ $\quad v = \sqrt{2g \cdot 2{,}31} = 6{,}73\,\text{m/s}$

erf Drosselquerschnitt $A_{\text{dr}} = \dfrac{Q_{\text{t}} + Q_{\text{ab}}}{\mu \cdot v}$ $\quad A_{\text{dr}} = \dfrac{0{,}0223}{0{,}6 \cdot 6{,}73} = 0{,}0055\,\text{m}^2$

($\mu \mathrel{\hat{=}}$ Abflußbeiwert für Drosselschieber)

bei Drosselschieber DN 250 mm $\quad \dfrac{A_{\text{dr}}}{A} = \dfrac{0{,}005}{0{,}049} = 0{,}102 \quad 0{,}049\,\text{m}^2 = A$ bei geöffnetem Drosselschieber.

Bei Verstopfungen muß sich Schieber automatisch öffnen.

Wehrlänge beim Beckenüberlauf mit Näherungsformel

$$\text{erf}\,l_{\text{BÜ}} = \frac{4 \cdot \max Q_{\text{BÜ}}}{d_{\text{o}}} = \frac{4(1{,}73 - 0{,}022)}{2{,}0} = 3{,}42\,\text{m}$$

gewählt $l_{\text{BÜ}} = 3{,}5\,\text{m}$

$$\max Q_{\text{BÜ}} = \max Q_{\text{m}} - Q_{\text{tx}} - Q_{\text{ab}}$$

$$\text{Überfallhöhe } h_{\text{BÜ}} = \left(\frac{\max Q_{\text{BÜ}}}{\frac{2}{3} \cdot \mu \cdot \sqrt{2g} \cdot l_{\text{BÜ}}}\right)^{2/3} = \left(\frac{1{,}73 - 0{,}022}{\frac{2}{3} \cdot 0{,}65 \cdot \sqrt{2g} \cdot 3{,}5}\right)^{2/3} = 0{,}40\,\text{m} \quad \text{nach (3.3)}$$

Wehrhöhe und Fülltiefe im oberhalb liegenden Kanal = Eiprofil 800/1200, $J_{\text{S}} = 10‰$ nach Tafel **2**.20

$$\frac{\max Q_{\text{m}}}{\text{voll}\,Q} = \frac{1730}{2285} = 0{,}757 \rightarrow \frac{h'}{h} \cdot 100 \approx 70 \qquad \text{nach Tafel } \mathbf{2}.25$$

$h' = 0{,}7 \cdot 1{,}2 = 0{,}84\,\text{m} < 2{,}0\,\text{m}$. Der Wasserspiegel dieses Kanals soll unterhalb der Überlaufkante liegen, damit der Überlauf erst nach Füllung des Stauraumes eintritt. Zweckmäßig ist ein Sohlabsturz vor dem Staukanal von $2{,}0 - 1{,}1 = 0{,}9\,\text{m}$.

Regenwasserklärbecken. Diese werden nach klärtechnischen Gesichtspunkten bemessen (Abschn. 4.1.2 und 4.4.4). Die Konstruktion entspricht den Absetzbecken der Klärangen.

3.3.4 Kreuzungsbauwerke

3.3.4.1 Düker

Wenn eine Entwässerungsleitung Wasserläufe, Untergrundbahnen, Kanäle oder andere Tiefbauten kreuzen muß und dabei die Sohllinie der Leitung nicht beibehalten werden kann, dann muß man den Kanal „dükern". In Abwasserdükern sind Sinkstoffe und fäulnisfähige Stoffe mitzuführen. Das erfordert eine größere Geschwindigkeit zur Erzielung einer guten Schleppspannung. Je größer die Fließgeschwindigkeit v, desto größer ist aber auch der Reibungsverlust h_{r}, und damit der Wasserspiegelhöhenunterschied zwischen Ober- und Unterwasser, d.h. zwischen Dükereinlauf und -auslauf. Der Bemessung eines Schmutzwasserdükers für das Trennverfahren ist der größten Schmutzwassermenge max Q_{s} die Geschwindigkeit $v = 1{,}50\,\text{m/s}$ zugrunde zu legen. Dann werden in den meisten Fällen auch in den Stunden geringen Schmutzwasseranfalles nicht zu kleine Geschwindigkeiten auftreten. Bei Regenwasserdükern des Trennverfahrens ist zu berücksichtigen, daß besonders stark wechselnde Durchflußmengen möglich sind. Bei größtem Abfluß max Q

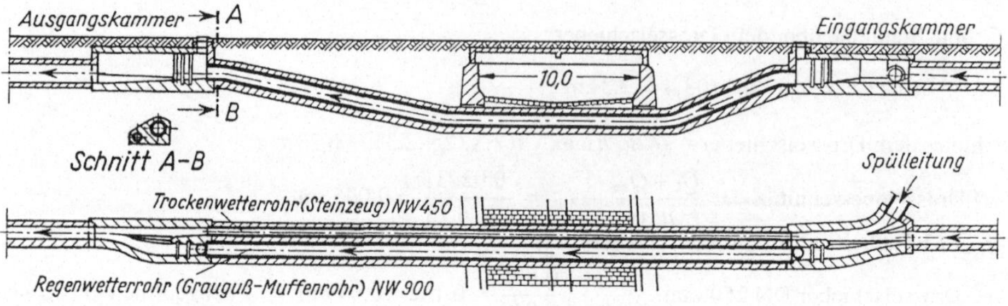

3.110 Abwasserdüker

ist eine Geschwindigkeit $v = 3{,}0$ bis 4,0 m/s vorzusehen, damit auch bei kleinen Regenfällen die Geschwindigkeiten noch so groß sind, daß sich kein Sand ablagert.

Beim Mischverfahren empfiehlt es sich, die Entwässerungsleitung bei der Dükerung in zwei oder mehr Leitungen aufzuteilen, und zwar so, daß der Trockenwetterabfluß durch ein kleines Rohr geleitet wird. Durch einen oder mehrere in dem Einlaufbauwerk nacheinander angeordnete Überfälle werden dann die Regenwassermengen einem bzw. mehreren Dükerrohren zugeführt. Denselben Zweck erreicht man, wenn die Einläufe zu den einzelnen Dükerrohren auf verschiedenen Höhen liegen (**3.**110). Auch wenn bei konstanter Wassermenge ein Rohr genügt, sollte aus Gründen der Unterhaltung und des Betriebes bei längeren Dükern ein zweites Dükerrohr angeordnet werden. Für jedes Rohr sind in der Einlauf- und Auslaufkammer Verschlüsse vorzusehen (min $d_1 = 150\,\text{mm}$).

I. allg. kann die Neigung des Dükers auf der Einlaufseite steiler sein als auf der Auslaufseite ($\leq 1:6$). Sieht man von vornherein eine regelmäßige Reinigung vor oder besteht Raummangel, so wird der absteigende Teil des Dükers senkrecht angeordnet. Größere Düker werden mit Druckluftstationen gekoppelt. Man kann dann durch Zugabe von Druckluft (Druckluftpolster über dem Wasserspiegel) den Fließquerschnitt verkleinern und damit bei kleineren Durchflußmengen die Fließgeschwindigkeit erhöhen bzw. den Düker periodisch ausblasen (vgl. Abschn. 3.3.5.8), siehe **3.**111.

Das Luftkissen-Dükersystem ermöglicht den sedimentfreien Transport von veränderlichen Ab-

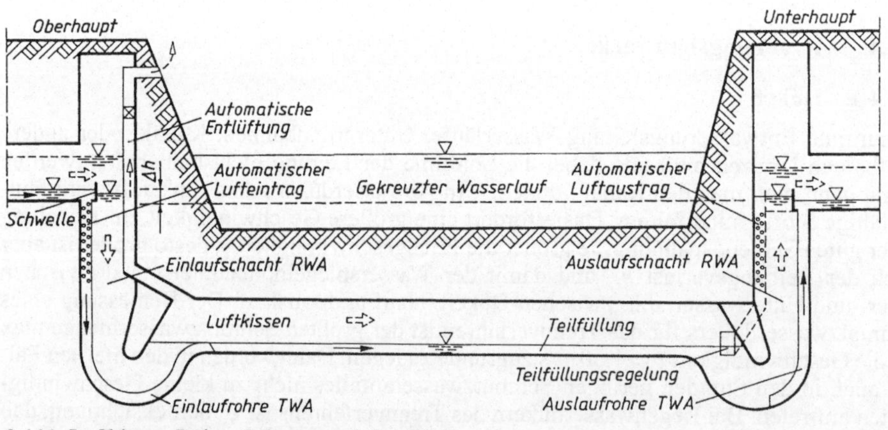

3.111 Luftkissen-Düker, Schema nach Fa. WAS

wasserströmen. Dieses Dükersystem stellt sich weitgehend automatisch auf alle vorkommenden Abflüsse ein. Durch seine einfache Technik ist es wartungsarm, betriebssicher und wirtschaftlich. Wesentliches Merkmal ist ein als teilgefüllte Druckrohrleitung betriebenes Rohr, dessen Füllungsgrad stufenlos den Wassermengen angepaßt werden kann, so daß die erforderliche Fließgeschwindigkeit für den Feststofftransport gegeben ist. Der über der Teilfüllung vorhandene Luftraum, das Luftkissen, steht der Dükertiefe entsprechend unter Überdruck. Das Luftkissen wird im Ober- und Unterhaupt durch eine nasenförmige Gerinneführung begrenzt. In den vertikalen Dükerschächten im Ober- und Unterhaupt sind gegliederte Fließquerschnitte angeordnet. Hier werden vorzugsweise bei Trockenwetterabfluß TWA Schwimm- und Feststoffe transportiert. Bei Regenwetterabfluß RWA gelangt Mischwasser über die Schwelle in den Düker. Zur Vermeidung von Rückstau in das obere Kanalsystem bei Regenwetter wird das Luftkissen durch automatische Regelung verringert und abgeblasen.

Außerdem erfolgt bei Trockenwetterabfluß ein turbulenzerzeugender Lufteintrag in die Einlaufrohre, wodurch das Luftkissen erneut aufgebaut wird. Diese Luftkissenerneuerung wird im Unterhaupt durch einen Teilfüllungs-Steuerschieber begrenzt, dessen Öffnungsmaß die gewünschte Teilfüllung bestimmt. Sobald die Soll-Teilfüllung erreicht ist, entweicht überschüssige Luft unter dem Schieber, steigt in der Wassersäule auf ins Unterhaupt. Weiterer Lufteintrag bewirkt nachfolgend einen ständigen Austauch des Luftkissens.

Baustoffe für Abwasserdüker sind hauptsächlich Grauguß, Stahl oder Stahlbeton, duktiler Guß, Faserzement oder Kunststoff. Zur Sicherung der Rohrlage werden die Dükerrohre häufig in Beton verlegt, mindestens am Ein- und Auslauf. Bei der Kreuzung von Wasserläufen wird die Rinne zur Aufnahme des Rohres in der Flußsohle so tief ausgehoben, daß darin das Dükerrohr mit $\approx$ 0,60 bis 1,00 m Überdeckung verlegt werden kann. Eine Steinschüttung als Schutz ist häufig angebracht.

Schmutzwasserdüker müssen regelmäßig gereinigt werden. Dazu können schwimmende Kugeln dienen, deren Durchmesser kleiner ist als die LW des Dükerrohres. Die Kugel wird durch den Druck des Wassers bewegt und treibt abgelagerte Stoffe vor sich her. Auch durch vorübergehenden Aufstau des ankommenden Wassers und plötzliches Freigeben läßt sich ein Wasserstoß erzeugen, der abgelagerte Stoffe mitreißt. Das Volumen einer Spülkammer soll $\geq$ 2,5fache des Dükerrohres sein.

Bauverfahren. Beim Bau von Flußdükern, dem hauptsächlichen Anwendungsgebiet, kommen folgende Bauverfahren in Frage:

1. Absenken der vormontierten (verbundenen) Dükerrohre von einem Gerüst. Die Rinne ist vorher ausgebaggert, durch Schrapperwinden hergestellt oder ausgespült (Spülbagger).

2. wie 1., jedoch Absenkung von Schwimmkranen

3. Absenken von Stahlrohren mit Kugelgelenk (Bewegungswinkel zwischen zwei Rohren) rohrweise. Das folgende Rohr *2* wird über Wasser mit dem vorigen *1* verbunden und dann die Gelenkstelle abgesenkt. Dabei wird Rohr *1* verlegt, während Rohr *2* schräg im Flußquerschnitt liegt mit dem freien Ende über Wasser. Die Montage des nächsten Rohres beginnt. Man benötigt jedoch Stahlrohre größer Länge (abhängig von der Wassertiefe). Die Schiffahrt ist kaum behindert.

4. Einschwimmen der luftgefüllten, verschlossenen, fertigen Dükerrohre und Versenken in die vorher ausgebaggerte Rinne durch Einfüllen von Wasser.

5. Einziehen des am Ufer fertig montierten Dükers durch Winden oder Zugmaschinen in die ausgebaggerte Rinne (große Montagelänge quer zum Fluß ist am Ufer erforderlich).

6. Durchpressen von Rohren (s. Abschn. 3.2.2). Eine Wasserhaltung wird entweder offen, durch Druckluft oder durch Einfrierverfahren erforderlich.

7. Einspülen der Rohre. Es müssen flexible Rohre (Kunststoff) verwendet werden. Die Rinne in der Flußsohle wird durch ein stabiles Spülgerät geöffnet, die Rohre (oft mehrere übereinander) eingezogen und durch Spülen sofort wieder geschlossen. Es sind Rohre

DN $\leq$ 300 verwendbar. Das Verfahren eignet sich besonders bei starker Strömung und rolligem Boden, wenn sich eine Baggerrinne schwer offen halten läßt (Vibro-Einspülverfahren).

8. Herstellen einer Tunnelröhre unter Druckluft und deren Ausbau. Dies ist die älteste Bauweise (s. Abschn. 3.2.2). Sie ist bei großen Profilen geeignet oder bei mehreren Dükerleitungen, die dann in dem Tunnelrohr verlegt werden.

Abwasserdüker werden oft mit anderen Dükerrohren zu einem Dükerbündel verbunden (**3.**112).

Hydraulik. Die Durchflußmenge ist

$$Q = A \cdot v \quad \text{in m}^3/\text{s} \tag{3.26}$$

$$J = \lambda \cdot \frac{1}{d} \cdot \frac{v^2}{2g} \qquad h_r = \lambda \cdot \frac{L}{d} \cdot \frac{v^2}{2g} \quad \text{für das gerade Rohr} \tag{3.27}$$

A = Querschnittsfläche des Dükerrohres in m²
v = Fließgeschwindigkeit in m/s im Düker, v_1 vor, v_2 hinter dem Düker
d = Rohrdurchmesser in m
L = Dükerlänge in m
Gl. (3.27) ist in der Tafel **2.**19 für $k_b = 1{,}5$ mm ausgewertet
λ = Reibungsbeiwert nach Prandtl-Colebrook

Alle übrigen Reibungsverluste durch Geschwindigkeitsänderung am Dükereinlauf Δv, durch Eintritt e und Austritt a des Wassers, durch Krümmer k, Schieber s und sonstige Formstücke F werden berücksichtigt durch:

$$\Sigma h_i = \Sigma \lambda_i \cdot \frac{v^2}{2g} \quad \text{und} \quad h_v = \frac{1{,}1}{2g}(v_2^2 - v_1^2) \quad \text{(bei Geschwindigkeitsänderung)} \tag{3.28}$$

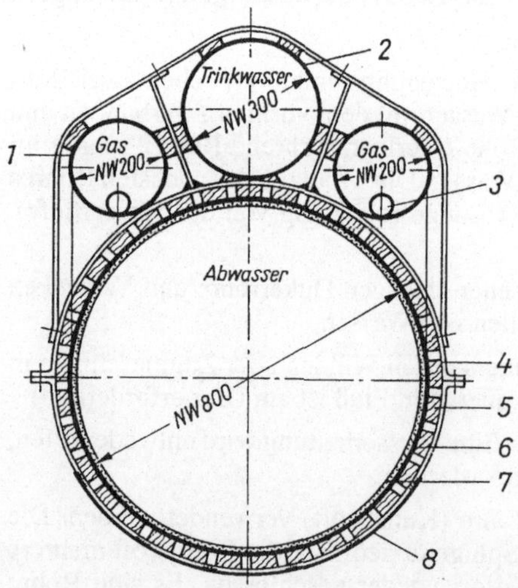

3.112
Rohrbündel eines Dükers
1 Stahlrohr, innen Leinölanstrich, außen 3,5 mm Polyethylen-Isolierung
2 nahtloses Stahlrohr, innen 5 mm Zementmörtel, außen 4,5 mm Polyethylen-Isolierung
3 Kondensammeltöpfe
4 Stahlbänder
5 Latten 2,5/5,0 cm
6 Stahlrohr
7 Zementmörtel-Auskleidung mit 2 Deckanstrichen aus Epoxyharz, außen Rostschutz-Deckanstrich aus Epoxyharz und
8 Blechhülle

Die Summe aller Verlusthöhen ergibt dann

$$h_{ges} = \left(\lambda_e + \lambda_a + \lambda_{Kr} + \lambda_F + \lambda \cdot \frac{L}{d}\right) \cdot \frac{v^2}{2g} + h_v \tag{3.29}$$

λ_e = 0,5 bei scharfer Kante, = 0,1 bis 0,01 bei Ausweitung, 0,25 bis 0,1 bei durchgehender Sohle
λ_a = 1,0 bei Austritt unter Wasser, 0 = bei freiem Austritt
λ_{Kr} = abhängig vom Krümmungsradius und vom -winkel
λ_F = abhängig vom Formstück, $\lambda_F = 0{,}22$ bis 0,09 für Schieber ohne Einschnürung
λ-Werte $\widehat{=}\,\zeta$-Werten nach Tafel **3**.34

1. Gebogene Krümmer λ_{Kr}:

Winkel	$R = d_i$	$R = 2d_i$	$R = 4d_i$
45°	0,14	0,09	0,08
90°	0,21	0,14	0,11

2. Geschweißte Krümmer (geknickte Verbindungen): λ_{Kr} mit 2 Rundnähten

$$15° = 0{,}02 \quad 30° = 0{,}1 \quad 45° = 0{,}15 \quad 60° = 0{,}4 \quad 90° = 1{,}0$$

Beispiel: Eine Schmutzwasserleitung mit $J = 1:500$, max $Q_s = 110$ l/s und Eiquerschnitt 500/750 ist auf $L = 50$ m Länge zu dükern. Die Sohlenhöhe der Entwässerungsleitung liegt am Dükereinlauf auf +30,00 m üNN, am Dükerauslauf auf +29,90 m üNN, der Scheitel am Einlauf +30,75 m üNN. Der Düker ist aus Stahlrohren zu bauen; er hat einen 30°- und einen 45°-Krümmer

1. Welche lichte Weite muß der Düker haben?
2. Welcher Aufstau des Wasserspiegels in der Zulaufleitung ergibt sich dann bei größter und bei mittlerer Wasserführung?
3. Welche Füllhöhe ergibt sich bei dem geringsten SW-Abfluß min $Q = 42$ l/s?

Zu 1. Da für den Größtabfluß im Düker die Geschwindigkeit $v = 1{,}50$ m/s gewählt werden kann, ergibt sich ein kreisförmiger Dükerquerschnitt mit

$$A = \frac{0{,}11}{1{,}5} = 0{,}073\,\text{m}^2 \quad \text{und} \quad d = 1{,}13\sqrt{0{,}073} = 0{,}305\,\text{m}$$

Gewählt wird ein Stahlrohr DN 300 mit $A = 0{,}0707$ m^2.

Zu 2. Der Aufstau des Wasserspiegels vor dem Düker muß einen so großen hydraulischen Druck erzeugen, daß die Reibungsverluste h_{ges} im Düker ausgeglichen werden. Reibungsverluste im geraden Rohr h_r:

$$J = 1:80 \quad \text{voll}\,v = 1{,}55\,\text{m/s} \qquad \text{nach Tafel } \mathbf{2}.19$$

$$h_r = J \cdot L = \frac{1}{80} \cdot 50 = 0{,}625\,\text{m} \qquad \text{nach Gl. (3.27)} \tag{3.30}$$

Profilberechnung des Eiprofils: Die Füllhöhe h' im Ei-Querschnitt 500/750 vor bzw. hinter dem Düker bei $Q = 110$ l/s und $J = 1:500$ beträgt nach Tafel **2**.19 und **2**.25 mit

$$\text{voll}\,Q = 0{,}271\,\text{m}^3/\text{s} \quad \text{voll}\,v = 0{,}94\,\text{m/s} \quad \frac{\text{vorh}\,Q}{\text{voll}\,Q} = \frac{0{,}110}{0{,}271} = 0{,}406$$

$$\frac{h}{h'} = 0{,}49 \quad \text{und} \quad \frac{\text{vorh}\,v}{\text{voll}\,v} = 0{,}95$$

$$h' = 0{,}49 \cdot 0{,}75 = 0{,}37 \qquad \text{vorh}\,v = 0{,}95 \cdot 0{,}94 = 0{,}89\,\text{m/s}$$

$$h_v = \frac{1{,}1}{19{,}62}(0{,}89^2 - 0{,}89^2) = 0\,\text{m}, v_2 = v_1 \qquad \text{nach (3.28)}$$

$$\Sigma h_i = (\lambda_e + \lambda_{\text{Kr}\,30} + \lambda_{\text{Kr}\,45}) \cdot \frac{v^2}{2g} \qquad \text{nach Gl. (3.29)}$$

$$= (0{,}1 + 0{,}1 + 0{,}15) \cdot \frac{1{,}55^2}{19{,}62} = 0{,}043 \approx 0{,}05\,\text{m}$$

Gesamtverlusthöhe im Düker

$$h_{\text{ges}} = h_r + h_v + \Sigma h_i \qquad h_{\text{ges}} = 0{,}625 + 0 + 0{,}05 = 0{,}675\,\text{m} \approx 0{,}68\,\text{m}$$

Der Wasserspiegel am Dükerauslauf stellt sich also auf $29{,}90 + 0{,}37 = 30{,}27$ m üNN ein. Wenn die volle Verlusthöhe von 0,68 m geodätisch zur Verfügung stünde, ergäbe sich vor dem Dükereinlauf ebenfalls eine Füllhöhe von 0,37 m. Hier muß sich jedoch der Wasserspiegel wegen des nötigen hydraulischen Überdrucks auf $30{,}27 + 0{,}68 = 30{,}95$ m üNN aufstauen. Der Scheitel des Rohres auf +30,75 m üNN wird also um $30{,}95 - 30{,}75 = 0{,}20$ m überstaut.

Zu 3. Es sei der Fall des geringsten SW-Abflusses mit min $Q_s = 42$ l/s untersucht. Die Geschwindigkeit im Düker beträgt jetzt

$$v = \frac{Q}{A} = \frac{0{,}042}{0{,}0707} = 0{,}6\,\text{m/s}$$

Die Reibungsverluste ergeben sich zu

$$J = 1 : 535 \quad \text{voll}\, v = 0{,}6 \text{ m/s nach Tafel } \mathbf{2}.19$$

$$h_r = J \cdot L = \frac{1}{535} \cdot 50 = 0{,}093\,\text{m}$$

Profilberechnung des Eiprofils

$$\frac{\text{vorh}\, Q}{\text{voll}\, Q} = \frac{0{,}042}{0{,}271} = 0{,}155 \quad \text{und} \quad \frac{h'}{h} = 0{,}295 \quad \frac{\text{vorh}\, v}{\text{voll}\, v} = 0{,}77 \text{ nach Tafel } \mathbf{2}.25$$

$$h' = 0{,}295 \cdot 0{,}75 = 0{,}22 \text{ m} \quad \text{vorh}\, v = 0{,}77 \cdot 0{,}94 = 0{,}723\,\text{m/s} \quad h_v = 0, \text{ da } v_1 = v_2$$

$$\Sigma h_i = (0{,}1 + 0{,}1 + 0{,}15)\frac{0{,}61^2}{19{,}62} = 0{,}0066\,\text{m}$$

$$h_{\text{ges}} = 0{,}093 + 0 + 0{,}0066 \approx 0{,}10\,\text{m}$$

Der Wasserspiegel am Dükerauslauf stellt sich auf $29{,}90 + 0{,}22 = 30{,}12$ m üNN ein, während der Wasserspiegel vor dem Düker ohne Stau auf $30{,}00 + 0{,}22 = 30{,}22$ m üNN stehen würde. Der Reibungsverlust im Düker $h_{\text{ges}} \approx 10$ cm entspricht etwa dem geodätischen Höhenunterschied der beiden Wasserspiegel von 10 cm.

Sind bei einem Dükerbau die anschließenden Leitungsstrecken noch nicht vorhanden und hat man die Möglichkeit, deren Höhen- und Gefällverhältnisse zu bestimmen, dann wird man diese und den Düker so bemessen, daß kein Rückstau auftritt. Bei Mischwasserdükern unter Flußläufen wird man häufig vor dem Dükereinlauf eine Entlastung durch Regenwasser-Überlaufbauwerke vorsehen, um die Abmessungen des Dükers zu verringern.

3.3.4.2 Heber

Ein Heber ist eine geschlossene Leitung, die einen höher gelegenen Wasserspiegel mit einem tiefer gelegenen verbindet. Dabei liegt der Scheitel der Leitung höher als die obere Wasserspiegellinie. Der Höhenunterschied der zu verbindenden Wasserspiegel muß jedoch mindestens so groß sein wie die durch die Bewegung des Wassers in der Heberleitung verbrauchte Reibungshöhe. Die größte Hubhöhe h = Höhenunterschied zwischen dem Ausgangwasserspiegel und dem höchsten Punkt der Heberleitung ist durch den Luftdruck bestimmt. Sie beträgt zwar theoretische 10,33 m, praktisch wird man jedoch weit darunter bleiben müssen. Zum Anspringen eines Hebers muß entweder ein Unterdruck (Evakuierungsanlage, Vakuumpumpe) erzeugt werden, oder der Heber muß zunächst im freien Zulauf anlaufen und später erst mit Unterdruck gefahren werden. Für Abwasseranlagen sollte man wegen der mitgeführten Schmutzstoffe Heber vermeiden.

3.3.4.3 Rohrbrücken

Rohrbrücken mit der alleinigen Aufgabe der Wasserüberführung sollten nur über Geländemulden gebaut werden. Man kann Rohre aus Stahl oder Stahlbeton verwenden. Stahlbetonrohre (nach Abschn. 3.1.4) werden aus statischen Gründen etwa bei $1/5\ L$ unterstützt. Als Rohrverbindung wählt man Muffen mit Roll- oder Quetschgummidichtung (elastisch). Die Stützen haben oben Gabeln zur Rohrlagerung. In Abständen sind zwei Schrägstützen (Stützenjoch) zu setzen, um horizontale Kräfte aufzunehmen (**3**.113). In bebauten Gegenden sollte man diese Nur-Rohrbrücken vermeiden.

Kasten- oder Rohrprofile können jedoch auch als Tragkonstruktion für Fußgängerbrücken

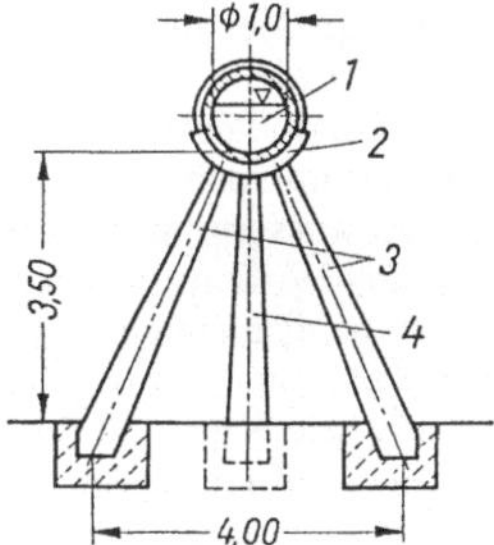

3.113 Rohrbrücke auf Sattelstützen

1 Stahlbetonrohr
2 Gabel (Rüttelbeton)
3 Doppelstütze (Schleuderbeton)
4 Einzelstütze (Schleuderbeton)

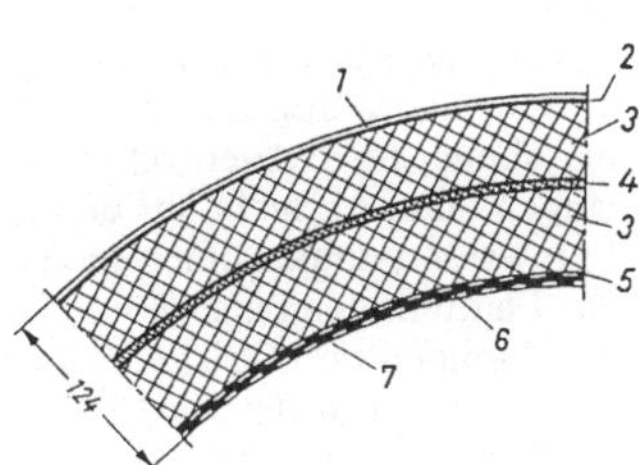

3.114 Isolierung des Stahlrohres einer Rohrbrücke

1 Stahlband □ 50/5 im Abstand von 80 cm
2 Schutzmantel, Zinkblech $d = 1$ mm zweimal mit Bitumen gestrichen
3 Korkplatten 200/300/50 mm getränkt
4 Korksteinkitt
5 Außenschutz: bituminierte Binden
6 Stahlrohr DN 600, $d = 10$ mm
7 Innenschutz: Kunststoffbeschichtung

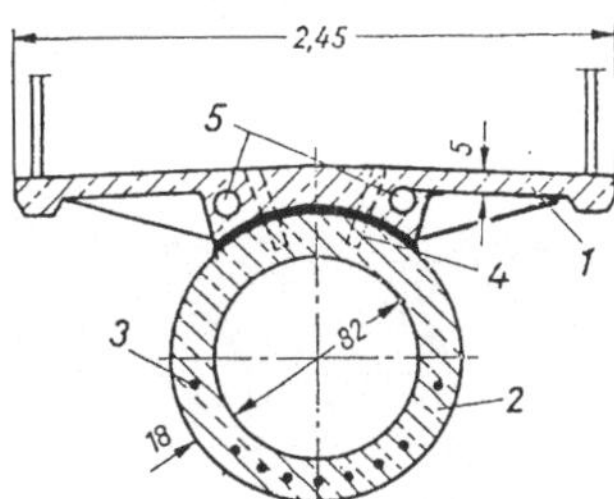

3.115 Fußgängerbrücke als Rohrbrücke in Baiersbronn (Schwarzwald)

1 Stahlbetonplatte
2 Spannbetonrohr (Bauart Züblin)
3 Spannglieder
4 Bolzen ∅14 aus V2A-Stahl
5 Kabelkanäle

o.ä. dienen. Man kombiniert die Aufgabe einer Abwasserleitung mit der einer Brücke (**3**.115). Die Isolierung eines Stahlrohres zeigt **3**.114.

Eine dritte Möglichkeit ist das Anhängen von Rohren an Brücken.

Beiderseits einer Rohrbrücke sind in jedem Fall zur Überwachung und Reinigung des Rohrabschnitts Einsteigschächte anzulegen.

3.3.4.4 Bahnkreuzungen

Unterführungen von Kanälen durch Bahnanlagen sind am besten im Vorpreßverfahren (s. Abschn. 3.2.2.2) herzustellen. Man kann auch stählerne Mantelrohre durchpressen und dann das eigentliche Kanalrohr einziehen. Beiderseits der Bahnkreuzung sind außerhalb der Bodendrucklinien des Bahnkörpers Einsteigschächte zur Überwachung und Reinigung des Kanals anzulegen (siehe auch Arbeitsblatt W 305-DVGW und Richtlinien der Deutschen Bundesbahn über Kreuzungen von Wasserleitungen mit DB-Gelände (WasserleitungskrRichtl.), und ATV-H 164).

3.3.5 Abwasserhebung

3.3.5.1 Pumpen und Antriebsmaschinen

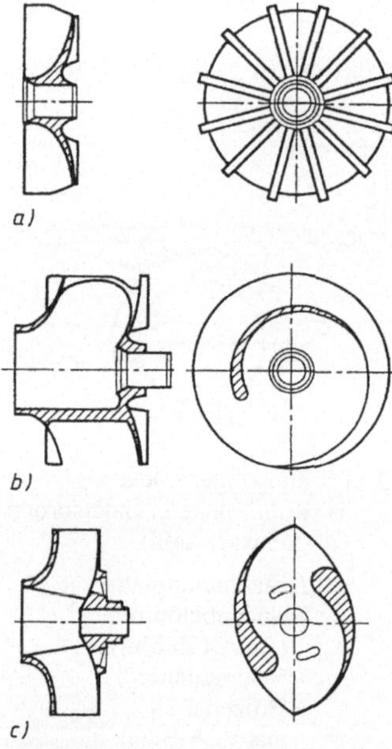

3.116
Laufradformen von Abwasserpumpen
a) Freistromrad
b) Einschaufelrad (Einkanalrad)
c) Zweikanalrad (Dreikanalrad, Schraubenrad)

Man unterscheidet zwischen Heben mit Druckluft und Heben durch eine Fördermaschine (Pumpen, Schnecken). Als Abwasserpumpen waren früher wegen ihrer Unempfindlichkeit und ihres guten Wirkungsgrades meist Kolbenpumpen in Gebrauch. Heute hat die Kreiselpumpe bei der normalen Abwasserförderung den Vorzug, weil sie wenig Raum fordert, geringe Anschaffungs- und Unterhaltungskosten verursacht und durch die direkte Kupplung mit den Antriebsmaschinen im Betrieb billiger wird. Abwasserpumpen verlangen unter Verzicht auf den gewohnten Wirkungsgrad der Reinwasserpumpen einen großen Durchgangsquerschnitt für das Laufrad; denn als Verunreinigungen können Sperrstoffe, wie Lumpen und Stricke, Schwerstoffe, wie Kies und Steine, Schwimmstoffe wie Öl und Fäkalien auftreten. Bei gewerblichem Abwasser kommt noch die chemische Aggressivität hinzu. Kanalrad-Kreiselpumpen und Freistromräder erfüllen am besten die Forderungen der Abwassererhebung mit großem Durchgang. Bei normalem häuslichen Abwasser sind Rechen bereits entbehrlich, wenn der Pumpendurchgang $\geq$ 100 mm ist. Die Laufradweite muß dann der Nennweite von Saug- und Druckstutzen entsprechen. In Bild **3**.116b ist ein abgeschirmtes, geschlossenes Einkanalrad dargestellt. Der Wasserstrom wird ungeteilt durch das Laufrad (Einkanal-) geleitet. Dieses hat zwei Aufgaben. Einmal soll der Wasserstrom aus der zentralen Zufließrichtung in die tangentiale Abgangsrichtung umgeleitet werden. Zum anderen muß der Wasserstrom die nötige Zentrifugalbeschleunigung bekommen, um die im Druckrohr vorhandene Wassersäule weiterbewegen zu können. Die Pumpe hat je einen Reinigungsdeckel am Gehäuse und am Saugstück; das Laufrad ist beidseitig durch Dichtungsringe abgedichtet(s. auch Bild **3**.117). Die Stopfbüchse besitzt eine Sperrung zum Anschluß von Sperrwasser oder Fett. Diese Pumpenart kann mit 1-, 2- (**3.**116c) oder 3-Kanalrädern ausgerüstet werden (Teilung des Wasserstroms in 1, 2 oder 3 Teile). Nicht abgeschirmte Laufräder haben weniger Randscheibenreibung und kleineren Rotationsschub. Sie sind für breiige Flüssigkeiten und Schlamm mit sandigen Beimengungen geeignet. Abgeschirmte Laufräder haben Randschei-

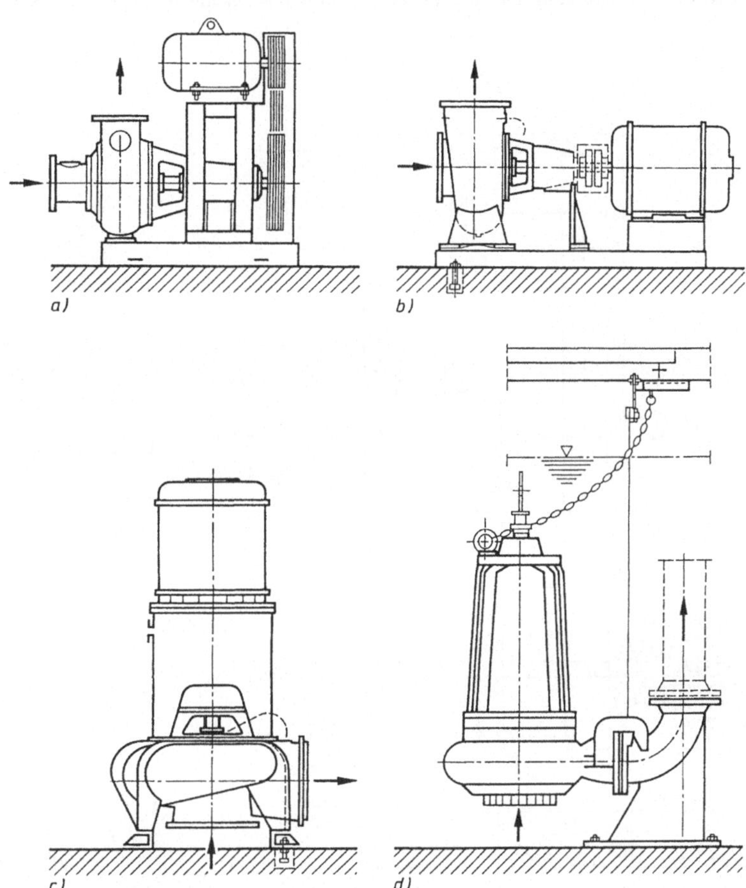

3.117 Pumpenbauarten zur Abwasserförderung (*V* = Vorteile, *N* = Nachteile)
a) Horizontal aufgestellte Kreiselpumpe mit aufgeständertem Motor. Geringer Grundflächenbedarf, gewünschte Pumpendrehzahl durch Übersetzung mittels Riementrieb herstellbar (Leistungsveränderung möglich). Gute Kontrollmöglichkeiten (*V*)
Laufräder: Überwiegend Einschaufelrad, Zwei- und Dreikanalrad, Freistromrad, Glockenrad. Trockenaufstellung
b) Horizontal aufgestellte Kreiselpumpe. Motor und Pumpe direkt gekoppelt. Kurze Reparaturzeiten, gute Kontrollmöglichkeit aller rotierenden Teile (*V*)
Baulänge bestimmt Breite des Tiefbauteils der Pumpstation, durch starre Kupplung nur mit Asynchrondrehzahlen zu betreiben (*N*)
Laufräder: Überwiegend für Zwei- und Dreikanalrad, Glockenrad, Freistromrad.
Trockenaufstellung

ben und sind besonders für die Förderung von Rohabwasser geeignet. Sie sind gegen Faserstoffe gut geschützt. Bei der Förderung von vorgereinigtem Abwasser (durch Rechen, Sandfang, Siebkessel und evtl. kleine Absetzbecken in Form vergrößerter Pumpensümpfe) verwendet man Kanalräder mit mehreren Durchgängen oder Laufradformen mit flacherer Kennlinie und höherem Wirkungsgrad. Die steilere Pumpen-Kennlinie in Verbindung mit einer flachen Rohrkennlinie macht den Einsatz bei Parallelbetrieb mehrerer Pumpen wirtschaftlich. Ebenso kann man bei vorgereinig-

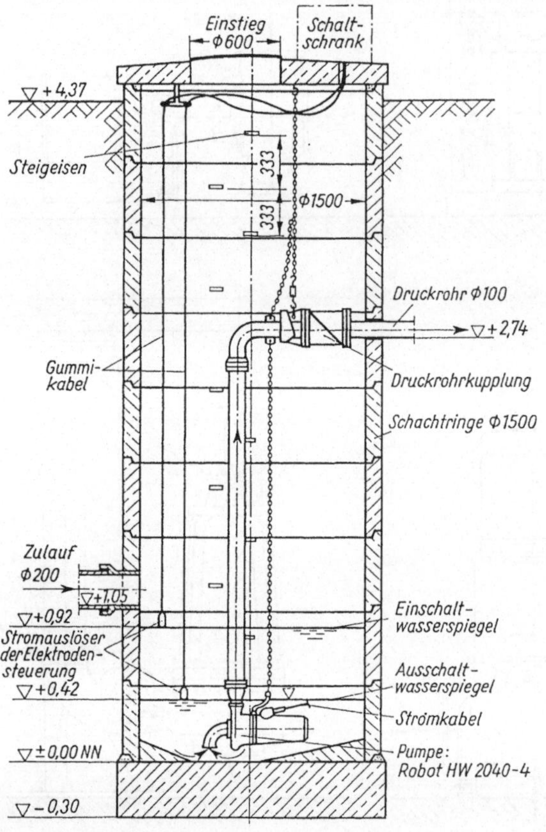

3.118
SW-Tauchmotorpumpstation für ein Wochenendhausgebiet, Längsschnitt

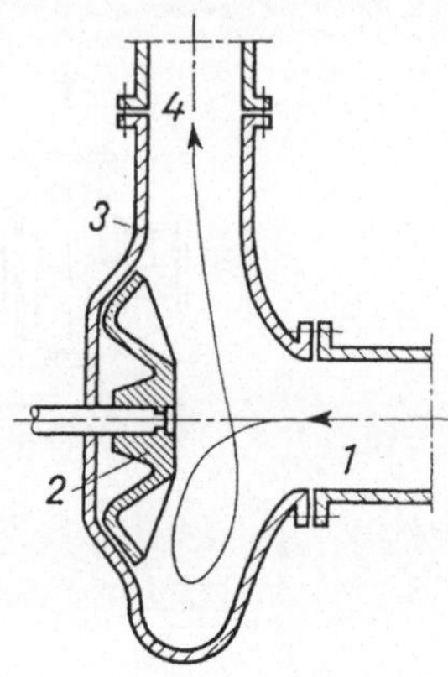

3.119 Schnitt durch Freistrompumpe (schematisch)
1 Zufluß *3* Gehäuse
2 Wirbelrad *4* Druckrohr

Fortsetzung Legende **3.**117

c) Vertikal aufgestellte Kreiselpumpe mit direkt aufgesetztem Motor.
Geringer Grundflächenbedarf, durch vertikale Aufstellung gute Montagemöglichkeiten, gute Kontrollmöglichkeiten (*V*)
Für Demontage des Laufrades müssen Motor und Laterne demontiert werden (*N*)
Laufräder: Einschaufelrad, Zwei- und Mehrkanalrad, Glockenrad, Freistromrad.
Trockenaufstellung

d) Vertikal aufgestellte Tauchmotorpumpe.
Überflutungssicher, kompakte Bauweise (Block-), große Typenauswahl, Leistungsanpassung durch Austausch des Aggregats (*V*). Keine Sichtkontrolle für Drehrichtung und Wellenabdichtung, nur bedingt trocken (*N*)
Laufräder: Einschaufelrad, Zweikanalrad, Freistromrad, Zerkleinerungsrad
Meist Naßaufstellung

tem Abwasser erwägen, ob die Pumpe nicht selbstansaugend aufgestellt werden kann (Baukostenersparnis, weil der Pumpenraum flach unter- oder oberhalb der Geländeoberfläche liegt). Bei Tauchmotorpumpen bilden Kanalradpumpe und Motor einen Tauchkörper, der im Abwasser steht oder hängt (**3**.118). Sie können absolut betriebssicher hergestellt werden und haben sich bei vielen Anlagen, auch als Baustellenpumpen, gut bewährt. Bei den Wirbelrad- oder Freistrompumpen ist das Laufrad durch ein Freistromrad (**3**.116a) ersetzt; Verstopfungen können nicht auftreten, da das Abwasser dieses nicht durchfließt. Das Freistromrad erzeugt durch höhere Drehzahl einen rotierenden Förderstrom (**3**.119), der das Abwasser in das tangential abgehende Druckrohr drückt. Eine Förderhöhe bis zu 100 m kann erreicht werden. Zerkleinerungspumpen haben meist ein Freistromrad mit davorgesetztem entweder rotierendem Schneidrohr oder mit dem Gehäuse festverbundenem, verstellbarem Messer.

Schneckenhebewerke (**3**.120) sind für geringe Förderhöhen und -längen sowie für große Wassermengen und stark verschmutztes Abwasser besonders geeignet. Wesentlicher Bestandteil ist eine langsam laufende Förderschnecke von 40 bis 2000 l/s Leistung. Sie läuft in einem Trog aus Stahlblech oder Beton. Das Abwasser wird in dünner Schicht auf den Spiralflächen der Schnecke nach oben geschraubt. Bei Förderhöhen $\geq$ 4 bis 7 m schaltet man zwei Schnecken hintereinander Der Antrieb liegt oben und ist durch Untersetzungs- oder auch Winkelgetriebe mit der Schnecke gekoppelt. Die Drehzahlen der Schnecke betragen 20 bis 85 U/min. Die Motordrehzahlen liegen bei 1000 bis 1400 U/min. Der Fuß taucht nur wenig in das Abwasser ein. Die Anlage wird durch Elektroden automatisch gesteuert. Schnecken eignen sich auch sehr gut zur Schlammförderung. Die Wirkungsgrade für das Gesamtaggregat liegen bei 60 bis 70 %. Schneckenhebewerke werden in Kläranlagen häufig zur Abwasser- und Schlammhebung eingesetzt. Bei der Sanierung des Tegernsees (Bayern) hat man in die SW-Ringleitung in Abständen Schneckenhebewerke eingeschaltet, um wieder auf normale Kanaltiefen zurückzugelangen.

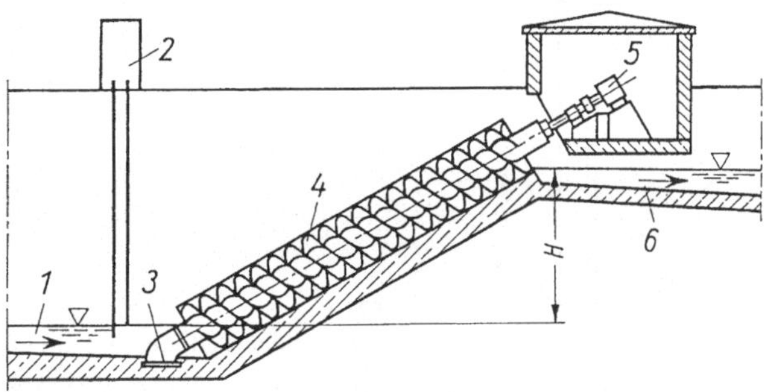

3.120 Schneckenhebewerk

1 Zulauf
2 Elektrodensteuerung
3 Fußlagerung
4 Schnecke
5 Motor
6 Ablauf
H Förderhöhe

Ein besonderes Problem bildet die Förderung von Regenwasser. Die Regenwettermenge ist erheblich größer als die Trockenwettermenge. Beim Mischsystem kann diese $\leq$ 2% des Regenwetterabflusses betragen. Regenwasserpumpen werden jedoch nur zeitweise (30 bis 60 Tage/Jahr) eingesetzt, während Schmutzwasserpumpen durchgehend fördern. Die Anforderungen an RW-Pumpen lassen sich mit großer Leistung bei verhältnismäßig kleinen Förderhöhen umreißen. Als Laufräder verwendet man Propeller- oder Schraubenräder. Sie haben eine hohe Drehzahl. Man stellt die Pumpen in vertikaler Naßaufstellung auf (**3**.121).

Bemerkenswert sind Abwasser- und Regenwasserhebewerke mit stufenlos selbstregulierendem Förderstrom nach Stähle Prerotations-System (**3**.122).

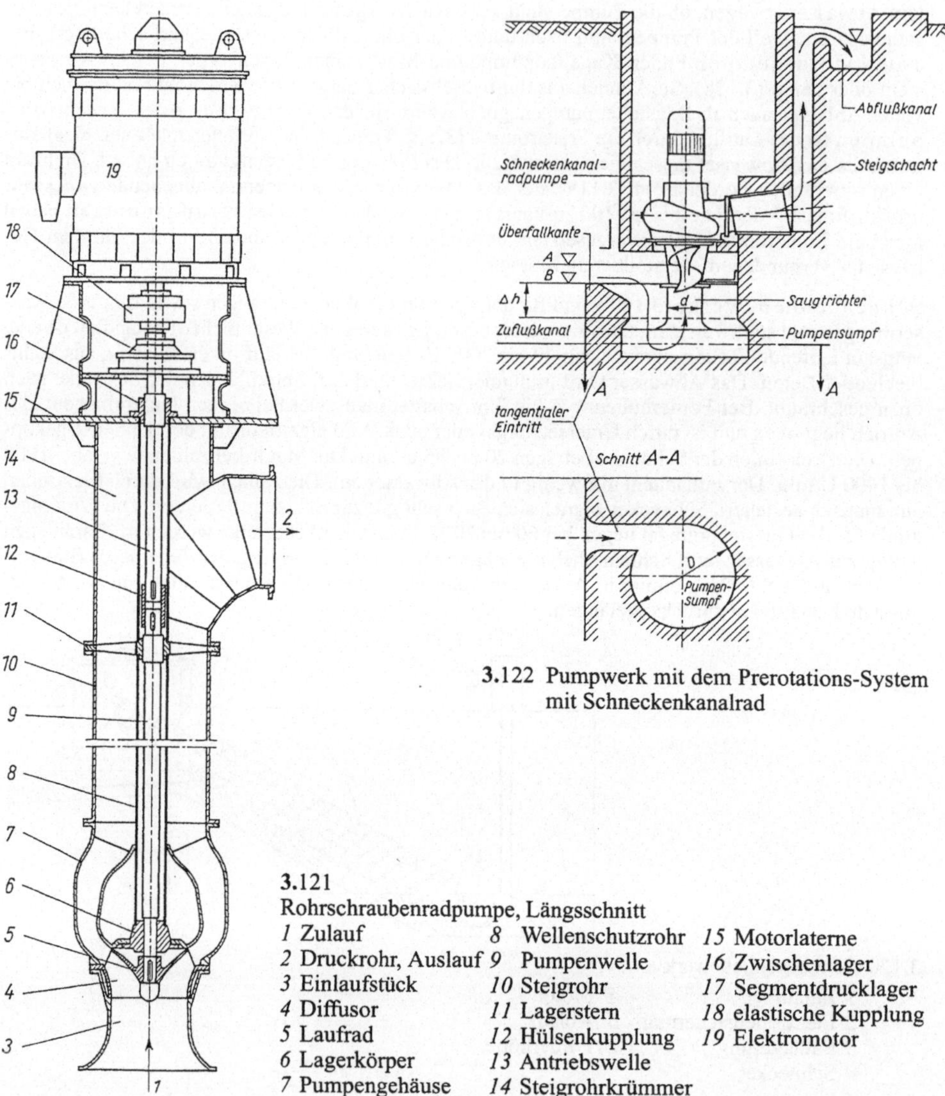

3.122 Pumpwerk mit dem Prerotations-System mit Schneckenkanalrad

3.121
Rohrschraubenradpumpe, Längsschnitt

1 Zulauf
2 Druckrohr, Auslauf
3 Einlaufstück
4 Diffusor
5 Laufrad
6 Lagerkörper
7 Pumpengehäuse
8 Wellenschutzrohr
9 Pumpenwelle
10 Steigrohr
11 Lagerstern
12 Hülsenkupplung
13 Antriebswelle
14 Steigrohrkrümmer
15 Motorlaterne
16 Zwischenlager
17 Segmentdrucklager
18 elastische Kupplung
19 Elektromotor

Eine vertikal aufgestellte Abwasserpumpe mit dem Schneckenkanalrad taucht in einen Pumpensumpf. Das Abwasser kann bei Normalförderstrom unbeeinflußt zufließen, bei sinkendem Zuflußstrom erfolgt eine geringe Niveausenkung und gleichzeitig durch die Form des Pumpensumpfes eine Vordrallbewegung (Prerotation) im Drehsinne des Pumpenrades. Dadurch verringert sich der Pumpenförderstrom. Er paßt sich dem Zufluß an.

In Bild 3.122 fließt Wasser auf Niveau *A* durch eine konzentrisch zur Pumpenachse ausgebildeten zylindrischen Pumpensumpf in den Saugtrichter. Es wird durch die Pumpe in den Steigschacht und den Abflußkanal oder in ein Druckrohr gefördert. Der Förderstrom entspricht der Pumpencharakteristik.

Ist der Zufluß geringer als der Normalförderstrom der Pumpe, so sinkt das Niveau im Zuflußkanal auf Niveau *B*, wobei das Wasser über die Überfallkante in den Pumpensumpf fällt.

Durch den Normalförderstrom der Pumpe senkt sich der Wasserspiegel im Pumpensumpf, so daß ein Niveauunterschied Δh zwischen Zuflußkanal und Pumpensumpf entsteht. Dadurch fließt Wasser durch einen tangentialen Eintritt in Richtung des gestrichelten Pfeiles vom Zuflußkanal in den Pumpensumpf mit einer Geschwindigkeit von annähernd $v = \sqrt{\Delta h \cdot 2g}$. Im Pumpensumpf entsteht eine Drallbewegung mit etwa der gleichen Umfangsgeschwindigkeit an der Zylinderwand. Am Saugtrichter herrscht eine Rotationsgeschwindigkeit

$$v_R = \frac{\sqrt{\Delta h \cdot 2g \cdot D}}{d} \quad \text{in m/s}$$

im Drehsinn des Schneckenkanalrades. Die Relativgeschwindigkeit des Schneckenkanalrades zur Rotationsgeschwindigkeit des Wassers verringert sich und der Förderstrom der Pumpe, wie auch ihre Leistungsaufnahme, sinken.

Bei rechenlosen Abwasserpumpen wird die Schneckenkanalradpumpe besonders bei Textilien und Dickstoffen aller Art eingesetzt. Der Prerotations-Pumpensumpf ist dann als offener Kanal ausgebildet.

Bei der Schlammförderung verwendet man vorwiegend Freistromrad- oder Einkanalradpumpen. Bei Faulschlamm (Schlamm aus den Faulbehältern) kann mit einem Nachentgasen gerechnet werden, so daß sich im Laufrad Gasblasen bilden, die den Förderstrom unterbrechen. Man verwendet die horizontale Aufstellung mit oben offenen Laufrädern. Das Gas kann dann über ein Entlüftungsrohr am Saugstutzen entweichen. Zur Schlammförderung werden auch Kolbenmembran-Pumpen verwendet. Sie sind selbstansaugend und haben keine Stopfbuchse. Das Fördergut gelangt nicht wie bei den Kolbenpumpen früherer Bauart in den Arbeitsraum des Zylinders, sondern wird durch eine Membrane aus beständigem Werkstoff (Gummi oder Kunststoff) von diesem ferngehalten. Der Zylinder-Arbeitsraum ist mit Öl oder Reinwasser gefüllt. Die Membrane überträgt die Kolbenbewegung und damit die Druckveränderungen auf die Förderflüssigkeit. Es ist möglich, auf große Förderhöhen zu pumpen. Die Fördermenge kann durch Verstellen des Kolbenhubes während des Betriebes (mit Handrad) verändert werden. Schließlich sei die Gruppe der rotierenden Verdrängerpumpen (Mohno-Pumpen) erwähnt. Sie wirken selbstansaugend bis zu 8 m Höhe, fördern bis auf 150 m Druckhöhe und Fördermengen bis 350 m^3/h (**3**.123). Die Drehzahl kann geregelt werden. Das Fördergut wird durch einen wulstförmigen rotierenden Verdränger kontinuierlich bis in das Druckrohr (*2*) gefördert. Die Pumpen können hochviskose Schlämme mit einem Feststoffgehalt bis zu 40 % fördern.

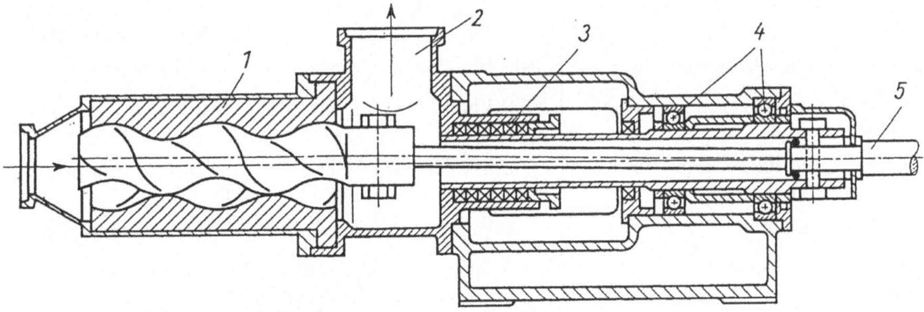

3.123 Verdrängerpumpe (Mohno-Pumpe), Längsschnitt
1 Stator
2 Druckrohr
3 Stopfbüchse
4 Kugellager
5 Antriebswelle

Wenn Abwasser oder Schlamm mit hohem Gehalt an Schmutzstoffen oder Sand aus tiefen Schächten, Sandfang- oder Schlammtrichter gefördert werden soll, werden Drucklufttheber (Mammutpumpen) verwendet (**3**.124). Vor der Förderung wird der Pumpenfuß (*5*) durch Druckwasser (*3*) freigespült. Dann wird durch Rohr (*2*) von einem Gebläse (*1*) Druckluft (3 bis 5 bar) in den Pumpenfuß (*5*) gegeben. Diese Druckluft mischt sich mit Wasser im Förderrohr (*4*) und verringert hier das spezifische Gewicht. Der Gegendruck der Wasserfüllung im Silo auf die Mündung des Förderrohres ist so groß, daß das Wasser-Sand-Luft-Gemisch im Förderrohr über die Wasserspiegelhöhe im Sandsilo hinaussteigt. Dieses Maß nennt man die Förderhöhe. Je nachdem wieviel Luft (*2*) eingegeben wird, läßt sich die Höhe der Förderung über den Wasserspiegel hinaus beeinflussen.

Förderhöhe + Eintauchtiefe = Höhe von Einlauf bis Auslauf des Förderrohres. Der Wirkungsgrad ist gering.

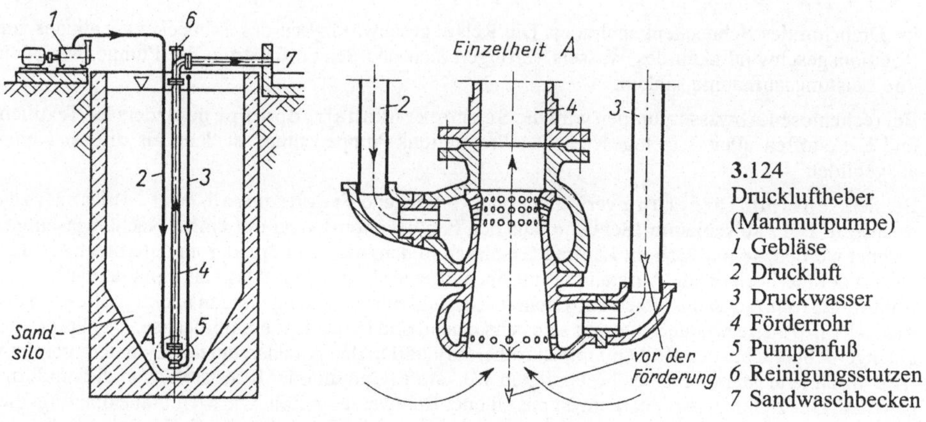

3.124 Drucklufttheber (Mammutpumpe)
1 Gebläse
2 Druckluft
3 Druckwasser
4 Förderrohr
5 Pumpenfuß
6 Reinigungsstutzen
7 Sandwaschbecken

Tafel **3**.32 Anwendungsbereiche von Abwasserpumpen

Abwasserbeschaffenheit/ Fördergut	Förderstrom in l/s	Förderhöhe in m	Pumpentyp
stark verunreinigtes Abwasser mit hohem Faserstoffgehalt, Schlamm	15 bis 300	5 bis 150	Freistrompumpe, Einkanalradpumpe
normal verunreinigtes Abwasser, Schlamm	50 bis 1000	5 bis 50	Zwei- und Dreikanalradpumpe
grob vorgereinigtes Abwasser	500 bis 2 500	5 bis 30	Schraubenradpumpe
Regenwasser und vorgereinigtes Abwasser	1000 bis 10 000	8 bis 30	Rohrschraubenpumpe
Regenwasser und stark verdünntes bzw. vorgereinigtes Abwasser	500 bis 10 000	5 bis 25	Propellerpumpe
eingedickter Schlamm	0 bis 100	0 bis 150	Verdrängerpumpe
vorgereinigtes Abwasser mit Sinkstoffen	0 bis 75	2/3 der Eintauchtiefe	Drucklufttheber

Die Eintauchtiefe des Förderrohres soll mindestens das 1,5fache der Förderhöhe betragen. Mammutpumpen fördern alle Stoffe, welche der Querschnitt des Förderrohres hindurchläßt. Das Förderrohr muß in einen offenen Behälter ausmünden, damit die Luft entweichen kann. Die Leistung der Mammutpumpe beträgt 0,5 bis 75 l/s auf 15 m Förderhöhe bei stark verschmutztem Abwasser.

Antriebsmaschinen sind hauptsächlich Elektromotoren. Sie haben Drehzahlen von ≈ 485 bis 2850 U/min und werden direkt mit der Welle der Kreiselpumpe gekoppelt oder über einen Keilriemen angeschlossen. Sie brauchen nur wenig Wartung, erfordern aber Niederspannung und damit eine Umspannanlage. Drehzahlregelung ist bei den üblichen Drehstrommotoren schlecht möglich, wird aber in besonderen Fällen zur Anpassung an wechselnde Fördermengen vorgenommen. Sie werden durch einen Motorschutzschalter (Schütz) eingeschaltet.

Dieselmotoren sind von der Stromzufuhr unabhängig und werden oft als Notaggregat verwendet. Sie haben Drehzahlen von 500 bis 1500 U/min und werden durch Riemen- oder Zahnradgetriebe mit den Pumpen verbunden. Sie müssen regelmäßig gewartet und mit Treibstoff versorgt werden.

Gasmotoren werden zur energiemäßigen Ausnutzung des Faulgases auf Kläranlagen eingesetzt. Dieses Gas hat einen Heizwert von ≈ 25 000 kJ/m^3. Von den Gasmotoren können Generatoren zur Stromerzeugung, Pumpen oder Gebläse (zur Drucklufterzeugung) angetrieben werden. Ihre Drehzahlen liegen zwischen 400 bis 1800 U/min. Man setzt zwei Typen ein. Otto-Gasmotoren sind ohne flüssigen Kraftstoff zu betreiben. Das Gas-Luft-Gemisch wird in den Zylindern verdichtet, die Zündung wird durch eine Zündkerze zeitlich gesteuert. Bei mangelnder oder ausbleibender Gaszufuhr aus dem Faulraum muß auf elektrischen Strom oder Stadtgas zurückgegriffen werden. Diesel-Gasmotoren werden ebenfalls mit einem Gemisch von Gas und Luft betrieben, aber zur Zündung wird flüssiger Kraftstoff eingespritzt, der sich an dem heißen Gemisch entzündet und damit die ganze Zylinderladung zündet. Die Motoren können während des Betriebes bei Gasausfall automatisch auf Dieselbetrieb umgeschaltet werden. Durch eine Veränderung des Dieselkraftstoffanteils kann man sich der verfügbaren Klärgasmenge anpassen. In größeren Kläranlagen kann es vorteilhaft sein, beide Typen nebeneinander einzusetzen. Die Entscheidung für eine der beiden Typen ist von der Verbindung zur Fremdenergie, vom Faulbehälterbetrieb u. a. abhängig.

3.3.5.2 Pumpwerksarten

Das Pumpwerk wird nach der Aufstellungsart der Pumpen bezeichnet.

Pumpwerke mit Kreiselpumpe in horizontaler Aufstellung (**3.**125) haben bei mittelgroßem Grundriß eine kleine Bauwerkshöhe und sind für flachen Zulauf geeignet. Der E-Motor ist bei Überflutung gefährdet. Es entfällt die motortragende Decke. Die Pumpen sind nicht selbstansaugend. Bei Aufstellung oberhalb des Einschaltwasserspiegels muß am Saugstutzen eine Entlüftung vorgesehen werden. Alle Maschinen sind leicht zugänglich.

Pumpwerke mit Kreiselpumpen in vertikaler Trockenaufstellung (**3.**126) kommen weniger häufig vor. Der Grundriß ist klein. Eine Zwischendecke ist erforderlich, um den Motor aufzustellen, der bei langer Welle überflutungsfrei stehen, oder aber auch direkt auf der Pumpe sitzen kann (aufständern). Die lange Welle wegen Torsion möglichst vermeiden.

Siebkesselpumpwerke arbeiten vollautomatisch und sind sehr betriebssicher. Das Prinzip ist auch bei den modernen Abwasserhebeanlagen mit Grobstoffstau (**3.**129 und **3.**130) erhalten. Das zulaufende Schmutzwasser wird durch einen Kessel mit horizontalem Sieb gefiltert, bevor es den Pumpensumpf erreicht und läuft den Kreiselpumpen als vorgereinigtes Abwasser zu. Bei großem Abwasseranfall arbeitet eine dritte Pumpe mit und fördert direkt ins Druckrohr. Diese Pumpwerke erfordern einen größeren Grundriß, arbeiten aber besonders hygienisch, da das Abwasser keine offenen Rechen und Pumpensümpfe durchfließt.

3.3.5.3 Bau von Abwasserpumpwerken

Es gilt die allgemeine Entwurfsregel, Form und Größe des Bauwerkes nach den Betriebseinrichtungen, also von innen nach außen zu konstruieren. Wichtigste Unterlage

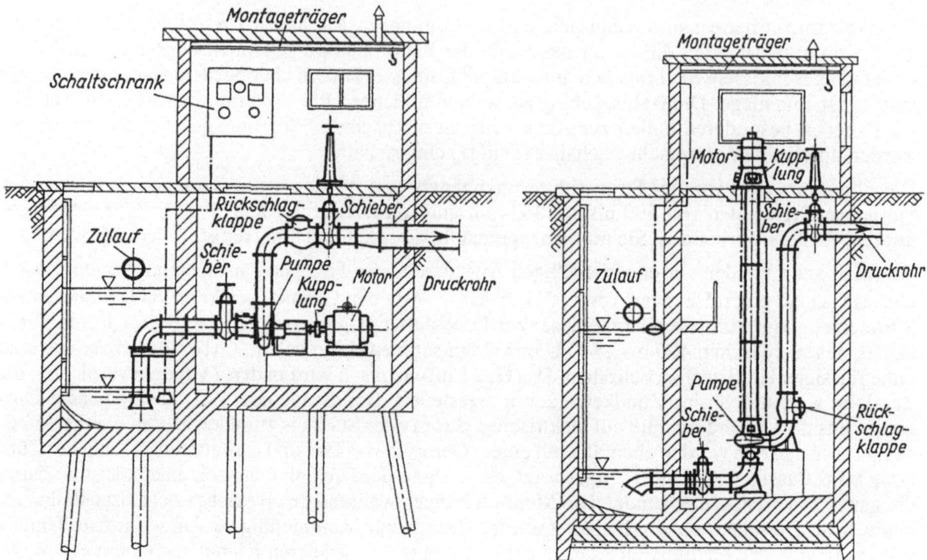

3.125 Kreiselpumpe in horizontaler Aufstellung

3.126 Kreiselpumpe in vertikaler Trockenaufstellung

ist die Einbauzeichnung der Maschinenteile. Hauptbestandteile eines Pumpwerkes sind Pumpen-, Motoren- und Schaltraum, Pumpensumpf, Traforaum und die Betriebsräume.

Die Stationen des Abwassers in einem Pumpwerk sind Zulaufkanal – Rechen (falls erforderlich) – Sandfang (falls erforderlich) – Pumpensumpf – Saugrohr – Pumpe – Druckrohr – Auslaufschacht des Druckrohres – Vorflutkanal des Druckrohres.

In der Abwassererhebung verwendet man die verschiedensten Steuereinrichtungen: Handschaltung, wasserstandsabhängige Steuerungen, wie Schwimmerschalter, Wasserstandsschalter und pneumatische Schaltung, weiterhin die elektrische Schaltung, die druckabhängige Steuerung, wie Druckschalter oder Kontaktmanometer, und schließlich die Zeitsteuerung. Die Absperrschieber (meist Gehäuseschieber) erlauben ein Absperren der Pumpen gegen Druckrohr und Pumpensumpf. Normalerweise sind sie geöffnet und werden entweder von Hand, hydraulisch oder pneumatisch geschlossen. Die Rückschlagklappe soll druckseitig zwischen Schieber und Pumpe liegen. Bei mehreren Pumpen erhält jede einen Schieber und eine Rückschlagklappe. Abwasserpumpstationen erfordern gute Lüf-

Tafel **3.**33 Ausrüstungsvergleich von Pumpwerken bei Naß- und Trockenaufstellung

	Trockenaufstellung	Naßaufstellung
Saugraum	i.d.R. keine Einbauten, gekrümmter Rohrstutzen	Pumpen mit Führunggestänge und Zugketten o.ä., abgehende Rohrleitungen, Armaturen und Stromzuführungen
Maschinenraum	Pumpen mit Motoren, Rückschlagklappe, mindestens 2 Absperrorgane	ggf. Schieberkammer oder Armaturenschacht mit Rückschlagklappe, mindestens 1 Absperrorgan
Motore	kein EX-Schutz erforderlich	(bei Tauchmotoren) in wasserdichter EX-Schutzausführung

tung durch Lüftungsrohre oder künstliche Belüftungsanlage. Da die vertikale Pumpenaufstellung tiefe Gebäude erfordert, muß schon im Grundriß für Treppen und Podeste Platz vorgesehen werden, die die Station nicht nur besteigbar machen, sondern auch einfache Montagen und Wartungsarbeiten ermöglichen. Auch der Pumpensumpf soll durch eine Leiter (möglichst herausnehmbar) zugängig sein.

Montageträger und -öffnungen sind zweckmäßig. Für größere Montagen, z.B. Ein- und Ausbau von Maschinenteilen, ist meist an der obersten Decke des Bauwerkes ein Träger mit Laufkatze und in jeder Zwischendecke eine Montageöffnung vorzusehen. Schließlich ist bei Trockenaufstellung der Pumpenraum mit einer Lenzpumpe auszustatten, die aus einer Sammelrinne das Schwitz- und Reinigungswasser des Pumpenraumes in den Pumpensumpf fördert. Bei kleinen Anlagen genügt eine Handpumpe. Reinwasseranschluß ist immer zu empfehlen.

Bei der bautechnischen Gestaltung des Innern eines Abwasserpumpwerkes ist sowohl ästhetischen als auch hygienischen Forderungen Rechnung zu tragen. So sind z.B. Platten für Wände und Fußböden ein wichtiges Bauelement.

Kleine Pumpstationen. Wesentlichen Einfluß auf den einwandfreien Betrieb haben Wahl und Aufstellung der Pumpen, die sich ihrerseits wiederum auf die Konstruktion des Bauwerks auswirken.

Bei kleinen Stationen finden besonders Tauchmotorpumpen mit Freistromrädern, Kanalrädern oder Zerkleinerungspumpen in Naßaufstellung ihr bevorzugtes Einsatzgebiet (s. Abschn. 3.3.5.1).

Der Pumpenraum ist wegen der Betriebssicherheit für zwei Pumpen auszulegen. Diese sollten durch Relaisumschaltung abwechselnd betrieben werden. Das Ein- und Ausschalten wird üblicherweise wasserspiegelgesteuert und die zweite Pumpe bei Erreichen des Eichpegels zugeschaltet.

Die leichtere Wartung, das schnellere Erkennen von Störungen und Verstopfungen spricht für eine Trockenaufstellung der Pumpen. Die kostengünstigere Bauausführung für eine Naßaufstellung mit wenig Platzbedarf und ohne Berücksichtigung der Überflutungssicherheit. Die moderne ex-geschützte Tauchpumpe ist heute so funktionssicher und wartungsarm (halbjährliche Inspektionen), daß die wirtschaftliche Ausführung mittels Tauchpumpen in kompakten, vorgefertigten Pumpenschächten oft bevorzugt wird.

Eine künstliche Lüftungsanlage, die etwa einen Luftwechsel von 10 l/h ermöglicht, ist für Kleinpumpwerke unwirtschaftlich. Die natürliche Belüftung über die Lüftungshaube im Schachtdeckel reicht für eine Durchlüftung des Schachtes vor dem Einsteigen aus. Verstopfungen können auch ohne Einstieg beseitigt werden, wenn die Pumpe über ein Spülrohr, das an einen Hydranten angeschlossen werden kann, freigespült wird.

Die feuchtigkeitsgesättigte Luft im Schacht verlangt, daß alle Aggregate, Leitungen und Stahlkonstruktionen korrosionsgeschützt sind. Die Schächte sind durch Sicherheitssteigeisen oder stationäre Leitern besteigbar. Um Verschmutzungen und Unfälle zu vermeiden, sollten die Auftritte nicht bis in den Staubereich hineinreichen.

Das einfachste Kleinpumpwerk ist eingeschossig mit etwa ebenerdiger Abdeckung. Es wird immer bei geringer Schachttiefe oder bei Einsatz nur einer Pumpe zur Anwendung kommen (**3**.128, **3**.151a).

Bei zweigeschossiger Ausführung brauchen die Tauchpumpen am Gestänge nur bis über die Zwischendecke gehoben zu werden, wofür Montagehaken in der Deckenplatte vorgesehen sind. Auf dem Gitterrost der Zwischendecke abgestellt, kann der Ölstand bequem kontrolliert, und die Pumpen abgespritzt werden (**3**.127).

Die Ausführung mit oberirdischen Betriebshaus und Tür erleichtert das Begehen, ermöglicht die überflutungssichere Unterbringung des Schaltschrankes und das Aufbewahren von Werkzeugen und Ersatzteilen. Sanitäre Einrichtungen können installiert werden. Die Einbindungen der Rohre werden bauseits vorgenommen: für Beton- und Steinzeugrohre mit Faserzement-Stutzen und Übergangskupplungen oder Beton- bzw. Steinzeugstutzen direkt eingebunden; für Stahlrohre mit Stahl-oder Faserzement-Hülsen und Roll-, Stemm- oder Quetschgummidichtungen; für Faserzement-Rohre mit Reka-Einbindekupplung.

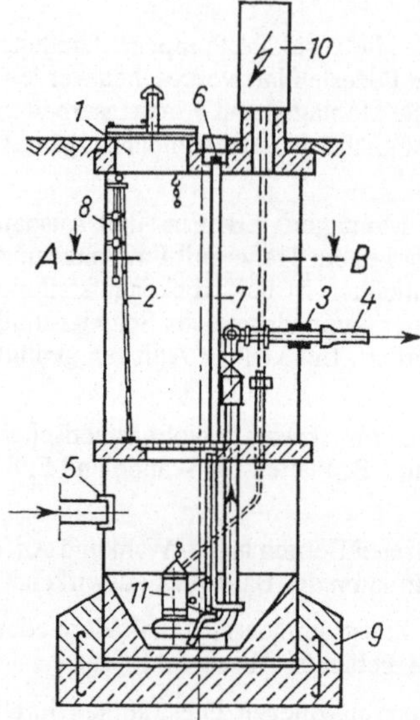

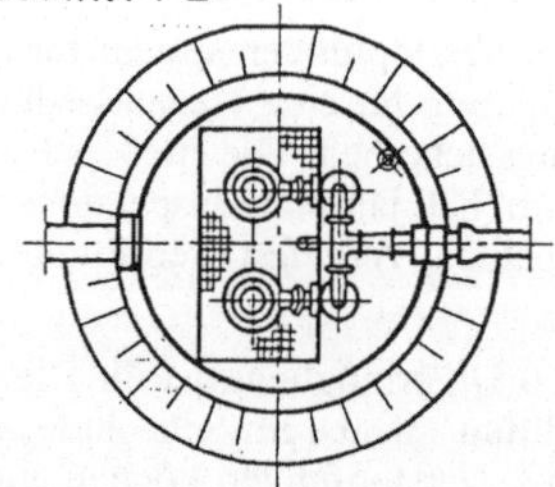

3.127
Zweigeschossiges Kleinpumpwerk
1 Einstieg
2 Leiter
3 FZ-Hülse
4 Druckleitung
5 Zufluß mit FZ-Einbindekupplung
6 Anschluß für C-Schlauch
7 Spülleitung
8 Ausziehbare Haltestange
9 Fundamentplatte mit Auftriebssicherung
10 Schaltschrank
11 Tauchmotorpumpe

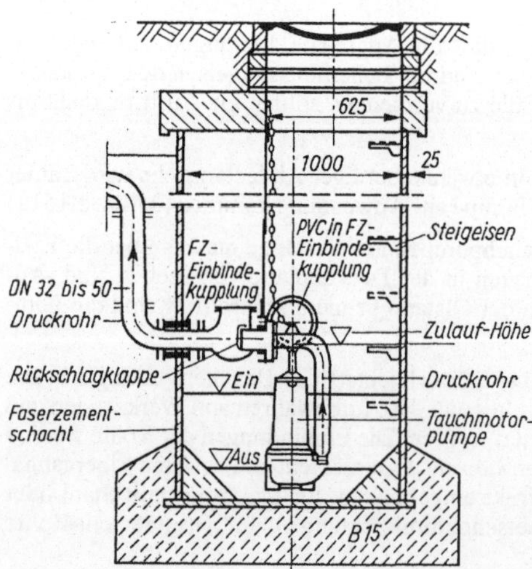

3.128
Vertikalschnitt durch Kleinpumpwerk (Standardausführung bei Niederdruckentwässerungen)

Die Pumpensumpfsohle sollte um 10 bis 15 cm über die Sohlplatte aufbetoniert werden, um den Pumpen-Fußkrümmer ohne Schwächung der Bodenplatte verankern zu können. Die Trichterwände sollen einen Neigungswinkel von 60° haben. Einen ausreichenden Speicherraum erzielt man wegen der Trichterausbildung weniger durch große Schachtquerschnitte als durch eine größere Schachttiefe. Zusätzlich kann auch der Zulaufkanal mit überdimensioniertem Querschnitt als Speicherraum genutzt werden. Rückstau ins Kanalnetz prüfen.

Der Schachtdurchmesser richtet sich damit ausschließlich nach Aufstellung der Pumpen und der Leitungsführung. Als Platzbedarf kann für zwei Pumpen etwa ein Durchmesser von 1,5 bis 2,5 m angesetzt werden (maximale Förderleistung etwa 80 m^3/h). Faserzement-Pumpen-Schächte können in der gewünschten Bauhöhe (bis 5 m) in einem Stück an die Baustelle geliefert werden. Schachtringe werden bis zur erforderlichen Tiefe fugendicht aufeinandergesetzt. Fertigschächte mit hohem Schachtunterteil erleichtern die Wasserhaltung. In diesen Bauweisen ist auch ein zweigeschossiger Pumpenschacht mit Fundament, Zwischendecke und vorgefertigter Abdeckung an einem Tag aufzustellen (**3**.128). Bei hohem Grundwasserstand wird zur Auftriebssicherung auf das Fundament oder die dann auskragende Zwischendecke ein Betonkranz aufgesetzt, der den Schacht $\geq$ 1,1fach gegen Auftrieb schwerer macht.

In besonderen Fällen können Betonringe, vertikale Walzbetonrohre oder Faserzement-Schächte auch in Brunnengründung abgesenkt werden. Die Einbindungen und die Sohle werden dann nachträglich von innen oder außen eingesetzt.

Für besondere Betriebsarten oder Pumpenaggregate können z.B. Faserzement- oder Betonschächte als Serienschächte werkmäßig hergestellt werden. Das Niederdruck- und Saugdrucksystem (Abschn. 3.3.5.9), die die Sammlung von Abwasser unabhängig von der Topographie erlauben, benötigen Sammel- und Pumpenschächte (**3**.128). In Gebieten mit schlecht tragfähigen Böden, hohem Grundwasserstand, unzureichender Vorflut oder Streubesiedlung werden dann viele gleichartige Schächte erforderlich, so daß sich eine Standardausführung lohnt.

Im allgemeinen werden bei schlechten Vorflutverhältnissen und kleinen Gemeinden mit konventioneller Gefälleentwässerung mehrere kleine Pumpwerke erforderlich. Durch den weiteren Ausbau der Abwassernetze ist somit auch mit einer Zunahme der Hebe- und Pumpwerke zu rechnen. Hinzu kommt das Bestreben, unrentable oder unbefriedigend arbeitende kleine Kläranlagen stillzulegen und statt dessen das Abwasser zu größeren Zentralkläranlagen zu pumpen. Hierbei entsteht das Problem der langen Abwasserdruckleitungen (z.B. Anfaulung des Wassers).

Abwasserhebeanlagen mit Grobstoffstau nach dem Awalift-System (Fa. Strate). Das Abwasser fließt durch den Verteilertrichter in die Sperrstoffsammelräume. Hier werden die mitgeführten Grobstoffe durch Trennklappen zurückgehalten. Das grobstofffreie Abwasser fließt durch Sperren an den Trennklappen und die rührende Pumpe in den Sammelbehälter (**3**.129).

Ist dieser gefüllt, schaltet sich niveauabhängig die Pumpe ein und fördert das vorgereinigte Abwasser durch den Sperrstoffsammelraum in die Druckleitung. Die Grobstoffe werden als Erste vom Pumpenstoß mitgenommen. Das während der Förderung zulaufende Abwasser fließt durch den zweiten Sperrstoffsammelraum in den Sammelbehälter. Die Pumpen werden wechselweise geschaltet. Erforderlichenfalls können beide Pumpen parallel fördern. Es können einstufige Pumpenlaufräder mit kleinen Durchgängen verwendet werden.

Die Größe des Sammelbehälters und die Anzahl der Pumpen werden nach dem Abwasserzufluß ermittelt. Diese Anwendungstechnik ermöglicht einen hohen Wirkungsgrad und große Betriebssicherheit.

3.130 zeigt eine Awalift-Anlage für einen Anschlußwert von 3700 EGW, für $Q \approx 80\ m^3/h$, maximale Förderhöhe 150 m WS.

Durch Nachlaufautomatik wird Luft ins System gezogen. Die Rücklaufklappen schließen langsam. Druckstöße werden verhindert. Das Pumpwerk ist begehbar und hat keinen offenen Pumpensumpf. Die Anlage arbeitet sehr hygienisch.

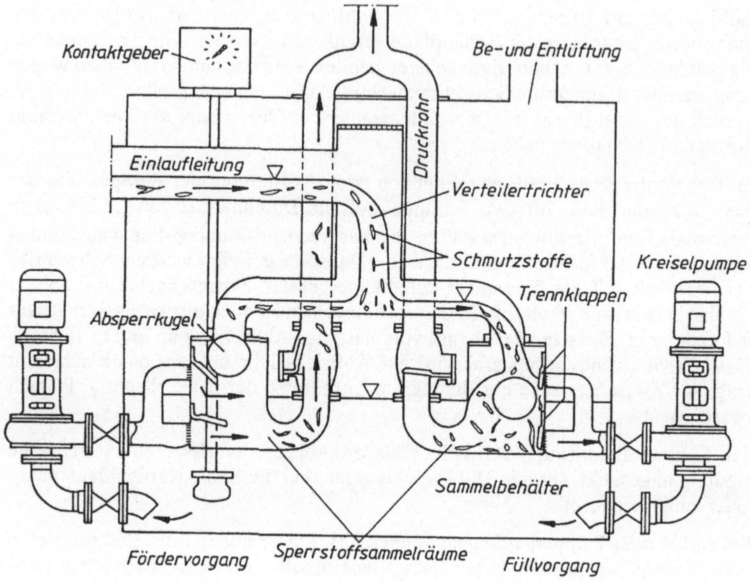

3.129 Funktionsprinzip der Abwasserhebung mit Grobstoffstau nach dem Awalift-System (Fa. Strate)

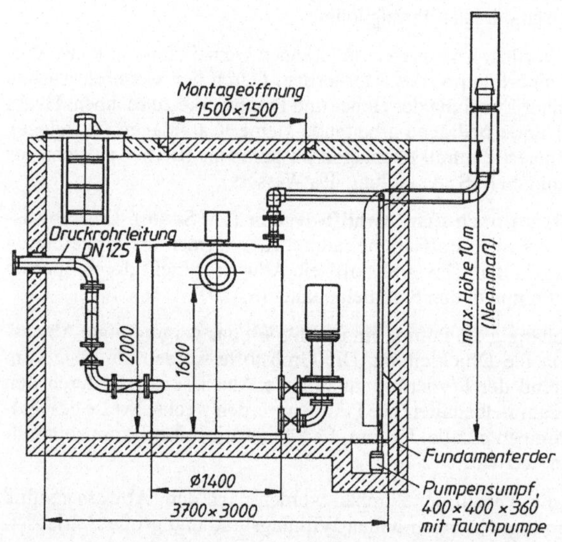

3.130 Vertikalsschnitt durch Awalift-Pumpstation für $Q = 80\,m^3/h$

3.3.5.4 Berechnung von Abwasserpumpwerken

Förderstrom. Der Förderstrom Q_p in l/s muß gleich oder größer als die Zulaufmenge Q_z in l/s sein ($Q_p \geq Q_z$). Wenn Erweiterungen des Einzugsgebietes zu erwarten sind, macht man Zuschläge. Bei Stationen mit mehreren Pumpen wählt man den wechselnden

Wassermengen entsprechende Pumpen verschiedener Leistung. Die Leistung der einzelnen Kreiselpumpe wird durch ihre Charakteristik ausgedrückt. Der Betriebspunkt liegt in der Nähe des Wirkungsgradmaximums. Jede Änderung des Förderstromes, z.B. durch Drosseln des Druckrohres oder Ändern der Drehzahl n, verändert den Wirkungsgrad.

Pumpensumpf. Kreiselpumpen arbeiten mit konstanter Leistung und können sich an wechselnde Wassermengen nur durch die Größe der Arbeitspause anpassen. Aufgabe des Pumpensumpfes ist es, die in der Pumppause zufließende Wassermenge zu speichern. Seine nutzbare Größe V wird zwischen Ein- und Ausschaltwasserspiegel gemessen. V ist abhängig von Q_P, Q_z und dem gröstzulässigen Schaltspiel max i. Als Erfahrungsformel gilt

$$V \geq \frac{0{,}9 Q_P}{\max i} \quad \text{in m}^3 \tag{3.31}$$

mit Q_P = Förderstrom in l/s,
Q_z = zufließende Wassermenge
und i = Anzahl der Ein- bzw. Ausschaltungen je Stunde, für Abwasserpumpen, maximal $10\ 1/\text{h} \leq i \leq 15\ 1/\text{h}$. Man kann jedoch i notfalls bis auf 20 1/h erhöhen.

Die Formel der Gl. (3.31) wird aus dem Betriebsablauf bei Kanalradpumpen mit Pumpzeit und Pausenzeit abgeleitet. Es betragen:

die Füllzeit oder die Zeit der Pumppause $t_{\text{Pause}} = \dfrac{V}{Q_z}$

die Pumpzeit $t_P = \dfrac{V}{Q_P - Q_z}$;

die Schaltzeit (Periode zwischen 2 Einschaltungen) $t_s = t_{\text{Pause}} + t_P = 3600/i$ in s.

Daraus erhält man:

$$i(t_{\text{Pause}} + t_P) = 3600; \quad i\left(\frac{V}{Q_z} + \frac{V}{Q_P - Q_z}\right) = 3600$$

$$i \cdot V\left(\frac{Q_P}{Q_z(Q_P - Q_z)}\right) = 3600; \quad i = \frac{3600 \cdot Q_z(Q_P - Q_z)}{Q_P \cdot V} \tag{3.32}$$

Hierin ist Q_P die konstante Förderleistung.

Das Schaltspiel i ist von Q_z abhängig. Es liegt zwischen 0 und einem Maximum:

$$\frac{di}{dQ_z} = \frac{3600}{Q_P \cdot V}(Q_P - 2Q_z) = 0; \qquad Q_P = 2Q_z; \qquad Q_z = \frac{Q_P}{2}$$

eingesetzt in Gl. (3.32)

$$V = \frac{3600 \cdot Q_P}{4 \cdot \max i} = \frac{900 \cdot Q_P}{\max i} \text{ in l oder } \frac{0{,}9 \cdot Q_P}{\max i} \text{ in m}^3 \text{ mit } Q_P \text{ in l/s}$$

Da der Absturz des Abwassers in den Pumpensumpf einen geodätischen Höhenverlust bedeutet, der durch Energieaufwand wieder ausgeglichen werden muß, ist stets sorgfältig die Notwendigkeit eines Pumpwerkes zu prüfen.

Druckrohr. Druckrohrleitungen dienen dem Transport des Abwassers vom Pumpwerk bis zum Druckrohrauslauf. Während des Pumpens wird der Förderstrom Q_P ständig ins Druckrohr geschoben, während die gleiche Wassermenge am Auslauf das Rohr verläßt.

Das Druckrohr soll wegen des großen Volumens der ruhenden Wassersäule nicht zu groß bemessen sein. Stehendes Abwasser im unbelüfteten Druckrohr fault leicht. Deshalb muß die Fließeschwindigkeit während der Förderung so groß sein, daß sich keine Schmutzstoffe ablagern, und während der Pumppause abgesetzte Stoffe wieder aufgenommen und weiterbefördert werden. Der Rohrquerschnitt darf wegen der Reibungsverluste aber auch nicht zu klein sein.

Man wählt die Fließgeschwindigkeit in den Grenzen $v = 0{,}8$ bis $2{,}4$ m/s. Für das Druckrohr gilt

$$A = \frac{Q_P}{v} \quad \mathrm{m}^2 = \frac{\mathrm{m}^3/\mathrm{s}}{\mathrm{m/s}} \qquad \text{oder} \quad \mathrm{dm}^2 = \frac{\mathrm{l/s}}{\mathrm{dm/s}}$$

$$d = \sqrt{\frac{4A}{\pi}} = 1{,}13\sqrt{A} \quad \mathrm{m} = \sqrt{\mathrm{m}^2} \qquad \text{oder} \quad \mathrm{dm} = \sqrt{\mathrm{dm}^2}$$

Manometrische Förderhöhe h_D. Man versteht darunter die am Manometer ablesbare Flüssigkeitssäule. Sie setzt sich zusammen aus der geodätischen Förderhöhe H_{geo} = Höhenunterschied zwischen Ausschaltwasserspiegel im Pumpensumpf und, falls keine Hochpunkte dazwischen liegen, dem inneren Rohrscheitel am Druckrohrauslauf. Dazu kommt die Verlusthöhe h_r infolge Rohrreibung bei der Förderung, so daß $h_d = H_{geo} + h_r$. An sich gehören noch Ein- und Austrittsverluste, Krümmerverluste usw. dazu. Jedoch genügt es, bei längeren Abwasserdruckrohren nur die Energieverluste im geraden Rohr anzusetzen. Man benutzt zur Ermittlung der Verlusthöhe h_r die Formel von D'Aubuisson und Weisbach mit λ nach Prandtl-Colebrook, s. Abschn. 2.5.3 und Gl. (3.33) bzw. für Armaturen und Formstücke die Formel $h_{r,A}$ Gl. (3.34).

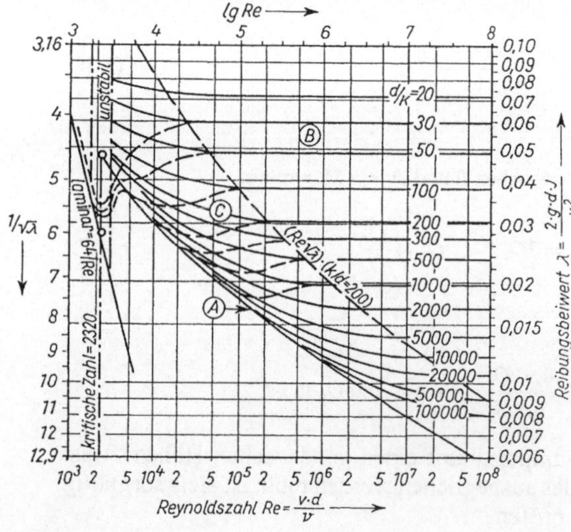

3.131
Moody-Diagramm
A = Kurve des glatten Verhaltens:

$$1/\sqrt{\lambda_0} = 2\log\left(\frac{Re \cdot \sqrt{\lambda_0}}{2{,}51}\right)$$

B = Bereich des rauhen Verhaltens:

$$1/\sqrt{\lambda} = 2\log\left(\frac{3{,}71 \cdot d}{k}\right)$$

C = Übergangsbereich

$$1/\sqrt{\lambda} = -2\log\left(\frac{2{,}51}{Re \cdot \sqrt{\lambda}} + \frac{k}{3{,}71 \cdot d}\right)$$

---- interpolierte Kurven nach Nikuradse zwischen $d/k = 30$ und $d/k = 1000$

Tafel **3**.34 Widerstandsbeiwerte ζ nach Gleichung (3.34)

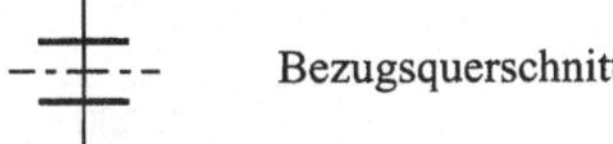

Bezugsquerschnitt

Einlauf in ein Rohrstück

kantiger Einlauf	sehr scharf	$\zeta = 0{,}5$
	normal gebrochen	$\zeta = 0{,}25$
	starke Phase	$\zeta = 0{,}2$
abgerundeter Einlauf	je nach Glätte	$\zeta = 0{,}06$ bis 0,005
	normal	$\zeta = 0{,}05$
Einlaufgehäuse mit abgeschrägtem Einlauf		$\zeta = 0{,}20$

Auslauf (Auslaßverlust) $\zeta = 1$

Querschnitts-veränderungen

d_1/d_2		0,5	0,6	0,7	0,8	0,9
ζ bei	$\alpha = 8°$	0,12	0,09	0,07	0,04	0,02
	$\alpha = 16°$	0,19	0,14	0,09	0,05	0,02
	$\alpha = 25°$	0,33	0,25	0,16	0,08	0,03

$\approx 10 - 30°$

d_1/d_2	1,2	1,4	1,6	1,8	2,0
ζ	0,02	0,05	0,10	0,17	0,26

Krümmer gebogen

α		45° Oberfläche glatt	45° Oberfläche rauh	60° Oberfläche glatt	60° Oberfläche rauh	90° Oberfläche glatt	90° Oberfläche rauh
ζ für	$R = d$	0,14	0,34	0,19	0,46	0,21	0,51
	$R = 2d$	0,09	0,19	0,12	0,26	0,14	0,30
	$R \geq 5d$	0,08	0,16	0,10	0,20	0,10	0,20

segmentgeschweißt

α	45°	60°	900
Anzahl der Rundnähte	2	3	3
ζ	0,15	0,2	0,25

Hintereinandergeschaltete 90°-Krümmer

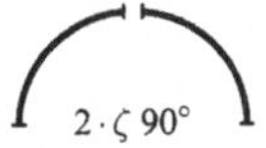

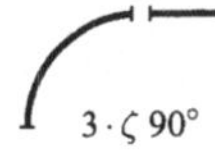

90°-Krümmer gegen die Bildebene

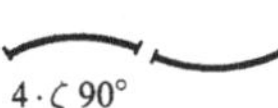

T-Stücke (Stromtrennung)

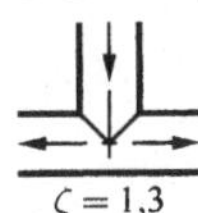

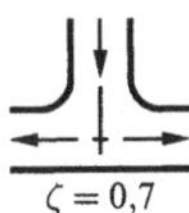

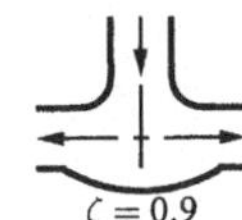

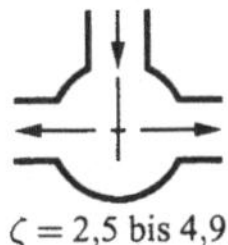

Tafel **3**.34 Fortsetzung

Rückflußverhinderer HYDRO-STOP								
	DN	50	100	150	200	250	300	400
	$v = 2$ m/s	5	6	8	7,5	6,5	6	7
ζ bei	$v = 3$ m/s	1,8	4	4,5	4	4	1,8	3,4
	$v = 4$ m/s	0,9	3	3	2,5	2,5	1,2	2,2

Flachschieber (Schieber ganz geöffnet)

DN	100	200	300	400	500	600 bis 800	900 bis 1200
ζ	0,18	0,16	0,14	0,13	0,11	0,10	0,09

Ovalschieber und Rundschieber (Schieber ganz geöffnet)

DN	100	200	300	400	500	600 bis 800	900 bis 1200
ζ	0,22	0,18	0,16	0,15	0,13	0,12	0,11

Klappenverschlüsse (Froschklappen, Hochwasserverschlüsse) $\zeta = 1{,}0$ bis 1,5 (Näherung)

Tafel **3**.35 Rauhigkeitswerte k für verschiedene Rohrwerkstoffe und -betriebszustände (vergleiche auch Abschn. 2.5.3, k_b-Werte, Tafel **2**.17

Werkstoff und Rohrart	Zustand der Rohre	k in mm	
Gußrohre	bituminiert zementiert	0,1 0,025	bis 0,15
gebrauchte Gußrohre	Rostnarben bis Verkrustungen	1 bis 1,5	bis 3
neue nahtlose Stahlrohre	gewalzt oder gezogen	0,02	bis 0,05
neue längsgeschweißte Stahlrohre		0,04	bis 0,1
neue Stahlrohre mit Überzug	verzinkt bituminiert zementiert galvanisiert	0,1 0,05 0,025 0,01	bis 0,15
gebrauchte Stahlrohre	Rostnarben bis Verkrustungen	0,15	bis 4
Faserzementrohre	neu	0,03	bis 0,1
neue Betonrohre	Glattstrich mittelglatt bis rauh	0,3 1	bis 0,8 bis 3
Steinzeugrohre, Schleuderbetonrohre gezogene und gepreßte Rohre aus Kunststoff oder NE-Metallen	 neu gebraucht	0,25	 bis 0,01 bis 0,03

$$h_r = \lambda \frac{l}{d} \cdot \frac{v^2}{2g} \qquad \mathrm{m} = \frac{\mathrm{m}}{\mathrm{m}} \cdot \frac{(\mathrm{m/s})^2}{\mathrm{m/s^2}} \tag{3.33}$$

bzw. $$h_{r,A} = \Sigma \cdot \zeta \cdot \frac{v^2}{2g} \qquad \mathrm{m} = \frac{(\mathrm{m/s})^2}{\mathrm{m/s^2}} \tag{3.34}$$

λ = Verlustbeiwert, er fällt mit steigendem d
$\lambda \approx 0{,}03$ bis 0,025 bei $d \leq 500$ mm } überschläglich
$\lambda = 0{,}025$ bis 0 020 bei $d > 500$ mm } überschläglich
genauere Ermittlung nach Moody-Diagramm (**3**.131)
l = Länge des Druckrohres in m

d = Durchmesser des Druckrohres in m
$\zeta \mathrel{\hat{=}}$ Widerstandsziffer des betreffenden Rohrleitungsteils (s. Tafel **3**.34)
v = Fließgeschwindigkeit im Druckrohr in m/s
g = Erdbeschleunigung = 9,81 m/s²
ν = kinematische Zähigkeit = $1{,}31 \cdot 10^{-6}$ m²/s

Motorleistung. Man benutzt die Formeln

$$P = \frac{\gamma \cdot Q_p \cdot h_D}{102\eta_p \cdot \eta_M} 1{,}2 \quad \text{in kW}$$

oder
$$P = \frac{\varrho \cdot g \cdot Q_p \cdot h_D}{1000 \cdot \eta_p \cdot \eta_M} 1{,}2 \quad \text{in kW} = \frac{\text{kg/m}^3 \cdot \text{m/s}^2 \cdot \text{m}^3\text{/s} \cdot \text{m}}{\text{W/kW}} \tag{3.35}$$

$\text{m}^2 \cdot \text{kg/s}^3 = \text{W}$ aus $F \cdot g \cdot \text{m/s} = \text{kg} \cdot \text{m/s}^2 \cdot \text{m/s} = \text{W}$
Hierin bedeuten:

ϱ = Dichte der Förderflüssigkeit in kg/m³
g = Normalfallbeschleunigung in m/s²
h_D = manometrische Förderhöhe in m
Q_p = Förderstrom in m³/s
η_p = Wirkungsgrad der Pumpe (überschläglich) geschlossenes, mehrfach

beschaufeltes Kanalrad	= 0,8 bis 0,9
2- bis 3-Kanalrad	= 0,75 bis 0,85
Ein-Kanalrad	= 0,5 bis 0,8
Mammutpumpen	= 0,3 bis 0,4
Schneckenhebewerke	≈ 0,6
Freistromrad	= 0,45 bis 0,6
Siebkesselanlagen	= 0,3
pneumatische Hebeanlagen	= 0,3 bis 0,4

Hilfsgrößen:
1 N = 1 kg · m/s²
1 Watt = 1 N · m/s

η_M = Wirkungsgrad der Antriebsmaschine einschließlich Kraftübertragung (überschläglich)

Drehstrommotor mit Riemenantrieb oder mit direkter Kupplung und vertikaler Welle	= 0,85
Drehstrommotor mit direkter Kupplung und horizontaler Welle	= 0,85
Dieselmotor	= 0,35
Gasmotor	= 0,30

Die genauen Wirkungsgrade sind abhängig von der Förderleistung.

Falls die Maschinenbaufirma die Leistungsberechnungen nicht selbst durchführt, sind die genauen η-Werte dort zu erfragen.

Bei Motoren von Schlammpumpen schlägt man 50 bis 60% zum errechneten Leistungsbedarf hinzu. Man berücksichtigt damit die Zähflüssigkeit des Schlammes und hat einen Leistungsüberschuß zum periodischen Freispülen der Leitungen.

3.3.5.5 Berechnungsbeispiel (3.132 und 3.133)

Ein Siedlungsgebiet mit 8000 E soll an eine Pumpstation angeschlossen werden. Wasserverbrauch $Q_d = 160$ l/(E · d) einschließlich Fremdwasser, Trennsystem. Druckrohrlänge $l = 2100$ m.

Wassermengen

$$\max Q_z = Q_{t14} = \frac{8000 \cdot 160}{14 \cdot 3600} = 25{,}4 \text{ l/s} \quad \text{und nachts} \quad Q_z = Q_{t36} = \frac{8000 \cdot 160}{36 \cdot 3600} = 9{,}9 \text{ l/s}$$

Zahl der Pumpen

Gewählt: 2 Pumpen mit je $Q_{p1,2} = 30$ l/s $= 108\,\text{m}^3/\text{h}$ und 1 Pumpe mit $Q_{p3} = 15$ l/s $= 54\,\text{m}^3/\text{h}$

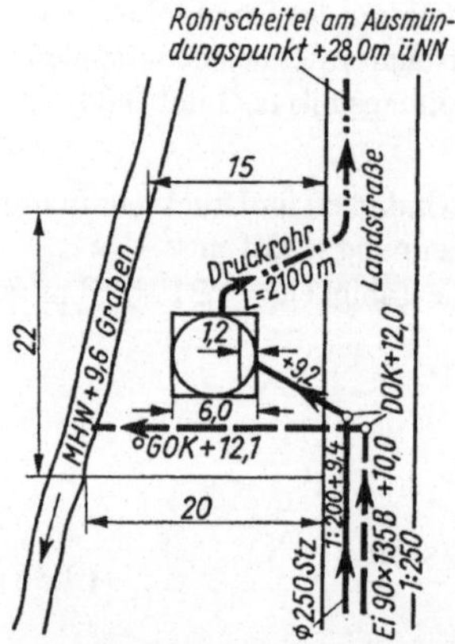

3.132 Lageplan einer Pumpstation

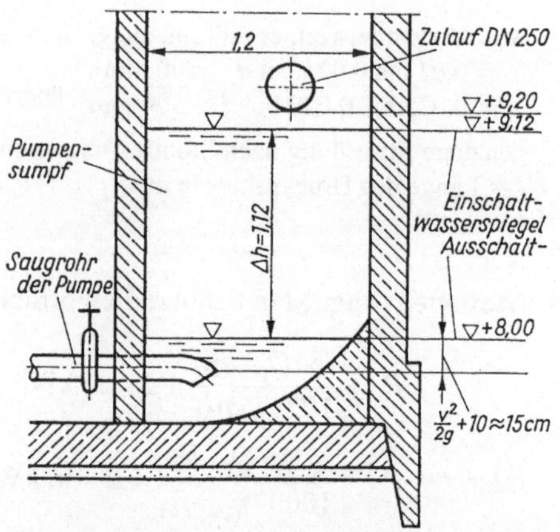

3.133 Längsschnitt durch den Pumpensumpf

Pumpensumpfgröße für $Q_{p1.2} = 30$ l/s und max $i = 6$ l/h

$$\text{erf. } V = \frac{0{,}9 \cdot 30}{6} = 4{,}5\,\text{m}^3$$

Grundfläche = Kreisabschnitt des Senkbrunnens mit $d = 6\,\text{m}$, Pfeilhöhe $0{,}4r = 1{,}2\,\text{m}$; entspricht nach Tafel **2.**23 der Füllhöhe von 20%.

$$\text{Grundfläche } A = 0{,}447r^2 = 0{,}447 \cdot 3^2 = 4{,}0\,\text{m}^2$$

$$\Delta h = \frac{4{,}5}{4{,}0} = 1{,}12\,\text{m} = \text{Wasserspiegeldifferenz im Pumpensumpf}$$

Druckrohr

Erf.: $v = 1{,}0\frac{\text{m}}{\text{s}}$ $\quad A = \frac{0{,}03}{1{,}0} = 0{,}03\,\text{m}^2$ $\quad d = 1{,}13\sqrt{0{,}03} = 0{,}196\,\text{m}$

Gewählt: $d = 0{,}2\,\text{m}$ mit $A = 0{,}0314\,\text{m}^2$ vorh $v = \frac{Q_{p1}}{A} = \frac{0{,}030}{0{,}0314} = 0{,}96\,\text{m/s}$

bei Q_{p3} : vorh $v = \frac{Q_{p3}}{A} = \frac{0{,}015}{0{,}0314} = 0{,}48\,\text{m/s}$

Diese Geschwindigkeit ist nicht ausreichend. Bei $v \leq 0{,}6\,\text{m/s}$ besteht die Gefahr der Schmutzstoffablagerung im Druckrohr. Man kann aber annehmen, daß beim Tagesbetrieb mit $v = 0{,}96\,\text{m/s}$ Ablagerungen wieder aufgenommen und weitertransportiert werden. Zur Spülung kann man die Pumpen 1 und 2 parallel laufen lassen.

Manometrische Förderhöhe h_D

bei $Q_{p1,2}$		bei Q_{p3}	
$H_{geo} = 28{,}0 - 8{,}0$	$= 20{,}0\,\text{m}$	H_{geo}	$= 20{,}0\,\text{m}$
$h_r = 0{,}03\frac{2100}{0{,}2} \cdot \frac{0{,}96^2}{2 \cdot 9{,}81}$	$= 14{,}8\,\text{m}$	$h_r = 0{,}03\frac{2100}{0{,}2} \cdot \frac{0{,}48^2}{2 \cdot 9{,}81}$	$= 3{,}7\,\text{m}$
h_D	$= 34{,}8\,\text{m}$	h_D	$= 23{,}7\,\text{m}$

Nach dieser Vorberechnung muß mit Hilfe der Pumpenkennlinien (**3.**134) der Pumpentyp gewählt und die Rechnung ggf. wiederholt werden. Es würde sich für $Q_{p1,2}$ der Pumpentyp A mit

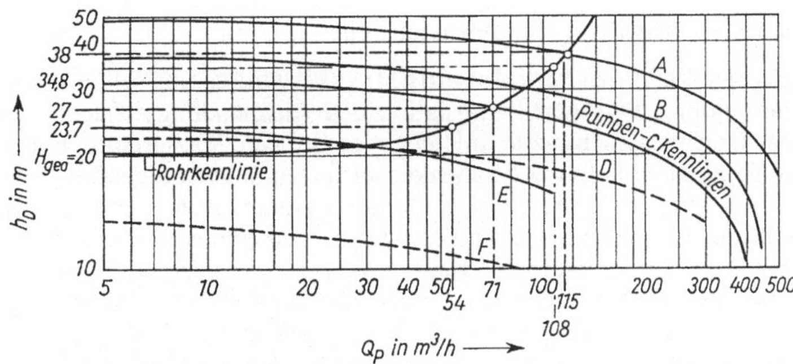

3.134 Ausschnitt aus einem Diagramm von Pumpenkennlinien

$Q_p = 115\,m^3/h = 32\,l/s > 108\,m^3/h$ und $h_D = 38\,m > 34{,}8\,m$ eignen. Für Q_{p3} käme Typ C mit $Q_p = 71\,m^3/h = 19{,}7\,l/s > 54\,m^3/h$ und $h_D = 27\,m > 23{,}7\,m$ in Frage.

Wenn man nicht die volle Rohrkennlinie zeichnen will, genügt es, einen Punkt vor und einen hinter dem Schnittpunkt mit der Pumpenkennlinie zu berechnen und zu verbinden (eingabeln).

Motorleistung. (Kanalradpumpe mit vertikaler Welle und direkter Kupplung, einschließlich 20% Leistungszuschlag.) Gl. (3.35)

$$P_{1,2} = \frac{\varrho \cdot g \cdot Q_p \cdot h_d}{1000\eta_p \cdot \eta_M} = \frac{1000 \cdot 9{,}81 \cdot 0{,}032 \cdot 38}{1000 \cdot 0{,}7 \cdot 0{,}85} \cdot 1{,}2 = 24{,}1\,kW$$

$$P_3 = \quad = \frac{1000 \cdot 9{,}81 \cdot 0{,}0197 \cdot 27}{1000 \cdot 0{,}7 \cdot 0{,}85} \cdot 1{,}2 = 10{,}5\,kW$$

Wegen der eingesetzten η-Werte nur überschläglich.

Vorhandenes Schaltspiel

$$V + Q_z \cdot t_p = Q_p \cdot t_p \tag{3.36}$$

Inhalt des Pumpensumpfes und die über die Pumpzeit t_p zufließende Wassermenge Q_z muß der während der Pumpzeit t_p geförderten Wassermenge Q_p entsprechen.

bei $Q_z = Q_{t14}$ | bei $Q_z = Q_{t36}$

$t_{p1,2}$ = Pumpzeit während einer Schaltung in s für Pumpe 1 oder 2

$$t_{p1,2} = \frac{V}{Q_p - Q_{t14}} = \frac{4500}{32 - 25{,}4} = 682\,s = 11{,}4\,min \qquad t_{p3} = \frac{4500}{19{,}7 - 9{,}9} = 459\,s = 7{,}6\,min$$

$$V = Q_{14} \cdot t_{Pause}; \quad t_{Pause} = \text{Dauer der Pumppause in s} \tag{3.37}$$

$$t_{Pause} = \frac{V}{Q_{t14}} = \frac{4500}{25{,}4} = 177\,s = 2{,}95\,min \qquad t_{Pause} = \frac{V}{Q_{t36}} = \frac{4500}{9{,}9} = 455\,s = 7{,}6\,min$$

$$t_s = t_{p1,2} + t_{Pause} = 11{,}4 + 2{,}95 = 14{,}35\,min \qquad t_s = t_{p3} = 7{,}6 + 7{,}6 = 15{,}2\,min$$

t_s = Dauer zwischen 2 Einschaltungen = Schaltzeit

$$i = \frac{60}{14{,}35} = 4{,}2\,1/h \qquad i = \frac{60}{15{,}2} = 4{,}0\,1/h$$

Die Berechnung der Pump- und Pausenzeiten spielen bei Stationen, die in ein gemeinsames Druckrohr fördern eine besondere Rolle. Die Zeitperioden werden dann wechselseitig zur Förderung ausgenutzt.

3.3.5.6 Abwasserdruckrohrleitungen (3.135)

Bei der Wahl der Rohrleitungstrasse wird es nur selten möglich sein, die kürzeste Verbindung zwischen Pumpstation und Ausmündungsschacht zu wählen. Die Nutzung des Geländes zwingt zur Anlehnung an Straßen, Wasserläufe, Flurgrenzen usw. Die Trasse sollte außerhalb der Straßenkörper liegen, notwendigenfalls im Gehweg. Fremde Geländestreifen sind durch eine Grunddienstbarkeit zu sichern. Spätere Verwendung des Geländes ist zu prüfen, weil sonst ggf. Umlegungen erforderlich werden. Überbauung der Druckleitung ist nicht erlaubt. Wenn Kreuzungen mit Verkehrswegen unvermeidlich sind, empfiehlt es sich, die Bundesbahn-Vorschrift über Kreuzungen von Wasserleitungen mit Bundesbahngelände (DVGW Regelwerk [17]) bzw. örtl. Straßenbauvorschriften anzuwenden. Schutzrohre mit entsprechendem Differenzquerschnitt und beiderseitigen Kontrollschächten sind erforderlich. Die horizontale Durchpressung ist allgemein üblich. Die Punkte horizontaler Richtungsänderung sind bei nicht zugfesten Rohrverbindungen durch Widerlager gegen Verschieben zu sichern. Hinweis auf EN 773.

Beim Entwurf der Druckleitungen im Längsschnitt sollte eine von der Pumpstation zum Auslauf steigende Höhenlage angestrebt werden. In Abständen von 200 bis 300 m sollen Reinigungsschächte vorgesehen werden. Unvermeidliche Hochpunkte erhalten Entlüftungsvorrichtungen, welche kurz hinter dem Hochpunkt angelegt werden. Tiefpunkte

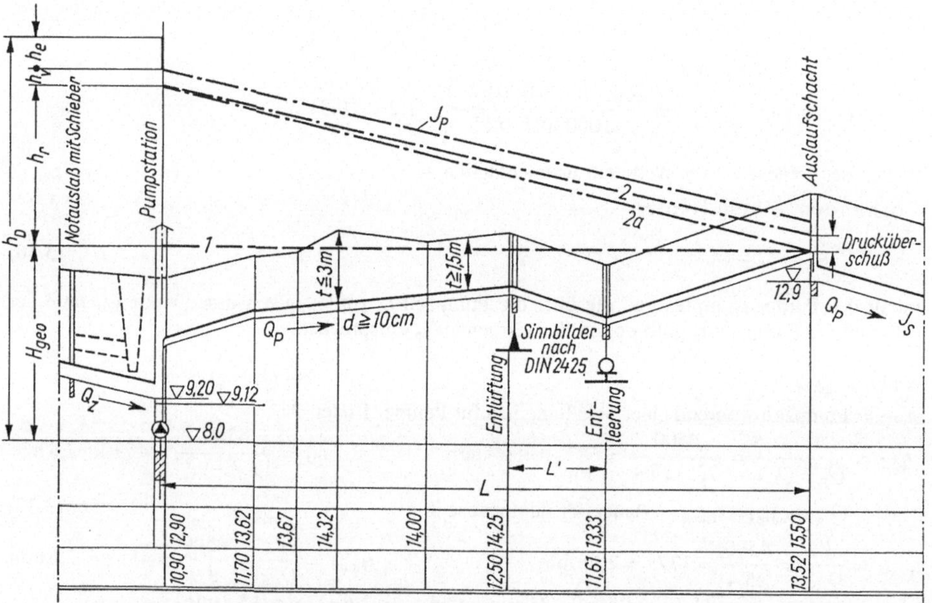

3.135 Längsschnitt einer Druckrohrleitung
1 hydrostatische Drucklinie
2 tatsächliche hydrodynamische Drucklinie
2a gerechnete hydrodynamische Drucklinie
h_v Geschwindigkeitshöhe = $v^2/2g$
h_e Eintrittsverluste (durch Armaturen in der Pumpstation) = $\lambda \cdot v^2/2g$
h_D H_{geo}, h_r s. Abschn. 3.3.5.4, J_p = Gefälle der Energielinie

erhalten Entleerungsvorrichtungen, welche durch eine Vorflut oder ein Sammelbecken ergänzt werden können. Eine innere Frostgefahr besteht für Abwasserdruckrohre bei großen Pumppausen. Da auch Grund- und Sickerwasser außen gefrieren und damit das Rohr zerstören können, ist es notwendig, die frostfreie Verlegung anzustreben, d.h. $\geq 1{,}5$ m Rohrüberdeckung. Zu große Überdeckungshöhen $\geq 3{,}0$ m erschweren notwendige Instandsetzungsarbeiten.

Falls J_P in $L' > \lambda \cdot v^2/2g$, besteht dort Freispiegelabfluß im fallenden Ast, h_r verringert sich auf $h_r = (L-L') \cdot \lambda \cdot 1/d \cdot v^2/2g$.

Am Ende des Druckrohres ist ein Auslaufbauwerk vorzusehen. Es ist grundsätzlich mit überschüssiger Druckenergie an der Druckrohrmündung zu rechnen. Diese ist unschädlich zu machen. Bei kleinen Wassermengen genügt ein horizontaler Auslauf mit anschließender Übergangsstrecke oder eine vertikale Abkrümmung des Rohres, bei größeren ist ein Tosbecken erforderlich. Die Art des Auslaufbauwerkes hängt von der weiteren Vorflut des Abwassers ab. Bei anschließenden Gefälleleitungen wählt man einen (evtl. vergrößerten) Schacht; vor Kläranlagen und kleineren Wasserläufen mündet man in einem

Tafel 3.36 Werkstoffe und Verbindungen von Druckrohren der Abwassertechnik

Werkstoffe	Verbindungen	
Stahlrohre nach DIN 1626 für schmelzgeschweiste Rohre und nach DIN 1929 für nahtlose Rohre	Schweißverbindungen: Stumpfschweißung Einsteckschweißmuffe Kugelschweißmuffe Überschiebschweißmuffe	Gummigedichtete Verbindungen: Schraubmuffe Sigurmuffe Stemmverbindung: Stemm-Muffe Flanschverbindung
Gußeiserne Druckrohre nach DIN 28550	Muffenverbindungen: Schraubmuffe Stopfbuchsenmuffe	 (DN 40 bis 600) (DN 500 bis 1200)
Druckrohre aus duktilem Guß nach DIN 28600	Flanschverbindung	Muffenverbindungen: Schraubmuffe Stopfbuchsenmuffe Steckmuffe (TYTON)
Stahlbeton- und Spannbetondruckrohre nach DIN 4035	Falz oder Glockenmuffe mit Gleitring- oder Rollringdichtung ohne Muffe für Vortriebsverfahren	
Faserzementdruckrohre nach DIN 19800	Faserzement-Kupplung Faserzement-Langkupplung Gibault-Kupplung Flansch-Kupplung	
Polyethylen-(PE)hart-Rohre nach DIN 8074/75	Schweißverbindungen: Heizelementstumpfschweißung Muffenschweißen mit Elektroschweißfittings Muffenschweißen mit Heizelement Extrusionsschweißung Schraubverbindungen mittels Vorschweißbund und Losflansch	

Tosbecken mit Vorflut zu den offenen Gerinnen bzw. zum Wasserlauf aus; bei größeren Gewässern geschieht die Einleitung direkt, jedoch mit überdeckendem Wasserpolster und Sicherung der Einleitungsstelle (Strömung). Korrosionsgefahr.

Bei der Auswahl des Rohrmaterials ist die Beanspruchung zu berücksichtigen. Die normalen Betriebsdrücke in den Abwasserdruckrohren sind meist so gering, daß der Nenndruck des verwendeten Rohres ≥ 10 bar nicht ausgenutzt wird. Kritisch sind Druckstöße, die beim Ausschalten der Pumpen durch das Zurückfallen der Wassersäule auftreten. Diese können mehrfach so hoch sein wie die hydrostatische Druckhöhe. Man sollte dies bei der Nenndruck-Auswahl für die Rohre beachten. Diese Drücke sind auch von den Widerlagern der Rohrkrümmungen und den Festflanschen der Rohreinführung in der Pumpstation aufzunehmen.

Die äußeren Kräfte entstehen durch Erddruck und Verkehrslast (vgl. Abschn. 2.8). Hier kann die Verkehrslast bei flach verlegten Rohren große Spannungen hervorrufen. Die Rohre sind ggf. zusätzlich zu sichern. Der Erddruck wird i. allg. aufnehmbar sein. Biegezugspannungen und Längskräfte können durch Rohrdehnungsstücke in ihrer Wirkung verringert werden.

Der Werkstoff der Rohre hängt von Durchmesser, Länge, Verlegebedingungen, Druckhöhen, Pumpenart, der chemischen Angriffsfähigkeit des Abwassers u.a. ab. Zur Auswahl stehen Gußeisen, duktiles Gußeisen, Stahl, Schleuderbeton, Stahlbeton, Faserzement und Kunststoff-Rohre (Tafel **3**.36).

Stahl- und auch Gußrohre müssen innen durch Bitumen, Steinkohlenteerpech, Epoxyharze oder Zement; außen durch Wicklungen von Glasvliesbahnen mit Teerpech oder Bitumen und Kathodenschutz gegen chemische Angriffe gesichert werden. Beton und Asbestzement erhalten erforderlichenfalls gleiche Anstriche. Polyethylen ist durch Chlor-Kohlenwasserstoffe, Benzin, Mineralöle, Äther u.a. gefährdet (Tafel **3**.18).

Druckstöße. Beim plötzlichen Absperren oder Drosseln des Wasserstromes, aber auch beim Abstellen einer fördernden Pumpe können, insbesondere bei langen Rohrleitungen, Wasserschläge (plötzliche, starke Drucksteigerungen) auftreten, die für die Armaturen, für die Rohrleitung und die Pumpe selbst gefährlich werden können.

Die in einer Rohrleitung fließende Wassermasse besitzt eine Geschwindigkeitsenergie. Diese kann nicht vernichtet, sondern nur in Arbeitsleistung umgewandelt werden. Beim plötzlichen Abbremsen der bewegten Wassermassen wird sie in Druckenergie verwandelt, die bis zum Bruch führen kann. Die Größe der Drucksteigerung hängt von der Zeit ab, in welcher Dehnarbeit zu leisten ist, und von der Dehnfähigkeit des Materials. Je elastischer das Material, desto geringer die Drucksteigerung.

Wasserschläge beim Drosseln oder Sperren können durch langsames Schließen des Absperrorganes verhindert werden.

Beim Abstellen einer Pumpe hört ihre Förderung sofort auf, weil der Förderdruck quadratisch mit der Drehzahl zurückgeht und die Drehzahl der rotierenden Teile von Pumpe und Motor mangels Schwungmasse rasch abnimmt. Die in der Saug- und Druckleitung in Bewegung befindliche Wassermasse wird durch den an der Auslaufstelle vorhandenen Gegendruck, den statischen Gegendruck und Rohrwiderstand abgebremst. Je kleiner diese Gegenkräfte sind, um so länger dauert die Bremsung.

Bei langen Druckleitungen mit großer Wassersäule wird diese nicht gleichzeitig mit dem Aufhören der Pumpenförderung zum Stillstand kommen. Die bewegten Massen saugen Wasser durch die Pumpe und die Saugleitung nach, und es kann sich in der Druckleitung ein Unterdruck bilden, der zum Abreißen der Wassersäule führt. In der Druckleitung treten Druckschwingungen auf. Nach dem Stillstand der Massen bricht das Vakuum zusammen, und es entsteht ein starker Schlag durch die plötzliche Druckerhöhung und die zurückfallende Wassersäule.

Druckschwingungen können auch entstehen, wenn von mehreren laufenden Pumpen eine abgeschaltet wird.

Wasserschläge und -schwingungen können auch durch nicht geeignete Rückschlagklappen oder Rückschlagventile verursacht werden. Wenn diese nicht gleichzeitig mit dem Stillstand der Druckwassersäule schließen, fließt aus der Druckleitung Wasser in den Brunnen zurück. Dabei wird dann das Ventil oder die Klappe zugerissen, und es entsteht ein kräftiger Schlag, verbunden mit länger anhaltenden Schwingungen. Zur Vermeidung solcher Schläge sind bezüglich ihres Querschnittes reichlich bemessene Ventile zu verwenden. Rückschlagventile oder Klappen sollen möglichst federbelastet sein. Die praktisch masselose Gegenkraft der Feder bewirkt ein rechtzeitiges Schließen.

Zur Vermeidung von Wasserschlägen beim Abstellen von Pumpen gibt es mehrere Möglichkeiten:

1. Drosseln der Fördermenge vor dem Abstellen der Pumpe so weit, daß nur noch eine geringe Fließgeschwindigkeit herrscht.

Die Drosselung der Fördermenge kann auch mittels Elektroventilen vorgenommen werden. Diese schließen dann, bevor die Pumpe abschaltet. Wenn für die Schließzeit das 20- bis 40fache der Reflexionszeit μ der Druckwelle gewählt wird, entsteht in der Regel kein Wasserschlag.

2. Wenn ein Abreißen der Wassersäule beim Abstellen der Pumpe zu erwarten ist, empfiehlt sich der Einbau eines möglichst federbelasteten Rückschlagventils mit Umführungsleitung knapp oberhalb der Stelle, an welcher das Abreißen der Wassersäule zu erwarten ist. Auch Gegengewichte und Hydraulikdämpfer sind möglich.

3. Anordnung eines Windkessels nahe der Pumpe und dessen Verbindung mit der Druckleitung durch eine Stichleitung. Die Größe des Kessels muß berechnet werden.

4. Einbau von schweren Massen (Schwungrädern) zwischen Motor und Pumpe, die ein langsames Auslaufen der Pumpe bewirken.

Druckstoßberechnung (überschläglich): Die Zeit für die Fortbewegung der Druckwelle von der Pumpe zum Druckleitungsende und zurück bezeichnet man als Reflexionszeit μ

$$\mu = \frac{2 \cdot l}{a} \qquad \mathrm{s} = \frac{\mathrm{m} \cdot \mathrm{s}}{\mathrm{m}}$$

l = Länge der Rohrleitung in m

a = Geschwindigkeit der Druckwelle (Schallgeschwindigkeit) in m/s. Sie ist abhängig vom Rohrdurchmesser, der Wandstärke, der Dichte der Förderflüssigkeit und dem E-Modul der Rohre.

1200 bis 1300 m/s bei Stahlrohren
1000 bis 1200 m/s bei Gußeisenrohren
300 bis 400 m/s bei PVC-Rohren
200 bis 300 m/s bei PE-Rohren

Die Größe eines Wasserschlages ist abhängig vom Betriebspunkt der Pumpe und vom Rohrleitungssystem. Den theoretischen Höchstwert für den Wasserschlag kann man nach folgender Formel berechnen:

$$\Delta p = \varrho \cdot a \cdot \Delta v;$$

mit $\Delta p = \max H$, $\varrho = \frac{1}{g}$, $\Delta v = v - 0 = v$ ergibt sich

$$\max H = \frac{a \cdot v}{g} \qquad \mathrm{m} = \frac{\mathrm{m} \cdot \mathrm{m} \cdot \mathrm{s}^2}{\mathrm{s} \cdot \mathrm{s} \cdot \mathrm{m}}$$

v = Fließgeschwindigkeit im Druckrohr in m/s

g = Normalfallbeschleunigung = 9,81 m/s^2

Um die Druckstoßgefahr abschätzen zu können, sollte man folgende Fragen prüfen:

1. Ist die nach Formel $\max H = \frac{a \cdot v}{g}$ ermittelte Wasserschlaghöhe größer als die manometrische Förderhöhe der Pumpe im Betriebspunkt oder größer als der maximal zulässige Rohrleitungsdruck?
2. Schließt irgendein Ventil in der Rohrleitung in kürzerer Zeit als der Reflexionszeit μ?
3. Verläuft die Rohrleitung über ausgeprägte Hochpunkte?

Falls einer dieser Punkte zutrifft, sollte man Vorkehrungen gegen Druckstöße treffen.

4. Man kann auch einen Faktor $K = l \cdot v / \sqrt{h_D}$ ermitteln. Bei $K > 70$ wird eine Druckstoßberechnung empfohlen.

3.3.5.7 Ausführungsbeispiele größerer Abwasserpumpwerke

Abwasserpumpwerk Gladbeck-Hahnenbach (**3.**136). Dieses Pumpwerk ist eine der vielen Anlagen der Emschergenossenschaft im Ruhrgebiet und steht im Tiefpunkt eines Senkungsgebietes. Die Antriebsmotore liegen hochwasserfrei, die Zwischenwellen sind $\approx$ 12 m lang. Die Pumpen haben folgende Leistungen:

	Pumpe		Motor		
Nr.	Q_P l/s	h_D m	kW	Volt	n U/min
1	500	12	105	380	730
2	500	12	105	380	730
3	1000	16	245	5000	580
4	2000	16	445	5000	485
5	2000	16	445	5000	485
6	2000	16	445	5000	485

Mischwasserpumpwerk Lübeck-Burgtor (**3.**137). Es ist ein Rundbau. Der Einlaufkanal mündet in den Pumpensumpf, der den Pumpenkeller im Halbkreis umschließt. Trommelrechen mit Unterwasserzerkleinerung und hochfahrbaren Gittertafeln sind vorgeschaltet. Am Ende des Pumpensumpfes sind für den Wasseranfall bei Starkregen drei Propellerpumpen aufgestellt. Der Trockenwetterzufluß wird von Kanal- und Schraubenradpumpen gefördert, die im Pumpenkeller stehen und wasserstandsabhängig mit einer Maelger-Druckschaltung gesteuert werden. Die runde Bauform fordert eine radiale Vereinigung der Druckstutzen. Die Hauptdruckleitung verläßt hinter einem Sammelbehälter in Form von drei Leitungen (DN 600) das Pumpwerk.

Mischwasserpumpwerk Hamburg-Hafenstraße (**3.**138). Das Abwasser wird diesem Pumpwerk aus drei Stadtteilen zugeleitet. Grobe Schwimmstoffe hält eine Rechenanlage zurück; das übrige Rechengut wird unter Wasser zerkleinert und durchströmt die Pumpen. In Sandfängen wird der mitgeführte Sand ausgeschieden, um die Pumpen vor Abrieb zu schützen. Das Abwasser wird aus dem Pumpensumpf über Druckausgleichs-Entlüftungsturm, Druckrohrleitung und Elbdüker zum Klärwerk Köhlbrandhöft gefördert. Bei Trockenwetter fallen 350 000 m^3/d Abwasser an.

3.3.5.8 Pneumatische Abwasserförderung

Technik des Verfahrens. Bei der pneumatischen Abwasserförderung wird das Abwasser von der Druckluft pfropfenförmig durch die Transportleitung geschoben (**3.**139).

Über einen Vorschacht fließt das Abwasser einem Kessel (Arbeitsbehälter) zu. Hat sich dieser gefüllt, schaltet sich ein Kompressor ein und die Zuleitung wird geschlossen. Sobald Druckausgleich mit der Druckleitung erreicht ist, öffnet sich das druckseitige Rückschlagventil und der Behälterinhalt wird in die Druckleitung gedrückt. Dabei ergibt sich eine Vermischung des Abwassers mit Druckluft, was zu einer ständigen Sauerstoffabgabe an das Abwasser und zur Verhinderung des Anfaulens führt. Es bilden sich Luftblasen, die sich nach Abschalten des Kompressors allmählich entspannen. Die Blasenbildung wird von der Anzahl der Hoch- und Tiefpunkte beeinflußt. Am Druckrohrauslauf entsteht ein gleichmäßiger Ausfluß, der noch längere Zeit nach dem Abschalten anhält. Die Säuberung der Druckleitung kann durch Nachblasen (Freiblasen nur mit Druckluft) erreicht werden. Hinweis auf EN 1293.

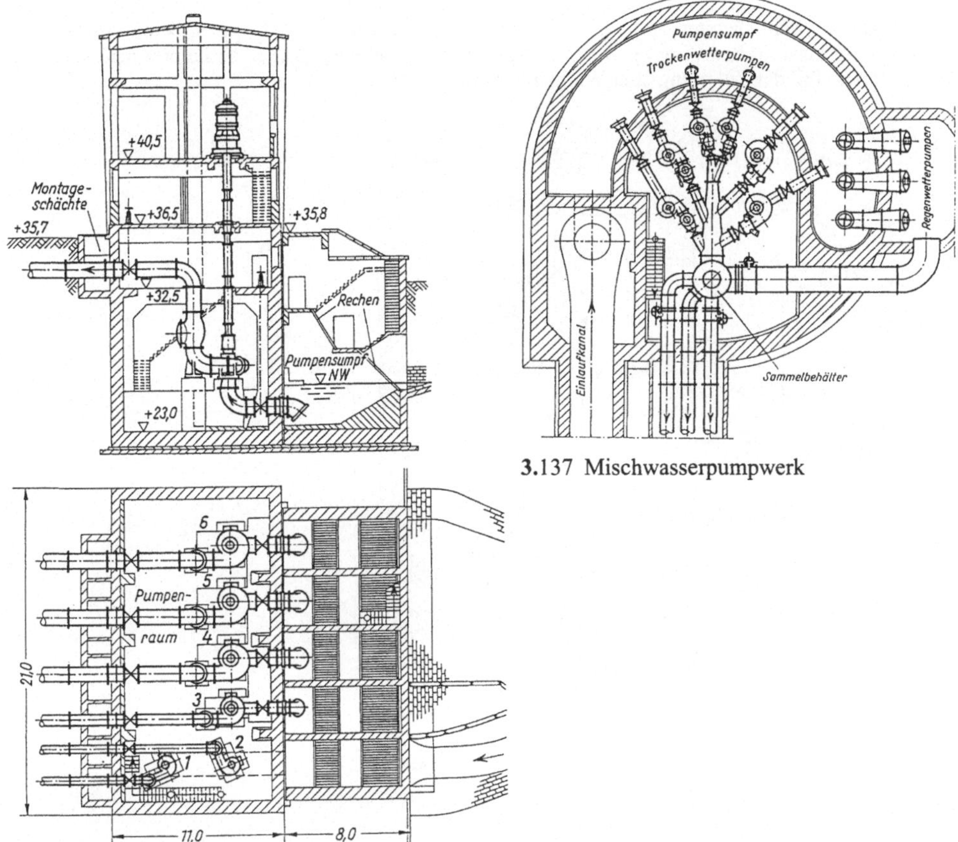

3.137 Mischwasserpumpwerk

3.136 Abwasserpumpwerk

Die pneumatische Förderung bietet sich an, wenn das Abwasser frischgehalten werden muß, um Korrosionen und Geruchsbelästigungen zu vermeiden.

Aus wirtschaftlichen und technischen Gründen kommt sie für Zuflüsse bis etwa 80 l/s in Betracht. Die bisher größte Förderhöhe ist 115 m, die größte Druckleitungslänge 12 km.

Der bauliche Teil kostet etwa soviel wie der bei Kreiselpumpen in Trockenaufstellung. Der maschinelle Teil und die Steuerung ist jedoch teurer. Entlüftungen, Entleerungen, Revisions- und Spülschächte werden nicht benötigt. Sicherungsmaßnahmen gegen Druckstöße entfallen. Ein Wirkungsgrad wie bei Laufrädern kann nicht angegeben werden. Der Vergleich über Kennlinien ist nicht möglich, da Kompressoren volumetrische Kennlinien aufweisen, Kreiselpumpen zentrifugale. Bei Verengungen im Druckrohr drückt der Kompressor weiter, bis sich ein Sicherheitsventil öffnet. Vergleichsrechnungen über Jahresstromkosten bei vorhandenen Anlagen ergaben höhere Kosten als bei Kreiselpumpen. Bei kleinen konstanten Fördermengen sind die Stromkosten mit Freistromrädern vergleichbar.

Für die zulaufseitige Rückschlagsicherung werden unterschiedliche Lösungen gewählt: zwangsgesteuerte Spezialventile (-schieber) mit pneumatischen Schiebern, da bei hydraulischen oder elektrischen die Schließzeiten zu lang sind, schräg versetzte Rückschlagklappen, deren einwandfreie Wirkungsweise firmenseitig bis 4 bar angegeben wird; Schwimmkugelventile in einem senkrecht geführten Teil der Zuleitung oder Winkelrückschlagklappen.

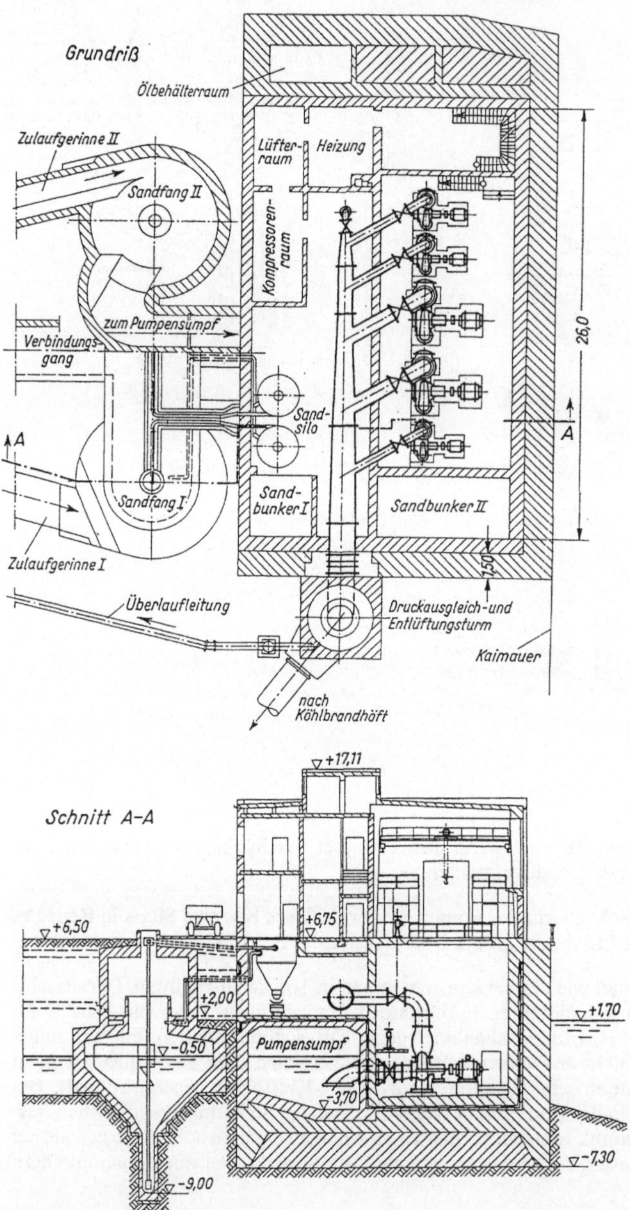

3.138 Mischwasserpumpwerk

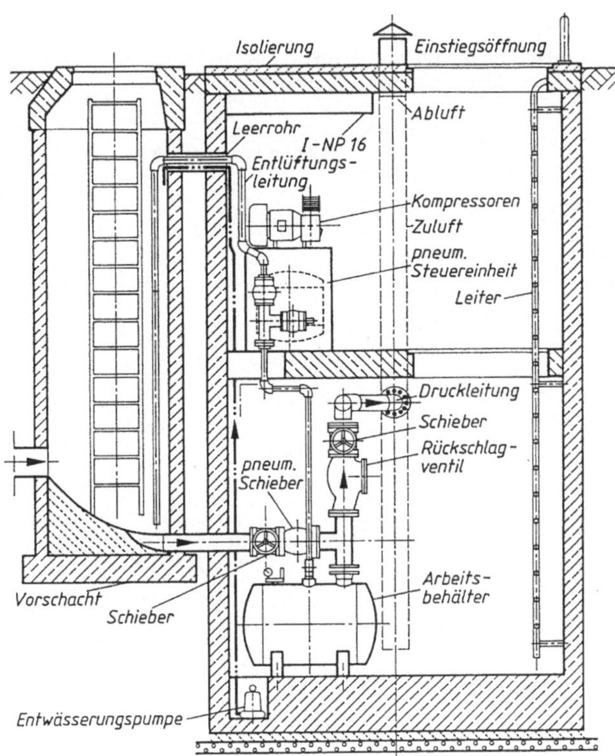

3.139
Schnitt durch eine pneumatische Abwasserhebeanlage

Ein Problem in Verbindung mit dem Schließorgan stellt die Höhenanordnung der Arbeitsbehälter dar. Meist wird der Zufluß in diese von oben bevorzugt. Selbst bei kleineren Nennweiten bedeutet das aber Höhenverluste bis 0,80 m und entsprechende Mehrkosten des baulichen Teils.

Aus betrieblichen Gründen werden zwei bis drei Arbeitsbehälter benötigt, die wechselweise gefüllt werden. Gebräuchliche Inhalte 50 l bis 2000 l.

Das Druckrohr wird senkrecht nach oben aus dem Behälter geführt. Es beginnt 0,10 bis 0,15 m über dessen Sohle, so daß darunter ein Absetzraum bzw. Geröllfang für Steine und gröbere Abfallstoffe entsteht. An den Behältern sind Revisionsöffnungen zur Reinigung vorzusehen.

Pneumatische Pumpwerke werden mit ein bis drei Kompressoren betrieben, die entsprechend dem wechselnden Abwasserzufluß eingesetzt werden. Die Kompressorengröße ist so zu wählen, daß im Teillastbereich gefahren wird, da dann die Energiekosten geringer sind.

Als druckseitige Rückschlagsicherung kommen häufig Kugelventile zum Einsatz.

Berechnung von Druckleitung und Pumpwerk. Herkömmliche Berechnungsmethoden können wegen der systemspezifischen Eigenarten nicht angewendet werden. Da die Hochpunkte nicht entlüftet werden, sind in der Druckleitung Lufteinschlüsse vorhanden, die sich bei der Förderung laufend verändern. Dieser Vorgang wird beeinflußt von den Längen der Druckrohr Abschnitte, vom Rohrdurchmesser und der Fördergeschwindigkeit. Bei Verbundsystemen (**3.**140) geht die Anzahl der zeitgleich arbeitenden Pumpwerke in die Rechnung ein, da keine gegenseitige Verriegelung stattfindet. Der maximale und minimale Abwasseranfall und dazwischen liegende Mengen werden bei der Berechnung berücksichtigt.

Durch die große Anzahl der komplexen, teilweise iterativen, Berechnungsvorgänge ist der Einsatz

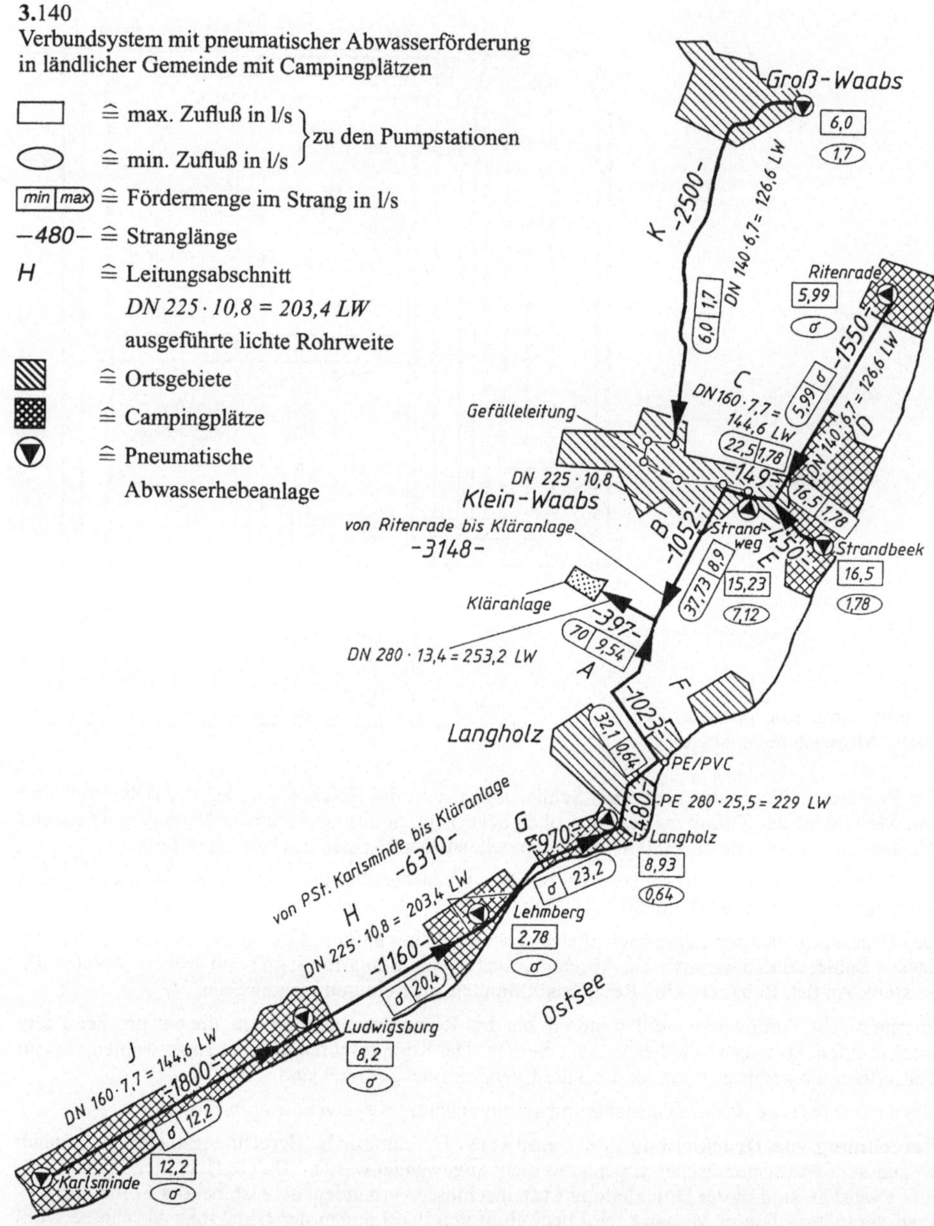

3.140
Verbundsystem mit pneumatischer Abwasserförderung in ländlicher Gemeinde mit Campingplätzen

der elektronischen Datenverarbeitung sinnvoll. Hierfür wurden Programme entwickelt. Es werden die Energiekosten, die Antriebsleistungen und der günstigste Rohrdurchmesser ermittelt.

Fließverhältnisse beim Wassertransport mit Lufteinschlüssen. Größere Lufteinschlüsse in der Druckleitung bilden sich in den Abschnitten hinter den Hochpunkten. In diesen Bereichen liegt Freispiegelabfluß (Teilfüllung) vor. Bei stationär gleichförmigem Fließvorgang verläuft die Drucklinie hier parallel zur Rohrachse. Die Druckverluste sind wegen des verminderten Fließquerschnitts und des höheren v größer als in einer Leitung ohne Lufteinschlüsse. Da hier häufig schießendes Fließverhalten vorliegt, entsteht am Ende der Luftblase ein unvollständiger Wechselsprung mit weiteren Energieverlusten. In den mit Steigung verlaufenden Strecken wird je nach Größe der Förderintervalle eine Blasenströmung entstehen. Die Reibungsverluste einer Zweiphasenströmung sind höher als die einer Flüssigkeitsströmung mit einer homogenen Masse. Dies kann jedoch unberücksichtigt bleiben, da der Volumenanteil des Gases gegenüber der Flüssigkeit gering ist.

Die Luftzufuhr beim normalen Förderbetrieb ist begrenzt. Der Weitertransport der Luftblasen, die Selbstentlüftung der Leitung, tritt ab einer bestimmten Fließgeschwindigkeit auf. Als untere Grenzgeschwindigkeit gilt

$$v = \sqrt{g \cdot d}(0{,}825 + 0{,}25\sqrt{J}) \qquad v \text{ in m/s; } d \text{ in m; } g \text{ in m/s}^2$$

$J \mathrel{\hat{=}}$ Leitungsgefälle, nur bei kleinem J

Die hiernach errechneten Geschwindigkeiten liegen relativ hoch, z.B.: DN 100, $J = 0 \rightarrow v = 0{,}82$ m/s.

Bei der Dimensionierung sind sie meist geringer. Es wurden jedoch schon bei DN 200 und $v =$ 0,3 bis 0,4 m/s größere Lufttransporte beobachtet. Ist v zu gering, erfolgt der Luftaustausch beim Nachblasvorgang.

Nachblasvorgang. Durch den Nachblasvorgang mit erhöhter Fließgeschwindigkeit wird verhindert, daß Abwasser anfault oder sich Ablagerungen festsetzen. Die Geschwindigkeitszunahme ergibt sich daraus, daß die eingespeiste Druckluft zunächst Wasser in den Übergabeschacht verdrängt. Damit wird die Wassersäule kürzer, und die Reibungsverluste geringer. Mit geringer werdendem Gegendruck expandiert die Druckluft und schiebt weiteres Wasser zum Auslauf, bis die maximale Geschwindigkeit erreicht ist. Über die Länge der Nachblaszeit kann die günstigste Fließgeschwindigkeit bestimmt werden. Sind in der Druckleitung Tiefpunkte, so läuft während des Nachblasvorganges Wasser in diese zurück. Es kommt zu gegenläufigen Strömungen von Druckluft und Wasser, was die Durchmischung fördert und Ablagerungen verhindert.

Rohrleitungen oder Teilstücke davon, die nur teilweise mit Abwasser gefüllt sind, erfahren ebenfalls Druckaufbau und Zunahme der Fließgeschwindigkeit, weil die Luftströmung zu Wellenbildung führt. Die dadurch verursachte Querschnittsänderung ergibt nach kurzer Zeit Vollfüllung des Rohres, d.h. Bildung eines Pfropfens.

Fernwirksysteme (**3.**141). Wegen der erhöhten Anforderungen an die Betriebssicherheit von Anlagen der Abwassertechnik empfiehlt es sich, auch kleinere Anlagen durch Datenfernübertragung zu überwachen und zu steuern. Die Systeme können Routinearbeiten übernehmen und das Betriebspersonal entlasten.

Auf der Leitstelle werden die Informationen der Außenstationen gesammelt und auf dem Monitor dargestellt. Der Betriebsablauf steht im Vordergrund, daneben werden Störmeldungen aufgezeichnet und ggf. Alarm ausgelöst. Das Fernwirksystem wird über die Leitstelle kontrolliert. Sie hat etwa folgenden Aufbau: Fernwirk-Zentralrechner mit Mikroprozessor, Farbbildschirm, Festplatte, Diskettenlaufwerk, Protokolldrucker, Modem, Fernwirk-Software, Signaleinrichtungen (optisch, akustisch) zur Alarmierung, Wählgerät zur telefonischen Weiterleitung von Störmeldungen.

Die Außenstationen haben eine zentrale Steuereinheit, ein Modem für die Übertragungsleitung und evtl. Koppelbausteine zum Anschluß an die Betriebsanlage. Sie haben meist eigenständige Computersysteme. Sie verarbeiten z.B. Schaltzustände, Betriebsstunden, Zählerstände und registrieren analoge Meßwerte. Fernschaltausgänge werden nach Vorgabe der Leitstelle geschaltet. Fehlerzustände werden selbsttätig an die Leitstelle gemeldet. Die Außenstationen empfangen ihre Schaltzustände von der Leitstelle. Es können Grenzwerte vorgegeben werden. Bei Nichteinhaltung erfolgt Meldung zur Leitstelle. Die Übertragung kann über ein betriebseigenes Fernmeldekanal oder über das Telekom-Netz (Standleitung oder im Wählverfahren) erfolgen. Für Außenstationen ohne Telefonanschluß kann die Verbindung über Mobilfunk hergestellt werden.Bei Alarm und Nichtbe-

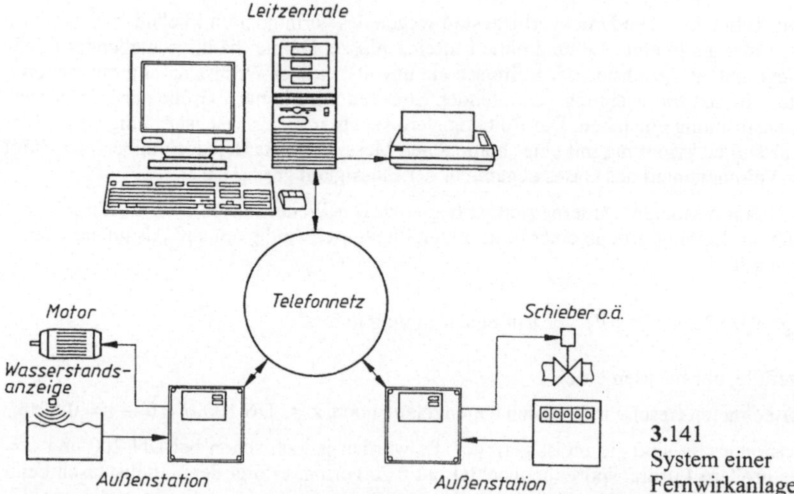

3.141 System einer Fernwirkanlage

setzung der Leitstelle erfolgt Weitergabe an ein Telefonwählgerät, mit dem mehrere Anschlüsse angewählt werden können, Weitermeldung im Klartext. Alle Meldungen können über längere Zeit in der Leitzentrale gespeichert werden.

3.3.5.9 Entwässerungssysteme im Druck-, Vakuumverfahren, durch Stufenentwässerung oder durch Gefälledruckentwässerung

Druckentwässerung. Sie besteht aus einem Druckrohrnetz, möglichst in Ringanordnung mit Anschluß-Druckrohrleitungen und Schmutzwasserförderanlagen für jeden Anschlußnehmer (**3.**142). Die Regenwasserableitung muß in konventioneller Bauweise erstellt werden oder als dezentrale Versickerung. Ablagerungen werden durch automatische Spülstationen beseitigt. Als Förderaggregate werden pneumatische (Druckluftheber = Hochdruckentwässerung) oder hydraulische (Tauchmotor-Pumpen = Niederdruckentwässerung wegen der geringeren erreichbaren Förderdrükke) eingesetzt. Eine gleichzeitige Verwendung beider Aggregatgruppen in einem System ist nur nach Angleichung der Fördercharakteristiken möglich. Hinweis auf EN 1091.

Die Druckentwässerung wird im wesentlichen aus wirtschaftlichen Gründen angewandt. Folgende örtliche Bauverhältnisse begünstigen ihren Einsatz:

1. Weitläufige Bebauung (Streusiedlung oder Wohnblocks in großem Abstand);
2. Fehlendes Geländegefälle (Gefälleleitungen würden sehr große Tiefen erreichen, z.B. Siedlungen in der Marsch).
3. Ungünstiger Baugrund (flach verlegte Druckrohre erfordern keine Gründung oder Bodenaustausch);
4. Hoher Grundwasserstand (entscheidende Kostenfrage, meist kann die Grundwasserhaltung bei flachen Druckrohren vermieden werden);
5. Bebauung in Tiefgebieten (Teilgebiete einer Ortsentwässerung werden an das hochliegende Hauptgebiet angeschlossen);
6. Vorteile bei der Baudurchführung (größere Schnelligkeit beim Leitungsbau, geringere Verkehrsbehinderung, schmale Rohrgräben, Durchpressung der Hausanschlüsse);
7. Kein Fremdwasser.

Die Nachteile liegen in der Kostenverlagerung vom öffentlichen in den privaten Bereich mit den höheren Kosten für die Förderaggregate gegenüber einer normalen Grundstücksentwässerung.

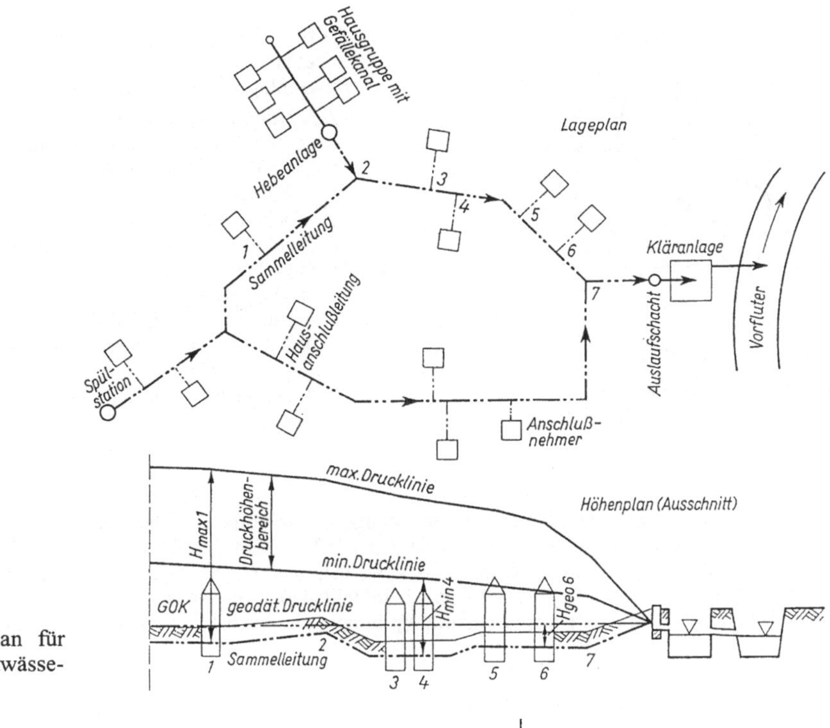

3.142
Systemplan für Druckentwässerung

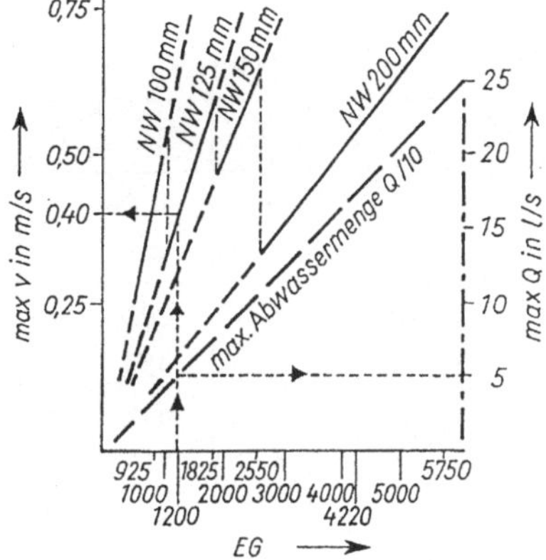

3.143
Dimensionierung der Sammeldruckrohrleitungen nach Einwohnerzahl oder Abwassermenge, $w = 150$ l/(E · d). Für so dimensionierte Strecken sind Rohrreibungsverluste zu ermitteln, z.B. nach Prandtl-Colebrook mit $k = 0{,}007$ mm und 25% Aufschlag für Abwasser und mit gegenüber dem Diagramm verdoppelten max. Q-Werten

Die Bemessung der Druckentwässerung erfolgt nach Einwohnerzahl oder Wassermenge (**3.**143). Rohrnennweite ≥ 100 mm für die Sammelleitung. Hausanschlüsse ≥ 80 mm. Es wird für den gewählten Rohrdurchmesser der Reibungsverlust entlang der ganzen Rohrleitung errechnet. Verlusthöhe zuzüglich der geodätischen Förderhöhe darf die max. manometrische Förderhöhe der Förderaggregate nicht übersteigen (≈ 40 m), sonst erneute Dimensionierung mit größeren Rohrdurchmessern. Verwendet man Zerkleinerungspumpen (s. Abschn. 3.3.5.1), dann können die Sammelleitungen DN ≥ 50 mm und die Hausanschlüsse DN ≥ 32 mm haben. Hydraulischer Nachweis ist erforderlich.

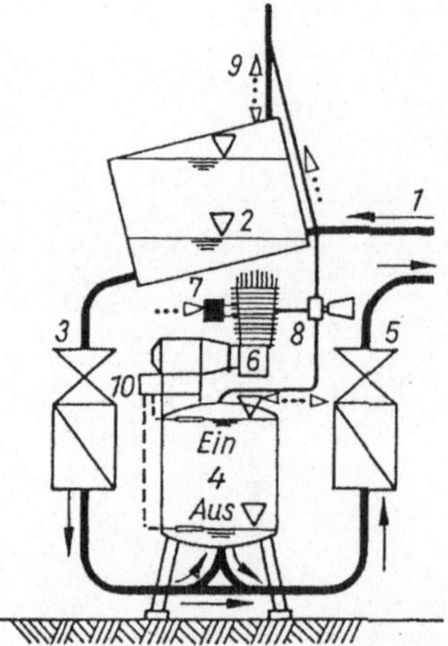

3.144
Schema einer pneumatischen Druckentwässerungsanlage für Installation im Haus
1 Schmutzwasserzulauf
2 Vorbehälter mit Alarmschaltung
3 Umlauf mit Absperrschieber und Rückflußverhinderer
4 Arbeitsbehälter mit Ein-Aus-Schaltung
5 Druckrohrleitung mit Absperrschieber und Rückflußverhinderer
6 Luftkompressor
7 Ansaugfilter und Schalldämpfer
8 Druckluft- und Entspannungsleitung mit Magnetventil
9 Be- und Entlüftungsleitung
10 Schaltkasten

Die Förderaggregate (**3.**144) werden in Wohngebäuden durch den Badablauf am stärksten belastet. In Standardausführungen reichen pneumatische Druckanlagen für 10 EG und 1 Badewanne, bei Saugdruckleitungen für 20 EG und 2 Badewannen aus. Bei größeren Leistungen werden die Kompressoren verstärkt oder vermehrt, die Sammelbehälter vergrößert oder Doppelanlagen verwendet. Hydraulische Aggregate (Tauchmotorpumpen) werden nach Pumpen- und Rohrkennlinien bemessen (Abschn. 3.3.5.4).

Berechnungsbeispiel für Druckentwässerung mit Tauchpumpen s. Lageplan **3.**145; Auswertung in Tabellenform.

1. Druckrohrberechnung. Material PVC, PN 10 (PW $\hat{=}$ Pumpwerk)

von	bis	L	ΣL	E	ΣE	ΣQ [1]	H_{geo}	H_v	H_{man} [2]	DN	v [3]
		in m	in m			in l/s	in m	in m	in m	in mm	in m/s
PW 1	PW 2	200	200	4	4	0,8	−0,70	1,31	9,16	50	0,41
PW 2	PW 3	285	485	4	8	1,1	−0,20	3,43	8,35	50	0,56
PW 3	PW 4	160	645	6	14	1,5	+0,65	0,91	5,77	65	0,45
PW 4	PW 5	170	815	10	24	2,0	+0,30	1,63	4,51	65	0,60
PW 5	PW 6	410	1225	8	32	2,3	+1,00	1,78	3,58	80	0,46
PW 6	S 1	170	1395	4	36	2,4	+0,55	0,80	1,35	80	0,48

[1] $\Sigma Q = 0{,}4 \cdot \Sigma E$ in l/s. Für jeden Leitungsabschnitt ist ΣE zu ermitteln und ΣQ neu zu ermitteln, z.B. für PW 6 bis S 1: $\Sigma Q = 0{,}4 \cdot \sqrt{36} = 2{,}4$ l/s.
$0{,}4 = K \hat{=}$ Abflußkennzahl nach Absch. 2.2.6 Hier wegen des großen Abstandes der Einzelhäuser von $K = 0{,}5$ (Wohnungsbau) auf $K = 0{,}4$ vermindert.
[2] $H_{man} = \Sigma$ der Verlusthöhen der Leitungsabschnitte zuzgl. H_{geo} des Berechnungspunktes: $H_{man} = H_v + H_{geo}$; z.B. für PW 1 $= 1{,}31 + 3{,}43 + 0{,}91 + 1{,}63 + 1{,}78 + 0{,}80 - 0{,}70 = 9{,}16$ m.
Berechnung von H_v nach Tabellen oder digital für $k_b = 0{,}4$ mm.
[3] DN so wählen, daß $v \geq 0{,}4$ m/s.

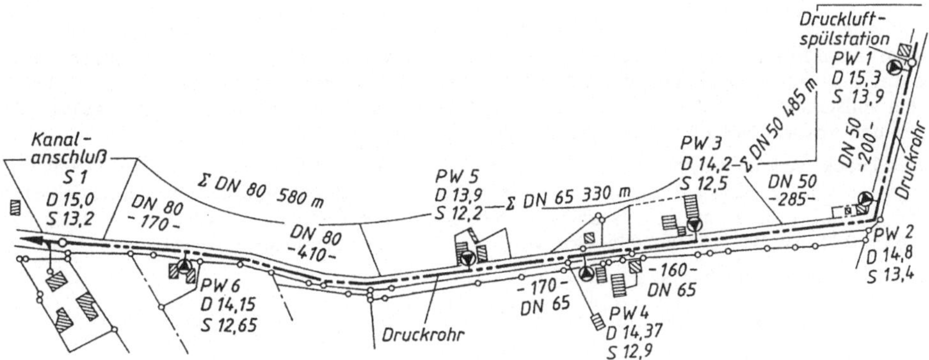

3.145 Lageplan zum Berechnungsbeispiel Druckentwässerung

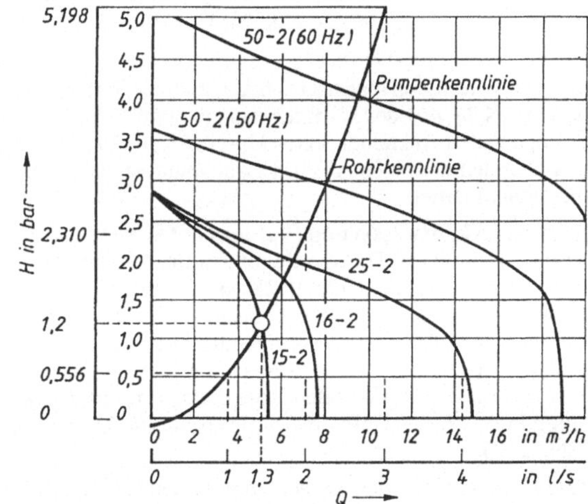

3.146
Pumpenkennlinien von Zerkleinerungspumpen

2. P u m p e n l e i s t u n g und -typ. Man benutzt Leistungsdiagramme derPumpen-Herstellerfirma und trägt darüber eine Rohrkennlinie, diese wurde in nachfolgender Tabelle für drei Q-Werte ermittelt. Der ungünstigste Punkt ist der Leitungspunkt mit der größten Förderhöhe. Hier PW 1 bis S 1.

Q in l/s	H_v für Leitungabschnitte DN 50 485 m	DN 65 330 m	DN 80 580 m	H_{geo} in m	H_{man} in m	v in m/s DN 50	DN 65	DN 80
1,0	4,87	0,86	0,53	-0,70	5,56	0,51	0,30	0,20
2,0	18,70	3,17	1,93	-0,70	23,10	1,01	0,60	0,40
3,0	41,46	7,00	4,22	-0,70	51,98	1,53	0,90	0,60

Es werden Zerkleinerungspumpen gewählt. Die kleinste Pumpe vom Typ 15-2 fördert bei einer Druckhöhe von 1,2 bar ≈ 12 m WS eine Wassermenge Q von 1,3 l/s > 0,8 l/s. Dieser Pumpentyp reicht für die Stationen PW 1 und PW 2 aus. PW 3 und PW 4 benötigen Typ 16-2, PW 5 und PW 6 Typ 25-2 (Vergleich mit Tabelle unter 1.).

3. D r u c k l u f t s p ü l s t a t i o n. Die Druckluftspülstation besteht aus einem über Zeitautomatik einzuschaltenden Kompressor, der zur Verringerung der Kompressorleistung ein Druckkessel zugeordnet werden kann.

Entweder werden Kompressor und Druckkessel so bemessen, daß in der Endhaltung des Drucksystems beim Kompressorlauf noch eine Geschwindigkeit von $v \geq 0{,}7\,\mathrm{l/s}$ eingehalten wird (bei Teilausblasung der Druckleitung) oder daß die Geschwindigkeit in der Anfangshaltung $> 1{,}0\,\mathrm{m/s}$ beträgt (bei vollständiger Ausblasung der Druckleitung). Durch die Druckluftspülung werden Ablagerungen und Abwasseranfaulung vermieden.

Der Druck wird im Beispiel so gewählt, daß bei ND 50 $v \geq 1{,}0\,\mathrm{m/s}$ ist. Nach Tabelle unter 2. ergibt sich bei $Q = 2\,\mathrm{l/s}$ ein $H_{\mathrm{man}} = 23{,}10\,\mathrm{m}$ WS. Die Leistung des Kompressors berechnet sich nach $P = Q \cdot H_{\mathrm{man}}/(102 \cdot \eta)$ mit Q in l/s und $\eta = 0{,}6$ für Motor und Kompressor, hier: $P = 2 \cdot 23{,}10/(102 \cdot 0{,}6) = 0{,}75\,\mathrm{kW}$. Bei größeren Objekten würde man noch einen Druckkessel einbauen.

Das Volumen V_{k} berechnet sich nach

$$V_{\mathrm{k}} = V_{\mathrm{D}}(P_{\mathrm{D}} - 1)/(P_{\mathrm{k}} - 1)$$

mit V_{k} = Kesselvolumen in m^3;
V_{D} = Druckleitungsvolumen oder Volumenanteil, der ausgetauscht werden soll in m^3;
P_{D} = erf. Leitungsdruck zur Erzielung der Fließgeschwindigkeit in bar;
P_{K} = Druck im Kessel in bar hier: $V_{\mathrm{k}} = 5 \cdot (2{,}31 - 1)/(10 - 1) = 0{,}72\,\mathrm{m}^3$

4. Pumpwerke PW (**3**.151). Man verwendet meist Systempumpwerke. Sie bestehen z.B. aus einem vorgefertigten Normschacht aus Beton, Eternit oder Kunststoff, lichte Weite 1,00 m mit Installation DN 32, 40 oder 50 (Rückschlagklappe, Schieber) und Tauchmotorpumpe mit Schneidrad. Die Pumpe hat einen kleinen freien Durchgang und zerschneidet die groben Abwasserinhaltsstoffe. Gegenüber den normalen Abwassertauchpumpen hat sie eine steile Kennlinie mit geringer Q-Leistung bei hohem Druck.

Unterdruckentwässerung (Vakuumentwässerung). Das System beruht auf dem Prinzip der Vakuumerzeugung in Transportleitungen für Abfälle und Abwasser. Das Leitungssystem erhält durch eine Vakuum-Pumpe Unterdruck von 0,5 bis 0,7 bar. Die Schmutzwassermenge wird als Pfropfen in die Leitung gezogen. Der Transport in Kunststoffleitungen DN 65 bis DN 125, PN 10 endet in einem Sammelbehälter (Vakuumtank). Von dort kann das Abwasser dann konventionell, durch SW-Pumpe, weitertransportiert werden. Die Rohre werden mit Hoch- und Tiefpunkten versehen, damit sich Abwasserpfropfen bilden, die dann vom Luftdruck gegen das Vakuum bewegt werden. Verlegung in frostfreier Tiefe. Inspektionsrohre im Abstand von $\leq 200\,\mathrm{m}$ vorsehen (**3**.149). Hinweis auf EN 12109.

Die Hausinstallationen werden normal, wie bei Gefälleentwässerung, ausgeführt. Der Anschluß der Hausanschlußleitung an das Vakuum-Transportnetz erfolgt entweder im Keller des Gebäudes oder in einem Schacht davor.

Regenwasser wird konventionell abgeleitet. Jede Wohneinheit bzw. jede Hauseinheit sollte einen eigenen Anschluß haben.

Das Schmutzwasser läuft im freien Gefälle zu. In einem Vakuumventil wird das Abwasser mit Luft gemischt und tritt als Gemisch aus dem Ventil aus. Das Ventil wird elektronisch geöffnet und durch Federdruck wieder geschlossen (Fa. Schluff [67a]).

Mit der Unterdruckentwässerung kann man Einzugsgebiete bis zu 4 km Ausdehnung entwässern, wenn der tiefste Anschlußpunkt bei 2 km Entfernung nicht tiefer als $\approx 0{,}8\,\mathrm{m}$ unter dem Niveau der Vakuumstation liegt, bei $1\,\mathrm{km} \leq 1{,}6\,\mathrm{m}$; bei $0{,}75\,\mathrm{km} \leq 2{,}0\,\mathrm{m}$. Noch tiefer liegende Teilgebiete lassen sich durch eine Vakuumnebenstation anschließen, die nur aus einem Vakuumtank besteht, der an die Hauptleitung angeschlossen ist. Ohne eine weitere Vakuumpumpe wird der Unterdruck auf die Nebenstation und das daran angeschlossene Netz übertragen. Das Schmutzwasser aus dem Teilgebiet sammelt sich im Tank der Nebenstation und muß mittels SW-Pumpe und SW-Druckrohr zur Kläranlage befördert werden. in ähnlicher Weise können Einzugsgebiete nachträglich erweitert werden. Die Leistung der Vakuumpumpe der Hauptstation muß aber angepaßt werden.

Anwendungsbereich der Unterdruckentwässerung entspricht dem der Druckentwässerung (**3**.142). Die Kostenvorteile gegenüber einem System mit Gefällekanälen entsprechen etwa denen der Druckentwässerung mit geringerem Aufwand für den Hausanschluß, aber Mehrkosten für die Vakuumanlage und den Sammelbehälter.

Berechnungsbeispiel zum Vakuumverfahren (**3**.147): Es wird der Strang B eines Entwässerungsgebietes berechnet. Endpunkt ist die Vakuumstation *V*, auch für den 2. Strang A des Gebietes.

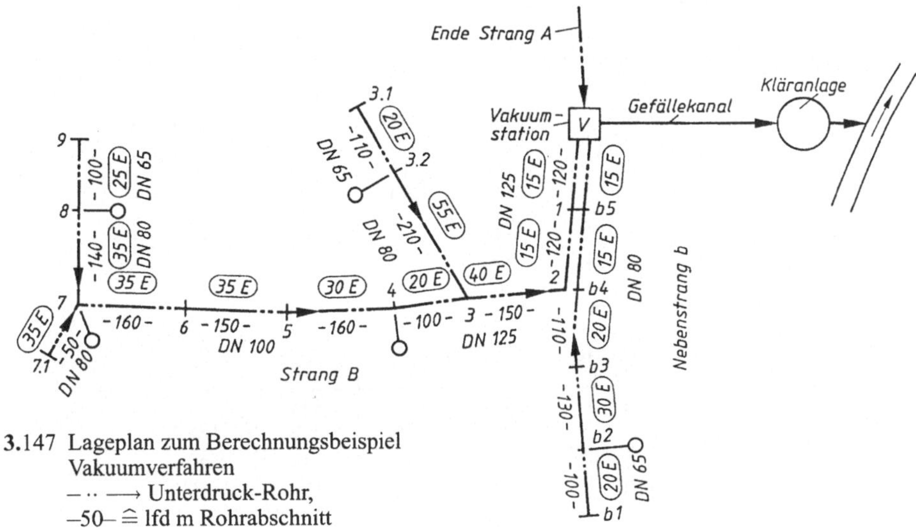

3.147 Lageplan zum Berechnungsbeispiel Vakuumverfahren
–·· ⟶ Unterdruck-Rohr,
–50– ≘ lfd m Rohrabschnitt

Angeschlossene Einwohner E: Strang A = 300; Strang B = 360; Nebenstrang b = 100; zusammen 760 E. Stranglängen: Strang A = 1200 m; Strang B = 1200 m; Nebenstrang b = 580 m.

Netzlängen = Stranglängen + Nebenleitungen:
Strang A =1200 + 200 =1400 m; Strang B =1200 + 50 + 320 =1570 m;
Strang b = 580 m; zusammen = 3550 m.
Einwohnerzahl / Netzlänge = 760/3550 = 0,21 E/m.

Verästelungsnetz (Ringnetz nicht möglich) kleinste Nennweite DN 65, größte DN 125 (150), Werkstoff PVC, PN 10, Klebemuffe (evtl. auch Steckmuffe). Dimensionierung nach anschließbaren Einwohnern:

DN	maximal anschließbar	DN	maximal anschließbar
65	25 E	100	200 E
80	100 E	125	400 E

Die Strangbemessung erfolgt tabellarisch (Tafel **3**.37).

Berechnung der Vakuumstation:

Schmutzwasserabfall $Q_s = 0{,}15 \cdot \mathrm{E}$ in m³/d $= 0{,}15 \cdot 760 = 114\,\mathrm{m^3/d}$

Luftbedarf $V_L = f \cdot Q_s$ in m³/d $= 7{,}0 \cdot 114 = 798$ m³/d mit Faktor f aus Tafel **3**.38 für 0,21 E/m $\approx 7{,}0$.

Förderstrom der Vakuum-Pumpen $Q_L = V_L/2{,}5$ in m³/h $= 798/2{,}5 = 319{,}2$.

[Alternativ: erf. Luftbedarf aus $q_L = 7{,}5$ l/(E · min) $\rightarrow 760 \cdot 7{,}5 = 5700$ l/min

$Q_L = 5700 \cdot 60/1000 = 342\,\mathrm{m^3/h}$.]

Leistung der Vakuum-Pumpen $P = Q_L \cdot 6/(3{,}6 \cdot 0{,}5 \cdot 102)$ in kW bei 6 m WS Unterdruck. $P_{erf} = 319{,}2 \cdot 6/(3{,}6 \cdot 0{,}5 \cdot 102) = 10{,}43\,\text{kW}$ [11,18 kW].

Gewählt werden 2 Vakuum-Pumpen zu je 6,0 kW + 1 Reserve-Pumpe zu 6,0 kW (**3**.148).

Tafel **3**.37 Strangbemessung zum Berechnungsbeispiel Vakuumverfahren. Bemessung Strang B und Nebenstrang b:

von	bis	L in m	ΣL in m	E	Σ E	DN
9	8	100	100	25	25	65
8	7	140	240	35	60	80
7,1	7	50	50	35	35	65 (ev. 80)
7	6	160	400	35	130	100
6	5	150	550	35	165	100
5	4	160	710	30	195	100
4	3	100	810	20	215	125
3,1	3,2	110	110	20	20	65
3,2	3	210	320	55	75	80
3	2	150	960	40	330	125
b 1	b 2	100	100	20	20	65
b 2	b 3	130	230	30	50	80
b 3	b 4	110	340	20	70	80
→ 2	1	120	1080	15	345	125 } westl. Seite
1	V	120	1200	15	360	125 } westl. Seite
→ b 4	b 5	120	450	15	85	80 } östl. Seite
b 5	V	120	580	15	100	80 } östl. Seite

Tafel **3**.38 Faktor f zur Ermittlung der Luftmenge

Stranglänge bis zum weitesten Anschluß	Einwohner/Meter Netzlänge		
	0,04 bis 0,06	0,06 bis 0,12	0,12 bis 0,20
bis 500 m	5,0	4,0	3,0
bis 1000 m	7,5	6,0	5,0
bis 1500 m	10,0	8,0	7,0
bis 2000 m	12,5	10,0	9,0
bis 2500 m	15,0	12,0	entfällt

Neben dem Leitungsnetz sind folgende Bauwerke wichtig:

Vakuumstation V möglichst im Zentrum des Entwässerungsgebiets gelegenes Bauwerk mit mindestens 2 Vakuumpumpen (Wasserringpumpen) und 2 Vakuumtanks; Abwasserpumpen zum Abpumpen des gesammelten Abwassers, elektrische Schaltanlage, ggf. Notstromaggregat, Wasseranschluß für Kühlwasser der Wasserringpumpen, Kompostfilter zur Abluftfiltration (**3**.148).

Hausanschlußschächte. Wasserdicht aus Beton oder Glasfaserkunststoff (GFK) mit isoliertem Deckel. Notstauraum von ≈ 150 bis 200 l pro Wohneinheit. Im Schacht Anschluß der Grundstückentwässerung DN 100 über Revisionsklappe und Reduzierstück an das Ventil DN 50. Dieses wird bei Abwasseranfall pneumatisch oder elektrisch angesteuert und öffnet sich zum Einsaugen des Abwassers und einer regulierbaren Luftmenge (**3**.150). An das Ventil werden folgende Anforderungen gestellt: Freier Durchgang zur Vermeidung von Energieverlust, druckunabhängiges Öffnen und selbsttätiges Schließen, Abwasserförderung unter Beimischung von Luft, Überwachung der Betriebsfunktion und Meldung in das angeschlossene Haus, lange Haltbarkeit und Wartungsfreiheit. Das Ventil hat einen Eingang von $d = 50\,\text{mm}$ und eine Mischkammer für Wasser/Luft. Die Steuerung ist elektronisch ohne Kontakt zum Abwasser.

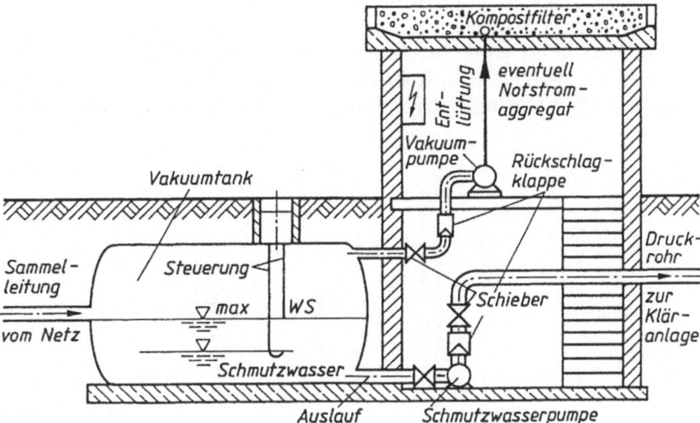

3.148 Schema einer Vakuumstation

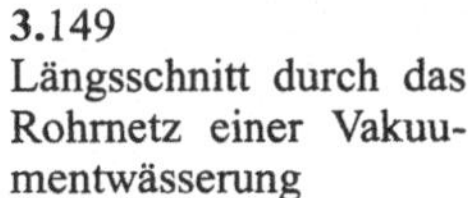

3.149
Längsschnitt durch das Rohrnetz einer Vakuumentwässerung

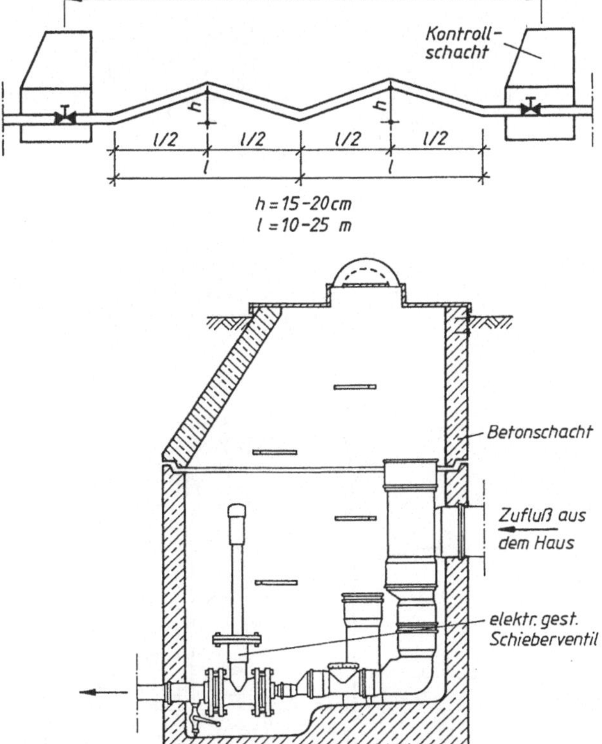

3.150 Hausanschlußschacht mit elektrisch gesteuertem Schieberventil und automatischem Lufteintrag. Der Sammeltopf hinter dem Zufluß kann auch durch eine Schachttasche aus Beton ersetzt werden [67a].

Das Steinka-System (Stufenentwässerung mit einfachem Kanalbau) benutzt Gefälleleitungen mit geringen Verlegetiefen und kleinen Zwischenpumpwerken. Sobald die Rohrgrabentiefe von ≈ 2 m erreicht ist, wird eine Pumpe eingesetzt, die das Abwasser um ≈ 1 m in die weiterführende Freispiegelleitung hebt, Rohr-DN ≥ 150, $k_b = 0{,}25$ mm, $J_S \geq 1{,}5‰$. Die Zwischenpumpwerke können aus Schachtringen l.W. 60 bis 100 cm oder aus montagefertigen Pumpenschächten (**3.**151)

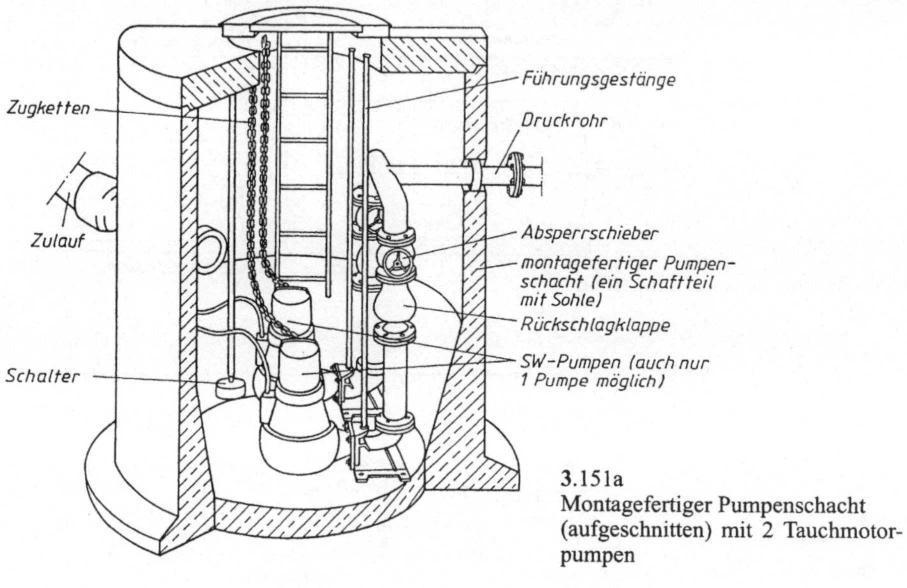

3.151a
Montagefertiger Pumpenschacht (aufgeschnitten) mit 2 Tauchmotorpumpen

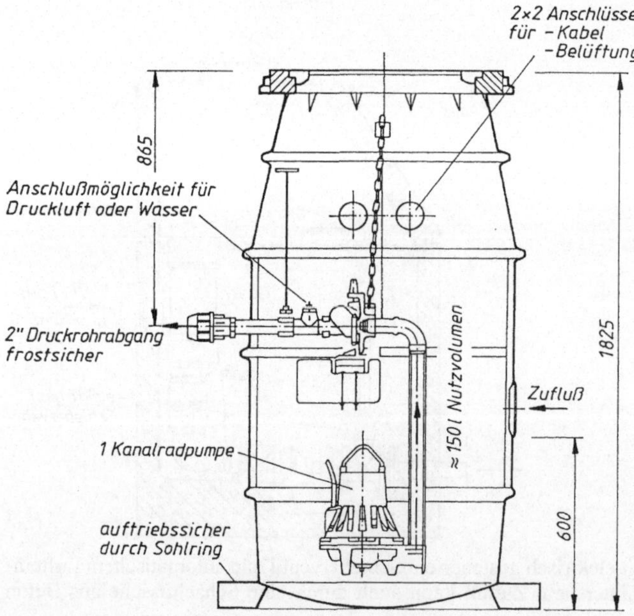

3.151b
Kunststoff-Pumpenschacht aus PE-LLD für Kleinpumpwerke (Fa. Flygt)

erstellt werden. Die Größe des Pumpensumpfes beeinflußt die Fördermenge pro Pumpenlauf. In jeder Pumpzeit sollten zur Leitungsspülung ≥ 200 l gefördert werden.

Durch die geringen Rohrtiefen benötigen die Pumpenschächte wenig Bauraum. Ggf. reicht der Seitenstreifen einer Straße aus. Die Hausanschlüsse werden zweigeteilt. Wegen der Sammlertiefe von 1 bis 2 m können nur die Vollgeschosse im Gefälle entwässert werden. Im Kellerbereich liegende Räume werden über Hebeanlagen nach DIN 1986 entwässert.

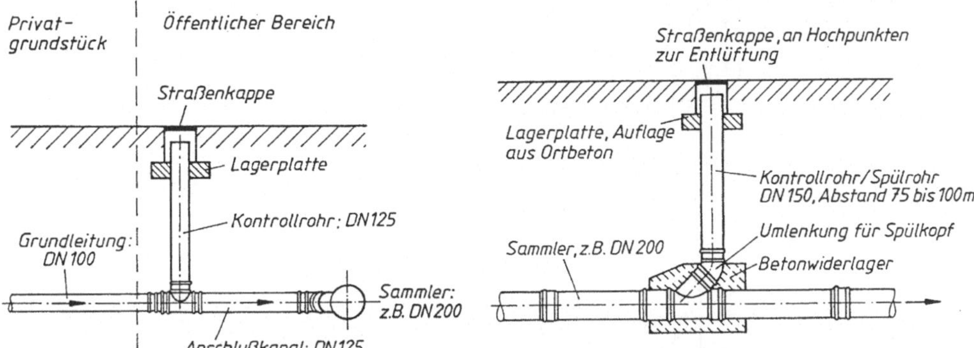

3.152 Grundstücks-Kontrollrohr

3.153 Sammler-Kontrollrohr/-Spühlrohr

Besonders geeignet ist das System für kellerlose Objekte (Sommerhäuser, Campingplätze u.a.) oder im ländlichen Raum sowie bei hohen Grundwasserständen.

Statt der üblichen Kontrollschächte, l.W. 1 m, sind auf den Grundstücken und an den Sammlern Spülrohre DN 125 bzw. DN 150 (**3.**152 und **3.**153) vorgesehen. Auch Teleskopschächte (**3.**154) sind geeignet.

Das Steinka-System hat folgende V o r t e i l e: Baukostenersparnis; geringer Fremdwassereintritt; Ablagerungen in den Leitungen durch Pumpenspülung vermindert; verkürzte Bauzeiten; geringer Bauraum; Systemkontrolle durch Störmeldesystem.

N a c h t e i l e: Ausfall von Pumpen, Ersatzbedarf muß organisiert sein; Stauraum im Netz vorhanden, da Kellerrückstau ausgeschlossen. Bei 2000 m Sammlerleitung DN 150 und 1000 m Anschlußleitung können ≈ $53 m^3$ Abwasser in den Leitungen aufgestaut werden. Bei einem Anschlußwert von 2000 EG mit 150 l/(EG · d) entspricht dies einer Stauzeit von 2 h (Tagesspitze), nachts bis 6 h.

Gefälledruckentwässerung Das Verfahren sieht vor, das Abwasser über ein Druckrohr mit oder ohne Pumpstation zu transportieren, auch wenn ein ausreichendes Gefälle zur Verfügung steht. Es kann unter Benutzung der Hauskläranlagen oder ohne diese eingesetzt werden. Der Hausanschluß führt direkt zum Hauptrohr oder beginnt hinter der letzten Kammer der Hauskläranlage. In diese kann zusätzlich ein Filterrohr gegen Feststoffaustrag, eine Rückschlagklappe und ein Spülanschluß eingebaut sein (**3.**155). Die Hauptleitung besteht aus handelsüblichen Druckrohren. Bemessung erfolgt als vollaufende Leitung. Fließgeschwindigkeiten $v \geq 0{,}7$ m/s ohne, $\geq 0{,}3$ m/s mit Vorklärung und Filterung um Ablagerungen zu vermeiden. Sonst Einsatz von Pumpen (**3.**156). Bei geringer Q-Beschickung kann die Leitung leerlaufen, da durch die Hausanschlüsse Luft eintreten kann. Dükerstrecken sind nicht kritisch, aber Hochpunkte. Bei langgestreckten Entwässerungsgebieten sind Zwischenpumpwerke erforderlich.

Die Gefälledruckentwässerung ist nur bei untergeordneten Entwässerungslösungen geeignet, z.B. im ländlichen Raum, auf Campingplätzen o.ä.

Als V o r t e i l e gelten: Niedrige Baukosten wegen geringer Verlegetiefen mit wenig Schächten (Abstände ≥ 200 m) und kleinen Rohrnennweiten; räumlich weitgehend unabhängige Trassenführung; späterer Umstieg auf das Drucksystem ist möglich.

Nachteile: Verlängerte Aufenthaltszeit des Abwassers im Rohrsystem (Geruchs- und Schwefelwasserstoffbildung). Bei Mitbenutzung der Hauskläranlagen ist die Fäkalschlammabfuhr weiterhin notwendig; Spülstationen, hydraulisch oder pneumatisch, sollten immer mit vorgesehen werden.

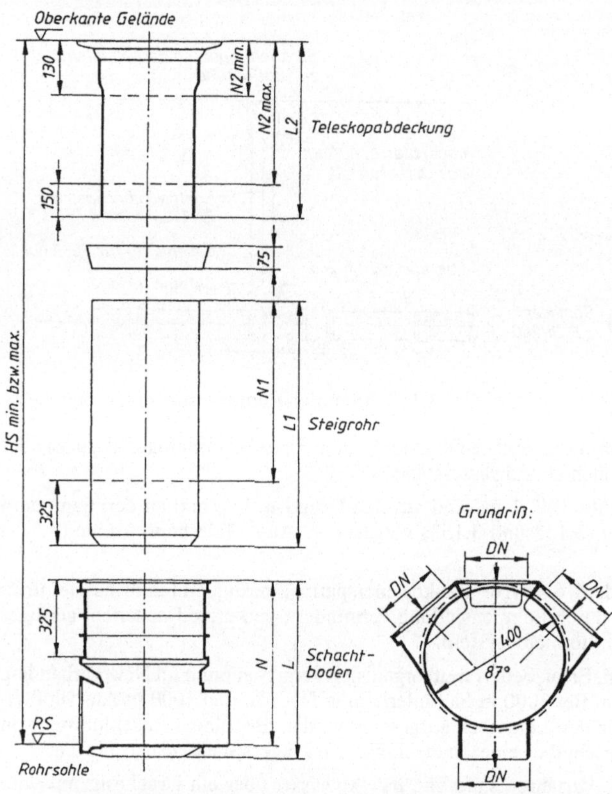

3.154 Teleskopschacht, $D = 400$ mm (nicht begehbar). Alle Maße in mm.

Die Teleskopabdeckung ist einstellbar durch Ein- oder Ausschieben von: N 2 min. = 130 bis max. = 500

z.B. $N2 = L2 - 150$

$N2 = 650 - 150 = \underline{500}$

Die Einstecktiefe des Steigrohres beträgt 325. Hieraus ergibt sich eine Nutzlänge von

z.B. $N1 = L1 - 325$

$N1 = 2000 - 325 = \underline{1675}$

Die Nutzlänge N des Schachtbodens

z.B. $N = 625$ für DN 200 (Rohranschlüsse)

(565 für DN 150; 605 für DN 250

Die Einbautiefe für Hs beträgt:

z.B. $Hs = N + N1 + N2$

$Hs = 625 + 1675 + 500$

$Hs = \underline{2800}$

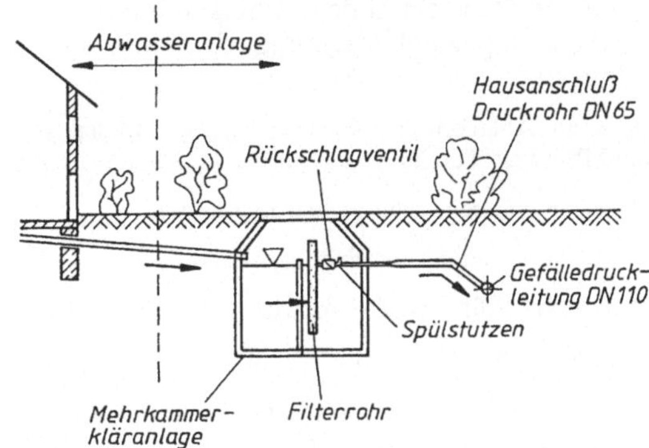

3.155 Möglicher Hausanschluß bei Gefälledruckentwässerung mit Filterrohr und Spülstutzen

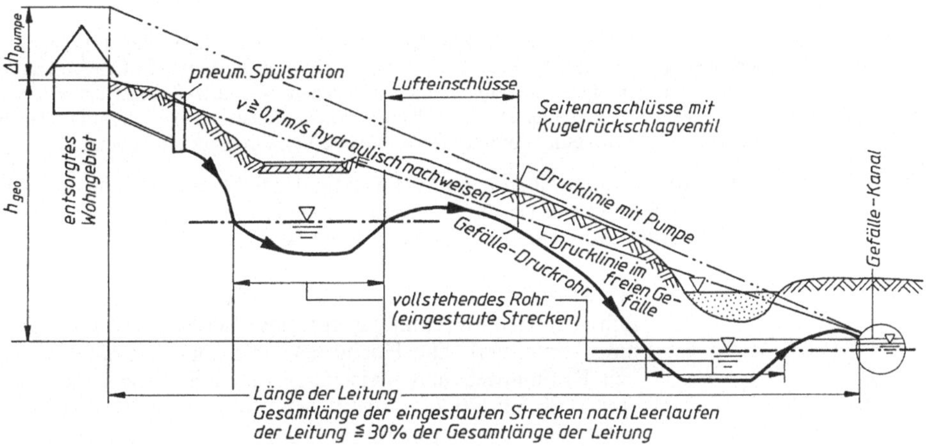

3.156 Gefälle-Druckleitung mit und ohne Pumpe nach ATV-M 200 [1]

3.3.6 Unterhaltung, Betrieb und Sanierung der Entwässerungsanlagen

3.3.6.1 Unterhaltung und Betrieb

Unter „Kanalbetrieb" versteht man die funktionelle (betriebliche) und die bauliche Unterhaltung aller Anlagen der Ortsentwässerung. Seine Einrichtungen sind stark von der Größe der Ortschaft abhängig. In der Regel ist es in den Städten Aufgabe der Entwässerungsämter, die Überwachung, Reinigung und Unterhaltung durch eigenes ortskundiges Personal durchzuführen. Lediglich Neubauten und Sanierungen im Rahmen des Betriebes werden i. allg. an private Unternehmen vergeben.

Abwasserleitungen sind von Zeit zu Zeit zu reinigen. Dies wäre weniger notwendig, wenn bei der Planung stets die Mindestforderungen der Hydraulik erfüllt werden könnten. Gefälle und Querschnitt der Leitungen lassen sich jedoch nicht immer so wählen, daß Verschlammung, Sandablagerung oder Rückstau vermieden werden. Eine Kanalstrecke ist zu reinigen,

1. wenn Ablagerungen so stark werden, daß das Abwasser nicht mehr ungehindert ablaufen kann und Rückstau bereits Ablagerungen im Oberlauf erzeugt, oder bei Verstopfungen;
2. wenn eine regelmäßige Wartung ansteht;
3. als Vorbereitung für eine Inspektion oder Schadensbeseitigung.

Anzeichen für Rohrschäden bzw. für das Eindringen von Grundwasser sind u.a.:

1. Sandtreiben im Kanal
2. Sackung des Erdreiches und der Straßendecke
3. Ständige starke Wasserführung in Schmutz- und Mischwasserkanälen während der Nachtzeit.

Die Häufigkeit der regelmäßigen Reinigungen richtet sich nach dem Zustand des Leitungssystems.

Wie die Inspektion müssen auch die laufend wiederkehrenden Arbeiten nach einem bestimmten Plan abgewickelt werden. Bei einem rationell geführten Kanalbetrieb wird die laufende Überwachung mit den Reinigungsarbeiten gekoppelt. Im allgemeinen ist anzustreben, alle Kanalstrecken etwa einmal jährlich zu reinigen, Straßensinkkästen und Kanäle mit ungünstigen Abflußverhältnissen entsprechend häufiger. Für die Reinigung kommen verschiedene Verfahren zur Anwendung.

Die wirtschaftlichste Art der Reinigung ist die Verstärkung der Schleppspannung des Abwasserstromes durch Spülen, entweder durch vorübergehenden Aufstau von Abwasser oder Zuführung von Fremdwasser. Bevorzugtes Instrument ist das

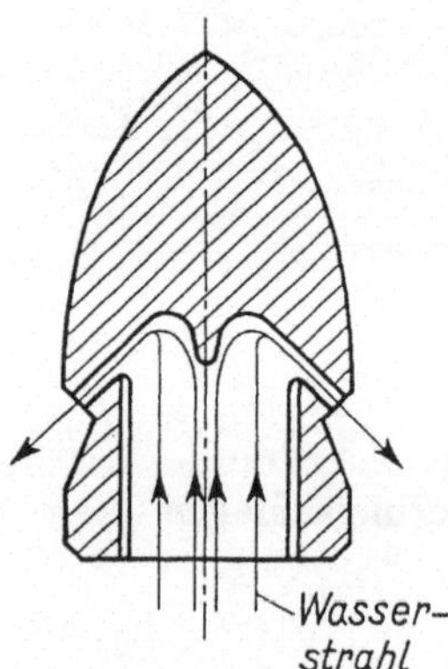

3.157 Reinigungsdüse für Hochdruck-Spülgeräte (Unterschiedliche Formen im Einsatz)

Hochdruckspülverfahren (HD-Verfahren). Die Spüleinrichtung wird zweckmäßig mit einer Schlammsaugeeinrichtung kombiniert. Die Hochdruckspülpumpe hat einen eigenen Kraftantrieb und meist auch einen Spülwasserbehälter von 1000 bis 7000 l Inhalt. Man verwendet Mehrkolbenhochdruckpumpen mit 80 bis 170 bar Wasserdruck und einer Leistung von 320 l/min. Wirtschaftlicher Einsatzbereich bis Kanal-∅ 600 mm. Aggregate mit 12 m^3 Wassertank und Pumpenleistungen von 800 l/min werden für größere Kanalquerschnitte eingesetzt. Der Druckschlauch hat eine Länge von 80 bis 300 m und endet in einem Spülkopf, aus dem das Wasser durch ringförmig angebrachte Bohrungen nach rückwärts austritt. Der Rückstoß treibt den Spülkopf (**3**.157) vorwärts und zieht den Schlauch nach. Ist der Endpunkt der zu reinigenden Strecke, meist ein Schacht, erreicht, wird der Schlauch mit einer auf dem Fahrzeug befindlichen Haspel zurückgeholt, wobei der Schlamm vor dem Spülkopf hergetrieben wird. Bei diesem Verfahren wird nur von der Straßenoberfläche aus gearbeitet. Die Kanalschächte brauchen nicht mehr bestiegen zu werden. Es entfällt damit die Anwendung der Sicherheitsvorschriften für Kanalarbeiter. Für die Reinigung der Schächte verfügen die Hochdruckspülwagen zusätzlich über eine Spritzpistole. Nach ATV-A 147, T. 2 [1] beträgt die Tagesleistung für die Reinigung von Kanälen DN 200 bis 300 mm = 900 bis 1100 m/d.

Der Nachteil dieser Spülverfahren ist jedoch, daß sie die Ablagerungen nicht aus den Kanälen entfernen, sondern nur verlagern. Gelingt es, die Schmutzstoffe in Kanäle mit größerer Wasserführung zu bringen, werden sie dort weitertransportiert; meist bleiben sie aber unterhalb der Spülstelle wieder liegen. Ziel der Spülung sollte es sein, die Ablagerungen, meist Sand, an die Schächte zu transportieren und aus dem Kanal abzusaugen.

Neuerdings kommen Kombigeräte mit Wasserrückgewinnungsanlagen zum Einsatz. Bei diesen Geräten wird das mit den Feststoffen aus dem Kanal abgesaugte Abwasser über Filter geleitet und so aufbereitet, daß es der Hochdruckpumpe als Spülwasser wieder zugeführt werden kann.

Damit wird nicht nur der Reinwasser-Verbrauch eingeschränkt, sondern es entfallen auch die Leerlaufzeiten, die durch das Füllen der Wasserbehälter entstehen. Die Geräte können so lange ohne Unterbrechung arbeiten, bis der Schlammbehälter mit Feststoffen gefüllt ist.

Mechanische Reinigungsgeräte dienen zum Lösen von festen Ablagerungen und danach zum Räumen dieser Feststoffe. Sie werden durch die Schächte eingebracht und durch den Kanal gezogen oder gedrückt (Spirale).

Als Gerät für hartnäckige Ablagerungen werden Ziehgeräte benutzt wie Wurzelschneider, Rohrschaber, Kanalspiralen, Kanalpflüge und Kanalbohrer.

Mit Kanaleimern, Sohlschaufeln, Schrappern, Reinigungsbürsten oder Gummischeibenbürsten werden Ablagerungen zu den Schächten transportiert, Spezialgeräte stellen der „Sielwolf", der „Kanaljumbo" und, bei Druckrohren, Molche dar.

Neuere Geräte mit dynamischer Wirkung sind der Rohrkreismeißel, drehend arbeitende Bohr- und Fräsgeräte (z.B. Schlagbohrdüsen), Hochdruckschneidgeräte, Sandstrahlgeräte. Schließlich sei auf die Zugabe von Druckluft (Verminderung des Fließquerschnitts) oder von Polymeren (Abminderung des Reibungswiderstandes rauher Rohrwände) hingewiesen. Chemische Reinigungsverfahren werden bei bes. Inkrustationen und Wurzeleinwuchs (geschäumte Herbizide) eingesetzt. Fette, Phenole, mineralische Öle können auch durch Anreicherung des Abwassers mit Bakterien (Sphaerotilus) beseitigt werden (biologisches Reinigungsverfahren, lange Einwirkdauer).

Fremdwasser fernzuhalten, ist ebenfalls eine Aufgabe des Kanalbetriebes. Fremdwasser (s. Abschn. 1.2.2) ist alles Wasser, das eigentlich nicht in das Kanalnetz gehört, oder z. B. Regenwasser, das beim Trennsystem in die falschen Kanäle (Schmutzwasserkanäle) fließt. Falschanschlüsse, deren Suche erhebliche Mühe bereitet, sind die Ursache. Ein sicheres Zeichen dafür ist die erhöhte Belastung der SW-Kanäle bei Regenwetter. Man spült die Hausanschlüsse mit gefärbtem Wasser oder begast sie, um die Fehler zu finden.

Auch Grundwasser, das über undichte Stellen in die Kanäle gelangt, ist als Fremdwasser anzusehen. Es senkt den Grundwasserstand im Gelände und belastet die Entwässerungsleitungen, Pumpen und Kläranlagen; außerdem kommen häufig große Mengen Sand mit, und oft entstehen Straßensackungen und -einbrüche. In verdächtigen Gebieten muß man die Wassermenge in den SW-Kanälen nachrechnen. Bei Grundwasserzustrom ist die Tagesabflußkurve parallel nach oben verschoben, und der Abwasseranfall je Einwohner und Tag erhöht.

Größte Schwierigkeiten für den Kanalbetrieb bereitet immer wieder das örtlich genaue Auffinden von undichten Stellen oder Verstopfungen. Man benutzt heute vielfach das Kanalfernauge. Das Aufnahmegerät wandert durch die Leitung und wirft sofort ein Bild auf den Bildschirm im Beobachtungswagen auf der Straße.

Inspektionsverfahren. Das Verfahren der opto-hydraulischen Inspektion (**3.158**) erlaubt neben der optischen Zustandserfassung die Feststellung von Undichtheiten. Es ist die Dichtigkeitsprüfung von Kanalrohrverbindungen und Rissen in der Rohrwandung möglich. Die Kanäle müssen gereinigt und abwasserfrei sein.

Die an eine Versorgungsleitung angeschlossene Prüfeinheit wird dann in die Haltung eingebracht und durch den Kanal gefahren. Dabei wird die Innenwand des Kanals durch die Videokamera beobachtet. Sobald ein Fehler entdeckt wird, wird der hydraulische Prüfvorgang eingeleitet. Die Dicht-

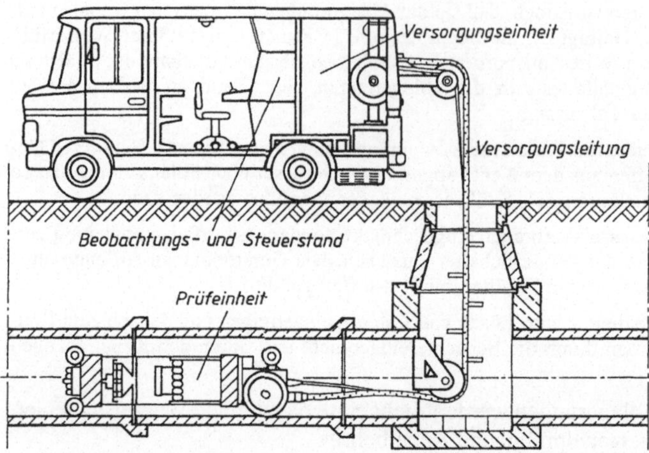

3.158
Schema der opto-hydraulischen Kanalprüfung

elemente der Rohrverschlüsse werden aufgeblasen, bis sie an der Innenwand der Leitung anliegen. In den dadurch gebildeten Prüfraum wird Wasser gepumpt. Durch pneumatische und hydraulische Steuerung wird die luftfreie Füllung des Prüfraumes erreicht. Ist eine undichte Stelle vorhanden, entweicht das Wasser. Anhand der Druckveränderung wird die undichte Stelle erkannt und im Steuerstand angezeigt. Die Beobachtung der Innenwand der Leitung durch die Videokamera geht auch während des Prüfvorganges weiter.

Ein anderes System trägt den Namen Polis (Pneumatisches Ortungs-, Leckerfassungs- und Inspektions-System). Es ermöglicht eine Luftdruckprüfung als Dichtheitsnachweis (EN). Die zulässigen Druckabfallgrößen nach den nationalen Vorgaben sind einstellbar. Ein integriertes Leckortungssystem ermöglicht es, Fehlstellen im Rohr zu ermitteln. Das Austrittsgeräusch der Luft an der Leckstelle wird von zwei Mikrophonen erfaßt und aus den Schallaufzeiten die Lage der Leckstelle bestimmt. Der modulare Aufbau ermöglicht die Integration anderer Meßmethoden wie Georadar oder Unterwassersonar. Die Vorteile dieser Kombinationsprüfgeräte liegen in der vielseitigen Aufnahme des Kanalzustandes und in der Wirtschaftlichkeit.

Inspektionen sind mit Schadenserfassungsprogrammen auf EDV-Basis koppelbar, z.B. System Ikas 20 (Fa. Ibak). Druckausgaben für Haltungsgrafik, Bandlaufprotokoll u.a., Bildverzeichnis von digitalisierten Schadensbildern ist möglich.

Die zur Unterhaltung des Netzes in die Kanäle absteigenden Arbeiter sind durch giftige Gase und Schmutzstoffe gesundheitlich gefährdet. Moderne Meßgeräte zeigen den Gehalt an einzelnen Gaskomponenten (expl. Gase, O_2, CO, H_2S, SO_2) an. Erst nach sorgfältiger Prüfung darf ein Schacht oder Kanal bestiegen werden. Bei allen Unglücksfällen ist schnellste Hilfe geboten. Die Kanalkolonnen sind dazu mit Sicherheitsgeräten auszurüsten, wie Preßluftatemgeräte, bestehend aus Preßluftschlauch, Atemschlauch und Gesichtsmaske, sowie Frischluftgebläse, mit denen man Frischluft in die Kanäle drückt oder Gase absaugt, und schließlich Brustgurte mit Karabinerhaken und Leinen.

Geruchsbelästigungen aus Straßenkanälen können verschiedene Ursachen haben:

1. Ablagerungen, welche faulen. Sie entstehen durch schwache Spiegelgefälle, Fremdkörper, fehlerhafte Ausbildung der Rohrverbindungen und Hausanschlüsse, Rückstau, zeitweise Nichtbenutzung, z.B. bei Anfangshaltungen oder in Gewerbe- und Industriebezirken, fehlerhafte Ausbildung der Schächte, z.B. der äußeren und inneren Abstürze mit nicht geführtem Wasserfluß, Umleitung, zu flach angelegter Trockenwetterrinnen im Mischsystem, zu niedrige, zeitweise überstaute Bankette.

2. Einleitung von anaerob angefaultem Abwasser, z.B. aus zeitweise nicht

benutzten Hauskläranlagen oder zeitweise (mehrere Tage) nicht benutzten Abscheidern und Sandfängen.

3. Zu lange Fließzeiten und zu geringe Belüftung des fließenden Abwassers (z.B. Hauptsammler ohne Hausanschlüsse mit großen Schachtabständen, Vorflutkanäle langer, zu groß bemessener Druckrohre).

Die bauliche Unterhaltung des Kanalnetzes umfaßt als häufigste Arbeiten:

1. Ausbessern der Schächte (z.B. Verfugung, Steigeisenersatz, Schmutzfängerersatz, Sohlenausgleich bei Setzungen).

2. Ersatz zerstörter Kanalstrecken (z.B. als Folge von Grundwasserwirkung, Setzungen, gesteigerter Verkehrslasten, Korrosion, betrieblich nicht zu beseitigender Verstopfungen).

3. Einbau zusätzlicher Schächte und höhengerechter Versatz von Schachtabdeckungen (bei Setzungen und bei Straßendeckenerneuerungen).

3.3.6.2 Sanierung

Grundsätzlich unterliegen alle Bauwerke einer Abnutzung. Nach DIN 31051 liegt ein Schaden dann vor, wenn die Funktionsfähigkeit unzulässig beeinträchtigt ist. Durch die Wartung kann der Eintritt eines Schadens verzögert werden.

Schäden. Folgende Schäden können in Kanalisationen auftreten:

Mechanischer Verschleiß durch ungeeignete Werkstoffe, Feststofftransport, Kavitation, ungeeignete Reinigungsverfahren.

Außenkorrosion durch Nichtbeachtung der Gefährdungskonzentrationen z.B. nach DIN 4030 für zementgebundene Werkstoffe für das Grundwasser; in den Boden oder in das Grundwasser gelangende aggressive Substanzen; elektrochemische Einwirkungen bei metallischen Werkstoffen; Korrosion bei mechanischer Beanspruchung; fehlender oder beschädigter Korrosionsschutz.

Innenkorrosion durch Nichtbeachtung von DIN 1986-3 oder ATV-A 115 [1]; Nichtbeachtung der Grenzwerte (z.B. DIN 4030 für zementgebundene Werkstoffe); Betriebsbedingungen mit biogener Säure-Korrosion in teilgefüllten Entwässerungskanälen und Bauwerken aus säureempfindlichen Werkstoffen.

Risse durch Nichtbeachtung von DIN 4033, ATV-A 127 [1]; Beschädigung der Rohre beim Transport, Verlegen, Überschütten oder Verdichten.

Längsrisse durch Linienlagerung der Rohre; Undichtigkeiten; mechanischem Verschleiß; Korrosion oder Verformung.

Querrisse durch Einwirkung von unzulässigen Einzellasten (Punktlagerung, Reiten der Muffe, Steine in der Leitungszone); starrer Schachtanschluß; Folge von Undichtigkeiten; mechanischem Verschleiß, Korrosion oder Verformung.

Verformung bei statisch biegeweichen Rohren über den zulässigen Wert durch Nichtbeachtung von DIN 4033, ATV-A 127.

Häufige Ursachen sind: fehlende oder fehlerhafte statische Berechnung, Einbau ungeeigneter Rohre, Abweichungen der Last- oder Auflagerbedingungen von Rechnungsannahmen, unsachgemäßes Verlegen, mangelhafte Ringraumverfüllung bei geschlossener Bauweise, unsachgemäßer Einsatz von Verdichtungsgeräten, unsachgemäße Beseitigung des Verbaus, Temperatureinwirkungen, Folge von Undichtigkeiten, mechanischer Verschleiß oder Korrosion.

Trassen- und Gefälleänderungen durch mangelhafte Planung; unvorhersehbare Hindernisse bei der Bauausführung; Setzungen; hydrogeologische Einwirkungen; Belastungen.

Undichtigkeiten durch Nichteinhalten von DIN 1986, DIN 4033, DIN 19 550, Werkstoffnormen oder Regelwerke; Werkstoffalterung; als Folge eines oder mehrerer der vorgenannten Schäden.

Abflußhindernisse durch Ablagerungen; Inkrustationen; in den Rohrquerschnitt ragende feste Hindernisse.

Rohrbruch und Einsturz durch Ausweitung von Rissen, Korrosion, Verschleiß, Verformungen.

Verfahren zur Sanierung, Instandsetzung oder Erneuerung von Kanalisationen

1. Freilegen der Schadensstelle durch Aufgraben. Punktförmige Schadensbeseitigung in offener Baugrube. Bei allen Schäden und allen DN. Anschlüsse nicht berührt. U. U. zeitweise Verkehrsbeeinträchtigung.

2. Teil- und Vollauskleidung begehbarer Kanäle und Bauwerke durch Montage meist nicht tragender Auskleidungselemente (GFK o.a.). Anwendbar bei Korrosion, Rissen. DN $\geq$ 800; haltungsweise; Querschnittsverminderung.

3. Reliningverfahren (Querschnittsverminderung)

a) Wickelrohr-Relining. Einschieben eines aus PVC-Steg-Profilstreifen hergestellten Wickelrohres mit Kreisquerschnitt in die zu sanierende Haltung. Der Ringraum wird in der Regel verfüllt. DN 200 bis DN 900; haltungsweise; Anschlüsse in offener Baugrube.

b) Schlauch-Relining. Ein mit Kunstharz getränkter vorgefertigter Filzschlauch wird in die zu sanierende Haltung eingebracht und durch hydraulischen Innendruck an die Rohrinnenwand gepreßt. Die Erhärtung erfolgt durch Wärmezufuhr. Sanierung erfolgt von DN 150 bis DN 2000; haltungsweise, bis 300 m Länge; Anschlüsse werden nachträglich von innen aufgebohrt (**3**.159).

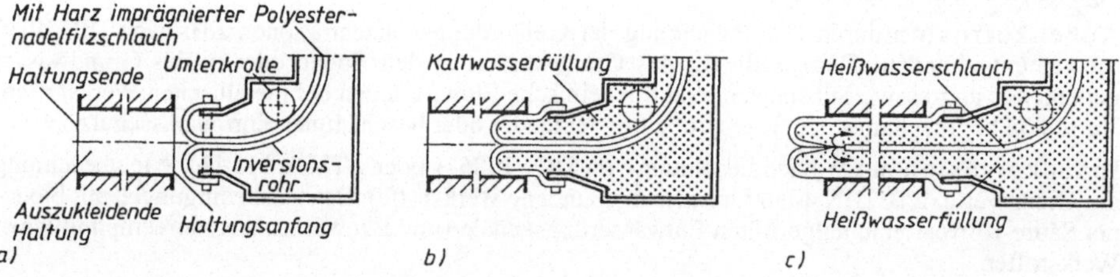

3.159 Arbeitsschritte beim Insituform-Verfahren – Bottom-Inversion (Kebaco Nord GmbH)

c) Rohrstrang-Relining. Einziehen eines durchgehenden Kunststoffrohres (PE) mit Kreisquerschnitt in die zu sanierende Haltung. Der verbleibende Ringraum wird in der Regel verfüllt. DN 100 bis DN 2000; haltungsweise, $\leq$ 700 m; Anschlüsse in offener Baugrube; evtl. längere Einziehbaugrube; Schweißung vor Ort **3**.160. Beim Compact Pipe-Verfahren (Fa. Brochier) wird ein PE-Rohrstrang (Inliner), der auf Rohrtrommeln geliefert wird, als C-Profil gefaltet, in das Rohr eingezogen. Danach wird der Inliner mit Dampf geweicht und in seine ursprüngliche Kreisform zurückgebracht. Durch Innendruck wird das PE-Rohr an die Wandung des zu sanierenden Rohres gedrückt. Schließlich wird der Inliner durch Druckluft abgekühlt und in endgültiger Lage fixiert.

d) Kurzrohr-Relining. Einbringen von Einzelrohren in die zu sanierende Haltung. Der verbleibende Ringraum wird in der Regel verfüllt. Alle DN; haltungsweise; abhängig vom Verfahren; Anschlüsse in offener Baugrube; bei größeren DN Startbaugrube erforderlich (**3**.160).

4. Beschichtungsverfahren (Querschnittsverminderung)

a) Auspreßverfahren in nicht begehbaren Rohren (ZM-Verfahren). Herstellung ei-

Tafel **3**.39 Fließdiagramm zur Auswahl der Verfahren zur Schadensbehebung nach [75b]

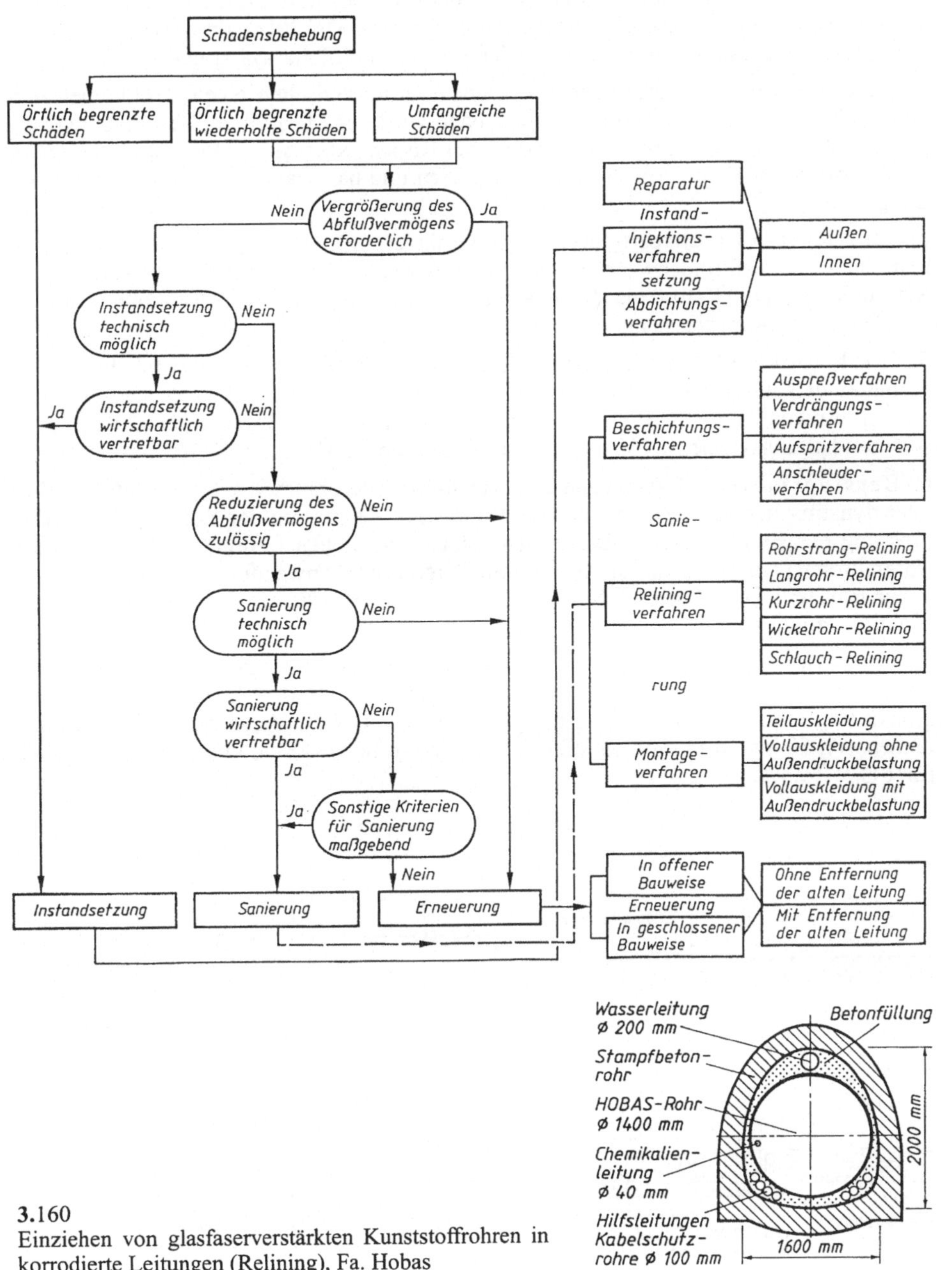

3.160
Einziehen von glasfaserverstärkten Kunststoffrohren in korrodierte Leitungen (Relining), Fa. Hobas

nes Ringraumes mit Hilfe einer wiederverwendbaren, mit Abstandshaltern versehenen Schlauchschalung (luft- oder wassergefüllt), der mit Zementmörtel ausgepreßt wird. Anwendbar bei Undichtheit, Rissen, Korrosion; DN 150 bis DN 300; haltungsweise; $\leq$ 50 m; Anschlüsse verschließen und nachträglich aufbohren in offener Baugrube.

b) Tate-Verfahren. Einbringen von Zementmörtel zwischen einem Preßkolben und einem Verdrängungskörper. Beim Durchziehen wird der Mörtel vom Verdrängungskörper an die Rohrwand gepreßt. Anwendbar bei Rissen, Korrosion; DN 100 bis DN 600; haltungsweise, $\leq$ 90 m; Anschlüsse verschließen und nachträglich aufbohren in offener Baugrube.

c) Centriline-Verfahren (Querschnittsverminderung). Anbringen von Beschichtungsmaterial an die Rohrinnenwand durch einen rotierenden Schleuderkopf. Anwendbar bei Rissen, Korrosion; DN 100 bis DN 6000, haltungsweise $\leq$ 120 m bei DN $\leq$ 600, $\leq$ 450 m bei DN > 600; Anschlüsse unbehandelt.

5. Injektionsverfahren (Penetryn-/Posatryn-Verfahren). Abdichtung undichter Rohrverbindungen durch Injektion von Acrylharzen unter Verwendung eines Packers, Kamera vorweg. Anwendung bei örtlich begrenzten Undichtheiten; DN 150 bis DN 4500, Eiquerschnitte; haltungsweise, $\leq$ 150 m; Anschlüsse nicht berührt.

6. Berstverfahren. Durchziehen eines Berst- bzw. Verdrängungskörpers mit statischer oder dynamischer Kraftwirkung auf die Rohrwand. Zerstörung der Rohrwand und Verpressung der Bruchstücke in den Boden. Einbau der neuen Leitung (Rohrstrang oder Vorpreßrohre) mit gleichem DN hinter dem Berstkörper. Anwendung bei allen Schäden, außer Einsturz; DN 100 bis DN 400; haltungsweise, $\leq$ 120 m; Anschlüsse in offener Baugrube zuvor abtrennen.

7. Überfahren von Leitungen. Es ist eigentlich ein ferngesteuerter Rohrvortrieb. Die defekte Leitung wird durch ein Vortriebsrohr überfahren, zerstört, abgeräumt und gleichzeitig wird die neue Leitung gelegt. DN neu $\geq$ DN alt. Anwendbar für Haltungslängen von 50 bis 70 m, Sohlentiefen 3 bis 7 m. Grundwasserhaltung nicht erforderlich (**3**.161).

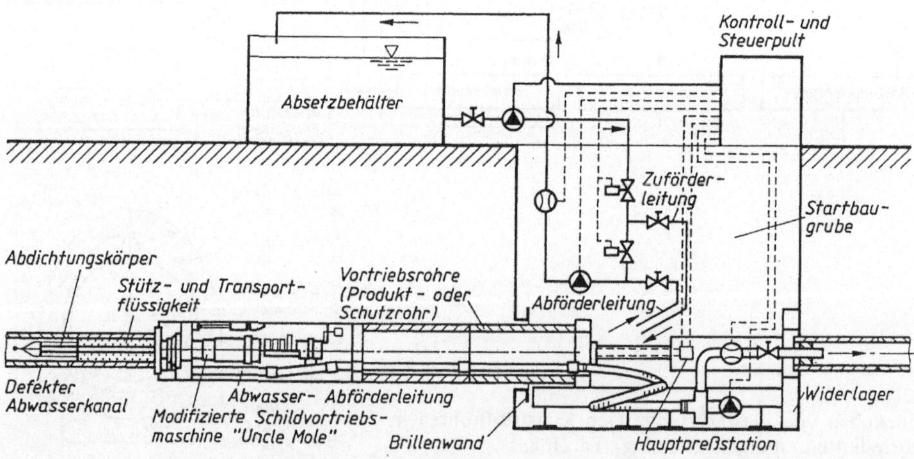

3.161 Erneuerung nichtbegehbarer Abwasserkanäle durch Überfahren

4 Abwasserreinigung

4.1 Grundlagen der Abwasserreinigung

4.1.1 Wirkung von Abwassereinleitungen auf die Gewässer

Vorfluter für Abwasser sind öffentliche Gewässer, ein See, ein Fluß oder das Meer. Bevor das Abwasser dahin gelangt, muß es soweit geklärt werden, daß für Menschen, Tiere und Pflanzen kein Schaden entstehen kann. Es darf auch in ästhetischer Hinsicht das Bild der Landschaft nicht stören. Die häufigsten Abwasserschäden sind Sauerstoffmangel, Geruch, Schlammablagerungen, Versalzung oder Vergiftung durch Chemikalien. Die immissionsbedingten Folgen sind z.B. Fischsterben, Trinkwasserverseuchung, Gefährdung des Menschen beim Baden, Trübung von großen Gewässerabschnitten. Die Abwasserreinigung hat die Aufgabe, Schäden durch Abwassereinleitungen in den Gewässern zu vermeiden. Um die Wirkung eines Reinigungsverfahrens beurteilen zu können, muß man wissen, welche Stoffe im Gewässer Schaden anrichten. Diese Beurteilung wird durch die vielfältigen biologischen, chemischen und physikalischen Prozesse im Gewässer erschwert.

Man kann die Gewässer in drei Gruppen einteilen, die Stehenden Gewässer (Seen, Flachseen), die Fließenden Gewässer (Quellabflüsse, Gebirgsbäche, Flüsse, Ströme) und die Küstengewässer (Wattenmeer).

Stehende Gewässer. Die stehenden Gewässer werden meist nur teilweise durchflossen. Durch Umwälzvorgänge wird das Stoffwechselgeschehen bestimmt. Die typischen Eigenschaften sollen an einem tieferen See erläutert werden, dessen innere Strömungsabläufe wesentlich durch die unterschiedliche Dichte des Wassers bestimmt werden. Wasser hat seine größte Dichte bei +4 °C und der feste Aggregatzustand (Eis) ist leichter als der flüssige. Es ergibt sich daraus eine mit der Jahreszeit wechselnde, thermische Schichtung des Wasserkörpers (**4**.1).

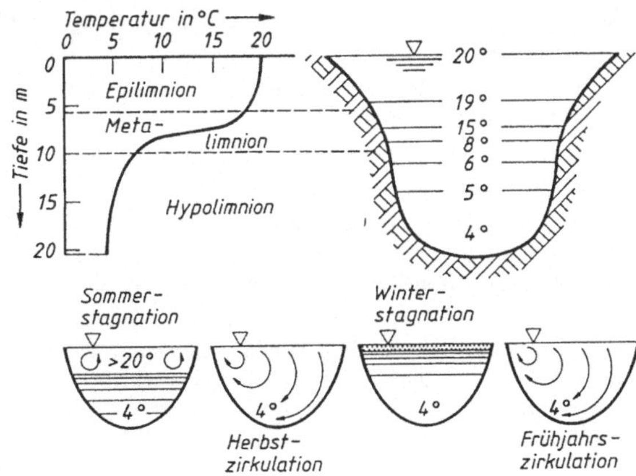

4.1 Thermische Schichtung eines Sees

Während der Sommer-Stagnation wird das ca. +4°C kalte Tiefenwasser (Hypolimnion) von dem warmen Oberwasser (Epilimnion) überschichtet. Dazwischen liegt die Sprungschicht (Metalimnion) mit dem Temperatursprung. In dieser Zeit kann nur das Epilimnion durch Windeinfluß umgewälzt und mit Sauerstoff versorgt werden. Das Hypolimnion und das Metalimnion bleiben dagegen unverändert.

Im Herbst kühlt sich das Oberwasser ab. Ist Temperatur-Gleichheit (+4 °C) im gesamten Wasserkörper erreicht, erfolgt die Umwälzung (Zirkulation) bis zum Grund. Dabei werden Sauerstoff in das Hypolimnion und aus dem Bodenschlamm rückgelöste Nährstoffe in das Epilimnion transportiert. Diese Phase wird Herbst-Zirkulation genannt.

Im Winter schichtet sich das kalte (0 °C bis +4 °C), spezifisch leichtere Wasser über das Tiefenwasser. Dadurch entsteht die Winter-Stagnation, evtl. mit Eisdecke. Im Frühjahr dann wieder Temperatur-Ausgleich mit Frühjahrs-Zirkulation.

Die absetzbaren Stoffe, im kommunalen Abwasser bis ca. 200 g/m^3, sinken im See auf den Grund und werden in der Schlammschicht anaerob und aerob abgebaut. Dadurch kann eine Belastung des O_2-Haushaltes im Hypolimnion eintreten, die besonders an den Stellen mit Abwassereinleitungen z.B. zu Schlammtreiben bei Blähschlammentwicklung führt.

Die organischen sauerstoffzehrenden Stoffe (BSB_5) belasten den Sauerstoffhaushalt direkt, da sie schnell von den heterotrophen Organismen (Bakterien, Pilze, Protozoen) unter O_2-Verbrauch in organische Substanz umgewandelt werden. Wenn das Abwasser sich in das fast immer umgewälzte Epilimnion einschichtet, kann die O_2-Zehrung durch O_2-Aufnahme aus der Atmosphäre ausgeglichen werden. Die Endprodukte der biologischen Oxidation, wie H_2O, CO_2, Nitrat und Sulfat belasten den O_2-Haushalt des Gewässers dann nicht. Die Schmutzstoffe führen nur zu einer Schädigung, wenn die O_2-Zehrung den O_2-Eintrag übersteigt.

Von nachhaltiger Wirkung auf die Beschaffenheit eines Sees ist die Zufuhr von Pflanzennährstoffen, besonders Phosphor und Stickstoffverbindungen. Der Phosphor kann als Minimumfaktor das Wachstum der autotrophen Organismen (Phytoplankton, Algen, Wasserpflanzen) begrenzen. Zum Aufbau neuer Zellsubstanz benötigen die Organismen verschiedene Elemente und Verbindungen in optimalen Konzentrationen. Der Stoff mit der geringsten Konzentration begrenzt als Minimumfaktor die Wachstumsgeschwindigkeit. Auch Stickstoff kann zum Minimumfaktor werden. Das Verhältnis von P- zu N-Verbindungen beträgt für ein optimales Wachstum etwa 1 : 10. Bei hoher P-Konzentration wird das P/N-Verhältnis > 1 : 10. Dann wirkt der Stickstoff begrenzend.

Bei der Primärproduktion entsteht organische Substanz (Algen usw.) aus anorganischen Stoffen (CO_2, H_2O, Salze usw.). Sie wird durch den Nährstoffgehalt bestimmt. Ist er gering, so spricht man von einem oligotrophen Gewässer, ist die Zufuhr hoch, so liegt ein eutrophes Gewässer vor.

Im Epilimnion wirkt sich die Massenentwicklung von Plankton-Algen (Algenblüte) dadurch negativ aus, daß

– die Nutzung als Bade- und Erholungsgewässer durch Färbung und Geruch der verfaulenden Algenmassen beeinträchtigt wird;

– die Entnahme als Trinkwasser erschwert ist, durch Verstopfen der Filter und Geruch und Geschmack.

Ein positiver Effekt entsteht in der zusätzlichen O_2-Produktion der Algen durch Photosynthese-Prozesse (biogene O_2-Produktion). Die O_2-Bilanz ist jedoch nur bei Belichtung positiv. Bei hoher Algenkonzentration kann nachts durch die Algen-Atmung ein absoluter O_2-Schwund verursacht werden.

Im Hypolimnion ist die sekundäre Belastung des O_2-Haushaltes entscheidend. Es entsteht im Epilimnion durch die Zufuhr von 1 mg P etwa 100 mg Algen-Trockenmasse, die ins Hypolimnion absinkt und dort von heterotrophen Organismen unter Verbrauch von 140 mg O_2/g abgebaut wird. Da im kommunalen Abwasser nach biologischer Reinigung ohne P-Elimination noch ca. 10 mg P/l enthalten sind, errechnet sich eine sekundäre Belastung des O_2-Haushaltes im Hypolimnion von $10 \cdot 140 = 1400$ mg O_2/l. Dagegen ist die primäre Belastung mit z.B. 20 mg O_2/l des gereinigten Abwassers gering. Der durch die Photosynthese der Algen im Epilimnion erzeugte Sauerstoff kann das Defizit im Hypolimnion während der Stagnation nicht ausgleichen. Der O_2-Gehalt im Hypolimnion nimmt daher langsam ab, was zum Sauerstoffmangel führen kann. Erst in der folgenden Zirkulationsphase kann dies ausgeglichen werden. Die Zufuhr von P-Verbindungen in einen See wirkt besonders nachteilig dadurch, daß die Phosphate mit dem Fe(3) schwerlösliche Verbindungen bilden, die absinken und im Bodenschlamm das Phosphat-Depot eines Sees vergrößern. So lange in der oberen Bodenschlammschicht aerobe Verhältnisse herrschen, ist das Phosphat gebunden. Geht aber der aerobe Zustand durch zunehmende O_2-Zehrung in einen anaeroben über (Umkippen des Sees), so wird das Fe(3) zum Fe(2) reduziert und damit das Phosphat rückgelöst. Während der folgenden Zirkulationsphase wird es wieder in das Epilimnion transportiert. Durch diesen Kreislauf kann das Phosphat immer wieder zur Produktion von Algenmasse genutzt werden.

Sind im Abwasser nicht abbaubare Schadstoffe enthalten, reichern sich diese ebenfalls an. Sie bilden schwerlösliche, absetzbare Verbindungen, die im Bodenschlamm verbleiben, z.B. Schwermetall-Hydroxide. Organische Verbindungen, z.B. PCB, Insektizide, Herbizide, werden von den Organismen aufgenommen und reichern die Nahrungskette an.

Die Flachseen haben gegenüber den tiefen Seen keine thermische Schichtung. Der durchlichtete Wasserkörper kann ganzjährig vom Wind umgewälzt werden, sehr günstig für die O_2-Versorgung. Allerdings bleiben auch die eutrophierenden Stoffe in Schwebe, so daß vom Frühjahr bis Herbst eine starke Algenentwicklung möglich ist (**4.2**).

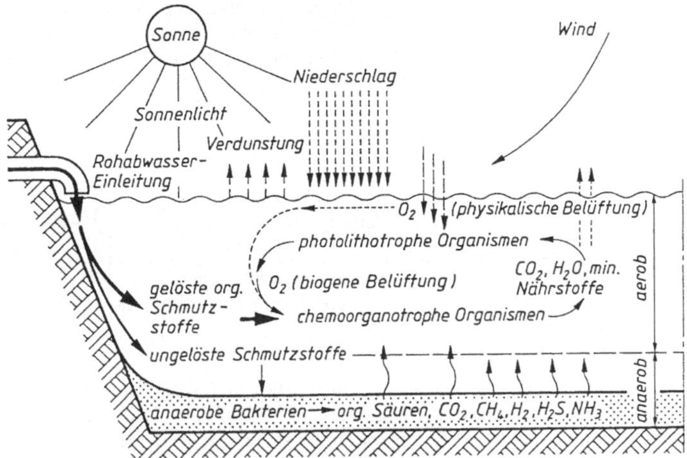

4.2 Biologische Vorgänge in einem mit Schmutzstoffen belasteten Flachsee und auch in einem unbelüfteten Abwasserteich

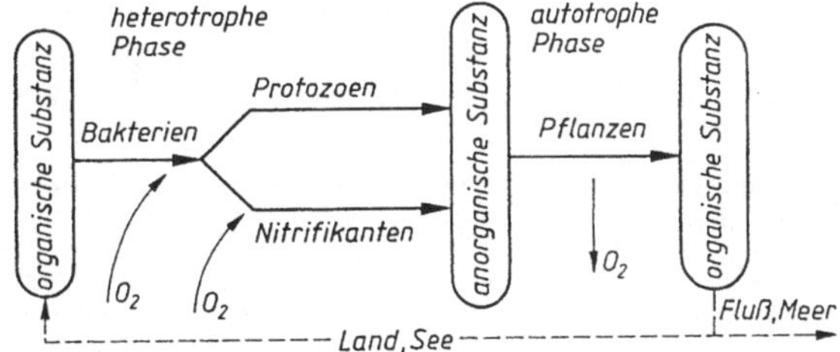

4.3
Ablauf der natürlichen Selbstreinigung im Gewässer

Tafel **4**.1 Wirkungen der schädlichen Inhaltsstoffe von kommunalem Abwasser auf die Gewässer und die Möglichkeiten ihrer Elimination nach [39b]

Stoffgruppe	Auswirkungen im Gewässer	Eliminationsverfahren
1. Absiebbare und absetzbare Stoffe	Schlammablagerungen, Fäulnisvorgänge Sauerstoffentzug	Siebung Sedimentation
2. Nichtabsetzbare, biologisch abbaubare organische Stoffe (suspendiert oder gelöst)	Sauerstoffentzug	Biologische Verfahren (Belebungs-, Tropfkörperverfahren)
3. Ammoniak im Ablauf biologischer Anlagen	Sauerstoffentzug, Giftwirkung auf Fische, Erschwerung der Trinkwasseraufbereitung	Biologische Nitrifikation (Belebungs-, Tropfkörperverfahren, chemisch-physikalische Strippung)
4. Abfiltrierbare Stoffe im Ablauf biologischer Anlagen	Sauerstoffentzug	Mikrosiebung, Filtration
5. Gelöste anorganische Pflanzennährstoffe (Nitrat, Phosphat)	Eutrophierung der Gewässer Sauerstoffzehrung (Sekundärbelastung, Erschwernis der Trinkwasserversorgung)	Nitrat: Biol. Nitrifikation-Denitrifikation Phosphat: Chemische Flockungsfiltration, Biologische P-Elimination
6. Gelöste, biologische resistente organische Stoffe	Vergiftung, Verödung, Akkumulation in Nahrungsketten, Erschwernis der Trinkwasserversorgung	Aktivkohleadsorption, Chemische Oxidation
7. Gelöste anorganische Stoffe		Ionenaustausch *) Elektrodialyse *) Umgekehrte Osmose *) Destillation *)
8. Pathogene Mikroorganismen	Verschlechterung der hygienischen Beschaffenheit	Desinfektion (Chlor, Ozon)

*) In kommunalen Abwasserreinigungsanlagen noch nicht eingesetzt.

Fließgewässer. Das Wasser wird in der turbulenteren Strömung stetig umgewälzt, so daß abhängig von Fließgeschwindigkeit und Wassertiefe Luftsauerstoff aufgenommen wird. Dennoch ist die primäre Belastung des Vorfluters durch die sauerstoffzehrenden Stoffe des Abwassers von entscheidender Bedeutung (**4**.3). Die Einleitung von sauerstoffzehrenden Stoffen kann so groß werden, daß die O_2-Aufnahme den Bedarf nicht deckt. Die O_2-Konzentration kann dann bis zum Wert 0 abnehmen. Das Gewässer kippt um. Fischsterben, Fäulnisprozesse und Absterben der aeroben Flora und Fauna sind die Folge. Gegenüber dem See wird das Abwasser in ein kleineres Wasservolumen eingemischt. Es können bei Niedrigwasser kritische Sauerstoffdefizite eintreten.

Die für den See gefährlichen Pflanzennährstoffe (P, N) führen dagegen meist nicht zu Eutrophierungserscheinungen, da im Fließgewässer diese Stoffe kontinuierlich oder periodisch (bei Hochwasser) abtransportiert werden.

Küstengewässer. Die norddeutschen Küstengewässer werden durch das Wattenmeer geprägt. Dieser Lebensraum hat seine eigenen Gesetze.

Unter dem Wattenmeer versteht man die flache Schwemmlandküste. Das organische Material besteht vorwiegend aus Plankton-Organismen, die sowohl aus den Flüssen als auch aus dem Meer stammen. Sie sterben beim Übergang vom Süß- bzw. vom Salz- zum Brackwasser weitgehend ab.

Das Wattenmeer ist ein Biotop mit hohem Umsatz von organischer Substanz. Die Organismen, wie Muscheln, Schnecken, Würmer, Krebse haben sich auf das Nährstoffangebot durch Plankton-Organismen eingestellt. Für die Einleitung von Abwasser ergibt sich daraus ein großes Abbaupotential für organische Stoffe. Aber auch feinverteilte Schadstoffe können von den Organismen aufgenommen und gespeichert werden. Pathogene Keime, Schwermetall-Hydroxide und schwerabbaubare toxische Verbindungen können sich in den Organismen anreichern. Die Meerestiere werden dadurch für den Verzehr unbrauchbar.

Neben diesen biologischen Faktoren spielen noch Salzgehalt und Tidebewegungen eine Rolle. Wird Abwasser in Salzwasser eingeleitet, so wird eine schnelle Vermischung durch Dichte-Unterschiede behindert. Es bilden sich Abwasser-Fahnen aus, die von der Tide verdriftet, die Organismen schädigen. In einer Flußmündung wird der Abfluß des Wassers durch die Tideeinflüsse in eine Hin- und Herbewegung umgewandelt, was zur Anreicherung der Abwasserschmutzstoffe führt. Auch wird die Süßwasser-Biozönose des Abwassers beim Übergang in Salzwasser geschädigt. Es muß sich eine neue Salzwasser-Biozönose aufbauen, die dem Abbau der spezifischen Schmutzstoffe angepaßt ist. Eine weitere Belastung der Küstengewässer entsteht durch die Einleitung der eutrophierenden Stoffe von den Fließgewässern. Die Eutrophierung wird dadurch in den marinen Lebensraum verlagert. Ein umfassender Schutz der Küstengewässer muß bei den Einleitern der Fließgewässer beginnen.

4.1.2 Zusammensetzung des Abwassers

Sie wird durch Probenahmen ermittelt. Neben der Abwassermenge (s. Abschn. 1) ändert sich über den Tagesverlauf auch die Zusammensetzung. Um die notwendigen Informationen darüber zu erhalten, benötigt man Probenahmen.

Für einen ersten Überblick eignet sich die Mischprobe über den Zeitraum eines Tages (24-Stunden-Misch-Probe). Sie soll mit einem automatischen Probenehmer am Kläranlagen-Zulauf gezogen werden, und die Schöpfmenge der zufließenden Abwassermenge entsprechen (mengenproportionale Probe). Die Probe muß gekühlt werden, damit die biologischen Prozesse nicht vorzeitig anlaufen. Ein genaueres Bild liefern Mischproben von zwei Stunden Dauer. Im Hinblick auf die Aufgabe der Abwasserreinigung ist es zweckmäßig, die Daten als Zeit-Ganglinien aufzutragen. Daraus ergeben sich Hinweise über Schwankungen der Zusammensetzung des Abwassers (Konzentrationsganglinien).

Für die Berechnung einer Kläranlage müssen durch Multiplikation von Konzentration und Abwassermengen die Frachten errechnet und als Frachtganglinien aufgetragen werden. Diese beiden Darstellungen liefern wichtige Hinweise für Klärverfahren und Bemessung der Anlage. Der Vergleich von Zu- und Ablaufganglinien läßt Folgerungen für den Betrieb der Anlage zu.

Abwasser enthält ungelöste und gelöste Schmutzstoffe. Ein Teil der ungelösten Stoffe hat die Fähigkeit, sich abzusetzen. Mit absetzbar bezeichnet man in der Abwassertechnik jedoch nur diejenigen Stoffe, die sich innerhalb von 2 Stunden in ruhigem Wasser zu Boden schlagen; sie machen $\approx 2/3$ der gesamten Schwebstoffe aus.

Nach der chemischen Beschaffenheit wird ferner zwischen anorganischen und organischen Stoffen unterschieden. Die letztgenannten bestimmen vor allem den Charakter des häuslichen Abwassers. Faulige Zersetzung organischer Reste entsteht durch Eiweißgehalt und Fäulnisbakterien. Der dabei entstehende Schwefelwasserstoff ist die Ursache für den üblen Geruch. Bild **4.4** zeigt die Zusammensetzung normalen städtischen Abwassers für deutsche Verhältnisse.

Die Stoffwechsel-Endprodukte von Mensch und Tier sind Rückstände der aufgenom-

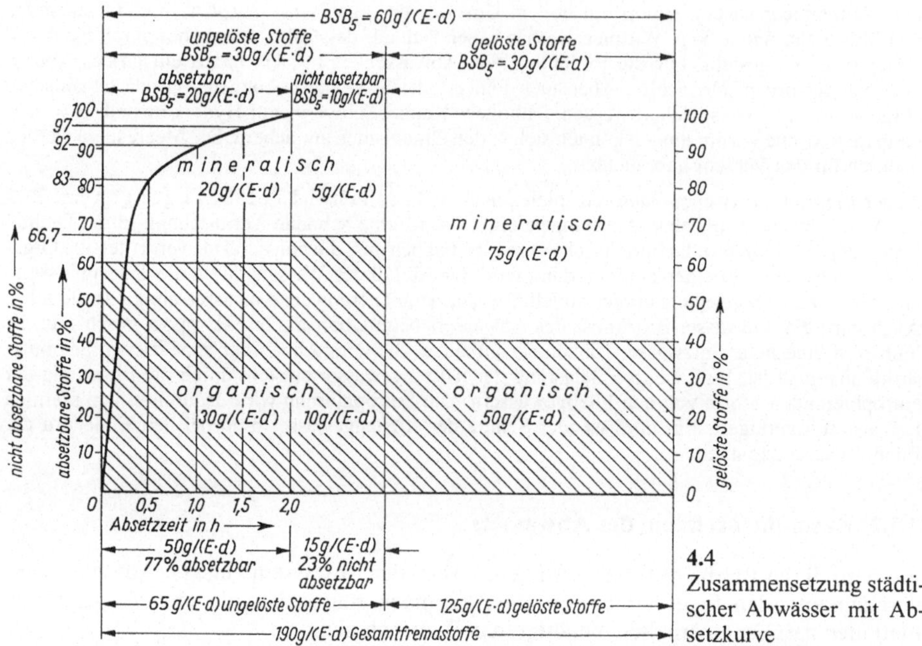

4.4 Zusammensetzung städtischer Abwässer mit Absetzkurve

menen Nahrungsmittel. Harnstoff und Eiweiß sind unter ihnen wegen ihres Gehalts an Stickstoff und Kohlenstoff von besonderer Bedeutung. Alle diese Stoffe zerfallen durch chemische oder biochemische Umwandlungen rasch. Ferner enthält städtisches Abwasser unzählige kleinste Lebewesen, vor allem Bakterien. Diese nutzen die organischen Reste als Nahrungsquelle und vermehren sich sehr schnell. Man rechnet mit etwa 70 Millionen Keimen (Protocyten) je cm^3 Abwasser. Unter den Keimen befinden sich neben fäulniserregenden Bakterien auch Krankheitserreger, die als pathogene Keime sehr gefährlich werden können. Ein erheblicher Anteil der Bakterienmasse (etwa 6 bis 30%) ist beim Zufluß in die Kläranlage noch biologisch aktiv.

Das bei Regen abfließende Mischwasser stammt im wesentlichen aus dem Niederschlagsabfluß von befestigten Flächen, dem ständig anfallenden Schmutzwasser aus Haushalten, Gewerbe und Industrie und dem Fremdwasser (Grundwasser). Je nach Kanalisierungsart ist die Verschmutzung des Mischwassers bei Regen unterschiedlich. Als mittlere Richtwerte können die Werte der Tafel **4**.2 gelten. Die Schmutzstoffe des Abwassers enthalten Fäkalstoffe des häuslichen Abwassers, Stoffe aus der industriellen/gewerblichen

Tafel **4**.2 Stoffgruppen in Misch- und RW-Kanalisation

		Mischwasser-kanalisation	RW in der Trenn-kanalisation
Abfiltrierbare Stoffe	in mg TS/l	350	250
Absetzbare Stoffe	in ml/l	8	1
Biologischer Sauerstoffbedarf	in mg O_2/l	70	15
Chemischer Sauerstoffbedarf	in mg O_2/l	300	80

Produktion, Sand, Fette, Nahrungsreste, organische Stoffe wie Gartenabfälle und andere Abfallstoffe.

4.1.3 Parameter der Abwasserverschmutzung

Die Verschmutzungsparameter informieren über die Veränderung des Wassers durch Nutzung. Sie sollen für bestimmte Stoffgruppen typisch sein und eine Beurteilung der Reinigungsmöglichkeiten zulassen.

Physikalische Eigenschaften. Von Bedeutung ist die Temperatur. Wichtiger ist die Menge der absetzbaren Stoffe, die mit dem Abwasser abtransportiert werden. Ihre Menge ist unterschiedlich, ihre Zusammensetzung bei kommunalem Abwasser etwa konstant: 1/3 inertes und 2/3 organisches Material.

Der pH-Wert. Der pH-Wert soll dem von Brauchwasser entsprechen. Werte über 8 und unter 6,5 zeigen an, daß Abwasser mit Laugen- bzw. Säure-Eigenschaften vorliegt. Plötzliche Abweichungen vom Neutralwert 7 stören, konstante Werte auch im schwach-sauren oder -alkalischen Bereich ermöglichen eine biologische Behandlung.

Der chemische Sauerstoffbedarf (*CSB*). Der überwiegende Anteil der Schmutzstoffe im Abwasser ist organischer Art. Diese sind biologisch abbaubar. Die Menge der Substanzen wird indirekt durch ihre chemische Oxidation bestimmt. Es gibt zwei Methoden mit unterschiedlich starken Oxidationsmitteln, Kaliumdichromat und Kaliumpermanganat. Kaliumdichromat oxidiert fast alle organischen Substanzen. Kaliumpermanganat nur einen Teil. Die Werte werden als *CSB* mit Nennung des Oxidationsmittels angegeben. Eine Unterscheidung zwischen biologisch abbaubaren und biologisch nicht abbaubaren Stoffen ist hierbei nicht möglich. Die Werte für den Kaliumdichromat-*CSB* liegen bei kommunalem Abwasser um 600 mg O_2/l, $\approx$ 120 g/(E · d). Sie können aber für industrielle Abwässer im Bereiche von mehreren Tausend mg O_2/l liegen. Die Werte für den Kaliumpermanganat-*CSB* liegen zwischen 300 bis 400 mg O_2/l. Es gibt keine Relation zwischen den beiden Methoden.

Eine besondere Bedeutung hat der Kaliumdichromat-*CSB* für die Messung der Restverschmutzung. Er dient zur Ermittlung der Schadeinheiten für die Abwasserabgabe. Um nicht nur die über den BSB_5 erfaßten biologisch leichter abbaubaren Stoffe, sondern auch die biologisch schwerer abbaubaren Stoffe zu erfassen, wird die Menge der organischen Stoffe im Abwasserabgabengesetz nicht als biochemischer Sauerstoffbedarf *BSB*, sondern als chemischer Sauerstoffbedarf *CSB* gemessen.

Als Schiedsmethode ist das ISO-Verfahren (International Standardization Organisation) entwickelt worden, das zwischen Bund, Ländern, BDI, VCI und ATV als endgültige Analysenmethode anerkannt worden ist. Diese Methode wird den Verwaltungsvorschriften nach § 7a WHG zugrunde gelegt. Neben der Schiedsmethode wurden auch einfachere Verfahren zur angenäherten Bestimmung des *CSB* im Rahmen der Eigenkontrolle eingeführt. Diese Feldmethoden sind inzwischen weiterentwickelt worden.

Der organische Kohlenstoff. Er markiert den Anteil an organischen Substanzen entweder als Gesamt-Kohlenstoff (*TOC* $\widehat{=}$ total organic carbon) oder als gelöster organischer Kohlenstoff (*DOC* $\widehat{=}$ dissolved organic carbon). Auch dieser Parameter unterscheidet nicht nach abbaubaren und nicht abbaubaren Substanzen. Die Werte für den *DOC* schwanken bei kommunalem Abwasser zwischen 50 bis 150 mg C/l. Bestimmung erfolgt mit automatischen Analysegeräten: Wenn das Verhältnis BSB_5/TOC konstant ist, kann man so auch den BSB_5 bestimmen.

Der biochemische Sauerstoffbedarf (BSB_5). Sauerstoff spielt bei der Abwasserreinigung die entscheidende Rolle. Ohne seine Mitwirkung kann eine Reinigung des Abwassers nicht vor sich gehen. Im Stoffwechsel der Bakterien werden zunächst die unbeständigen Schmutzstoffe in beständige Oxide umgewandelt. Diese Oxidation ist ein biologischer Prozeß, der nur unter Zufuhr von Sauerstoff stattfinden kann. Man spricht daher vom aeroben Reinigungsvorgang und von aeroben Bakterien. Da sich die Bakterien unter günstigen Lebensbedingungen, d.h. bei ausreichender Feuchtigkeit sowie bei Vorhandensein von Sauerstoff und Nährstoffen sehr schnell vermehren, kann der Verbrauch an Sauerstoff als Maßstab für die Verschmutzung des Wassers dienen. Verschmutztes Wasser hat einen „biochemischen Sauerstoffbedarf", abgekürzt *BSB*. Er nennt die Sauerstoffmenge (O_2) in mg/l, die notwendig ist, um die im Abwasser enthaltenen organischen Stoffe mit Hilfe von Bakterien abzubauen. Ohne künstliche Intensivierung verteilt sich dieser Sauerstoffbedarf und damit die Reinigung über $\approx$ 25 Tage (Tafel **4**.3).

Die Abnahme des *BSB* an einem Tage beträgt bei $T = 20\,°\mathrm{C}$ immer $\approx$ 20,6% des Restbedarfs, d.h. für den ersten Tag $(0{,}3/1{,}46) \cdot 100 = 20{,}6\%$ usw.

Bei niedrigen Temperaturen verläuft der Abbau langsamer, bei höheren Temperaturen schneller. Zum Vergleich verschiedenen Abwassers benutzt man den biochemischen Sauerstoffbedarf nach 5 Tagen, den BSB_5. Er beträgt 68,4% des Gesamt-*BSB*. Die BSB_5-

Tafel **4**.3 *BSB* erster Stufe im lufthaltigen Wasser bei verschiedenen Temperaturen, bezogen auf den fünftägigen Sauerstoffbedarf BSB_5, bei 20°, nach Fair = 1,0. Z.B.: $BSB_5 = 300$ mg/l; voller *BSB* bei 5 °C = 1,02 · 300 = 306 mg/l.

Zeit in Tagen	Temperaturen in °C					
	5°	10°	15°	**20°**	25°	30°
1	0,11	0,16	0,22	0,30	0,40	0,54
2	0,21	0,30	0,40	0,54	0,71	0,91
3	0,31	0,41	0,56	0,73	0,93	1,17
4	0,38	0,52	0,68	0,88	1,11	1,35
5	0,45	0,60	0,79	**1,00**	1,23	1,47
6	0,51	0,68	0,88	1,10	1,31	1,56
8	0,62	0,80	1,01	1,23	1,45	1,66
10	0,70	0,90	1,10	1,32	1,52	1,71
14	0,82	1,02	1,21	1,40	1,58	1,75
20	0,92	1,10	1,28	1,45	1,61	–
25	0,97	1,14	1,30	**1,46**	–	–
voller Sauerstoffbedarf erster Stufe	0,7·1,46 = 1,02	0,8·1,46 = 1,17	0,9·1,46 = 1,32	1,0·1,46 = **1,46**	1,1·1,46 = 1,61	1,2·1,46 = 1,75

Tafel **4**.4 Gebräuchliche Mittelwerte des BSB_5 [1)]

Abwasserinhaltstoffe Stoffgruppen	Sauerstoffbedarf in 5 Tagen $gBSB_5/(E \cdot d)$		$gBSB_5/m^3$ Abwasser	
	a)	b)	mit b) bei Q_d = **150** l/(E · d)	mit b) bei Q_d = **200** l/(E · d)
Absetzbare Schwebstoffe	19 oder	**20**	**133,3**	**100**
Nicht absetzbare Schwebstoffe	12 } 35	**10** } **40**	**66,7** } **266,7**	**50** } **200**
Gelöste Stoffe	23	**30**	**200**	**150**
	54	**60**	**400**	**300**

1) Die Werte sollen vor Neuplanung möglichst gemessen werden

Angabe charakterisiert den Grad der Abwasserverschmutzung, jedoch nur für die Schmutzstoffe, die sich biologisch abbauen lassen, nicht etwa für Chemikalien anorganischer Art. Den $BSB_5 = 54$ g/(E · d) oder **60 g/(E · d)** bezeichnet man auch als „Einwohnergleichwert" (EG_{60}) oder (EGW_{60}) des BSB_5.

Der BSB_5 gilt als Maß für die Konzentration an fäulnisfähigen organischen Substanzen. Repräsentative Messungen haben ergeben, daß je Einwohner heute im Mittel 60 g BSB_5/d in das Abwasser abgegeben werden. Davon rund ein Drittel in absetzbaren, der Rest in nicht absetzbaren und gelösten organischen Stoffen (Tafel **4**.4). Die BSB_5-Konzentration ist abhängig vom Wasserverbrauch je Einwohner. Im Mittel liegen die Werte für kommunales Abwasser bei 300 mg/l, in industriellem und gewerblichen Abwasser auch wesentlich höher.

Neben der aeroben Reinigungsphase gibt es noch die anaerobe Phase, die vornehmlich in den Faulbehältern der Kläranlage eine Rolle spielt. Die hier lebenden Bakterien kommen ohne Luft aus, brauchen aber ebenfalls Sauerstoff, den sie aus den Verbindungen des Schlamms abspalten. Chemisch betrachtet nennt man diesen Prozeß deshalb „Reduktion". Die organischen Feststoffe des Frischschlamms setzen sich dabei zum größten Teil in Faulgas um, das hauptsächlich aus Methan und Kohlendioxid besteht (s. Abschn. 4.6).

Man bezeichnet den Sauerstoffverbrauch von Mikroorganismen, der sich unmittelbar auf die physiologische Verwertung der von außen an die Zelle herangeführten Nährstoffe bezieht, als Substratatmung. Es ist ausschließlich der Sauerstoffbedarf für die Substratatmung, der als proportionale Größe die Konzentration an umsetzbarer Substanz darstellt.

Stehen den Organismen keine Nährstoffe zur Verfügung, sind sie gezwungen, zur Deckung ihres Energiebedarfes zellintern gespeicherte, sog. Reservestoffe abzubauen. Den daraus resultierenden Sauerstoffverbrauch bezeichnet man als endogene Atmung. Diese schließt an die Substratatmung an. Sie wird durch die während der Substratatmung stattfindende Reservestoffbildung angeregt und hat die Bedeutung einer Folgereaktion. Die Fähigkeit zur physiologischen Verwertung gelöster organischer Substanz ist weitgehend auf Bakterien beschränkt. Höhere Organismen, Protozoen, sind auf Teilchennahrung angewiesen.

Da jedoch nur für die gelöste organische Substanz (C-Verbindungen) eine Meßzahl gesucht wird, darf der Sauerstoffbedarf der höheren Organismen in der *BSB*-Probe (Bakterien- und Phytoplanktonfresser) eigentlich nicht in die Analyse mit einbezogen werden.

Ebenfalls auszuklammern wäre der Sauerstoffverbrauch infolge Nitrifikation. Diese spielt für den Sauerstoffhaushalt von Oberflächengewässern eine sehr wichtige Rolle, die Überlagerung zweier, in der Regel streng aufeinanderfolgend ablaufender biologischer Reaktionen, führt zu einem verfälschten Bild.

Der BSB_5 setzt sich aus der Summe der vier Teilreaktionen zusammen (**4**.5), vergleiche auch Tafel **4**.37, Zeile 20 bis 23.

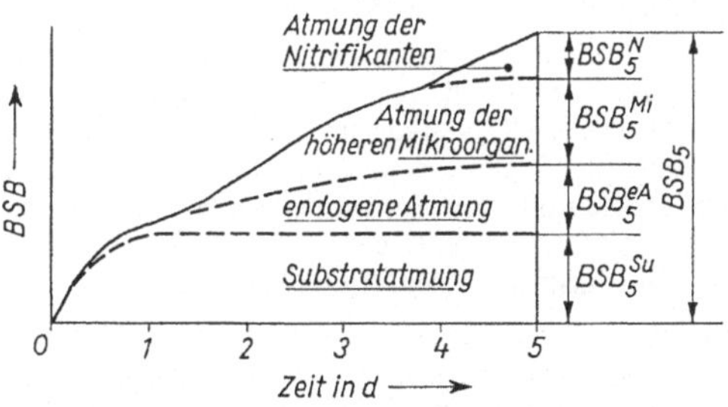

4.5 Schematische Aufteilung der *BSB*-Kurve für 0 bis 5 Tage

1. Substratatmung der Bakterien bei der physiologischen Verwertung der gelösten organischen Substanz,
2. Endogene, innere Atmung der Bakterien nach Abschluß der Substratatmung,
3. Atmung höherer Mikroorganismen wie Bakterienfresser etc. und
4. Atmung der Nitratbakterien.

Während der BSB_5 aus C-Abbau etwa gleich ist, verhält sich die Nitrifikation weit weniger gleichmäßig in Reaktionsbeginn und -geschwindigkeit. So bauen u.U. hochbelastete Klärstufen nur in der ersten Phase (ohne BSB_5^N) ab, während in schwach belasteten Klärstufen mit langen Aufenthaltszeiten schon die Nitrifikation innerhalb der 5 d einsetzen kann. Es kann dann bei schwach belasteten Anlagen mit sehr guter Reinigungsleistung ein höherer BSB_5 gefunden werden als bei hochbelasteten mit schlechter Reinigungsleistung.

Um lediglich den Abbau der organischen C-Verbindungen zu erfassen, muß der Nitrifikations-Sauerstoffverbrauch verhindert werden, wie es auch die Rahmen-Abwa-VwV fordert. Der BSB_5 soll von der abgesetzten Probe unter zusätzlicher Hemmung der Nitrifikation durch Allylthioharnstoff (ATH) bestimmt werden. Es werden ≈ 2 bis 5 mg/l ATH als Festsubstanz oder Lösung zugegeben.

Bei der BSB_5-Bestimmung mißt man die Sauerstoffmenge, die durch die mikrobiellen Stoffwechselprozesse beim Abbau der Schmutzstoffe im aeroben Milieu bei +20 °C in 5 Tagen verbraucht wird. Generell ist folgendes zu beachten:

1. Die O_2-Zehrung kann nur ungehemmt ablaufen, wenn eine artenreiche Bakterienbiozönose vorhanden ist und kein Mangel an anorganischen Nährsalzen, z.B. P-, N-Verbindungen, besteht. Andernfalls muß die Abwasserprobe mit Bakteriensuspensionen geimpft und mit Nährsalzen angereichert werden.

2. Enthält das Abwasser für die Entwicklung hemmende Faktoren, wie z.B. extreme pH-Werte, Desinfektionsmittel, Schwermetallsalze, so müssen diese entfernt werden, z.B. durch Neutralisation, da sonst zu niedrige BSB_5-Konzentrationen gemessen werden.

3. Für die BSB_5-Bestimmung sind im Laufe der Zeit verschiedene Methoden entwickelt worden, die keine vergleichbaren Ergebnisse liefern.

Bei der Verdünnungsmethode muß das Abwasser mit Rein-Wasser soweit verdünnt werden, daß die Zehrung zwischen 1 bis 8 mg O_2/l in 5 d liegt, da im Reinwasser bei 20 °C ca. 9 mg O_2/l gelöst sind und davon mindestens 1 mg O_2/l gezehrt, aber noch 1 mg O_2/l vorhanden sein soll. Bei Abwasserproben unbekannter Konzentration ist es schwer, das richtige Verdünnungsverhältnis zu treffen. Man geht von einer normalen O_2-Zehrung aus, d.h. täglich 20,6% der noch vorhandenen Kohlenstoffverbindungen, und vom Beginn der Nitrifikation erst nach 5 Tagen. Sind neben Ammoniumverbindungen schon Nitrifikanten im Abwasser enthalten, wird dem Verdünnungswasser Allylthioharnstoff als Nitrifikationshemmer zugegeben. Die Messungen erfolgen meist elektrochemisch mittels Sauerstoffelektrode.

Bei der Manometrischen BSB-Bestimmung wird die O_2-Zehrung des unverdünnten Abwassers ermittelt. Die Abwasserprobe wird in einem Gefäß eingeschlossen, in dem sich im Gasraum zur CO_2-Absorption Lauge befindet. Durch die O_2-Zehrung entsteht ein Unterdruck, der manometrisch gemessen wird. Die manometrischen Verfahren haben den Vorteil, daß der Verlauf der O_2-Zehrung verfolgt werden kann und anomale Zehrungsabläufe, z.B. durch Hemmstoffe oder durch Anpassung der Organismen erkennbar sind. Außerdem liegen in dem unverdünnten Abwasser alle Inhaltsstoffe in der Originalkonzentration vor.

Bei der Sapromat-Methode ist die O_2-Menge nicht mehr begrenzt. Der durch die O_2-Zehrung und CO_2-Absorption verursachte Unterdruck löst einen Impuls aus, durch den elektrolytisch Sauerstoff erzeugt und dem Meßgefäß zugeführt wird, bis der verbrauchte Sauerstoff wieder aufgefüllt ist. Aus der Impulszahl kann direkt die verbrauchte O_2-Menge abgelesen werden. Die Messung erfolgt im Original-Abwasser bei gleichbleibender O_2-Konzentration ohne Begrenzung der Meßzeit.

Eingeführt haben sich in den letzten Jahren Geräte zur kontinuierlichen Kurzzeit-*BSB*-Messung. Es handelt sich meist um eine Automatisierung der Verdünnungsmethode. Diese Geräte sind für den Kläranlagen-Betrieb besonders geeignet.

Stickstoff (s. Abschn. 4.5.4.3). Im Rohabwasser finden wir ihn als organischen Stickstoff, als Harnstoff, oder bei beginnenden Abbauprozessen in Form von Ammoniak.

Nitritstickstoff ist meist nur wenig vorhanden. Nitratstickstoff kann in höheren Konzentrationen vorhanden sein, wenn in der Kanalisation nicht bereits soviel Sauerstoff verbraucht wurde, daß es zu Nitratreduktionen kam. Im gereinigten Abwasser bewirken Nitratstickstoff und Ammoniak Eutrophierung der Gewässer.

Phosphor (s. Abschn. 4.5.4.1). Phosphor nimmt in der Regel die Rolle des Minimumstoffes im Gewässer ein. Eine Erhöhung führt zur Intensivierung des Algenwachstums. Deshalb werden für Phosphorkonzentrationen im behandelten Abwasser bei Einleitung in stehende Gewässer, Grenzwerte festgelegt. Die Reduktion der Phosphorgehalte wird durch zusätzliche Klärelemente vorgenommen.

Hygienische Parameter. Es gibt keine routinemäßige Untersuchung des rohen oder gereinigten Abwassers auf pathogene Keime. Sie wird nur in speziellen Fällen verlangt. Als Maß für die potentielle Anwesenheit pathogener Keime gilt der Coli-Test.

Ziel der Untersuchungen ist der Schutz der Gewässer (Vorfluter), z.B. als Badegewässer oder als Trinkwasserreservoir. Besonders geeignete Anzeiger (Indikatorkeime) sind die fäkalcoliformen Bakterien aus Abwässern und die gesamtcoliformen Bakterien.

Fäkalcoliforme Bakterien (Escherichia coli, Enterobacter u.a.). Dies sind Bakterien, die im Darm von Menschen und Säugetieren vorkommen und in der Regel harmlos sind. Sie sind Anzeiger für Verunreinigungen durch Abwässer. Außerhalb des menschlichen Körpers, speziell im Badewasser, vermehren sich diese Keime nicht. Wenn keine fäkalcoliformen Bakterien im Wasser gefunden werden, so ist ziemlich sicher, daß auch keine anderen Darmkeime vorliegen.

Gesamtcoliforme Bakterien (Aerobacter, Citrobacter u.a.). Dies sind Bakterien, die sowohl im Darm als auch fast überall in der freien Natur vorkommen. Einige gesamtcoliforme Bakterien können sich im Gewässer vermehren, wenn sie genügend Nahrungsstoffe vorfinden. Damit deuten sie auf eine hygienisch nicht einwandfreie Wasserqualität hin. Ähnlich wie die fäkalcoliformen sind auch die gesamtcoliformen Bakterien keine eigentlichen Infektionserreger. Es gibt allerdings einige Arten, die krankheitserregend wirken. Bei massenhafter Entwicklung besteht das Risiko der Wundinfektion, jedoch keine Seuchengefährdung.

Salmonellen. Sie sind immer als Krankheitserreger anzusehen. Deshalb fordert die EG-Richtlinie, daß Badegewässer salmonellenfrei sein müssen. Dies ist deshalb so streng, weil $> 100\,000$ durchfallerregende Salmonellen oder > 1000 Salmonellen der typhus- und paratyphuserregenden Arten eine Erkrankung auslösen können.

Richtwerte sind Leitwerte, die gute Wasserverhältnisse garantieren. Ihre Überschreitung bedeutet noch keine Gesundheitsgefahr.

Tafel **4.5** Richt- und Grenzwerte der EG-Badewasserrichtlinie von 1975

	Anzahl fäkalcoliformer Bakterien in 100 ml Wasser	Anzahl Fäkal-Streptokokken in 100 ml Wasser	Anzahl gesamtcoliformer Bakterien in 100 ml Wasser	Anzahl Salmonellen in 100 ml Wasser
Richtwert	100 (80)	100 (90)	500 (80)	0
Grenzwert	2000 (95)	[400]	10000 (95)	0 (95)

ml entspricht Milliliter = cm^3; [ ] $\hat{=}$ geplanter Grenzwert; Werte in ( ) entsprechen Prozentzahlen der Proben, in denen die Werte nicht überschritten werden dürfen.

Grenzwerte markieren den Risikobereich, in dem Gesundheitsgefahren möglich erscheinen. Aufgrund wissenschaftlicher Erfahrungen weiß man, daß die meisten Menschen selbst bei hundertfacher Grenzwertüberschreitung noch keine gesundheitlichen Schäden davontragen müssen. Aber die Sicherheit ist erforderlich (Tafel **4.5**).

Kinetik. Eine biologische Abwasserreinigung ist nur dann möglich, wenn die vorhandenen Substanzen Nährstoffcharakter haben. Im kommunalen Abwasser sind dies organische Stoffe aus den Haushalten. Der BSB_5-Test gibt einen Hinweis, ob sauerstoffverbrauchende Reaktionen stattfinden. Ein Test für den Nährstoffcharakter ist dies nicht.

Die zeitliche Bewertung ergibt, daß bei kommunalem Abwasser in der Regel eine zwei- oder dreistufige Reaktion vorliegt. Bei einer Versuchstemperatur von 20 °C besitzt die erste Stufe eine Reaktionsgeschwindigkeit von ca. 3 bis 5 g Sauerstoffverbrauch je kg Bakterienstickstoff und Minute. Kommunales Abwasser ist eine Nährlösung mit relativ schlechten Nährstoffeigenschaften.

Die Reaktionsgeschwindigkeiten von gewerblichen Abwässern können höher sein; vor allem, wenn die Verschmutzung aus Kohlehydraten besteht. Wichtig erscheint die Kinetik bei einförmigem industriellem Abwasser, wenn dieses zur Produktion von Biomasse verwendet werden soll. Ebenso bedeutsam ist die Kinetik bei der Mischung von Abwässern. Man erkennt hier, ob die Mischung zu einer Veränderung der Abbaubarkeit führt. Schließlich spielt auch die Adaptation (Anpassung) und die Kinetik bei der Beurteilung des Nährlösungscharakters eine Rolle. Ein Beispiel dafür ist das System Belebtschlamm-Phenol. Phenol läßt sich nur in geringen Konzentrationen abbauen. Bei höheren Konzentrationen kommt es zur Hemmung durch Substratüberschuß. Starke Konzentrationsschwankungen an Phenol können in einer Kläranlage nicht behandelt werden.

Der Plateau-*BSB* nach Hartmann. Der Plateau-*BSB* gibt an, wie groß der Sauerstoffbedarf des Systems Abwasser-Bakterien für die Primärreaktion ist. Die Bestimmung kann über die Beobachtung einer Langzeit-*BSB*-Kurve erfolgen oder in wenigen Minuten durch die Pollumat-Methode. Da Sekundärreaktionen sicher fehlen, sind die Plateau-Werte niedriger als der BSB_5. Für kommunale Abwässer liegen sie um 30 bis 70 mg O_2/l.

Das C:N:P-Verhältnis. Die meisten chemoorganotrophen Organismen haben eine Zusammensetzung mit einem Kohlenstoff-Stickstoffverhältnis von C/N 4 : 1. Geht man davon aus, daß etwa 50% der Nährstoffe oxidiert werden müssen, um die verbleibenden 50% in Organismenmasse umzuwandeln, so müßte eine optimale Nährlösung ein C:N-Verhältnis von 8 : 1 haben. Da ein Teil der organischen Stoffe im Abwasser bakteriell nicht verwertbar ist, wäre das Verhältnis von 12 : 1 ideal. Unter diesen Bedingungen würde aller Stickstoff zum Aufbau der Organismenmasse benötigt und kein Stickstoff im gereinigten Abwasser verbleiben. Das C:N-Verhältnis wird damit zum Maßstab für das Abwasser als Nährlösung. Kommunales Abwasser hat in der Praxis jedoch ein C:N-Verhältnis von etwa 5 : 1 bis 2 : 1. Es ist aus diesem Grunde nicht möglich, in einem einfachen biologischen Verfahren das Abwasser so zu reinigen, daß der gesamte Stickstoff in Organismenmasse gebunden wird. Das ideale C:P-Verhältnis liegt bei 30 : 1. Diesem kommt die Abwasserzusammensetzung sehr nahe. Trotzdem wird Phosphor nicht vollständig eliminiert, weil ein Großteil aus Polyphosphaten der Waschmittel stammt, die durch chemoorganotrophe Organismen nicht verwertet werden.

AOX. In das AbwAG wurden die halogenorganischen Verbindungen als abgaberelevante Schadstoffgruppen aufgenommen. Es gibt z.Zt. ca. 4500 marktgängige organische Halogenverbindungen. Die Zahl der insgesamt im Rahmen der Meldung von Altstoffen nach dem Chemikaliengesetz erfaßten halogenorganischen Verbindungen liegt bei ca. 15 000.

Ihre einzelne analytische Erfassung und toxikologische Bestimmung ist unter ökonomischen und wissenschaftlichen Bedingungen nicht möglich. Einzelstoffanforderungen für die halogenorganischen Verbindungen sind praktisch nicht durchführbar. Bei der Festlegung des Parameters und des zugehörigen Meßverfahrens wurde der Summenparameter AOX (Absorbierbare, organische Halogenverbindungen) ausgewählt.

Bei der summarischen Erfassung aller organischer Halogenverbindungen werden alle Einzelstoffe mit z.T. unterschiedlicher biologischer Wirkung nur nach ihrem Chlorgehalt erfaßt. Die summarische Bewertung ist gerechtfertigt, weil es ein breites Spektrum an gemeinsamen unerwünschten Wirkungen fast aller halogenorganischer Verbindungen gibt. Die halogenorganischen Verbindungen sind fast ausschließlich antrophogen. Durch den Einbau der Halogenatome in organische Verbindungen wird der Abbau verlangsamt. Mit der Zunahme des Chlorierungsgrades einer Substanz steigt in der Regel der Grad der Abbauhemmung. Der Abbau von organischen Halogenverbindungen ist nur selten vollständig. Meist führt der unvollständige Abbau zu neuen organischen Halogenverbindungen, die nicht weiter abgebaut werden können. Durch den Einbau von Chlor in organische Moleküle wird die Aufnahme der organischen Halogenverbindungen erleichtert. Der Abbau durch natürliche biotische Systeme erfolgt erst ab bestimmter Schwellenwerte (z.B. > 50 ppm), weil unterhalb keine Adaption erfolgt.

Das zur Verfügung stehende AOX-Bestimmungsverfahren ist in der Norm DIN 38409 Teil 14 beschrieben. Es wird auch die Vermeidungstechnik dargestellt. Praktisch können alle Verbindungen, die als AOX erfaßt werden, auch durch den Einsatz von A-Kohle aus dem Abwasser entfernt werden. Bei der vorgesehenen Bewertung (2 kg AOX = 1 SE) des neu aufgenommenen Summenparameters AOX wird davon ausgegangen, daß sich gegenüber den *CSB*-Ablaufwerten vergleichbarer Reinigungssysteme eine um den Faktor 25 höhere Bewertung ergibt. Die Konzentration (Schwellenkonzentration =100 μg/l) bei den organischen Halogenverbindungen (AOX) entspricht der Obergrenze der AOX-Gehalte aus Abläufen kommunaler Abwasserreinigungsanlagen ohne nennenswerten gewerblichen Anteil.

Schwermetalle und Gifte. Aus den Kenntnissen über die Ansammlung von Giftstoffen in Flußsedimenten erhält die Untersuchung auf Schwermetalle und Pestizide eine zunehmende Bedeutung. Sie wird verlangt, wenn Abwasserschlämme landwirtschaftlich verwertet werden sollen. Besondere Beachtung verdient die Untersuchung der Industrieabwässer und der industriellen Kläranlagen. Sie erstreckt sich vor allem auf Nickel, Cadmium, Kupfer, Zink, Blei, Quecksilber und Chrom. Sie gelten nach dem AbwAG als abgabenrelevante Schadstoffe.

Die meisten Metalle haben sowohl essentielle (lebenswichtige) als auch toxische Eigenschaften. Die natürliche Vorbelastung der Gewässer durch gelöste Schwermetalle (nur so können sie eine biologische Wirkung entfalten) ist gering. Die Gewässer benötigen keine zusätzliche Schwermetall-Einleitung, um sich mit essentiellen Elementen zu versorgen. Die Schwermetallbelastung aller Umweltbereiche ist durch die menschlichen Aktivitäten gegenüber der natürlichen Vorbelastung dramatisch angestiegen. Dabei sind die Metalle aus der natürlichen, schwerlöslichen Sulfidform in lösliche, biologisch aktive Verbindungen umgewandelt worden. Im Gegensatz zu den meisten organischen Verbindungen im Abwasser weisen Schwermetalle eine Persistenz (Dauerhaftigkeit) auf, die in den Abwasserreinigungsanlagen nicht überwunden werden kann. Ökologisch bedenklich ist die Anreicherung der Schwermetalle. Dies führt im Klärschlamm, in Sedimenten und auch in den Organismen des aquatischen Systems zur Zunahme der Schwermetalle. Im Grundsatz von der Fachwelt akzeptiert ist auch die Toxizität, Cancerogenität, Mutagenität und Bodenmobilität der Metalle.

Die vorgeschlagenen großzügigen Konzentrationsschwellenwerte nach AbwAG bewirken, daß die vielen kleinen Schwermetalleinleitungen nicht veranlagt werden. Bedeutende Schwermetall-Emittenten werden durch das Schwellenwert-Konzept jedoch veranlagt.

Das AbwAG sieht vor, für die Bestimmung der sechs Schwermetalle neben den atomabsorptionsspektrometrischen Methoden (AAS) auch atomemissionsspektrometrische Verfahren (AES) für die Analytik im Vollzug einzusetzen. Dies führt zu keinem erhöhten Meßaufwand. Für die Elemente Cadmium, Chrom, Nickel, Blei und Kupfer ist die gleiche Probenvorbehandlung vorgesehen, nämlich nicht abgesetzte Probe, homogenisieren, Aufschluß mit Salpetersäure und Wasserstoffperoxid (Bestimmung des Gesamtgehaltes).

Für die AAS-Bestimmung der Schwermetalle stehen die Teile der DIN 38406 zur Verfügung.

Die Norm DIN 38406 Teil 22 regelt die atomemissionsspektrometrische.Bestimmung von 24 Elementen, darunter auch Cadmium, Nickel, Chrom, Blei und Kupfer.

Tafel **4.6** Übersicht der wichtigsten organischen Stoffe im Abwasser (Herleitung der Kürzel)

Summenparameter	Gruppenparameter	Leitparameter
Gesamter Kohlenstoff Total Carbon **TC**	*Erfassung von Konstitution oder Wirkung her gleichartigen Stoffen ohne Differenzierung in Einzelsubstanzen*	*Erfassung von Stoffklassen oder eines Einzelstoffes als repräsentative Substanz für die Stoffklasse*
TIC Gesamter anorganischer Kohlenstoff, Total Inorganic Carbon **TOC** Gesamter organischer Kohlenstoff, Total Organic Carbon	**TOX** Gesamtes organisches Halogen **TOCl** Gesamtes organisches Clor	Huminstoffe (**HUS**) Kohlenwasserstoffe (**KW**; **HC**) Polycyclische aromatische Kohlenwasserstoffe (**PAK**; **PAH**) (**PCA**)
(TOC →) **DOC** Gelöster organischer Kohlenstoff, Dissolved Organic Carbon **POC** Ungelöster organischer Kohlenstoff, Particulate Organic Carbon **VOC** Flüchtiger organischer Kohlenstoff, Volatile Organic Carbon	**DOX** Gelöstes organisches Halogen **DOCl** Gelöstes organisches Clor	Haloforme Phenole Chlorphenole Polychlorierte Biphenyle (**PCB**)
	AOX ≙ Adsorbierbares organisch gebundenes Halogen	
	EOX ≙ Extrahierbares organisch gebundenes Halogen	
CSB (COD) Chemischer Sauerstoffbedarf (Chemical Oxygen Demand) **BSB (BOD)** Biochemischer Sauerstoffbedarf (Biochemical Oxygen Demand) *Erfassung organischer Stoffe über einen Strukturbestandteil (z.B. C) oder über die Oxidierbarkeit (O_2-Verbrauch)*	**POX** ≙ Ausblasbares (purgable) organisch gebundenes Halogen **VOX** ≙ Flüchtiges (volatile) organisch gebundenes Halogen	

4.1.4 Abwasserabgabegesetz (AbwAG)

In der novellierten Fassung des WHG (Wasserhaushaltsgesetz) hat der Gesetzgeber eine Ausweitung der abgabenrelevanten Schadstoffe und Schadstoffgruppen vorgenommen.

Tafel **4.**7 Bewertung der Schadstoffe nach AbwaAG, in der Fassung vom 3.11.1994 (4. Novelle), Anlage § 3

Nr.	Bewertete Schadstoffe und Schadstoffgruppen	Einer Schadeinheit entsprechen jeweils folgende volle Meßeinheiten	Schwellenwerte nach Konzentration und Jahresmenge	
1	*CSB*	50 kg Sauerstoff	20 mg je Liter und 250 kg Jahresmenge	
2	Gesamtstickstoff	25 kg	5 mg/l 125 kg Jahresmenge	
3	Gesamtphosphor	3 kg	0,1 mg/l 15 kg Jahresmenge	
4	Adsorbierbare organischgebundene Halogene (AOX)	2 kg Halogen	100 μg je Liter und 10 kg Jahresmenge	
5	Metalle und ihre Verbindungen			Jahres-menge
5.1	Hg	20 g	1 μg/l	100 g
5.2	Cd	100 g	5 μg/l	500 g
5.3	Cr	500 g	50 μg/l	2,5 kg
5.4	Ni	500 g	50 μg/l	2,5 kg
5.5	Pb	500 g	50 μg/l	2,5 kg
5.6	Cu	1000 g	100 μg/l	5 kg
6	Giftigkeit gegenüber Fischen	3000 m^3 Abwasser geteilt durch G_F	$G_F = 2$	

G_F ist der Verdünnungsfaktor, bei dem Abwasser im Fischtest nicht mehr giftig ist.

In der Tafel **4.**7 sind die Bewertung der Schadstoffe und Schadstoffgruppen sowie die Schwellenwerte gemäß Anlage zu § 3 AbwAG zusammengestellt. Die Bewertung der Stoffe im Abwasser nach ihrer Schädlichkeit, ist von der Problemstellung (z.B. Nutzungsziel) abhängig. Daher wird die Schädlichkeit von Abwasserinhaltsstoffen in den verschiedenen gesetzlichen Regelungen unterschiedlich eingestuft. Als notwendige Voraussetzung für die Auswahl der Schadstoffe, deren Einleitung begrenzt bzw. mit einer Abgabe belegt werden soll, sind zu nennen:

Der Schadstoff muß eine unerwünschte Wirkung wie Persistenz, Akkumulierbarkeit, Eutrophierung etc. im Gewässer aufweisen (eine dieser Eigenschaften reicht bereits aus).

Der Schadstoff muß in bedeutenden Mengen im Abwasser vorkommen. Darüber hinaus muß zu erwarten sein, daß seine mengenmäßige Reduktion auch zu einer Verbesserung der Gewässergüte führt.

In technischer Hinsicht sollen Vermeidungsmaßnahmen vorhanden sein.

Es muß ein analytisches Verfahren existieren, das den Schadstoff übereinstimmend mit den gesetzlichen Regelungen abbildet und einen vernünftigen Vollzugsaufwand garantiert.

Tafel **4.**8 zeigt ein Beispiel für die Berechnung der Abwasserabgabe einer kleinen Gemeinde.

Tafel **4.**8 Berechnung der Abwasserabgabe für eine kleine Gemeinde

Aktenzeichen: 00000 Bezeichnung: R-Dorf Abwasserabgabe für 1993

Zugrundeliegende Jahresschmutzwassermenge: 80000m³.
Bemessungsgröße: 270 kg BSB_5/Tag = 4500 EG.
Abgabegesetz = 60,00 DM/Schadeinheit, bewertet nach Anhang 01 der Rahmen-Abwasser VwV
Grenzwerte nach den a.a.R.d.T : *CSB* 110 mg/l

Ermittlung des Abgabesatzes

Parameter	Dimension	Bescheidwert	Überwach.-wert	Tage/Jahr	Berechnungs-wert	Minderung Abgabesatz	Abgabesatz festgesetzt	Schwellenwerte: Schmutzfracht	Konzentration	Jahresmenge	Divisor	Schad-einheiten	Festgesetzter Betrag
1	2	3	4	5	6	7	8	9	10	11	12	13	14
Fischgiftigkeit	G_F	2,0	2,0	365	2,0	75%	15 DM	53,33 kg	2,0 G_F	0,0	1 kg	0,0	0,00 DM
CSB (chem. O_2-Bedarf)	mg/l	110,0	110,0		110,0			8800,00 kg	20,0 mg/l	250,0 kg	50 kg	176,0	2640,00 DM
Gesamtstickstoff	mg/l	60,0	40,0		40,0			3200,00 kg	5,0 mg/l	125,0 kg	25 kg	128,0	1920,00 DM
Phosphor Gesamt	mg/l	15,0	10,0		10,0			800,00 kg	0,1 mg/l	15,0 kg	3 kg	266,67	4000,05 DM
Cadmium	µg/l	5,0	5,0		5,0			400,00 g	5,0 µg/l	500,0 g	100 g	0,0	0,00 DM
Chrom	µg/l	50,0	50,0		50,0			4,00 kg	50,0 µg/l	2,5 kg	500 g	0,0	0,00 DM
Quecksilber	µg/l	1,0	1,0		1,0			80,00 g	1,0 µg/l	100,0 g	20 g	0,0	0,00 DM
Blei	µg/l	50,0	50,0		50,0			4,00 kg	50,0 µg/l	2,5 kg	500 g	0,0	0,00 DM
Kupfer	µg/l	100,0	100,0		100,0			8,00 kg	100,0 µg/l	5,0 kg	1 kg	0,0	0,00 DM
Nickel	µg/l	50,0	50,0		50,0			4,00 kg	50,0 µg/l	2,5 kg	500 g	0,0	0,00 DM
AOX	µg/l	100,0	100,0		100,0			8,00 kg	100,0 µg/l	10,0 kg	2 kg	0,0	0,00 DM
												Gesamtbetrag	8560,05 DM

Eine Herabsetzung der Abgabenhöhe auf 25% (ab 1999 auf 50%) wird gewährt, wenn die Mindestanforderungen auf der Basis der a.a.R.d.T. eingehalten werden. Werden strengere Werte als die Mindestanforderungen festgelegt bzw. erklärt und eingehalten, verringert sich die Abgabe in linearer Weise. Bei Abwasserbehandlungsanlagen, die die Schadstofffracht des Abwassers $\geq$ 20% vermindern, als es den a.a.R.d.T. entspricht, können die Investitionen für diese Verminderung mit der Abgabe in den drei Jahren vor Inbetriebnahme der Anlage oder der zusätzlichen Anlagenteile aufgerechnet werden.

Auch für Niederschlagswasser ist eine Abgabe in Höhe von 12% des Abgabesatzes für eine Schadeinheit zu leisten, sofern die RW-Behandlung nicht den a.a.R.d.T. entspricht. Erklärt der Einleiter gegenüber der Behörde, daß er für mehr als drei Monate weniger Abwasser oder eine geringere Schmutzkonzentration einleiten wird als es dem Wasserrechtsbescheid entspricht, reduziert sich die Abgabe entsprechend. Die dauerhafte Unterschreitung der Werte ist durch ein Meßprogramm des Abwasser-Einleiters nachzuweisen. Ab 1.1.1993 beträgt der Abgabesatz pro Schadeinheit (SE) 60 DM/SE, ab 1.1.1997 70 DM/SE.

4.2 Anforderungen an die Abwasserbehandlung

4.2.1 Grenzwerte für Abwassereinleitungen

4.2.1.1 Mindestanforderungen

Die Abwasser-Verordnung über Mindestanforderungen an das Einleiten von Abwasser in Gewässer – Abwa-VO – vom März 1997 regelt für alle Abwasserarten die Art der Probeentnahmen und der Überprüfung sowie die Analysen- und Meßverfahren, die den in den Anhängen festgesetzten

Werten zugrunde liegen. Ausnahmen von diesen allgemeinen Regeln können im jeweiligen Anhang vorgesehen werden. Die Numerierung der Anhänge folgt der Numerierung der bisherigen AbwasserVwV.

Unter Punkt 2 der Abwa-VO ist u.a. festgelegt, daß die in den Anhängen genannten Werte sich auf das Abwasser im Ablauf der Abwasserbehandlungsanlage beziehen und nicht durch Verdünnung oder Vermischung erreicht werden dürfen; eine qualifizierte Stichprobe mindestens 5 Strichproben umfaßt, die in einem Zeitraum von 2 Stunden im Abstand von nicht weniger als 2 Minuten entnommen und gemischt werden; im Falle eines festgelegten, produktionsspezifischen Frachtwertes, sich dieser auf die dem wasserrechtlichen Bescheid zugrundeliegende Produktionskapazität zu beziehen hat und ein festgesetzter Wert auch dann als eingehalten gilt, wenn die Ergebnisse der letzten 5 im Rahmen der staatlichen Gewässeraufsicht durchgeführten Überprüfungen in 4 Fällen diesen Wert nicht überschreiten und kein Ergebnis diesen Wert um mehr als 100 v.H. übersteigt. Überprüfungen, die 3 Jahre zurückliegen, bleiben unberücksichtigt (4- von 5-Regelung).

Gemäß § 7a WHG werden in den Anhängen der Abwa-VO für die einzelnen Abwasser-Herkunftsbereiche Mindestanforderungen an die Einleitung in Gewässer festgelegt (Tafel **4**.9).

Tafel **4**.9 Mindestanforderungen nach der Abwa-VO vom März 1997 (Anhang 1)

Proben nach Größenklassen der Abwasserbehandlungsanlagen	Chemischer Sauerstoffbedarf (*CSB*) mg/l	Biochemischer Sauerstoffbedarf in 5 Tagen (BSB_5) mg/l	Ammoniumstickstoff *) (NH_4-N) mg/l	Gesamtstickstoff (N_{ges}) mg/l	Phosphor gesamt (P_{ges}) mg/l	Einwohnergleichwerte (EG)
Qualifizierte Stichprobe oder 2-Std.-Mischprobe						
Größenklasse 1 kleiner als 60 kg/d BSB_5 (roh)	150	40	–	–	–	< 1000
Größenklasse 2 60 bis kleiner 300 kg/d BSB_5 (roh)	110	25	–	–	–	1000 bis <5000
Größenklasse 3 300 bis kleiner 600 kg/d BSB_5 (roh)	90	20	10	18	–	5000 bis <10 000
Größenklasse 4 600 bis kleiner 6000 kg/d BSB_5 (roh)	90	20	10	18	–	10000 bis <100 000
Größenklasse 5 6000 kg/d BSB_5 (roh) und größer	75	15	10	18	1	≥100 000

*) Diese Anforderung gilt bei einer Abwassertemperatur von 12 °C und größer im Ablauf des biologischen Reaktors der Abwasserbehandlungsanlage.
An die Stelle von 12 °C kann auch die zeitliche Begrenzung vom 1. Mai bis 31. Oktober treten.

Im Wasserhaushaltsgesetz (WHG) wird nicht mehr unterschieden nach Abwasser mit gefährlichen Inhaltsstoffen, und Abwasser mit nicht gefährlichen Inhaltsstoffen, das bei kommunalem Abwasser angenommen wurde. Für seine Behandlung ist der Stand der Technik (S.d.T.) anzuwenden.

Mit weiteren Verschärfungen der Anforderungen muß gerechnet werden. Nach der Leistungsfähigkeit des Vorfluters oder nach ökologischen Bedingungen kann die Aufsichtsbehörde diese ohnehin im örtlichen Bereich festsetzen.

Die Werte erhalten eine rechtsverbindliche als S.d.T. Der Stand der Technik bezeichnet i. allg. den Entwicklungsstand zum gegenwärtigen Zeitpunkt und meint Verfahren, Einrichtungen und Betriebsweisen, die als beste verfügbare Techniken zur Begrenzung von Emissionen praktisch geeignet sind. Nach der Abwa-VO gilt nur noch der S.d.T., was aber eigentlich keine Verschärfung der Werte nach Tafel **4.**9 bedeutet.

4.2.1.2 Wasserrechtlicher Bescheid

Folgende Kriterien sind im Bescheid nach Bundes- und Landesrecht zu beachten:

- Die ordnungsgemäße Erfüllung der Abwasserbeseitigungspflicht,
- die sich aus den Mindestanforderungen nach § 7a WHG ergebenden Grenzen,
- mögliche Verschärfungen aus internationalen oder nationalen Emissionsnormen,
- mögliche Verschärfungen aus Notwendigkeiten der Gewässerbewirtschaftung.

Die Grenzwerte für die Abwassereinleitung folgen aus den Mindestanforderungen und ihren evtl. Verschärfungen, also allein aus wasserrechtlichen Kriterien und nicht aus Kalkulationen im Zusammenhang mit der Abwasserabgabe.

Nach § 7a WHG darf eine Erlaubnis für das Einleiten von Abwasser nur erteilt werden, wenn die Schadstofffracht so gering wie möglich gehalten wird, wie dies verfahrensbedingt nach dem Stand der Technik (S.d.T.) der Fall ist (6. Novelle v. 19.11.96). Für vorhandene Einleitungen können abweichende Anforderungen festgelegt werden, wenn die Anpassungsmaßnahmen unverhältnismäßig wären.

In der Regel werden folgende Grenzwerte festgelegt:

- die Abwasserhöchstmenge in 2 h,
- die einzuhaltenden Konzentrationen für die verschiedenen Summenparameter (*CSB*, BSB_5, NH_4-N, N_{ges}, P_{ges}) oder Einzelsubstanzen,
- Probeentnahmepunkt,
- Art der Probeentnahme (geschöpfte Probe, 2-h-Mischprobe),
- Bestimmungsverfahren für die Proben,
- zusätzlich schärfere Begrenzung der Schmutzfracht, als sie dem Produkt aus Abwassermenge und Konzentration entspricht.

§ 7a WHG fordert eine Schmutzfrachtreduzierung, die dem S.d.T. entspricht. Diese beziehen sich auf den Abwasserstrom von der Entstehung des Abwassers bis zum Ablauf der letzten Behandlungsstufe vor Einleitung in das Gewässer. In öffentlichen Kläranlagen ist Festsetzungspunkt für die Grenzwerte i. allg. der Kläranlagenablauf. Welche Vorgaben dem S.d.T. entsprechen, legt der Bund durch Rechts-VO fest.

Bei Abwassereinleitungen aus Industriebetrieben wird die Schmutzfracht vor Vermischung des Abwassers mit nicht behandlungsbedürftigen Teilströmen (gering verschmutztes Niederschlagswasser, Kühlwasser) begrenzt.

Die abgabenrechtlichen Festsetzungspunkte für Jahresschmutzwassermenge, Regel- und Höchstwerte der Abgabenparameter sind identisch mit den wasserrechtlichen Festsetzungspunkten für die Überwachungswerte. Bild **4.**6 zeigt die Problematik für den Fall des nachgeschalteten Schönungsteiches.

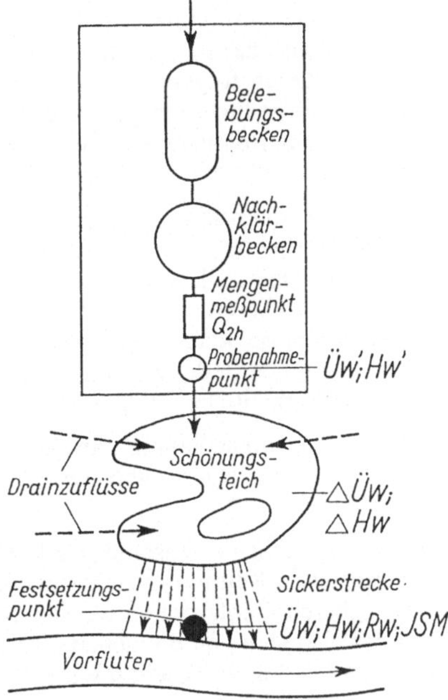

4.6
Wasserrechtliche Meßpunkte bei einer Kläranlage mit Schönungsteich
Q_{2h} = 2-h-Wassermenge,
$\ddot{U}w$ = Überwachungswert,
Hw = Höchstwert,
JSM = Jahresschmutzwassermenge,
Rw = Regelwert,
$\Delta \ddot{U}w$, ΔHw = Wirkung des Schönungsteiches,
$\ddot{U}w$ und Hw gelten als eingehalten, wenn $\ddot{U}w' = \ddot{U}w + \Delta \ddot{U}w$ und $Hw' = Hw + \Delta Hw$ eingehalten werden.

4.2.1.3 Die Umweltverträglichkeitsprüfung (UVP)

Nach § 18c Wasserhaushaltsgesetz (WHG) ist für den Bau und Betrieb sowie für wesentliche Änderungen von Kläranlagen für organisches Abwasser mit $\geq$ 3000 kg/d BSB_5 (roh), d.h. $\geq$ 50000 EG oder für anorganisch belastetes Abwasser von $>$ 1500 $m^3/2$ h eine Umweltverträglichkeitsprüfung (UVP) durchzuführen. Dazu gibt es das Gesetz über die Umweltverträglichkeitsprüfung (UVPG) vom 12.2.1990.

Die UVP umfaßt die Ermittlung, Beschreibung und Bewertung der Auswirkungen eines Vorhabens auf die Umwelt. Der Verfahrensablauf ist in dem Gesetz weitgehend festgelegt:

Stufe 1: Unterrichtung der Behörde über das Vorhaben; Abstimmung Umfang/Methodik der UVP mit der Behörde; Festlegung Untersuchungsrahmen durch die Behörde.

Stufe 2: Erstellung der entscheidungsrelevanten Unterlagen über die Umweltauswirkungen des Vorhabens durch den Vorhabensträger (Umweltverträglichkeitsuntersuchung).

Stufe 3: Antragstellung durch Vorhabensträger; Beteiligung der Fachbehörden und sonstiger Dritter; öffentliche Auslegung der Unterlagen; Anhörung der Betroffenen/Einwender durch Behörde; ggf. ergänzende Ermittlungen durch Behörde.

Stufe 4: Zusammenfassende Darstellung und Bewertung der wesentlichen Umweltauswirkungen durch Behörde; Berücksichtigung der Ergebnisse bei der Zulassungsentscheidung (Genehmigung); Unterrichtung der Betroffenen/Einwender über das Ergebnis der UVP durch Behörde.

Die Prüfung orientiert sich an den fachgesetzlichen Anforderungen und den technischen Richtlinien. Soweit diese eingehalten werden, kann Vorhaben und Standort gegenüber möglichen Alternativen als umweltverträglich gelten. Andernfalls darf die Behörde nur dann eine Genehmigung erteilen, wenn das Vorhaben im Interesse des Allgemeinwohls unverzichtbar oder der gewählte Standort unumgänglich ist. Nach den bisherigen Erfahrungen läßt sich folgendes feststellen: Da Kläranlagen >50000 EG meist nicht neu errichtet, sondern für weitergehende Reinigungsanforderungen ausgebaut werden, sind die Anlagenstandorte nicht veränderbar. Aufgrund der schon vorhandenen Entwässerungssysteme lassen sich Standortalternativen nur sehr eingeschränkt untersuchen.

Eingriffe in Natur und Landschaft werden schon bisher im Einvernehmen mit den Naturschutzbehörden bewertet. Die im Einzelfall notwendigen Ausgleichsmaßnahmen sind in einem besonderen Plan darzustellen, der den Antragsunterlagen beizufügen ist. Die Wirkungen einer Kläranlage auf die Gewässer und die Umgebung (Lärm/Luft) bedürfen einer fachkundigen Begutachtung, deren Ergebnisse bei der Planung umgesetzt und im Erläuterungsbericht begründet werden müssen. Das Prüfverfahren zwingt Planer und Behörden, alle umwelterheblichen Punkte nochmals aufzuzeigen und zu bewerten.

Neben der Planfeststellung wird auch mit der UVP die Öffentlichkeit formell beteiligt. Die UVP entfaltet gegenüber Dritten keine Rechtswirkung, so etwa einen verbesserten Rechtsschutz für Anlieger.

Da Kosten nicht Gegenstand der UVP sind, die Bau- und Betriebskosten aber für die weitergehende Reinigung zu steigenden Abwassergebühren führen, sollte die Bevölkerung rechtzeitig unterrichtet werden. Städtebauliche Fehlentwicklungen, so vorhergehende Ausweisungen von Baugebieten in unmittelbarer Umgebung einer Kläranlage, können mit einer UVP nicht beseitigt werden.

Für die Bewertung der Geruchsimmissionen in der Umgebung von Kläranlagen fehlen noch einheitliche Vorgaben, nach denen Prognosen erstellt und Überschreitungshäufigkeiten festgelegt werden können. Derartige Vorgaben sind notwendig, da, unabhängig von der UVP, die Geruchsauswirkungen im Umkreis von 300 m zu bewerten sind. Mit der Umweltverträglichkeitsprüfung wird generell eine systematische Überprüfung der Auswirkungen auf die Umwelt möglich. Soweit alle fachgesetzlichen Anforderungen erfüllt sind, führt die UVP nicht zu weitergehenden Verbesserungen im Sinne des Umweltschutzes.

4.2.2 Belastung des Vorfluters

Die Mindestanforderungen an die Abwasserreinigung können darüber hinaus erhöht werden. Dies hängt von der Art des Vorfluters ab, insbesondere von dessen Wasserführung und Beschaffenheit an der Einleitungsstelle. Ein natürliches Gewässer mit seiner natürlichen Lebensgemeinschaft verhält sich wie ein Organismus, der Abwehrbereitschaft und Selbstreinigungsvermögen besitzt. Ist die Belastung mit Schmutzstoffen zu groß, dann reicht die Selbstreinigungskraft nicht aus, den gesunden Zustand wiederher zustellen. Fäulnis und Tod beherrschen dann das Gewässer

Entscheidend für den erforderlichen Reinigungsgrad des Abwassers ist die Wasserführung des Vorfluters. Ebenfalls ausschlaggebend sind vor allem Größe und Dauer der Niedrigwasserführung. Auch das Wasserlaufgefälle und damit die Wassergeschwindigkeit sind von Bedeutung, denn bei $v < 0{,}3$ m/s sinken die Schwebstoffe zu Boden und bilden Schlammbänke, die sich an der Flußsohle allmählich zersetzen. Neben Wassermenge und -geschwindigkeit interessiert es, ob der Vorfluter schon mit Schmutzstoffen vorbelastet ist. In diesem Fall kann er weniger Schmutzstoffe ohne Schaden aufnehmen.

4.2.3 Selbstreinigung des Vorfluters

Alle Vorgänge biologischer und physikalisch-chemischer Art, die im Wasserlauf den Abbau der Schmutzstoffe bewirken, bezeichnet man als Selbstreinigung des Gewässers. Anorganische (mineralische) Stoffe führen zu einer „Versalzung" des Vorfluters. Diese chemischen Verbindungen können das biologische Leben beeinflussen; besonders wenn sie giftig sind. Von überragender Bedeutung sind die im städtischen Abwasser reichlich enthaltenen organischen Schmutzstoffe. Sie werden im Flußlauf durch Kleinlebewesen abgebaut, die man allgemein als „Saprobien" (Schmutzfresser) bezeichnet. Dazu gehören vor allem Bakterien und niedere Lebewesen. Sie ernähren sich von organischen Resten des Abwassers und dienen selbst wieder höheren Organismen als Nahrung. Man ordnet die Gewässer nach ihrem Verschmutzungsgrad verschiedenen Güteklassen zu (Tafel **4.**10).

Tafel **4.**10 Gütegliederung der Fließgewässer (LAWA-Vorschlag Okt 1975)

Güteklasse	Grad der organischen Belastbarkeit	Saprobität (Saprobienstufe)	Chemische Parameter		
			BSB_5 in mg/l	Ammonium-N in mg/l	Sauerstoff in mg/l
I	unbelastet bis sehr gering belastet	Oligosaprobie	1	Spuren	>8
I bis II	gering belastet	Oligosaprobie mit betamesosaprobem Einschlag	1 bis 2	um 0,1	>8
II	mäßig belastet	ausgeglichene Betamesosaprobie	2 bis 6	<0,3	>6
II bis III	kritisch belastet	alpha-betamesosaprobe Grenzzone	5 bis 10	<1	>4
III	stark verschmutzt	ausgeprägte Alphamesosaprobie	7 bis 13	0,5 bis mehrere mg/l	>2
III bis IV	sehr stark verschmutzt	Polysaprobie mit alphamesosaprobem Einschlag	10 bis 20	mehrere mg/l	<2
IV	übermäßig verschmutzt	Polysaprobie	>15	mehrere mg/l	<2

BSB_5 ohne Hemmung (DIN 38409-H51)

Unter normalen Verhältnissen ist ein Gewässer mit Sauerstoff gesättigt, d.h. es ist so viel Sauerstoff im Wasser gelöst, wie es dem Sättigungswert bei der herrschenden Temperatur entspricht. Wasser nimmt Sauerstoff sowohl aus der Luft als auch durch die Photosynthese der Wasserpflanzen auf. Dieser Sauerstoffvorrat ermöglicht den luftbedürftigen, im Wasser schwebenden Kleinlebewesen (Plankton), die organischen Stoffe des eingeleiteten Abwassers zu oxidieren und zu „mineralisieren".

Die Bildung von organischer Substanz durch Algen und Wasserpflanzen verläuft vereinfacht nach den Gleichungen

Photosynthese (Bildung von Glucose)

$$6CO_2 + 12H_2O \rightarrow C_6H_{12}O_6 + 6H_2O + 6O_2$$

$$(C_6H_{12}O_6 = 6CH_2O)$$

Tafel **4.**11 Sauerstoff-Sättigungswert von Wasser in mg/l nach [24a]

Wassertemperatur °C	0	5	10	15	20	25	30
salzfreies Wasser	14,6	12,8	11,3	10,2	9,2	8,4	7,6
Meerwasser	11,3	10,0	9,0	8,1	7,4	6,7	6,1

Zellsubstanzsynthese (mögliche Summenformel für die Biomasse)

$$265\,CH_2O+16\,NH_3+PO_4+47\,O_2 \rightarrow C_{106}H_{180}O_{45}N_{16}P+159\,CO_2+199\,H_2$$

Die Bildung der Biomasse ist danach vom Abgebot an N und P und von Faktoren wie Licht und Temperatur abhängig. Die Nährstoffe müssen in einer biologisch verwertbaren Form vorliegen. P ist z.B. als Ortho-Phosphat pflanzenverfügbar, dagegen nicht in mineralischer oder ausgefällter Form, z.B. als Aluminiumphosphat. Die Biomasse weist ein N/P-Verhältnis von 16/1 auf. Weichen die Nährstoffgehalte von diesem Verhältnis ab, bestimmt der geringere Stoffanteil das Algenwachstum.

Man spricht vom Sauerstoffhaushalt des Gewässers. Bei angemessenen Abwassermengen reicht der Sauerstoffvorrat eines Gewässers für eine aerobe Reinigung durch „luftbedürftige" Bakterien ≈ 25 Tage. Erst wenn Vorrat und Nachschub an Sauerstoff zu gering sind, um den Bedarf zu decken, kommt es zu unerwünschten anaeroben Prozessen, bei denen „Fäulnisbakterien" mitwirken. Es bildet sich Bodenschlamm, der bis auf die oberste Schicht von ≈ 4 mm Dicke in Fäulnis übergeht. Die hierbei entstehenden Gase bestehen zu 70% aus Stickstoff-Verbindungen. Der Sättigungswert des Wassers an gelöstem Sauerstoff ist abhängig von der Temperatur und dem Luftdruck (Tafel **4.**11).

Der Sauerstoff-Fehlbetrag ist derjenige Teil des Sättigungswertes, der dem Wasser zu einer bestimmten Zeit fehlt, den es aber möglichst schnell wieder zu ersetzen bestrebt ist. Je mehr Sauerstoff fehlt, desto schneller nimmt das Wasser ihn wieder auf. Die Aufnahme hängt vom Fließvorgang im Gewässer und seiner Oberfläche ab (Tafel **4.**12).

Tafel **4.**12 Tägliche Sauerstoffaufnahme von Gewässern bei $T = 20\,°C$ nach [19]

Sauerstoffaufnahme	der durchfließenden Wassermenge in % des Fehlbetrages wenn der Fehlbetrag		der Wasseroberfläche (ohne Mitwirkung der Wasserpflanzen) in $g(m^2 \cdot d)$ Sättigungsgrad in %					
Gewässer	abnimmt	gleichbleibt	100	80	60	40	20	0
kleiner Teich	10,9 bis 20,6	11,5 bis 23,0	0	0,3	0,6	0,9	1,2	1,5
großer See	20,6 bis 29,2	23,0 bis 34,5	0	1,0	1,9	2,9	3,8	4,8
langsam fließender Fluß	29,2 bis 36,9	34,5 bis 46,0	0	1,3	2,7	4,0	5,4	6,7
großer Fluß	36,9 bis 49,9	46,0 bis 69,0	0	1,9	3,8	5,8	7,6	9,6
rasch fließendes Gewässer	49,9 bis 68,4	69,0 bis 115	0	3,1	6,2	9,3	12,4	15,5
Stromschnelle	>68,4	>115	0	9,6	19,2	28,6	38,4	48,0

Fair [19] hat ein Schätzungsverfahren (Tafel **4.**13) entwickelt, mit dem ermittelt werden kann, wie stark Abwasser bei der Einleitung in ein Gewässer verdünnt werden muß, wenn ein bestimmter Mindestgehalt G an Sauerstoff im Gewässer nicht unterschritten werden soll. Zu unterscheiden sind dabei der

untere Grenzfall a), bei dem der Sauerstoffgehalt im Gewässer unterhalb der Einleitungsstelle vom Abwasser gleich dem Mindestbetrag G ist, und der

Tafel **4**.13 Belastungsziffer z nach [19]

Gewässer	a) unterer Grenzfall			b) oberer Grenzfall			kritische Fließzeit t in Tagen bis zum Absinken auf dem Mindestsauerstoffgehalt G bzw. bis zum Erreichen des größten Sauerstoff-Fehlbetrages max F		
	15 °C	20 °C	25 °C	15 °C	20 °C	25 °C	15 °C	20 °C	25 °C
kleiner Teich	0,6	0,5	0,4	2,1	1,6	1,3	5,9	5,0	4,3
großer See	1,1	0,9	0,7	2,7	2,1	1,6	4,5	3,9	3,3
langsam fließender Fluß	1,6	1,2	0,9	3,2	2,5	2,0	3,8	3,2	2,8
großer Fluß	2,2	1,7	1,3	4,0	3,2	2,5	3,0	2,6	2,3
rasch fließendes Gewässer	3,5	2,7	2,1	5,4	4,3	3,3	2,3	2,0	1,8
Stromschnelle	22,0	17,0	13,0	25,0	20,0	15,0	0,6	0,6	0,5

obere Grenzfall b), bei dem das Gewässer mit Sauerstoff voll (= 100%) gesättigt ist.

Die Ausgangsgleichung ist

$$\text{zul}\, BSB_5 = F \cdot z \qquad (4.1)$$

zul BSB_5 = zulässiger biochemischer Sauerstoffbedarf im Gewässer in mg/l
F = Sauerstoff-Fehlbetrag im Gewässer in mg/l
z = Belastungsziffer; sie hängt einmal von der Wassertemperatur und zum anderen davon ab, ob der untere oder der obere Grenzfall gegeben ist.

Tafel **4**.13 gibt ferner für den oberen Grenzfall b) die kritische Fließzeit t an, in welcher der Sauerstoffgehalt des Gewässers auf den Mindestgehalt G absinkt.

4.2.4 Berechnungsbeispiele

Beispiel 1: Eine Stadt mit 60000 EG will das Schmutzwasser in einer Kläranlage behandeln und dann einem kleineren Fluß zuleiten, der in einen großen Fluß mündet. Dieser soll in der Lage sein, die Schmutzstoffe weiter abzubauen. Das Selbstreinigungsvermögen des kleineren Flusses ist zu prüfen (**4**.7).

$$Q = v_m \cdot A_m = v_m \cdot t_m \cdot b_m = 0,6 \cdot 2,50 \cdot 14,0 = 21 \text{ m}^3/\text{s}$$

v_m mittlere Fließgeschwindigkeit
$A_m = t_m \cdot b_m$ = mittlerer Flußquerschnitt
t = mittlere Tiefe
b = mittlere Breite
Q_s = 150 l/(E · d)

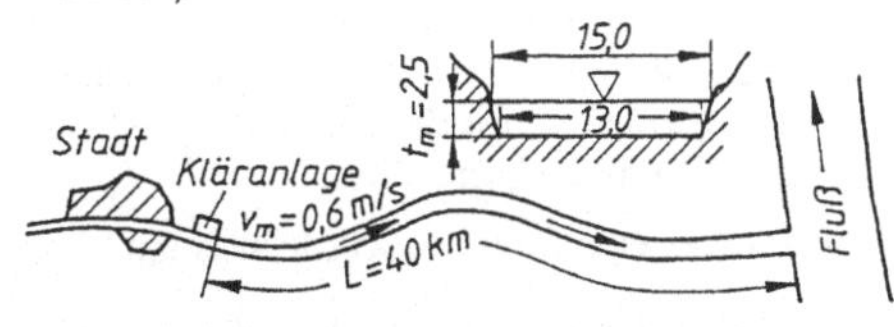

4.7 Lageplan

Für das nach mechanisch-biologischer Klärung täglich, zeitlich gleichmäßig verteilt, einzuleitende Schmutzwasser wird ein überhöhter BSB_5 = 25 mg/l angenommen. Nach Tafel **4**.9 beträgt die Mindestanforderung 20 mg/l.

Der kleine Fluß hat bis zur Mündung eine Fließzeit

$$t = \frac{L}{v_m} = \frac{40000}{0{,}6 \cdot 60 \cdot 60} = 18{,}5 \text{ h}$$

Diese Zeit steht ihm zum teilweisen Abbau des *BSB* zur Verfügung. Nach Tafel **4.**3 werden 30% des BSB_5 am 1. Tag gedeckt. Nach 18,5 h Fließzeit beträgt näherungsweise, wenn man in Bild **4.**8 im unteren Bereich die Kurve durch eine Gerade ersetzt, der

$$BSB_{18.5\text{ h}} = \frac{18{,}5}{24} \cdot \frac{30}{100} \cdot 25 = 5{,}78 \text{ mg/l}$$

Dieser Wert würde nur für das vor 18,5 h eingeleitete Abwasser gelten. Da jedoch laufend eingeleitet wird, liegt der mittlere *BSB* des in 18,5 h eingeleiteten Abwassers zwischen 0 und 5,78 mg/l. Er beträgt wiederum näherungsweise

mittlerer $BSB = 0{,}6 \cdot 5{,}78 = 3{,}47$ mg/l

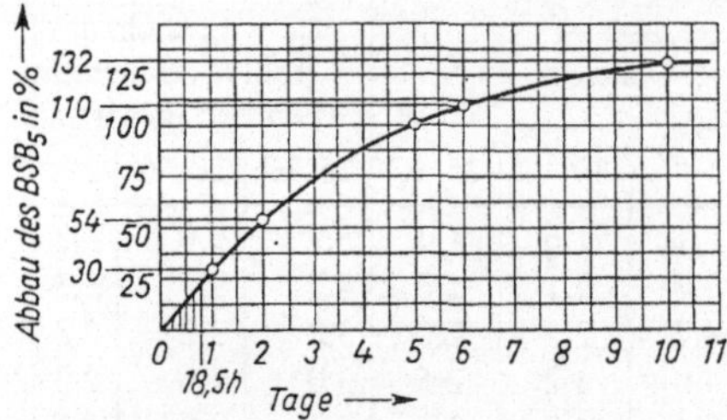

4.8 Abbau des *BSB*, bezogen auf den BSB_5 =100% (Summenlinie)

Während der Fließzeit von 18,5 h befindet sich nur der entsprechende Anteil der täglichen Abwassermenge mit dem entsprechend verringerten *BSB* im Fluß

$$BSB = \frac{18{,}5}{24} \cdot \frac{150 \cdot 60000 \cdot 3{,}47}{1000} = 24073 \text{ g}$$

Dies wäre etwa der Gesamt-*BSB* bis zur Einmündung in den großen Fluß. Diesem Sauerstoffbedarf ist das Angebot *A* gegenüberzustellen.

Die Oberfläche des Flusses ist

$$O = b \cdot L = 15{,}0 \cdot 40000 = 600000 \text{ m}^2$$

Während 18,5 h beträgt die notwendige Sauerstoffaufnahme

$$A_{18,5} = \frac{24073}{600000} = 0{,}04 \text{ g/m}^2$$

bzw. umgerechnet auf den Tag

$$A_{24} = \frac{24}{18{,}5} 0{,}04 = 0{,}052 \text{ g/(m}^2 \cdot \text{d)}$$

In Tafel **4.**12 liest man in Zeile 4 durch Interpolieren den Sättigungsgrad 99,45% ab. Das entspricht nach Tafel **4.**11 bei $T = 20\,°\text{C}$ dem Sauerstoffgehalt von $0{,}9945 \cdot 9{,}2 = 9{,}15$ mg/l, der ausreicht, um das Fischleben mit dem Bedarf von 3 bis 4 mg/l zu erhalten, auch wenn Bodenschlamm noch Sauerstoff verbrauchen sollte.

Bei stoßweiser Einleitung würde sich ein höherer *BSB* ergeben.

Beispiel 2: Ein in 2 Tagen durchflossener See mit $O = 100000$ m² Oberfläche und $t_m = 3{,}0$ m mittlerer Tiefe soll mechanisch und biologisch vorgereinigtes Schmutzwasser einer Stadt am Seezufluß aufnehmen. Mit welcher Einwohnerzahl E darf die Stadt den See beanspruchen, wenn 8 mg/l gelöster Sauerstoff erhalten bleiben sollen?

Nach Abschn. 4.2.1 ist der Rest-$BSB_5 = 20$ mg/l. $q_{t.d} = 300$ l/(E · d).

Der See ist bei 20 °C mit 9,2 mg/l gesättigt (Tafel **4.**11). Bei 8 mg/l Restsauerstoffgehalt beträgt der Sättigungsgrad

$$\frac{8{,}0}{9{,}2}\,100 = 87\%$$

Aus Tafel **4.**12, Zeile 2, erhält man hierfür eine Sauerstoffaufnahme von 0,65 g/(m^2 · d). Dann beträgt die Gesamtaufnahme unter der Bedingung des gleichmäßig verteilten Durchflusses

$$A = \frac{0{,}65 \cdot 100000}{1000} = 65\,\mathrm{kg/d}$$

Der Bedarf für 2 Tage Durchflußzeit ist nach Bild **4.**8

$$BSB \text{ im Mittel} = 0{,}6 \cdot 0{,}54 \cdot 20 = 6{,}48\ \mathrm{mg/l}$$

und

$$\text{Gesamt-}BSB = \frac{6{,}48 \cdot 300 \cdot 2 \cdot \mathrm{E}}{1000 \cdot 1000} = 0{,}0039 \cdot \mathrm{E} \text{ in kg}$$

Wenn man $A = BSB$ setzt, ergibt sich

$$\mathrm{E} = \frac{65 \cdot 2}{0{,}0039} = 33300 \text{ Einwohner}$$

Es sind aber $\frac{1{,}0 - 0{,}54}{1{,}0}\,100 = 46\%$ des BSB_5 oder $\frac{1{,}46 - 0{,}54}{1{,}46}\,100 = 63\%$ des Gesamt-BSB von den Gewässern unterhalb des Sees aufzubringen.

Beispiel 3: Eine Stadt mit E = 30000 Einwohnern leitet $q_s = 150$ l/(E · d) im Mittel in einen langsam fließenden Fluß bei 15 °C Wassertemperatur. Dessen Sauerstoffgehalt soll nicht unter 7 mg/l sinken. Das Abwasser wird nach mechanisch-biologischer Klärung mit $BSB_5 = 20$ mg/l eingeleitet. Nach Tafel **4.**13 sind für den unteren und oberen Grenzfall zu schätzen:

1. zulässiger Sauerstoffbedarf zul BSB_5 in mg/l
2. erforderliche Verdünnung des Abwassers
3. erforderliche Wasserführung des Flusses Q in m^3/s
4. zulässige Abwasserlast AL in E/(l · s)
5. kritische Fließzeit t in Tagen im oberen Grenzfall
6. zul BSB_5, wenn der Fluß einen Eigenbedarf von $BSB = 1$ mg/l hat

Lösung

1. Zulässiger Sauerstoffbedarf mit z nach Tafel **4.**13
   Fall a): $z = 1{,}6$ und $\mathrm{zul}BSB_5 = F \cdot z = 3{,}2 \cdot 1{,}6 = 5{,}12$ mg/l; $F = 10{,}2 - 7 = 3{,}2$ mg/l
   Fall b): $z = 3{,}2$ und $\mathrm{zul}BSB_5 = F \cdot z = 3{,}2 \cdot 3{,}2 = 10{,}24$ mg/l
2. erforderliche Verdünnung V
   Fall a): $20/5{,}12 = 3{,}9$fach Fall b): $20/10{,}24 = 1{,}95$fach
3. erforderliche Wasserführung $Q = Q_s \cdot \mathrm{E} \cdot V$
   Fall a): $Q = \frac{150 \cdot 30000}{24 \cdot 60 \cdot 60}\,3{,}9 = 52{,}1 \cdot 3{,}9 = 203$ l/s $= 0{,}203$ m^3/s
   Fall b): $Q = 52{,}1 \cdot 1{,}95 = 102$ l/s $= 0{,}102$ m^3/s
4. Abwasserlast $AL = \mathrm{E}/Q$
   Fall a): $AL = 30000 : 203 = 148\,\frac{\mathrm{E}}{\mathrm{l/s}}$ Fall b): $AL = 30000 : 102 = 294\,\frac{\mathrm{E}}{\mathrm{l/s}}$

5. Nach Tafel **4.**13 ist $t = 3{,}8$ d

6. zul BSB_5 bei Eigenbedarf des Flusses von $BSB_5 = 1{,}0$ mg/l
   Fall a): zul $BSB_5 = 5{,}12 - 1 = 4{,}12$ mg/l   Fall b): $BSB_5 = 10{,}24 - 1 = 9{,}24$ mg/l

Beispiel 4 (**4.**9): Die Berechnung der Abwasserlast eines Flusses (s.a. Beispiel 3) ist ein altes, oft angewandtes Verfahren zum Aufstellen eines Reinhalteplanes für ein Flußsystem. Man bezieht die Selbstreinigung des Flusses auf die im Augenblick belastenden Einwohnergleichwerte. Diese nehmen durch die Selbstreinigung mit der Fließzeit ab. Als Hilfsmittel dient die Selbstreinigungskurve, die für jeden Fall aufgestellt werden kann, wenn bekannt ist, um wieviel Prozent der BSB_5 mit der Fließzeit abnimmt (**4.**10). Die Auswertung erfolgt zweckmäßig in Tabellenform (Tafel **4.**14).

Im Beispiel 3 war für einen langsam fließenden Fluß bei 15 °C Wassertemperatur und dem geforderten Restsauerstoffgehalt 7 mg/l bei mechanisch-biologischer Vorreinigung die Höchstwasserlast im Fall a) mit 148 EG/(l · s) errechnet worden. Aus dem Vergleich mit Spalte 10 der Tafel **4.**14 ist nun zu folgern, daß mindestens mechanisch-biologische Kläranlagen mit Rest-BSB_5 = 20 mg/l für alle Orte zu fordern sind. Teilweise sind die Werte > 148 EG/(l · s). Hier müßten noch höhere Reinigungsleistungen gefordert werden.

Würden alle Orte in Bild **4.**9 mechanisch-biologische Kläranlagen mit einem Ablauf BSB_5 von = 20 g/m³ erhalten, dann wäre die Abwasserlast in mg BSB_5/l Wasserführung des Flusses zu berechnen (Spalte 11, Tafel **4.**14) aus

$$\frac{1000}{150} = 6{,}67 \qquad \text{in} \qquad \frac{\text{l} \cdot \text{EG} \cdot \text{d}}{\text{m}^3 \cdot \text{l}} = \frac{\text{EG}}{\text{m}^3\ \text{Schmutzwasser/d}}$$

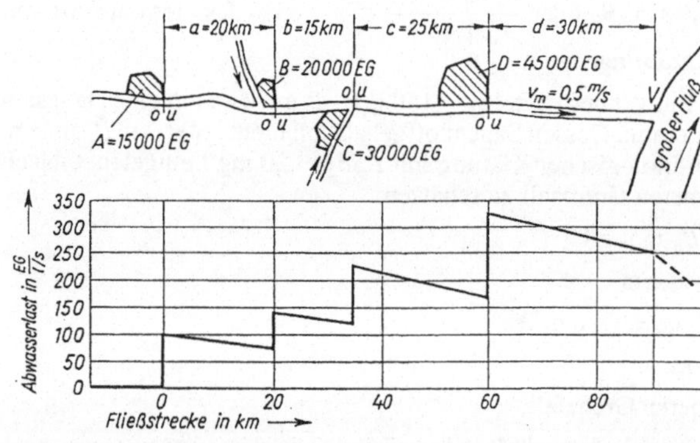

4.9
Lageplan und Linie der Abwasserlast zum Beispiel 4

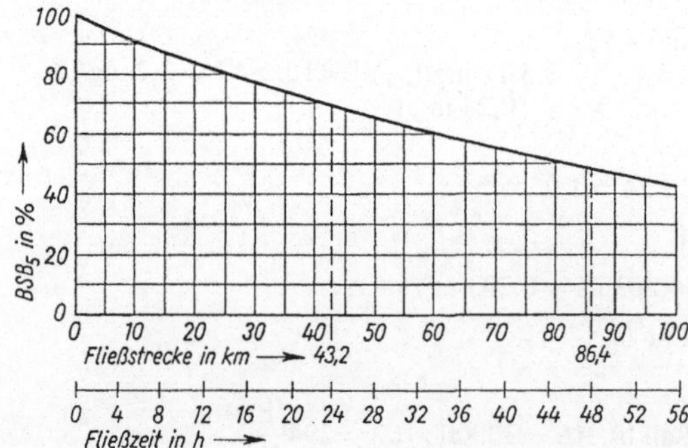

4.10
Selbstreinigungslinie für $v = 0{,}5$ m/s Fließgeschwindigkeit und 30% tägliche Abnahme des Sauerstoffbedarfs

Tafel **4**.14 Abwasserlastberechnung

1	2	3	4	5		6	7		8	9	10	11
Station	NNW Fluß	Nebenfluß; Ort oder Industrie	EG = E + EG der Industrie	Abschnitt		Vorbelastung	Beiwert nach **4**.10		örtl. Zugang	Gesamtbelastung	EG-Abwasserlast $\frac{\text{Sp. 9}}{\text{Sp. 2}}$	BSB_5-Abwasserlast 0,0347 · Sp. 10
	l/s		EG		km	EG	EG	EG	EG	EG	$\frac{\text{EG}}{\text{l/s}}$	$\frac{\text{mg } BSB_5}{\text{l}}$
A_u	150	Ort A	15000			0			15000	15000	100	3,47
B_o	160	–	–	a	20	15000	0,83	12400	–	12400	78	2,71
B_u	230	Ort B	20000			12400			20000	32400	141	4,89
C_o	230	–	–	b	15	32400	0,87	28300	–	28300	123	4,27
C_u	260	Ort C	30000			28300			30000	58300	225	7,81 [1]
D_o	270	–	–	c	25	58000	0,79	46200	–	46200	172	6,0
D_u	273	Ort D	45000			46200			55000	92100	337	11,7 [1]
V	280	–	–	d	30	91200	0,77	70000	–	70000	250	8,7 [1]

[1] Zu hoch, die Zehrung könnte den Fischbestand gefährden, Reinigungsleistung erhöhen.

$$\frac{20}{6{,}67} = 3 \qquad \text{in} \qquad \frac{\text{g}BSB_5 \cdot \text{m}^3}{\text{m}^3 \cdot \text{EG} \cdot \text{d}} = \frac{\text{g}BSB_5}{\text{EG} \cdot \text{d}} = \text{Einleitung}$$

$$\frac{3 \cdot 1000}{3600 \cdot 24} = 0{,}0347 \qquad \text{in} \qquad \frac{\text{g}BSB_5\,\text{mg} \cdot \text{d}}{\text{EG} \cdot \text{d} \cdot \text{g} \cdot \text{s}} = \frac{\text{mg}BSB_5}{\text{EG} \cdot \text{s}}$$

und für eine Abwasserlast von $1\,\frac{\text{EG}}{\text{l/s}}$:

$$0{,}0347 \cdot 1 = 0{,}0347\,\frac{\text{mg}BSB_5 \cdot \text{EG}}{\text{EG} \cdot \text{s} \cdot \text{l/s}} = \frac{\text{mg}BSB_5}{\text{l}} = BSB_5\text{-Abwasserlast}$$

Faktor 0,0347 wird mit den Werten der Spalte 10 multipliziert, z.B. Zeile A_u:

$$0{,}0347 \cdot 100 = 3{,}47\,\frac{\text{mg}BSB_5}{\text{l}} \quad \text{(Spalte 11).}$$

4.2.5 Einleiten von Abwasser in Seen und Küstengewässer

Abwasser vermischt sich mit dem Wasser eines Sees oder des Meeres nur sehr langsam. Diese für die Selbstreinigung nachteilige Tatsache hat folgende Gründe:

1. die Fließbewegung des Vorflutwassers ist klein
2. das gegenüber der Vorflut meist wärmere Abwasser breitet sich als obere Schicht in der Umgebung der Einleitungsstelle aus
3. die höhere Wichte des Meerwassers unterstützt diese Schichtung

Einige hydraulische Gegebenheiten können entlastend wirken, wie die Gezeitenströmung, die Strömung in Künstengewässern überhaupt und der Wind. Durch die Ausbildung der Einleitung läßt sich der Mischvorgang ebenfalls wirkungsvoll begünstigen, indem man z.B. das Abwasser an mehreren Stellen einleitet oder den Rohrauslaß möglichst tief legt.

Für die Ausbreitung der Abwasserzone Z im Meer bei nicht vorgereinigtem Abwasser ist in [19] folgende Beziehung angegeben

$$Z = \mathrm{EG}(11{,}5 - 3{,}5 \ln \mathrm{EG}) \quad \text{in km}^2 \tag{4.2}$$

mit EG = Zahl der angeschlossenen Einwohnergleichwerte in Tausend ≤ 1000. Mit dieser Gleichung läßt sich die Entfernung r der Einleitungsstelle von der Küste ermitteln, wenn diese von lästigen Verunreinigungen frei bleiben soll.

Es gilt auch nach [20]:

$$Q' = 1000Q/(11{,}5 - 3{,}5 \ln \mathrm{EG}) \quad \text{mit } Q \text{ in l/d} \quad \text{und } Q' = \text{l/(d} \cdot \text{km}^2)$$

Beispiel: Für eine Stadt von 400000 Einwohnern, die das Abwasser geklärt in die See leitet, erhält man bei Rest-BSB_5 = 15 mg/l und 3 g BSB_5/(EG · d) einen fiktiven Wert

$$\mathrm{EG} = \frac{3}{60} \cdot 400000 \approx 20000$$

$$Z = 20(11{,}5 - 3{,}5 \ln 20) = 20{,}3 \text{ km}^2 = 20\,300\,000 \text{ m}^2$$

$$r = \sqrt{\frac{20\,300\,000}{\pi}} = 2542 \text{ m}$$

4.2.6 Reinigungswirkung von Kläranlagen

Kläranlagen können aus Abwasser kein Trinkwasser machen; sie sollen jedoch eine möglichst große Reinigungswirkung erzielen. Selbst wenn wenig Schmutzstoffe verbleiben, belasten diese den Vorfluter, meist ein öffentliches Gewässer, oft sehr stark. Die ungeklärte Einleitung von Schmutzwasser in Gewässer ist nicht erlaubt. Die Gewässer würden

Nr.	Verfahren	Abbau des BSB_5 in %
1	Siebe	5–10
2	Chlorung	15–30
3	Becken: Absetz-	25–40
	Becken: Flockungs-	40–50
	Becken: Fällungs-	50–85
4	Festbettkörperverfahren	80–95
5	Belebungsverfahren	75–95
6	Belebungsanlage mit Simultanfällung	85–98 $P_{ges} \leq 2$ mg/l
7	Belebungsanlage mit vorgeschalteter Denitrifikation (Rücklauf 300 %)	85–98 $N_{ges} \leq 10$ mg/l
8	mehrstufige Kläranlagen	80–99
9	natürlich belüftete Teichanlagen	80–97
10	künstlich belüftete Teichanlagen	90–99
11	Bodenfilter	90–95

Abbau des BSB_5 in % ⟶ (0 10 20 30 40 50 60 70 80 90 100)

4.11 Reinigungswirkung von Kläranlagen, bezogen auf den BSB_5

damit eine Aufgabe erhalten, der sie nicht gewachsen sind. Beim Neubau von Kläranlagen wird daher von den Aufsichtsbehörden für Binnengewässer mit Recht die vollbiologische Reinigung gefordert. Rechen, Sandfänge und Absetzbecken bilden dann lediglich eine mechanisch wirkende Vorstufe. Bild **4.**11 stellt die Reinigungswirkung der am häufigsten vorkommenden Klärverfahren gegenüber. Auf die Mindestanforderungen nach Tafel **4.**9 wird hingewiesen.

Tafel **4.**15 nennt Ablaufwerte verschiedener Verfahren zur weitergehenden Abwasserreinigung für Kommunalabwasser nach Hegemann u.a. (KA 1988, 937). Die Zeilen 5, 6, 7 und 8 aus Bild **4.**11 werden in Tafel **4.**15 für verschiedene Ablaufwerte genauer beschrieben.

Tafel **4.**15 Leistungen des Belebungsverfahrens in der weitergehenden Abwasserreinigung

Reinigungsverfahren	BSB_5 in mg/l		CSB in mg/l		NH_4-N in mg/l		P_{ges} in mg/l		AS in mg/l
	Mittelwert	Überwachungswert	Mittelwert	Überwachungswert	Mittelwert	Überwachungswert	Mittelwert	Überwachungswert	Mittelwert
1 Belebungsverfahren mit $B_{TS} = 0{,}15$ kg/(kg · d)	12	20	60	90	5	10	*)	–	20
2 Belebungsverfahren mit vorgeschalteter Denitrifikation (200% Rückführung)	12	20	60	90	5	10	*)	–	20
3 Belebungsverfahren mit $B_{TS} = 0{,}3$ kg/(kg · d) und Schönungsteich [1)]	12	20	60	90	*)	–	*)	–	12
4 Belebungsverfahren mit $B_{TS} = 0{,}15$ kg/(kg · d) und Schönungsteich [1)]	10	15	55	75	5	10	*)	–	12
5 Belebungsverfahren mit $B_{TS} = 0{,}15$ kg/(kg · d) und Mikrosiebung	8	15	50	75	5	10	*)	–	10
6 Belebungsverfahren mit $B_{TS} = 0{,}15$ kg/(kg · d) und Schnellsandfiltration	6	12	45	70	5	10	*)	–	7
7 Belebungsverfahren mit $B_{TS} = 0{,}3$ kg/(kg · d) und Simultanfällung	12	20	60	90	*)	–	1	2	18
8 Belebungsverfahren mit $B_{TS} = 0{,}15$ kg/(kg · d) und Simultanfällung	10	15	55	75	5	10	1	2	18
9 Belebungsverfahren mit $B_{TS} = 0{,}3$ kg/(kg · d), Simultanfällung und Flockungsfiltration	6	12	45	70	*)	–	0,3	0,5	5
10 Belebungsverfahren mit $B_{TS} = 0{,}15$ kg/(kg · d), Simultanfällung und Flockungsfiltration	4	10	40	60	5	10	0,3	0,5	5

[1)] Aufenthaltszeit im Schönungsteich < 2d.

*) Konzentration des Zulaufs abzüglich der im Überschußschlamm enthaltenen Anteile.

AS ≙ abfiltrierbare Stoffe

Die Werte gelten für nicht abgesetzte homogenisierte 2-Stunden-Mischproben oder qualifizierte Stichproben von kommunalem Abwasser mit den mittleren Konzentrationen nach der Vorklärung: BSB_5 = 200 mg/l, CSB = 360 mg/l, TKN = 50 mg/l, P = 13 mg/l.

Die genannten Schlammbelastungen B_{TS} sind Bemessungswerte. Bei den Verfahren mit Simultanfällung (Nr. 7, 8, 9, 10) ist in der Schlammbelastung der Anteil des chemischen Schlammes nicht enthalten. Bei Anlagen ohne Vorklärung wirken die abfiltrierbaren Stoffe auf das Schlammalter abmindernd. Der Bemessungswert für B_{TS} muß dann um bis zu 30% vermindert werden.

Die angegebenen Überwachungswerte gelten als arithmetisches Mittel der letzten fünf Untersuchungen. Die NH_4-N-Werte bei nitrifizierenden Anlagen (Nr. 1, 2, 4, 5, 6, 8, 10; $B_{TS} = 0{,}15$) gelten für Abwassertemperaturen $\geq 12\,°C$.

4.2.7 Abwasserreinigungsverfahren

Bestimmte Verfahren werden häufig, andere dagegen seltener angewandt, obwohl ihre Reinigungswirkung ebensogut oder besser ist. Platzmangel und Wirtschaftlichkeit sind dann für die Wahl des Verfahrens ausschlaggebend.

Natürliche Verfahren

1. Absetzen des Abwassers in Geländemulden oder Erdbecken mit Ausfaulen der am Boden lagernden Sinkstoffe
2. Versickern des Abwassers auf Rieselwiesen oder Rieselfeldern
3. Versickern des Abwassers in dränierten Bodenfiltern
4. Aufenthalt des Abwassers in Fischteichen unter Verdünnung durch Bachwasser
5. Verregnung des Abwassers
6. Natürlich belüftete Oxidationsteiche
7. Pflanzenanlagen

Künstliche Verfahren

1. Flach- oder Trichterbecken mit daneben gelagertem selbständigem Faulraum und zweistöckige Absetzbecken mit unten liegendem Faulraum
2. Fällungsbecken
3. Tropfkörperverfahren
4. Belebungsverfahren
5. Belüftete Teichanlagen
6. Kombinationen der zuvor genannten Anlagen meist als mehrstufige Kläranlagen
7. Kombinationen der künstlichen Verfahren mit natürlichen als mehrstufige Kläranlagen
8. Kombination von Belebungsanlagen mit Anlagen der Fällungsreinigung (P-Elimination), der Filtration oder/und der biologischen P-Elimination
9. Anlagen nach 3. oder 4. zur Nitrifikation und Anlagen zur Denitrifikation

Künstliche Verfahren kommen in der Regel mit kleinerem Raum aus. Da sich bei ihnen (außer bei offenen Faulräumen) der geruchserzeugende anaerobe Teil der Reinigung in geschlossenen Behältern oder unter dem Wasserspiegel abspielt, sind sie bei planmäßigen Betriebsablauf im wesentlichen geruchlos. Sie erfordern fachmännische Bedienung.

4.3 Bestandteile einer Kläranlage und Kosten der Abwassserentsorgung

4.3.1 Bestandteile einer Kläranlage

Die Bauwerke einer konventionellen Kläranlage für vorwiegend kommunales Abwasser bilden ihrem Zweck nach vier Gruppen (**4.**12 bis **4.**21):

1. Mechanische Reinigung: Einlauf, Rechen, Siebe, Sandfang, Vorklärbecken
2. Biologische Reinigung: biologische Stufe, Nachklärbecken, Filtration, Auslauf
3. Biologische Phosphor-Elimination, Fällungsstufen, selbständig oder simultan; Denitrifizierungen
4. Schlamm- und Gasbehandlung: Faulbehälter, Betriebsgebäude, Eindicker, Gasbehälter, Schlammtrockenbeete, thermische Schlammbehandlung, künstliche Trocknung, Schlammzwischenlager, Schlammverbrennung.

Hinzu kommt das umfangreiche unterirdische Netz von Druckrohren, Dükern, Schlamm-, Luft- und Gasleitungen und Kanälen. Während die Faultürme ihr eigenes Betriebsgebäude haben, sollte man versuchen, im übrigen für Pumpen und Kompressoren mit einem Maschinenhaus auszukommen. Soweit höhenmäßig möglich, wird das Abwasser in oberirdischen Gerinnen durch die Anlage geleitet. Hat das vorgesehene Gelände brauchbares Gefälle, ist zu überlegen, ob eine oder mehrere Abwasserhebungen eingespart werden können. Der ausgefaulte Schlamm kann auch über längere Strecken in Polder, Trockenbeete, Deponien oder zur landwirtschaftlichen Verwertung gepumpt werden.

Größere Kläranlagen erhalten feste Straßen, um mit Transport- und Betriebsfahrzeugen an die Bauwerke heranzukommen. Alarmvorrichtungen müssen das erforderliche Klärwerkspersonal schnell herbeirufen können. Die gesamte Anlage ist möglichst mit einem breiten Grünstreifen (Baumbewuchs) zu umgeben. In der Kläranlage sollen gut gepflegte Grün- oder Blumenflächen, Strauch- und Baumbepflanzungen für ein gefälliges Bild sorgen.

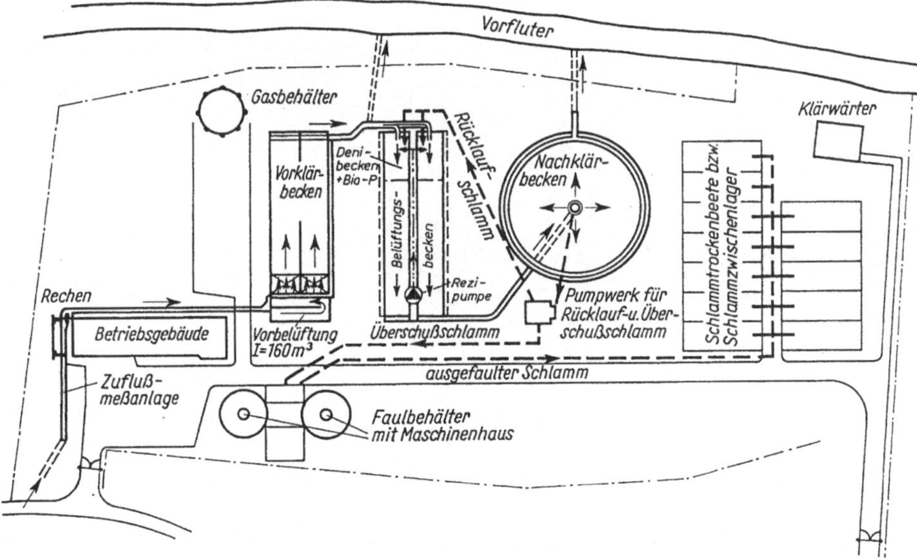

4.12 Belebtschlamm-Kläranlage mit vorgeschalteter Denitrifikation und simultaner Phosphor-Fällung

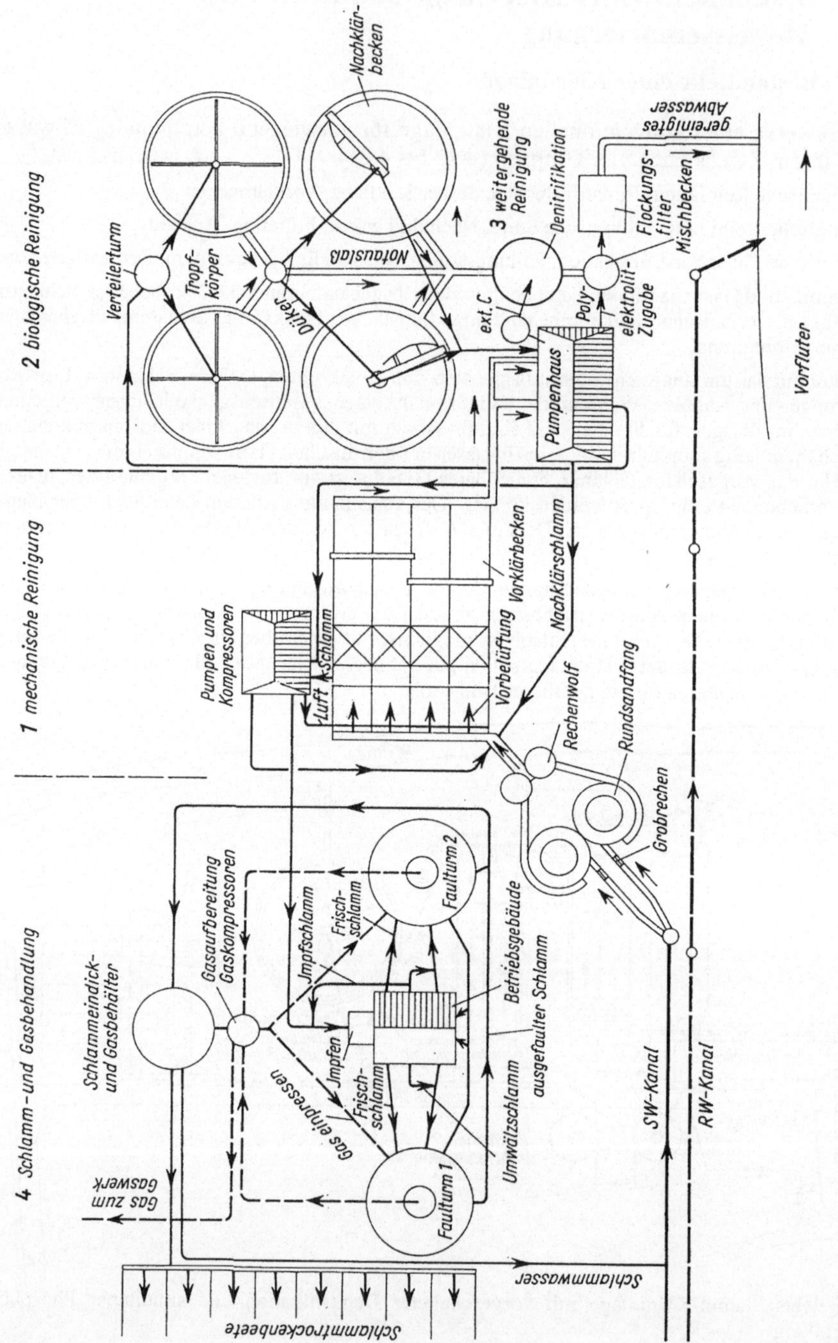

4.13 Tropfkörper-Kläranlage mit nitrifizierenden Tropfkörpern, nachgeschalteter Denitrifikation und P-Filtration

Das Planen und Bauen von abwassertechnischen Anlagen, meist in der Nähe von Flüssen, unterhalb von Städten und Gemeinden, ist immer ein Eingriff in das Landschaftsbild und damit in die Natur. Abwassertechnische Anlagen sind städtebaulich, verkehrstechnisch und landschaftspflegerisch in die Umgebung einzubinden. Vorgabe ist der abwassertechnische Entwurf. Die Mitwirkung eines Architekten und Landschaftspflegers ist u.U. empfehlenswert.

Der Architekt hätte für den Hochbau die Planung im Maßstab 1 : 100 herzustellen und gemeinsam mit dem Klärwerksplaner den Bauantrag, die Berechnungen, die Bau- und Betriebsbeschreibung anzufertigen und der Bauaufsicht einzureichen. Die weitere Ausführungsplanung etwa im Maßstab 1 : 50, Ausschreibung und Bauleitung kann vom Planungsbüro durchgeführt werden. Jedoch sollten die Ausführungszeichnungen oder Details des Hochbaues in jedem Fall auch mit dem Architekten abgestimmt werden.

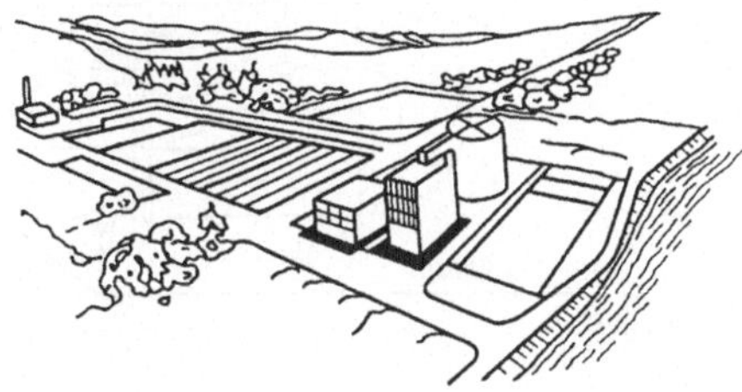

4.14 Kläranlage nach städtebaulichem Planungskonzept in der Nähe einer Wohnbebauung

Während früher Bau und Betrieb der Kläranlagen im wesentlichen von wasserrechtlichen und abwassertechnischen Grundsätzen sowie den von Anforderungen des Gewässerschutzes bestimmt waren, so verstärken sich die Forderungen des Immissionsschutzes, besonders hinsichtlich Geräusch (Lärm) und Geruch, sowie der Landschaftspflege. Das Schutzbedürfnis hat sich in Richtung auf eine verschärfte Beurteilung von Immissionen entwickelt. Während das Wasserrecht den Stand der Technik bzw. die a.a.R.d.T. zugrundelegt, geht das Immissionsschutzrecht grundsätzlich vom Stand der Technik aus. Neben den technischen Lösungen für einen ausreichenden Immissionsschutz im Klärwerk selbst gehören zu den wichtigen Maßnahmen des passiven Immissionsschutzes auch Regelungen in der Bauleitplanung mit Ausweisung ausreichender Schutzabstände zwischen Klärwerken und Siedlungsgebieten.

Kann man Geräusche (Lärm) mit Hilfe technischer Meßmethoden quantitativ und qualitativ bewerten, so fehlen vergleichbare Möglichkeiten für Gerüche. Hier stehen z.Z. nur sensorische Methoden zur Verfügung. Die Bewertung von Gerüchen richtet sich in erster Linie nach ihrer Wahrnehmbarkeit, nach der Häufigkeit ihres Auftretens wie nach der notwendigen Verdünnung mit unbelasteter Luft bis zur Wahrnehmbarkeitsgrenze, also mehr nach quantitativen, weniger nach qualitativen Maßstäben.

Immissionen setzen Emissionen voraus. Auch für Maßnahmen gegen Emissionen sind jeweils kritische Immissionen der Maßstab. Es gebührt daher den Vermeidungstechnologien des aktiven Immissionsschutzes mit der Minimierung der Emissionen der Vorrang vor einem passiven Immissionsschutz. Dabei ergibt sich als System, daß Gerüche in Abwasseranlagen nur zum Teil aus primären Quellen (mit dem Abwasser eingeleiteten Osmogenen), sondern nicht zuletzt aus sekundären Quellen stammen, vor allem als Folgeprodukte aus anaeroben Prozessen; daß die Wirkungsmechanismen für das Austreten von Osmogenen Aerosolbildung, Stripp-Effekte oder Ausgasen, hier wiederum besonders durch Turbulenzen, sein können; und daß sich dabei häufig große freie Oberflächen, wie z.B. von Belebungsbecken als kritische Emissionsquellen erweisen.

Geeignete Vermeidungstechnologien sollten daher primär das Entstehen von Geruchskomponenten und deren Freisetzen verhindern. Demgegenüber sind das Erfassen, Binden, Fixieren, Verdünnen oder Zerstören entstandener Osmogene nachrangig. Hier ist noch hinzuzufügen, daß eine Beseitigung von Osmogenen, wenn sie erst einmal entstanden sind, nur durch chemische Fixierung oder durch oxidative Zerstörung möglich ist. Beides sind, wie auch das vorher notwendige Erfassen der Osmogene, aufwendige technische Vorgänge. Für die Minimierung von Geräusch-Emissionen gelten im Prinzip gleichartige Grundsätze. Hier liegen die Quellen immer in den Klärwerken selbst, selten in der Abwasserzuführung. Abschirmende und geräuschdämmende technische Einrichtungen stehen zur Verfügung. Als Beispiel seien einzeln aufgestellte gekapselte Gebläse oder einzeln gekapselte Antriebsaggregate für mechanische Belüfter genannt.

Kläranlagen verschiedener Verfahren und Größenordnungen. Die Bilder **4.**15 bis **4.**21 zeigen die Lagepläne und Betriebsschemata einiger ausgeführter Kläranlagen unterschiedlicher Größenordnungen und Reinigungsaufgaben.

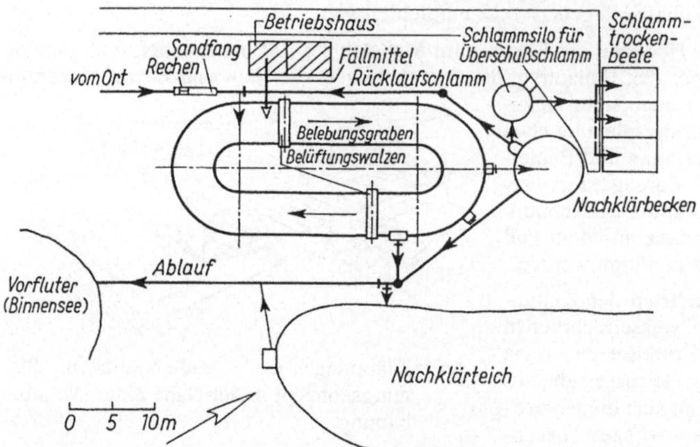

4.15
Kleine Kläranlage für 2000 EG

Bild **4.**15 stellt eine Kläranlage für 2000 EG und Trennsystem dar. Auf die Vorklärung wurde verzichtet. Der Belebungsgraben reinigt und nitrifiziert das Abwasser und stabilisiert aerob den Schlamm. Da der Vorfluter ein Binnensee mit Neigung zur Eutrophierung ist, sollen Phosphate und Nitrate mit zurückgehalten werden. Die Phosphate werden durch Zugabe von Fällmitteln simultan zur Klärung im Belebungsgraben und Nachklärbecken gefällt. Der Stickstoff wird in den anoxischen Zonen des Belebungsgrabens entfernt. Zur Sauerstoffanreicherung dient ein Naturteich als Nachklärteich. Der Klärschlamm wird im Schlammsilo und auf Trockenbeeten entwässert. Die Anlage gibt eine sehr geringe Restverschmutzung an den Vorfluter ab. Platzbedarf etwa 0,2 ha.

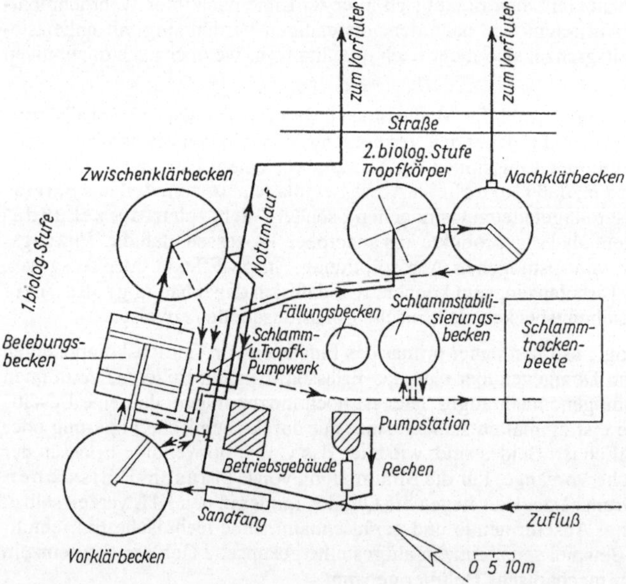

4.16
Lageplan einer Kläranlage für 38000 EG mit zwei biologischen Stufen

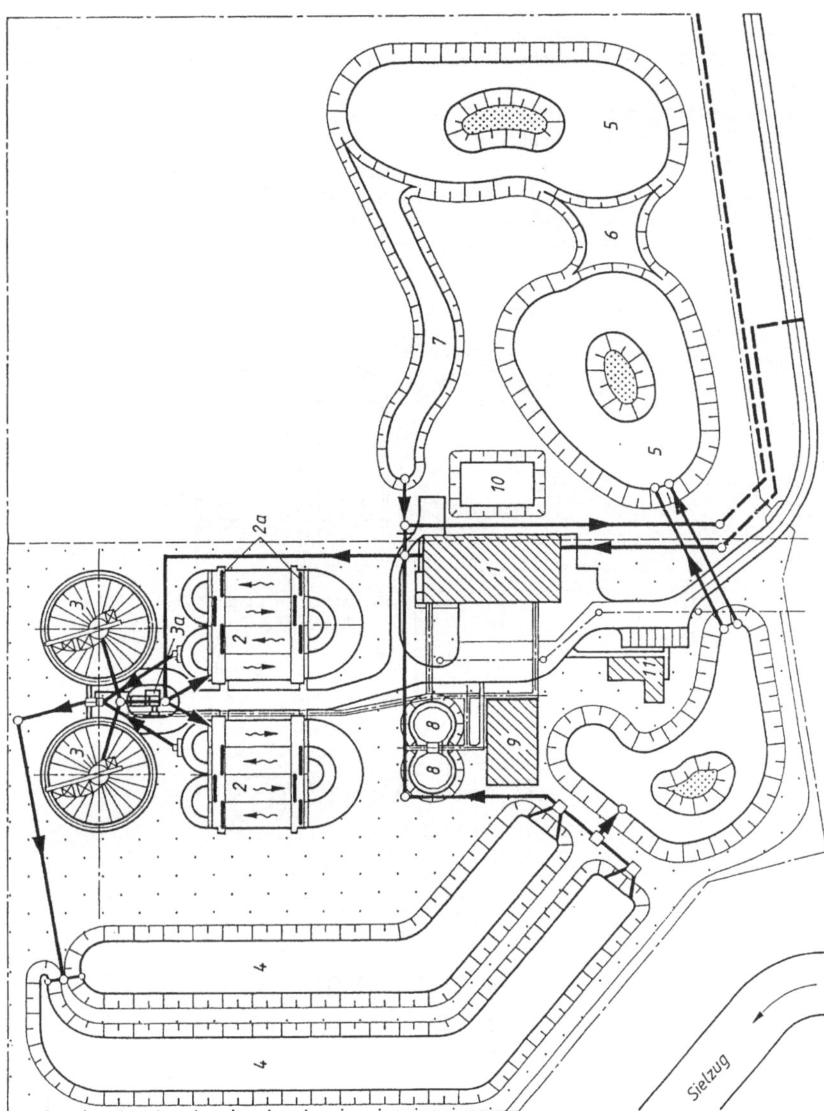

4.17 Kläranlage Husum (110 000 EG)

- *1* Einlauf- u. Betriebsgebäude mit Siebstation, Sandfang, Maschinenkeller und Leitwarte
- *2* Belebungsbecken mit Mammutrohren (*2a*)
- *3* Nachklärbecken
- *3a* Pumpwerk für Rücklaufschlamm
- *4* Flachwasserteich
- *5* Oxidationsteiche
- *6* Flachwasserzone
- *7* Ablaufgraben
- *8* Schlammeindicker
- *9* Schlammentwässerungsgebäude
- *10* Abluftreinigung (Kompostfilter)
- *11* Personalräume

Bild **4.**16 zeigt die Kläranlage der Stadt Schüttorf für Trennsystem. Die biologische Stufe wird mit der Absicht eine besonders hohe Reinigungswirkung zu erreichen wiederholt (zweistufige biologische Anlage).

1. Stufe: Belebungsbecken und Zwischenklärbecken,
2. Stufe: Tropfkörper und Nachklärbecken.

Der Klärschlamm wird aerob (in einem getrennten, offenen Stabilisierungsbecken) behandelt: durch Nahrungsentzug erfolgt der bakterielle Abbau der organischen Substanz durch endogene Atmung. Platzbedarf etwa 1,2 ha (38000 EG). Die Anlage müßte nach der Allgem. Rahmen-VwV noch um Verfahrenschritte zur P- und N-Elimination ergänzt werden.

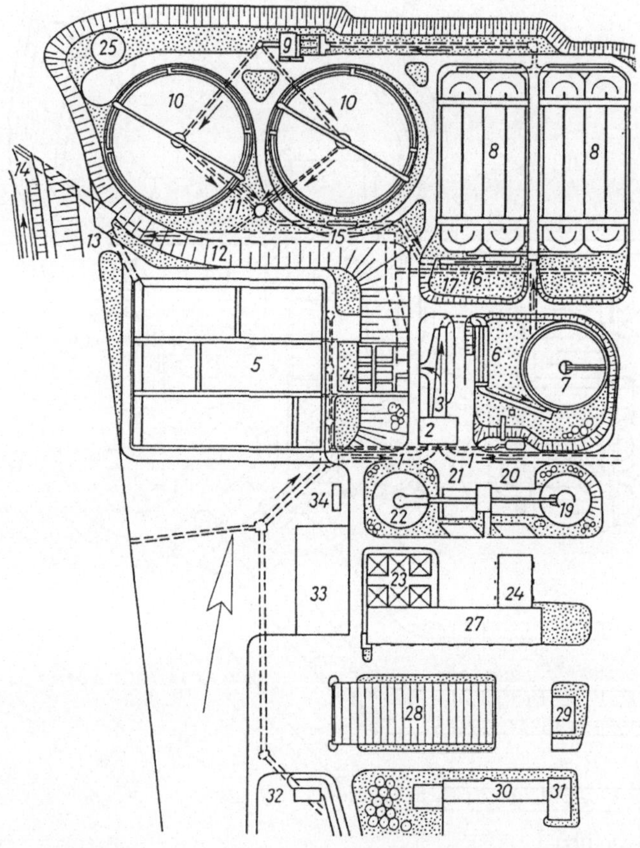

4.18
Lageplan einer Kläranlage für 120000 EG, kombiniert mit einem Kompostwerk

1 Zulaufkanal
2 Rechengebäude
3 Regenüberlauf
4 Hochwasser-Regenwasserhebewerk
5 Regenklärbecken
6 Sandfang
7 Vorklärbecken (vorh.)
8 Belebungsbecken
9 Zwischenhebewerk
10 Nachklärbecken
11 Ablaufschacht
12 verrohrte Vorflut (vorh.)
13 Hochwasserabsperrbauwerk/Regenauslaß
14 Auslauf in den Angerbach (vorh.)
15 Mengenmessung Rücklaufschlamm
16 Rücklaufschlammzuleitung
17 Überschußschlammablaufschacht
18 Rohschlammhebewerk
19 Faulbehälter (vorh.)
20 Betriebsgebäude (vorh.)
21 Betriebsgebäude
22 Faulbehälter
23 Vor-/Nacheindicker
24 Schlammentwässerungsanlage
25 Gasbehälter
27 Garagen
28 Kompostwerk
29 Garagen
30 Garagen, Fuhrpark
31 Sozialgebäude
32 Müllgrube
33 Kompostfilter
34 Propangasbehälter

Bild **4.**17 zeigt das Klärwerk der Stadt Husum (110 000 EG). Das Reinigungsverfahren sieht neben dem Abbau der Kohlenstoffverbindungen auch die Elimination des Stickstoffs und Phosphors vor. Das Abwasser wird über eine Siebanlage (2 mm Spaltweite) direkt einer Schwachlast-Belebung zugeleitet. Diese besteht aus 2 Umlaufbecken mit je 6 Mammutrotoren. Der erste Fließabschnitt bleibt unbelüftet und bildet die anoxische Zone zur N-Elimination, danach folgt die Nitrifizierungszone (Prinzip der simultanen Denitrifikation). Es folgen 2 Rundbecken zur Nachklärung. Eine biologische P-Elimination mit Rücklaufschlammteilstrom ist vorgesehen (s. **4.**165). Dieser konventionellen Stufe wurde eine Schönungsteich-Anlage aus Flachwasser-, Oxidationsteichen und Flachwasserzonen nachgeschaltet. Hier sollen die Reste von Nitraten und Phosphaten weiter abgebaut, und Entkeimung erreicht werden. Da der Ablauf der Kläranlage im Tidebereich liegt, bilden die Teiche zugleich Speichervolumen für den Einstau während des Hochwassers.

Bild **4.**18 zeigt die Kläranlage Duisburg-Huckingen für Mischsystem. Belebungs- und Nachklärbecken sind baulich bereits in mehrere Einheiten aufgelöst. Bei Regenwetter fließt eine bis 20fache Wassermenge zu. Um die Kläranlage zu entlasten, ist ein Regenklärbecken vorgeschaltet. Bei lang anhaltendem, stärkerem Regen wird ein Teil des Abwassers nur mechanisch gereinigt. Der Klärschlamm wird anaerob ausgefault (Faulbehälter), eingedickt und zusammen mit Hausmüll im benachbarten Kompostwerk kompostiert. Bemessungswerte: 120 000 EG, $Q_t = 375$ l/s, $Q_m = 6875$ l/s. P-Fällung und simultane Nitrifikation und Denitrifikation sind im Belebungsbecken möglich, wenn das Beckenvolumen ausreicht. Sonst ist eine bauliche Erweiterung erforderlich.

Bild **4.**19 stellt die Großkläranlage der Stadt Düsseldorf-Süd im ursprünglichen Ausbauzustand (1974) dar. Der Lageplan zeichnet sich durch eine besonders klare räumliche Gliederung aus. Zulaufhebewerk mit 6 Schnecken, Rundsandfang, quer gestellte Vorklärbecken, Belebungsbecken, Nachklärbecken als Rechteckbecken und Verteilerrinne. Anaerobe Schlammbehandlung in 3 Faulbehältern, Nacheindicker, mechanische Schlammentwässerung und Verbrennung. Bei Rhein-Hochwasser muß der Kläranlagenablauf gehoben werden. Platzbedarf etwa 17 ha (1 300 000 EG).

Bild **4.**20 zeigt die Planung des Umbaus der Kläranlage Düsseldorf-Süd. Die Ausbaugröße von 1,3 Mio. EG wird beibehalten. $Q_{d,t}$ konnte auf 170 000 m^3/d und $Q_{h,rw}$ auf 18 720 m^3/h zurückgenommen werden. Die Biologie wurde zweistufig vorgesehen nach dem *AB*-Verfahren mit Teilregenrückhaltung und zusätzlicher Filtration. Dazu wurden die vorhandenen Vorklärbecken umgebaut. 1/3 werden Regenbecken, 1/6 Adsorptionsbecken und 1/2 Zwischenklärung. Die 2. Stufe der Schwachlastbelebung mit Nitrifikation und Denitrifikation wird anstelle der früheren Belebungsbekken erstellt. Die Denitrifikation ist in 2 Umlaufbecken vorgeschaltet. Belüftung der *B*-Stufe durch feinblasige Druckluft. Die Nachklärbecken werden unverändert übernommen. Die zusätzliche Filterstufe sorgt für eine Schwebstoffentnahme, insbesondere bei Überlastung der Nachklärung.

Der Phosphor wird in der *A*-Stufe biologisch zu $\geq 50\%$ eliminiert. Das Schlammwasser der Schlammbehandlung wird durch Fällung behandelt. Ebenso erfolgt eine Simultanfällung mit Eisensalz auf ca. 2 mg P/l in der *B*-Stufe.

Bild **4.**21 stellt als Besonderheit die Flußkläranlage Emschermündung der Emschergenossenschaft dar. Der Flußlauf der Emscher wird mit max. 30 m^3/s voll durch die Kläranlage geleitet. Im dichtbesiedelten Emschergebiet, ≈ 768 km^2 groß, waren die Flußläufe zu Hauptsammlern eines Entwässerungsnetzes geworden. Die mechanische Klärstufe liegt tief. Danach wird das Abwasser durch 3 Pumpwerke in die Belebungsbecken gehoben. Diese bestehen aus 12 Beckengruppen mit je 5 = 60 Simplex-Kreiseln. Schlammbelastung $B_{TS} = 0{,}5$ kg BSB_5/(kg $TS \cdot$ d). Die Nachklärung hat 6 Beckengruppen mit je 12 = 72 Rechteckbecken, welche hinter dem Beckeneinlauf eine Flockungszone haben, in der durch Rührpaddeln die Bildung von Flockenhaufen des Belebtschlamms bewirkt wird. Der Rücklaufschlamm wird durch Schneckenhebewerke in die Belebung gebracht. 2 Voreindicker für Vorbeckenschlamm und 3 für Überschußschlamm verringern das Schlammvolumen. 5 Wirbelradpumpen fördern den Schlamm ≈ 18 km weit nach Bottrop in die zentrale Schlammbehandlungsanlage. Dort wird der Schlamm weiter entwässert und verbrannt. Der Platzbedarf der Anlage beträgt 75 ha bei etwa 5 Mio. EG.

Die Kläranlage Düren (**4.**22 – Verfahrensschema im Schnittbild) entsorgt 140 000 Einwohner (kom-

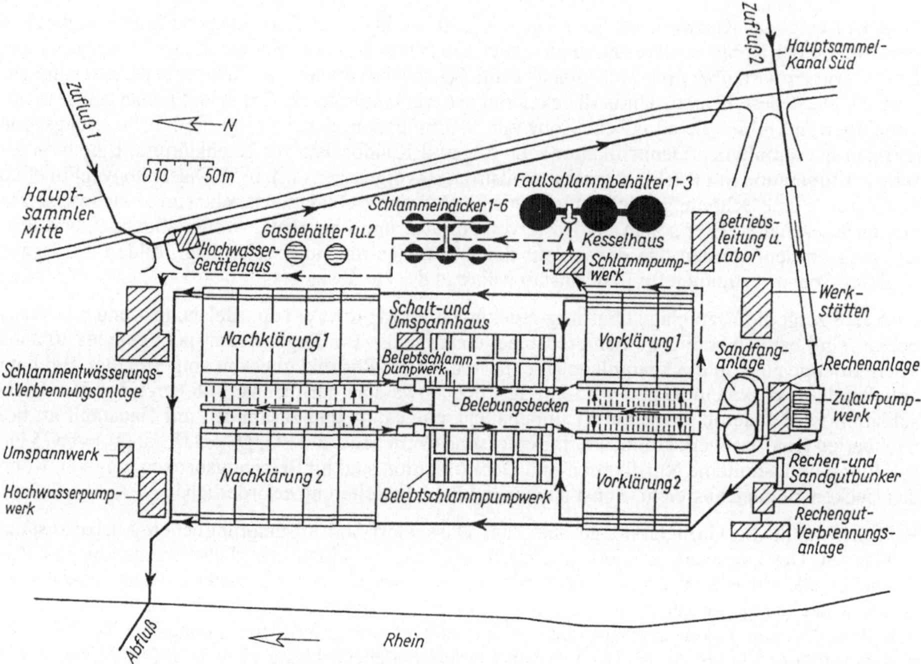

4.19 Lageplan einer Kläranlage für 1 300 000 EG

munales Abwasser). Hinzu kommt industrielles Abwasser, besonders aus der Papierindustrie = 350 000 EGW. Die Anlage wurde auf 490 000 EGW ausgelegt. Da ein großer Teil der Industrie im 24-h-Betrieb arbeitet, liegt der Abwasseranfall relativ gleichmäßig zwischen 2800 und 3500 m^3/h. Die Biologie besteht aus 4 runden Bio-Kaskaden. Der anaerobe sowie der anoxische Bereich ist jeweils in 3 Kaskaden unterteilt. Die Nitrifikationszone befindet sich in der Mitte des kombinierten Belebungsbeckens. Die Belüftung erfolgt ammoniumabhängig.

Zur Darstellung der möglichen Verfahrensvarianten im Rahmen von Studien oder Vorentwürfen benutzt man Fließschemata, welche den Klärprozeß beschreiben, ohne Einzelheiten zu enthalten (**4.**23).

4.3.2 Kosten der Abwasserentsorgung

Sie setzen sich zusammen aus den Bau- und Betriebskosten. Siehe auch [14, 56a, 73]. Die hier angegebenen Daten sollten nur für überschlägige Kostenermittlungen herangezogen werden. Vergleiche auch ATV-A 133 [1].

Die steigenden Abwassergebühren werden zunehmend Gegenstand öffentlicher Diskussion. Als Gründe der Steigerung gelten: Erhöhte Anforderungen (Ausbau der Kläranlagen, Sanierung der Kanäle, Regenwasserbehandlung bei Trenn- und Mischsystem); hoher Anschlußgrad in weitläufig besiedelten Gebieten; Ausnutzung des gesetzlichen Spielraumes bei den kalkulatorischen Kosten.

Die ATV hat 1994 eine Umfrage bei ≈ 2000 Gemeinden nach den Abwassergebühren durchgeführt. Die Ergebnisse wurden im folgenden berücksichtigt [56a].

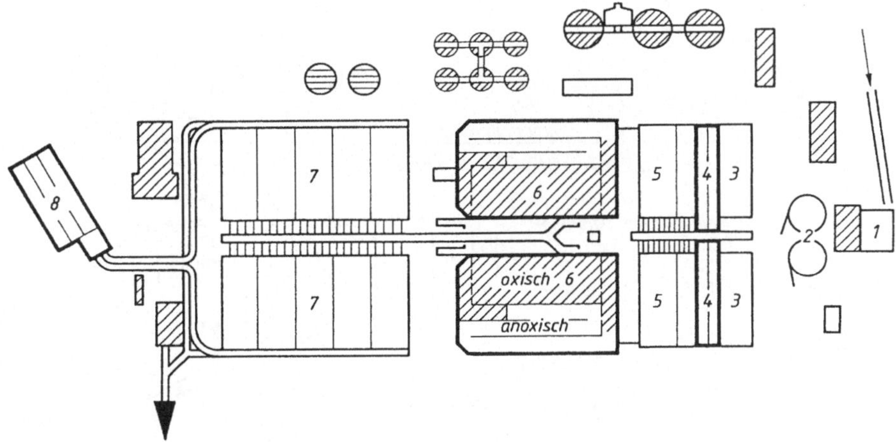

4.20 Kläranlage Bild 4.19 nach Umbau und Erweiterung (unterstrichene Bauwerke sind verfahrenstechnisch neu)

1 Zulaufpumpwerk u. Rechenhaus
2 Sandfang
3 Regenbecken
4 Adsorptionsbecken (A-Stufe)
5 Zwischenklärung
6 Belebungsbecken (B-Stufe)
7 Nachklärbecken
8 Filtration
□ Um- bzw. Neubauten

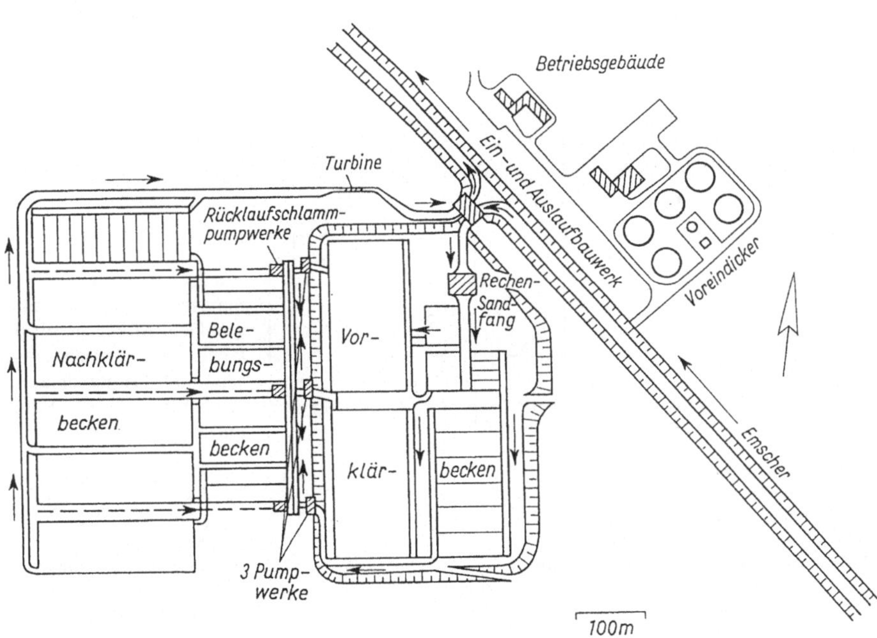

4.21 Lageplan für Flußkläranlage Emschermündung für 5 Mio. EG

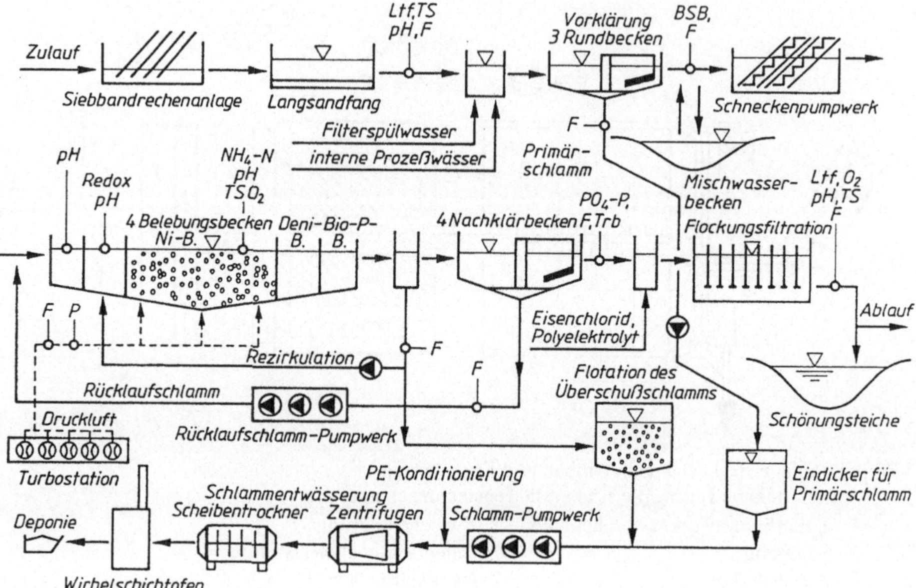

4.22 Fließbild der Kläranlage Düren mit Meßstellen, 490000 EGW = 140000 E + 3500000 EGW Industrie ($F \mathrel{\hat{=}}$ Feststoffe)

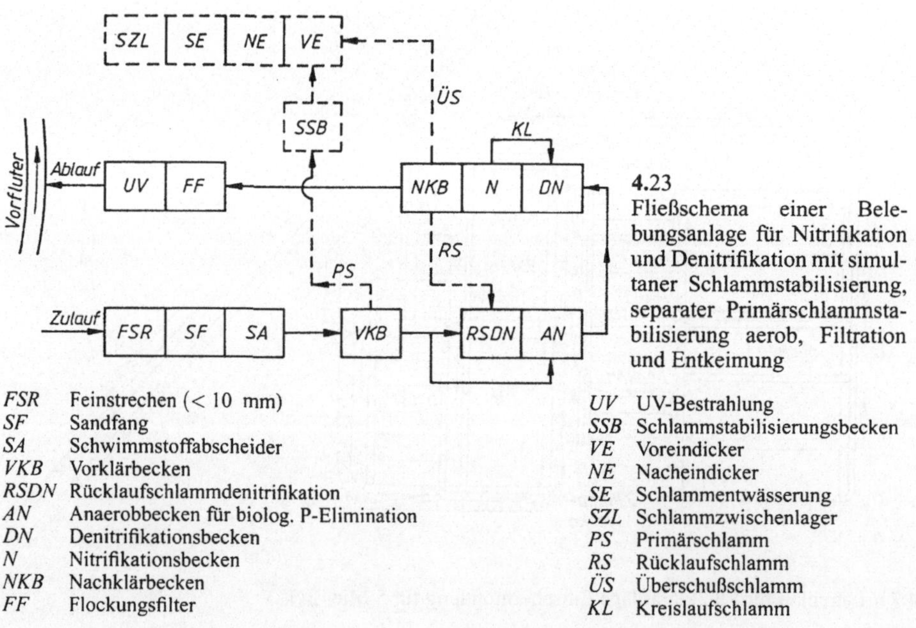

4.23
Fließschema einer Belebungsanlage für Nitrifikation und Denitrifikation mit simultaner Schlammstabilisierung, separater Primärschlammstabilisierung aerob, Filtration und Entkeimung

FSR Feinstrechen (< 10 mm)
SF Sandfang
SA Schwimmstoffabscheider
VKB Vorklärbecken
RSDN Rücklaufschlammdenitrifikation
AN Anaerobbecken für biolog. P-Elimination
DN Denitrifikationsbecken
N Nitrifikationsbecken
NKB Nachklärbecken
FF Flockungsfilter

UV UV-Bestrahlung
SSB Schlammstabilisierungsbecken
VE Voreindicker
NE Nacheindicker
SE Schlammentwässerung
SZL Schlammzwischenlager
PS Primärschlamm
RS Rücklaufschlamm
ÜS Überschußschlamm
KL Kreislaufschlamm

4.3.2.1 Baukosten

Es ist schwierig, allgemeingültige Angaben über die Baukosten zu machen, da sie von örtlichen Faktoren abhängig sind.

Die Baukosten der Kläranlagen werden bestimmt durch:

1. Die Größe der Anlage, bezogen auf die Zahl der angeschlossenen Einwohner oder die zufließende Abwassermenge.
2. die Art des Kanalisationssystems (Misch- oder Trennsystem).
3. den geforderten Reinigungsgrad, weitergehende Abwasserreinigung (P- und N-Elimination).
4. spezifische Faktoren, wie örtliche Planungsverhältnisse, örtliche Preisentwicklungen, Ausstattung der Anlagen.

Über den Einfluß der Ausbaugröße liegen mehrere Untersuchungen vor. Bild **4**.24 zeigt eine Kostenrelation, bezogen auf die EG (Einwohnergleichwerte). Man erkennt daß die Kosten der Kläranlagen etwa zwischen 40 und 25% der Kosten für die Kanalisation und Kläranlage liegen. Der Kostenanteil sinkt mit steigender Einwohnerklasse. Die vollbiologische Anlage von 100 000 bis 500 000 EG hat den Faktor 100%. Andere Größenordnungen sind darauf bezogen. Es handelt sich um Mittelwerte, welche Abweichungen

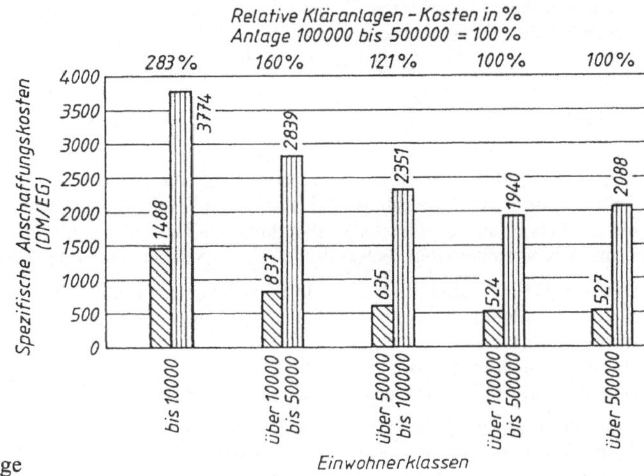

4.24
Auf die Einwohner bezogene Anschaffungskosten der Abwasserentsorgung in Einwohnerklassen

▧ Kläranlage

▥ Kanalisation und Kläranlage

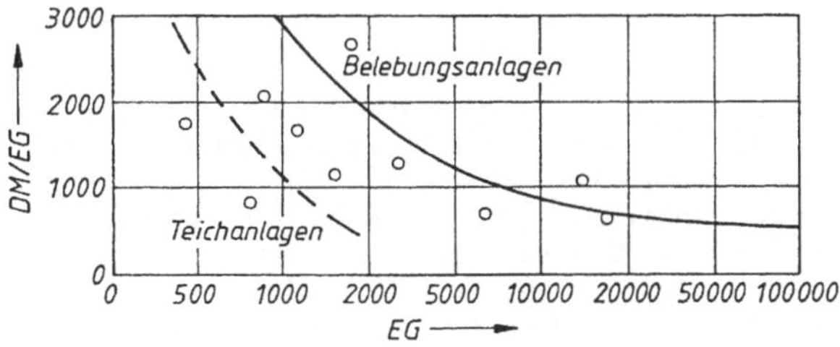

4.25
Investitionskosten von Belebungs- und Teichanlagen (Kostenstand 1994) nach Maus, ATV-Bundestagung '94

Tafel **4**.16 Spezifische Wiederbeschaffungswerte für die Abwasserentsorgung in Einwohnerklassen

Einwohnerklassen EG	Wiederbeschaffungswert in DM/EG
bis 10000	10000
10000 bis 50000	7525
50000 bis 100000	6250
100000 bis 500000	5150
über 500000	5550

von $\approx \pm 50\%$ erfahren können. Man kann davon ausgehen, daß die gemittelten Baukosten einer nach den Mindestanforderungen von 1979 ausgerüsteten (s. Abschn. 4.2.1.1) 100 000 EG-Anlage im Jahre 1994 etwa 524 DM/EG betragen haben. Dieser Wert wäre z.B. mit dem Bauindex *i* auf den Zeitstand der Ermittlung zu bringen.

Das Verhältnis von Wiederbeschaffungswert und Anschaffungskosten der Abwassserentsorgung beträgt etwa 2,5 bis 2,8. Daraus ergeben sich i.M. etwa die Wiederbeschaffungswerte in Tafel **4**.16. Einen Anhalt ergibt auch **4**.24.

Der Anstieg der Baukosten, bezogen auf die Wassermenge, ist geringer als der auf die Einwohnergleichwerte (EG) bezogene. Dies ist wohl aus der steigenden Abwassermenge beim Größerwerden der Anlagen zu erklären. Die auf die Abwassermenge bemessenen Teile der Anlage (Pumpen, Absetzbecken, Regenwasserbecken, Leitungen) sind weniger kostenaufwendig als die auf den Verschmutzungsgrad (Belebungsbecken, Faultürme) bemessenen.

Größere Kläranlagen sind mit geringeren, spezifischen Baukosten zu erstellen als kleinere. Tropfkörperanlagen verursachen ab 25 000 EG etwa gleich hohe Baukosten wie Belebungsanlagen.

Die Baukosten von Kompaktanlagen (Kombinationsbauweise) in ihrer bezeichnenden Größenordnung von 1000 bis 15000 EG sind geringer als die der Anlagen in aufgelöster Bauweise gleicher Größe. Eine Ausnahme bilden Oxidations- und Belebungsgräben ohne Vorklärung. Diese können bis zu 30% unter den Kosten vergleichbarer Anlagen liegen. Über Teichkläranlagen werden hier keine Aussagen gemacht. Wesentlichen Einfluß haben bei ihnen die Grundstückskosten.

Der in der Kläranlage zu erzielende Reinigungsgrad hat ebenfalls Einfluß auf die Baukosten. Man kann allgemein sagen, daß die Steigerung des Reinigungsgrades sich bei kleinen Anschlußwerten geringer auswirkt als bei größeren. Der Kostenanteil, welcher nicht zum Reinigungsprozeß gehört, ist bei kleinen Anlagen größer (z.B. Erschließung, Betriebsgebäude, Schlammbehandlung). Der spezifische Kostenaufwand für den klärtechnischen Teil ist bei großen Anlagen größer.

Die Art des vorgeschalteten Kanalisationssystems wirkt sich besonders auf die zufließende Wassermenge aus. Beim Mischsystem beträgt diese ein Mehrfaches (2 bis 3faches) der Schmutzwassermenge. Der Bau von Regenwasserrückhaltebecken oder -überlaufbecken im Kanalsystem wirkt kostensparend, weil der maximale Zufluß stark vermindert wird. Die auf die Wassermenge bemessenen Kläranlagenteile werden jedoch beim Mischsystem größer als beim Trennsystem durch Regenwasserbecken, größeren biologischen Teil und größere Schlammräume.

Folgende kostenbestimmende Einflüsse für die einzelnen Positionen kann man feststellen: Planungs- und Bauleitungskosten sind abhängig von der Größe der Kläranlage und dem Schwierigkeitsgrad des Entwurfs. Sonderfachleute (Baugrund) und Gutachten verteuern diese Positionen. Grunderwerbskosten hängen von der Lage und der bisherigen Nutzung des Kläranlagengeländes ab. Außerdem sind die Grundstückspreise abhängig von dem Siedlungsbereich (Großstadt, ländl. Bereich). Erschließung und vorbereitende Nebenarbeiten bedingen große Preisunterschiede durch den Aufwand an Erschließung (Strom, Wasser, Gas, Straßenbau). Nebenarbeiten sind Rodung, Vorfluterausbau, Aufspülungen, Verlegung von Straßen und Versorgungsleitungen, notwendige zusätzliche Abwasserhebungen außerhalb der Kläranlage. Baustelleneinrichtung. Abhängig von Lage, Zufahrt für Bauverkehr, Bodenbewegungen, Hochwassergefahr. Erdarbeiten und Grundwasserhaltung sind ein sehr unsicherer Kostenfaktor, dessen Anteil von 4 bis 10% bzw. von 2 bis 6% reichen kann, manchmal noch weit darüber hinaus. Grundwasserstand, Baugrund, Bodenbewegungen, Auftriebssicherung, sind Faktoren, welche auch die Standortplanung entscheidend beeinflussen können. Leitungen und Schächte auf dem Kläranlagengelände sind durch die Leitungstrassen und den Einbau kostenvariabel. Rechen und Sandfang, Hand- oder automatisch geräumte Rechen, Rechengutzerkleinerung, -verpackung, Sandfangart, -belüftung, -räumung, Sandwäsche.

Vorklär- und Nachklärbecken. Bauweisen wie Rechteck-, Rund- oder Kombinationsbekken; Konstruktion und Auftriebssicherung. Belebungsbecken. Belüftungssystem und Beckenkonstruktion, Anzahl der selbständigen Einheiten. Anaerobe und anoxische Becken. Rücklaufschlammdenitrifikation. Tropfkörper. Art und Qualität des Füllmaterials, der Bauweise der Umfassungswände, Überdachung u.a. Schlammfaulbehälter. Behälterform, -material, -bauweise und -größe. Einfluß haben auch Art der Isolierung, Beheizung und der angestrebte Betriebszustand (Stufenbetrieb). Schlammzwischenlager. Schlammtrockenbeete. Diese können auch durch Polder, Geländeauffüllung, maschinelle oder thermische Trocknung u.a. ersetzt werden. Kosten sind abhängig vom Verfahren, von der Ausbildung der Anlage und der Betriebseinrichtung (Räumer). Gasbehälter, Behälterbauweise und -material, Blockheizkraftwerk. Betriebsgebäude und Pumpwerke. Ausstattung mit Pumpen. Kompressoren. Heizungseinrichtungen, Stromerzeugung, Gaswäsche; Anzahl, Art und Größe der Räume, z.B. Schaltzentrale, Labor, Werkstatt, Garagen, Geräteräume, Sozialräume, Heizöllager u.a.; baulicher Aufwand und Innenausstattung. Elektroinstallation. Ausrüstungsgrad mit Maschinen, Automatisierung, z.B. der Schaltzentrale, Fernmeldesystem. Zu berücksichtigen ist die regionale Baupreisbildung und der Ausschreibungszeitpunkt. Hieraus können $\approx \pm 15\%$-Differenzen auf den bautechnischen Teil entstehen. Dieser umfaßt etwa 2/3 der Gesamtkosten, so daß $\pm 2/3 \cdot 15 = 10\%$ auf die Gesamtkosten entfallen können.

4.3.2.2 Betriebskosten

Die Betriebskosten lassen sich unterteilen in:

1. Personalkosten
2. Sachkosten (Unterhaltungskosten der baulichen Anlagen, Maschinen, Miete, usw.)
3. Energiekosten, Schlammbeseitung, Verwaltungskosten

(2. und 3.: sonstige Betriebskosten)

Mittlere Werte zeigt Tafel **4.**17. Die Betriebskosten wurden von 352 Städten mit $\approx$ 11,8 Mio EG ermittelt. Sie wurden in Personal- und sonstige Betriebskosten unterteilt (Tafel **4.**17). Größere Anlagen haben höhere spezifische Betriebskosten als kleine.

Tafel **4.**17 Auf die angeschlossenen Einwohner bezogene jährliche Betriebskosten der Abwasserentsorgung in Einwohnerklassen (1994)

Einwohnerklassen EG	Personalkosten in DM/(EG · a)	Sonstige Betriebskosten in DM/(EG · a)	Gesamtbetriebskosten in DM/(EG · a)
bis 10000	26,23	60,26	86,49
10000 bis 50000	30,53	73,30	103,83
50000 bis 100000	43,90	75,30	118,20
100000 bis 500000	49,55	77,72	127,27
über 500000	62,19	65,63	127,82
Mittel	**45,36**	**71,34**	**116,70**

Einfluß auf die Betriebskosten haben: Art und Umfang der Reststoffbeseitigung, Abwasserbeschaffenheit, Reinigungsverfahren, ggf. in Verbindung mit topographischen Gegebenheiten (z.B. Freigefälletropfkörperanlagen, Reinigungsgrad, Ausrüstung, Auslastung und Alter der Anlage, Betriebsorganisation, Qualifikation des Personals, besondere örtliche Verhältnisse.

Die Personalkosten sind steigend und werden bei gleichbleibendem Anstieg die beiden anderen Kostenanteile überflügeln. Der Personalaufwand läßt sich aufgliedern nach Arbeiten in Verbindung mit dem Klärprozeß = *P* (Steuern von Maschinen, manuelle Arbeiten, Überwachung) und Instandhaltungsarbeiten = *J* (Inspektion, Wartung, Reparatur). Der Anteil der Prozeßarbeiten ist bei größeren Anlagen wegen der größeren Mechanisierung und Automatisierung kleiner als bei kleinen. Die Instandhaltung nimmt entsprechend der Vielseitigkeit der Maschinen zu.

4.3.2.3 Möglichkeiten zur Kostensenkung

Diese Möglichkeiten sind vorwiegend bereits im Planungsstadium für eine Ortsentwässerung und im Entwurf der Kläranlage zu berücksichtigen. Sie betreffen die Bauausführung, die betriebliche Organisation und den Maschineneinsatz.

Planung. Eine große Kläranlage arbeitet wirtschaftlicher als mehrere kleine. Wenn wegen der schrittweisen baulichen Entwicklung der Ortsentwässerung oder wegen zu teurer Verbindungsleitungen oder Pumpwerke die Konzentration nicht möglich ist, sollte man gemeinsame Einrichtungen betreiben, z.B. Schlammbehandlung (Schlammtransport durch Pumpen); zentrale Schaltwarte und Labor bei gleichem Automationsstand der Anlagen; Zentralwerkstatt mit Fachpersonal; möglichst Konzentration aller Baueinheiten (auch Pumpwerke, Rechen, Sandfang) auf dem Kläranlagengrundstück.

Entwurf (vgl. Abschn. 4.3.2.1). Vereinfachung auf dem Bau- und Maschinensektor, z.B. einfache Baukonstruktionen (Fertigteile); Bau von wenigen großen Becken und Behältern; Kombinationsbauweise (vgl. Abschn. 4.5.2.4), Vorklär-/Belebungsbecken, Belebungs-/Nachklärbecken, bei kleinen Anlagen Blockbauweise aller Einheiten des Klärprozesses möglich (vgl. Abschn. 4.7); Maschineneinheiten gering halten, möglichst ein Fabrikat, betriebssichere Konstruktionen, leichte Auswechselmöglichkeit der Aggregate zu Reparaturzwecken; elektrische Schalteinrichtungen in trockenen Schaltzentralen unterbringen (Verringerung der Störungen, Verlängerungen der Betriebsdauer); Ausschaltung von Entwurfsmängeln durch Beteiligung des Betriebes am Entwurf (bei größeren Anlagen).

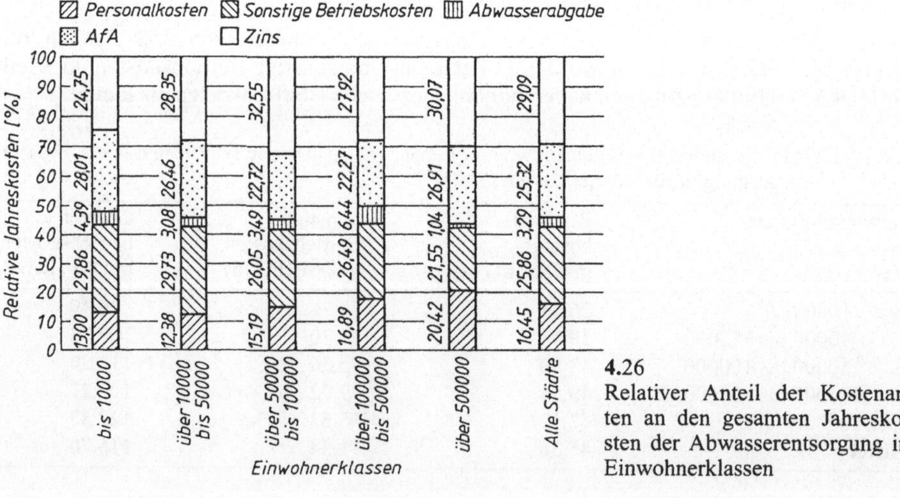

4.26
Relativer Anteil der Kostenarten an den gesamten Jahreskosten der Abwasserentsorgung in Einwohnerklassen

Betriebsorganisation. Austauschbarkeit des Personals (Ausnahme: Spezialisten) wegen 24-h-Betrieb; vorbeugende Instandhaltung der Maschinen (kein Betriebsausfall, Kosten geringer als Reparatur); Automatische Analysengeräte im Labor; Zentralwerkstatt auf einer Anlage; Schulung des Personals; automatische Meß- und Steuergeräte.

Bei kleinen Kläranlagen wird der Personalaufwand zu hoch, wenn die Anlage dauernd besetzt sein soll. Hier sollte so geplant werden, daß eine tägliche (z.B. 2 h) Wartungszeit für den Klärwärter ausreicht. Vertretungen und technische Hilfen können durch „Kläranlagen-Nachbarschaften“ erfolgen. Es besteht auch die Möglichkeit, für Maschinenteile oder für die ganze Anlage Wartungsverträge mit erfahrenen Firmen abzuschließen.

4.3.2.4 Die Abwassergebühr

Die Kosten der Abwassergebühr setzen sich aus drei Kostengruppen zusammen:

Betriebskosten, Abwasserabgaben, Kalkulatorische Kosten.

Die Betriebskosten bestehen im wesentlichen aus: Personalkosten, Energiekosten, Unterhaltskosten, Bewirtschaftungskosten, Kosten der Betriebs- und Hilfsstoffe, Kosten für den Laborbedarf, Kosten der Fäkalschlammabfuhr und Schlammentsorgung, Verwaltungskosten.

Besondere Bedeutung haben die Personalkosten und die Energiekosten. Einen steigenden Anteil an den Betriebskosten haben die Entsorgungskosten für Klärschlamm.

Unterhaltskosten sind als laufende Kosten aus dem Verwaltungshaushalt zu finanzieren. Alle Kosten gehen als Betriebskosten in die Abwassergebühr ein.

Sanierungen, die einen Wert steigern oder die Nutzungsdauer verlängern, sind aktivierungspflichtig und aus dem Vermögenshaushalt zu finanzieren.

Sofern sich die Kommune einem Zweckverband anschließt, entsteht die Verbandsumlage. Ein Abwasserverband, der z.B. für mehrere Gemeinden Kläranlagen baut und betreibt, stellt seinen Verbandsmitgliedern die Kosten in Rechnung. Dies sind die Betriebskosten, die kalkulatorischen Kosten und die Abwasserabgabe.

Abwasserabgaben sind nach Abwasserabgabengesetz für das unbehandelte oder gereinigte Schmutzwasser zu zahlen. Nach den Landeswassergesetzen kann außerdem auch eine Abgabe auf das klärpflichtige Mischwasser und das behandlungsbedürftige Regenwasser erhoben werden.

Die kalkulatorischen Kosten setzen sich aus Abschreibung und Zinsen zusammen.

Das von der Gemeinde unterhaltene Anlagevermögen unterliegt einem Wertverlust. Dieser ist bei der Abwasserentsorgung nur schwer zu bemessen. Man geht von der Nutzungsdauer aus, d.h. der Wert einer Anlage wird über eine festgesetzte Anzahl von Jahren abgeschrieben.

Eine höhere Nutzungsdauer führt zu geringeren jährlichen Abschreibungen. Der Restbuchwert bleibt länger hoch.

Die Abschreibung dient den Gemeinden zur Refinanzierung und Substanzerhaltung (Tilgung der Darlehen, Rückzahlung des beanspruchten Eigenkapitals und für Ersatzinvestitionen). Wurden für den Bau der Ortsentwässerung Zuschüsse oder Beiträge Dritter gezahlt, werden diese bei den Abschreibungen berücksichtigt (Zuwendungen aus Landes- oder Bundesmitteln, einmalige Anschlußbeiträge).

Die Abschreibungen müssen nach den gesetzlichen Regelungen der Bundesländer von den Anschaffungs- oder Herstellungskosten oder vom Wiederbeschaffungswert vorgenommen werden.

Die Verzinsung des investierten Kapitals erfolgt mit dem Restbuchwert des Anlagevermögens, d.h. die bereits über Abschreibungen refinanzierten Anlagenteile dürfen nicht mehr verzinst werden. Anders als bei den Abschreibungen soll bei der Zinsberechnung das Abzugskapital (Zuschüsse und Beiträge Dritter) abgezogen werden, da kein Eigenkapital der Gemeinde.

Üblicherweise werden die kalkulatorischen Zinsen vom Restbuchwert der Anschaffungs- oder Herstellungskosten berechnet. Gelegentlich erfolgte – dort, wo dies gesetzlich zulässig war – die Verzinsung auch vom Restbuchwert der Wiederbeschaffungswerte.

Sofern eine Kommune Einnahmen aus der Abwasserentsorgung erzielt, sind diese dem Gebührenzahler gutzuschreiben. Die Gesamtkosten werden um die Einnahmen vermindert. Der so ermittelte Saldo wird unter Abzug des öffentlichen Kostenanteils zur Regenwasserableitung und -behandlung dem Gebührenzahler in Rechnung gestellt.

Einen erheblichen Anteil hat die Regenwasserableitung und -behandlung. Anteile des Regenwassers kommen von privaten Grundtücken, andere Anteile von öffentlichen Straßen, Wegen und Grundstücken. Die letzteren dürfen bei der Gebühr nicht berücksichtigt werden. Diese trägt die Gemeinde unmittelbar.

4.3.2.5 Jährlicher Kostenaufwand

Die laufenden jährlichen Kosten einer Kläranlage setzen sich aus den Gruppen (**4.26**) zusammen:

1. Personal- und sonstige Betriebskosten = K_B
2. Kapitaldienst (Kalkulatorische Abschreibung und Verzinsung des Anlagekapitals = K_A)
3. Abwasserabgabe = AbwAG

Die Kosten einschließlich derjenigen für alle übrigen Anlagen der Ortsentwässerung werden durch Gebühren gedeckt. Die Veranlagung ist örtlich verschieden. In letzter Zeit hat sich die Veranlagung nach dem Wasserverbrauch durchgesetzt. Der Abschreibungszeitraum n für Kanäle beträgt 50 bis 100, für Kläranlagen 30 bis 50, für Maschinen 5 bis 20 Jahre. Man erhält als jährliche Kosten, bezogen auf die Abwassermenge = K_Q.

Die Abwasserabgabe für Schmutz- und nicht behandeltes Niederschlagswasser belastet die Gesamtjahreskosten i.M. mit ≈ 3,3%. Nach **4.26** (letzte Säule) betragen die kalkulatorischen Kosten i.M. ≈ 54,4% = 25,32% + 29,09%. Sie bilden den größten Kostenanteil der Jahreskosten.

$$K_Q = K_B + \left(\frac{p}{100} + \frac{1}{n}\right)\frac{K_A}{Q_a} + \frac{\text{AbwAG}}{\text{m}^3} \quad \text{in} \quad \frac{\text{DM}}{\text{m}^3} = \frac{\text{DM}}{\text{m}^3} + \left(\frac{1}{\text{a}}\right)\frac{\text{DM}}{\text{m}^3/\text{a}} + \frac{\text{DM}}{\text{m}^3} \tag{4.3}$$

oder, bezogen auf die Anzahl der angeschlossenen Einwohner = K_E

$$K_E = K'_B + \left(\frac{p}{100} + \frac{1}{n}\right)\cdot K'_A + \frac{\text{AbwAG}}{\text{E}\cdot\text{a}} \quad \text{in} \quad \frac{\text{DM}}{\text{E}\cdot\text{a}} = \frac{\text{DM}}{\text{E}\cdot\text{a}} + \left(\frac{1}{\text{a}}\right)\frac{\text{DM}}{\text{E}} + \frac{\text{DM}}{\text{E}\cdot\text{a}} \tag{4.4}$$

Es bedeuten

$Q_a = \dfrac{q_d \cdot 365 \cdot \text{E}}{1000}$ = Abwassermenge in m^3/Jahr

q_d = tägliche Abwassermenge je Einwohner in l/(E · d)

E = Einwohnerzahl (oder EG = Anzahl der Einwohnergleichwerte)

K_B = Betriebskosten in DM/m^3

K'_B = Betriebskosten in DM/(E · a)

p = Zinssatz in % pro Jahr

n = Abschreibungszeitraum in Jahren

K_A = Anlagekosten in DM

K'_A = Anlagekosten in DM/E

Beispiel: Ortsentwässerung einer Stadt von $E = 120000$ mit einer mechanisch-biologischen Kläranlage, Kanalisation im Trennsystem und einem Schmutzwasseranfall $q_d = 200$ l/(E · d). Mit den Ansätzen von **4.**24, Tafel **4.**17 und **4.**26 sollen die Jahreskosten überschläglich errechnet werden. Es gilt die Einwohnerklasse >100000 bis 500000 EG. Die spezifischen Baukosten sollen im Jahre 1995 betragen haben

$$K'_A = 524 \text{ bzw. } 1940 \text{ DM/EG} \quad (\text{aus Bild } \mathbf{4.}24)$$

Die Gesamtbaukosten betrugen

$$K_A = 524 \cdot 120000 \approx 62880000 \text{ DM} \quad \text{für die Kläranlage}$$
$$K_A = 1940 \cdot 120000 \approx 232880000 \text{ DM} \quad \text{für die Kanalisation und Kläranlage}$$

Die jährliche Abwassermenge beträgt

$$Q_a = \frac{200 \cdot 120000 \cdot 365}{1000} = 8760000 \text{ m}^3/\text{a}$$

Die relativen Jahreskosten der Abwasserentsorgung (Kläranlage und Kanäle) betragen nach **4.**26: Personalkosten = 16,89%; Sonstige Betriebskosten = 26,49%; Abwasser-Abgabe = 6,44%; AfA = 22,27%, Zins = 27,92%.

Die spezifischen Gesamt-Jahreskosten betragen mit den Gesamtbetriebskosten nach Tafel **4.**17

$$127{,}27 \text{ DM/(E} \cdot \text{a)} = K'_B$$
$$K_E = 127{,}27 \cdot 100/(16{,}89 + 26{,}49) = 293{,}4 \text{ DM/(E} \cdot \text{a)}$$

oder absolut

$$293{,}4 \cdot 120000 = 35208000 \text{ DM/a}$$
$$K_Q = 35208000/8760000 = 4{,}02 \text{ DM/m}^3$$

Die AfA beträgt $293{,}4 \cdot 0{,}2227 = 65{,}34$ DM/(E · a)

$$1/n = 65{,}34/1940 \rightarrow n = 29{,}7 \text{ a} = \text{Abschreibungszeitraum}$$

Der Zins beträgt $293{,}4 \cdot 0{,}2792 = 81{,}92$ DM/(E · a)

$$p/100 = 81{,}92/1940 \rightarrow p = 4{,}22\%$$

Die AbwaAG beträgt $293{,}4 \cdot 0{,}0644 = 18{,}9$ DM/(E · a).

Bei Ansatz nach Gl. (4.4) ergeben sich ebenfalls

$$K_E = 127{,}27 + (4{,}22/100 + 1/29{,}7) \cdot 1940 + 18{,}9 = 293{,}4 \text{ DM/(E} \cdot \text{a)}$$

oder

$$K_E = 65{,}34 + 81{,}92 + 18{,}9 + 127{,}27 = 293{,}4 \text{ DM/(E} \cdot \text{a)}$$

4.4 Mechanische Abwasserreinigung

4.4.1 Absetzen und Flotation

Teilchen, deren Wichte größer ist als die des Wassers, setzen sich ab. Andere, die sich erst nach Zugabe von Chemikalien zusammenballen, bezeichnet man als ausgeflockte Teile. Entstehen durch den Zusatz von Chemikalien unlösliche Stoffe, die sich absetzen, so spricht man von Fällung. Diese Vorgänge des Absetzens finden in den Sandfängen und Absetzbecken einer Kläranlage statt.

Das Aufschwimmen und Ausscheiden von Schwebstoffen, die leichter als Wasser sind, nennt man auch Flotation. Das Aufschwimmen kann durch fein verteilte Luftbläschen, die sich ihnen anlagern, und durch die Zugabe von Chemikalien (Flotationsmittel) beschleunigt werden.

4.4.1.1 Absetzen von körnigen Stoffen

Ein Teilchen, das Gewicht und Form während des Absetzens oder Aufsteigens nicht verändert, wird so lange beschleunigt, bis der Widerstand der Flüssigkeit dem Ab- oder Auftrieb des Teilchens entspricht. Sobald sich Gleichgewicht zwischen diesen Kräften einstellt, fällt oder steigt das Teilchen mit konstanter Geschwindigkeit.

Im Laboratorium kann man die Absetzzeit von körnigen Teilchen mit einem Absetztrichter messen, der mit verunreinigtem Wasser gefüllt wird und so lange stehen bleibt, bis das Wasser klar ist. Das Ergebnis läßt sich auf den Absetzraum einer Kläranlage übertragen.

Die Sinkgeschwindigkeit v_s des kleinsten Teilchens ist

$$v_s = h/t \qquad \text{in m/h} \tag{4.5}$$

h = Trichterhöhe in m　　t = Absetzzeit in h
Q = Wassermenge in m^3/h　　O = Oberfläche in m^2

oder bei kontinuierlich durchfließender Wassermenge

$$v_s = Q/O \qquad \text{in m/h} \tag{4.6}$$

Aus Gl. (4.6) erkennt man, daß die Tiefe des Beckens bedeutungslos ist; das Teilchen ist in Sicherheit, sobald es sinkend den Durchflußbereich verlassen hat.

Gleichgültig ist auch, ob der Absetzraum horizontal oder vertikal durchflossen wird. Da die Tiefe keinen Vorteil bietet, bevorzugt man aus konstruktiven Gründen den horizontalen Durchfluß. Bei diesem wirken auf das Teilchen zwei Geschwindigkeitskomponenten: horizontal die Fließgeschwindigkeit und vertikal die Sinkgeschwindigkeit. Die Resultierende bestimmt den Weg des Teilchens im Absetzraum.

Aus Bild **4.27** ist ablesbar

$$\frac{v_s}{v} = \frac{h}{L} \qquad L = h \cdot \frac{v}{v_s}$$

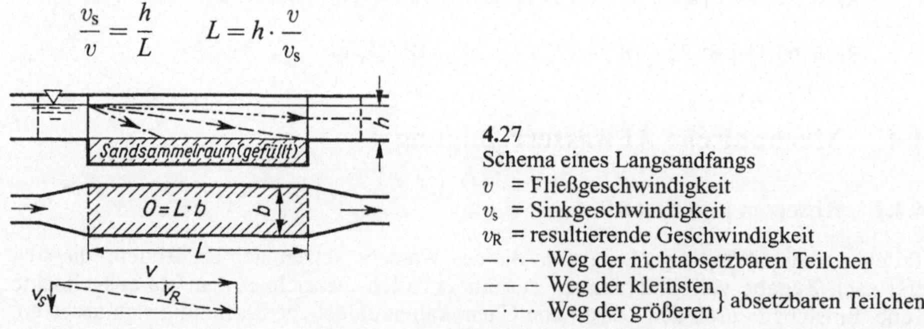

4.27
Schema eines Langsandfangs
v = Fließgeschwindigkeit
v_s = Sinkgeschwindigkeit
v_R = resultierende Geschwindigkeit
— · · — Weg der nichtabsetzbaren Teilchen
— — — Weg der kleinsten } absetzbaren Teilchen
— · — · Weg der größeren } absetzbaren Teilchen

Man könnte so die Länge eines Sandfanges berechnen, verwendet aber Gl. (4.6) und erhält das gleiche Ergebnis

$$v_s = \frac{Q}{O} = \frac{v \cdot A}{b \cdot L} = \frac{v \cdot b \cdot h}{b \cdot L} \qquad L = \frac{v}{v_s} \cdot h \tag{4.7}$$

Je größer Wichte und Volumen eines Teilchens sind, um so größer ist seine Sinkgeschwindigkeit (s. Tafel **4.**21).

Bei horizontalem Durchfluß darf die Fließgeschwindigkeit eine gewisse Grenze nicht überschreiten, damit die Teilchen am Boden liegen bleiben. Sie beträgt für Sand $v_{gr} = 0{,}3$ bis 0,6 m/s.

Bei senkrecht aufsteigendem Durchfluß muß $v_{gr} < \min v_s$ sein; andernfalls wird das kleinste Korn aufwärtsgeschwemmt.

Gl. (4.7) kann man sich anschaulich etwa so vorstellen, daß stündlich eine Wassersäule von Q/O m Höhe je m^2 Oberfläche von oben durch den Wasserspiegel gedrückt wird. Nur körnige Teilchen, deren Sinkgeschwindigkeit größer ist als die Durchdrückgeschwindigkeit, eilen der Wassersäule voraus und bleiben im Absetzraum zurück. Auf dieser Vorstellung beruht der häufig an Stelle von Sinkgeschwindigkeit verwendete Ausdruck „Flächenbelastung" oder „Oberflächenbeschickung".

4.4.1.2 Absetzen von Flocken

Organische Schwebstoffteilchen und Flocken, die aus chemischen Flockungsmitteln entstehen, bilden beim Zusammenstoßen Gruppen von verschiedener Größe, Gewicht und Form. Die Sinkgeschwindigkeit ist um so größer, je größer die Teilchengruppe ist. v_s wächst also, wenn sich neue Teilchen anlagern, was z.B. geschieht, wenn Flocken mit großer Sinkgeschwindigkeit kleinere einholen. Auch Turbulenz kann diese Flockung fördern. Man erkennt, daß beim Absetzvorgang derjenige Absetzraum überlegen ist, der den Flocken die beste Möglichkeit zur Zusammenballung gibt. Bei Räumen gleichen Volumens V ist dies der mit der größeren Tiefe. Die Tiefe des Beckens und damit die Dauer der Durchflußzeit t_R spielen hier also eine Rolle. Absetzräume für flockige Bestandteile berechnet man deshalb mit der Gleichung

$$V = Q \cdot t_R \tag{4.8}$$

Die Durchfließzeit t_R ist hier eine rechnerische; die tatsächliche ist stets kürzer, da infolge von Gewichts- und Temperaturunterschieden nicht alle Teile des Beckens gleichmäßig durchflossen werden. Deshalb läßt sich auch das Meßergebnis in einem 0,4 m hohen Versuchsglas nicht auf ein Absetzbecken übertragen. Die aufsteigende Wasserbewegung ist bei flockigen Bestandteilen besonders vorteilhaft: das Wasser wird beim Aufsteigen durch die fallenden Flocken gefiltert, und das Zusammengehen der Teilchen gefördert.

Absetzbare Schwebstoffe in normalem häuslichem Abwasser sinken in $\approx$ zwei Stunden zu Boden; damit liegt die obere Grenze für die Größe von Absetzbecken fest. Bild **4.**4 zeigt die Absetzwirkung für verschiedene Durchflußzeiten.

4.4.2 Siebe und Rechen

Die mechanische Abwasserbehandlung schließt normalerweise Rechen/Sieb, Sandfang und Vorklärung ein. Diese mechanischen Reinigungsstufen erfüllen folgende Funktionen:

Rechen/Sieb = Schutzfunktion gegenüber Pumpen

Sandfang = Schutzfunktion gegenüber Pumpen und Sandablagerungen

Vorklärung = Einfache Behandlungsstufe zur Feststoffentfernung gleichzeitige Entlastung der biologischen Stufe und *BSB*-Reduzierung

Die mechanische Vorbehandlung hat somit zwei Aufgaben zu erfüllen:

1. Schutz der nachfolgenden Ausrüstungen
2. Reduzierung von Feststoffen und *BSB*

Einfachste Anlagen einer Abwasserreinigung sind Siebe oder Rechen. Sie kommen als selbständige Reinigungsanlagen vor Regen- und Notauslässen in Frage: In Kläranlagen bilden sie das erste Reinigungselement. Sie sind hier notwendig wegen der groben Schwimmstoffe (Lumpen, Holzstücke, Faserstoffe, Mullbinden). Diese Stoffe würden den Betrieb des Sandfangs oder des Vorklärbeckens erschweren. Wegen des groben Zustandes der Stoffe verwendet man in den Kläranlagen bevorzugt Rechen. Grobrechen sind vor dem Sandfang, Feinrechen, meist in Form von maschinellen Rechen, hinter dem Sandfang angeordnet.

4.4.2.1 Siebe

Die Reinigungswirkung von Sieben ist, verglichen mit Absetzbecken, verhältnismäßig gering. Man unterscheidet Fang- und Spülsiebe oder Siebscheiben und Siebtrommeln. Am gebräuchlichsten ist die Siebtrommel. Sie dreht sich um eine waagerechte oder vertikale Achse. Das Abwasser strömt meist von außen zu und fließt, von den Siebstoffen befreit, im Innern ab. Durch eine verhältnismäßig hohe Drehgeschwindigkeit werden die außen haftenden Siebstoffe abgespült. Da die hohe Drehzahl eine entsprechende Antriebskraft erfordert, betreibt man auch Siebtrommeln mit geringerer Geschwindigkeit und beseitigt die Siebstoffe durch besonders zugeführtes Druckwasser (**4**.30) oder Bürsten. Das Abwasser wird im Innern der Trommel zugeführt.

Die Weite der Siebmaschen beträgt allgemein 0,5 bis 15 mm, Tafel **4**.19. Siebanlagen mit $\approx$ 1-mm-Öffnungen können 30% der Gesamtschwebestoffe des Abwassers beseitigen, mit 15 mm Schlitzweiten nur $\approx$ 16%. Siebanlagen finden zur teilweisen mechanischen Klärung städtischen Schmutzwassers in Kläranlagen Verwendung; sie sind auch für Gewerbe- und Industrieabwasser von Bedeutung. Die Menge des Siebgutes beträgt ungepreßt 11,5 bis 45,8 l/(E · Jahr), Tafel **4**.20. Eine Feinsiebtrommel mit Abwasserzufluß innen zeigt **4**.28.

Der Feinrechen nach Fa. Huber (**4**.29) hat Stabweiten von 5 bis 15 mm und ist in Gerinnen von 0,4 bis 1,2 m Breite einsetzbar. Der Siebrechen nach Fa. Huber arbeitet nach dem gleichen Prinzip, hat aber statt des Rechenkorbes ein Sieb mit einer Maschenweite $\geq$ 1 mm. Das Abwasser fließt an der offenen Stirnseite in den Rechenkorb hinein (*1*) und durch dessen Stäbe in das weiterführende Gerinne hinaus (*8*). Verunreinigungen werden von den Rechenstäben (*3*) zurückgehalten. Dadurch verengt sich der freie Querschnitt und es entsteht ein Rückstau. Bei entsprechender Rückstauhöhe schaltet sich der auf einer zentrischen Mittelachse sitzende, umlaufende Rechenkamm (*2*) ein. Seine Zinken reinigen, durch die Rechenstäbe hindurchgreifend, den Rechenkorb, nehmen das Rechengut heraus und werfen es oben in die Förderschnecke (*5*) ab. Diese transportiert es aus dem Gerinne. Zur besseren Reinigung läuft der Rechenkamm oben um $\approx 15°$ zurück. Die Zinken werden durch einen Abstreifer (*4*) gereinigt. Das Rechengut wird während des Förderns kompaktiert (*6*), entwässert und auf einen Feststoffgehalt von $\approx$ 40% gebracht. Abfuhr im Container.

Eine weitergehende Entwicklung stellen die Bemühungen dar, das Vorklärbecken durch eine leistungsfähigere Siebung des Abwassers zu ersetzen. Nach diesen Gesichtspunkten wurden die ersten Kläranlagen Anfang der 70er Jahre mit Hydrosieben ausgerüstet, mit

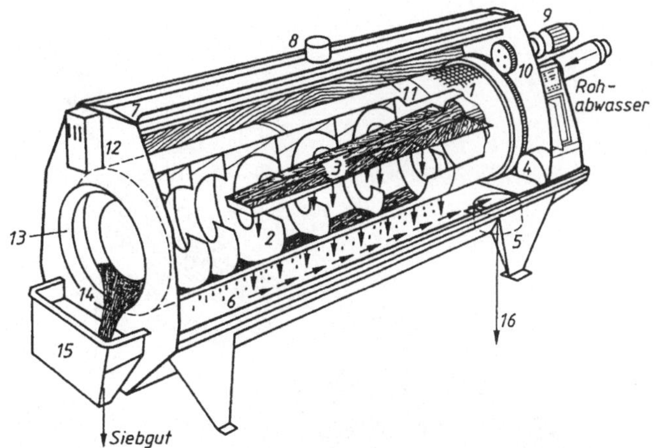

4.28 Abwasserfeinsiebtrommel Roto-Klär, Fa. Noggerath (Spritzschutzhaube geöffnet)

1	Siebtrommel	*9*	Zahnradgetriebemotor
2	Schnecke	*10*	Antriebsritzel
3	Einlaufrohr (hier Halbschale)	*11*	Bürstenwalze
4	Laufrolle	*12*	Bürstenjustiervorrichtung
5	Schmiernippel für zentrale Fettschmierung der Laufrollen	*13*	Hygienekapselung des Siebgutaustritts
		14	Siebgutaustritt
6	Abwasserauffangtrog	*15*	Hygienekapselung der Siebgutrutsche
7	Spritzschutzhaube	*16*	Abwasserablauf
8	Absaugstutzen (Ventilator)		

denen man gute Erfahrungen sammelte. Die allgemeinen Vor- und Nachteile der Siebung gegenüber der Vorklärung können wie folgt zusammengefaßt werden.

Vorteile:
Baulich sehr kompakte Reinigungsstufe,

Äußerst geringe Bauarbeiten (besonders wichtig bei Überdachung der Anlage),

Guter Rückhalt von Grobstoffen,

Gute Schutzfunktion für die Ausrüstung der nachfolgenden Kläranlagenteile,

Keine anaeroben Verhältnisse oder Schlämme,

Keine Feinrechen erforderlich.

Nachteile:
Geringe *BSB*- und Feststoffreduzierung,

Druckverluste 1 bis 3 m,

Verstopfungsgefahr bei höheren Fettgehalten.

Die Mikrosiebung mit Maschenweiten von 5 bis 150 μ ist ein Verfahren zur Feststoff- und gleichzeitiger Phosphor-Eliminierung, Einsatz meist nach Nachklärung. Einer Trommel fließt das Abwasser durch das Hohllager zu und durchströmt den Trommelkörper von innen nach außen. Die Feststoffe werden auf der Innenseite des Siebgewebes zurückgehalten. Durch den Filterwiderstand steigt der Wasserspiegel in der Trommel an. Rotation und automatische Abspritzung der Siebgewebe von außen werden durch Schaltung nach der Druckdifferenz ausgelöst. Eine Rinne im oberen Teil der

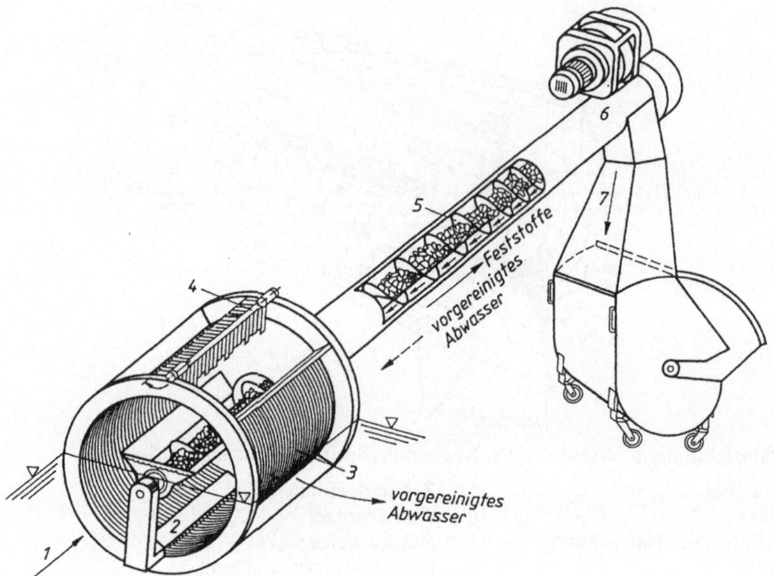

4.29 Feinrechen bzw. Siebrechen nach Huber

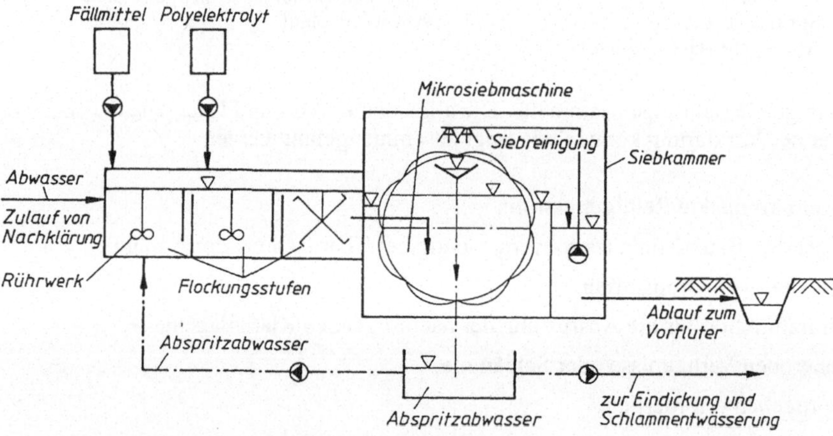

4.30 Schema des Microphos-Verfahren (Fa. Passavant)

Trommel sammelt das Abspritzwasser und führt es nach außen ab. Das gereinigte Abwasser fließt über eine Überlaufkante oder durch Schlitze ab.

Eine Weiterentwicklung ist das Microphos-Verfahren, mit dem sich Feststoff- und P-Reduzierungen $\leq$ 90% erreichen lassen (**4**.30). Vor der Mikrosiebung werden dem Abwasser in einer Entstabilisierungs- und einer Fällungsstufe Eisensalze bzw. Polyelektrolyte zudosiert.

Einen eher unkonventionellen Rechen stellt der Bürstenrechen Hydro-Clean dar. Er wird bei Regenentlastungsbauwerken bevorzugt eingesetzt (**4**.31). Der Bürstenrechen wird parallel über der Überlaufschwelle einer Regenentlastung montiert. Die Fangarme für Schwimm- und Schwebstoffe

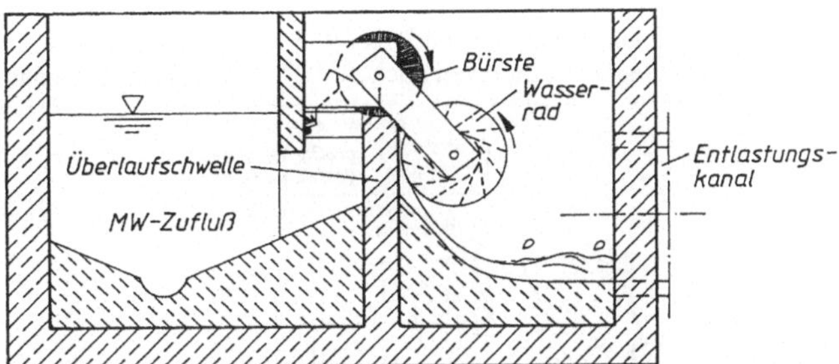

4.31
Bürstenrechen
(Hydro-Clean)

bestehen aus flexiblen Borsten. Diese sitzen auf einer Welle, die gegen die Strömung des überlaufenden Wassers rotiert. Die Länge der Borsten ist $\geq$ die Wassertiefe über der Überfallkante. Die Rotation der Bürstenwelle erfolgt durch Wasserradtechnik. Bereits geringe Mengen an Überlaufwasser bewirken den Betrieb. Mit der Wasserradtechnik wird die Energie des überfallenden Wassers zum Antrieb des Bürstenrechens genutzt. Komplizierte Antriebstechnik und Stromversorgung entfallen. Das Rechengut wird in der kombinierten Tauchwand mit Auffangwanne zwischengespeichert, deren unterer Bereich mit einem schwimmergesteuerten nach unten aufklappenden Boden ausgerüstet ist.

4.4.2.2 Stabrechen

Man versteht darunter alle Rechenarten mit Rechenstäben senkrecht, geneigt oder gebogen zur Fließrichtung des Abwassers (s. Tafel **4.**18).

Grobrechen haben fest eingebaute, geneigte Stäbe aus Flach-, Rund- oder Profilstahl mit Durchgangsweiten von 2 bis 5 cm. Zu geringe Durchgangsweiten sind unzweckmäßig, weil Papierreste und Kotstoffe am Durchgang gehindert würden. Bei großen Anlagen ist eine automatische und maschinelle Abräumung des Rechengutes üblich. Dies kann anschließend durch eine Zerkleinerungsmaschine zerkleinert und ins Abwasser zurückgegeben werden.

Jeder Rechen verursacht einen Stau und einen Gefälleverlust des strömenden Wassers. Die Durchflußgeschwindigkeit soll $v \geq 0{,}6$ m/s sein, damit sich kein Sand absetzt. Jeder Rechen erhält einen Stauumlauf, der einen besonderen Rechen mit ≈ 10 cm Durchgangsweite hat. Die Rechengutmenge hängt von der Durchgangsweite ab und beträgt nicht entwässert bei 4 bis 5 cm lichter Weite (Grobrechen) 2 bis 5 l/(E · Jahr), bei 1 bis 3 cm (Feinrechen) 5 bis 15 l/(E · Jahr), sonst nach Tafel **4.**20.

Der Einsatz von Hand oder maschinell geräumten Grobrechen ist nur noch bei offenen Hauptsammlern üblich, in denen sehr grobe Stoffe zurückgehalten werden müssen. Zur Entnahme der Grobstoffe bei geschlossenen Sammlersystemen werden meist Feinrechen, Grobsiebe, Siebrechen und auch Feinsiebe eingesetzt, die ohne vorgeschalteten Grobrechen betriebssicher arbeiten.

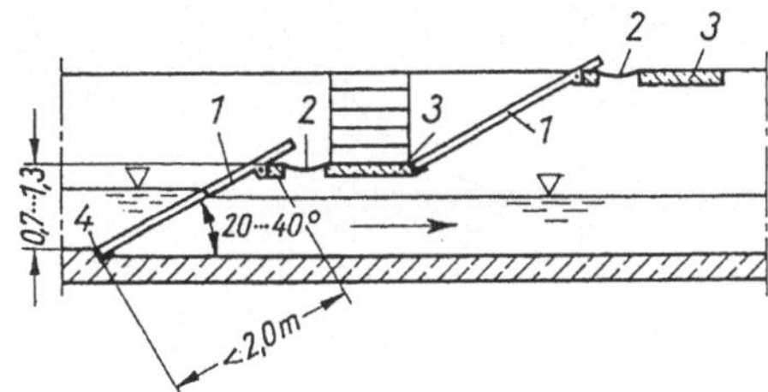

4.32
Längsschnitt durch zweistufigen Handrechen.
In Kläranlagen kaum mehr, aber bei RW-Ausläufen noch eingesetzt.

1 Rechenstäbe
2 Abtropfrinne
3 Bedienungspodest
4 Winkeleisen

Tafel **4**.18 Rechenbauwerke nach DIN 19554 a) gerader Rechen nach Teil 1
b) Gegenstromrechen nach Teil 3 c) Bogenrechen nach Teil 2

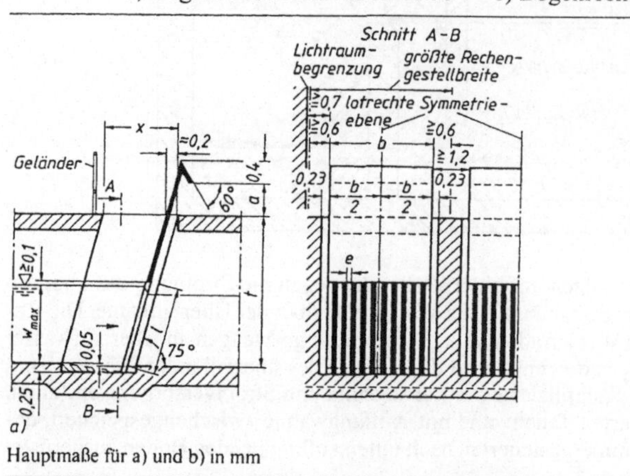

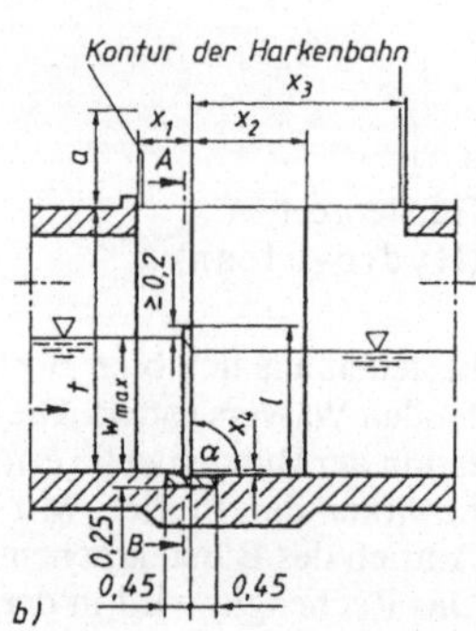

Hauptmaße für a) und b) in mm

		a) Gerader Rechen, DIN 19554-1				b) Gegenstromrechen DIN 19554-3
Kammerbreite	b	0,8 und um je 0,2 steigend bis 2,4; ab 2,4 um je 0,4 steigend bis 4,8				0,4 und um je 0,2 steigend bis 4,8
freie Rostlänge	l	0,6 und um je 0,2 steigend bis 2,8 und darüber				wie vor, steigend bis 1,2
Spaltweite	e	0,015; 0,02; 0,025; 0,04; 0,06; 0,08; 0,1				wie vor
Abwurfhöhe	a	0	0,8; 1		1,2; 1,6; 2; 2,4; 2,8	wie vor
Fördermittel		Rinne	Förderband		Lore, Container, Anhänger, LKW	
Wassertiefe w_{max}		1	2	3	4	wie vor
Kammeröffnung x bzw. x_1, x_2, x_3	bei nicht eintauchendem Reinigerwagen	1,8	2	2,2	2,4	
	bei eintauchendem Reinigerwagen	1,6				nach Herstellerangaben α meist 90°
Rechenneigung α		75°	} nach Herstellerangaben			
Sohlensprung x_4						

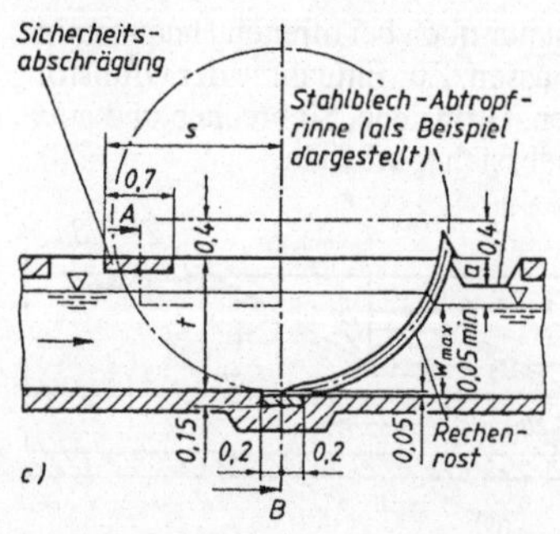

Hauptmaße für c) in m

Nennradius	r	1,2	1,6	2
Kammertiefe	t	0,8	1,2	1,6
Sicherheitsabstand	s	1,35	1,75	2,15
Kammerbreite	b	0,3; 0,4; 0,5; 0,6; 0,8; 1; 1,2; 1,4; 1,6; 1,8; 2		
Spaltweite	e	0,015; 0,02; 0,025; 0,03; 0,04; 0,05; 0,06; 0,08		
größte Wassertiefe	w_{max}	0,4; 0,6; 0,8; 1; 1,2; 1,4		
Abwurfhöhe	a	0,4	0,8	1,2
		0,2	0,6	1
			0,4	0,8
			0,2	0,6
				0,4
				0,2

Tafel **4**.19 Übliche Durchlaßweiten von Rechen und Sieben

übliche Durchlaßweite in mm		Aggregat
100	bis 40	Grobrechen
30	bis 10	Feinrechen
15	bis 5	Grobsieb
6	bis 1	Siebrechen
5	bis 0,5	Feinsieb
0,005	bis 0,15	Mikrosieb

Tafel **4**.20 Durchschnittliche Rechen- und Siebgutmengen nach der Durchlaßweite ≤ 15 mm [69c]

Durchlaßweite in mm	spez. Rechengutmengen in l/(E · a) ungepreßt (8% Feststoffgehalt)	gepreßt (25% Feststoffgehalt)
15,0	11,5	3,9
6,0	16,7	5,7
3,0	22,2	7,6
2,0	26,0	8,9
1,0	34,5	11,8
0,5	45,8	15,7

Da die Arbeit am handbedienten Rechen unhygienisch ist, sollte man immer eine maschinelle Räumung anstreben. Beim Handrechen (**4**.32) sollte man nicht durch Konstruktionsfehler dem Klärwärter die Aufgabe erschweren. Wichtig ist eine glatte Führung der Rechenharke, alle Rechenstäbe (*1*) voll in die Sohle einzulassen (vorbereitete Aussparung mit Winkeleisen (*4*) und Sohlsprung), Abschluß der Stäbe ≈ 20 cm über dem Bedienungspodest (*3*), ausreichende Breite des Podestes 0,8 bis 1,5 m, Anordnung eines Tropfbleches in Muldenform (*2*) oder eines horizontalen Gatters vor dem Podest. Die Länge der Stäbe soll ≤ 2,0 m sein, da sonst die Rechenharke nicht sicher geführt werden kann. Der Neigungswinkel der Stäbe zur Sohle beträgt 20 bis 40°, d.h. max Rinnenhöhe 0,70 bis 1,30 m. Bei größeren Höhen ordnet man einen zweistufigen Rechen an (DIN 19554-1).

4.4.2.3 Maschinell bediente Rechen

Sie haben hygienische und betriebliche Vorteile. Der Stababstand ist 1,0 cm oder sogar kleiner. Die Rechenräumer werden durch eine Wasserspiegel-Differenzschaltung automatisch eingeschaltet, die bei einem bestimmten Stau vor dem Rechen anspringt. Das Rechengut wird meist abtransportiert und dem Faulturm wegen der Schwimmdeckenbildung nicht zugeführt. Bild **4**.33 zeigt einen Greiferrechen (Fa. Passavant) mit einem Rotorzerkleinerer für das Rechengut (*8*). Dieses wird hier zerkleinert dem Abwasser wieder zugegeben. Rechenbreiten = Kammerbreite *b*, Rostlänge(Stab-) = *l* und lichter Stababstand *e* nach DIN 19554-1 (Tafel **4**.18a).

Eine gute Alternative stellt der sehr betriebssichere Gegenstromrechen dar. Der Rechenkamm greift hier von hinten, gegen die Fließrichtung, in den Rechen ein, nimmt das

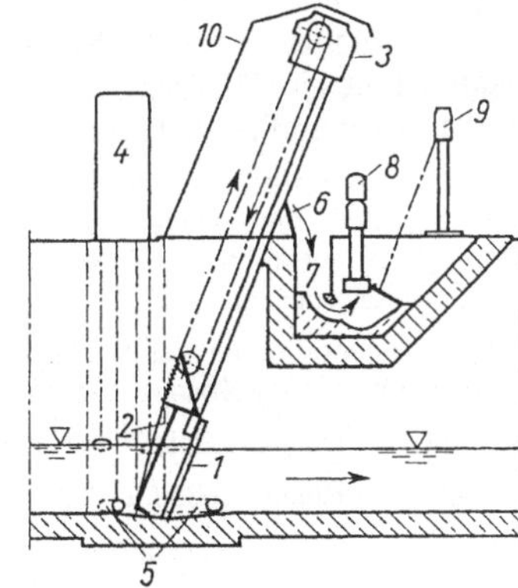

4.33
Greiferrechen (auch Kammrechen)
1 Rechen
2 Greifer
3 Antrieb
4 Wasserspiegel-Differenzschaltung
5 Verbindungskanäle zu den Schwimmerschächten
6 Abstreifblech für Rechengut
7 Schwemmrinne
8 Rotorzerkleinerer
9 Hubwinde
10 Verkleidung

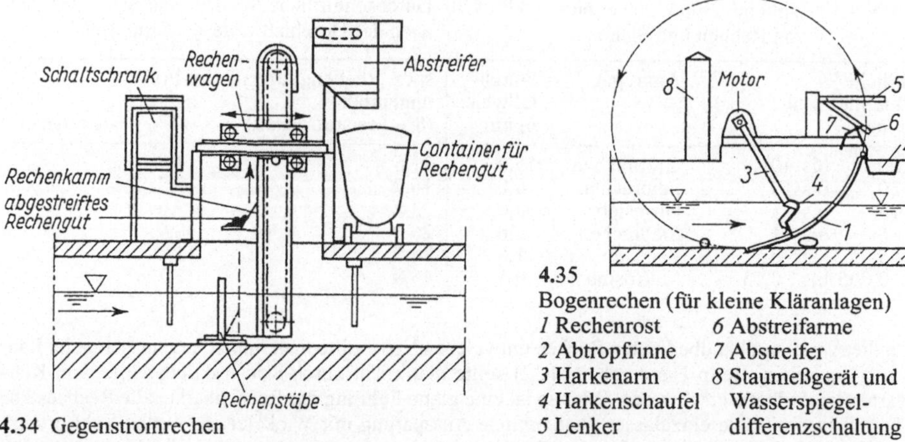

4.34 Gegenstromrechen

4.35
Bogenrechen (für kleine Kläranlagen)
1 Rechenrost
2 Abtropfrinne
3 Harkenarm
4 Harkenschaufel
5 Lenker
6 Abstreifarme
7 Abstreifer
8 Staumeßgerät und Wasserspiegel-differenzschaltung

Rechengut auf und wirft es nach oben über eine Schurre ab. Schaltung durch Füllstandsmesser bei erhöhtem Wasserstand vor dem Rechen. Lichte Stababstände 8 bis 12 mm für Feinrechen, 13 bis 100 für Grobrechen (**4**.34). Maße s. DIN 19554-3 (Tafel **4**.18b).

Bild **4**.35 zeigt einen Bogenrechen. Die vertikalen Rechenstäbe sind bogenförmig gekrümmt. Das Rechengut wird zweckmäßig aus der Abtropfrinne (*2*) durch Reinwasser weggespült und anschließend abgefahren oder maschinell zerkleinert (DIN 19554-2). Nennradien $r = 1{,}2$; 1,6; 2,0 m, Kammerbreiten $b = 0{,}3$ bis 2,0 m (Tafel **4**.18c).

Außerdem gibt es noch Rechentrommeln (**4**.47) mit Zerkleinerungsvorrichtungen, wie Messerwellen oder Zerreißkämmen, die zwischen die ringförmigen Rechenstäbe greifen und mit Hilfe der Rotationsbewegung das Rechengut zerkleinern. Abwasserzulauf von außen in das Innere der Trommel.

Der Condux-Kanalhai ist ein Unterwasser-Schneidzerkleinerer mit vertikaler Antriebswelle. Er wird in die Abwasserleitungen eingebaut. Kernstück ist der rotierende Messerkorb mit schräg stehenden Roststäben, Drehzahl 530 l/min, Durchsatzleistungen 30 bis 100 m^3/h.

Bei maschinell betriebenen Rechen ist es zweckmäßig, eine Rechengutwäsche und -presse anzuschließen. Bei kleineren Anlagen können diese ins Aggregat integriert (**4**.29), bei größeren, z.B. bei Umlaufrechen, als Waschpresse in separater Aufstellung nachgeschaltet werden. Man erhält ein fäkalienfreies Rechengut mit reduziertem Volumen, dessen Entsorgung geruchsarm und kostengünstig vorgenommen werden kann.

Das Rechengut kommunaler und industrieller Kläranlagen stellt eine Mischung aus anorganischen Bestandteilen (Steine, Kies), biologisch schwer abbaubaren organischen Stoffen (Papier, Kunststoffe, Holz) und biologisch gut abbaubaren Stoffen (Fäkalien, Obst- und Gemüsereste) dar. Daraus ergeben sich Entsorgungsprobleme:

1. Die Entsorgung auf Deponien ist wegen der organischen Anteile aus hygienischen Gründen unerwünscht. Zur Verringerung der Kosten sollte die Rechengutmenge reduziert werden.

2. Die biologisch abbaubaren Bestandteile fehlen bei der Denitrifikation und Bio-P-Elimination.

3. Geruchsbelästigung im Rechengebäude.

Eine Möglichkeit, den Anteil an Fäkalien im Rechengut zu verringern, bietet eine Rechengutwaschanlage (**4**.36). Die Auswaschung erfolgt in einem Waschbehälter durch intensive Durch-

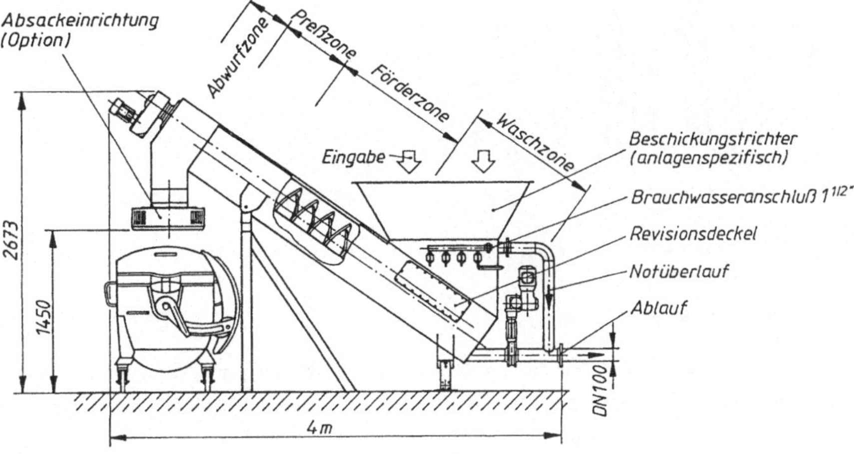

4.36 Rechengutwaschanlage

mischung. Hierbei gehen die organischen Substanzen in Lösung und werden mit dem Waschwasser über ein Sieb den nachfolgenden Reinigungsstufen zugeführt. Das gewaschene Rechengut wird mittels Spritzdüsen nochmals gespült. Danach wird es von der Förderschnecke in die integrierte Preßzone gefördert, gepreßt und in einen Container abgeworfen. Leistungsdaten der Anlage, z.B. der Firma Awatech (**4**.36):

Durchsatzleistung Rohrechengut	2 m^3/h
Gewichtsreduzierung des Rohrechenguts	$\approx 85\%$
Endfeststoffgehalt	$> 30\%$
Reduzierung des Fäkalanteils	$> 70\%$

4.4.2.4 Berechnung von Stabrechen

Die Berechnung ist auch für maschinelle Rechen (Greifrechen, Bogenrechen, Gegenstromrechen u.a.) anwendbar.

Die Bemessung der Rechenanlagen hängt von der Abwassermenge und der Menge des mitgeführten Rechengutes ab.

Überschläglich kann man die Gerinnebreite im Rechenbereich (Kammerbreite) b durch die Kontraktionsziffer K ermitteln, welche die Kontraktion des Wassers und die größte Stabbelegung zusammen berücksichtigt.

$$b = b_1 / K$$

b_1 = Gerinnebreite vor dem Rechen
K = kann bei maschinell gereinigten Grobrechen mit 0,75 für Trockenwetterabfluß und mit 0,85 für Regenwetterabfluß angenommen werden.

Der Rechenstau ist nach der Formel von Kirschmer zu errechnen.

$$\Delta h = \beta \left(\frac{s}{e}\right)^{4/3} \cdot \frac{v^2}{2g} \cdot \sin\delta$$

Δh = Stauverlust
e = lichter Stababstand
δ = Neigungswinkel der Stäbe
s = Stabdicke
$v^2/2g$ = Geschwindigkeitshöhe vor dem Rechen
β = Formfaktor für Stabquerschnitt (**4**.37).

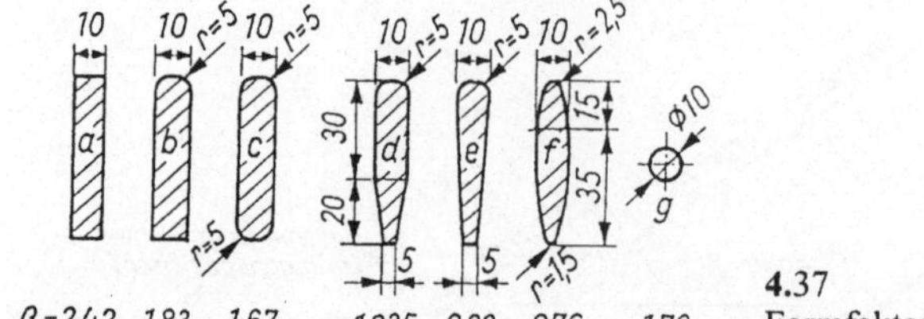

4.37 Formfaktoren β für Rechenstäbe

Beispiel: Für die Kläranlage einer Stadt mit 120000 EG, Trennsystem, ist ein maschineller Grobrechen zu bemessen.

$$Q_{t14} = 1540 \text{ m}^3/\text{h} = 430 \text{ l/s}$$

Rechteck-Gerinne vor dem Rechen $b_1 = 600$ mm, $J = 1:400$, $h'_{14} = 0{,}55$ m, $v = 1{,}27$ m/s

erf. $b = 600/0{,}75 = 800$ mm

gew.: $s = 15$ mm, $e = 40$ mm, $\beta = 1{,}67$, $\delta = 60°$, $v^2/2g = 0{,}082$ m

$$\Delta h \text{ (unverschmutzt)} = 1{,}67 \cdot \left(\frac{15}{40}\right)^{4/3} \cdot 0{,}082 \cdot \sin 60° = 0{,}032 \text{ m}$$

bei max. Verschmutzung soll angenommen werden:

$$s = 45 \text{ mm}, \quad e = 10 \text{ mm}$$

$$\Delta h \text{ (verschmutzt)} = 1{,}67 \cdot \left(\frac{45}{10}\right)^{4/3} \cdot 0{,}082 \cdot \sin 60° = 0{,}88 \text{ m}$$

Es wird das obere Drittel des eingetauchten Stabes als verschmutzt, die unteren zwei Drittel werden als unverschmutzt angenommen.

$$\Delta h = 2/3 \cdot 0{,}032 + 1/3 \cdot 0{,}88 = 0{,}315 \text{ m}$$

Man sollte die offenen Fließrinnen mindestens doppelt so tief machen als die größte Fülltiefe beträgt, d.h. hier $h \geq 1{,}10$ m.

Die Stabanzahl n beträgt:

$$n = \frac{b-e}{s+e} = \frac{800-40}{15+40} = 13{,}8 = 14$$

Rechengutmenge R = etwa 3 l/(EG · a) jährlich $R = 3 \cdot 120000/1000 = 360 \text{ m}^3/\text{a}$.

4.4.3 Sandfänge

Sandfänge findet man vor selbständigen maschinellen Einrichtungen der Abwassertechnik, wie Sieben, Rechen, Pumpstationen, Hebeanlagen und in Kläranlagen. Vor den Anlagen des Mischsystems sind Sandfänge unbedingt erforderlich. Beim Trennsystem findet man Sandfänge im Regenwassernetz und in den Schmutzwasser-Kläranlagen. Auch im SW-Netz werden körnige Bestandteile (von Küchenabfällen, Falschanschlüssen, Schadstellen usw.) mit abgeführt.

Die Fließgeschwindigkeit im Sandfang wird so weit vermindert, daß körnige Sinkstoffe (nach Tafel 4.21) z.B. Sand von $d = 0{,}1$ bis 0,2 mm in den Sandsammelraum absinken können.

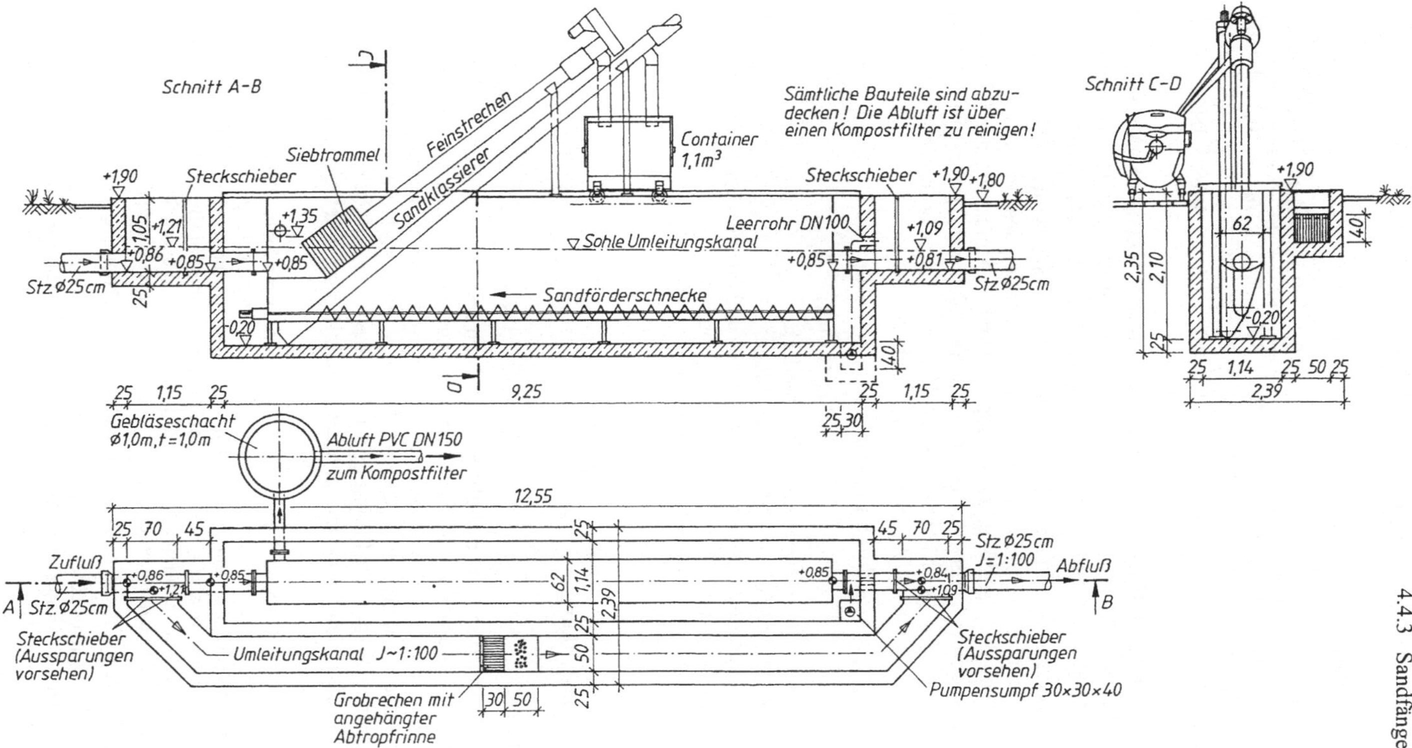

4.38 Kombinierte Rechen- und Langsandfanganlage der Fa. Huber, Berching, für eine kleine Kläranlage von 4000 EG

Tafel 4.21 Sinkgeschwindigkeit v_s in m/h absetzbarer Teile nach [24]

Korndurchmesser d mm	1,0	0,5	0,2	0,1	0,05	0,01	0,005
Quarzsand $v_s = 2412 \cdot d^2$ für $d < 0{,}1$ mm	502	258	82	24	6,1	0,3	0,06
Kohle	152	76	26	7,6	1,5	0,08	0,015
Schwebstoffe des häuslichen Abwassers	122	61	18	3	0,76	0,03	0,008

Sand hat eine hohe Verschleißwirkung auf Maschinen, stört im Zulauf der Absetzbecken und würde in den Schlammtrichtern der Becken und im Faulraum feste, sedimentierte Massen bilden, welche nur mit besonderen Hilfen beseitigt werden könnten.

Sand lagert sich bei horizontalem Durchfluß ab, wenn die Fließgeschwindigkeit $v = 0{,}3$ bis 0,6 m/s beträgt. Offene Fließgerinne in den Kläranlagen sollen deshalb ein $v \geq 0{,}6$ m/s haben. Die Schwierigkeit der Sandfangbemessung liegt in der Anpassung der Fließquerschnitte an die verschiedenen Wassermengen (s. Abschn. 1.2 und 1.3). Der große Unterschied zwischen Q_{36} und Q_m bei Mischwassersandfängen ist hier besonders problematisch. Der Sandanfall beträgt nach [24] 5 bis 12 l/(E · Jahr).

Die Wahl des Sandfangtyps wird durch folgende Faktoren bestimmt:

1. Betrieblich

Größe und Schwankung der Abwassermenge; Trenn- und Klassiereffekt; Sandmenge; Art der Sandräumung; Art des Sandabtransports; Eingliederung ins Klärsystem; Wartungsmöglichkeit; Frage nach zusätzlichen Effekten, wie Flotation von Schwimmstoffen, Flockung von Schwebstoffen, Vorbelüftung zur Auffrischung des Abwassers, Adsorptionswirkung.

2. Bautechnisch

Platzbedarf;
Höhenlage;
Baugrund- und Grundwasserverhältnisse;
Schalungsaufwand;
maschinelle Ausrüstung.

4.4.3.1 Langsandfang

Diese Ausführung wurde früher sehr häufig gebaut. Man bemißt seine Fließgerinne für $v = 0{,}30$ bis 0,60 m/s. Dies erreicht man durch Verbreiterung des Zuflußgerinnes. Um diese Fließgeschwindigkeit bei den wechselnden Wassermengen des Trennverfahrens, insbesondere aber beim Mischverfahren einhalten zu können, werden mehrere Fließrinnen nebeneinander angeordnet. Wegen der Räumung sind mindestens zwei Rinnen vorzusehen. Der Sandfang soll ≤ 30 m lang sein. Die bauliche Ausbildung richtet sich nach der Art der Sandräumung.

In 4.38 ist ein Feinstrechen (lichte Stababstände 5, 7, 12 mm) oder ein Siebrechen (lichte Stababstände 2, 4, 5 mm) mit einem Langsandfang kombiniert. Das Rechengut gelangt in eine Presse, wird auf $\geq 40\%$ Feststoffgehalt entwässert und in einen Container abgeworfen. Im Sandfang werden die Sinkstoffe gegen die Strömungsrichtung befördert und die organischen Stoffe ausgewaschen. Am Ende der Förderschnecke fällt der Sand in einen Sumpf und wird durch einen Sandklassierer ausgetragen. Die Anlage kann zusätzlich mit einer Sandbelüftung ausgerüstet werden.

Ständig belüftete Sandfänge (4.39 und 4.40) dienen auch der Vorbelüftung des Abwassers.

Durch einen einmal richtig eingestellten Lufteintrag im Sandfang wird eine von der zufließenden Wassermenge fast unabhängige Umwälzung des Abwassers erreicht. Die hierdurch erzeugte Turbulenz muß dabei so gering sein, daß der Sand zu Boden sinkt, aber auch so groß, daß Schlammteilchen nicht im Sandfang zurückgehalten werden.

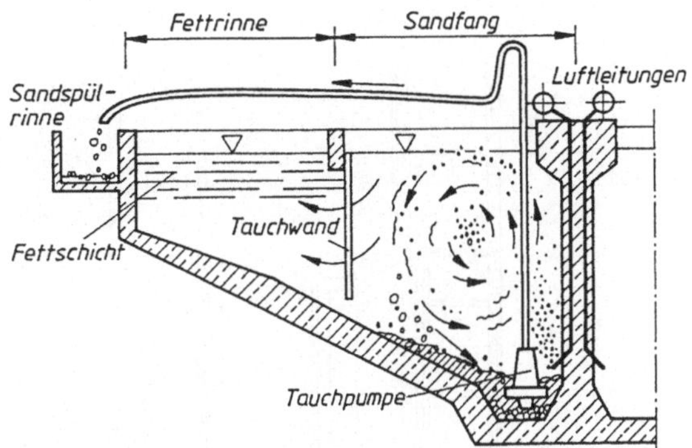

4.39
Querschnitt eines belüfteten Sandfangs mit Fettrinne

Daneben wird das Einblasen von Luft zum Flotieren von Fett und Öl genutzt. Seitlich neben dem Sandfang wird eine Fettfangzelle angeordnet, in der das flotierte Fett und Schwimmstoffe zurückgehalten werden. Bemessungswerte sind beim Berechnungsbeispiel 2 aufgeführt.

Bild **4**.40 zeigt den Sandfang einer großen Kläranlage. Das Abwasser fließt nach Förderung durch ein Schneckenhebewerk zu. Durch ein elektrisch angetriebenes Drehtor kann die Rinnenbeschikkung geregelt werden. Die Sohlen der Fließrinnen sind parabolisch geformt und haben in der Mitte eine Sammelrinne für den Sand, aus welcher der Druckluftheber direkt und ständig fördert. Beim Abfluß für Überlaufwasser trennt sich das mitgeförderte Abwasser vom Sand, welcher durch die Sandförderanlage in den Transportkübel gebracht wird. Das Abwasser verläßt den Sandfang durch den Ablauf. Die Abflußregelung erfolgt wieder durch ein Drehtor und ein Schütz. Dieser Sandfang ist außerdem belüftet. Durch das Belüftungssystem wird Druckluft (max 1800 m^3/h) zugeführt, welche in den Fließrinnen für eine ständige Umwälzung mit einer Randgeschwindigkeit $v = 25$ bis 30 cm/s sorgt. Der Drucklufteintrag wird gerade so groß gehalten, daß sich nur mineralische, aber keine organischen Sinkstoffe absetzen können. Die Belüftung der Sandfänge empfiehlt sich, um angefaultes Abwasser aufzufrischen. Dies kann auch mit der Absicht geschehen, in dem anschließenden Vorklärbecken eine biologische Teilreinigung zu erzielen. Durch geringere Luftzufuhr läßt sich im Sandfang ein schnelles Aufschwimmen von Öl und Fett erreichen.

Beispiel 1: Für die Kläranlage einer Stadt mit 120 000 EG, Abwasseranfall $Q_d = 180$ l/(E · d) und Trennsystem ist für einen Sandanfall von 10 l/(E · Jahr) ein Langsandfang zu bemessen.

$$Q_{t14} = \frac{120000 \cdot 180}{14 \cdot 1000} = 1540 \text{ m}^3/\text{h} = 430 \text{ l/s}$$

$$Q_{t36} = \frac{120000 \cdot 180}{36 \cdot 1000} = 600 \text{ m}^3/\text{h} = 167 \text{ l/s}$$

Rechteck-Gerinne vor dem Rechen $b_1 = 600$ mm, $J = 1 : 400$, $h'_{14} = 0{,}55$ m; $h'_{36} = 0{,}26$ m.

Querschnittsberechnung mit $v = 0{,}3$ m/s $= 3$ dm/s

$$\text{für } Q_{t14} \quad A = \frac{Q_{t14}}{v} = \frac{430}{3} = 144 \text{ dm}^2 = 1{,}44 \text{ m}^2$$

Mit einer Füllhöhe $h'_{14} = 0{,}55$ m im Zulaufgerinne ergibt sich

$$b_{14} = \frac{a}{h'_{14}} = \frac{1{,}44}{0{,}55} = 2{,}62 \text{ m}$$

$$\text{für } \quad Q_{t36} \quad A = \frac{167}{3} = 56 \text{ dm}^2 = 0{,}56 \text{ m}^2$$

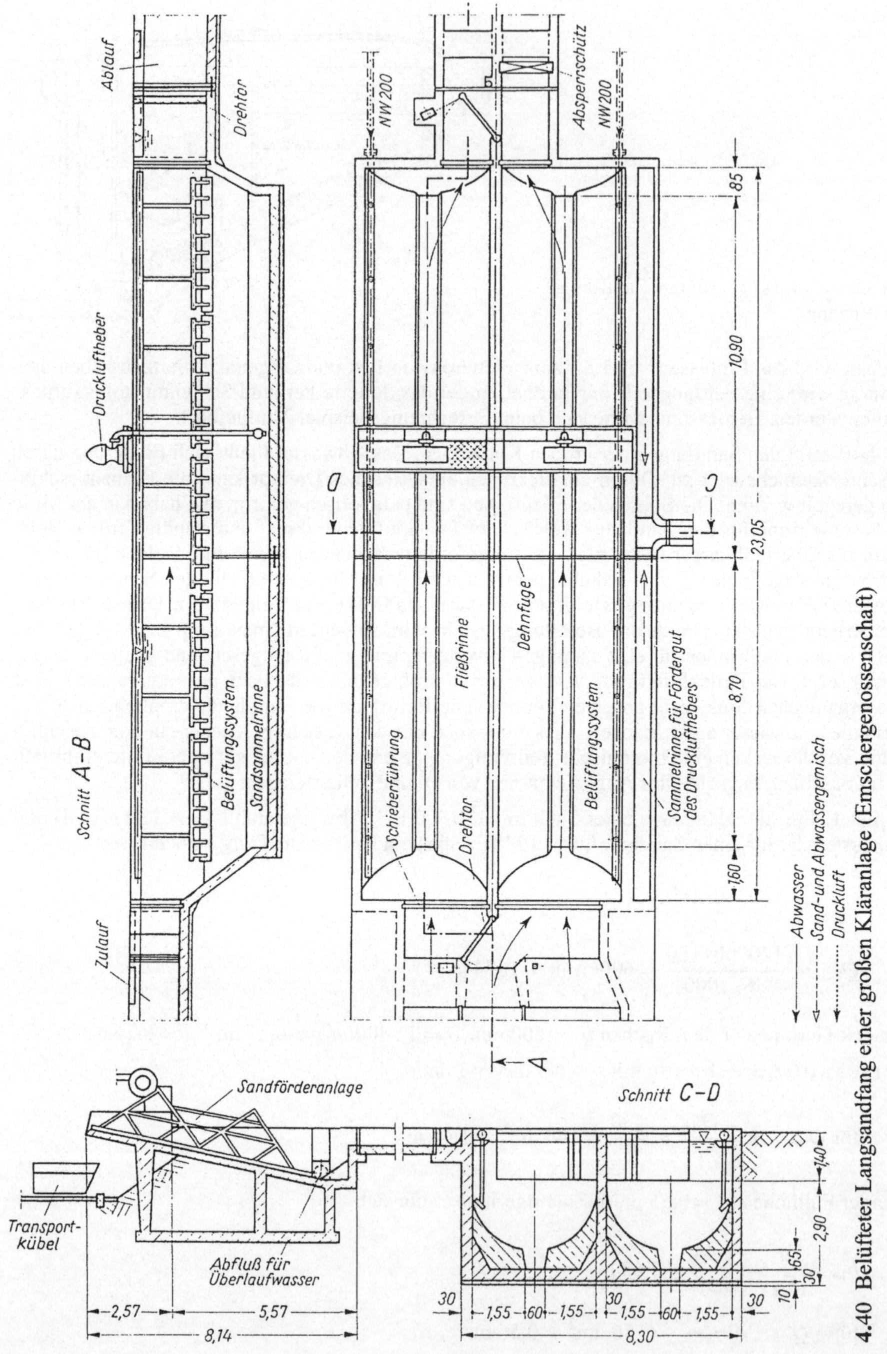

4.40 Belüfteter Langsandfang einer großen Kläranlage (Emschergenossenschaft)

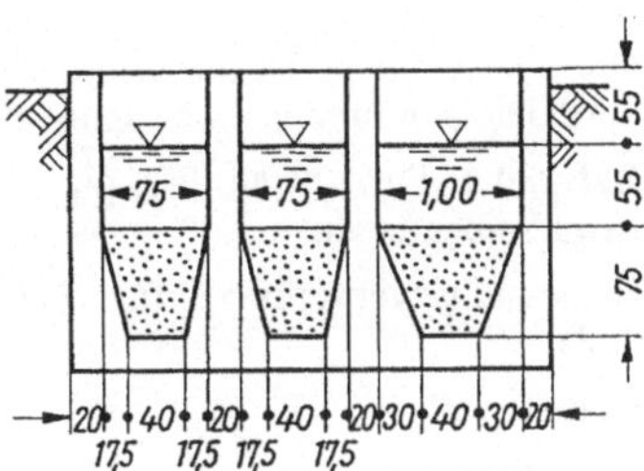

4.41
Querschnitt von Sandsammelrinnen

Mit einer Füllhöhe $h'_{36} = 0{,}26$ m im Zulaufgerinne ergibt sich

$$b_{36} = \frac{0{,}56}{0{,}26} = 2{,}15 \text{ m}$$

Gewählt: 2 Rinnen mit $b = 0{,}75$ m und 1 Rinne mit $b = 1{,}00$ m (nachts außer Betrieb)

Sandfanglänge L: Es wird gefordert, daß sich Sand mit 0,1 mm Korndurchmesser noch absetzt. Seine Sinkgeschwindigkeit beträgt nach Tafel **4**.21 $v_s = 24$ m/h.

Damit ergibt sich die Sandfangoberfläche

$$O_{14} = \frac{Q_{t14}}{v_s} = \frac{1540}{24} = 64 \text{ m}^2$$

Tagsüber werden alle 3 Rinnen beschickt. Daher ist $b = 2 \cdot 0{,}75 + 1{,}0 = 2{,}5$ m. Man erhält eine wirksame Sandfanglänge

$$L = \frac{O_{14}}{b} = \frac{64}{2{,}5} = 25{,}6 \text{ m} \quad \text{gewählt } 26{,}0 \text{ m}$$

Nachts werden 2 Rinnen mit $b = 2 \cdot 0{,}75 = 1{,}50$ m beschickt. Man erhält ein absetzbares Kleinstkorn für

$$v_s = \frac{Q_{t36}}{O_{36}} = \frac{600}{1{,}50 \cdot 26{,}0} = 15 \text{ m/h}$$

nach Tafel **4**.21 für Quarzsand

$$v_s = 2412 d^2 \quad \text{oder} \quad d = \sqrt{\frac{v_s}{2412}} \qquad d = \sqrt{\frac{15}{2412}} = 0{,}079 \text{ mm}$$

Sandsammelraum (**4**.41)

$$2A_1 = 2\,\frac{0{,}75 + 0{,}40}{2}\,0{,}75 = 0{,}86 \text{ m}^2$$

$$A_2 = \frac{1{,}0 + 0{,}40}{2}\,0{,}75 = 0{,}52 \text{ m}^2$$

$$\Sigma A = 1{,}38 \text{ m}^2$$

Sandvolumen $= A \cdot L = 1{,}38 \cdot 26{,}0 = 35{,}8$ m

Für den Sandanfall $= 10$ l/(E · Jahr) wird

$$V_{\text{Sand}} = \frac{10 \cdot 120000}{1000} = 1200 \text{ m}^3\text{/Jahr}$$

Anzahl der Räumungen $n = \dfrac{1200}{35{,}8} = 33{,}5$ je Jahr, d.h. 365/33,5; jeden 11. Tag ist auszuräumen.

Diese Berechnung ist nur erforderlich, wenn der Sandfang von Hand oder durch Greifer geräumt wird. Die Anordnung eines Sammelraumes bei Drucklufthebern hat nur betriebliche Bedeutung.

Beispiel 2: Für 120 000 EG, $Q_d = 180$ l/(E · d) und Mischsystem ist ein belüfteter Langsandfang zu bemessen.

Bemessungswerte für belüftete Langsandfänge ($Q_t \hat{=}$ Trockenwetterzufluß, $Q_m \hat{=}$ Regenwetterzufluß)

Sandfang:

Aufenthaltszeit	$t_R \geq 8$ bis 20 min für Q_t	$t_R \geq 3$ bis 10 min für Q_m
Fließgeschwindigkeit	$v_L \leq 0{,}07$ bis 0,12 m/s für Q_t	$v_L \leq 0{,}2$ bis 0,25 m/s für Q_m
Umwälzgeschwindigkeit	$v_Q = 0{,}2$ bis 0,4 m/s	
Luftmenge	$Q_L = 5$ bis 14 $m_L^3/(\text{lfdm} \cdot h)$	
oder	$Q_L = 1$ bis 2,5 $m_L^3(m^3 \cdot h)$, die größeren Werte bei grobblasiger Belüftung	

$Q_{t14} = 1540 m^3/h = 430$ l/s; $Q_m = 3600 m^3/h = 1000$ l/s

Querschnittsflächen	$1{,}0 \leq A \leq 15\ m^2$	
Energiebedarf	$\approx 5\ Wh/m_L^3 \cdot m^*$;	$m^* \hat{=}$ Einblastiefe
Sandfanglänge	$L = 15$ bis 60 m	
Einblastiefe	$t_E = 0{,}7 \cdot t$; Sohlneigung 40 bis 45°	

$b/t_m \approx 0{,}8$

$Q_L = (0{,}63 + 0{,}52 \cdot \ln t_E)^{-0.62}$ in $m_L^3/(m^3 \cdot h)$ für feinblasige,

$Q_L = (0{,}07 + 0{,}76 \cdot \ln t_E)^{-1.33}$ in $m_L^3/(m^3 \cdot h)$ für grobblasige Belüftung

Sandfang: gew. 2 Rinnen mit $b = 1{,}6$ m, mittlere Tiefe $t_m = 2{,}0$ m = t_E, Länge $L = 33{,}75$ m
$O = 2 \cdot 1{,}6 \cdot 33{,}75 = 108\ m^2$; $V = 108 \cdot 2{,}0 = 216\ m^3$; $A = 2 \cdot 1{,}6 \cdot 2{,}0 = 6{,}40\ m^2$; grobblasige Belüftung.

bei Q_{t14}:

$$q_A = \frac{1540}{108} = 14{,}26\ m/h \qquad v_L = \frac{Q_{t14}}{A} = \frac{0{,}43}{6{,}40} = 0{,}07\ m/s \qquad t_R = \frac{216}{0{,}43} = 502\ s \approx 8{,}4\ min$$

Absetzwirkung = 86% Korn ⌀ 0,125 bis 0,16; 93% Korn ⌀ 0,16 bis 0,2 nach **4.42**

bei Q_m:

$$q_A = \frac{3600}{108} = 33{,}3\ m/h \qquad v_L = \frac{Q_m}{A} = \frac{1{,}0}{6{,}40} = 0{,}16\ m/s \qquad t_R = \frac{216}{1{,}0} = 216\ s \approx 3{,}6\ min$$

Absetzwirkung = 70% Korn ⌀ 0,125 bis 0,16; 75% Korn ⌀ 0,16 bis 0,2; 87% Korn ⌀ 0,2 bis 0,25

Luftmenge $Q_L \sim 10 \cdot 2 \cdot 33{,}75 = 675\ m_L^3/h$ für Auslegung der Gebläse.

Tafel **4.22** Rechteckbecken als Sandfang mit Saugräumer nach DIN 1955, Hauptmaße

b_1	0,8; 1,0; 1,2 bis 2,6	2,8; 3,2; 3,6 bis 6	7; 8; 9 bis 16
b_2, b_3, b_4	0,4; 0,5; 0,6 usw.	0,4; 0,6; 0,8 usw.	
$c \geq$	0,25		0,3
t	0,6; 0,8; 1,0 bis 4; 4,4; 4,8 bis 6		
$m \geq$	0,2; bei zeitweise leerem Becken 0,6		

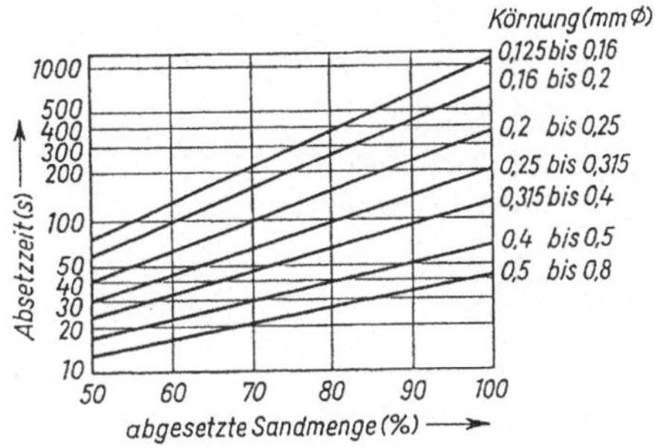

4.42 Korngröße und Anteil der abgesetzten Sandmenge im belüfteten Sandfang, abhängig von t_R. Umwälzgeschwindigkeit 0,3 m/s (nach Kalbskopf)

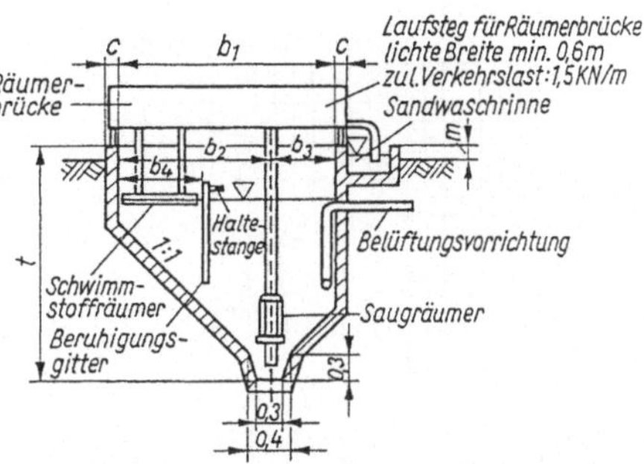

4.43 Querschnitt durch einen belüfteten Sandfang nach DIN 19551-3, Maße in m

Im Betrieb $Q_L = (0{,}07 + 0{,}76 \ln 2{,}0)^{-1.33} \approx 2{,}0\ m_L^3/(m^3 \cdot h)$

$Q_L = 2{,}0 \cdot 216 = 432\ m_L^3/h$

Nach **4.**42 kann die Aufenthaltszeit abhängig vom abgesetzten Korn-∅ des Sandes gewählt werden.

Bild **4.**43 zeigt die Abmessungen des berechneten Sandfangs nach DIN 19551-3 mit Saugräumer.

$$b = b_1 - b_4 = 2{,}8 - 1{,}2 = 1{,}6\ \text{m}; \quad c = 0{,}25\ \text{m}; \quad t = 2{,}4\ \text{m}; \quad m = 0{,}2\ \text{m}.$$

Zur Einhaltung der konstanten Durchflußgeschwindigkeit bei wechselnder Füllhöhe h', hier h gesetzt, in den Fließrinnen kann man bei unbelüfteten Langsandfängen Stauprofile am Sandfangauslauf oder Venturimeßstrecken verwenden. Die hydraulische Funktion der Stauprofile ist nur bei schießendem Abfluß gegeben. Man kann sie dann zur Wassermengenmessung benutzen. Der Sandsammelraum verändert den Fließquerschnitt je nach Sandfüllung. Dies erschwert das Einhalten einer konstanten Geschwindigkeit durch Stauprofile.

Das Berechnungsverfahren stützt sich auf die Bedingung, daß die durchfließende Wassermenge im Sandfang und am Stauauslauf bei einem bestimmten Wasserstand jeweils gleich bleibt, obwohl für beide Fließstationen verschiedene hydraulische Bedingungen vorliegen.

Es gilt der allgemeine Ansatz für Stauprofile

$$\underbrace{Q(h) = K \cdot h^n}_{\text{für Stauprofil}} = \underbrace{v \int_0^h b(h)\,\mathrm{d}h}_{\text{für Sandfang}} \quad \text{mit} \quad b(h) = \frac{n}{v} K \cdot h^{n-1} \tag{4.9}$$

Es bedeuten

K, n = Konstante

v = Fließgeschwindigkeit im Sandfang

$b(h)$ = Breite der Sandfangfließrinne, abhängig von h

h = Fülltiefe im Sandfang und am Staublech

Es ergeben sich z.B. folgende Kombinationen:

1. Die Wassermenge ist linear zur Füllhöhe h am Stauprofil (lineare Charakteristik); $n = 1$

$$Q(h) = K \cdot h = v \cdot b \cdot \int_0^h \mathrm{d}h = v \cdot b \cdot h \qquad b = \frac{K}{v} = K_1$$

d.h. konstante Breite der Fließrinne, oder Rechteckprofil.

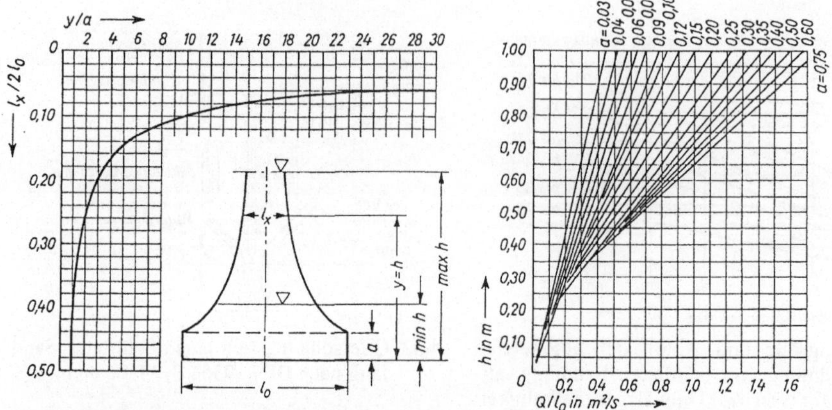

4.44 Querschnittsbezeichnungen und Hilfstafeln zur Berechnung eines linearen Sandfangauslaufs nach Di Ricco [13]

2. Der Stau wird durch ein Venturigerinne erreicht

$$Q(h) = K \cdot b_1 \cdot h^{3/2} = v \int_0^h b \cdot \mathrm{d}h$$

$n = 3/2$; b_1 = Breite des Venturigerinnes

$$b = \frac{3}{2} \cdot \frac{K \cdot b_1 \cdot h^{1/2}}{v} = K_2 \cdot h^{1/2}$$

oder $h = K_2' \cdot b^2$, d.h. die Fließrinne des Sandfangs hat Parabelform, $K_2' = 1/K_2^2$.

3. Das Stauprofil ist parabelförmig mit $n = 2$

$$Q(h) = K \cdot h^2 = v \int_0^h b \cdot \mathrm{d}h \qquad b = \frac{2}{v} K \cdot h = K_3 \cdot h$$

d.h. die Fließrinne verbreitert sich linear = dreieckförmiger Sandfangquerschnitt.

Di Ricco [13] schlägt für den Sandfang mit einem Auslauf linearer Charakteristik folgende Gleichungen vor (**4.44**)

$$Q = \mu_0 \sqrt{2g \cdot a}\left(h - \frac{1}{3}a\right) l_0 \quad \text{in m}^3/\text{s} \qquad \text{mit} \quad l_x = \frac{2}{\pi} l_0 \cdot \arcsin \sqrt{y/a} \quad \text{in m} \tag{4.10}$$

μ_0 = Verlustbeiwert
g = Fallbeschleunigung
l_0, l_x, a (s. **4.44**)

Experimentelle Untersuchungen haben ergeben, daß die Fließgeschwindigkeiten im Sandfang nicht gleichmäßig sind, sondern in der Nähe der Sohle und Wände kleiner als in der Mitte des Fließquerschnitts. Gegenüber anderen Auslaufformen treten für $v = 0{,}3$ m/s die geringeren Abweichungen beim Auslauf nach Di Ricco im Verhältnis zur Berechnung auf. Die Verlustbeiwerte μ_0 ändern sich mit der Füllhöhe y. Als Ergebnis wurde festgestellt, daß sich die Gleichungen für eine Entwurfsbearbeitung eignen. Wegen der Sandsammlung wurde für den Sandfang ein Trapezquerschnitt gewählt (**4.45**).

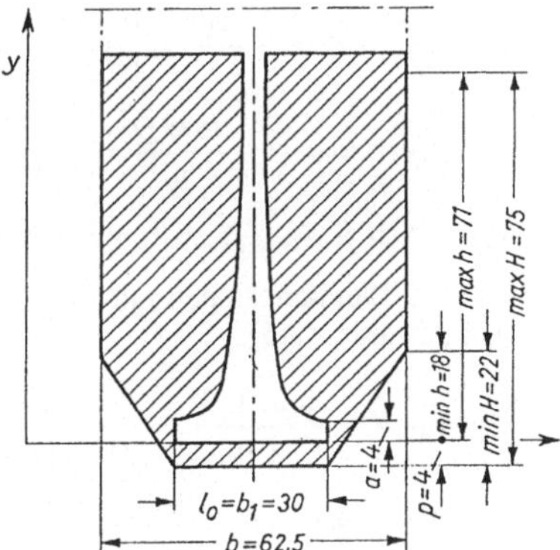

4.45
Auslaufquerschnitt zum Berechnungsbeispiel [13]

Gegenüber dem Rechteckprofil ergibt sich damit eine Ergänzungsbedingung

$$\max h = \max H - p \qquad (\text{s. } \mathbf{4.45})$$

Aus Gl. (4.10) ergibt sich

$$\max Q = \mu_0 \sqrt{2g \cdot a}\left(\max h - \frac{1}{3}a\right) l_0 \quad \text{und} \quad \min Q = \mu_0 \sqrt{2g \cdot a}\left(\min h - \frac{1}{3}a\right) l_0$$

Beide Gleichungen dividiert, ergibt

$$\frac{\max Q}{\min Q} = \frac{\max h - \dfrac{a}{3}}{\min h - \dfrac{a}{3}}$$

Mit $M = \dfrac{\max Q}{\min Q}$ ergibt sich

$$M\left(\min h - \frac{a}{3}\right) = \max h - \frac{a}{3}; \qquad a = 3\,\frac{M \cdot \min h - \max h}{M - 1} \tag{4.11}$$

Für die hydraulische Wirksamkeit der Größe von a ist notwendig, daß

$$M \min h \geq \max h \quad \text{d.h.} \quad M \geq \frac{\max h}{\min h} \geq \frac{\max H - p}{\min H - p}$$

$$p \leq \frac{M \min H - \max H}{M - 1} \tag{4.12}$$

Die lineare Charakteristik des Auslaufs tritt ein, wenn

$$\min h \geq a, \quad \text{d.h.} \quad a \leq \min H - p \tag{4.13}$$

Man muß bei der Bemessung des Auslaufprofils die Größe von p zunächst wählen, um a nach der Bedingung Gl. (4.11) zu bekommen. Eine schnelle Entwurfsbearbeitung ermöglichen die Diagramme **4.44**.

Beispiel: Gegeben $\min Q = 0{,}06$ m³/s, $\max Q = 0{,}25$ m³/s, $v_s = 40$ m/h = 0,0111 m/s
Durchflußzeit $t = 60$ s, $v = 0{,}30$ m/s

Lösung: $\max A = \frac{\max Q}{v} = \frac{0{,}25}{0{,}30} = 0{,}834\ \text{m}^2 \qquad \min A = \frac{\min Q}{v} - \frac{0{,}06}{0{,}30} = 0{,}20\ \text{m}^2$

$$\text{erf.} \max O = \frac{\max Q}{v_s} = \frac{0{,}25}{0{,}0111} = 22{,}5\ \text{m}^2$$

$$\text{erf. } L = v \cdot t = 0{,}30 \cdot 60 = 18\ \text{m} \qquad \text{erf. } b = \frac{22{,}50}{18} = 1{,}25\ \text{m}$$

Gewählt: 2 Sandfangrinnen mit $b = 0{,}625$ m, Beschickung je $Q/2$. Für die Sohlenbreite b_1 wird 0,30 m gewählt (**4.45**).

$$\min H = \frac{\min A \cdot 2}{(b + b_1)2} = \frac{0{,}20 \cdot 2}{(0{,}625 + 0{,}30)2} = 0{,}216\ \text{m, aufgerundet} = 0{,}22\ \text{m}$$

$$\max H = \min H + \frac{\max A - \min A}{2b} = 0{,}22 + \frac{0{,}834 - 0{,}20}{2 \cdot 0{,}625} = 0{,}73\ \text{m},$$

aufgerundet = 0,75 m

$$M = \frac{0{,}25}{0{,}06} = 4{,}17 \quad p \leq \frac{4{,}17 \cdot 0{,}22 - 0{,}75}{4{,}17 - 1} \leq 0{,}053\ \text{m} \qquad \text{gewählt } p = 0{,}04$$

$$\max h = 0{,}75 - 0{,}04 = 0{,}71 \qquad \min h = 0{,}22 - 0{,}04 = 0{,}18\ \text{m}$$

Aus Gl. (4.11) erhält man

$$a = 3\,\frac{4{,}17 \cdot 0{,}18 - 0{,}71}{4{,}17 - 1} = 0{,}038 \sim 0{,}04\ \text{m}$$

Nach Bild **4.44** ergeben sich für $a = 0{,}04$ m und $\min h = 0{,}18$ m für eine Fließrinne. $Q/l_0 = 0{,}10$. Mit $Q = \min Q = 0{,}06/2 = 0{,}03\ \text{m}^3/\text{s}$ errechnet sich $l_0 = \frac{0{,}03}{0{,}10} = 0{,}30$ m. Für $a = 0{,}04$ m und $\max h = 0{,}71$ m ergibt sich $Q/l_0 = 0{,}37$ nach **4.44**.

Mit $Q = \max Q = 0{,}25/2 = 0{,}125\ \text{m}^3/\text{s}$ errechnet sich $l_0 = \frac{0{,}125}{0{,}37} = 0{,}338$ m. Gewählt wird $l_0 = 0{,}30$ m.

Die übrigen Werte l_x des Auslaufschlitzes berechnet man mit Gl. (4.10) oder mit Hilfe von **4.44**. Es ergeben sich in m:

y	0,04	0,05	0,08	0,10	0,20	0,30	0,50	0,70
l_x	0,30	0,211	0,15	0,131	0,089	0,072	0,054	0,046

4.4.3.2 Tiefsandfang

Für kleinere Kläranlagen oder zur Klärung von Regenwasser wird bei Platzmangel auch der Tiefsandfang verwendet. Er besteht aus einem runden Betonzylinder mit unten angesetztem Kegelstumpf (**4.46**). Oben ist er offen oder teilweise abgedeckt. Das Abwasser fällt zunächst in einem Schacht abwärts, wobei die schwersten Sandteile bereits zum Sandsammelraum weitersinken. Das Abwasser mit dem Restsandanteil unterströmt eine oder mehrere Tauchwände und steigt wieder auf. Dies ist die entscheidende Phase des Absetzvorgangs. Die Aufwärtsgeschwindigkeit v ist durch den großen Querschnitt $(O_1 + O_2)$ sehr verringert, so daß man größenmäßig in den Bereich der Sinkgeschwindigkeiten v_S von Quarzsand kommt. Sandteile und andere Schwebstoffe, deren $v_S > v$, sinken langsam in den Sandsammelraum ab. Von hier wird durch Drucklufttheber (*3*) das Sand-Abwasser-Gemisch gefördert. Durch die Leitung (*5*) können die Ablagerungen im Sandsammelraum vor der Förderung mit Hilfe von Druckluft und Wasser gelockert und flockige Bestandteile entfernt werden. An verschiedene Wassermengen Q_x paßt man sich durch ringförmige Tauchwände an, welche den Fließquerschnitt der steigenden Wassermenge verringern. Die oberen Kantenhöhen der Tauchwände entsprechen den Füllhöhen im Ablaufgerinne (*2*).

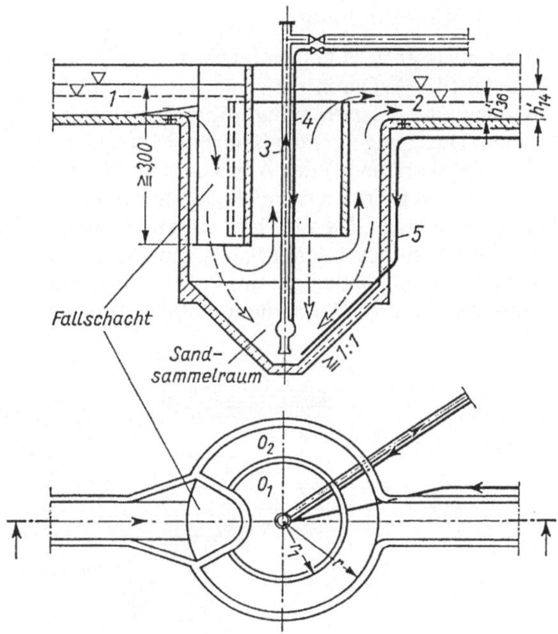

4.46
Tiefsandfang
1 Zulauf
2 Abfluß
3 Druckluftheber
4 Luftleitung
5 Leitung für Luft und Wasser zum Auflockern der Sandablagerungen vor der Förderung; h'_{36} = Füllhöhe bei Q_{t36}; h'_{14} = Füllhöhe bei Q_{t14}

Beispiel: Ein Tiefsandfang soll berechnet werden für

$$Q_{t14} = 1540\ \text{m}^3/\text{h} \qquad h'_{14} = 0{,}55\ \text{m}$$

und

$$Q_{t36} = 600\ \text{m}^3/\text{h} \qquad h'_{36} = 0{,}26\ \text{m}$$

Es soll sich ein Korn mit dem Durchmesser $d = 0{,}2$ mm absetzen. Gesucht ist die wirksame Oberfläche (= Fließquerschnitt des steigenden Abwassers).

$v_s = 82$ m/h für Korn-∅ 0,2 mm nach Tafel **4.**21

$$O = \frac{Q}{v_s} \qquad Q_{t14}\colon O_1 + O_2 = \frac{1540}{82} = 18{,}8\ \text{m}^2 \qquad O_{t36}\colon O_2 = \frac{600}{82} = 7{,}32\ \text{m}^2$$

Macht man für den Fallschacht einen Abzug von 1/7 der gesamten lichten Sandfangoberfläche, dann erhält man

$$O_1 + O_2 = \frac{6}{7}\pi \cdot r^2 = 18{,}8\ \text{m}^2$$

$$r = \sqrt{\frac{7 \cdot 18{,}8}{6 \cdot \pi}} = 2{,}64\ \text{m} \qquad d = 2 \cdot 2{,}64 = 5{,}28\ \text{m}$$

$$O_1 = (O_1 + O_2) - O_2 = 18{,}8 - 7{,}32 = 11{,}48\ \text{m}^2$$

$$O_1 = \frac{11}{12} \cdot \pi \cdot r_1^2 = 11{,}48\ \text{m}^2 \left(\frac{1}{12} = \text{Abzug von } O_1 \text{ für Anteil des Fallschachtes}\right)$$

$$r_1 = \sqrt{\frac{12 \cdot 11{,}48}{11 \cdot \pi}} = 2{,}0\ \text{m} \qquad d_1 = 2 \cdot 2{,}0 = 4{,}0\ \text{m}$$

4.4.3.3 Rundsandfang

Das Abwasser wird tangential in einen flachen Trichter geleitet und durchströmt ihn horizontal (**4**.47). Durch die rund geleitete Strömung entsteht ähnlich wie bei Flußkrümmungen eine Querströmung, die außen abwärts gerichtet ist und Sinkstoffe mit abwärts nimmt. Das Spiegelgefälle fällt zum Mittelpunkt des Kreises, während die Fließgeschwindigkeit v (horizontal) des Abwassers außen etwas geringer ist als innen. Der Sand wird in den inneren Trichterbereich angeschwemmt und kann von dort durch Drucklufthebel gefördert werden. Da auch hier nur ein Sand-Abwasser-Gemisch gefördert werden kann, muß in einem besonderen Sandsammelraum das Abwasser abgetrennt werden. Vor der Sandförderung können durch Druckluft und Wasser die Ablagerungen gelockert und organische, flockige Bestandteile entfernt werden. Bei größeren Anlagen wird das Sand-

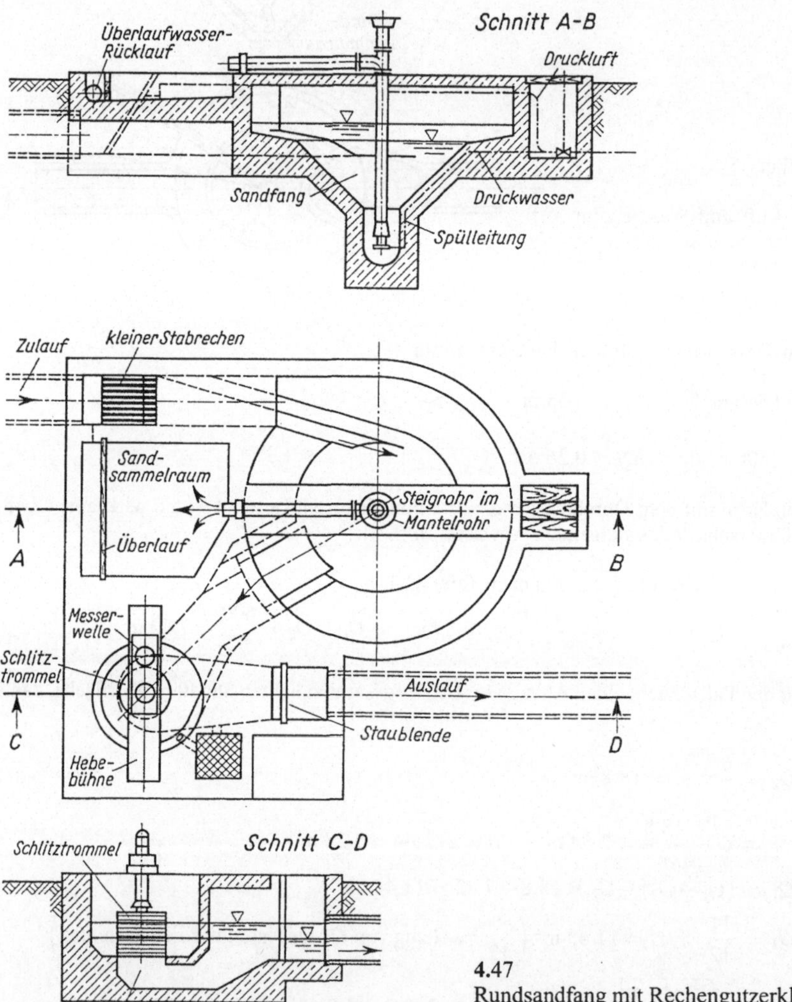

4.47
Rundsandfang mit Rechengutzerkleinerer (Bauart Geiger)

Wasser-Gemisch in hochliegende Absetztrichter gefördert, aus denen das Abwasser zurückfließt und der Sand durch ein Kegelventil in der Trichterspitze direkt auf Lastwagen abgelassen werden kann. Rundsandfänge werden vor Pumpstationen oder in Kläranlagen verwendet. Es können mehrere Rundsandfänge nebeneinander angelegt werden. Die Sohle des Ablaufgerinnes soll etwas höher als die Sohle des Zulaufs liegen. Der Ablauf führt in etwa radialer Richtung aus dem Sandfang heraus und liegt an derselben Seite wie der Zulauf, damit das Abwasser möglichst eine fast volle Kreisbewegung ausführt. Die Fließgeschwindigkeit im Zulaufgerinne soll $v \approx 0{,}75$ m/s sein. Nach Geiger berechnet sich die theoretische Absetzzeit im Rundsandfang mit

$$t_R = \frac{\text{Absetzraum } V}{\text{Abwassermenge } Q_x} \quad \text{in} \quad s = \frac{m^3}{m^3/s}$$

$t_R = 30$ bis 45 s

Vergleichsweise beträgt die Absetzzeit in einem Langsandfang von 15 m Länge 50 s.

Man wählt also t_R und errechnet V

$$V = t_R \cdot Q_x$$

$Q_x = Q_m$ bei Regenwetter (Mischsystem), $Q_x = Q_{t8}$ bis Q_{t18} bei Trennsystem

Die Fa. Geiger hat auch Flach-Sandfänge, $d = 2$ bis 16 m, für Ring- oder Bogenströmung entwickelt. Sie dienen zur Abscheidung von Sinkstoffen aus großen Wassermengen.

Beispiel: Ein Rundsandfang soll berechnet werden für $Q_{t12} = 0{,}334\ m^3/s$. t_R wird gewählt mit 30 s

$$V = 30 \cdot 0{,}334 = 10{,}02\ m^3 \approx 10 m^3$$

Die Fülltiefe h'_{12} im offenen Zulaufgerinne beträgt 0,50 m. Als Absetzraum V soll nur der Teil oberhalb des oberen Trichterrandes angesehen werden. Es sollen zwei Rundsandfänge gewählt werden. Die mittlere Tiefe des Absetzräumes beträgt 0,65 m

$$O = \frac{10}{0{,}65} = 15{,}4\ m^2, \quad \text{je Sandfang } 7{,}7\ m^2$$

$$r = \sqrt{\frac{O}{\pi}} = \sqrt{\frac{7{,}7}{\pi}} = 1{,}57\ m \quad d = 3{,}14\ m \quad \text{gewählt } d = 3{,}20\ m$$

Eine besonders gute Trennung von Sand und Flocken wird durch den belüfteten Rundsandfang erreicht (**4**.48). Das Abwasser wird durch den Einlauf tangential in den Sinkraum geleitet, die schweren Stoffe sinken in den Sandsammelraum ab und das Abwasser verläßt zusammen mit den Schwebstoffen über den Steigraum den Sandfang. Eine Mammutpumpe fördert das Sand-Wasser-Gemisch in den Sandbehälter, das Schaltspiel der Pumpe kann durch Zeitschaltung dem Betrieb angepaßt werden. Ein Gebläse versorgt die Ring- und die Dauerbelüftung mit Luft. Ein Kompressor mit Druckkessel versorgt die Druckbelüftung und die Mammutpumpe mit Druckluft bis 8 bar. Wichtigstes Element für die Trennschärfe zwischen Sand und Flocken ist die Ringbelüftung am unteren Rand der Tauchwand. Sie unterstützt den Austritt der Schwebstoffe in den Steigraum (Flotationswirkung) und besteht aus zwei Halbkreisrohren mit Düsenabstand 10 cm. Durch die ständige Belüftung des Sandsammelraumes wird der Sand gut ausgewaschen und Flocken entfernt. Der Sandfang arbeitet bis auf die Maschinen wartungsfrei.

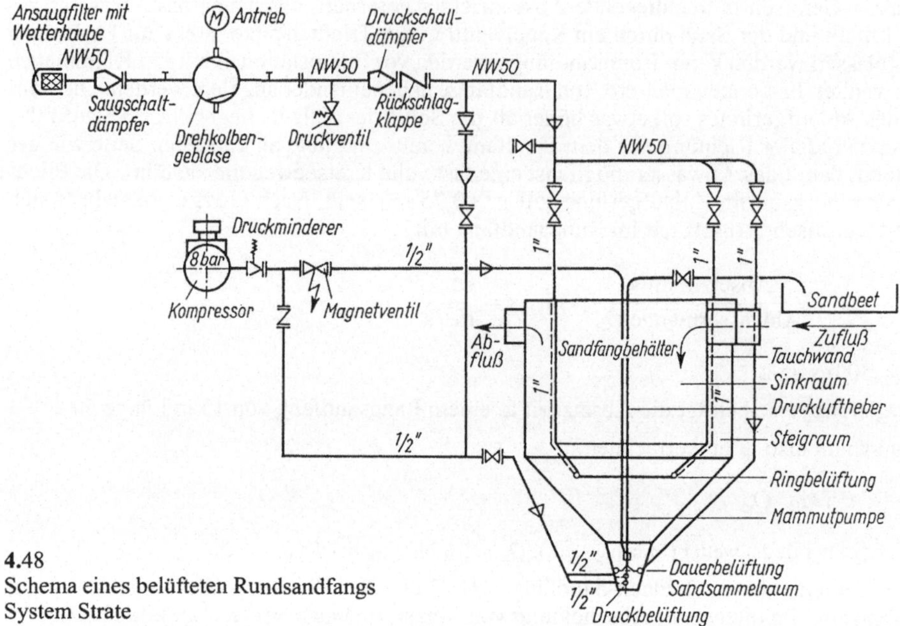

4.48
Schema eines belüfteten Rundsandfangs System Strate

4.4.3.4 Hydrozyklon

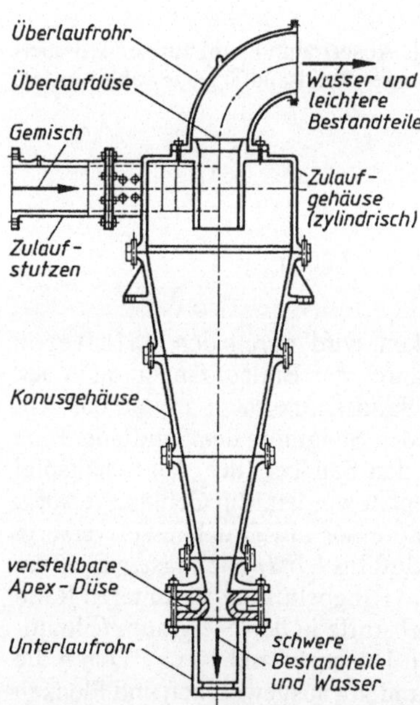

4.49 Querschnitt durch Hydrozyklon

Hydrozyklone sind Zentrifugalabscheider, die vorzugsweise zur Entsandung, Eindickung und auch Klassierung industrieller Trüben und Schlämme eingesetzt werden.

Bild **4.**49 zeigt den Querschnitt eines Hydrozyklons. Bei Hydrozyklonen wird im Gegensatz zur Zentrifuge der Umlauf der Flüssigkeitsströmung nicht durch den Antrieb einer rotierenden Trommel, sondern durch tangentiales Zuführen des Gemisches unter Druck erreicht. Der Zyklon hat keine beweglichen Teile. Er besteht aus:

a) dem zylindrischen Einlaufraum mit tangentialem Einlauf,
b) dem Konusgehäuse,
c) der Überlaufdüse in der Zentralachse des zylindrischen Einlaufraumes und
d) der Unterlaufdüse am unteren Ende des Konusgehäuses.

Die zu entsandende Flüssigkeit wird unter Druck tangential in den Einlaufraum geleitet und dort einer Rotationsbewegung unterworfen. Dabei werden spezifisch schwere Feststoffe gegen die Wandung geschleudert und rutschen dort entlang zur Unterlaufdüse ab. Das spezifisch leichtere Material gelangt ins

Zentrum der Rotationsbewegung und wird mit dem weitaus größeren Flüssigkeitsanteil durch die Überlaufdüse in den Kläranlagenzulauf zurückgeführt.

Hydrozyklone können auf Kläranlagen eingesetzt werden

a) zur Trennung des Sandes aus dem Abwasser bei kleinen Zuflußmengen,
b) zur Auswaschung organischer Bestandteile aus Sandtrüben bei Sandfängen mit geringer selektiver Wirkung,
c) bei fehlenden Sandfängen zur Entsandung von Schlamm aus Absetzbecken.

Der Ablauf der Zyklone ist im allgemeinen ein flüssiges Sand-Wasser-Gemisch. Eine nachträgliche Trennung des Sandes vom Wasser in einem Klassierer, Absetzbehälter oder direkt auf Trockenflächen ist erforderlich. Ein Hydrozyklon wird nach der Trennkorngröße ausgelegt. Kleine Trennkorngrößen erfordern hohe Arbeitsdrücke und kleine Zyklondurchmesser.

Die Wahl eines geeigneten Hydrozyklontyps und die Installation wird zweckmäßig im Einvernehmen mit der Lieferfirma vorgenommen. Typen mit Durchmessern unter 300 mm sind wegen der Verstopfungsgefahr ungeeignet. Der Feststoffanteil der Gemische soll 3% bis 6% nicht überschreiten. Um das dynamische Gleichgewicht im Zyklon zu erhalten, dürfen nur Pumpen mit konstanter Förderleistung (Kreiselpumpen) verwendet werden.

Der Einsatz von Hydrozyklonen für die direkte Abwasserentsandung wird betrieblich wegen der geringen Durchsatzleistung und aus wirtschaftlichen Gründen wegen der hohen Betriebsdruckhöhen auf kleine Abwassermengen beschränkt bleiben.

Von Vorteil gegenüber den konventionellen Sandfängen ist der erreichbare hohe Abscheidungsgrad feiner Korngrößen und der gute Trenneffekt spezifisch leichter organischer Schwebstoffe.

4.4.4 Absetzbecken

Im Absetzbecken vollziehen sich die in Abschn. 4.4.1 beschriebenen physikalischen Vorgänge. Vornehmlich werden die flockigen Bestandteile des Abwassers zurückgehalten, ferner aber auch körnige Teilchen mit kleinerem Korndurchmesser, die von dem vorgeschalteten Sandfang nicht zurückgehalten wurden. Die bauliche Ausbildung der Becken muß folgende Bedingungen erfüllen (**4**.50):

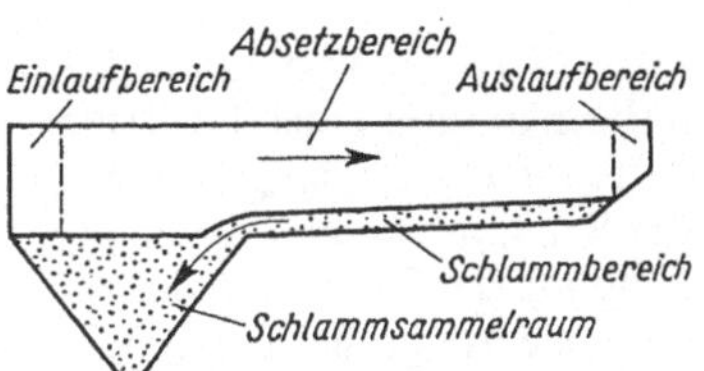

4.50 Absetzbecken (Schema der verschiedenen Beckenbereiche)

1. schnelle Beruhigung des einfließenden Wassers und Vernichtung der kinetischen Energie im Einlaufbereich (Störzone), Länge ≈ der Beckentiefe,

2. Ruhe im Hauptteil, dem Absetzbereich des Beckens, damit der Absetzvorgang gefördert wird,

3. möglichst wenig Störung im Auslaufbereich,

4. besonders stabile und ruhige Strömung im Schlammbereich an der Sohle, damit der abgesetzte Schlamm nicht wieder aufgewirbelt wird,

5. störungsarme Räumung des Schlammes und Weiterleitung in den Schlammsammelraum,

6. Zurückhalten des Schwimmschlammes

Die Absetzwirkung richtet sich nach der tatsächlich vorhandenen Absetzzeit. Die rechnerische Absetzzeit wird als Grundlage der Bemessung eines Beckens gewählt. Man erkennt aus der Absetzkurve (**4**.4), daß die absetzbaren Schwebstoffe sich in der Vorklärung bei 2,0 h Absetzzeit mit 100% absetzen. Man erkennt jedoch, daß bei einer Absetzzeit von 1,5 h schon $\approx$ 95%, bei 1,0 h $\approx$ 90% und bei 0,5 h $\approx$ 83% der Stoffe sich absetzen. Trotzdem bemißt man manchmal für $t_R = 2{,}5$ h oder mehr und berücksichtigt dabei, daß die tatsächliche Absetzzeit geringer ist als die rechnerische. Man bezeichnet das Verhältnis von beiden Absetzzeiten als den hydraulischen Wirkungsgrad eines Absetzbeckens. In England hat man den Verteilungsindex eingeführt. Er ist das Verhältnis der Zeit, in der 90% der Zulaufwassermenge den Auslauf passieren, zu der Zeit, in der 10% durchfließen. Die Messungen sind schwierig. Man hat es mit Färbeversuchen, Salzlösungen, Isotopenmessungen u.a. versucht. Der hydraulische Wirkungsgrad hängt von mehreren Faktoren ab. Die größte Rolle spielen Form und Ausbildung des Ein- und Auslaufes, Beckenform, spezifisches Gewicht und Temperatur des zulaufenden Abwassers und des Beckeninhaltes, Außenluft-Temperatur und Wind, Salzgehalt des Abwassers, unterschiedliche Verschmutzungsgrade u.a. Bestehen beim Mischsystem keine besonderen Regenwasserbecken, dann reduziert sich die Absetzzeit bei Regenwetter erheblich. Mindestens sollte jedoch die Absetzzeit für den Regenwetterzufluß 30 min betragen.

Die Tafeln **4**.27 und **4**.28 machen Angaben über die Bemessungswerte von Absetzbecken und die Verminderung der Schmutzstofffrachten durch den Absetzvorgang.

Entgegen den verbreiteten, optisch bedingten Annahmen muß festgestellt werden, daß in Absetzbecken üblicher Bauart der Fließvorgang, durch Errechnen der Reynoldschen Zahl $Re = \frac{v \cdot R}{\nu}$ (v = Fließgeschwindigkeit, ν = kinematische Zähigkeit von Wasser $= 1{,}31 \cdot 10^{-6}$ m²/s) nachgewiesen, immer turbulent ist [28]. Der hydraulische Radius $R = A/U$ (s. Abschn. 2.5), als Maßstab für die hydraulische Brauchbarkeit des Fließquerschnitts, ist bei Rundbecken 1,6- bis 1,8mal so groß wie bei Rechteckbecken mit vergleichbarer Tiefe. Die Froudesche Zahl $Fr = \frac{v^2}{R \cdot g}$ als Maßstab für die Stabilisierung eines Fließvorgangs nach Störungen, wächst mit kleinerem R. Man kann also sagen, daß das Absetzbecken mit kleinerem R brauchbarer ist. Es ist auch anschaulich erkennbar, daß beim radialen Durchfluß des Rundbeckens ungeordnete Strömungen begünstigt werden.

Der Schlamm wird in Flachbecken zum Trichter geräumt und dann abgelassen, in Trichterbecken direkt aus den Trichtern abgelassen. Die Trichtergröße wird für 1/2 bis 1 Tag Aufenthaltszeit bemessen (Schlammengen nach Tafel **4**.68). Während dieser Zeit dickt der Schlamm noch ein, d.h. er gibt Schlammwasser nach oben in den Absetzraum ab. Die Neigung der Trichtersohlen soll min 1,2 : 1, besser steiler sein. Der Schlamm wird durch einfache Steigrohre DN $\geq$ 150 abgelassen. Damit alle Schlammteile zum Rohreinlauf gelangen, soll die Grundfläche des Trichters nicht größer als $1{,}20 \cdot 1{,}20$ m bzw. ⌀1,20 m sein.

Der hydraulische Überdruck zwischen dem Wasserspiegel des Beckens und der Höhe des Auslaßschiebers am Steigrohr muß immer größer sein als der Reibungsverlust beim Schlammfluß, so daß der Schlamm ohne Hebeanlagen gefördert werden kann. Der Auslaßschieber sitzt 1,0 bis 1,5 m unter dem Wasserspiegel. Vom Schlammablaßschacht am Beckenrand fließt der Schlamm (Wassergehalt > 90%) meist in freiem Gefälle ab. Beim Ablassen durch Betätigung eines Handschiebers kann man Farbe und Konsistenz des Schlammes beobachten. Neben dem Auslaßstutzen hat das Steigrohr einen 2. blind abgeflanschten Stutzen, von dem aus das Rohr zu reinigen ist. Beim automatisch gesteuerten Schlammabzug wird ein magnetischer Durchflußmesser in der Steigleitung betätigt, der auf die Schlammdichte geeicht ist. Die Unterschiede in der Schlammdichte (-viskosität) sind so groß, daß dadurch ein Doppelschütz vor dem Auslauf des Schlammablaßschachtes gesteuert werden kann. Der Schwimmschlamm wird durch einen besonderen Schild des Räumers auf der Wasseroberfläche des Beckens abgeräumt und im Schlammablaßschacht mit dem Sinkschlamm zusammengegeben.

Die gelösten und halbgelösten Stoffe kann man im Absetzbecken auch durch Fällmittel entfernen. Es entstehen in kurzer Zeit große, schwere Flocken, die sich absetzen. Man benutzt zusätzliche Reaktionsbecken mit Aufenthaltszeiten von $\leq$ 20 min und fördert die Durchmischung mit Hilfe von Rührwerken. Das nachgeschaltete Absetzbecken hat eine 2- bis 3fache Schlammenge aufzunehmen. Die Aufenthaltszeit t muß um das 1,5- bis 2fache erhöht werden. Als Fällmittel sind z.B. geeignet

20 bis 30 g Ferrichlorid/m^3 Abwasser

40 bis 50 g Ferrisulfat/m^3 Abwasser

4.4.4.1 Flachbecken

Flachbecken haben waagerechten Durchfluß und bei großer Oberfläche eine Tiefe von 1,0 bis 5,0 m. Man unterscheidet nach der Grundrißform Rechteckbecken, Langbecken und Rundbecken. Der Absetzvorgang oder die vertikale, nach unten zunehmende Konzentration des Schlammes sind die baulich maßgebenden Faktoren.

Rechteckbecken (**4**.51, **4**.53). Das Verhältnis von Breite : Länge soll max 1 : 4 sein, Mindestbreite 5 m. Maßgebend für die Hauptmaße ist das Normblatt DIN 19551 (**4**.51). Es wurde versucht, darüber hinaus Abmessungen festzulegen.

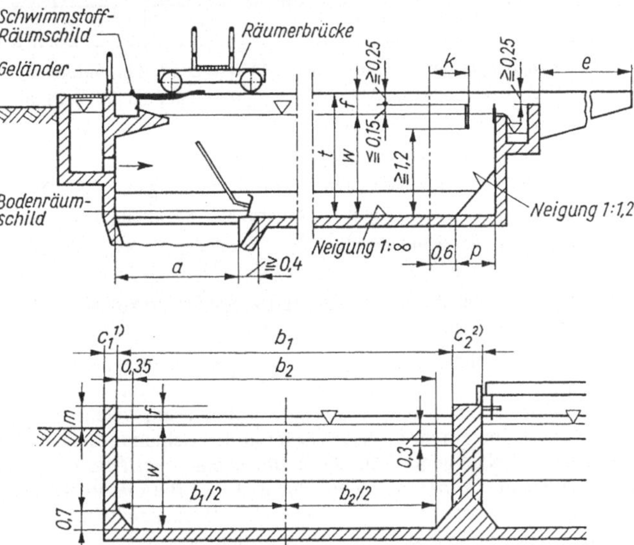

4.51
Rechteckbecken mit Schildräumer nach DIN 19551-1
Maßbezeichnungen der Tafel **4**.23

Bild **4**.51 zeigt zwei nebeneinanderliegende Beckeneinheiten. Der Konstruktion ist bei normaler Beckentiefe den Nennbreiten b_1 je ein Typ Längsräumer zugeordnet, dessen Maße durch die Abmessungen des Beckens, Lage der Tauchwand, Länge des Schlammtrichters, Versetzraum am Beckenende beeinflußt werden. Hat der Räumer ein Schwimmschlammschild mit Räumrichtung zur Beckeneinlaufseite, dann sollen zweckmäßig die Endpunkte für Boden- und Schwimmschlammschild zeitlich zugleich erreicht werden, um den automatischen Steuervorgang zu vereinfachen. Es sollten hier lediglich die Zusammenhänge der Abmessungen aufgezeigt werden. Es ist erkennbar, daß die erforderliche Betriebseinrichtung des Räumers von den Beckenmaßen mit beeinflußt wird. Früher wurde jeder Räumer seinem Becken angepaßt. Die Norm kam in Zusammenarbeit zwischen den

Tafel **4**.23 Maße für Rechteckbecken mit Schildräumer nach DIN 19551-1 (**4**.51) in m

b_1	4	5	6	7	8	10	12	14	16
b_2	3,3	4,3	5,3	6,3	7,3	9,3	11,3	13,3	15,3
b_3 [1]	1,6	2,1	2,6	3,1	3,6	2,6	3,6	3,1	3,6
b_4 [2]	0,45	0,7	0,95	1,2	1,45	1,45	1,45	1,2	1,45
c_1 min [3]	0,25					0,3			
c_2 min [4]	0,7					0,9			
e	3					4			
f	0,4; 0,6; 0,8; 1; 1,2								
m min	0,2; bei zeitweise leeren Becken (z.B. Regenbecken) 0,6								
t [5]	2,4	2,6	2,8	3	3,2	3,4	3,6	3,8	4
a [6]	2,45	2,6	2,75	2,9	3,05	3,2	3,35	3,5	3,65
k min	1,1	0,95	0,8	0,7	0,55	0,4	0,25	0,15	0
p min	0,8	0,85	0,9	0,95	1	1,05	1,1	1,15	1,2
r [7]	2,9	3,15	3,4	3,65	3,9	4,15	4,4	4,65	4,9

[1] Lichtes Maß zwischen den Absetznasen ($\geq 0{,}4$) des Räumschildes
[2] Lichtes Maß zwischen den Absetznasen ($\geq 0{,}4$) und dem Fuß der Längsschräge (0,7/0,35)
[3] Fahrbahnbreite für einen Räumer
[4] Fahrbahnbreite für zwei benachbarte Räumer
[5] Wassertiefe w für Nachklärbecken von Belebungsanlagen $\geq 3{,}0$ m nach ATV-A 131 [1]
[6] Maße a für $b_1 = 14$ und 16 m nach Angaben des Schildräumherstellers
[7] Schwenkradius des Räumschildes

Herstellern der Maschinen und den Bauwerksplanern zustande. Wenn nicht ganz besondere Gründe vorliegen, sollte man die Norm verwenden.

Räumer der Rechteckbecken haben Räumgeschwindigkeiten von $v_r = \max 3$ cm/s. Der Räumschild mit Gummimanschette, Schildhöhe 40 bis 90 cm, gleitet auf der Beckensohle entlang bis zum Trichterrand. Dort ist der Endpunkt auf zwei Betonnasen, welche das Abrutschen des Schlammes ohne Restrand und mit einem gewissen Spiel in den Schlammtrichter gestatten. Danach wird der Schild hochgezogen. Nach jeder Räumfahrt gibt es eine Leerfahrt, $v_f = \max 9$ cm/s. Hierin besteht gegenüber der Rundbeckenräumung ein Nachteil. Die Räumerbrücke kann, mit mehreren Räumschilden ausgerüstet, mehrere nebeneinanderliegende Beckeneinheiten zugleich räumen. Die Beckensohle ist horizontal, Gefälle $1 : \infty$, oder schwach geneigt ($\approx 1 : 300$). Meist liegt der Schlammtrichter gleich unter dem Beckeneinlauf. Bild **4**.52 zeigt konstruktive Einzelheiten für die Ausbildung der Räumerlaufbahnen [12c]. Bei Nachklärbecken mit ≥ 30 m Länge kann man den Transportweg des Schlammes durch eine zweite Abzugslinie ≈ 15 bis 20 m hinter dem Einlauf verkürzen.

Wenn der Schlamm schnell gefördert werden muß, z.B. bei Nachklärbecken von Anlagen mit Denitrifikation oder biologischer P-Elimination, empfiehlt sich der Saugräumer (**4**.53). Es gibt ihn als hydraulischen Heber (**4**.53b) oder mit unten liegender Pumpe und Absaugleiste (**4**.53b). Besser regulierbar ist die Pumpenversion, evtl. durch Frequenzumformer oder speicherprogrammiert (SPS). Bei großen Beckenbreiten müssen evtl. mehrere Pumpen nebeneinander absaugen.

Die Vorbelüftung ist ein Mittel, um nicht mehr frisches Abwasser (Dükertransport, lange Fließwege) mit Luft anzureichern. Die Belüftungszeit ist kurz und beträgt 10 bis 20 min. Als Belüf-

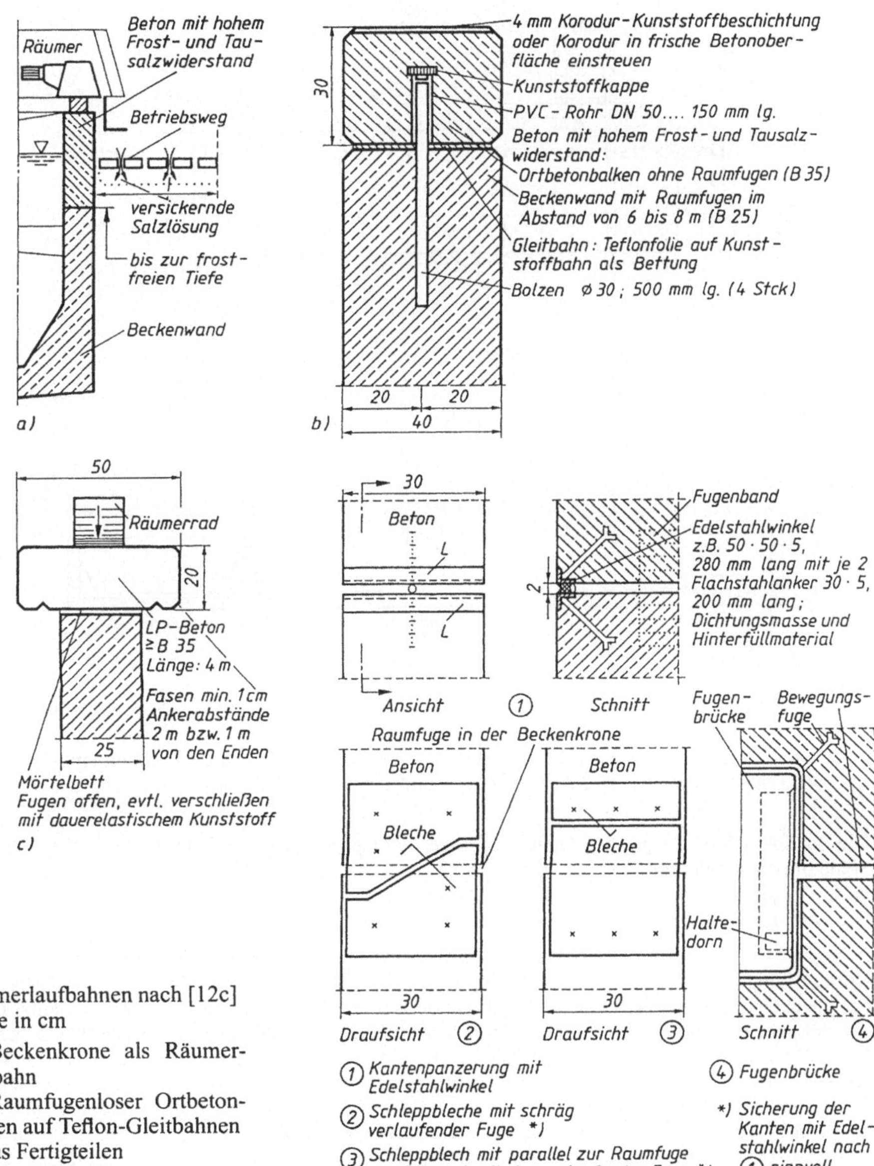

4.52
Räumerlaufbahnen nach [12c]
Maße in cm
a) Beckenkrone als Räumerlaufbahn
b) Raumfugenloser Ortbetonbalken auf Teflon-Gleitbahnen
c) aus Fertigteilen
d) Fugenübergänge

tungsaggregat werden meist Oberflächenbelüfter (Rotoren, Kreisel) benutzt. Bei stark fetthaltigem Abwasser (Anlagern der Luftblasen an Fetteile und dadurch verstärktes Auftreiben) empfiehlt sich eine längere Belüftung von 30 bis 40 min (s. Abschn. 4.5.2).

In Nachklärbecken von Belebungsanlagen wird der Pendelschildräumer eingesetzt. An der Räumerbrücke sind zwei Räumschilde an je zwei unterschiedlich langen Drahtseilen aufgehängt.

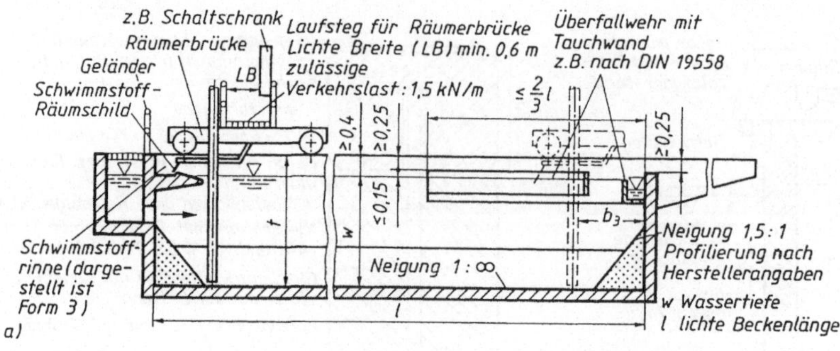

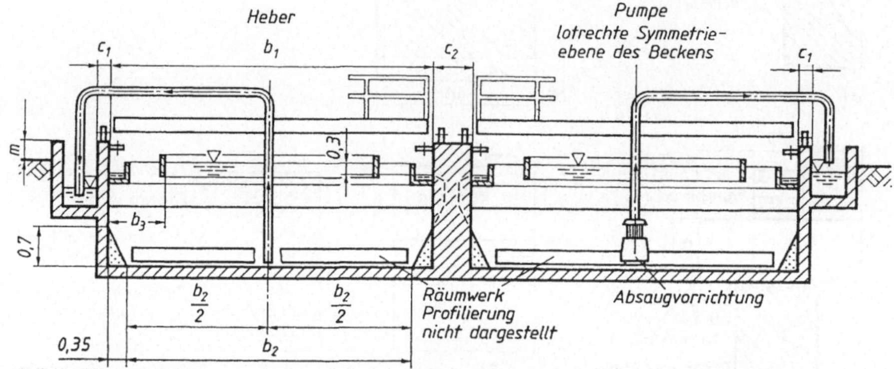

Brücke, Räumwerk, Absaugvorrichtung, Schwimmstoffrinne, Zulauf und Ablauf sind als Beispiel dargestellt.
b)

4.53 Rechteckbecken mit Saugräumer nach DIN 19551-4. Maße und Bezeichnungen wie in Tafel **4.23**, jedoch max $b_1 = 12$ m, b_3 durchgehend 1 m

Die Schilde nehmen durch den Gleitwinkel eine schräge Stellung zur Bewegungsrichtung ein. Der Schlamm gleitet an ihnen entlang in eine flache Bodenrinne, die in der Längsachse des Beckens verläuft. Die Brücke führt außerdem eine Schlammpumpe mit, welche laufend den Schlamm abzieht. Die Schilde pendeln mit der Fahrtrichtung. Es gibt keine Leerfahrten.

Langbecken unterscheiden sich von Rechteckbecken nur durch das Seitenverhältnis. Etwa ab Breite : Länge $\approx 1 : 8$ bis zu Verhältnissen von 1 : 20 und kleiner bezeichnet man ein Becken als Langbecken. Bei diesen Becken ist wegen der langen Leerfahrt eine Bandräumung vorteilhaft. Der Bandräumer besteht aus zwei endlos umlaufenden Kettenbändern an jeder Beckenlängsinnenseite. Im Abstand von 3 bis 5 m sitzen darauf die festmontierten Schlammschilde, welche auf dem Beckenboden Sinkschlamm, oben, aber nicht immer, Schwimmschlamm abräumen. Die Schlammentnahmen für beide Schlammarten liegen entgegengesetzt (**4.**136). Es sind auch Langbecken ausgeführt worden, deren Länge dadurch reduziert wurde, daß man die beiden Hälften übereinander anordnete (Kläranlage Hamburg-Stellinger Moor). In jedem Beckenteil läuft ein Bandräumer. Beide Räumer befördern den Schlamm in einen gemeinsamen Schlammtrichter.

Flachbecken unterscheiden sich voneinander durch verschiedene Ein- und Auslaufkonstruktionen. Hier werden immer wieder neue Vorschläge angeboten.

Die üblichsten Beckeneinläufe sind der Stengeleinlauf (**4.**67) aus Rohren mit im Abstand von 5 bis 10 cm davorgesetzten Kugelschalen, der Coanda-Feeder (**4.**55), der Beruhigungsrechen (**4.**64), die tiefe Tauchwand (**4.**54), der Geigereinlauf aus T-förmigen

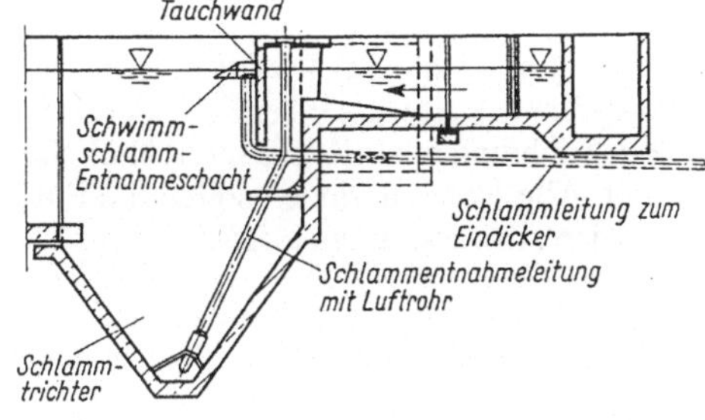

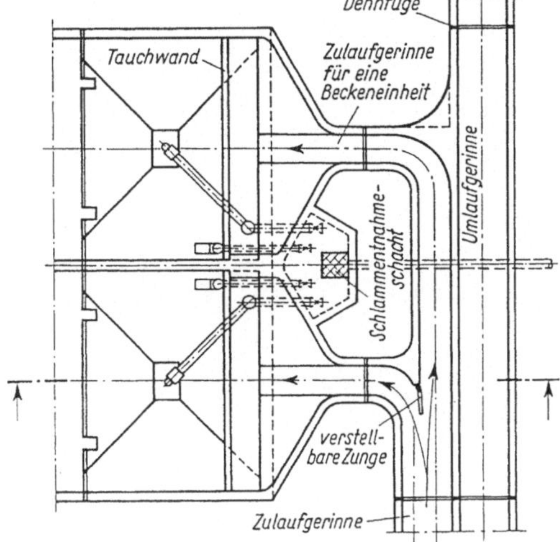

4.54 Einlaufbauwerk für ein Rechteckbecken (Emschergenossenschaft)

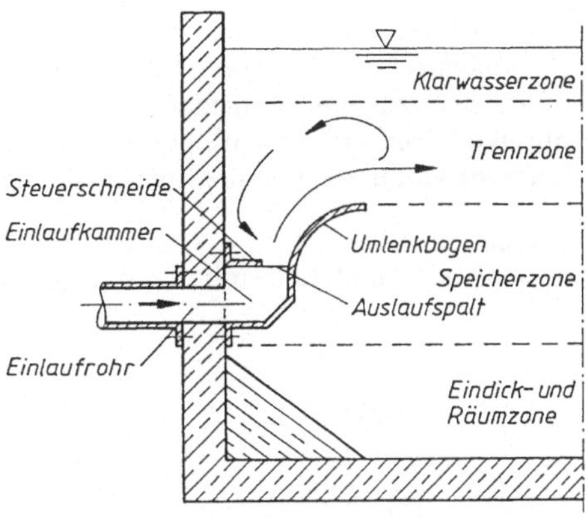

4.55 Coanda-Feeder. Zur Verkürzung der horizontalen Einströumng bei rechteckigen Nachklärbecken

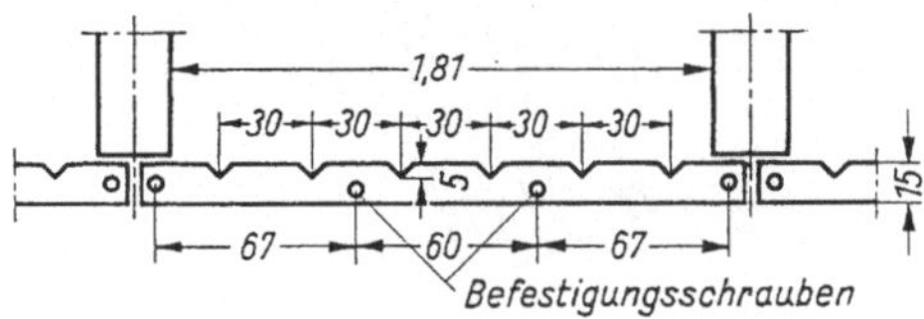

4.56 Gezackte Überlaufbleche an einer Überlaufrinne

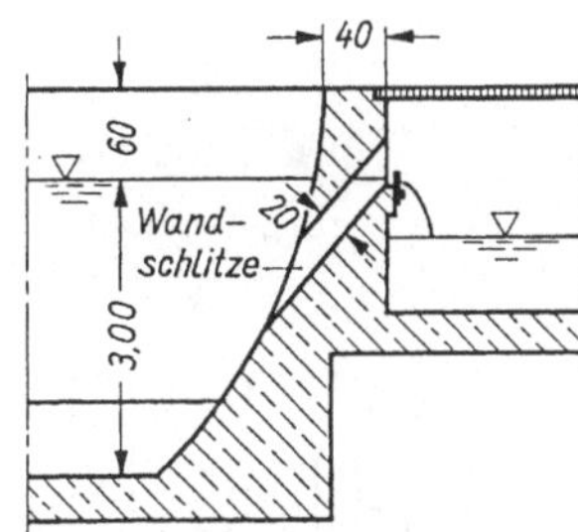

4.57 Auslauf eines Rechteckbeckens mit horizontalem Schrägschlitz

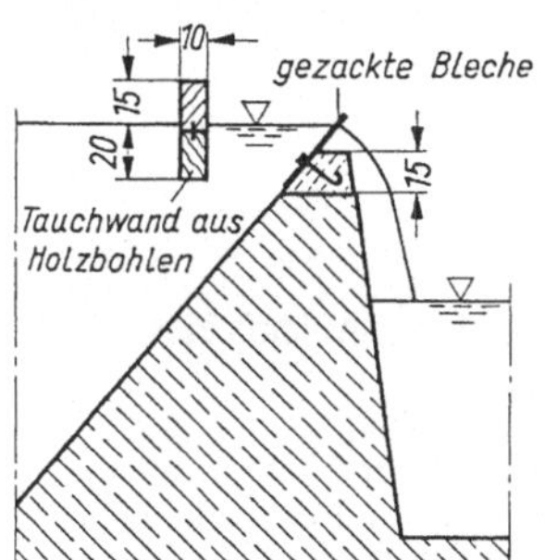

4.58 Auslauf eines Rechteckbeckens mit Tauchwand und gezackten Blechen

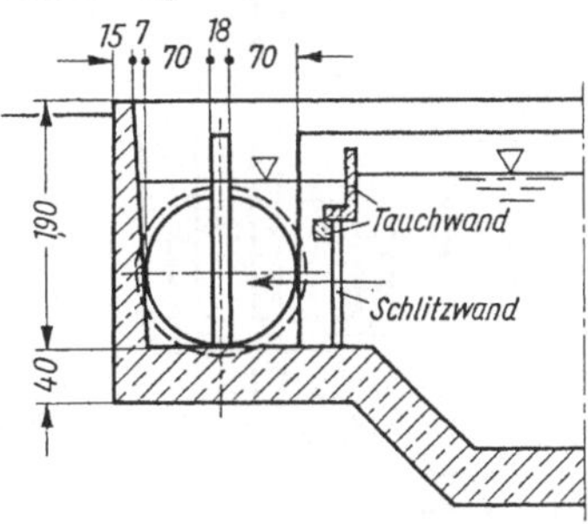

4.59
Auslauf eines Rechteckbeckens mit Schlitzwand (Emschergenossenschaft)

Rohrstücken, deren Ausläufe gegeneinander gerichtet sind, die Rückwärtseinläufe bei Rechteckbecken als vorgezogene Querrinnen, aus denen das Abwasser seitlich oder nach unten, aber zunächst entgegen der eigentlichen Fließrichtung austritt und schließlich die normale Überlaufkante mit geschlitzter Tauchwand. Alle Konstruktionen sollen die Einlaufzone verkürzen und die Energie des ankommenden Abwassers zerstören.

Die üblichsten Beckenausläufe sind die glatte (selten) und die gezackte Überlaufkante (**4**.56, **4**.58 und **4**.60) mit durch Schrauben an der Blechwand befestigten Blechen oder

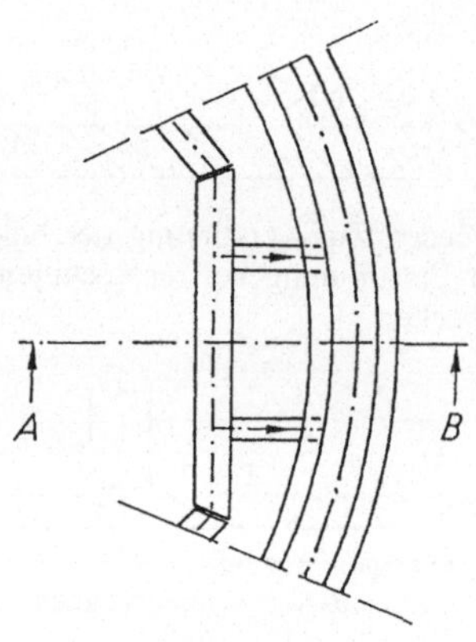

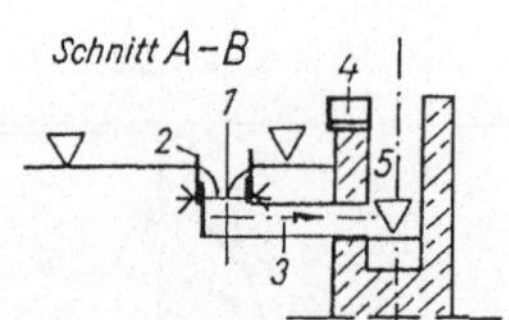

4.60
Ablauf von Nachklärbecken mit vorgesetzter Rinne
1 Rinne aus Blech oder Kunststoff
2 Zahnwehr (höhenverstellbar)
3 Rohrstutzen mit Vorschweißflanschen
4 Fahrbahn für Räumer aus Betondielen
5 Ablaufrinne aus Ortbeton

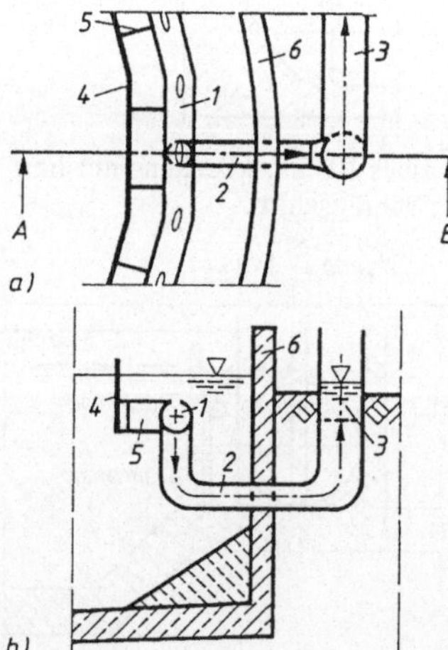

4.61
Schematische Darstellung des Tauchrohr-Ablaufs eines Nachklärbeckens
a) Draufsicht Tauchrohr mit Sammelablauf
b) Vertikalschnitt A-B durch Tauchrohr und Sammelablauf
Die Einhaltung der Wasserspiegelhöhe im Becken kann durch verschiedene Konstruktionen gesteuert werden.
1 Tauchrohr (gelocht), die Tauchrohre können auch radial angeordnet sein (s. ATV-AB des Fachausschusses „Absetzverfahren" in KA 02.97 und **4**.71).
2 Sammelablauf
3 Offenes Gerinne
4 Tauchwand
5 Halterungen für die Tauchwand
6 Beckenwand

PVC-Platten, welche höhenverstellbar sind. Beide haben bei Vorklärbecken eine davorgesetzte Tauchwand. Der Beruhigungsrechen (Emscherrechen), der horizontale Schrägschlitz (**4**.57) und die Schlitzwand (**4**.59) werden ohne Tauchwand bei größeren Becken verwendet. Die Konstruktionen sollen den Auslaufbereich verkürzen und das Übertreten von Schlammteilchen in die Auslaufrinne verhindern.

Das Tauchrohr ist eine Ablaufkonstruktion, vornehmlich für runde Nachklärbecken zur gleichmäßigen Klarwasserentnahme, verteilt über den Beckenumfang (**4**.61). Eine ringförmig verlegte Leitung wird ca. 300 mm unter der Wasseroberfläche als gefülltes Rohr betrieben. Durch Schlitze im Rohrscheitel tritt das geklärte Abwasser ein. Der horizontale Abstand der Rohrachse wird mit 1,0 bis 1,5 m vom Beckenrand gewählt. Ein Sammelablauf führt dann vom Tauchrohr durch die Beckenwand.

Durch einen relativ großen Durchmesser des Tauchrohres erhält man kleine Strömungsgeschwindigkeiten. Damit werden die Reibungsverluste der ablauffernen Abflüsse gering und die Abflußmenge über den Beckenumfang sehr gleichmäßig. Bei größeren Becken lohnt sich die Abstufung des Tauchrohrdurchmessers. Lagerung des Tauchrohres erfolgt auf Konsolen von der Beckenwand her.

Rundbecken (**4**.62) haben meist radialen, von innen nach außen gerichteten Durchfluß, bei großer Oberfläche und einer Tiefe zwischen 2,5 bis 5,0 m. Der Grundriß ist rund. Das Verhältnis von Beckendurchmesser : mittlerer Beckentiefe liegt bei 10 : 1 bis 20 : 1. Es nimmt mit steigendem Durchmesser zu. Die Durchmesser liegen bei 12 bis 60 m. Die Normalausführung richtet sich nach DIN 19552 (Tafel **4**.24). Hier sind die gebräuchlichsten Nenngrößen d_1 und Laufkreisdurchmesser d_3 des Räumers von 12 bis 60 aufgeführt. Damit der abgesetzte Schlamm vom Räumerschild in den Schlammtrichter gefördert werden kann, muß der Schlammschild über den Trichterinnenrand hinausragen. Das Maß e schreibt vor, wie weit der Trichterrand von der Außenkante des Mittelbauwerks mindestens entfernt sein soll. Weitere Maße sind für Rundbecken aus DIN 19552, Teil 1 und 2 zu entnehmen.

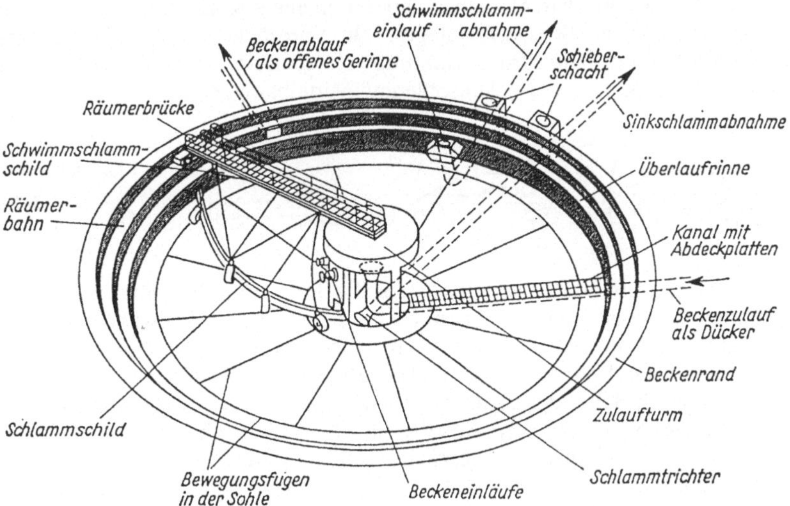

4.62 Rundbecken (Schema der Betriebseinrichtungen)

Tafel **4**.24 Rundbecken mit Räumerbrücke nach DIN 19552-1, Hauptmaße in m, teilweise

<table>
<tr><td>d_1</td><td>12</td><td>13</td><td>14</td><td>15</td><td>16</td><td>17</td><td>18</td><td>20</td><td>22</td><td>24</td><td>26</td><td>28</td><td>30</td><td>32</td><td>35</td><td>40</td><td>45</td><td>50</td><td>60</td></tr>
<tr><td>$c \geq$</td><td colspan="8">0,25</td><td colspan="5">0,3</td><td colspan="3">0,4</td><td colspan="3">0,5</td></tr>
<tr><td>d_2</td><td colspan="4">2; 3</td><td colspan="9">3; 4</td><td colspan="6">4; 6</td></tr>
<tr><td>$e \geq$</td><td colspan="13">0,2</td><td colspan="3">0,3</td><td colspan="3">0,4</td></tr>
<tr><td>$k_1 \leq$</td><td colspan="13">1</td><td colspan="3">1,5</td><td colspan="3">2</td></tr>
<tr><td>$k_2 \leq$</td><td colspan="13">1,8</td><td colspan="3">2,5</td><td colspan="3">3,2</td></tr>
</table>

Wasserspiegel bis Beckenrand $f = 0{,}4$ bis 1,6
Beckenüberstand $m \geq 0{,}2$;
Wassertiefe am Beckenaußenrand $w = 1{,}2$ bis 4 m (Vergleiche **4**.51).
k_1 = Abstand Überlaufkante bis Beckeninnenwand bei einer Rinne; k_2 = Abstand der inneren Rinne bei mehreren Rinnen

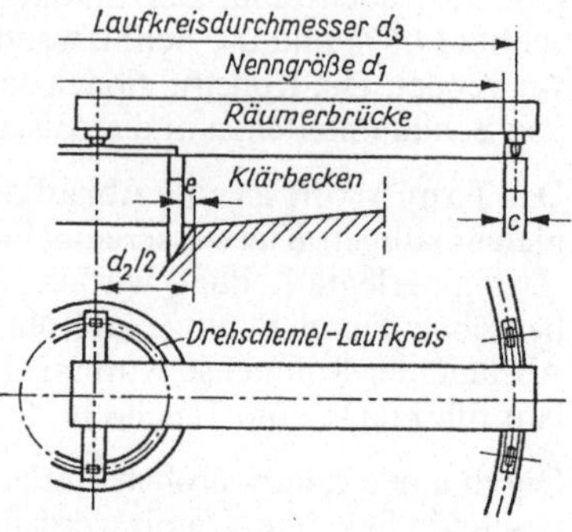

Der Räumer mit Schlammschild ist ständig in kreisender Bewegung. Der Schlamm wandert an dem Schild entlang zum Schlammtrichter in der Mitte. Da sich die Schlammenge zur Mitte hin vergrößert, hat der Schlammschild eine Spiralform mit stets gleichem oder sich zur Mitte vergrößerndem Winkel α zwischen Tangente und Verbindungslinie zum Mittelpunkt. Damit wird die Sohlenneigung entlang dem Schlammschild stetig größer. Die Beckensohle eines Rundbeckens muß stärker als beim Rechteckbecken geneigt sein, weil die Räumung rechtwinklig zur Sohlenneigung erfolgt. Der Schlamm soll durch seine Schwerkraft am Räumschild entlang rutschen. Man wählt Sohlenneigungen von 1 : 7,5 bis 1 : 20. Lange Schlammschilde sind durch Rollenlager unterstützt. In großen Rundbekken benutzt man die 2-Zonen-Räumung oder den Nierskratzer (Jalousieräumer) (**4**.63). Durchgehende Räumschilde sind für schnellen Schlammabfluß jedoch zweckmäßig. Die Räumbrücke ist auf dem Mittelbauwerk durch einen Königszapfen geführt und auf einem Stahlquerträger mit Schienen gelagert. Die Laufräder außen auf dem Beckenrand sind meist aus Gummi. Die Stromzuführung erfolgt in der Mitte durch Schleifring (Aussparungen für Kabelrohr in Beckensohle und Mittelbauwerk).

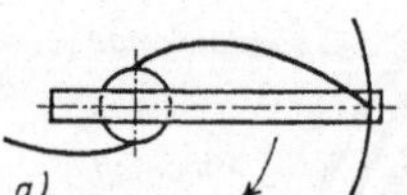

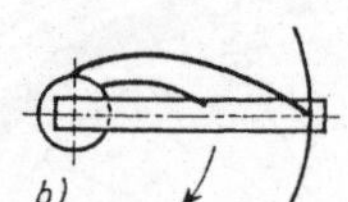

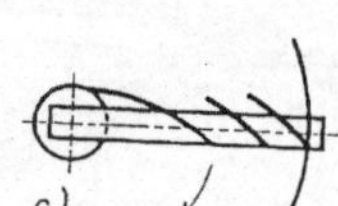

4.63
Formen von Räumschilden
a) Spiralform
b) Zweizonenräumer
c) Nierskratzer

Schwieriger als beim Rechteckbecken ist die Schwimmschlammabnahme. Der Schwimmschlammschild ist nicht genau radial, sondern zur Außenwand nach rückwärts verschwenkt, so daß der Schlamm nach außen am Schild entlang wandert. Er wird am Beckenrand durch einen Einlauftrichter abgenommen, an dem sich das letzte Ende des Schildes durch Scharnierdrehung vorbeiklappt (**4**.62). Der Rücklaufschlamm von Belebungsanlagen soll nach dem Absetzen im Nachklärbecken möglichst schnell wieder in das Belebungsbecken zurückgebracht werden. Eingesetzt wird u.a. der Saugräumer (**4**.65). Die kurzen Räumschilde bilden Schlammtaschen, aus denen der Schlamm durch Saugrohre oder Saugdüsen abgezogen wird. Die Rohre entleeren in einen Sammelbehälter in Beckenmitte, entweder durch Überdruck zwischen Wasserspiegel und Schlamm-

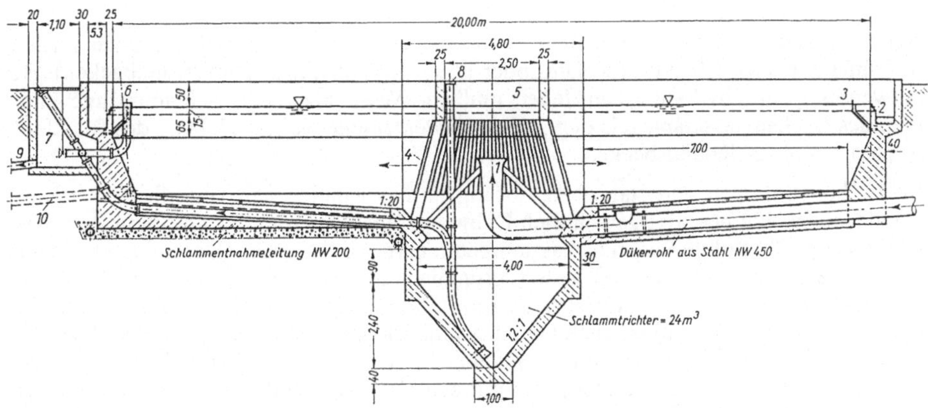

4.64 Schnitt durch ein ausgeführtes Rundbecken mittlerer Größe ($d = 20{,}0$ m) mit Einlaufrechen

1 Zulauf
2 Ablaufrinne mit Gefällebeton
3 Tauchwand aus PVC-Material
4 Beruhigungsrechen
5 Mittelbauwerk
6 Schwimmschlammentnahme
7 Schlammentnahmeschacht
8 Blindflansch mit Druckluftanschluß
9 Schlammleitung zum Eindicker
10 Grundablaßleitung

spiegel, durch Heberleitung oder durch Pumpen in jedem Saugrohr. Von dort fließt der Schlamm über das Rücklauf-Rohr ab. Saugrohre beginnen ≈ 10, Saugdüsen ≈ 5 cm über der Beckensohle. Bei Nachklärbecken mit $\varnothing \leq 30$ m genügt eine Räumerbrücke über den Beckenradius, bei ⌀25 bis 40 m kragt die Brücke mit insgesamt $1{,}5 \cdot$ Beckenradius über, bei $\varnothing > 40$ m sollte die Brückenlänge dem Beckendurchmesser entsprechen. Die Einrichtungen zur Förderung des Rücklaufschlammes sollten für ein RV $= 1{,}5 \cdot Q_t$ bzw. $1{,}0 \cdot Q_m$ bemessen sein, die Förderleistung aber stufenlos zurücknehmbar sein. Die Durchmesser der Saugrohre sind so zu wählen, daß $v = 0{,}4$ bis $1{,}0$ m/s beträgt. Die Umlaufge-

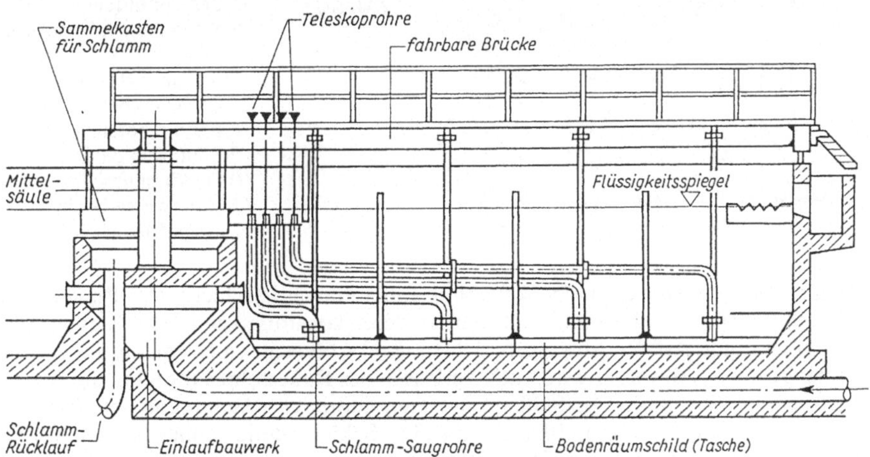

4.65 Saugräumer in einem Rundbecken (Schnitt durch die Mittelachse)
(Maße nach DIN 19552-2) – Rechteckbecken mit Saugräumer nach DIN 19551-4

schwindigkeit des Räumers am Beckenrand liegt bei 2 bis 4 cm/s. Saugräumer fördern in Schlammrinnen (Rechteckbecken) oder in einen Schlammschacht (Rundbecken). Bei Anwendung eines hydraulischen Hebers muß der Wasserspiegel der Schlammrinne unterhalb des Beckenwasserspiegels liegen. Dies bedeutet eine weitere Hebung des Rücklaufschlammes ins Belebungsbecken.

In der konstruktiven und statischen Lösung ist das Rundbecken vorteilhaft. Auch die Rundbeckensohle benötigt gewöhnlich Dehnungsfugen. Es sind jedoch schon Rundbekken mit $d \leq 50$ m ohne Fugen in Vakuumbeton hergestellt worden. Der Schlammtrichter mit Mittelbauwerk erfordert oft andere grundbautechnische Maßnahmen als der übrige Beckenteil (Senkbrunnen, Auftriebssicherung). Verhältnismäßig selten sind Rundbecken mit transversalem Durchfluß, auch Gleichstrombecken genannt. Der Abwasserdurchfluß geht hier von einer Beckenseite zur anderen. Man versucht die hydraulischen Vorteile des Rechteckbeckens trotz runder Form mit den Vorteilen bei der Schlammräumung des Rundbeckens zu verbinden.

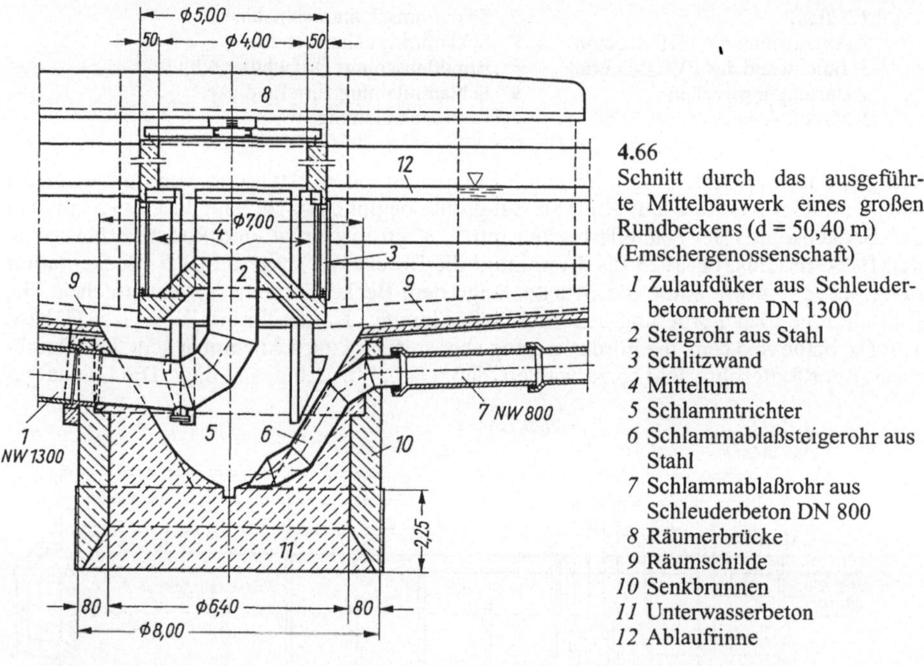

4.66
Schnitt durch das ausgeführte Mittelbauwerk eines großen Rundbeckens (d = 50,40 m) (Emschergenossenschaft)

1 Zulaufdüker aus Schleuderbetonrohren DN 1300
2 Steigrohr aus Stahl
3 Schlitzwand
4 Mittelturm
5 Schlammtrichter
6 Schlammablaßsteigerohr aus Stahl
7 Schlammablaßrohr aus Schleuderbeton DN 800
8 Räumerbrücke
9 Räumschilde
10 Senkbrunnen
11 Unterwasserbeton
12 Ablaufrinne

Normalerweise werden Rundbecken durch Einlaufdüker beschickt. Das Einlaufbauwerk, auch Mittelbauwerk genannt, bedarf besonderer konstruktiver Überlegungen, die sich nach Menge und Art des Abwassers richten. Bild **4.**66 zeigt einen Einlauf für große Wassermengen. Das Abwasser wird nach Verlassen des Dükerrohres direkt in die horizontale Fließrichtung überführt. Der Schlamm gelangt nur durch Räumung in den Trichter. Bild **4.**64 zeigt ein Rundbecken mittlerer Größe. Die Schlammteile können hier auch auf direktem Weg, durch Absinken, in den Trichter gelangen. Diese Möglichkeit ist nur vorzusehen, wenn nicht die Gefahr besteht, daß der Wasserstrom den Trichter auskolkt und damit dem Schlamm keine Möglichkeit zum Absetzen läßt. Bild **4.**67 zeigt den Einlauf eines

Tafel **4**.25 Schlammräumsysteme für Nachklärbecken von Belebungsanlagen nach [39d]

Beckenart	Räumsystem	Räumung des Bodenschlamms	Räumung des Schwimmschlamms	Schlammentnahme und Weiterförderung	Anwendung
Flachbecken, rechteckig oder rund; horizontaler Durchfluß	Schildräumer	Gerader (Rechteckbecken) oder gebogener Bodenschild (Rundbecken) schiebt den Schlamm in einen Trichter oder in Abzugsöffnungen	durch Schwimmschlammschild	Durch Wasserüberdrück ≥ 0,5 m WS über Steigleitung in einen Pumpenschacht. Von dort durch Pumpen, Schnecken oder Drucklufttheber.	Rundbecken mit starker und Rechteckbecken mit horizontaler oder schwach geneigter Sohle
	Saugräumer	Der Bodenschild ist in der Draufsicht V- oder X-förmig geknickt. An den Einknickpunkten sitzt das Absaugrohr. Saugdüsen sind gerade, in der Ansicht ein flaches Dreieck. Bodenbreite ist durch mehrere Saugrohre abgedeckt.	durch Schwimmschlammschild	Mit Drucklufttheber, Tauchpumpen, Propellerpumpen oder hydraulischem Heber in Schlammrinne mit min$J$ = 0,4%, Rücklaufmenge variabel durch polumschaltbaren Motor, Frequenzsteuerung oder das Prärotationsprinzip	Rundbecken und Rechteckbecken mit horizontaler oder schwach geneigter Sohle
Flachbecken, rechteckig; horizontaler Durchfluß	Bandräumer	Räumbalken aus Holz oder Stahl an umlaufenden Ketten (Abstand 3 bis 5 m) schieben den Schlamm zum Abzugspunkt.	Skimrinne	wie beim Schildräumer	Lange Rechteckbecken und mehrstöckige Rechteckbecken
	Pendelschildräumer	Die Bodenschilde stellen sich durch unterschiedlich lange Seile schräg zur Räumrichtung. Der Schlamm rutscht am Schild entlang in eine Bodenrinne. Geräumt wird bei Hin- u. Rückfahrt.	durch Schwimmschlammschild in einer Richtung	Aus der Bodenrinne mit Drucklufttheber oder Pumpe in eine Schlammrinne parallel zur Beckenlängswand.	Längere Rechteckbecken mit zwei Abzugspunkten
Trichterbecken; vertikaler oder horizontaler Durchfluß	Steigleitung	Maschinelle Räumung entfällt. Schlamm sinkt in den/die Trichter. Schlammabzug durch Steigleitungen und hydraulischen Überdruck in Schlammschacht.	meist ohne	Mit Schöpfrad oder Pumpe	Dortmundbecken
	Druckluftheber oder Pumpe	Abzug aus Trichterspitze und Weiterförderung in Rohrleitung. Nur kurze Förderstrecke bei Drucklufthebern	meist ohne	s. Räumung	Dortmundbecken

kleinen Rundbeckens mit Stengeleinläufen. Das teilweise Abwärtsströmen des Wassers ist erwünscht. Es soll soviel Schlamm wie möglich direkt durch den Blechtrichter in den darunterliegenden Schlammtrichter abrutschen.

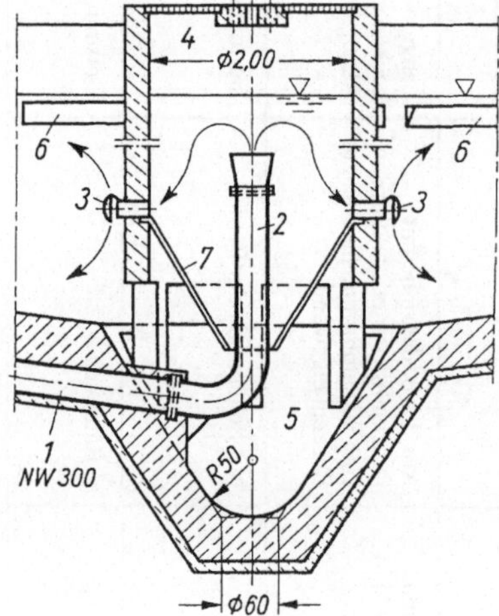

4.67
Schnitt durch das Mittelbauwerk eines kleinen Rundbeckens ($d = 13{,}0$ m)
1 Zulaufdüker aus Stahl DN 300
2 Steigrohr
3 Stengel-Einläufe
4 Mittelturm
5 Schlammtrichter
6 Beckenauslauf (horizontale Schrägschlitze)
7 Blechtrichter

Besondere Überlegungen hat man auch immer wieder dem Dükerauslauf selbst gewidmet, teilweise mit der Absicht, das Abwasser besser über die Tiefe des Beckens zu verteilen. Durch die Coanda-Tulpe **4.**68 wird der vertikal nach oben gerichtete Zulauf in die horizontale Richtung umgelenkt. Die gleichmäßige Verteilung des Beckenzulaufs über den gesamten Zulaufbereich führt zu verbesserten Absetzbedingungen für den belebten Schlamm. Die Strömungen sind zu berechnen und die Konstruktion ist den Beckenabmessungen anzupassen.

Der Strömungsverlauf konnte nach Messungen optisch dargestellt werden. Zunächst wird der Zulauf von der vertikalen in die horizontale Richtung umgelenkt. Dabei entsteht eine Strahlaufweitung, die etwa der Höhe der aufgesetzten Leitbleche = 1,25 m entspricht. Nach Verlassen der Coanda-Tulpe taucht der Strahl wegen der höheren Dichte in tiefere Zonen ab und bewegt sich zum Beckenrand. Dabei nimmt die Geschwindigkeit ab. Am Beckenrand ist die Strömung zur Klarwasserabnahme aufwärts gerichtet.

Ähnliche Vorschläge gibt es für die Ablaufvorrichtungen von Absetzbecken, z.B. Wasserabzug, durch gelochte Rohre unterhalb des Schwimmschlammspiegels statt Überlaufkanten oder Bodenschlammräumung durch ein Drehrohrsystem (Fa. Totzke) für Rechteckbecken als Ersatz für einen Räumer.

4.4.4.2 Trichterbecken

Der Unterschied zu den Flachbecken liegt in der Sammlung des Schlammes. Bei Trichterbecken ist die Sohle in einen oder mehrere Trichter aufgegliedert, die den sinkenden Schlamm unmittelbar aufnehmen. Kein Räumer stört die Schlammsammlung. Die Becken eignen sich besonders gut für leichten Schlamm, z.B. als Nachklärbecken einer Belebtschlammanlage. Jeder Trichter braucht ein Schlammförderrohr. Es gibt horizontal (**4.**69) und vertikal (**4.**70) durchflossene Trichterbecken. Das Becken in **4.**69 läßt sich durch Einfügen von Quer- und Längsüberlaufrinnen in ein Becken mit vertikalem Durchfluß umwandeln. Die Trichter haben steile Wände, Neigung 1,7 : 1 (60°). Die vertikale Wasserbewegung mit ihren Vorteilen (vgl. Abschn. 4.4.1.2) kann bei dieser Beckenform

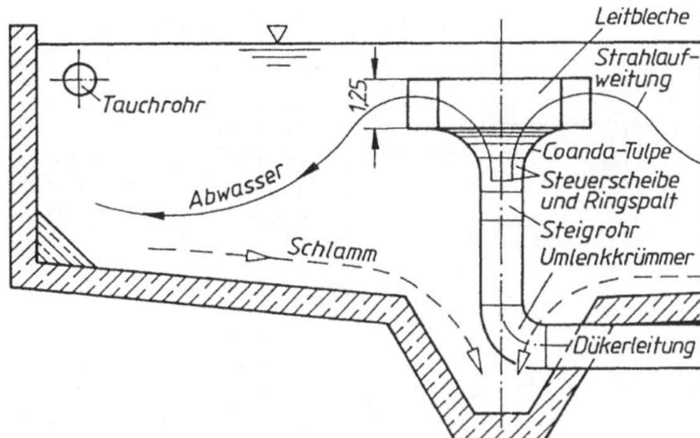

4.68
Rundbecken-Zulauf mit Coanda-Tulpe (Fa. Huber)

besonders gut ausgenutzt werden. Bei Flächenbelastungen $q_A \geq 0{,}8$ m/h bildet sich in Nachklärbecken von Belebungsanlagen ein Flockenfilter. Die Gefahr des Schlammverlustes durch Übertreiben der Schlammteile ist dann verringert. Ein konstruktiver Nachteil ist bei größeren Durchmessern bzw. Rechteckabmessungen die proportional wachsende Tiefe der Trichterbecken. Hierfür gilt auch das in Abschn. 4.4.4.4 für zweistöckige Anlagen Gesagte.

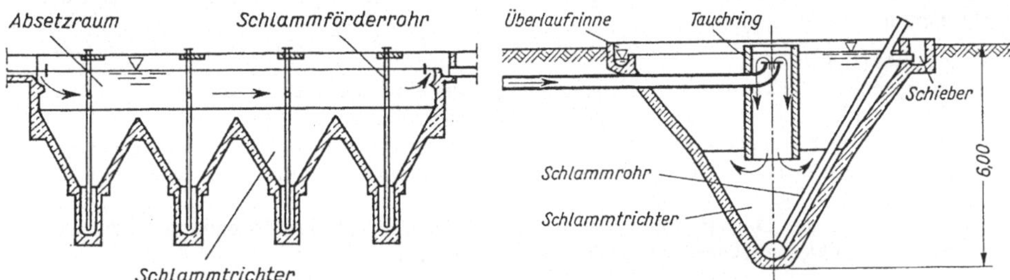

4.69 Horizontal durchflossenes Trichterbecken

4.70 Rundes Trichterbecken (Dortmundbrunnen)

4.4.4.3 Rundbecken mit zentral angetriebenem Räumer

Eine gute Lösung sind für kleine Rundbecken zentral angetriebene Räumer (**4.**71). Die Einlaufrinne aus Stahl und der Tauchzylinder hängen an der Brücke. Die Beckensohle soll geneigt sein ($\geq 1:5$), damit der Schlamm zur Mitte wandert. Wegen der beidhüftigen Belastung der Antriebswelle wählt man zwei Räumschilde. Anstelle von offenen Ablaßrohren kann man Tauchrohre verwenden.

4.4.4.4 Zweistöckige und kombinierte Absetzanlagen

Diese Absetzanlagen sind in den Anfängen der Klärtechnik vorwiegend aus wirtschaftlichen Gründen entwickelt worden. Bei Neubauten werden sie nur noch selten, z.B. bei Platzmangel, angewandt.

Als Vorteile kann man ansehen:

Kurze Fließwege des Schlammes; Einsparung eines selbständigen, beheizten Faulraumes durch einen zwar unbeheizten aber dennoch durch das Darüberwegströmen des Abwassers wärmetechnisch verhältnismäßig optimal gehaltenen Faulraum; bei schlechtem Untergrund Ausnutzung des Gründungsraumes oder bei tieferer Gründung nur einmalige Ausführung der Gründungskonstruktion

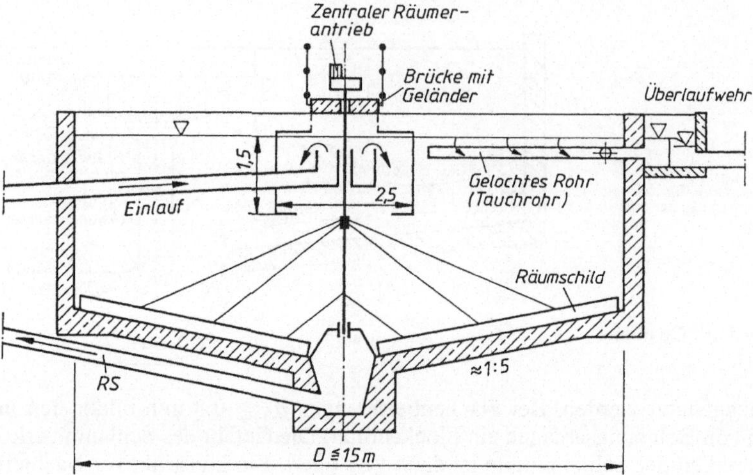

4.71 Rundes Nachklärbecken mit Räumschilden und zentralem Räumerantrieb

(Pfähle, Senkbrunnen, usw.); Einsparung eines Eindickbehälters, da Schlammwasserabgabe in dem Absetzraum ständig möglich ist.

Als Nachteile gelten:
Strömungstechnische Mängel im Absetzraum wegen der als Rutschflächen für den Schlamm schrägen Rinnensohlen; sehr große Faulräume und u.U. keine vollkommene Ausfaulung des Schlammes wegen zu geringer Temperaturen durch fehlende Heizung; meist keine Schlammumwälzung; Anfaulung des Abwassers durch Gärprodukte aus dem Faulraum und damit Beeinträchtigung der biologischen Stufe; bei gutem Baugrund tiefe Gründung, die durch eine teure Wasserhaltung noch erschwert werden kann. Die aufgeführten Gesichtspunkte schränken die Verwendung der zweistöckigen Anlagen auf kleine Kläranlagen i. allg. $\leq$ 15000 EG ein.

Emscherbrunnen (vgl. Bemessungsbeispiel Abschn. 4.7.9). Der konstruktiv einfachste Typ ist der Emscherbrunnen (rund) oder das Emscherbecken (rechteckig) (**4**.72). Eine Fließrinne mit überlappter offener Sohle nennt man Emscherrinne. Der Schlamm des Absetzbeckens rutscht auf den schrägen Sohlflächen, Neigung $\geq$ 1,2 : 1, durch horizontale Schlitze mit einer Schlitzweite von $\geq$ 20 cm in den Faulraum. Aufsteigen kann durch diese Schlitze nur das Schlammwasser. Weder Schlammteile noch Gasblasen gelangen wegen des vertikalen Steigweges durch die überdeckte Öffnung nach oben. Es sollen für den Schlammablaß aus den Trichtern des Faulraumes Steigrohre LW $\geq$ 150 und

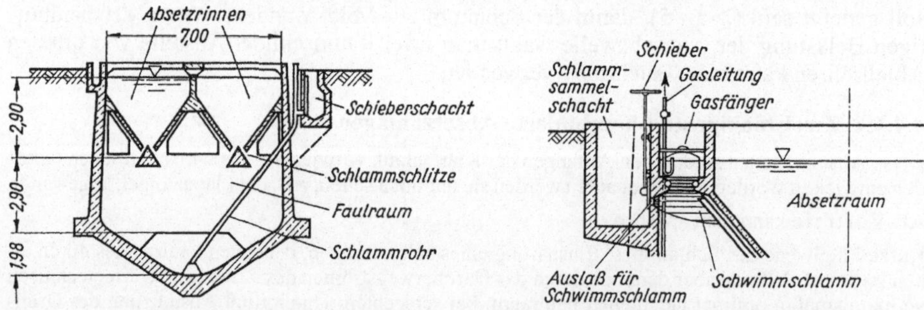

4.72 Querschnitt eines Emscherbeckens

4.73 Gasabnahme am Emscherbecken

Tafel **4.**26 Faulraumgrößen für Emscherbecken nach [24) in l/EG a) und mögliche zusätzliche Belastung mit Fäkalschlamm nach ATV-A 123 [1] in l/(EG · Woche) b)

	Art der Kläranlage				
	Absetzanlage	Tropfkörperanlage schwach- belastet	Tropfkörperanlage hoch- belastet	Belebungsanlage schwach- belastet	Belebungsanlage hoch- belastet
a)	50	75	100	150	100
b)		1	2	3	2

für das Gas besondere Gasentnahmevorrichtungen (**4.**73) vorgesehen werden. Die Aufenthaltszeit des Schlammes im Faulraum kann nach Bild **4.**215 bestimmt werden. Imhoff [24] bezieht die Faulraumgröße auf die Anzahl der angeschlossenen Einwohner (Tafel **4.**26). Als Faulraum gilt der Raum

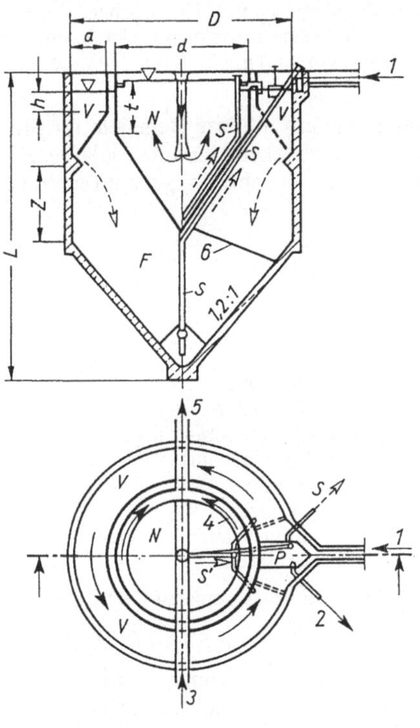

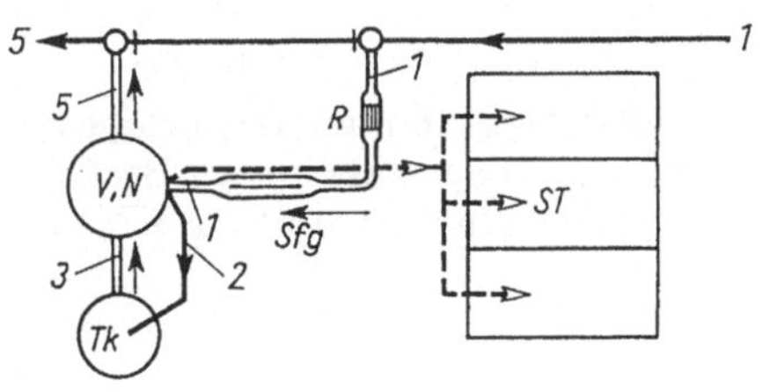

4.74 Kombinierter Emscherbrunnen nach [9]

1 Zulauf
2 Druckleitung zum Tropfkörper
3 Tropfkörperablauf
4 Überlaufrinne
5 Ablauf zum Vorfluter
6 Trennwand
R Rechen
Sfg Sandfang
V Vorklärung
P Pumpen
TK Tropfkörper
N Nachklärung
F Faulraum
S' Nachbeckenschlammleitung
S Leitung für ausgefaulten Schlamm
ST Schlammtrockenplätze

unterhalb der Schlammschlitze. Schwierig ist bei den Emscheranlagen die Abnahme des Schwimmschlammes und die Zerstörung der Schwimmschlammdecke. Dies geschieht durch Öffnungen des Schlammraumes oder neben den Emscherrinnen.

Kombinierte Emscherbrunnen. Böhnke [9] schlägt für kleine Kläranlagen kombinierte Emscherbrunnen vor. Er verbindet die Emscherrinne und den Schlammfaulraum mit einem Dortmundbrunnen und erhält damit Vor-, Nachklärbecken und Faulraum in einem Bauwerk (**4.**74) mit rundem Grundriß. In der Mitte befindet sich der Dortmundbrunnen als Nachklärbecken (*N*). Das Vorklärbecken ist als ringförmige Emscherrinne (*V*), die in beiden Richtungen beschickt werden kann, wodurch man eine gleichmäßige Schlammbelastung des Faulraumes (*F*) erhält, darumgesetzt. Zur Vermeidung eines direkten Wasserflusses vom Ein- zum Auslauf des Vorklärteils wird in den Brunnen unterhalb der Pumpenkammer eine Trennwand (*6*) eingesetzt. Nachdem das Abwasser die Vorreinigung (*V*) durchflossen hat, sammelt es sich in der Pumpenkammer und wird durch die Pumpe (*P*) auf den Tropfkörper (*TK*) gefördert. Der Tropfkörperablauf fließt dem Dortmundbrunnen im offenen Gerinne (*3*) und Fallrohr zu und wird hier nachgeklärt. Der Wasserspiegel in der Nachklärung (*N*) liegt etwa 50 cm höher als der in der Vorreinigung. Dadurch wird es möglich, den Nachklärschlamm (*S'*) durch Wasserüberdruck laufend in die Vorreinigung (*V*) zu geben. Er setzt sich zusammen mit dem Frischschlamm ab und wird auch mit diesem zusammen im Faulraum (*F*) des Emscherbrunnens ausgefault. Eine Mammutpumpe fördert ihn mit Druckluft durch die Leitung (*S*) auf die Schlammtrockenplätze (*ST*).

Maschinell geräumte zweistöckige Absetzanlagen. Als ausgeführte Beispiele für diese Anlagen sollen das Üdemer Becken, die Kremer-Absetzbecken (Kremer Klärgesellschaft, Bonn) und die Anlagen **4.**75 der Fa. Dorr-Oliver, Wiesbaden, genannt werden.

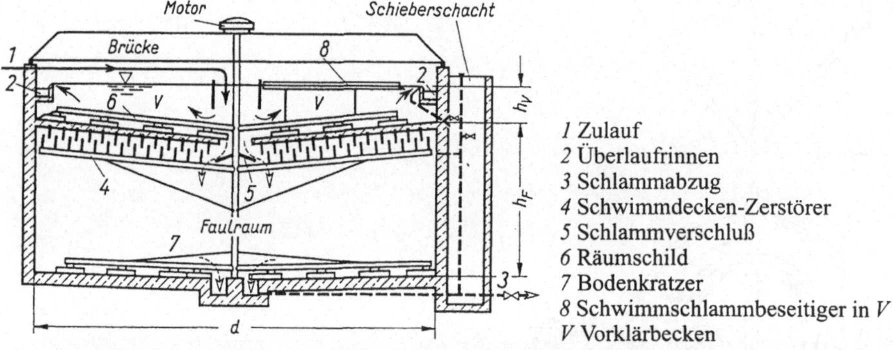

4.75 Maschinell betriebene zweistöckige Anlage nach Dorr-Oliver (Querschnitt durch Rundbecken)

Man verzichtet hier auf die steile Anordnung der Sohlen des Absetzraumes und auch des Faulraumes und räumt den Schlamm auf flach nach innen oder nach außen geneigten Sohlflächen durch meist kombinierte Räumgeräte ab.

Durch bauliche Vorteile wegen der geringen Tiefe gegenüber dem Emscherbrunnen herkömmlicher Bauart ergeben sich wirtschaftlichere Ausführungen.

4.4.5 Flotationsbecken

Unter Flotation versteht man das Auftreiben von ungelösten Schmutzstoffen aus dem Abwasser bis an die Oberfläche mit Hilfe von kleinen Luftblasen. Die flotierten Schmutzstoffe bilden hierbei einen Schwimmschlamm, der durch geeignete Räumvorrichtungen aus dem Flotationsraum entfernt wird.

Die verschiedenen Flotationsverfahren unterscheiden sich durch die Art und Weise der Erzeugung möglichst kleiner Luftblasen. Die älteste Art ist das Aufschwemmen von mineralischen Stoffen mit Hilfe von Schaum. Eine andere Möglichkeit ist die Elektroflotation, bei der das Wasser durch Elektrolyse in Wasserstoff- und Sauerstoffgas zerlegt wird.

Ein sehr wirtschaftliches Verfahren ist die Entspannungs-Flotation.

Sie beruht auf dem physikalischen Gesetz, daß die Menge der in Flüssigkeiten lösbaren Gase sich proportional zu dem Druck verhält, unter dem die Flüssigkeit steht. Bei der Erzeugung eines niederen Druckes (Entspannung) tritt die Luftmenge aus dem Abwasser aus, welche zuvor bei höherem Druck zusätzlich gelöst werden konnte.

Die aus dem gelösten in den gasförmigen Zustand übergehende Luft wird in kleinsten, gleichmäßig verteilten Bläschen frei, ähnlich dem Entweichen des Kohlendioxids beim Öffnen von Brauseflaschen. Diese Luftblasen sind stabil und vereinigen sich schlecht miteinander. Sie steigen langsam auf und bekommen mit den absinkenden und schwebenden Schmutzteilen und Schlammflocken Kontakt. Durch Adhäsion bleiben sie an diesen Teilen hängen und tragen sie nach oben. Dort treten sie nicht sofort aus der Wasseroberfläche aus, sondern bilden eine Blasenschicht. Diese hat große Auftriebskräfte, welche die an die Oberfläche mitgenommenen Schmutzstoffe eindickt.

Die Abwasserreinigung durch das Abtrennen der flotierbaren Inhaltsstoffe und das Eindicken des entstehenden Schwimmschlammes erfolgen zugleich. Die Eindickung ist weitergehender als bei der Schwerkraft-Eindickung. Man kann diese vorteilhafte und zusätzliche Nebenwirkung der Flotation auch als Hauptverfahren anwenden, wie z.B. bei der Flußkläranlage Emschermündung (**4**.21) für den Schwimmschlamm. Gut eignet sich auch der belebte Schlamm für die Eindickung (TS-Gehalt bis 6% ohne, 8 bis 12% mit Flockungsmitteln).

Hauptanwendungsgebiet ist die Reinigung von flotierbarem Industrieabwasser (Verunreinigung mit flockigen, faserigen, fett- und eiweißhaltigen Stoffen), z.B. Schlachthöfe, Seifenfabriken, fleischverarbeitende Betriebe, Papier- und Tuchfabriken, Gerbereien, Brauereien.

Die Reinigungsleistung wird noch gesteigert, wenn außer den Sink- und Schwebstoffen auch Stoffe entfernt werden, die mit Hilfe von Chemikalien ausgeflockt werden können.

Menge und Art der Flockungsmittel werden nach wirtschaftlichen Gesichtspunkten festgelegt.

Die Flotation dient meist zur Vorreinigung mit dem Ziel der Stoffausscheidung und BSB_5-Reduzierung. Manche Industrie-Abwässer werden durch die Flotation für eine biologische Nachreinigung vorbereitet.

Aber nicht nur in der mechanischen Stufe kann die Flotation anstelle von Vorklärung und Voreindickung eingesetzt werden, sondern auch in der biologischen Stufe anstelle der konventionellen Nachklärbecken. Die großen Absetzbecken können dann durch kleinere, ohne Flockungsmittelzugabe betriebene Flotationsbecken mit etwa 30 Minuten Durchflußzeit ersetzt werden. Durch Zugabe von Fällungsmitteln läßt sich auch die dritte Reinigungsstufe durchführen.

Eine weitere Anwendung ist die Entschlammung des Faulwassers.

Auf die Bemessung der Kläranlagenteile hat die Flotation folgende Einwirkung: Bei herkömmlichen Vorklärbecken mit 2stündiger Aufenthaltszeit liegt die Oberflächenbelastung bei etwa 0,8 bis 2,5 $m^3/(m^2 \cdot h)$. Bei der Flotation kann man mit sehr hohen Oberflächenbelastungen von 4 bis 8 $m^3/(m^2 \cdot h)$ und Aufenthaltszeiten von nur 10 bis 30 Minuten arbeiten. Dies bedeutet, daß nur 1/4 bis 1/8 des beim Absetzverfahren erforderlichen Beckenvolumens benötigt wird.

Während beim Absetzvorgang nur die absetzbaren Stoffe, bis etwa 35% der Gesamtverschmutzung, beseitigt werden können, werden bei der Flotation auch nicht absetzbare Stoffe entfernt und so die Schmutzstoffe ohne Flockung um etwa 40%, mit Flockung um etwa 60% verringert. Die biologische Stufe wird dadurch entlastet und kann kleiner bemessen werden.

In den konventionellen Kläranlagen fällt der Primärschlamm mit 4 bis 5% Trockensubstanz und der Sekundärschlamm mit 0,5 bis 1,5% an. Durch die Flotation werden die Schlämme ohne Flockung auf etwa 6%, mit Flockung bis auf 12% Trockensubstanz eingedickt.

Man kann also in wirtschaftlicher Weise Vorklärung und Schlammeindickung auch durch ein Flotationsbecken ersetzen. In überlasteten Kläranlagen erspart die Umfunktionierung auf Flotation den Neubau der entsprechenden Anlagenteile.

Der Energiebedarf der Entspannungs-Flotation liegt bei 0,11 bis 0,16 kWh/m^3 Abwasser. Der untere Wert gilt für größere Anlagen mit einem Stundendurchsatz von etwa 150 bis 300 $m^3/h = 3600$ bis 7200 m^3/d und der obere Wert für kleinere Anlagen mit einem Stundendurchsatz von etwa 40 bis 150 $m^3/h = 960$ bis 3600 m^3/d. Bei Anwendung einer chemischen Flockung kommen die Betriebskosten hinzu, davon entfallen etwa 50 bis 75% auf die Flockungsmittelkosten und 50 bis 25% auf die Energiekosten für die zusätzliche Belüftung des Flockungsbeckens. Bild **4.76** zeigt das Betriebsschema einer Entspannungsflotation.

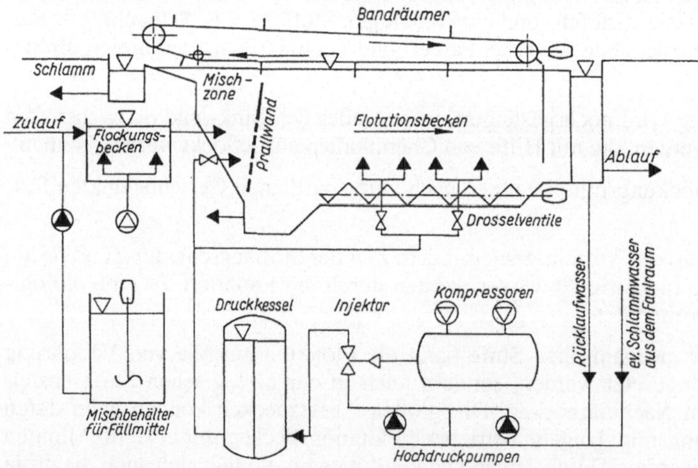

4.76 Schema der Entspannungsflotation mit Fällmittelzugabe

Technologie des Verfahrens. Die Anreicherung der Schlammsuspension mit Luftbläschen erfolgt dadurch, daß ein Teil des geklärten Abwassers als Rücklaufwasser einem Druckkessel zugeführt wird. Hier geht die dem Betriebsdruck entsprechende Luftmenge in Lösung. Das luftgesättigte Wasser wird dann dem Flotationsbecken über Drosselventile entspannt zugeführt. Dabei soll eine hydraulisch wirkungsvolle Verteilung des Druckwassers erreicht werden. Einleitungsstellen sind unterhalb des Beckeneinlaufs und in der Sohle des Flotationsraumes zweckmäßig. Besonders im Einlaufbereich wird eine wirksame Mischzone zwischen Luftblasen und Schlammteilen geschaffen. Das von den aufsteigenden flotierten Teilen abgetrennte Schlammwasser läuft über dem Boden durch eine Tauchwand ab. Der flotierte Schlamm wird durch einen Bandräumer ($v = 25$ bis 35 cm/min, Tauchtiefe der Räumschilde 1,5 bis 2,5 m) gegen die Fließrichtung des Abwassers abgeräumt. Das Blasenluftvolumen wird durch die Aufenthaltszeit des Wassers im Druckkessel bei dem gewählten Betriebsdruck bestimmt. Der Kessel wird für $t_R = 1{,}0$ bis 2,5 min ausgelegt. Der Sättigungsgrad beträgt dann etwa 80 bis 95%. Der Kessel hat Zwischen- oder Etagenwände, die einen Kurzschlußstrom verhindern.

Die Flotationswirkung ist von der Entspannungsdruckdifferenz abhängig. Man wählt einen Druck von 3 bis 4 bar und entspannt auf 1 bar (Normaldruck). Unter 3 bar geht die flotierte Schlammenge zurück, über 4 bar reißt die Schlammdecke auf. Bei Polyelektrolyten als Fällmittel 3,6 bis 4 bar Druck. Das Flotationsbecken wird für 20 bis 30 min, die Misch- oder Anlagerungszone für 0,5 bis 1 min Durchflußzeit bemessen. Die Rücklaufwassermenge kann ein mehrfaches der Abwassermenge (30 bis 250%) ausmachen. Sie ist bei den Durchflußzeiten zu berücksichtigen.

Meist werden die Becken als längsdurchflossene Rechteckbecken (Länge/Breite = 2 : 1 bis 4,6 : 1, Tiefe entsprechend 1,8 bis 3,1 m) ausgebildet.

Die Betriebsparameter für die Schlammeindickung werden im allgemeinen aus Erfahrungswerten abgeleitet. Ohne Flockungsmittel wählt man $B_A \leq 12$ kg $TS/(m^2 \cdot h)$ und $q_A \leq 3\ m^3/(m^2 \cdot h)$, mit Polyelektrolyten als Fällmittel $B_A \leq 18$ kg $TS/(m^2 \cdot h)$ und $q_A \leq 3\ m^3/(m^2 \cdot h)$, für Bemessung $q_A \leq 2{,}3\ m^3/(m^2 \cdot h)$ [35].

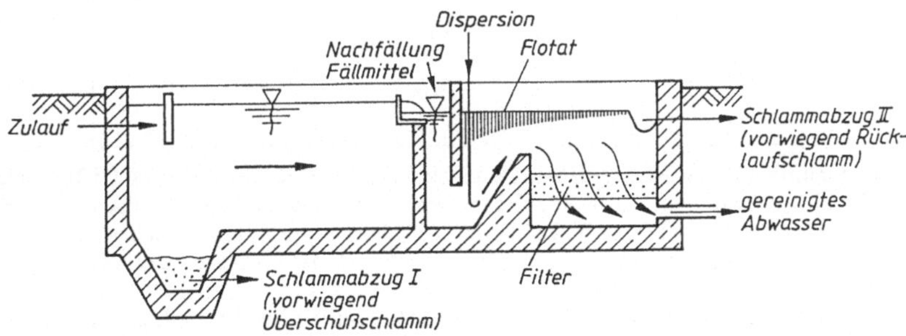

4.77 Kombination einer Flotationsfiltration mit einem Nachklärbecken nach Rosen

4.77 zeigt die Kombination einer Flotation mit Filter und Nachklärbecken. Es lassen sich bei kleineren Rücklaufverhältnissen gleich hohe Biomassen in Belebungsanlagen erzielen. Bei der Schlammbehandlung kann u.U. die Voreindickung entfallen, so daß Kostenvorteile enstehen.

4.4.6 Berechnung von Absetzbecken

Die Bemessung ist abhängig von der Zusammensetzung des Abwassers und dem Verwendungszweck des Beckens. Zu berücksichtigen ist der Fremdwasserzufluß und die Kanalisierungsart des Einzugsgebietes (Trenn- oder Mischkanalisation).

4.4.6.1 Durchflußzeiten (Tafel 4.27)

Angenommen wird die rechnerische Durchflußzeit $t = V/Q$. Für die Bemessung gilt Tafel **4**.27. Als Wassermenge Q ist die das Absetzbecken durchftießende Wassermenge einzusetzen. Bei Vorklärbecken kann diese zusätzlich Schlammwasser aus dem Faulturm oder aus dem Rücklaufschlamm enthalten; bei Nachklärbecken in Tropfkörperanlagen das Rücklaufwasser, wenn es aus der Ablaufrinne entnommen wird. Bei Nachklärbecken von Belebungsanlagen wird die Rücklaufschlammenge nicht bei der Volumenermittlung aus den rechnerschen Durchflußzeiten berücksichtigt,weil Q_{RS} schnell und direkt wieder in das Belebungsbecken zurückgegeben wird. Bei der Bemessung der Trenn-, Speicher- und Eindickzone jedoch wird das Rücklaufverhältnis RV eingesetzt.

Tafel **4**.27 Erforderliche rechnerische Durchflußzeiten t in h und zulässige Flächenbeschickungen q_A in m/h bei Trockenwetterzufluß, maßgebend für die Bemessung.

	Vorklärbecken		Nachklärbecken		Zwischenklärbecken	
	t_{VB} in h	q_A in m/h	t_{NB} in h	q_A in m/h	t_{ZB} in h	q_A in m/h
nur mech. Reinigung	1,5 bis 2,0	2,5 bis 0,8	–	–	–	–
bei chem. Fällung	0,5 bis 0,8	4 bis 2,5	1,5 bis 2,0	1,5 bis 1	1	< 2,5
bei Tropfkörperanlagen	1,7 bis 2,5	1,5 bis 0,8	1,5 bis 2,0	1,5 bis 1	2,5	< 2
bei Belebungsanlagen	0,5 bis 2,0	4 bis 2,5	2 bis 4,0	q_{SV}/VSV	1,5	< 2,5

Tafel **4**.28 Schmutzfrachten im Abwasser in g/(E · d) ohne Berücksichtigung des Schlammwassers nach ATV-A 131 [1]*)

Parameter	Rohab-wasser	Durchflußzeit in der Vorklärung bei Q_t 0,5 bis 1,0 h	1,0 bis 1,5 h	über 1,5 h
BSB_5	60	50	45	40
CSB	120	100	90	80
abf. Stoffe (TS_0)	70	40	35	30
N	11	10	10	10
P	2,5	2,3	2,3	2,3

*) Bei der biologischen Abwasserreinigung werden je kg BSB_5 ca. 0,04 bis 0,05 kg Stickstoff und ca. 0,01 kg Phosphor für den Aufbau der Biomasse benötigt und im Überschußschlamm abgeführt. Der im Schlammwasser des Überschußschlamms zurückgeführte Anteil ist zu berücksichtigen. Dadurch können sich die Frachten im Zulauf des biologischen Teiles bis ca. 20% erhöhen.

Sofern Messungen keine höheren Werte ergeben, sind vor der Kläranlage die unter Rohabwasser genannten Werte anzusetzen. Werden absetzbare Stoffe dem Abwasser durch ein Vorklärbecken entnommen, so kann die Abwasserverschmutzung vor der biologischen Stufe nach Tafel **4**.28 verringert werden.

4.4.6.2 Flächenbeschickung (Tafel 4.27)

Die zulässige Flächenbeschickung hängt von dem Feststoffgehalt und den Absetzeigenschaften des Schlammes ab. Bei vertikal durchflossenen Nachklärbecken der Belebungsanlagen können die Werte q_A der Tafel **4.**27 nach Gl. (4.14) erhöht werden. Für Nachklärbecken ist die Flächenbeschickung maßgebend für die Dimensionierung, auch bei reinem Flockenschlamm.

Bemessung der Nachklärbecken von Belebungsanlagen. Hier sind zusätzliche Nachweise erforderlich, die sich aus dem leichten Belebtschlamm und aus der möglichen Schlammverdrängung in die Nachklärung bei Q_m ergeben. Belebungsbecken und Nachklärbecken bilden klärtechnisch eine Einheit. Zusammenstellung der Berechnungsgrößen in Tafel **4.**29.

Das Nachklärbecken hat folgende Aufgaben:

1. Trennung des gereinigten Abwassers vom belebten Schlamm
2. Eindickung und Sammlung des abgesetzten belebten Schlammes
3. Zwischenspeicherung von belebtem Schlamm, der durch erhöhten Zufluß, i.d.R. bei Regenwetter, aus dem Belebungsbecken verdrängt wird.

Die Absetzwirkung wird beeinflußt von:

1. Bauart des Beckens
2. Schlammvolumen des eingeleiteten belebten Schlammes
3. Flächenbeschickung der Nachklärung
4. Absetzfähigkeit des Schlammes (Schlammindex)
5. Rücklaufverhältnis

Schlammvolumenbeschickung

$$q_{SV} = \frac{q_A \cdot TS_{BB} \cdot ISV}{1000} \quad \text{in} \quad m^3\, TS/(m^2 \cdot h) = \frac{m^3 \cdot kg\, TS \cdot 1\, TS \cdot m^3}{m^2 \cdot h \cdot m^3 \cdot kg\, TS \cdot 1}$$

$$q_{SV} \leq 0{,}450\ m^3/(m^2 \cdot h) \text{ bei horizontal durchströmten Becken}$$

$$q_{SV} \leq 0{,}600\ m^3/(m^2 \cdot h) \text{ bei vertikal durchströmten Becken}$$

Vergleichsschlammvolumen. Bei höherem Schlammvolumen ≤ 250 ml/l wird der Absetzvorgang bei der Ermittlung des Schlammindexes behindert.

Schlammindex, ermittelt nach 30 min Absetzzeit

$$ISV = \frac{SV}{TS} \quad \text{in} \quad \frac{ml}{g} = \frac{ml \cdot l}{l \cdot g}$$

Falls das Schlammvolumen $SV \geq 250$, wird die Probe verdünnt und das Ergebnis mit dem Verdünnungsfaktor multipliziert. Das so ermittelte Schlammvolumen ist das Vergleichsschlammvolumen VSV. Kann wegen fehlender Abwasserproben, z.B. bei Neubauten von Ortsentwässerungen, VSV nicht ermittelt werden, kann man mit den angenommenen Werten TS_{BB} und ISV das VSV errechnen.

$$VSV = TS_{BB} \cdot ISV$$

ISV nach Tafel **4.**29. Bei chemischer Fällung kann sich der Schlammindex erheblich vermindern.

Tafel **4**.29 Berechnungsgrößen für die Bemessung von Nachklärbecken des Belebungsverfahrens

	1. Nachklärbecken mit horizontalem Durchfluß			2. Nachklärbecken mit vertikalem Durchfluß
Bemessungswert	Trockenwetterabfluß Q_t Ablauf $TS_e < 20\,\mathrm{mg}\,TS/\mathrm{l}$ $\Delta TS_{BB} = 0\,\mathrm{mg}\,TS/\mathrm{l}$	Regenwetterabfluß $Q_m = 2Q_x + Q_t$ oder $= 2Q_t$ oder Mischwasserabfluß $Q_m = Q_t(1+m)$ Ablauf $TS_e < 20\,\mathrm{mg}\,TS/\mathrm{l}$ $\Delta TS_{BB} = 0\,\mathrm{mg}\,TS/\mathrm{l}$	$\Delta TS_{BB} > 0\,\mathrm{mg}\,TS/\mathrm{l}$	wie 1.
Schlammindex ISV in l/kg TS oder ml/g TS	Abwasser mit geringem gewerbl. Anteil hohem gewerbl. Anteil	$B_{TS} > 0{,}05$ 100 bis 150 150 bis 180	$B_{TS} \leq 0{,}05$ 75 bis 100 100 bis 150	wie 1.
Vergleichsschlammvolumen VSV in l TS/m^3	$TS_{BB} \cdot ISV$	$TS_{BB} \cdot ISV$	$(TS_{BB} - \Delta TS_{BB}) \cdot ISV$	wie 1.
Trockensubstanzgehalt in der Belebung TS_{BB} in kg TS/m^3	$TS_{BB,t}$ richtet sich nach Berechnung des Beleb.-B.	$TS_{BB,m} = TS_{BB,t}$	$TS_{BB,m} = TS_{BB,t} - \Delta TS_{BB}$	wie 1.
Trockensubstanzgehalt des Rücklaufschlammes TS_{RS} in kg TS/m^3 $TS_{BS} \mathrel{\hat{=}} TS$-Gehalt an der Nachklärbeckensohle $t_E \mathrel{\hat{=}}$ Eindickzeit	$TS_{BS} = \frac{1000}{ISV}\sqrt[3]{t_E}$; $t_E = 0{,}5$ bis $2{,}0\,\mathrm{h}$ $TS_{RS} \sim 0{,}7\,TS_{BS}$ bei Schildräumern $TS_{RS} \sim 0{,}5$ bis $0{,}7 \cdot TS_{BS}$ bei Saugräumern $TS_{RS,m} \sim TS_{RS} + 2{,}0$			wie 1.
Rücklaufverhältnis RV	s. **4**.78 $RV = \frac{TS_{BB}}{TS_{RS} - TS_{BB}}$		$RV = \frac{TS_{BB,m}}{TS_{RS,m} - TS_{BB,m}}$	wie 1.
Volumen des Nachklärbeckens V_{NB} in m^3	$Q_{tx} \cdot t_{NB}$	$Q_m \cdot t_{NB}$; t_{NB} s. Tafel **4**.27		wie 1.
Flächenbeschickung q_A in $\mathrm{m}^3/(\mathrm{m}^2 \cdot \mathrm{h})$	$q_{SV}/VSV = \frac{q_{SV}}{TS_{BB} \cdot ISV} < 1{,}6$			$< 2{,}0$
Zul. Schlammvolumenbeschickung q_{SV} in $\mathrm{l}/(\mathrm{m}^2 \cdot \mathrm{h})$	$q_A \cdot TS_{BB} \cdot ISV = q_A \cdot VSV \leq 450$			≤ 600
Oberfläche des Nachklärbeckens A_{NB} in m^2	Q_{tx}/q_A	Q_{rw}/q_A		wie 1.
Tiefe des Nachklärbeckens $h_{ges} = h_1 + h_2 + h_3 + h_4$ in m	$h_1 = 0{,}5$; $h_2 = \frac{0{,}5\,q_A(1+RV)}{1 - VSV/1000}$ $h_3 = \frac{0{,}45 \cdot q_{SV}(1+RV)}{500}$; $h_4 = \frac{q_{SV}(1+RV)t_E}{C}$ mit $C = 300\,t_E + 500$ in $\mathrm{l/m}^3$ t_E, $0{,}5 \leq t_E \leq 2{,}0$ min $h_{ges} \geq 3{,}0$ m, min h am Beckenrand $\geq 2{,}5$ m		t_E in h*) / C in $\mathrm{l/m}^3$: 0,5 / 650 1,0 / 800 1,5 / 950 2,0 / 1100	Bei Trichterbecken werden die vorh. Tiefen aus dem Zonenvolumen berechnet; $A'_{NB} \mathrel{\hat{=}}$ wirksame Oberfläche $A'_{NB} \cdot h_{(2\,\mathrm{bis}\,4)} = V_{(2\,\mathrm{bis}\,4)}$ A'_{NB} s. **4**.80
Rechnerische Durchflußzeit t_{NB} in h	V_{NB}/Q_{tx}	V_{NB}/Q_m		wie 1.
Zul. Beschickung der Überfallkanten q_l in $\mathrm{m}^3/(\mathrm{m} \cdot \mathrm{h})$	Q_{tx}/l	≤ 5		≤ 10

*) Eindickzeiten t_E bei Belebungsanlagen mit verschiedenen Reinigungsstufen:

Art der Abwasserreinigung	Eindickzeit t_E in h
Belebungsanlagen ohne Nitrifikation	1,5 bis 2,0
Belebungsanlagen mit Nitrifikation	1,0 bis 1,5
Belebungsanlagen mit Denitrifikation	2,0 bis (2,5)
Belebungsanlagen mit biologischer P-Eliminierung	1,0 bis 1,5

Flächenbeschickung bei Nachklärbecken der Belebungsanlagen. Maßgebend ist das Vergleichsschlammvolumen Tafel **4.**29, mit q_A ist die Oberfläche des Nachklärbeckens zu errechnen:

$$A_{NB} = Q_t/q_A \quad \text{bzw.} \quad Q_m/q_A \quad \text{in} \quad m^2 = \frac{m^3 \cdot h}{h \cdot m};$$

$Q_m \mathrel{\widehat{=}}$ Mischwasserzufluß, auch Regenwetterzufluß Q_{rw}. Die Mischwasserzuflüsse sollen nicht größer als $Q_m = 2Q_t + Q_f$ sein.

Steigt bei Regen die Flächenbeschickung an, dann verringert sich das Schlammvolumen im Belebungsbecken durch Verlagerung der Feststoffe ins Nachklärbecken:

$$\Delta TS_{BB,m} = TS_{BB,t} - \Delta TS_{BB}; \quad TS_{RS,m} = TS_{RS,t} + 2{,}0$$

Bei Überschreitung der zulässigen Flächenbeschickung nach Gl. (4.14), bei Regenwetterzufluß, erhöhen sich u.U. die absetzbaren Stoffe im Abfluß der Nachklärung. Bei Regenwetterzufluß sollte bei vorwiegend vertikal durchströmten Nachklärbecken die Schlammvolumenbeschickung 600 l/(m^2 · h) und bei horizontal durchströmten Becken 450 l/(m^2 · h) nicht überschreiten (Tafel **4.**29).

$$q_A \leq \frac{q_{SV}}{TS_{BB} \cdot ISV} \quad \text{in} \quad m/h \tag{4.14}$$

Zul. Schlammvolumenbeschickung q_{SV} in $l/(m^2 \cdot h)$:

Trichterbecken	≤ 600
Rundbecken mit Räumer	≤ 450

TS_{BB} nach **4.**78; ISV nach Tafel **4.**29.

Rücklaufverhältnis. Zwischen Belebungsbecken und Nachklärbecken besteht wegen des Feststoffgehaltes im Belebungsbecken TS_{BB} und des Rücklaufschlammes TS_{RS} eine Wechselbeziehung. Sie

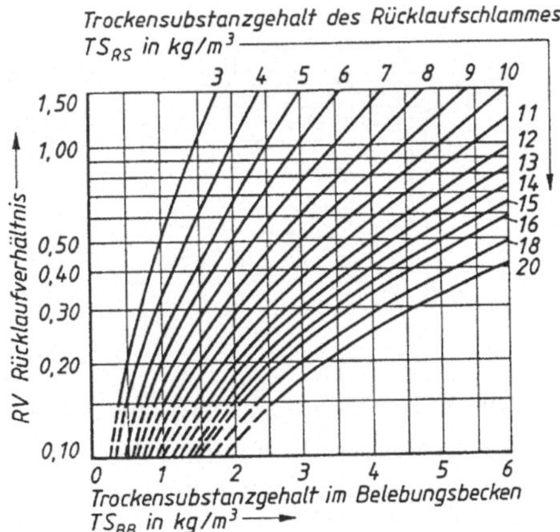

4.78
Rücklaufverhältnis in Abhängigkeit von TS_{RS} und TS_{BB}

kann durch das Rücklaufverhältnis RV beeinflußt werden. Hierzu sind im Abschnitt 4.5.2 weitere Ausführungen gemacht. Danach gilt für den Gleichgewichtszustand

$$RV = \frac{TS_{BB}}{TS_{RS} - TS_{BB}}; \quad \text{Rücklaufschlammenge} \quad Q_{RS} = RV \cdot Q$$

TS_{RS} nach Bild **4.**78. Bei der Bemessung des Nachklärbeckens soll das so errechnete RV eingesetzt werden. Die Rücklaufschlammenge Q_{RS} soll jedoch $\leq 0{,}75 \cdot Q_m$, bei vertikal durchströmten Nachklärbecken $\leq 1{,}0 \cdot Q_m$, zugrundegelegt werden.

Für die Bemessung der Fördereinrichtungen für Rücklaufschlamm sollte eine Rücklaufschlammmenge Q_{RS} von $\leq 1{,}0$ bis $1{,}5 \cdot Q_t$, bei Mischwasserkläranlagen jedoch $\leq 1{,}0 \cdot Q_m$ oder $\leq 1{,}5 \cdot Q_m$ bei vertikal durchströmten Becken berücksichtigt werden. Bei höherem Rücklaufverhältnis kann der Absetzvorgang in der Nachklärung beeinträchtigt werden. Insbesondere bei schnell steigendem Rücklaufverhältnis erhöht sich die Turbulenz im Nachklärbecken, wodurch das Absetzverhalten des belebten Schlammes sich verschlechtert.

Es erhöhen sich die Feststoffe im Ablauf. Die Rücklaufschlammförderung ist durch Abstufung der Pumpenleistungen oder durch Drehzahlregelung an wechselnde Mengen anzupassen. Zweckmäßig ist eine automatische Anpassung.

Bei Anlagen mit vorgeschalteter Denitrifikation ist ein hohes RV erforderlich (s. **4.**172). Hier ist es zur Entlastung der Nachklärung zweckmäßig, den Abfluß des Belebungsbeckens direkt in die Denitrifikationszone zurückzuführen.

Die Abhängigkeit des Eindickgrades des belebten Schlammes in der Nachklärung kann nicht einheitlich festgelegt werden. Deshalb sind in **4.**78 Kurven für die erreichbaren Feststoffgehalte des Rücklaufschlammes angegeben. Diese Kurven wurden nach Betriebsergebnissen aufgestellt.

Der erreichbare Eindickgrad wird neben den Schlammeigenschaften durch die Eindickzeit und die darin vorherrschenden Druckverhältnisse in der Schlammschicht bestimmt. Auf die Eindickung des belebten Schlammes an der Beckensohle haben damit die Höhe der Schlammschicht und die Verweilzeit des Schlammes in dieser Schicht Einfluß. Diese beiden Größen werden durch die Feststofffracht, ihre Verteilung im Nachklärbecken, die Art der Schlammräumung, das Rücklaufverhältnis und die Form des Nachklärbeckens beeinflußt.

4.4.6.3 Beckentiefe

a) Horizontal durchströmte Nachklärbecken. Die erforderliche Tiefe des Nachklärbekkens setzt sich aus folgenden Teiltiefen zusammen, von oben nach unten (**4.**79):

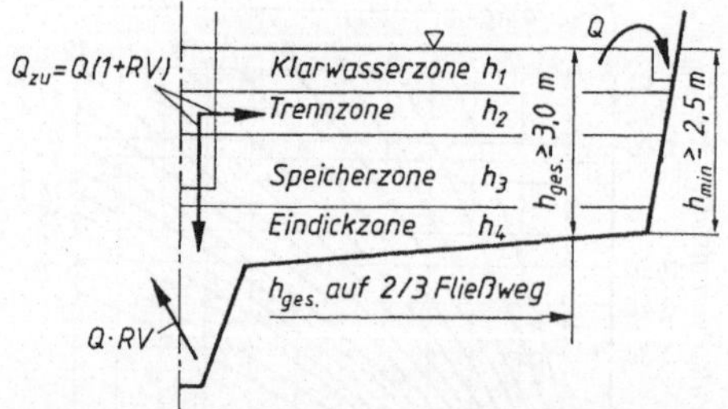

$h_1 \mathrel{\hat{=}}$ Klarwasserzone
$h_2 \mathrel{\hat{=}}$ Trennzone
$h_3 \mathrel{\hat{=}}$ Speicherzone
$h_4 \mathrel{\hat{=}}$ Eindickzone einschl. Räumzone

4.79
Tiefe von Rundbecken. Längsschnitt durch Rundbecken von Beckenachse bis Beckenrand

Für die Klarwasserzone ist eine Mindesttiefe von $h_1 = 0{,}50$ m vorzusehen.

In der Trennzone erfolgt die Verteilung und die Trennung des Schlamm-Wasser-Gemisches in seine beiden Komponenten. Ihre Tiefe ist so zu bemessen, daß der Zufluß einschließlich Rücklaufschlamm eine rechnerische Durchflußzeit von 0,5 h hat:

$$h_2 = \frac{0{,}5 \cdot q_A(1+RV)}{1 - VSV/1000} \quad \text{in} \quad \mathrm{m} = \frac{\mathrm{h \cdot m \cdot m^3} \cdot (1+1) \cdot 1TS}{\mathrm{h} \cdot 1TS \cdot \mathrm{m}^3}$$

Die Speicherzone mit der Höhe h_3 ist wegen möglicher Schlammverlagerung aus der Belebung in die Nachklärung bei Regenwetterzufluß von 1,5 h Dauer mit 500l TS/m^3 zu berücksichtigen.

$$h_3 = \frac{0{,}3 \cdot TS_{BB} \cdot ISV \cdot 1{,}5 \cdot q_A(1+RV)}{500} = \frac{0{,}45 \cdot q_{SV}(1+RV)}{500}$$

$$\text{in} \quad \mathrm{m} = \frac{\mathrm{h} \cdot 1 \cdot (1+1)\,\mathrm{m}^3}{\mathrm{m}^2 \cdot \mathrm{h} \cdot 1TS}$$

ΔTS_R ist die Differenz der Feststoffgehalte im Belebungsbecken bei Trockenwetter- und Regenwetterzufluß.

Im Hinblick auf eine gesicherte Reinigungsleistung ist darauf zu achten, daß der Feststoffgehalt im Belebungsbecken bei Regenwetterzufluß nicht unter 70% desjenigen bei Trockenwetter absinkt, und die Differenz der Feststoffgehalte im Belebungsbecken bei Regenwetter zu Trockenwetter $\Delta TS_{BB} = 1{,}3\ \mathrm{kg/m^3}$ nicht übersteigt. Man wählt

bei $TS_{BB,t} \geq 4{,}3 \rightarrow \Delta TS_{BB} = 1{,}3$;

bei $TS_{BB,t} < 4{,}3 \rightarrow \Delta TS_{BB} = 0{,}3 \cdot TS_{BB,t} \rightarrow$ wurde in h_3 berücksichtigt.

Für die Berechnung der Eindickzone gilt die empirische Formel:

$$h_4 = \frac{q_{SV}(1+RV) \cdot t_E}{C} \quad \text{in} \quad \mathrm{m} = \frac{1(1+1) \cdot \mathrm{h \cdot m^3}}{\mathrm{m^2 \cdot h} \cdot 1} \qquad C \text{ nach Tafel } \mathbf{4.29}$$

t_E s. Tafel **4.29**

$$h_{ges} = h_1 + h_2 + h_3 + h_4; \quad V_{NB} = A_{NB} \cdot h_{ges}$$

Die errechnete Beckentiefe h_{ges} ist für horizontal durchströmte Nachklärbecken mit geneigter Beckensohle auf 2/3 des Fließweges einzuhalten. Sie soll dort mindestens 3,0 m betragen. Bei runden Nachklärbecken darf sie an keiner Stelle 2,5 m unterschreiten.

b) Vorwiegend vertikal durchströmte Nachklärbecken. Die Zonenhöhe h'_1; wird wie bei a) eingesetzt, $h'_1 = 0{,}50$ m.

Bei vertikal durchströmten Nachklärbecken mit und ohne Schlammräumung ist als wirksame Oberfläche A_{NB} die Fläche in halber Höhe zwischen Einlaufebene und Wasserspiegel anzusetzen. Für die Speicherzone, die Eindickzone und evtl. die Trennzone können die sich durch Multipilikation der Oberfläche A_{NB} mit den entsprechenden Zonentiefen h_2 bis h_4 errechneten Volumen in den Bereich des Trichters verlegt werden. Die tatsächlichen Zonentiefen h'_3 und h'_4 sind dann i.d.R. > nach a) gefordert.

Z.B.:

$$V_3 = \frac{0{,}45 \cdot q_{SV}(1+RV)}{500} \cdot A_{NB} = \frac{\pi \cdot h'_3}{12}(D_3^2 + D_3 \cdot d_3 + d_3^2)$$

$$h'_3 = \frac{12 \cdot V_3}{\pi(D_3^2 + D_3 \cdot d_3 + d_3^2)}; \quad d_3 = D_4; \quad h'_4 = \frac{12 \cdot V_4}{\pi(D_4^2 + D_4 \cdot d_4 + d_4^2)}$$

für ein rundes Trichterbecken vgl.Abschn. 4.7.9

$$d_4 = 0{,}8\ \mathrm{m} \rightarrow h'_4; \quad V_4 + V_3 \rightarrow h'_4 + h'_3; \quad h'_4 + h'_3 - h'_4 = h'_3$$

Man geht davon aus, daß bei Trichterbecken wegen ihrer Tiefe eine Durchströmung der Eindickzone nicht mehr erfolgt (**4.**80).

Die hier angegebenen Bemessungswerte entsprechen sinngemäß dem ATV-Arbeitsblatt A 131 [1]. Die Bemessung der Nachklärung von Kombibecken ist hinsichtlich der Flächenbeschickung und der Mindesttiefen gleichfalls nach den Richtlinien vorzunehmen.

Die Richtlinien gelten auch für Nachklärbecken von Belebungsanlagen mit Sauerstoffbegasung.

Ist eine weitere Reinigungsstufe der Belebungsanlage nachgeschaltet, können höhere Gehalte an absetzbaren bzw. an abfiltrierbaren Feststoffen im Abfluß des Nachklärbeckens der ersten Stufe (Zwischenklärbecken) zugelassen werden. Sofern die nachgeschaltete zweite biologische Stufe diese Feststoffgehalte verarbeitet und zurückhält, kann für Zwischenklärbecken eine bis zu 100% höhere Flächenbeschickung eingesetzt werden.

Tafel **4.**29 faßt die Berechnungsgrößen für Nachklärbecken von Belebungsanlagen nochmals zusammen.

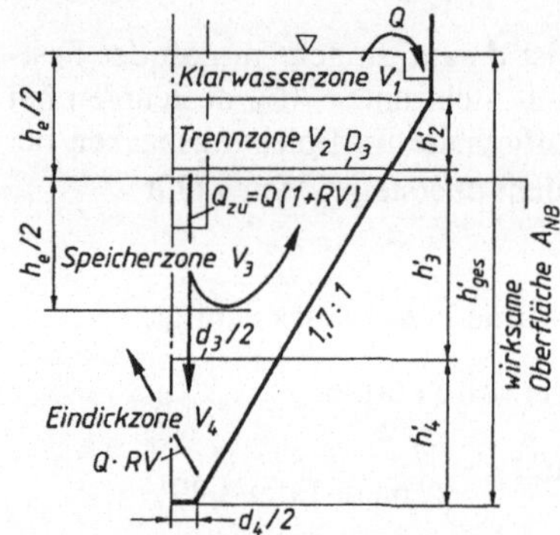

Zulauf
Ablauf
α

4.80 Tiefe von Trichterbecken. Längsschnitt von Beckenachse bis Beckenrand

4.81 Schematischer Vertikalschnitt durch einen Lamellenseparator

4.4.6.4 Parallelplattenabscheider (Lamellenseparator)

Durch Einbau schräg liegender Ebenen in ein Absetzbecken ist es möglich, die verfügbare Absetzfläche zu vervielfältigen. Die Neigung dieser Ebenen sollte so stark sein, daß die abgetrennten Feststoffe auf ihnen nach unten gleiten können. Die effektive Absetzfläche A_{eff} wird durch die Plattenfläche A, die Plattenzahl und deren Neigung bestimmt (**4.**81).

$$A_{\text{eff}} = \text{n} \cdot A \cos\alpha;$$

$$\text{erf}\, q_{\text{A}} = \frac{Q}{A_{\text{eff}}} = 0{,}4 \quad \text{bis} \quad 0{,}6\ \text{m}^3/(\text{m}^2 \cdot \text{h})$$

Die Absetzfläche umfaßt eine errechenbare Anzahl von geneigten Platten, die zu einer Einheit zusammengefaßt werden. Unter Lamelle wird die Flüssigkeitsschicht zwischen zwei Platten verstanden. Gegenüber konventionellen Anlagen erzielt man eine 10- bis 20fache Oberflächenvergrößerung.

Diese Abscheidetechnik wird bisher insbesondere in der Industrie und bei kleineren, kommunalen Kläranlagen mit flockigen Schlämmen aus der Phosphatfällung in der dritten Reinigungsstufe eingesetzt. Der Abscheider kann im Gleichstrom oder im Gegenstrom (Abwasser strömt gegen die Absetzrichtung der Schlammteile) betrieben werden.

Beispiel für Parallelplattenabscheider. Es ist der Abscheider für eine Schlammstabilisierungsanlage als Nachkläreinheit zu bemessen.

$$650\,\mathrm{EG};\quad q_S = 150\,\mathrm{l}/(\mathrm{E}\cdot\mathrm{d});\; BSB_5 = 60\,\mathrm{g}/(E\cdot\mathrm{d});\; Q_{t,d} = 650\cdot 0{,}150 = 97{,}5\,\mathrm{m}^3/\mathrm{d};\; ISV = 150\,\mathrm{ml/g}.$$

$$TS_{BB} = 4\,\mathrm{kg}\,TS/\mathrm{m}^3_{Bb};\; Q_{t12} = \frac{97{,}5}{12} = 8{,}13\,\mathrm{m}^3/\mathrm{h};\; V_{BB} = 50\,\mathrm{m}^3$$

Lamellenseparator (Nachkläreinheit):

$$V_{NB} = Q_{t12}\cdot t_{NB} = 8{,}13\cdot 1{,}0 = 8{,}0\,\mathrm{m}^3;\ \text{gew.Becken mit } B\cdot L\cdot h = 2{,}0\cdot 2{,}3\cdot 2{,}0 = 9{,}2\,\mathrm{m}^3;$$
$$\alpha = 45°;\ \text{Anzahl der Lamellen } n = 12;$$

Lamellenlänge $l = 1{,}30,\mathrm{m}$, Lamellenfläche $1{,}3\cdot 2 = 2{,}6\,\mathrm{m}^2$

$$A_{eff} = 12\cdot 2{,}6\cdot 0{,}707 = 22\,\mathrm{m}^2;\quad q_A = Q_{t12}/A_{eff} = 8{,}13/22 = 0{,}37\,\mathrm{m}^3/(\mathrm{m}^2\cdot h) \approx 0{,}4$$
$$q_{SV} = TS_{BB}\cdot ISV\cdot q_A = 4{,}0\cdot 150\cdot 0{,}4 = 240 < 450\,\mathrm{l}/(\mathrm{m}^2\cdot\mathrm{h})$$

Die optimale Leistung eines Parallelplattenabscheiders hängt davon ab, ob Plattenlänge, Breite, Winkel zur Horizontalen und Plattenabstand im richtigen Verhältnis zueinander stehen. Im Lamellenabscheider der Fa. Passavant z.B. wird die geflockte Suspension den Lamellen von unten zugeleitet. Die schweren Bestandteile können direkt sedimentieren (**4**.224). Dem Lamellenabscheider können Flockungsstufen nach Fällmittel- oder Polyelektrolytzugabe und Mischbecken mit Rührwerken vorgeschaltet werden.

4.4.6.5 Berechnungsbeispiele

Beispiel 1: Berechnungsbeispiel für ein Rechteckbecken als Vorklärbecken. Die Tropfkörper-Kläranlage einer Stadt mit 60 000 EG und einem Abwasseranfall $q_d = 220\,\mathrm{l}/(\mathrm{EG}\cdot\mathrm{d})$ soll Rechteckbecken als Vorklärbecken erhalten. Mischsystem: $Q_{rw} = 2\cdot Q_S + Q_f$; $Q_f = 60\%$ von Q_d. Der Tropfkörperrücklauf wird in das Vorklärbecken zurückgegeben. Die Hauptmaße des Vorklärbeckens sind zu bestimmen.

Falls aus der Schlammbehandlung Schlammwasser o.a. zugegeben wird, ist dies besonders zu berücksichtigen.

$$Q_S = Q_{18} = \frac{60\,000\cdot 220}{18\cdot 1000} = 733\,\mathrm{m}^3/\mathrm{h};\quad \text{Fremdwasser } Q_f = 0{,}6\frac{60\,000\cdot 220}{24\cdot 1000} = 330\,\mathrm{m}^3/\mathrm{h}$$
$$Q_t = Q_{t18} = 733 + 330 = 1063\,\mathrm{m}^3/\mathrm{h};\quad RV\ \text{des Tropfkörpers} = 1{,}0;$$
$$Q_{(1+RV)} = 2\cdot 1063 = 2126\,\mathrm{m}^3/\mathrm{h}$$
$$Q_{rw} = 2\cdot Q_S + Q_f = 2\cdot 733 + 330 = 1796 \approx 1800\,\mathrm{m}^3/\mathrm{h}$$

Gewählt nach Tafel **4**.27: $t_R = 2{,}0\,\mathrm{h}; q_A = 1{,}0\,\mathrm{m/h}$

$$\text{erf Absetzvolumen}\quad V_{VB} = Q_{(1+RV)}\cdot t_R = 2126\cdot 2{,}0 \approx 4252\,\mathrm{m}^3$$
$$\text{erf Beckenoberfläche}\quad A_{VB} = Q_{(1+RV)}/q_A = 2126/1{,}0 = 2126\,\mathrm{m}^2$$

Gewählt werden 4 Becken mit je 525 m^2, Abmessungen b_1 = 7 m, L = 525/7 = 75 m
Verhältnis $b_1/L = 1 : 10{,}7 < 1 : 4$

Weitere Abmessungen nach Tafel **4**.23 und Bild **4**.51

$$b_2 = 6{,}3\,\mathrm{m};\; b_3 = 3{,}1\,\mathrm{m};\; b_4 = 1{,}2\,\mathrm{m};\; c_1 = 0{,}4\mathrm{m};\; c_2 = 0{,}7\,\mathrm{m};\; w = 2{,}40\,\mathrm{m}$$
$$e = 3\,\mathrm{m};\; f = 0{,}6\,\mathrm{m};\; t = 3{,}0\,\mathrm{m};\; a = 2{,}9\,\mathrm{m}; k > 0{,}7;\; p > 0{,}95;\; r = 3{,}65\,\mathrm{m}$$

Sohlenneigung in Längsrichtung 1 : ∞

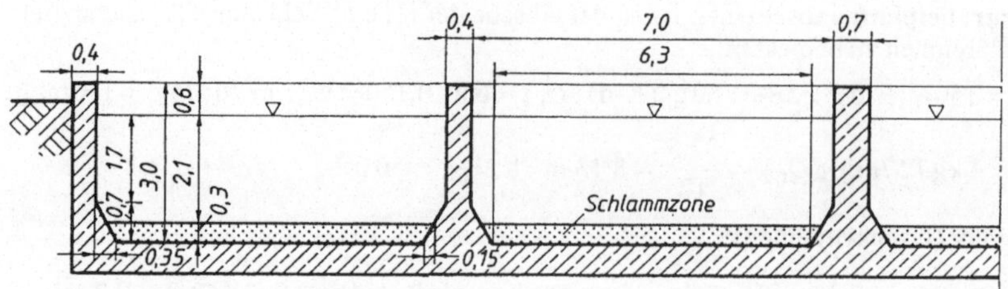

4.82 Beckenquerschnitt zum Beispiel 1

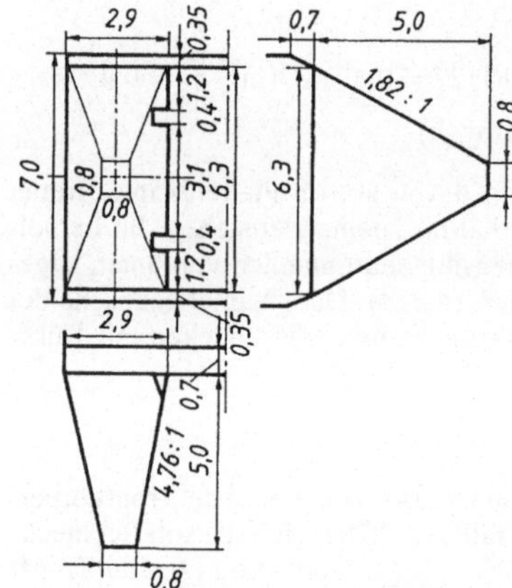

4.83
Schlammtrichter zum Beispiel 1

Unter Abzug der Schlammzone ergibt sich folgendes vorh. Volumen (**4.**82)

Beckenquerschnitt $F = 7{,}0 \cdot 1{,}7 + \frac{7{,}0 + 6{,}6}{2} \cdot 0{,}4 = 14{,}62\ \text{m}^2$
Absetzvolumen vorh $V_{\text{VB1}} = F \cdot L = 14{,}62 \cdot 75 = 1096{,}5\ \text{m}^3 > 4252/4 = 1063\ \text{m}^3$

Schlammtrichter (**4.**83)
Schlammenge $s = 1{,}50\,\text{l}/(\text{EG} \cdot \text{d})$ (Tafel **4.**68)

Gesamte Schlammenge $S = s \cdot \text{EG} = \frac{1{,}50 \cdot 60\,000}{1000} = 90\ \text{m}^3/\text{d}$; für 1 Becken $90/4 \approx 22\ \text{m}^3/\text{d}$

Trichtertiefe 5,0 m, schwächste Trichterneigung 5:2,75 =1,82:1 in Querrichtung

$$\text{vorh Trichtervolumen } V = \frac{h}{3}(G + \sqrt{G \cdot g} + g)$$
$$= \frac{5}{3}(2{,}9 \cdot 6{,}3 + \sqrt{6{,}3 \cdot 2{,}9 \cdot 0{,}8^2} + 0{,}8^2) = 37{,}22\ \text{m}^3,$$

d.h. Trichterräumung etwa täglich, aber max Stapelzeit $t_R = 37{,}22/22 = 1{,}7\,\text{d}$

Bei Regenwetterzufluß ergeben sich folgende Werte (ohne Tropfkörperrücklauf)

$$t_R = \frac{V}{Q_{\text{rw}}} = \frac{4 \cdot 1096{,}5}{1800} = 2{,}44\,\text{h};\ q_A = \frac{Q_{\text{rw}}}{A_{\text{VB}}} = \frac{1800}{4 \cdot 525} = 0{,}86\ \text{m/h}$$

Bei gleichbleibender Tropfkörperbeschickung müßte man $Q_{RV} = 2126 - 1800 = 326\ m^3/h$ zurückpumpen.

Jedes Becken erhält eine Ablaufrinne quer mit 2 Überfallkanten, insgesamt eine Kantenlänge von $l = 4 \cdot 2 \cdot 7{,}0 = 56$ m. Die hydraulische Belastung der Überlaufkanten beträgt

$$q_l = \frac{Q}{l} \text{ in } \frac{m^3}{h \cdot m}.$$

$$q_l = \frac{2126}{56} = 38\ m^3/(h \cdot m)$$ bzw. bei Regenwetter ohne Rücklaufwasser:

$$q_l = \frac{1800}{56} = 32\ m^3/(h \cdot m)$$

Für ein Vorklärbecken sind diese Werte ausreichend. Sie sollen $< 60\ m^3/(h \cdot m)$ bei Trockenwetterabfluß sein. Bei $Q_{rw} \leq 180\ m^3/(h \cdot m)$.

Beispiel 2: Berechnungsbeispiel für ein Rundbecken als Nachklärbecken einer Belebungsanlage. Die Belebungs-Kläranlage einer Stadt von 120 000 EG mit Denitrifikation und biol. P-Eliminierung, Abwasseranfall $q_d = 180 l/(EG \cdot d)$, soll als Nachklärbecken ein Rundbecken mit Schildräumer erhalten. $Q_m = 2 \cdot Q_S + Q_f$; $Q_f = 100\%$ von Q_d; Mischsystem. Die Hauptmaße des Nachklärbeckens sind zu bestimmen.

$$Q_S = Q_{18} = \frac{120000 \cdot 180}{18 \cdot 1000} = 1200\ m^3/h = 333 l/s.$$

$$Q_f = \frac{120000 \cdot 180}{24 \cdot 1000} = 900\ m^3/h = 250 l/s$$

$$Q_{t18} = 1200 + 900 = 2100\ m^3/h = 583 l/s$$

$$Q_m = 2 \cdot Q_S + Q_f = 2 \cdot 1200 + 900 = 3300\ m^3/h = 917 l/s$$

$ISV = 120$ l/kg TS; TS im Ablauf immer < 200 mg/l, d.h. < 0,2 ml/l, hier mit < 20 mg/l angenommen. Nach Tafel **4**.29:

$$t_E = 2{,}0\,h;\ TS_{BS} = \frac{1000}{120} \sqrt[3]{2{,}0} = 10{,}5;\ TS_{RS} \approx 0{,}7 \cdot 10{,}5 = 7{,}35 \approx 8{,}0 \text{ eingesetzt}$$

$$TS_{BB} = 3{,}3\ kg\,TS/m^3;\ TS_{RS} = 8{,}0\ kg\,TS/m^3 \quad \text{bei} \quad RV = 0{,}75 \quad \text{nach } \mathbf{4}.78;$$

1. $\text{erf}V_{NB} = Q_m \cdot t_R$; t_R nach Tafel **4**.27 $= 4{,}0\,h$; $\text{erf}V_{NB} = 3300 \cdot 4{,}0 = 13\,200\ m^3$

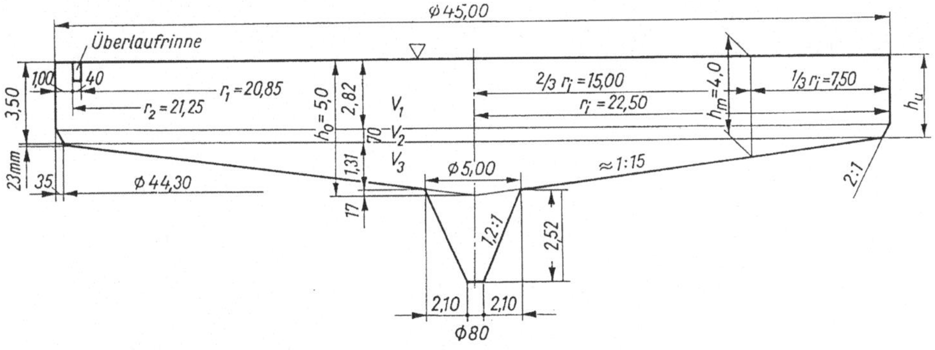

4.84 Längsschnitt durch Rundbecken zu Beispiel 2 (überhöht gezeichnet)

2. erf$A_{NB} = Q_m/q_A$, q_A nach Gl. (4.14); dazu $VSV = TS_{BB} \cdot ISV = 3{,}3 \cdot 120 = 3961 TS/m^3 \approx 400$

vorh $q_A = 300/VSV = 300/400 = 0{,}75$ m/h; bei

erf $A_{NB} = 2100/0{,}75 = 2800$ m² bei Q_t; erf $A_{NB} = 3300/0{,}75 = 4400$ m² bei Q_m

maßgebend der größere Wert. vorh $A_{NB} = 3\dfrac{\pi \cdot 45^2}{4} = 4771$ m²

3. Schlammvolumenbeschickung

$q_{SV} = q_A \cdot TS_{BB} \cdot ISV = 0{,}75 \cdot 3{,}3 \cdot 120 = 297 \;\; 1\; TS/(m^2 \cdot h) \approx 300 \;\; 1\; TS/(m^2 \cdot h) < 450$

4. Tiefenbemessung (**4**.79)

$$h_1 = 0{,}50\,\text{m (Mindesttiefe)}$$

$$h_2 = \frac{0{,}5 \cdot 0{,}75(1+0{,}75)}{1-400/1000} = 1{,}09 \text{ m}$$

$$h_3 = \frac{0{,}45 \cdot 300(1+0{,}75)}{500} = 0{,}47 \text{ m}$$

Verdrängung der TS im Belebungsbecken mit 30% von $TS_{BB} = 0{,}3 \cdot 3{,}3 = 1{,}0$ angenommen.

$$h_4 = \frac{300(1+0{,}75) \cdot 2{,}0}{1100} = 0{,}95 \text{ m} \qquad t_E = 2{,}0 \text{ h} \quad \text{eingesetzt}$$

erf h_{ges} im Abstand $2/3\,r_i$; von der Beckenmitte $= 0{,}5 + 1{,}09 + 0{,}47 + 0{,}95 = 3{,}01$ m, gewählt 4,0 m Mindesttiefe nach ATV-A 126[1].

5. Dimensionierung (**4**.84)

Gewählt werden 3 Rundbecken mit $h_m = 4{,}0$ m und $d_1 = 45{,}0$ m nach Tafel **4**.24

Laufkreisdurchmesser $d_3 = d + c = 45{,}0 + 0{,}5 = 45{,}5$ m; $J_S = 1:15$; gewählt $r_i = 22{,}50$ m; vorh $A_{NB1} = 1590$ m², Gesamtbeckenoberfläche $A_{NB} = 3 \cdot 1590 = 4771 \text{ m}^2 > 4400 \text{ m}^2$

Die mittlere Tiefe h_m liegt im Abstand $\frac{2}{3}r_i$ von der Mittelachse entfernt.

$$h_o = 4{,}0 + \frac{1}{15} \cdot \frac{2}{3} \cdot 22{,}50 = 5{,}0 \text{ m}$$

$$w = h_u = 4{,}0 - \frac{1}{15} \cdot \frac{1}{3} \cdot 22{,}50 = 3{,}50 \text{ m}$$

Volumenberechnung, s. **4**.84

$$V_1 = \frac{\pi \cdot d_1^2}{4} \cdot h_1 = \frac{\pi \cdot 45^2}{4} \cdot 2{,}82 = 4485 \text{ m}^3$$

$$V_2 = \frac{\pi \cdot h}{12}(D^2 + D \cdot d + d^2)$$

$$= \frac{\pi \cdot 0{,}70}{12}(45^2 + 45 \cdot 44{,}3 + 44{,}3^2) = 1096 \text{ m}^3$$

$$V_3 = \frac{\pi \cdot 1{,}31}{12}(44{,}3^2 + 44{,}3 \cdot 5{,}0 + 5{,}0^2) = 758 \text{ m}^3$$

vorh $V_{NK1} = 6339$ m³; ohne Berücksichtigung des Schlammtrichters

Gesamtvolumen $V_{NB} = 3 \cdot 6339 = 19017 \text{ m}^3 > 13200 \text{ m}^3$

Der anfallende Rücklauf- und Überschußschlamm wird laufend ins Belebungsbecken zurückgefördert. Der Schlammtrichter hat im wesentlichen fördertechnische Bedeutung.

$$V_{S1} = \frac{\pi \cdot 2{,}52}{12}(5{,}0^2 + 5{,}0 \cdot 0{,}8 + 0{,}8^2) = 19{,}6 \text{ m}^3$$

Die Schlammenge für eine hochbelastete Belebungsanlage beträgt nach Tafel **4.**68 $s = 5{,}0 \text{ l/(E} \cdot \text{d)}$ (frischer Überschußschlamm)

Die tägliche Schlammenge beträgt $S = \dfrac{5{,}0 \cdot 120\,000}{1000} = 600 \text{ m}^3\text{/d}$, je Becken $600/3 = 200 \text{ m}^3\text{/d}$

die Speicherzeit nötigenfalls $t_R = \dfrac{19{,}6}{200} = 0{,}098 \text{ d} = 2{,}35 \text{ h}$

Überlaufkanten. Ihre Belastung soll nicht höher als $q_t = 5$ bis $10 \text{ m}^3\text{/(m} \cdot \text{h)}$ sein, damit keine Schlammteile mitgerissen werden. Die erforderliche Überfallänge l beträgt für $Q_t/3$:

$$l = \frac{Q_{t18}}{3 \cdot q_1} = \frac{2100}{3 \cdot 5} = 140 \text{ m}; \quad \text{für } Q_m/3\text{: } l = \frac{3300}{3 \cdot 5} = 220 \text{ m}$$

Gewählt wird eine 0,4 m breite, zum Beckenmittelpunkt hereingezogene Rinne mit den beiden Kantenabständen $r_1 = 20{,}85$ m und $r_2 = 21{,}25$ m von der Mittelachse (**4.**84).

Es ergibt sich vorh $l = 2\pi(20{,}85 + 21{,}25) = 265 \text{ m} > 220$ m, bei Q_m würde

$$q_1 = 3300/(3 \cdot 265) = 4{,}15 \text{ m}^3\text{/(m} \cdot \text{h)}$$

betragen. Falls diese Lösung nicht ausreicht, kann man zwei Rinnen mit kurzen Verbindungsrinnen nach Bild **4.**85 wählen. Bei dem hier abgebildeten Beckengrundriß würde sich bei 3 Überlaufkanten ergeben

$$l = 2\pi(22{,}0 + 20{,}4 + 20) = 392 \text{ m} \quad (\mathbf{4.}85)$$

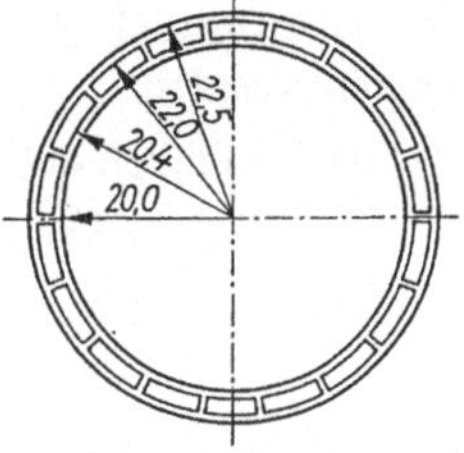

4.85 Überlaufrinnen (Kantenlänge verdreifacht)

Bild **4.**60 zeigt ein Rundbecken mit vorgesetzter, zweiter Ablaufrinne. Hier dient die Betonrinne (*5*) nur noch als Sammelrinne ohne Überlauf. Die Überlaufkanten (*2*) ziehen das geklärte Abwasser aus dem Becken ab.

4.5 Biologische Abwasserreinigung

Schon seit langer Zeit ist man bemüht, die aeroben biologischen Vorgänge der Selbstreinigung im Gewässer unter natürlichen Bedingungen, für zeitlich und räumlich begrenzte Reaktionen nutzbar zu machen. Im Gewässer sind die Umsetzungsprozesse durch die geringe Konzentration der Schmutz-/Nährstoffe, die geringe Organismendichte (0,05 bis 0,3 g *TS*/l) und die oft unzureichende Sauerstoffversorgung und Durchmischung begrenzt. Eine wirksame Selbstreinigung benötigt viele Tage. Das erforderliche Volumen ist groß (Seen, Teiche) (s. Abschn. 4.2.3).

Soll der Reinigungsprozeß schneller und damit in einem kleineren Reaktor-Volumen ablaufen, so sind folgende Voraussetzungen gegenüber einem natürlichen Vorfluter zu schaffen:

Die Zahl der abbauenden Organismen muß stark erhöht werden; die Schmutzstoffe dürfen nicht in zu starker Verdünnung eingeleitet werden; der erhöhte Sauerstoffbedarf muß gedeckt werden; eine vollkommene Durchmischung des Systems muß gewährleistet sein.

Die Betriebsstufe der biologischen Abwasserreinigung stellt nach den mechanischen Kläreinrichtungen die zweite Gruppe der Bauwerke einer Kläranlage dar. Man rechnet dazu den eigentlichen Träger der biologischen Reinigung, z.B. Tropfkörper oder Belebungsbecken sowie Nachklärbecken und deren Wiederholungen bei zweistufigen Anlagen. Die Wirkung der verschiedenen Klärverfahren zeigt Bild **4.**11.

Man kann davon ausgehen, daß bei den gebräuchlichsten biologischen Verfahren, dem Tropfkörper- und dem Belebungsverfahren die Reinigung von heterotrophen Organismenarten durchgeführt wird. Beim Tropfkörper bilden die Organismen den auf dem Füllmaterial haftenden biologischen Rasen, über welchen das Abwasser rieselt. Beim Belebungsverfahren schweben sie als belebte Flocken im Abwasser. Hier ist die Menge der Organismen durch betriebliche Vorgänge zu verändern, der Prozeß ist steuerbar. Beim Tropfkörperverfahren ist dies nur auf dem Weg der unterschiedlichen Belastung beschränkt möglich. Die Bakterienzelle besteht aus der äußeren Schleimhülle, der Zellwand, der cytoplasmatischen Membran, dem Protoplasma und dem Zellkern. Die Nährstoffe des Abwassers gelangen durch Diffusion oder aktiven Transport in das Zellinnere und unterliegen hier den Stoffwechselvorgängen. Bei hochmolekularen Stoffen erfolgt durch Enzyme außerhalb der Zelle eine Spaltung in niedermolekulare Teile, welche dann die Zellwand und die cytoplasmatische Membran passieren können. Die Anzahl der chemischen Verbindungen, welche von den Bakterien verarbeitet werden können, ist sehr groß, sofern die Lebensgrundlagen erhalten bleiben. Technologisch können folgende Voraussetzungen genannt werden:

1. Zugänglichkeit der Schmutzstoffe gegenüber biochemischen Reaktionen
2. Ausreichende Sauerstoffmenge
3. Ausreichende Nahrungsmenge
4. Keine Bakteriengifte
5. Günstige Lebensbedingungen wie Temperatur, Feuchtigkeit, ggf. Ansiedlungsflächen, pH-Wert (6,5 bis 8) u.a.; gute Verteilung der Abwasserinhaltsstoffe, des Sauerstoffs und der Mikroorganismen im Reaktionsraum oder -körper.
6. Ausreichende Reaktionszeit (Kontaktzeit)

Durch die Stoffwechselprozesse der Organismen des belebten Schlammes oder des biologischen Rasens werden die Schmutzstoffe aus dem Abwasser entfernt. Ein Teil wird im sogenannten Energiestoffwechsel unter Sauerstoffverbrauch und Energiegewinn zu anorganischen Endprodukten wie H_2O, CO_2, Nitrat, Sulfat u.a. umgewandelt, die im Ablauf als Gase oder Salze verbleiben. Der andere Teil wird im Baustoffwechsel in Biomasse umgewandelt, die im Nachklärbecken durch Absetzen von dem gereinigten Abwasser getrennt und als Überschußschlamm weiterbehandelt wird. Die Verteilung der Schmutzstoffe auf diese beiden Abbauwege ist hauptsächlich von der Schlammbelastung abhängig. Ein Teil der Schmutzstoffe kann durch Adsorption an die Flocken gebunden und mit dem Überschußschlamm entfernt werden.

4.5.1 Festbettkörperverfahren (Biofilmverfahren)

Tropfkörper bestehen im wesentlichen aus grobkörnigem, porösem Material, das durch seine Beschaffenheit dem biologischen Rasen viele und gute Ansiedlungsflächen bieten soll. Der Rasen bildet sich nach einer Einarbeitungszeit von ~ 2 bis 3 Wochen und besteht aus Bakterien und niederen Lebewesen, den Protozoen. Diese wandeln die organischen

Tafel 4.30 Übersicht der aeroben Biofilmsysteme

Biofilm	Reaktortyp
Festbettreaktor	Tropfkörper (Abschn. 4.5.1.1 bis 4.5.1.6) Tauchkörper (Abschn. 4.7.6) biologischer Filter (abstrom, aufstrom) (Abschn. 4.5.5)
Wirbelbettreaktor Wirbelschichtreaktor	Reaktor mit stark expandierendem Füllmaterial (Abschn. 4.5.2.7 und 4.8.7)
Kombinierte biologische Verfahren	Im Belebungsbecken fest eingebaute oder bewegliche Aufwuchsflächen (Abschn. 4.5.1.7)

Schmutzstoffe in absetzbare, zum Teil mineralische Stoffe um. Der biologische Rasen stellt also eine organische Substanz dar, die entweder im Tropfkörper selbst abgebaut oder hinausgespült und als Schlamm weiter behandelt wird.

Im Tropfkörper entwickelt sich der Reinigungsvorgang mit zunehmender Kontaktzeit von oben nach unten. Den verschiedenen Reinigungsphasen entsprechen jeweils unterschiedliche Biozönosen. In den oberen Schichten finden sich polysaprobe Bakterienarten, im unteren Teil auch Kleinlebewesen des α- und β-mezosaproben Bereichs. Diese biologische Gliederung ist für schwachbelastete und hohe Tropfkörper stärker ausgeprägt als für hochbelastete und flache. Der Einfluß nitrifizierender Bakterien wird erst in einer bestimmten Tiefe beginnen und nach unten zunehmen.

Diese biologische Abstufung erklärt, daß bei gleichbleibender Belastung der Reinigungsverlauf für die verschiedenen Inhaltsstoffe im Abwasser nur durch Erfahrungswerte in Zahlen umgesetzt werden kann.

Die Tropfkörperleistung wird durch Raumbelastung, Flächenbeschickung, Tropfkörperhöhe, Temperatur, Abwasserbeschaffenheit einschließlich Schadstoffgehalte, Art der Füllstoffe, betriebliche Sorgfalt beeinflußt. Leistungsminderungen können z.B. auf gewerbliche Schadstoffe, winterliche Abkühlung zurückgehen. Insbesondere gilt der Leistungsabfall im Winter als Nachteil, der die ganzjährige Einhaltung der Mindestanforderungen bei einstufigen Anlagen gefährdet.

Mit dem zuerst von Halvorson angewandten Rückpumpen von Abwasser, dem wiederholten Durchlauf durch den Tropfkörper, lassen sich verfahrenstechnische Vorteile erreichen.

– Konzentriertes Abwasser läßt sich auf günstige Werte von 100 bis 150 mg BSB_5/l verdünnen. Eine Verstopfung in den oberen Schichten wird vermieden. Der Einsatz des Tropfkörpers im einstufigen biologischen Verfahren mit Erreichen der Mindestanforderungen wird damit möglich.

– Belastungsstöße werden verringert.

– Die Oberflächenbeschickung und damit die Spülkraft läßt sich auch in Zeiten von vermindertem Zufluß genügend groß erhalten. – Bei mehrfachem Rücklauf findet ein längerer Kontakt zwischen Abwasser und biologischem Rasen statt.

– Die Reinigungsleistung pro Durchgang ist zwar kleiner, die Gesamtreinigungsleistung aber größer als ohne Rückpumpen. Für die Reinigungsleistung ist die Verringerung der Schmutzfracht maßgebend.

– Ausgeglichene Verteilung der Schmutzstoffe auf die Tropfkörpertiefe und damit gleichmäßigere Ansiedlung des biologischen Rasens. – Die Psychoda (Tropfkörperfliege)-Entwicklung wird verringert.

– Der Kläranlagenzufluß wird durch das sauerstoffhaltige Rücklaufwasser aufgefrischt. Außerdem bewirkt das mehrmalige Versprühen eine Sauerstoff-Anreicherung.

– Die im Tropfkörperablauf vorhandene biologische Substanz kann bereits in der Vorklärung das Abwasser anreichern (impfen).

– Die Einarbeitungsphase des Tropfkörpers wird verkürzt.

– Die im Rücklaufwasser enthaltenen Nitrate dienen als Sauerstoffquelle. Damit wird eine zusätzliche Denitrifikation ermöglicht. Der N_2-Abbau kann bis auf 65% gesteigert werden.

Den Vorteilen stehen einige Nachteile gegenüber; nämlich

– höherer Energieaufwand

– größere Vor- oder/und Nachklärbecken sowie Abwasserzuleitungen und -pumpen.

Nach den vorstehenden Ausführungen ist Rückpumpen besonders vorteilhaft, wenn stark verschmutztes, sauerstoffarmes Abwasser weitgehend gereinigt werden soll oder z.B. bei niedriger Tropfkörperhöhe, wenn im einfachen Durchlauf weder die ausreichende Spülkraft noch die gewünschten Reinigungsgrade erreicht werden.

Es ist weniger zu empfehlen, wenn das Abwasser infolge Verdünnung durch Fremdwasser einem höheren Tropfkörper ($H > 3{,}5$ m) bereits mit Konzentrationen unter 150 mgBSB_5/l zufließt. Bei kalten Temperaturen sollte unter entsprechenden Kontrollen die Rückpumpenmenge und -zeit reduziert werden.

4.5.1.1 Berechnung von Tropfkörpern nach ATV-A 135

Das Volumen der Tropfkörper wird nach der Wahl der Raumbelastung B_R in kg $BSB_5/(m^3_{TK} \cdot d)$ berechnet. Die frühere Unterscheidung in Tropfkörper mit hoher und solche mit schwacher Raumbelastung war fließend und unspezifisch. Nach ATV-A 135 unterscheidet man nur noch nach dem Reinigungsgrad (mit oder ohne Nitrifizierung). Für die Ablaufkonzentration und die Höhe der Ablauffracht ist die Flächenbelastung q_A in $m^3/(m^2_{TK} \cdot h)$ von Bedeutung. Sie ist durch Rücklaufwasser veränderbar.

q_A soll bei wechselnden Zuflüssen (Mischsystem) möglichst gleich bleiben. Daher wird bei geringem Abwasseranfall (nachts) oder generell gereinigtes Wasser aus dem Nachklärbecken zurückgepumpt (Rücklauf). Die Raumbelastung kann vorübergehend bis auf das 1,5fache gesteigert werden. Je größer die Verschmutzung des Abwassers, desto höher werden bei gleicher Flächenbelastung die Tropfkörper. Ferner ist für die Belüftung der Temperaturunterschied zwischen Abwasser und Außenluft von großer Bedeutung. Halverson gibt für $\Delta t = 4\,°C$ eine Luftstromgeschwindigkeit 18 m/h an. Bei normaler Flächenbelastung $q_A = 0{,}8$ m/h und $\Delta t = 4\,°C$ wird damit $\sim$ 20mal soviel Sauerstoff zur Verfügung gestellt, als das Abwasser zur Reinigung braucht. Der größte Teil des Sauerstoffs bleibt also ungenutzt. Die Luft strömt normalerweise von unten nach oben hindurch; ist jedoch die Außentemperatur höher als die des Abwassers, kann sich die Richtung ändern.

Der für das Füllgut vorzusehende Tropfkörperinhalt ergibt sich nach Wahl der Raumbelastung:

$$V_{TK} = \frac{B_d}{B_R}; \quad V_{TK} = \frac{\text{tägl.}BSB_5\text{-Zufuhr}}{BSB_5\text{-Raumbelastg.}} \quad \text{in} \quad \frac{\text{kg}BSB_5/\text{d}}{\text{kg}BSB_5/(\text{m}^3 \cdot \text{d})} = \text{m}^3 \tag{4.15}$$

Die tägliche BSB_5-Zufuhr errechnet sich entweder aus der Zahl der Einwohnergleichwerte oder bei zuverlässigen Meßdaten über die Tagesfracht als Produkt aus Zufluß Q_d und BSB_5-Konzentration C_o in mg/l der abgesetzten 24-h-Mischprobe, d.h. ohne Berücksichtigung der Verschmutzung des Rücklaufs, jedoch unter Berücksichtigung von zu erwartenden Belastungszunahmen

$$V_{TK} = \frac{C_o \cdot Q_d}{1000 \cdot B_R} \quad \text{in} \quad \text{m}^3_{TK} = \frac{\text{g} \cdot \text{m}^3 \cdot \text{m}^3_{TK} \cdot \text{d} \cdot \text{kg}}{\text{m}^3 \cdot \text{d} \cdot \text{kg}BSB_5 \cdot \text{g}} \tag{4.16}$$

oder

$$V_{TK} = \frac{C_o \cdot EG}{1000 \cdot B_R} \quad \text{in} \quad m^3_{TK} = \frac{gBSB_5 \cdot EG \cdot m^3_{TK} \cdot d \cdot kg}{EG \cdot d \cdot kgBSB_5 \cdot g}$$

Bei bestimmten V_{TK} und B_R ist für eine gegebene oder durch Rückpumpen beeinflußbare Konzentration C_m am Drehsprenger die Ermittlung von Tropfkörperhöhe und -durchmesser durch die gewünschte Flächenbeschickung möglich:

$$q_A = \frac{Q_x}{A_{TK}} \quad \text{in} \quad \frac{m}{h} = \frac{m^3}{h \cdot m^2} \quad \text{oder} \quad q_A = \frac{Q_d}{x \cdot A_{TK}}$$

$$A_{TK} = V_{TK}/H_{TK} \rightarrow H_{TK} = \frac{x \cdot q_A \cdot V_{TK}}{Q_d} = \frac{x \cdot q_A \cdot C_o \cdot Q_d}{Q_d \cdot 1000 \cdot B_R} = \frac{x \cdot q_A \cdot C_o}{1000 \cdot B_R} \qquad (4.17)$$

Darin soll q_A gewählt werden (Tafel **4**.31). x soll die aus größerer Zulaufmenge und Konzentration während des Tages sich ergebende Zulaufmenge berücksichtigen, also z.B.: $x = 10$ bis 18; eigentlich $Q_d/x > Q_d/24$.

Die Höhe der Tropfkörperfüllung ergibt sich dann zu:

ohne Rücklaufwasser — mit Rücklaufwasser

$$H_{TK} = \frac{x \cdot q_A \cdot C_m}{1000 \cdot B_R} \qquad H_{TK} = \frac{x \cdot q_{A(1+RV)} \cdot C_{m(1+RV)}}{1000 \cdot B_R} \qquad (4.18)$$

$C_m > C_o$, z.B. aus 2-h-Mischprobe, z. Zt. der höchsten Konzentration (ohne Rücklauf). $C_m < C_o$, wenn Rücklauf vorgesehen. Eine angenäherte Berechnung der Konzentration des Rücklaufwassers = Ablaufwasser des Tropfkörpers ergibt ($\eta \mathrel{\hat{=}}$ Wirkungsgrad des *TK*):

$$C_{m(RV)} = (1-\eta)\frac{C_m \cdot Q + C_{m(RV)} \cdot Q_{RV}}{Q + Q_{RV}} \rightarrow C_{m(RV)} = \frac{C_m \cdot Q}{\frac{Q + Q_{RV}}{1-\eta} - Q_{RV}} \qquad (4.19)$$

Tafel **4**.31 Bemessungswerte für Tropfkörper und Tauchtropfkörper zur Einhaltung der Mindestanforderungen nach ATV-A 135 (Übersicht für alle Tropfkörperarten) [1]

Bemessungswerte	brocken-gefüllter Tropf-körper	Kunststoff-Tropfkörper mit einer spezifischen Oberfläche A_R von			Scheiben-tauch-körper [1)]
		$100\,m^2/m^3_{TK}$	$150\,m^2/m^3_{TK}$	$200\,m^2/m^3_{TK}$	
Raumbelastung B_R in kg/(m³d)	0,4	0,4	0,6	0,8	–
Flächenbelastung B_A in g/(m²d)	–	4	4	4	8 bzw. 10
Oberflächenbeschickung $q_{A(1+RV)}$ in m/h	0,5 bis 1,0	0,8 bis 1,0	1,0 bis 1,5	1,2 bis 1,8	–
Rücklaufverhältnis als $1+RV$	$1+(\leq 1)$	$1+(\leq 1)$	$1+(\leq 1)$	$1+(\leq 1)$	$1+0$
Überschußschlammanfall $ÜS_R/B_R$ in kg/kg	0,75	0,75	0,75	0,75	0,75
bei weitgehender Nitrifikation					
Raumbelastung B_R in kg/(m³d)	0,2	0,2	0,3	0,4	–
Flächenbelastung B_A in g/(m²d)	–	2	2	2	4 bzw. 5
Oberflächenbeschickung $q_{A(1+RV)}$ in m/h	0,4 bis 0,8	0,6 bis 1,0	0,8 bis 1,2	1,0 bis 1,5	–
Rücklaufverhältnis als $1+RV$	$1+(\leq 1)$	$1+(\leq 1)$	$1+(\leq 1)$	$1+(\leq 1)$	$1+0$
Überschußschlammanfall $ÜS_R/B_R$ in kg/kg	0,75	0,75	0,75	0,75	0,75

[1)] nach Abschn. 4.7.6

Z.B.: $$Q+Q_{RV}=1+1\rightarrow RV=1\rightarrow C_{m(RV)}=\frac{C_m\cdot 1}{2/(1-\eta)-1} \quad (4.20)$$

mit $$\eta=0{,}9\rightarrow C_{m(RV)}=\frac{1}{19}C_m\,;\;C_{m(1+RV)}=\frac{C_m\cdot Q+C_{m(RV)}\cdot Q_{RV}}{Q+Q_{RV}} \quad (4.21)$$

mit $$\eta=0{,}9;\,RV=1\rightarrow C_{m(1+RV)}=\frac{20C_m}{19\cdot 2}=0{,}53\cdot C_m$$

Für normale Ausgangskonzentrationen $150 < C_o < 250\,\text{mg}\,BSB_5/\text{l}$ kann man zwischen höheren Tropfkörpern ohne und niedrigeren mit Rückpumpen wählen. Soweit bei Anwendung von Formel (4.17) die Höhe zwischen 2,80 und 4,20 m liegt, sollte der Bemessung kein Rücklauf zugrunde gelegt werden, sondern lediglich für Pumpen, Rohrleitungen und Drehsprenger die Rückpumpenmöglichkeit vorgesehen werden. Niedrigere Tropfkörper sind nur dort zu bauen, wo das Abwasser bereits sehr dünn zufließt oder wegen angestrebtem Freigefälle eine normale Höhe zu groß wäre. ATV-A 135 empfiehlt jedoch Rückpumpenbetrieb, um eine Mischkonzentration $C_{m(1+RV)} \leq 150\,\text{mg/l}$ im Tropfkörperzulauf herzustellen. Hierfür wie auch für einen teilweisen Ausgleich größerer Schwankungen der Zuflußmenge genügt ein Rückpumpverhältnis $RV \leq 1$.

Der benötigte Durchmesser ergibt sich aus dem Nutzvolumen unter Berücksichtigung des Mittelschachtes:

$$V_{TK}=\frac{\pi\cdot H_{TK}}{4}(d_1^2-d_{MS}^2)\rightarrow d_1=\sqrt{\frac{4V_{TK}}{\pi\cdot H_{TK}}+d_{MS}^2}$$

mit $d_1 \mathrel{\widehat{=}}$ innerer Tropfkörperdurchmesser;
$d_{MS} \mathrel{\widehat{=}}$ äußerer Durchmesser des Mittelschachtes.

Bei größeren Tropfkörpern ($d_1 > 20$ m) kann der Einfluß des Mittelschachtes vernachlässigt werden. Für die Dimensionierung ist die DIN 19 553 (s. Abschn. 4.5.1.3) zu beachten.

Bei der Ausbildung der Drehsprenger wird eine Spülkraft

$$SK = q_A/(a\cdot n) \quad \text{in} \quad \text{mm/Arm}$$

$a \mathrel{\widehat{=}}$ Zahl der Drehsprengarme; $n \mathrel{\widehat{=}}$ Umdrehungen/h

von 2 bis 6 mm je Beregnung empfohlen.

Die Berechnungsgrößen sind in Tafel **4.**31 zusammengestellt.

4.5.1.2 Bau und Betrieb der Tropfkörper

Der vom Abwasser berieselte Tropfkörper kann aus harter Koksschlacke, Klinkerbrocken, wetterfestem Gesteinsschotter oder Kunststoffelementen bestehen. Bewährt hat sich als mineralische Füllung Lavaschlacke (DIN 19 557). Als Korngrößen werden 16/40 und 40/80 mm empfohlen. Eine massive Umschließung u.U. ist beim niedrigen Tropfkörper nicht notwendig. Höhere Tropfkörper sind zweckmäßig mit massiven Stein- oder Betonwänden zu umgeben, die vor dem Zutritt kalter Luft schützen und den Austritt von Fliegen verhindern. Zur guten Durchlüftung müssen in der Sohle Luftschlitze vorhanden sein. Ihr Querschnitt soll $\geq 1\%$ der Tropfkörperoberfläche betragen. Zur gleichmäßigen Verteilung des Abwassers empfiehlt es sich, die Deckschicht des Tropfkörpers $\approx 25\,\text{cm}$ dick aus feinerem Material ($\approx 20\,\text{mm}$ Korndurchmesser) herzustellen. Über der Sohle ist eine gröbere Stützschicht 80 bis 150 mm erforderlich, damit die Bodenlöcher für den Abzug des Wassers und den Zutritt der Luft frei bleiben (**4.**86). Das Abwasser wird durch

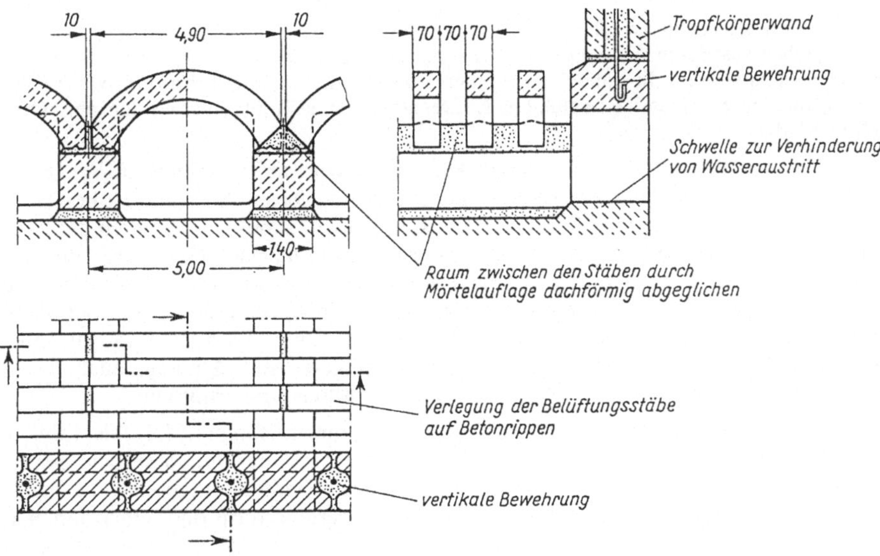

4.86 Konventionelle Tropfkörpersohle (Passavant)

Drehsprenger auf der Oberfläche verteilt, deren Drehbewegung durch den Rückstoß des austretenden Wasserstrahls entsteht. Sie haben 2 bis 8 Sprengerarme. Man kann auch mit einem Spülarm (großer Wasserstrom) und den anderen als Verteilerarmen (kleiner Wasserstrom) fahren. In dem Drehsprenger muß ein bestimmter Überdruck vorhanden sein, um den Rückstoß zu erzeugen. Seine Höhe ist von dem Durchmesser des Zulaufrohres abhängig, s. Tafel **4**.32. Die Drehsprengerarme sind um eine Mittelsäule gruppiert, den Verteilerkörper. Er ist so ausgebildet, daß sich das Abwasser auf die einzelnen Rohre bei guter Umlenkung mit möglichst kleinem Druckverlust verteilt. Besonders wichtig ist die Abdichtung zwischen dem stehenden und dem beweglichen Teil.

Die Herstellerfirmen verwenden meist Edelstahlmembrane und eine elastische Gummindichtung. Die Austrittsöffnungen der Verteilerrohre sind auf diesen so verteilt, daß die auf 1 m^2 entfallende Rohwassermenge überall gleich groß ist. Diese Öffnungen sind Bohrlöcher mit $d \geq 8$ mm.

Bei sehr geringen Flächenbelastungen $q_A \leq 0{,}15$ m/h erhalten die Austrittsöffnungen zusätzlich Verteilerschaufeln, die das Rohwasser fächerförmig auf die Tropfkörperoberfläche verteilen. Die Rohre haben am Ende eine Gummiringdichtung, die bei der Rohrreinigung leicht zu öffnen ist. Der Drehsprenger kann durch Wasserrücklauf vollständig entleert werden. Ähnlich wie ein Pumpen-Druckrohr hat auch der Drehsprenger eine Kennlinie, die, mit der Kennlinie der Beschickungspumpe zum Schnitt gebracht, den Betriebspunkt liefert. Die Pumpe fördert die entsprechende Wassermenge auf die dazugehörige Förderhöhe. Oft bevorzugt man jedoch die Beschickung durch ein Verteilerbauwerk. Das Zuführungsrohr führt man mit seinem letzten aufsteigenden Teilstück bei kleinen Tropfkörpern direkt durch das Tropfkörpermaterial, bei größeren erhält das Rohr einen Mittelschacht. Die DIN 19553 empfiehlt Maße für die Dimensionierung von Tropfkörpern, vgl. auch **4**.90. In Höhe der Drehsprengerarme erhält die Außenwand des Tropfkörpers eine Reinigungsöffnung. Die Rohre können durch Bürsten gereinigt werden. Bei großen Tropfkörpern treten am oberen Rand infolge der großen Temperaturdifferenzen zwischen warmem Abwasser und evtl. kalter Außenluft zusätzliche Biegemomene auf, die in Form verstärkter Bewehrung aufgenommen werden müssen, wenn keine vertikalen Risse entstehen sollen.

Es gibt auch überdachte Tropfkörper, die eine künstliche Luftzuführung erhalten können. Meist sind ihre Hauben aus Beton. Es wurde auch eine glasfaserverstärkte Kunststoffhaube aus Sektor-Elementen entwickelt, die einfach zu montieren und ebenso wie die Schaumstoffkuppel sehr viel leichter als eine massive Ausführung ist. Denitrifizierende Tropfkörper werden meist überdacht (Bild **4**.181).

Der Abbauaufwand einer biologischen Kläranlage wird in kWh/(kg$\eta \cdot BSB_5$) (Kilowattstundenbedarf je abgebautem kg BSB_5) ausgedrückt. Dieser Aufwand ist bei Tropfkörpern i. allg. geringer als bei Belebungsanlagen, jedoch ist bei den letzteren die Raumbelastung B_R oft wesentlich größer. Die Begrenzung von B_R nach oben wird einmal durch die bei zu großen Werten geringe Abbauleistung und andererseits durch die Verstopfungsgefahr gegeben. Man hat deshalb verschiedenes Füllmaterial erprobt, um hier Verbesserungen zu erzielen. Auf Kunststofftropfkörper (Abschn. 4.5.1.5) und Tauchtropfkörper (Abschn. 4.7.6) wird an dieser Stelle besonders hingewiesen. Man kann auch durch Versuche im großtechnischen Maßstab das optimale Füllmaterial ermitteln.

Für die Beschickung der Tropfkörper gibt es mehrere Lösungen (**4**.87 bis **4**.89). Beim flachen Tropfkörper wendet man auch Beschickungsbehälter an, wenn eine genügende Höhendifferenz vorhanden ist. Meist werden jedoch Pumpen eingesetzt, die bei einem Tropfkörper direkt oder bei mehreren über einen Verteilerturm oder einen Druckkessel fördern.

Kleine Tropfkörper mit Nitrifikation kann man intermittierend beschicken, d.h. zeitweise

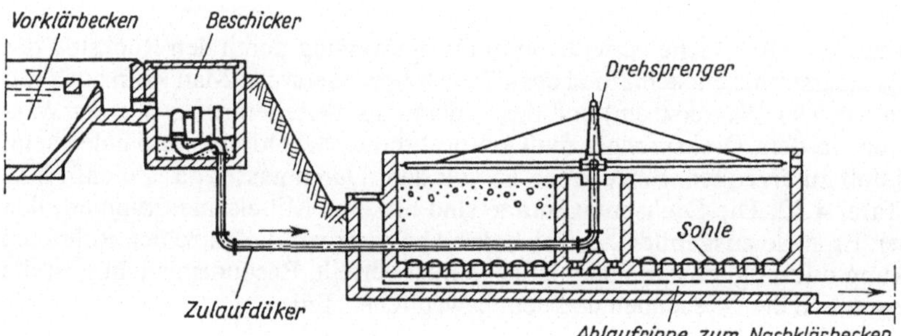

4.87 Tropfkörper mit Beschickungsbehälter

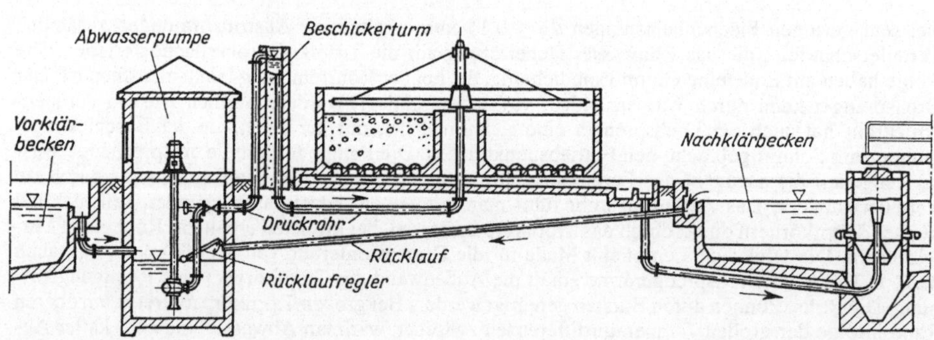

4.88 Tropfkörper mit Beschickerturm

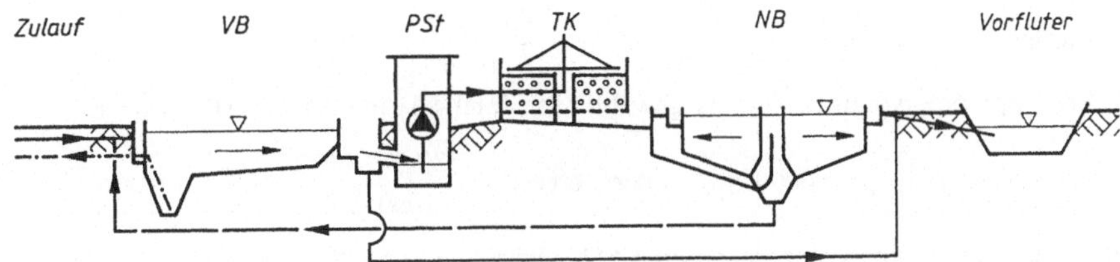

4.89 Schnitt durch einstufige Tropfkörper-Kläranlage mit den Fließwegen von Abwasser und Rücklauf durch die Vorklärung.
——— Regenentlastung bzw. Notauslaß
– – – – Rücklauf
–·–·– eingedickter Schlamm zur Schlammbehandlung
Pumpe

aussetzend. Normalbelastete Tropfkörper werden dagegen ununterbrochen beschickt. Die abgespülten Schlammteile sind noch organisch faulfähig und müssen in einem Nachklärbecken zurückgehalten werden.

Aus dem Beschickungsbehälter (4.87) wird mit dem zeitlichen Abstand einer Füllzeit immer nur die Wassermenge seines Volumens auf den Tropfkörper geschickt.

Bei der Beschickung mittels Verteilerturm (4.88) fördert eine Pumpe das Abwasser in diesen. Vom Turm aus läuft das Abwasser im freien Gefälle den Tropfkörpern zu. Jeder Tropfkörper erhält eine gleich große Wassermenge, wenn die Zulaufleitungen zwischen Turm und Tropfkörper den gleichen Druckverlust haben. Das bedeutet auch gleiche Anschlußlängen. Es ergibt sich folglich immer eine Symmetrie in der Anordnung der Tropfkörper um den Beschickerturm (4.13). Daraus folgen wieder bestimmte Tropfkörperzahlen bei der Anordnung vieler Tropfkörper, z.B. bei einem Turm 2, 3, 4, bei zwei oder mehr Türmen immer ein Vielfaches dieser Zahlen, also z.B. 6, 8, 9.

4.5.1.3 Berechnungsbeispiele

Berechnungsbeispiel 1: Mineralstoffgefüllte Tropfkörper. Die Kläranlage einer Stadt mit 60 000 EG soll in einer ersten biologischen Reinigungsstufe Tropfkörper erhalten. Ohne Nitrifizierung. Geforderte Abbauleistung $\eta \leq 85\%$; Rest-$BSB_5 \leq 20\,\text{g/m}^3$. Mischsystem. $Q_{rw} = 2 \cdot Q_S + Q_f$; $q_d = 200\ \text{l/(E}\cdot\text{d)}$; $BSB_5 = 60\,\text{g/(E}\cdot\text{d)}$; $Q_f = 50\%$ von Q_d.

$$Q_d = 200 \cdot 60000/1000 = 12000\ \text{m}^3/\text{d}; \qquad Q_f = 0{,}5 \cdot 12000 = 6000\ \text{m}^3/\text{d}$$

$$Q_{t,d} = 12000 + 6000 = 18000\ \text{m}^3/\text{d}; \qquad Q_{rw,d} = 2 \cdot 12000 + 6000 = 30000\ \text{m}^3/\text{d}$$

Stündliche Abwassermengen:

$$Q_S = Q_{16} = \frac{60000 \cdot 200}{16 \cdot 1000} = 750\,\text{m}^3/\text{h} = 208\ \text{l/s}$$

$$Q_f = 0{,}5\frac{60000 \cdot 200}{24 \cdot 1000} = 250\ \text{m}^3/\text{h} = 69\ \text{l/s}$$

$$Q_{t16} = 750 + 250 = 1000\ \text{m}^3/\text{h} = 278\ \text{l/s}$$

$$Q_{rw} = 2 \cdot Q_S + Q_f = 2 \cdot 750 + 250 = 1750\ \text{m}^3/\text{h} = 486\ \text{l/s}$$

BSB_5-Fracht nach der Vorklärung = 40 g/(EG · d)

$$B_d = 40 \cdot 60000/1000 = 2400\ \text{kg}\,BSB_5/\text{d}; \ C_o = 2400 \cdot 1000/18000 = 133{,}3\frac{\text{g}}{\text{m}^3}$$

mit Konzentrationsfaktor für $B_R = \frac{24}{16}$: $C_m = \frac{2400 \cdot 1000}{16 \cdot 1000} = 150\,\text{g/m}^3$

1. Erf Tropfkörpervolumen V_{TK} : B_R gewählt nach Tafel **4.**31 mit 0,4 kg $BSB_5/(\text{m}^3_{TK} \cdot \text{d})$.

$$\text{erf}V_{TK} = \frac{2400}{0{,}4} = 6000\,\text{m}^3_{TK} \quad \text{oder} \quad \text{erf}V_{TK} = \frac{133{,}3 \cdot 18\,000}{1000 \cdot 0{,}4} = 6000\,\text{m}^3_{TK}$$

ohne Rücklauf ergibt sich nach **4.**91 eine Abbauleistung von 86,2% > 85%

2. Flächenbeschickung q_A : $RV = 0{,}5$ und $q_{A(1+RV)} = 0{,}9$ m/h gewählt nach Tafel **4.**31.
Mit $x = 16$ ergibt sich nach Gl. (4.18)

$$\text{erf}\,H_{TK} = \frac{16 \cdot 0{,}9 \cdot 105{,}27}{1000 \cdot 0{,}4} = 3{,}79\,\text{m};$$

$$Q = Q_t + Q_{RV} = 1000 + 500 = 1500\,\text{m}^3/\text{h};\; C_m = 150\,\text{g/m}^3$$

$C_{m(1+RV)} = 105{,}27\,\text{g/m}^3$ wurde berechnet nach Gl. (4.19) und Gl. (4.21):

$$C_{m(RV)} = \frac{150 \cdot 1000}{\frac{1000 + 500}{1 - 0{,}85} - 500} = 15{,}8\,\text{g/m}^3 \rightarrow C_{m(1+RV)} = \frac{150 \cdot 1000 + 15{,}8 \cdot 500}{1000 + 500} = 105{,}27\,\text{g/m}^3$$

Restverschmutzung wäre $15{,}8\,\text{g}BSB_5/\text{m}^3 < 20\,\text{g}BSB_5/\text{m}^3$

Wirkungsgrad $\eta = \frac{150 - 15{,}8}{150} \cdot 100 = 89{,}5\% > 85\%$

3. Dimensionierung

$$\text{erf}A_{TK} \approx V_{TK}/H_{TK} = 6000/3{,}79 = 1583\,\text{m}^3$$

nach Tafel **4.**32 gewählt 2 Tropfkörper mit $d_1 = 32$ m; $d_{MS} = 2{,}5 + 2 \cdot 0{,}25 = 3{,}0$ m;
vorh $H_{TK} = 3{,}90$ m

$$\text{vorh}V_{TK} = \frac{\pi \cdot 3{,}9}{4}(32^2 - 3{,}0^2) \cdot 2 = 6218\,\text{m}^3 > 6000\,\text{m}^3$$

$$\text{vorh}A_{TK} = \frac{\pi}{4}(32^2 - 3{,}0^2) \cdot 2 = 1594\,\text{m}^2 > 1583\,\text{m}^2$$

4. Überprüfung weiterer Betriebszustände

4.1 Zufluß von Q_{rw} zur Kläranlage $= 1750\,\text{m}^3/\text{h}$

$$\text{vorh}q_A = 1750/1594 = 1{,}10\,\text{m/h};\quad 1{,}10/0{,}9 = 1{,}22\,\text{fache}\; q_A$$

Bei max Q_{rw} wird auf das Rückpumpen verzichtet, bei $Q_{rw} < \max Q_{rw}$, wird die Rückpumpmenge gedrosselt, so daß $q_A = 1{,}1$ m/h nicht überschritten wird. Es wird aber immer der Schlamm aus dem Nachklärbecken ins Vorklärbecken zurückgepumpt.

4.2 Zufluß von $Q_{t36} = \frac{60\,000 \cdot 200}{36 \cdot 1000} + 250 = 583\,\text{m}^3/\text{h} = 162\,\text{l/s};\quad 250\,\text{m}^3/\text{h} = Q_F$

Es soll nachts $q_A = 0{,}6$ m/h gehalten werden, d.h. der Rücklauf müßte $Q_{RV} + 583 = 0{,}6 \cdot 1594 \rightarrow$ $Q_{RV} = 373\,\text{m}^3/\text{h}$ betragen

$$Q : Q_{RV} = 583 : 373 = 1 : 0{,}64 \quad \text{oder} \quad 1 + RV = 1 + 0{,}64$$

Pumpen, Druckrohre sollen für ein $RV = 1$, d.h. $Q_t + Q_{RV} = 2000\,\text{m}^3/\text{h}$ ausgelegt werden. Der max mögliche Wert $q_A = 2000/1594 = 1{,}25\,\text{m/h} < 1{,}5\,\text{m/h}$.

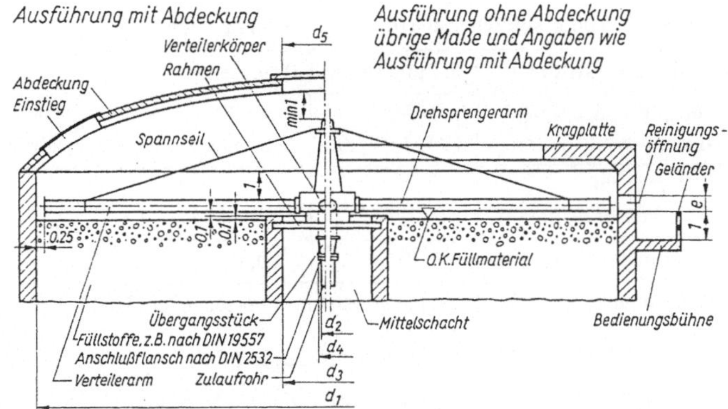

4.90 Hauptmaße eines Tropfkörpers mit Drehsprenger nach DIN 19553

Berechnungsbeispiel 2: Kunststoffgefüllte Tropfkörper. Die Kläranlage einer Stadt mit Industrie soll in der ersten biologischen Stufe Kunststofftropfkörper (KTK) erhalten. Geforderte Abbauleistung $\eta \leq 70\%$. Trennsystem. $BSB_5 = 1000\,\text{g/m}^3$; $Q_\text{d} = 24\,000\ \text{m}^3/\text{d}$ einschl. Fremdwasser.

Stündliche Abwassermenge:

$$Q_{t12} = \frac{24\,000}{12} = 2000\ \text{m}^3/\text{h} = 556\,\text{l/s};\ \text{gemessene}\ BSB_5\text{-Fracht nach Vorklärung mit}\ t_{R,t} = 1{,}0\,\text{h}$$

$$\rightarrow 850\,\text{g/m}^3;\ B_\text{d} = \frac{850 \cdot 24\,000}{1000} = 20\,400\ \text{kg}\,BSB_5/\text{d};\ C_\text{o} = \frac{20\,400 \cdot 1000}{24\,000} = 850\,\text{g/m}^3;$$

$$C_\text{m} = \frac{20\,400 \cdot 1000}{12 \cdot 2000} = 850\,\text{g/m}^3$$

1. Erf Tropfkörpervolumen V_KTK; B_R gewählt nach **4.**93; mittlere Kurve = 3,0 kg $BSB_5/(\text{m}^3 \cdot \text{d})$

$$\text{erf}V_\text{KTK} = \frac{20\,400}{3{,}0} = 6800\,\text{m}^3_\text{KTK} \quad \text{oder} \quad \text{erf}V_\text{KTK} = \frac{850 \cdot 24\,000}{1000 \cdot 3{,}0} = 6800\ \text{m}^3_\text{KTK}$$

2. Flächenbeschickung q_A; mit $RV = 1{,}0$; $q_{\text{A}(1+\text{RV})} = 1{,}5\,\text{m/h}$ gewählt nach Tafel **4.**31; $A_\text{R} = 200\ \text{m}^2/\text{m}^3_\text{TK}$

$$x = 12;\quad \text{erf}H_\text{KTK} = \frac{12 \cdot 1{,}5 \cdot 531{,}3}{1000 \cdot 3{,}0} = 3{,}19\text{m} \quad \text{nach (4.18)}$$

mit $$C_{\text{m(RV)}} = \frac{850}{2/(1-0{,}6)-1} = 212{,}5\,\text{g/m}^3 \rightarrow C_{\text{m}(1+\text{RV})} = \frac{850 \cdot 2000 + 212{,}5 \cdot 2000}{2 \cdot 2000} = 531{,}3\,\text{g/m}^3$$

nach (4.20) und nach (4.21)

$\eta = 0{,}6$ nach **4.**93, untere Linie, aus Sicherheitsgründen.

Restverschmutzung wäre 212,5 g/m³ nach der 1. Reinigungsstufe, Weiterbehandlung bis zur Vollreinigung ist erforderlich.

Wirkungsgrad

$$\eta = \frac{850 - 212{,}5}{850} \cdot 100 = 75\% > 70\%$$

3. Dimensionierung

$$\text{Erf}A_\text{KTK} \approx V_\text{KTK}/H_\text{KTK} = 6800/3{,}19 = 2132\ \text{m}^2;$$

Tafel **4**.32 Abmessungen von Tropfkörpern, siehe auch Bild **4**.90

Durchmesser d_1 m	4,0 und um je 1,0 steigend					
Drehsprenger Anschlußweite d_2 mm	DN 80, 100, 125, 150, 200	DN 250, 300, 350	DN 400, 500, 600	DN 700, 800, 900	DN 1000, 1100	DN 1200
Mittelschacht Durchmesser d_3 m	1,5	2,0	2,5	3,0	3,5	4,0
Reinigungsöffnung e m	0,5	0,5	0,5	0,6	0,8	1,0

Die Zuordnung der Maße d_2, d_3 und e stellt einen Vorschlag der DIN 19553 dar.

nach Tafel **4**.32 gewählt 2 Tropfkörper mit $d_1 = 38$ m;

$$d_{MS} = 2{,}5 + 2 \cdot 0{,}25 = 3{,}0\,\text{m};\ \text{gew}\ H_{KTK} = 3{,}20\ \text{m}$$

$$\text{vorh}\,V_{KTK} = \frac{\pi \cdot 3{,}2}{4}(38^2 - 3^2) \cdot 2 = 7213\ \text{m}^3 > 6800\ \text{m}^3$$

$$\text{vorh}\,A_{KTK} = \frac{\pi}{4}(38^2 - 3^2) \cdot 2 = 2254\,\text{m}^2 > 2132\ \text{m}^2$$

4. Überprüfung weiterer Betriebszustände

4.1 Nachtzufluß $Q_{t36} = \dfrac{24\,000}{36} = 667\,\text{m}^3/\text{h}$

Gemessene Nachtkonzentration nach Vorklärung $C_o = 200\,\text{g/m}^3$.

Es soll $q_A = 0{,}8\,\text{m/h}$ gehalten werden, d.h. der Rücklauf müßte

$$Q_{RV} + 667 = 0{,}8 \cdot 2254 \rightarrow Q_{RV} = 1136\,\text{m}^3/\text{h}\ \text{betragen},$$

$$Q : Q_{RV} = 667 : 1136 = 1 : 1{,}7 \quad \text{oder} \quad 1 + RV = 1 + 1{,}7$$

4.5.1.4 Weitere Überlegungen zur Bemessung und Ausbildung von Tropfkörpern

Die in den Abschnitten 4.5.1.1 und 4.5.1.3 angegebenen Werte zur Bemessung von Tropfkörpern mit der Einteilung nach der Raumbelastung dienen zur Ermittlung des Körpervolumens. Man ist in den letzten Jahren jedoch dazu übergegangen, statt der Belastung immer mehr den Reinigungsgrad als Kriterium der Bemessung anzusehen. In der Praxis betreibt man sowohl Tropfkörper mit einer Raumbelastung $B_R \geq 4000\,\text{g}\,BSB_5/(\text{m}^3_{TK} \cdot \text{d})$ als auch solche mit $B_R = 100\,\text{g}\,BSB_5/(\text{m}^3_{TK} \cdot \text{d})$. Die in Abschn. 4.7.3 genannten Schreiber-Klärwerke haben ein $B_R = 350$ bis $450\,\text{g}\,BSB_5/(\text{m}^3_{TK} \cdot \text{d})$ und dabei eine gute Abbauleistung. Als Anforderung für die Reinigungsleistung einer vollbiologischen Anlage gilt ein BSB_5 im Ablauf 15 bis 40 mg/l je nach Kläranlagengröße. Außer der BSB_5-Raumbelastung setzen die Flächenbelastung $q_A = Q/A_{TK}$ (zu hoher Durchsatz ≙ zu kurze Kontaktzeit; zu geringer Durchsatz ≙ Verstopfung), die Abwassertemperatur oder starke Verschmutzung das Maß für den Abbau. Man versucht, alle diese Einflüsse zur Bemessung mit heranzuziehen.

Nach Rumpf läßt sich die Abbauleistung η in % für Mineralstoff-Tropfkörper durch folgende Formel ausdrücken (**4**.91)

$$\eta = 93 - 0{,}017 B_R \quad \text{für} \quad 100 < B_R < 1200\,\text{g}BSB_5/(\text{m}^3_{TK} \cdot \text{d}) \tag{4.22}$$

Der Kaliumpermanganatverbrauch ($KMnO_4$-Verbrauch) nimmt i. allg. mit dem BSB_5-Abbau ebenfalls ab. Sein Abbau liegt zwischen 60 bis 80%, die Keimzahlen verringern

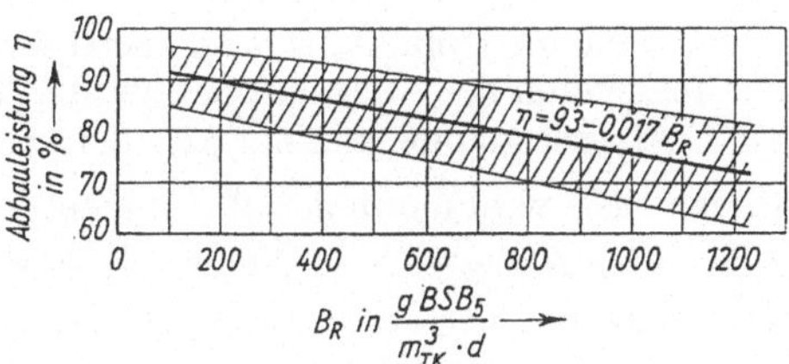

4.91
Abbaukurve für Tropfkörper nach Rumpf

sich um 70 bis 95%. Der $KMnO_4$-Verbrauch im Auslauf der Kläranlage bleibt bei vollbiologischer Reinigung fast immer unter 100 mg/l.

Während die Bakterien zunächst die organischen Kohlenstoff- und Stickstoffverbindungen angreifen und in Kohlendioxid (CO_2) und Ammoniak (NH_3) umwandeln, folgt in einer zweiten Phase die Nitrifizierung, die Oxidation der Nitrite in Nitrate, welche dann im Tropfkörper-Ablauf verbleiben. In Tropfkörper-Anlagen findet die Nitrifizierung bei verminderter Raumbelastung statt. Sie wird durch niedrige Abwassertemperaturen ungünstig beeinflußt. Durch Rückpumpen kann man die Nitratmengen im Zulauf erhöhen. Sie dienen beim Abbau der Kohlenstoffverbindungen als Sauerstoffspender, während Stickstoff frei wird = Denitrifizierung.

Man hat festgestellt, daß bei einer erhöhten Raumbelastung von 600 bis 750 gBSB_5/($m^3_{TK} \cdot d$) der für die Vorflut unangenehme Nitratanfall (Förderung des Pflanzenwachstums) gering bleibt, aber die Mindestanforderungen für den BSB_5 und den $KMnO_4$-Verbrauch im Ablauf der Kläranlage nicht mehr erfüllt werden. Belastet man die Tropfkörper höher als mit $400\,g BSB_5/(m^3_{TK} \cdot d)$, kommt man in den Bereich der biologischen Teilreinigung.

Die Flächenbelastung q_A in m/h hat sowohl ihre Bedeutung für das Freispülen des Tropfkörpers von mineralisiertem biologischen Rasen als auch für die Länge der Kontaktzeit zwischen Abwasser und den Bakterien. Es gilt

$$\frac{t}{H} = \frac{k}{q_A^\delta} \tag{4.23}$$

t = Kontaktzeit in h
H = Höhe der Tropfkörperfüllung in m
k = konstanter Beiwert
q_A = Flächenbelastung = Q/A_{TK} in m/h
δ = Exponent in der Größe 0,408 bis 0,82 (empirisch ermittelt)

Daraus ergibt sich für z.B. $\delta = 2/3$:

1. Die doppelte Wassermenge Q, z.B. $q_A = 1{,}6$ statt 0,8 m/h bedeutet eine Verringerung von t um 37%.
2. Behält man t bei und verdoppelt die Wassermenge Q, dann verdoppelt sich entweder A_{TK} oder die Tropfkörperhöhe H nimmt um 60% zu.
3. Bei gleichem V, aber doppelter Höhe H, ist bei gleichem Q die Kontaktzeit t um 25% verlängert.

Bei höherer Kontaktzeit t verbessert sich auch die Reinigungsleistung.

Da bei Temperaturen von $\leq 10\,°C$ die im Tropfkörper vorhandenen höheren Organismen (höher stehend als Bakterien), welche für die Auflockerung des biologischen Rasens maßgebend sind, ihre Tätigkeit einstellen, verschlechtert sich die Abbauleistung. Aber auch die bei 0 bis 35 °C lebensfähigen Bakterien verringern ihre biologische Arbeit.

Die Wärme im Tropfkörper wird zuerst von der Abwassertemperatur und dann erst von der Temperatur der Außenluft bestimmt. Z.B. beträgt nach Pöpel die Abbauleistung bei 10 °C Abwassertemperatur nur 62% der Leistung bei 20 °C.

In den USA wird die in den Richtlinien geforderte Reinigungsleistung der Tropfkörper von der geographischen Breite ihrer Lage abhängig gemacht.

Tucek nennt einen Temperaturkoeffizienten

$$k_1 = k_{20} \cdot 1{,}047^{T-20}, \quad \text{d.h. je Grad eine Veränderung um } 4{,}7\%$$

Die Kurventafel (**4**.92) berücksichtigt für überschlägliche Bemessungen die verschiedenen Einflüsse für die Tropfkörperdimensionierung. Wenn für die Ermittlung der Raumbelastung B_R die BSB_5-Werte des Abwasserzuflusses nicht aus genauen Untersuchungen bekannt sind, kann dem 18-h-Mittel der Abwassermenge (Tagesmittel) ein 15-h-Mittel des BSB_5-Wertes zugeordnet werden. Die Kurventafel berücksichtigt bereits eine erhöhte Abwasserkonzentration am Tage gegenüber dem 24-h-Mittel. Das Verhältnis 1,2 :1 liegt zugrunde. Die Kurventafel (**4**.92) gilt für Tropfkörper mit Lavaschlacke. Bei anderem Füllmaterial ist eine Korrektur vorzunehmen.

Beispiel: Einer Tropfkörperanlage wird $Q_{t18} = 70$ l/s mit 240 gBSB_5/m³ zugeleitet. Nach Vorklärung verbleibt ein Wert von 160 gBSB_5/m³. Dieser enthält den Konzentrationsfaktor von 1,2. Die Temperatur beträgt $T \geq 16$°C. Der Ablauf soll eine Konzentration von 25 gBSB_5/m³ erreichen. q_A soll normal 1,0 m/h betragen, jedoch nötigenfalls auf 1,5 m/h gesteigert werden können.

Benutzung der Kurventafel: Man geht vom Zulauf-BSB_5 = 160 gBSB_5/m³ nach unten auf die Kurve 25 g BSB_5/m³, dann nach links, schneidet die Ordinate bei η = 84% (Abbauleistung) und trifft auf die Temperaturlinie $T = 16$°C. Von dort zeichnet man einen Strahl nach oben, der die Abszisse bei der fiktiven Raumbelastung $B'_R = 570 \frac{\text{g}BSB_5}{\text{m}^3_{TK} \cdot \text{d}}$ schneidet.

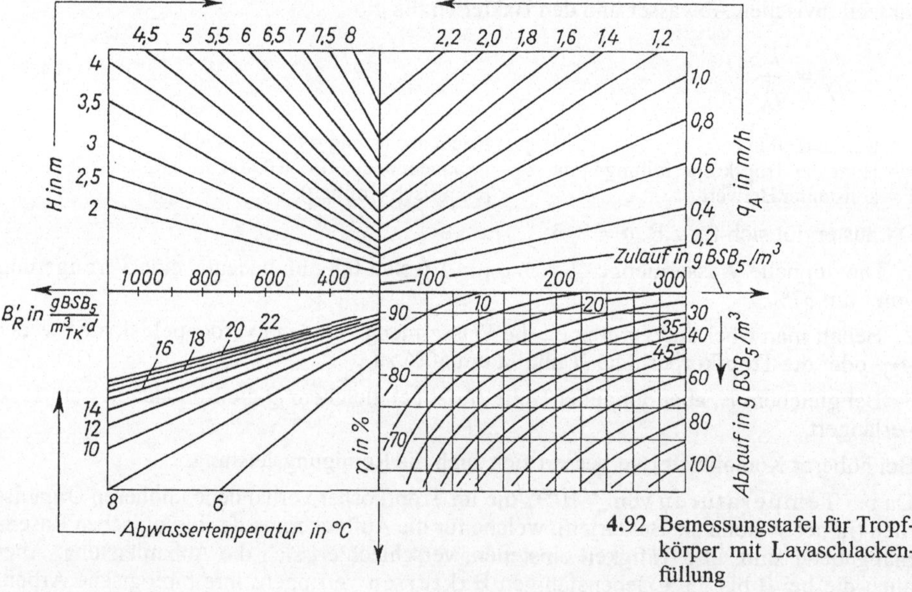

4.92 Bemessungstafel für Tropfkörper mit Lavaschlackenfüllung

Im 1. Quadranten geht man ebenfalls vom Zulauf-$BSB_5 = 160\ \mathrm{g}\,BSB_5/\mathrm{m}^3$ aus, jedoch jetzt nach oben. Man trifft auf die Gerade $q_A = 1{,}0$ und zeichnet einen Strahl nach links. Der Strahl aus dem 3. und der aus dem 1. Quadranten treffen sich im 2. auf der Geraden für die Tropfkörperhöhe $H = 4{,}0$ m.

Es ergeben sich durch Rechnung

$$\text{bei } Q_{t18}: \quad B_R = \frac{q_A \cdot 18 \cdot C_o}{H_{TK} \cdot 1{,}2} \quad \frac{\mathrm{g}\,BSB_5}{\mathrm{m}^3_{TK} \cdot \mathrm{d}} = \frac{\frac{\mathrm{m}^3}{\mathrm{m}^2_{TK} \cdot \mathrm{h}} \cdot \frac{\mathrm{h}}{\mathrm{d}} \frac{\mathrm{g}\,BSB_5}{\mathrm{m}^3}}{\mathrm{m}_{TK}} \qquad \text{s. Gl. (4.18)}$$

$$B_R = \frac{1{,}0 \cdot 18 \cdot 160}{4{,}0 \cdot 1{,}2} = 600 \frac{\mathrm{g}\,BSB_5}{\mathrm{m}^3_{TK} \cdot \mathrm{d}}$$

$$V_{TK} = \frac{C_o \cdot Q_d}{B_R} = \frac{\frac{\mathrm{g}\,BSB_5}{\mathrm{m}^3} \cdot \frac{\mathrm{m}^3}{\mathrm{d}}}{\frac{\mathrm{g}\,BSB_5}{\mathrm{m}^3_{TK} \cdot \mathrm{d}}} \qquad \text{s. Gl. (4.16)}$$

$$Q_{td} = \frac{70 \cdot 3600 \cdot 18}{1000} = 4536\ \mathrm{m}^3/\mathrm{d}$$

$$BSB_5 \text{ im 24-h-Mittel vor dem Tropfkörper} = \frac{160}{1{,}2} = 133 \frac{\mathrm{g}\,BSB_5}{\mathrm{m}^3}; 1{,}2 \mathrel{\hat{=}} \text{Konzentrationsfaktor}$$

$$V_{TK} = \frac{133 \cdot 4536}{600} \approx 1000\ \mathrm{m}^3$$

$$\text{bei } q_A = 1{,}5 \text{ m/h und } Q_{18}: BSB_5 = \frac{Q_{18} \cdot BSB_5\,(\text{Zulauf}) + Q_{18}/2 \cdot BSB_5\,(\text{Rücklauf})}{Q_{18} + Q_{18}/2}$$

$$\frac{\mathrm{mg}\,BSB_5}{1} = \frac{\mathrm{l/s} \cdot \frac{\mathrm{mg}\,BSB_5}{1} + \mathrm{l/s} \cdot \frac{\mathrm{mg}\,BSB_5}{1}}{\mathrm{l/s}} \qquad BSB_5 = \frac{70 \cdot 160 + 35 \cdot 20}{105} = 113{,}3 \frac{\mathrm{g}\,BSB_5}{\mathrm{m}^3}$$

In der Kurventafel **4**.92 von $113{,}3\ \mathrm{g}\,BSB_5/\mathrm{m}^3$ = Zulauf-BSB_5 ausgehend, erhält man links umlaufend einen Ablauf-BSB_5 von $< 20 \frac{\mathrm{g}\,BSB_5}{\mathrm{m}^3}$.

Das Diagramm ermöglicht eine verhältnismäßig schnelle vergleichende Überprüfung von Tropfkörperleistungen bei verschiedenen Betriebsverhältnissen. Es liefert bei gering verschmutztem Abwasser brauchbare Werte, sonst sollte der Ablauf-BSB_5 nach Bild **4**.91 korrigiert werden.

4.5.1.5 Kunststofftropfkörper (KTK)

Man versteht darunter Tropfkörper mit synthetischem Füllmaterial.

In den USA und Großbritannien haben sich Kunststoffplatten durchgesetzt. Sie bestehen aus Polystyrol, Polyurethan, PVC, Polyäthylen, Cloisonyle o.a., haben ein Hohlraumvolumen von 94 bis 99% und wiegen im Einbauzustand 40 bis 75 kg/m³. Die wirksame Oberfläche ist bis dreifach größer als bei Lavabrocken ⌀ 40 bis 80 mm. Die Durchlaufzeit ist geringer.

Das Betriebsgewicht ist jedoch bei $\approx 350\ \mathrm{kg/m^3_{TK}}$. In Deutschland werden häufig KTK eingesetzt. Während bei brockengefüllten Tropfkörpern ein Aufwand von

0,20 bis 0,50 kWh/kg BSB_5

erforderlich ist, kann man bei kunststoffgefüllten Körpern mit 0,08 bis 0,15 kWh/kg BSB_5 rechnen.

Tafel 4.33 Vergleich verschiedener Tropfkörperfüllstoffe

Füllstoff Bezeichnung	Material	Dichte in kg/m³	Spezifische Oberfläche in m^2/m^3_{TK}	Hohlraumanteil in Vol.-%
Flocor (ICI)	PVC	37	85	98
Mini-Flocor	PVC	45	180	98
Bioprofil (VKW) 32mm Abstand	PVC	40	160	98
Bioprofil 42 mm Abstand	PVC	32	120	99
Bionet (Nordd.Seekabelwerke-NSW)	PE	46	150 bis 200	95
Sessil (NSW)	PE	8 bis 12	100 bis 200	–
Norpac (NSW)	PE	–	100 bis 200	–
Riga 2000	PVC-Blöcke	14,1 bis 37,3	100 bis 300	98 bis 99
Lavaschlacke 5cm Durchmesser	Lava	1350	105	50

Bei einer PVC-Füllung mit einer spez. Oberfläche von 200 m^2/m^3_{TK} (Lava 70 m^2/m^3_{TK}) kann man mit $B_R = 3{,}0$ bis $10\,\text{kg}BSB_5/(\text{m}^3\cdot\text{d})$ und $B_A = 15$ bis $45\,\text{g}BSB_5/(\text{m}^2\cdot\text{d})$ noch eine Teilreinigung erzielen. Bei der Verwendung von PVC-Material ergeben sich auch konstruktive Vorteile (leichte Tropfkörperwand, hohe Tropfkörper möglich).

Synthetische Füllkörper haben den Vorteil der vergrößerten Oberfläche und erfüllen gleichzeitig die prozeßbedingten Forderungen. Dabei ist die für die substratführende Abwassermenge tatsächlich erreichbare Netto-Fläche A_n um den Ausnutzungsfaktor a kleiner als die installierte Oberfläche A_R

$$A_n = a \cdot A_R$$

a ist für jedes Füllmaterial empirisch zu ermitteln. Die Tafel 4.34 enthält die benetzbaren Flächenanteile und a für verschiedene Füllkörperformen. Vernachlässigt wurden der Bewuchs, die Flächenberührungen, hydromechanische Faktoren und Profilierungen der Einzelkörper.

Z.B.: Berechnung von a für Hohlkörper, liegend:

$$a = \frac{100 \cdot 0{,}25 + 40 \cdot 0{,}25 + 0 \cdot 0{,}5}{100} = 0{,}35$$

Tafel 4.34 Benutzbare Flächenanteile und a für verschiedene Füllkörperformen

Körperform	Ausführung	%-uale Benetzung der Flächenteile		Ausnutzungsfaktor a
Kugel	Massivkörper	obere Kugelhälfte	100%	
		untere Kugelhälfte	40%	0,7
Zylinder	Hohlkörper (liegend)	obere Hälfte außen	100%	
		untere Hälfte außen	40%	
		Innenfläche	0%	0,35
	(stehend)	Außenfläche	30%	
		Innenfläche	30%	0,3
	(geneigt)	Außenfläche	60%	
		Innenfläche	20%	0,4
Platte	dünnwandig (vertikal)	Vorderseite	30%	
		Rückseite	30%	0,3

Der Ausnutzungsfaktor sagt nichts über den flächigen Bewuchs aus, der sich durch kapillare Ausbreitung des Abwassers und das feuchte Milieu in weiteren Bereichen bildet. Die Begrenzung ergibt sich durch die Kontaktmöglichkeit der Abwassermenge mit den Organismen. Die Flüssigkeit nimmt den widerstandsärmsten Weg durch den Füllstoff. Profilierungen und Ablagerungen führen zu Richtungswechseln, ohne eine ideale Verteilung bewirken zu können. Die Flächenausnutzung kann durch die hydraulische Beaufschlagung q_A in $m^3/(m^2 \cdot h)$ geändert werden. Der Ausnutzungsfaktor a steigt mit höherer Oberflächenbeschickung q_A. Die für die Reinigung möglichst optimal geformten Füllelemente mit großer spezifischer Oberfläche erfordern ein $q_A = 0{,}8$ bis 1,2 $m^3/(m^2 \cdot h)$, über $\geq 20\,h/d$. Wenn dazu Abwasser zurückgeführt werden muß, so kann dies direkt vom Tropfkörperauslauf abgenommen werden.

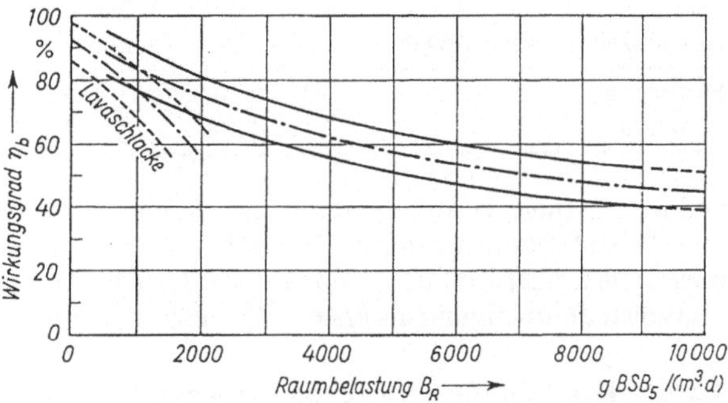

4.93
Leistungsdiagramm für Tropfkörper mit Kunststoff-füllung nach Seyfried

Wenn für ein Füllmaterial die Größe der spezifischen Oberfläche A_R durch a abgemindert wird, erweist sich die Flächenbelastung $B'_A = B_R/A_n$ in $g\,BSB_5/(m^2 \cdot d)$ als genauere Größe zur Ermittlung des Tropfkörpervolumens, z. B.:

$$B_R = 0{,}5\ kg\,BSB_5/(m^3_{TK} \cdot d); \quad A_R = 250\ m^2/m^3_{TK}; \quad a = 0{,}4$$

$$A_n = 0{,}4 \cdot 250 = 100\ m^2/m^3_{TK}$$

$$B'_A = 500/100 = 5\,g\,BSB_5/(m^2 \cdot d)$$

In der Praxis arbeitet man mit den spezifischen Oberflächen A_R. Die Bemessungswerte der Tafel **4.**31 sind Erfahrungswerte, die sich auf A_R beziehen. A_R-Werte $> 200\ m^2/m^3_{TK}$ bringen meist keine Leistungsverbesserung, aber u.U. Verstopfungsprobleme. Die nachfolgende Gegenüberstellung der Raumanteile eines mineralischen mit einem synthetischen Tropfkörper beruht auf Durchschnittswerten (Tafel **4.**35).

In England und Amerika wurden kunststoffgefüllte Tropfkörper mit Raumbelastungen bis etwa 9 kg $BSB_5/(m^3_{TK} \cdot d)$ für die Teilreinigung hochkonzentrierter gewerblicher Abwässer mit Erfolg eingesetzt.

Mit dem Anstieg der Belastung ist auch eine Zunahme der optimalen Abwasserbeschikkung verbunden. Als Ursache gelten die bei höheren Konzentrationen sich stärker ausbildenden Bewuchsflächen und die längere Durchdringung des Rasens. Es hat sich auch gezeigt, daß eine Änderung der Oberflächenbeschickung q_A bei konstanter BSB_5-Flächenbelastung B_A keinen wesentlichen Einfluß auf die Abbauleistung ausübt. Damit wäre der Leistungsgrad weitgehend unabhängig von der Konzentration des Abwassers.

Die glatte Oberfläche des Kunststoffmaterials wirkt sich auf den Schlammaustrag positiv aus. Die Organismen werden schneller ausgetragen. Der belebte Schlamm kann sich laufend neu bilden.

Eine Anwendung von Tropfkörpern mit Kunststoff-Füllung ist bei einem BSB_5 im Zulauf zum Tropfkörper unter 200 mg/l nicht empfehlenswert. Durch die daraus bemessungs-

Tafel **4**.35 Vergleich der Raumanteile TK mit mineralischer und mit synthetischer Füllung

	TK mit mineralischer Füllung		TK mit synthetischer Füllung	
Füllvolumen	500 m^3	100 %	500 m^3	100 %
Füllstoff-Volumenanteil	250 m^3	50 %	25 m^3	5 %
biologischer Rasen, 0,5 mm dick	22,5 m^3	4,5 %	50 m^3	10 %
Ü-Schlamm	15,5 m^3	3 %	40 m^3	8 %
Schlammalter	5 d		15 d	
Abwasserinhalt	40 m^3	8 %	20 m^3	4 %
bei q_A	0,8		1,2	
Kontaktzeit, Durchtropfzeit	15 min		5 min	
Stoffmenge	327,5 m^3	65,5 %	135 m^3	27 %
Freiraum	172,4 m^3	34,5 %	365 m^3	73 %

bedingte geringe Tropfkörperhöhe oder höhere Flächenbeschickung werden Kontaktzeit und Abbauleistung verringert. Bei höheren Zulaufkonzentrationen infolge gewerblicher oder industrieller Einflüsse eignen sich u.U. Tropfkörper mit Kunststoff-Füllung zur biologischen Teilreinigung als erste Stufe einer mehrstufigen Behandlung.

4.5.1.6 Tropfkörper bei zwei biologischen Reinigungsstufen

Unter einer zweistufigen biologischen Abwasserreinigung versteht man die Wiederholung der biologischen Stufe, i. allg. mit dem Träger der Reinigung (Tropfkörper oder Belebungsbecken) und den erforderlichen Absetzbecken, vgl. auch Abschn. 4.5.4.7. Bei der Planung derartiger Kombinationen sollte man stets die Nitrifizierung, Denitrifizierung und die Bio-P-Elimination anstreben. Man kann also kombinieren:

a) Belebungsbecken 1 – Absetzbecken 1 – Belebungsbecken 2 – Absetzbecken 2

b) Tropfkörper – Absetzbecken 1 – Belebungsbecken – Absetzbecken 2

c) Belebungsbecken – Absetzbecken 1 – Tropfkörper – Absetzbecken 2

d) Tropfkörper 1 – Absetzbecken 1 – Tropfkörper 2 – Absetzbecken 2

Bei der zweistufigen Tropfkörperanlage zu c) oder zu d) muß man meist vor die zweite Stufe wieder eine Abwassererhebung einschalten. Bei d) können mit zwei schwachbelasteten Tropfkörpern die Tropfkörpergrößen so ausgeglichen sein, daß man die erste Stufe mit der zweiten auswechseln kann. Man spricht dann von Wechseltropfkörpern. Bei diesem Verfahren erhält der Tropfkörper 1 die hohe Raumbelastung B_R. Nach einer bestimmten Betriebszeit schaltet man um, so daß dann der Tropfkörper 2 die große Belastung bekommt und der Tropfkörper 1 das vorgereinigte Wasser mit einem niedrigen BSB_5-Wert. Er hat dann Zeit, neben der Abwasserreinigung auch noch den in ihm befindlichen Schlamm abzubauen.

Mit kunststoffgefüllten Tropfkörpern ergeben sich Vorteile gegenüber anderen Verfahren, wenn eine Vorreinigung hochkonzentrierter Abwässer angestrebt wird. Die Tropfkörper (TK) bieten gleichzeitig einen Schutz gegen Überlastung der nachgeschalteten Reinigungsstufen. Die angestrebte Reinigungsleistung kann durch eine einstufige Tropfkörperanlage, ggf. mit Rückpumpen, oder mit mehreren hintereinandergeschalteten Stufen erreicht werden. Bei Abwasser mit hoher BSB_5-Konzentration kann die hydraulische Belastung des TK durch Rückführen von bereits gereinigtem Abwasser erhöht werden. Zur biologischen Vollreinigung kann ein Belebungsverfahren oder ein konventioneller Tropfkörper nachgeschaltet werden. Wird eine Belebungsanlage gewählt, so kann auf die Zwischenklärung des *TK* u.U. verzichtet werden. Durch die Kombination Kunststoff-*TK* als Hochlaststufe mit nachgeschalteter Schwachlast-Belebungsstufe ergibt sich eine kostengünstige Lösung zur Reinigung organisch hochkonzentrierter Abwässer, wobei die Vorteile beider Verfahren ausgeschöpft werden können. Durch Reihenschaltung unterschiedlicher Verfahren wird eine hohe Unempfindlichkeit gegen Belastungsschwankungen und bessere Absetzeigenschaften des Schlammes erreicht. Bei Abwässern, die zur Bildung von Blähschlamm neigen, empfiehlt sich ebenfalls eine Vorbehandlung durch Kunststoff-*TK*.

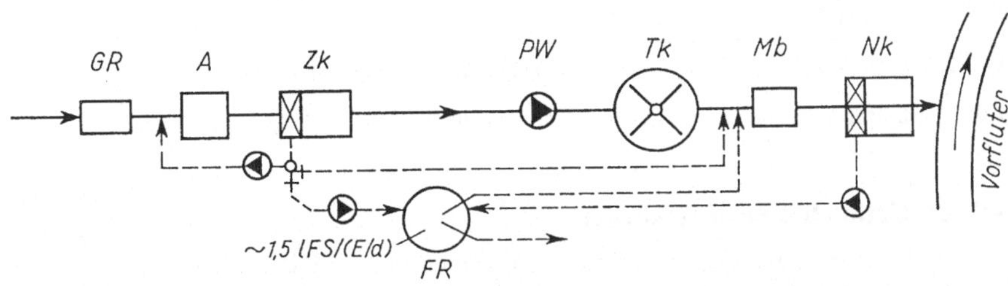

t_R	28 min	1,5 h	20 d		28 min	3,0 h
B_R in kg/(m³ · d)	10			0,7		x
η in %	60			60		
V in l/E	6	19	30	41	6	37,5

4.94 Adsorptions-Tropfkörperanlage
Q_d = 200 l/(E · d); q_t = 200/16 = 12,5 l/(E · h); b_d = 60 g BSB_5/(E · d) nach Böhnke
GR = grobmechanische Vorreinigung
A = Adsorptionsstufe
Zk = Zwischenklärung
FR = Faulbehälter
PW = Pumpwerk
Tk = Tropfkörper
Mb = Mischbecken
Nk = Nachklärung

Eine andere Verfahrensvariante der 2stufigen biologischen Abwasserreinigung mit *TK* ist die Vorschaltung einer Höchstlaststufe als Adsorptions-Belebungsbecken. Es entsteht das System der Adsorptions-Tropfkörperanlage (**4.**94). Gegenüber dem konventionellen einstufigen *TK*-Verfahren wird der Raumbedarf geringer. Wegen der hohen hydraulischen Belastung des *TK* kann auf das Rückpumpen verzichtet werden. Dies hat Auswirkungen auf die Nachklärung, welche hydraulisch entlastet wird. Ein weiterer Vorteil dieser Lösung ist die Ausnutzung des Überschußschlammes der Adsorptionsstufe zur Denitrifikation in einem der Nachklärung vorgeschaltetem Mischbecken.

Konventionelle Tropfkörperanlagen ≥ 5000 EG haben Probleme bei der Einhaltung der MA (Midestanforderungen). 18 mg/l anorg. N_{ges} kann ohne Denitrifikation nicht erreicht werden. Als Ergänzung kann zwischen Vorklärung und Tropfkörper eine Deni-Stufe in Kaskadenform und ein Zwischenklärbecken geschaltet werden (**4.**95, Fa. Passavant). Dies wäre eine Alternative zum völligen Neubau der Kläranlage.

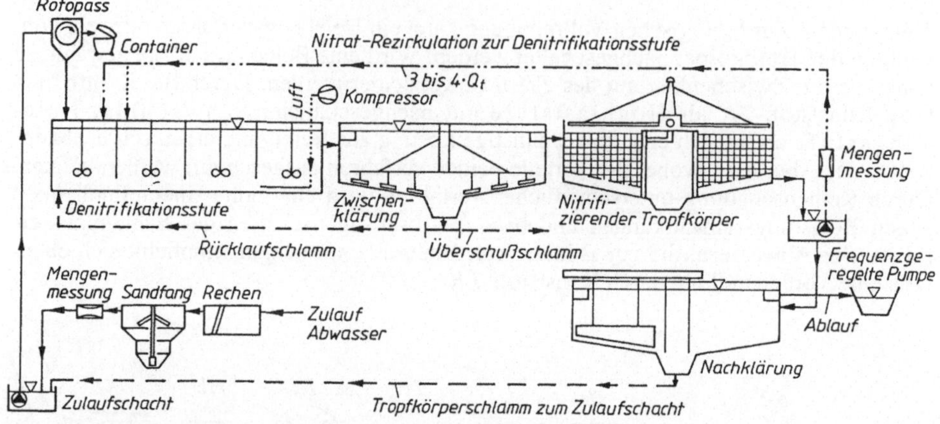

4.95 Verfahrensschema der vorgeschalteten Denitrifikation bei Tropfkörperanlagen (Fa. Passavant)

4.5.1.7 Getauchte Festbettkörper

Die angebotenen Materialien für getauchte Festbetten sind vielfältig. Unterschiedlich ist auch ihre Struktur (Gitter, Folien, Schüttgut u.a.). Klärtechnisch unterschieden werden die wirksame Oberfläche (Anwuchsfläche) und die biologisch aktive Oberfläche. Anlagen mit getauchten Festbetten bestehen aus einem oder mehreren Reaktoren, in denen Aufwuchskörper installiert sind (**4**.96), Höhen < 6 m wurden schon realisiert. Der theoretische Hohlraumanteil liegt bei ≈ 85 bis 90% (ATV-Arbeitsbericht in KA 11/96). Damit ist die Verstopfungsgefahr gering, Luft und freigesetzte Gase können das Festbett durchwandern. Durchlässigkeit sollte auch horizontal bestehen. Das Festbett soll nicht, wie beim Tropfkörper, die Strömung bremsen und kanalisieren, sondern fördern, so daß die Charakteristik eines voll durchmischten Reaktors ensteht.

Eingesetzt wird als Trägermaterial bevorzugt Polyäthylen, welches nicht porös, nicht auspreßbar und biologisch nicht abbaubar ist. Die Packungen bestehen aus senkrecht durchgehenden, seitlich durchlässigen Einzelelementen mit spezifischen Oberflächen von 100 bis 400 m^2/m^3. Sie müssen durch eine besondere Konstruktion zu größeren Einheiten verbunden und in den Becken befestigt werden. Die Versorgung mit Sauerstoff erfolgt über eine unter dem Festbett angeordnete Druckbelüftung. Als Trägermaterial kann/wurde auch Quarzkies oder Blähton eingesetzt. Tafel **4**.36 nennt Kenngrößen.

Die Reaktion beim Abbau der Abwasserverschmutzung beruht im wesentlichen auf einer Diffusion von Substrat und Sauerstoff in einen Biofilm aus Bakterien auf dem Trägermaterial mit einer be-

Tafel **4**.36 Kennwerte von Füllkörpern mit Quarzkies oder Blähton nach [59a]

	Quarzkies	Blähton
Körnung	5 bis 7 mm	4 bis 8 mm
eff. Korndurchmesser	5,8 mm	5,5 mm
Porenvolumen	42 %	40 %
spez. Oberfläche	600 m^2/m^3	680 m^2/m^3
Oberfläche je Rohrschuß	471 m^2	534 m^2
Oberfläche des Unterbaues mit einem Rohrschuß	567 m^2	611 m^2
Kornrohdichte	2,65 kg/l	1,1 kg/l
Rütteldichte	1,57 kg/l	0,69 kg/l

stimmten Abbaugeschwindigkeit. Eine Beeinträchtigung der Abbauleistung kann durch Ablösung von Biomasse, durch die Temperatur, den pH-Wert, durch Abwasserinhaltsstoffe u.a. eintreten. Insbesondere wird das starke Auftreten von Protozoen (Bakterienfressern) in der Biomasse oft nicht beachtet.

Die Belüftung hat zwei Aufgaben. Einmal muß sie die O_2-Zufuhr für die biochemischen Prozesse sichern und zum andern bewirkt sie die Aufwärts-Strömung zum Freispülen des Festbettkörpers. Die Luftmengen sollten daher regelbar sein. Größere spezifische Oberflächen erfordern zusätzlich noch eine Rückspülung mit Spülluft und Spülwasser (**4**.96e). Die Belüftungseinrichtung sollte die Grundfläche des Festbettes abdecken, auch Düsenböden sind möglich.

Beim getauchten Festbett wirken Fließgeschwindigkeit und Turbulenz in verschiedenen Richtungen. So ensteht ein gleichmäßig verteilter Biofilm.

Man unterscheidet zwischen einem rückgespülten und einem nicht rückgespülten Biofilm. Rückgespülte enthalten vorwiegend Bakterien, in nicht rückgespülten stellt sich ein Gleichgewicht zwischen Bakterien, Proto- und Metazoen ein. Der Schlammanfall ist bei letzteren meist geringer. Geschüttete oder fixierte Träger mit großer spezifischer Oberfläche werden häufiger rückgespült, dabei werden Biofilmdicken von $< 100\mu$ angestrebt. Frei schwimmende Organismen spielen nur eine untergeordnete Rolle.

Der Verlust an Biomasse durch Protozoen kann bei Festbetten in Kaskaden und bei schwach belasteten Systemen erheblich sein. Das vermindert die Überschußschlammproduktion.

Einige Verfahrensmöglichkeiten sind in **4**.96 dargestellt.

Das Abbauverhalten der verschiedenen Festbettverfahren ist ähnlich. BSB_5, CSB-Abbau und Nitrifikation finden entlang des Fließweges nacheinander statt. Verfahrenstechnisch wäre danach die Kaskadenform sinnvoll (**4**.96d).

Aber auch die Denitrifikation ist möglich. Es sind die verfahrenstechnischen Besonderheiten wie bei der Belebung zu beachten. Bei simultanem Betrieb wird die Denitrifikation sinnvoll durch intermittierende Belüftung ermöglicht. Festbettanlagen sind relativ unabhängig von schwankenden Zulaufkonzentrationen und haben eine einfache Steuerungstechnik. Sie sind deshalb auch für dezentrale Abwasserbehandlung (ländlicher Raum) geeignet. Weitere Einsatzmöglichkeiten liegen in der Kombination mit Belebungs- oder Tropfkörper-Stufen (**4**.96b u. c). Auch der Einsatz als Zwischenstufe einer Teichanlage ist möglich (**4**.269). Das getauchte Festbett ist in einem großen Belastungsbereich betriebssicher. Es kann also auch in Anlagen mit Saisonbetrieb eingesetzt werden. Die Einarbeitungszeit nach längerer Betriebsruhe ist relativ kurz.

Getauchtes Festbett mit Schlammrückführung $\hat{=}$ Belebungsverfahren mit getauchtem Festbett (**4**.96a). Das Festbett ist vorwiegend durch Protozoen besiedelt. Die Wirkung des Festbettes beruht daher auf der Elimination von Bakterien durch Protozoen. Bei hochbelasteten Belebungsanlagen trägt der erhöhte Anteil an Protozoen zu einer verbesserten Reinigungsleistung bei, da über die Freßkette Bakterien-Protozoen mehr Bakteriensubstanz gebildet wird.

Bei schwächer belasteten Anlagen trägt das Festbett dazu bei, freischwimmende Bakterien, die sich nicht in der Nachklärung absetzen, zu eliminieren. Hierdurch ergibt sich eine gewisse Ablaufverbesserung bei BSB_5 und CSB. Es treten auch weniger fadenförmige Bakterien auf.

Einstufige Tauchkörperanlage ohne Schlammrückführung (**4**.96a) alternativ. BSB_5- und TKN-Abbau[1)] finden nacheinander statt. Das Volumen des Festbettes ergibt sich aus der Summe der für die BSB_5- und TKN-Fracht benötigten Festbettvolumen.

---

1) $TKN \hat{=}$ Kjeldal-Stickstoff. Stickstoffverbindungen, die nach einem von Kjeldahl entwickelten Analyseverfahren bestimmt werden. Dabei wird sowohl Ammoniumstickstoff als auch organisch gebundener Stickstoff erfaßt. Im Rohabwasser liegt fast der gesamte Stickstoff in Form des Kjeldahl-Stickstoffs vor, im biologisch behandelten Abwasser dagegen je nach Belastungsverhältnissen in mehr oder weniger oxidierter Form als Nitrat oder Nitrit.

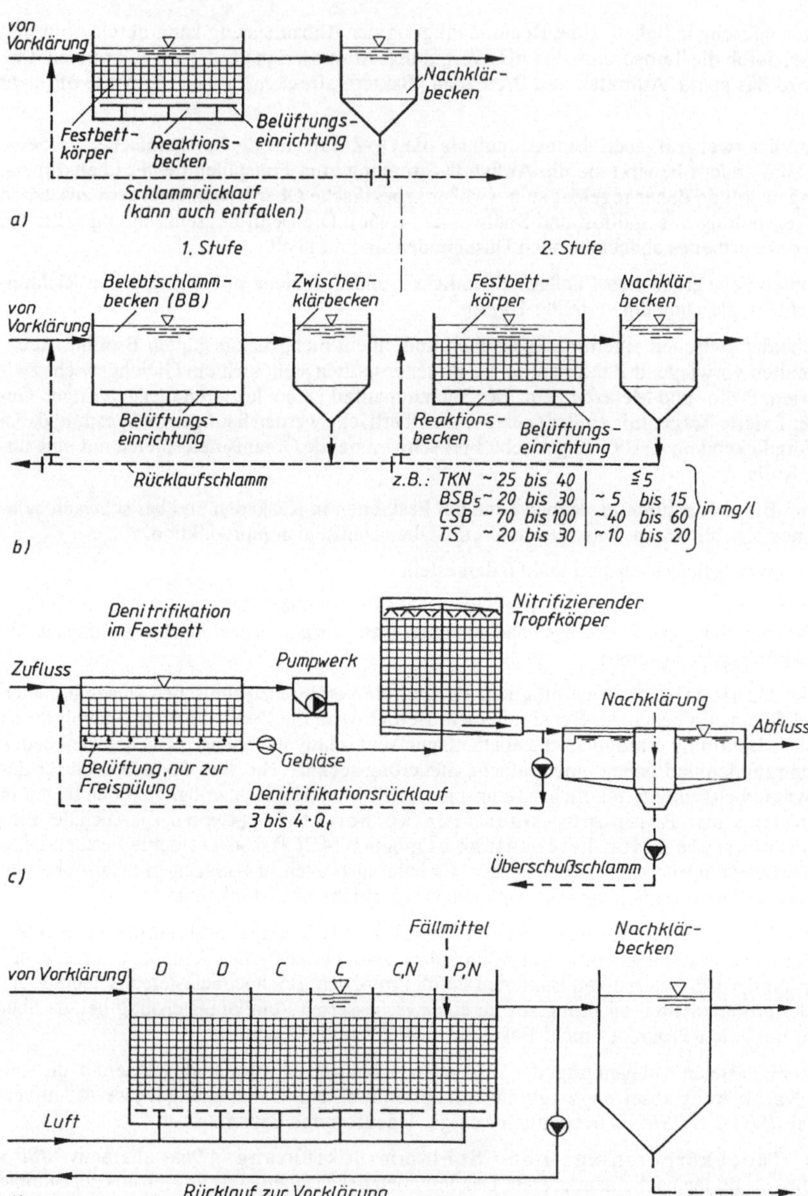

4.96 Einsatz von Festbettstufen

a) Einstufig, mit oder ohne Schlammrücklauf, auch geeignet für simultane Denitrifikation

b) Zweistufig kombiniert mit Belebungsverfahren, Festbett in der 2. Stufe. Auch Festbett in der 1. Stufe ist möglich.

c) Denitrifizierendes Festbett vor einer nitrifizierenden Tropfkörperanlage.

d) Kaskadenform mit vorgeschalteter Denitrifikation. In den Denibecken (*D*) sind möglichst Umwälzeinrichtungen vorzusehen.

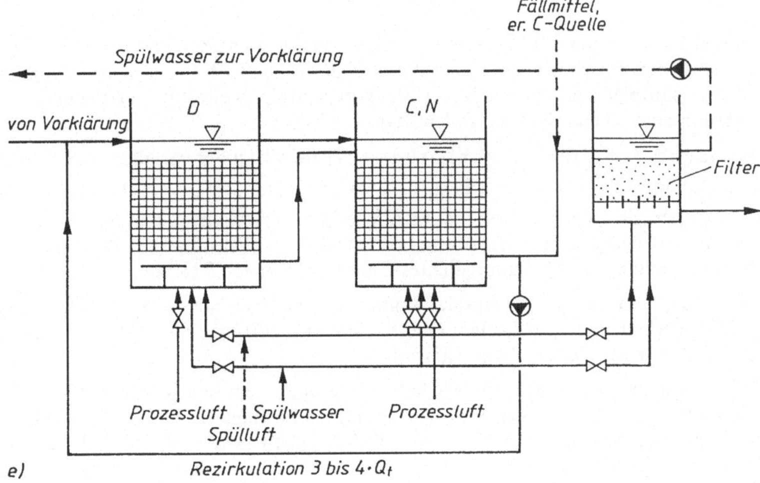

4.96 (Fortsetzung)
e) Zweistufiges Festbett mit Filter und Rückspülung

Bei niedrigem BSB_5/TKN-Verhältnis gelten die Bemessungsansätze wie bei der nachgeschalteten Tauchkörperstufe.

Von Vorteil ist eine gerichtete Strömungswalze mit $v \geq 3$ m/h durch außermittige Stellung von Festbett und Belüftung. Hierdurch wird die Gefahr von Kurzschlußströmungen und eine Verschlammung vermieden (**4**.97 und **4**.98).

Ebenso wirkt die Luftbeaufschlagung von ca. 5 bis 20 $Nm^3/(m^2$ Festbettgrundfläche · h). Diese Luftmenge kann größer sein als die für den Sauerstoffeintrag benötigte. Die Lufteintragswerte sind höher als beim Belebungsverfahren. Sie können 30 bis 40 g $O_2/(Nm^3 \cdot m)$ betragen. Als Alternative zur Einsparung von Energie wären Belüftung und Umwälzung voneinander zu trennen.

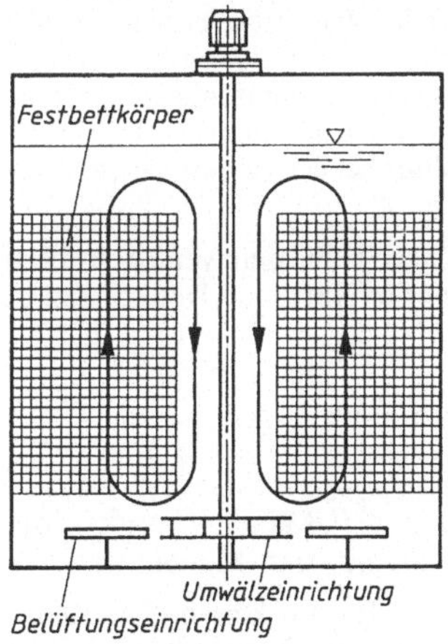

4.97 Festbett in der Strömungswalze

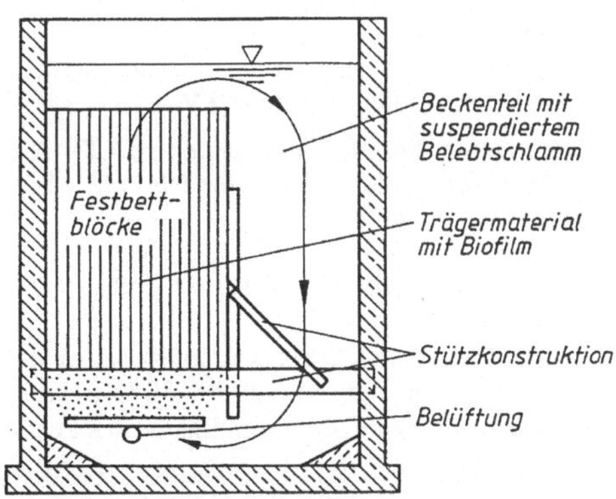

4.98 Beckenquerschnitt mit einseitiger Walzenströmung (Festbetteil, z.B. Riga 2000, und Belebungsteil)

Für den BSB_5-Abbau wird bei der Tauchkörperanlage ohne Schlammrückführung ein relativ großes Festbettvolumen benötigt. Es empfiehlt sich, BSB_5- und *TKN*-Elimination voneinander zu trennen und zweistufig durchzuführen. Der BSB_5-Abbau erfolgt weitestgehend in der ersten Stufe, der *TKN*-Abbau in einem Festbett der zweiten Stufe.

Die Nachgeschaltete Tauchkörperstufe (**4**.96b) dient vor allem der Nitrifikation.

Es empfiehlt sich eine BSB_5-Elimination in einer vorgeschalteten Belebungsstufe oder in einem Tropfkörper. Eine Feststoffabtrennung (Zwischenklärbecken) in der ersten Stufe verbessert die Nitrifikationsleistung. Das Verfahren ist besonders für stickstoffhaltige industrielle Abwässer oder zur Verminderung des Ammoniumgehaltes einer kommunalen Belebungsanlage geeignet.

Gegenüber dem Belebungsverfahren können bis zu 4fach höhere Stickstoffraumbelastungen $\leq 0{,}6$ $\text{kg}\,TKN/(\text{m}^3 \cdot \text{d})$ bei spezifischen Oberflächen von 200 m^2/m^3 angesetzt werden. Ein Mangel ist dann die fehlende Denitrifikationsleistung.

Da der Abbau der organischen Kohlenstoffverbindungen und die Oxidation des Stickstoffes zeitlich hintereinander ablaufen, muß das getauchte Festbett für den BSB_5-Abbau und die Nitrifikation berechnet werden. Für BSB_5 und *TKN* ergeben sich etwa gleich hohe Umsatzraten von $\leq$ $4{,}0\,\text{g}/(\text{m}^2 \cdot \text{d})$. NH_4-N-Werte unter 10 mg/l lassen sich damit unter normalen Bedingungen erreichen, unter günstigen Bedingungen sogar 4 mg/l. Zur Ermittlung des erforderlichen Festbettvolumens sind die für den Abbau vorgesehenen BSB_5- und *TKN*-Frachten zu addieren und durch die Umsatzrate zu dividieren.

Beim Tropfkörperverfahren mit vorgeschalteter Denitrifikation durch ein Festbett (**4**.96c) wird eine hohe Rücklaufmenge $Q_{\text{Rez}} \approx 3$ bis $4 \cdot Q_t$ zur Einhaltung der N-Werte erforderlich. Die Leistung des Drehsprengers ist zu überprüfen. Als Deni-Stufe ist ein getauchtes Festbett geeignet. Unter dem Festbett befindet sich eine Belüftung, die in belastungsarmen Zeiten kurzzeitig den Austrag der Biomasse unterstützen kann. Auch ein vorhandenes Vorklärbecken kann als Deni-Stufe genutzt werden. Die Deni-Stufe entlastet den Tropfkörper. Ihm steht mehr Volumen zur Nitrifikation zur Verfügung.

Bemessungshinweise (nach ATV-Arbeitsbericht in KA 11/96). Das getauchte Festbett benötigt eine vorgeschaltete Grobstoffentfernung und eine Vorklärung.

Allgemein gültige Bemessungsgrößen liegen noch nicht vor, man kann sich aber an vorhandenen Betriebsergebnissen orientieren. Diese zeigen, daß vorläufig Werte eingesetzt werden können, die für Tauchkörper gelten. Danach kann für den Abbau der Kohlenstoffverbindungen (C) $B_A \leq 8\,\text{g}/(\text{m}^2 \cdot \text{d})$ und für Abwasserreinigung mit Nitrifikation (N) $B_A \leq 4\,\text{g}/(\text{m}^2 \cdot \text{d})$ eingesetzt werden (vgl. auch ATV-A135 und ATV-A257 [1]). Für die Denitrifikation wird empfohlen, das Deni-Volumen, hier das Verhältnis der spezifischen Oberflächen, entsprechend den Volumenverhältnissen beim Belebungsverfahren $V_{\text{DN}}/V_{\text{ges}}$ aufzuteilen. Das Rückführverhältnis bei der vorgeschalteten Denitrifikation sollte ≤ 4 sein (ATV-A 131).

Die Sauerstoffzufuhr sollte analog zu ATV-A 131 für Belebungsanlagen bemessen werden. Infolge des höheren Schlammalters für $OV_C = 1{,}6\,\text{kg}O_2/\text{kg}BSB_5$ ansetzen. Für Nitri- und Denitrifikation ist der Ansatz von

$$OV_N = (4{,}6 \cdot \text{NO}_3 - \text{N}_e + 1{,}7\text{NO}_3 - N_D)/BSB_5 \quad \text{in} \quad \text{kg}O_2/\text{kg}BSB_5$$

anwendbar. Als Stoßfaktoren sollten etwa die Werte $f_C = 1{,}2$ und $f_N = 2{,}0$ eingesetzt werden. Eine O_2-Ausnutzung von 20 bis 30 % ist möglich. Der α-Wert sollte $\leq 0{,}8$ gewählt werden. Als Luftbeaufschlagung der Grundfläche des Festbettkörpers sind 5 bis $20\,\text{Nm}^3/(\text{m}^2 \cdot \text{h})$ möglich.

Bei höherer BSB_5-Belastung kleinere spezifische Oberflächen wählen. Bei Reaktoren ohne Rückspülung werden $\approx 150\,\text{m}^2/\text{m}^3$ für den C-Abbau und für die Nitrifikationsstufe empfohlen, in Denitrifikationsstufen $\leq 100\,\text{m}^2/\text{m}^3$. In letzteren möglichst ein Aggregat zur Umwälzung zusätzlich installieren. Reaktoren mit Rückspülung lassen höhere spezifische Oberflächen zu. Der Spülwasserbedarf beträgt $\leq 7\,\text{m}^3$/ Beckengrundfläche und insgesamt ≈ 5 bis 10% der Zulaufwassermenge.

Die P-Elimination erfolgt bei getauchten Festbetten nur durch Fällung, diese sollte nachgeschaltet sein, um den Reaktor nicht mit der gefällten Substanz zusätzlich zu belasten. Bio-P-Elimination ist wegen geringer Inkorporierungs-Möglichkeit der Biomasse sehr begrentzt und sollte unberücksichtigt bleiben.

Konstruktionshinweise. Ein Inspektionszugang zum Belüftungssystem sollte vorhanden sein. Betrieblich günstig sind Belüftungen, die mit den Festbettmodulen fest verbunden sind. Diese kombinierten Module können gezogen werden, ohne den Betrieb zu unterbrechen. Die Eigengewichte der Packungen liegen bei 40 bis 80 kg/m³. Mit Bewuchs werden z.B. bei einer spezifischen Oberfläche von $100\,m^2/m^3$ bis $150\,kg/m^3$, bei hochbelasteten $350\,kg/m^3$ erreicht. Bei Verstopfungen können noch höhere Werte auftreten.

Den Anlagen ist immer eine Feststoffabtrennung nachzuschalten. Dies kann ein Nachklärbecken, bemessen wie beim Tropfkörper, ein Lamellenabscheider, eine Filtration oder ein Nachklärteich sein.

Bemessungsbeispiel für eine getauchte Festbettanlage mit vorgeschalteter Denitrifikation in Kaskadenform (überschläglich), ohne Rückspülung

BSB_5 im Zulauf nach Vorklärung = 800 kg/d $\hat{=} \approx 20\,000$ EG, Trennsystem
N_{ges} im Zulauf nach Vorklärung = 100 kg/d
spezifische Festbettfläche A_R = $150\,m^2/m^3$, $100\,m^2/m^3$ für Deni-Teil
angenommene Umsatzrate = $4\,g/(m^2 \cdot d)$

$$\left.\begin{array}{ll} \text{erf. Festbettfläche } F_A = \dfrac{(800+100)\cdot 1000}{4} & = 225\,000\,m^2 \\ \text{erf. Festbettvolumen } FV = 225\,000/150 & = 1\,500\,m^3 \end{array}\right\} \text{für Nitrifikation}$$

Festbetthöhe = 5,0 m → 1500/5 = $300\,m^2$ Festbettgrundfläche für Nitrifikation;
gew Luftdurchsatz $15\,Nm^3/(m^2 \cdot h) \rightarrow 15 \cdot 300 = 4500\,Nm^3/h$; $F_{A,BB} = 1{,}5 \cdot F_A$; $F_{A,D}/F_{A,BB} = 0{,}33$;

$$\text{erf}F_{A,D} = 0{,}33 \cdot 1{,}5 \cdot 225\,000 \cdot \frac{100}{150} = 74.250\,m^2$$

Gew. werden 4 Kaskaden-Becken zu je $225\,000/4 = 56250\,m^2$ Festbettfläche für Nitrifikation und 2 Kaskaden-Becken mit je $74250/2 = 37125\,m^2\,F_A$ für Denitrifikation. F_A gesamt $= 4 \cdot 56250 + 2 \cdot 37125 = 300\,000\,m^2$. Das Festbettvolumen FV gesamt beträgt $= 4 \cdot 375 + 2 \cdot 375 = 2250\,m^3$. Das Rückführverhältnis beträgt 4. Eine Volumeneinspannung gegenüber dem Belebungsverfahren tritt nicht ein.

Neben den hier beschriebenen statischen Festbettkörpern wird beim dynamischen Festbettkörper der Füllkörper mechanisch bewegt (z.B. Scheibentauchkörper).

Schwebekörper-Verfahren. Freie und fixierte (sessile) Biomasse wird wie bei den getauchten Festbetten kombiniert eingesetzt. Jedoch haftet die fixierte Biomasse auf und in frei schwebenden Schaumstoffwürfeln, Tonkugeln oder Materialschnipseln. Sie werden durch Druckluft in Schwebe gehalten. Bewährt hat sich bisher das Linpor-Verfahren (Fa. Linde).

Linpor-C-Verfahren. Dieses Verfahren wurde vornehmlich für den Kohlenstoff-Abbau entwickelt. Das Trägermaterial (Schaumstoffwürfel) bewirkt zusätzlich eine Vermehrung des Belebtschlammgehaltes. Da dieser und danach die Schlammbelastung den erforderlichen Beckeninhalt bestimmen, kann das Volumen des Belebungsbeckens reduziert werden. Überlastete Anlagen können so saniert werden.

Linpor-N-Verfahren. Dieses Verfahren dient der weitergehenden Abwasserreinigung in Form der NH_4-N-Oxidation. Es wird Reinigungsstufen nachgeschaltet, die zu hoch belastet sind und selbst keine ausreichende Nitrifizierung erbringen können. Ein Nachklärbecken ist nicht erforderlich, da sich wenig Trockenschlamm bei getrennter Nitrifizierung ausbildet. Die Schaumstoffwürfel werden durch ein Auslaufsieb am Ausschwimmen aus dem Becken gehindert. Dadurch entsteht ein hohes Schlammalter.

Bemessung. Wolf [90] schlägt vor, nachgeschaltete nitrifizierende Reaktoren nicht nach der BSB_5-Schlammbelastung, sondern nach der NH_4-Schlamm- bzw. Raumbelastung zu bemessen.

$$N_R = TS_R \cdot N_{TS} \quad \text{in} \quad \frac{\text{kg NH}_4\text{-N}}{\text{m}^3 \cdot \text{d}} = \frac{\text{kg}\,TS}{\text{m}^3} \cdot \frac{\text{kg NH}_4\text{-N}}{\text{kg}\,TS \cdot \text{d}}$$

Zwischen der NH_4-N-Raumbelastung und der Nitrifikationsrate besteht ein fast linearer Zusammenhang. Bei Schwebekörperanteilen von 25 bis 30 Volumenprozenten ergeben sich gleiche Abbauraten. Wolf empfiehlt, mit 10 kg TS/m^3 Schaumstoffwürfel und Nitrifikationsleistungen von 30 g NH_4-N/kg $TS \cdot d$ bei 10°C zu rechnen. Eine Aufenthaltszeit von 2 h wird für kommunales Abwasser vorgeschlagen.

Beispiel: Eine Belebungsanlage mit Vorklärung, Belebungsbecken, Nachklärung soll soweit verbessert werden, daß bei 10°C ein NH_4-N-Ablauf von 4 mg/l eingehalten wird.

$Q_d = 2000\,m^3/d$; $Q_{t18} = 110\,m^3/h$; Säurekapazität des Trinkwassers K_S = 3mmol/l; Ablauf Nachklärung BSB_5 = 20 mg/l; NH_4-N =15 mg/l

Der Belebungsanlage soll eine weitgehend nitrifizierende Stufe nach dem Linpor-N-Verfahren nachgeschaltet werden. Sessiler Anteil = 30%. Die erforderl. Raumbelastung beträgt:

$$N_R = 0{,}3 \cdot 10 \cdot 0{,}03 \cdot 15/(15-4) = 0{,}123\,\text{kg NH}_4\text{-N/(m}^3 \cdot \text{d)} \quad \text{in}$$

$$\frac{\text{kg NH}_4\text{-N}}{\text{m}^3 \cdot \text{d}} = \frac{\text{m}^3 \text{ Sess. Anteil}}{\text{m}^3 \text{ Becken}} \cdot \frac{\text{kg}\,TS}{\text{m}^3 \text{ Sess. Anteil}} \cdot \frac{\text{kg NH}_4\text{-N}}{\text{kg}\,TS \cdot \text{d}} \cdot \frac{\text{NH}_4\text{-N vor d.Reaktor}}{\text{NH}_4\text{-N (vor und nach d. Reaktor)}}$$

N_R	=	–	TS_R	N_{TS}	reziproker NH_4-N-Wirkungsgrad = $1/\eta_N$

Die tägl. NH_4-N-Fracht beträgt	$N_d = 2000 \cdot 15/1000 = 30\,\text{kg NH}_4\text{-N/d}$
erf Reaktorvolumen	$V = 30/0{,}123 = 244\,m^3$
Aufenthaltszeit	$t_R = 244/110 = 2{,}22$ h

4.5.2 Belebungsverfahren

Im Gegensatz zum Tropfkörper befindet sich hier der Träger der biologischen Reinigung, der mit Bakterien und Protozoen belebte Schlamm im Belebungsbecken und wird, als Rücklaufschlamm vom Nachklärbecken in das Abwasser des Belebungsbeckens zurückgegeben. Außerdem wird Luft eingeblasen oder mechanisch eingetragen und damit Sauerstoff zugeführt. Es ist wichtig, alle Teile des Abwassers und den Sauerstoff an die einzelnen belebten Schlammflocken heranzubringen. Es hätte keinen Sinn, den Schlamm allein besonders hoch zu konzentrieren, weil dann Teile der flockigen Bakterienkolonien keinen Sauerstoff erhalten würden. Die technische Aufgabe besteht darin, in den Belebungsbecken den Sauerstoff gut zu verteilen und die Flocken in der Schwebe zu halten. Jedes Belüftungsverfahren erfordert einen besonders angepaßten Beckenquerschnitt, damit diese Bedingungen erfüllt werden.

Die organischen Stoffe des zugeführten Abwassers werden vom Belebtschlamm adsorbiert und oxidiert oder zu neuer Zellsubstanz aufgebaut. Ein Teil des belebten Schlammes verzehrt sich selbst. Der Sauerstoffbedarf richtet sich nach dem BSB_5-Abbau und der belüfteten Schlammenge. Wenn soviel Luft vorhanden ist, daß sich die Abbaufähigkeit des belebten Schlammes voll entfalten kann, dann ist der Sauerstoffverbrauch von der Schlammbelastung abhängig. Bei geringer Schlammbelastung überwiegt die Oxidation der Zellsubstanz. Es wird mehr Sauerstoff je kg BSB_5 benötigt als bei höherer Schlammbelastung. Je höher die Schlammbelastung, desto mehr neue Zellsubstanz wird erzeugt, so daß ein Teil davon als Überschußschlamm aus dem Schlammumlauf entfernt werden muß (**4**.250).

Während ungelöstes Material durch physikalische oder physikalisch-chemische Vorgänge in der Vorklärung aus dem Abwasser entfernt werden kann, läßt sich dies bei gelösten Substanzen nur durch Umwandlung in eine ungelöste Form mit nachfolgender Sedimentation erreichen. In dieses Verfahrensschema gehört auch das Belebtschlammverfahren mit den hintereinander geschalteten, durch den Organismenrücklauf verknüpften Verfahrensschritten:

Bioreaktor, in dem die gelöste, von Saprobien verwertbare organische Substanz in sedimentierbare Organismenmasse überführt wird, und das Nachklärbecken, das dazu dient, die gebildete Bakterienmasse als Rücklauf- und Überschußschlamm aus dem Abwasser zu entnehmen, welches damit als biologisch gereinigt gilt (**4**.99).

Das Nachklärbecken dient zur Sammlung des Überschuß- als Endprodukt, sowie des Rücklaufschlammes als Zwischenprodukt. Beides ist notwendig, um den Durchfluß im Bioreaktor im richtigen Verhältnis zu den Belebtschlammorganismen halten zu können.

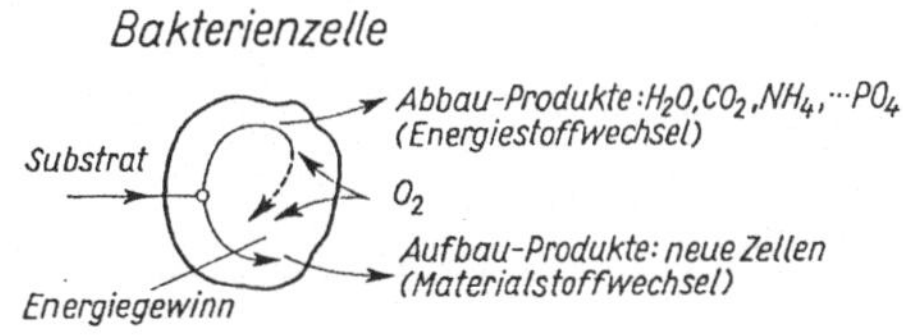

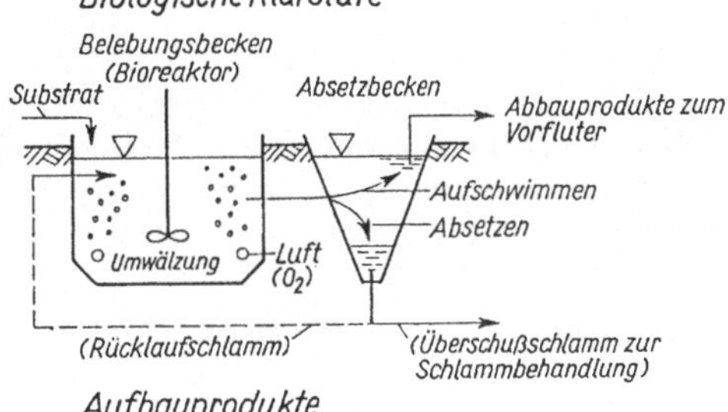

4.99 Prinzip des bakteriellen Stoffwechsels und der Verfahrensschritte in der biologischen Stufe einer Belebungsanlage nach [88]

Die Festsetzung der gelösten organischen Substanz als Biomasse ist ein anabolischer Vorgang, der Energie erfordert, die von heterotrophen Organismen aus der Oxidation von Nährstoffen gewonnen wird. Diese werden dabei bis in ihre mineralischen Grundbausteine CO_2, H_2O usw. zerlegt. Man bezeichnet diesen Vorgang als Abbau.

Eine vollständige Umwandlung der gelösten organischen Substanz in absetzbare Biomasse (Aufbau) wäre ideal, ist aber nicht möglich. Ein gewisser Substratanteil wird zur Energieerzeugung verwendet, d.h. abgebaut, wobei gelöste Stoffwechselendprodukte entstehen und in das Abwasser gehen. Gelöste Substanz wird also teilweise in gelöste Substanz umgewandelt, ein Vorgang, welcher der Abwasserreinigung widerspricht, wenn die entstehenden Produkte den Kläranlagenablauf verschlechtern.

Als Beispiel wäre das Ammonium zu nennen, das entsteht, wenn Eiweiß oder Aminosäuren abgebaut werden. Es trägt über die Nitrifikation zur Eutrophierung des Vorfluters bei.

Das Bestreben muß sein, möglichst viel auf- und möglichst wenig abzubauen. Dazu ist im Abwasser ein ausreichendes Angebot an Substanzen nötig, die die gespeicherte Energie leicht abgeben und dabei zu harmlosen Abbauprodukten wie CO_2 und H_2O zerfallen. Das Angebot an solchen Substanzen sollte so groß sein, daß die für den Aufbau geeigneten Nährstoffkomponenten vollständig diesem Zweck zugeführt werden können.

Als Richtzahl für eine in diesem Sinne optimal zusammengesetzte Nährlösung gilt ein Kohlenstoff-Stickstoff-Verhältnis C:N von > 12 und ein Kohlenstoff-Phosphor-Verhältnis C:P von etwa 30 bis 50. Diese optimalen Verhältnisse liegen im Abwasser praktisch nie vor. Meist besteht ein Defizit an Kohlenstoffverbindungen, so daß N- und P-haltige Verbindungen durch zusätzliche Verfahrensschritte abgebaut werden müssen. Stickstoff und Phosphor erscheinen ohne diese in gelöster Form im Ablauf der Kläranlage.

Für die Berechnung einer Belebungsanlage ist der BSB_5-Abbau maßgebend. Man unterscheidet hinsichtlich der Belastung und der Abbauleistung etwa folgende Leistungsgrade des Belebungsverfahrens:

Reinigungsgrad	Ablauf-BSB_5	Biochemische Abbauleistung
Vollreinigung	$\leq$ 12 mg/l	Stabilisierung des Schlammes
	$\leq$ 15 mg/l	Oxidation der gelösten Stickstoffverbindungen
	$\leq$ 20 mg/l	Oxidation der Kohlenstoffverbindungen
Teilreinigung	$\leq$ 30 mg/l	Teilweise Oxidation der Kohlenstoffverbindungen

Unter Belastung versteht man das Mengenverhältnis der Nährstoffe (Schmutzstoffe des Abwassers) zu den Bakterien des belebten Schlammes. Die im Abwasser enthaltenen Nährstoffe werden durch den biochemischen Sauerstoffbedarf B_R in g $BSB_5/(m^3_{BB} \cdot d)$ erfaßt ($m^3_{BB} \mathrel{\hat{=}} 1\,m^3$ des Belebungsbeckens). B_R wird auch die Raumbelastung des Belebungsbeckens genannt. Die Bakterienmenge des belebten Schlammes im Belebungsbecken wird durch das Trockengewicht des Schlammes TS_{BB} in g TS/m^3_{BB} näherungsweise angegeben. Das Verhältnis beider Werte ergibt die Schlammbelastung B_{TS} in g $BSB_5/(g\,TS \cdot d)$.

Die Schlammflocken im Becken bestehen aus einer schleimigen Masse, in welcher Bakterien und Protozoen (niedere Tierformen) leben. Diese nehmen bei ausreichendem Nährstoffangebot die organischen Stoffe des Abwassers auf und bilden durch Zellaufbau und Zellteilung neue Zellsubstanz. Diese ist mit den Flocken absetzbar. Sind nicht mehr genügend organische Stoffe zum weiteren Zellaufbau vorhanden, dann verzehren (oxidieren) die Bakterien ihre eigene, organische Zellsubstanz.

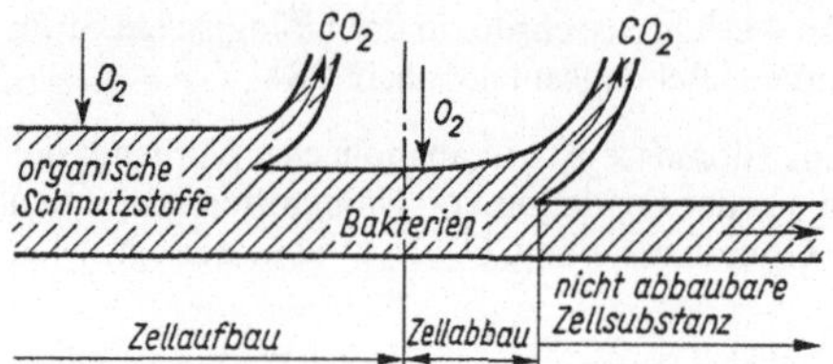

4.100 Schema der bakteriellen Zellenentwicklung beim Belebungsverfahren mit Substratmangel (aerobe Schlammineralisierung)

Zellaufbau:
Organische Schmutzstoffe $+ O_2 \xrightarrow[\text{Bakterien}]{\text{durch}}$ Zellsubstanz $+ CO_2 + H_2O +$ Energie

Zellabbau:
Zellsubstanz $+ O_2 \xrightarrow[\text{Bakterien}]{\text{durch}} CO_2 + H_2O$ + Energie

Alle Prozesse sind nur möglich, wenn stets genügend Sauerstoff für die Zellatmung zur Verfügung steht. Grob vereinfacht kann das vorstehende Schema angegeben werden (4.100).

Bei der Belebung mit Schlammineralisation besteht ein akuter Nahrungsmangel, so daß die Bakterien sich selbst verzehren und organische Zellsubstanz oxidieren. Der Stickstoffgehalt des Ablaufs steigt im Gegensatz zu den anderen Verfahren. Die Schlammbelastung ist sehr gering. Demgegenüber besteht bei der normalbelasteten Belebung ein Gleichgewicht zwischen dem Nährstoffangebot und den abbauenden Kräften. Der Abbau verläuft schneller. Durch eine weitere Steigerung der Nahrungszufuhr, ein Überangebot, würde man zwar die Vermehrung der Bakterien weiter beschleunigen, diese würde aber nicht der Vermehrung der Nahrungszufuhr standhalten, und eine Teilreinigung der Schmutzstoffe wäre das Ergebnis. Es unterscheiden sich stark voneinander BSB_5-Belastung und

BSB_5-Abbau. Die schwachbelastete Belebung kommt der Schlammineralisation sehr nahe; im Ablauf sind bei beiden Verfahren Nitrate zu finden.

Es ist weiter nachgewiesen worden, daß die Abbauleistung einer Belebungsanlage von der Einwirkzeit t und Menge der belebten Substanz g TS/m^3_{BB} abhängt. Das konstante Produkt aus beiden Werten g $TS/m^3_{BB} \cdot t_{BB}$ bedeutet auch etwa konstante Abbauleistungen. Die Einwirkzeit wird auch Belüftungszeit genannt. Wenn t_{BB} geändert wird, ändert sich auch die BSB_5-Raumbelastung des Belebungsbeckens [g $BSB_5/(m^3_{BB} \cdot d)$]. Große Belüftungszeiten bedeuten große Aufenthaltszeiten des Abwassers im Belebungsbecken und damit große Beckenvolumen. Eine geringere Belüftungszeit könnte man durch eine größere Schlammkonzentration ausgleichen. Die Dichte des Belebtschlammes im Nachklärbecken soll jedoch nicht größer werden als beim Mohlmann-Index, das ist das Volumen in cm^3, das 1 g Trockensubstanz des Belebtschlammes nach einhalbstündiger Absetzzeit einnimmt, kurz Schlammindex genannt. Der Schlammindex schwankt stark. Ausgeflockter belebter Schlamm hat einen Index von 50 bis 100 $cm^3/g\,TS$. Der Feststoffgehalt TS wäre z.B. bei $50\,cm^3/g\,TS$

$$\frac{1}{50} = 0{,}02\,g\,TS/cm^3 \quad \text{oder} \quad \frac{100}{50} = 2\% \quad \text{oder} \quad 20\,g\,TS/l = 20\,000\,g\,TS/m^3$$

Durch Belastungsstöße oder Sauerstoffmangel steigt der Schlammindex schnell auf $\geq 100\,cm^3/g\,TS$ an. Steigt der Schlammindex auf $\gg 200\,cm^3/g\,TS$ an, dann spricht man von Blähschlamm. Dieser entsteht bei übermäßiger Entwicklung von fadenförmigen Bakterien und Pilzen („sperrigen Lebewesen"). Für die Ermittlung der Rücklaufschlammenge empfiehlt es sich, die Bemessungswerte

$$ISV = 75 \text{ bis } 150\,cm^3/g\,TS \text{ für Stabilisierung},$$
$$ISV = 100 \text{ bis } 180\,cm^3/g\,TS \text{ für Reinigung mit Nitrifikation},$$
$$ISV = 100 \text{ bis } 180\,cm^3/g\,TS \text{ für Vollreinigung}$$

zugrunde zu legen. Der Feststoffgehalt des Rücklaufschlammes wird gegenüber der Laborformel $1000/ISV$ in $g\,TS/l$ unter Berücksichtigung des Absetzverhaltens manchmal mit $1200/ISV$ in $g\,TS/l$ oder $kg\,TS/m^3$ angenommen. Der belebte Schlamm wird aus dem Schlammtrichter des Nachbeckens in das Belebungsbecken zurückgeführt. Das Verhältnis von Rücklaufschlammenge Q_{RS} zu zufließender Abwassermenge Q nennt man Rücklaufverhältnis.

$$RV = Q_{RS}/Q$$

Man kann die vom Nachklärbecken abgeführte Menge an Trockensubstanz mit der zugeführten Menge vergleichen, wenn keine Vermehrung der Trockensubstanz im Nachklärbecken eintreten soll (**4.**101).

$$(Q_{RS} + Q_{ÜS}) \cdot TS_{RS} = (Q + Q_{RS} + Q_{ÜS}) \cdot TS_{BB}$$

erweitert mit Q/Q:

$$\frac{Q_{RS} + Q_{ÜS}}{Q} \cdot Q \cdot TS_{RS} = \left(Q + \frac{Q_{RS}}{Q} \cdot Q + \frac{Q_{ÜS}}{Q} \cdot Q\right) TS_{BB}$$

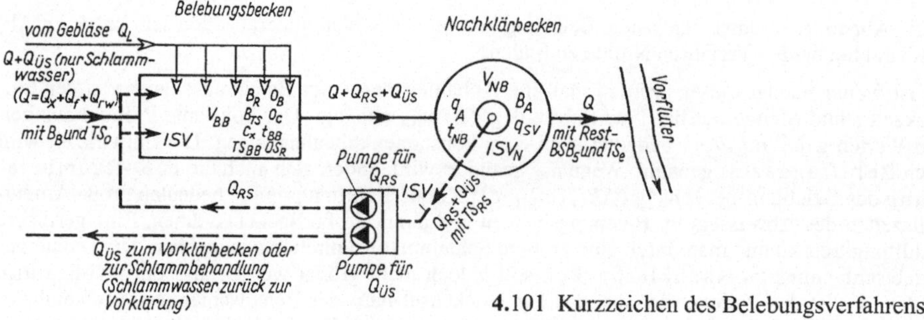

4.101 Kurzzeichen des Belebungsverfahrens

hieraus entfällt $Q_{ÜS}/Q$ = Überschußschlammenge/zufließende Wassermenge wegen geringer Größe. Mit $RV = Q_{RS}/Q$ ergibt sich

$$RV \cdot Q \cdot TS_{RS} = (1+RV) \cdot Q \cdot TS_{BB}$$

$$RV = \frac{TS_{BB}}{TS_{RS} - TS_{BB}} = \min RV \qquad (4.24)$$

mit $TS_{BB} = \text{kg}\,TS/\text{m}^3_{BB}$ und $TS_{RS} = \text{kg}\,TS/\text{m}^3$ Rücklaufschlamm

Das Rücklaufverhältnis ist jedoch außerdem vom Eindickungsgrad (Schlammindex) abhängig. Dieser hängt von der Durchflußzeit im Nachklärbecken ab.

Das Rücklaufverhältnis RV beträgt bei $TS_{BB} = 5{,}0\ \text{kg}\,TS/\text{m}^3_{BB}$ und $ISV = 100\,\text{cm}^3/\text{g}\,TS = 71\%$; bei $TS_{BB} = 3{,}3\,\text{kg}\,TS/\text{m}^3_{BB}$ und $ISV = 150\,\text{cm}^3/\text{g}\,TS = 70\%$. Um auch bei zeitweiligen Belastungskonzentrationen mit hohem Schlammindex ($\geq 200\,\text{cm}^3/\text{g}\,TS$) die notwendige Reserve zu haben, wählt man oft das $RV = 100\%$ (vgl. Tafel **4.**37). Kleinere RV bei schwerem (z.B. mineralisiertem) Schlamm, größere RV bei sehr leichtem Schlamm. Bei zuverlässigen TS-Werten kann man RV nach Gl. (4.24) verwenden, jedoch als min RV.

Man strebt an, einen bestimmten Schlammgehalt im Belebungsbecken einzuhalten. Der Zuwachs an belebtem Schlamm wird als Überschußschlamm *ÜS* beseitigt. Er wird meist mit dem Frischschlamm der Vorklärung gemischt und vom Vorklärbecken zur Schlammbehandlung abgegeben.

Für die Ermittlung der Überschußschlammenge benutzt man die Überschußschlammproduktion in kg TS pro kg BSB_5 im Belebungsbecken = $ÜS_R/B_R$ (Bemessungswerte vgl. Tafel **4.**37, Zeile 7).

Kurzzeichen und Definition der Kennwerte des Belebungsverfahrens
vgl. DIN 4045 und Abschn. 4.4 bis 4.7. In der Praxis gebräuchliche Kürzel wurden mit aufgenommen.

B_d oder B_B	$\text{kg}BSB_5/\text{d}$	BSB_5-Anfall je Tag = BSB_5-Fracht/d
B_A	$\text{kg}\,TS/(\text{m}^2 \cdot \text{h})$ bzw.	Oberflächenbelastung des Nachklärbeckens bzw.
	$\text{kg}\,BSB_5\,/\,(\text{m}^2_{TK} \cdot \text{d})$ bzw.	BSB_5-Flächenbelastung von Scheibentropfkörpern
	$\text{kg}\,BSB_5/(\text{m}^2 \cdot \text{d})$	bzw. BSB_5-Flächenbelastung von Abwasserteichen
q_{SV}	$\text{l}\,TS/(\text{m}^2 \cdot \text{h})$	Schlammvolumenbelastung des Nachklärbeckens
B_R	$\text{kg}\,BSB_5/(\text{m}^3_{BB} \cdot \text{d})$	BSB_5-Raumbelastung, bezogen auf den Inhalt des Belebungsbeckens
B_{TS}	$\text{kg}\,BSB_5/(\text{kg}\,TS \cdot \text{d})$	Schlammbelastung
C_X	$\text{mg O}_2/\text{l}$	Sauerstoffgehalt im Belebungsbecken
C_S	$\text{mg O}_2/\text{l}$	Sauerstoffsättigungs-Konzentration
$\eta \cdot B_R$	$\text{kg}\,BSB_5\text{-Abbau}/(\text{m}^3 \cdot \text{d})$	Abbauleistung

Symbol	Einheit	Bedeutung
E_B	kWh/kgBSB_5-Abbau	Abbauaufwand
E, EG, EGW oder EW		angeschlossene Einwohner, Einwohnergleichwerte
ISV	ml/g TS oder l/kg TS	Schlammindex = VSV/TS_R
P	W oder kW	Leistungsaufnahme
P_R	kWh/($m^3_{BB} \cdot$ d)	Spezifische Leistungsafnahme einer Belüftungseinrichtung
W_R	W/m^3_{BB} oder kW/m^3_{BB}	Installierte Maschinenleistung, bezogen auf den Inhalt des Belebungsbeckens $\widehat{=}$ Leistungsdichte
K_1	$m^3/(kg\,TS \cdot h)$	Geschwindigkeitsbeiwert des Reinigungsverlaufs
$k_L a$	1/h	Belüftungskoeffizient für Reinwasser nach ATV-M209[1]
$\alpha k_L a$	1/h	Belüftungskoeffizient für Abwasser nach ATV-M209[1]
O_B	kg O_2/kgBSB_5	OC load im Tagesmittel = $\alpha OC_R/B_R \widehat{=}$ Sauerstofflast
OP	kg O_2/kWh	Sauerstoffertrag in Reinwasser = OC_R/P_R
αOP	kg O_2/kWh	Sauerstoffertrag in Abwasser = $\alpha OC_R/P_R$
OC_R	kg $O_2/(m^3 \cdot d)$ oder kg$O_2/(m^3 \cdot h)$	Sauerstoffzufuhr im Reinwasser, bezogen auf den O_2-Gehalt = 0, T = 20°C, $p_0 = 1{,}013$ hPa
αOC_R	kg $O_2/(m^3 \cdot d)$ oder kg$O_2/(m^3 \cdot h)$	Sauerstoffzufuhr in Abwasser, $\alpha \widehat{=}$ Sauerstoffzufuhr-Faktor, 0,5 bis 1,0 unter Standartbedingungen wie bei OC_R
$OC_{L,h}$	g $O_2/(m^3_L \cdot m_E)$	Sauerstoffzufuhr im Reinwasser je m Eintragstiefe (h_E) meist als Firmenangabe
OV	kg O_2/d	Sauerstoffverbrauch pro Tag
OV_R	kg $O_2/(m^3 \cdot d)$	spezifischer Sauerstoffverbrauch pro m^3 Becken
q_R	$m^3/(m^3 \cdot d)$	Raumbeschickung eines Beckens
q_A	$m^3/(m^2 \cdot h) = m/h$	Oberflächenbeschickung
q_d	l/(EG $\cdot$ d)	spezifischer Schmutzwasseranfall je EG und Tag
q_l	$m^3/(m \cdot h)$	Überfallkantenbeschickung $q_l = Q_x/l$
Q oder Q_d	m^3/d	Wassermenge pro Tag
Q_S	m^3/d	Schmutzwassermenge
Q_{18} oder Q_{S18}	m^3/h	18-h-Mittel der SW-Menge, allgemein Tagesstundenmittel Q_x (x = 8 bis 18)
Q_{t18}	m^3/h	18-h-Mittel der Trockenwettermenge = $Q_{18} + Q_f$ auch Q_{SW}
Q_f	m^3/h oder m^3/d	Fremdwassermenge
Q_{tw} oder Q_{TW}	m^3/h od. m^3/d	Trockenwettermenge
Q_{rw} oder Q_{RW}	m^3/h oder m^3/d	Regenwettermenge
Q_m	m^3/h	Mischwassermenge,vor Kläranlagen = $2Q_S + Q_f$, auch Q_{rw}
Q_{RS}	m^3/h	Rücklaufschlammenge
$Q_{ÜS}$	m^3/h	Überschußschlammenge
VS	ml/l oder l/m^3	Schlammabsetzvolumen oder Schlammvolumen $VS = ISV \cdot TS_{BB}$
t_{BB}, t_R	h	Durshflußzeit im Belebungsbecken
t_{NB}	h	Durchflußzeit im Nachklärbecken
$t_{NB,rw}$	h	Durchflußzeit im Nachklärbecken für die max.Regenwettermenge
t_{TS}	d	Schlammalter
TS_{BB} oder TS_R	kg TS/m^3_{BB}	Schlamm-Trockensubstanz, bezogen auf den Inhalt des Belebungsbeckens
TS_{RS}	kg TS/m^3	Schlamm-Trockensubstanz im Rücklaufschlamm
TS_e	g TS/m^3	Trockensubstanzgehalt im Ablauf der Kläranlage
$ÜS_R$	kg $TS/(m^3_{BB} \cdot d)$	Überschußschlammerzeugung im Belebungsbecken
V_{BB}	m^3	Nutzinhalt des Belebungsbeckens
V_{NB}	m^3	Nutzinhalt des Nachklärbeckens
VS	ml TS/l	Schlammvolumen in ml Schlamm/l Probe nach 30 min
VSV	ml TS/l	Vergleichsschlammvolumen, ermittelt bei unbehindertem Absetzen
RV_t		Schlamm-Rücklauf-Verhältnis z.B. Q_{RS}/Q_t, allgemein $RV = Q_{RS}/Q$
RV_{rw}		Schlamm-Rücklauf-Verhältnis bei Regenwetterzufluß Q_{RS}/Q_{rw}
β		Sauerstoffsättigungsfaktor
η_x		Wirkungsgrad (x $\widehat{=}$ Bezugsgröße)

Zugrunde liegt die Formel von K a y s e r für $ÜS_R$ mit $b = 0{,}08 \cdot X \cdot F (F = 1{,}072^{(T-15°)})$

$$ÜS_R = q_R \cdot [0{,}6 \cdot (BSB_5 + TS_0) - TS_e] - b \cdot TS_{BB} \quad \text{in kg}\, TS/(\text{m}^3_{BB} \cdot \text{d}) \qquad (4.25)$$

d.h. 1 kg BSB_5 liefert $\approx$ 1 kg TS Überschußschlamm/d; mit Nitrifikation $\approx$ 0,9 kg TS/d.

Bedeutung der Kurzzeichen vgl. Tafel **4.**37, Zeilen 13 bis 16. $b \cdot TS_{BB} \mathrel{\hat{=}}$ Verminderung der aktiven Biomasse durch Autolyse (Selbstaufzehrung bei Nährstoffmangel)

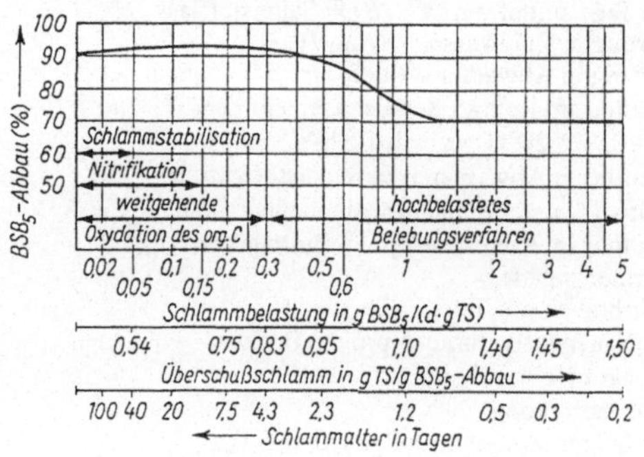

4.102
BSB_5-Abbau in Abhängigkeit von der Schlammbelastung und Zuordnung von Überschußschlammenge und Schlammalter nach Betriebsergebnissen

Das S c h l a m m a l t e r ist das rechnerische Verhältnis der im Belebungsbecken vorhandenen Schlammtrockensubstanz TS_{BB} in kg TS/m^3_{BB} zur täglichen Überschußschlammerzeugung im Belebungsbecken $ÜS_R$ in kg $TS/\text{m}^3_{BB} \cdot \text{d}$. Es drückt aus, wie lange rechnerisch die Trockensubstanz im Kreislauf Belebungsbecken/Nachklärbecken/Belebungsbecken verbleiben kann, bevor sie als Überschußschlamm abgeführt wird. Zeitangabe erfolgt in Tagen.

$$t_{TS} = \frac{TS_{BB}}{ÜS_R} = \frac{\text{kg}\, TS \cdot \text{m}^3_{BB} \cdot \text{d}}{\text{m}^3_{BB} \cdot \text{kg}\, TS} = \text{d} \qquad (4.26)$$

zur Umformung der organischen Verunreinigungen des Abwassers in belebten Schlamm benötigen die Mikroorganismen Energie. Ein Teil der organischen Schmutzstoffe wird oxidiert und liefert diese für den Zellaufbau erforderliche Energie. Der hierfür notwendige S a u e r s t o f f v e r b r a u c h wird als Substratatmung bezeichnet.

Außerdem wird ein Teil der gebildeten Bakterien-Substanz ständig oxidiert und damit aufgezehrt. Die hierfür notwendige Sauerstoffmenge wird endogene oder Grundatmung genannt (vgl. Abschn. 4.7).

Aus dem von Versuchen bekannten Sauerstoffeintragsvermögen der verschiedenen Belüftungssysteme unter Betriebsbedingungen und der rechnerisch erforderlichen Sauerstoffzuführ erfolgt die Wahl des Belüftungssystems (s. Tafel **4.**37). Der Sauerstofflastwert $O_B = \alpha \cdot OC_R/B_R$ in kg O_2/kg BSB_5 stellt eine Beziehung zwischen dem Sauerstoffeintrag und der Verschmutzung des Abwassers her. Man bezeichnet ihn auch mit OC/load. Darunter versteht man das Verhältnis des tatsächlich eingetragenen Sauerstoffs (Oxigenation Capacity) zur BSB_5-Belastung (load). Wegen der Grundatmung des Schlammes muß der O_2-Eintrag stets größer sein als der BSB. Die Sauerstoffeintragskapazität eines Belüftungsaggregates wird durch Versuche mit Reinwasser oder Abwasser bei bestimmten physikalischen Bedingungen ermittelt. Die auf das 18-h-Mittel umgerechnete BSB_5-

Tafel **4**.37 Bemessungsgrößen für Reinigungsstufen des Belebungsverfahrens mit > 5000 EG zur Abschätzung der Reinigungsleistung, vgl. Bild **4**.101. Ausgangswerte $q_d = 200 l/(E \cdot d), BSB_5 = 60 g/(E \cdot d), BSB_5 = 40 g/(E \cdot d)$, abgesetzt, Schlammstabilisierung ohne Vorklärung

1	2	3	4	5	6		7	8
lfd. Nr.	Bemessungsgrößen	Kurzzeichen	Einheiten oder abgeleitete Einheiten	Schlamm-stabilisierung	Vollreinigung mit Nitrifikation	Vollreinigung mit Denitrifikation	Vollreinigung mit Rest-BSB_5 20 mg/l Mindestanf.	Teilreinigung Rest-BSB_5 $\geq 30 mg/l$[4]
1	BSB_5-Raumbelastung	B_R	$kg BSB_5/(m^3_{BB} \cdot d)$	0,20 bis 0,25[7])	0,5		1,0	> 1,0
2	Schlammbelastung	B_{TS}	$kg BSB_5/(kg TS \cdot d)$	0,05	≤ 0,15		0,3	> 0.3
3	Schlamm-Trockengewicht	$TS_{BB} = B_R/B_{TS}$	$kg TS/m^3_{BB}$	4 bis 5	2,5 bis 4,5		2,5 bis 4,5	3,5
4	Belüftungszeit bei Trockenwetter	$t_{BB} = V_{BB}/(Q_s + Q_f)$	h	–	> 3,0		> 2,0	> 1,0
5	Belüftungszeit bei Regenwetter (Mischsystem)	$\min t_{BB,rw} = V_{BB}/2(Q_s + Q_f)$	h	–	1,5		1,0	0,5
6	Rücklaufverhältnis	RV	– oder %	100	100		100	100
7	Überschußschlammproduktion	$ÜS_R/B_R = ÜS_B$	$kg TS/kg BSB_5$	1,0 bis 2,8	0,9		1,0	> 1,0
8	Überschußschlammproduktion	$ÜS_R$	$kg TS/(m^3_{BB} \cdot d)$	0,20 bis 0,7	0,45		1,0	2,2
9	Schlammalter	$TS_{BB}/ÜS_R = t_{TS}$	d	≥ 25	8 bis 10	10 bis 18	4 bis 5	< 4
10	Schlammindex Belebtschlamm[5])	ISV	ml/g TS	75 bis 150	100 bis 180		100 bis 180	100 bis 180
11	Schlammvolumen des Belebtschlammes	$VS = ISV \cdot TS_{BB}$	l/m^3	300 bis 750	250 bis 660		250 bis 660	250 bis 660
12	Schlamm-Trockengewicht, des Rücklaufschlammes, Mittelwerte	TS_{RS}	$kg TS/m^3$	6 bis 12	5 bis 9		5 bis 9	5 bis 9
13	Raumbeschickung des Belebungsbeckens	q_R	$m^3 Abwa/(m^3_{BB} \cdot d)$	0,83	2,5		5,0	10,0
14	ungelöste Stoffe im Zulauf	TS_0	$g TS/m^3$ Abwa	450[1])[2])	150[2])		150[2])	150[2])
15	ungelöste Stoffe im Ablauf	TS_e	$g TS/m^3$ Abwa	20[3])	20[3])		20[3])	20[3])
16	BSB_5 im Zulauf zur Kläranlage	BSB_5	$g BSB_5/m^3$ Abwa	300	300		300	300
17	BSB_5 im Zulauf zum Belebungsbecken	BSB_5	$g BSB_5/m^3$ Abwa	300[1])	200		200	200
18	BSB_5 im Ablauf des Nachklärbeckens	BSB_5	$g BSB_5/m^3$ Abwa	12	15		20	30
19	BSB_5-Abbaugrad im Belebungsbecken	η	–	0,96	0,925		0,92	0,85
20	O_2-Verbrauch für Substratatmung	$0,5 \cdot \eta \cdot B_R$	$kg O_2/(m^3_{BB} \cdot d)$	0,1 bis 0,12	0,23		0,45	0,85
21	O_2-Verbrauch für Grundatmung	$e \cdot TS_{BB}$	$kg O_2/(m^3_{BB} \cdot d)$	0,055 · (4 bis 5) = 0,22 bis 0,275	0,103 · (2,5 bis 4,5) = 0,26 bis 0,46		0,118 · (2,5 bis 4,5) = 0,3 bis 0,53	0,129 · 3,5 = 0,43
22	O_2-Verbrauch für Nitrifikation	$q_R \cdot 4,6 \cdot N(NO_3)_A$[6])	$kg O_2/(m^3_{BB} \cdot d)$	0,103	0,31	0,19	–	–
22a	O_2-Verbrauch für Denitrifikation[6])	$q_R \cdot 1,7 \cdot N_D$	$kg O_2/(m^3_{BB} \cdot d)$	0	0	0,04	0	0
23	O_2-Verbrauch insg. (Zeile 20+21+22)	OV_R	$kg O_2/(m^3_{BB} \cdot d)$	0,42 bis 0,5	0,8 bis 1	0,72 bis 0,92	0,75 bis 0,98	1,3
24	O_2-Gehalt im Belebungsbecken	C_x	mg O_2/l	0,5	2,0		2,0	2,0
25	O_2-Sättigung im Belebungsbecken	C_S	mg O_2/l	9,0	9,0		9,0	9,0
26	Reziproker Wert des O_2-Sättigungsdefizits = Zeile 25/(Zeile 25 – Zeile 24)	$C_S/(C_S - C_x)$	–	1,06	1,28		1.28	1,28
27	O_2-Zufuhr im Betriebszustand	$\alpha \cdot OC_R$	$kg O_2/(m^3_{BB} \cdot d)$	0,47 bis 057	1,15	1,02	1.08	1,64
28	O_2-Zufuhr im Betriebszustand } OC-load	$O_B = \alpha OC_R/B_R$	$kg O_2/kg BSB_5$	2,0 bis 2,85	2,3	2.1	1,08	0,82
29	O_2-Zufuhr für Bemessung } OC-load	$O_B = \alpha OC_R/B_R$	$kg O_2/kg BSB_5$	2,5 bis 3,5	2,9	2.6	1,5	1,3
30	Konzentrations- und Zeitfaktor = Zeile 29/Zeile 28	γ	–	1,25	1,25		1,4	1,6

[1]) ohne Vorklärung [2]) unter Berücksichtigung des Rücklaufschlammes [3]) angenommener Wert
[4]) als 24-h-Mischprobe nicht ausreichend für KI-Anlagen der Größenklasse 2 u. 3 im Sinne d. Mindestanforderungen
[5]) für Abwasser mit hohen organisch-gewerblichen Anteilen gelten die höheren Werte, bei nur häuslichem Abwasser die niedrigeren. [6]) für Zeilen 22 u. 22a gelten folgende Annahmen, vgl. Gl. (4.27): $N_{(ges)Z} = 40$; $N(NH_4)_Z = 30$; $N_{(ges)A} = 30(20)$; $N_{orgA} = 2$; $N(NH_4)_A = 1$; $N(NO_3)_A = 27(17)$; $N_D = 0(10)$; $N_{ÜS} = 10$ in g N_2/m^3. Werte in () bei simultaner Denitrifikation, $T \geq 10°C$.
[7]) Bei intermittierender Belüftung kann auch bei $B_R \leq 0,35$ noch eine simultane Schlammstabilisierung erreicht werden.

Raumbelastung und der OC/load-Wert bestimmen den erforderlichen Sauerstoffeintrag der Belüftung je Stunde in g $O_2/(m^3_{BB} \cdot h)$. Der Sauerstofflastwert wird berechnet und den Erfahrungswerten der Praxis gegenübergestellt. Die angenäherte Gleichung für den Sauerstoffverbrauch der Mikroorganismen einschl. der Stickstoff-Oxidation lautet

$$OV_R = \underbrace{\underbrace{d \cdot \eta \cdot B_R}_{\text{Substrat-}} + \underbrace{e \cdot TS_{BB}}_{\text{Grundatmung}}}_{\text{Kohlenstoffatmung}} + \underbrace{q_R(\underbrace{4{,}6\,N(NO_3^-)_A}_{\text{Nitrifikation}} + \underbrace{1{,}7\,N_D(NO_3^-)}_{\text{Denitrifikation}})}_{\text{Stickstoffatmung}} \quad \text{in } \frac{kg\,O_2}{m^3_{BB} \cdot d} \qquad (4.27)$$

Der Sauerstoffverbrauch (*OV*) der Mikroorganismen ergibt sich aus der Substrat- und der Grundatmung sowie dem Grad der Nitrifikation und Denitrifikation. Der Sauerstoffverbrauch ist vom Reinigungsziel und der Menge der verwertbaren Kohlenstoff- und Stickstoffverbindungen sowie ihrem Verhältnis zueinander abhängig. Meist wird der Sauerstoffverbrauch OV_R getrennt für die vier Anteile in Gl. (4.27) berechnet.

Man benutzt folgende Größen und Hilfsgrößen:

$\eta B_R \mathrel{\hat{=}} BSB_5$-Raumabbauleistung (0,96 bis 0,85 für einstufige Anlagen) in kg $BSB_5/(m^3_{BB} \cdot d)$
$d \mathrel{\hat{=}}$ Beiwert für Substratatmung = 0,5 in kg $O_2/kg\,BSB_5$

$TS_{BB} \mathrel{\hat{=}}$ Feststoffgehalt des belebten Schlammes in kg TS/m^3_{BB}
$e \mathrel{\hat{=}} 0{,}24 \cdot X \cdot F \mathrel{\hat{=}}$ endogene Atmung der Feststoffe in kg $O_2/(kg\,TS \cdot d)$
0,24 $\mathrel{\hat{=}}$ endogene Atmung der aktiven Biomasse in kg $O_2/(kg$ *akt.* $TS \cdot d)$
$X \mathrel{\hat{=}}$ Anteil der aktiven Biomasse } nach **4**.103 in kg *akt.* TS/kg TS
$F \mathrel{\hat{=}}$ Temperaturfaktor $=1{,}072^{(T-15)}$ 1) } nach **4**.103 in %

B_{TS}	0,05	0,15	0,3	0,6	einsetzbar bei Temperaturen im *BB* von 15 bis 20°C	in kg $BSB_5/(kg\,TS \cdot d)$
e	0,055	0,103	0,118	0,129		in kg $O_2/(kg\,TS \cdot d)$

$q_R \mathrel{\hat{=}}$ Raumbeschickung in $m^3 Q_d/(m^3_{BB} \cdot d)$

$N(NO_3^-)_A \mathrel{\hat{=}}$ Nitratstickstoff im Ablauf in g N/m³

$N_D(NO_3^-) \mathrel{\hat{=}}$ Nitratstickstoff, der durch Denitrifikation entfernt wird in g N/m³

(4.28)

$$N_D = N_{ges\,Z} - N(NH_4^+)_A - N_{org\,A} - N_{ÜS} - N(NO_3^-)_A \quad \text{in g N/m}^3 \qquad (4.29)$$

- N_D: Anteil des umgesetzten zufließenden N(NO³) = Denitrifikation
- $N_{ges\,Z}$: Gesamt-N im Zulauf
- $N(NH_4^+)_A$: Ammonium-N im Ablauf
- $N_{org\,A}$: Organ. N im Ablauf
- $N_{ÜS}$: N-Entnahme durch Überschußschlamm
- $N(NO_3^-)_A$: Nitrat-N im Ablauf

1) Ekama und Marais nennen ungünstigeren Temperaturfaktor $F = 1{,}123^{(T-20)}$, Downing $F = 1{,}103^{(T-15°)}$ (s. Abschn. 4.5.4.3), d.h. langsamere Wachstumsraten.

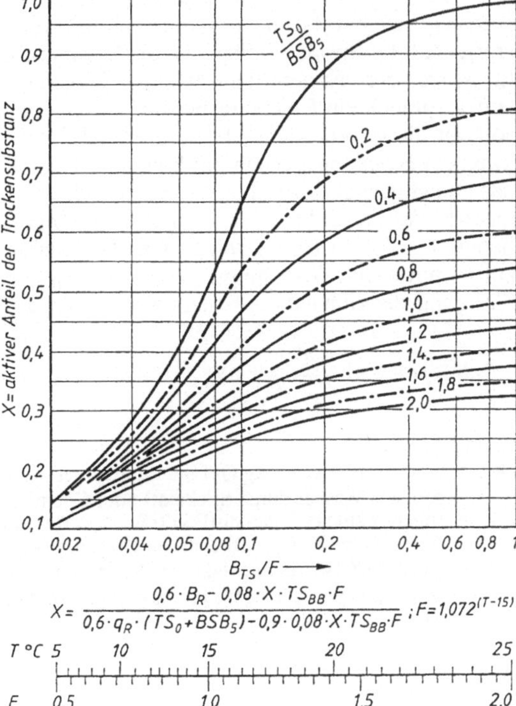

4.103
Aktiver Anteil des belebten Schlammes nach [59a] = X = org. $\ddot{U}S_R / \ddot{U}S_R$
Beispiel:
$BSB_5 = 0{,}3\,\text{kg/m}^3$ $TS_0 = 0{,}40\,\text{kg/m}^3$;
$TS_0/BSB_5 = 1{,}3$; $T = 17{,}5°$; $F = 1{,}18$;
$B_{TS} = 0{,}05\,\text{kg/(kg}\cdot\text{d)}$;
$B_{TS}/F = 0{,}042\text{kg/(kg}\cdot\text{d)}; X = 0{,}21$
(TS_0: Abfiltrierbare Stoffe im Zulauf)

Gl. (4.29) wird in der Literatur auch anders dargestellt, z.B.:

$$N_D = 0{,}9 \cdot TKN_Z - TKN_A - \text{N}(\text{NO}_3^-)_A - (1 - \eta_{VK}) \cdot \eta_B \cdot 0{,}05 \cdot BSB_{5,Z} \qquad (4.30)$$

$TKN \mathrel{\widehat{=}}$ Kjeldal-Stickstoff (s. Fußnote 1, S. 443). Fast der gesamte Stickstoff im Zulauf liegt als TKN vor, $\text{N}_{\text{ges Z}} \approx 0{,}9\,TKN_Z$
$TKN_A \mathrel{\widehat{=}} \text{N}(\text{NH}_4^+)_A + \text{N}_{\text{org A}}$
$\text{N}(\text{NO}_3^-)_A \mathrel{\widehat{=}}$ Nitrat-N im Ablauf
$(1 - \eta_{VK}) \cdot \eta_B \cdot 0{,}05\,BSB_{5,Z} \sim N_{\ddot{U}S}$.

Durch das Zellwachstum im BB wird eine N-Menge $\approx 5\%$ des abgebauten BSB_5 als Stickstoff von der Biomasse aufgenommen. Bei einstufigen Anlagen mit Vorklärbecken (VK) ist auch die BSB_5-Reduktion durch die Vorklärung zu berücksichtigen, nur $(1 - \eta_{VK}) \cdot BSB_5$ gelangt in das BB. Bei zweistufigen Belebungsanlagen ohne Vorklärbecken ist eine höhere Stickstoffelimination durch den Biomassenaufbau zu berücksichtigen, bezogen auf den ges. BSB_5-Abbau. Die Gl. (4.30) ändert sich:

$$N_D = 0{,}9\,TKN_Z - TKN_A - \text{N}(\text{NO}_3^-)_A - \eta_{\text{ges}} \cdot 0{,}05 \cdot BSB_{5,Z} \qquad (4.31)$$

In der Regel werden die erforderlichen Volumen für Nitrifikations- und Denitrifikationsstufe bei zweistufigen Anlagen kleiner. Bei diesen Anlagen findet der Stickstoffabbau in der 2. Stufe statt.

Die Sauerstoffzufuhr ist umgekehrt proportional dem Sauerstoffdefizit = Fehlbetrag des gelösten Sauerstoffs im Verhältnis zum Sättigungswert, d.h. bei einem geringen Sauerstoffgehalt C_x (großes Defizit) ist die Sauerstoffzufuhr pro Zeiteinheit klein. Bei großem C_x ist sie groß, es geht dann weniger Sauerstoff in Lösung. Wenn bei gleichem Sauerstoffverbrauch ein Belebungsbecken mit einem hohen Sauerstoffgehalt gefahren werden soll, ist die erforderliche O_2-Zufuhr hoch, weil wenig O_2 in Lösung geht. Oder, wenn in einem Belebungsbecken ein hoher O_2-Gehalt C_x gemessen wird, heißt dies, daß sich das Gleichgewicht zwischen O_2-Verbrauch und O_2-Aufnahme des Abwassers auf einem unwirtschaftlichen Gleichgewichtsniveau eingestellt hat. Eine geringere und wirtschaftlichere O_2-Zufuhr αOC_R würde den O_2-Gehalt C_x senken. Die erforderliche Sauerstoffzufuhr unter Betriebsbedingungen $= \alpha \cdot OC_R$ berechnet sich deshalb aus dem reziproken Sättigungsdefizit nach der Sauerstoffhaushaltsgleichung zu

$$\alpha \cdot OC_R = \frac{C_s}{C_s - C_x} \cdot OV_R \tag{4.32}$$

darin bedeuten

OC_R = Sauerstoffzufuhr = kg $O_2/(m^3$Reinwasser $\cdot$ d), durch Versuch in Reinwasser ermittelt, nachdem das Wasser durch Stickstoff oder Chemikalien O_2-Gehalt = 0 hatte.
C_s = angenommener Sauerstoff-Sättigungswert in mg O_2/l
C_x = angestrebter Sauerstoffgehalt im Belebungsbecken in mg O_2/l
α = Sauerstoffübertragungsfaktor $\approx$ 0,5 bis 1,0, auch > 1,0, von Reinwasser auf Abwasser. Die höheren Werte gelten für biologisch gereinigtes Abwasser, α ist auch von der Intensität der Umwälzung abhängig.

$$\alpha = \frac{OC_R \text{ Abwasser}}{OC_R \text{ Reinwasser}}$$

Tafel **4**.37 nennt zwei Werte für die O_2-Last $\alpha \cdot OC_R/B_R$ in kg O_2/kgBSB_5. Zeile 29 gilt für die Bemessung und berücksichtigt den Wechsel in der BSB_5-Konzentration am Tage und über die Tage der Woche. Zeile 28 nennt den O_2-Last-Wert im Betrieb. Der Konzentrations- und Zeitfaktor γ(Zeile 30) stellt die Beziehung her.

$$O_2\text{-Last (Bemessung)} = \gamma \cdot O_2\text{-Last (Betrieb)}$$

Wenn die Ganglinie der BSB_5-Fracht bekannt ist, kann man von dem Betriebswert ausgehen und ein entsprechendes Stundenmittel wählen (vgl. Berechnungsbeispiel Abschn. 4.5.2.2b).

4.5.2.1 Berechnung von Belebungsbecken

In der Literatur findet man Formeln und Richtwerte für die Bemessung von Belebungsanlagen. Diese werden auch hier angegeben (Tafel **4**.37). Man hat sie aus dem Betrieb von Kläranlagen, Versuchsanlagen oder im Labor ermittelt. Allgemein ist jedoch zu sagen, daß zwischen komplizierten mathematischen Formeln und den komplexen Reinigungsvorgängen keine ausreichend genauen Beziehungen hergestellt werden können. Man handelt deshalb nicht ungenau, wenn man einfache Bemessungsformeln und Erfahrungswerte verwendet. Bei größeren Anlagen oder solchen mit besonderer Zusammensetzung des Abwassers sollte man Versuche im technischen Maßstab durchführen. Immer ist es zweckmäßig, Sicherheitszuschläge mit einzurechnen. Einflüsse auf die Bemessungsgrößen haben:

1. Der Grad der Abwasserreinigung (vgl. Tafel **4.**37).

2. Die Größe der Anlage. Kleine Anlagen sind gegen unregelmäßige Belastungen empfindlicher als große.

3. Die Abwasserart. Erfahrungswerte gelten nur für häusliches Abwasser. Industrieabwasser ist zu unterschiedlich (vgl. Abschn. 4.8).

4. Die Verteilung und Konzentration des häuslichen Abwassers über lange Zeiträume (Jahr, Monate) oder über kürzere (mehrere Wochen, Woche, Tage). Hierzu gehört auch die Berücksichtigung von Mischwasserbelastungen oder anderen schubartigen Belastungen.

5. Die Frage, ob eine Phosphatfällung oder Nitrifizierung erreicht werden soll.

Anders als beim Tropfkörperverfahren geht man hier von der BSB_5-Schlammbelastung B_{TS} aus. Man kann jedoch nicht so einfach wie dort Richtwerte der Belastung angeben, weil diese in großen Spannen schwanken.

Falls es wirtschaftlich vertretbar ist, macht man mit dem vorhandenen Abwasser und dem vorgesehenen Belüftungssystem Versuche, um die optimale Belastung festzustellen. Wenn dies nicht möglich ist, wählt man die Raumbelastung B_{R} je m^3 Belebungsbecken ($\mathrm{m}^3_{\mathrm{BB}}$) und Tag (d), z.B. für eine Vollreinigung mit 20 mg/l Rest-BSB_5 nach Tafel **4.**37

$$B_{\mathrm{R}} = 1{,}0\,\mathrm{kg}\,BSB_5/(\mathrm{m}^3_{\mathrm{BB}} \cdot \mathrm{d})$$

Bei normal verschmutztem Abwasser, $Q_{\mathrm{d}} = 200\,\mathrm{l}/(\mathrm{E} \cdot \mathrm{d})$ und $BSB_5 = 300\,\mathrm{g/m}^3$ oder $60\,\mathrm{g}/(\mathrm{E} \cdot \mathrm{d})$, kann man auch hier die Raumbelastung B_{R} auf die Einwohnerzahl beziehen. Nach mechanischer Vorreinigung mit $t_{\mathrm{VB}} \geq 1{,}5\,\mathrm{h}$ bleibt ein $BSB_5 = 40\,\mathrm{g}/(\mathrm{E} \cdot \mathrm{d})$ (s. Tafel **4.**4 und Tafel **4.**28)

$$\text{z.B.} \qquad B = \frac{1000}{40} = 25\,\mathrm{E}/\mathrm{m}^3_{\mathrm{BB}} \qquad \frac{\mathrm{g}\,BSB_5/(\mathrm{m}^3_{\mathrm{BB}} \cdot \mathrm{d})}{\mathrm{g}\,BSB_5/(\mathrm{E} \cdot \mathrm{d})} = \mathrm{E}/\mathrm{m}^3_{\mathrm{BB}}$$

gerechnet für eine Raumbelastung $B_{\mathrm{R}} = 1{,}0\,\mathrm{kg}\,BSB_5/(\mathrm{m}^3_{\mathrm{BB}} \cdot \mathrm{d})$.

Die Beckengröße ergibt sich zu

$$V_{\mathrm{BB}} = \frac{B_{\mathrm{d}}}{B_{\mathrm{R}}} = \frac{BSB_5 \cdot Q_{\mathrm{d}}}{B_{\mathrm{R}}} \qquad \mathrm{m}^3_{\mathrm{BB}} = \frac{\frac{\mathrm{g}}{\mathrm{m}^3} \cdot \frac{\mathrm{m}^3}{\mathrm{d}}}{\mathrm{g}\,BSB_5/(\mathrm{m}^3_{\mathrm{BB}} \cdot \mathrm{d})} \tag{4.33}$$

Die Belüftungszeit t_{BB} in Stunden ergibt sich als Aufenthaltszeit des Abwassers im Becken zu z.B.

$$\min t_{\mathrm{BB}} = \frac{\mathrm{V}_{\mathrm{BB}}}{2Q_{\mathrm{s}} + Q_{\mathrm{f}}} \qquad \mathrm{h} = \frac{\mathrm{m}^3_{\mathrm{BB}}}{\mathrm{m}^3/\mathrm{h}} \tag{4.34}$$

Der Schlammgehalt TS_{BB} wird durch Versuch ermittelt oder nach Tafel **4.**37 gewählt. Aus der Raumbelastung B_{R} und dem Schlammgehalt TS_{BB} errechnet man die Schlammbelastung

$$B_{\mathrm{TS}} = \frac{B_{\mathrm{R}}}{TS_{\mathrm{BB}}} \qquad \frac{\mathrm{g}\,BSB_5}{\mathrm{g}\,TS \cdot \mathrm{d}} = \frac{\mathrm{g}\,BSB_5/(\mathrm{m}^3_{\mathrm{BB}} \cdot \mathrm{d})}{\mathrm{g}\,TS/\mathrm{m}^3_{\mathrm{BB}}} \tag{4.35}$$

Der Schlammindex ISV wird nach dem Reinigungsverfahren ermittelt. Er liegt zwischen 75 bis $180\,\mathrm{cm^3/g}\,TS$. Die Trockensubstanz im Rücklaufschlamm ergibt sich mit

$$TS_{\mathrm{RS}} = \frac{1200}{ISV} \quad \text{in} \quad \mathrm{g}\,TS/\mathrm{l}$$

Das Rücklaufverhältnis RV errechnet sich aus

$$RV = \frac{TS_{\mathrm{BB}}}{TS_{\mathrm{RS}} - TS_{\mathrm{BB}}} \quad \text{in} \div \text{oder} \quad RV \cdot 100 \text{ in } \%$$

Die Rücklaufschlammenge beträgt

$$Q_{\mathrm{RS}} = RV \cdot Q \quad \text{in} \quad \mathrm{m^3/h}$$

Hat man durch Laboruntersuchung, nach Belüftungsversuch, durch Rechnung nach Gl. (4.25) oder aus dem Verhältnis $\ddot{U}S_{\mathrm{R}}/B_{\mathrm{R}}$ nach Tafel **4.**37, Zeile 7, den Wert $\ddot{U}S_{\mathrm{R}}$ in kg $TS/(\mathrm{m^3_{BB}} \cdot \mathrm{d})$, dann ermittelt man die täglich anfallende Überschußschlammenge

$$\ddot{U}S = \ddot{U}S_{\mathrm{R}} \cdot V_{\mathrm{BB}} \quad \text{in} \quad \mathrm{kg}\,TS/\mathrm{d}$$

Die Menge des Überschußschlammes ergibt sich zu

$$Q_{\ddot{\mathrm{U}}\mathrm{S}} = \frac{\ddot{U}S}{TS_{\mathrm{RS}}} \quad \text{in} \quad \frac{\mathrm{kg}\,TS \cdot \mathrm{m^3}}{\mathrm{d} \cdot \mathrm{kg}\,TS} = \frac{\mathrm{m^3}}{\mathrm{d}}$$

Die Sauerstoffzufuhr aus dem OC/load-Wert für die Bemessung nach Tafel **4.**37

$$O_{\mathrm{B}} = \alpha \cdot OC_{\mathrm{R}}/B_{\mathrm{R}} \quad \text{in} \quad \mathrm{kg\,O_2/kg}\,BSB_5$$

$$\mathrm{O_2}\text{-Zufuhr/d} = \mathrm{O_B} \cdot BSB_5 \text{ pro Tag} \quad \text{in} \quad \frac{\mathrm{kg\,O_2}}{\mathrm{d}} = \frac{\mathrm{kg\,O_2} \cdot \mathrm{kg}\,BSB_5}{\mathrm{kg}\,BSB_5 \cdot \mathrm{d}}$$

Unter Berücksichtigung des gewählten Belüftungssystems wird die O_2-Zufuhr im Betriebszustand aus Tafel **4.**38 ermittelt

$$\mathrm{O_2}\text{-Zufuhr in} = \frac{\mathrm{g\,O_2}}{\mathrm{m^3_L} \cdot \text{m Einblastiefe}} \cdot \text{m Einblastiefe} = \frac{\mathrm{g\,O_2}}{\mathrm{m^3_L}}$$

Luftmenge

$$\mathrm{O_L} = \frac{\mathrm{O_2}\text{-Zufuhr/d}}{\mathrm{O_2}\text{-Zufuhr/m^3_L}} = \frac{\mathrm{kg\,O_2} \cdot \mathrm{m^3_L}}{\mathrm{d} \cdot \mathrm{kg\,O_2}} = \frac{\mathrm{m^3_L}}{\mathrm{d}}$$

oder Ermittlung der O_2-Zufuhr/$(\mathrm{m^3_{BB}} \cdot \mathrm{h})$

$$\mathrm{O_2}\text{-Eintrag} = \text{OC/load} \cdot B_{\mathrm{R18}} \quad \text{in} \quad \frac{\mathrm{g\,O_2}}{\mathrm{m^3_{BB}} \cdot \mathrm{h}} = \frac{\mathrm{g\,O_2}}{\mathrm{g}\,BSB_5} \cdot \frac{\mathrm{g}\,BSB_5}{\mathrm{m^3_{BB}} \cdot \mathrm{h}}$$

Der Energiebedarf wird mit Hilfe des Arbeitsaufwandes A für den Eintrag von $1\,\mathrm{m^3}$ Luft je m Einblastiefe für das betreffende Belüftungssystem ermittelt.

$$A' = A \cdot \text{m Einblastiefe in } \mathrm{Wh/m^3_L}$$

Tafel **4**.38 Richtwerte für die Sauerstoffzufuhr bei verschiedenen Belüftungssystemen

Belüftungssystemen	bei Reinwasser = *R* im Betrieb = *B* [2])	günstige Bedingungen O₂-Zufuhr $\frac{\text{g O}_2}{\text{m}_\text{L}^3 \cdot \text{m}}$ [1])	günstige Bedingungen O₂-Ertrag $\frac{\text{kg O}_2}{\text{kWh}}$	mittlere Bedingungen O₂-Zufuhr $\frac{\text{g O}_2}{\text{m}_\text{L}^3 \cdot \text{m}}$ [1])	mittlere Bedingungen O₂-Ertrag $\frac{\text{kg O}_2}{\text{kWh}}$
Druckluftbelüftung					
feinblasige Belüftung	*R*	12 bis 20	2,2	10	1,7
	B	10	1,8	8	1,3
(Bandbelüftung) Membran-Schlauchbelüftung	*R*	< 26	< 4,5	< 18	< 3,0
	B	< 18	< 3,2	< 13	< 2,2
(Bandbelüftung) tiefliegende mittelblasige Belüftung	*R*	7 bis 10	1,4	6	1,1
	B	5,5	1,1	4,5	0,8
(Bandbelüftung) hochliegende mittelblasige Belüftung	*R*	8 bis 10	1,8	8	1,5
	B	7,5	1,5	6,5	1,2
grobblasige Belüftung	*R*	6	1,2	5	0,9
	B	4,5	0,9	4	0,7
Teller-Belüftung (Membran-)	*R*	< 26	< 7	15	2,4
	B	< 16	< 3,4	9,3	1,4
Plattenbelüftung	*R*	27	< 8	20	< 5
	B	< 20	< 6	12	< 4
Belüftung mit Umwälzung	*R*	17	3,0	13	2,3
	B	10,5	1,8	8	1,4
Oberflächenbelüftung kg O_2/kWh		*R* günstig	mittel	*B* günstig	mittel
Walzen in Umlaufbecken		1,7 bis 2,0	1,3 bis 2,0	1,6 bis 1,9	1,4 bis 1,9
Kreisel in Umlaufbecken		2,1 bis 2,3	1,6 bis 2,1	2,0 bis 2,2	1,5 bis 2,0
Kreisel in Mischbecken		1,8 bis 2,2	1,3 bis 1,8	1,8 bis 2,2	1,3 bis 1,8

[1]) m ≙ m Einblastiefe. Die genauen Werte sind vom Luftdurchsatz, der Belüfterdichte, der Blasengröße und von der Wassertiefe abhängig. Sie sind den Herstellerfirmen der Belüftungssysteme bekannt.

[2]) α-Werte ≈ 0,6 bis 0,8

Die erforderliche Leistung beträgt

$$P_{18} = \frac{Q_{\text{L}18} \cdot A'}{1000} \quad \text{in} \quad \text{kW} = \frac{\text{m}_\text{L}^3 \cdot \text{Wh} \cdot \text{kW}}{\text{h} \cdot \text{m}_\text{L}^3 \cdot \text{W}}$$

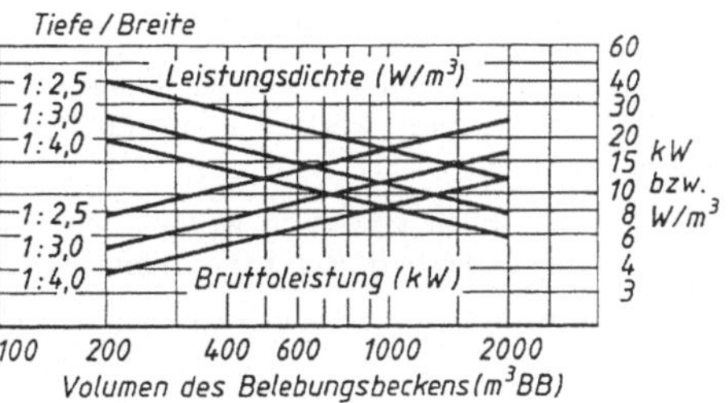

4.104
Erforderliche Leistungsdichte für ausreichende Strömungsgeschwindigkeit an der Beckensohle nach [39c]

Damit keine sauerstoffarmen Zonen im Belebungsbecken entstehen, ist eine Mindestleistungsdichte W_R in W/m^3_{BB} erforderlich, die eine ausreichende Strömungsgeschwindigkeit gewährleistet. W_R ist vom Volumen des Belebungsbeckens abhängig (**4**.104).

Druckbelüftungssysteme werden am häufigsten und so eingesetzt, daß eine flächige Belüftung entsteht. Als Belüftungselemente unterscheidet man Rohr-, Platten- und Tellerbelüfter.

Vom Luftaustritt her wird unterschieden: starre, poröse Belüfter aus Keramik, Kunststoff, Edelstahl; Membran-Belüfter aus meist EPDM-Kautschuk-Membrane über einer Stützkonstruktion aus Edelstahl V4A, Kunstoff (PP, PVC).

Starre, poröse Materialien werden für kontinuierliche Belüftung z.B. in Nitrifikationsbecken eingesetzt. Sie können bei konstanten O_2-Einträgen Standzeiten von > 10 Jahren erreichen.

Membranenbelüfter sind für intermittierenden Betrieb geeignet. Eine Mindestbeaufschlagung der Membrane mit Druckluft ist notwendig, damit sich die Membranschlitze öffnen. Die maximale Beaufschlagung ist ebenfalls begrenzt. Die verwendeten EPDM-Kautschukmembrane haben eine begrenzte Lebensdauer, weil durch Sauerstoffangriff und Dehnung die Weichmacher entweichen. Die Standzeiten von Membranbelüftern liegen zwischen 3 und 5 Jahren.

Die Sauerstoffeintragsleistungen von feinblasigen Druckbelüftungssystemen sind durch Neuentwicklungen gestiegen. Es werden bereits Eintragsleistungen von 15 bis $20\,gO_2/(m^3_L \cdot m)$ angeboten.

Für die Drucklufterzeugung (Gebläsestation) in kleineren und mittleren Anlagen mit 10 000 bis $15\,000\,m^3_L/h$ werden meist Drehkolbengebläse eingesetzt (zwei- und dreiflügelige Gebläse). Dreiflügelige haben eine geringere Geräuschemission bei hohen Drehzahlen. Bei großen Anlagen werden eher Turboverdichter eingesetzt. Wichtig ist die Regelbarkeit der Luftmenge. Der empfohlene Bereich liegt zwischen 1:8 bis 1:10. Läßt sich die Luftmenge nicht herunterregeln, entsteht bei geringer Belastung ein unwirtschaflicher Energieeintrag. Bei Denitrifikation wirkt der Rücktransport zu hoher Sauerstoffmengen ungünstig.

Turboverdichter sind stufenlos regelbar zwischen 40 und 100% bei konstanten Drehzahlen. Dies macht auch eine direkte Kopplung von Turboverdichteraggregaten, z.B. mit Gasmotoren für die Energieverwertung in BHKW-Stationen möglich. Turboverdichter haben einen besseren Wirkungsgrad. Die Regelbarkeit der Drehkolbengebläse erfolgt über polumschaltbare Motoren oder Frequenzumformer. Die Anzahl und Leistungsstaffelung der Gebläse entscheidet über den Regelbereich insgesamt.

Der Unterschied zwischen Druckbelüftung und Oberflächenbelüftung liegt im Sauerstoffeintrag. Insbesondere bei feinblasiger Druck-Belüftung ist er erhöht. Belebungsbecken mit größeren Wassertiefen, > 5 m, können eingesetzt werden (bessere Sauerstoffausnutzung), während die Tiefenwirkung der Oberflächenbelüfter begrenzt ist. Ein guter Sauerstoffeintrag führt zu einem geringeren Energieverbrauch. Mit einer Druckbelüftung ist u.U. eine bessere Anpassung an Verfahrenskonzepte zur Nitrifikation und Denitrifikation möglich.

Oberflächenbelüfter erfüllen in der Regel neben der Belüftung auch die Umwälzung und Fließstrombildung bei Umlaufbecken. Ihr Vorteil liegt bei punktförmigem Einsatz in simultanen Reinigungsverfahren.

4.5.2.2 Berechnungsbeispiel

Ausgangswerte. Es soll ein Belebungsbecken für Vollreinigung ohne Nitrifikation berechnet werden: Die Ausgangswerte sind: 120000 EG, $q_d = 180$, $l/(EG \cdot d)$, $BSB_5 = 340\,mg/l$ bei Q_{sd}; Mischsystem.

Diese Werte sollen gemessen worden sein. Sie weichen von den Grundwerten der Tafel **4**.37 $[200\,l/(E \cdot d)$ und $60\,g\,BSB_5/(EG \cdot d)]$ hinsichtlich q_d ab.

Der BSB_5 beträgt nach der mechanischen Vorklärung nur noch

$$2/3 \cdot 60 = 40\,g\,BSB_5/(EG \cdot d)$$

Der Endwert der Reinigung soll $\leq 15\,\text{mg}\,BSB_5/1$ sein. Damit wäre eine Reinigungsleistung von mindestens $\frac{143-15}{143} \cdot 100 = 89{,}5\%$ zu erbringen. Nach **4.**102 ist der Schlammbelastung $B_{TS} = 0{,}3$ ein Wert von 92% > 89,5% zugeordnet. $143\,\text{g/m}^3$ s. unter a) $\widehat{=}$ eine Konzentrations-Spitze von 113%. Ausgangswerte: Schmutzfracht B_d vor der Belebung $= \frac{40 \cdot 120\,000}{1000} = 4800\,\text{kg}\,BSB_5/\text{d}$

$$Q_{sd} = \frac{180 \cdot 120\,000}{1000} = 21\,600\,\text{m}^3/\text{d}; \quad Q_S = Q_{18} = \frac{21\,600}{18} = 1200\,\text{m}^3/\text{h};$$

$$Q_{36} = \frac{21\,600}{36} = 600\,\text{m}^3/\text{h}; \quad Q_{fd} = 100\%\ \text{von}\ Q_{sd} = 21\,600\,\text{m}^3/\text{d};$$

$$Q_{t18} = 21\,600/18 + 21\,600/24 = 1200 + 900 = 2100\,\text{m}^3/\text{h} = 583\,\text{l/s};$$

$$Q_{rw} = 2 \cdot Q_S + Q_f = 2 \cdot 1200 + 900 = 3300\,\text{m}^3/\text{h} = 917\,\text{l/s}$$

a) Bemessung des Belebungsbeckens mit Druckbelüftung. Als BSB_5-Raumbelastung B_R wird durch Versuch ermittelt oder gewählt nach Tafel **4.**37. Hier aus Sicherheitsgründen gegenüber Spalte 7, Zeile 1:

$$B_{TS} = 0{,}3\,\text{kg}\,BSB_5/(\text{kg}\,TS \cdot \text{d}); \quad B_R = 900\,\frac{\text{g}\,BSB_5}{\text{m}^3_{BB} \cdot \text{d}} < 1{,}0\,\frac{\text{kg}\,BSB_5}{\text{m}^3_{BB} \cdot \text{d}};$$

$$TS_{BB} = 0{,}9/0{,}3 = 3\,\text{kg}\,TS/\text{m}^3_{BB}; \ \text{gew.}\ \max TS_{BB} = 3{,}3\,\text{kg}\,TS/\text{m}^3_{BB}$$

$$\text{erf}\,V_{BB} = 4800/0{,}9 = 5333\,\text{m}^3_{BB}$$

Dieser Bemessung liegt eine gleichmäßige BSB_5-Konzentration über den Tag zugrunde. Wenn die Ganglinien der BSB_5-Fracht und der Abwassermenge bekannt sind, läßt sich eine genauere Bemessung über das Stundenmittel durchführen.

z.B.: Tagesmittel – $BSB_5 = 4800/16 = 300\,\text{kg}\,BSB_5/\text{h}$

Tagesmittel – $Q_{t18} = 2100\,\text{m}^3/\text{h}$

$$BSB_{5.t16} = \frac{300 \cdot 1000}{2100} = 143\,\text{g/m}^3 \ \text{gegenüber}\ BSB_{5.t18} = \frac{4800 \cdot 1000}{18 \cdot 2100} = 127\,\text{g/m}^3$$

143 > 127 wegen der größeren BSB_5-Fracht. Der Konzentrationsfaktor beträgt $\frac{143}{127} = 1{,}13$ und würde bei der Bemessung der Luftzufuhr OC berücksichtigt werden (Tafel **4.**37, Zeile 30). Die weitere Berechnung wird mit $V_{BB} = 5333\,\text{m}^3$ durchgeführt. Gewählt wird eine Belüftungsrinne mit dem Querschnitt $A = 16\,\text{m}^2$

Länge der Belüftungsrinne $L = \frac{V_{BB}}{A} = \frac{5333}{16} = 333\,\text{m}$, gewählt 340 m

Gewählt werden vier nebeneinanderliegende Rinnen mit je $\frac{340}{4} = 85\,\text{m}$ Länge.

$$\text{vorh}\,V_{BB} = 4 \cdot 85 \cdot 16 = 5440\,\text{m}^3; \ \text{vorh}\,B_R = \frac{4800 \cdot 1000}{5440} = 882\,\frac{\text{g}\,BSB_5}{\text{m}^3_{BB} \cdot \text{d}} \approx 900$$

Belüftungszeit t_{BB} bei Q_{rw}

$$t_{BB} = 5440/3300 = 1{,}65\,\text{h} > 1{,}0\,\text{h}$$

Rücklaufschlammenge. Der Schlammgehalt TS_{BB} im Belebungsbecken wurde errechnet (vgl. Tafel **4.37**)

$$\max TS_{BB} = 3300\,\mathrm{g}\,TS/\mathrm{m}^3_{BB} \qquad \text{s. auch unter a)}$$

Mit diesem Wert ergibt sich die Schlammbelastung

$$B_{TS} = \frac{B_R}{TS_{BB}} = \frac{882}{3300} = 0{,}27\frac{\mathrm{g}\,BSB_5}{\mathrm{g}\,TS\cdot\mathrm{d}} < 0{,}3$$

Schlammindex $ISV = 120\,\mathrm{ml/g}\,TS$ im Belebtschlamm

$$TS_{RS} = \frac{1200}{\text{Schlammindex}} = \frac{1200}{120} = 10\,\mathrm{g}\,TS/\mathrm{l} = 10\,000\,\mathrm{g}\,TS/\mathrm{m}^3$$

$$\min RV = \frac{TS_{BB}}{TS_{RS} - TS_{BB}} = \frac{3300}{10000 - 3300} \approx 0{,}5 = 50\%$$

gewählt max $RV = 1{,}5\,Q_{t18}$ wegen des Regenwetterdurchflusses, max Rücklaufwassermenge

$$Q_{RV} = 1{,}5\cdot 2100 = 3150\,\mathrm{m}^3/\mathrm{h} \mathrel{\widehat{=}} \approx 1{,}0\,Q_m$$

gewählt 3 Pumpen mit je $1600\,\mathrm{m}^3/\mathrm{h}$ Leistung, davon 1 Pumpe in Reserve.

Überschußschlammproduktion. Annahme: 1 kg BSB_5 liefert 1,0 kg Überschußschlamm-Trockensubstanz (vgl. Tafel **4.37**, Zeile 7) 4800 kg $BSB_5/\mathrm{d} \rightarrow 4800\,\mathrm{kg}\,TS_{ÜS}/\mathrm{d}$ und

$$ÜS_R/B_R = 1{,}0\,\mathrm{kg}\,TS/\mathrm{kg}\,BSB_5 \qquad ÜS = 4800\cdot 1{,}0 = 4800\,\mathrm{kg}\,TS/\mathrm{d}$$

$$ÜS_R = ÜS/V_{BB} = 4800/5440 = 0{,}88\,\mathrm{kg}\,TS/(\mathrm{m}^3_{BB}\cdot\mathrm{d})$$

Überschußschlammenge

$$Q_{ÜS} = \frac{ÜS}{TS_{RS}} = \frac{4800}{10} = 480\frac{\mathrm{kg}\,TS\cdot\mathrm{m}^3}{\mathrm{d}\cdot\mathrm{kg}\,TS} = 480\frac{\mathrm{m}^3}{\mathrm{d}}$$

bezogen auf den Zufluß zur Kläranlage

$$\frac{Q_{ÜS}}{Q_{td}}\cdot 100 = \frac{480\cdot 100}{2\cdot 21\,600} = 1{,}1\% \mathrel{\widehat{=}} \text{geringe Menge} \qquad Q_{td} = Q_{sd} + Q_{fd}$$

Das Schlammalter beträgt im Mittel

$$t_{TS} = TS_{BB}/ÜS_R = 3{,}3/0{,}88 = 3{,}75\,\mathrm{d} \qquad \mathrm{d} = \frac{\mathrm{kg}\,TS\cdot\mathrm{m}^3_{BB}\cdot\mathrm{d}}{\mathrm{m}^3_{BB}\cdot\mathrm{kg}\,TS}$$

Sauerstoffzufuhr. Sauerstofflast OC/load für Bemessung angenommen mit

$$O_B = 1{,}5\,\mathrm{kg}\,O_2/\mathrm{kg}\,BSB_5 \qquad \text{(nach Tafel 4.37)}$$

erf O_2 Zufuhr unter Bemessungsbedingungen $1{,}5\cdot 4800 = 7200\,\mathrm{kg}\,O_2/\mathrm{d}$

Bei gleichbleibender BSB_5-Konzentration, aber wechselnden Wassermengen ergeben sich

	im 18-h-Mittel (tagsüber)	im 36-h-Mittel (nachts)
	$\frac{7200}{18} = 400\,\mathrm{kg}\,O_2/\mathrm{h}$	$\frac{7200}{36} = 200\,\mathrm{kg}\,O_2/\mathrm{h}$
oder	$\frac{400\cdot 1000}{5440} = 73{,}5\frac{\mathrm{g}\,O_2}{\mathrm{m}^3_{BB}\cdot\mathrm{h}}$	$\frac{200\cdot 1000}{5440} = 37\frac{\mathrm{g}\,O_2}{\mathrm{m}^3_{BB}\cdot\mathrm{h}}$

anderer Berechnungsweg:

tagsüber $B_{R18} = \frac{882}{18} = 49 \frac{g\,BSB_5}{m^3_{BB} \cdot h}$ OC/load $= 1{,}5 \frac{g\,O_2}{g\,BSB_5}$ (nach Tafel **4.**37)

erf O_2-Eintrag $= 1{,}5 \cdot 49 = 73{,}5 \frac{g\,O_2}{m^3_{BB} \cdot h}$

nachts $B_{R36} = \frac{882}{36} = 24{,}5 \frac{g\,BSB_5}{m^3_{BB} \cdot h}$ OC/load wie oben

erf O_2-Eintrag $= 1{,}5 \cdot 24{,}5 = 37 \frac{g\,O_2}{m^3_{BB} \cdot h}$

Der O_2-Eintrag schwankt also zwischen den Werten 37 bis $73{,}5\,g\,O_2/(m^3_{BB} \cdot h)$.

Belüftungssystem. Gewählt wird eine feinblasige Belüftung. Nach Tafel **4.**38 beträgt die O_2-Zufuhr für $1\,m^3$ Luft und 1 m Einblastiefe unter günstigen Bedingungen $10\,g\,O_2/(m^3_L \cdot m)$, bei 3 m Einblastiefe $3 \cdot 10 = 30\,g\,O_2/m^3_L$. max stündliche Luftmenge:

tagsüber $Q_{L18} = \frac{400\,000}{30} = 13\,333\,m^3_L/h$ nachts $Q_{L36} = \frac{200\,000}{30} = 6667\,m^3_L/h$

Filterrohrbelüftung mit $20\,m^3$ Luft/(m Rohrbelüfter · h)

Länge der Belüfter $L = 13\,333/20 = 667\,m$

Bei einer Beckenlänge von 340 m entfallen 667/340 =1,96 m Rohrbelüfter/m Becken, erhöht auf 2,0 m. Dies bedeutet bei 1,0 m langen Luftverteilern einen Abstand von 0,50 m.

Wenn man berücksichtigt, daß $280\,g\,O_2/m^3$ Luft enthalten sind, wird die eingetragene Luft nur zu $30/280 = 0{,}107 = 10{,}7\%$ für den bakteriellen Abbau ausgenutzt.

Die Luftmenge errechnet sich auch aus dem O_2-Eintrag mit dem Ausnutzungsfaktor 10,7%

tagsüber $Q_{L18} = 73{,}5 \frac{5440}{280 \cdot 0{,}107} = 13\,346\,m^3_L/h \approx 13\,333\,m^3_L/h$

nachts $Q_{L36} = 37 \frac{5440}{280 \cdot 0{,}107} = 6718\,m^3_L/h \approx 6667\,m^3_L/h$

Die Luftmenge Q_{LB} in m^3 Luft/kg BSB_5-Abbau errechnet sich bei einem mittleren Sauerstofftastwert im Betrieb von $O_B = 1{,}08$ (s. Tafel **4.**37) zu

tagsüber $Q_{LB18} = 13\,346 \frac{1{,}08}{1{,}5} = 9609\,m^3_L/h$; nachts $Q_{LB36} = 6718 \cdot \frac{1{,}08}{1{,}5} = 4837\,m^3_L/h$

das sind

tagsüber $Q_{LB} = \frac{9609 \cdot 1000}{0{,}895 \cdot 49 \cdot 5440} \approx 40$ in $\frac{m^3_L}{kg\,BSB_5\text{-Abbau}} = \frac{m^3_L \cdot m^3_{BB} \cdot h \cdot g}{h \cdot g\,BSB_5\text{-Abbau} \cdot kg \cdot m^3_{BB}}$

Dieser Wert würde mit den Vergleichswerten der Praxis etwa übereinstimmen.

Nach Tafel **4.**37 und Gl. (4.27) kann man den Sauerstoffverbrauch der Mikroorganismen bestimmen.

$$OV_R = 0{,}5 \cdot 0{,}895 \cdot 0{,}9 + 0{,}118 \cdot 3{,}3 = 0{,}79\,kg\,O_2/(m^3_{BB} \cdot d)$$

$$\text{erf}\,\eta = \frac{143 - 15}{143} = 0{,}895 = \text{Abbaugrad des } BSB_5 \text{ im Belebungsbecken} < 0{,}92 \text{ wegen des dünnen Abwassers.}$$

Hieraus läßt sich die erforderliche Sauerstoffzufuhr unter Betriebsbedingungen errechnen.

$$\alpha \cdot OC_R = 1{,}28 \cdot 0{,}79 = 1{,}0\,kg\,O_2/(m^3_{BB} \cdot d) \quad \text{vgl. Gl. (4.32); 1,28 aus Tafel 4.37, Zeile 26}$$

Dieser Wert ist kleiner als der Wert der Tafel **4.**37 für Rest-$BSB_5 = 20\,mg/l = 1{,}08$.

Energiebedarf. Der Bruttoenergiebedarf beträgt z.B. nach Firmenangaben für das vorgesehene Belüftungssystem $\approx 5{,}5\,\mathrm{Wh}/(\mathrm{m}_\mathrm{L}^3 \cdot \mathrm{m}$ Einblastiefe)[1]. Bei 3 m Einblastiefe $3 \cdot 5{,}5 = 16{,}5\,\mathrm{Wh}/\mathrm{m}_\mathrm{L}^3$

tagsüber $P_{18} = \dfrac{13\,346 \cdot 16{,}5}{1000} = 220\,\mathrm{kW}$

Vergleich mit Tafel **4**.38, Zeile 2 ergibt mit 1,8 kg O_2/kWh = 400/1,8 = 222 kW bzw. 200/1,8 =111 kW

nachts $P_{36} = \dfrac{6718 \cdot 16{,}5}{1000} = 111\,\mathrm{kW}$

Der Energieaufwand/kg BSB_5-Abbau im Betriebszustand beträgt mit

$Q_\mathrm{LB} = 40\,\mathrm{m}_\mathrm{L}^3/\mathrm{kg}\,BSB_5$-Abbau $\quad P_{\mathrm{B},18} = \dfrac{40 \cdot 16{,}5}{1000} = 0{,}66\,\mathrm{kWh/kg}\,BSB_5$-Abbau

oder reziprok $= 1{,}52\,\mathrm{kg}\,BSB_5$-Abbau/kWh

Die Luftmengel/m³ Abwasser beträgt bei $Q_{\mathrm{t}18}$

$$Q_{\mathrm{LB}18,\mathrm{R}} = \frac{Q_{\mathrm{LB}18}}{Q_{\mathrm{t}18}} = \frac{9609}{2100} = 4{,}58\,\mathrm{m}_\mathrm{L}^3/\mathrm{m}^3 \text{ zufließendem Abwasser}$$

Der Wert P_B läßt sich auf einem anderen Weg errechnen. Z.B. beträgt die Leistung für den Lufteintrag im Tagesmittel

$$P_{18} = 220\,\mathrm{kW}$$

Dieser Wert wurde mit dem Bemessungs-$O_\mathrm{B} = 1{,}5\,\mathrm{g}\,O_2/\mathrm{g}\,BSB_5$ ermittelt.

Für den stündlichen Nachweis müßte der Betriebs-$O_\mathrm{B} = 1{,}08\,\mathrm{g}\,O_2/\mathrm{g}\,BSB_5$ herangezogen werden. Die Luftmenge beträgt dann $Q_{\mathrm{LB}18} = 9609\,\mathrm{m}_\mathrm{L}^3/\mathrm{h}$ und

$$P'_{18} = \frac{16{,}5 \cdot 9609}{1000} = 159\,\mathrm{kWh/h} \qquad P'_{36} = \frac{16{,}5 \cdot 4837}{1000} = 79{,}8\,\mathrm{kWh/h}$$

Der BSB_5 beträgt $4800\,\mathrm{kg}\,BSB_5/\mathrm{d}$, der BSB_5-Abbau $= 0{,}895 \cdot 4800 = 4296\,\mathrm{kg}\,BSB_5$-Abbau/d oder im Tagesmittel $4296/18 = 239\,\mathrm{kg}\,BSB_5$-Abbau/h $= (\eta \cdot BSB_5)_{18}$

$$P_{\mathrm{B},18} = 159/239 = 0{,}67 \text{ in } \quad \frac{\mathrm{kWh} \cdot \mathrm{h}}{\mathrm{h} \cdot \mathrm{kg}\,BSB_5\text{-Abbau}} = \frac{\mathrm{kWh}}{\mathrm{kg}\,BSB_5\text{-Abbau}}$$

Umwälzleistung nachts $W_\mathrm{R} = 79\,800/5440 = 14{,}67\,W/\mathrm{m}_\mathrm{BB}^3 > 12$ nach **4**.104.

b) Bemessung des Belebungsbeckens mit Kreiselbelüftung (alternativ zu Abschn. 4.5.2.2a), jedoch mit BSB_5-Frachtganglinie; Volumenermittlung wie bei a): erf$V_\mathrm{BB} = 5333\,\mathrm{m}^3$.

Die stündliche Sauerstoffzufuhr (Tafel **4**.39) richtet sich nach der BSB_5-Frachtganglinie. Bei geringer BSB_5-Belastung, vor allem in den Nachtstunden, muß überprüft werden, ob für die erforderliche Umwälzung oder für die Grundatmung des belebten Schlammes keine höheren Sauerstoffeinträge notwendig werden, als sich aus der BSB_5-Frachtganglinie ergeben.

Die Grundatmung beträgt nach Tafel **4**.37, Zeile 21 : $0{,}118 \cdot TS_\mathrm{BB}$, im Mittel also $0{,}118 \cdot 3{,}3 = 0{,}389\,\mathrm{kg}\,O_2/(\mathrm{m}_\mathrm{BB}^3 \cdot \mathrm{d}) = 0{,}389 \cdot 5333 = 2077\,\mathrm{kg}\,O_2/\mathrm{d}$ und $2\,077/24 = 86{,}5\,\mathrm{kg}\,O_2/\mathrm{h}$.

Es sind erforderlich

$$\frac{86{,}5 \cdot 1000}{3{,}3 \cdot 5333} = 4{,}92\,\mathrm{g}\ O_2/(\mathrm{kg}\,TS \cdot \mathrm{h}) \quad \text{aus} \quad \frac{\mathrm{kg}\,O_2 \cdot \mathrm{m}_\mathrm{BB}^3 \cdot \mathrm{g}\,O_2}{\mathrm{h} \cdot \mathrm{kg}\,TS \cdot \mathrm{m}_\mathrm{BB}^3 \cdot \mathrm{kg}\,O_2}$$

[1] Statt m_L^3 wird häufig $\mathrm{m}_\mathrm{N}^3 \mathrel{\hat{=}}$ Normalkubikmeter Luft (Luft bei 0°C, 1,013 hPa, trocken) verwendet.

Dem entspricht eine Schlammbelastung von

$$\frac{4{,}92 \cdot 24}{1000 \cdot 1{,}5} = 0{,}079 \frac{\mathrm{kg}\,BSB_5}{\mathrm{kg}\,TS \cdot \mathrm{d}} \quad \text{aus} \quad \frac{\mathrm{g\,O_2 \cdot h \cdot kg\,O_2} \cdot \mathrm{kg}\,BSB_5}{\mathrm{kg}\,TS \cdot \mathrm{h \cdot d \cdot g\,O_2 \cdot kg\,O_2}}$$

Zum Vergleich beträgt die Schlammbelastung aus Grund- und Substratatmung

$$\text{mit} \quad B_R = \frac{4800}{5333} = 0{,}9 \frac{\mathrm{kg}\,BSB_5}{\mathrm{m_{BB}^3 \cdot d}} \qquad B_{TS} = \frac{0{,}9}{3{,}3} = 0{,}273 \frac{\mathrm{kg}\,BSB_5}{\mathrm{kg}\,TS \cdot \mathrm{d}}$$

Tafel **4**.39 Leistungsverteilung entsprechend der BSB_5-Ganglinie mit $\alpha OC_R/B_R = 1{,}5\,\mathrm{kg\,O_2/kg}$ BSB_5 (Spalte 3) und O_2-Ertrag = $1{,}8\,\mathrm{kg\,O_2/kWh}$ (Spalte 4):

1	2	3	4	5	6	7	
Tageszeit	BSB_5-Fracht	Spalte 2 · 1,5 O_2-Bedarf	Spalte 3 : 1,8 erforderlich	Leistung erforderlich je Becken [4)]			
h	kg/h	kg O_2/h	kW	kg O_2/h	kW	Eintauchtiefe in cm	
0 bis 8	133 (1/36)	200	111	33	18,5	20	um O_2-Bedarf abzudecken abhängig vom Kreiseltyp
8 bis 12	272 (1/18)	408	227	68	38	37	
12 bis 16	295 (1/16.3)	442	246	74	41	41	
16 bis 20	204 (1/24)	306	170	51	28	29	
20 bis 24	163 (1/30)	244	136	41	23	24	
Tageswerte 24	4800 [1)]	7200 [2)]	4000 [3)]				

1) $4800 = 133 \cdot 8 + 272 \cdot 4 + 295 \cdot 4 + 204 \cdot 4 + 163 \cdot 4$ in kg/d

2) $7200 = 1{,}5 \cdot 4800$ in kg O_2/d

3) $4000 = 111 \cdot 8 + 227 \cdot 4 + 246 \cdot 4 + 170 \cdot 4 + 136 \cdot 4$ in kWh/d

4) Bei 6 Beckeneinheiten

Alle Werte in Spalte 3 sind größer als der O_2-Bedarf der Grundatmung = $86{,}5\,\mathrm{kg\,O_2/h}$. Diese bedarf deshalb keiner weiteren Berücksichtigung.

Umwälzung im BB-Becken bei min BSB_5-Belastung von 18,5 kW (Spalte 6)

$18\,500/922 = 20{,}1$ Watt/mBB^3 $> 8{,}5\,\mathrm{Watt/m_{BB}^3}$ ist ausreichend, nach **4**.104, abgelesen für V_{BB} = 889 $\mathrm{m_{BB}^3}$ (eine Beckeneinheit).

Als Belüftungssystem werden Kreiselbelüfter eingesetzt mit einem O_2-Ertrag = $1{,}8\,\mathrm{kg\,O_2/kWh}$ (s. Tafel **4**.38: unter günstigen Betriebsbedingungen im Klärwerk).

Beckenabmessung für erf $V_{BB} = 5333\,\mathrm{m_{BB}^3}$; 6 quadratische Einheiten mit je $5333/6 = 889\,\mathrm{m_{BB}^3}$; Nutzinhalt, z.B.: $B = 16\,\mathrm{m}$, Tiefe $T = 3{,}6\,\mathrm{m}$; $T/B = 1:4{,}4$ vorh $V_{BB} = 5530\,\mathrm{m_{BB}^3} > 5333\,\mathrm{m_{BB}^3}$; Durchmesser des Kreiselbelüfters 2,3 m; 6 Einheiten mit polumschaltbaren Motoren und variablen Eintauchtiefen; vorh $V_{BB1} = 5530/6 = 922\,\mathrm{m_{BB}^3} > 889\,\mathrm{m_{BB}^3}$.

4.5.2.3 Bau und Betrieb der Belebungsbecken

Bauformen

Die vorgesehene Betriebsform und die Art der Belüftung haben Einfluß auf Grundriß, Tiefe und Querschnitt des Beckens. Man unterscheidet zwischen Umlaufbecken, voll durchmischte Rechteck- oder auch Rundbecken und Becken in Kaskadenbauweise.

Umlaufbecken werden punktförmig belüftet, z.B. nach **4**.106. Teile des Abwassers machen mehrfache Umläufe (**4**.15, **4**.17, **4**.20). Diese Becken sind gut geeignet, anoxische Vorzonen zur Denitrifizierung entstehen zu lassen.

Volldurchmischte Becken werden meist mit Druckluft, dann Rinnenquerschnitt, oder durch Kreisel, dann quadratischer oder runder Grundriß, belüftet (**4.**116, **4.**119, **4.**107 bis **4.**111). Seltener ist die Walzenbelüftung (**4.**105).

Becken in Kaskadenbauweise haben länglichen Rechteckgrundriß. Sie sind durch mehrere Querwände unterteilt. Das Abwasser durchfließt die Teilbereiche nacheinander (**4.**125). Gegenüber den volldurchmischten Becken erfolgt meist eine Leistungssteigerung der Reinigung. Wird z.B. die erste Kaskade als anoxische Mischzone betrieben, so kann auch Stickstoff eliminiert werden. Der Schlammvolumenindex *ISV* wird ebenfalls verbessert. Die Prozeßstabilität ist hoch. Die Belüftung erfolgt meist durch Druckluft. Ungleichmäßige O_2-Zufuhr für die Teilbereiche ist empfehlenswert, z.B. bei 4 Kaskaden im Verhältnis 0:2:1:1.

Arten der Belüftung

Von der Art des Lufteintrags her unterscheidet man zwischen der Oberflächenbelüftung, der Belüftung mit Druckluft und der Kombinierten Belüftung. Ein Betriebsschema zeigt Bild **4.**116.

Oberflächenbelüftung. Die mechanischen Belüfter (Oberflächenbelüfter) führen dem Abwasser den Sauerstoff aus der Luft über dem Wasserspiegel zu. Diese wird in Blasen in das Wasser eingetragen oder das Abwasser wird in die Luft versprüht. In beiden Fällen entsteht eine große Kontaktfläche Luft/Abwasser, die durch das schnelle Umwälzen ständig erneuert wird.

Ein mögliches Verfahren ist die Walzenbelüftung (**4.**105). Das Belebungsbecken ist in Belüftungsrinnen aufgeteilt, die Längen bis zu 150 m haben können. Aus betrieblichen Gründen (nur eine Leitung für zwei Rinnen) wählt man möglichst eine gerade Anzahl. An den Längsseiten der Rinnen sind auf Konsolen die Stabwalzen gelagert. Eine Walze hat eine Länge von 3 bis 6 m; 4 bis 5 Walzen werden von einem Getriebemotor bewegt. Die Kraftübertragung auf die Welle erfolgt über einen Keilriemen. Die Walzenachse ist mit Bürstenmaterial oder Metallstäben besetzt.

Die Walzen drehen sich zur Beckenwand hin, die Drehzahl beträgt etwa 100 bis 120 U/min. Der Beckenquerschnitt beträgt bei den jetzt üblichen Pasveerschen Becken 8 bis 15 m^2, die Rinnenbreite 3 bis 4 m. Das Abwasser und der Rücklaufschlamm können entweder an der Stirnseite der Rinnen punktförmig oder je an einer der Längswände eingegeben werden. In den Belüftungsrinnen entsteht neben der Längsströmung eine rotierende Querströmung, die von der Oberfläche her die Luftblasen in das Becken mitnimmt.

Der Mammutrotor wirkt rechtwinkelig zur Hauptfließrichtung. Er dient zur Belüftung in Umlauf- oder Durchlaufbecken (**4.**106).

Durch den rotierenden Rotor wird Luft in das Abwasser eingetragen, eine Fließbewegung und die Durchmischung im Becken erzeugt, und damit die Grundbedingungen für die biologische Reinigung geschaffen: Turbulenz und Sauerstoffzufuhr. Der Mammutrotor besteht aus folgenden Teilen:

Antrieb mit zweistufigem Kegel-Stirnradgetriebe, aufgeflanschtem Drehstrommotor in V1-Bauart und Kupplung zwischen Motor und Getriebe. Ein auf dem Getriebe angeordneter Luftausgleichsfilter verhindert den Eintritt feuchter Luft. Der Rotor mit Flansch-Rohrwelle trägt die radial im 30°-Abstand und seitlich versetzt angeordneten Belüftungsstähle und die beiden Endbegrenzungsscheiben als Spritzschutz. Eine elastische Kupplung verbindet Getriebe-Antriebszapfen und die Rotor-Flanschwelle. Sie nimmt den Anfahrstoß, im Betrieb auftretende Schwingungen und etwaige Fluchtungsungenauigkeiten auf. Die Endlager ruhen lose in einem festen Lagerkörper mit elastischer Stützschale und können Längenausdehnungen und geringe Verlagerungen des Rotors kompensieren.

Zum Schutz gegen eindringendes Spritzwasser in Lager und Getriebe sind an den Wellenein- und

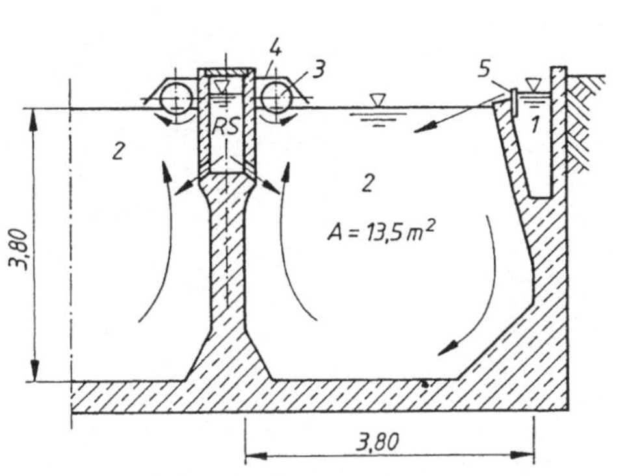

4.105 Kessener Becken mit verteilten Zuläufen von Abwasser und *RS*
1 Abwasserzulauf
2 Belüftungsrinne
3 Stabwalze
4 Abdeckhaube
5 Gezahnte Überfallkante
RS Rücklaufschlamm

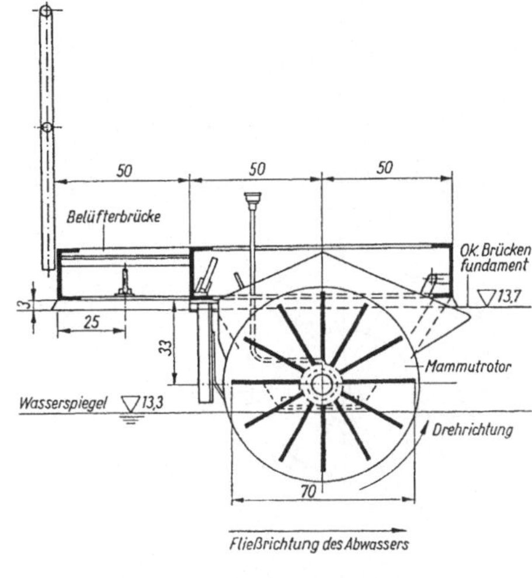

4.106 Schnitt durch Mammutrotor (Fa. Passavant) in einem Belebungsgraben

-austrittsstellen Labyrinth-Abdichtungen vorgesehen, die mit Sperrfett gefüllt werden. Getriebe- und Endlager werden auf Betonfundamenten montiert. Diese werden durch einen bauseits zu erstellenden Betonlaufsteg mit Geländer und Gitterrostabdeckung verbunden. Es empfiehlt sich, den Mammutrotor mit einem leicht abnehmbaren Spritzschutz zu versehen.

Bei größeren Kläranlagen hat sich die Oberflächenbelüftung mit Kreiseln gut eingeführt. In Deutschland sind verschiedene Systeme vertreten: der BSK-Kreisel (4.108) (oder BSK-Turbine), der Vortair-Kreisel, der Gyrox-Kreisel, der Koppers-Hochleistungskreisel (auch Simplex-Kreisel), der Simcar-Kreisel (4.110), der Otto-Oberflächenbelüfter, der Hamburg-Rotor (4.111), der Biorotor, der HD-Belüfter (Fa. Passavant), der OS-Kreisel (Fa. O. Schulze) (4.107), Kreiselbelüfter (Fa. Landustrie Sneek, 4.109) und schwimmende Aggregate wie Speedair-Aerator und Aqua-Lator u.a.

Die Kreisel sind in der Mitte von runden oder quadratischen Becken an einer vertikalen Welle drehbar angebracht. Der Antrieb durch Getriebemotor sitzt auf einer Brücke. Die Kreisel sind so ausgebildet, daß das Abwasser von der Beckensohle aus in einem Strudel angesaugt und dann vom Kreisel radial flach über die Wasseroberfläche nach außen geschleudert wird. Durch Ansaugöffnungen wird dem durchströmenden Wasser im Kreisel Luft zugeführt. Die auftreffenden Wasserstrahlen rauhen die Wasseroberfläche stark auf und vergrößern dadurch die Oberfläche und den Lufteintrag. Außerdem entsteht eine intensive Umwälzung des Beckeninhalts und damit eine gute Verteilung der mitgerissenen feinen Luftbläschen. Unter der Kreiselachse entsteht im Becken eine sich drehende Wassersäule. Die Fließgeschwindigkeit an der Beckensohle von 0,2 bis 0,5 m/s verhindert jede Schlammablagerung. Der Antrieb ist so ausgebildet, daß man den Kreisel in beiden Drehrichtungen, stoßend (vorwärts) oder schleppend (rückwärts), betreiben kann. Außerdem können Drehzahl und Eintauchtiefe des Kreisels zwecks Anpassung an den erforderlichen Sauerstoffeintrag verändert werden. Bei größeren Kläranlagen kann man mehrere Kreisel hintereinanderschalten. Die Kreisel sind in Größen von $d = 500$ bis 4000 mm mit Eintragswerten von 5 bis $200\,\text{kg}\,O_2/\text{h}$ lieferbar. Der Kraftbedarf je kg abgebauten BSB_5 beträgt $\approx 0{,}4\,\text{kWh}$. Die Kreisel können auf Schwimmern auch zur Belüftung von Gewässern und Teichen eingesetzt werden. Für das Becken eines Kreisels gelten folgende Richtwerte: Tiefe/Breite =1:2,5 bis 1:8; Tiefe 2,5 bis 4,5 m; Umfanggeschwindig-

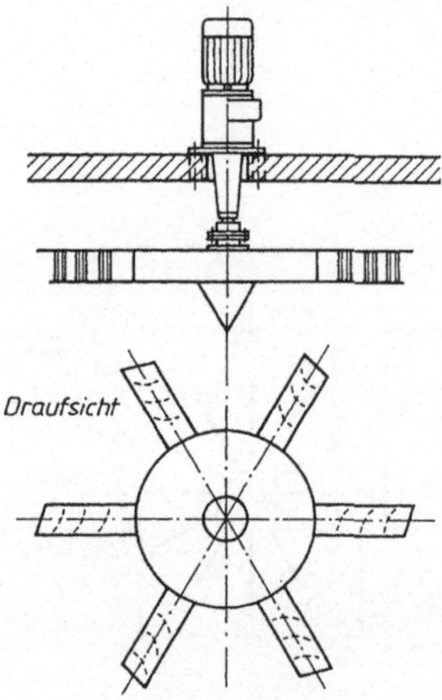

4.107 Variable Kreiselausführung, Typ K (Fa. O. Schulze)

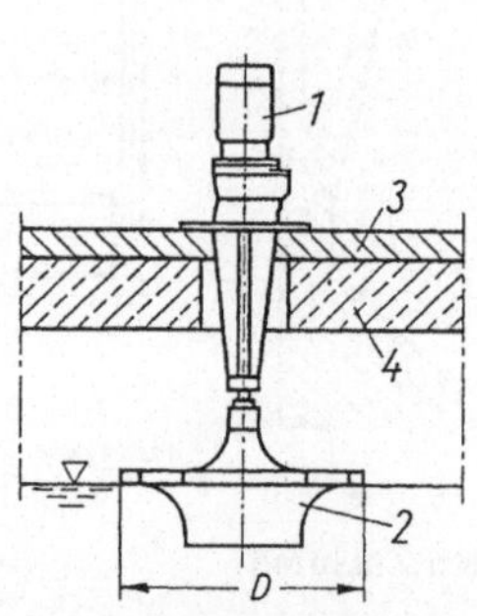

4.108 BSK-Kreisel
1 Getriebemotor
2 BSK-Kreisel
3 Grundplatte
4 Brücke

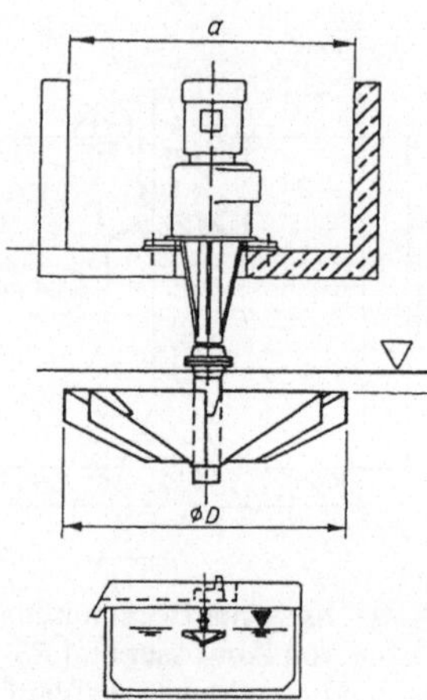

4.109 Kreiselbelüfter (Fa. Landustrie Sneek) $D = 1000$ bis 4000 mm Polumschaltare Motore

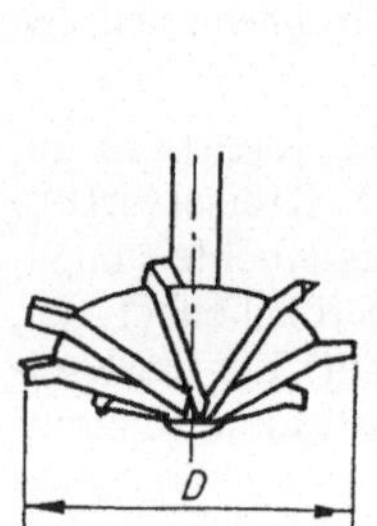

4.110 Simcar-Belüfter

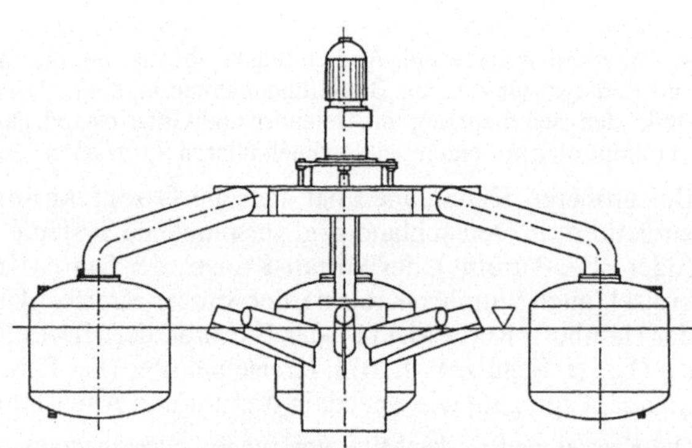

4.111 Hamburg-Rotor (Fa. Geiger) $D = 1000$ bis 3600 mm, schwimmend auf Pontons

keit $v_u = 3$ bis 5 m/s; Wurfweite = $0{,}3 \cdot v_u^2$, z.B. bei $v_u = 5\,\text{m/s} = 0{,}3 \cdot 5^2 = 7{,}5\,\text{m}$; Leistungsdichte 20 bis 100 W/m³.

Der OS-Kreiselbelüfter (4.107) soll exemplarisch erläutert werden. Er besteht aus einem Rumpfkörper mit angeschraubten Strahlarmen. Die betrieblichen Anforderungen können durch Änderung der Drehzahl, Anzahl und Länge der Strahlarme sowie Neigung und Form ihrer Wurfschaufeln erfüllt werden. Ein hoher Sauerstoffertrag ist möglich. Er beträgt für Kreisel 1,3 bis 2,3 kg O_2/kWh (Tafel 4.38).

Leistungsaufnahme und Sauerstoffeintrag steigen mit dem Quadrat des Kreiseldurchmessers und der 3. Potenz der Umfangsgeschwindigkeit. Regelung des Sauerstoffeintrags erfolgt durch verschiedene Drehzahlen (Bereich 50 bis 100% OC). Gelegentlich auch durch Heben und Senken (Bereich 50 bis 100% OC). Bestehen beide Möglichkeiten, dann kann zwischen 25 bis 100% OC geregelt werden.

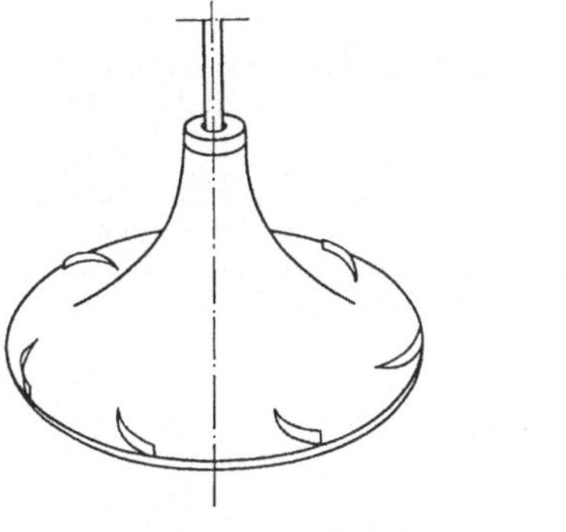

4.112 Hypo-Classic-Rührwerk der Fa. Invent

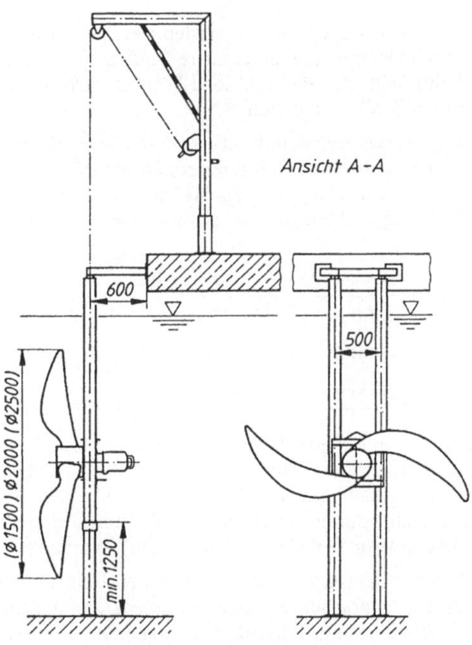

4.115 Tauchrührwerk TR 75 (Fa. EMU)
2flügeliger langsamlaufender Propeller aus GFK; verstopfungsfrei konstruiert durch rückwärtsgekrümmte Anströmkante. 2-Säulen-Lagerung.

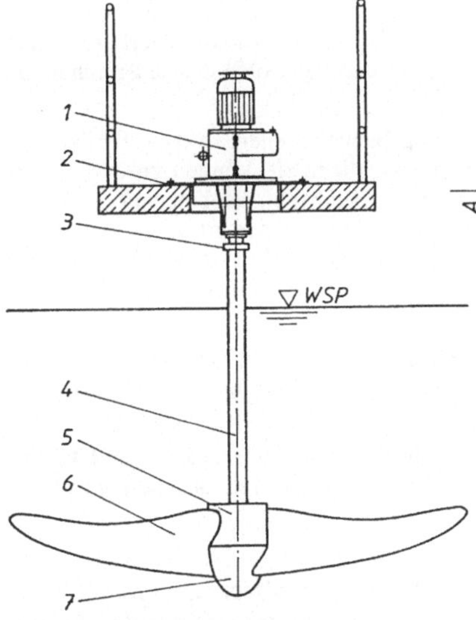

4.113 Vertikalrührwerk (Fa. GVA)
1 Stirnradgetriebemotor
2 Motorflanschplatte
3 Kupplungseinheit
4 Rührwerkswelle
5 Aufnahmekörper
6 Flügel
7 Strömungskegel

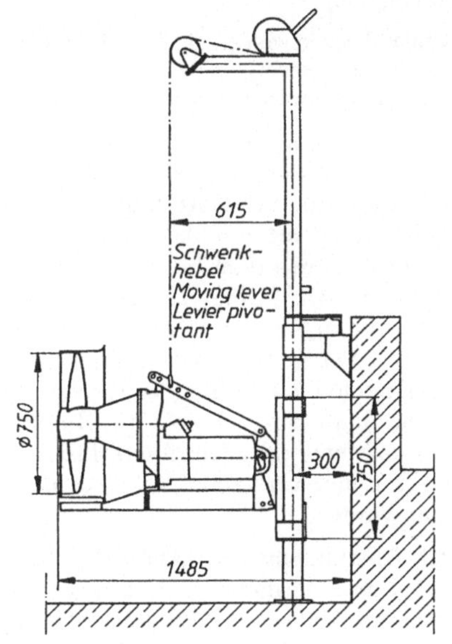

4.114
Tauchrührwerk TR 200 (Fa. EMU)
Propeller aus Stahl lackiert, Strömungsring aus Stahl, feuerverzinkt, Schraubverbindungen aus rostfreiem Stahl. Anordnung am Beckenrand

In Reinwasserversuchen werden bei beiden Systemen hohe Sauerstoffertragswerte erzielt, die durch Detergentien und andere Einflüsse unter Betriebsbedingungen zurückgehen können. Es empfiehlt sich, mit den OC-load-Werten nach Tafel **4.**37 und den Ertragswerten nach Tafel **4.**38 in $kg\,O_2/kWh$ zu rechnen.

Die Wassergeschwindigkeit soll an der Beckensohle $\geq 20\,cm/s$ sein, damit keine Schlammablagerungen entstehen. Den Kreiseln ist jeweils ein quadratischer oder runder Anteil des Beckengrundrisses zuzuordnen. Bei einem Verhältnis von Beckentiefe zu -breite von 1:4 führen die folgenden Leistungsdichten zu einer ausreichenden Umwälzung [24]:

Beckeninhalt	Leistungsdichte
500 m^3	20 W/m^3
1000 m^3	15 W/m^3
2000 m^3	10 W/m^3

Bei gegenläufiger Drehrichtung benachbarter Kreisel wird eine besonders gute Durchmischung des Beckens erreicht. Die Leistungsaufnahme ist aber höher und stärkeren Schwankungen unterworfen als bei gleichlaufender Drehrichtung. Von den Oberflächenbelüftern gehen stärkere Geräusche aus, die kaum durch Schallschutzmaßnahmen eingedämmt werden können. Auf einen ausreichenden Abstand zur Wohnbebauung ist daher Wert zu legen.

Von der Kreiseln, die der Oberflächen-Belüftung der Belebungsbecken dienen, sind die Rührwerke zu unterscheiden, welche reine Durchmischungsaufgaben haben. Sie können zusätzlich zur Druckbelüftung, z.B. in Belebungsgräben, eingesetzt werden. Durch den Einbau von Anaerob- und anoxischen Becken zur P- bzw. N-Elimination werden Rührwerke vermehrt eingesetzt. **4.**112 und **4.**113 zeigen Rührwerke mit vertikaler Welle. Vergleiche auch **4.**126. Das Vertikalrührwerk nach **4.**113 wird für Durchmischung und Unwälzung in Becken mit quadratisch oder rundem Grundriß eingesetzt.

Einsatzbereiche: Durchmischung anaerober und anoxischer Zonen für biologische Phosphatelimination und Denitrifikation, Einsatz in Misch- und Ausleichsbecken, getrennte Umwälzung bei Druckbelüftung.

Im Umlaufbecken werden häufiger Rührverke mit horizontaler Welle eingesetzt (**4.**115 und **4.**122). Alle Rührwerke benötigen Bedienungsbrücken und die Möglichkeit, durch Herausziehen ohne Beckenentleerung gewartet zu werden.

Belüftung mit Druckluft. Für den Lufteintrag im Belebungsbecken sind drei Faktoren wesentlich: Eintragstiefe, Blasengröße und Turbulenz. In Druckluftbecken werden Sauerstoffeintrag und Turbulenz durch die Blasen der unter Druck eingetragenen Luft bewirkt. Im allg. liefert die feinblasige Belüftung bessere Abbauergebnisse; bei hochbelasteten Belebungsanlagen oder bei der Teilreinigung kann aber die grobblasige Belüftung vorteilhaft sein. **4.**117 zeigt verschiedene Möglichkeiten des Drucklufteintrages. Druckluftbecken sind in Rinnen aufgelöst, die etwa quadratische Querschnittsform haben, $A = 10$ bis $20\,m^2$. Der Lufteintrag erfolgte früher durch Luftkästen mit durchlässigen Abdeckplatten, heute i. allg. durch Rohrsysteme (**4.**116, **4.**117a, **4.**119 u. **4.**121). Man verwendet gelochte Stahlrohre 1 bis 4" mit Bohrungen, geschlitzte Kunststoffrohre, Düsen, Filterrohre aus Metall oder Kiesfilterrohre, Körnung 60 bis 80. In Bild **4.**119 sind Rohrbelüfter von 1 m Länge verwendet, die in einem Abstand von 25 cm quer zur Längsrichtung eingebaut wurden.

Durch Ausrundung oder Abschrägung der Innenkanten sowie durch Leitwände soll eine möglichst störungsfreie Querströmung in der Rinne entstehen. Die Beschickung der Rinnen mit Abwasser, Rücklaufschlamm und Luft kann von den Längsseiten der Becken

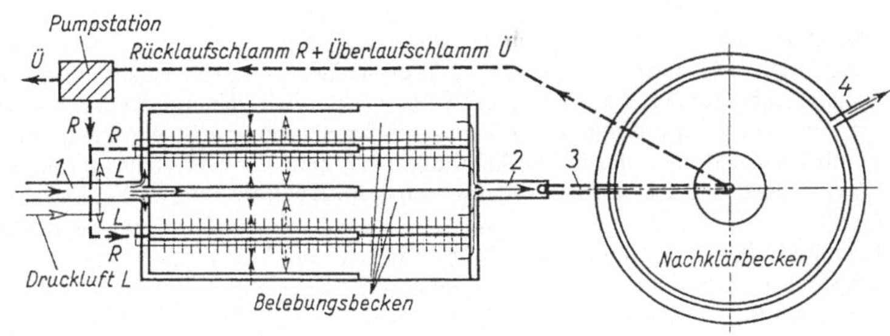

4.116 Betrieb eines Belebungsbeckens
1 Abwasserzulauf
2 Abwasserablauf
3 Düker zum Nachklärbecken
4 Ablauf des Nachklärbeckens

aus gleichmäßig erfolgen. Man kann aber das Abwasser und den Rücklaufschlamm auch stufenförmig in Längsrichtung einleiten. Im letzten Drittel der Belüftungsrinnen sollte jedoch wegen der zu geringen Einwirkzeit des Belebtschlammes kein Abwasser mehr zugegeben werden (**4.**116). Die Rücklauf- und Überschußschlammförderung erfolgt oft durch Schneckenhebewerke (**4.**118) oder Schöpfräder, um die Schlammflocken nicht zu zerstören. Bild **4.**120 zeigt verschiedene betriebliche Möglichkeiten der Beckenbeschickung mit dem über die Beckenlänge verlaufenden Reinigungsverlauf.

Die Wahl des Verfahrens wird durch Abwasserart und Belüftungssystem bestimmt.

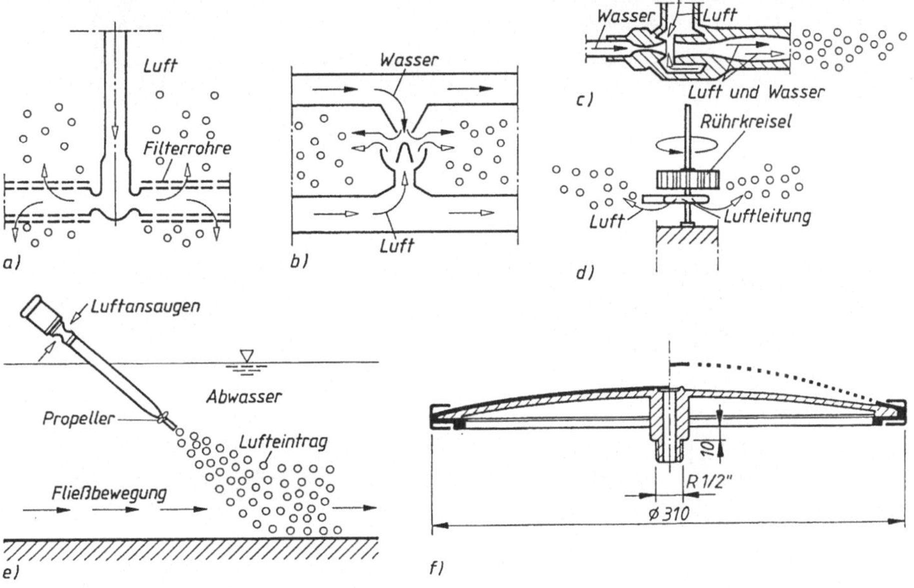

4.117 Möglichkeiten des Drucklufteintrages
a) Filterrohre (Membranfilter, Lochfilter, keramische Filter, Düsenrohre) als Verteiler
b) Gegenstrom-Prinzip (Mischvorgang intensiviert)
c) Ejektor-Prinzip (Strahl-Unterdruckwirkung)
d) Verteilerring für Luft mit Rührkreisel zur Raumverteilung
e) Injektor-Belüfter mit Propeller zur Verbesserung der Strömung, System Aire O_2 oder Oxygun (Fa. Frings)
f) Teller-Membran-Belüfter (Fa. Roediger). Links ohne Druckluftzuführung. Rechts unter Druckluft, die Membran ist angehoben und die Schlitze sind geöffnet. Blasendurchmesser ≈ 2 mm. Luftdurchsatz 1 bis 10 m^3/h

Die Druckluft wird aus betrieblichen Gründen möglichst von mehreren Gebläsen erzeugt. Beim Ausfall eines Gebläses fördern die anderen weiter, so daß es wegen fehlender Turbulenz nicht zu Schlammablagerungen kommt. Durch das Einschalten verschiedener Gebläse kann man sich dem erforderlichen Lufteintrag, der tagsüber mit der Belastung schwankt, anpassen. Die Steuerung kann durch Zeitschaltung oder durch Schaltung nach dem Verschmutzungsgrad des Abwassers automatisiert werden. Die Gebläse werden elektrisch oder direkt durch Faulgas-Motoren betrieben. Die Gebläse sind in einem massiv gebauten Raum vor Nässe und Kälte geschützt aufzustellen. Die Anlage muß übersichtlich und gut zu kontrollieren sein. Meist bringt man die Gebläse zusammen mit Transformatoren, Pumpen, Gasmotoren und der Schaltzentrale in einem gemeinsamen Betriebsgebäude unter.

Bei Druckluft-Belebungsbecken empfiehlt es sich, für kompliziertes Abwasser eine Versuchsanlage zu bauen. Diese kann als Teil der geplanten Gesamtanlage im Maßstab 1 : 1 oder in verkleinertem Maßstab 1 : 2 bis 1 : 10 betrieben werden. Es werden Belüftungsversuche mit verschiedenen Systemen durchgeführt.

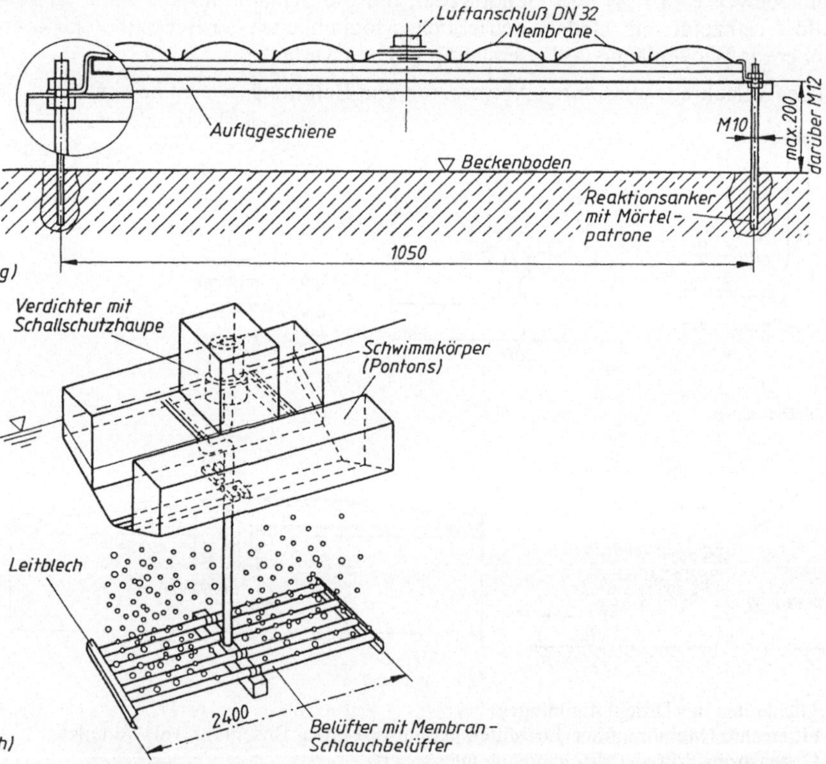

4.117 (Fortsetzung)

g) Plattenbelüfter (Fa. Messner) mit verstopfungsfreier Membrane, Stahlteile aus V4A-Stahl. Linke Verankerung vergrößert (s.a. **4.**127)

h) Schwimmender Druckbelüfter (Fa. OH)

Belüftung von Käranlagen, Klärteichen, eutrophierten Gewässern. Vorteile gegenüber festinstallierten Belüftern: kein Betriebsgebäude erforderlich, geringerer Wartungsaufwand, Anpassung an schwankenden Wasserspiegel, variable Wassertiefen

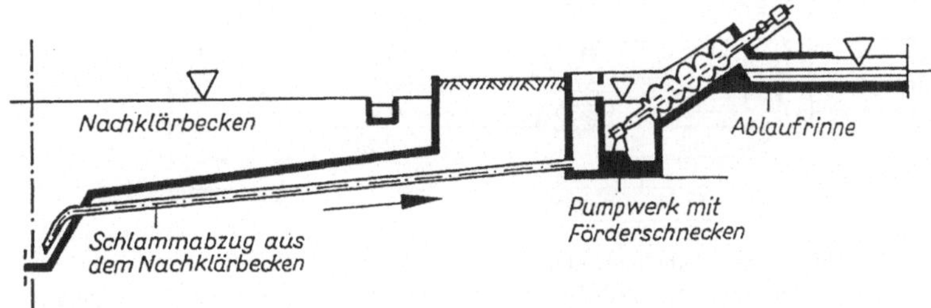

4.118 Abführung von Rücklauf- und Überschußschlamm aus dem Nachklärbecken mit Hilfe eines Schlammhebewerkes

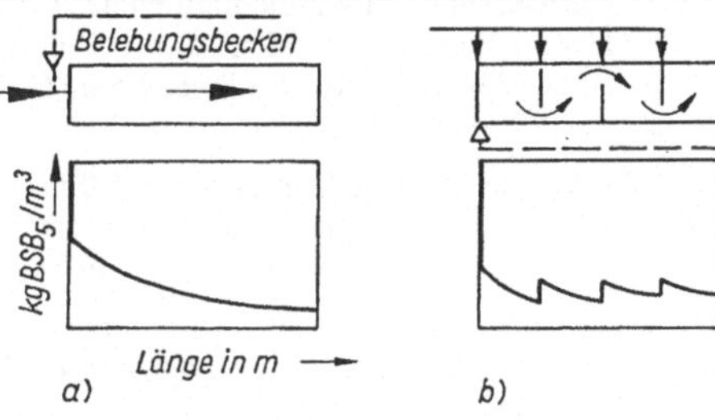

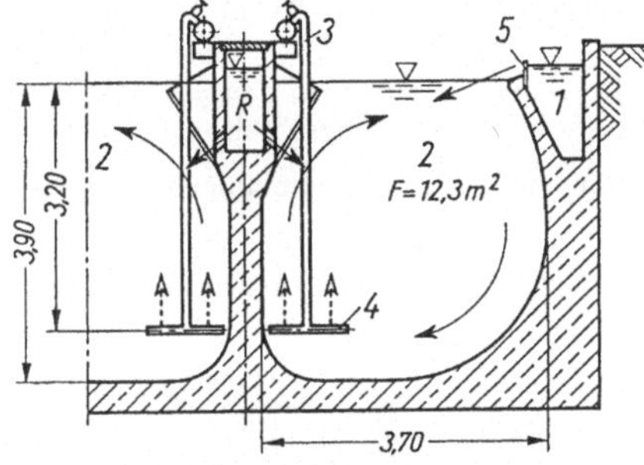

4.119 Druckluftbecken (Querschnitt)
1 Abwasserzulauf
2 Belüftungsrinne
3 Druckluftzufuhr
4 Rohrbelüfter
5 Gezahnte Überfallkante
RS Rücklaufschlamm

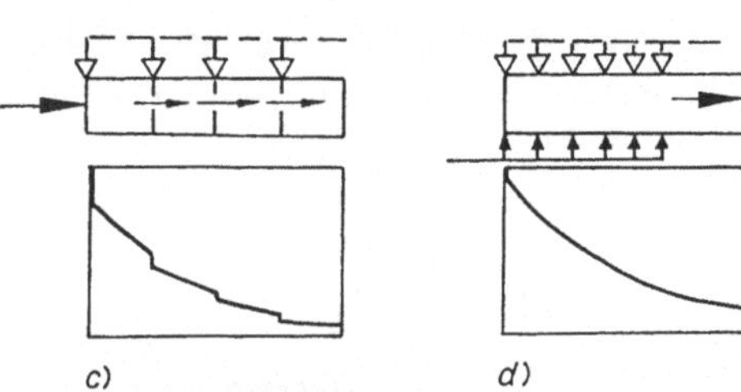

4.120 Betriebsformen und Reinigungsverlauf im Belebungsbecken
a) Abwasser und Rücklaufschlamm fließen am Beckenanfang zu (Piston-flowBeschickung)
b) verteilte Abwasserzugabe (Gould), mit zum Beckenende abnehmbarer Luftzugabe = Schumacher (Bioxon)
c) verteilte Rücklaufschlammzugabe
d) verteilte Abwasser- und Rücklaufschlammzugabe

Häufig werden Doppelbelüftungsrinnen ohne Mittellängswand eingesetzt (**4**.124). Allgemein kann man bei feinblasiger Belüftung von folgenden Richtwerten für das Becken ausgehen (vgl. **4**.124): $b/t \approx 1:1$; $t_e = 3$ bis 6 m; Luftmenge 1 bis 3 m_L^3/m_{BB}^3; Belüfter 5 bis 15 $m_L^3/(m \cdot h)$ oder 20 bis 60 $m_L^3/(m^2$ Filterfläche $\cdot$ h); Kerzenabstand 25 bis 50 cm; Energie bedarf 5,5 bis 6 Wh/($m_L^3 \cdot$ m Tiefe); Leistungsdichte > 10 W/m^3. Der Luftbedarf beträgt bei 3,0 m Einblastiefe etwa 1,75 m_L^3/EG und 11% Ausnutzung bei feinblasiger Belüftung; 3,0 m_L^3/EG (6,5%) bei mittelblasiger Belüftung, Blasengröße 1,5 bis 3 mm; 3,5 m_L^3/EG (5,5%) bei grobblasiger Belüftung. Durch Zwischenquerwände kann der Strömungsweg verlängert werden. Es entsteht ein Kaskadenbecken. Bild **4**.124 gibt Verhältniswerte für Beckenquerschnitte mit Bandbelüftung an. Die Eintauchtiefe t_e soll $\geq 1{,}0$ m

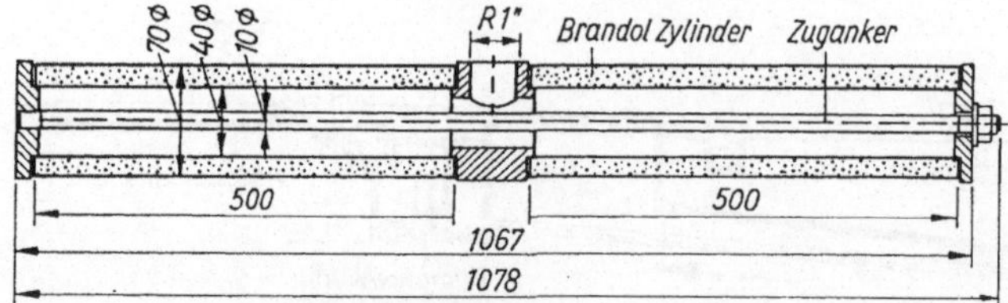

4.121 Schumacher-Rohrbelüfter 70 mm ∅, 1 m lang
Ausrüstung: 2 Brandol-Zylinder 70/40 mm ∅, 500 mm lang, zusammengespannt mit Zuganker aus rostfreiem Stahl, 2 Deckplatten und Mittelteil aus Grauguß, einbrennlackiert, Mutter aus Messing, Gummidichtungen mit Gewebeauflage. Gewicht etwa 7 kg.
Luftdurchsatz: 3 bis $15\,m^3/h$ pro Belüfter bei wirtschaftlichem Einsatz. In diesem Bereich ist der Sauerstoffertrag 3,8 bis 2,5 kg O_2/kWh. Luftdurchsatz bis $50\,m^3/h$ möglich.

sein. Größte Beckentiefe liegt etwa bei 6,0 m. Zunehmend oft werden flächenhafte Belüftungen eingesetzt, d.h. Verteilung der Bel.-Elemente über den ganzen Beckenboden, z.B. in Form von Domen, Tellern (**4.**117h), Rohren oder von Plattenbelüftern (**4.**117g).

Bei kleinerer Eintauchtiefe, < 3,0 m, vergrößert sich der Luftbedarf. Der Energieverbrauch bleibt ungefähr gleich. Die Spitzenleistung der Gebläse soll $\approx 1{,}5 \cdot Q_{L24}$, und die Mindestleistung soll $\approx 0{,}3\,Q_{L24}$ sein.

Becken mit größerer Einblastiefe sind wirtschaftlicher. Detergentien haben auf den Sauerstoffeintrag Einfluß. Bei Eisengehalten größer als 5 mg/l besteht erhöhte Verstopfungsgefahr.

Die Druckverluste in Luftleitungen sind für Luftgeschwindigkeiten in den Rohrleitungen von 10 bis 20 m/s nachzuweisen.

Die Oberflächenbelüfter haben bei gleichem Energieverbrauch ≈ den gleichen Sauerstoffeintrag wie feinblasige Druckluftverfahren.

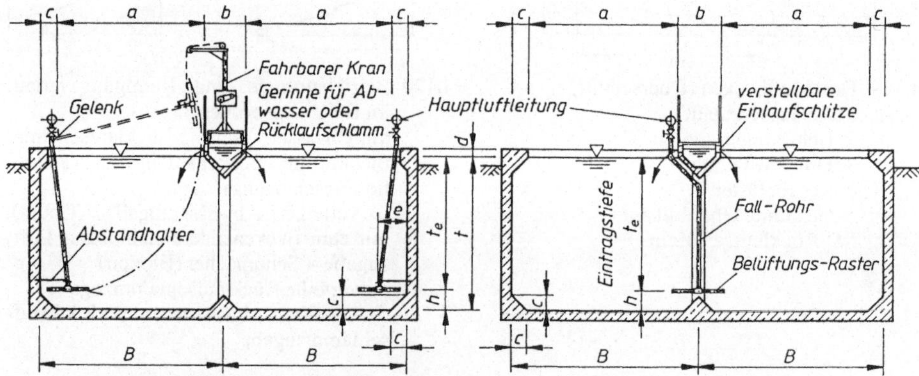

4.122 Abmessungen von Belebungsbecken mit Druckbelüftung (Fa. Schumacher)

Tiefe t (m)	Breite B (m)	$A\,(2B)$ m^2	Eintauchtiefe t_e (m)	a	b	c	d	e	h
3,0	4,2	24	2,4	3,0	1,4	0,5	0,2	0,8	0,6
3,5	4,8	32	2,8	3,5	1,4	0,6	0,2	0,8	0,7
4,0	5,2	40	3,3	3,8	1,6	0,6	0,2	0,9	0,7
5,0	6,3	62	4,1	4,7	1,8	0,7	0,3	0,9	0,9
6,0	7,4	85	5,0	5,6	2,0	0,8	0,3	1,0	1,0

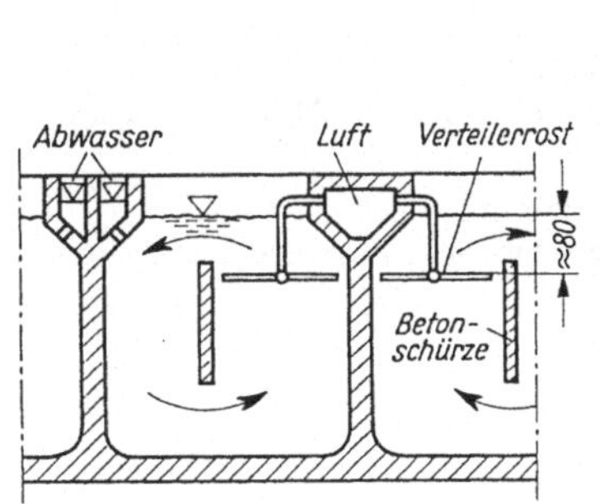

4.123 Inka-Belüftung

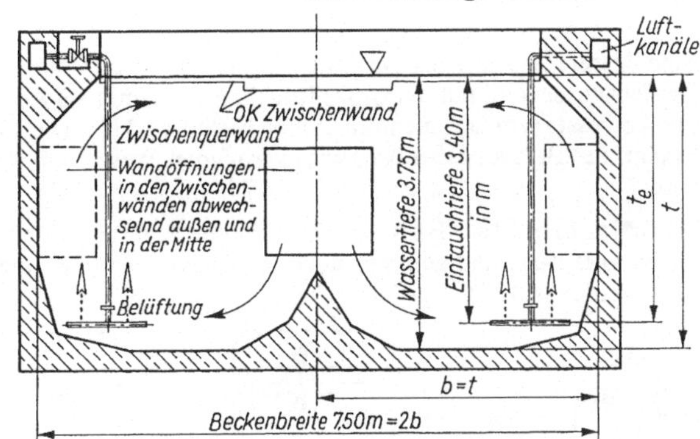

4.124 Belebungsbecken ohne Mittellängswand (Bemessungsvorschlag; Abzug für Beckenabschrägungen ≈ 7%; $F_{\text{netto}} = 3{,}75^2 - 0{,}07 \cdot 3{,}75^2 = 13\,\text{m}^2$)

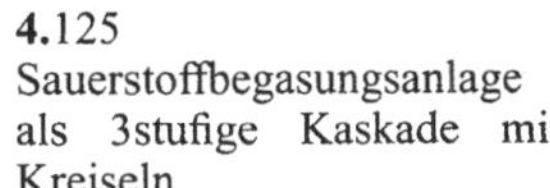

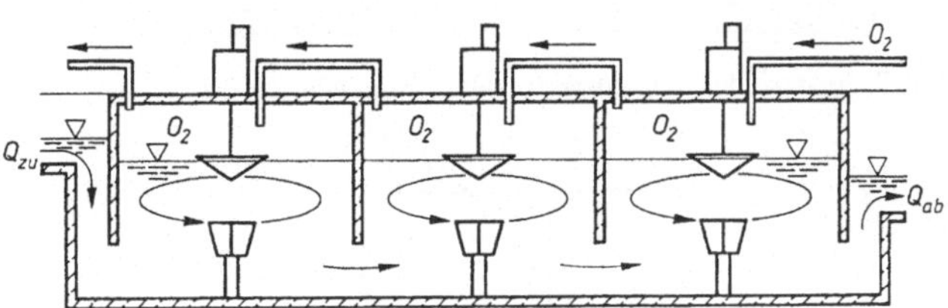

4.125 Sauerstoffbegasungsanlage als 3stufige Kaskade mit Kreiseln

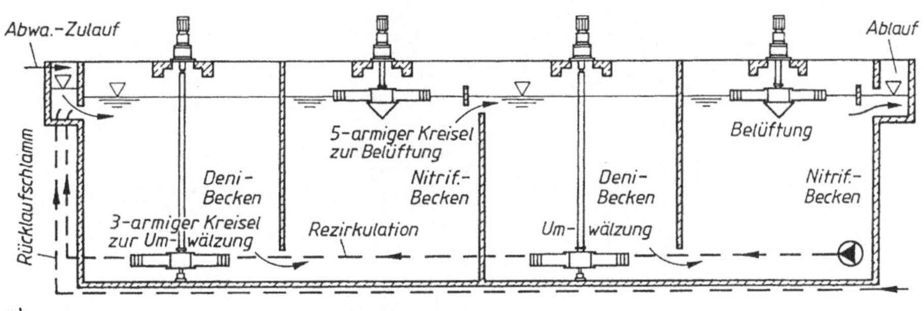

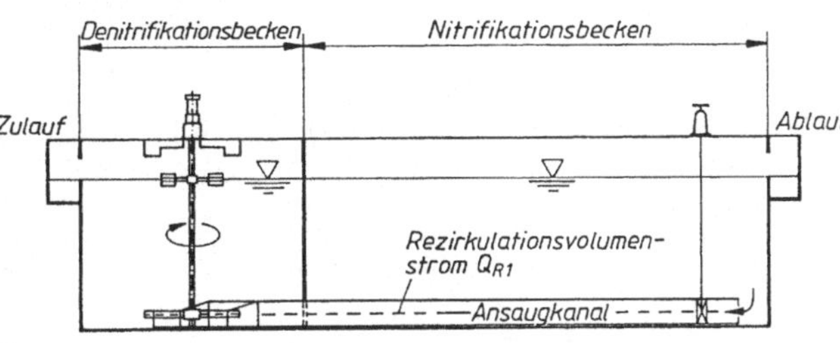

4.126
a) Kreiselbelüfter in Kombination mit Umwälzkreiseln bei der Kaskaden-Nitrifikation/Denitrifikation
b) Kreiselsystem zur internen Rezirkulation bei vorgeschalteter Denitrifikation (Fa. G. Schulze)

Eine bessere Ausnutzung der Luft wird durch die verteilte Abwasserzuführung erreicht. Bei dieser Betriebsweise wird nur der ganze Rücklauf-Schlamm am Anfang in das Belebungsbecken gebracht, das Abwasser wird auf mehrere Stellen verteilt (**4.**116). Die Überlastung des belebten Schlamms am Einlauf des Belebungsbeckens wird vermieden, weil er nur mit einem Teil des Abwassers gemischt wird.

Die Mischreaktor-Belüftung verbindet Hydraulik und Belüftungstechnik. Umwälzung und Sauerstoffzufuhr sind getrennt steuerbar. Damit kann auf unterschiedliche Prozeßbedingungen reagiert werden (**4.**127).

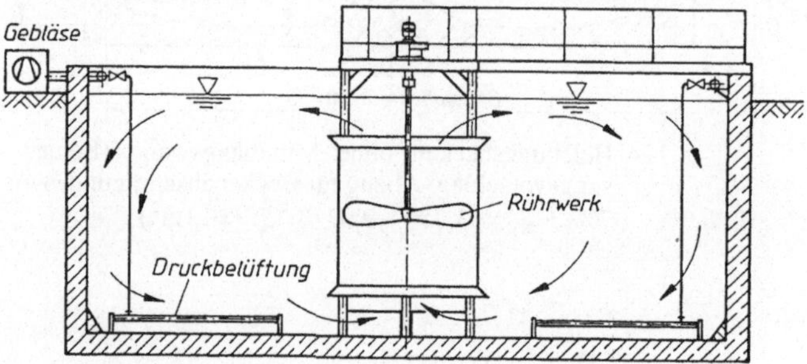

4.127 System der Mischreaktor-Belüftung (Fa. IBO)

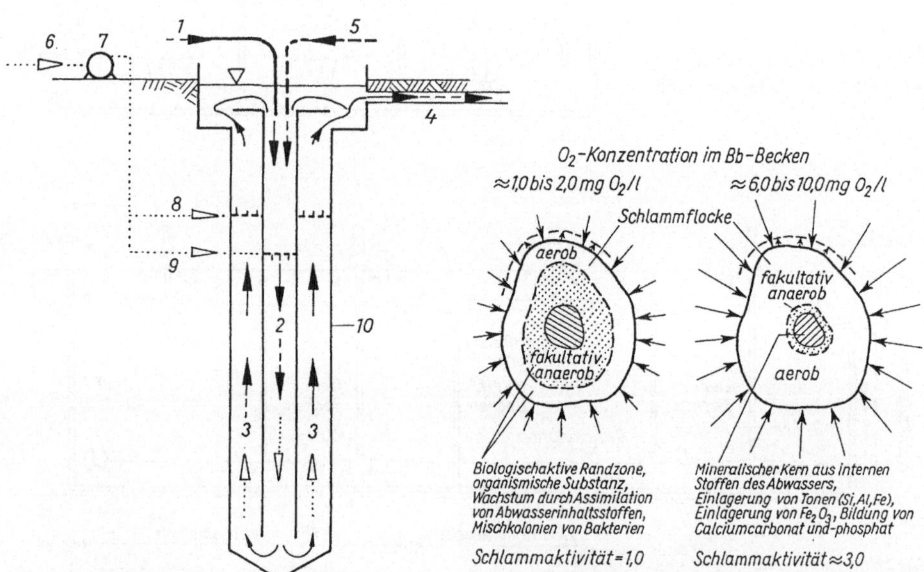

4.128 Tiefstrombelüftungseinheit (Fa. ICI)
1 Abwasser-Zulauf
2 Abströmer
3 Aufströmer
4 Ablauf
5 Schlammrücklauf vom Nachklärbecken
6 Luft
7 Kompressor
8 Start-Luft
9 Prozeß-Luft
10 Schacht

4.129 Belebtschlammflocke, Aufbau und Schlammaktivität als Funktion der O_2-Konzentration. Organischer Anteil etwa 70% (davon org. N 6 bis 8%, org. C ~ 30%); Anorganischer Anteil etwa 30% (davon Ca O ~ 23%, Al_2O_3 ~ 18%, Fe_2O_3 ~ 7%, SiO_2 ~ 32%, P_2O_5 ~ 3%)

Die Sauerstoffbegasung mit O_2 setzt man ein, wenn hohe O_2-Einträge nötig sind (**4.**125). Um den eingesetzten Sauerstoff auszunutzen, werden die Belebungsbecken abgedeckt und als mehrstufige Kaskade ausgeführt. Es ergibt sich ein kompakterer Schlamm. Die Anlagen können doppelt so hoch belastet werden. Es ergeben sich Vorteile bei hohen Abwasserkonzentrationen, beengten Platzverhältnissen und geruchsintensiven Abwässern. Durch CO_2-Anreicherung kann Betonkorrosion auftreten.

Für industrielles Abwasser wird, bisher vereinzelt, eine Tiefstrombelüftung eingesetzt, bei der eingetragene Druckluft in große Wassertiefen vom Abwasser mitgenommen wird, wodurch die Kontaktzeit auf ≥ 3 min erhöht wird (15 bis 20 s bei horizontal durchströmten Becken). Die Anlagen haben kleinen Platzbedarf und u.U. geringe Baukosten (**4.**128). Das ICI (Imperial Chemical Industries Ltd.)-Tiefschachtverfahren wurde 1974 in England entwickelt.

Es ist ein Belebungsverfahren, daß sich durch hohe Sauerstoffeintragswerte (≤ 3 kg O_2/m^3), einem Sauerstoffertrag von 3 bis 4 kg O_2/kWh und einer Sauerstoffausnutzung bis 80% von anderen Verfahren unterscheidet. Der zur biologischen Reinigung erforderliche Luftsauerstoff wird in großer Tiefe (Kl A Leer 30 m) in den Abströmer (*2*) eingetragen. Die Luftblasen werden durch die abströmende Wassermenge mit in die Tiefe genommen und gehen infolge des wachsenden Wasserdruckes in Lösung. Nach Eintritt in den Aufströmer (*3*) vermindert sich der Druck und die überschüssige Luft tritt in Blasen wieder aus. Sie bilden zusammen mit dem belebten Schlamm ein Flotat.

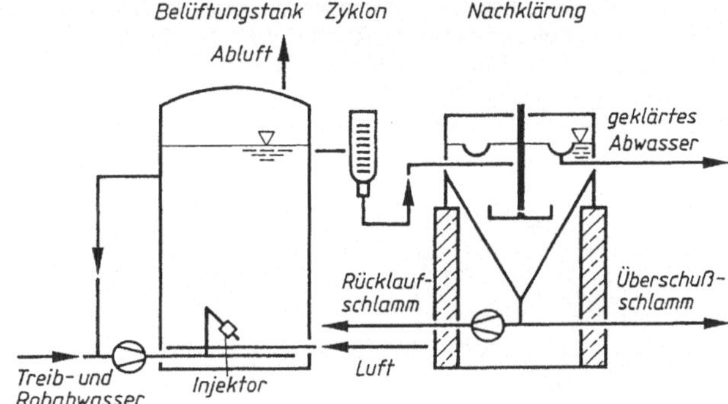

4.130 Turmbiologie mit getrennt aufgestellter Nachklärung (Fa. Bayer)

Auch die modernen Turmbiologie-Anlagen der chemischen Industrie arbeiten mit großen Eintragstiefen (≥ 10 m) und erreichen sehr wirtschaftliche O_2-Einträge (**4.**130 und Tafel **4.**40).

Kombinierte Belüftung. Bei der kombinierten Belüftung sind mechanisch wirkende Vorrichtungen zur Umwälzung und Druckluft eintragende zusammen wirksam. Man versucht, den großen Anteil der Druckluft, welcher in Druckluftbecken allein die Umwälzung bewirkt, funktionell durch mechanische Umwälzung zu ersetzen. Der Prototyp sind Paddelräder. Beim Turbinenbelüfter sitzt im unteren Beckenteil ein Belüftungsrohrring, über den die Druckluft grobblasig zugeführt wird, und über den Luftaustrittsöffnungen rotiert um eine vertikale Welle ein Rührkreisel, der die Blasen fein verteilt und für die Umwälzung sorgt. Diese Kombination wird auch beim Aero-Accelator (**4.**288) eingesetzt. Bei beweglichen Belüftungseinrichtungen strömt das Abwasser meist im Gegenstrom über die an der Beckensohle wandernden Luftaustrittsrohre. Sauerstoffzufuhr und Umwälzung sind durch Luftmenge bzw. Fahrgeschwindigkeit getrennt zu regulieren (**4.**260).

Tafel 4.40 Vergleich Turmbiologie/Flachbeckenbiologie am Verfahrenskonzept für die Behandlung ammoniumreicher Raffinerie-Abwässer mit zweistufiger Nitrifikation (Fa. Bayer)

	Bayer-Turmbiologie (Tankbauweise)	Flachbeckenbiologie (Betonbauweise)
Reaktorvolumen für zweistufige Nitrifikation in m^3	21 000	21 000
Wassertiefe in m	17 bis 24	4
Begasungsvorrichtung	Bayer-Injektor, Typ Schlitzstrahler 16/20	Oberflächenbelüfter
O_2-Ertrag in kg O_2/kWh	2,7 bis 3	1,5
Luftbedarf in Nm^3	10 800	> 70 300
O_2 im Abgas in %	5 bis 8	19 bis 20
O_2-Ausnutzung in %	60 bis 75	5 bis 10
Klärfläche in m^2	1640 [1)]	2460 [2)]
Flächenbedarf in m^2 ohne Betriebsgebäude	≈ 11000	≈ 50 000

[1)] Dortmund-Brunnen; [2)] flache Klärbecken.

Der Tauchbelüfter (**4.131**), Fa. Frings, ist eine Kombination von Gebläse und Mischer. Er wird getaucht auf der Sohle des zu belüftenden Beckens, stehend oder hängend betrieben. Bestandteile sind mit der Motorwelle verbundene Turbine, ein Leitkranz zum Aufstellen, sowie die über die Wasseroberfläche reichende Luftansaugleitung. Die Turbine rotiert und saugt Luft durch die Ansaugleitung. Gleichzeitig strömt Wasser in die Turbine, wird mit der Luft vermischt, und das Gemisch wird durch den Leitkranz radial nach außen geschleudert. Dabei wird die Luft in kleine Blasen zerteilt.

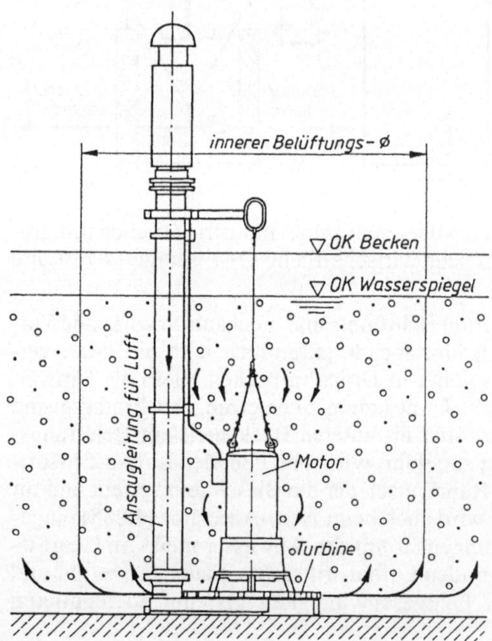

4.131
Tauchbelüfter mit Injektor-Wirkung (Fa. Frings)

Die Vorteile der Tauchbelüfter liegen beim Einsatz in tiefen Becken. Ab ≈ 4 m Wassertiefe kann mit vorkomprimierter Luft gearbeitet werden. Es können in Reinwasser Sauerstoff-Eintragswerte ≤ 100 kg/h und -Ertragswerte $\leq 2{,}0$ kg O_2/kWh erreicht werden.

Als eine alternative Betriebsform gilt die Sauerstoffbegasung des Belebungsbeckens. Der Einsatz der Sauerstoffbegasung ist insbesondere für eine Erweiterung oder Erhöhung des Wirkungsgrades einer überlasteten mit atmosphärischer Luft betriebenen Belebungsanlage geeignet. Bei unveränderten Raumbelastungen bringt die Sauerstoffbegasung gegenüber der Luftbegasung im Belebungsbecken folgende Vorteile (**4**.129):

- Erhöhung des gelösten Sauerstoffgehaltes im Belebungsbecken,
- Aktivitätssteigerung des Belebtschlammes,
- Verringerung des Schlammindexes,

und dadurch Erhöhung des Trockensubstanzgehaltes im Belebungsbecken bei gleichem Rücklaufverhältnis und folglich Verringerung der ursprünglichen Schlammbelastung.

Der Einsatz der partiellen O_2-Begasung (PSB) ist beim Neubau und Umbau von Kläranlagen zur Denitrifikation und zur Bio-P-Elimination geeignet. Die Leistungsfähigkeit einer biologischen Klärstufe läßt sich erheblich steigern, wenn zur Belüftung reiner Sauerstoff eingesetzt und die Biomasse erhöht wird (**4**.129).

Die Erhöhung der Schlammtrockensubstanz von z.B. $\approx 3{,}5$ auf $\approx 7{,}0\,\mathrm{kg}\,TS/\mathrm{m}^3_{\mathrm{BB}}$ bewirkt bei gleicher Schlammbelastung eine Verdoppelung der BSB_5-Raumbelastung (s. Tafel **4**.37) und des Schlammalters, d.h. auch eine entsprechende Kapazitätserweiterung der Anlage. Oder es lassen sich CSB- und BSB_5-Elimination und Nitrifikation auf einen Teil des vorhandenen Belebungsbeckens beschränken. Damit wird Beckenvolumen für die Denitrifikation frei.

Bei Anlagen, die eine vorgeschaltete Denitrifikation ermöglichen, wird vom Belebungsbecken ein Teil abgetrennt. Das übrige Beckenvolumen wird auf O_2-Begasung umgestellt (**4**.132). Ein interner Kreislauf fördert das nitrathaltige Wasser in die Deni-Stufe. Oft lassen sich auch Teile des Vorklärbeckens als Deni-Becken nutzen. Die PSB ist für die vorgeschaltete, simultane und intermittierende Denitrifikation geeignet (**4**.133). Durch die geänderte Ausrüstung können bestehende Kläranlagen ohne wesentliche bauliche Erweiterungen die Mindestanforderungen für Stickstoff einhalten und verstärkt biologisch Phospor eliminieren.

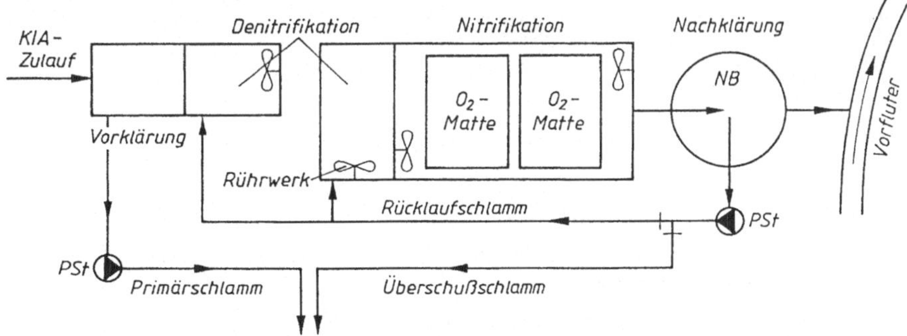

4.132 Umrüstung einer Kläranlage mit dem PSB-Verfahren zur vorgeschalteten Denitrifikation in einem Teil des Vorklär- und des Belebungsbeckens

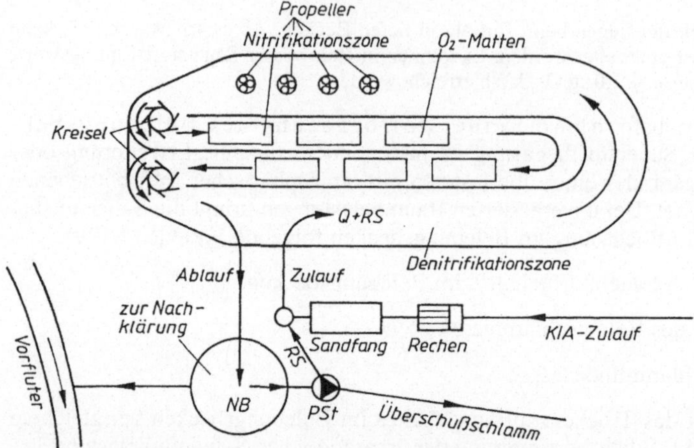

4.133 Umrüstung eines Karusselbeckens auf das PSB-Verfahren zur simultanen Denitrifikation. Vorher hatte das Becken nur die 2 Kreiselbelüfter und 4 Wendelbelüfter zum Lufteintrag Kreiselbelüfter, Wendelbelüfter, Begasungselemente,
$RS \hat{=}$ Rücklaufschlamm

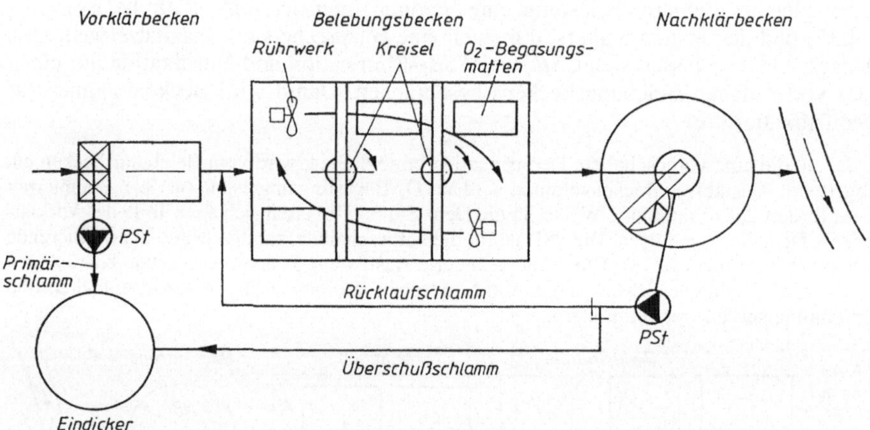

4.134 Umrüstung eines Belebungsbeckens zur intermittierenden Denitrifikation. Vorhandene Kreiselbelüfter bleiben.

Vorteile der partiellen O_2-Begasung:

Geringe Investitionskosten; kein zusätzlicher Platzbedarf; keine zusätzliche Energie; gute Anpassung an wechselnde Abwasserfracht.

Nachteile: Erhöhte Kosten für die Lieferung des Sauerstoffs.

Bei der simultanen Denitrifikation soll die optimale Sauerstoffkonzentration kurz nach Beginn der Nitrifikationszone erreicht sein. Deshalb erfolgt hier der Eintrag von reinem Sauerstoff. Die vorhandene Belüftungseinrichtung übernimmt weiter die Hauptversorgung mit Sauerstoff. Für die

Denitrifikation werden anoxische Zonen durch fehlende Installation oder Abschalten der Belüftung geschaffen.

Bei der intermittierenden Denitrifikation soll die Sauerstoffkonzentration in wenigen Minuten nach Beginn der Nitrifikationsphase erreicht werden. Zu Beginn dieser Phase wird deshalb reiner Sauerstoff eingetragen. Die vorhandene Belüftungseinrichtung, in **4**.134 Kreisel, übernimmt die Hauptversorgung mit O_2. Der zusätzliche Sauerstoff wird mit speziellen Begasungseinrichtungen (z.B. Solvox-Verf. Fa. Linde) eingetragen. Nach der Nitrifikationsphase entfällt die Belüftung, und durch die O_2-Zehrung des Belebtschlamms wird das Belebungsbecken anoxisch. In dieser Denitrifikationsphase übernehmen Tauchmotorrührwerke die nun erforderliche Durchmischung. Durch die Zusatzbegasung mit reinem Sauerstoff sind $\leq$ 24 Zyklen/d möglich.

4.5.2.4 Kombinierte Belebungsbecken

Schachtelbecken nach Schmitz-Lenders. Dieses Becken kombiniert Vor- und Nachklärbecken mit dem Belebungsbecken (s. auch Abschn. 4.7). Ein horizontal durchflossenes Rundbecken bildet den Zentralkörper, an welchen ringförmig das Belebungsbecken in Form einer Belüftungsrinne und als zweiter Ring das senkrecht durchflossene Nachklärbecken angefügt sind. Man erhält einen komplexen Baukörper, dessen Einheiten durch kurze Fließ- oder Förderwege miteinander verbunden sind (**4**.135).

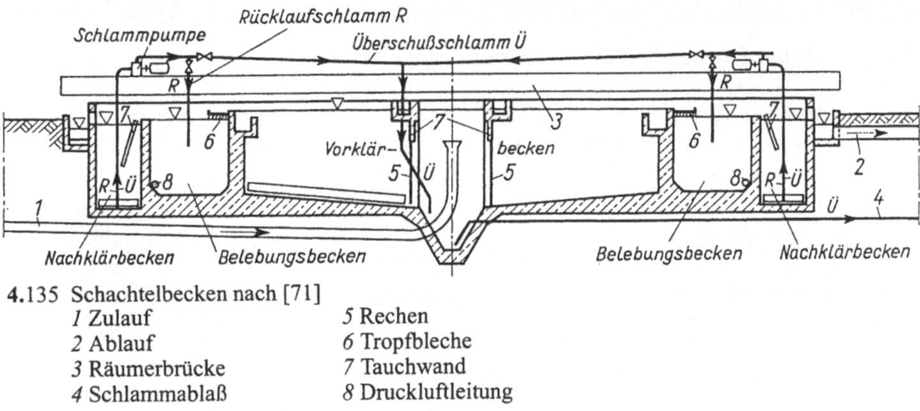

4.135 Schachtelbecken nach [71]

1 Zulauf
2 Ablauf
3 Räumerbrücke
4 Schlammablaß
5 Rechen
6 Tropfbleche
7 Tauchwand
8 Druckluftleitung

Hamburg-Becken (**4**.136). Dieses schaltet drei Beckeneinheiten hintereinander und vereinigt sie zu einer sehr langen Einheit. Die Übergänge sind durch die Einrichtung von einem Beruhigungsrechen bzw. von Schlammtrichtern räumlich markiert. Das Abwasser wird nach Vorbehandlung in Rechen, Sandfang und Vorklärbecken mit Vorbelüftung eingeleitet. Es durchfließt zwei Belüftungszonen, dann eine Absetz- und schließlich eine Nachklärzone. Das Hamburg-Becken wurde durch Kehr [28] und v. d. Emde nach umfangreichen Versuchen entwickelt und zum ersten Mal in Hamburg-Köhlbrandhöft, später in Kassel gebaut.

Trichterbecken mit Belebungs- und Nachkläreinheiten. Ebenso wie das Schachtelbecken vereinigt dieses in Rundbauweise Vor-, Belebungs- und Nachklärbecken zu einem Bauwerk. Das Vorklärbecken ist hier jedoch ein Trichterbecken, an das die anderen beiden Funktionen in wechselnder Folge – Belebung und Nachklärung – ringförmig und in flacher Bauweise angehängt wurden. Es wurde beim Lübecker Klärwerk ausgeführt (**4**.137).

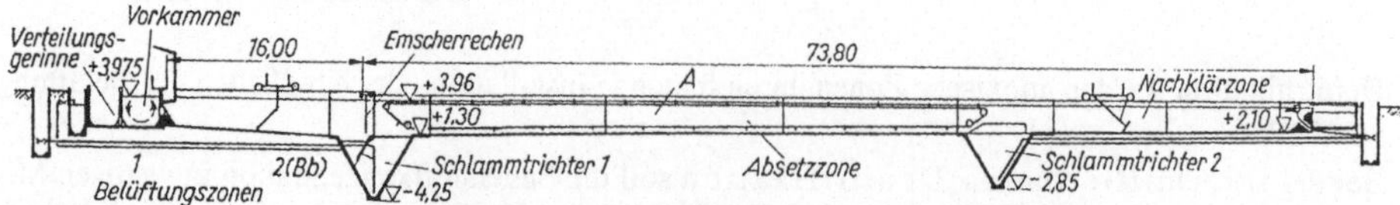

4.136 Längsschnitt durch das Hamburg-Becken (Stadtentwässerung Hamburg)

4.137 Trichterbecken mit Belebungs- und Nachkläreinheiten

Auf die Wahl des etwa 17 m tiefen Trichterbeckens kam man hier nicht nur wegen der hervorragenden Absetzwirkung, sondern auch wegen des ohnehin sehr tief anstehenden tragfähigen Bodens.

Die strengen Anforderungen der Wasserbehörden an eine ununterbrochene hohe Reinigungsleistung erfordern die Planung eines mehrspurigen Betriebes der Kläranlagen.

Tafel **4.**41 Empfehlungen von Kayser zur Auslegung von Belebungsanlagen

	Belebungsbecken		Nachklärbecken	
	Einheiten Stück	Überlastung %	Einheiten Stück	Überlastung %
über 10 000 EG	2	100	1 bis 2	100
über 30 000 EG	3	50	2	100
über 100 000 EG	4	33	3 bis 4	33 bis 50

Die Tafel **4.**41 zeigt in Abhängigkeit von der Anlagengröße die von Kayser vorgeschlagene Anzahl von Beckeneinheiten, auf die das erforderliche Belebungs- und Nachklärbeckenvolumen aufgeteilt werden soll. Gleichzeitig wird die sich ergebende Überlastung der verbleibenden Einheiten bei Außerbetriebnahme eines Beckens angegeben.

4.5.2.5 Mehrstufige Belebungsanlagen (s. auch Abschn. 4.5.4.7)

Man versteht darunter Anlagen, in denen sich die Belebungsstufe ein- oder mehrfach, auch in verschiedenen Formen wiederholt. Verfahrenstechnisch interessant ist das Adsorptions-Belebungsverfahren (A-B-Verfahren) [10]. Es ist ein zweistufiges Bele-

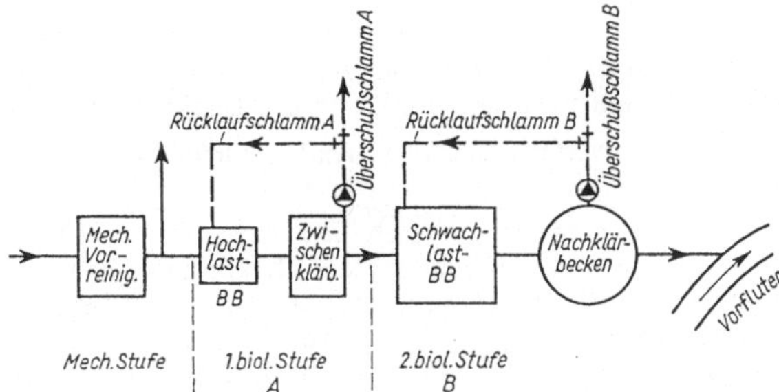

4.138
Schema Adsorptions-Belebungs-Verfahren (A-B-Verfahren)

bungsverfahren mit einer höchstbelasteten 1. A-Stufe und einer normalen schwachbelasteten 2. B-Stufe (**4.**138). Kennzeichnend ist die Trennung der beiden Schlammkreisläufe und die sehr hohe Schlammbelastung der A-Stufe. Der normale Betriebsbereich der A-Stufe sollte bei Schlammbelastungen $B_{TS} = 3$ bis $6\,\mathrm{kg}\,BSB_5/(\mathrm{kg}\,TS \cdot \mathrm{d})$ liegen, höhere Belastungen sind möglich. Die 2. schwachbelastete Stufe arbeitet mit Schlammbelastungen $B_{TS} \leq 0{,}30$, besser um $0{,}15\,\mathrm{kg}\,BSB_5/(\mathrm{kg}\,TS \cdot \mathrm{d})$. Ein höherer Wirkungsgrad der BSB_5-Eliminierung in der A-Stufe als 70% sollte nicht angestrebt werden, um noch ausreichend abbaubare Substanz in der 2. Stufe zu erhalten, dort auch wichtig für die Vorgänge der Nitrifikation und Denitrifikation.

Das Institut für Siedlungswasserwirtschaft der RWTH Aachen führte Versuche im halb- und großtechnischen Maßstab durch. Die Reinigungsleistung der A-Stufe wies starke Unterschiede in der BSB_5-Abbauleistung auf. Bemerkenswert war, daß trotz der geringen Leistung der A-Stufe die Reinigungsleistungen der B-Stufe für die Parameter BSB_5, CSB und TOC sehr gut waren.

Die A-Stufe kann über den Sauerstoffgehalt gesteuert werden. Ausreichende Sauerstoffversorgung ($C_x = 1$ bis $2\,\mathrm{mg}\,O_2/\mathrm{l}$) bedeutet eine aerobe Betriebsform, eine Sauerstoffunterversorgung eine fakultativ anaerobe Betriebsform. Für jede Betriebsform bildet sich eine eigene selbständige Biozönose aus, die in Abhängigkeit vom Sauerstoffdefizit unterschiedliche Wirkungsmechanismen entwickelt. Dabei wird der Belebtschlamm der A-Stufe nahezu ausschließlich von Bakterien (Prokaryonten) gebildet. Diese können bei ausreichender Sauerstoffversorgung durch aerobe Atmung einen intensiven Abbauprozeß betreiben, für die Bakterien die höchste Form der Energiegewinnung. Bei Unterversorgung mit Sauerstoff kann diese anpassungsfähige Gruppe der Prokaryonten auf eine Ersatzform ausweichen. Es bildet sich eine Lebensgemeinschaft, die den Abbauprozeß nur zum Teil durchführt. Entsprechend wenig Energie wird gewonnen. Bei diesem Prozeß entstehen durch Nährstoffspaltung neue Verbindungen, die diese Mikroorganismen nicht weiter verarbeiten können. Dafür stehen die spezialisierten Mikroorganismen (Eukaryonten) der B-Stufe zur Verfügung. Entscheidend ist, daß bei diesem Verfahren die angebotene Nahrungsmenge voll angegriffen wird, darunter auch schwer abbaubare Substanzen.

Verfahrenstechnisch entstehen folgende Vorteile: Die A-Stufe ist relativ unempfindlich gegenüber Belastungsstößen, starken Schwankungen des pH-Wertes, der Leitfähigkeit und der Temperatur. Sie besitzt eine hohe Pufferkapazität.

Wird die A-Stufe wegen toxischer Abwasserqualität unwirksam, so regeneriert sie sich in wenigen Stunden. Die hohe Wachstumsrate und das niedrige Schlammalter von 0,2 bis 0,6 Tagen bewirken dies. Durch Anpassung der Betriebsform der A-Stufe an die Abwasserzusammensetzung können optimale Voraussetzungen für den Abbauprozeß geschaffen werden. Bietet ein Abwasser aus biologischer Sicht keine Schwierigkeiten (kommunales Abwasser oder Abwässer mit leicht abbaubaren organischen Inhaltsstoffen), so kann bei aerober Betriebsweise bereits ein hoher Eliminationsgrad in der A-Stufe erreicht werden. Bei fakultativ anaerober Betriebsweise können dagegen schwerer abbaubare Verbindungen aufgeschlossen werden, so daß sie in einer weiteren biologischen Stufe eliminiert werden können.

Die B-Stufe kann unter günstigen Abbaubedingungen arbeiten. Es werden BSB_5-, CSB- und TOC-Ablaufkonzentrationen erreicht, wie bei einer einstufigen Anlage mit sehr niedriger Schlammbelastung. Dies gilt auch für Nitrifikation und Denitrifikation.

Neben diesen verfahrenstechnischen Vorteilen entstehen Kostenersparnisse durch Raum- und Energieersparnis.

Insgesamt ist erwiesen, daß sich die zweistufige Verfahrenskombination nach dem A-B-Verfahren durch hohe Prozeßstabilität, große Pufferkapazität, hohe Eliminationsleistung und stabile Ablaufqualität auszeichnet. Ein weiterer Schritt wäre der Übergang vom Eintrag atmosphärischer Luft zu einer Sauerstoffbegasung in der 2. biologischen Stufe (**4**.139). Diese Verfahrenstechnik ist nach [16] z.B. für die 2. Stufe des Klärwerkes Krefeld vorgesehen. Um den Vorfluter vor Aufdüngung zu schützen und um die Denitrifikation und damit eine teilweise O_2-Rückgewinnung möglichst sicher zu erreichen, werden die Belebungsbecken nach dem Carrouselprinzip gebaut. Zusätzlich wird eine Trennung von Umwälzung und Belüftung eingerichtet, wodurch die Verbesserung der Denitrifikation erreicht werden soll.

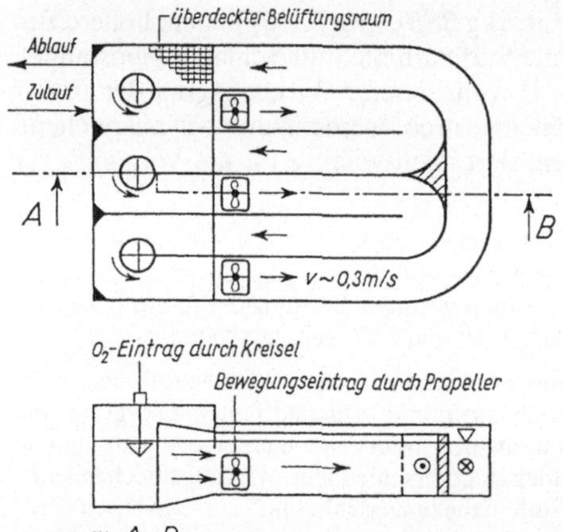

4.139
Trennung von Bewegung und Belüftung beim Einsatz der O_2-Begasung nach [16]

Die Belüftungsräume der Carrouselbecken wurden überdeckt ausgebildet, so daß später eine Sauerstoffbegasung in diesen Kammern möglich wird. Durch die Umstellung würde ohne nennenswerte Erweiterungsbauten die Kapazität des Klärwerks von 800 000 auf 1,2 Mio EG erhöht.

Das Prinzip eines Belebungsbeckens mit Sauerstoffbegasung nach dem Unox-Verfahren beruht darauf, daß vorgeklärtes Abwasser in ein geschlossenes Becken aus mehreren Kammern geleitet wird, in denen reiner Sauerstoff durch Kreisel eingetragen wird. Die Abwasser-, die Rücklaufschlamm- und die Sauerstoffzugabe erfolgt in die erste Kammer mit dem Vorteil, daß dem höchsten Sauerstoffbedarf des Abwassers auch die höchste Sauerstoffkonzentration zur Verfügung steht (**4**.125).

Danach fließt das Abwasser in eine konventionelle Nachklärung. Die Vorteile der mit reinem Sauerstoff betriebenen Belebungsanlagen sind durch zahlreiche Betriebsergebnisse belegt. Ebenso sind einige Schwierigkeiten bekannt, die besonders in der Ansäuerung des Abwassers durch das beim biologischen Abbau entstehende CO_2 entstehen.

Dies führt dazu, daß der pH-Wert des zufließenden Abwassers erhöht werden muß, um in der Belebung die Lebensbedingungen der Mikroorganismen zu verbessern und die Reinigung des Abwassers zu sichern.

Da nach den vorliegenden Versuchsergebnissen bei A-B-Anlagen die Schmutzkonzentrationen und insbesondere die CO_2-erzeugenden C-Verbindungen in der Adsorptionsstufe zu mehr als 50% eliminiert werden, stellt die Adsorptions-Sauerstoffanlage eine vorteilhafte Kombination der beiden Reinigungsstufen dar. In der nachfolgenden O_2-Stufe wird entsprechend weniger CO_2 gebildet und eine mögliche Ansäuerung des Abwassers verringert. Die Adsorptionsstufe bewirkt eine CO_2-Entlastung der Sauerstoffstufe. Außerdem wird durch die Vorschaltung der A-Stufe ein erheblicher Teil der Gesamtverschmutzung eliminiert, wodurch der relativ teure Raumbedarf des Sauerstoffbegasungsbeckens verringert wird.

In **4.**140 ist das Verfahrensschema und der spezifische Raumbedarf für eine Adsorptions-Sauerstoffbegasungsanlage mit einer Schlammbelastung $B_{TS} = 0{,}3\,\mathrm{kg}\,BSB_5/(\mathrm{kg}\,TS \cdot \mathrm{d})$ in der Sauerstoffstufe dargestellt.

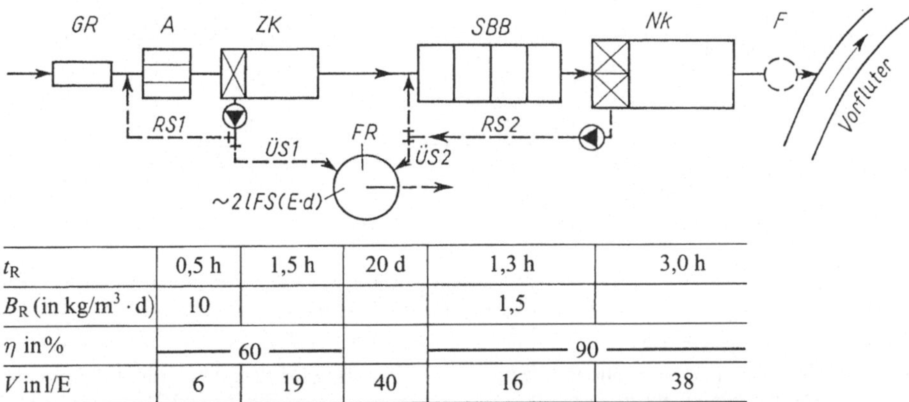

t_R	0,5 h	1,5 h	20 d	1,3 h	3,0 h
B_R (in kg/m³ · d)	10			1,5	
η in%	60			90	
V in l/E	6	19	40	16	38

4.140 Verfahrensschema und spezifischer Raumbedarf einer Adsorptions-Sauerstoff-Anlage mit
B_{TS} = $0{,}3\,\mathrm{kg}\,BSB_5/(\mathrm{kg}\,TS \cdot \mathrm{d})$ in der Sauerstoffbegasungsstufe
Q_d = $200\,\mathrm{l}/(\mathrm{E} \cdot \mathrm{d})$; $q_h = 200/16 = 12{,}5\,\mathrm{l}/(\mathrm{E} \cdot \mathrm{h})$; $B_B = 60\,\mathrm{g}\,BSB_5/(\mathrm{E} \cdot \mathrm{d})$ nach [16]
GR = grobmech. Vorreinigung; *SBB* = Sauerstoffbegasungsbecken
A = Adsorptionsstufe; *RS* = Rücklaufschlamm; *ÜS* = Überschußschlamm
ZK = Zwischenklärung; *NK* = Nachklärung; *FR* = Faulbehälter
F = Filtration

Da der Schlamm in der Sauerstoffstufe meist schwerer als bei luftbegasten Anlagen ist ($ISV \approx 100\,\mathrm{ml/g}$), liegt der Trockensubstanzgehalt in dieser Stufe im Mittel bei $TS_{BB} = 5\,\mathrm{kg}\,TS/\mathrm{m}^3$. Die Raumbelastung ergibt sich daraus zu $B_R = 1{,}5\,\mathrm{kg}\,BSB_5/(\mathrm{m}^3 \cdot \mathrm{d})$. Wegen des guten Schlammabsetzverhaltens wird der spezifische Raumbedarf der Nachklärung geringer. Insgesamt entsteht bei diesem Verfahren der geringste Raumbedarf. Die Herstellungskosten des Sauerstoffbeckens und der erforderlichen Sauerstofferzeugungsanlage aber brauchen die so erzielten Einsparungen teilweise wieder auf.

Böhnke [11] versucht Teichsysteme mit konventionellen Anlagenteilen zu verbinden, um damit die Qualitäten der Abwasserteiche für höhere Anschlußwerte (bis 40000 EG) zu erhalten.

Eine Raumersparnis gegenüber Nur-Teichsystemen ist möglich, wenn

a) ein Großteil der gelösten organischen Belastung vorweg in einer biologischen Vorstufe in absetzbare Substanz umgewandelt wird und

b) dieser vermehrt anfallende Schlamm in den nachfolgenden Teichen gespeichert und weitgehend stabilisiert werden kann.

Drei Möglichkeiten einer kombinierten, mehrstufigen Anlage werden aufgezeigt:

1. Vorschaltung einer hochbelasteten Adsorptions-Stufe,

2. Vorschaltung eines belüfteten Sandfanges als Adsorptions-Vorstufe sowie einer ebenfalls hochbelasteten Adsorptions-Stufe und

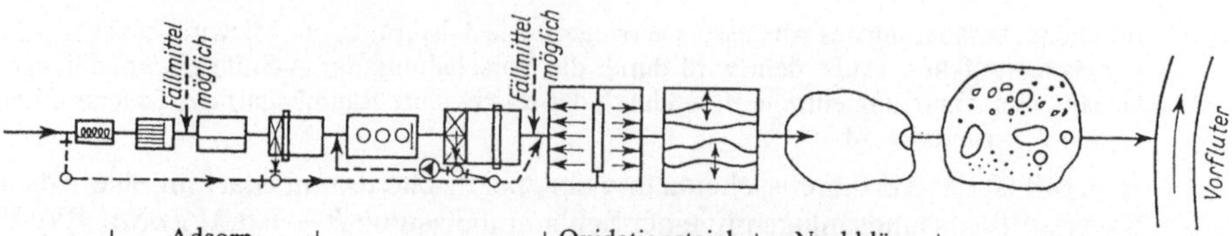

Fällmittel möglich
Fällmittel möglich
Vorfluter

	Adsorptions-Vorstufe		Adsorptions Stufe		Oxidationsteich 1	2	Nachklärteich (3)	Feuchtbiotop
					Teichbelüftungsstufe			
SPR	bS	GV	A	Zk	T1	T2	N	FB
V in l/E	8	12	10	12	450	300	360	320
V in m³	96	144	120	144	9000		4350	3800
V in m³	504				17 500			
t in h	0,5	3 bis 4	0,6	3 bis 4	72		35	30
η in %	40		50		85			50
BSB_5 in g/m³	240		144		72		11	< 10
B_{TS} in $\frac{kg\ BSB_5}{kg\ TS \cdot d}$	~ 5		~ 3		~ 0,3	~ 0,05		

4.141 Kombination einer Adsorptionsstufe mit einer Teichanlage für 12000 EG nach Böhnke [11]
SP = Schneckenpumpwerk *GV* = Grobvorklärung *T* = Teiche (1,2,3)
R = Rechen *A* = Adsorptionsstufe *N* = Nachklärteich
bS = belüfteter Sandfang *Zk* = Zwischenklärung *FB* = Feuchtbiotop

3. Vorschaltung eines belüfteten Sandfanges als Adsorptions-Stufe mit nachfolgendem hochbelasteten Tropfkörper.

Bei der 2. Lösung, z.B. für 12 000 EG, werden durch die Vorschaltung der hochbelasteten Stufe zwar rund 500 m³ Raum erforderlich, dafür aber 23 650 m³ Teichraum eingespart.

Durch Änderung der Vorstufe ist auf derselben Fläche eine Erweiterung um 100% möglich. Weiterhin ist ein Schönungsteich als Feuchtbiotop nachgeschaltet. Der spezifische Energiebedarf sinkt von 1,14 kWh/kgBSB_5 auf 0,64 bis 0,85 je nach Wahl des Systems. Der erforderliche Wartungsaufwand einer solchen kombinierten Teichbelüftungsanlage ist größer als bei einer reinen Teichanlage, aber geringer als bei einer entsprechenden konventionellen Kläranlage mit Faulbehälter.

4.5.2.6 Das CAST-Verfahren

Das CAST-(Cyclic Activated Sludge Technology-)Verfahren ist ein zyklisch betriebenes Belebungsverfahren. Es ist eine Modifizierung des SBR-Verfahrens (s. Abschn. 4.7.7) und für den Einsatz in Großkläranlagen entwickelt worden. In Australien ist es schon bei Anlagen $\leq$ 400 000 EG eingesetzt und in Europa für bis zu 150 000 EG vorgesehen [15b].

Das Verfahrensprinzip ist ein sequentielles Beschicken und Belüften des Bioreaktors gefolgt von einer Absetz- und Abziehphase. Es werden mindestens 2, bei größeren Anlagen 4; 8 oder mehr Becken parallel betrieben. Der Zyklus beginnt mit gleichzeitigem Befüllen und Belüften ($\approx$ 2 h). Danach folgt die Absetzphase ($\approx$ 1 h), während das Bekken weiter beschickt wird, bis die max. Füllung erreicht ist. Es folgt die Abziehphase ($\approx$ 1 h) = Abzug des Klarwassers bis zum Niedrig-WS. Der Überschußschlamm wird durch Tauchmotorpumpen direkt abgepumpt. Nachklärbecken, Räumer, Rührwerke werden nicht benötigt (**4.**142).

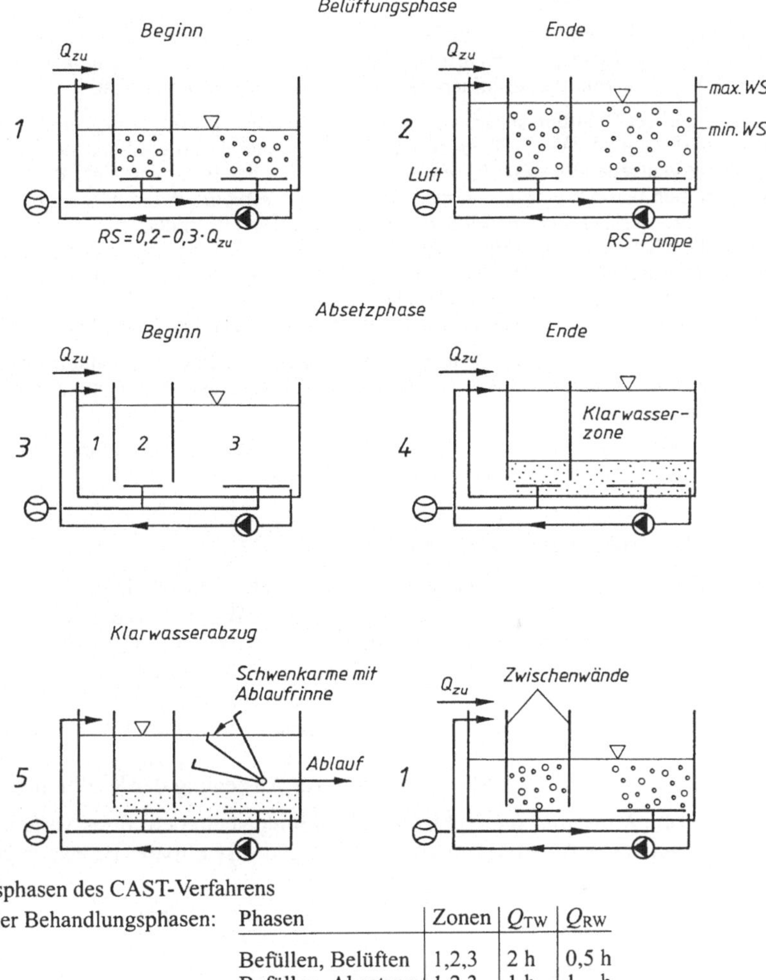

4.142 Betriebsphasen des CAST-Verfahrens

Dauer der Behandlungsphasen:

Phasen	Zonen	Q_{TW}	Q_{RW}
Befüllen, Belüften	1,2,3	2 h	0,5 h
Befüllen, Absetzen	1,2,3	1 h	1 h
Abziehen	2,3	1 h	0,5 h
Gesamtzeit		4 h	2 h

Das erf. Beckenvolumen errechnet sich aus dem Schlammalter, der Schlammproduktion und der Abwassermenge, die während der Zyklusdauer im Becken gespeichert werden muß.

Die Becken werden durch Zwischenwände in Zonen unterteilt. Zone 1 ist der anoxisch/anaerobe Bereich. Hierher wird während des Befüllens (3h bei Q_{TW} und 1,5 h bei Q_{RW}) Rücklaufschlamm vom Beckenende ($\approx$ 20 bis 30% von Q_{zu}) zugeführt. Zone 2 ist belüftet. Hier wird verhindert, daß während des Füllens und in der Absetzphase ungereinigtes Abwasser in Zone 3 gelangt. Zone 3 beansprucht den größten Beckenteil und ist ebenfalls belüftet.

Reinigungsverlauf. Vor der Belüftungsphase ist der O_2-Gehalt = 0 und die Redoxspannung ≈ -200 mV. Nach kurzer Belüftungszeit steigt der O_2-Gehalt auf den Sollwert, der dann konstant gehalten wird. In dieser Phase erfolgt die simultane Nitrifikation und Denitrifikation. Das Nitrat diffundiert wegen seiner hohen Diffusionskonstanten leicht in das Flockeninnere. Da die Flocken in Zone 1 genügend Substrat adsorbieren konnten, kann nun die Denitrifikation stattfinden.

Gegen Ende der Belüftungsphase steigt der O_2-Wert auf ≈ 2 bis 2,5 mg/l und das Redoxpotential auf $\approx +30$ bis $+80\,\mathrm{mV}$ an. Dann ist auch die Nitrifikation und die Phosphataufnahme durch die Biomasse weitgehend abgeschlossen. Nach Einstellen der Belüftung sinkt der Schlamm ab, und es bildet sich darüber eine fast feststofffreie Klarwasserzone. Während dieser Absetzphase wird weiter Abwasser zugeführt und Rücklaufschlamm gefördert. In der Zone 1 wird denitrifiziert und Ortho-Phosphat freigesetzt (biol. P-Elimination). In der Absetzphase bildet sich in Zone 2 und 3 eine Schlammschicht aus, Absetzzeit ≈ 1 h. Es folgt der Klarwasserabzug mit Dekantiereinrichtung. Die Wehrschwellenbelastung des Dekanters liegt bei 100 bis $180\,\mathrm{m}^3/(\mathrm{m}\cdot\mathrm{h})$. Dieser hohe Wert ist möglich, weil keine Bewegung im Schlammbett, durch z.B. Räumer, stattfindet.

Die Steuerung der Anlage sollte automatisch erfolgen, viele Intervallschaltungen sind erforderlich. Zu Steuerfunktionen werden benutzt: Q_{zu} und Q_{ab}, Wasserstand, Temperatur, Redoxspannung, O_2-Gehalt u.a.

Bei der Bemessung sollte man ein Gesamtschlammalter von $\approx 25\,\mathrm{d}$ zugrundelegen, d.h. bei einem Belüftungsvolumen von $\approx 50\%$ ein aerobes Schlammalter von $\approx 12{,}5\,\mathrm{d}$.

4.5.2.7 Anaerobe Abwasserbehandlung

Die wesentlichen Unterschiede zum aeroben Abbauprozeß liegen in der z.T. erheblich größeren Generationszeit (langsameres Wachstum) der fakultativ und obligat anaeroben Mikroorganismen sowie in dem mehrstufigen Abbau durch verschiedene Bakteriengruppen mit sehr unterschiedlichen, z.T. gegensätzlichen Forderungen in bezug auf Temperatur, pH-Wert, Wasserstoffpartialdruck, Stofftransport etc. Die aus der aeroben Prozeßtechnik übliche Bemessung von Anlagen, z.B. nach der Schlammbelastung, ist beim anaeroben Prozeß nicht möglich. Durchflußzeit bzw. Raumbelastung sind z.Z. noch unbefriedigende Hilfsgrößen zur Auslegung der Reaktionsräume.

Die anaerobe Abwasser- und Schlammbehandlung ist ein bewährtes Verfahren, organisch hochverschmutztes Abwasser vorzubehandeln und verwertbares Biogas zu gewinnen. Auf

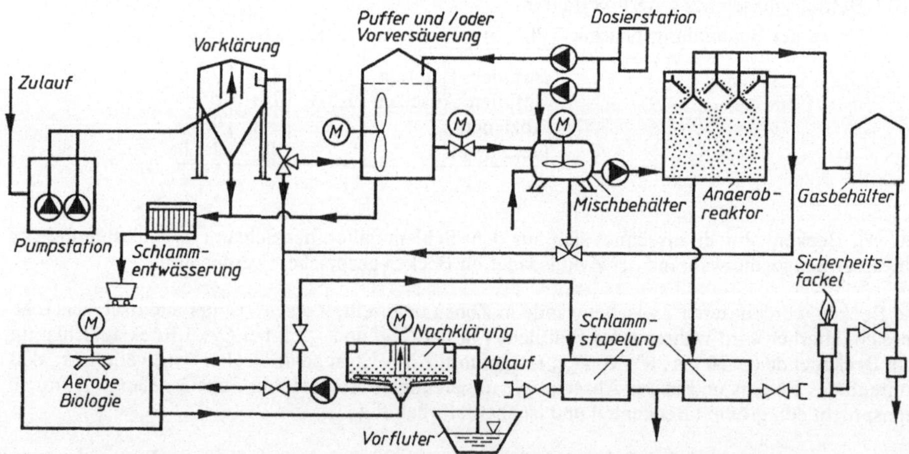

4.143 Schema einer anaeroben Industrieabwasserbehandlung (Fa. Passavant, Aarbergen)

Tafel **4**.42 Parameter ausgeführter Anaerob-Reaktoren

Reaktorgröße	10 000 m^3
CSB-Raumbelastung (Brutto-*CSB*)	3 bis 5,3 kg $CSB/m^3 \cdot d$
Feststoff-Konzentration im Reaktor	30 bis 40 kg TS/m^3
Hydraulische Verweildauer	5 h bis 10 d
CSB-Abbaugrad	82%
Gaserzeugung (entsprechend)	4,8 kg Heizöl (S)/m^3

eine durchdachte Prozeßtechnik ist dabei zu achten. Die Wirtschaftlichkeit der anaeroben Vorbehandlung ist in jedem Einzelfall zu untersuchen. Tafel **4**.43 stellt den aeroben und den anaeroben Abbauprozeß gegenüber (s. auch Abschn. 4.6.3).

Tafel **4**.43 Gegenüberstellung der wesentlichen Unterschiede zwischen dem aeroben und dem anaeroben Abbauprozeß nach [69]

Parameter	Aerober Abbauprozeß	Anaerober Abbauprozeß
Temperatur	je nach Temperatur des Abwassers etwa 5 bis 20°C	Optimum der mesophilen Bakterien 30 bis 37°C (oftmals Beheizung erforderlich)
pH-Wert	neutral	je nach Bakterienart sauer bzw. neutral
Abbau	im Regelfall setzt ein Organismus die Inhaltsstoffe zu CO_2, H_2O und Biomasse um	Stufenweiser Abbau der Verbindungen durch mehrere Bakteriengruppen zu CO_2, CH_4 und Biomasse
Generationszeiten, Wachstum	sehr schnelles Wachstum, geringe Generationszeiten (i.M. etwa 2 h); dadurch hohe Produktion an Biomasse (Überschußschlamm)	relativ langsames Wachstum (besonders der methanogenen Bakterien, abhängig vom Substrat), Generationszeiten zwischen 12 h und 15 d; dadurch sehr geringe Produktion an Biomasse (Überschußschlamm)
Prozeßtechnik, Verfahrenstechnik	einstufige Prozeßführung möglich, technische Gestaltung des Reaktionsraumes hat keine entscheidende Bedeutung für den Abbau	mehrstufige Prozeßführung aus mikrobiologischer Sicht vorteilhaft; Prozeßführung und Reaktortechnik haben entscheidenden Einfluß auf die Leistungsfähigkeit des Verfahrens; mehrstufige Prozeßführung ist aufwendiger als einstufiger Betrieb
Bemessung, Dimensionierung	nach der Raumbelastung, Schlammbelastung oder Durchflußzeit möglich, da im Regelfall eine Bakterienart mit kurzen Generationszeiten für den Abbau ausreicht; Schlammbelastung ist definierbar, relativ geringes Schlammalter ist ausreichend	nach üblichen Kriterien nicht möglich, da verschiedene Bakterien mit sehr unterschiedlichen Generationszeiten beteiligt. Das erforderliche, hohe Schlammalter macht eine Schlammrückführung erforderlich. Bisher üblicher Bemessungswert: Raumbelastung

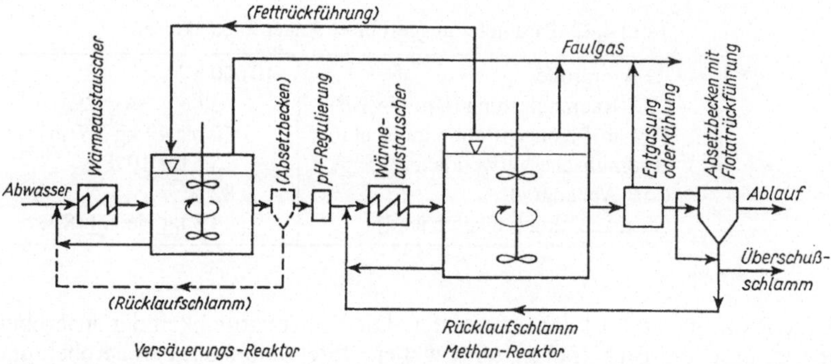

4.144 Verfahrensschema des zweistufigen anaeroben Belebungsverfahrens nach [69]

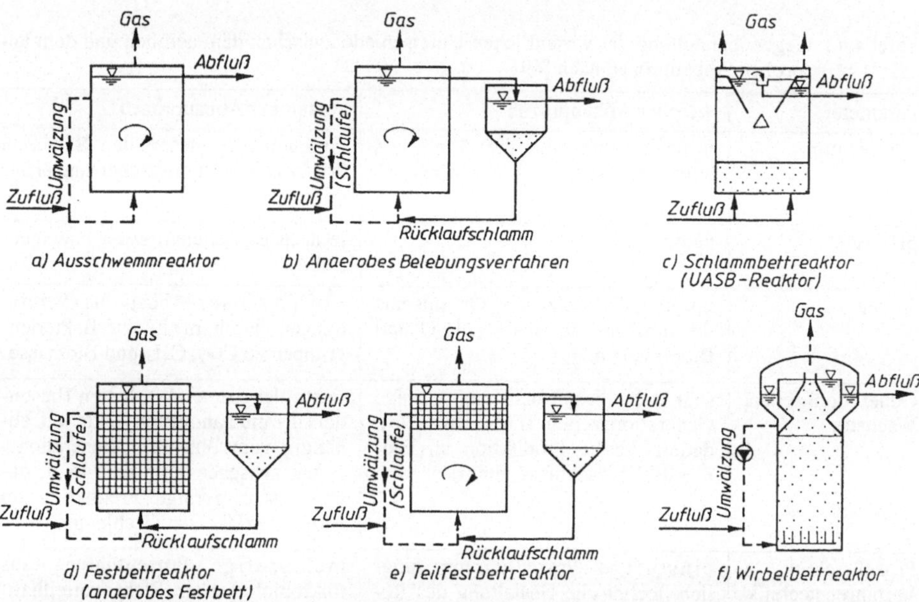

4.145 Verschiedene Reaktortypen zur anaeroben Abwasserbehandlung nach [69b]

Wirbelbett- oder Fließbettreaktoren sind aufwärts durchströmte Behälter, in denen die Aufströmgeschwindigkeit so groß ist, daß das Trägermaterial für die Biofilme in Schwebe bleibt. Der Zulauf reicht meist nicht aus, um diese Geschwindigkeit zu erreichen. Ein Mehrfaches von Q_{zu} muß dann im Umlauf gefördert werden. Der Vorteil dieser Verfahren liegt in dem Raum- und Zeitgewinn infolge der höheren Biomassenkonzentration, bis 50 kg/m^3 TS. Die Reaktoren wurden bisher bei der anaeroben Abwasserreinigung eingesetzt. Für den Kohlenstoffabbau mit Nitrifikation ist die O_2-Versorgung zu beachten. Wegen der höheren Biomassen und des verminderten technischen Aufwandes gegenüber Biofiltern sind geringere Kosten als für Belebungsanlagen möglich. **4.**145 und **4.**146 zeigen einige Reaktortypen für anaerobe Abwasserbehandlung [69b]. Bei den Wirbelbettverfahren sind die Zwei- und Drei-Phasen-Systeme zu unterscheiden (**4.**146). Beim Zwei-Phasen-System wird der Reaktor aufwärts mit Abwasser durchströmt. Die Aufstrom-Geschwindigkeit ist so zu halten, daß die am Wirbelgut entstehenden Schleppspannungen ausreichen, dieses anzuheben.

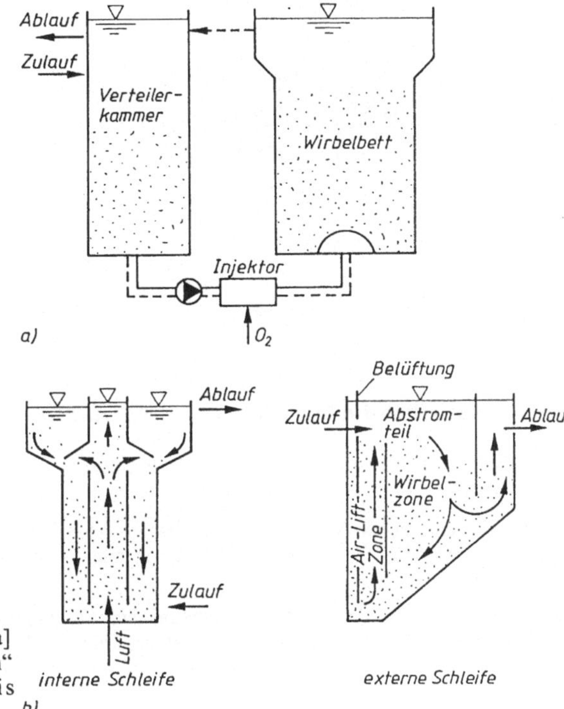

4.146
Systeme von Wirbelbettreaktoren [4a]
a) Zwei-Phasen-System „Aqua-Plan"
b) Drei-Phasen-System nach Tijhvis und Oehme

Im Reaktorkopf wird der Querschnitt aufgeweitet, so daß die Durchström-Geschwindigkeit reduziert wird und das Trägermaterial wieder absinkt. Wenn aerobe Prozesse beabsichtigt sind, muß das Abwasser vorher mit Sauerstoff angereichert werden. Man verwendet meist reinen Sauerstoff.

Für die anaerobe Reinigung kommen im Prinzip alle organisch hochbelasteten Abwässer in Betracht. Vorwiegend wird sie eingesetzt in der Nahrungsmittel- und Getränkeindustrie sowie in der Papier- und Zellstoffindustrie (s. auch Abschn. 4.8). Sie bietet eine sehr wirtschaftliche und wirkungsvolle Teilreinigung.

Die Betriebskosten der anaeroben Behandlung sind vergleichsweise niedrig, weil kein Sauerstoffeintrag erforderlich ist, kaum Überschußschlamm anfällt, die Abwasserinhaltsstoffe größtenteil in nutzbares Biogas umgewandelt werden und der Nährstoffbedarf gegenüber aeroben Systemen nur etwa 30% beträgt. **4.**147 stellt die Kohlenstoffbilanzen von aerobem und anaerobem Abbau gegenüber. **4.**148 beschreibt die Expansion der Biobetten durch Besiedlung in Biofilmreaktoren.

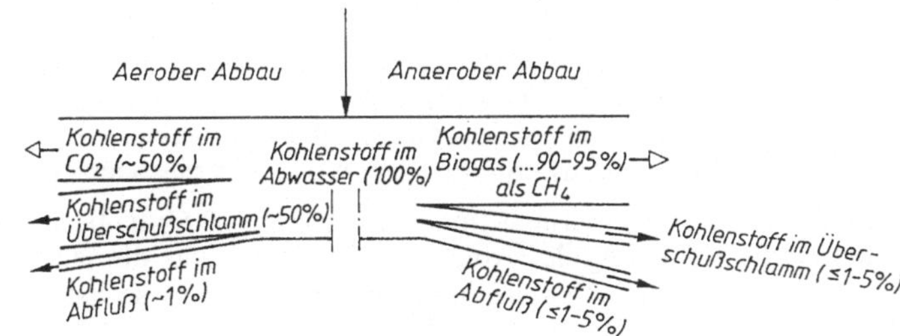

4.147
Kohlenstoffbilanzen von aerobem und anaerobem Abbau

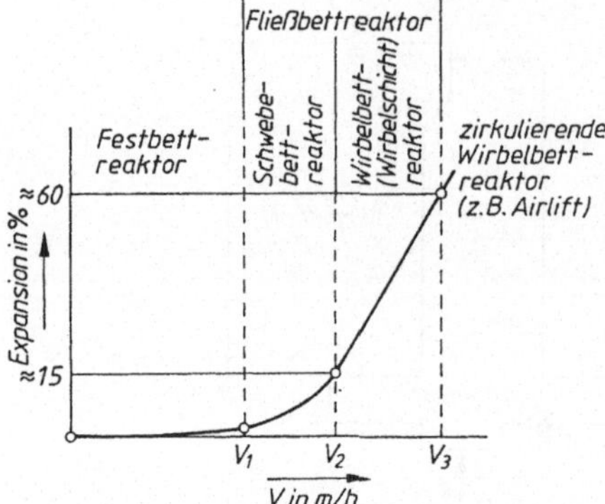

4.148
Unterteilung der Biofilmreaktoren mit Kornaufbau. Als Trägermaterial nach der Bettexpansion (Sekoulov, 1988)

4.5.3 Natürlich-biologische Verfahren und Abwasserteiche

Maßgebende Richtlinien für die landwirtschaftliche Anwendung sind DIN 19 650 und DIN 19 655.

Die hier beschriebenen Verfahren nach Abschn. 4.5.3.1, 4.5.3.2 und 4.5.3.4 kommen in Deutschland als selbständige Klärverfahren selten vor, eher noch als Nachreinigung von konventionellen Klärstufen.

Die in Abschn. 4.1.3 dargestellten biochemischen Vorgänge finden im Boden bzw. im Wasser der Fischteiche statt. Bei der Anwendung dieser Verfahren sind besondere Grundsätze der Pflanzenphysiologie, Fischbiologie, Bewässerungsgaben und -zeitpunkt, Frostschutz und Klima zu berücksichtigen.

Häusliches Abwasser kann z.B. zur landwirtschaftlichen Nutzung (vgl. Tafel **4.**44) verwendet werden für:

1. Nutzholzerzeugung im Walde
2. Futter-/Zuckerrüben, Industriekartoffeln, Ölfrüchte, Faserpflanzen bis 4 Wochen vor der Ernte
3. Speisekartoffeln und Getreide bis zur Blüte
4. Grünland und Grünfutterpflanzen bis 14 Tage vor dem Schnitt oder der Beweidung

4.5.3.1 Rieselverfahren

Auf geneigten Flächen wird die Fließbewegung des Abwassers mengenmäßig und zeitlich geregelt. Das Rieselverfahren wird nur noch selten angewandt.

Als geeigneter Boden kommt Sand in Frage. Die feinen Schwebstoffe werden in den Poren zurückgehalten und zusammen mit den gelösten organischen Schmutzstoffen abgebaut. Der erforderliche Sauerstoff wird von der Oberfläche her durch Dränleitungen zugeführt, die mit ≈ 4 bis 10 m Abstand und ≈ 1,20 tief verlegt werden.

Ihre Hauptaufgabe ist es jedoch, das gereinigte Wasser abzuleiten. Der Boden darf nicht zu stark mit Abwasser belastet werden, weil sonst seine Reinigungskraft schnell nachläßt. Bei 150 l/(E · d) kann man auf 1 ha Grünland das Abwasser von 500 bis 1000 Einwohnern oder 75 bis 150 $m^3/(ha \cdot d)$ unterbringen, wenn dies mechanisch vorgeklärt wurde.

Ackerflächen dürfen höchstens mit Abwasser von 200 E/ha beschickt (überstaut) werden. Dabei ist die Reinigung des Abwassers Hauptaufgabe, die landwirtschaftliche Nutzung Nebenzweck. Soll jedoch diese im Vordergrund stehen, so handelt es sich um eine weiträumige Landbewässerung mit der Begrenzung der Abwassermenge auf 30 E/ha.

Meistens wird das Abwasser durch Druckrohre an die Rieselfelder herangeführt und nach der Vorklärung in offenen Gräben auf die Felder verteilt. Diese können, je nach der Beschaffenheit des Geländes, als „Horizontalstücke" oder als „Hangstücke" hergerichtet werden. Horizontalstücke sind rings mit Gräben umgeben und werden von dort aus gleichmäßig überstaut (Stauberieselung). Den geneigten Hangstücken fließt das Abwasser vom Randgraben der oberen Seite aus zu, überrieselt sie gleichmäßig und versickert dabei (Hangberieselung). Von dem zugeführten Abwasser verdunsten etwa 3/12, weitere 4/12 fließen in den Dränrohren ab, und 5/12 werden von den Pflanzenwurzeln aufgenommen oder versickern ins Grundwasser.

Landwirtschaftliche Nutzung und die Unterbringung des Abwassers im Winter erfordern besondere Stauflächen. Auf ihnen wird das Abwasser für längere Zeit bei geringer Wassertiefe (10 bis 50 cm) gespeichert, um die eigentlichen Rieselflächen zu schonen.

Bei der Verrieselung wird ein meist völlig klarer Abfluß erzielt, der jedoch nicht immer den Mindestanforderungen entspricht; die Abnahme des BSB_5 beträgt 70 bis 80%. Die im Abwasser enthaltenen pathogenen Keime werden bis zu 99% vermindert. Die Kosten für Betrieb und Unterhaltung der Rieselfelder werden teilweise durch die Erträge des landwirtschaftlichen Betriebes gedeckt.

4.5.3.2 Bodenfilter

d_{10} mm	Flächenbelastung $q_A = \frac{Q}{A}$ m/h
0,2	0,8 bis 2,1
0,3	2,1 bis 4,2
0,4	4,2 bis 8,4
0,5	8,4 bis 12,5

Man erreicht eine gute biologische Reinigung mit geringerem Flächenbedarf als beim Rieselverfahren. Bei $150\,\text{l}/(\text{E}\cdot\text{d})$ beträgt die Belastung 2000 E/ha. Eine landwirtschaftliche Nutzung ist jedoch nicht möglich. Gute Vorklärung ist wichtig, damit die obere Bodenschicht nicht verstopft. Boden aus mittelfeinem sandigen Kies ist am besten geeignet; tonige oder lehmige Einlagerungen und die Humusschicht müssen entfernt werden. Der Korndurchmesser d_{10} soll zwischen 0,2 und 0,5 mm liegen, der Ungleichkörnigkeitsgrad $U = d_{60}/d_{10}$ zwischen 5 und 7. Q-Belastung ≈ 300 bis $750\,\text{m}^3/(\text{ha}\cdot\text{d})$.

Die einzelnen Flächen werden zweckmäßig quadratisch in einer Größe von etwa 1/2 ha angelegt und gut planiert, damit sie von Randgräben aus gleichmäßig überstaut werden können. In etwa 1,50 m Tiefe liegt eine Dränung. Bis die einzelnen Körner dieses natürlichen Bodenfilters sich mit der biologisch wirksamen Haut überziehen, vergehen mehrere Wochen (Einarbeitungszeit).

Während des Betriebes wird die Fläche 4 bis 8 cm hoch überstaut. Das Wasser ist nach 2 bis 4 Stunden versickert, so daß bis zur Beschickung am nächsten Tag eine Ruhepause eintritt, die zur Durchlüftung des Bodens nötig ist. Nach einer gewissen Betriebsdauer muß die Schlickschicht an der Oberfläche beseitigt werden. Der Abfluß aus Bodenfiltern ist klar und fäulnisunfähig, jedoch reich an Pflanzennährstoffen, die im Vorfluter das Pflanzenwachstum fördern. Die Bodenfilter eignen sich gut für kleine Abwassermengen; der Platzbedarf ist gegenüber den künstlichen biologischen Verfahren verhältnismäßig groß.

4.5.3.3 Pflanzenanlagen

In Pflanzenanlagen wird Abwasser einem mit besonderen Sumpfpflanzen besetzten Bodenkörper zugeführt, um diesen in horizontaler Richtung zu durchfließen. Es zeichnen sich derzeit mehrere Entwicklungsrichtungen ab, die aufgrund der jeweiligen Auffassung über die Pflanzen- und Bodenmechanismen zu unterschiedlichen Konstruktions- und Betriebsweisen führen. Am bekanntesten ist die „Wurzelraumentsorgung" nach Kickuth [15]. Folgende Wirkungen werden den Pflanzenanlagen zugeordnet: Sumpfpflanzen (emerse Limnophyten) dringen in den Boden mit ihrem Wurzelgeflecht bis zu etwa 1,0 bis 1,2 m tief ein, lockern ihn auf und erhöhen seine Wasserdurchlässigkeit. Sie besitzen ein luftleitendes Röhrensystem, über das Sauerstoff von den Wurzeln in den umgebenden Bodenkörper abgegeben wird, so daß biochemische Abbauvorgänge vollzogen werden. Im Abwasser enthaltene Kohlenstoffverbindungen werden u.U. nicht vollständig abgebaut. Es kommt im Boden zu einer Zunahme an organischer Masse. Der mit dem Abwasser in den Boden eingetragene Stickstoff wird i.allg. abgebaut. Als Restwert gilt $\approx$ 24 mg N/l. Gegenüber dem dreiwertigen Phosphor haben lehmige Böden ein hohes Bindevermögen. Die Bodenfiltration ist sehr wirksam zur Verminderung pathogener Keime aus dem Abwasser. Wegen der langsamen Entwicklung der Sumpfpflanzen ist die Einfahrphase besonders zu beachten. Um der Verschlammung eines Pflanzenbeetes entgegenzuwirken sowie aus Gründen der Hygiene und der Ästhetik sollte eine Absetzstufe sowie eine Schlammbehandlung vorgeschaltet werden. Außerdem ist die Frage zu lösen, wie das Abwasser auf den Boden, den es durchfließen soll, gebracht und gleichmäßig verteilt werden kann. Auch der Winterbetrieb erscheint problematisch.

Der Flächenbedarf von Pflanzenanlagen ist i.allg. etwas kleiner als der für unbelüftete Teiche. Die Baukosten sind gegenüber Teichanlagen oder konventionellen technischen Kläranlagen nicht generell niedriger. Die Betriebskosten sind gegenüber unbelüfteten Teichanlagen etwa gleich. Die Erfahrungen mit den bisher vorhandenen Anlagen, die durch ortstypische Besonderheiten gekennzeichnet sind, haben bewirkt, daß die Methode häufiger eingesetzt wird. Ein Anwendungsbereich könnte in der weitergehenden Reinigung nach mechanisch-biologischen Behandlungsstufen von Kläranlagen zur Nährstoffreduzierung und zur Keimzahlverminderung liegen. Vgl. auch Abschn. 2.2.7. Max. Anschlußwert $\approx$ 1000 EG.

4.5.3.4 Beregnungsverfahren

Die Verregnung städtischen Abwassers auf landwirtschaftlichen Flächen kann nicht als selbständiges biologisches Reinigungsverfahren angesehen werden, da sie ohne Ergänzung durch andere natürliche oder künstliche biologische Verfahren während des ganzen Jahres nicht möglich ist. Regen- und Frostperioden sowie die Reifezeit der Feldfrüchte erzwingen Betriebspausen. Die wertvolle, düngende Beregnung durch das vorgeklärte Abwasser steigert die landwirtschaftlichen Erträge. Jede Überlastung der Fläche verringert den Erfolg.

Das Verfahren ist für jede Geländeform geeignet. Der Wasserbedarf ist gering. Damit ergibt sich ein großer Anwendungsbereich für leichte bis schwere Böden mit durchlässigem Untergrund. Die jährlichen Beschickungshöhen liegen bei 130 bis 330 mm/a, d.h. bei $w = 150\ \mathrm{l/(E \cdot d)}$ 25 bis 60 E/ha; bei Verwertung auf Grünland $\leq$ 550 mm/a oder $\leq$ 100 E/ha. Die Kulturflächen werden nicht besonders hergerichtet. Man unterscheidet:

Ortsfeste Anlagen, bei häufiger Beregnung wertvoller Kulturen, nicht sehr häufig;

teilbewegliche Anlagen bei großen Flächen, die von einer Stelle versorgt werden; am häufigsten vollbewegliche Anlagen, bei Verwendung von Oberflächenwasser aus Wasserläufen, Seen usw.

Meist benutzt man Drehstrahlregner mit einem Strahlanstiegswinkel von $\approx 30°$. Wurfweite und Beregnungsdichte können durch Auswechseln der Düsen geändert werden. Betriebsdruck 3 bis 3,5 bar.

Eine ergänzende Beregnung der Verwertungsfläche mit Frischwasser (Oberflächen- oder Grundwasser) ist möglichst vorzusehen. Entlastungsflächen, z.B. intermittierende Bodenfilter, Ödlandflächen oder Waldflächen, die an Stelle der Nutzflächen das Abwasser aufnehmen können, $\geq$ 1,5% der Nutzfläche, sollen angelegt werden.

Tafel **4**.44 Übersicht der landwirtschaftlich zweckmäßigen Flächenbelastungen bei den natürlich-biologischen Verfahren der Landbewässerung

Verfahren	Zulässige Flächenbelastung für städtisches Abwasser bei 150 l/(E · d)		
	E/ha	$m^3/(ha \cdot d)$	m WS/a
Weiträumige Landbewässerung	30	4	0,15
Rieselfeld mit Ackerland, drainiert	200	30	1,10
Rieselfeld mit Graswirtschaft, Staufeld	500 bis 1000	75 bis 150	2,74 bis 5,5
Rieselwiese mit Oberflächen-Reinigung	500 bis 1500	75 bis 225	2,74 bis 8,2
Abwasserverregnung	100	15	0,5
Bodenfilter	2000	300	11
Pflanzenanlagen	2000	300	11

Tafel **4**.44 zeigt eine Übersicht der landwirtschaftlich zweckmäßigen Flächenbelastungen.

4.5.3.5 Abwasserteiche

Die verschiedenen Methoden und Verfahrenstechniken, Bau- und Betriebsweisen von Abwasserteichen nahmen um 1980 in den Diskussionen und in der Literatur einen breiteren Raum ein. Inzwischen sind die Erfahrungen mit Teichsystemen nicht als gleichmäßig gut einzustufen. Die Gründe sind unterschiedlich; nicht geeignetes Abwasser, zu geringe Bemessung, versäumte Entschlammung sind einige davon.

Dieses Verfahren soll hier behandelt werden. Es ist ebenso alt wie aktuell, wurde im Mittelmeerraum schon vor der Zeitwende, und in den letzten Jahren in Ländern mit sehr unterschiedlichen Klimaverhältnissen eingesetzt, z.B. Australien, Indien, Kanada, Alaska. Man versucht die günstigen Durchmischungsverhältnisse im Epilimnion eines natürlichen Staugewässers durch die Anlage künstlicher Teiche für die Abwasserreinigung auszunutzen. Das Arbeitsblatt ATV-A 201 [1] enthält Grundsätze für Bemessung, Bau und Betrieb.

Auch in Deutschland nahm die Anwendung stark zu, gefördert durch die Forschung und Verwendung neuer Techniken und Installationen. Schließlich führen auch niedrige Bau- und Betriebskosten bei sinkenden Investitionshilfen und der aktuell gewordene Anwendungsbereich der kleinen Gemeinden vermehrt zu Teichanlagen. Man unterscheidet einige Typen von Einzelteichen:

Der kleinere und tiefere anaerobe Teich dient meist der Vorreinigung oder als Provisorium. Die in Bayern gebauten Erdbecken gehören dazu. Weil der Ablauf oft noch eine zu hohe Sauerstoffzehrung hat, die Anlage u.U. nicht geruchsfrei arbeitet, ist sie zur alleinigen Behandlung des Abwassers nicht geeignet. Häufig wird der Teich jedoch als Vorstufe einer großräumigen oder einer konventionellen Anlage eingesetzt.

Aerobe Teiche, auch Oxidationsteiche genannt, haben große Flächen und werden durch den Zufluß sauerstoffreichen Verdünnungswassers oder durch den Eintrag des Luftsauerstoffes über die Oberflächen belüftet. In dieser Form werden sie bevorzugt in klimatisch günstigen Gebieten verwendet. Ihre Funktion hängt besonders von der Symbiose der Bakterien und Algen ab. Eine ganzjährige gleichmäßige Abbauleistung wird nicht immer erreicht, weil thermische Schichtungen nachteilig wirken. Als Schönungs- oder Nachklärteile für den Ablauf aller Anlagenarten werden sie häufig eingesetzt.

In fakultativen Teichen finden sowohl aerobe (im Wasser), als auch anaerobe Vorgänge (an der Sohle) statt. Die in Deutschland gebräuchliche Form des Simultanteiches vereinigt beide Vorgänge. Dieses großräumige Klärverfahren kommt den natürlichen Selbstreinigungsvorgängen stehender und fließender Gewässer am nächsten. In beiden Fällen werden aerobe Abbauleistungen im freien Wasser und an der Sohle erzielt. Außerdem wird der Schlamm auf der Sohle aerob und nach etwa 4 mm Schlammtiefe anaerob weiter stabilisiert.

Natürlich belüftete Abwasserteiche. In ländlichen Bereichen bis etwa 1000 EG ist der Einsatz von natürlich belüfteten Abwasserteichen mit verhältnismäßig großem Flächenbedarf möglich. In den meist vorgeschalteten Faulteichen finden überwiegend Reduktionsvorgänge statt. Der Faulprozeß sollte im alkalischen Bereich gehalten werden (Geruchsbelästigung). In den dann folgenden Oxidationsteichen befindet sich nur der Bodenschlamm in Faulung. Im übrigen besteht ein Kreislauf zwischen heterotrophen und autotrophen Vorgängen. Besonders in Bayern (Bay) und in Schleswig-Holstein (SH) wurden Teiche gebaut.

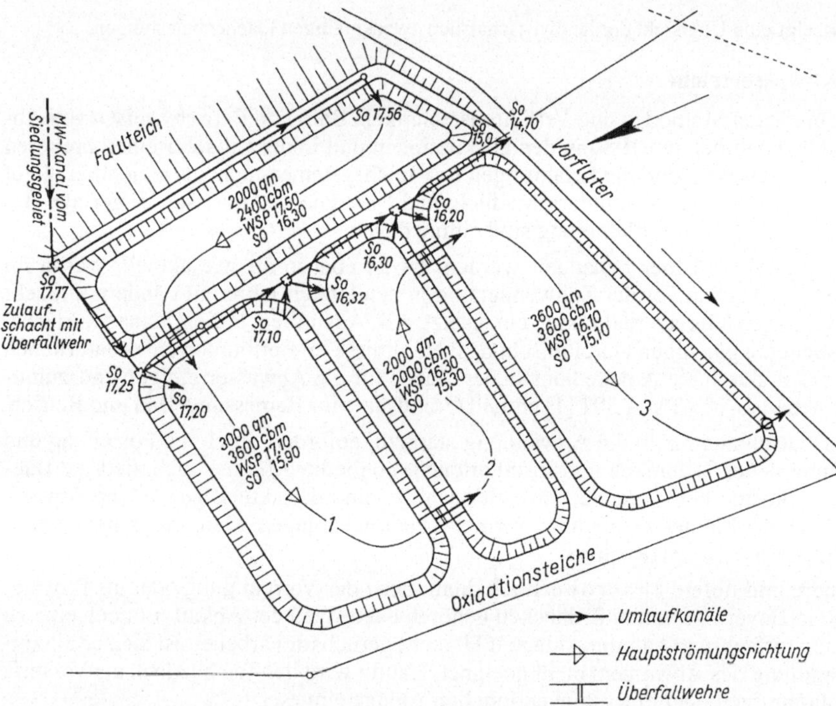

4.149 Grundriß einer natürlich belüfteten Teichanlage für 600 EG

Bei natürlich belüfteten Abwasserteichen mit vorgeschaltetem Absetzteich geht man möglichst von einem Teichsystem mit mindestens zwei Oxidations-Teichen aus. Ohne Absetzteich wählt man drei Oxidations-Teiche. Als Flächenbelastung B_A werden $\geq 4\,\mathrm{g}\,BSB_5/(\mathrm{m}^2 \cdot \mathrm{d})$ empfohlen, d.h. 10 bis 20 m^2/EG. Teichtiefe: Absetzteich 2 bis 4 m, die weiteren Oxidations-Teiche 1,50 bis 0,8 m. Bei Beschickung durch Überfallschwellen $q_1 \leq 5\,\mathrm{m}^3/(\mathrm{m} \cdot \mathrm{h})$. Ein Nachteil entsteht durch Einfrieren der Teiche im Winter. Die Reinigungsleistung wird durch lange Frostperioden u.U. drastisch verringert. Kurze Frostzeiten sind unschädlich (**4**.149).

In den letzten Jahren wurde bei behördlichen Untersuchungen eine Vielzahl von Daten an zahlreichen natürlich belüfteten Abwasserteichanlagen gewonnen, die die Reinigungsleistung der Teiche am *CSB*, BSB_5, Stickstoff und Phosphor im praktischen Betrieb nachweisen. Bei Bemessung auf $5\,m^2$/EG konnten die *CSB*-Mindestanforderungen für Kläranlagen der Größenklasse 1 ($< 60\,kg\,BSB_5/d$) von 150 mg/l für das arithmetische Mittel aus fünf 2-h-Mischproben und mit 100 mg/l für die filtrierte Probe eingehalten werden. Für die Ergebnisse der BSB_5-Untersuchungen gilt, daß die Mindestanforderungen von 40 mg/l für die 2-h-Mischprobe mit spezifischen Oberflächen von $5\,m^2$/EG bei den unfiltrierten und bei den filtrierten Ablaufproben eingehalten werden können.

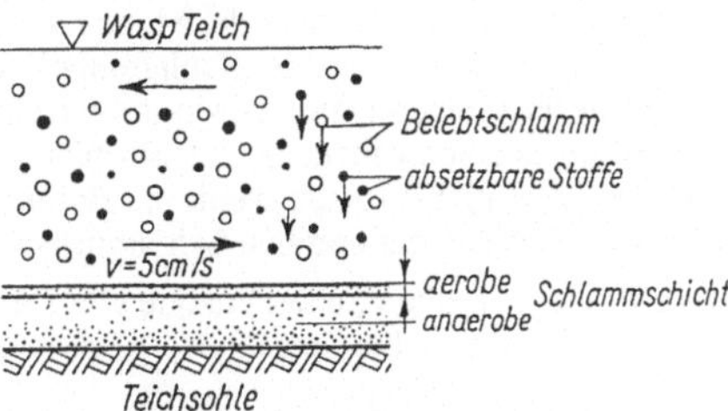

4.150
Reaktionszonen in einer Teichanlage

Bei Teichgrößen $\geq 10\,m^2$/EG können NH_4-N-Ablaufkonzentrationen von 15 mg/l und PO_4-P-Ablaufkonzentrationen von 5 mg/l erreicht werden. Bei den ausgewählten Teichen trat Nitratstickstoff im Ablauf kaum auf. Bei Trocken- und Regenwetter sind die Ablaufwerte für Teiche $> 5\,m^2$/EG etwa gleich. Es ist jedoch erforderlich, daß natürlich belüfteten Teichen mit Oberflächen von $< 5m^2$/EG keine Mischwassermenge > das 30- bis 40fache des Trockenwetterzuflusses zugeführt wird. Im Winterbetrieb stiegen die mittleren Ablaufwerte gegenüber dem Sommerbetrieb beim *CSB* von 54 mg/l auf 59 mg/l und beim BSB_5 von 10 mg/l auf 17 mg/l [15].

Künstlich belüftete Abwasserteiche. Diese Teiche sind Bioreaktoren, in denen folgende Vorgänge ablaufen [81]:

1. Sedimentation der absetzbaren Stoffe,
2. Aerober Abbau der absetzbaren Stoffe in der aeroben Schlammschicht,
3. Aerober Abbau durch schwebenden Belebtschlamm,
4. Aerober Abbau der gelösten Stoffe und der Schwebstoffe in den aeroben Schlammschichten durch seßhafte Bakterien,
5. Anaerober Abbau des Bodenschlammes unterhalb der aeroben Schlammschicht.

Für die Reinigungsleistung ist der aerobe Abbau maßgebend. Es gibt Teichsysteme, bei denen der Abbau durch die aerob aktiven Schlammschichten, und solche, bei denen der Abbau mit Hilfe des schwebenden Belebtschlamms überwiegt.

Bei belüfteten Abwasserteichen ohne Schlammrückführung überwiegt meist der Abbau durch die seßhaften Organismen. Belüftete Teiche mit Schlammrückführung können als großvolumige Belebungsanlagen bemessen werden.

Esser hat ermittelt, daß beim Abbau durch seßhafte Organismen eine Abhängigkeit von der Größe der benetzten Fläche und der Geschwindigkeit des darüberströmenden Wassers besteht. Die günstigste Geschwindigkeit beträgt 5 cm/s. Bei der hydraulischen Gestaltung belüfteter Abwasserteiche mit seßhaften Organismen sollte eine gleichmäßige

Überströmung der benetzten Flächen durch sauerstoffreiches Wasser angestrebt werden. Turbulenzen behindern die Absetzvorgänge. Die Umwälzung des Wasserkörpers ist für den Sauerstoffhaushalt des Teiches von Bedeutung.

Der Abbau der organischen Verschmutzung durch den schwebenden Belebtschlamm hängt von der Schlammbelastung ab. Wenn kein Rücklaufschlamm zugeführt wird und aller Schlamm sich als Überschußschlamm absetzt, sind die gemessenen Trockensubstanzgehalte im freien Wasserkörper gering. Diese lassen sich wegen des fehlenden Rücklaufschlammes nicht erhöhen. Bei festgelegtem Teichvolumen und vorgegebener Teichtiefe ist mit Erhöhung der Belastung keine Vergrößerung der aerob aktiven Fläche möglich.

Man geht davon aus, daß sich die Menge der Biomasse nicht wesentlich mit der Raumbelastung ändert. Damit ist die Grenze der Schlammbelastung für Vollreinigung $B_{TS} \leq 0{,}25\,\text{kg}\,BSB_5/(\text{kg}\,TS \cdot \text{d})$ festgelegt. Bei höheren Werten sinkt die Reinigungsleistung. In belüfteten Teichen treten im allgemeinen für den schwebenden Belebtschlamm Trockensubstanzgehalte bis 50 mg/l auf. Bis zu 400 mg/l sollen erreichbar sein, wenn die Belüftungseinrichtungen dafür ausgelegt sind. Die Trockensubstanzgehalte in der aeroben Schlammzone sind wesentlich höher. Annahme $32\,\text{kg}\,TS/\text{m}^3$.

Bei z.B. einer aeroben Schlammzone von 5 mm Dicke und einer Teichtiefe von 2,0 m, TS_{BB}-Gehalt des schwebenden Schlammes $0{,}04\,\text{kg}\,TS/\text{m}^3$, erhält man einen mittleren Trockensubstanzgehalt

$$TS_{BB} = \frac{0{,}04 \cdot 2{,}0 + 32{,}0 \cdot 0{,}005}{2{,}005} = 0{,}120\,\text{kg}\,TS/\text{m}^3$$

mit $\max B_{TS} = 0{,}25\,\text{kg}\,BSB_5/(\text{kg}\,TS \cdot \text{d})$
$\max B_R = 0{,}25 \cdot 0{,}120 = 0{,}03\,\text{kg}\,BSB_5/(\text{m}^3 \cdot \text{d})$

Dies ist auch aus Erfahrungen der Grenzwert der Raumbelastung bei belüfteten Teichen.

Daraus ergibt sich die $\max BSB_5$-Flächenbelastung mit $B_A = B_R \cdot \text{h}$

$$B_A = 0{,}03 \cdot 2{,}0 = 0{,}06\,\text{kg}\,BSB_5/(\text{m}^2 \cdot \text{d})$$

(Teichtiefe 2,0 m)

Bei Aufteilung in 2 hintereinandergeschaltete Teiche kann davon ausgegangen werden, daß die übliche Schlammbelastung des ersten Teiches mit etwa $B_{TS} = 0{,}25$ und die des 2. Teiches mit $B_{TS} = 0{,}05$ angenommen werden kann.

Es ist empfehlenswert, eine Grobentschlammung vorzuschalten. Flächenbelastung dieser Teiche bei Bemessung im Mittel $B_A = 10$ bis $30\,\text{g}\,BSB_5/(\text{m}^2 \cdot \text{d})$ mit einem Wirkungsgrad $\eta \geq 90\%$ für die absetzbaren Stoffe. Wassertiefe 2 bis 4 m. Nutzinhalt 3 bis $6\,\text{m}^3/\text{EG}$. Danach folgen Oxidations-Teiche mit $t_R \geq 5\,\text{d}$ und $B_A \geq 4$ bis $6\,\text{g}\,BSB_5/(\text{m}^2 \cdot \text{d})$.

Teichsysteme werden mit Hilfe von BSB_5-Abbaudiagrammen und über die Flächenbelastung bemessen. Sie bestehen etwa aus einem Schlammteich (nicht immer), aus 2 bis 3 belüfteten Teichen und einem Nachklärteich.

Zum Lufteintrag kann man Injektorbelüfter, schwimmende Kreisel, Druckluftbänder oder Linienbelüfter (**4**.152) mit Druckluft benutzen. Der Lufteintrag dient der Umwälzung des Teichinhalts. Darüber hinaus soll der aerobe Sauerstoffbedarf gedeckt werden.

Abwasserteiche sollten undurchlässig sein. Der abgelagerte Schlamm hat selbst eine deutliche Dichtwirkung. Dieser muß sich jedoch erst bilden. Bei durchlässigem Untergrund empfehlen sich Dichtungen aus Folien, Lehm oder Bentonit. Wenn Untergrund und Grunderwerb günstig sind, liegen die Anlagekosten im unteren Bereich. Dies gilt auch für die Betriebskosten.

Der Reinigungsverlauf durch biologische Prozesse in der ersten Stufe wird durch die Formel von Streeter und Phelps beschrieben. Sie kann auch für die Vorgänge in unbelüfteten und belüfteten Teichen benutzt werden.

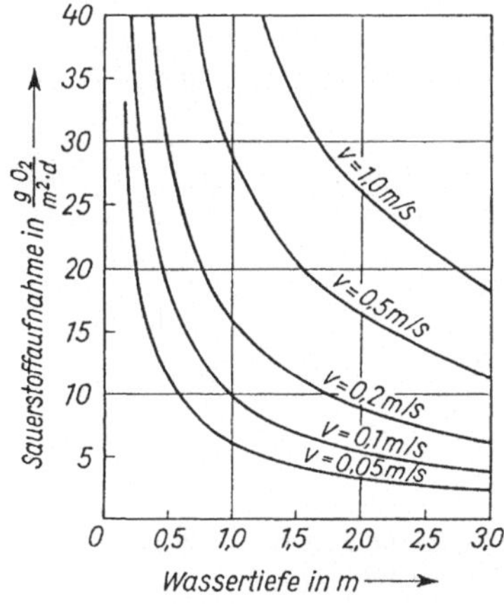

4.151 Sauerstoffaufnahme aus der Wasseroberfläche in Abhängigkeit von der Fließgeschwindigkeit und der Wassertiefe bei 20°C und 100% O_2-Defizit nach Edwards und Gibbs.

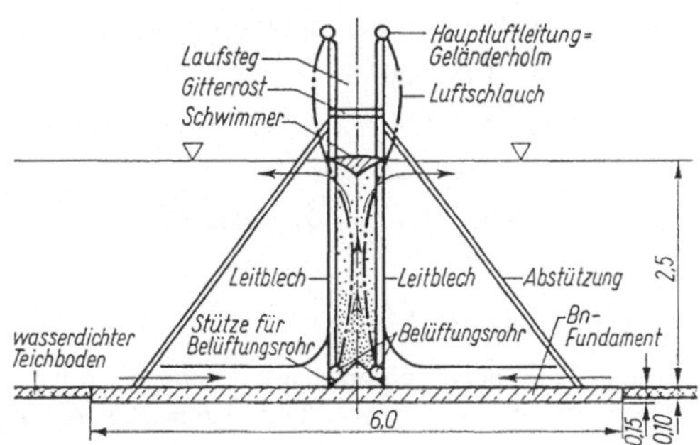

4.152 Linienbelüfter

$$L_t = L_o \cdot e^{-k_1 \cdot t} \quad \text{oder} \quad L_t = L_o \cdot 10^{-k_1' \cdot t} \quad \text{mit} \quad k_1' = 0{,}4343 \cdot k_1 \tag{4.36}$$

und

$$B_t = B_o \cdot (1 - e^{-k_1 \cdot t}) \quad \text{oder} \quad B_t = B_o \cdot (1 - 10^{-k_1' \cdot t})$$

Es bedeuten:
L_o, B_o = Anfangskonzentration bzw. voller *BSB* der ersten Stufe
L_t, B_t = Konzentration bzw. BSB nach der Zeit t
k_1, k_1' = ein von der Temperatur und anderen Einflüssen abhängiger Beiwert:
$k_{1.T} = k_{1.20°} \cdot 1{,}047^{(T-20°)}$, der die Abbaugeschwindigkeit beschreibt

Tafel **4.**45 Abbaugeschwindigkeiten $k_{1.T}'$ und *BSB*-Werte B_o in Abhängigkeit von der Temperatur

Temperatur in °C	5	10	15	**20**	25	30
Täglicher Bruchteil des Abbaus in %	10,9	13,5	16,7	**20,6**	25,2	30,5
$k_{1.T}'$ in 1/Tag	0,050	0,063	0,079	**0,100**	0,126	0,158
B_o in % bezogen auf B_o bei 20° = 100%	70	80	90	**100**	110	120

Die Abbaugeschwindigkeit ist von der Art des Abwassers, der Temperatur und den hydraulischen Verhältnissen abhängig. Es wurden an belüfteten Abwasserteichen Abbaugeschwindigkeiten $k_1 = 0{,}2$ bis 0,7 1/d, das ist $k_1' = 0{,}087$ bis 0,31 1/d gemessen. Vorsichtige Ansätze wären Werte $k_1' = 0{,}05$ bis 0,1 1/d. k_1' hat keinen Modellwert, sondern sollte möglichst nach Messungen an ähnlichen Anlagen gewählt werden.

Bei der Ermittlung der rechnerischen Abbauzeit = Aufenthaltszeit = t gilt bei Trennkanalisation der Zufluß $Q_d + Q_f$ bzw. $Q_{24} + Q_f$, bei Mischkanalisation der Regenwetterzufluß Q_{rw}.

Bemessungsbeispiel: (**4**.153). Belüftete Teichanlage für Trennsystem 1000 EG mit Saisonbetrieb (Sommer: 1000 EG, Winter 400 EG). Geforderte Reinigungsleistung: BSB_5-Ablauf 30 mg/l (s. Tafel **4**.46)

$$q = 195\,\text{l}/(\text{E}\cdot\text{d}) \text{ einschl. Fremdwasser}$$
$$Q_\text{d} = 0{,}195 \cdot 1000 = 195\,\text{m}^3/\text{d};$$
$$\text{erf}B_{\text{A,EG}} = 1000/(2 \cdot 1237{,}5) \approx 0{,}4\,\text{EG}/\text{m}^2 \rightarrow 2{,}5\,\text{m}^2/\text{EG}$$
$$BSB_5 = 60\,\text{g}\,BSB_5/(\text{E}\cdot\text{d});$$
$$B_\text{B} = 0{,}06 \cdot 1000 = 60\,\text{kg}\,BSB_5/\text{d}$$

1. Teichstufe (belüftet):

1 Teich, Tiefe nach Schlammablagerung = 1,6 m; Länge = 55 m; Breite 22,5 m; Teichfläche $A_1 = 1237{,}5\,\text{m}^2$; Volumen $V_1 = 1237{,}5 \cdot 1{,}6 = 1980\,\text{m}^3$; Zulauffracht = $60\,\text{kg}\,BSB_5/\text{d}$

BSB_5-Raumbelastung $B_\text{R} = 60\,000/1980 = 30{,}3\,\text{g}/(\text{m}^3\cdot\text{d})$; 30,3 > 25, wegen der Saisonbelastung unbedenklich.

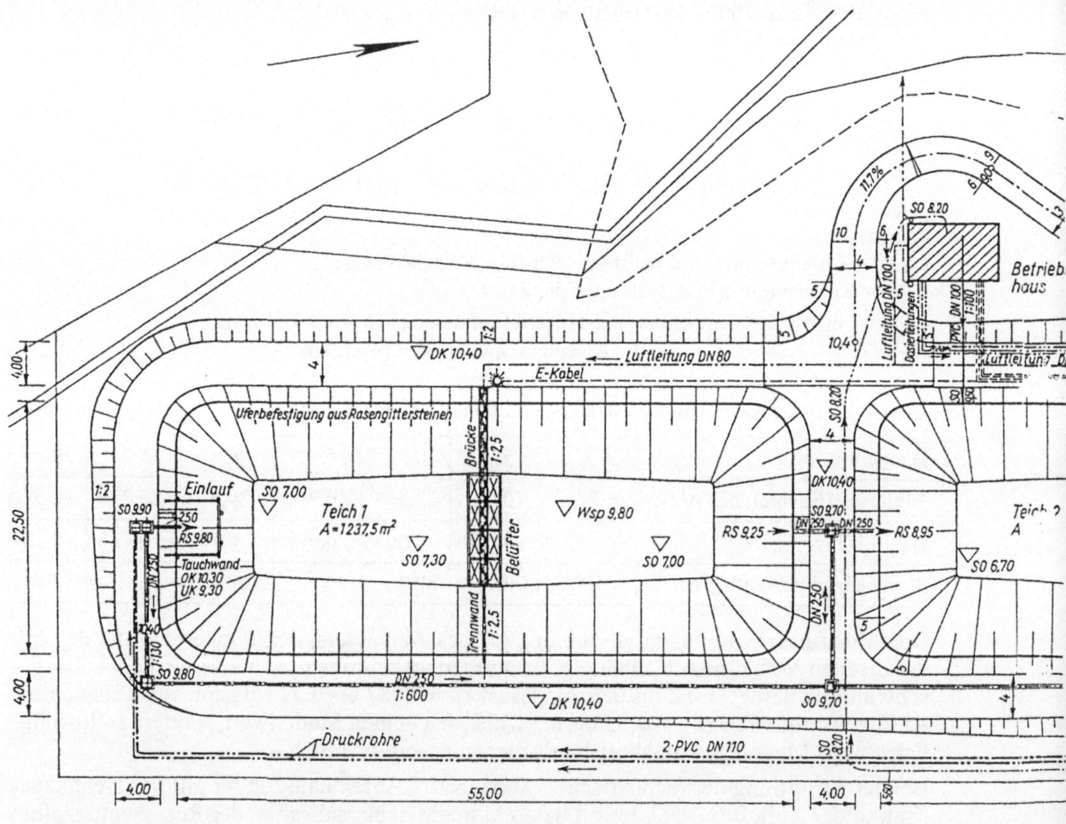

4.153 Grunddriß einer künstlich belüfteten Teichanlage für 1000 EG

BSB_5-Flächenbelastung $B_A = 60\,000/1237{,}5 = 48\,\text{g}\,BSB_5/(\text{m}^2 \cdot \text{d})$ Abbauleistung nach Abbaukurven des Herstellers des Belüftungssystems. Hier ersatzweise nach Streeter-Formel.

Durchflußzeit $t_R = 1980/195 = 10{,}15\,\text{d};$

$k_1' = 0{,}063\,1/\text{d} \mathrel{\widehat{=}} T = 10°\text{C}$

$L_t = 1{,}17 \cdot 60 \cdot 10^{-0.063 \cdot 10.15} = 16{,}10\,\text{kg}\,BSB/\text{d}$; 1,17 aus Tafel **4.3**

2. Teichstufe (belüftet): Streeter-Formel (4.36) mit Vorbehalt angewandt, Abbauraten in den Folgestufen meist geringer:

1 Teich, Abmessungen wie in der 1. Teichstufe; Zulauffracht = $16{,}10\,\text{kg}\,BSB/\text{d}$

BSB_5-Raumbelastung $B_R = 16\,100/1980 = 8{,}13\,\text{g}/(\text{m}^3 \cdot \text{d})$

Mittlere B_R in Teich 1 und 2 $= 60\,000/(2 \cdot 1980) = 15{,}15\,\text{g}/(\text{m}^3 \cdot \text{d})$

$B_A = 16\,100/1237{,}5 = 13{,}0\,\text{g}\,BSB/(\text{m}^2 \cdot \text{d})$

$t_R = 1980/195 = 10{,}15\,\text{d};\ k_1' = 0{,}063\,1/\text{d} \mathrel{\widehat{=}} T = 10°\text{C}$

$L_t = 16{,}10 \cdot 10^{-0.063 \cdot 10.15} = 3{,}7\,\text{kg}\,BSB/\text{d};\ 3{,}7/1{,}17 = 3{,}16\,\text{kg}\,BSB_5/\text{d}$

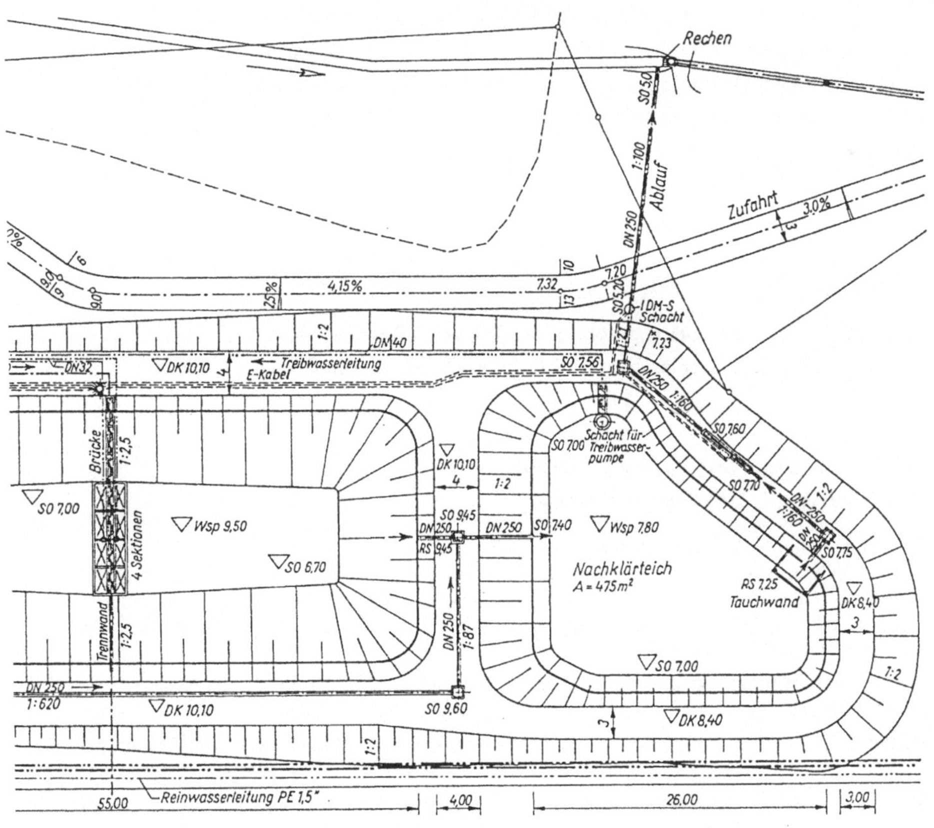

4.153

3. Teichstufe (unbelüftet) = Nachklärteich oder Schönungsteich
1 Teich, Tiefe 1,0 m; Teichfläche $A_3 = 475\,m^2$;
Volumen = $475 \cdot 1{,}0 = 475\ m^3$; Zulauffracht = $3{,}7\,kg\,BSB/d$

$B_A = 3700/475 = 7{,}8\,g\,BSB/(m^2 \cdot d)$; $t_R = 475/195 = 2{,}44\,d$;
$k_1' = 0{,}05\ 1/d$ gewählt
$L_t = 1{,}02 \cdot 3{,}16 \cdot 10^{-0.05 \cdot 2{,}44} = 2{,}44\,kg\,BSB/d$;
$2{,}44/1{,}02 = 2{,}4\,kg\,BSB_5/d$; $T = 5°C$;
1,02 aus Tafel **4**.3
Ablaufkonzentration $L = 2400/195 = 12{,}3\,g\,BSB_5/m^3$

Sauerstoffbilanz

$B_B = 60\,kg\,BSB_5/d$; $B_{Ablauf} = 2{,}4\,kg\,BSB_5/d$
Abgebaute Schmutzfracht $60 - 2{,}4 = 57{,}6\,kg\,BSB_5/d = 96\%$
$OC/\text{load} = 1{,}5\,kg\,O_2/kg\,BSB_5$
erf O_2-Eintrag $= 1{,}5 \cdot 57{,}6 = 86{,}4\,kg\,O_2/d$
Zus. O_2-Eintrag durch Teichoberflächen der Teiche i.M. $= 5\,g\,O_2(m^2 \cdot d)$,
daraus natürlicher O_2-Eintrag $= 0{,}005 \cdot (2 \cdot 1237{,}5 + 475) = 14{,}75\,kg\,O_2/d$
erf O_2-Eintrag durch künstliche Belüftung $86{,}4 - 14{,}75 \approx 71{,}65\,kg\,O_2/d$
Eintragsleistung der Belüfter $\approx 20\,g\,O_2/m_L^3$ bei einer Eintragstiefe von 2,5 m
erf Lufteintrag $71{,}65 : 0{,}02 = 3600\,m_L^3/d$
$Q_{L24} = 3600/24 = 150\,m_L^3/h = 2{,}5\,m_L^3/min$

Energiebedarf

gewählt 2 Drehkolbengebläse, davon 1 Grundlast und 1 Reserve.
Leistungsaufnahme je Gebläsemotor = 3,0 kW nach Leistungsangaben der Fa. für
$\Delta p = 300\,mbar$
O_2-Ertrag $= 71{,}65/(3{,}0 \cdot 24) = 1{,}0\,kg\,O_2/kWh$
η-$BSB_5 = 57{,}6\,kg/d$ bei $3{,}0 \cdot 24 = 72\,kWh/d$
$P_B = 72/57{,}6 \sim 1{,}25\,kWh/kg\,BSB_5$-Abbau

Nach den vorliegenden Erfahrungen sollten mindestens die Werte der Tafel **4**.46 eingehalten werden. Für Anschlußwerte $\geq 10\,000$ EG können die erforderlichen Flächen meist nicht bereitgestellt werden. Die Anlagen arbeiten als Langzeitbelebungsanlagen. Es sollten mindestens 2 belüftete Teiche hintereinandergeschaltet werden. Bei kleineren Anlagen empfiehlt sich mindestens ein Rechen, bei größeren Rechen und Sandfang.

Der O_2-Bedarf für Nitrifizierung (2. Stufe) und der O_2-Eintrag durch Assimilation der Wasserpflanzen wurden vernachlässigt.

Die erreichten Reinigungseffekte entsprechen bei vorsichtiger Bemessung denen von Oxidationsgräben.

Der anfallende Primär- und Belebtschlamm kann jahrelang in den Teichen gestapelt werden. Auf anaerobem Wege wird er weitgehend stabilisiert. Der jährliche Schlammanfall liegt bei rund 50 l/(E · a). Bei ausreichender Bemessung treten keine Geruchs- und Lärmemissionen auf.

Tafel **4.**46 Bemessungsgrößen von Abwasserteichen (Mittelwerte bei mehreren nacheinanderangeordneten Teichen) für Anlagen im Dauerbetrieb

Bemessungsgröße	Absetzteiche	unbelüftete Ox.-Teiche	belüftete Ox.-Teiche	Schönungsteiche
Aufenthaltszeit (Durchflußzeit) in d	> 1	20 bis 50	> 5	1 bis 5
Einwohnerbezogene Oberfläche in m^2/E				möglichst > 0,5
mit vorgeschaltetem Absetzbecken				
BSB_5-Ablauf 30 bis 40 mg/l		10 bis 15	> 2,0	
BSB_5-Ablauf 20 bis 30 mg/l		15 bis 20	> 2,5	
BSB_5-Ablauf 10 bis 20 mg/l		> 20	> 3,0	
ohne vorgeschaltete Absetzteiche		10	> 3,0	
zusätzl. bei Regenwasserbehandlung		5	> 1,5	
Einwohnerbezogenes Volumen in m^3/E	0,5			möglichst > 0,4
davon Schlammraum in m^3/E	0,15			
Raumbelastung in g/(m^3d) nach Abzug des Schlammraumes im Mittel für alle Teichstufen			10 bis 20 [1)]	
Sauerstofflast der Belüfter kg/kg			≥ 1,5	
Energieaufwand für Umwälzung in W/m^3			0,7 bis 3	
Wassertiefe in m	> 1,5	0,8 bis 1,2	> 1,5 bis 3,5	0,8 bis 2,0
Freibord über höchstem Wasserspiegel in m	> 0,3	> 0,3	> 0,3	> 0,3

[1)] In der 1. Teichstufe < 25

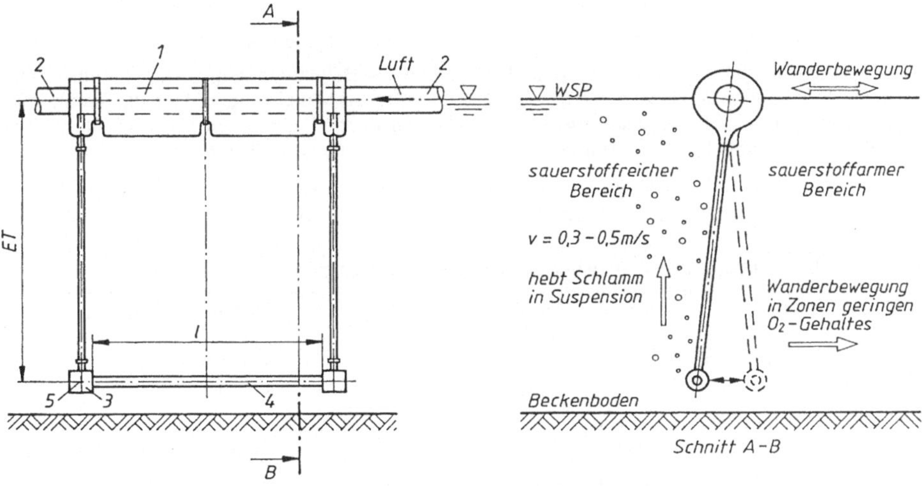

4.154 Belüftungselement der Belüfterketten zur Teichbelüftung (Biolak)

1 Schwimmkörper
2 Luftzufuhr
3 Gewichte-Anschlüsse
4 Friox-Belüftereinheit
5 Rückschlagklappe
ET Eintauchtiefe variabel
l variable Länge 0,5 bis 1,5 m

Die Fließgeschwindigkeiten sind in belüfteten Simultanteichen bei einem Energieeintrag von rund 1 Watt/m^3 so gering, daß keine Belebtschlammflocken in Schwebe bleiben können. Beim Biolakverfahren wird durch die wandernden Belüfter die Flocke wieder aufgetrieben. Entsprechend wird die Reinigungsleistung bei den Simultanteichen im wesentlichen von den am Boden haftenden Aerobiern und zu einem geringeren Teil von den frei schwebenden Mikrobionten erbracht. Beim Biolakverfahren verschiebt sich dieser Anteil zugunsten der schwebenden Organismen.

Schlammräumungen aus den Simultanteichen sind erst nach 4 bis 10 Jahren erforderlich. Nach dem Biolakverfahren betriebene belüftete Teiche haben nur geringe Schlammlagerungskapazitäten, die Schlammenge wird in der Nachklärung oder im Schlammpolder gespeichert. Biolakanlagen weisen häufiger Rechen und Sandfänge auf. Kernstück des Systems Biolak sind wandernde Belüfterketten. Sie erfassen den ganzen Beckenbereich und gestatten Prozeßvarianten wie intermittierende Denitrifikation, biologische P-Elimination (**4**.154).

Die erbrachten Reinigungsleistungen der belüfteten Teiche sind im Sommer wie im Winter bei sorgfältigem Betrieb gleichmäßig gut (Tafel **4**.47).

Tafel **4**.47 Ablaufergebnisse belüfteter Teiche (Simultan-) nach [11]

2 hM $\widehat{=}$ 2-h-Mischprobe
24 hM $\widehat{=}$ 24-h-Mischprobe

$$\gamma = \frac{\text{Wert 24 hM}}{\text{Wert 2 hM}} \cdot 100$$

Parameter im Ablauf	Zeit	2 hM in mg/l	24 hM in mg/l	γ in %	Proben Anzahl n
BSB_5	über das Jahr	9,3	5,8	62,2	84
BSB_5	im Winter 1.11. bis 15.3.	9,4	5,6	59,6	44
CSB	über das Jahr	64,3	28,6	44,4	49
CSB	im Winter 1.11. bis 15.3.	62,3	25,9	42,0	27

Nachteilig und anwendungsbeschränkend wirkt sich der hohe Flächenbedarf aus.

Die künstlich belüfteten Teiche sind erheblich billiger als Belebungsanlagen mit Stabilisierung. Oder als Nitrifikationsanlagen mit $B_{TS} \leq 0{,}15$. Die guten Abbauleistungen über das ganze Jahr sind auf die geringen Raumbelastungen und die langen Behandlungszeiten zurückzuführen. Ein Raumbedarf von rund 3 m^3/EG bringt etwa Behandlungszeiten von rund 10 bis 20 Tagen.

Abwasser-Fischteiche. Die gelösten organischen Schmutzstoffe des Abwassers werden durch Bakterien aufgenommen. Diese dienen niederen Lebewesen, wie Algen und Pil-

Tafel **4**.48 Flächenbedarf verschiedener Kläranlagensysteme, vgl. auch [11]

Anlagen-System	Anschlußbereich in EG	spezifischer Flächenbedarf in m^2/EG
natürlich belüftete Teiche	bis 1000/2000	10 bis 20
Schilf-, Binsensysteme Wurzelraumentsorgung	bis 1000	5 bis 10
künstlich belüftete Teiche	300 bis 5 000	2,0 bis 4
Kombination belüfteter Teiche mit konventionellen Anlageteilen	3000 bis 20 000	> 1,0
konventionelle Systeme	500 bis 10 000	1,2
	10 000 bis 50000	0,6
	50 000 bis 100 000	0,5
	> 100 000	0,4

zen, als Nahrung. Damit entsteht eine Ernährungsgrundlage für höhere Lebewesen, wie Insektenlarven, Würmern und dgl., die wiederum den Fischen als Nahrung dienen.

Das mindestens entschlammte Abwasser soll zur Sauerstoffanreicherung mehr als 5fach mit Reinwasser (z.B. Bachwasser) verdünnt werden. Das Abwasser muß in den 50 bis 80 cm tiefen Teichen durch Einlaßvorrichtungen gut verteilt werden. 1 ha Teichfläche kann unter guten Voraussetzungen das Abwasser von 1500 bis 2000 Einwohnern aufnehmen. Die biologische Reinigungswirkung ist ausgezeichnet, der Abfluß ist fäulnisunfähig, und etwa 90% der organischen Schmutzstoffe werden abgebaut.

Fischteiche werden im Herbst abgefischt und sind im Winter ohne Besatz. Das Verfahren kann deshalb nur dort hygienisch befriedigend angewandt werden, wo entweder als Ersatz eine künstliche biologische Kläranlage zur Verfügung steht oder die Reinigungsleistung auch ohne Fischbesatz vorübergehend ausreicht. Nur selten jedoch sind die natürlichen Voraussetzungen für dieses Verfahren gegeben.

Fischteiche können auch als Nachklärteiche mechanisch-biologischer Kläranlagen eingesetzt werden. Man bemißt dann für $B_A \leq 5\,\mathrm{g}\,BSB_5/(\mathrm{m}^2 \cdot \mathrm{d})$. Wassertiefe $\approx 1{,}0\,\mathrm{m}$. Verdünnung 2- bis 5fach. O_2-Gehalt bei Besatz mit Karpfen und Schleien ≥ 3 bis 4 mg/l, bei Forellen ≥ 6 bis 7 mg/l.

4.5.4 Weitergehende Abwasserreinigung

4.5.4.1 Phosphor

In städtischen Regionen gelangen z.Z. etwa 2,5 g Phosphor/(E · d) ins Abwasser. Davon sind etwa 1,5 g fäkal und 1,0 g aus Waschmitteln. Konzentration im Abwasser bei 10 bis $20\,\mathrm{g/m^3}$. Bei landwirtschaftlich genutzten Flächen kommen 0,1 bis 0,8 kg P/(ha · a), bei Waldflächen 0,01 bis 0,13 kg P/(ha · a) hinzu. In der auftretenden Konzentration wirkt Phosphor auf den Menschen nicht giftig, doch wirkt er fördernd auf den Algenwuchs und damit sauerstoffzehrend in tieferen Regionen. Eutrophierung des Gewässers, Geruchs- und Geschmacksnachteile bei Trinkwasserentnahmen können die Folge sein. Auch wenn ausschließlich phosphatfreie Waschmittel verwendet würden, würden die Phosphorgehalte der menschlichen Ausscheidungen genügen, um eine Eutrophierung von Gewässern hervorzurufen.

Bei ungünstigen Vorflutverhältnissen bzw. bei KlA $\geq$ 5000 EG wird in der Regel eine Entfernung der Phosphor- und der Stickstoffverbindungen aus dem Abwasser verlangt, um die Nährstoffe für Pflanzenwuchs zu entfernen. Man spricht von der chemischen oder 3. Reinigungsstufe. Die Phosphate sind am Algenwachstum maßgebend beteiligt.

Die durch Lichtenergie ausgelösten Reaktionen während der Photosynthese sind vereinfacht folgende [68]:

$$H_2O + ATP \underset{\text{Chlorophyll}}{\overset{\text{Licht}}{\rightleftharpoons}} ADP + P_{anorg} + \text{Energie}$$

$$\downarrow \qquad\qquad\qquad\qquad \uparrow$$

$$CO_2 + H_2O + ATP \xrightarrow[\text{Chlorophyll}]{\text{Licht}} ADP + P_{anorg} + (CH_2O) + O_2$$

mit ATP $\widehat{=}$ Adenosin-Tri-Phosphat } Hochmolekulare Phosphorverbindungen, die als
ADP $\widehat{=}$ Adenosin-Di-Phosphat } Energiespeicher in lebenden Zellen gebildet werden
P_{anorg} $\widehat{=}$ anorganischer Phosphor
(CH_2O) $\widehat{=}$ Grundeinheit der Kohlenhydrate

Die massenhafte Algenentwicklung stört den Sauerstoffhaushalt der Gewässer. Während bei der Photosynthese reiner Sauerstoff erzeugt wird und das Wasser in Algennähe 150 bis 300% Sauerstoffübersättigung erreichen kann, wird in den Nachtstunden und bei ungünstigen Witterungsbedingungen die Sauerstoffzehrung so groß, daß anaerobe Verhältnisse eintreten. Das Absterben der Algen führt zu Ablagerungen, später zu Rücklösungen von Phosphaten, Ammonium und organischen Kohlenstoffverbindungen. Diese Prozesse werden als sekundäre Verschmutzung wirksam und gefährden besonders stark die stehenden Gewässer.

Im Verlauf biologischer Reinigungsprozesse wird der Phosphatgehalt des Abwassers verringert. Die wesentlichen Vorgänge sind Einbau in biologische Zellmasse, Adsorption an Belebtschlammflocken und Fällungsmechanismen. Diese Prozesse laufen meist unkontrolliert ab, können jedoch auch auf eine bestimmte Phosphatelimination hin gesteuert werden. Um eine weitere Elimination zu erreichen, setzt man chemische Verbindungen zu, welche die Phosphate ausfällen. Man verwendet Eisensulfat, Eisenchlorid, Aluminiumsulfat oder Kalk. Geht man von einer Phosphorkonzentration des Rohabwassers im Bereich von 15 bis 20 mg P/l aus, so kann im Ablauf der mechanischen Stufe noch etwa 10 bis 15 mg P/l gefunden werden. Durch die biologische Stufe, Belebtschlamm- oder Tropfkörperverfahren, wird der Phosphatgehalt auf $\approx$ 5 bis 10 mg P/l verringert.

In wäßriger Lösung finden je nach H^+-Ionenaktivität drei schrittweise Dissoziationen statt, die von der Phosphorsäure zum Phosphation führen:

$$
\begin{aligned}
H_3PO_4 &\rightleftharpoons H_2PO_4^- + H^+ \\
H_2PO_4^- &\rightleftharpoons HPO_4^{2-} + H^+ \\
HPO_4^{2-} &\rightleftharpoons PO_4^{3-} + H^+
\end{aligned}
$$

Diese Gleichgewichtsreaktionen werden vom pH-Wert reguliert, der die Mengenanteile der drei dissoziierten Ionenformen bestimmt [22].

Aluminium-Phosphat-Fällung. Das Aluminium Al^{3+} ist ein biologisch inertes Material und bildet gut absetzbare Flocken. Es wird meist in Form von Aluminiumsulfat $Al_2(SO_4)_3 \cdot 18\,H_2O$ für die Phosphatfällung verwendet. In einer die Bildung von Aluminiumphosphat $AlPO_4$ begleitenden Reaktion werden gleichzeitig Al^{3+}-Ionen zu Aluminiumhydroxid $Al(OH)_3$ hydrolisiert:

$$
\begin{aligned}
Al_2(SO_4)_3 \cdot 18\,H_2O + 2\,PO_4^{3-} &\rightarrow 2\,AlPO_4 \downarrow + 3\,SO_4^{2-} + 18\,H_2O \\
Al_2(SO_4)_3 \cdot 18\,H_2O + 6\,H_2O &\rightarrow 2\,Al(OH)_3 \downarrow + 6\,H^+ + 3\,SO_4^{2-} + 18\,H_2O \\
6\,H^+ + 6\,HCO_3^- &\rightarrow 6\,CO_2 + 6\,H_2O
\end{aligned}
$$

Eine Erhöhung der Säurekapazität (alkalische P-Fällung) kann mit Natriumaluminat als alkalischer Tonerdelösung $Na_2Al_2O_4$ erreicht werden:

$$Na_2Al_2O_4 + 2\,PO_4^{3-} + 6\,H^+ \rightarrow 2\,AlPO_4 + 2\,NaOH + 2\,H_2O$$

Eisen-Phosphat-Fällung. Das zweiwertige Eisen Fe^{2+} bildet schlecht oder kaum absetzbare Flokken mit einem pH-Wert-Optimum im alkalischen Bereich von etwa 7,5 bis 8,5. Es wird hauptsächlich wegen seines geringen Preises für Eisen-(II)-Sulfat $FeSO_4$ verwendet. Zur Verbesserung der Fällungseigenschaften wird meist die Auf-Oxidation des zwei- zum dreiwertigen Eisen mittels Belüftung durchgeführt.

Das dreiwertige Eisen Fe^{3+} bildet ein schwerer lösliches Eisenphosphat. Es wird als Eisenchlorid $FeCl_3$, Eisenchloridsulfat $FeClSO_4$ oder Eisen-(III)-Sulfat $Fe_2(SO_4)_3$ eingesetzt. Bei Eisenchlorid sind die Flockenbildung und die Absetzeigenschaften des Niederschlags besser als bei Eisensulfaten. Außerdem kann bei der Anwendung von Eisen-(III)-Sulfat die Bildung von kleineren Flocken mit größerer Adsorptionsfläche beobachtet werden.

Die dreiwertigen Eisenionen reagieren im Hinblick auf die Hydroxid- und die Phosphatreaktionen chemisch wie die Aluminiumionen:

$$FeCl_3 \cdot 6\,H_2O + PO_4^{3-} \rightarrow FePO_4 \downarrow + 3\,Cl^- + 6\,H_2O$$
$$FeCl_3 \cdot 6\,H_2O + 3\,H_2O \rightarrow Fe(OH)_3 \downarrow + 3\,H^+ + 3\,Cl^- + 6\,H_2O$$
$$3\,H^+ + 3\,HCO_3 \rightarrow 3\,CO_2 + 3\,H_2O$$

Kalk-Phosphat-Fällung. Die Phosphatfällung mit Kalziumionen Ca^{2+} verläuft anders als die mit Aluminium- oder Eisensalzen. Die Vorgänge bei der Kalziumphosphatfällung sind noch nicht vollständig bekannt. Das Phosphation wird durch die Zugabe von Kalk und gleichzeitige pH-Wert-Erhöhung als Hydroxylapatit, das unterschiedliche Zusammensetzung haben kann, ausgefällt. Sehr wahrscheinlich wird zuerst Kalziumhydrogenphosphat $CaHPO_4 \cdot 2H_2O$ gebildet, das mit der Zeit in das stabilere Apatit $Ca_{10}(PO_4)_6(OH)_2$ übergeht. Die chemischen Reaktionen verlaufen etwa wie folgt:

$$2Ca(OH)_2 \rightarrow 2Ca^{2+} + 4OH^-$$
$$2Ca^{2+} + HPO_4^{2} + 4OH^- \rightarrow Ca_2HPO_4(OH)_2 + 2OH^-$$
$$4Ca_2HPO_4(OH)_2 + 2Ca^{2+} + 2HPO_4^{2-} \rightarrow Ca_{10}(PO_4)_6(OH)_2 \downarrow + 6H_2O$$

Eisen- und Aluminiumsalze werden als Fällmittel in Kläranlagen einfach proportional zum Abwasserzufluß oder nach einer Programmierten Ganglinie zudosiert. Für die Optimierung der Chemikalienzugabe erscheinen Trübung, Leitfähigkeit oder Alkalität geeignet. Auch die Steuerung nach der Phosphorfracht ist üblich.

Die Löslichkeit der Chemikalien ist vom pH-Wert abhängig. Günstige pH-Werte liegen für $AlSO_4$ bei 5 bis 7,5; für $FeSO_4$ bei 3,5 bis 6,5; für Kalk bei 10 bis 12. Das Abwasser kann bei seinem Durchgang durch Belebungs- und Nachklärbecken gleichzeitig behandelt werden; dann setzt man z.B. nach der Vorklärung $FeCl_3$ zu. Oder man schaltet dem Nachklärbecken der biologischen Stufe ein Fällungs- und ein Absetzbecken als dritte Reinigungsstufe nach. Das Chemikal wird dann vor dem Fällungsbecken zugegeben.

Tafel **4.49** Einsatzbereiche der Fällmittel-Grundsubstanzen zur P-Fällung

Fällmittelbasis	Einsatzbereich	Lagerung, Dosierung	Eigenschaften
Fe(III) $FeCl_3$ $FeClSO_4$	Vor-, Simultan-, Nachfällung	Lagerung schwierig	Gute Absetzeigenschaften; erhöhter Wassergehalt im Schlamm; Schlamm gut entwässerbar
Fe(II) $FeSO_4$	Vorfällung bei Vorbelüftung, Simultan-, fällung	einfach	Schlamm wie vor; billig; Verunreinigungen wirken ungünstig
Al(III) $Al_2(SO_4)_3$	alle Möglichkeiten	einfach	Absetzeigenschaften schlechter
Ca(II) CaO $Ca(OH)_2$	Vor-, Nachfällung	Lagerung einfach; Dosierung aufwendig	Bei hohem pH-Wert des Abwassers, hoher Materialverbrauch; gute Absetzeigenschaften

Genauere Angaben s. ATV-A 202 [1].

Die Vorfällung ist auch zur Sanierung von überlasteten Kläranlagen geeignet. In jedem Falle muß das Vorklärbecken für eine Aufenthaltszeit t_{VB} = 1,5 bis 2,0 h und

Tafel **4.**50 Handelsübliche Eisensalze

Feste Eisensalze			Flüssige Eisensalze		
Eisen(II)-Sulfate	$FeSO_4 \cdot 7\,H_2O$ $FeSO_4 \cdot 6{,}5\,H_2O$ $FeSO_4 \cdot H_2O$	Feuchtes **Salz** Feingranulat Pulver oder **Granulat**	Eisen(III)- Salz-Lösungen	$FeCl_3$ $FeClSO_4$ $Fe_2(SO_4)_3$	ca. 40%ige korrosive **Lösungen**
Eisen(III)-Sulfate	$Fe_2(SO_4)_3 \cdot$ 0 bis 9 H_2O	Pulver oder Granulat	Eisen(II)- Salz-Lösungen	$FeCl_2$ ($FeSO_4$)	ca. 20 bis 30%ige korrosive Lösungen
Eisen(III)- Chloride	$FeCl_3$ $FeCl_3 \cdot 6\,H_2O$	hygroskopi- sches Pulver zerfließliches Granulat			

Tafel **4.**51 Transport und Lagerung von Eisensalzen

		Transport	Lagerung
Salz	Eisen(II)-Sulfat feucht	Lkw-Kipper	Einsumpfbunker
Granulat	Eisen(II)-Sulfate getrocknet	Silo-Zug	Hochsilo
Lösung	Eisen(II)- und Eisen(III)-Salze gelöst	Tkw, gummiert	Kunststofftank

$q_A \leq 1{,}0\,m^3/(m^2 \cdot h)$ bemessen sein. Fällmittelzugabe so, daß der pH-Wert des Abwassers 6 bis 9. Die BSB_5-Last der folgenden biologischen Stufe verringert sich um max. 60%. Der Gehalt an Gesamt-P geht um $\approx$ 70% zurück.

Die Simultanfällung nur bei Aufenthaltszeiten im Belebungsbecken von $t_{BB} \geq 4\,h$ vorsehen. Nachklärbecken $t_{NB} \geq 3\,h$, $q_A \leq 1{,}0\,m^3/(m^2 \cdot h)$. Der Gehalt an Gesamt-P geht um $\approx$ 80% zurück.

Die Nachfällung ist hinsichtlich der Phosphate am wirksamsten. Die Aufenthaltszeit in der Fällungsstufe und den Flockungsstufen $t_R \approx 0{,}5\,h$. Rührwerk der Fällungsstufe Umfangsgeschwindigkeit $u \geq 0{,}6$ m/s, letzte Flockungsstufe $\leq 0{,}2$ m/s. Die Sedimentationsstufe verlangt für Absetzen $t_R = 2$ bis 2,5 h, $q_A = 0{,}7$ bis $1{,}0\,m^3/(m^2 \cdot h)$; für Flotation $t_R = 0{,}6$ bis 0,8 h, $q_A = 3{,}0$ bis $6{,}0\,m^3/(m^2 \cdot h)$; für Lamellen-Separator $q_A = 0{,}4$ bis $0{,}5\,m^3/(m^2 \cdot h)$ (vgl. Abschn. 4.4.6.4, $A_{eff} \,\widehat{=}$ projizierte Platten-Fläche).

Der zusätzliche Schlammanfall bei Vor- und Nachfällung beträgt $\approx$ 20 bis 50 Volumen-%, bei der Simultanfällung 0 bis 40 Volumen-%. Die optimale Wirkung von Fällungsstufen erreicht man am besten durch Versuche.

Bei der Zweipunktfällung werden zwei Verfahren kombiniert, z.B. Simultan- und Nachfällung. Dies geschieht zur Entlastung nachfolgender Verfahrensstufen, zum wirtschaftlicheren Einsatz der Chemikalien (Wirkungsgrad der Zweipunktfällung größer als bei Dosierung an einem Punkt) und speziell zum Schutz des Filters bei der Flockungsfiltration (**4.**155 S/F).

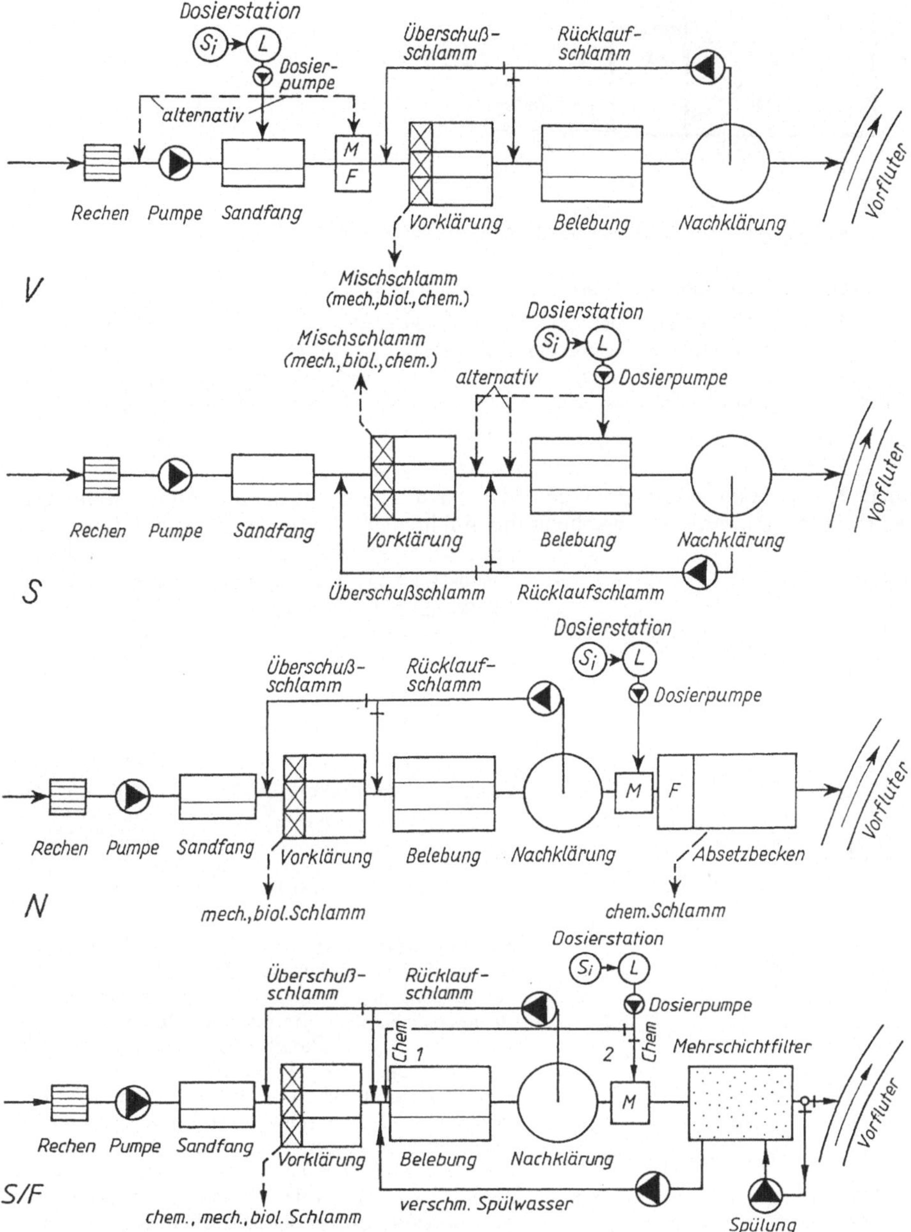

4.155 Schema von Kläranlagen mit P-Fällung
V = Vorfällung, S = Simultanfällung, N = Nachfällung, S/F = Simultan/Flockungsfiltration
Si = Silo, L = Lösebehälter, M = Mischbecken, F = Fällungsbecken,
Chem = Fällungschemikalie
Zweipunktfällung 1 und 2, Kombination der Simultanfällung mit der Flockungsfiltration

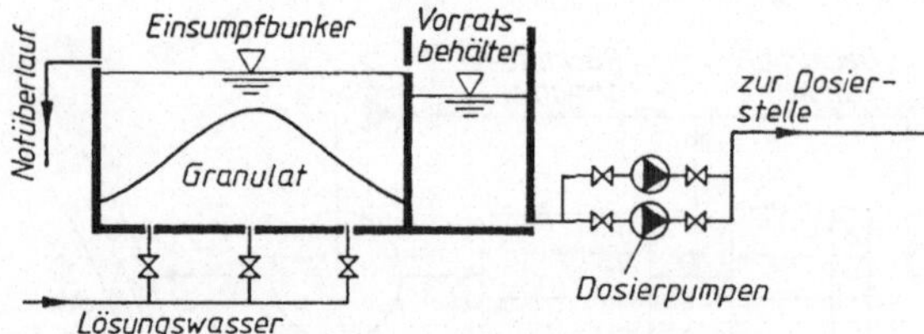

4.156 Schema einer Löse- und Dosierstation für Eisen(II)-Salz (Fa. G. Schulze)

4.156 zeigt das Schema einer Löse- und Dosierstation für Fe-Salze.

Für die Simultanfällung bietet sich der Einsatz des kostengünstigen Eisen(II)-Sulfates ($FeSO_4 \cdot 7\,H_2O$) an. Die Phosphatfällung erfolgt durch die Bildung von $Fe_3(PO_4)_2$ (Vivianit) oder nach Oxidation von Fe^{2+} zu Fe^{3+} durch Bildung von $FePO_4$ sowie durch Bindung an Eisenhydroxid. Durch die Rücklaufschlammführung wird eine gute Ausnutzung des Eisen(II)-Sulfates erreicht.

Die Flockungsfiltration (s. Abschn. 4.5.5) wird eingesetzt, wenn hohe Anforderungen, 0,5 bis 0,1 mg P/l, an die Ablaufkonzentration gestellt werden. Die Werte können in Kombination einer Simultan- oder Nachfällung mit der Flockungsfiltration erreicht werden. Es werden Mehrschichtfilter mit hohem Filterbett und langen Filterlaufzeiten benutzt. In der Flockungsfiltration werden oft Eisen(III)-Verbindungen mit Polyelektrolyten als Flockungshilfsmittel verwendet. Folgende Bemessungsgrößen werden empfohlen [90]:

Filteraufbau

1,5 m Hydroanthrazit (1,6 bis 2,5 mm ∅)

0,4 m Quarzsand (0,7 bis 1,2 mm ∅)

Filtergeschwindigkeit

$v_A = 4$ bis 6 m/h;

Filterlaufzeit > 24 h;

Filterrückspülung mit Luft und Wasser.

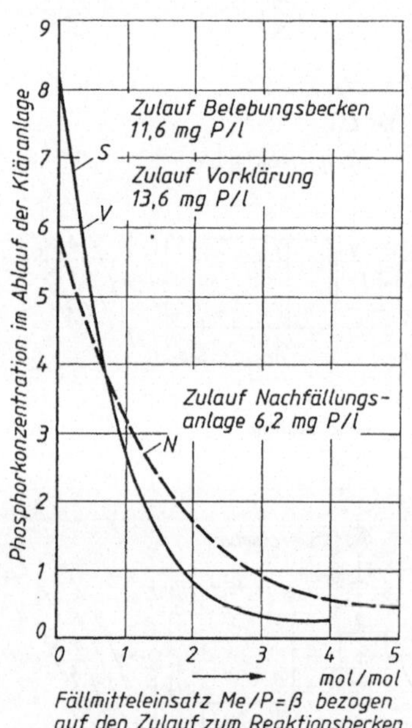

4.157 Phosphorelimination in Abhängigkeit vom Fällmitteleinsatz
Me ≙ Metallmol
V ≙ Vorfällung
P ≙ Phosphormol
N ≙ Nachfällung
S ≙ Simultanfällung

Zur Prozeßtechnik der P-Fällung ist darauf hinzuweisen, daß der Wirkungsgrad der Fällung wesentlich von der Einbringung des Fällmittels abhängt. Es sind zu unterscheiden: 1) die intensive Durchmischung in 0,1 bis 1 s; 2) Verbindungs- und Teilchenbildung (Entstabilisierung) in < 1 s; 3) Mikroflockung in 15 bis 30 s; 4) Makroflockung in 10 bis 30 min; 5) die Flockenabtrennung. Auf eine schnelle und energiereiche Mischung und Entstabilisierung ist besonderer Wert zu legen. Zu geringe Turbulenz oder zu lange Durchfließzeiten verschlechtern den Wirkungsgrad, ebenso wie zu hohe Turbulenz bei der Makroflockung, welche die Metallflocken zerstören würde.

Die Wirtschaftlichkeit der Verfahren ist bei der Planung speziell zu überprüfen. Generell ergibt sich, daß die Simultanfällung bei < 2 mg P/l Ablaufkonzentration, die Kombination Simultan-/Nachfällung bei

< 1 mg P/l und die Kombination Simultanfällung/Flockungsfiltration bei < 0,5 mg P/l am günstigsten abschneiden.

Die Fällmittelmenge wird aus dem Mol-Verhältnis Me-mol/P-mol (Me ≙ Metall) bestimmt (**4.**157).

Beispiel: Simultanfällung: 11,6 mg P/l im Zulauf Belebung, ohne Vorklärung: Rest-P = 2 mg/l; $Q_d = 200\,m^3/d$; P-Fracht = $11{,}6 \cdot 200/1000 = 2{,}32$ kg P/d; P-mol = 30,97 g/mol; Fe-mol = 55,85 g/mol; nach **4.**157 ergibt sich ein Molverhältnis von 1,3.

$$\text{erf Fe} = \frac{55{,}85}{30{,}97} \cdot 1{,}3 = 2{,}35\,\text{g Fe/g P} \qquad 2{,}35 \cdot 11{,}6 = 27{,}26\,\text{g Fe/m}^3$$

Daraus errechnet sich die Fällmittelmenge/d mit dem jeweils bekannten Fe-Gehalt des Fällmittels, z.B. Fe(III)-Lösung mit 138 g Fe/kg.

$$\frac{27{,}26}{138} = 0{,}198\,\text{kg Lösung/m}^3 = 198\,\text{g/m}^3 \qquad 0{,}198 \cdot 200 = 39{,}6\,\text{kg Lösung/d}$$

Beim Einsatz von Aluminium mit Al-mol = 27, ergäbe sich:

$$\frac{27{,}0}{30{,}97} \cdot 1{,}3 = 1{,}13\,\text{g Al/g P} \qquad 1{,}13 \cdot 11{,}6 = 13{,}11\,\text{g Al/m}^3$$

Zusätzlicher Schlammanfall. Feststoffanfall bei Eisenfällmitteln ≈ 2,5 g *TS*/g Fe nach ATV-A 131 [1].

Simultanfällung:

$$11{,}6 \cdot 2{,}35 \cdot 200 \cdot 2{,}5 \cdot 1/1000 = 13{,}63\,\text{kg}\,TS/\text{d} \qquad \frac{\text{gP} \cdot \text{gFe} \cdot \text{m}^3 \cdot \text{g}TS \cdot \text{kg}}{\text{m}^3 \cdot \text{gP} \cdot \text{d} \cdot \text{gFe} \cdot \text{g}} = \text{kg}\,TS/\text{d}$$

Flockungsfiltration:

Fe-Dosierung bei Flockenfiltration ≈ 4 g Fe/m³. Anfall von ungelösten Feststoffen durch die Flokkenfiltration ≈ 12 g TS/m^3 (beides Erfahrungswerte); aus Fe-Dosierung:

$$4 \cdot 200 \cdot 2{,}5 \cdot 1/1000 = 2\,\text{kg}\,TS/\text{d} \qquad \frac{\text{gFe} \cdot \text{m}^3 \cdot \text{g}TS \cdot \text{kg}}{\text{m}^3 \cdot \text{d} \cdot \text{gFe} \cdot \text{g}} = \text{kg}\,TS/\text{d}$$

Ungelöste Feststoffe aus Filterung:

$$12 \cdot 200 \cdot 1/1000 = 2{,}4\,\text{kg}\,TS/\text{d} \qquad \frac{\text{g}TS \cdot \text{m}^3 \cdot \text{kg}}{\text{m}^3 \cdot \text{d} \cdot \text{g}} = \text{kg}\,TS/\text{d}$$

Zusammen aus Flockungsfiltration:

$$2 + 2{,}4 = 4{,}4\,\text{kg}\,TS/\text{d}$$

Bei Simultanfällung + Flockungsfiltration entsteht ein zusätzlicher Schlammanfall von $13{,}63 + 4{,}4$ ≈ 18 kg *TS*/d.

4.5.4.2 Biologische Phosphorelimination

Bei der biologischen Phosphorelimination wird die Entnahme des Phosphors aus dem Abwasser ohne Zugabe von Fällmitteln angestrebt. Der Phosphor kann nur über eine Festlegung im Schlamm aus dem System entfernt werden.

Normalerweise wird der Phosphor mit $\approx 1\%$ der zufließenden BSB_5-Fracht, $\Delta P_{ges}/BSB_5$-Fracht $\approx 0{,}01$, eliminiert. Die Trockensubstanz enthält 1,5 bis 2% Phosphor. Ziel der biologischen Phosphorelimination ist eine Steigerung dieser Verhältnisse.

Die vorgeschlagenen Verfahren sehen für den belebten Schlamm eine anaerobe Zone vor, in der weder gelöster Sauerstoff noch Nitrat oder Nitrit zur Verfügung stehen. Es entstehen dadurch für bestimmte Bakterien Wachstumsvorteile insofern, als sie mehr Phosphor in ihren Zellen speichern können als sie für den eigentlichen Stoffwechsel benötigen. Dadurch erhöht sich der P-Gehalt des belebten Schlammes und P wird über den Überschußschlamm entfernt.

Eine Besonderheit der P-speichernden Mikroorganismen ist die Fähigkeit zur Rücklösung und Wiederaufnahme des Phosphors. Unter anaeroben Bedingungen geben sie Orthophosphat ab und unter aeroben Bedingungen, also z.B. im Belebungsbecken, nehmen sie mehr als das zuvor rückgelöste Phosphat wieder auf. Voraussetzung für den Prozeß ist leicht abbaubares Substrat (**4**.158).

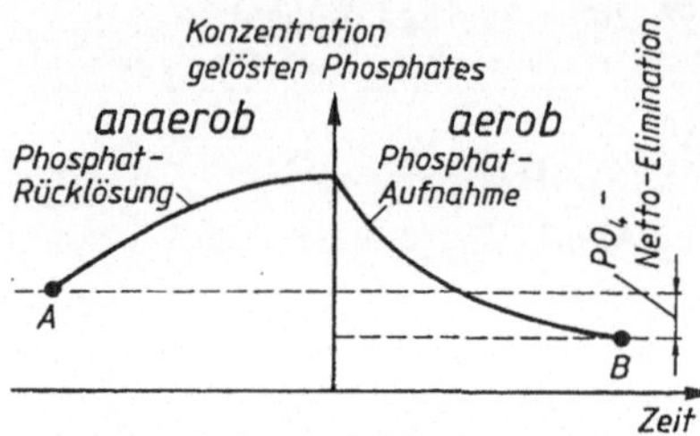

4.158
Zeitlicher Verlauf der Phosphatkonzentration bei der biologischen P-Elimination

Trotz intensiver Bemühungen sind die genaueren Einflußfaktoren und der Mechanismus der vermehrten biologischen Phosphatentfernung bisher nicht vollständig aufgeklärt. Es soll hier die Theorie von N. Matsché wiedergegeben werden. Die Fähigkeit gewisser Mikroorganismen zu einer vermehrten Phosphoraufnahme, wobei in der Zelle Polyphosphate in Form von Volutin-Granula abgelagert werden, ist jedoch seit langem bekannt. Die Bildung und das Abgeben von Polyphosphat wird durch den zeitlichen Wechsel von aeroben zu anaeroben Bedingungen bewirkt.

In der anaeroben Phase der Belebungsanlage bilden fakultativ anaerobe Bakterien im Gärungsstoffwechsel organische Säuren, z.B. Essigsäure und Propionsäure. Obligat aerobe Bakterien, z.B. Acinetobacter, nehmen diese leicht abbaubaren Stoffe auf und verwerten sie. Dabei wird die notwendige Energie aus den gespeicherten Polyphosphaten genommen und Phosphat (PO_4) freigesetzt (rückgelöst). Andere obligat aerobe Organismen können ohne O_2 kein Substrat aufnehmen. In der aeroben Phase werden organische Stoffe oxidiert. Dadurch wird Energie gewonnen, die von den gleichen obligaten Aerobiern dazu benutzt wird, um die rückgelösten und mehr Phosphate aufzunehmen und als Polyphosphat zu speichern. Die obligaten Aerobier besitzen nun eine Energiereserve, mit deren Hilfe sie die Streßsituation in der folgenden anaeroben Phase überstehen können (**4**.159).

Entscheidend sind die Bedingungen in der anaeroben Phase. Hier ist ein hohes Angebot an leicht abbaubaren Substraten wichtig. Je mehr Phosphat rückgelöst wird, desto mehr organische Stoffe werden in der aeroben Phase gespeichert und um so höher ist hier die Phosphataufnahme. Mit dem Überschußschlamm wird das im Bakterium gebundene Phosphat entfernt (**4**.158). Eine Steigerung des PO_4-Gehaltes im Schlamm auf das 2- bis 3fache gegenüber konventionellen Belebungsanlagen ist möglich.

Alle Verfahren zur biologischen Phosphorentfernung sind hinsichtlich der Einhaltung von P-Ablaufwerten Schwankungen unterworfen. Deshalb können niedrigere Ablaufwerte nicht garantiert werden. Eine Kombination mit chemischer Fällung sollte immer vorgesehen werden, wobei die Chemikalienzugabe nur auf den von der biologischen Entfernung nicht erfaßten Phosphor-Rest beschränkt werden kann. Der Fällmittelbedarf wird wesentlich verringert.

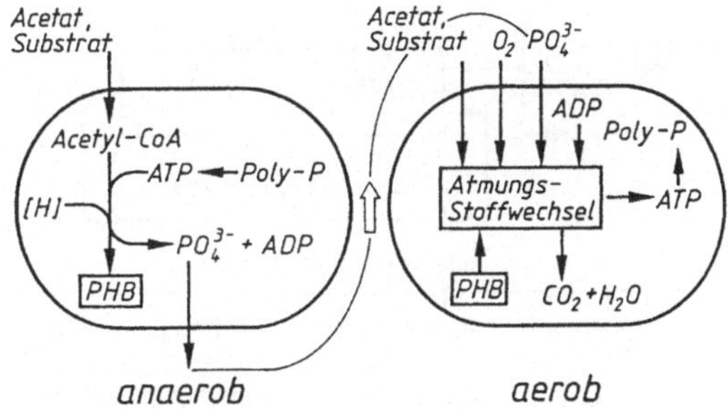

4.159
Stark vereinfachtes Schema der anaeroben und aeroben Stoffwechselvorgänge bei Acinetobacter nach Arvin et al.
Acetat = Essigsäure
PHB = Poly-β Hydroxybuttersäure
Acetyl-CoA = Acetyl-Coenzym A
ADP, ATP = Adenosin-Di-, Triphosphat

Man unterscheidet grundsätzlich nach Hauptstrom- und Nebenstromverfahren.

Bei den Hauptstromverfahren findet die Phosphorentfernung in dem vom Hauptstrom des Abwassers durchflossenen Belebungsbecken durch biologische Anreicherung im belebten Schlamm und Abzug mit dem Überschußschlamm statt.

Bei Nebenstromverfahren wird zusätzlich zur Entnahme mit dem Überschußschlamm aus einem Teilstrom des phosphorhaltigen Schlammes Phosphat unter anaeroben Bedingungen im P-Stripper in die flüssige Phase rückgelöst und mit Hilfe von Chemikalien, vorzugsweise Kalk, ausgefällt.

Erprobte Verfahren zur biologischen Phosphorelimination. Das Phostrip-Verfahren. Ein Teil des mit Phosphor angereicherten Rücklaufschlammes wird dem „Stripper", einem Eindicker mit langer Aufenthaltszeit, zugeführt. Er bildet die anaerobe Zone. Die Rücklösung des Phosphors in ihm führt zu Konzentrationen von 40 bis 60 mg/l. Die Festsetzung des Phosphors erfolgt anschließend durch Kalkfällung $Ca(OH)_2$ des Schlammwassers. Die Feststoffe aus dem Stripper werden wieder ins Belebungsbecken zurückgeführt und können neuen Phosphor aufnehmen [90].

Das Verfahren hat die anaerobe Zone im Nebenstrom. **4.**160 zeigt das Schema einer Kläranlage mit nicht nitrifizierendem Belebungsbecken. Auf Belebungsanlagen mit $B_{TS} \approx 0{,}3$ bis 0,15 (nitrifizierend) ergibt sich, daß neben der größeren Aufenthaltszeit im Stripper auch der Anteil des anaerob behandelten Rücklaufschlammes von Einfluß ist. Überschläglich ergibt sich für den Stripper ein Volumen von 25 % bis 40 % des Belebungsbeckens und für das Fällungsbecken ein Durchsatz von 0,2 bis 0,3 Q.

Beim Phoredox-Verfahren wird einer Belebungsanlage mit vorgeschalteter Denitrifikation ein weiteres anaerobes Becken vorgeschaltet, in welches Zulauf- und Rücklaufschlamm geleitet wer-

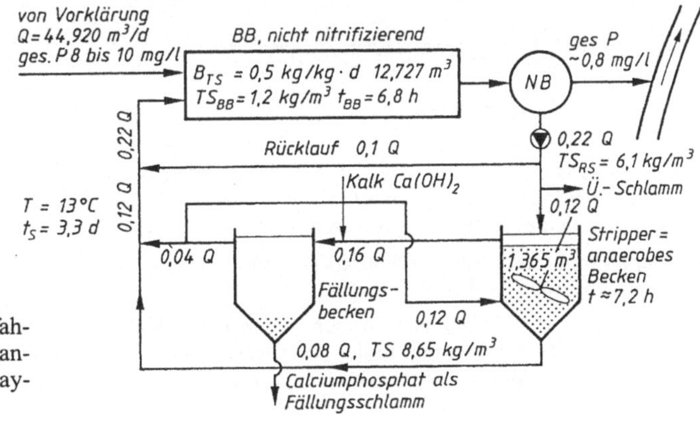

4.160
Schema des Phostrip-Verfahrens am Beispiel der Kläranlage Reno/Sparks nach Kayser/Ermel [26b]

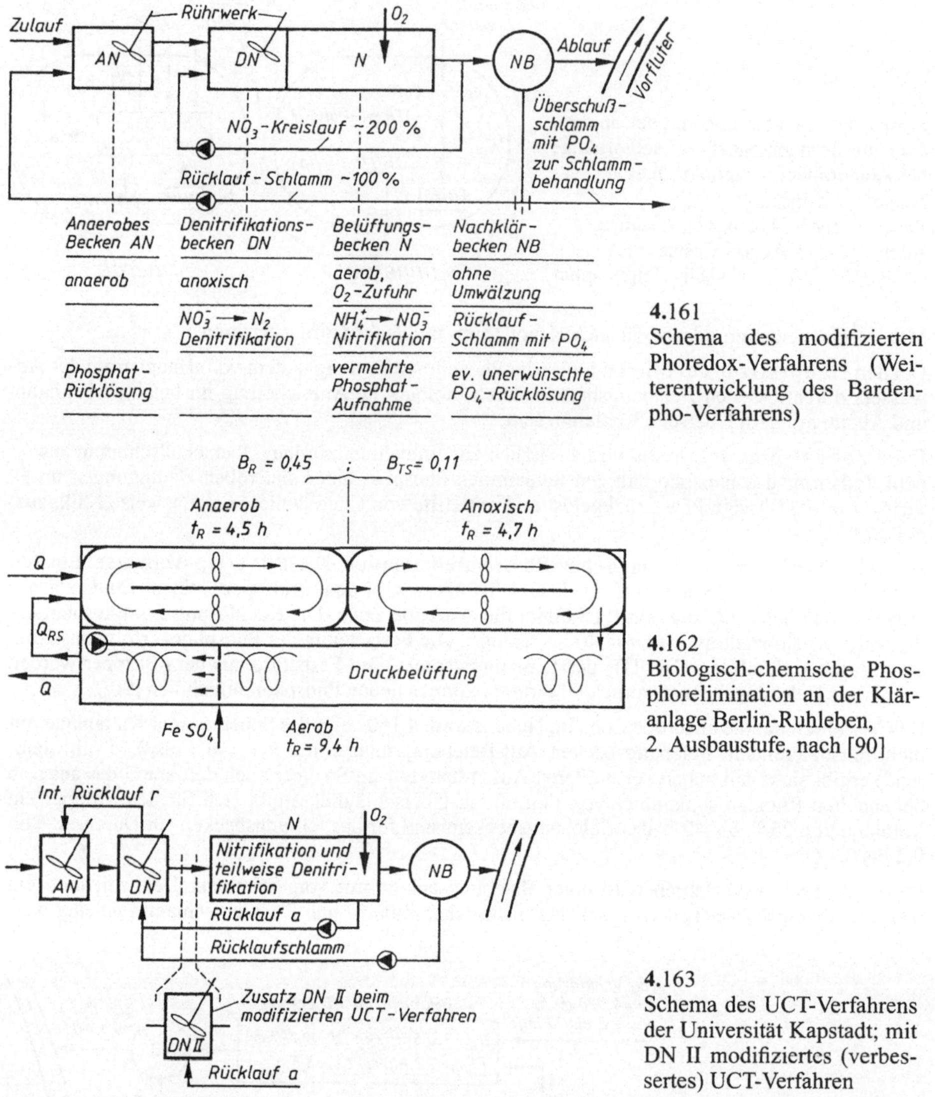

4.161
Schema des modifizierten Phoredox-Verfahrens (Weiterentwicklung des Bardenpho-Verfahrens)

4.162
Biologisch-chemische Phosphorelimination an der Kläranlage Berlin-Ruhleben, 2. Ausbaustufe, nach [90]

4.163
Schema des UCT-Verfahrens der Universität Kapstadt; mit DN II modifiziertes (verbessertes) UCT-Verfahren

den (vgl. **4.**161). Es wird die gleichzeitige Elimination von P und N angestrebt. Dieses Verfahren kann vorteilhaft auch in der 1. Stufe einer zweistufigen Belebungsanlage eingesetzt werden, weil dort nicht mit einer P-Rücklösung durch Nitrat zu rechnen ist.

Bei dem Verfahrensschema nach **4.**161 kommt mit dem Rücklaufschlamm auch nitrathaltiges Wasser in das anaerobe Becken (Nachteil).

Das Verfahren wird beispielhaft an der Kläranlage Ruhleben erläutert (**4.**162). Bei einer Aufenthaltszeit in der anaeroben und in der anoxischen Zone von je 4,5 h und einer Belüftungszeit von 9,4 h und einem Zulauf-Phosphat von 8 mg/l wurde ein Ablaufwert von 1,6 mg/l erreicht. B_R in den beiden Vorzonen 0,45 kg $BSB_5/(m^3 \cdot d)$, $B_{TS} = 0{,}11$ kg $BSB_5/(kg\, TS \cdot d)$, P/BSB_5 im Zulauf 0,032.

Weitere Varianten dieses Verfahrens sind das UCT-Verfahren (**4**.163) und das modifizierte UCT-Verfahren (UCT = University of Capetown). Dem Belüftungsbecken mit Nitrifikation und teilweiser Denitrifikation werden zwei unbelüftete Becken vorgeschaltet. Im zweiten wird das mit dem Rücklaufschlamm herangeführte Nitrat denitrifiziert. Nitratfreier Schlamm wird in das erste, dadurch wirklich anaerobe Becken gepumpt; P-Lösung und -Elimination gelingen, die Denitrifikation bleibt aber unvollständig. Beim modifizierten UCT-Verfahren wird zusätzlich zwischen DN und N ein weiteres Becken DN II eingefügt, das den Rücklauf a aufnimmt. Hierdurch wird die Denitrifikationsleistung verbessert.

Das EASC-Verfahren (Extended Anaerobic Sludge Contact) bietet die Möglichkeit, bestehende Kläranlagen ohne wesentliche Umbauten für die P-Elimination nachzurüsten. Das Vorklärbecken wird zum anaeroben Absetzbecken umfunktioniert. Der Rücklaufschlamm wird zusammen mit dem Rohabwasser diesem Becken zugeführt. Der abgesetzte Schlamm gelangt über eine separate Leitung zusammen mit dem Beckenüberlauf ins Belebungsbecken. Das Substrat des Rohabwassers wird mit dem Rücklaufschlamm in Kontakt gebracht. Die Organismen können gelöste Substrate sehr schnell adsorbieren, so daß insgesamt kurze hydraulische Aufenthaltszeiten genügen. Nach dem Kontakt erfolgt im Absetzbecken die Trennung in Klarwasser- und Schlammzone. Letztere mit Schlammaufenthaltszeiten von > 10 h. Die P-Rücklösung aus dem Rücklaufschlamm kann weit fortschreiten, womit die Voraussetzung für eine vermehrte P-Aufnahme im nachfolgenden Belebungsbecken geschaffen ist (**4**.164).

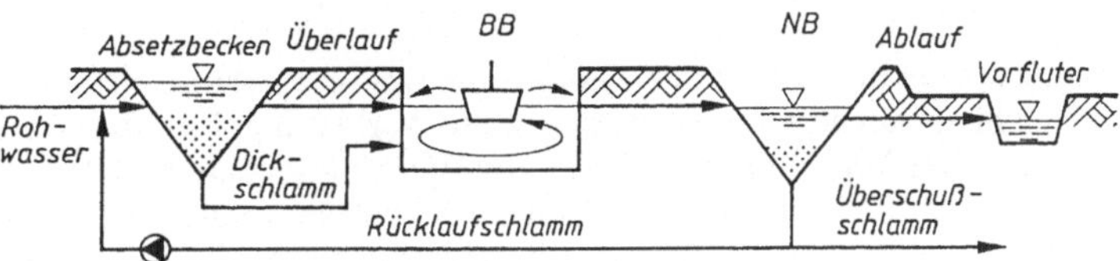

4.164 Schema des EASC-Verfahrens – Längsschnitt

Das Verfahren CISAH (Combined ISAH) verbindet die biologische Phosphatelimination im Hauptstromverfahren mit bedarfsweiser Fällung eines Teilstromes aus dem anaeroben Becken.

Die anaerobe Vorstufe kann als 2- oder mehrstufige Kaskade ausgebildet werden. Durch die Phosphatrücklösung unter anaeroben Bedingungen steigt die Orthophosphatkonzentration gegenüber dem Zulauf auf 25 bis 50 mg PO_4-P/l an. Aus dem letzten Becken der Anaerobkaskade mit der höchsten P-Konzentration wird bei Bedarf ein Teilstrom in ein Sedimentationsbecken geleitet. Der anfallende Schlamm kommt in die Belebungsanlage zurück, der Überstand wird mit Kalk gefällt. Das Verfahren kann angewandt werden, falls die biologische Phosphorelimination im Hauptstrom allein Probleme macht, z.B., wenn bei hohen N-Frachten das leicht abbaubare Substrat für die Denitrifikation verbraucht wird und die P-speichernden Aerobier deshalb nur wenig Phosphor aufnehmen können, oder wenn bei schwacher Belastung wenig Überschußschlamm anfällt und dadurch im Hauptstrom nicht genug Phosphor entfernt wird.

In diesen Fällen ist es verfahrenstechnisch sinnvoll, den Phosphor so weit wie möglich biologisch zu eliminieren und erforderlichenfalls einen Teilstrom mit P-Fällung zu betreiben.

Beim Nebenstromverfahren nach **4**.165 wird ein Teil des Rücklaufschlammes RS aus dem Belebungsbecken zur Denitrifizierung des NO_3 in ein RS-Deni-Becken, und danach mit einem Teilstrom von 0,1 bis 0,15·Q durch zwei Anaerob-Becken (AN I und II) geleitet. Hier wird das Phosphat rückgelöst und danach in einer Fällungsstufe (Sedimentation und Fällung) mit Kalk $Ca(OH)_2$ herausgefällt. Der Schlamm geht nach AN II oder nach der Sedimentation in das Belebungsbecken zurück.

Günstige Verfahrens-Bedingungen für die biologische P-Elimination sind: Trennverfahren mit wenig Fremdwasser; Mischverfahren mit Regenüberlaufbecken mit einem

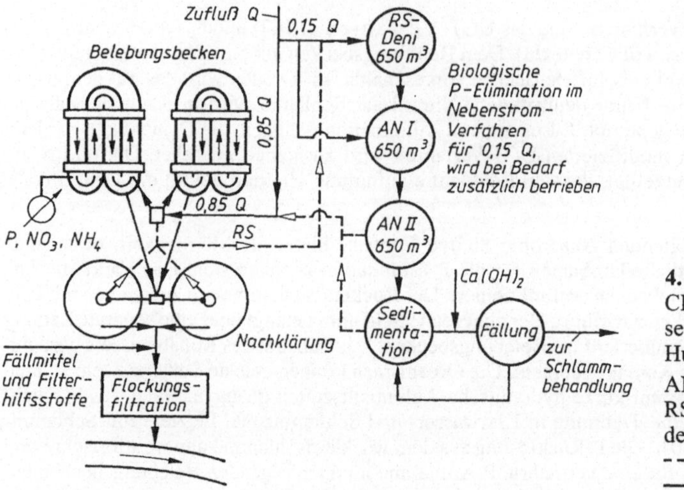

4.165
CISAH-Verfahren, eingesetzt in der Kläranlage Husum, vgl. 4.17.
AN ≙ Anaerobbecken;
RS-Deni ≙ Denitrifikation des Rücklaufschlammes
- - -▷- Abwasser-Weg
——► Schlamm-Weg

Volumen $\leq 15\,m^3$/ha und mit wenig Fremdwasser; hoher Gehalt an organischen Säuren und leicht abbaubaren Verbindungen; keine Vorklärung; P/BSB_5-Werte zwischen 0,01 und 0,03; N/BSB_5-Verhältnis im Zulauf zur Belebungsanlage $\leq 0{,}25$; minimales zulässiges Schlammalter für Nitrifikation; geringe Rückbelastung aus der Schlammbehandlung; maschinelle Eindickung des Überschußschlammes; schnelle Rückführung des Schlammes aus dem Nachklärbecken; wenig Nitrat im Rücklaufschlamm durch eine gezielte hohe Denitrifikation; wenig gelöster Sauerstoff in der anaeroben und anoxischen Zone, z.B. durch richtige Pumpenanordnung, Vermeidung von Abstürzen, Kaskadenbauweise oder Pfropfenströmung; ggfs. Versäuerung des Primärschlammes bei wenig organischen Säuren im Zulauf zur anaeroben Zone.

Eine erhebliche Rolle kann die Phosphatrücklösung spielen. Über folgende Volumenströme kann eine Phosphat-Rückbelastung erfolgen: Trübwasser aus statischen Voreindickern und Nacheindickern; Faulwasser; Zentrat oder Filtrat aus der maschinellen Entwässerung.

Diese Ströme können einer Fällungsbehandlung unterzogen werden. Die Fällmittelbehandlung von Trübwasser kann durch alle gängigen Fällmittel, bevorzugt durch Kalk, erfolgen. Bei geringer Rückbelastung kann darauf verzichtet werden.

Folgende Maßnahmen sind geeignet, um die P-Rückbelastung zu verringern: Eindickung des Überschußschlammes getrennt vom Primärschlamm; maschinelle Eindickung des frischen Überschußschlammes; Konditionierung des Schlammes mit Kalk vor der maschinellen Entwässerung.

Die Konzentration von Phosphat in Trübwässern ist meist hoch. Die zu behandelnde Q-Menge klein. Bei der Schlammfaulung kann die Phosphorrückbelastung 30% der Phosphorfracht betragen.

Die gesicherte Bemessung ist heute noch nicht möglich. Zuvor sind ausreichende Messungen an dem zu behandelnden Abwasser durchzuführen. Wichtig sind sichere Kenntnisse über die BSB_5-, P- und N-Fracht im 24-h-Mittel. Ebenso wichtig sind Daten über die Rückbelastungen durch die Schlammbehandlung.

Als wichtigste Bemessungsgröße für die anaerobe Zone wird die Aufenthaltszeit bei Trockenwetterzufluß $Q_t = 2$ bis 4 h vorgeschlagen.

Aus Südafrika stammt eine Modellrechnung.

Die Rechnung dient zur Abschätzung der Wirkung der biologischen Phosphorelimination. Enkama et al. führten den P_F-Wert $\hat{=}$ Propensity-Faktor ein.

$$P_F = \frac{C_{O,\,BSB_5} \cdot a - C_{e,\,NO_x} \cdot 2{,}9 \cdot RV}{1 + RV} \cdot f_{xa} \tag{4.37}$$

$C_{O,\,BSB_5}$ $\hat{=}$ Konzentration des BSB_5 im Zulauf zum AN-Becken in mg/l
$C_{e,\,NO_x}$ $\hat{=}$ Konzentration des oxidierten Stickstoffs im Ablauf des NB
RV $\hat{=}$ Rücklaufverhältnis
a $\hat{=}$ Faktor für den Anteil des leicht abbaubaren BSB_5 im Zulauf, normalerweise = 0,3
2,9 $\hat{=}$ Die Denitrifikation von 1 mg NO_3-N liefert 2,9 mg O_2
f_{xa} $\hat{=}$ Anaerober Anteil an der Schlammenge im ganzen Belebungsbecken

$$f_{xa} = \frac{V_{AN} \cdot TS_{AN}}{V_{AN} \cdot TS_{AN} + V_{DN} \cdot TS_{DN} + V_N \cdot TS_N} \quad \text{in } 1 \tag{4.38}$$

bei etwa gleichen TS-Gehalten in allen Beckenteilen

$$f_{xa} = \frac{V_{AN}}{V_{AN} \cdot + V_{DN} + V_N} \quad \text{in } 1$$

Der Wert des Bruchstriches bei P_F ergibt die Konzentration an leicht abbaubarem Substrat im Zulauf zum AN-Becken. Die Substrat-Verminderung durch die im Rücklaufschlamm enthaltene Fracht an oxidiertem Stickstoff wurde berücksichtigt. Die P-Elimination beträgt

$$\Delta P_{ges} = 1{,}55 \cdot e^{0.2038 \cdot P_F} \quad \text{in mg/l} \tag{4.39}$$

$$P_{ges} \text{ im Ablauf} = P_e = P_z - \Delta P_{ges}$$

$$\eta_{P_{ges}} = \frac{P_z - P_e}{P_z} \cdot 100 \text{ in } \%$$

4.5.4.3 Stickstoff

Der Stickstoff ist in der Natur in organischer und auch in anorganischer Form weit verbreitet. Im Rohabwasser findet er sich überwiegend in organisch gebundener Form und als Ammoniumion. In fließenden und stehenden Gewässern, wie auch bei der Abwasserreinigung, sind die Stickstoffverbindungen ständigen biochemischen Umsetzungen unterworfen. Die Formen des Stickstoffs sind etwa folgende [22]:

NO_3^--N	$\hat{=}$ Nitrat- Stickstoff	NH_3	$\hat{=}$ Ammoniak
NO_2^--N	$\hat{=}$ Nitrit- Stickstoff	NH_4^+-N	$\hat{=}$ Ammonium-Stickstoff
N_2	$\hat{=}$ molekularer Stickstoff	N_{org}	$\hat{=}$ organisch gebundener Stickstoff
N_{ges}	$\hat{=}$ Gesamtstickstoff (Summe aller Formen)		

Anmerkung: NO_3^--N $\hat{=}$ N(NO_3^-) usw., nur veränderte Schreibweise, auch nach ATV-A 131)

Die Reaktionsschritte in Gewässern zeigt **4.**166.

Die Stickstoffverbindungen im Abwasser stammen hauptsächlich aus menschlichen und tierischen Exkrementen (Harn und Eiweiß). Der Einwohnergleichwert für häusliches Abwasser beträgt

$$EG_N = 8 \text{ bis } 15 \text{ g } N_{ges}/(EG \cdot d), \quad \text{d.h.} \quad 40 \text{ bis } 100 \text{ g } N_{ges}/m^3 \quad (\text{vgl. Tafel } \mathbf{4.}28)$$

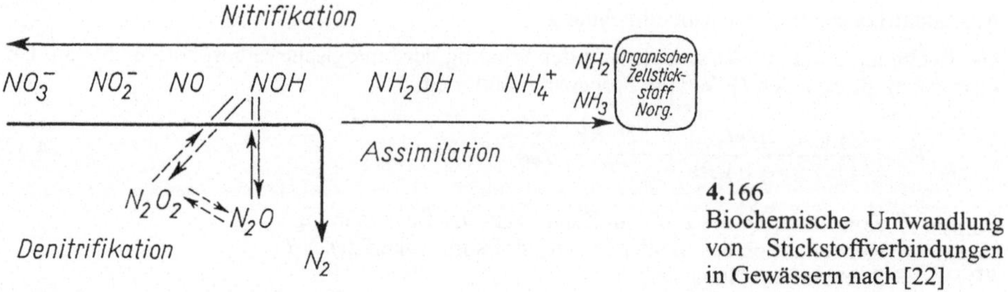

4.166
Biochemische Umwandlung von Stickstoffverbindungen in Gewässern nach [22]

Die Belastung der Gewässer mit Nitrat- und Ammoniumsalzen infolge Ausschwemmung landwirtschaftlicher Nutzflächen ist häufig größer als der Anteil aus häuslicher Herkunft, in manchen Fällen bis zum 10- oder 100fachen.

Einige Wirkungen des Stickstoffs auf Eutrophierungsvorgänge im Gewässer:

Der in den Vorfluter gelangende Ammonium-Stickstoff wird dort zum größten Teil auf biologischem Wege in die Nitratform überführt. Der hierfür benötigte Sauerstoff wird dem Gewässer entzogen, so daß der Sauerstoff unter 4 mg O_2/l absinken kann. In manchen stehenden Gewässern, wie z.B. Seen oder Trinkwassertalsperren, kann eine Stickstoffzufuhr das Algenwachstum unangenehm steigern. Das Ammoniak ist als fischtoxische Substanz bekannt und Fischsterben infolge Einleitung ammoniakhaltiger Industrieabwässer sind nicht selten. Die Schädlichkeitsgrenze des freien NH_3 ist stark abhängig vom pH-Wert und liegt für Fische bei 0,2 bis 2 mg/l. Hohe Nitrat- und Nitritkonzentrationen im Trinkwasser stellen ein Gesundheitsrisiko für die Bevölkerung dar (karzinogene Nitrosamine).

Die Elimination des im vorgeklärten Abwasser vorhandenen Ammonium-Stickstoffs findet in zwei Schritten statt. In einer ersten Stufe wird der Ammonium-Stickstoff zu Nitrat oxidiert (Nitrifikation). Darauf folgt als zweiter Schritt eine teilweise Reduktion des Nitrats zu molekularem Stickstoff (Denitrifikation). Diese findet unter anoxischen Bedingungen statt, d.h. unter Abwesenheit molekular gelösten Sauerstoffs bei gleichzeitigem Vorhandensein von Nitrat. Der molekulare Stickstoff als gelöstes Gas N_2 im Abwasser kann aufgrund seiner geringen Löslichkeit leicht ausgetrieben werden. Die Nitrifikation ist an den Stoffwechsel bestimmter spezialisierter Bakterien gebunden, während die Denitrifikation von einer Vielzahl bekannter Belebtschlammbakterien geleistet wird.

Der hohe Sauerstoffbedarf der ersten und die völlige Sauerstoffabwesenheit der zweiten Phase empfehlen eine verfahrenstechnische Trennung. Der gleichzeitige Abbau organischer Kohlenstoffverbindungen kann simultan mit der Nitrifikation oder in einer vorgeschalteten Denitrifikationsanlage erfolgen. Weitere Verfahrensmöglichkeiten s. **4.**170.

Die Stickstofftrennung verläuft in 4 Phasen:

1. Ammonifizierung des organisch gebundenen Stickstoffs;
2. Nitrifikation des Ammonium-Stickstoffs;
3. Denitrifikation des Nitrat-Stickstoffs;
4. Austreiben des gasförmigen Stickstoffs.

Nur die 2. und 3. Phase müssen verfahrenstechnisch geplant und betrieben werden.

Chemische Reaktionen. Der organische Stickstoff im häuslichen Abwasser setzt sich aus Harnstoff und Eiweiß (Proteine) zusammen.

Diese Umwandlung des H a r n s t o f f s zu Ammonium findet bereits im Kanalnetz und Vorklärbecken statt, so daß im Zulauf zur biologischen Stufe der Stickstoff zu etwa 90% in NH_4^+-Form vorliegt.

$$\begin{matrix} NH_2 \\ | \\ C = O \\ | \\ NH_2 \end{matrix} + 2H_2O + H^+ \xrightarrow{\text{heterotrophe Bakterien}} 2NH_4^+ + HCO_3^-$$

Die E i w e i ß substanzen des Abwassers sind wesentlich komplizierter aufgebaut und enthalten:

Kohlenstoff, Sauerstoff, Phosphor, Wasserstoff, Stickstoff, Schwefel.

Eiweiß wird über mehrere Phasen von heterotrophen Bakterien des Belebtschlamms in der Kläranlage abgebaut:

$$\begin{matrix} \text{Eiweiße} \rightarrow \text{Peptone} \rightarrow \text{Polypeptide} \rightarrow & \text{Aminosäuren} \rightarrow \text{Ammonium} \\ & \downarrow \\ & \text{Harnstoff} \rightarrow \text{Ammonium} \end{matrix}$$

Damit liegt als Endprodukt auch Ammonium vor.

Der Ammonium-Stickstoff wird durch verschiedene aerobe Mikroorganismen der Gattungen Nitrosomonas und Nitrobacter nitrifiziert. Die Nitrosomonas-Bakterien beziehen die zur Assimilation notwendige Energie aus der Oxidation des Ammoniums (N i t r i f i k a t i o n):

$$NH_4^+ + 1{,}5\,O_2 \xrightarrow{\text{Nitrosomonas}} NO_2^- + H_2O + 2\,H^+$$
$$2\,H^+ + 2\,HCO_3^- \longrightarrow 2\,CO_2 + 2\,H_2O$$

Die weitere Oxidation des Nitrits NO_2 zu Nitrat NO_3 kann nur von der Bakteriengruppe Nitrobacter durchgeführt werden:

$$NO_2^- + 0{,}5\,O_2 \xrightarrow{\text{Nitrobacter}} NO_3^-$$

Bei der D e n i t r i f i k a t i o n d e s N i t r a t s wird unter bestimmten Umständen Nitrat- und Nitrit-Sauerstoff von fakultativen heterotrophen Bakterien anstelle gelösten Sauerstoffs als Elektronenakzeptor benutzt:

$$NO_3^- + 5\,H^+ + 5\,e^- \xrightarrow[\text{(heterotroph.)}]{\text{Denitrifikanten}} 0{,}5\,N_2 \uparrow + 2\,H_2O + OH^- \text{ -}$$

Diese summarisch dargestellte Reaktion führt über viele Zwischenprodukte. Fakultative Bakterien des Belebtschlamms können sich ohne Anpassungsschwierigkeiten von der Sauerstoffatmung auf die Nitrat-Atmung in anoxischem Milieu umstellen. Für den Ablauf der Nitrat-Atmung sind ferner Elektronendonatoren in Form organischer Kohlenstoffverbindungen erforderlich. Diese können im Belebtschlamm vorhanden sein oder von außen zugeführt werden. Wegen seines raschen und vollständigen Abbaus wird in verschiedenen Fällen hierfür Methanol CH_3OH verwendet:

$$5\,CH_3OH + 6\,NO_3^- \xrightarrow[\text{(heterotroph.)}]{\text{Denitrifikanten}} 3\,N_2 \uparrow + 5\,CO_2 + 6\,OH^- + 7\,H_2O$$
$$5\,CO_2 + 6\,OH^- \longrightarrow 5\,HCO_3^- + OH^-$$

Die Oxidation des Ammoniums kann nur von einer kleinen Gruppe spezialisierter nitrifizierender Bakterien durchgeführt werden.

Die meisten Mikroorganismen besitzen ein ausgeprägtes pH-Wert-Optimum. Der optimale Bereich ist relativ schmal und liegt im leicht alkalischen Milieu, für Nitrifikanten etwa zwischen 7,5 und 8,3. Die steile Abnahme der Atmungsaktivität außerhalb dieses Bereichs erfordert besondere Kontrolle des pH-Wertes für die Nitrifikationsstufe. Beim aeroben Abbau organischer Substanzen in der

Belebungsanlage wird Kohlendioxid CO_2 gebildet, das durch das Belüftungssystem ausgeblasen wird. Daneben entstehen als Zwischenprodukte organische Säuren, deren Neutralisation einen Teil der vorhandenen Pufferkapazität verbraucht. Am stärksten wird die Alkalität jedoch während der Ammonium-Oxidation verringert, so daß es u.U. nur zu einer Teil-Nitrifizierung kommt. Alle Nitrifikanten sind obligat aerobe Bakterien, was eine ausreichende Sauerstoffversorgung voraussetzt. Der Sauerstoffübergang vom Wasser in die Bakterienzelle innerhalb einer Belebtschlammflocke ist nur gewährleistet, wenn die Sauerstoffkonzentration im Wasser ständig über 2 mg O_2/l gehalten wird.

Die Wachstumsgeschwindigkeiten der nitrifizierenden Bakterien liegen weit unter denjenigen anderer Belebtschlammbakterien. Diese langsame Vermehrung der Nitrifikanten kann bei Ausspülung zu Fehlmengen führen, die den Prozeß beeinträchtigen. Dies kann durch lange Aufenthaltszeiten im Belebungsbecken verbunden mit hohem Schlammalter verhindert werden.

Als Richtwert wird eine Schlammbelastung $B_{TS} < 0{,}1$ bis 0,2 kg $BSB_5/(\text{kg } TS \cdot \text{d})$ und Belüftungszeiten zwischen 4 und 6 h angegeben. Das Schlammalter sollte im Sommer mindestens 2 bis 3 d, und im Winter 5 bis 7 d betragen.

Für die Praxis ist wichtig, daß die Nitrifikanten empfindlich auf schwankende BSB_5-Belastungen, Giftstoffe, Schwermetalle, rasche Temperaturwechsel und sonstige Veränderungen ihres Milieus reagieren. Eine Verringerung der Nitrifikationsleistung ist die Folge.

Verfahrenstechnik. Im mechanischen Teil einer konventionellen Kläranlage lassen sich, zusammen mit den absetzbaren Stoffen nur geringe Mengen organisch gebundenen Stickstoffs, etwa 10% von N_{ges}, entfernen. Ein ebenfalls beschränkter Anteil des Ammonium-Stickstoffs wird durch bakterielle Stickstoff-Assimilation in der Zellsubstanz gespeichert und in Form von Überschußschlamm abgezogen. Geht man von der empirischen Formel für Zellsubstanz $C_5H_7O_2N$ aus, so kann mit einer anteiligen Elimination von 8 bis 12% des Gesamtstickstoffs gerechnet werden.

Ohne besondere Verfahrensschritte ist eine weitergehende N-Elimination nicht möglich.

Am weitesten verbreitet sind Belebungsanlagen, in denen die Nitrifikation mit dem aeroben Abbau organischer Stoffe kombiniert in einem Belebungsbecken stattfindet. Die Nitrifikanten und aeroben Bakterien sind nebeneinander im Belebtschlamm enthalten.

Für die im zweiten Verfahrensschritt folgende Reaktion von Nitrat-Stickstoff ist ein Elektronendonator zur Ergänzung erforderlich. Je nach Art des Verfahrens ergeben sich verschiedene Möglichkeiten für das Reinigungsschema. Als Elektronendonator können organische Substanzen im Belebtschlamm und Rohabwasser verwendet oder von außen zugeführt werden (z.B. Methanol, Äthanol, Melasse).

In **4.**167 ist der Fall einer Belebungsanlage mit Nitrifikation und Denitrifikation und den darin ablaufenden biologischen Vorgängen dargestellt. Die Bemessung einer Belebungsstufe für den gleichzeitigen BSB_5-Abbau und Nitrifikation wird für eine BSB_5-Belastung durchgeführt, die die notwendigen Nitrifikationsprozesse ermöglicht. Die Stickstoffbelastung geht nicht in die Bemessung ein, weshalb eine Überprüfung der für die Nitrifikation erforderlichen Verfahrensbedingungen vorgenommen werden muß. Die für die Dimensionierung wichtigen Zusammenhänge zwischen Belebtschlammkonzentration, Temperatur, Zulaufkonzentration (als BSB_5 in mg/l) und Aufenthaltszeit sind nach Downing in **4.**168 zu erkennen.

Maßgebend für die Größe von Nitrifikationsanlagen sind die Nitrifikations- und Wachstumsraten μ. Neben der Temperatur, z.B. nach $\mu = 0{,}47\,e^{0{,}098(T-15)}$ in 1/d ist μ vom pH-Wert, der Ammoniumstickstoff- und der O_2-Konzentration abhängig. Schon bei einer $N(NH_4)$-Konzentration von $\approx$ 10 mg N/l wird z.B. bei 15° die maximale Wachstumsrate μ_{max} von 0,47 1/d fast erreicht. Höhere Konzentrationen bringen keine Steigerungen mehr. Das theoretische Mindestschlammalter ergibt sich zu $t_{TS} = 1/\mu = 2{,}13$ d. Praktisch rechnet man mit $\approx$ dreifacher Sicherheit, hier also min $t_{TS} \approx$ 6,5 d.

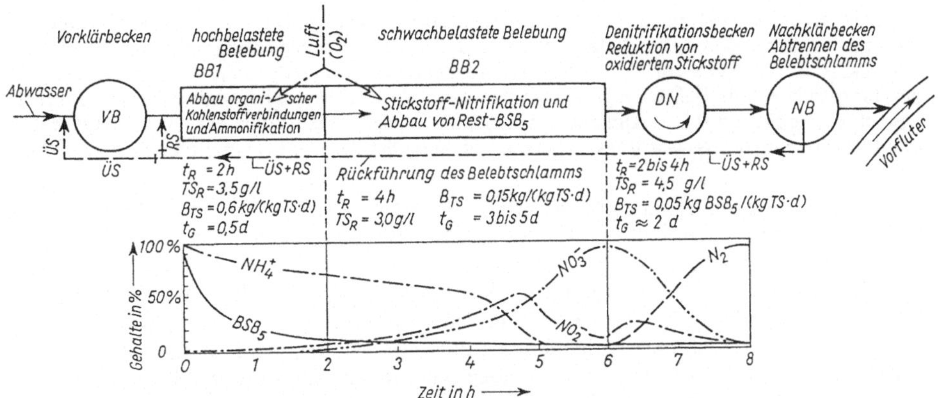

4.167 Schema des biologischen Reinigungsprozesses mit Nitrifikation und Denitrifikation in einer Belebungsanlage nach [22]; Prinzip der nachgeschalteten Denitrifikation; t_G ≙ Generationszeit, *RS* ≙ Rücklaufschlamm, *ÜS* ≙ Überschußschlamm

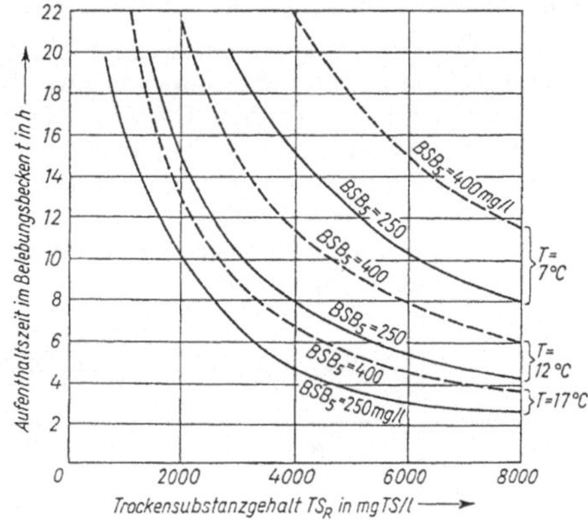

4.168 Abhängigkeiten von Trockensubstanzgehalt, Temperatur, Zulaufkonzentration und Aufenthaltszeit in einer Belebungsanlage mit gleichzeitiger Nitrifikation (nach Downing)

Da die Denitrifikation ein relativ unempfindlicher Prozeß ist, genügt eine überschlägliche Bemessung. Schließt die Denitrifikationsstufe an die aerobe Behandlung an, so wird die Stickstoff-Reduktion vom Belebtschlamm selbst durchgeführt. Als Bemessungsgröße dient die Aufenthaltszeit t_R im Denitrifikationsbecken [22].

$$t_R = \frac{\Delta N(NO_3)}{oTS \cdot k} \cdot 24 \text{ in h}$$

$\Delta N(NO_3)$ = denitrifizierte Nitrat-Stickstoffmenge (Zulauf-N minus Ablauf-N) in mg N/l
oTS = organischer Trockensubstanzgehalt in mg org. TS/l
k = Denitrifikationsgeschwindigkeit in mg $N(NO_3)$/(mg org. $TS \cdot d$)
= 0,05 für 10° bis 0,15 für 20°

Bei getrennter Denitrifikation mit eigenem Rücklaufschlammkreislauf muß eine gesonderte Berechnung des Schlammalters usw. durchgeführt werden. Auch für den Elektronendonator, z.B. Methanol, ist eine Ermittlung der Bedarfsmengen notwendig.

Die nach **4**.167 vorgenommene Erweiterung einer normalen Kläranlage zum Zweck der Stickstoffelimination wurde durch Einschaltung eines zusätzlichen Reaktionsbeckens zwischen Belüftungs- und Nachklärbecken erreicht. Das aerobe Becken ($BB1 + BB2$) muß optimale Wachstumsbedingungen für nitrifizierende Bakterien gewährleisten, d.h. hohes Schlammalter und intensive Belüftung. Die anoxische Stufe zur Denitrifikation (*DNB*) wird nur mit einem Rührwerk zur Durchmischung und Erleichterung des N_2-Austrags versehen. Die Aufenthaltszeit in beiden Stufen je $\geq$ zwei Stunden.

Die Stickstoffelimination hängt vom Erfolg der Nitrifikation im Belüftungsbecken ab, da die Denitrifikation quantitativ stattfindet. Der Belebtschlammgehalt im Zulauf zur anoxischen Stufe ist hierfür als Elektronendonator ausreichend, wenn die Schlammbelastung B_{TS} der aeroben Stufe $< 0{,}1$ bis $0{,}3\,kg\ BSB_5/(kg\ TS \cdot d)$ gewählt wird. Für eine ganzjährige Nitrifikation in unserem Klimabereich wird ein B_{TS}-Wert von $0{,}15\,kg\ BSB_5/(kg\ TS \cdot d)$ angegeben. Stabilisierte Schlämme mit geringer endogener Atmung verringern die Zufuhr an Elektronendonatoren und verzögern die Reaktion im Denitrifikationsbecken.

Eine Weiterentwicklung des Verfahrens stellt die Trennung von Kohlenstoff- und Stickstoffoxidation dar. In der ersten Stufe wird ein Belebungsbecken im Hochlastbetrieb gefahren und in einer nachfolgenden Schwachlast-Belebung nitrifiziert. Ein Schlammkreislauf umfaßt die erste Stufe mit Belüftungs- und Zwischenklärbecken, der zweite Nitrifikation, Denitrifikation und Nachklärbecken. Als Elektronendonator dient der Belebtschlamm der zweiten biologischen Stufe. Diese Verfahrenseinstellung ermöglicht den schrittweisen Ausbau einer Kläranlage zur Stickstoffelimination.

Noch weiter entwickelt kommt man auf die Trennung von Kohlenstoffoxidation, Nitrifikation und Denitrifikation mit drei Schlammkreisläufen (**4**.169). Alle drei Vorgänge sind getrennt steuerbar und können optimiert werden. Da der Zulauf zur Denitrifikationsstufe keine ausreichende Menge organischer Substrate mehr enthält, muß der zur Stickstoffreduzierung erforderliche Elektronendonator von außen zugeführt werden. Hierfür eignen sich organische Substanzen, die rasch assimilierbar und billig sind. Es wurden Versuche mit Zucker, Alkoholen, organischen Säuren, Phenolen und Aldehyden gemacht. Als günstig hat sich Methanol (CH_3OH) erwiesen, da es schnell aufgenommen und vollständig oxidiert wird.

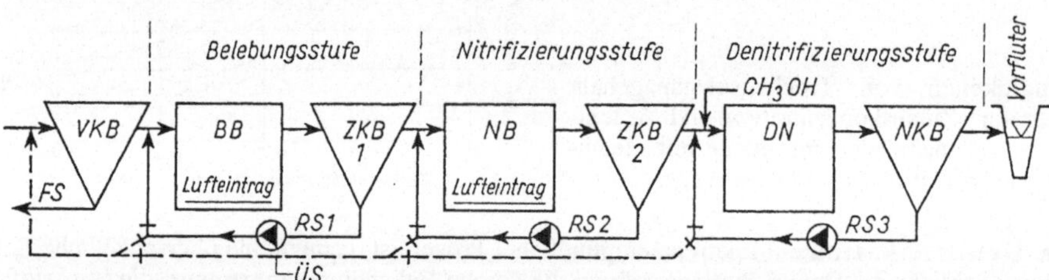

4.169 Belebungsanlage mit Stickstoffelimination in drei getrennten Verfahrensstufen nach [22]

VKB	= Vorklärbecken	*DN*	= Denitrifikationsbecken
ZKB	= Zwischenklärbecken	CH_3OH	= Methanol
NKB	= Nachklärbecken	*FS*	= Frischschlamm
BB	= Belebungsbecken	*RS*	= Rücklaufschlamm
NB	= Nitrifikationsbecken	*ÜS*	= Überschußschlamm

Die häufigsten Verfahren zur Denitrifikation sind folgende (**4**.170):

1. Belebungsverfahren mit nachgeschalteter Denitrifikation. Das Abwasser wird im Belebungsbecken möglichst vollständig nitrifiziert und anschließend im unbelüfteten, durchmischten Denitrifikationsbecken das Nitrat durch die endogene Atmung des belebten Schlammes entfernt. Da der Sauerstoffverbrauch nach abgeschlossener Nitrifikation nur gering ist, ist auch die Denitrifikationsgeschwindigkeit begrenzt. Die Folge ist, daß

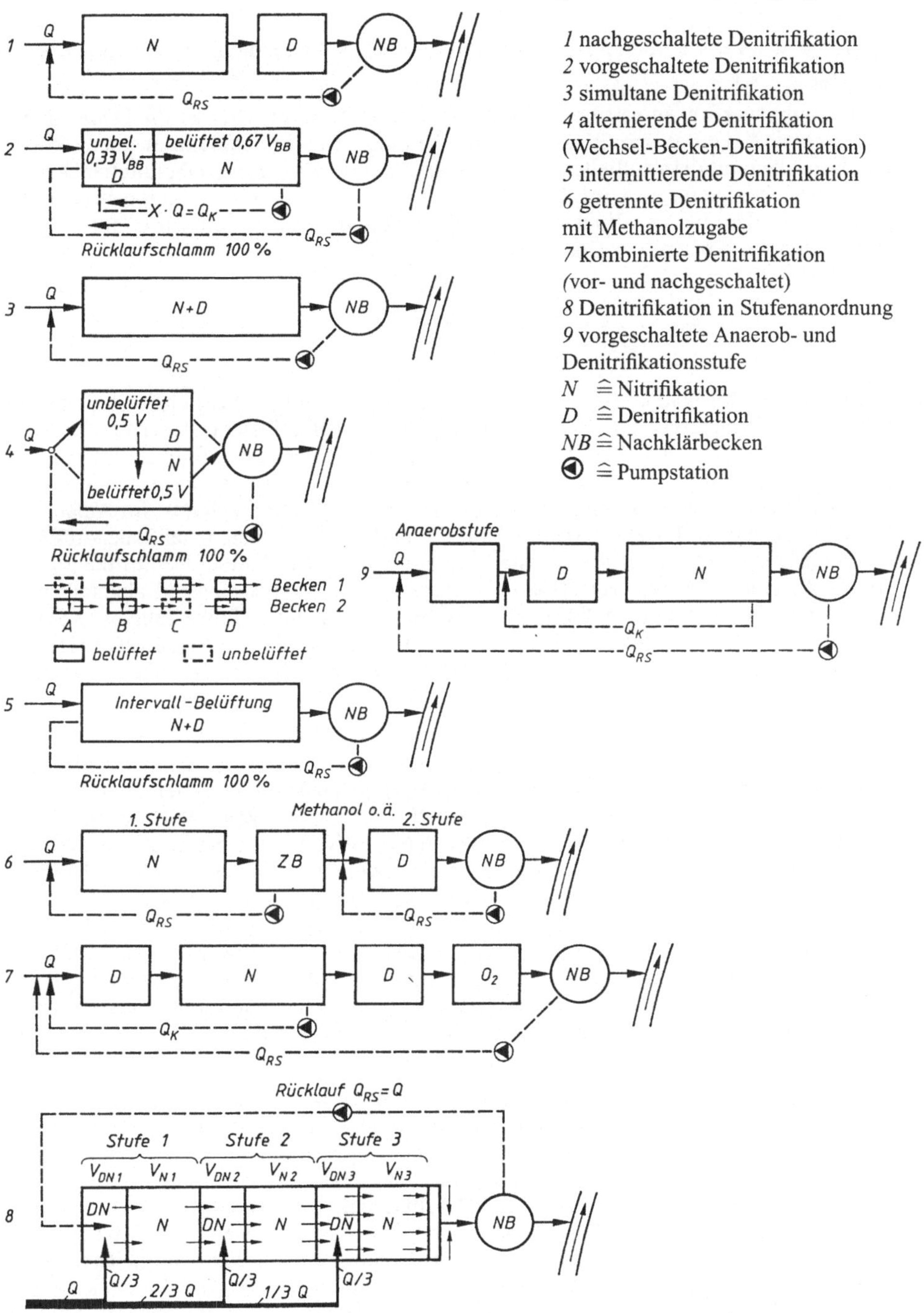

4.170 Zusammenstellung der Betriebsweisen von Belebungsanlagen zur Stickstoffentfernung nach [39c]

große Denitrifikationsbecken erforderlich werden. Meist bleibt die Denitrifikation unvollständig.

2. Belebungsverfahren mit vorgeschalteter Denitrifikation. Hier ist die Denitrifikationsgeschwindigkeit am größten, wenn nitrathaltiger belebter Schlamm aus dem Nitrifikationsbecken mit dem zufließenden Abwasser im vorgeschalteten, unbelüfteten Denitrifikationsbecken gemischt wird. Unter der Annahme, daß im Denitrifikationsbecken das gesamte mit dem bei den Rückläufen eingebrachte Nitrat eliminiert wird, läßt sich der Nitratgehalt im Ablauf der Kläranlage berechnen.

$$NO_3\text{-}N_A = \frac{Q \cdot NO_3\text{-N-gebildet}}{Q + Q_{RS} + Q_K} \quad \text{in g/m}^3$$

Bei einem Gesamtrücklauf ($Q_{RS} + Q_K$) von 200% des Zulaufs (Q) ergibt sich bereits eine Stickstoffentfernung von etwa 67% (N-Bedarf für den Zellaufbau des Überschußschlammes eingeschlossen). Je höher der BSB_5 des Zulaufes und der Feststoffgehalt des belebten Schlammes ist, um so schneller verläuft die Denitrifikation. Positiv wirkt sich ein fehlendes bzw. kleines Vorklärbecken durch erhöhten Sauerstoffverbrauch aus. Im Ablauf des Nitrifikationsteils soll der Sauerstoffgehalt $\leq$ 2 mg/l sein, da sonst zuviel Sauerstoff über den Kreislauf in den Denitrifikationsteil gelangt. Der vorgeschaltete Denitrifikationsteil soll durch eine möglichst versetzbare Trennwand vom Nitrifikationsteil abgeteilt werden. Der belebte Schlamm muß im Denitrifikationsteil mit einer Umwälzung ohne Sauerstoffeintrag in Schwebe gehalten werden. Dies gilt auch für die Kaskaden-Denitrifikation, bei der Denitrifikationsbecken und Nitrifikationsbecken mehrfach hintereinander abwechseln (s. unter 8.).

3. Belebungsverfahren mit gleichzeitiger (simultaner) Denitrifikation. Es besteht keine Trennung zwischen Nitrifikations- und Denitrifikationszone. Die Denitrifikation tritt dann auf, wenn die Anlage nitrifiziert und es im Belebungsbecken Zonen ohne gelösten Sauerstoff (anoxische Zonen) gibt. Dies betrifft z.B. Langbecken mit Druckbelüftung, wenn am Anfang des Belebungsbeckens der Sauerstoffverbrauch größer ist als die Sauerstoffzufuhr. Hier wird wegen des Sauerstoffmangels denitrifiziert. Auch im Umlaufbecken lassen sich Denitrifikationszonen herstellen. Grundlage der simultanen Denitrifikation ist, soviel Sauerstoff einzutragen, daß die Nitrifikation erfolgt, aber auch Zonen ohne gelösten Sauerstoff entstehen können, in denen denitrifiziert werden kann. Daher ist für die simultane Denitrifikation eine Steuerung der Belüftung nach dem Sauerstoffverbrauch des belebten Schlammes sinnvoll. Als Steuerungselemente für den Sauerstoffeintrag kommen z.B. der Sauerstoffverbrauch oder die Konzentration von Sauerstoff, Nitrat und Ammonium sowie das Redox-Potential in Frage.

4. Belebungsanlagen mit alternierender Denitrifikation wurden in Dänemark entwikkelt. Sie bestehen aus zwei Belebungsbecken, die alternierend mit Abwasser beschickt oder belüftet werden. Der Prozeß hat vier Phasen. In Phase A wird im Belebungsbecken 1 denitrifiziert (Abwasser und nitrathaltiger Belebtschlamm werden ohne Belüftung gemischt), während Becken 2 belüftet wird (Nitrifikation). Die Phase A ist abgeschlossen, wenn Becken 1 nitratlos ist. Phase B ist eine kurze Zwischenphase mit Belüftung in beiden Becken. In der Phase C wird Becken 2 als Denitrifikationsbecken in gleicher Weise wie Becken 1 während der Phase A benutzt. Der Belüftungszyklus wird durch eine Übergangsphase D abgeschlossen, in der wie bei Phase B beide Becken nochmals belüftet werden. Beispiel *SBR*-Verfahren (Abschn. 4.7.7). Verfahrensablauf ähnlich.

5. Belebungsverfahren mit intermittierender Denitrifikation. Der Wechsel zwischen aeroben und anoxischen Bedingungen wird in zeitlicher Folge durch intermittierende Belüftung erreicht. So wird zunächst stark belüftet, wobei nitrifiziert wird, während anschließend bei nur geringer Belüftung oder nur Mischung ohne Belüftung denitrifiziert wird. Der Wechsel sollte mindestens einmal pro Stunde erfolgen. Eine einfache Zeitsteuerung ist dort sinnvoll, wo die Belastung wenig schwankt (Trennkanalisation). Die intermittierende Denitrifikation wird nur für kleine Anlagen oder als Notmaßnahme bei Schwimmschlammbildung auf den Nachklärbecken angewandt.

6. Belebungsverfahren mit getrennter Denitrifikation und externer Kohlenstoffzugabe. Die Nitrifikation wird von der Denitrifikation vollständig getrennt und beiden werden getrennte Schlammkreisläufe zugeordnet. Da nach der ersten Stufe das gereinigte Abwasser keine organischen Kohlenstoffverbindungen mehr enthält, die zu Sauerstoffverbrauch und damit zur Denitrifikation führen würden, muß eine externe Kohlenstoffquelle dem Abwasser zugegeben werden. Als Alternative ist die Verwendung des Überschußschlamms oder von konzentrierten organischen Industrieabwässern möglich. Diese müssen eine gute biologische Abbaubarkeit aufweisen, so daß die Denitrifikation mit ausreichender Geschwindigkeit ablaufen kann. Die zusätzliche Kohlenstofffracht und die zu denitrifizierende Nitrat-Fracht sind aufeinander abzustimmen, um eine vollständige Denitrifikation zu erreichen, aber keine Ablaufverschlechterung durch nicht verbrauchte organische Substanz entsteht.

In Tafel **4**.52 sind die wichtigsten Kenngrößen der zur Denitrifikation geeigneten Industriesubstrate zusammengestellt. In der Praxis wird am häufigsten Methanol verwendet, aber auch Ethanol und Essigsäure werden eingesetzt. Neuer sind die speziell tür diesen Zweck hergestellten Kombinationsprodukte der Acetol-Reihe sowie Alkotat, die die Vorleile der Einzelsubstanzen miteinander vereinen.

Tafel **4**.52 Übersicht der wichtigsten Kenndaten verschiedener Industriesubstrate (Auswertung von Literaturdaten, nach Baumann und Krauth)

Substrat	Struktur	Dichte in kg/l	g *CSB*/ g Substrat	g Substrat/ g NO_3·N	Schlammenfall g TS/g NO_3·N_D
Methanol	CH_3OH	0,79	1,5	2,5 bis 3,3[1)]	0,53
Ethanol	C_2H_5OH	0,78	2,1	2,0[1)]	0,82
Essigsäure	CH_3COOH	1,00	1,07	3,5[1)]	0,55
Natriumacetat	CH_3COONa	1,00	0,78	4,6 bis 7,5	0,55
Glucose	$C_6H_{12}O_6$	1,00	1,07	4,7 bis 8,4	0,4
Acetol-20	[2)]	0,89	0,9	5[3)]	0,73
Acetol-100	[2)]	0,79	1,9	3[3)]	0,82
Alkotat	Glykol-Acetat	1,07	0,93	3,0[3)]	k.A.

[1)] stöchiometrisch
[2)] modifizierte alkoholische acetathaltige Lösung bzw. Gärungsalkohol auf Ethanolbasis (Acetat + Alkohol)
[3)] Herstellerangaben

7. Belebungsverfahren mit kombinierter (vor- und nachgeschalteter) Denitrifikation. Mit Hilfe eines vorgeschalteten Denitrifikationsbeckens kann eine vollständige Denitrifikation nur bei hohem Rücklaufverhältnis erreicht werden. Bei Anwendung der nachgeschalteten Denitrifikation sind lange Aufenthaltszeiten erforderlich. Bei Anwendung beider Verfahren ergeben sich Vorteile für eine weitgehende biologische Stickstoffentfernung. Um nachteilige Folgen durch die lange Aufenthaltszeit in der nachgeschalteten Denitrifikationsstufe zu vermeiden, ist vor dem Eintritt in das Nachklärbecken eine zweite Belüftungsstufe vorgesehen. Das Verfahren ist einzusetzen, wenn hohe Stickstoffelimination erreicht werden soll.

8. Denitrifikation in Stufenanordnung (Kaskaden). Das Beckenvolumen wird in mehrere Teile aufgeteilt. Zu jedem Teil gehört ein Nitrifikations- und ein Denitrifikationsteil. Die zufließende Abwassermenge wird in entsprechende Teilströme aufgeteilt, während der Rücklauf Q_{RS} im Hauptstrom die Einheiten nacheinander durchfließt. Der Rücklauf kann gegenüber der vorgeschalteten Denitrifikation unter 2. verringert werden. Das Verfahren fördert die mitlaufende biologische Phosphorentfernung.

9. Belebungsverfahren mit vorgeschalteter Anaerob- und Denitrifikationsstufe. Bei den Untersuchungen zur biologischen Stickstoffentfernung wurde oft auch eine weitgehende Verminderung der Phosphorverbindungen festgestellt. Diese Phosphorentfernung ohne Zugabe von Chemikalien wird erreicht, wenn die Denitrifikation möglichst vollständig ist und der Schlamm im Nachklärbecken nur eine kurze Verweilzeit hatte. Die Phosphorentfernung kann noch verbessert werden, wenn dem Denitrifikationsbecken ein anaerobes Mischbecken für Zulauf- und Rücklaufschlamm vorgeschaltet wird (s. Abschn. 4.5.4.2). **4.**170 (9) stellt die Anordnung im Haupt-Stromverfahren dar.

Neben den hier beschriebenen biologischen Verfahren zur Stickstoffelimination können auch Festbettreaktoren (Tropfkörper, Sandbettfilter, Aktivkohlefilter) benutzt werden. Die lange Generationszeit der nitrifizierenden Bakterien wird durch lange Aufenthaltszeiten der Bakterien im Reaktor ausgeglichen.

Mit größerem Kontroll- und Wartungsaufwand können auch physikalisch-chemische Verfahren eingesetzt werden [22]. Dazu zählen die Ammoniak-Desorption (Stripping), der selektive lonenaustausch und die Knickpunktchlorung. Anwendung bei stärker ammonium- und ammoniakhaltigem Abwasser.

Bemessung von Belebungsanlagen mit Denitrifikation. Ist eine weitgehende Nitrifikation ($N(NH_4^+)_A$ unter 3 mg/l) erforderlich, so ist bei Temperaturen im Belebungsbecken $\geq 10\,°C$ für die Bemessung des Beckens V_{BB} von einer Schlammbelastung von 0,15 kg/(kg · d) und einem Feststoffgehalt $TS_{BB} \geq 3{,}3\,kg/m^3$ auszugehen. Dies ergibt eine Raumbelastung von $\geq 0{,}5\,kg/(m^3 \cdot d)$. Bei Temperaturen im Belebungsbecken unter 10 °C ist die Schlammbelastung zu ermäßigen. Bei Abwasser mit hohem Schlammindex sollte $TS_{BB} \leq 2{,}5\,kg/m^3$ gewählt werden. Dadurch ergibt sich bei gleicher Schlammbelastung die geringere Raumbelastung von $0{,}38\,kg/(m^3 \cdot d)$. Die Belüftungszeit sollte bei $Q_{rw} \geq 1{,}5\,h$ sein.

Wegen der relativ geringen Belastung ergibt sich ein hohes Schlammalter. So werden auch biologisch langsam abbaubare Verunreinigungen und Stickstoffverbindungen oxidiert. Durch die längere Belüftungszeit können bei Trockenwetter Stoßbelastungen aufgefangen werden. Zur Gewährleistung einer gleichmäßig hohen Nitrifikation ist ein konstanter Feststoffgehalt im Belebüngsbecken wichtig.

Für die angestrebte Stickstoffentfernung ist die Aufteilung des Belebungsbekkens V_{BB} in eine Denitrifikationszone $a \cdot V_{BB}$ und eine Nitrifikationszone $(1-a)V_{BB}$ maßgebend. Für die vollständige Denitrifikation muß der im Nitrat verfügbare Sauerstoff ($2{,}9\,N_D$) kleiner sein als die Denitrifikationsatmung, etwa 70% der Kohlenstoffatmung $0{,}7 \cdot OV_C$. Damit ist für eine bestimmte Nitratfracht der Sauerstoffverbrauch zum Abbau der Kohlenstoffverbindungen maßgebend für das Volumen der Denitrifikationszone [39c]. Weitere, genauere Bemessungsansätze enthält die Neufassung von [1] ATV-A 131 (s. auch Abschn. 4.5.4.5).

$$\text{erf}\,OV_\mathrm{D} = 2{,}9\,\mathrm{N_D}$$
$$\mathrm{N_D} = \mathrm{N_Z} - \mathrm{N_{\ddot{U}S}} - \mathrm{N_A}$$
$$\text{vorh}\,OV_\mathrm{D} \leq a \cdot OV_\mathrm{C} \cdot 0{,}7$$
$$OV_\mathrm{C} = c \cdot \eta \cdot CSB$$

Für vollständige N-Entfernung gilt:

$$\text{vorh}\,OV_\mathrm{D} \geq \text{erf}\,OV_\mathrm{D}$$
$$a \cdot 0{,}7 \cdot c \cdot \eta \cdot CSB \geq 2{,}9 \cdot \mathrm{N_D}$$
$$a \geq \frac{4{,}14 \cdot \mathrm{N_D}}{c \cdot \eta \cdot CSB} \tag{4.40}$$

Einen ähnlichen Ansatz macht Kayser [59a] mit im Mittel $OV_\mathrm{D} = 0{,}75\,OV_\mathrm{C}$ (nach Ermel):

$$0{,}75 \cdot OV_\mathrm{C} \cdot V_\mathrm{D} \geq 2{,}9/1000 \cdot \mathrm{N_D} \cdot Q; \quad Q \text{ in m}^3/\text{d}$$
$$V_\mathrm{D} \geq 3{,}87 \frac{\mathrm{N_D} \cdot Q}{1000 \cdot OV_\mathrm{C}} \quad \text{in} \quad 3{,}87 \frac{\text{mg/l} \cdot \text{m}^3/\text{d}}{\frac{\text{m}^3 \cdot \text{mg}}{\text{l} \cdot \text{kg O}_2} \cdot \text{kg O}_2/(\text{m}^3 \cdot \text{d})} = \text{m}^3 \tag{4.41}$$

Hierin bedeuten:

$\mathrm{N_D}$	= denitrifizierbarer NO_3-Stickstoff in mg/l
$\mathrm{N_Z}$	= Stickstoff im Zulauf in mg/l
$\mathrm{N_{\ddot{U}S}}$	= Stickstoff im Überschußschlamm in mg/l
$\mathrm{N_A}$	= Stickstoff im Ablauf in mg/l
a	= Anteil der Denitrifikationszone am Belebungsbecken
OV_C	= Kohlenstoffatmung in kg $O_2/(m^3 \cdot d)$
OV_D	= Denitrifikationsatmung in kg $O_2/(m^3 \cdot d)$
c	= Anteil des entfernten $CSB = \eta \cdot CSB$, der veratmet wird
0,7 bzw. 0,75	= Faktor für Umrechnung OV_C in OV_D
V_D	= Volumen des Denitrifikationsbeckens in m^3

Für simultane Denitrifikation, Temperatur 15 °C, Schlammalter $t_\mathrm{TS} = 10$ d, $c \approx 0{,}6$ (aus *CSB*-Bilanz) ergibt sich:

$$a = 6{,}9 \frac{\mathrm{N_D}}{\eta \cdot CSB}$$

mit $a = 0{,}25$ werden denitrifiziert

$$\frac{\mathrm{N_D}}{\eta \cdot CSB} = \frac{0{,}25}{6{,}9} = 0{,}036 \text{ mg N/mg } CSB\text{-Abbau}$$

Für die vorgeschaltete Denitrifikation bei gleichen Bedingungen ergibt sich nach Kayser mit $a = 0{,}25$

$$\frac{\mathrm{N_D}}{\eta \cdot CSB} = 0{,}05 \text{ mg N/mg } CSB\text{-Abbau}$$

Nach den vorliegenden Erfahrungen kann man folgende generelle Aussagen machen:

Für die N-Elimination wird mit der vorgeschalteten Denitrifikation das kleinste Denitrifikations-Volumen benötigt.

Für die Denitrifikation gilt: Je höher der BSB_5 des Zulaufes, desto mehr Stickstoff kann entfernt werden.

Je höher der Anteil des entfernten $BSB_5 = \eta \cdot BSB_5$, desto mehr Stickstoff kann entfernt werden.

Da das C/N-Verhältnis i.d.R. nicht konstant ist, z.B. an Werktagen und am Wochenende, ist es besser, bei vorgeschalteter Denitrifikation keine starren Beckenaufteilungen vorzunehmen.

Für eine hohe Stickstoffentfernung ($\eta = 80$ bis 90%) ist eine einstufige Belebungsanlage ohne Vorklärung mit möglichst geringer Schlammbelastung, z.B. 0,05 bis 0,1 kg/(kg · d), zweckmäßig. Für die teilweise Stickstoffelimination ist eine vorgeschaltete Denitrifikationszone von 15 bis 30% des Nutzinhaltes des Belebungsbeckens ausreichend. Bei einer Schlammbelastung von 0,15 kg/BSB_5 (kg $TS \cdot$ d) für simultane Nitrifikation ist ein vergrößertes Belebungsbecken nicht erforderlich. Bei Wassertemperaturen unter 12 °C vermindert sich dann die Nitrifikationsrate. Dies gilt auch für die simultane Denitrifikation.

4.5.4.4 Berechnungsbeispiel für eine vorgeschaltete Denitrifikation nach [39c]

Kläranlage für 40000 E + EG, Mischsystem mit Nitrifikation und vorgeschalteter, teilweiser Denitrifikation, Vorklärbecken, $q_d = 100$ l/(EG · d); $BSB_5 = 50$ g/(EG · d) vor dem Belebungsbecken; $Q_f = 25\%$ von Q_d.

Ausgangswerte: $B_d = 2000\,\text{kg}\,BSB_5/\text{d} = BSB_5$-Fracht; CSB-Fracht $= 4000\,\text{kg}\,CSB/\text{d}$; $Q_{td} = 4000 + 0{,}25 \cdot 4000 = 5000\,\text{m}^3/\text{d}$; $Q_S = Q_{18} = 222\,\text{m}^3/\text{h}$; $Q_f = 42\,\text{m}^3/\text{h}$; $Q_t = Q_S + Q_f = 264\,\text{m}^3/\text{h}$; $Q_{rw} = 2Q_S + Q_f = 486\,\text{m}^3/\text{h}$.

$$BSB_5 \text{ im 24-h-Mittel} = 2000 \cdot 1000/5000 = 400 \text{ g/m}^3$$
$$CSB \text{ im 24-h-Mittel} = 4000 \cdot 1000/5000 = 800\,\text{g/m}^3$$

Im Zulauf sind vorhanden: $N_{gesamt,\,Z} = 60$ mg/l; $N(NH_4)_Z = 52$ mg/l; geforderte Ablaufwerte bei Q_t: $N(NH_4)_A \leq 1$ mg/l; $N_{org.\,A} \leq 3$ mg/l; $N(NO_3)_A \leq 10$ mg/l; $N_{ÜS} \mathrel{\hat{=}}$ Stickstoff im $ÜS = 15$ mg/l; $N(NO_2)_A \approx 0$; N_D (durch Denitrifikation) $= 31$ mg/l aus $60 - 15 - (10 + 3 + 1) = 31$ mg/l. Säurekapazität im Zulauf = 7 mmol/l. Abfiltrierbare Stoffe im Zulauf $= TS_o = 200$ mg/l.

Bemessungswerte nach Tafel **4.37**: $B_{TS} = 0{,}15\,\text{kg}\,BSB_5/(\text{kg}\,TS \cdot \text{d})$; $TS_{BB} = 3{,}3\,\text{kg}\,TS/\text{m}^3$; RV bei $Q_t = 1$: $Q_{RS,t} = 264\,\text{m}^3/\text{h}$; RV bei $Q_{rw} = 0{,}75$; $Q_{RS,\,rw} = 365\,\text{m}^3/\text{h}$; $ISV = 150$ ml/g.

$$B_R = 3{,}3 \cdot 0{,}15 = 0{,}495\,\text{kg}\,BSB_5/(\text{m}^3_{BB} \cdot \text{d}); \text{ erf } V_{BB} = 2000/0{,}495 = 4040\,\text{m}^3_{BB};$$
$$\text{vorh } V_{BB} = 4000\,\text{m}^3_{BB}; \; t_{rw} = V_{BB}/(2Q_s + Q_f) = 4000/486 \approx 8{,}2\,\text{h} > 1{,}5\,\text{h};$$
$$\text{Überschußschlamm-Anfall } ÜS = 0{,}9 \cdot 2000 = 1800\,\text{kg}\,TS/\text{d (nach Tafel 4.37)}$$
$$q_R = Q_{td}/V_{BB} = 5000/4000 = 1{,}25\,\text{m}^3/(\text{m}^3_{BB} \cdot \text{d})$$

Bemessung für feinblasige Belüftung und vorgeschaltete Denitrifikation. Bei der vorgesehenen Denitrifikationsrate von $31/41 \approx 0{,}75 = 75\%\,(41 = 45 - 3 - 1)$ ist eine Rezirkulation (Kreislauf) von $(Q_{RS} + Q_K)/Q_{Zu} = 3{,}0$ erforderlich (**4.**171). $3{,}0 \cdot Q_t = 792\,\text{m}^3/\text{h}$; davon werden $365\,\text{m}^3/\text{h}$ als $Q_{RS,\,rw}$ erbracht; $792 - 365 = 427\,\text{m}^3/\text{h}$ müßten durch getrennten Kreislauf $= Q_K$ erbracht werden (**4.**173).

4.172 zeigt den Vertikalschnitt einer Propellerpumpe als Rohrpumpe im Becken. Diese Aggregate werden vorwiegend als Rezirkulationspumpen zur Rückführung von nitrathaltigem Abwasser oder Belebtschlamm aus dem Nitrifikations- in das Denitrifikationsbecken eingesetzt.

4.171 Nitratelimination bei vorgeschalteter Denitrifikation in Abhängigkeit von der Rezirkulation $\eta N(NO_3) = N_D/(N_D + N(NO_3)_A)$

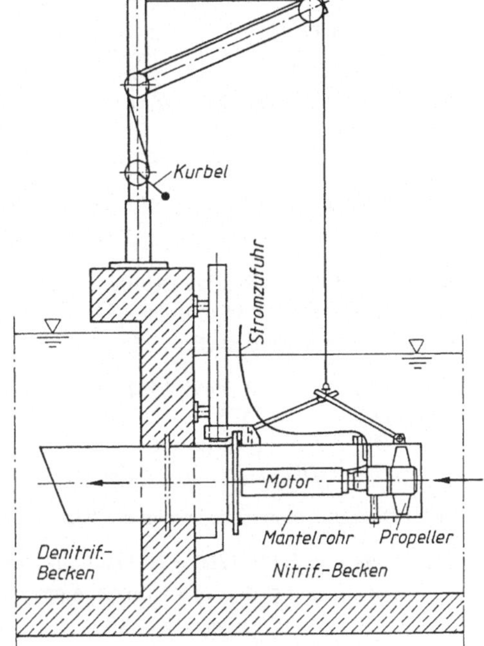

4.172 Vertikalschnitt durch eine Rezirkulationspumpe (Fa. Halberg)
Horizontale, einstufige Propellerpumpe in einem Mantelgehäuse. Bei Einsatz vor dem Ablauf des Nitrifikationsbeckens langes Mantelrohr durch das Nitrif.-Becken zum Deni-Becken

Leistungsbereich: Förderstrom 70 bis 1800 l/s = 250 bis 6500 m^3/h, Förderhöhe 0,2 bis 2,0 m, Drehzahl 235 bis 830 1/min, Motorleistung eng gerastert 1,5 bis 45 kW, Drehzahlregelung durch Frequenzumformung.

Betriebliche Vorteile: Kompaktbauweise, Wartungsarbeiten durch Ziehen des Aggregates, Befestigung durch Einhängevorrichtung und Dichtungen an der Beckenwand.

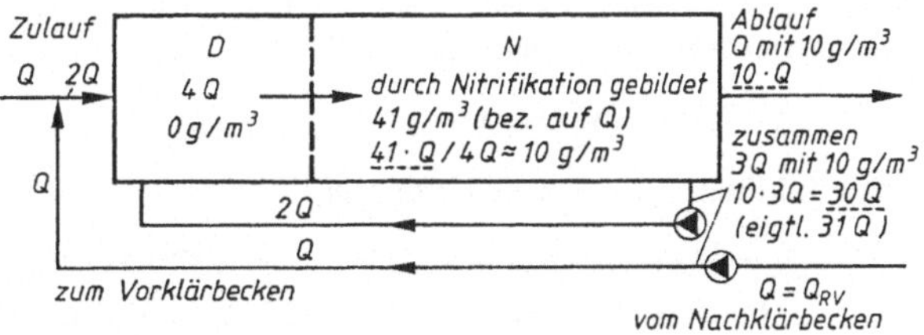

4.173 Q, $N(NO_3)$-Frachten und (-Konzentrationen) bei der vorgeschalteten Denitrifikation für Beispiel Abschn. 4.5.4.4
$Q \hat{=} Q_t$; $D \hat{=}$ Denitrifikation; $N \hat{=}$ Nitrifikation

a) Größe der Denitrifikationszone nach [39c]:

$$a = \frac{4{,}14 \cdot N_D}{c \cdot \eta \cdot CSB} \quad \text{mit} \quad c = 0{,}6 \rightarrow a = 6{,}9 \frac{N_D}{\eta \cdot CSB} \qquad \text{nach Gl. (4.40)}$$

$$\eta \cdot CSB = CSB\text{-Abbau: Rest-}CSB = 75\,\mathrm{g/m^3} \rightarrow \eta = \frac{800-75}{800} \approx 0{,}9 = 90\%;$$

$$N_D = 31\,\mathrm{mg/l};\ CSB = 800\,\mathrm{mg/l} \rightarrow a = 6{,}9 \cdot \frac{31}{0{,}9 \cdot 800} = 0{,}3;$$

$$V_D = 0{,}3 \cdot 4000 = 1200\,\mathrm{m^3} \mathrel{\widehat{=}} \text{Denitrifikationszone;}$$

$$V_N = 0{,}7 \cdot 4000 = 2800\,\mathrm{m^3} \mathrel{\widehat{=}} \text{Nitrifikationszone.}$$

Sauerstoffzufuhr (feinblasige Belüftung) unter Betriebsbedingungen (Tafel **4**.38) $= 10\,\mathrm{g/(m_L^3 \cdot m)}$; Einblastiefe $= 4{,}80\,\mathrm{m}$; O_2-Zufuhr $= 48\,\mathrm{g}\ O_2/\mathrm{m_L^3}$.
Sauerstoffverbrauch nach Gl. (4.27)

$$\begin{aligned} OV_R &= 0{,}5 \cdot 1{,}0 \cdot 0{,}495 + 0{,}24 \cdot 0{,}43 \cdot 3{,}3 + 1{,}25(4{,}6 \cdot 0{,}010 + 1{,}7 \cdot 0{,}031) \\ OV_R &= \quad 0{,}2475 \quad + 0{,}3406 \quad + 0{,}1234 \\ OV_R &= 0{,}71\,\mathrm{kg}\ O_2/(\mathrm{m^3 \cdot d}) \\ OV &= OV_R \cdot V_{BB} = 0{,}71 \cdot 4000 = 2840\,\mathrm{kg}\ O_2/\mathrm{d} \end{aligned}$$

In der Denitrifikationszone beträgt die BSB_5-Raumbelastung

$$\begin{aligned} B_{R,D} &= 2000/1200 = 1{,}67\,\mathrm{kg}\ BSB_5/(\mathrm{m_D^3 \cdot d}) \\ OV_{R,D} &= 0{,}5 \cdot 0{,}85 \cdot 1{,}67 + 0{,}24 \cdot 0{,}62 \cdot 3{,}3 = 1{,}2\,\mathrm{kg}\ O_2/(\mathrm{m_D^3 \cdot d})\ \text{(Gl. (4.27) 1. Teil);} \\ & TS_o/BSB_5 = 200/400 = 0{,}5; \\ & B_{TS} = 1{,}67/3{,}3 = 0{,}51 \rightarrow X = 0{,}62,\ F = 1{,}0 \quad \text{s. (4.35) und } \mathbf{4}.103; \\ OV_D &= 1{,}2 \cdot 1200 = 1440\,\mathrm{kg}\ O_2/\mathrm{d} = O_2\text{-Verbrauch der Kohlenstoffatmung} \\ & \text{in der Denitrifikationszone} \end{aligned}$$

Zugeführt werden der Denitrifikationszone an Nitratsauerstoff

$$N(NO_3) = 0{,}031 \cdot 5000 \cdot 2{,}9 = 500\,\mathrm{kg}\ O_2/\mathrm{d}$$

$2{,}9\,\mathrm{g}\ O_2/\mathrm{g}\ N(NO_3) \mathrel{\widehat{=}}$ Sauerstoffmenge, die bei der Denitrifikation zurückgewonnen werden kann.

Bei $\approx 2{,}0\,\mathrm{g/m^3}$ gelöstem Sauerstoff im Rücklauf ergibt sich zusätzlich

$$N(NO_3) = 0{,}002 \cdot 5000 = 10\,\mathrm{kg}\ O_2/\mathrm{d}$$

In das Denitrifikations-Becken gelangen $500 + 10 = 510\,\mathrm{kg}\ O_2/\mathrm{d}$ durch den Rücklauf. Dieser Wert ist $< 1440\,\mathrm{kg}\ O_2/\mathrm{d}$ = O_2-Verbrauch in der Deni-Zone. Man kann annehmen, daß der zugeführte Nitrat-Sauerstoff für die Denitrifikation voll genutzt wird. Die O_2-Zufuhr in der Nitrifikationszone beträgt (Betriebszustand) nach Tafel **4**.37

$$1{,}28 \cdot 2840 = 3635\,\mathrm{kg}\ O_2/\mathrm{d}$$

Im 24-h-Mittel ergibt sich die Luftmenge

$$Q_L = 3635/(24 \cdot 0{,}048) = 3156\,\mathrm{m_L^3/h}\ (0{,}048\,\mathrm{kg}\ O_2/\mathrm{m_L^3} \mathrel{\widehat{=}} O_2\text{-Zufuhr}).$$

Luftmenge für Bemessung $Q_L = 1{,}25 \cdot 3156 = 3945\ \mathrm{m_L^3/h}$

Im Normalbetrieb wird die Denitrifikationszone nur umgewälzt. Ein Energiebedarf von 8 bis $10\,\mathrm{W/m_D^3}$ ist erforderlich. Die Deni-Zone erhält aber auch Rohrbelüfter, um ggf. O_2 eintragen zu können.

In der Nitrifikationszone ergibt sich eine Leistungsdichte W_R mit dem Energiebedarf von 5,5 Wh/$(m_L^3 \cdot m)$:

$$W_R = \frac{3156 \cdot 5{,}5 \cdot 4{,}8}{2800} = 29{,}8\,W/m^3$$

Die Gesamtleistung im Betriebszustand ergibt sich zu

$$P = 3156 \cdot 5{,}5 \cdot 4{,}8 = 83318\,W \qquad \text{in} \qquad \frac{m_L^3 \cdot Wh \cdot m}{h \cdot m_L^3 \cdot m} = W$$

Bei der BSB_5-Fracht von 2000 kg/d beträgt die spezifische Leistung ohne die Umwälzenergie in der Deni-Zone :

$$P_B = \frac{83318 \cdot 24}{2000 \cdot 1000} \approx 1{,}0\,kWh/kg\,BSB_5; \qquad \frac{W \cdot h/d}{kg\,BSB_5/d \cdot W/kW} = kWh/kg\,BSB_5$$

Die Säurekapazität verringert sich auf ca.

$$7 - 46 \cdot 1/7 + 31 \cdot 1/14 = 2{,}64\,mmol/l$$

b) Größe der Denitrifikationszone nach Kayser [59a]

$$V_D = 3{,}87 \frac{N_D \cdot Q}{1000 \cdot OV_C} \quad \text{nach Gleichung (4.41)}$$

Es soll die gleiche Kläranlage wie unter a) berechnet werden. Es handelt sich hier um eine Iteration. Das Denitrifikationsvolumen muß zunächst geschätzt werden.

$$\left.\begin{aligned} V_D &= 850\,m^3 \\ V_N &= 2800\,m^3 \end{aligned}\right\} V = 3650\,m^3$$

Für **4**.174 wird das Schlammalter benötigt. Dieses beträgt mit den Ausgangswerten $B_R = 2000/3650 = 0{,}548$ und $B_{TS} = 0{,}548/3{,}3 = 0{,}166$; nach **4**.175 mit angenommen $TS_o = 200\,g/m^3$ und dem Zulauf $BSB_5 = 400\,g/m^3 = S_o \to TS_o/S_o = 200/400 = 0{,}5$; t_{TS} = Schlammalter = 9 d.

Mit t_{TS} aus **4**.174 für 15 °C $\to OV_C/B_R = 1{,}28\,kg\,O_2/kg\,BSB_5$;

$$OV_C = 1{,}28 \cdot 0{,}548 = 0{,}7\,kg\,O_2/(m^3 \cdot d)$$

Bei einem geforderten $N(NO_3)_A \leq 10\,mg/l$ ergibt sich aus **4**.174 mit $t_{TS} = 9$ d der Wert $N_{ÜS}/BSB_5 =$ 41 g N/kg BSB_5. Daraus

$$N_{ÜS} = 41 \cdot 2000/5000 = 16\,g\,N/m^3 \text{ Abwasser}$$

Die N-Bilanz liefert $N_D = 60 - 16 - (10 + 3 + 1) = 30\,mg/l$

$$\text{erf}\,V_D = 3{,}87 \frac{30 \cdot 5000}{1000 \cdot 0{,}7} = 829{,}3\,m^3 \to 850\,m^3$$

B_R nur für V_N wäre $= 2000/2800 = 0{,}71$ kg $BSB_5/(m_{BB}^3 \cdot d)$; $B_{TS} = 0{,}71/3{,}3 = 0{,}215$ kg BSB_5/(kg $TS \cdot$ d). Nach **4**.175 ist dies eine noch zul Schlammbelastung für $TS_o/S_o = 0{,}5$ und 15°, Sicherheitsfaktor 3, B_{TS} zul $\approx 0{,}22$.

c) Wird eine noch höhere Denitrifikationsleistung verlangt, z.B. $N(NO_3)_A \leq 5\,mg/l$, dann wäre V_D größer zu wählen

$$\text{Ansatz:} \quad \left.\begin{aligned} V_D &= 1050\,m^3 \\ V_N &= 2800\,m^3 \end{aligned}\right\} V = 3850\,m^3$$

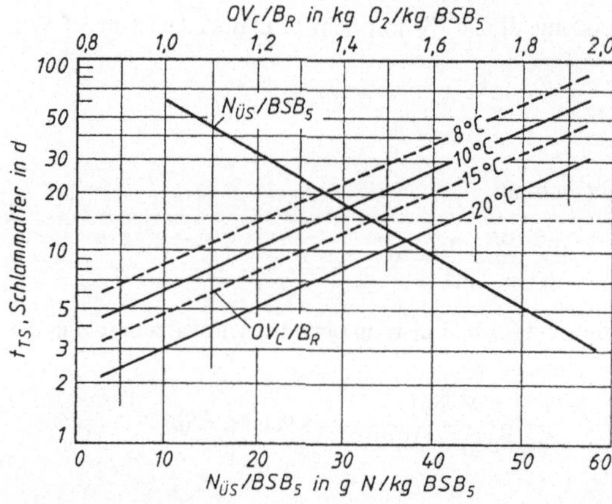

4.174 Sauerstoffverbrauch für Kohlenstoffabbau OV_C und in den Überschußschlamm eingebaute Stickstoffmenge $N_{ÜS}$ nach [59a]

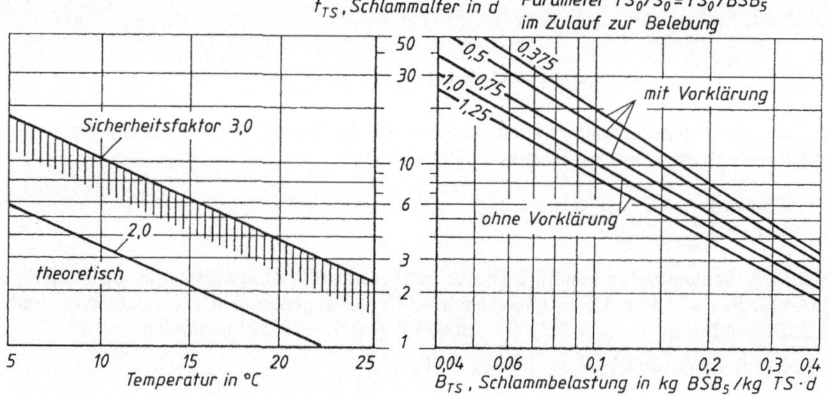

4.175 Erforderliche Schlammbelastung für Nitrifikation nach [59a]

$TS_o/S_o = 0{,}5$; $B_R = 2000/3850 = 0{,}52$; $B_{TS} = 0{,}52/3{,}3 = 0{,}157$; $t_{TS} = 9{,}5$ d; $OV_C/B_R = 1{,}3$; $OV_C = 1{,}3 \cdot 0{,}52 = 0{,}676$; $N_{ÜS}/BSB_5 = 40 \rightarrow N_{ÜS} = 40 \cdot 2000/5000 = 16$ g N/m³ Abwasser

$$N_D = 60 - 16 - (5 + 3 + 1) = 35$$

$$\text{erf}\,V_D = 3{,}87 \frac{35 \cdot 5000}{1000 \cdot 0{,}676} = 1002\,\text{m}^3 \rightarrow 1050\,\text{m}^3$$

Der Vergleich der Ansätze zwischen a) und b) + c) zeigt, daß die Rechnungen nach K a y s e r kleinere Denitrifikationsvolumen liefern.

4.176 zeigt das Ausführungsbeispiel einer kleineren Kläranlage für 3000 EW in runder Kombinationsbauweise mit vorgeschalteter biologischer P-Elimination, simultaner Denitrifikation im Umlaufbecken und einem Nachklärbecken. Es entstehen bei dieser Bauweise Kostenvorteile durch Verwendung von Systemschalungen und durch Platzeinsparungen. Schlammführung und Betrieb werden komplizierter als bei einer aufgelösten Bauweise.

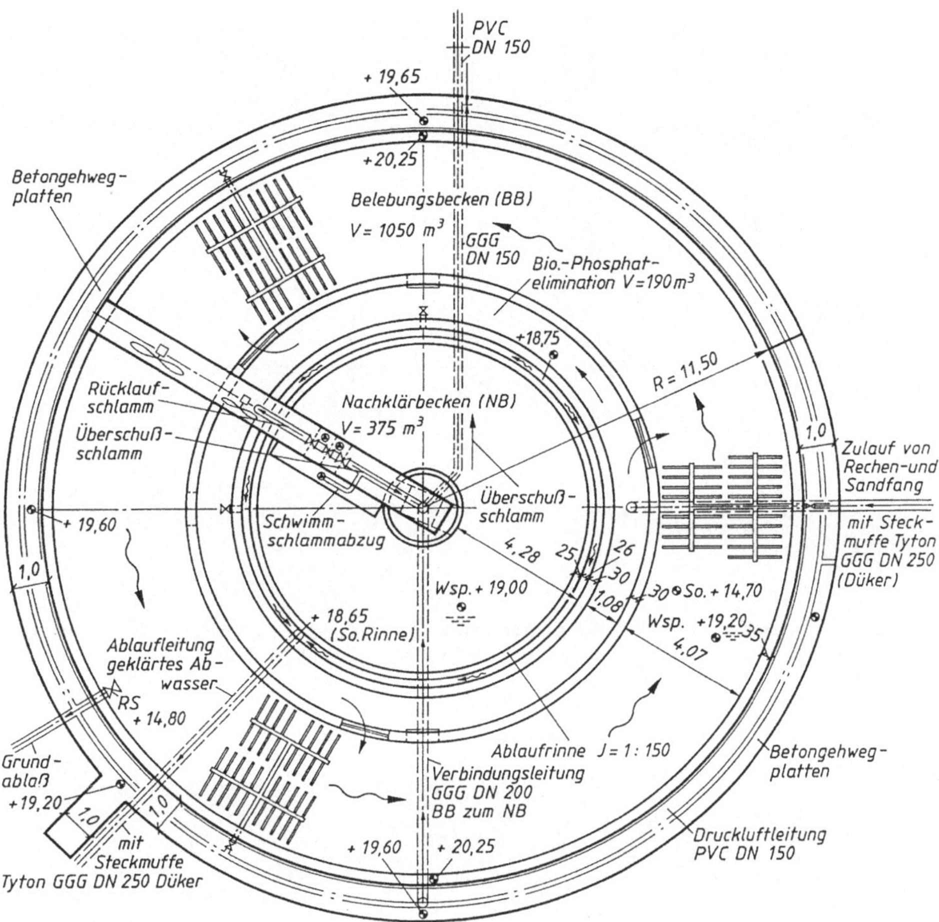

4.176 Ausführungszeichung einer KlA von 3000 EW für weitergehende Abwasserreinigung in Kombinationsbauweise

4.177 zeigt die zweistraßige Kläranlage Höchstedt für 15 000 EGW. In 6 Rechteckbecken mit 400 m³ bzw. 324 m³ Inhalt wird vorgeschaltete P-Elimination und Denitrifikation mit fakultativer Belüftung erreicht. Es wurden 6 Tauchmotor-Rührwerke (**4**.178) zur Umwälzung in den Bio-P- und Denibecken eingesetzt.

4.5.4.5 Bemessungsansätze für einstufige Belebungsanlagen ab 5000 EW nach ATV-A 131 [1]

Als sehr wichtige Bemessungsgröße gilt hier das Schlammalter t_{TS}. Es gibt an, wie lange rechnerisch eine Belebtschlammflocke im Belebungsbecken verbleibt und ist maßgebend für die Dimensionierung des Belebungsbeckens, vgl. Tafel **4**.37.

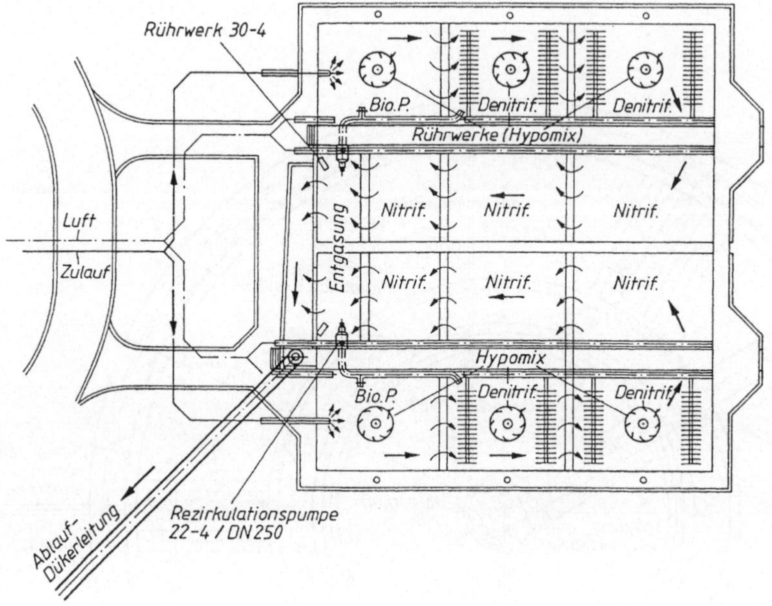

4.177 Belebungsanlage (15000 EWG), zweistraßige Ausführung mit Hypomix, Rezirkulationspumpen und Propellerrührwerken (Fa. ABS) zur C-, N- und P-Elimination

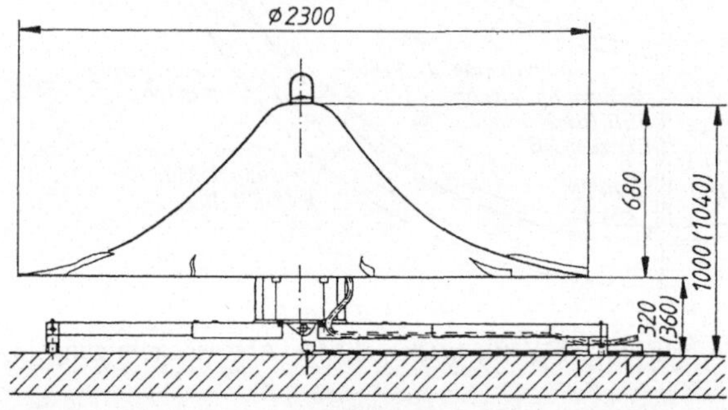

4.178
Tauchmotor-Rührwerk als Hyperboloidkörper (Fa. ABS = Hypomix), eingesetzt z.B. in Käranlage nach **4.**177. Maße in Klammern: HM 30/6 bis 60/4

Tafel **4.**53 nennt die Mindestschlammalter für verschiedene Verfahrensziele nach der Gleichung

$$\min t_{TS} = f \cdot 2{,}13 \cdot 1{,}103^{(15-T)} \quad \text{in d für Anlagen mit Nitrifikation} > 100\,000\,\text{EW}$$

mit $f = 2{,}9$ für $t_{TS} = 10\,\text{d}$
$f = 2{,}3$ für $t_{TS} = 8\,\text{d}$

$$\min t_{TS} = \frac{t_{TS} \text{ für Nitrifikation}}{1 - V_D/V_{BB}} \quad \text{in d für Anlagen mit Nitrifikation und Denitrifikation}$$

Für Anlagen $\leq 20\,000$ EW wird t_{TS} um 2d erhöht.
Für Anlagen $> 20\,000$ EW und $< 100\,000$ EW, t_{TS} um $2 \rightarrow 0$d erhöhen.

Tafel **4.**53 Schlammalter t_{TS}, Trockensubstanzgehalt TS_{BB} und Denitrifikationskapazität kg NO_3–N_D/kg BSB_5

Reinigungsziel	min Schlammalter t_{TS} in d Größe der Anlage bis 20 000 EW	über 100 000 EW	Trockensubstanzgehalt im Belebungsbecken in TS_{BB} in kg TS/m³ mit Vorklärung	ohne Vorklärung	Denitrifikationskapazität in kg NO_3–N_D/kg BSB_5 bei T = 10 °C Denitrifikation Vorgeschaltet, intermittierend, alternierend	Simultan
Abwasserreinigung ohne Nitrifikation	5	4	2,5 bis 3,5	3,5 bis 4,5		
Abwasserreinigung mit Nitrifikation (Bemessungstemperatur 10 °C)*)	10	8				
Abwasserreinigung mit Nitrifikation und Denitrifikation (Bemessungstemperatur 10 °C)			2,5 bis 3,5	3,5 bis 4,5		
V_D/V_{BB} = 0,2; $V_{BB} = V_D + V_N$	12	10			0,07	0,05
= 0,3	13	11			0,10	0,08
= 0,4	15	13			0,12	0,11
= 0,5	18	16			0,14	0,14
Abwasserreinigung mit Nitrifikation, Denitrifikation und Schlammstabilisierung	25	nicht empfohlen	–	4,0 bis 5,0		
Phosphorentfernung durch Simultanfällung	entsprechend den vorgenannten Reinigungszielen		3,5 bis 4,5	4,0 bis 5,0		

*) Für eine stabile Nitrifikation bei 12 °C ist eine Bemessungstemperatur von 10 °C erforderlich

Tafel **4.**54 Überschußschlammproduktion $ÜS_{BSB_5}$ Sauerstoffverbrauch OV_C und Stoßfaktoren f_C und f_N

		Schlammalter in Tagen = t_{TS} 4	6	8	10	15	25
Überschuß-schlamm-produktion $ÜS_{BSB_5}$ in kg TS/kg BSB_5	0,4 *)	0,74	0,70	0,67	0,64	0,59	0,52
	0,6 TS_o/BSB_5	0,86	0,82	0,79	0,76	0,71	0,64
	0,8 in	0,98	0,94	0,91	0,88	0,83	0,76
	1,0 kg/kg	1,10	1,06	1,03	1,00	0,95	0,88
	1,2	1,22	1,18	1,15	1,12	1,07	1,00
Sauerstoff-verbrauch OV_C in kg O_2/kg BSB_5	10 T	0,83	0,95	1,05	1,15	1,32	1,55
	12 in	0,87	1,00	1,10	1,20	1,38	1,60
	15 °C	0,94	1,08	1,20	1,30	1,46	1,60
	18	1,00	1,17	1,30	1,40	1,54	1,60
	20	1,05	1,22	1,35	1,45	1,60	1,60
Stoßfaktoren für Belastungsspitzen, 2 h Spitze/24 h Mittel in %	f_C	1,3	1,25	1,2	1,2	1,15	1,1
	f_N für ≤ 20000 EW	–	–	–	2,5	2,0	1,5
	f_N für > 100000 EW	–	–	2,0	1,8	1,5	–

*) TS_o gemessen durch Druckfiltration mit Membranfiltern 0,45 μm
TS_o ≙ abfiltrierbare Stoffe im Zulauf zum BB-Becken

Bei der Bemessung nach dem Schlammalter t_{TS} wird die Schlammproduktion $ÜS_B$ miteinbezogen. $ÜS_B$ läßt sich aus den Feststoffen im Überschußschlamm $TS_{ÜS}$ und aus den abfiltrierbaren Stoffen im Ablauf TS_e ermitteln.

Das Schlammalter ergibt sich zu:

$$t_{TS} = \frac{TS_{BB} \cdot V_{BB}}{Q_{ÜS} \cdot TS_{ÜS} + Q \cdot TS_e} \quad \text{in d} = \frac{\text{kg}\, TS \cdot \text{m}^3 \cdot \text{d} \cdot \text{m}^3}{\text{m}^3 \cdot \text{m}^3 \cdot \text{kg}\, TS} \tag{4.42}$$

Bemessungswerte für die Überschußschlammproduktion $ÜS_B$ in kg TS/kg BSB_5 können aus Tafel **4**.54 entnommen werden.

$ÜS_B$ setzt sich zusammen aus $ÜS_{BSB_5}$ für den Abbau der BSB_5-Fracht, in Abhängigkeit von Schlammalter, Temperatur und TS_0/BSB_5-Verhältnis, und dem Anteil $ÜS_P$ der Fällungsprodukte in Abhängigkeit vom Fällmittel und seiner Dosierung aus einer Simultanfällung, s. Abschn. 4.5.4.1. TS_o ≙ Trockensubstanzgehalt der abfiltrierbaren Stoffe im Zulauf zur Belebung. $B_{d,\,TSo}$ ≙ Tageszulauffracht von TS_o.

$$ÜS_B = ÜS_{BSB_5} + ÜS_P \quad \text{in kg/kg} \tag{4.43}$$

Aus einem nach Tafel **4**.53 gewählten Schlammalter t_{TS}, dem Trockensubstanzgehalt des belebten Schlammes TS_{BB} und der Schlammproduktion $ÜS_B$ lassen sich die BSB_5-Schlammbelastung B_{TS} und die BSB_5-Raumbelastung B_R ermitteln:

$$B_{TS} = \frac{1}{ÜS_B \cdot t_{TS}} \quad \text{in} \quad \text{kg}\, BSB_5/(\text{kg}\, TS \cdot d) \tag{4.44}$$

$$B_R = \frac{TS_{BB}}{ÜS_B \cdot t_{TS}} \quad \text{in} \quad \text{kg}\, BSB_5/(\text{m}^3 \cdot d) = \frac{\text{kg}\, BSB_5 \cdot \text{kg}\, TS}{\text{kg}\, TS \cdot d \cdot \text{m}^3} \tag{4.45}$$

Die weiteren Berechnungen nach Abschn. 4.5.2.1.

Der Trockensubstanzgehalt TS_{BB} ist bedingt nach Tafel **4**.53 wählbar. Zur Verhinderung von Schaumbildung ist $TS_{BB} \geq 2\,\text{kg/m}^3$ einzuhalten. Hohe Trockensubstanzwerte werden durch die Eindickfähigkeit des Belebtschlammes in der Nachklärung begrenzt.

Für die Abwasserreinigung ohne Nitrifikation beträgt das maßgebende Schlammalter nach Tafel **4**.53 in Abhängigkeit von der Größe der Anlage vier bis fünf Tage. Im Belebungsbecken sollte der Trockensubstanzgehalt $TS_{BB} \leq 3{,}5\,\text{kg/m}^3$ sein. Bei Abwaser, das einen hohen Schlammindex erzeugt, sollte $TS_{BB} < 2{,}5\,\text{kg/m}^3$ gewählt werden.

Damit bei der Abwasserreinigung mit Nitrifikation eine stabile Nitrifikation gewährleistet ist, sollte die Bemessungstemperatur mit 10 °C angenommen werden, daraus ergibt sich t_{TS} nach Tafel **4**.53. Bei hohen Belastungsspritzen ($> 2{,}0 \cdot$ Tagesmittelwert) und bei sehr hohen hydraulischen Belastungen, mit einem Schlammgehalt im Belebungsbecken >sechs Stunden lang um über 30% sollte man Ausgleichsbecken vorsehen.

Bei der Abwasserreinigung mit Nitrifikation und Denitrifikation ist die Größe des Denitrifikationsteiles abhängig von der angestrebten Stickstoffentfernung; dem Verhältnis des nitrifizierten Stickstoffes zum BSB_5 im Zulauf; dem Anteil des leicht abbaubaren BSB_5 im Zulauf; dem Schlammalter; dem Trockensubstanzgehalt TS_{BB}; der Abwassertemperatur.

Folgende Faktoren wirken sich günstig auf die Denitrifikation aus: fehlende Vorklärung oder kurze Vorklärzeit; Verhältnis BSB_5-filtriert/BSB_5-gesamt groß; Verwendung von Beckenkaskaden bei der vorgeschalteten Denitrifikation; Vorversäuerung des Abwassers; Mengen- und Konzentrationsausgleich des Zulaufes, z.B. in Mischbecken; Durchmischung von Abwasser und Schlamm mit geringen Turbulenzen; Zuführung von Abwasser und Rücklauf, ohne Sauerstoff in das Denitrifikationsbecken einzutragen, z.B. durch Schneckenpumpen oder Überfälle.

Nachteilig auf die Denitrifikation wirken durch Verringerung des BSB_5, der für die Denitrifikation notwendig ist: hoher Fremdwasseranteil und Mischwasserzufluß; Verminderung des schnell abbaubaren Anteils des BSB_5 schon in den Zuleitungen zum Klärwerk; zeitlich unterschiedliche Ganglinien des BSB_5 und des Stickstoffs; Vorfällung, wenn damit das TKN-/BSB_5-Verhältnis $> 0{,}2$ wird; Verhältnis von Stickstoff zu BSB_5 im Zulauf $> 0{,}25$; Nitrat im Zulauf zum Klärwerk.

Je nach dem Anteil des Denitrifikationsbeckens V_D am Belebungsbecken ($V_{BB} = V_N + V_D$) können bei ca. 10 °C je kg BSB_5 0,05 bis 0,14 kg NO_3-N durch Denitrifikation entfernt werden (s. Tafel **4.**53).

Zusätzlich werden ca. 0,04 bis 0,05 kg Stickstoff je kg BSB_5 für den Zellaufbau benötigt und mit dem Überschußschlamm abgeführt. Im Schlammwasser wird ein Teil davon zurückgeführt.

Für eine teilweise Denitrifikation reicht ein Denitrifikationsanteil am Belebungsbecken von 20% bei vorgeschalteter oder 25 bis 30% bei simultaner Denitrifikation aus. Eine weitergehende Denitrifikation ist bei Vergrößerung des Denitrifikationsteiles bis $\leq$ 50% möglich.

Nitrifizierende Bakterien sind aerob. Mit vergrößertem Anteil des Denitrifikationsbeckens muß das Schlammalter auch vergrößert werden.

Da bei der vorgeschalteten Denitrifikation Nitrat nur im internen und externen Kreislauf in den Denitrifikationsteil zurückgeführt wird, bestimmt das Rückführungsverhältnis die Denitrifikationsrate. Das erforderliche Rückführungsverhältnis kann aus Bild **4.**171 ermittelt werden, dabei sind Reserven für Stoßbelastungen vorzusehen. Bei zu hohem Rückführverhältnis wird zuviel gelöster Sauerstoff aus dem Nitrifikations- in den Denitrifikationsteil zurückgeführt. Um den Sauerstoff im Kreislaufwasser zu vermindern, ist an der Entnahmestelle des Belebungsbeckens für den internen Kreislauf ein Bereich mit vermindertem Lufteintrag sinnvoll. Bei großem Denitrifikationsteil $\geq$ 40% kann mit der simultanen Denitrifikation mehr Stickstoff entfernt werden, da die begrenzte Rückführung entfällt.

Ist eine Reinigung ohne Vorklärung bei gleichzeitiger Stabilisierung des Schlammes vorgesehen, so ist für die Bemessung auf Nitrifikation und Denitrifikation ein t_{TS} von 25 Tagen und ein $TS_{BB} \leq 5\,kg/m^3$ zulässig. Bei Abwasser mit erhöhtem Schlammindex sollte $TS_{BB} \leq 4\,kg/m^3$ bleiben. Durch die lange Belüftungszeit sind diese Anlagen sicher gegen Schwankungen des Zuflusses und der Konzentrationen. Bei länger anhaltenden niedrigen Temperaturen $\leq 10\,°C$ im Belebungsbecken vermindert sich der Stabilisierungsgrad des Schlammes. Wird keine volle Stabilisierung des Schlammes angestrebt, z.B. bei schwachbelasteter Nachklärstufe, kann das Schlammalter vermindert werden (s. Tafel **4.**53).

Phosphorentfernung durch Fällmittel (vgl. Abschn. 4.5.4.1). Für den Aufbau der Biomasse werden ca. 0,01 kg Phosphor je kg BSB_5 benötigt. Wenn bei Kläranlagen mit Nitrifikation und Denitrifikation die Simultanfällung angewendet wird, sind die Fällungsprodukte bei der Schlammproduktion besonders zu erfassen. Es ergibt sich eine deutliche Zunahme des Überschußschlammes, aber auch ein niedrigerer Schlammindex. Damit können höhere Trockensubstanzgehalte $\leq 4{,}5\,kg/m^3$ im Belebungsbecken zugelassen werden.

Bei der Verwendung von Eisen(II)sulfat kann es zu einem Hemmeffekt der Nitrifikation kommen. Man sollte dann das Schlammalter um 10% vergrößern.

Biologische Phosphorentfernung (vgl. Abschn. 4.5.4.2). Die Kontaktzeit von Abwasser und Rücklaufschlamm im Anaerob-Becken beträgt etwa 1 bis 3 h. Auch bei Anlagen mit simultaner Denitri-

Tafel **4.**55 Härtegrade

Parameter	Dimension	Umrechnungs-faktor
Säurekapazität $K_{S\,4,3}$	mmol/l	1
Hydrogencarbonat HCO_3	mg/l	61
Calziumcarbonat $CaCO_3$	mg/l	50
deutsche Härte	°dH	2,8

fikation ist ein vorgeschaltetes Anaerob-Becken zweckmäßig. Bei kombinierter biologischer und chemischer Phosphorentfernung und nitratarmem Rücklaufschlamm vermindert sich die Fällmittelzugabe um $\geq$ 50%. Bei der biologischen Phosphorentfernung im Hauptstromverfahren wird ebenfalls ein niedriger Schlammindex erreicht.

Säurekapazität. Unter der Säurekapazität $K_{S\,4,3}$ eines Wassers versteht man die in mmol ausgedrückte Menge an Salzsäure (HCl), die erforderlich ist, um 1 l Wasser auf den pH-Wert von 4,3 einzustellen. Sie wird nach DIN 38 409-H7-2-1 bestimmt. Tafel **4.**55 nennt verschieden definierte Härtegrade. Durch die Nitrifikation und die Zugabe von Metallsalzen (Fe^2, Fe^3, Al^3) zur Phosphorelimination werden die Säurekapazität (Härtehydrogencarbonat) und der pH-Wert des Abwassers herabgesetzt. Die Säurekapazität des Abwassers K_{So} entsteht aus der Säurekpazität des verwendeten Trinkwassers und aus dem Ammoniumgehalt des Abwassers. Regenwasser vermindert die Säurekapazität, da es keine Härtebildner enthält. Die Säurekapazität des Abwassers nimmt bei Nitrifikation und Phosphatfällung im Belebungsbecken etwa folgendermaßen ab:

$$K_{Se} = K_{So} - [0{,}07(NH_4\text{-}N_o - NH_4\text{-}N_e + NO_3\text{-}N_e) + 0{,}06\,Fe^3 + 0{,}04Fe^2 + 0{,}11\,Al - 0{,}03(P_o - P_e)] \quad \text{in mmol/l}$$

mit $(P_o - P_e) \mathrel{\hat{=}}$ gefällter P. Alle Klammerwerte [] in mg/l (4.46)

Der freie Säure- oder Laugenanteil in bestimmten Fällungsmitteln muß zusätzlich berücksichtigt werden.

Die verbleibende Säurekapazität K_{Se} im Ablauf der Belebungsanlage soll $\geq$ 1,5 mmol/l sein. Bei einem CO_2-Gehalt von ca. 0,5 bis 1,0 mmol/l ergeben sich dann pH-Werte von 6,6 bis 6,9. Es sollte möglichst ein pH-Wert von 7,0 erreicht werden, ggf. durch Zugabe von Neutralisationsmitteln, wie z.B. Kalkmilch.

Der CO_2-Gehalt ist von der Sauerstoffausnutzung des Belüftungssystems abhängig. Aus Tafel **4.**56 sind die pH-Werte zu entnehmen.

Bei Wassertiefen im Belebungsbecken > 5 m ergibt sich zwar eine hohe O_2-Ausnutzung bei geringem Lufteintrag, aber u.U. ein zu geringer Strippeffekt für das CO_2.

Tafel **4.**56 pH-Werte im Belebungsbecken, abhängig von der Säurekapazität K_S und der O_2-Ausnutzung

K_S in mmol/l	Sauerstoffausnutzung in % 6	9	12	18	24
1	6,9	6,7	6,6	6,5	6,4
1,5	7,1	6,9	6,8	6,7	6,6
2	7,2	7,0	6,9	6,8	6,7
2,5	7,3	7,1	7,0	6,9	6,8
3	7,4	7,2	7,1	7,0	6,9
4	7,5	7,3	6,9	6,8	6,6

Schlammproduktion. Für die Dimensionierung einer Belebungsanlage nach dem Schlammalter ist die Schlammproduktion von Bedeutung. Für die Dimensionierung der Schlammbehandlung interessiert der Überschußschlamm. Er enthält die Anteile nach Gl. (4.43).

Maßgebend für die Überschußschlammproduktion aus der Elimination des BSB_5 sind das Schlammalter, das Verhältnis TS_O/BSB_5 sowie die Temperatur. Aus Tafel **4.**54 kann der $\ddot{U}S_{BSB_5}$-Wert für 10 °C entnommen werden, für höhere Temperaturen sind die Werte geringer. Vergleiche auch Bild **4.**103 und Gl. (4.25).

Schlammproduktion $\ddot{U}S_{BSB_5}$ nach der Formel

$$\ddot{U}S_{BSB_5} = 0{,}6\left(\frac{TS_o}{BSB_5}+1\right) - \frac{0{,}072\cdot 0{,}6\cdot F}{1/t_{TS}+0{,}08\cdot F} \quad \text{in kg } TS\text{/kg } BSB_5 \tag{4.47}$$

mit $F = 1{,}072^{(T-15)}$

Maßgebend für die Schlammproduktion $\ddot{U}S_P$ aus der Simultanfällung sind das Fällmittel und das mol-Verhältnis des Metalls zum Phosphor. Bei einem mol-Verhältnis von 1,5 mol Metall pro 1 mol Phosphor muß mit einer Überschußschlammproduktion von 2,5 kg TS pro kg Eisen bzw. 4 kg TS pro kg Aluminium gerechnet werden. Der Wert $\ddot{U}S_P$ ergibt sich

bei Fällung mit Eisensalzen zu

$$\ddot{U}S_P = 6{,}8\cdot\frac{\mathrm{P}}{BSB_5} \quad \text{in kg } TS\text{/kg } BSB_5; \tag{4.48a}$$

bei Fällung mit Aluminiumsalzen zu

$$\ddot{U}S_P = 5{,}3\cdot\frac{\mathrm{P}}{BSB_5} \quad \text{in kg } TS\text{/kg } BSB_5; \tag{4.48b}$$

Bei biologischer Phosphorentfernung ist die zusätzliche Schlammproduktion gering. Durch die Rückführung des Schlammwassers erhöhte P-Werte sind zu beachten.

Sauerstoffzufuhr. Der Sauerstoffverbrauch ergibt sich aus dem Abbau der Kohlenstoffverbindungen und der Oxidation der Stickstoffverbindungen (s. auch Gl. (4.27)). Der Sauerstoffverbrauch OV_C für die Oxidation der Kohlenstoffverbindungen beträgt

$$OV_C = \frac{0{,}144\cdot t_{TS}\cdot F}{1+t_{TS}\cdot 0{,}08\cdot F} + 0{,}5 \quad \text{in kg } O_2\text{/kg } BSB_5 \tag{4.49}$$

und gilt für $OV_C \leq 1{,}6$ kg O_2/kg BSB_5 mit $F = 1{,}072^{(T-15)}$.

Die Sauerstoffverbrauchswerte für den Abbau der Kohlenstoffverbindungen OV_C, s. Tafel **4.**54, und die Oxidation der Stickstoffverbindungen OV_N werden getrennt ermittelt. Aus der Summe der beiden ergibt sich unter Berücksichtigung des Sättigungsdefizits die erforderliche Sauerstoffzufuhr, auch Sauerstofflast O_B. Der O_2-Verbrauch OV_N für die Oxidation der Stickstoffverbindungen beträgt

$$OV_N = (4{,}6\cdot NO_3\text{-}N_e + 1{,}7 NO_3\text{-}N_D)/BSB_5 \quad \text{in kg } O_2\text{/kg } BSB_5 \tag{4.50}$$

BSB_5, NO_3-N, NO_3-N_D in mg/l oder in kg/d

Liegen keine genaueren Analysen vor, so sind für die maximal stündliche Sauerstoffzufuhr Stoßfaktoren nach Tafel **4.**54 zu verwenden. Da in vielen Kläranlagen die maximale Stickstoffbelastung und die maximale Kohlenstoffbelastung zeitlich verschoben sind, sollten die beiden Lastfälle, mittlere Stickstoffbelastung ($f_N = 1$) bei maximaler

Kohlenstoffbelastung und maximale Stickstoffbelastung (2-h-Spitze) bei mittlerer Kohlenstoffbelastung ($f_C = 1$), berücksichtigt werden. Wenn für Abwasserreinigung ohne Denitrifikation in den Sommermonaten Nitrifikation zu erwarten ist, so sind die Werte für OV_C entsprechend zu erhöhen.

Die erforderliche Sauerstoffzufuhr O_B ist nach dem gewählten Sauerstoffgehalt C_x in der belüfteten Zone zu berechnen

$$O_B = \frac{C_s}{C_s - C_x}(OV_C \cdot f_C + OV_N \cdot f_N) \qquad \text{in kg } O_2/\text{kg } BSB_5 \qquad (4.51)$$

Der maximale stündliche Sauerstoffverbrauch errechnet sich zu 1/24 des täglichen Sauerstoffverbrauchs multipliziert mit den Faktoren f_N und f_C. Bei intermittierender Denitrifikation ist die Sauerstoffzufuhr wegen der Belüftungspausen zu erhöhen. Als min C_x-Werte gelten für Anlagen ohne oder mit Nitrifikation: 2 mg/l; Anlagen mit Nitrifikation und simultaner Denitrifikation: 0,5 mg/l bei Umlaufbecken.

Die Sauerstoffzufuhr unter Betriebsbedingungen ist sicherzustellen. Hat man die Eintragswerte in Reinwasser, so muß die Sauerstofflast O_B durch den Faktor $\alpha = 0{,}5$ bis 1,0 dividiert werden.

Bei Inbetriebnahme ist die Anlage meist geringer belastet als es der Bemessung entspricht. Aufgrund unterschiedlicher Belastungen, auch in den Tages- und Nachtstunden, schwankt der Sauerstoffverbrauch der Mikroorganismen $\geq 5:1$. Das Belüftungssystem sollte durch geringere Sauerstoffzufuhr daran anpaßbar sein. Dies läßt sich durch Unterteilung der Belüftungs-Aggregate oder durch veränderbare Leistungen der Aggregate erreichen. Auch bei geringer Sauerstoffzufuhr muß jedoch eine ausreichende Umwälzung vorhanden sein, um den Schlamm in Schwebe zu halten. Es kann auch eine Trennung der Sauerstoffzufuhr von der Umwälzung erfolgen. Bei vorgeschalteter Denitrifikation sollte man auch in der Denitrifikationszone eine Belütung vorsehen, um diese im Bedarfsfall für die Nitrifikation nutzen zu können. Die Leistungsdichte für die Umwälzung der Denitrifikationszone hängt von der Beckengröße ab. Im allgemeinen genügen 3 bis 8 W/m^3.

Bei vorgeschalteter Denitrifikation mit einem Rückführverhältnis von 1 bis 3 ist am Beginn der belüfteten Zone der Sauerstoffverbrauch wesentlich größer als der Mittelwert.

Mit den nach ATV-A 131 [1] empfohlenen Bemessungswerten lassen sich für kommunales Abwasser mit $CSB/BSB_5 \approx 2$; $TKN/BSB_5 \leq 0{,}25$ in einstufigen Belebungsanlagen die Ablaufwerte nach den Anforderungen des Anhangs 1 der Abwasser-VO einhalten (s. Tafel **4.**9).

Ablaufwerte < 1 mg P/l sind in der Regel nur mit Flockungsfiltration erreichbar.

4.5.4.6 Berechnungsbeispiel für weitergehende Abwasserreinigung unter Berücksichtigung des Arbeitsblattes ATV-A 131 [1]

Es handelt sich um eine Kläranlage an der Ostseeküste (s. **4.**179). Die Ortsentwässerung umfaßt die Entsorgung eines Küstenabschnitts der Kieler Bucht in einer Länge von ca. 9 km mit sieben Campingplätzen und drei Ortschaften. Der Sammlung des Abwassers dienen acht pneumatische Schmutzwasser-Hebeanlagen (s. **3.**140).

Sämtliche Anlagenteile unterliegen wegen des ausgeprägten Fremdenverkehrs in diesem Gebiet sehr unterschiedlichen Belastungen, was sich besonders auf die Kläranlage auswirkt. Hier liegen die Bemessungsgrößen im Winter bei 3000 EW und im Sommer bei 12000 EW. Die Kläranlage wurde zunächst als Teichanlage mit einer Adsorptions-Vorstufe geplant. Die Allgemeine Rahmen-Verwaltungsvorschrift vom 8.09.1989 stellte dann erhöhte Anforderungen an die Reinigungsleistung, was eine Umplanung der Vorklärstufe bedingte. Neben dem Abbau von CSB und BSB_5 wird jetzt auch der Abbau des

Stickstoffs vorgesehen. Den Phosphor eleminiert die Kläranlage auf biologischer und bei Bedarf auch auf chemischer Basis (**4.**180).

1. Ausgangswerte für die Bemessung

Vergleiche Tafel **4.**4. Die dort angeführten Werte können verwendet werden, wenn keine Messungen möglich sind.

Trennsystem. $EW_{60} = 12000$

$Q_{sd} = 1500\,m^3/d$; $Q_{fd} = 1000\,m^3/d$; $Q_{td} = Q_{sd} + Q_{fd} = 2500\,m^3/d$

$\max Q_p \mathrel{\hat{=}}$ maximal gepumpte Wassermenge $= 380\,m^3/h$

$Q_{t18} = 140\,m^3/h$; $Q_{t24} = 105\,m^3/h$

$B_{d,CSB} = 12000 \cdot 120/1000 = 1440\,kg/d$

$B_{d,BSB_5} = 12000 \cdot 60/1000 = 720\,kg/d$; $B_{24,BSB_5} = 720/24 = 30\,kg/h$

$B_{d,TKN} = 12000 \cdot 11/1000 = 132\,kg/d$; $B_{d,NO_3\text{-}N} = 0$; $B_{d,NH_4\text{-}H} = 102\,kg/d$

$B_{d,TSo} = 400\,kg/d$; SK im Zulauf $= K_{So} = 7{,}5\,mmol/l$

$B_{d,Po} = 12000 \cdot 2{,}5/1000 = 30\,kg/d$

Bemessungstemperatur $T = 10\,°C$; kein Vorklärbecken.

Geforderte Ablaufwerte:

$CSB = 90\,mg/l$; $BSB_5 = 20\,mg/l$; Pges. $= 2\,mg/l$

NH_4-N $= 10\,mg/l$; Nges, anorg. $= NH_4\text{-N} + NO_3\text{-N} + NO_2\text{-N} = 18\,mg/l$

Adsorbierbare organisch gebundene Halogene (AOX) = 100 μg/l; Fischgiftigkeit 2 G_F; Metalle und ihre Verbindungen: Hg = 1 μg/l; Cadmium = 5 μg/l; Cr, Ni, Pb je 50 μg/l; Cu = 100 μg/l.

NH_4-N und Nges. nur vom 1.5. bis 31.10. jeden Jahres.

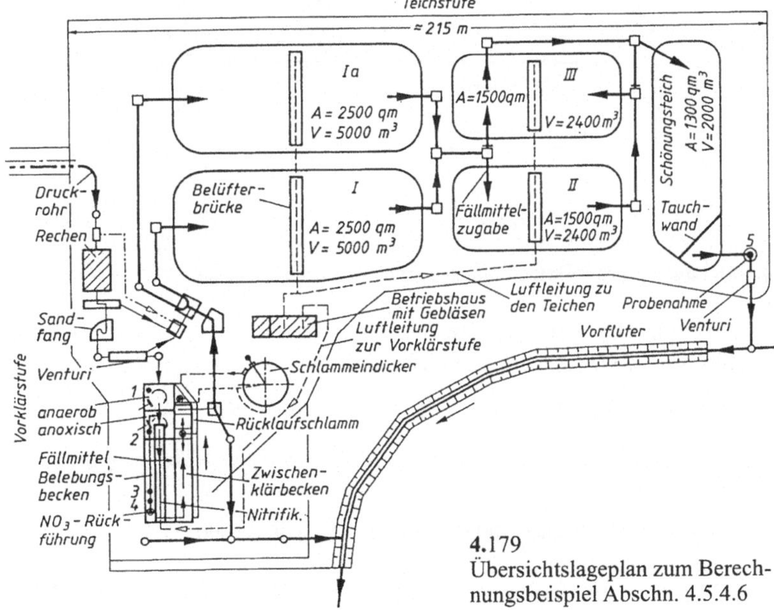

4.179
Übersichtslageplan zum Berechnungsbeispiel Abschn. 4.5.4.6

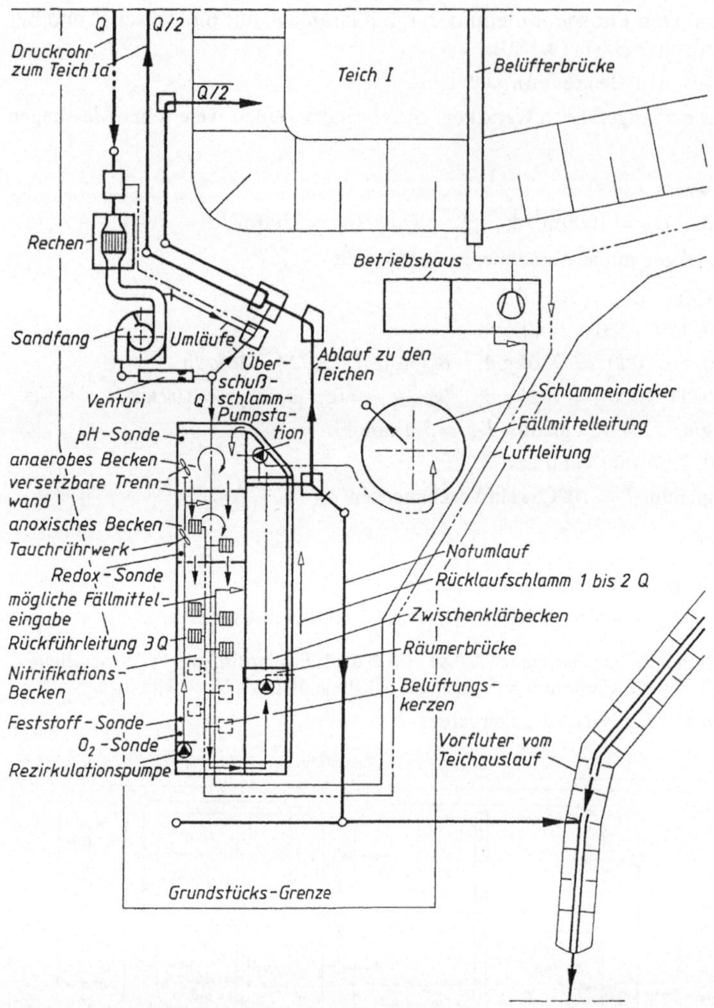

4.180 Lageplan zum Berechnungsbeispiel im Abschn. 4.5.4.6 – Vorklärstufe

2. Belebungsbecken-Anteile für Nitrifikation V_N und Denitrifikation V_{DN}
Denitrifikationsanteil am Belebungsbecken (Vorgeschaltete Denitrifikation)

$$B_{d,\,TKN} = 132;\ B_{d,\,NO_3\text{-}N} = 0;\ B_{d,\,BSB_5} = 720 \text{ in kg/d}$$

2.1 Bemessungs-Konzentrationen im Zulauf des Belebungsbeckens bei $Q_{td} = Q_{sd} + Q_{fd}$

$BSB_5 = 720 \cdot 1000/2500 = 288\,\text{mg/l}$; $TS_o = 400 \cdot 1000/2500 = 160\,\text{mg/l}$;
BSB_5, gemessen $= 275\,\text{mg/l}$;
$TKN = 132 \cdot 1000/2500 = 52{,}8\,\text{mg/l}$; $NH_4\text{-}N_o = 40{,}8\,\text{mg/l}$; org. $N_o = 12\,\text{mg/l}$;

$NO_3\text{-}N_o = 0\,mg/l$; $NO_2\text{-}N_o = 0\,mg/l$

$P_o = 30 \cdot 1000/2500 = 12\,mg/l$;

$TS_o/BSB_5 = 160/288 = 0{,}56$; $TKN_o/BSB_5 = 52{,}8/288 = 0{,}18$;

$P_o/BSB_5 = 12/288 = 0{,}042$

Die gemessenen tatsächlichen Konzentrationen bei 75%-Auslastung liegen bei TS_o, TKN_o und P_o wenig, bei BSB_5 erheblich unter den Bemessungsannahmen.

2.2 Belebungsbecken

$V_{BB} = V_N + V_{DN}$

gewählt V_D/V_{BB} für vorgeschaltete Denitrifikation $= 0{,}3$; $t_{TS} = 13$ d (nach Tafel **4.**53);

Überschußschlammproduktion $ÜS_{BSB_5} = 0{,}7$ kgTS/kg BSB_5 (nach Tafel **4.**54).

Falls Simultanfällung mit Eisensalzen in V_N:
Berücksichtigt wird zusätzlich $ÜS_P = 6{,}8 \cdot 0{,}042 = 0{,}29$ kg TS/kg BSB_5 nach Gl. (4.48a);

$$ÜS_B = ÜS_{BSB_5} + Ü_P \qquad ÜS_B = 0{,}7 + 0{,}29 \approx 1{,}0\,\text{kg TS/kg}\,BSB_5$$

Bei Verwendung von $FeSO_4$ müßte ein Zuschlag von 10% erfolgen $\rightarrow$ $ÜS_B = 1{,}1$ kg TS/kg BSB_5.
Hier: $B_{TS} = 1/(0{,}7 \cdot 13) = 0{,}11$ kg BSB_5/(kg $TS \cdot$ d) nach Gl. (4.44), ohne Simultanfällung
$TS_{BB} = 4{,}5$ kg TS/m^3 nach Tafel **4.**53.

Wegen Beschränkung auf den Sommerbetrieb wird der höchste Wert für Reinigung ohne Vorklärung gewählt.

$B_R = 4{,}5 \cdot 0{,}11 = 0{,}495\,kg/(m^3 \cdot d)$

erf$V_{BB} = 720/0{,}495 = 1455\,m^3$; erf$V_D = 0{,}3 \cdot 1455 = 436\,m^3$

Bei Simultanfällung mit Eisensalzen:

[$B_{TS} = 1/(1{,}1 \cdot 13) = 0{,}07$; $B_R = 5{,}0 \cdot 0{,}07 = 0{,}35$; erf$V_{BB} = 720/0{,}35 = 2060\,m^3$

Dieses Volumen würde sich beim Wirken einer biologischen P-Elimination wegen $P_o/BSB_5 < 0{,}042$ wesentlich verringern].

Eine Bemessungsreserve liegt noch in der gegenüber der Bemessungstemperatur von 10 °C höheren Betriebstemperatur im Sommer von 12 bis 15 °C.

2.3 Stickstoffentfernung, Denitrifikationsleistung

$N_{ÜS} = 0{,}05 \cdot 288 = 14{,}4\,mg/l$; $NO_3\text{-}N_D = 0{,}10 \cdot 288 = 29\,mg/l$; 0,10 nach Tafel **4.**53

$N_e = 52{,}8 - 14{,}4 - 29 = 9{,}4\,mg/l$; $NO_3\text{-}N_e = 9{,}4 - 2 = 7{,}4\,mg/l$

$NH_4\text{-}N_e \approx 1\,mg/l$; Org $N_e \approx 1\,mg/l$, zus. $\approx 2\,mg/l$

$\eta_{DN} = NO_3\text{-}N_D/(NO_3\text{-}N_D + NO_3\text{-}N_e) = 29/(29 + 7{,}4) = 0{,}8$

Wenn 80% des Nitrats denitrifiziert wird, so ist nach **4.**171 ein min. $RF = 4{,}0$, d.h.

$$RF = \frac{Q_{RS} + Q_K}{Q_{Zu}} = \frac{1+3}{1} \text{ erforderlich.}$$

Mit $N_e = 9{,}4$ mg/l wird die nachfolgende Teichstufe belastet.

Nach den vorliegenden Betriebserfahrungen verringern sich die Werte für N_e in den Teichen um 50 bis 75%. Bei 50% würde sich ein $N_e = 4{,}7$ mg/l ergeben $< 18 + 1$ (org. N) $= 19$ mg/l. Bei der zur Zeit vorhandenen Sommerbelastung von ca. 9000 EW = 75% der Vollast liegen die gemessenen

Ablaufwerte in mg/l hinter der Teichstufe im Mittel bei NH_4-$N_e = 0{,}25$; NO_2-$N_e = 0{,}2$; NO_3-$N_e = 6$; $CSB_e = 57$; $BSB_5 = 3$; $P_{ges,\,e} = 2$ (einschl. der P-Fällung in der Teichstufe).

2.4 Erforderlicher Sauerstoffeintrag, Belüftung

Bemessungstemperatur = 10 °C

2.4.1 Nur Nitrifikation, Saisonbelastung

$t_{TS} = 13\,d$; $OV_C = 1{,}26\,kg\ O_2/kg\ BSB_5$ nach Tafel **4.54**

$f_C = 1{,}17$ nach Tafel **4.54**

$OV_N = (4{,}6 \cdot 52{,}8 + 1{,}7 \cdot 0)/288 = 0{,}84\,kg\ O_2/kg\ BSB_5$ nach Gleichung (4.50)

max NO_3-$N_e = TKN_o$ gesetzt; $f_N = 2{,}2$ nach Tafel **4.54**

$O_B = \frac{11}{11-2}(1{,}26 \cdot 1{,}17 + 0{,}84 \cdot 2{,}2) = 4{,}06\,kg\ O_2/kg\ BSB_5$ nach Gl. (4.51)

$\alpha OC = 4{,}06 \cdot 720/24 = 121{,}8\,kg\ O_2/h$

2.4.2 Nitrifikation und Denitrifikation, Saisonbelastung

$$
\begin{aligned}
t_{TS} &= 13\,d \\
OV_C &= 1{,}26\,kg\ O_2/kg\ BSB_5 \text{ wie unter 2.4.1} \\
OV_N &= (4{,}6 \cdot 7{,}4 + 1{,}7 \cdot 29)/288 = 0{,}29\,kg\ O_2/kg\ BSB_5 \text{ nach Gleichung (4.50)} \\
O_B &= \frac{11}{11-2}(1{,}26 \cdot 1{,}17 + 0{,}29 \cdot 2{,}2) = 2{,}58\,kg\ O_2/kg\ BSB_5 \\
\alpha OC &= 2{,}58 \cdot 720/24 = 77{,}4\,kg\ O_2/h
\end{aligned}
$$

2.4.3 Belüftungseinrichtung. Die Bemessung erfolgt für den größeren Wert aus Sicherheitsgründen (Ausfall der Denitrifikation). Gewöhnlich feinblasige Belüftung, Membranbelüfter.

O_2-Bedarf $= 121{,}8 \cdot 24 = 2923{,}2 \approx 3000\,kg\ O_2/d$

Eintragstiefe $= 4{,}35\,m$; O_2-Eintrag $= 10\,g/(m_L^3 \cdot m_{ET})$

nach Tafel **4.38** $\rightarrow 10 \cdot 4{,}35 = 43{,}5\,g\ O_2/m_L^3$

erf Lufteintrag /d $= 3000 \cdot 1000/43{,}5 = 68966\,m_L^3/d$

Sauerstoffausnutzung $43{,}5 \cdot 100/280 = 15{,}5\%$.

Nach Tafel **4.56** ergibt sich danach bei $K_s > 3$ ein pH-Wert von > 7.

erf Lufteintrag/h $= 68966/24 = 2874\,m_L^3/h \approx 3000\,m_L^3/h$

Eingesetzt werden für die Vorstufe 2 Gebläse mit je $1500\,m_L^3/h$ Leistung.

$\alpha OC = 3000 \cdot 43{,}5/1000 = 130{,}5\,kg\ O_2/h > 121{,}8\,kg\ O_2/h$.

Eingesetzt werden 216 m Kerzen im Nitrifikationsbecken und 30 m Kerzen im Denitrifikationsbecken.

maximaler Luftdurchsatz $= 2874/216 = 13{,}3\,m_L^3/(m \cdot h)$

Hauptluftleitung gew. DN 250; $A = \pi \cdot 2{,}5^2/4 = 4{,}91\,dm^2$

$v = 2874/(3600 \cdot 0{,}0491) = 16{,}26\,m/s < 20\,m/s$

Energiebedarf für die Belüftung mit einem Sauerstoffertrag von 1,8 kg O_2/kWh bei max Q_L nach Tafel **4.**38

$$121{,}8/1{,}8 = 67{,}7\,\text{kW} \approx 70\,\text{kW}$$

oder mit 5,5 Wh/($Nm^3_L \cdot m_{ET}$): $5{,}5 \cdot 2874/1000 = 15{,}8\,\text{kW}/m_{ET}$

$$15{,}8 \cdot 4{,}35 = 68{,}7\,\text{kW} \approx 70\,\text{kW}.$$

Gewählt werden 2 Drehkolben-Gebläse mit je einem Ansaugvolumenstrom von $1500/60 \approx 25\,m^3/$ min, $\Delta p = 550$ mbar bei einer Beckentiefe von 4,5 m. Nach Firmendiagramm beträgt der Leistungsbedarf $P \approx 28$ kW, mit $\eta = 0{,}8$ beträgt der Anschlußwert $P_a = 28/0{,}8 = 35$ kW je Gebläse.

2.5 Säurekapazität (nur für die Vorklärstufe)

$K_{So} = 7{,}5$ mmol/l; NH_4-$N_o = 40{,}8$ mg/l

NH_4-$N_e = 1$ mg/l; NO_3-$N_e = 7{,}4$ mg/l; NO_3-$N_o = 0$ mg/l

$P_o = 12$ mg/l; $P_e = 5{,}8$ mg/l (biologisch, nur Vorklärstufe)

$$K_{se} = 7{,}5 - [0{,}07(40{,}8 - 1 + 7{,}4) + 0{,}06 \cdot 0 + 0{,}04 \cdot 0 + 0{,}11 \cdot 0 - 0{,}03 \cdot 0]$$
$$= 4{,}196 \approx 4{,}2\,\text{mmol/l} > 1{,}5\,\text{mmol/l nach Gl. (4.46)}$$

3. Biologische Phosphorentfernung

Dem Denitrifikationsteil ist ein Anaerob-Becken zwecks biologischer P-Elimination im Hauptstrom vorgeschaltet. Der verbleibende Rest-P soll dann in der 2. Teichstufe ausgefällt werden.

Volumen des Anaerob-Beckens

gewählt $t_{AN} = 3$ h; $V_{AN} = Q_{t24} \cdot t_{AN} = 105 \cdot 3 = 315\,m^3$

Kontaktzeit $t_{K,AN}$ bei $RV = 1$ und bei Zufluß von Q_{t18}:

$$t_{K,AN} = V_{AN}/(Q_{t18} + 1{,}0 \cdot Q_{t18}) = 315/(2 \cdot 140) = 1{,}125\,\text{h} > 1{,}0\,\text{h}$$

$V_N + V_{DN} = 1455\,m^3$

$V_{AN} = 315\,m^3$

$V_N + V_{DN} + V_{AN} = 1770\,m^3$; $f_{xa} = 315/1770 = 0{,}178$ s. Gl. (4.38)

Abschätzung der Wirkung der biologischen P-Elimination

$$P_F = \frac{288 \cdot 0{,}3 - 7{,}4 \cdot 2{,}9 \cdot 1}{1+1} \cdot 0{,}178 \approx 5{,}8 \qquad \text{nach Gl. (4.37)}$$

$$\Delta P_{biol} = 1{,}55 \cdot e^{0.2038 \cdot 5.8} = 5{,}05\,\text{mg/l} \qquad \text{nach Gl. (4.39)}$$

P_{ges} im Ablauf der Vorklärstufe $= P_e = 12 - 5{,}05 = 6{,}95$ mg/l ≈ 7 mg/l

$$\text{mit } P_o = \frac{B_{d,P_o}}{Q_{td}} = \frac{30 \cdot 1000}{2500} = 12\,\text{mg/l}$$

$$\eta_{biol} = \frac{12-7}{12} \cdot 100 = 42\%$$

$P_{ges} = 7$ mg/l belastet die Teichstufe, min 5 mg/l sollen in der Teichstufe, 2. Teich, herausgefällt werden.

Nach den vorliegenden Betriebserfahrungen bei 75% Auslastung der Kläranlage liegt der Wert nach biol P bei 4,4 mg/l; 2,4 mg/l werden in der Teichstufe gefällt, Ablaufwert ≤ 2 mg/l.

4. Zwischenklärbecken

Nach ATV-A 131, vergleiche Tafel **4**.29 für *NB*.

$\text{erf}t_{ZB} \geq 1{,}5\,\text{h}$; $\text{erf}q_A \leq 2{,}5\,\text{m/h}$ nach Tafel **4**.27

gewählte Form für das Zwischenklärbecken: Rechteckbecken

Tiefe $= 4{,}3\,\text{m}$

$Q_{td} = 2500\,\text{m}^3/\text{d}$; $Q_{t18} = 140\,\text{m}^3/\text{h}$; $ISV = 100\,\text{l/m}^3$

$VSV = 4{,}5 \cdot 100 = 450\,\text{l/m}^3$; $TS_{BB} = 4{,}5\,\text{kg}\;TS/\text{m}^3$

$$TS_{BB} = \frac{1000}{100}\sqrt[3]{2} = 12{,}5\,\text{kg}\;TS/\text{m}^3;\; TS_{RS} = 0{,}7 \cdot 12{,}5 = 8{,}8\,\text{kg}\;TS/\text{m}^3$$

für den Einsatz eines Saugräumers

$$RV = \frac{4{,}5}{8{,}8 - 4{,}5} = 1{,}05$$

(nach Tafel **4**.27: $\text{erf}V_{ZB} = 140 \cdot 1{,}5 = 210\,\text{m}^3$ oder als Nachklärbecken $\text{erf}V_{NB} = 140 \cdot 3{,}5 = 490\,\text{m}^3$)

$\text{zul}\,q_{SV} = 2{,}5 \cdot 4{,}5 \cdot 100 = 1125 > 450\,\text{l}/(\text{m}^3 \cdot \text{h})$; 450 ist maßgebend

$\text{erf}q_A = 450/450 = 1{,}0 < 2{,}5\,\text{m/h}$; $\text{erf}A_{ZB} \geq 140/1{,}0 \geq 140\,\text{m}^2$

Dimensionierung:

Tiefe $= 4{,}3\,\text{m}$; Breite $= 5{,}0\,\text{m}$, Länge $= 35\,\text{m}$;

Beckenquerschnitt $F = 5 \cdot 4{,}3 - 2 \cdot 0{,}7 \cdot 0{,}35/2 = 21{,}26\,\text{m}^2$

$V_{ZB} = 21{,}26 \cdot 35 = 744\,\text{m}^3$; $A_{ZB} = 5 \cdot 35{,}0 = 175\,\text{m}^2$;

vorh. $q_A = 140/175 = 0{,}8\,\text{m/h}$; Eindickzeit $t_E = 1{,}5\,\text{h}$

Erf. Tiefe des Zwischenklärbeckens nach Tafel **4**.29:

$$h_1 = 0{,}50\,\text{m}$$

$$h_2 = \frac{0{,}5 \cdot 0{,}8(1 + 1{,}05)}{1 - 450/1000} = 1{,}49\,\text{m}$$

$$h_3 = \frac{0{,}45 \cdot 450(1 + 1{,}05)}{500} = 0{,}83\,\text{m}$$

$$h_4 = \frac{450(1 + 1{,}05) \cdot 1{,}5}{950} = 1{,}46\,\text{m}$$

$$h_{ges} = 4{,}28\,\text{m} < 4{,}30\,\text{m}$$

Überlaufkantenlänge $l = 3 \cdot 5{,}0 = 15\,\text{m}$;

$q_l = 140/15 = 9{,}3\,\text{m}^3/(\text{m} \cdot \text{h}) > 5$, für *ZKB* ausreichend, da Teichstufe folgt.

5. Teichstufe

Die Berechnung erfolgt analog zu Abschn. 4.5.3.5. Hier wurde die Abbauleistung der Vorklärstufe mit 75%-BSB_5-Abbau angesetzt, tatsächlich ist sie höher.

Die Zulauffracht für die Teiche beträgt dann $B_d = 0{,}25 \cdot 720 = 180\,\text{kg}\;BSB_5/\text{d}$. Die BSB_5-Fracht außerhalb der Saison beträgt ebenfalls $B_d = 3000 \cdot 60/1000 = 180\,\text{kg}\;BSB_5/\text{d}$. Die Teichstufe erhält eine Fällmittelzugabe. Um die Betriebskosten zu senken, ist auch der Betrieb beider Stufen im Sommer vom 1.4. bis 30.10. und der Betrieb nur der Teichstufe im Winter vorgesehen.

4.5.4.7 Bemessungsansätze für mehrstufige Kläranlagen zur Stickstoffelimination

a) Zweistufige Belebungsanlagen. Bei kommunalem Abwasser ist es möglich, in einstufigen Belebungs- und Tropfkörperanlagen mit einer Bemessung nach den ATV-Arbeitsblättern A 131 und A 135 die Ablaufwerte nach der Rahmen-AbwasserVwV bei *CSB*, BSB_5 und Ammonium-Stickstoff einzuhalten. Eine Aufteilung in mehrere biologische Stufen wäre danach nur zu erwägen, wenn folgende Ziele erreicht werden sollen: weitergehende Reinigungsleistungen; hohe Prozeßstabilität; Kläranlagen-Sanierung oder -Erweiterung; Kostenvorteile (baulich oder betrieblich). Tafel **4.**57 nennt mögliche Kombinationen unter Verwendung des Belebungs- und Tropfkörperverfahrens.

Tafel **4.**57 Einschätzung der Verfahrenskombinationen von Belebungsanlagen mit Tropfkörpern nach ATV-A 131 [1]
B ≙ Belebung; T ≙ Tropfkörper; × gut geeignet; ○ ≙ geeignet; – ≙ nicht geeignet; / ≙ keine Aussagen

	System	Ablauf-Anforderungen			Prozeß-Stabilität	Zulauf-Beschaffenheit			Sanierung	Kosten	
		BSB_5 *CSB*	NH_4^-N	N_{ges}		hohe Konzentration	Blähschlamm-gefährdung	Störstoffe		Bau	Betrieb
a	B + B	×	×	/	×	×	×	×	×	○	×
b	T + B	○ 2) × 3)	×	/	×	×	×	/ 2) × 3)	×	○	×
c	B + T	○	○	/	○	○	○	○	×	○	○
d	T + T	○	○ 1)	/	○	○	×	○	○	–	○

1) Temperatur-Einfluß beachten 2) ohne Zwischenklärung 3) mit Zwischenklärung

Wird eine weitergehende Nitrifikation gefordert, läßt sich dies in einstufigen Anlagen nur mit erheblicher Vergrößerung des Belebungsbeckens erreichen. Dagegen ist in einer zweiten Nitrifikationsstufe das erforderliche höhere Schlammalter bei geringerem Volumen zu erreichen. Zusätzlich wird eine weitere *CSB*-Verminderung erreicht.

Ist außer der Nitrifikation eine Denitrifikation gefordert, so bestehen dazu bei mehrstufiger biologischer Behandlung verschiedene Möglichkeiten, s. **4.**169 und **4.**170, Fall 6., 7. und 8. sowie Abschn. 4.5.4.8.

Wie in Abschn. 4.5.2.5 erläutert, haben sich bei zweistufigen Belebungsanlagen die Richtungen konventionell und das A-B-Verfahren entwickelt.

Zur Erzielung gleicher Klärwerksabläufe werden die ersten Stufen belastet mit

$$B_{TS} = 0{,}8 \text{ bis } 2{,}0 \text{ kg } BSB_5/(\text{kg } TS \cdot \text{d}) \quad \text{(konventionell)}$$
$$B_{TS} = \text{um } 5{,}0 \text{ kg } BSB_5/(\text{kg } TS \cdot \text{d}) \quad \text{(A-B-Verfahren)}$$

Diese beiden Betriebsweisen führen zu unterschiedlichen Volumenverhältnissen zwischen der 1. und 2. Belebungsstufe. Auch die Reinigungsgrade in den Stufen mit einem BSB_5-Abbau in der 1. Stufe von etwa 70% bzw. 55 bis 60% sind verschieden.

Die konventionelle Betriebsweise führt zu Volumenverhältnissen der 1. und 2. Stufe von ≈ 1 : 2,5 bei Anlagen ohne Denitrifikation; bei Denitrifikation ist die zweite Stufe größer zu bemessen. Für das A-B-Verfahren ergeben sich Volumenverhältnisse von rd. 1 : 8, wobei die Vorreinigung oft entfällt. Bei der Bemessung aller Varianten ist darauf zu achten, daß jede Belebungsstufe einen eigenen

Schlammkreislauf hat. Die Trennung der Lebensgemeinschaften ist wesentlich und soll damit gesichert werden.

Zur Bemessung der 1. Stufe einer A-B-Anlage wird auf die Angaben unter Abschn. 4.5.2.5 verwiesen.

Die Bemessung der 1. Stufe einer konventionellen Anlage kann z.B. nach Tafel **4.**37 für die Fälle Vollreinigung ohne Nitrifikation oder Teilreinigung erfolgen. Vergleiche auch Abschn. 4.5.4.5.

Die Bemessung der 2. Stufe für eine Nitrifikation kann näherungsweise über die BSB_5-Schlammbelastung erfolgen, wie für einstufige Anlagen mit dem gleichen Reinigungsgrad. Dies gilt für kommunales Abwasser. Bei Industrieabwasser sollte mit der Stickstoff-Schlamm-Belastung gerechnet werden. Eine Belebung als 2. Stufe zur Stickstoffelimination kann nach den in Abschn. 4.5.2 und Abschn. 4.5.4.2 gemachten Ansätzen bemessen werden. Die Bemessung über das Schlammalter ist ebenfalls möglich.

Von besonderer Bedeutung für die Bemessung der 2. Stufe sind die Zulaufwerte BSB_5 und der abfiltrierbaren Stoffe TS_0. Wenn keine Meßwerte vorliegen, können für die Bemessung der Überschußschlammproduktion $ÜS_R$ bei kommunalem Abwasser nachfolgende Werte verwendet werden:

	BSB_5	TS_0
2-stufig, konventionell	60 mg/l	45 mg/l
A-B-Verfahren	135 mg/l	55 mg/l

Die Berechnung des Sauerstoffverbrauchs OV sollte über den abgebauten BSB_5 unter Berücksichtigung von Nitrifikation und Denitrifikation erfolgen, s. Gl. (4.27) und Gl. (4.32). Die Berechnung mit dem OC-load-Wert ist nicht geeignet.

Das Volumen der Vorklärung kann wegen der guten Pufferung im zweistufigen System gering gehalten werden. Die Durchflußzeit sollte $\geq$ 0,5 h betragen. Die Zwischenklärung erfordert – auch bei Q_{rw} – einen ausreichenden Abscheidegrad.

b) Zweistufige Biologie durch Tropfkörper/Belebungsbecken. Die Kombination Tropfkörper/Belebung wurde früher oft gewählt, um hohe Konzentrationen an organischer Substanz im Tropfkörper mit geringem Energieaufwand abzubauen, um damit in der nachgeschalteten Belebung günstigere Bedingungen zum Abbau schwer abbaubarer Substanzen und zur Nitrifikation zu haben. Schwankungen der Zulaufwassermenge und der Konzentrationen wirken sich auf den Tropfkörper stark aus. Vor allem bei höheren Zulauf-Konzentrationen sollte der Tropfkörper in der 1. Stufe als Kunststoff-TK zur Vermeidung von Verstopfungen ausgeführt werden. Eine Raumbelastung von $B_R = 10\,\mathrm{kg/(m^3_{TK} \cdot d)}$ ist möglich.

Eine hohe Flächenbelastung q_A ist notwendig, um den Tropfkörper-Rasen auszuspülen. Sie ist durch Rückpumpen und durch größere TK-Höhen zu sichern.

Die 1. Stufe Tropfkörper kann nach dem ATV-Arbeitsblatt 135, Abschn. 4.5.1.1, für den Lastfall ohne Nitrifikation bemessen werden. Die Bemessung der 2. Stufe erfolgt wie unter a).

Das Zwischenklärbecken nach dem Tropfkörper kann klein gehalten werden $t > 2{,}5$ h für Q_t. Der Übertritt von abgelöstem Tropfkörperbewuchs in das nachgeschaltete Belebungsbecken ist nicht nachteilig. Er bildet gute Ansatzflächen für die Organismen der 2. Stufe und verbessert die Absetzeigenschaften.

Bemessung von Kläranlagen mit vorgeschalteten denitrifizierenden Tropfkörpern (DN-TK)
Bei Nitrifikation in Tropfkörpern können diese und die Nachklärbecken nach ATV-A 135 dimensioniert werden. Bei Nitrifikation in einer Belebungsanlage erfolgt die Bemessung nach ATV-A 131 [1].

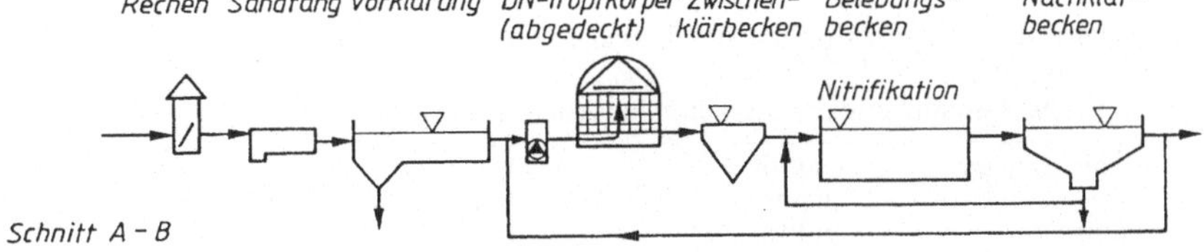

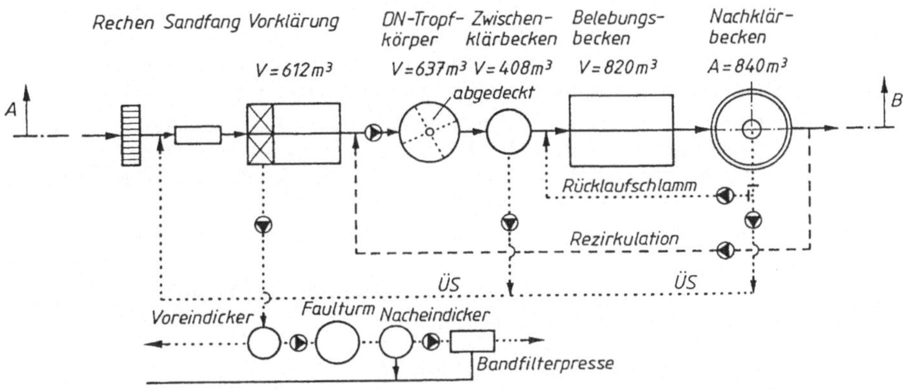

4.181 Fließbild einer Kläranlage mit vorgeschaltetem denitrifizierenden Tropfkörper

Bei D N - T r o p f k ö r p e r n ist zu beachten: Ermittlung des Stickstoffverhältnisses max NO_x-N/NO_x-N der 24 h-Mischprobe. Die Schwankungen betragen für TK-Anlagen 5 bis > 7, für Belebungsanlagen 3 bis > 5.

Ermittlung des Rezirkulationsverhältnisses. Nach dem DN-Tropfkörper soll noch ein NO_x-N-Wert von $\geq 1{,}0$ m/l vorhanden sein. Bei NO_x-N-Werten $\leq 0{,}5$ mg/l treten geringere Denitrifikationsleistungen auf. Dies liegt wahrscheinlich an der ungleichmäßigen Überströmung des Füllmaterials, wodurch die Denitrifikation unterschiedlich intensiv verläuft [16b].

Aus der Stickstoffbilanz läßt sich die BSB_5-Flächenbelastung B_A des DN-Tropfkörpers für $T = 12\,°C$ ableiten:

$$\text{DN-Kapazität} = -4\ln(B_{A,\,BSB_5}) + 18{,}2 \qquad \text{in \%} \rightarrow$$
$$B_{A,\,BSB_5} = e^{(18{,}2-\text{DN-Kapazität})/4} \qquad \text{in g } BSB_5/(\text{m}^2 \cdot \text{d}) = B_A \tag{4.52}$$

Diese Gleichung gilt für B_A-Werte > 2 g/(m² · d).

Aus der spez. biologisch wirksamen Oberfläche des Füllmaterials A_F in m²/m³ ergibt sich das Volumen des DN-TK:

$$V_{\text{DN-TK}} = 1000 \cdot \frac{B_{d,\,BSB_5}}{B_{A,\,BSB_5} \cdot A_F} \qquad \text{in m}^3 = \text{g/kg}\frac{\text{kg/d}}{\text{g/(m}^2 \cdot \text{d)} \cdot \text{m}^2/\text{m}^3} \tag{4.53}$$

Für die hydraulische Beschickung des DN-TK werden die Werte nach Tafel **4.**58 empfohlen. Es werden dann nur wenige Spülinterwalle im Jahr erforderlich. Bei Überschreitung der Werte sind möglichst Vorversuche durchzuführen.

Tafel **4**.58 Anhaltswerte zur hydraulischen Beschickung von abgedeckten DN-Tropfkörpern
q_L = Kantenbeschickung der umlaufenden Ablaufrinne des TK

Oberflächenbeschickung q_A	in m/h	1,5 bis 4,5
Spülkraft S_k	in mm	6 bis 16
Kantenbeschickung q_L	in l/(m · h)	25 bis 100

c) Zweistufige Biologie durch Belebungsbecken/Tropf- bzw. Tauchkörper und Tropfkörper/Tropfkörper. Das System Belebung/Tropfkörper ist sinnvoll, um in der ersten Stufe eine weitgehende Konzentrationsverringerung der organischen Substanz, in der zweiten eine Nitrifikation und Schwebstoffelimination zu erreichen.

Nachgeschaltete Tropf- oder Tauchkörper für die Nitrifikation eines bereits biologisch gereinigten Abwassers können als Ergänzung einer bestehenden Anlage vorgesehen werden. Da in Tropfkörpern und Tauchkörpern nur geringe Mengen Schlamm gebildet werden, können nach solchen 2. Stufen Schönungsteiche oder einfache Filter zur Nachklärung dienen.

Als Richtwerte für die Nitrifikationsleistung von nachgeschalteten Verfahren können folgende Werte dienen:

Die maximale Nitrifikationsleistung pro m^2 Bewuchsfläche bei 10 °C und 5 g NH_4-N/m^3 im Ablauf sowie < 20 g BSB_5/m^3 im Zulauf, $T = 10\,°C$, beträgt

nachgeschalteter Tropfkörper	1 g NH_4-N/($m^2 \cdot d$)
nachgeschalteter Tropfkörper nach Zwischenklärung	2 g NH_4-N/($m^2 \cdot d$)
nach Filtration	3 g NH_4-N/($m^2 \cdot d$)

Die Kombination Belebungsbecken/Tropf- bzw. Tauchkörper zur Nitrifikation wird nach den Bemessungsrichtlinien dimensioniert, s. Tafel **4**.37 und Abschn. 4.5.4.5 und 4.5.1.1. Für eine Bemessung zur gezielten Denitrifikation sind weitere Überlegungen erforderlich, vergleiche hierzu Bild **4**.170.

4.5.4.8 Verfahrensbeispiele für zweistufige Kläranlagen mit weitergehenden Reinigungsleistungen

Nach [12a] kann bei einem geringeren Raumbedarf für die Nitrifikation und geringerem Energieaufwand bei zweistufigen Belebungsanlagen mit gleichen Schlammbelastungen in der 2. Stufe eine bessere *CSB*- und damit Reststoff-Elimination erreicht werden. Durch Einsatz eines Aktivkohle-Filters ist die Reststoff-Elimination noch weiter zu verbessern.

Eine wirtschaftliche und gewässerfreundliche Reinigung ist nur über physikalisch-biologische Techniken zu erreichen. Eine wesentliche Rolle spielen die biologischen Vorgänge und die hiermit verbundenen biochemischen Abläufe. Der Einsatz von chemischen Substanzen sollte nur beschränkt zur Entfernung von Restverunreinigungen dienen.

Als Maßstab für die Reinigung kommunaler bzw. kommunal-gewerblicher Abwässer werden die *CSB*-Reinigungsgrade angesehen. Die gezielte Erfassung der organischen, auch schädlichen Reststoffe ist z.Zt. nicht möglich. Die AOX-Bestimmungen können die Tendenz aufzeigen, erfassen aber nicht alle schwer abbaubaren und schädlichen organischen Substanzen. So werden zum Beispiel die organischen N- und P-Pestizide, die Tenside und die polycyclischen aromatischen Kohlenwasserstoffe nicht erfaßt. Diese Stoffe werden jedoch über den *CSB* erfaßt. Eine weitgehende *CSB*-Eliminierung bedeutet somit auch eine Reduzierung schädlicher und toxischer organischer Stoffe. Außerdem ist nicht nur eine Nitrifikation, sondern auch eine Denitrifikation und Phosphorelimination mit Rücksicht auf die Gewässer und die Meere erforderlich.

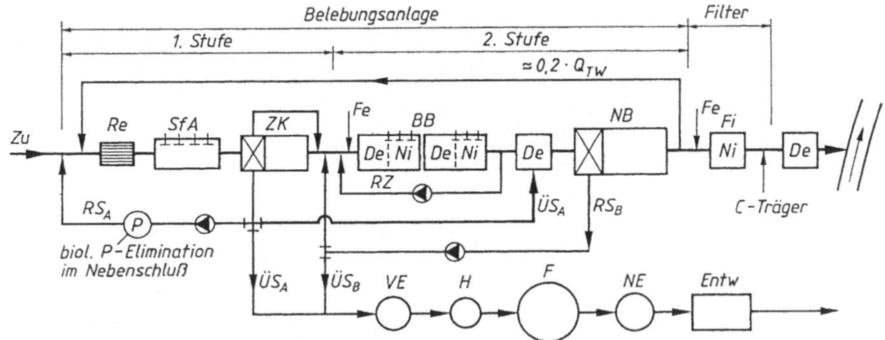

4.182 Denitrifikation in einer 2-stufigen Kläranlage nach [12a]

Re	Rechen	De	Denitrifikation	H	Hydrolysestufe
SfA	Sandfang/A-Stufe	Ni	Nitrifikation	F	Faulraum
ZK	Zwischenklärung	RS	Rücklaufschlamm	NE	Nacheindicker
BB	Belebungsbecken	*ÜS*	Überschußschlamm	Entw	Entwässerung
NB	Nachklärung	RZ	Rezirkulation		
Fi	Filter	VE	Voreindicker		

Ein Verfahrenssystem zur Denitrifizierung und P-Eliminierung in einer zweistufigen Anlage (A/B) ist in Bild **4.**182 dargestellt. Die Denitrifikation kann an mehreren Stellen erreicht werden.

In der A-Stufe bei fakultativem Betrieb, in der B-Stufe mit Kaskadenbetrieb De/Ni und ggf. Zugabe von Überschußschlamm aus der A-Stufe und durch eine nachgeschaltete Denitrifikationsstufe vor der Nachklärung mit Zugabe von Überschußschlamm aus der A-Stufe.

Bei zu geringem BSB_5/N-Verhältnis ist bei der Denitrifikationsstufe die Zugabe von organischem Material erforderlich. Methanol oder Essigsäure kommen aus wirtschaftlichen Gründen nur selten in Frage. In der Regel muß man mit auf der Kläranlage vorhandenem organischem Material wie Überschußschlamm oder Methan aus der Schlammfaulung auskommen.

Man kann die Denitrifikationsleistung und die Reststoffentfernung durch ein biologisch intensiviertes Filtern verbessern. Hiermit können sehr geringe NH_4-N-Überwachungswerte von z.B. 1 bis 2 mg/l erreicht werden. Es verbleibt jedoch das NO_3-N im Abwasser.

Mit einem zweiten anoxisch betriebenem Filter ist auch der NO_3-N-Wert zu reduzieren. Als C-Träger für diese zweite Denitrifikationsstufe wird aufbereiteter hochbelasteter Überschußschlamm der 1. hochbelasteten Belebungsstufe eingesetzt. In der Regel genügen 15% des im Autoklaven aufgeschlossenen und in der Siebstufe gereinigten Schlammes. Während das erste nachgeschaltete Filter ein Sandfilter sein kann, wird das zweite Filter mit Aktivkohle besonderer Brennart bestückt. Das Aktiv-Material soll für einen starken Bakterienbewuchs grobkörnig (3 bis 5 mm) sein. Da gleichzeitig eine hohe Adsorptionskraft für organische Reststoffe besteht, ist eine hohe Aufkonzentrierung der C-Verbindungen gegeben. Die Investitionskosten der Filterstufe können gesenkt werden, wenn statt der 1. aeroben Filterstufe eine Beckennitrifikation vorgesehen wird.

Für die weitgehende *CSB*-Eliminierung und Stickstoff-Elimination wirken danach in der vorgestellten zweistufigen Belebungsanlage folgende biologische Prozesse mit:

- anoxischer Prozeß in der A-Stufe (fakultativ); Behandlung in den Kaskaden der B-Stufe mit jeweils vorgeschalteten Deni-Stufen (anoxisch-aerob) (fakultativ und aerob);
- vorgeschaltete anoxische Stufe vor der Nachklärung (fakultativ);
- aerober Prozeß in der ersten biologisch intensivierten Filterstufe (Nitrifikation) (aerob);
- anoxischer Prozeß mit A-Kohle in der 2. Filterstufe (anoxisch).

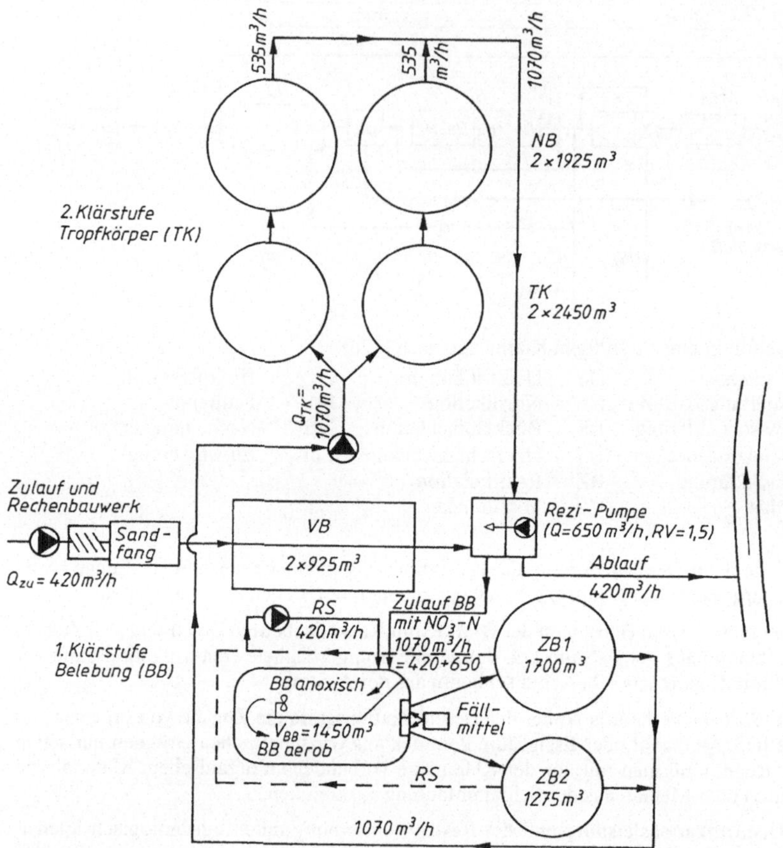

4.183 Zweistufige Belebungs-/Tropfkörperanlage mit Bio-P- und N-Elimination [70a]

4.183 zeigt das Fließschema einer zweistufigen Belebungs-/Tropfkörperanlage für Mischsystem mit vorgeschalteter Denitrifikation. Es fließen der Kläranlage im Mittel Q_{TW} = 10000 m³/d bzw. $Q_{TW\,24}$ = 240 m³/h mit einem Fremdwasseranteil Q_f = 20 bis 30% zu. Der max. *TW*-Zufluß beträgt $Q_{TW\,15}$ = 650 m³/h. Max. Q_{MW} lag bei 24000 m³/d und 2000 m³/h [70a].

Die Schlammrückführung von der Zwischenklärung zur Belebung erfolgt mit $RV = 1{,}0$. Der Rücklauf aus der Nachklärung (*NB I* und *II*) zum Deni-Teil wird durch Rezi-Pumpen mit ≈ 650 m³/h gefördert. Für die zwei biologischen Stufen ergeben sich Rücklaufverhältnisse von $RV_{BB} = 1070/420 = 2{,}5$ und $RV_{TK} = 650/420 = 1{,}5$. Bei Q_{MW} > 700 m³/h erfolgt wegen hydraulischer Überlastung der 1. Stufe keine Rezirkulation mehr. Nach der Vorklärung ergibt sich im *BB*-Becken ein B_{TS} = 0,26 kg BSB_5/(kg $TS \cdot$ d) und für den belüfteten Teil = 0,63 kg BSB_5/(kg $TS \cdot$ d). Nach der Zwischenklärung liegen die BSB_5-werte bei 4 bis 10 mg/l und die *AFS* bei 8 bis 20 mg/l. Bei Q_{MW} können diese Werte wegen Flockenabtrieb auf das 3 bis 4-fache ansteigen. Die Flocken werden jedoch durch die Tropfkörper eliminiert. Bei der hohen Schlammbelastung B_{TS} und dem Schlammalter t_{TS} = 1 bis 1,5 d ist eine Nitrifikation in *BB* generell nicht zu erwarten. Die Tropfkörper haben bei Q_{TW} nur noch Raumbelastungen B_R = 0,03 bis 0,07 kg BSB_5/(m³ · d). Der Ablauf der Anlage hat BSB_5-Werte von 2 bis 6 mg/l und *CSB*-Werte von 26 bis 39 mg/l. Die Flächenbelastung B_A für *TKN* ist

< 1 g N/($m^3 \cdot d$). Der Ablauf hat NH_4-N-Werte < 1 mg/l. Die N-Elimination η_N liegt ≈ bei 65%, 44% durch Denitrifikation. η_N wird durch den Sauerstoffeintrag aus der Rückführung beeinträchtigt. Am Ablauf der Belebung wird P chemisch gefällt. Benutzt werden Al/Fe-Salze mit einem Molverhältnis Me/P = 0,4(β). Die P_{ges}-Ablaufwerte bei Q_{TW} liegen bei 0,8 mg/l. Etwa 48% der P-Fracht werden biologisch eliminiert.

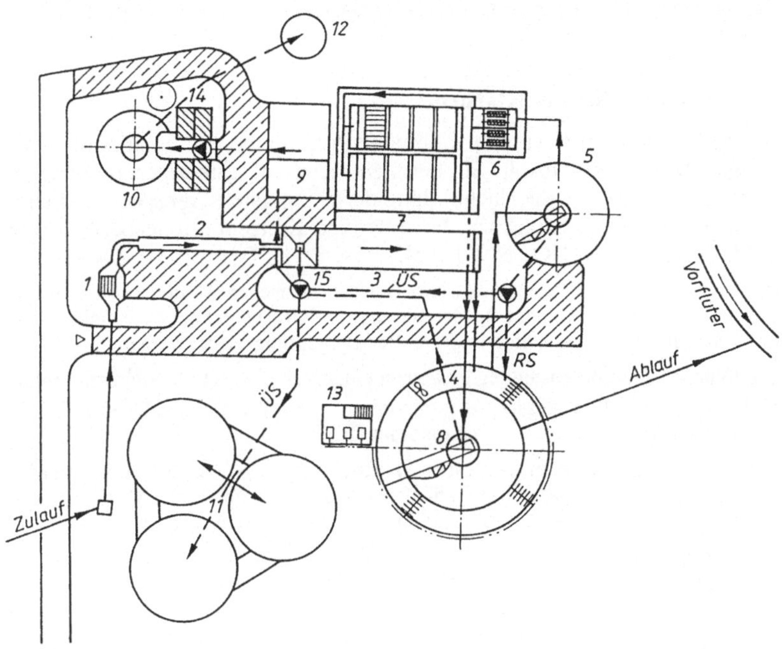

4.184 Zweistufige biologische Kläranlage mit Belebung und Scheibentauchkörpern (s. Abschn.4.7.6)

1 Rechen
2 Sandfang
3 Vorklärbecken
4 Belebungsbecken mit simultaner Denitrifikation
5 Zwischenklärung
6 Schneckenhebewerk
7 Scheiben-TK-Anlage
8 Nachklärbecken
9 Eindicker
10 Faulturm
11 Schlammsilos
12 Gasspeicher
13 Gebläsestation
14 Betriebsgebäude
15 Überschußschlammpumpwerk (*ÜS*)

Klärtechnische Daten zum Bild **4.**184:

1. Stufe Belebung:			2. Stufe Scheibentauchkörper:		
BSB_5-Fracht	997	kg/d	BSB_5-Fracht	144	kg/d
Schlammbelastung	0,53	kg/kg · d	Flächenbelastung	5,0	g/m²
Raumbelastung	1,57	kg/m³ · d	Scheibenfläche	28825	m²
Feststoffgehalt	3,0	kg TS/m³	Anzahl d. Walzen	8	
Beckenvolumen	635	m³	Stufen hintereinander	4	
Durchmesser außen	24	m	Stufen parallel	2	
Durchmesser innen	17,5	m			

Zweistufige Kläranlagen mit BB/TK können mit Denitrifikation betrieben werden, wenn das TKN/BSB_5-Verhältnis $< 0,25$; die TK-Stufe stabil nitrifiziert; die BB-Stufe einen anoxischen Bereich hat und $B_{TS} < 0,5$ kg BSB_5/(kg $TS \cdot$ d) bleibt und Rücklauf und Schlamm aus der TK-Stufe in die Deni-Zone eingeleitet werden.

4.184 zeigt eine zweistufige Kläranlage aus Belebung und Scheibentauchkörpern mit Vor- und Zwischenklärung (Fa. Stengelin), Bemessungsdaten: Ausbaugröße 20000 EGW; BSB_5-Anfall = 1200 kg/d.

4.5.4.9 Simulation des Klärprozesses

In den letzten Jahren wurden zahlreiche Programme zur Simulation des Abwasserreinigungsprozesses entwickelt. Sie beruhen meist auf numerischen Modellen. Klärsystem-Simulation heißt hier die Nachbildung der wichtigsten Transport- und Umwandlungsprozesse und die Berechnung von Frachten und Konzentrationen der Stoffparameter BSB_5, CSB, TKN, NH_4-N, NO_3-N, P [21b].

Programme statischer Modelle. Bei den statischen Modellen wird nur ein maßgebender Belastungsfall berücksichtigt. In der Simulation wird berechnet, wie sich z.B. Belebungsbecken und Nachklärbecken nach diesem gewählten Bemessungsansatz verhalten.

Die folgende Zusammenstellung gibt einen Überblick der z.Zt. verfügbaren Programme:

ATV-Ansatz und HSG-Ansatz	(Programme Ana, Araber, Denika, Denni)
Ansatz nach Pöpel	(Programm Denicomp)

Programme quasi-dynamischer Modelle. Bei den quasi-dynamischen Modellen wird nicht mit einem Belastungszustand gerechnet, sondern mit der zeitlichen Abfolge von Belastungszuständen nach einer Ganglinie. Die Berechnung erfolgt analog zum statischen Modell.

Programme dynamischer Modelle. Bei den dynamischen Modellen werden die Eingänge durch numerische Übertragungsfunktionen in Ausgänge übertragen. Von praktischer Bedeutung sind nur Modelle, die eine Veränderung der Systemzustände in gewählten Zeitabschnitten zulassen.

Arasim ist ein System für Modellentwicklung und kann auch für betriebsbegleitende Simulationsprogramme verwendet werden. Es kann auch zur Erstellung komplizierter Anlagen in Systeme genutzt werden.

Das Programm Ewsim (IWH) ist ein Simulationsprogramm für Schmutzfrachttransport und -behandlung in Kanalnetz und Kläranlage. Das Modell zur Simulation der Reinigungsprozesse berücksichtigt Vorklärung, Belebungsbecken, Phosphorfällung und das Nachklärbecken.

Der Anwendungsbereich von Biosedi liegt einerseits in der Kläranlagensimulation bei Trockenwetterzufluß (Ablaufkonzentrationen, Steuer-/Regelstrategien), zum anderen aufgrund des Nachklärbeckenmodells in der Simulation der Gesamtanlage bei Mischwasserbelastung.

In Simba sind die gleichen Modelle wie in Arasim verfügbar. Ein Mischwassermodul erlaubt die Abschätzung von Mischwasserbelastungen. Die Simulation erfolgt von einem Steuerungsfenster aus, damit die Startzustände richtig gewählt und definierte Zustände gespeichert werden können.

Programmvergleich an einem Beispiel (**4.**185). Auf dem Weg zur Beurteilung der Gesamtemissionen einer Stadtentwässerung ist die Simulationsrechnung ein wichtiges Hilfsmittel, weil das Verhalten des Systems Kanalnetz/Kläranlage bei Mischwasser zu verflochten ist. Die Berechnung besteht aus den Teilen Kanalnetz- und Kläranlagensimulation.

Für die Vergleichsrechnungen ist eine detaillierte Beschreibung des Kanalnetzes, der Kläranlage, der Belastungs- und der Betriebsdaten erforderlich.

Grundlage für die Schmutzfrachtberechnung im Kanalnetz ist ein vereinfachtes Einzugsgebiet in Anlehnung an das Beispiel Meißner (1991).

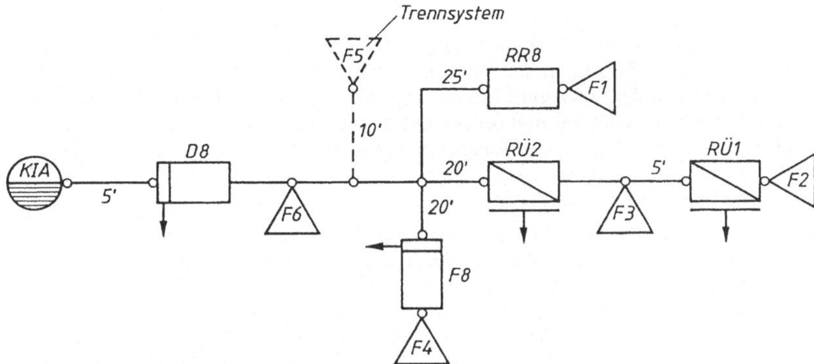

4.185 Schematisiertes Einzugsgebiete (Eingangsdaten)

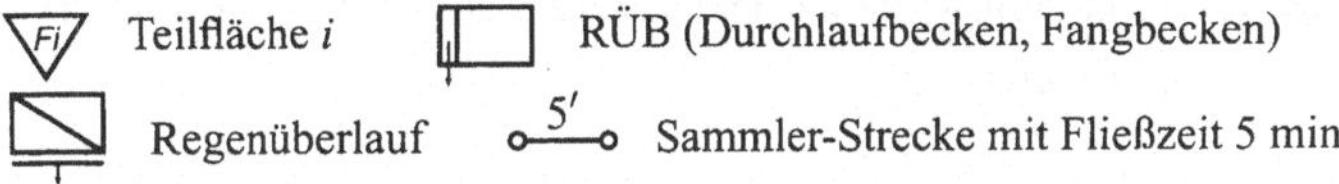

Die Simulation der biologischen Abwasserreinigung erfolgt mit voneinander abweichenden Modellstrukturen. Sehr unterschiedlich werden Faktoren vorgegeben wie physikalische Vorgänge; biochemische Prozesse; sowie einzelne Verfahrensschritte innerhalb der mechanisch-biologischen Stufe.

Es ergibt sich, daß im Rahmen eines Vergleichs verschiedener Simulationsmodelle erhebliche Abweichungen in den Resultaten auftreten. Für die praktische Arbeit sind Abweichungen dieser Größe nicht hinnehmbar.

Die Simulationsrechnung ist zwar grundsätzlich ein aussagekräftiges Instrument für Planung, Projektierung und Optimierung von Kläranlagen. Die Differenzen in den Resultaten verschiedener Modelle gilt es jedoch zu vermindern.

4.5.5 Filtrationsverfahren

Die Filtration hat in der Abwassertechnik in den letzten Jahren größere Bedeutung erreicht. Begründet ist dies in den erhöhten, geforderten Reinigungsleistungen und in der Absicht, einen gleichwertigen Ersatz für das Belebtschlammverfahren zu finden. Die bisherigen Erfahrungen mit der Abwasserfiltration beweisen ihre große Leistungsfähigkeit. Der Einsatz erfolgte bisher

- als 3. Reinigungsstufe hinter der Nachklärung zur P-Elimination;
- hinter überlasteten Belebtschlamm-Anlagen oder
- als zusätzliche Sicherheit für gute Ablaufwerte;
- hinter Tropfkörperanlagen;
- hinter Flockungsanlagen, als biologische Stufe;
- als Flockungsfiltration.

Während die Entfernung der Schwebstoffe als ursprüngliche Aufgabe der Filter gilt, übernehmen sie heute auch als weitergehende Reinigungsaufgaben den biologischen Abbau organischer Stoffe (BSB_5, CSB), Entfernung des Rest-Phosphors durch Flockungsfiltration und die Stickstoffentfernung.

Alle Verfahren unter Abschn. 4.5.5 können auch als selbständige biologische Stufe z.B. anstelle des Belebungsverfahrens oder als zweite Stufe eingesetzt werden. Je nach Bemessung ist dann der Abbau von org. C, Nitrifikation, Denitrifikation und/oder P-Elimination möglich. Da zugleich gefiltert wird, müssen die Filter mit Filterspülung durch Wasser und Luft ausgerüstet sein. Die Biofilter haben da Vorteile, wo der Raum beschränkt ist, z.B. wenn an einer vorhandenen Anlage keine konventionelle Erweiterung mehr erfolgen kann. Nach Strohmeier beträgt der Platzbedarf gegenüber dem konventionellen Belebungsverfahren bei reiner Biofiltration ≈ 25% und bei einer Kombination Belebung/Biofiltration ≈ 60%.

Die Filter werden von oben nach unten oder von unten nach oben durchströmt. Bei Einsatz von schwimmendem Filtermaterial kann Nitri- und Denitrifikation in einem Filter erfolgen (**4**.186). Kostenvorteile von Filtrationsanlagen werden im Fortfall der Nachklärbecken und der ggf. notwendigen nachgeschalteten Filter gesehen. Einen Vergleich des Platzbedarfs zeigt **4**.187. Das Volumen des Filterbetts beträgt z.Z. nur ≈ 10% bis 20% des Volumens eines Belebungsbeckens.

Zur Nachbehandlung biologisch vorgereinigter Abwässer werden Schnellfilter eingesetzt, deren Technik aus der Trinkwasserversorgung bekannt ist. Sie unterscheiden sich von den Trinkwasserfiltern durch die Korngröße des Filtermaterials sowie durch die Häufigkeit der Spülung. Die Filter-

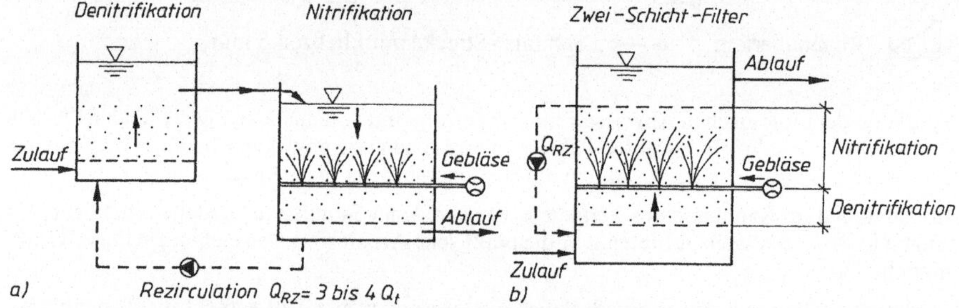

4.186 Filter zur Nitrifikation und Denitrifikation; a) zweistufige Filteranlage (Feinsand) b) Zweischichtfilter mit schwimmendem Filtermaterial (Styropor)

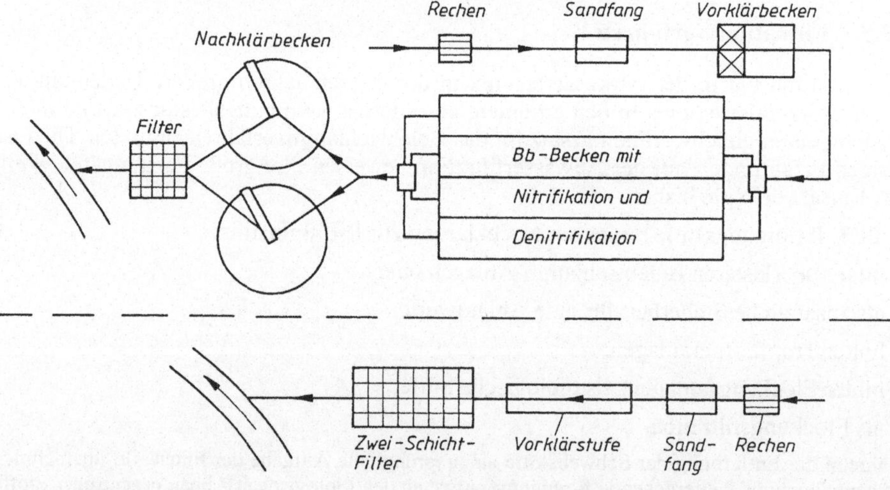

4.187 Vergleich des Flächenbedarfs einer Belebungsanlage (oben) mit dem einer Filtrationsanlage (unten)

schicht wird meistens aus verhältnismäßig grobkörnigem Kiessand gebildet. Es werden auch Anthrazit, Bims, Kunststoffgranulate und gebrannter Ton mit organischen Beimengungen eingesetzt.

Im Schnellfilter werden die suspendierten Stoffe weitgehend ausgeschieden. Von den kolloidalen Inhaltsstoffen werden Anteile zurückgehalten. Die Gesamtwirkung entsteht durch

– die Siebwirkung in der obersten Schicht;

– die Sedimentation in den Poren;

– die Adsorption an den Kornoberflächen;

– die biologische Aktivität von Mikroorganismen.

Bedeutung für die Wirkung und den Betrieb des Filters haben Korngröße und -zusammensetzung. Die Filterwirkung ist bei feinerem Korn besser als bei gröberem. Dieser Nachteil des gröberen Korns läßt sich durch eine größere Filterschichthöhe ausgleichen. Der Grob-Kornfilter verschlammt weniger und läßt sich leichter spülen, weil er mit höheren Strömungsgeschwindigkeiten ohne Sandverluste gespült werden kann.

Die Raumausnutzung kann mit zwei oder mehr Kornmaterialien unterschiedlicher Dichte verbessert werden. Für das leichtere Material ist eine gröbere Körnung zu wählen als für das schwerere. Häufig kommt der Zweischichtfilter mit Sand ($\varrho = 2{,}6\,\mathrm{g/cm^3}$) und Anthrazit ($\varrho = 1{,}6\,\mathrm{g/cm^3}$) zur Anwendung. Jede Schicht für sich sollte eine möglichst gleichförmige Körnung haben.

Wichtigster Bemessungswert ist die Filtergeschwindigkeit $v = Q/A$; $A \mathrel{\hat{=}}$ Filteroberfläche. Sie beeinflußt den Filterwiderstand, die Filterlaufzeit und die Filterwirkung. Je geringer sie ist, desto besser die Entnahmewirkung und Stabilität des Filters gegenüber Belastungsschwankungen. Bei den Raumfiltern tritt dieser Einfluß zurück, solange die Filtergeschwindigkeit $< 10\,\mathrm{m/h}$ ist. Die erforderliche Filtergeschwindigkeit bestimmt die Größe der Filterfläche und die Spülhäufigkeit. Sie wirkt sich damit auf die Bau- und Betriebskosten aus.

Bei den normalen Filterverfahren wird der Filter mit Filtration und Rückspülung betrieben. Menge und Beschaffenheit der Schwebstoffteilchen und das Wachstum der Mikroorganismen verursachen eine schnelle Verschlammung. Der Filter läßt sich nur störungsfrei betreiben, wenn er nach kurzen Laufzeiten, ca. 12 bis 24 Stunden, unter Anwendung hoher Spülgeschwindigkeiten, mit Wasser und Luft gespült wird.

Meist werden die Filteranlagen mit den Abläufen aus Tropfkörper- oder Belebungsanlagen beschickt, mit Schwebstoffen und BSB_5-Werten unter 20 mg/l sowie Ammoniakwerten unter 5 mg/l. Im Filter werden 60% bis 80% der suspendierten Schwebstoffe entnommen. Die Abnahme des BSB_5 beträgt 50% bis 70%. Je mehr das Abwasser in der biologischen Stufe oxidiert wurde, um so besser ist die Filterwirkung. In nitrifizierten Abläufen werden Schwebstoff- und BSB_5-Werte unter 5 mg/l erreicht.

Unter Flockungsfiltration versteht man eine Filteranlage, welche die durch eine Fällungs- oder Flockungsanlage abscheidbar gemachten Stoffe aus dem Abwasser entfernt. Zu beachten sind Flokkungshilfsmittelmengen, Art dieser Stoffe, Reaktionszeit, Energieeintrag usw.

Flockungsfiltrationsanlagen werden zur Phosphatelimination eingesetzt. Dabei wird die Filtrationsstufe als 2. Stufe nach der Simultanfällung vorgesehen. Es lassen sich P-Werte $< 0{,}5$ mg/l erzielen.

Um eine optimale Entfernung der suspendierten Schwebstoffe und eine ausreichende Standzeit der Filter von > 24 h zu erreichen, werden bevorzugt Zwei-Schicht-Filter eingesetzt. Der Filteraufbau von unten nach oben sieht dann beispielsweise so aus:

0,1 m Kiesstützschicht	4 bis 8 mm
0,5 m Quarzsand	effektive Korngröße 0,9 mm
0,8 m Hydroanthrazit	effektive Korngröße 1,6 mm

4.5.5.1 Schnellfilter mit abwärtsgerichteter Strömung

Wegen der einfachen Wartung und Überwachung wird der offene Filter dem geschlossenen Druckfilter vorgezogen. Die Filtereinheiten haben meist rechteckigen Grundriß mit einer Fläche $< 40\,m^2$. Beim Einschichtfilter aus Sand beträgt die Korngröße 1 bis 1,8 mm, Schichthöhe 0,8 bis 1,2 m. Beim Zweischichtfilter aus Anthrazit über Sand hat der Sand eine Körnung 0,8 bis 1,4 mm, Schichthöhe von 0,4 bis 0,6 m und der Anthrazit die Körnung von 2 bis 3 mm, Schichthöhe 0,8 bis 1 m.

Die Filtergeschwindigkeit beträgt beim Trockenwetterabfluß 5 bis $15\,m^3/h$ je m^2 Filterfläche. Der Wert von 15 sollte auch beim Regenwetterabfluß nicht überschritten werden. Erfahrungswerte für Einschichtfilter hinter leistungsfähigen Belebungsanlagen mit $B_{TS} = 0{,}20$ bis 0,25 kg BSB_5/(kg $TS \cdot$ d), ergaben im Filterablauf Restgehalte an suspendierten Stoffen und BSB_5-Werten ≤ 10 mg/l mit einer Filtergeschwindigkeit von 7,5 m/h beim Trockenetterabfluß. Bei Laufzeiten von 10 bis 30 h beträgt die Wasserspiegelhöhe normalerweise 1 bis 2 m. Ein einfacher Betrieb ergibt sich, wenn das Filtrat über ein Wehr abgenommen wird. Es muß dann hingenommen werden, daß der Wasserspiegel abhängig von Filterwiderstand und Zufluß schwankt.

Die Filterschicht ruht auf dem Filterboden, der mit Düsen ausgerüstet ist. Bei den meisten Düsenkonstruktionen ist zwischen Filterboden und Filterschicht eine Stützschicht aus grobkörnigem Material, 40 bis 50 cm hoch, angeordnet. Sie soll verhindern, daß Filtersand in die Düsen eintritt.

Nach Erreichen des von der maximalen Wasserspiegelhöhe abhängigen zulässigen Filterwiderstandes und ehe es zum Durchbruch der suspendierten Schmutzteilchen kommt, muß der Filter gespült werden. Dabei wird nach einem Spülprogramm Wasser und Luft eingesetzt. Die Spülgeschwindigkeit beträgt ≥ 80 m/h. Von der angehobenen Filterschicht bis zur Überfallkante der Spülwasserablaufrinne ist ein Sicherheitsabstand ≥ 20 cm vorzusehen. Die Spülgeschwindigkeit der Luft um 100 m/h dient der Ablösung der Schmutzstoffe. Sie erfolgt in Phasen von 1 bis 2 Minuten Dauer.

Abschließend wird mit Wasser gespült, um die Schmutzstoffe auszuschwemmen und die Luft auszutreiben. Beim Zweischichtfilter ist diese Klarspülung nötig, um das Filtermaterial neu zu klassieren.

Die abwärts durchströmten Filter werden mit filtriertem Wasser gespült, das im Spülwasserbehälter bereitgehalten wird. Der Spülwasserverbrauch beträgt 3% bis 5% der behandelten Wassermenge.

Nach Bild **4.**188 wird die Funktion eines Schnellfilters (auch „Raumfilter") beschrieben. Das zu filtrierende Abwasser gelangt über eine Verteilerrinne, die Zuflußleitungen der einzelnen Filter und den seitlich angeordneten Rückspülwasserkanal in das Filterbecken. Es durchfließt die Filterschichten, den Filterboden und wird unter dem Düsenboden gesammelt und weitergeleitet. Durch

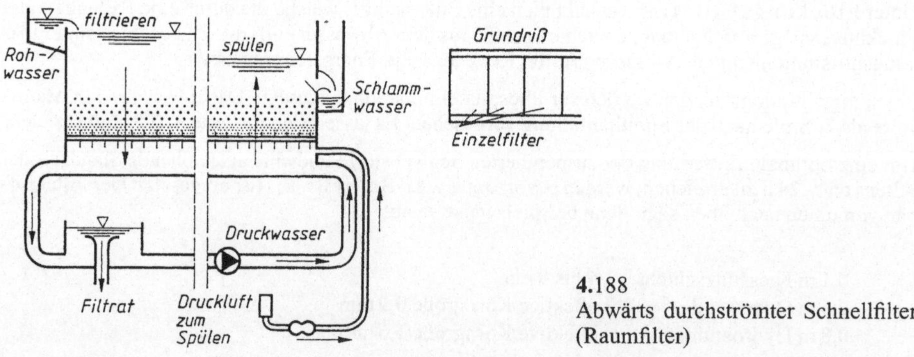

4.188
Abwärts durchströmter Schnellfilter (Raumfilter)

die Verschmutzung des Filtermaterials entsteht ein Druckverlust, der das Ansteigen des Überstaus bewirkt. Wenn ein durch das hydraulische Profil der Anlage gegebener Höchstwert (max. WS) erreicht ist, wird der Filter rückgespült. Dies geschieht durch Schließen der Zulaufleitungen und Öffnen des Spülwasserzulaufs. Während der anschließenden Spülung werden Luft und Wasser gleichzeitig im Gegenstrom von unten nach oben durch die Filtermasse geleitet. Diese wird dabei verwirbelt und die Schmutzpartikel losgelöst. Der mit langstieligen Düsen bestückte Filterboden erlaubt eine Verteilung von Spülluft und -wasser. Um zu verhindern, daß Filtermasse ausgeschwemmt wird, ist der Spülwasserablauf geschlossen. Das Wasserniveau über dem Filter steigt bis zu einem Höchstwasserspiegel an. Danach werden Spülluftgebläse und Spülwasserpumpe abgestellt. Die Filtermasse sinkt zurück und das Rückspülwasser wird abgeleitet. Eine mögliche anschließende Klarspülung bewirkt die Ausschwemmung der Schmutzpartikel und eine evtl. Klassierung der Filterschichten. Die Rückspülung kann über einen Programmgeber oder einen Microprozessor automatisiert werden. Das Rückspülwasser gelangt meist in den Zulauf der Kläranlage.

Diese Überstaufiltration dient vorwiegend zur Entfernung von Schwebstoffen. Durch entsprechendes Material und vorhandenen Sauerstoff kommt es auch zum Abbau von gelösten organischen Verschmutzungen. Um eine ausreichende Sauerstoffmenge zu haben, wird bei der Überstaufiltration oft mit Vorbelüftung des Abwassers gearbeitet. Sauerstoffgehalte bis 9 mg/l sind möglich.

Die Vorbelüftung kann auch mit technischem Sauerstoff erfolgen. Dazu sind abgedeckte Begasungsbecken mit Oberflächenbelüftung notwendig. Es lassen sich O_2-Gehalte bis 30 mg/l erreichen. Da aber bei der Nitrifikation 4,6 g O_2/g NH_4-N benötigt werden, ist diese O_2-Konzentration schon bei Teilnitrifikation zu gering. Es sind bei 30 mg O_2/l ca. 6,5 mg/l NH_4-N oxidierbar. Will man höhere O_2-Gehalte erreichen, muß man eine unwirtschaftliche Druckbegasung durchführen.

4.5.5.2 Trockenfiltration

Um niedrige *CSB*-Werte zu bekommen, etwa in einer zweiten biologischen Stufe, ist eine bessere O_2-Versorgung als beim Überstaufilter nötig. Dies ist erreichbar durch eine künstliche Belüftung. Möglich sind:

- Vorbelüftung mit reinem Sauerstoff
- Luftdurchsatz im Gleichstrom
- Luftdurchsatz im Gegenstrom

Die Systeme der Trockenfiltration arbeiten meist nach dem Gleichstromprinzip (**4**.189). Das Abwasser durchrieselt das Filterbett von oben nach unten. Unter dem Düsenboden wird jedoch ein Unterdruck angelegt und so Luft im Gleichstrom zusammen mit dem Abwasser durch das Filter gesaugt. Es verbleibt kein Wasser über dem Filter, daher Trockenfilter. Er wird auch besonders dann eingesetzt, wenn eine Nitrifikation des Filtrats erreicht werden soll.

Die höhere Leistung dieses Filters wird durch den hohen Biomassenanteil im System und durch verbesserte Adsorption des biologischen Rasens erklärt. Das Filtermaterial Biolit z.B. ermöglicht sofort nach der Filterspülung wieder den biologischen Abbau ohne Einarbeitungszeit.

Meist wird auch hier mit einem 2-Schicht-Filter gearbeitet. Eine Schicht dient dem biologischen Abbau und eine weitere (Sand) der Abscheidung von Feinpartikeln (Raumfiltration).

Die Aufnahmekapazität in kg *TS*/m^3 ist höher als bei den normalen Schnellsandfiltern. Die Vorteile des Trockenfilters als biologische Stufe sind:

- geringer Flächenbedarf;
- reduzierter Sauerstoffbedarf, da ein Teil der Feststoffe im Filterbett bereits zurückgehalten werden. Kolloide und Schwebstoffe werden vom biologischen Rasen absorbiert;

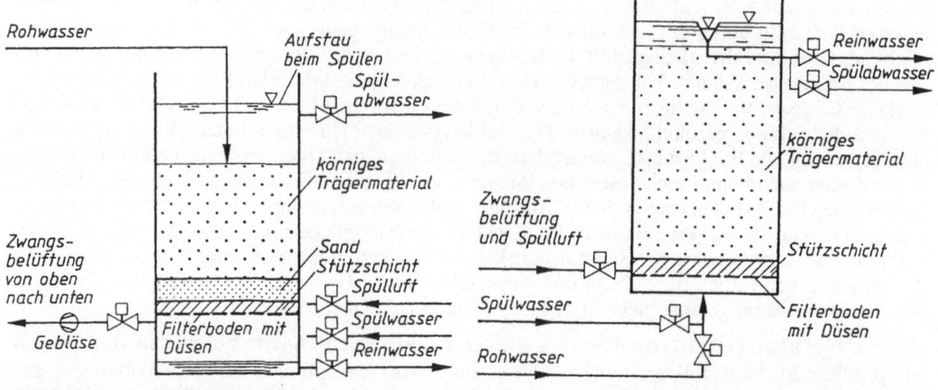

4.189 Prinzip der Trockenfiltration, System Biodrof

4.190 Prinzip der Aufstromfiltration, System Biofor

– keine Gefahr von Blähschlammbildung;
– Regelung des Sauerstoffeintrags durch Wasser-Luft-Verhältnis ist möglich;
– gute Anpassung an wechselnde Zuflüsse, Abschaltung einzelner Filter möglich.

Für die volle biologische Aktivität ist ein erheblicher Sauerstoffbedarf notwendig. Bei der Trockenfiltration ist ein Sättigungsgrad von 30 bis 60% erreichbar. Die Verrieselung des Abwassers über dem Filterbett bringt bereits eine Sättigung bis zu 50%. Der Sauerstoffgehalt kann durch Steuerung der Gebläseleistung optimiert werden.

Die Rückspülung erfolgt ähnlich wie beim Überstaufilter, aber keine kombinierte Luft-Wasser-Spülung. Die 2-Schicht-Filtration erfordert in größeren Zeitintervallen eine Klassierungsspülung.

4.5.5.3 Der aufwärts durchströmte Schnellfilter

Der aufwärts durchströmte Schnellfilter (Bild **4.**190) wird beim normalen Filterbetrieb wie auch während der Spülung von unten nach oben durchströmt. Die Ablaufrinnen dienen der Ableitung des Filtrats und des verschmutzten Spülwassers.

Der Wasserspiegel bleibt während des Filterlaufs konstant auf einer bestimmten Höhe. Als Filtermaterial kann ein Korngemisch aus Quarzsand mit Korngrößen 1 bis 3 mm dienen. Die Höhe der Filterschicht beträgt 1,2 bis 2 m. Die Filtergeschwindigkeit ist etwas höher als beim abwärts durchströmten Filter, sollte aber ebenfalls nicht mehr als 15 m/h betragen. Ein zu großer nach oben gerichteter Druck würde die Sandschicht anheben. Dann würden auch im Filter zurückgehaltene Schmutzstoffe ausgeschwemmt. Deshalb wird unterhalb der Sandoberfläche ein Gitterrost mit Stababstand 5 bis 10 cm eingesetzt, der die Kornschüttung festhält. Wegen möglicher Schmutzstoffdurchbrüche und der mikrobiellen Schleimbildung wird die Laufzeit im allgemeinen $\leq$ 24 Stunden gehalten.

Die Düsen im Filterboden müssen so groß sein, daß mehrere Millimeter große Bestandteile hindurchgehen. Eine Stützschicht von 30 bis 40 cm Höhe ist ebenfalls notwendig. Das Korngrößenverhältnis zwischen größtem Filterkorn und dem Korn der Stützschicht soll 1 : 3 bis 1 : 4 sein. Die Spülung des Filters erfolgt wie beim abwärts durchströmten Filter in mehreren Phasen mit Wasser und Luft. Die Geschwindigkeiten betragen für Luft: 100 bis 120 m/h und für die Klarspülung mit Wasser 80 bis 120 m/h.

Bei der Aufstromfiltration, System Biofor, Fa. Ph. Müller, wird Wasser und Luft durch das Filter geschickt. Es lassen sich i.allg. höher belastete Abwässer als mit der Trockenfiltration reinigen.

Die hohe Konzentration an Biomasse, 4- bis 8mal höher als bei Belebungsanlagen, bewirkt einen intensiven biologischen Abbau und verkürzt die Aufenthaltszeiten. Außerdem lassen sich mit diesem System Nitrifikation und Denitrifikation durchführen. Verwendet werden Filterbetthöhen zwischen 2 und 4 m. Als Trägermaterial wird Biolit eingesetzt. Die Wassergeschwindigkeiten liegen zwischen 3 und 6 m/h. Die Luftmenge kann maximal im Verhältnis 1 : 2 eingestellt werden. Über die gesamte Höhe des Filterbetts ist eine ausreichende Sauerstoffversorgung sichergestellt. Luft und Wasser werden im Gleichstrom von unten nach oben durch das Filterbett geleitet. Beim Gegenstromprinzip würden Luftblasen im Filterbett die Filterlaufzeiten verkürzen können. Die Rückspülung erfolgt wie bei den anderen Systemen von unten nach oben.

Bei aerobem Betrieb (C-Abbau, Nitrifikation) erfolgt die Rohwasser-Zugabe und Belüftung von unten im Gleichstrom. Das Filtermaterial trägt die sessile Biomasse, den Biofilm. Bei anoxischem Betrieb, z.B. zur nachgeschalteten Denitrifikation, kann anstelle der Preßluft eine externe C-Quelle

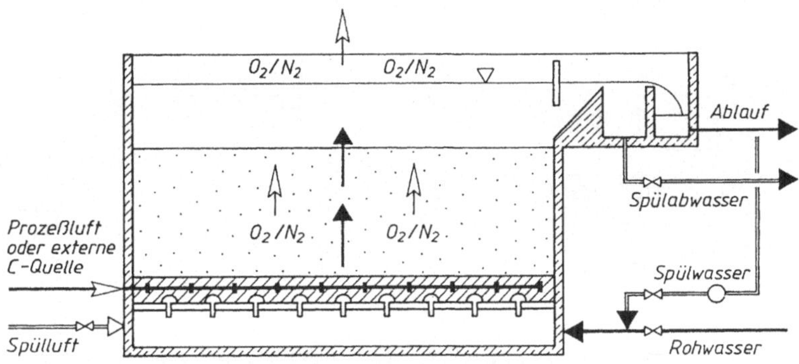

4.191 Blockfilter „Biofor“ für aeroben oder anoxischen Betrieb

Tafel **4.**59 Auslegungsdaten für 2 Filteranlagen nach dem Aufstromprinzip Biofor (**4.**192)

		A	B
Einwohnergleichwerte (EG)		45000	16000
Anzahl der Filter		4	4
Vorbehandlung des Abwassers		Flotation mit Flockung/Fällung	Lamellenabscheider mit Flockung/Fällung
Filtrationsfläche (m^2)		$4 \cdot 24{,}5 = 98$	$4 \cdot 10{,}5 = 42$
Durchsatzgeschwindigkeit (m/h)		2,86 bis 8,16	2,4 bis 6,0
Tagesdurchsatz (m^3/d)		4400 bis 6100	720 bis 2540
Rohwasser:	*CSB*	280 mg/l	250 mg/l
	Schwebstoffe	280 mg/l	250 mg/l
	TKN	–	50 mg/l
	P_{ges}	–	15 mg/l
Filterablauf:	*CSB*	100 mg/l	50 mg/l
	Schwebstoffe	30 mg/l	20 mg/l
	TKN	–	≤ 10 mg/l (mit 20% Rezirkulation)
	P_{ges}	–	0,3 mg/l

zugegeben werden. Wichtigster Bemessungsparameter ist wie bei der Filtration die Flächenbeschickung. Strohmeier nennt für Biofor-Anlagen q_A-Werte von 5 bis 6 m/h bei max Q_t [77a]. Für reine Abwasserfiltration betragen sie $\approx$ 10 m/h (**4**.191).

Messungen ergeben, daß ein biologisch aktiver Filter dieser Art als Festbettreaktor einen geringeren Energieverbrauch hat als z.B. eine Belebtschlammanlage mit Druckbelüftung. Bei einem Zulauf-BSB_5 von 200 mg/l ca. 50%. Die Filtergeschwindigkeit betrug 4 m/h. Bei größeren Schwebstoff/BSB_5-Verhältnissen steigt der Energieverbrauch wegen häufiger Rückspülung an.

Biostyr ist ein Schwebefiltersystem und wird von unten beschickt (Aufstromfiltration). Das Filtermaterial aus geschäumtem Polystyren schwimmt in der oberen Filterzone und wird durch einen Düsenboden an der Oberfläche des Filters zurückgehalten. Filtergeschwindigkeiten $\leq$ 10 m/h sind möglich. Das Verfahren nitrifiziert und denitrifiziert gleichzeitig. Die Rückspülung im Gleichstrom

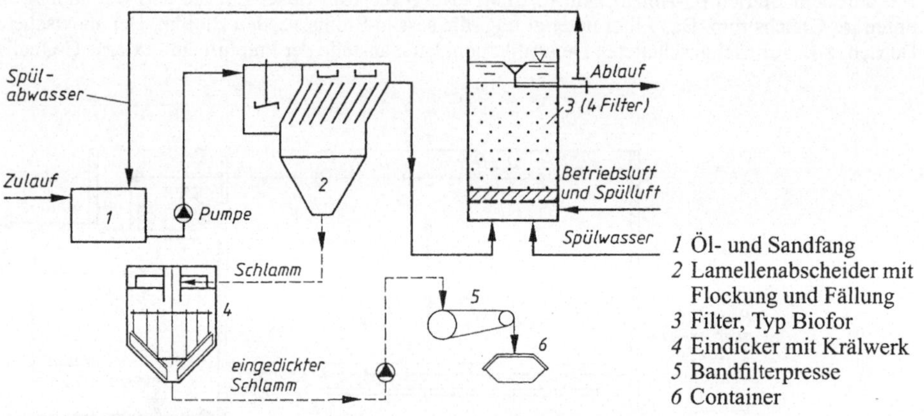

1 Öl- und Sandfang
2 Lamellenabscheider mit Flockung und Fällung
3 Filter, Typ Biofor
4 Eindicker mit Krälwerk
5 Bandfilterpresse
6 Container

4.192 Verfahrensschema einer Kläranlage mit Aufstromfiltration für 16000 EG; Q_d = 720 bis 2540 m^3/d

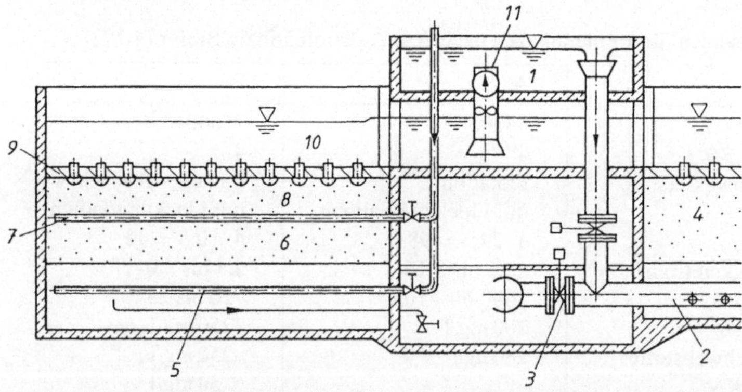

4.193 Biofilter „Biostyr" für aeroben und anoxischen Betrieb. Rechts Schnitt durch Zu- und Rücklaufbereich, links Schnitt durch Bereich der Luftzuführungen.

1 Rohwasser-Zulaufkanal
2 Wassereinlauf/Schlammabzug
3 Spülventil
4 Filtermaterial
5 Rückspül-Luftzufuhr
6 Anoxischer Bereich
7 Prozeßluft-Zufuhr
8 Belüftete Filterzone
9 Düsenboden
10 Reinwasserspeicher und Ablauf
11 Rezirkulationspumpe

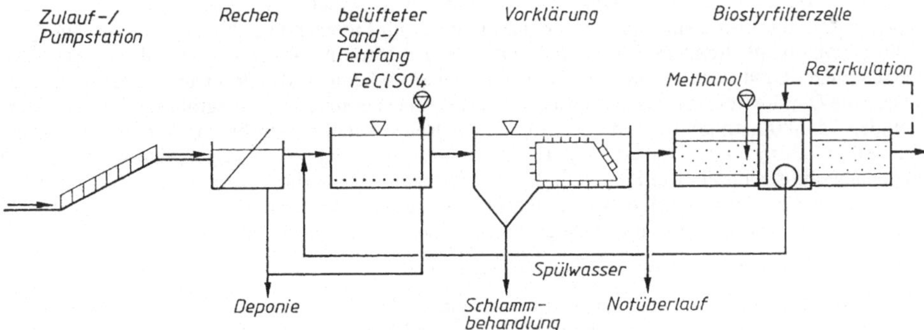

4.194 Fließweg der KlA Nyborg (DK) mit Biofiltrationsanlage

(nach unten) ohne Pumpe entfernt die überschüssige Biomasse und die zurückgehaltenen Feststoffe (**4**.193).

Der Abwasserzufluß der KlA Nyborg (**4**.194) kommt zu $\approx$ 50% aus einem Mischsystem. Mit 45% des TW-Zuflusses und $\approx$ 55% der BSB_5-Fracht besteht ein hoher Anteil an Industrie-Abwasser. Es stammt aus einer Aufbereitungsanlage für Chemieabfälle, aus Lebensmittelindustrien und aus einer Asphaltfabrik und ist teilweise mechanisch oder mechanisch/biologisch vorgereinigt. Die Zulaufwerte zur KlA sind deshalb schon reduziert. NH_4-N wird von $\approx$ 16 auf 1,3 mg/l, P_{ges} von $\approx$ 6 auf 0,6 mg/l und die AFS von 190 auf 10 mg/l abgebaut.

4.5.5.4 Kontinuierlich betriebene Filter

Um den Wechsel zwischen Filtration und Rückspülung zu vermeiden, wurden verschiedene kontinuierlich betriebene Schnellfilter entwickelt. Zu den bekanntesten zählen zwei Filtersysteme, die als fertige Filtereinheiten hergestellt werden und für kleinere Abwassermengen in Betracht kommen.

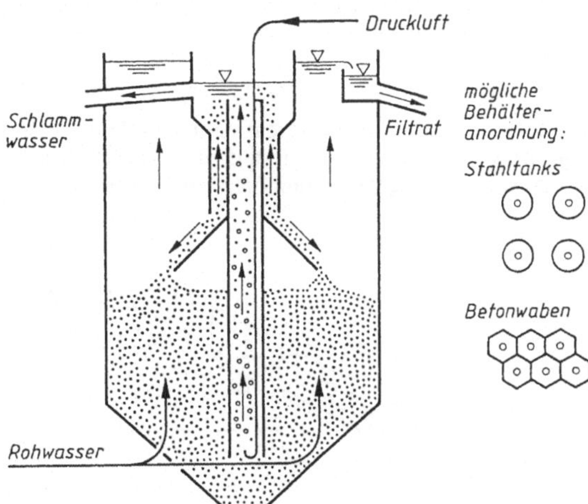

4.195 Prinzip des kontinuierlich betriebenen Schnellfilters, System Dynasand (Fa. Häny)

Beim Dynasand-Filter (**4.**195) besteht die Filtereinheit aus einem zylindrischen, oben offenen Behälter mit trichterförmigem Boden, der etwa 1 m hoch mit Filtersand gefüllt ist. Der Filter wird mit Filtergeschwindigkeiten von 5 bis 10 m/h aufwärts durchströmt. Der unten lagernde, am stärksten verschmutzte Sand wird in einem als Druckluftheber wirkenden Mittelrohr nach oben gefördert. Durch die Durchwirbelung des Luft-Wasser-Sand-Gemisches in diesem Steigrohr wird der Schmutz von den Sandkörnern gelöst. Am oberen Ende des Rohres ist eine Beruhigungskammer, in der die Sandkörner absinken, während die Flocken in Schwebe bleiben und mit dem Schlammwasser nach außen abgeführt werden. Der Sand fällt durch ein Mantelrohr auf die Sandschicht im Filter zurück. Filtration und Sandwäsche sind zwei gleichzeitig ablaufende Prozesse. Der Filterbehälter wird aus Stahl mit Durchmessern bis zu 2,50 m, größere Anlagen werden auch aus Beton hergestellt.

Ein Anwendungsbeispiel wird nachfolgend beschrieben.

Die Kläranlage Lütjenbrode ist nach dem konventionellen System der zweistufigen Abwasserbehandlung mit Vorklärung, Tropfkörpern, Belebung und Nachklärung aufgebaut und wurde um eine nachgeschaltete chemische Reinigungsstufe nach dem Prinzip der Flockungsfiltration erweitert (**4.**196).

Die Anlage reinigt vorwiegend häusliches Abwasser mit einem erheblichen Anteil aus Fremdenverkehrseinrichtungen.

Der Trockenwetterzulauf beträgt im Winter ca. 5500 m^3/d und im Sommer ca. 8000 m^3/d.

Die Flockungsfiltrationsanlage, eine kontinuierlich arbeitende Dynasand-Filteranlage, ist für eine sehr hohe Feststofffracht mit 120 m^2 Filtrationsfläche bemessen. Der maximale Durchfluß beträgt 1300 m^3/h. Die Filtrationsanlage ging zunächst ohne Flockung in Betrieb, um die Leistungsfähigkeit der Filtration zu ermitteln. Es trat Schlammabtrieb durch unkontrollierte Denitrifikation in den Nachklärbecken auf. Bei der Inbetriebnahme der zulaufproportional gesteuerten Fe^{3+}-Dosierung, die anfänglich bei 20 g Fe^{3+}/m^3 lag, β-Wert von 1 bis 1,3 Me-mol/P-mol, konnte eine deutliche Steigerung der Phosphor-Elimination gemessen werden. Die Optimierung der Eisendosierung ergab einen β-Wert von etwa 2 bis 2,5.

Die wasserbehördlichen Anforderungen von 0,5 mg P_{ges}/l und 5 mg/l abfiltrierbare Stoffe können bei allen Phosphorgehalten und Zulaufmengen eingehalten werden. Um die Eisendosierung auf die tatsächlichen P-Konzentrationen abzustimmen, ist zusätzlich eine kontinuierliche Phosphat-Messung vorgesehen.

Der Simater-Filter hat ebenfalls Zylinderform. Das Wasser strömt radial von innen nach außen durch die nach unten bewegte Sandschicht. Der Sand wird unten abgenommen, außerhalb gewaschen und oben wieder zugegeben. Die Filterwirkung ist bei Filtergeschwindigkeiten von nur 3 bis 5 m/h und verhältnismäßig hohem Spülwasserverbrauch von ~ 5% des Filtrats gut.

Ein quasi kontinuierliches System stellt der Oberflächenfilter dar. Das Filtermaterial aus Quarzsand liegt auf durchlässigem Filterboden. Das Rohwasser überstaut den Filtersand, fließt hindurch in den darunter liegenden Sammelraum. Die Sandschicht ist nur 0,30 m stark und feinkörnig. Die

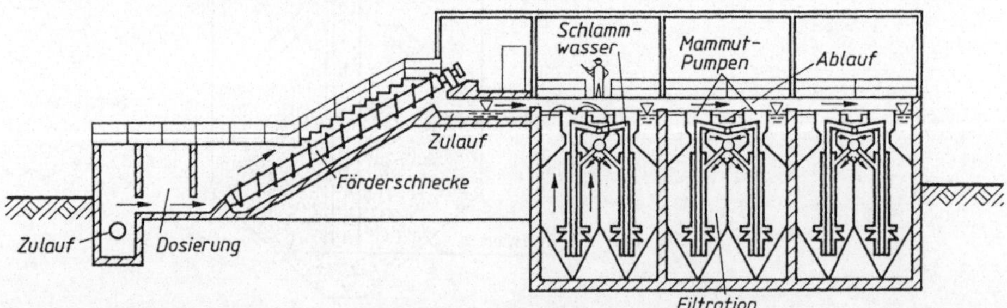

4.196 Flockungsfiltrationsstufe der Kläranlage Lütjenbrode nach dem Dynasand-System

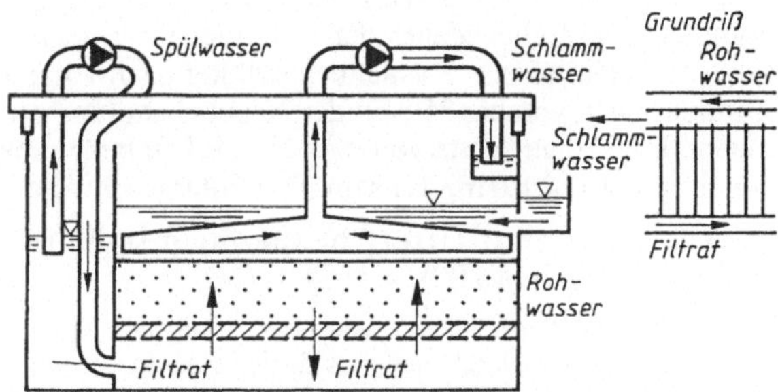

4.197
Prinzip des Oberflächenfilters

Flocken werden dadurch im oberen Schichtteil zurückgehalten. Die Rückspülung erfolgt zellenweise durch Druckwasser über den Sammelraum und durch Absaugen von der Filteroberfläche. Beide Aggregate befinden sich auf einer Räumerbrücke, die nacheinander die Zellen überfährt. Als Spülwasser wird Filtrat, auch das der Nachbarzellen benutzt. Die Filtergeschwindigkeiten liegen bei $v_A \approx 5$ m/h. Bemessungsansatz $\approx 0{,}7$ bis $0{,}8\,\mathrm{m}^2$ Filterfläche/(l · s) beim Trockenwetterzufluß $= Q_t$ (**4.**197).

4.5.5.5 Filtertrommelsystem

Das Filtertrommelsystem (**4.**198) bietet aufgrund einfacher Konstruktionsmerkmale und Betriebsweise gegenüber den statischen Filtersystemen Vorteile durch günstige Bau- und Betriebskosten. Das System besteht aus einem Spaltsiebzylinder, der mit Kunststoffgra-

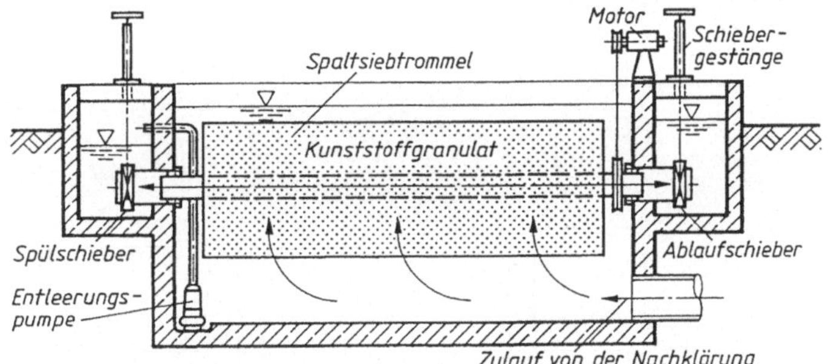

4.198
Filtertrommel-System

nulat als Filterkörper gefüllt ist. Die Filtertrommel ist in ein Durchflußbecken eingebaut. Das Abwasser durchfließt die Filtertrommel von außen her bis zum zentrischen Abflußrohr. Die Reinigung der Filtertrommel erfolgt durch Rotation, bei der das Kunststoffgranulat in der Trommel abrollt und durch die Turbulenz des Wassers frei gespült wird. Die einfache Konstruktion, geringe Druckverluste beim Filtervorgang und niedriger Energieaufwand bei der Reinigung verringern die Bau- und Betriebskosten.

4.5.5.6 Tuchfilter

Als Filtermedium werden Filtertücher oder Nadelfilz benutzt. Zur Zeit sind Tuchfilter in der Form von Trommel- und von Zellenfiltern (**4.**199) bekannt. Diese Verfahren haben ebenfalls einen kontinuierlichen Filterbetrieb. Die Reinigung der Filtertücher erfolgt hydraulisch/mechanisch oder nach dem Prinzip der Rückspülung bei Mikrosieben. Die

Steuerung der Spülung wird durch Zeitschaltung oder nach dem Druckverlust vorgenommen. Die Lebensdauer der Filtertücher ist begrenzt, z.B. bei Nadelfilz 1 Jahr. Einsatz der Tuchfilter zur P-Nachbehandlung nach vorangehender Simultanfällung ergab P-Eliminationen von ca. 85% in der Nachbehandlung mit Einsatz von Fe-Salzen und Polymeren. Um Ablaufwerte von $\leq 0{,}2$ mg P/l zu bekommen, sollten die Zulaufkonzentrationen möglichst $\leq 1{,}0$ mg P/l sein. Die Filtergeschwindigkeit v_A beträgt ≈ 5 bis 6 m/h.

Der hohle **Trommelfilter, bespannt mit Filtertuch**, ist eine andere Möglichkeit der Tuchfiltration (**4**.200).

Das mit Feststoffen beladene Abwasser strömt den Filter von außen an. Die Feststoffe werden vom Filtertuch zurückgehalten, das filtrierte Abwasser wird durch das Trommelinnere abgeleitet. Die abfiltrierten Feststoffe belegen das Filtertuch und vergrößern den Filterwiderstand. Über ei-

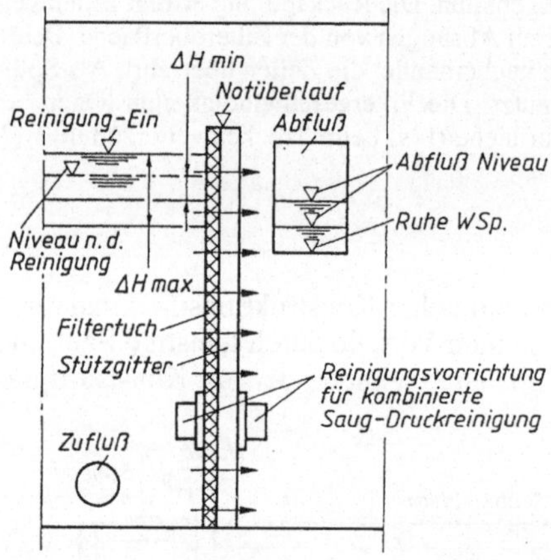

4.199
Prinzip des Zellenfilters (ein Filtermodul)

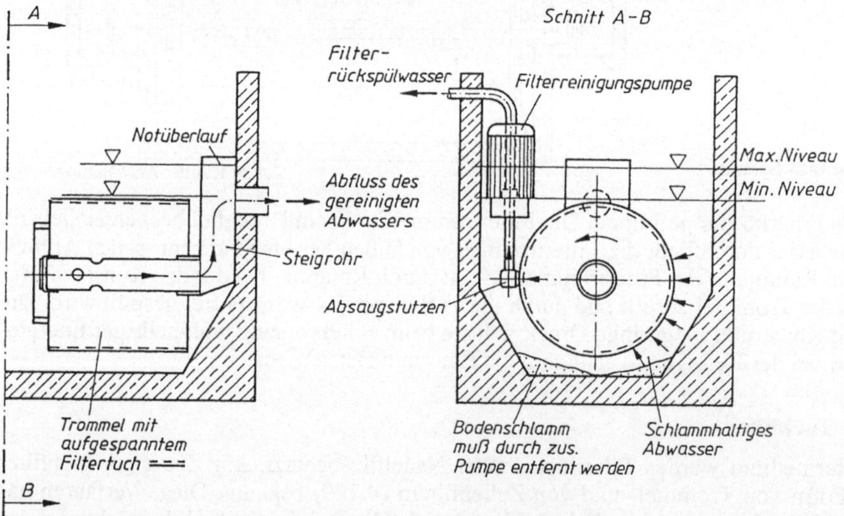

4.200 Schema des hohlen Trommelfilters mit Tuchbespannung ne Steuerung wird die Filterreinigung eingeschaltet. Die Reinigung des Filtertuchs erfolgt durch Rückspülung mit filtriertem Abwasser. Ein Absaugbalken legt sich an das Filtertuch und eine Pumpe entfernt die Feststoffe zusammen mit dem Rückspülwasser. Während des Reinigungsvorganges wird die Filtertrommel um ihre Achse gedreht. Der Filterbetrieb wird während der Rückspülung nicht unterbrochen.

Gegenüber Raumfiltern hat die Tuchfiltration einige Vorteile: Gefälleverlust im Filter $\approx 0{,}5$ m; Wirkung des Filtertuchs bleibt erhalten, keine Fraktionierung des Filtermaterials; keine Unterbrechung des Filtervorgangs während der Rückspülung; Speicher für Rückspülwasser nicht erforderlich.

Nachteile: Geringere Filterleistung bei kleinsten Partikeln; Standzeit der Filtertücher 12 bis 24 Monate, dann Auswechselung; höhere Rückspülwassermenge $\approx$ 4 bis 8% der Zuflußmenge.

Bemessungsbeispiel für einen tuchbespannten Trommelfilter. Dem Filter soll eine Belebungsanlage mit unzureichender Nachklärung nachgeschaltet werden.

$\max Q = 60\,\mathrm{m^3/h}$; Abfiltrierbare Stoffe (AFS) im Filterzulauf $\leq 80\,\mathrm{g/m^3}$

gewählt $q_A = 5\,\mathrm{m/h} \rightarrow$ erf. Filterfläche $A = 60/5 = 12\,\mathrm{m^2}$

gewählte Filteranzahl = 2 mit je $6\,\mathrm{m^2}$ Filterfläche, $\varnothing = 1{,}32\,\mathrm{m}$, Länge $\approx 1{,}51\,\mathrm{m}$.

Feststoffbelastung:

$\max AFS$-Fracht $= 80 \cdot 60 = 4800\,\mathrm{g/h}$

vorh. AFS-Belastung $= 4800/12 = 400\,\mathrm{g/(m^2 \cdot h)}$

Gef. Ablaufwert $AFS \leq 10\,\mathrm{mg/l}$

Filterreinigung bei $\max Q \approx 1$ mal/h, Dauer 0,5 min, Filterreinigungspumpe hat eine Laufzeit von $0{,}5 \cdot 24 = 12\,\mathrm{min/d} = 0{,}2\,\mathrm{h/d}$, Leistung 10 l/s mit 1,5 kW $\rightarrow 1{,}5 \cdot 0{,}2 \cdot 365 \approx 110\,\mathrm{kWh/a}$. Der Filterantrieb während der Reinigung hat eine Leistung von 0,15 kW $\rightarrow 0{,}15 \cdot 0{,}2 \cdot 356 = 11\,\mathrm{kWh/a}$. Der Energieaufwand/a beträgt $2 \cdot (110 + 11) = 242\,\mathrm{kWh/a}$.

4.5.5.7 Flockungsfiltration

Bei sehr hohen Anforderungen an die Phosphat-Ablaufkonzentration ist die Nachschaltung einer Flockungsfiltrationsstufe erforderlich. Während bei Simultanfällungsanlagen Ablaufwerte um 1 mg P/l erzielt werden können, sind 0,2 mg P/l zuverlässig und ständig nur durch Einsatz der Flockungsfiltration möglich.

Man setzt für die Flockungsfiltration dreiwertige Metallsalze, i.allg. Aluminium- oder Eisensalze, ein. Dabei kommt es zu einer Ausfällung von Hydroxid-Flocken mit anderen Schlammeigenschaften als die Belebtschlammflocke sie aufweist. Die P-Konzentration im Zulauf zur Filterstufe sollte durch vorgeschaltete biologische P- oder Fällungs-Elimination etwa bei 0,7 bis 1,2 mg/l liegen, damit der Filter nicht mit Feststoffen überlastet wird. Diese machen ca. 30 bis 50% der gesamten TS-Masse aus. Leistungsmäßig ist die Flockungsfiltration der normalen Filtration deutlich überlegen, ca. um 50% bei BSB_5 und CSB, aber um ca. 100% bei P_{ges}-Abbau.

Die begrenzten Filtrationseigenschaften der Flocken können durch die Zugabe von Polyelektrolyten (Filterhilfsstoffen) verbessert werden. Die Flocken werden haftfähiger und verteilen sich über den ganzen Porenraum bis in die unterste Schicht (**4**.201). Im Betrieb haben sich nicht-ionogene und schwach anionische Polycylamide mit hohem Molekulargewicht bewährt. Dosierungskonzentrationen im Bereich von 0,05 bis 0,3 mg/l sind geeignet. Bei der Bemessung der Filter benutzt man

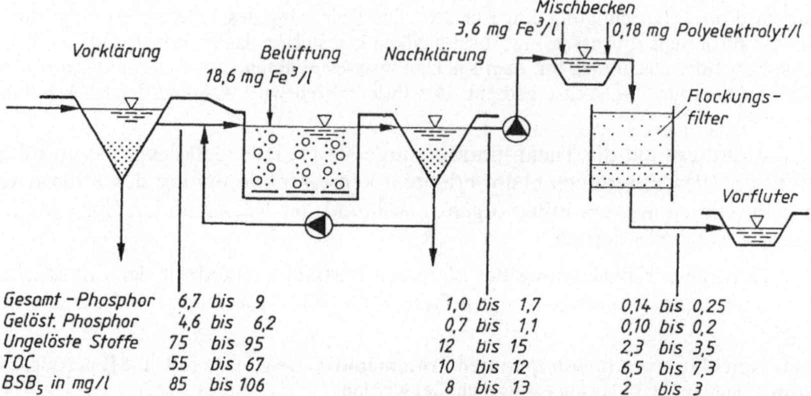

4.201 Leistung einer kleineren KlA mit Simultanfällung und Flockungsfiltration, vgl. auch **4.**165, Inhaltsstoffe in mg/l

bekannte Erfahrungswerte und halbtechnische Vorversuche (Tafel **4.**60). Tafel **4.**61 gibt technische Daten für die Flockungsfiltration nach vorhergehender Simultanfällung.

Auch der Einsatz von Tuchfiltern ist für die Flockungsfiltration geeignet. Die periodische Reinigung der Filtertücher ist allerdings von grundlegender Bedeutung. Nur ein periodisches Abspritzen der Tücher etwa wöchentlich mit 6 bis 8 bar sichert eine hohe Durchsatzleistung über längere Zeiträume.

Tafel **4.**60 Erfahrungswerte für die Bemessung und den Betrieb von Filtern in der Abwasserreinigung nach [21c]

	Einschichtige abwärts durchströmte Filter	Zweischichtige abwärts durchströmte Filter	Aufwärts durchströmte Filter
Schichthöhe in m	1,0 bis 1,5	≤ 2,0	≤ 2,0
Korndurchmesser in mm	0,9 bis 1,6	0,7 bis 2,5	3,0 bis 1,0
Ungleichförmigkeitsfaktor	≤ 1,5	≤ 1,5	–
Filtermaterial	Sand	Hydroanthrazit-Sand	Sand
Filtergeschwindigkeit			
bei Q_{rw} in m/h	≤ 15	≤ 20	≤ 15
bei max Q_t in m/h	5 bis 10	5 bis 10	5 bis 10
Vorgegebene Überstauhöhe (≙ max Druckverlust) in m	1,5 bis 3,0	1,5 bis 3,0	≤ 1,5
Zahl der Filterkammern	≥ 2	≥ 2	≥ 2
Fläche der Filterkammer in m²	10 bis 100	10 bis 100	10 bis 100
Spülluftgeschwindigkeit in m³/(m² · h)	~ 100	~ 100	~ 100
Dauer der Luftspülung bzw. der Luftwasserspülung in Minuten	2× bis 3×(2' bis 3')	2× bis 3×(2' bis 3')	2× bis 3×(2' bis 3')
Spülwassergeschwindigkeit in m/h	60 bis 100	70 bis 80	100 bis 120
Dauer der Wasserspülung in min	4' bis 6'	5' bis 7'	7' bis 10'
Schlitzweite der Filterbodendüsen in mm	≥ 0,6	≥ 0,6	–
Zahl der Düsen pro m²	30 bis 70	30 bis 70	30 bis 70
Gesamte Spüldauer in Minuten [1])	20 bis 30	20 bis 30	20 bis 30
Filterlaufzeit in h	–	≈ 24	≈ 24

[1]) je Filterkammer

Tafel **4.**61 Empfehlungen für die Bemessung und den Betrieb der Flockungsfiltration nach Simultanfällung $B_{TS} = 0{,}3$ kg BSB_5/(kg $TS \cdot$ d) [20a]

	Simultanfällung	
Chemikaliendosierung	Eisen(II)sulfat ($FeSO_4 \cdot 7H_2O$) Molverhältnis Fe : P = 1,5 : 1	
	Flockungsfiltration	
Chemikaliendosierung	Eisen(II)sulfat ($FeSO_4 \cdot 7H_2O$) 4 mg Fe(II)/l	Eisenchloridsulfat $FeClSO_4$ 4 mg Fe(III)/l
Intensivmischung	5 min + Belüftung	1 min + Rührwerk
Obere Filterschicht: Material Körnung Tiefe	 Hydroanthrazit 1,6 mm bis 2,5 mm 1,1 m	 Hydroanthrazit 1,6 mm bis 2,5 mm 1,4 m
Untere Filterschicht: Material Körnung Tiefe	 Quarzsand 0,7 mm bis 1,2 mm 0,4 m	 Quarzsand 0,7 mm bis 1,2 mm 0,4 m
Filtergeschwindigkeit: bei Q_t bei Q_{24} bei Q_m	 7,5 m/h 4 bis 6 m/h 15,0 m/h	 7,5 m/h 4 bis 6 m/h 15,0 m/h
Filterrückspülung: 1. Phase 2. Phase	 Luft 100 m/h, 1 min Wasser 80 m/h, 5 min	

Tafel **4.**62 Kenndaten und Spülprogramm von Flockungsfiltrationsanlagen unterschiedlicher Größe des Wupperverbandes [19b]

Kenndaten von vier Flockungsfiltrationsanlagen

Klärwerke	Hückeswagen	Kohlfurth	Ruchenhofen	Wermelskirchen
Auslegungsgröße in EW	40000	200000	700000	18000
Q_t in m^3/h	594	2250	9000	381,6
Q_m in m^3/h	1188	4500	19800	763,2
Hub z. Filterzulauf in m	5,3	8,5	0	3,6
Anzahl d. Filter in Stk	4	8	28	7
Filterfläche ges. in m^3	100	480	1680	91,91
Filtergeschw. TW in m/h	5,94	4,96	5,36	4,15
Filtergeschw. RW in m/h	11,88	9,38	11,79	8,30
max. RW in m/h *	15,84	10,71	12,69	9,69
Filterhöhe in m	2,25	2,00	2,00	1,70
Einmischung der Zusatzstoffe	Beschickungsleitung zu den Filterkammern	Schneckenpumpwerk Zulauf zur Flockungsfiltration	Zulauf zur Flockungsfiltration	separate Mischbecken mit 112 m^3

* bei der Spülung von einer bzw. zwei Kammern

Tafel 4.62 (Fortsetzung)

Spülprogramm

Vorgang	Dauer in Minuten	Leistung in $m^3/(m^2 \cdot h) = m/h$
1. Abfiltrieren	10	
2. Absenken	1,5	
3. Auffüllen	0,75	50 m Wasser/h
4. Absenken	1,5	
5. Luftspülung	2	100 m Luft/h
6. Luft-Wasser-Spülung	2	100 m Luft/h und 12 m Wasser/h
7. Absenken	1,5	
8. Wasserspülung	2	90 m Wasser/h

4.5.5.8 Membran-Trennverfahren

Neben Gewebefiltern und Raumfiltern haben Membran-Trennverfahren bevorzugt in der Industrie Bedeutung.

Zu den Membran-Trennverfahren gehören:

- Mikrofiltration (0,5 bis 3 bar Überdruck),
- Ultrafiltration (1 bis 10 bar Überdruck),
- Umkehrosmose (20 bis 100 bar Überdruck),
- Elektrodialyse (elektrisches Feld).

Die natürliche Osmose findet in Pflanzenzellen statt. Osmose ist eine selbständig ablaufende Diffusion zwischen zwei Lösungen mit unterschiedlichen Konzentrationen, die durch eine Membran getrennt sind. Als direkte Osmose bezeichnet man den Durchtritt des Lösungsmittels in die Lösung, was zu einer Volumenvergrößerung und zum Druckanstieg führt, bis sich vor und hinter der Membran ein Druckgleichgewicht einstellt. Im Idealfall diffundiert nur reines Lösungsmittel durch die Membran, die gelösten, anorganischen und organischen Stoffe, Kolloide, Bakterien, Moleküle und Ionen werden zurückgehalten (4.202).

Bei der Umkehrosmose arbeitet man dem osmotischen Druck durch einen hydrostatischen Druck oder elektrochemisch entgegen. Man kann so Lösungsmittel aus der Lösung heraustreiben und dadurch lösungsmittelarme Lösungen (Konzentrate, Retentate) und angereicherte Lösungsmittel (Permeate) erzeugen. Die Membran-Trennverfahren werden durch die Durchlässigkeit der Membranen (Permeabilität) und ihre Trennfähigkeit unterschieden (4.202).

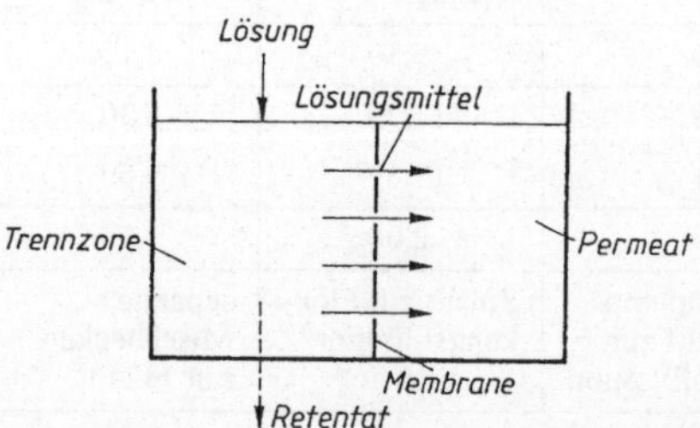

4.202
Prinzip und Bezeichnungen beim Membran-Verfahren

Die Leistungsfähigkeit hängt in erster Linie von den Membranen und ihrer Anordnung in Module ab. So gibt es Plattenmodule in Trennkammern oder Röhrenmodule in Trennkammern aus perforierten Metallrohren. Die Membranen sind aus verschiedenen Werkstoffen (Glasfilter, Filterpapier, Filterkartons, Cellophan, Celluloseacetat und ionische Membranen, Membranen aus aromatischen Polyamiden oder Keramiken).

Vor- und Nachteile der Membranverfahren (V, N):

V: Physikalische Trennung ohne Veränderung der Inhaltsstoffe; Stofftrennung erfolgt ohne Zusatzstoffe; einfacher Aufbau; Module möglich; einfache Verfahrensweise; geringer Platzbedarf.

N: Nicht selbständig einsetzbares Verfahren; hoher Betriebsaufwand durch Druckerzeugung, Kreislaufstrom; beschränkte Stabilität der Membranen; Empfindlichkeit gegenüber Verschmutzungen.

Die Ultrafiltration ist ein Feinstfiltrationsverfahren zur Abtrennung höhermolekularer Verbindungen. Die osmotischen Drücke von Lösungen höhermolekularer Substanzen sind viel kleiner als die von niedermolekularen. Es werden Konzentrationen bis ca. 50% erzielt.

Das Retentat einer Ultrafiltration kann alle wasserunlöslichen Stoffe wie Sand, Staub, Chromoxid, Metalloxide und -hydroxide, Mineralöle, Fette, Benzin, hydrophobe Emulgator- und -tensidkomponenten, Polyacryle, u.a. enthalten. Das Permeat enthält die niedermolekularen, gelösten Stoffe wie Nitrite, Phosphate, Sulfate, Chloride und gelöste Metalle, Alkalien und Säuren sowie Tenside, Emulgatoren und Komplexbildner.

Anwendungen der Ultrafiltration: Abwasserbehandlung; Elektrotauchlackierung (Lackrückgewinnung); Waschmittelrückgewinnung bei Waschstraßen; Lebensmittelindustrie, Papier-, Zellstoffindustrie, Textilindustrie, Mineralölindustrie, Pharmazeutische Industrie; Abtrennung nicht oder schlecht sedimentierbarer Flocken (Photoindustrie, Sulfidfällung).

Die Umkehrosmose wird bislang zur Entsalzung eingesetzt (Meerwasser-, Brackwasserentsalzung, Trinkwasser-Brauchwasseraufbereitung). Sie dient der Abtrennung niedermolekularer Substanzen.

Die Elektrodialyse ist ein Membranverfahren, bei dem die treibende Kraft durch das Anlegen eines elektrischen Feldes bewirkt wird.

4.5.6 Hilfsstoffe bei der Abwasserreinigung und Schlammbehandlung

4.5.6.1 Polymere

Polymere (Bezeichnung für vielgliedrig) bestehen aus chemischen Makromolekülen (Eiweiß, Kunststoffe) , die als Polyelektrolyte, z.B. in der Abwassertechnik als Flokkungshilfsmittel zur Schlammkonditionierung oder zur Fällung dienen. Die Polymerchemie gehört in vielen Ländern, auch in Deutschland, zu den bevorzugt geförderten Forschungsgebieten. Die Techniken sind soweit entwickelt, daß fast beliebige Materialeigenschaften aus theoretischen Konzepten auf chemisch-präparativem Wege ralisiert werden können. Die zukunftsorientierte Forschung sucht nach Verbesserungen von bekannten, und nach neuen Materialeigenschaften. Organische Polymere lassen sich in definierten Strukturen und in engen Molekulargewichtsbereichen aufbauen. In Deutschland werden Polymere sehr vielfältig verwendet, z.B. in der Bauphysik, in Baustoffen, bei Isolierungen usw.

4.5.6.2 Chitin und Chitosan

Den Polymeren stehen nur schwer definierbare Strukturen des Chitins und Chitosans gegenüber (uneinheitliche Acetylierung, breitere Molekulargewichtsverteilung, partieller Abbau bei der Isolierung und Herstellung hochgereinigter Präparate, variabler Wasser- und Aschegehalt).

Chitin ist ein natürliches, stickstoffhaltiges Polysaccharid aus N-Acetylglucosamin. Es kommt in zahlreichen Organismen, insbesondere aber in Insekten, Krebstieren und Pilzen vor. Chitin ist nach der Cellulose das zweithäufigste Polysaccharid.

Strukturell besitzt Chitin Ähnlichkeit mit der Cellulose. Es bildet kristalline Mikrofibrillen und läßt sich zu Fasern, Filmen, Membranen und Kolloiden verarbeiten. Mittels alkalischer Hydrolyse der Acetylgruppen erhält man aus Chitin das polykationische Polysaccharid Chitosan.

Chitin und Chitosan werden vor allem in Japan und in den USA aus Abfällen der Krabbenfischerei gewonnen.

In der Umwelttechnik wird Chitosan in Japan bereits in größerem Umfang bei der Behandlung von Abwässern eingesetzt. Außer der Ausflockung von Proteinen kann Chitosan zur Entfernung von Schwermetallionen verwendet werden. Chitin und Chitosan neigen als Chelatbildner zur Komplexbildung für zahlreiche Metall-Ionen. Dieses beruht auf der Koordinierung der Ionen mit den freien Elektronenpaaren der Sauerstoff- und Stickstoff-Atome. Zur Reinigung Phosphat-belasteter Abwässer wurde Chitosan-Polymolybdat eingesetzt.

Aus den in der Frucht-, Fleisch-, Fisch-, Milchindustrie und in der Brauerei anfallenden proteinhaltigen Abwässern werden die Proteinkomponenten durch eine Aufbereitung mit Chitosan entfernt. Da Membranen aus Chitosan undurchlässig für Calcium-Ionen sind, eignen sie sich auch gut zur Wasserenthärtung (Aufbereitung von Trinkwasser). Für die synthetischen Polymere sind die Grundchemikalien wesentlich billiger als Chitin oder Chitosan. Allerdings werden jene meist aus nicht erneuerbaren Ressourcen, d.h. Erdöl oder Kohle, gewonnen.

4.5.6.3 Biologische Zusatzstoffe – Bakterien, Enzyme, Vitamine, Algen

Hierunter werden Hilfsstoffe verstanden, die meist der biologischen Stufe von Kläranlagen zugegeben werden mit der Absicht, die Abbauleistung der vorhandenen Mikroorganismen zu verbessern und Betriebsstörungen zu verhindern.

Die angegebenen Präparate setzen sich nach Herstellerangaben wie folgt zusammen (nach ATV-Arbeitsbericht 261 von 07.90):

Bakterienpräparate. Mischungen von getrockneten Bakterienstämmen, Trockenbakterien, bei einigen Produkten Beimischung von Nährstoffen und anderen Zugaben;

Kombinationspräparate von Bakterien und Enzymen. Mischungen von verschiedenen getrockneten Bakterienstämmen, einzelnen oder mehreren Enzymen und weiteren Zugaben, z.B. oberflächenaktiven Substanzen, Salzen oder Nährstoffen;

Präparate mit Nähr- und Mangelstoffen (z.B. Vitamine);

Algenpräparate (Alginat, Polyuronid aus Braunalgen);

Enzympräparate. Mischungen verschiedener Enzyme, bei einigen Produkten Beimischung von Algenpräparaten; für Spezialfälle auch nur einzelne Enzymgruppen.

Über den Einsatz von Präparaten in der Abwasserreinigung liegen bisher nur wenige Veröffentlichungen und Untersuchungsberichte vor. Der Nachweis des Verbleibs der Bakterien ist schwierig zu führen.

Erste positive Ansätze ergaben sich durch die Anwendung von Gensonden. In kommunalen Anlagen hatte die Zugabe von Bakterien keinen eindeutigen Erfolg hinsichtlich eines verbesserten *CSB*-

und *BSB*-Abbaus. Die Bakterien des Präparats im leicht abbaubaren kommunalen Abwasser müßten sehr hohe Wachstumsraten aufweisen, um mit der adaptierten Belebtschlammflora konkurrieren zu können.

Die Übersicht verschiedener Untersuchungen biologischer Präparate in der Abwasserreinigung zeigt, daß die Anwendung nicht allgemein als erfolgreich zu bewerten ist. Wegen der verschiedenen Wirkungsweisen ist speziell zu entscheiden, ob ein Einsatz sinnvoll ist. Insbesondere in Anlagen, in denen der belebte Schlamm eine hohe Stoffwechselaktivität aufweist, so z.B. in kommunalen Anlagen mit leicht abbaubaren Abwasserinhaltsstoffen, ist der Einsatz von Bakterien oder Enzympräparaten wegen der hohen Verdünnung kaum erfolgversprechend.

Bei Industrieabwässern ist ein erfolgreicher Einsatz zum Abbau schwer abbaubarer Stoffe eher denkbar. Wegen der benötigten langen Aufenthaltszeiten der Biomasse (hohes Schlammalter) ist eine Ansiedlung der Bakterien auf Trägermaterial oder weitgehender Rückhalt der Biomasse sinnvoll.

Der Zusatz von Vitaminen kann im Prinzip eine positive Wirkung auf das Wachstumsverhalten der Bakterien des belebten Schlammes haben. Ein Nachweis ist bisher noch nicht erbracht worden. Auch für andere Zusatzstoffe wie Alginate zur Förderung der Sauerstoffübertragung auf die Schlammflocken fehlen gesicherte Nachweise.

Angesichts der erheblichen Kosten und der unsicheren Erfolgsaussichten, wird den Betreibern von Kläranlagen zu kritischer Vorsicht geraten.

4.6 Behandlung des Abwasserschlammes

4.6.1 Grundlagen

Da alle Reststoffe naturgesetzlich (Erhaltung der Materie) nicht verschwinden können, ergeben sich Aufgaben für eine umweltverträgliche Entsorgung der Klärschlämme.

Dies gilt für die Verwertung der Klärschlämme im natürlichen Stoffkreislauf, d.h. Verwertung in der Landwirtschaft und im Landbau sowie deren Herausnahme aus dem Stoffkreislauf durch Deponie ohne oder mit vorheriger Energieverwertung.

Für die Beschaffenheit der Schlämme bei der landwirtschaftlichen Verwertung ist die Klärschlammverordnung (AbfKlärV, Tafel **4.**72) maßgebend.

Für die Entsorgung durch umweltverträgliche Ablagerung ist die TA Siedlungsabfall zu beachten (Tafel **4.**66).

Die gesetzlich festgelegten Anforderungen haben Einfluß auf die Abwasserbelastung und -reinigung. Die Verfahren zur Abwasserbehandlung haben nicht nur das Ziel, die vorgegebenen Reinigungswerte zu erreichen, sondern sollen auch Reststoffe erzeugen, deren umweltverträgliche Entsorgung möglich ist.

Rohschlämme weisen als Produkt der Abwasserreinigung verschiedene Eigenschaften auf (Tafel **4.**63), so daß sie nicht unmittelbar, d.h. ohne weitere Behandlung, verwertet oder deponiert werden können. Es bedarf einer technischen Aufbereitung, durch welche die Eigenschaften so verändert werden, daß von den Reststoffen dann keine kritischen Belastungen mehr ausgehen können.

Abwasserschlamm kann selten als flüssiger Rohschlamm beseitigt werden. Eine technisch sinnvolle Behandlung des Schlammes ist Voraussetzung für seine geordnete Beseitigung. Zwei Grundoperationen sind zu vollziehen:

Tafel **4.63** Reinigungsstufen einer kommunalen Kläranlage, deren Rückstände und ihre Beseitigung nach [41]

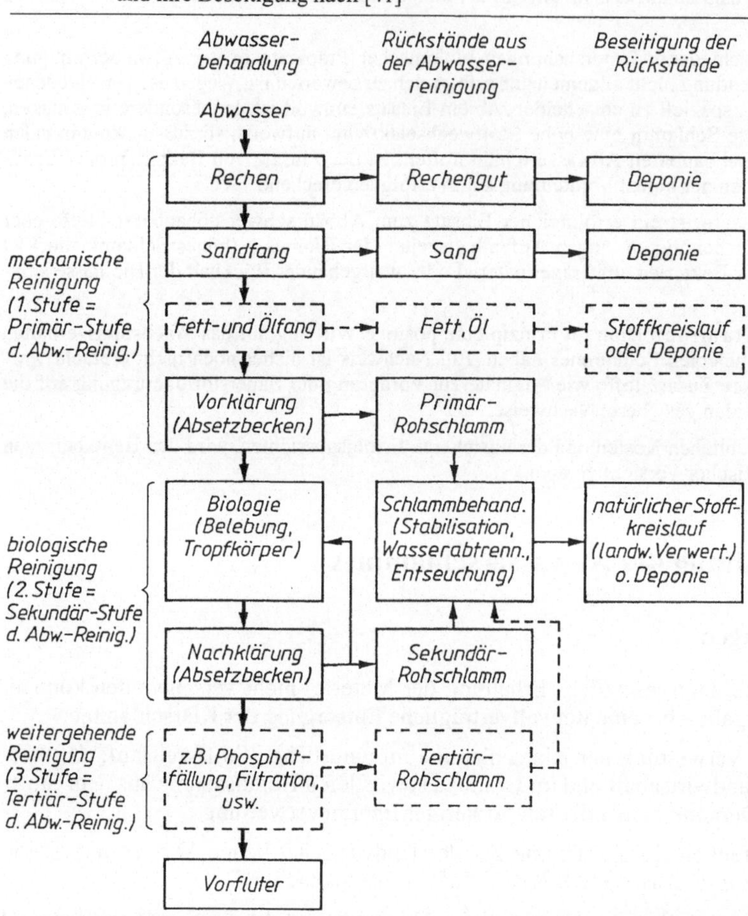

a) die Stabilisierung der Schlamminhaltsstoffe mit der Absicht, Geruchsfreiheit herzustellen. Energiereiche, instabile, höhermolekulare Stoffe werden in energiearme, stabile, niedermolekulare überführt. Die aerobe Stabilisierung wird unter Abschn. 4.6.2, die anaerobe unter Abschn. 4.6.3 beschrieben.

b) die Abtrennung des Schlammwassers. Schlämme aus dem mechanischen oder biologischen Reinigungsprozeß bestehen aus einem geringen Volumen-Anteil Trockensubstanz und hohem Wasseranteil (vgl. Tafeln **4.64** und **4.65**). Die Entwässerung des Schlammes führt zu einer wesentlichen Volumenverminderung und zu einer Veränderung seiner physikalischen Eigenschaften. Je höher der erreichte Trockensubstanzanteil, desto größer der Energieaufwand. Verfahrensstufen sind z.B. Eindickung, maschinelle Entwässerung, Trocknung, Kompostierung, Veraschung.

Mit einigen Verfahren erreicht man beide Vorgänge, z.B. anaerobe Faulung, Kompostierung, Veraschung. Die Tafeln **4.65** und **4.71** geben Übersichten.

Tafel **4.**64 Konsistenz von Schlämmen bei verschiedenem Wassergehalt

Schlammbeschaffenheit	Wassergehalt in %
flüssig und pumpfähig	> 85
stichfest, noch plastisch,	80 bis 70
breiig, schmierend, klebrig	40 bis 60
krümelig, nicht schmierend	60 bis 65
streufähig, fest	15 bis 40
staubförmig	5 bis 15

Tafel **4.**65 Durch Eindickung erreichbare Feststoffkonzentration von Schlämmen (ohne Konditionierung)

Schlammart	Durch Eindikkung ohne Konditionierung erreichbare Feststoffkonzentration in %
Vorklärschlamm mit Industrieschlamm	10 bis 30
Vorklärschlamm	5 bis 12
Vorklärschlamm mit belebtem Schlamm	
ISV > 100 ml/g	4 bis 6
ISV < 100 ml/g	5 bis 10
Belebter Schlamm	
ISV > 100 ml/g	1 bis 3
ISV < 100 ml/g	3 bis 5
aerob stabilisierter Schlamm	3 bis 5
Vorklärschlamm mit Tropfkörperschlamm	6 bis 10
Faulschlamm	
aus der Vorklärung	8 bis 14
aus der Belebungsanlage	5 bis 9
Belebter Schlamm (thermisch konditioniert)	10 bis 15

Tafel **4.**66 Klärschlamm-Behandlungs-Pfade nach der TA Siedlungsabfall. [41]

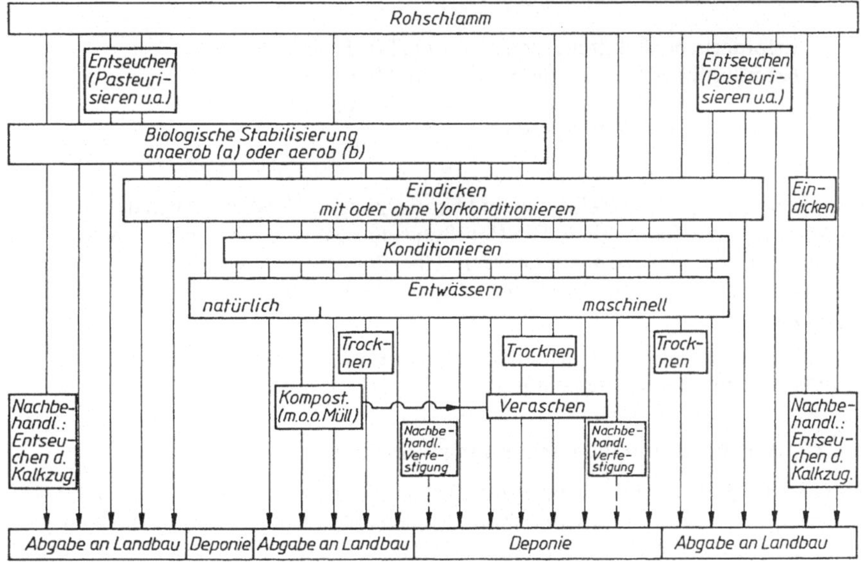

4.6.2 Aerobe Schlammstabilisation

Die aerobe Stabilisation kann verfahrenstechnisch gelöst werden:
Simultan aerob,
Getrennt aerob bei Normaltemperatur,
Aerob-thermophil im flüssigen Milieu.

4.6.2.1 Simultane aerobe Schlammstabilisation

Sie beschränkt sich meist auf kleinere Kläranlagen bis ≈ 20000 EGW. Die biologische Reinigung des Abwassers erfolgt gemeinsam mit der Schlammstabilisierung (s. Abschn. 4.7.9). Erreicht wird dies durch eine verlängerte Belüftungszeit und eine höhere Belebtschlammenge in der Belebungsstufe. Die Anlagen werden mit einer Schlammbelastung

$$B_{\mathrm{TS}} \leq 0{,}05\,\mathrm{kg}\,BSB_5/(\mathrm{kg}\,TS\cdot \mathrm{d})$$

bemessen. Die Entwässerbarkeit der simultan stabilisierten Schlämme ist schlechter als bei den anderen biologischen Stabilisierungsverfahren.

4.6.2.2 Getrennte aerobe Schlammstabilisierung bei Normaltemperatur

Primär- und Sekundär- oder Mischschlamm werden der getrennten Stabilisierungsstufe zugeführt. Die Verfahrenstechnik und die Beckenformen sind denen der biologischen Stufen ähnlich. Wegen des erhöhten Feststoffgehaltes ist auf eine ausreichende Umwälzung zu achten. Die meisten Anlagen wurden mit Kreiselbelüftern oder grobblasiger Druckluft ausgerüstet. Da die aerobe Stabilisierung sehr temperaturabhängig ist, ist dieses Verfahren in kälteren Regionen nur bedingt geeignet. Auch wegen der Investitions- und Betriebskosten entstehen keine Vorteile gegenüber z.B. der aerob-thermophilen Stabilisierung. Als Bemessungsrichtwerte nach Erfahrungen des Ruhrverbandes gelten:

Erforderliche Belüftungszeit:	ca. 20 Tage
Erforderliches Beckenvolumen:	ca. 50 l/EWG
Organische Reststoffbelastung:	ca. $\frac{1{,}5\,\mathrm{kg}\,oTS}{\mathrm{m}^3\cdot \mathrm{d}}$

Installierte Leistung zur Belüftung und Umwälzung ≈ 50 W/m^3. Auch der Aufstaubetrieb (s. Abschn. 4.7.7) ist möglich. Die Belüftunsaggregate werden dann zeitweise abgeschaltet, um den Schlamm zu sedimentieren. Überstandswasser wird dekantiert und zur Biologie rückgeführt. Danach kann eine entsprechende Menge des stabilisierten Schlammes abgezogen werden.

Da andere Stabilisierungsverfahren ökonomischer arbeiten, wird dieses Verfahren in Deutschland nur noch selten eingesetzt.

4.6.2.3 Aerob-thermophile Schlammstabilisation

So wird die biologische aerobe Schlambehandlung bei Prozeßtemperaturen > 45 °C bezeichnet, deren Wärme aus der Stoffwechseltätigkeit der Mikroorganismen gewonnen wird. Es wird keine thermische Energie von außen benötigt. Der Prozeß verläuft exotherm im thermophilen Temperaturbereich. Das Verfahren gilt inzwischen als Stand der Technik. Es wurde in den folgenden Größen bisher angewandt:

Kläranlagengröße:	4000 bis 180000 EGW
Reaktorgrößen:	25 bis 400 m^3
Reaktionszeiten:	3,3 bis 8,3 d
Sauerstoffzufuhr:	Submersbelüfter, Injektorbelüftung, Druckluft, technisch reiner Sauerstoff.

Für die Bemessung hat sich die Verweilzeit bewährt. Bei Anlagen mit guter Belüftung ist eine Stabilisierungszeit von 5 bis 7 d ausreichend. Abbaugrade für org. TS von $\leq 40\%$ und für CSB von $\leq 50\%$ sind erreichbar. Der Ansatz gilt für kommunalen Rohschlamm mit $TS \approx 3$ bis 5% und $\approx 70\%$ org. Anteil. Bei höheren Werten ist die Verweilzeit zu verlängern.

Wichtig sind die ausreichende Sauerstoffversorgung durch eine geeignete Belüftungs- und Umwälztechnik. Der O_2-Verbrauch kann mit $\approx 0{,}7$ bis 0,8 kg O_2/kg oTS angenommen werden.

Als Energieausbeute aus dem exothermen Stoffwechsel und dem Energieeintrag der Aggregate sind 3,5 bis 4,0 kcal/g $CSB_{\text{red.}}$ zu erwarten.

Für Belüftung, Umwälzung und Schaumbeseitigung gilt ein Leistungsbedarf von ≈ 100 bis 120 W/m^3.

Eine zylindrische Form ist für die Reaktoren strömungstechnisch günstig (**4.**203). Das optimale Verhältnis zwischen Durchmesser D und Schlammspiegelhöhe H ist von der Belüftunsart abhängig. Bei mechanischen Belüftern, wie Tauch-, Injektor- oder Ejektorbelüftern soll $D = 2H$ sein. Bei Druckbelüftung und technischem Sauerstoff sind Reaktorabmessungen von $H > 1{,}5D$ günstig. Die Behälter können aus Metall, glasfaserverstärktem

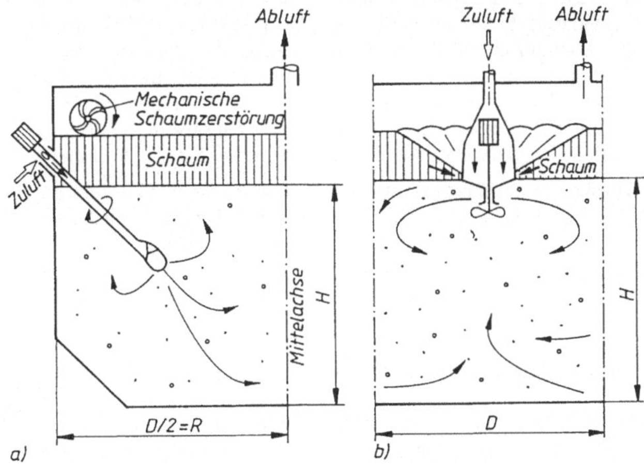

4.203 a) Belüftung durch selbstansaugende Hohlwellenrührer und mechanische Schaumhöhenbegrenzung [41]
b) Selbstansaugender Submersbelüfter mit gleichzeitiger Schaumzerstörung [41]

Kunststoff oder Beton hergestellt werden. Sie sind geschlossen und gegen Wärmeverluste isoliert. Als Wärmedämmwert sollte $k \leq 0{,}5\,\mathrm{kcal/(m \cdot h \cdot {}^\circ C)}$ eingehalten werden.

Es bildet sich eine stete Schaumschicht, die bei kommunalem Klärschlamm ≤ 1 m dick werden kann. In dieser Schaumschicht findet ein Teil der Abbauleistung der Biozönose statt und durch sie wird eine hohe Sauerstoff-Ausnutzung von 30 bis 92% möglich. Der Schaum ist durch mechanische Schaumzerstörer in der Höhe zu begrenzen, durch die Saugwirkung der Belüftungsaggregate wieder dem Schlamm zuzuführen oder aus dem Reaktor zu entfernen und der weiteren Schlammbehandlung zuzuführen. Bei der Raumplanung sollte für die Schaumdecke und die Abluftsammlung genügend Volumen vorgehalten werden.

Der stabilisierte Schlamm hat ein hohes Wärmepotential, das zurückgewonnen und zur Anwärmung des Rohschlamms oder anderweitig genutzt werden kann. Auch die Wärmerückgewinnung aus dem Abluftstrom ist zu berücksichtigen.

Betriebsweisen. Bei kleineren Anlagen reicht ein Reaktor. Bei größeren Anlagen ordnet man mehrere Reaktoren als Kaskaden, nicht mehr als 3, hintereinander an. Diese sind dann möglichst baugleich auszubilden und so zu verrohren, daß mehrere Fließwege geschaltet werden können. Eine Impfung des Klärschlammes ist beim Anfahren nicht erforderlich. Die Beschickung des Reaktors kann bei kleineren Anlagen ein- bis zweimal täglich erfolgen. Bei größeren Anlagen sollte steuerbar beschickt werden und der Betrieb vergleichmäßigt werden. Der Rohschlamm soll frisch und nicht durch biologische Abbauprozesse beeinträchtigt sein. Für Betriebskontrollen und Prozeßsteuerung sind Temperatur, pH-Wert und O_2-Gehalt geeignet. Die pH-Werte liegen zwischen 7 und 9. Die Tagesmitteltemperatur bewegt sich zwischen 40 bis 65 °C. Oberhalb 65 °C geht die Abbauleistung zurück. Durch verminderte O_2-Zufuhr oder erhöhte Rohschlammzugabe kann man regulieren. Sonst ist keine Temperatursteuerung nötig, da die sporenbildenden Bakterien sehr anpassungsfähig sind. Bei diskontuierlicher Betriebsweise können Temperaturdifferenzen von $\approx 10\,^\circ$C auftreten.

Als geeigneter Parameter für den Stabilisierungsgrad hat sich das BSB_5/CSB-Verhältnis erwiesen. Kommunaler Klärschlamm gilt als technisch stabilisiert mit einem BSB_5/CSB-Wert $\leq 0{,}15$. Unter besonderen Bedingungen können Werte $\leq 0{,}10$ gefordert werden. Vorbereitend ist die Eindickung und nach der Stabilisierung die Entwässerung der Schlämme vorzusehen. *TS*-Gehalte von 3 bis 5% des Rohschlamms reichen aus, *TS*-Gehalte von ≥ 12% sind zu vermeiden, da Belüftung und Umwälzung behindert sind. Dasselbe gilt auch für den Einsatz organischer Flockungshilfsmittel. Der Abbauprozeß wird durch Flockungshilfsmittel nicht gestört. *TS*-Gehalte von 8 bis 8,5% sollten nicht überschritten werden. Je höher die Eindickung, desto schneller die Selbsterhitzung. Bei kleineren Anlagen kann nach guter Voreindickung auf eine Nacheindickung verzichtet werden. Schwerkrafteindicker brauchen nicht wärmeisoliert zu sein, da der stabilisierte Schlamm abgekühlt besser eindickt. Trotz Abbau von 30 bis 50% der oTS keine Volumenreduzierung der Nacheindickung.

Der aerob-thermophil stabilisierte Schlamm eignet sich sehr gut für die landwirtschaftliche Verwertung. In diesem Fall kann man auf die maschinelle Entwässerung verzichten. Wird der stabilisierte Schlamm in Lagunen, Teichen, Schlammbeeten oder anderweitig zwischengelagert, so gibt er weitgehend Trübwasser ab. Im Falle der maschinellen Entwässerung (Dekanter, Band- oder Kammerfilterpressen) können *TS*-Gehalte wie bei der anaeroben Schlammfaulung erzielt werden.

4.6.3 Schlammfaulung

Die konventionelle und am häufigsten eingesetzte Schlammbehandlung ist die anaerobe Schlammstabilisierung. Dieser anaerobe biochemische Prozeß spielt sich zwar ohne Luft, aber nicht ohne Sauerstoff ab. Träger der Schlammfaulung sind Bakterien.

Fakultative anaerobe Bakterien leisten in zwei Stufen (Hydrolyse und Versäuerung) die grobe Abbauarbeit, indem sie die hochmolekularen Stoffwechselendprodukte abbauen.

Sie entnehmen Kohlenstoff und Sauerstoff aus den chemischen Verbindungen der organischen Stoffe, die sie durch Enzyme aufspalten. Es entstehen Alkohol, organische Säuren, Schwefelwasserstoff, Wasserstoff, Kohlendioxid und etwas Methan. In Wasser gelöst reagieren fast alle diese Stoffe sauer. Die Phase heißt deshalb saure Schlammfaulung. Sie würde einen schleimigen, grauen, übelriechenden, nicht ausgefaulten Schlamm liefern. Acetogene oder Acetat-Bakterien bilden Acetat (Essigsäure), Wasserstoff und Kohlendioxid in der 3. Phase.

Die wichtigste Bakteriengruppe in der 4. Phase nennt man Methanbakterien, weil Methan ihr wichtigstes Endprodukt ist. Diese Bakterien können organische Stoffe in kleinste Molekularform zerlegen. Dabei entstehen Ammoniak, Kohlendioxid und Methan. Die beiden letztgenannten Stoffe entweichen als Gase; Ammoniak verbindet sich mit Wasser zu Ammoniumhydroxid, einer starken Lauge. Diese „Methanfaulung" oder alkalische Schlammfaulung liefert einen ausgefaulten schwarzen und geruchlosen Schlamm (**4**.204).

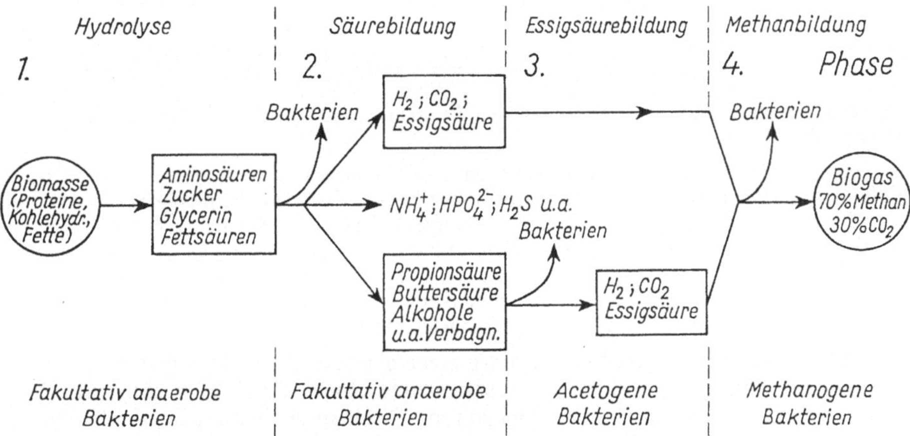

4.204 Schema der Stoffwechselprozesse bei der Faulung nach Schoberth

Alle Bakteriengruppen sind aufeinander angewiesen. Die ersteren leisten Vorarbeit, damit die Methanbakterien den Abbau vollenden können. Diese können jedoch nur in einer alkalischen Umgebung leben. Die saure Phase beim Beginn eines Faulprozesses überwinden sie nicht ohne Hilfe. Deshalb muß man den Faulraum „einarbeiten", indem zunächst wenig Frischschlamm hineingegeben oder durch alkalisches Abwasser, Kalkmilch o.ä. für das basische Übergewicht gesorgt wird. Während des Betriebes erhält man durch das Mischen des Frischschlammes mit älterem Faulschlamm, dem Impfschlamm, dieses Übergewicht aufrecht. Die Einarbeitungszeit läßt sich durch Beheizen des Faulraumes auf etwa 30 °C verkürzen. Störungen des Betriebes kann man aus dem Gasrückgang und dem -anteil an CO_2 feststellen. Dieser beträgt normal 30 bis 35% bei $> 37\%$ kann eine Störung zur sauren Phase hin vorliegen. Die Säurekonzentration ist dann ≥ 3 g/l (Tafel **4**.67).

Methanbakterien sind sehr empfindlich. Sie brauchen Dunkelheit, ein feuchtes Milieu mit $> 50\%$ Wassergehalt, Ansiedlungsflächen, die man zusätzlich durch Asbest oder Eisenhydroxid schaffen kann, einen pH-Wert 7,0 bis 7,5, eine Konzentration von organischen Säuren von 0,5 bis 1,0 g/l und schließlich Temperaturen von möglichst 25 bis 35 °C. Die Methanbakterien treten bevorzugt allein auf. Andere Bakterien und Protozoen treten an Art und Zahl stark zurück. Das gilt auch für Krankheitskeime. Es ist bisher nicht geklärt, worauf diese toxische (giftige) Wirkung der Bakteriengruppe zurückzuführen ist [62].

Tafel 4.67 Gegenüberstellung der wesentlichen Merkmale von versäuernden und mesophilen, methanogenen Bakterien im einstufigen Prozeß nach [69]

Kriterium	Versäuernde Bakterien	Mesophile, methanogene Bakterien
Charakteristik	z.T. fakultativ anaerobe Bakterien	obligat anaerobe Bakterien
Temperatur-Optimum	30 °C	35 bis 37 °C
pH-Wert (Grenzwert)	(3,0) 5,3 bis 6,8	(6,8) bis 7,2
Generationszeiten, Wachstum	relativ geringe Generationszeiten (substratabhängig)	z.T. sehr lange Generationszeiten (substrat- und milieuabhängig)
Stofftransport (Durchmischung)	möglichst gute Durchmischung, um schnelle Hydrolyse und Versäuerung zu erreichen. Stofftransport von Abbauprodukten zur Methanisierung erfordert ebenfalls eine gute Durchmischung	möglichst geringe Umwälzung, (Scherkraftbeanspruchung), da acetogene und methanogene Bakterien in enger Symbiose existieren und sehr scherkraftempfindlich sind. Stofftransport und Abtransport der Abbauprodukte bedingen dagegen gute Durchmischung

Kritisch ist trotzdem die Einarbeitungszeit eines Faulraumes, d.h. die Zeit bis zum Entstehen einer ausreichenden Menge von Methanbakterien.

Der Temperaturbereich, in dem Methanbakterien leben können, reicht von +4 °C bis +70 °C. Es gibt in diesem Bereich zwei optimale Temperaturen bei +30 °C (mesothermophiler Bereich) und bei +55 °C (thermophiler Bereich). Obwohl die thermophilen Bakterien mehr Gas erzeugen, wendet man für Faulräume meist Heiztemperaturen von 25 bis 35 °C wegen des geringeren Wärmeaufwandes an. Temperatursenkungen um 2 bis 3 °C wirken sich sofort auf die Gasentwicklung (Abbauleistung) nachteilig aus. Bei Licht hört die Gasproduktion sofort auf. Schwefelwasserstoff (H_2S) und Chor (Cl) zerstören, in Wasser gelöst, die Methanbakterien.

Ein Faulbehälter soll diese Bedingungen weitgehend erfüllen. Die wichtigsten dauernden Betriebsmaßnahmen sind deshalb das obengenannte „Impfen“, die Beheizung des Faulraumes, eine möglichst häufige Beschickung mit frischem, nicht angefaultem Schlamm, dauernde Umwälzung des Faulrauminhaltes, Abnahme von Schlammwasser (in zunehmendem Maße werden die Faulräume als reine Bioreaktoren ohne Wasserabzug gefahren), Gassammlung und Ablaß des ausgefaulten Schlammes unter natürlichem Wasserüberdruck. Physikalisch bemerkenswert ist die erhebliche Verminderung des Schlammvolumens durch Abgabe des Faulwassers und die große Ausbeute an wertvollem Faulgas.

4.6.3.1 Bau der Faulräume

Zu unterscheiden ist zwischen kombinierten Anlagen, bei denen die Faulräume unter Absetzräumen liegen (s. Abschn. 4.4.4.4) und den selbständigen, geschlossenen Faulräumen. Die kombinierten Anlagen spielen bei Neubauten von Kläranlagen praktisch keine Rolle mehr.

Bei den modernen selbständigen Faulbehältern wendet man in Deutschland die Kugelform mit kegelförmiger Sohle und Decke an. Diese Form ist statisch sehr günstig (Membranspannungszustand) und hat eine im Verhältnis zum Rauminhalt kleine Oberfläche (**4**.205, **4**.213). Bei kleineren Faulbehältern wählt man die Becherform (**4**.206). Außerdem werden zylindrische Faulbehälter mit aufgesetzten Kegelstümpfen oben und unten gebaut (**4**.209, **4**.210). Durch die konische Decke ist die Schlammwasserspiegelfläche verkleinert und damit die Zerstörung der Schlammschicht zum Zwecke des besseren Gasaustrittes erleichtert. Die Sohle, $\geq 1:1$ geneigt, ermöglicht es dem Bodenschlamm, ohne weitere Räumvorrichtungen zur Mitte hin abzurutschen. Nachdem die Faulgaseinpressung mit höhenverstellbaren, von der Decke her eingehängten Lanzen keine Bodenablagerungen mehr zuläßt, werden häufiger Faulbehälter mit flacher Sohle gebaut. Es entstehen Kostenvorteile bei der Gründung und Wasserhaltung, s. **4**.210b).

Bei Faulbehältern treten wegen der hohen Gewichte Schwierigkeiten bei der Gründung des Bauwerks auf. Folgende K o n s t r u k t i o n e n gelangen zur Ausführung [78]:

1. Behältergründung über dem unteren Kegel (Kläranlage München). Voraussetzung: tragfähiger, gleichmäßiger Baugrund. Vor der Ausführung sind Bodenuntersuchungen, Ermittlungen der Grundwasserverhältnisse und Setzungsbewegungen sowie Grundbruchberechnungen erforderlich.

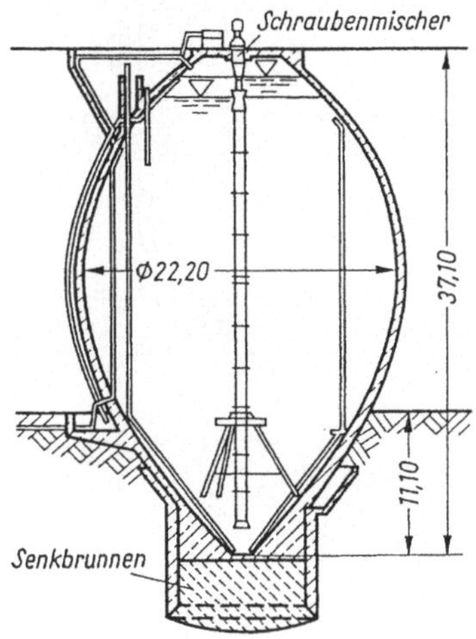

4.205 Großer Faulbehälter (Kugelform, J_{Fr} = 8000 m³), Senkbrunnengründung

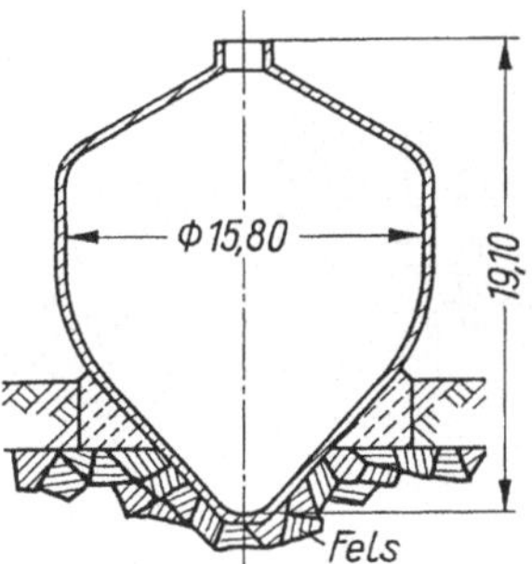

4.206 Kleinerer Faulbehälter (Becherform), J_{Fr} = 2000 m³), auf tragfähigem Boden gegründet

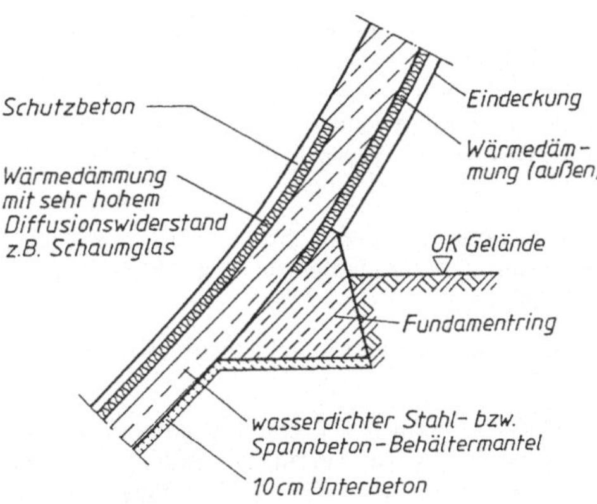

4.207 Schema einer innenliegenden Wärmedämmung im Gründungsbereich eines Faulbehälters

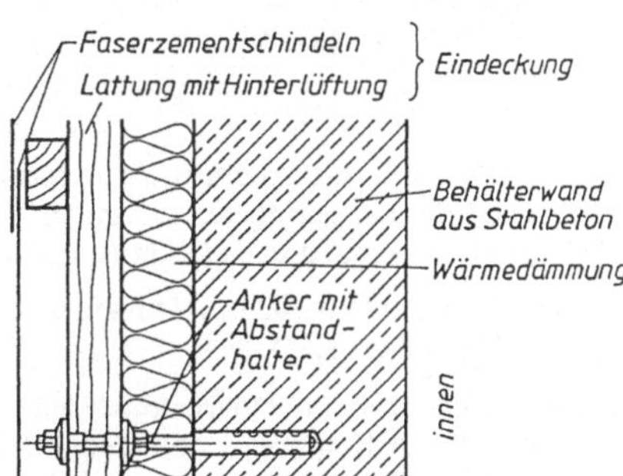

4.208 Außenisolierung und Eindeckung der Behälterwand eines Faulturms

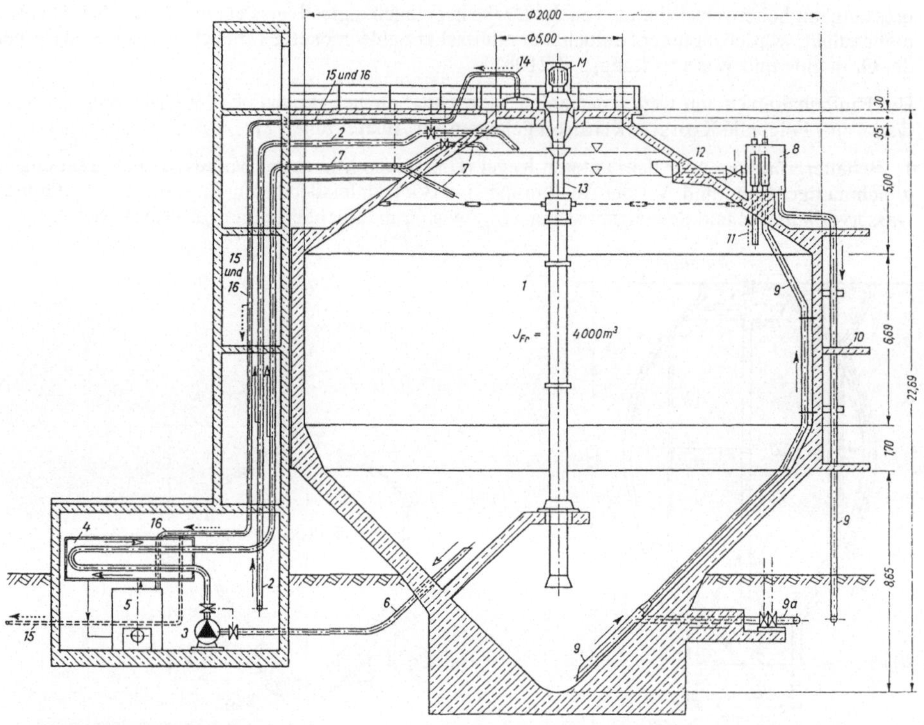

4.209 Schlammfaulturm

1 Faulraum
2 Frischschlammeingabe ←
3 Schlammpumpe für Umwälzschlamm
4 Wärmeaustauscher
5 Heizkessel
6 Umwälzschlamm, Entnahme } ←
7 Umwälzschlamm, Eingabe }
8 Beobachtungstopf
9 Faulschlammentnahme
9a Faulschlammentnahmeweg 2
10 Treppe
11 Faulwasserentnahme
12 Schwimmschlammentnahme
13 Schraubenmischer mit E-Motor (M)
14 Gasdom
15 Gas zum Speicher } ←······
16 Gas zum Heizkessel }

2. Gründung mit zusätzlichem Fundamentring. Anwendbar bei tiefer anstehendem tragfähigem Baugrund oder bei geringerer zulässiger Bodenpressung. Der Fundamentring kann hohl sein und als Installationskanal dienen (Kläranlage Bremen-Seehausen) (**4**.207).

3. Gründung auf Fels (**4**.206). Direkte Gründung oder Anordnung eines unbewehrten Betonfundamentes (Kläranlage Hof).

4. Gründung auf Stahlbetonsenkbrunnen (**4**.205), wenn tragfähiger Baugrund in großer Tiefe ansteht (Kläranlage Hamburg-Köhlbrandhof). Bei großem Grundwasserandrang Absenkung des Senkbrunnens unter Druckluft als Caisson. Der Brunnen erhält oben einen Kragen als Auflager für den Behälter.

Die Behälter werden zweckmäßig in vorgespannter Bauweise hergestellt, weil die Hauptkräfte als Zugkräfte in Ringrichtung auftreten. Der Spannbeton ist besonders geeignet, weil die Behälter wasserdicht und rissefrei sein sollen. Man kann abschnittsweise arbeiten und wasserdichte Arbeitsfugen herstellen, indem man die vorgespannten Eisen durch Muffenverbindungen verlängert (System Dywidag). Auch eine Herstellung aus Stahl ist möglich, aber weniger üblich. Vor Inbetriebnahme sollen eine Probefüllung durchgeführt und Undichtheiten beseitigt werden.

Ein Innenanstrich wäre nicht erforderlich, wenn der pH-Wert des Inhalts immer über 7 liegen würde. Der Schlamm ist dann nicht aggressiv gegen Beton. Zur Sicherheit sollte man den Beton aber durch eine besondere Behandlung schützen, meist dient hierzu ein Teer-Epoxid-Anstrich. Oberhalb des Schlammwasserspiegels ist wegen der aggressiven Bestandteile des Faulgases (H_2S u.a.) und der Dichtheit immer ein Anstrich vorzusehen. Man wählt Epoxid-Harze, Dicke 4 mm, Kunststoff-Folien o.ä. Es werden Risse bis zu 0,2 mm Breite überbrückt.

Große Bedeutung kommt der Wahl der Außenisolierung und Eindeckung zu. Die Isolierung soll die Wärmeabgabe nach außen verhindern, die Eindeckung schützt die Isolierung vor Nässe von außen. Als Isolierung werden meist Stein- oder Glaswolleplatten oder -matten und Kunstharzschaumplatten verwendet. Als Eindeckung verwendet man Faserzementplatten in Schindelformat oder großformatig, Aluminium- oder Kupferbleche (**4**.208).

Die Decke des Faulraumes ist bei größeren Faulbehältern fest mit dem anderen Bauwerksteil verbunden (s. z.B. Bild **4**.209 und **4**.213). Sie enthält eine Gashaube mit Gasableitung zum Gasbehälter, in dem ein geringer Gasüberdruck, etwa $\approx$ 35 mm WS, herrscht. Wenn im Faulturm der Wasserspiegel sinkt, tritt Gas vom Gasbehälter zurück. Durch den Überdruck wird verhindert, daß Luft eintritt, die im Verhältnis 5 : 1 bis 15 : 1 mit Faulgas gemischt, explosiv wirkt. Bei kleineren Kläranlagen kann die Faulraumdecke seitlich offen sein, während das Gas in der Mitte gesammelt wird. Die Decke ist überflutet und die Höhenschwankungen des Wasserspiegels pendeln sich oberhalb der Decke aus. Ebenfalls bei kleineren Anlagen kann man eine schwimmende, d.h. höhenverschiebliche Decke verwenden, die durch ihr Gewicht auf das Gas den erforderlichen Überdruck erzeugt. Die beiden letzten Konstruktionen erfordern eine zylindrische Behälterform.

4.6.3.2 Betrieb der Faulräume

Von seiner Entstehung im Absetzbecken bis zur Trocknung im Schlammbeet führt der Klärschlamm folgende Bezeichnungen:

Frischschlamm	= Schlamm aus dem Vor- oder Nachklärbecken
Mischschlamm	= Mischung von Schlamm aus Vor- und Nachklärbecken
Rücklaufschlamm	= im Belebungsbecken belebter und vom Nachklärbecken zurückgeführter Schlamm
Überschußschlamm	= im Belebungsbecken entstehender überschüssiger Schlamm
Faulschlamm	= Schlamm im Faulturm
Schwimmschlamm	= aufschwimmender Schlamm
Impfschlamm	= Faulschlamm, der mit Frischschlamm vermischt werden soll
Umwälzschlamm	= umgewälzter Faulschlamm
ausgefaulter Schlamm	= aus dem Faulturm abgelassener Schlamm
getrockneter, ausgefaulter Schlamm	= von der Schlammentwässerung kommender Schlamm

Der Frischschlamm (**4**.209, **4**.211) kommt meist als Mischung von Vor- und Nachbeckenschlamm bzw. mit Überschußschlamm aus dem Schlammtrichter des Vorklärbeckens oder aus einem Voreindicker (s. Abschn. 4.6.5). Er wird von oben dem Faulturm zugeführt (**4**.209) (*2*). Zuvor wurde er im Pumpensumpf oder im Beschickungsrohr mit Faulschlamm geimpft. Da der Behälter nur täglich ein- bis zweimal beschickt wird, kann die Druckleitung durch Einsatz derselben oder einer anderen Pumpe (*3*) auch für den Umwälzschlamm benutzt werden. Die äußere Umwälzung kann jedoch auch ohne Erwärmung erfolgen. Die Schwimmschlammschicht wird einmal durch den Eintritt des Schlammes aus der Leitung (*2*) und zum anderen durch den Schraubenmischer (*13*) zerstört. Der Mischer arbeitet mit einem Schraubenrad im oberen Teil eines Steigrohres. Der Schlamm wird in Höhe des Wasserspiegels aus dem Steigrohr gehoben und zentrifugal herausgeschleudert. Dabei wird die Schlammdecke zerstört. Von unten steigt wieder neuer Faulschlamm nach, so daß sich zusätzlich eine innere Umwälzung des Inhalts ergibt. Das Schraubenrad wird über eine kurze Welle von einem E-Motor angetrieben, der auf der Gashaube installiert ist. Eine ähnliche Einrichtung zur Schlammdeckenzerstörung wäre der Rührkreisel (Fa. Geiger, Karlsruhe) mit 4 Flügeln und ohne

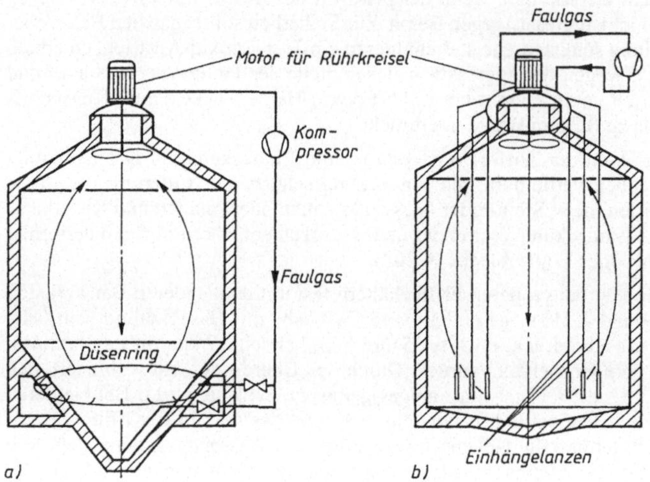

4.210 Faulraum-Durchmischung durch Faulgas-Einpressung nach [62]
a) Gaseinpressung mit Düsen in Höhe des Fundamentringes bei einem Faulraum mit Bodentrichter
b) Gaseinpressung über flexible Einhängelanzen bei einem Faulraum mit flacher Sohle

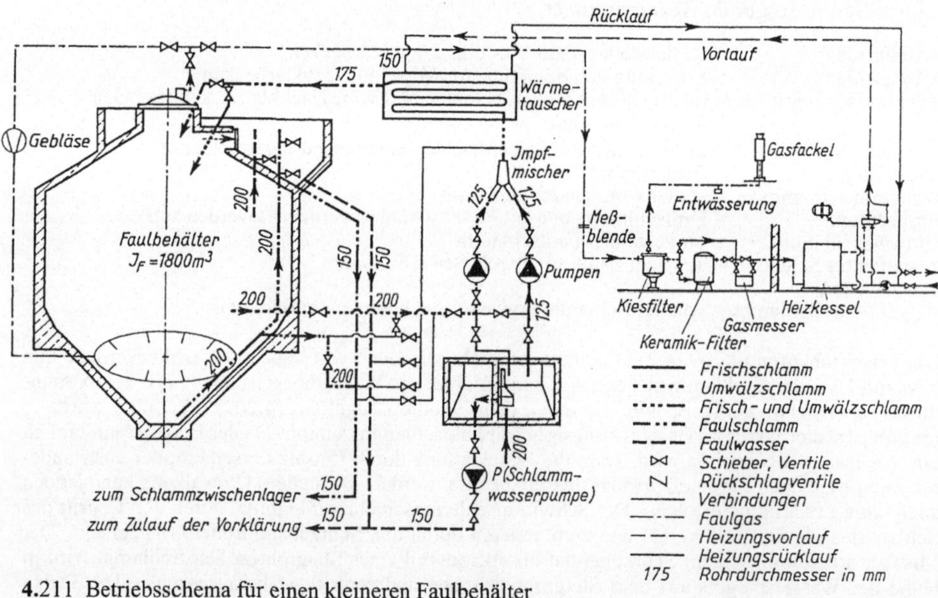

4.211 Betriebsschema für einen kleineren Faulbehälter

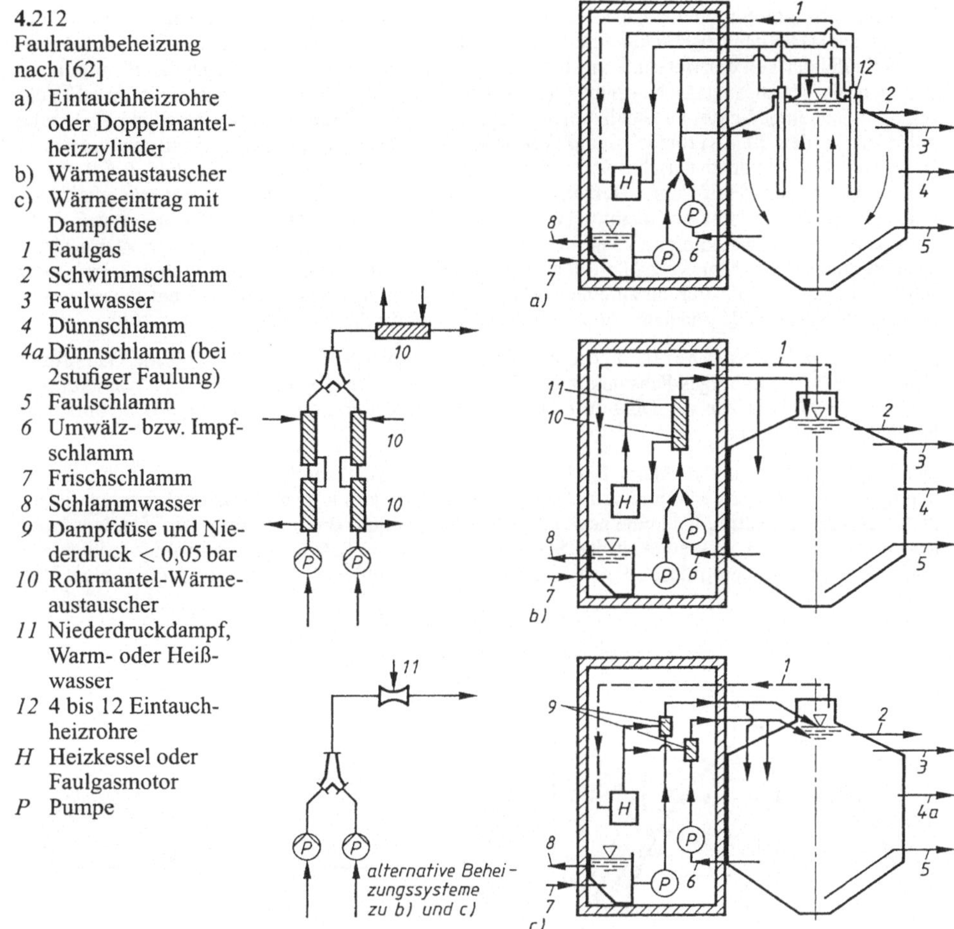

4.212
Faulraumbeheizung nach [62]
a) Eintauchheizrohre oder Doppelmantelheizzylinder
b) Wärmeaustauscher
c) Wärmeeintrag mit Dampfdüse
1 Faulgas
2 Schwimmschlamm
3 Faulwasser
4 Dünnschlamm
4a Dünnschlamm (bei 2stufiger Faulung)
5 Faulschlamm
6 Umwälz- bzw. Impfschlamm
7 Frischschlamm
8 Schlammwasser
9 Dampfdüse und Niederdruck < 0,05 bar
10 Rohrmantel-Wärmeaustauscher
11 Niederdruckdampf, Warm- oder Heißwasser
12 4 bis 12 Eintauchheizrohre
H Heizkessel oder Faulgasmotor
P Pumpe

Steigrohr, der teilweise in den Schlammspiegel untertaucht und langsam rotiert. Um den Inhalt umzuwälzen, kann auch komprimiertes Faulgas an der Sohle des Faulraumes eingepreßt werden. Diese Maßnahme optimiert den Faulprozeß und stabilisiert die Methanphase (**4.**210).

Die wichtigste Betriebsmaßnahme ist die Faulraumbeheizung. Einmal soll der kalte Frischschlamm möglichst schnell aufgeheizt und zum anderen soll die Temperatur innerhalb des gesamten Faulraumes möglichst konstant gehalten werden. Von den verschiedenen Heizsystemen wurden folgende bisher häufig eingesetzt:

a) Heißwasser-Kreislaufheizung mit dem Heizkörper im Faulraum (**4.**212a). Außerhalb des Faulraumes erhitztes Wasser strömt in geschlossenen Rohren oder Heizkörpern durch den Faulraum und wieder zurück zum Heizkessel. Die Wassertemperatur muß $\leq 60\,°C$ sein, weil sonst die Heizkörper verkrusten und dadurch die Wärmeabgabe vermindert wird. Wegen des hohen Heizflächenbedarfs bei Wärmedurchgangszahlen von 50 bis 100 $Wh/(m^2 \cdot h \cdot K)$, Behälterentleerung bei Störungen und Korrosionsproblemen wird dieses System kaum noch eingesetzt.

b) Schlamm-Umwälzheizung mit Wärmeaustausch (**4.**209, **4.**212b, **4.**211, **4.**213) außerhalb des Faulraumes durch Rohrsysteme. Der Umwälzschlamm wird aus der unteren Zone des

Faulbehälters entnommen und nach der Erwärmung oben wieder eingegeben (Dauerbeheizung des Faulraumes). Bei der Frischschlammerwärmung (Beschickung des Faulbehälters) ist ein geradlinig verlaufender Teil der Beschickungsleitung mit mehreren hintereinanderliegenden Rohrummantelungen als Wärmeaustauscheinrichtung versehen. Mit Hilfe eines Mischrohres können Frischschlamm und eingedickter Faulschlamm auch gleichzeitig durch die erwärmte Beschickungsleitung gefördert werden. Man verbindet so die Vorerwärmung mit der Impfung des Frischschlammes. Als Heizmittel für Wärmeaustauscher verwendet man entweder Niederdruckwasserdampf $\leq 0{,}05$ bar, Umlaufwasser einer Heißwasser-Heizungsanlage oder Kühlwasser aus Faulgasmotoren oder anderen Aggregaten. Falls nur ein Heizmittel mit geringer Temperatur, $\leq 60\,°C$ zur Verfügung steht (z.B. Abwärme aus Faulgasmotoren), kann u.U. die Ummantelung des geraden Rohres zur Wärmeabgabe nicht ausreichen. Man vergrößert dann die Länge der Beschickungsleitung durch spiral- oder schlangenförmige Rohrführung zu einem Wärmeaustausch-Aggregat. Hierdurch entstehen zusätzliche Pumpwiderstände und damit höhere Betriebskosten für die Umwälzpumpen (**4**.209).

c) Schlamm-Umwälzheizung durch direkte Dampfzugabe (**4**.212c). Eine Dampfdüse wird als ein $\approx 1{,}5$ m langes Paßstück in die Beschickungsleitung eingeflanscht. Der Wasserdampf wird mit $\leq 0{,}05$ bar von der Düse in den fließenden Schlammstrom der Leitung oder direkt im Faulbehälter eingegeben.

Der Dampf wird durch viele kleine Löcher auf den ganzen Querschnitt der Schlammleitung gleichmäßig verteilt. Man erreicht durch eine Dampfdüse die Erwärmung von Frischschlamm um 20 bis 25 °C. Der Dampfeintrag hat keine nachteilige Wirkung auf die Bakterienflora. Das Kondensat des Dampfes erhöht den Wassergehalt des Schlammes nur um $< 0{,}3\%$. Der Wärmeeintrag kann mit Hilfe einer Spezial-Dampfdüse so weit gesteigert werden, daß der Schlamm auf $\geq 60\,°C$ ohne Ver-

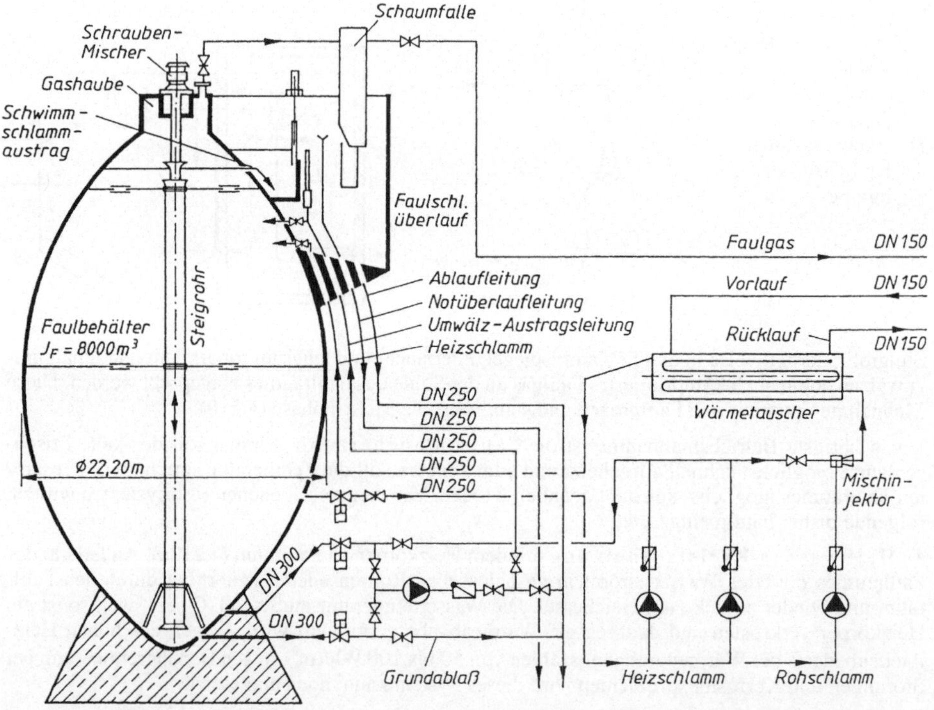

4.213 Eiförmiger Faulbehälter mit Schraubenmischer und Heizschlammumwälzsystem

krustungsgefahr für die Rohre erhitzt wird [62]. Diese starke Erwärmung wendet man zur Nacherhitzung oder Pasteurisierung des angefaulten Schlammes an, um ihn zur Naßdüngung auf Felder oder zur ungefährlichen Weiterlagerung abgeben zu können. Die Einwirkzeit beträgt je nach dem Grad der Pasteurisierung 4 bis 30 min. Krankheitskeime und Unkrautsamen werden abgetötet, der Gehalt an Pflanzennährstoffen jedoch nicht vermindert.

Die Ausmündungen der Ablaßleitungen für Faulwasser, Faulschlamm und Schwimmschlamm sind bei größeren Faulräumen meist in einem zusätzlichen Bauteil auf der schrägen Decke in der Schlammtasche untergebracht (**4**.213). Die Steigleitung (*11*) (**4**.209) für Faulwasser reicht bis unter die Schwimmschlammdecke. Oft sind mehrere Rohre mit Einläufen in verschiedenen Höhen angebracht, oder es ist ein höhenverstellbares Rohr vorhanden (**4**.213). Der ausgefaulte Schlamm wird über die Steigleitung und der nicht absinkbare, sperrige Schwimmschlamm durch die Entnahmeleitung oder durch ein Schütz abgelassen. Die dreigeteilte Schlammtasche gestattet es, die Schieber der Ablaßrohre zu bedienen und den Ausfluß zu beobachten (**4**.213).

Die Tasche kann auch durch einen Beobachtungstopf (**4**.209) ersetzt werden. Von hier aus gehen die Fallrohre an der Faulturmaußenwand oder im Treppen- oder Fahrstuhlturm des Betriebsgebäudes abwärts. Die Weiterleitung von Schlamm- und Faulwasser geschieht im natürlichen Gefälle. Ein unter der schrägen Sohle liegender Installationsgang kann die Ringleitungen für Faulgaseinpressung, Spülwasser, Sperrwasser und Umwälzschlamm aufnehmen.

Mehrstufige Schlammbehandlung. Um die Investitionskosten für die Schlammbehandlung (etwa 30% der Kosten für die Abwasserbehandlung) und um die Betriebskosten zu senken, bemüht man sich um Verfahren, die konventionelle Schlammbehandlung zu intensivieren und zu optimieren. Die allgemeinen Stoffwechselabläufe der anaeroben und der aeroben Schlammbehandlung sind in Bild **4**.204 dargestellt. Danach läßt sich der anaerobe Prozeß in mehrere nacheinander ablaufende Reaktionsphasen einteilen.

Bei der einstufigen anaeroben Schlammbehandlung laufen diese Phasen in einem Reaktor ab. Bei mehrstufigen anaeroben Verfahren lassen sich die für die einzelnen Phasen optimalen Milieubedingungen besser durch Phasentrennung und Mehrstufigkeit erreichen als in einem Gesamtreaktor. Hierdurch läßt sich der Schlammbehandlungsprozeß intensivieren und optimieren.

Neben der anaeroben Schlammbehandlung in mehrstufigen Anlagen sind auch Kombinationen von aeroben und anaeroben Schlammbehandlungsverfahren [69] sinnvoll. Die möglichen Kombinationen in mehrstufigen Verfahrenssystemen zeigt Bild **4**.214.

Die einzelnen aeroben oder anaeroben Verfahrensstufen lassen sich sowohl mesophil als auch thermophil betreiben. Es ergeben sich mehrere Verfahrensvarianten, aus denen die

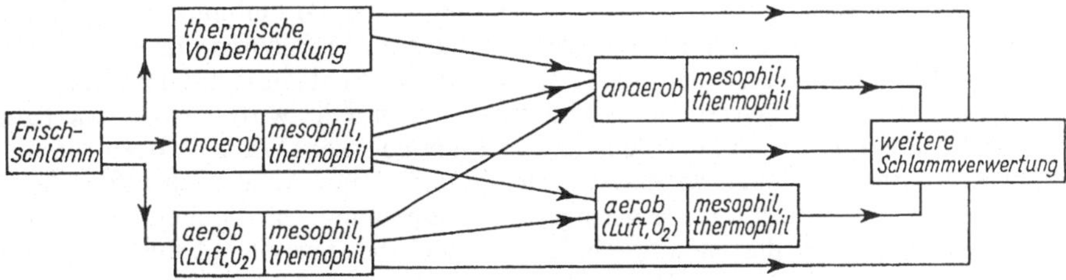

4.214 Mögliche Verfahrenskombinationen bei zweistufiger Schlammbehandlung

für die Abwasser- und Schlammbehandlung geeignetste ausgewählt werden kann. Allgemein sind folgende Vorteile durch die mehrstufige Schlammbehandlung zu erreichen: erhöhter Abbau der organischen Schlamminhaltsstoffe, erhöhte Methangasausbeute, erhöhte Prozeßstabilität, geringere Behältervolumen und damit Kosteneinsparungen, Erweiterungsmöglichkeiten bei überlasteten Anlagen mit geringen Kosten.

Neben diesen Kombinationen von aeroben und anaeroben Schlammbehandlungsstufen läßt sich auch durch Schlammvorbehandlung der Gesamtprozeß weiter intensivieren. Eine Möglichkeit wäre die thermische Vorbehandlung mit folgenden Vorteilen:

- verbesserte Eindickfähigkeit und Entwässerbarkeit der Schlämme,
- höhere Prozeßstabilität durch gleichmäßige Erwärmung des Rohschlammes,
- Reduzierung des Stickstoffgehaltes um 10 bis 20%,
- bessere Trübwasserqualität,
- seuchenhygienische Aufbereitung,
- geringe Geruchsentwicklung des ausgefaulten Schlammes.

Eine weitere mögliche Verfahrensvariante wäre die Kombination der aerob thermophilen Stufe mit einer anaeroben zweiten Stufe. Bei eintägigem Aufenthalt im aeroben Reaktor, der mit Sauerstoff begast wird, reduzieren sich die Aufenthaltszeiten in der zweiten anaeroben Stufe auf etwa 8 Tage. Weitere Vorteile:

- geringe Behältervolumen,
- hohe Prozeßstabilität,
- gute Entwässerungseigenschaften,
- weitgehende Pasteurisierungeigenschaften,
- optimale Anwendungsbereiche bei sauerstoffbegastem Klärverfahren und bei notwendigen Faulraumerweiterungen.

Wenn man in der sehr häufigen konventionellen Schlammbehandlung mehrere Faultürme bei großen anfallenden Schlammengen betreiben muß, ist es immer zweckmäßig, eine mehrstufige Schlammfaulung vorzusehen, da der Ausfaulprozeß sich in zeitlich aufeinanderfolgenden mehreren Stufen abspielt (**4**.204).

Man ordnet jeder dieser Stufen einen oder mehrere Faulbehälter zu. Bei zwei Behältern ist der erste der Vor-, der zweite der Nachfaulraum. Der Vorfaulraum wird gut beheizt ($\approx 30\,°C$), ist geschlossen und durch die vorgenannten Maßnahmen intensiv betrieben. Die Umwälzung geschieht dauernd oder nur nachts. Der Schlamm wird dann in den Nachfaulraum gegeben, der gering oder gar nicht beheizt ist. Hier wird das restliche Faulgas, etwa 10%, aufgefangen und der Schlamm in Ruhe gelassen. Das sich oben sammelnde Faulwasser wird manchmal abgelassen. Der Nachfaulraum kann auch offen, dann unbeheizt und nicht isoliert sein. Je geringer die Temperaturen im zweiten Faulraum sind, desto schneller klingt die Faulung ab. Der Nachteil bei nur einer Faulstufe besteht in der gegeneinander gerichteten Wirkung von Umwälzen und Absetzen zum Zweck des Faulwasserablasses. Man erreicht durch die Zweistufigkeit eine wesentliche Volumen-

Tafel 4.68 Allgemeine Schlammliste, Schlammengen und Schlammbeschaffenheit aus der mechanischen und biologischen Reinigung häuslichen Abwassers sowie dessen Reinigung durch Fällung und Flockung, nach Imhoff [24a] und Möller [41]

	Arten und Herkunft der Klärschlämme	mittlere Einwohnerspezifische Tagesfracht der Trockenmasse	mittlere Einwohnerspez. Tagesfracht der organischen Trockenmasse, gemessen als Glühverlust GV	Trockenrückstand (TR)[1] der Schlammsuspension i.M.	Wassergehalt (WG)[1] der Schlammsuspension i.M.	mittlere tägliche Einwohnerspezifische Schlammenge i.M. $\left(\frac{\text{Sp. 1}}{\text{Sp. 3}} \cdot \frac{100}{1000}\right)$[1]
		1	2	3	4	
		g/(E·d) [1] [3]	g/(E·d)	%	%	l/(E·d)
1	Rohschlamm			2,5 bis 7,0		
1.1	aus mech. Abwasserreinigung, eingedickt	~ 45[2]	~ 29 bis 32	5,0	95	0,90
1.2	aus biol. Abwasserreinigung					
1.2.1	mit Tropfkörpern (TK)					
1.2.1.1	nur Sekundärschlamm	~ 25[3]	~ 11 bis 14	4,0	96	0,63
1.2.1.2	Primär- und Sekundärschlamm	~ 70	~ 40 bis 46	4,7	95,3	1,50
1.2.2	mit Belebungsverfahren (BV)					
1.2.2.1	nur Sekundärschlamm	~ 35[3]	~ 22 bis 25	0,7	99,3	5,00
1.2.2.2	Primär- und Sekundärschlamm	~ 80	~ 51 bis 56	4,0	96,0	2,00
1.3	aus chem. Fällung und Flockung					
1.3.1	aus Vorfällung (aus Vorklärbecken), eingedickt	~ 65	~ 34 bis 39	4,0	96,0	1,60
1.3.2	aus Simultanfällung (beim Belebungsverfahren aus Vor- und Nachklärbecken), eingedickt	~ 90	~ 52 bis 58	4,0	96,0	2,25
1.3.3	aus Nachfällung (aus der Tertiärstufe), eingedickt	~ 15	~ 3 bis 4	1,5	98,5	1,00
2	Biologisch aerob voll stabilisierter Klärschlamm, (Primär- und Sekundärschlamm) eingedickt	~ 50	~ 21 bis 26	2,5	97,5	2,00
3	Faulschlamm (biologisch anaerob vollstabilisierter Klärschlamm)					
3.1	aus mech. Abwasserreinigung	~ 30	~ 12 bis 15	3,33	96,67	0,90
	aus mech. Abwasserreinigung, eingedickt	~ 30	~ 13 bis 15	10,0	90,0	0,30
3.2	aus mech.-biol. Abwasserreinigung					
3.2.1	aus Tropfkörperanlagen (TK)	~ 45	~ 19 bis 23	3,0	97,0	1,50
3.2.2	aus Belebungsanlagen (BV)	~ 50	~ 21 bis 26	2,5	97,5	2,00
3.3	aus chem. Fällung und Flockung					
3.3.1	aus Vorfällung, eingedickt	~ 45	~ 14 bis 19	5,0	95,0	0,90
3.3.2	aus Simultanfällung (Mischschlamm der gesamten Anlage), eingedickt	~ 60	~ 22 bis 28	3,0	97,0	2,00
4	Entwässerte biologisch vollstabilisierte Klärschlämme aus mech.-biol. Abwasserreinigung (Primär- und Sekundärschlämme)	Angaben: ohne Zusatz-Stoffe aus der Schlammkonditionierung o.ä.				
4.1	aus Tropfkörperanlagen (TK), anaerob vollstabilisiert	~ 45	~ 15 bis 21	28,0	72,0	0,16
4.2	aus Belebungsanlagen (BV),					
4.2.1	anaerob vollstabilisiert	~ 50	~ 21 bis 26	22,0	78,0	0,23
4.2.2	aerob vollstabilisiert	~ 50	~ 21 bis 26	20,0	80,0	0,25

[1] Werte nach K.R. Imhoff [24a]

[2] Nach einer mechanischen Reinigung in einem Vorklärbecken mit einer Durchflußzeit von $t \geq 1{,}5$ h, bezogen auf den Trockenwetterabfluß Q_t

[3] Die Werte für Sekundärschlämme (aus biol. Abwasserreinigung) sind bezogen auf einwohnerspezifische BSB_5-Lastwerte von 40 g BSB_5/(E·d) nach einer mech. Reinigung in einem Vorklärbecken mit einer Durchflußzeit von $t \geq 1.5$ h, bezogen auf Q_t sowie ohne weitgehende Nitrifikation; bei anderen anteiligen einwohnerspezifischen BSB_5-Lastwerten ergeben sich auch entsprechend andere Schlammengen. So liegen die aktuellen Mengen der Sekundär-Schlämme z.B. so lange unter den o.a. Bemessungsgrößen, wie die aktuellen Abwasser-Lastwerte noch nicht den anteiligen einwohnerspezifischen BSB_5-Lastwert von 40 g BSB_5/(E·d) für die biologische Reinigungsstufe erreicht haben. Geringere Abwasser-Lastwerte und die daraus resultierenden geringeren Belastungen der biologischen Reinigungsstufen können sich dann gleichzeitig auch auf die Eigenschaften der anfallenden Schlämme entsprechend auswirken. Das gilt ebenso für Sekundär-Rohschlämme aus einer biologischen Abwasserreinigung mit weitgehender Nitrifikation; gegenüber den in der Tabelle angegebenen Werten verringern sich die Mengen an Sekundär-Rohschlämmen um etwa 15 bis 20%. Ursache dafür ist ein verstärkter Abbau ihrer organischen Anteile.

einsparung. Man kann die Faulzeit durch weitere Abstufung (bis 4 oder 5 Stufen) noch mehr verringern. Für eine größere Kläranlage sollte man etwa folgende Gliederung der Schlammfaulung anstreben [62]:

Voreindicker, ein oder bei größeren Anlagen zwei beheizte Faulräume als Vorfaulräume, ein beheizter oder unbeheizter Nachfaulraum oder ein offener, unbeheizter Nacheindicker für eine Aufenthaltszeit von ≤ 3 Tagen.

4.6.3.3 Bemessen der Faulräume

Allgemein gilt: Je höher die Temperatur ($\leq 37\,°C$), desto geringer die Faulzeit. Man könnte also einen Faulraum J_{Fr} bemessen, wenn man seine Betriebstemperatur und die Frischschlammenge S in m^3/d kennt; z.B. beträgt bei 30 °C die Faulzeit nach Bild **4.**215 = 27 Tage. Damit wird

$$J_{Fr} = 27\,S \qquad \text{in } m^3 = d \cdot m^3/d \tag{4.54}$$

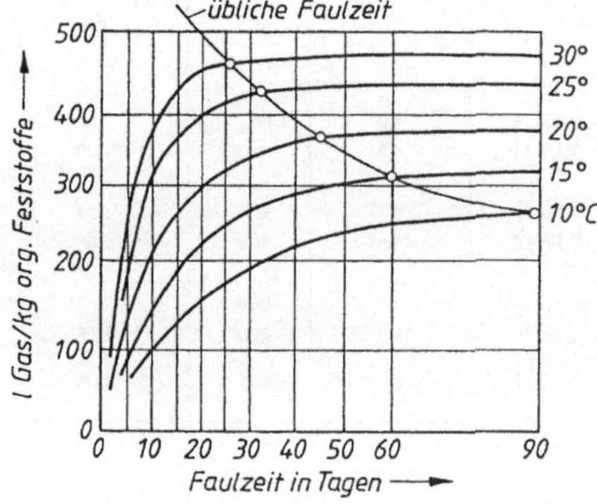

4.215
Gasentwicklung in Abhängigkeit von den Faulzeiten bei verschiedener Faultemperatur nach [4]

Berücksichtigt man aber die Verringerung der Frischschlammenge durch das oft während des Faulens abgelassene Faulwasser, dann genügen wesentlich kleinere Faulräume. Für moderne, selbständige Faulbehälter rechnet man mit

$$J_{Fr} = 10 \text{ bis } 15 \cdot S \qquad \text{in } m^3 \tag{4.55}$$

Imhoff bezieht u.a. die Faulraumgröße bei selbständigen Faulräumen auf die Zahl der angeschlossenen Einwohner in l/E (Tafel **4.**69):

Tafel **4.**69 Faulraumgröße selbständiger Faulräume [24a] in l/E

Art der Kläranlage	Absetzanlage	Tropfkörperanlage	Belebungsanlage
beheizt auf 30°	20	30	40
unbeheizt	150	220	260

Für selbständige Faulbehälter legt man überschläglich die tägliche Faulraumbelastung B_{Fr} durch organische Feststoffe je m^3 Faulraum zugrunde:

$B_{Fr} \leq 3\ kg/m^3_{Fr} \cdot d$	bei sehr gut betriebenen Faulräumen (Erwärmen des Frischschlammes, Impfen, gute Umwälzung, Schwimmdeckenbekämpfung, gleichmäßiges Erwärmen des Faulrauminhalts, 2stufige Faulung mit Zwischenimpfung, frühzeitiges Entfernen des Faulwassers)
$B_{Fr} \leq 2{,}5\ kg/m^3_{Fr} \cdot d$	bei ebenfalls gut betriebenen Faulräumen, weniger intensiviert
$B_{Fr} \leq 2\ kg/m^3_{Fr} \cdot d$	bei kleineren Faulräumen mit einfachem Betrieb

Organische Feststoffe betragen 60 bis 67% (⅔) des in Tafel **4.**68, Spalte 1, angegebenen Feststoffgehaltes f. Es sind dies Richtwerte, die man aufgrund genauer Analysen verbessern kann. Somit ergibt sich der Inhalt des Faulraumes zu

$$J_{\mathrm{Fr}} = \frac{2}{3} \cdot \frac{f \cdot \mathrm{E}}{B_{\mathrm{Fr}} \cdot 1000} \qquad \mathrm{m}^3_{\mathrm{Fr}} = \frac{\frac{\mathrm{g}}{\mathrm{E \cdot d}} \cdot \mathrm{E}}{\frac{\mathrm{kg}}{\mathrm{m}^3_{\mathrm{Fr}} \cdot \mathrm{d}} \cdot \frac{\mathrm{g}}{\mathrm{kg}}} \tag{4.56}$$

Man kann als Maßstab für den Faulvorgang die Gasentwicklung annehmen; sie verläuft zeitlich nach der Gleichung

$$G = G_{\mathrm{e}}(1 - 10^{-k' \cdot t}) \qquad \text{oder} \qquad G = G_{\mathrm{e}}(1 - \mathrm{e}^{-k \cdot t}); \quad k' = 0{,}4343 \cdot k \tag{4.57}$$

Ebenso kann man die Faulwasserabgabe berechnen mit

$$W = W_{\mathrm{e}}(1 - 10^{-k' \cdot t}) \tag{4.58}$$

Darin bedeuten:
G, W = bis zur Zeit t erzeugte Faulgas- bzw. Faulwassermenge
$G_{\mathrm{e}}, W_{\mathrm{e}}$ = praktisch erzielbare Faulgas- bzw. Faulwassermenge
k' = 0,03 bis 0,1 = Beiwert, der die Betriebsqualitäten des Faulraumes angibt
k' = 0,1 gilt für optimale Verhältnisse

Das vorrangige Ziel der Schlammfaulung ist nicht die maximale Vergasung der organischen Substanz, sondern die Stabilisierung des Schlammes. Er soll geruchsarm und gut entwässerbar sein. Da der vollständige Abbau sehr lange Zeit beanspruchen würde, benötigt man ein Kriterium dafür, wann der Schlamm ausreichend ausgefault ist. Dieser Ausfaulungsgrad wird dann als „technische Faulgrenze" bezeichnet. [62] schlägt als technische Faulgrenze den Abbau von 80% der abbaubaren Substanz vor.

Der Abbau der organischen Trockensubstanz und der fast parallel verlaufende Abbau des *CSB* und des *TOC* gelten als praktische Kriterien für die Beurteilung der Stabilisierung.

Neben dem BSB_5/CSB-Verhältnis und der Fäulnisfähigkeit ist der Gehalt an organischen Säuren im Schlammwasser wegen der Geruchsminderung als weiteres Stabilisierungsziel von Bedeutung. Die Konzentration der organischen Säuren sollte $\leq$ 500 mg/l (umgerechnet auf Essigsäure-Äquivalent) sein. Diese Werte werden bei Faulzeiten $\geq$ 10 d erreicht. Nach 10 Tagen ist auch die Entwässerung des Faulschlammes im wesentlichen abgeschlossen.

Für eine einstufige Faulung mit einer Faulzeit t_{TS} und einem Beschickungsintervall Δt ergibt sich der Wirkungsgrad η nach einer Reaktion 1. Ordnung [62] zu

$$\eta = 1 - \frac{\Delta t / t_{\mathrm{TS}}}{e^{k \cdot \Delta t} + \Delta t / t_{\mathrm{TS}} - 1} \tag{4.59}$$

$k \mathrel{\hat{=}}$ Abbaugeschwindigkeit $\approx$ 0,25 1/d, $\Delta t \mathrel{\hat{=}}$ Beschickungsintervall in d

Bei kontinuierlicher Beschickung wird $\Delta t \to 0$ und $e^{k \cdot \Delta t} \to 1 + k \cdot \Delta t$, d.h.

$$\eta = 1 - \frac{\Delta t / t_{\mathrm{TS}}}{k \cdot \Delta t + \Delta t / t_{\mathrm{TS}}} = 1 - \frac{1}{k \cdot t_{\mathrm{TS}} + 1} = \frac{k \cdot t_{\mathrm{TS}}}{k \cdot t_{\mathrm{TS}} + 1} \tag{4.60}$$

Bei einer zweistufigen Anlage ergibt sich der Gesamtwirkungsgrad mit

$$\eta = 1 - (1 - \eta_1) \cdot (1 - \eta_2) \tag{4.61}$$

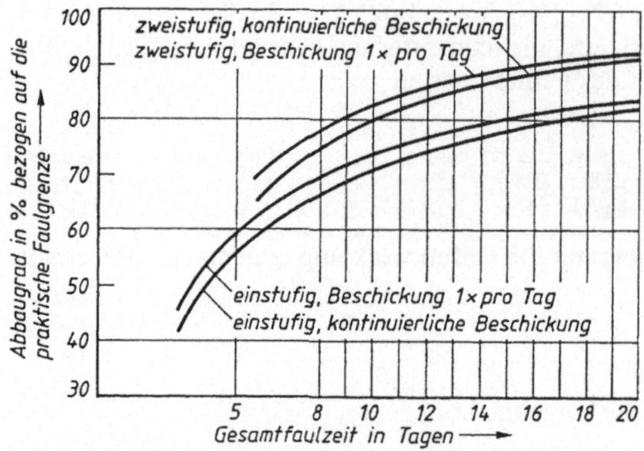

4.216
Abbaugrad der organischen Feststoffe über die Gesamtfaulzeit für die einstufige und zweistufige Faulung bei gleich großen Faulbehältern nach [62]

bei zwei gleichgroßen Reaktoren

$$\eta = 1 - (1 - \eta_1)^2 \tag{4.62}$$

80% Abbaugrad werden nach **4.**216 oder nach Gl. (4.59) bei einer einstufigen, intensiv betriebenen Faulung mit täglich einmaliger Beschickung in t_{TS} von 14 d erreicht:

$$\eta = 1 - \frac{1/14}{e^{0.25 \cdot 1} + 1/14 - 1} \approx 80\% \tag{4.63}$$

oder bei zweistufiger kontinuierlicher Beschickung mit gleichgroßen Reaktoren nach Gl. (4.60) und (4.62) sowie $t_{TS.1} = t_{TS.2} = 5\,\mathrm{d}$

$$\eta = 1 - \left(1 - \frac{0{,}25 \cdot 5}{0{,}25 \cdot 5 + 1}\right)^2 \approx 80\% \tag{4.64}$$

Faultürme sollen bei gegebenem Inhalt möglichst kleine Oberflächen haben, damit die Wärmeabgabe gering bleibt. Behälterformen nach Bild **4.**217 ergeben günstige Verhältnisse bei einfacher Konstruktion.

Beispiel 1: Es ist eine selbständige Faulturmanlage zu berechnen. Ausgangswerte: 120000 EG; $Q_d = 180\,\mathrm{l/(E \cdot d)}$ Trennsystem; Tropfkörperverfahren. Faulturmanlage zweistufig, Beschickung $1 \times 1/\mathrm{d}$

Mit Tafel **4.**68 erhält man für den Frischschlamm:

Feststoffgehalt $f = 70\,\mathrm{g/(E \cdot d)} = 4{,}7\%$ und Schlammenge $s = 1{,}50\,\mathrm{l/(E \cdot d)}$

Die mit 35 °C beheizten Faultürme können belastet werden mit

$$B_{Fr} = 3 \frac{\mathrm{kg}}{\mathrm{m}^3_{Fr} \cdot \mathrm{d}}$$

Mit 2/3 f erhält man den Nutzinhalt der Faulräume nach Gl. (4.56) zu

$$J_{Fr} = \frac{2 \cdot 70 \cdot 120\,000}{3 \cdot 3 \cdot 1000} = 1866{,}7, \quad \text{erhöht auf } 2000\,\mathrm{m}^3_{Fr}$$

bzw. bei zwei Faultürmen gleicher Größe je

$$J_{Fr1} = \frac{J_{Fr}}{2} = \frac{2000}{2} = 1000\,\mathrm{m}^3_{Fr}$$

Für Form und Abmessungen nach Bild **4.**217 ergibt sich

$$D \approx 1{,}2\sqrt[3]{J_{\mathrm{Frl}}} = 1{,}2\sqrt[3]{1000} = 12{,}0\,\mathrm{m}$$

Gewählt: $D = 12{,}0\,\mathrm{m}$ und $H = 0{,}42 \cdot D = 0{,}42 \cdot 12{,}0 = 5{,}04\,\mathrm{m}$

Für die Frischschlammenge

$$S = \frac{s \cdot \mathrm{E}}{1000} = \frac{1{,}50 \cdot 120\,000}{1000} = 180\,\mathrm{m}^3/\mathrm{d} \quad (s \text{ nach Tafel } \mathbf{4.}68)$$

ist die rechnerische Faulzeit

$$t_{\mathrm{TS}} = \frac{2000}{180} = 11{,}1 \text{ Tage.}$$

Nach **4.**216 ergibt sich ein Abbaugrad von $\approx 85\%$.

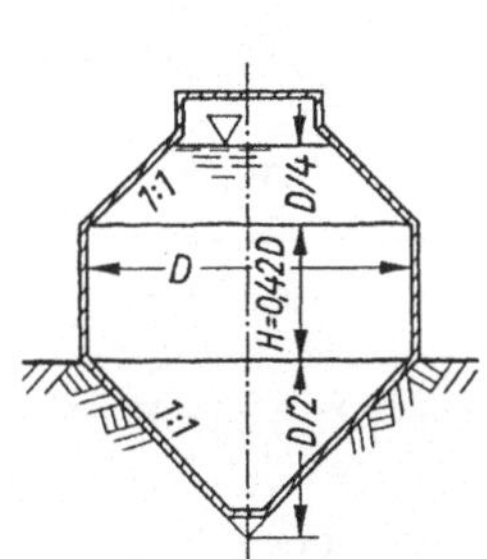

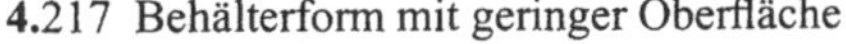

4.217 Behälterform mit geringer Oberfläche

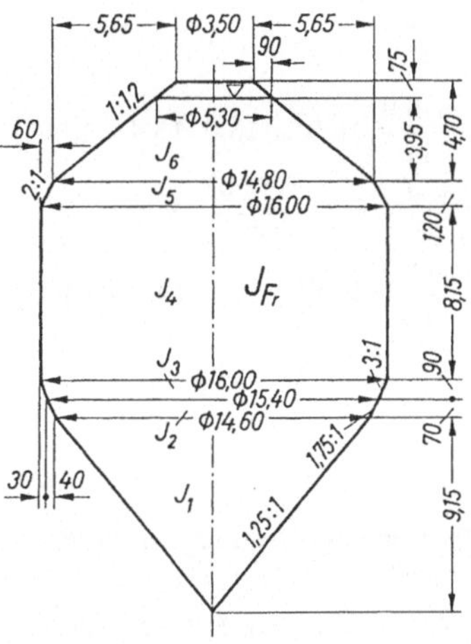

4.218 Inhaltsberechnung eines zylindrischen Faulbehälters

Beispiel 2 (**4.**218): Für eine Belebungsanlage sind selbständige Faulbehälter zu berechnen. Anschlußwert: 455 000 EG. Faulbehälter zweistufig, kontinuierliche Beschickung. Mit Tafel **4.**68 erhält man für den Frischschlamm: Feststoffgehalt $f = 80\,\mathrm{g/(E \cdot d)} = 4{,}0\%$. Die Schlammenge $s = 2{,}0\,\mathrm{l/(E \cdot d)}$.

Die Faulbehälter sollen belastet werden mit

$$B_{\mathrm{Fr}} = 2{,}7 \frac{\mathrm{kg}}{\mathrm{m}^3_{\mathrm{Fr}} \cdot \mathrm{d}}$$

Der Nutzinhalt der Faulräume ergibt nach Gl. (4.56)

$$J_{\mathrm{Fr}} = \frac{2 \cdot 80 \cdot 455\,000}{3 \cdot 2{,}7 \cdot 1000} \approx 9000\,\mathrm{m}^3_{\mathrm{Fr}}$$

Gewählt werden 3 Faulbehälter mit je 3008 m^3 nach Bild **4.**218.

Für die Frischschlammenge

$$S = \frac{s \cdot E}{1000} = \frac{2{,}0 \cdot 455\,000}{1000} = 910\,\text{m}^3/\text{d}$$

beträgt die rechnerische Faulzeit

$$t_{\text{TS}} = \frac{3 \cdot 3008}{910} = 9{,}92 \text{ Tage.}$$

Nach **4.**216 ergibt sich ein Abbaugrad von $\approx 80\%$.

Bemessung des Faulraumes (**4.**218):

$$J_1 = \frac{\pi \cdot d^2}{4} \cdot \frac{h}{3} = \frac{\pi \cdot 14{,}60^2}{4} \cdot \frac{9{,}15}{3} = 511{,}0\,\text{m}^3$$

$$J_2 = \frac{\pi \cdot h}{12}(D^2 + D \cdot d + d^2) = \frac{\pi \cdot 0{,}7}{12}(15{,}4^2 + 15.4 \cdot 14{,}6 + 14{,}6^2) = 123{,}5\,\text{m}^3$$

$$J_3 = \frac{\pi \cdot 0{,}9}{12}(16{,}0^2 + 16{,}0 \cdot 15{,}4 + 15{,}4^2) = 174{,}0\,\text{m}^3$$

$$J_4 = \frac{\pi \cdot d^2}{4} \cdot h = \frac{\pi \cdot 16{,}0^2}{4} \cdot 8{,}15 = 1640{,}0\,\text{m}^3$$

$$J_5 = \frac{\pi \cdot 1{,}2}{12}(16{,}0^2 + 16{,}0 \cdot 14{,}8 + 14{,}8^2) = 223{,}5\,\text{m}^3$$

$$J_6 = \frac{\pi \cdot 3{,}95}{12}(14{,}8^2 + 14{,}8 \cdot 5{,}3 + 5{,}3^2) = 336\,\text{m}^3$$

$$J_{\text{Fr}} = \Sigma J_x = 3008{,}0\,\text{m}^3$$

Runde Behälter sind aus den Formeln für Kegelstümpfe und Kugelschichten (**4.**219) oder Paraboloide zu berechnen.

Beispiel 3 (**4.**219): Für eine Belebungsanlage sind selbständige Faulbehälter zu berechnen. Anschlußwert: 230000 EG. Faultürme zweistufig, Beschickung $1 \times 1/\text{d}$.

Mit Tafel **4.**68 erhält man für den Frischschlamm:

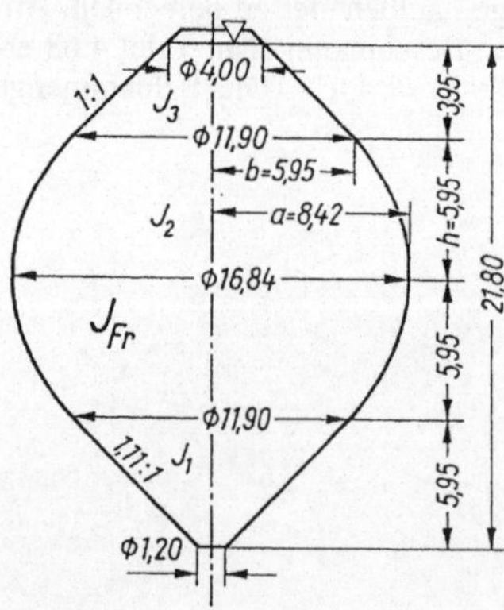

4.219
Inhaltsberechnung eines kugelförmigen Faulbehälters

Feststoffgehalt $f = 80\,\mathrm{g/(E \cdot d)} - 4\%$, und Schlammenge $s = 2{,}0\,\mathrm{l/(E \cdot d)}$ Die Faulbehälter sollen belastet werden mit

$$B_{\mathrm{Fr}} = 2{,}5 \frac{\mathrm{kg}}{\mathrm{m}^3_{\mathrm{Fr}} \cdot \mathrm{d}}$$

Der Nutzinhalt der Faulräume ergibt nach Gl. (4.56)

$$J_{\mathrm{Fr}} = \frac{2 \cdot 80 \cdot 230\,000}{3 \cdot 2{,}5 \cdot 1000} = 4907\,\mathrm{m}^3$$

Gewählt werden 2 Faulbehälter mit je 2665 m³ nach Bild **4.**219.

Für die Frischschlammenge

$$S = \frac{s \cdot E}{1000} = \frac{2{,}0 \cdot 230\,000}{1000} = 460\,\mathrm{m}^3/\mathrm{d}$$

beträgt die rechnerische Faulzeit $t_{\mathrm{TS}} = \dfrac{2 \cdot 2665}{460} = 11{,}6$ Tage

Nach **4.**216 ergibt sich ein Abbaugrad von ≈ 86%. Bemessung des Faulraumes (**4.**219):

$$J_1 = \frac{\pi \cdot h}{12}(D^2 + D \cdot d + d^2) = \frac{\pi \cdot 5{,}95}{12}(11{,}9^2 + 11{,}9 \cdot 1{,}2 + 1{,}2^2) = 245\,\mathrm{m}^3$$

$$J_2 = 2\frac{\pi \cdot h}{6}(3a^2 + 3b^2 + h^2) = 2\frac{\pi \cdot 5{,}95}{6}(3 \cdot 8{,}42^2 + 3 \cdot 5{,}95^2 + 5{,}95^2) = 2208\,\mathrm{m}^3$$

$$J_3 = \frac{\pi \cdot h}{12}(D^2 + D \cdot d + d^2) = \frac{\pi \cdot 3{,}95}{12}(11{,}9^2 + 11{,}9 \cdot 4 + 4^2) = 212\,\mathrm{m}^3$$

$$J_{\mathrm{Fr}} = \Sigma J_{\mathrm{x}} = 2665\,\mathrm{m}^3$$

Das Methangas des Faulprozesses mit einem Energiegehalt von ≈ 6,5 kWh/m³ kann in einem Blockheizkraftwerk verwertet werden, das nach dem Prinzip der Kraftwärmekopplung die Klärgasmenge in elektrischen Strom und Wärme umwandelt. Die mit Otto-Motoren betriebenen Drehstromgeneratoren erzeugen ≈ 60 bis 70% des jährlichen Strombedarfs der Kläranlagen. Die Abwärme kann zur Beheizung der Faulbehälter und der Gebäude verwendet werden.

4.6.4 Duale biologische Schlammstabilisierung

Das Verhalten benutzt zwei unterschiedliche biologische Vorgänge unter Ausnutzung der jeweiligen Vorteile. Erreicht werden kann eine Kostensenkung, die Verbesserung der Energiebilanz und eine bessere Qualität des stabilisierten Schlammes. Die duale Stabilisierung verbindet die aerobe oder aerob-thermophile Stufe mit der anaeroben-mesophilen Stufe (Abschn. 4.6.2 u. 4.6.3).

Das Verfahren kann bevorzugt eingesetzt werden bei

- Entseuchung von Klärschlamm,
- Entlastung von Faulungsstufen,
- Reduzierung der Investitionskosten.

Die Entseuchung von Klärschlamm wird in der KlärschlammVerO nicht verbindlich gefordert, aber sie wirkt qualitätssteigernd und wird von der Landwirtschaft positiv bewertet. Unter folgenden Bedingungen wird Entseuchung erreicht: Behandlungszeit in der aerob-thermophilen Stufe ≥ 24 h bei Temperaturen um 55 °C, ≥ 1 h lang sollte die Temperatur um 60 °C herrschen.

Neben der Entseuchung erfolgt ein teilweiser Abbau der organischen Schlammanteile. Gegenüber der anaeroben Faulung sind die Reaktionszeiten um ≈ 20% kürzer. Für Anschlußwerte von 5000 bis 50000 ist die alleinige aerob-thermophile Stabilisierung deshalb geeignet. Die duale Stabilisation ist bei Anschlußwerten von ≈ 30000 bis 40000 EGW gut geeignet.

Die Energiebilanz der exothermen Stoffwechselvorgänge wurde im Abschn. 4.6.2 behandelt. Man kann von einer Reaktionstemperatur von ≥ 50 °C bei verteiltem Rohschlammzulauf ausgehen.

In der anaeroben Stufe wird Biogas erzeugt. Die Menge verringert sich bei verlängerten Reaktionszeiten in der aerob-thermophilen Stufe. Durch die Zugabe des erwärmten Schlammes kann die Beheizung des Faulungsreaktors ganz oder teilweise entfallen. Bei der Verwertung des Faulgases sind Blockheizkraftwerke (**4**.220) sinnvoll. Die durch sie erzeugte elektrische Energie kann zum Antrieb der Belüftungssysteme und Umwälzung eingesetzt und die Abwärme zur Prozeßführung oder Raumbeheizung genutzt werden.

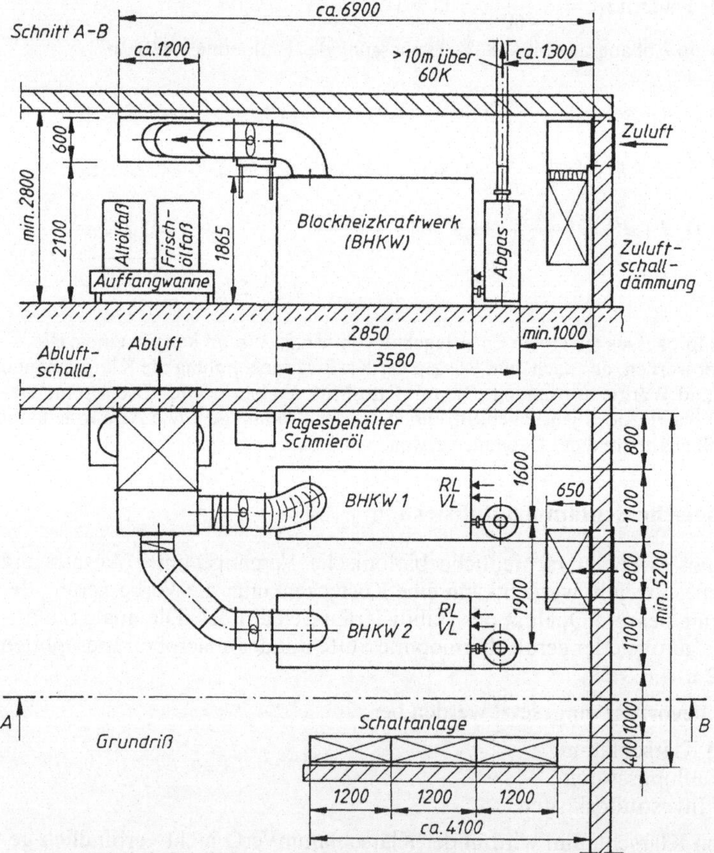

4.220 Grundriß und Schnitt eines Blockheizkraftwerks, Raumgröße für die Aufstellung von zwei Blockheizkraftwerk-Modulen zu je 50 kW

Die Wärmerückgewinnung aus der aerob-thermophilen Stufe kann unterschiedlich erfolgen. Wird keine Entseuchung angestrebt, so kann der Wärmeaustausch vornehmlich von dem aerob-thermophilen teilstabilisierten Schlamm zum Rohschlamm hin erfolgen. Ist auch die Entseuchung gefordert, so kann eine Stützheizung über Schlamm/Wasser-Wärmeaustauscher notwendig werden. Alternativ kann man auch den aerob-thermophilen Reaktor selbst, z.B. durch eine Mantelheizung, zusätzlich beheizen. Bei Injektorbelüftung und Umwälzung durch Pumpen ist eine Stützheizung durch außenliegende Rohrwärmeaustauscher möglich. Bei Submersbelüftung ist eine Heißwasser-Stützheizung mit direkter Erwärmung des Schlammes möglich. Bei der Biogasverwertung durch Gasmotore oder Blockheizkraftwerke ist die übliche Stützheizung für den Faulturm geeignet. Bei einer Nachrüstung ist diese schon vorhanden.

Für die aerob-thermophile Stufe sind zur Belüftung und Umwälzung Energiedichten von 100 bis 120 W/m^3 erforderlich. Für den anaeroben Faulturm beträgt die Leistungsdichte der Umwälzung $\approx$ 25 W/m^3. Beim Einsatz von Blockheizkraftwerken kann in größeren Anlagen die erzeugte elektrische Energie alle maschinellen Antriebe des dualen Verfahrens abdecken. Die Überschußenergie steht für weitere Abnehmer auf der Kläranlage zur Verfügung.

Die aerob-thermophile Behandlung, auch Fermentation genannt, mit anschließender Faulung wird in **4**.221 beispielhaft erläutert. Der Rohschlamm wird schubweise in einen Vorlagebehälter gefördert, um eine Ruhezeit von $\approx$ 30 min zu ermöglichen und Kurzschlußströmungen im Reaktor zu verhindern. Gleichzeitig wird Schlamm aus dem Reaktor über Wärmeaustauscher in den Faulraum gepumpt (**4**.221). Im Reaktor wird der Schlamm mit innenliegenden Belüftern oder mit Injektoren belüftet. Durch die aerobe Stufe wird ein Teil der organischen Substanz oxidiert und in biogene Wärme umgesetzt. Steuerung durch die Luftzufuhr. Die Durchmischung im aerob-thermophilen Reaktor besorgt ein Rührwerk. Der Schaum wird durch Schaumverflüssiger beseitigt. Der Wärmegewinn zwischen aufbereitetem Schlamm mit 60 °C und der Faulraumtemperatur von $\approx$ 35 °C wird über Wärmeaustauscher dem Rohschlamm zugeführt, so daß dieser im Aufwärmteil auf $\approx$ 40 °C erwärmt wird. Wenn überschüssige Wärme zur Verfügung steht, wird der Rohschlamm im Endaufwärmteil von 40 °C auf 50 °C erwärmt. Die Verweilzeit im Reaktor kann dann auf 18 bis 24 h verringert werden. Die Aufheizung von 40 °C bzw. 50 °C auf die Prozeßtemperatur von 60 °C erfolgt durch biogene Wärme. Eine zusätzliche Faulraumheizung ist nicht erforderlich. Die Bilanz zeigt, daß die gleiche Menge an thermischer Energie wie bei konventioneller Faulung ohne Hygienisierung benötigt wird. Da im Reaktor schon organische Substanz abgebaut und biologisch aufgeschlossen wird, verkürzen sich die Faulzeiten im Faulraum. Bedeutsam ist die verbesserte Eindickfähigkeit des ausgefaulten Schlammes auf *TS*-Gehalte von 10 bis 14 %. Der Schlamm bleibt pumpfähig und ist sehr homogen. Geruchsemissionen treten nicht auf, und auch der hygienisierte Klärschlamm ist geruchsfrei.

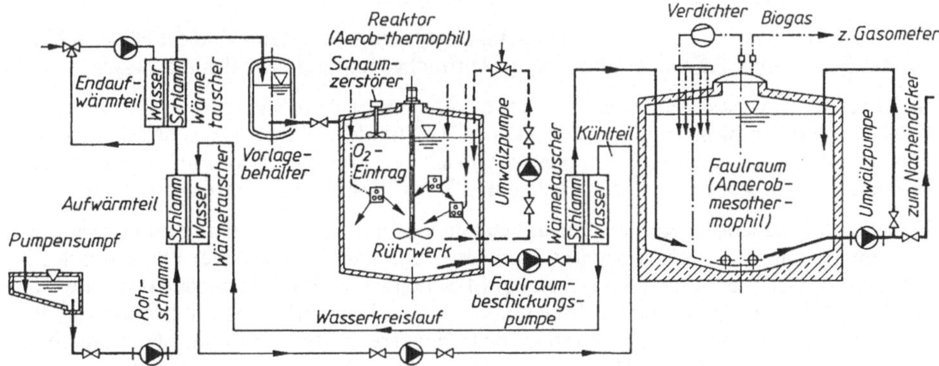

4.221 Duale Stabilisation mit Belüftung und Rührwerk in der aerob-thermophilen Stufe

4.6.5 Schlammentwässerung

Das Schlammwasser kann lokalisiert als Außen- oder Innenflüssigkeit vorliegen. Tafel **4.**70 zeigt die verschiedenen Komponenten des Schlammwassers und ihre Mengenanteile. Die Intensität der Wasserbindung nimmt vom Hohlraumwasser in Richtung des Innenwassers zu. Die Abtrennung des Wassers folgt in der entsprechenden Reihenfolge mit den Verfahrensstufen

- Eindickung
- Entwässerung
- Trocknung

Tafel **4.**71 zeigt den Anwendungsbereich und die Wirkung der verschiedenen z.Z. üblichen Verfahren. Jede der möglichen Verfahrensstufen sollte aus technischen und aus wirtschaftlichen Gründen soweit wie möglich unter Erreichen des technischen Optimums ausgenutzt werden.

Tafel **4.**70 Arten von Schlammwasser

Art des Schlammwassers (lokalisiert)	Mengenanteile in ausgefaultem, kommunalem Schlamm in %
Hohlraumwasser	≈ 70
Haft- oder Adhäsionswasser Kapillarwasser	} ≈ 22
Benetzungs- oder Adsorptionswasser Innenwasser (Zellflüssigkeit, Innenkapillarwasser)	} ≈ 8
zusammen	100

Die Schlämme weisen je nach Herkunft ein sehr unterschiedliches Wasserbindungsvermögen auf. Schlamm besteht nicht nur aus Flocken, sondern auch aus Sedimentationen, Kolloiden, Gele aus Hydroxiden. Die letzteren bilden sehr empfindliche, gallertartige Zusammenschlüsse, welche die Kompressibilität der Schlämme erhöhen können. Man kann drei Gruppen unterscheiden:

Gut entwässerbare Schlämme enthalten Anteile körniger Stoffe (Sand, Kohle usw.).

Mittel entwässerbare Schlämme enthalten wenig Gele. Dies sind die Mischschlämme aus häuslichem Abwasser ohne viel gewerbliches und industrielles Abwasser.

Schlecht entwässerbare Schlämme enthalten größere Mengen an Gelen organischer Herkunft (biologische Schlämme) oder Hydroxide. Schlämme aus häuslichem Abwasser mit chemisch anorganisch oder organisch verunreinigtem Industrieabwasser. Hydroxidschlämme können ein sehr unterschiedliches Wasserbindungsvermögen haben.

Es stehen im wesentlichen zwei Techniken zur Verfügung: die Filtration und die Schweretrennung. Die Filtration bewirkt Trennung von fester und flüssiger Phase durch Filtermaterial. Der Trenneffekt hängt von der Maschenweite oder Porengröße des Filters ab. Nach einer bestimmten Laufzeit bildet sich aus den Feststoffen im Filter eine Eigenfilterschicht, deren kleineres Porengefüge dann den Trenneffekt bestimmt. Gebräuchliche Verfahren sind Unterdruck-(Vakuum)- und Überdruck-(Pressen)-Filtration, Siebeinrichtungen und auch Schlammplätze.

Tafel **4**.71 Anwendungsbereiche und Leistung von Verfahren zur Schlammentwässerung
Schlämme ○ = gut, ◐ = mittelmäßig, ● = schlecht entwässerbar, *VS* ≙ Vorklärschlamm; *BS* ≙ Belebtschlamm;

	Generelles Verfahren	Wirkkomponente	Spezifisches Verfahren	mittlere Leistung (Durchsatz) B_A in kg *TS*/(m² · d) bzw. B_V in m³/(m² · h)	mittlerer Restwassergehalt in % WG	Entwässerbarkeit der behandelten Schlämme	mittlerer spezifischer Arbeitsaufwand
Natürliche Verfahren (ohne Konditionierung)	Eindicken	Schwerkraft	Eindicker, kontinuierlich, diskontinuierlich betrieben	5 bis 150 kg *TS*/(m² · d) 0,5 bis 1,5 m³/(m² · h)	96 bis 93 < 93 > 96	◐ ○ ●	gering
	Entwässern	Schwerkraft (Versickerung) und thermische Kräfte	Schlammbeete	≈ 1 m³/(m² · a)	70 bis 60 < 50 > 70	◐ ○ ●	
		(Verdunstung)	Schlammtrockenplätze Schlammpolder Schlammteiche	≈ 1 m³/(m² · a) s. Abschn 4.5.3.5	≈ 50 80 bis 75 ≤ 50 ≈ 50 85 bis 80	◐ ◐ bei sehr langer Lagerung ○ ●	
	Trocknen	Thermische Kräfte (Verdunstung)	Schlammtrockenbeete	gering	gering	nur in ariden Regionen	
Künstliche Verfahren	Eindicken	Schwerkraft	Eindicker, kontinuierlich, diskontinuierlich betrieben	*VS* 80 bis 120 kg *TS*/(m² · d); *VS* + *BS* 50 bis 70 kg *TS*/(m² · d); *BS* 25 bis 30 kg *TS*/(m² · d) 0,5 bis 3,0 m³/(m² · h) [1])	96 bis 93 < 93 > 96	◐ ○ ●	
	Entwässern	bei statischen Verfahren: Druckunterschiede, Metallsalz- oder Polymer-Konditionerung	Unterdruck-Filter Bandfilterpressen	10 bis 30 kg *TS*/(m² · h) 100 bis 200 kg *TS*/(m² · h)	82 bis 70 < 70 > 78	◐ ○ ●	≈ 6 kWh/m³ ≈ 1 kWh/m³
			Überdruck-Filter	4 bis 10 kg *TS*/(m² · h)	ohne Kalk/Zuschlagstoffe: 72 bis 62; < 62; > 72 mit Kalk/Zuschlagstoffe: 65 bis 55; < 55; 70 bis 65	◐ ○ ●	≈ 2 kWh/m³
		bei dynamischen Verfahren: Künstliche Schwerefelder Polymer-Konditionierung	Zentrifugen, Dekanter mit Abscheidegraden > 95 %	5 bis 20 m³ Schlamm/h = 200 bis 1500 kg *TS*/h	82 bis 70 < 70 > 78	◐ ○ ●	≈ 2 kWh/m³
	Trocken	Thermische Kräfte	Trockner		2 bis 1	bei allen Schlämmen	

[1]) Fa. Atlas MAK nennt folgende Zul. B_A-Werte in kg *TS*/(m² · h) *VS* = 3,0 bis 5,0; *VS* + *BS* = 1,5 bis 2,5; *BS* = 0,5 bis 1,0; ausgefaulter Schlamm = 1,0 bis 1,5

Die Schweretrennung beruht auf Dichteunterschieden zwischen Wasser und Feststoffen. Der Trenneffekt ist abhängig von den Dichtedifferenzen. Schlämme enthalten oft Teilchen, deren Dichte der Flüssigkeitsdichte ähnlich ist. Hier muß die Teilchengröße und -dichte künstlich erhöht werden (z.B. durch Flockung). Gebräuchliche Verfahren sind Eindickung, Flotationseindickung, Zentrifugen (verstärktes Schwerefeld).

4.6.5.1 Eindicken

Eindicker haben die Aufgabe, dem Frischschlamm oder dem ausgefaulten Schlamm möglichst weitgehend das Wasser zu entziehen. Auch die Schlammtrichter der Absetzbekken haben eine ähnliche Wirkung. Da alle Schlammbehandlungsanlagen kostspielig sind, ist es wichtig, den Schlamm so stark wie möglich einzudicken, um die zu behandelnde Schlammenge zu reduzieren und dadurch die Baukosten der nachgeschalteten Anlagen (Faulraum, Pumpen, Trockenbeete, Filter, Schleudern) zu senken. Der Prozeß vollzieht sich in folgenden Zonen (von oben nach unten) (**4**.224):

Zone der freien } Sedimentation
Zone der behinderten
Zone der Konsolidierung
Zone der Räumung

Maßgebend für den Eindickerfolg sind Aufenthaltszeit und Druckverhältnisse in der Konsolidierungszone. Bei nicht ausgefaultem Schlamm ist die Eindickzeit durch den Faulungsbeginn begrenzt. Diese Zeit und das Eindickverhalten des Schlammes sollten vor einem Behälterbau bekannt sein. Bemessungswerte (Parameter) sind (Tafel **4**.71):

Feststoff-Oberflächenbelastung

$$B_{\mathrm{A}} = \frac{\text{Trockensubstanzmenge}}{\text{Oberfläche}} = \frac{TS-\text{Menge}}{O_{\mathrm{E}}} \quad \text{in} \quad \frac{\mathrm{kg}\,TS}{\mathrm{m}^2\cdot\mathrm{d}}$$

Oberflächenbeschickung (abhängig von der Beschickungszeit)

$$q_{\mathrm{A}} = \frac{\text{Schlammenge}}{\text{Oberfläche}} = \frac{S}{O_{\mathrm{E}}} \quad \text{in} \quad \frac{\mathrm{m}^3}{\mathrm{h}\cdot\mathrm{m}^2}$$

Schlammschichthöhe

$$V = O_{\mathrm{E}} \cdot h_{\mathrm{k}} = S \cdot t$$

(t = Aufenthaltszeit in der betreffenden Zone in h)

$$h_{\mathrm{K}} = \frac{S \cdot t}{O_{\mathrm{E}}} \qquad \mathrm{m} = \frac{\mathrm{m}^3 \cdot \mathrm{h}}{\mathrm{h}\cdot\mathrm{m}^2}$$

Die Bilder zeigen mögliche Formen von Eindickern. Eindickbehälter können als Absetzbecken mit flacher Sohle und Krälwerk oder turmförmig mit steiler Sohle ohne Krälwerk gebaut werden. Bild **4**.222 zeigt einen Eindickbehälter mit Krälwerk. Krälwerk und Antrieb werden von einer Brücke getragen, die den Eindicker überspannt. Das Aggregat ist rechenartig mit vertikalen Stäben ausgerüstet, die sich langsam rotierend bewegen und Kanäle in die Schlammzone ziehen, durch die das eingeschlossene Wasser aufsteigen kann. An der gleichen Drehachse befinden sich zwei Schlammräumschilde,

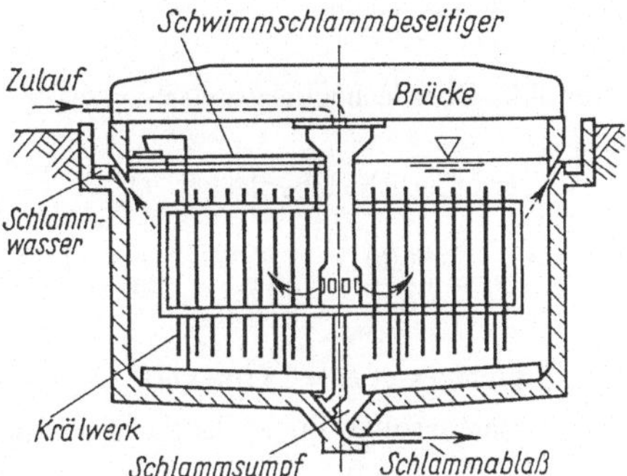

4.222
Schlammeindicker mit Krälwerk
d_1 = Innendurchmesser 5 bis 30 m nach DIN 19552-3

welche den Schlamm zum Schlammsumpf räumen. Von hier wird er durch den Schlammablaß abgeleitet. Der Eindickungsgrad hängt von der Art des Schlammes und von der Belastung des Eindickers ab. Der Einsatz von Eindickern empfiehlt sich besonders bei Industrie-Kläranlagen (Papier- und Zellstoffabriken, Chemiefaserindustrie, Raffinerien, Galvanisier- und Beizereibetriebe, Lederfabriken).

Bei Hydroxidschlämmen sollte $B_A \leq 20\,\mathrm{kg}\ TS/(\mathrm{m}^2 \cdot \mathrm{h})$ bei kontinuierlichem Schlammabzug sein.

Bei durch Metallhydroxide geflockten Rohschlämmen kann man mit Erfolg Parallelplattenabscheider (Lamellenseparatoren) in Verbindung mit Krälwerkeindickern einsetzen (**4**.223). Als wesentlich wird der Kontakt der voluminösen, aus dem Separator herausfallenden Flocken mit dem Krälwerk angesehen. Dabei zerfallen die Flocken und ihre Teile verbinden sich nicht wieder. Der abgezogene Schlamm soll 15 bis 20 Gewichts-% Trockensubstanz, d. h. ≈ 150 bis 200 kg TS/m^3, enthalten. Bild **4**.223 zeigt das Prinzip des Lamellenseparators mit Eindicker (*LME*) der Fa. Passavant.

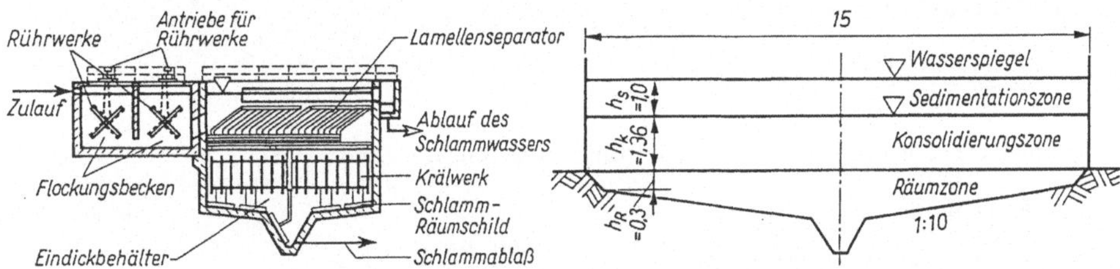

4.223 Vertikalschnitt durch Lamellenseparator mit Eindicker

4.224 Bemessung eines Schlammeindickers (Beispiel 1)

Bemessungsbeispiele für einen Schlammeindicker

Beispiel 1 (**4**.224): Es ist der Voreindicker (Vorklärschlamm mit belebtem Schlamm vor Eingabe in den Faulturm) einer Belebungsanlage mit 120 000 EG, Trennsystem, zu bemessen. $ISV < 100$ ml/g

Art des Schlammes: Vorklär- mit belebtem Schlamm ($VS + BS$)

Schlammengen (nach Tafel **4**.37 und Tafel **4**.68)

Vorklärschlamm mit Überschußschlamm in Vorklärbecken voreingedickt

$$S = 2{,}0 \cdot 120000/1000 = 240\,\mathrm{m}^3/\mathrm{d} \quad \text{mit} \quad 4{,}0\%\ TS$$

Trockensubstanzmenge $0{,}04 \cdot 240 = 9{,}6\,\text{m}^3/\text{d}$ bei $\gamma = 1000\,\text{kg/m}^3 = 9{,}6 \cdot 1000 = 9600\,\text{kg}\ TS/\text{d} =$ TS-Menge

Gewählte Oberflächenbelastung $B_A = 60\,\text{kg}\ TS/(\text{m}^2 \cdot \text{d})$ nach Tafel **4.**71

$$\text{erforderliche Oberfläche}\quad O_E = \frac{TS\text{-Menge}}{B_A}$$

$$O_E = \frac{9600}{60} = 160\,\text{m}^3 \qquad \text{m}^2 = \frac{\text{kg}\,TS \cdot \text{m}^2 \cdot \text{d}}{\text{d} \cdot \text{kg}\ TS}$$

gew. Durchmesser $D = 15{,}0\,\text{m}$ vorh. $O_E = 176\,\text{m}^2$

Der Schlamm soll je Tag 2 h lang vom Vorklärbecken in den Eindicker gepumpt werden.

$$\text{Oberflächenbeschickung}\quad q_A = \frac{S_h}{O_E} \qquad \frac{\text{m}^3}{\text{m}^2 \cdot \text{h}} = \frac{\text{m}^3 \cdot \text{d}}{\text{d} \cdot \text{h} \cdot \text{m}^2} \qquad S_h = S$$

$$h \mathrel{\widehat{=}} \text{Pumpzeit/d} = 2\text{h/d} \qquad q_A = \frac{240}{2 \cdot 176} = 0{,}68\,\text{m}^3/(\text{m}^2 \cdot \text{h})$$

Der erreichbare End-Feststoffgehalt soll bei 8% liegen, d. h. 92% Wassergehalt.

Schlammenge nach der Eindickung S_2

$$S_2 = \frac{4{,}0}{8} \cdot S = \frac{4{,}0}{8} \cdot 240 = 120\,\text{m}^3/\text{d}$$

Schlammwasseranfall = 240 -120 =120 m³/d oder Schlammenge nach der Eindickung S_2 aus

$$\frac{TS - \text{Menge}}{\gamma \cdot \text{Eindickgrad}} = \frac{\text{kg}\,TS \cdot \text{m}^3 \cdot ./.}{\text{d} \cdot \text{kg} \cdot ./.} = \text{m}^3/\text{d} = \frac{9600 \cdot 100}{1000 \cdot 8} = 120\,\text{m}^3/\text{d}$$

Der mittlere Feststoffgehalt in der Konsolidierungszone wird mit 75% der Endeindickung angenommen $0{,}75 \cdot 8\% = 6\%$.

Dazu gehört das Schlammvolumen

$$S_k = \frac{9600 \cdot 100}{1000 \cdot 6} = 160\,\text{m}^3/\text{d}$$

Aufenthaltszeit des Schlammes in der Konsolidierungszone $t_K = 36\,\text{h} = 1{,}5\,\text{d}$

$$V_K = S_K \cdot t_K$$

$$O_E \cdot h_K = S_K \cdot t_K \qquad h_K = \frac{S_K \cdot t_K}{O_E} \qquad h_K = \frac{160 \cdot 1{,}5}{176} = 1{,}36\,\text{m}$$

Die Höhe der Sedimentationszone wird mit $1{,}0\,\text{m} = h_S$ (Erfahrungswert) angenommen.

Die Höhe der Schlammräumzone am Beckenrand wird mit $0{,}3\,\text{m} = h_R$ angenommen.

4.224 zeigt die Abmessungen des Eindickers. Vgl. auch DIN 19552-3.

Beispiel 2 (**4.**225): Es ist der turmförmige Eindickbehälter einer Belebungsanlage mit aerober Stabilisierung für 6000 EG, Trennsystem, zu bemessen. $ISV > 100\,\text{ml/g}$

Art des Schlammes: frischer Überschußschlamm aus dem Nachklärbecken (Trichterbecken) nach Tafel **4.**37: $TS_{RS} = TS_{ÜS} = 10\,\text{kg}\ TS/\text{m}^3$

$$\frac{10 \cdot 100}{1000} = 1\,\%\ \text{bei}\ \gamma = 1000\,\text{kg/m}^3$$

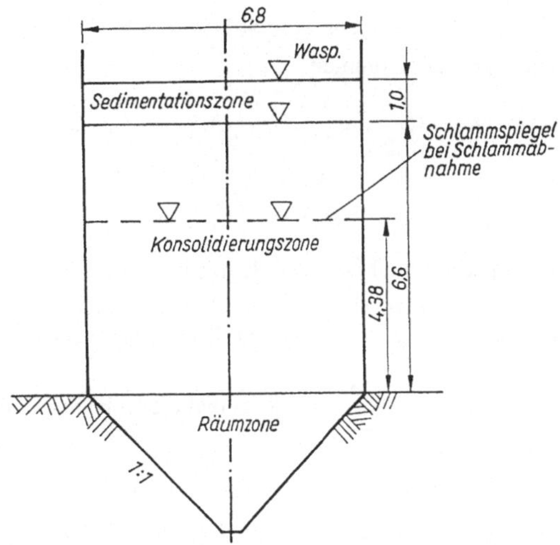

4.225
Bemessung eines Schlammeindickers und -speichers (Beispiel 2)

Schlammenge S:

zunächst $V_{BB} = \frac{6000 \cdot 60}{1000 \cdot 0{,}25} = 1440\,m^3_{BB}$ nach Gl. (4.33) in $\frac{EG \cdot g\,BSB_5/(EG \cdot d)}{g/kg \cdot kg\,BSB_5/(m^3_{BB} \cdot d)}$

TS-Menge $= \ddot{U}S_R \cdot V_{BB} = 0{,}2 \cdot 1440 = 288\,kg\ TS/d$ $\quad \ddot{U}S_R$ nach Tafel **4**.37

$0{,}01 \cdot S = 288;\ S = 288 \cdot 100 = 28\,800\,kg/d = 28{,}8\,m^3/d$

Gewählte Oberflächenbelastung $B_A = 8\,kg\ TS/(m^2 \cdot d)$

$$\text{erf. } O_E = \frac{288}{8} = 36\,m^2$$

gew. Durchmesser $D = 6{,}8\,m$, vorh. $O_E = 36{,}3\,m^2$

Der Schlamm soll täglich 0,5 h lang vom Nachklärbecken in den Eindicker gepumpt werden.

$$q_A = \frac{28{,}8}{0{,}5 \cdot 36{,}3} = 1{,}59\,m^3/m^2 \cdot h)$$

Der erreichbare Feststoffgehalt soll für 1 d Aufenthaltszeit bei 2,5% liegen, d. h. 97,5% Wassergehalt.

Schlammenge nach der Eindickung S_2

$$S_2 = \frac{1{,}0}{2{,}5} \cdot S = \frac{1{,}0}{2{,}5} \cdot 28{,}8 = 11{,}52\,m^3/d$$

Schlammwasseranfall = $28{,}8 - 11{,}52 = 17{,}28\,m^3/d$

Wird der Eindickbehälter zugleich als Schlammsilo benutzt, z.B. für eine Aufenthaltszeit von 60 Tagen, ergeben sich folgende Werte:

TS-Menge für 60 d $= 288 \cdot 60 = 17\,280\,kg\,TS/60\ d$

Endfeststoffgehalt 9% Endwassergehalt 91% (Anlage mit Saisonbetrieb)

Schlammenge nach der Speicherzeit $S_2 = \frac{1{,}0}{9} \cdot 28{,}8 = 3{,}2\,m^3/d$.

Mittlerer Feststoffgehalt mit 80% der Endeindickung angenommen: $0{,}8 \cdot 9 = 7{,}2\%$
Dazu Schlammvolumen

$$S_K = \frac{1{,}0}{7{,}2} \cdot 28{,}28 = 4{,}0\,\mathrm{m}^3/\mathrm{d} \qquad \text{erf. } V_K = 4{,}0 \cdot 60 = 240\,\mathrm{m}^3$$

$$h_K = \frac{V_K}{O_E} = \frac{240}{36{,}3} = 6{,}6\,\mathrm{m}$$

Zusätzliche Annahmen $h_s = 1{,}0\,\mathrm{m}$; $h_R = 0\,\mathrm{m}$.

Bild **4**.225 zeigt Abmessungen dieses Eindick- und Speicherbehälters. Wenn wöchentlich = 7 d einmal Schlamm abgelassen wird, sinkt der Wasserspiegel um etwa

$$\Delta h = \frac{7 \cdot 11{,}52}{36{,}3} = 2{,}22\,\mathrm{m} \text{ und die Höhe der Konsolidierungszone auf } 6{,}6 - 2{,}22 = 4{,}38\,\mathrm{m}$$

4.6.5.2 Natürliche Schlammentwässerung auf Schlammplätzen

Hierbei wird der ausgefaulte Schlamm mit 90 bis 98% Wassergehalt auf Schlammtrockenplätze (Beete, Polder, Schlammteiche) gebracht. Nach Ablassen aus dem Faulraum steht der Schlamm plötzlich unter vermindertem Druck und hat folglich einen geringeren Gas-Sättigungswert. Das enthaltene Faulgas entweicht und bildet dabei Blasen, welche aufsteigen und die Feststoffe an die Oberfläche mitnehmen (Flotation). Der größere Teil des Schlammwassers fließt während dieser Phase durch die Bodenfilterschicht ab. Der Restschlamm trocknet etwa zwei Wochen nach, indem er weiteres Schlammwasser durch Verdunstung abgibt. Bei Schlämmen ohne Gasgehalt entfällt das Aufschwimmen, hier muß das Schlammwasser ständig oben abgenommen werden. Dieser Abzug von überstehendem Wasser ist besonders wichtig, da die Verdunstung den Schlamm entwässern und nicht die überstehende Wasserschicht verringern soll. Um eine schnelle Wasserabgabe des nassen Schlammes zu erreichen, ist eine Beschickung in dünnen Schichten von max. 20 cm Dicke notwendig. Zwischen den Beschickungsphasen sind Pausen für Wasserabzug und Verdunstung einzulegen. Ein Wechselbetrieb von mindestens zwei Plätzen oder Teichen ist erforderlich.

Trockenbeete (**4**.226). Der Schlamm entwässert bei normalen Trockenbeeten nach unten (Versickerung) und oben (Verdunstung). Für den Abfluß nach unten ist eine Bodenfilterschicht mit Dränage erforderlich. Die Trockenbeete erhalten eine 10 bis 15 cm dicke Sandschicht und darunter etwa 30 cm Steinschlag, Schlacke oder Grobkies mit abgestuftem Korn. Die Sohldränagen sind schnell verstopft und müssen dann erneuert werden. Besser sind Hangdränagen aus PE- oder PVC-Dränrohren, mit Glasvlies ummantelt und in Kiespackungen verlegt (**4**.227). Nach [24] beträgt die mögliche jährliche Flächenbelastung $\approx 1{,}80\,\mathrm{m}^3$ Schlamm je m^2 Fläche, wobei der Schlamm in 20 cm starken Schichten aufgebracht wird. Die tatsächliche Flächenbelastung ist geringer und beträgt im Mittel $\approx 1{,}0\,\mathrm{m}^3/(\mathrm{m}^2 \cdot \mathrm{a})$ mit einer mittleren fünfmaligen Beschickung im Jahr. Reserveflächen für eine längere Entwässerungsdauer infolge niederschlagsreicher Jahreszeit oder als Lagerflächen bei verzögerter Abfuhr sind vorzusehen. Die Beetflächen sollen so aufgeteilt werden, daß ein Beet mit einer einmaligen Beschickung gefüllt ist. Wiederholte Beschickung stört den Trocknungsprozeß. Der Ruhrverband versucht Frischschlamm in aufgespülten Haufen zu entwässern und zu deponieren (**4**.228). Der alkalisierte und eingedickte Schlamm wird über einen Rohrturm versprüht und bildet um den Turm einen Haufen, von dessen Randflächen das austretende Wasser gut ablaufen kann. Vorteile: Hohe

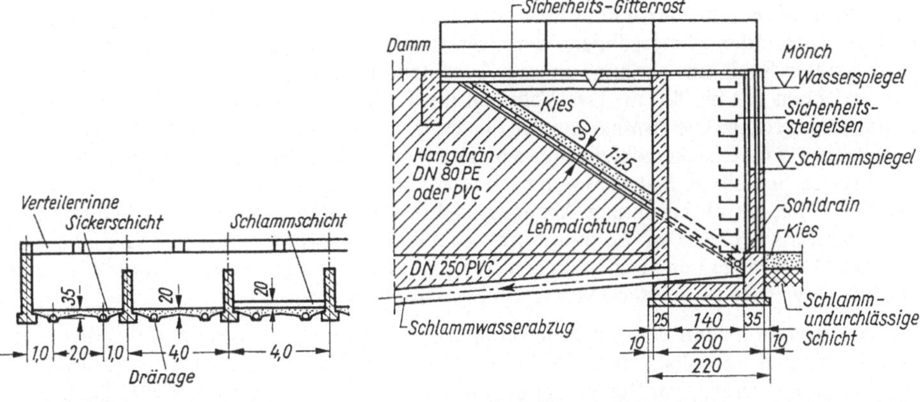

4.226 Schlammtrockenbeete

4.227 Hangdrain und Abzugs-Mönch auf einem Schlammplatz

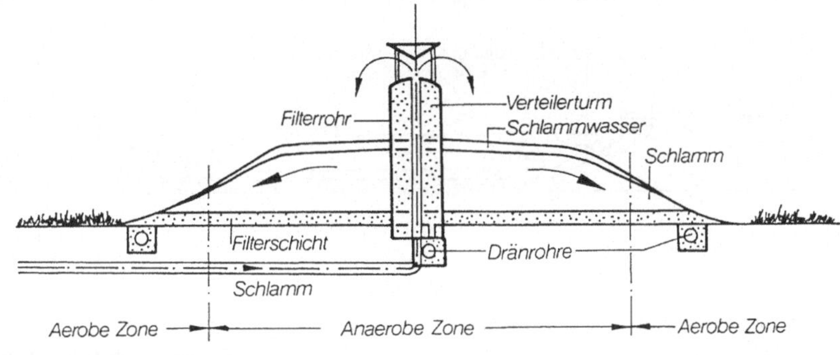

4.228 Schlammdeponie in Spülhaufen

Verdunstungsraten, weil Schlammspiegel fast immer Luftkontakt hat; große Oberfläche, welche dem Wind besser ausgesetzt ist als in Beeten oder Teichen.

Bei kurzfristigen Deponien und bei Schlammtrockenbeeten spielt der Ausgangswassergehalt für die Wasserabgabe die entscheidende Rolle. Mit erhöhtem Feststoffgehalt steigt die Entwässerungsleistung. Der Endwassergehalt hängt von der Lagerzeit und dem Betrieb ab. Durch Zugabe von Flockungsmitteln (kationaktiv) während der Beschickung kann die Entwässerung stark verbessert werden, deshalb werden auch feste Betonsohlen mit Bodenabläufen immer häufiger ausgeführt.

Auf kleinen Kläranlagen werden die Trockenbeete von Hand geräumt. Bei größeren Anlagen ist eine maschinelle Räumung erforderlich. Man benutzt fahrbare Trockenbeetaufnehmer. Der aufgenommene Schlamm wird von einem Förderband in ein am Räumer mitgeführtes Zwischensilo gehoben, das am Ende des Trockenbeetes geleert wird (Bauart Passavant). Der Räumer läuft auf Schienen oder schienenlos. Eine andere Möglichkeit ist die Förderung durch Räumer mit vertikalen und horizontalen Transportschnecken. Beim Räumereinsatz wird jeweils die obere Schlammschicht geräumt. Bei Einsatz von Schrappern und Planierraupen, welche die volle Schicht räumen, kann die Dränage leicht beschädigt werden, deshalb werden auch feste Betonsohlen mit Bodenabläufen immer häufiger ausgeführt.

Schlammpolder oder -trockenplätze sind mit dem Aufkommen der größeren Schlammengen entstanden. Sie ergänzen oder ersetzen die Trockenbeete. Auch sie werden vom getrockneten Schlamm geräumt und neu beschickt. Die Gesamt-Beschickungshöhen liegen zwischen 1,0 bis 4,0 m. Das Volumen der Plätze ist groß und erlaubt eine längere Zwischenlagerung. Die Umfassung der Plätze besteht aus Erddämmen. Sie haben wie die Trockenbeete eine Sickerschicht und eine Dränage. Jedoch entwässert der Schlamm von der zweiten Schicht ab fast nur noch nach oben. Das Schlammwasser muß in verschiedenen Füllhöhen durch besondere Abzugsschächte entfernt werden. Die Flächenbelastung liegt ebenfalls bei $\approx 1{,}0\,m^3$ Schlamm/($m^2 \cdot a$). Die Plätze werden in Lagen von 20 cm beschickt. Die nächste Lage darf erst nach Austrocknen der vorherigen aufgebracht werden. Die Plätze werden im Abstand von mehreren Jahren geräumt.

Schlammteiche sollen den Schlamm endgültig aufnehmen. Man nutzt Geländemulden oder Täler und vervollständigt sie durch zusätzliche Dämme zu einem geschlossenen Speicherraum. Dränagen, Sickerpackungen und Abzugschächte sind ebenfalls zu empfehlen. Nach dem Auffüllen werden die Schlammteiche wieder einer landwirtschaftlichen Nutzung zugeführt. Bild **4.**229 zeigt einen Teich üblicher Bauart mit Sohldränagen.

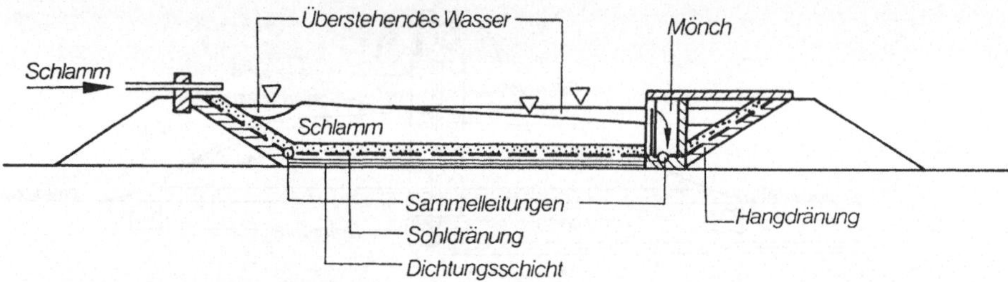

4.229 Schlammteich in üblicher Bauart

Auch hier sind Hangdränagen und Sickerschächte zweckmäßiger, die immer mit dem freien Ende das überstehende Wasser abziehen. Die Voreindickung des Schlammes ist für Teiche unwirtschaftlich. Nach [24] sind Teiche mit einem Deponievolumen für 10 bis 15 Jahre wirtschaftlich. Schlammtrockenbeete und -polder werden bei größeren Kläranlagen nur noch als Zwischenlager vor einer endgültigen Verwertung oder Verbrennung benutzt.

4.6.5.3 Künstliche Schlamm-Entwässerung

Die Verfahren haben jeweils ihre technologischen Eigenschaften, welche bestimmend sind für z.B. den Wirkungsbereich, die Verträglichkeitsbedingungen, die Betriebssicherheit und die Anpassungsfähigkeit. Durch folgende Maßnahmen läßt sich die Entwässerung von Schlämmen im allgemeinen verbessern:

a) Erhöhung der trennenden Kräfte, z.B. des Druckes

b) Verminderung der Schichtstärke

c) Stabilisierung des Kornaufbaus, z.B. durch Zugabe gröberer Kornfraktionen oder Flockungsmittel

d) Verringerung der Oberflächenspannung des Schlammwassers, z.B. durch höhere Temperatur oder oberflächenaktive Stoffe

Konditionierung von Abwasserschlämmen. Darunter versteht man Maßnahmen, welche den Zustand des Schlammes verändern mit dem Ziel, ihn leichter und besser zu entwässern. Man verbessert entweder die Schlammstruktur (z.B. durch Asche) oder vermindert das Wasserbindungsvermögen (Fällungsmittel). Die Wirkung der Filterhilfsmittel geht insgesamt jedoch nur bis zur Entfernung des Haft- und Kapillarwassers. Konventionelle Mittel sind Eisen-, Aluminiumsalze oder Kalkhydrat, neuere sind Polymere (natürliche oder synthetische Polyeletrolyten mit besonderer Wirkung auf die Stabilität von kolloiden Dispersionen).

Polymere bilden lockere, empfindliche Flocken. Für Druckentwässerung meist ungeeignet. Vor allem die Eigenschaften der Rohschlämme entscheiden über die Verbesserungsfähigkeit durch Filterhilfsmittel, welche auf der Anlagerung von z.B. Eisen-Ionen oder Polymeren an suspendierte Schlammteilchen mit Ladungsaustausch beruht. Dadurch wird die Teilchenoberfläche entstabilisiert und die Teilchen zur Koagulation befähigt.

Die heißthermische und die chemische Konditionierung mit Erhitzung bewirken durch Denaturierung der Schlamminhaltsstoffe (bes. Eiweißverbindungen) eine änderung des Bindungsvermögens und der Struktur. Es entsteht jedoch bei der heißthermischen Konditionierung eine hohe Rücklösungsrate von Inhaltsstoffen.

Als Beispiel soll die chemische Konditionierung eines ausgefaulten Schlammes erläutert werden. Nach Verlassen des Faulturmes wird der Schlamm in einen geschlossenen Mischbehälter gegeben, dem eine Eisenchloridlösung $FeCl_3$ und Kalkmilch $Ca(OH)_2$ zugesetzt wird. Nach kurzer Durchmischung geht das Gemisch in einen Reaktions- und Pufferbehälter. Hier reagieren die Chemikalien mit dem Schlamm. Er ist zugleich Vorratsbehälter für eine Kolbenmembranpumpe, welche eine Kammerfilterpresse beschickt. Dort entsteht ein Druck von 12 bar, unter dem das Filtrat durch die Filtertücher entweicht. Der Filterkuchen hat einen Wassergehalt von etwa 50%.

Bei der hochthermischen Konditionierung wird der Schlamm bei 190 bis 200 °C und 18 bis 20 bar 0,5 bis 0,75 h gekocht. Adsorptions- und Zellinnenwasser werden frei. Die Zellwände werden durch die starke Erhitzung teilweise zerstört.

Aus einem Voreindicker, der gleichzeitig als Ausgleichs- und Vorlagebehälter dient, läuft der Schlamm einer Hochdruckkolbenmembranpumpe zu. Diese drückt ihn mit 18 bar in die Wärmetauscher. Hier wird der Schlamm durch den Wärmeträger (Heißwasser oder Öl) auf 190 bis 200 °C aufgeheizt und 0,5 bis 0,75 h lang im Reaktor gekocht. In dieser Zeit finden die Umwandlungsprozesse im Schlamm statt. Danach wird der Schlamm durch eine zweite Wärmeaustauschergruppe gedrückt, wo er seine Wärme wieder an den Wärmeträger zurückgibt. Es entstehen unangenehm riechende Gase (Mercaptane). Diese sollten oberhalb der Geruchsschwelle ($\approx$ 850 °C) verbrannt werden. Der auf 45 °C abgekühlte Schlamm kommt in den Nacheindicker, wo er auf 82 bis 85% Wassergehalt eindickt. Der Schlamm sollte fließfähig bleiben. Dieser thermisch konditionierte Schlamm wird weiter mit Kammerfilterpressen, Bandfilterpressen oder Vakuumfiltern entwässert. Das Schlammwasser wird im Eindicker als Filtrat abgezogen. Es enthält hohe Werte gelöster Substanzen mit BSB_5-Werten von $\approx$ 10000 g/m^3 bei Frischschlamm und $\approx$ 7000 g/m^3 bei Faulschlamm. Beachtlich sind auch die *CSB*-Werte. Dies ergibt eine hohe Sekundärbelastung für die Kläranlage. Erreichbarer Endwassergehalt $\approx$ 40%, keine Feststoffanreicherung durch Filterhilfsmittel.

Unterdruckfilter (Vakuumfilter). Bei diesem statischen Verfahren wird eine Druckdifferenz Δp erzeugt. Der Unterdruck beim Vakuumverfahren kann bis zu 0,8 bis 0,9 bar betragen. Man verwendet am häufigsten die Form der Trommelfilter (**4**.230). Der Schlamm

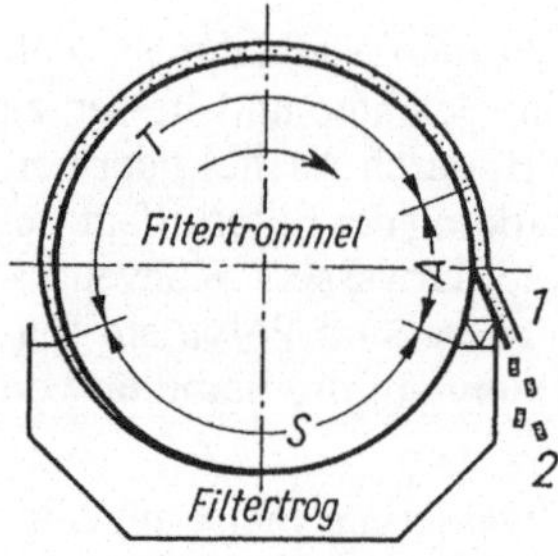

4.230
Trommelfilter
1 Schaber, *2* Filterzone *S* Saugzone, *T* Trockenzone, *A* Abnahmezone

wird vor der Filterung meist aufbereitet, indem man Metallsalze wie Eisensulfat oder Aluminiumchlorid als Filterhilfsmittel hinzugibt, welche zur besseren Lösung des Wassers von den Schlammteilchen beitragen. Es wurden auch Versuche mit Filterhilfsschichten aus Asche oder Holzmehl gemacht. Die Filterleistung liegt bei 70 bis 80% Wassergehalt.

Zu den neueren Entwicklungen ist der Komline-Filter zu rechnen. Hier soll das Filterband durch Waschdüsen gereinigt werden, damit seine Durchsatzleistung erhalten bleibt, Restwassergehalte von $< 70\%$ lassen sich nur erreichen, wenn vorher eine Eindickung auf $\leq 93\%$ erzielt wurde. Betrieblich sind Vakuumfilter zuverlässig, jedoch energieaufwendig ($\approx 6\,\text{kWh/m}^3$ Schlammdurchsatz).

Überdruckfilter (Druckfilter). Überwiegend im Einsatz ist die Kammerfilterpresse (**4**.231; **4**.232). Frühere Mängel durch Verstopfung des Filtertuches, des schlechten Filterkuchenausfalls und der geringen Chargenzahlen gelten als behoben. werden. Das Filtertuch Marsyntex aus Polyamid-Material (monofiler Faden, kalandriert und thermofixiert) hält z.B. 4000 Chargen aus. Verbesserungen zeigen auch Membran-Filterpressen (**4**.233). Die Filterplatten haben zusätzlich Membrane, die durch Druckluft den Filterkuchen zusätzlich pressen, wodurch die Chargenzeit verkürzt und der Durchsatz erhöht wird. Leistung s. Tafel **4**.71. Energieverbrauch $\approx 2\,\text{kWh/m}^3$ Schlamm.

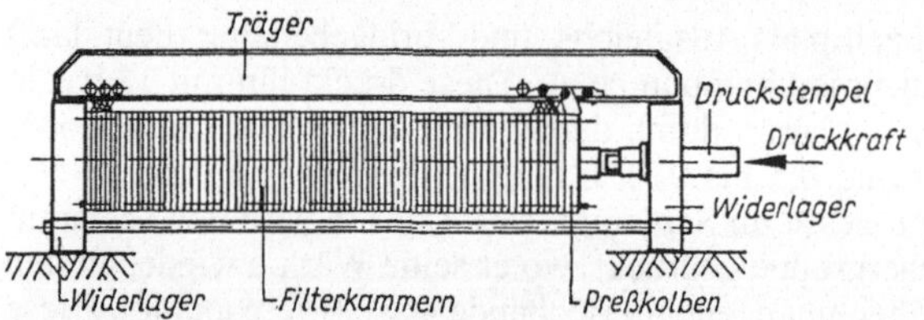

4.231 Schema einer Kammerfilterpresse
Fabrikat Dekamat (Fa. Passavant)

Daten:		
	Kammernanzahl	20 bis 150
	Filterfläche	20 bis 600 m^2
	Kammervolumen	0,6 bis 12 m^3

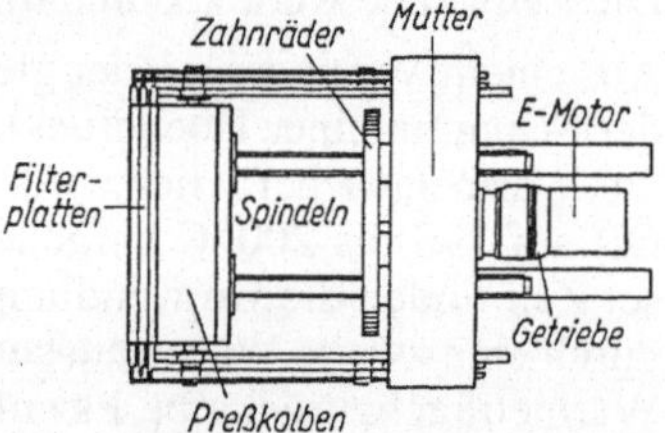

4.232 Verschlußschema einer automatischen Filterpresse (Fa. Edwards & Jones)

Bandfilterpressen (Siebbandpressen). Der Einsatz von organischen, polymeren Fällungsmitteln hat die Entwicklung der Bandfilterpressen stark gefördert. Die Siebbänder haben meist einen Kettenfaden aus Kunststoff und Schußfäden aus rostfreiem Stahl. Hinter der Seihzone wird in der Preß- und dann der Scherzone der erforderliche Druck auf den Schlamm durch das Oberband ausgeübt. Die Leistung wird je m Bandbreite mit 100 bis 200 kg $TS/(\text{m} \cdot \text{h})$ angegeben. Restfeuchten liegen bei 50 bis 80% und sind abhän-

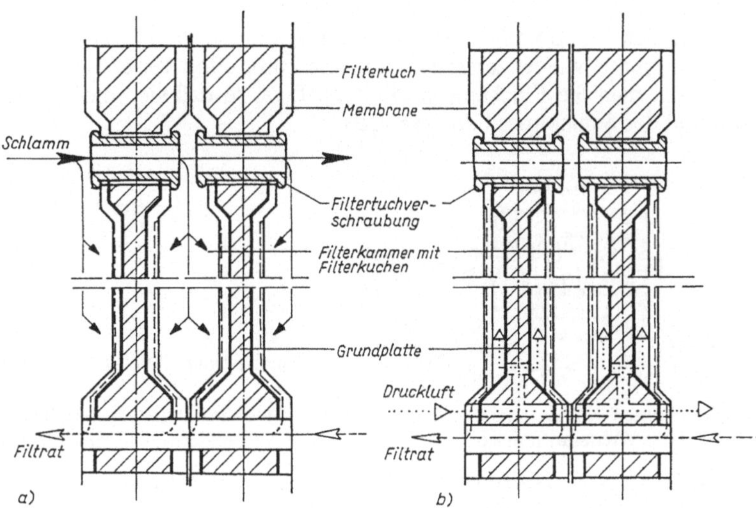

4.233 Funktionsschema einer Membranfilterpresse
a) Filtration, b) Pressen

A Schlammzulauf
B Flockungsmittelzulauf
C Filterkuchenaustrag
D Filtratablauf
E Unterdruckentwässerung
F Abspritzwasser

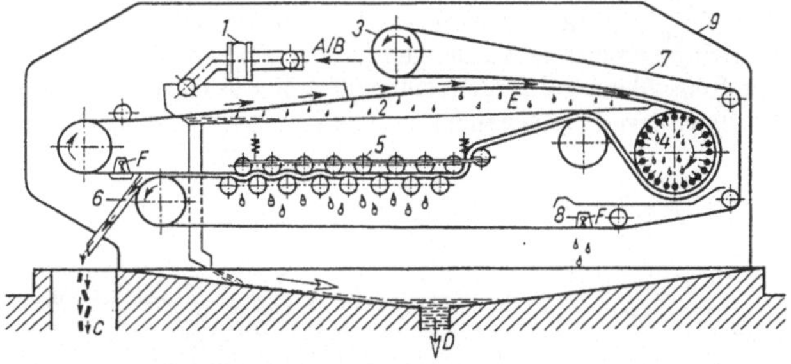

4.234 Funktionsschema der Bandfilterpresse Sibamat (Fa. Passavant)

1 Einlauf | *4* Spezial-Entwässerungswalze | *7* Filterband
2 Unterdruckzone | *5* Preßrollen | *8* Abspritzvorrichtung
3 Andrücktrommel | *6* Filterkuchenaustrag | *9* Kunststoffabdeckung

gig von der Entwässerbarkeit des Schlammes. Weiterentwicklungen sollen zu noch besserer Entwässerung führen. In dieser Richtung wirken stärkere Umlenkungen der Bänder über größere Winkel (Winkelpresse) und die häufige Wiederholung der Umlenkung. Die Drücke können über verstellbare Walzenregister reguliert werden (Guva-Turmpresse). Die Sibamat-Presse (Passavant) arbeitet mit Vorentwässerung durch Schwerkraft und Unterdruck (**4**.234). Trotzdem wird die Wirksamkeit der Bandfilterpressen gegenüber den Überdruck-Filtern deutlich zurückbleiben. Der Energieverbrauch ist mit 1 kWh/m^3 Schlamm sehr gering.

Zentrifugen. Abwasserschlämme haben meist größere Anteile feinster Teilchen, deren Dichte $\approx$ der des Wassers ist. Es tritt daher normalerweise keine klare Trennung der Phasen ein, sondern nur eine Klassierung. Der entwässerte Schlamm enthält die groben Teilchen, das Zentrifugat die leichteren, feineren, mit insgesamt großer Oberfläche. Sofern die Schlämme vorher geflockt wurden, werden die Flocken beim Aufprall auf die Manteltrommel wieder zerstört. Ausnahme Carbo-Floc-Verfahren. Mit Hilfe der Polymere verlegt man die Flockung in die Zentrifuge, so daß sich die Flocken erst nach dem Aufprall des Schlammes bilden (**4**.235).

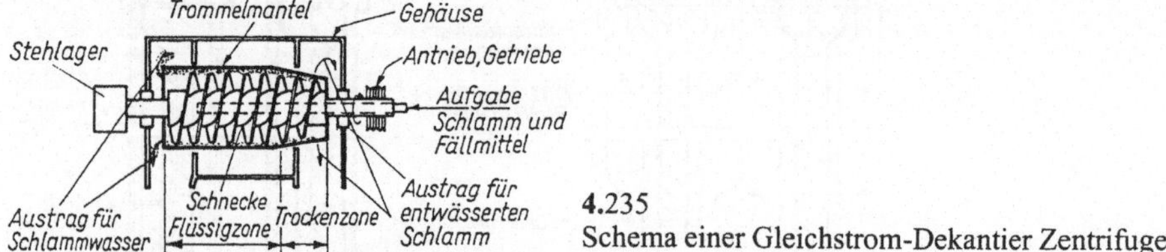

4.235
Schema einer Gleichstrom-Dekantier Zentrifuge

Entwicklungen des Aggregats zielen auf Einfügen eines Schonganges, um die Zerstörung der Flocken und das Wiederaufmaischen des Schlammes zu vermeiden. Gleichzeitig wurde die Zentrifugenkennziffer $z = \frac{r \cdot \omega^2}{g}$ auf ≈ 400 bis 700 herabgesetzt. Erprobt wird eine Doppelkegel-Zentrifuge. Hier entfällt die Weiterbewegung des entwässerten Schlammes. Eine echte Trennung der Phasen Flüssig und Fest erscheint erreichbar. Mit Gegenstrom-Dekantern ($n = 1125$ 1/min, Differenz-Drehzahl $\Delta n = 9$ 1/min, Durchmesser der Wehrscheibe 365 mm) kann konditionierter Schlamm auf 70% Wassergehalt entwässert werden. Untersuchungen zeigen, daß eine optimale Zuordnung der Betriebsparameter die Leistungen noch verbessern kann, z.B. bei nur 65 bis 70% des Nenndurchsatzes. Rohschlämme erfordern einen höheren Zusatz an Flockungsmitteln als stabilisierte Schlämme. Der Energieverbrauch beträgt ≈ 1 bis 2 kWh/m^3 Schlamm. Kenngrößen der Zentrifugen:

$$\frac{v^2}{r} = b_z; \quad v = r \cdot \omega; \quad z = \frac{b_z}{g}; \quad \omega = \frac{2\pi \cdot n}{60} = \frac{\pi \cdot n}{30}$$

$$z = \frac{\pi^2}{g} \left(\frac{n}{30}\right)^2 \cdot r = \frac{r \cdot \omega^2}{g} \approx r \cdot \left(\frac{n}{30}\right)^2 \mathrel{\widehat{=}} \text{Zentrifugenkennziffer}$$

$$F = m \cdot b_z = \frac{G}{g} \cdot b_z = G \cdot z \mathrel{\widehat{=}} \text{Zentrifugalkraft}$$

Für ein kugelförmiges Teilchen im Wasser ergibt sich

$$F = \frac{\pi \cdot d^3}{6} (\gamma_K - \gamma_W) \cdot z \tag{4.65}$$

Diese radial nach außen gerichtete Kraft muß durch die Reibung nach Stokes im maßgebenden laminaren Bereich vermindert werden.

$$R = 3\pi \cdot d \cdot \eta \cdot v_s \tag{4.66}$$

mit

d = ∅ des Schlammteilchens in m
γ_K = spezifisches Gewicht des Schlammteilchens
γ_W = spezifisches Gewicht des Schlammwassers
η = dynamische Zähigkeit des Wassers in kg · s/m^2
g = Normalfallbeschleunigung in m/s^2
v_s = Sinkgeschwindigkeit des Teilchens in m/s
b_z = Zentrifugalbeschleunigung in m/s^2
n = Drehzahl in 1/min
ω = Winkelgeschwindigkeit in 1/s

Setzt man $R = F$ ergibt sich

$$3\pi \cdot d \cdot \eta \cdot v_s = \frac{\pi \cdot d^3}{6}(\gamma_K - \gamma_W) \cdot z \tag{4.67}$$

$$d = \sqrt{\frac{18 \cdot v_S \cdot \eta}{(\gamma_K - \gamma_W) \cdot z}}$$

$$v_S = \frac{Q}{A} = \text{Flächenbelastung (vgl.Abschn. 4.4.1)}$$

Q = Durchsatzmenge in m^3/s
A = Klärfläche, senkrecht zur Abscheiderichtung in m^2
r = Radius des Umlaufrandes in m; L = Absetzlänge in der Trommel in m

$$v_S = \frac{Q}{2\pi \cdot r \cdot L} \tag{4.68}$$

Die Trennkorngröße ergibt sich aus (4.67) und (4.68) mit $z = r \cdot \omega^2/g$

$$d = \frac{3}{r}\sqrt{\frac{Q \cdot \eta \cdot g}{\pi(\gamma_K - \gamma_W) \cdot \omega^2 \cdot L}} \tag{4.69}$$

$$\mathrm{m} = \frac{1}{\mathrm{m}}\sqrt{\frac{\mathrm{m}^3 \cdot \mathrm{kg} \cdot \mathrm{s} \cdot \mathrm{m} \cdot \mathrm{m}^3 \cdot \mathrm{s}^2}{\mathrm{s} \cdot \mathrm{m}^2 \cdot \mathrm{s}^2 \cdot \mathrm{kg} \cdot \mathrm{m}}}$$

nach Gl. (4.69) läßt sich die Entwässerung (Klassierung) von Schlämmen, d.h. Verminderung der Trennkorngröße, verbessern durch

a) Erhöhung der Gewichtsdifferenz $\Delta\gamma$

b) Erhöhung der Winkelgeschwindigkeit ω

c) Vergrößerung der Absetzlänge L

d) Vergrößerung des Radius r

e) Verringerung des Schlammdurchsatzes Q

Formelmäßig nicht erfaßt ist die wichtige Bedingung, keine Flocken zu zerstören.

Eine Weiterentwicklung stellt die Centripreß-Zentrifuge dar, welche eine zusätzliche Preßzone aufweist um Hohlraum-, Haft- und Kapillarwasser weitestgehend abzutrennen. Der Rotor wird dabei vergrößert. Um in der Preßzone zusätzlichen Druck auf den Schlamm geben zu können, werden die Drehmomente durch eine automatische Regeleinheit bis auf das Doppelte gesteigert. Die höheren Drücke auf Lager, Trommel- und Stirnwände werden durch stärkere Wände und entsprechendes Material aufgenommen. Es werden für kommunalen Klärschlamm Feststoffgehalte von 30 bis 35% erzielt. **4.**236 zeigt den Einsatz im Rahmen einer Schlammbeseitigung durch Verbrennung.

Schlammtrocknung. Bei der thermischen Trocknung wird der Schlamm in Trockentrommeln, Band-, Selektiv-, Etagen- oder Turbinentrocknern mit Hilfe von Wärme weiter entwässert. Um die Kosten niedrig zu halten, empfiehlt es sich unbedingt eine vorherige Entwässerung nach mechanischem Verfahren.

Die Schlammtrocknung beruht auf der Verdunstung des Wassers. Die Wirtschaftlichkeit einer Anlage wird durch ihre Verdampfungsleistung bestimmt. Die hohen Kosten der thermischen Verfahren gehen auf den hohen Energiebedarf und die -kosten zurück. Die Kosten hängen direkt von der zu verdampfenden Wassermenge und damit bei einem gezielten Entwässerungsgrad vom Anfangswassergehalt ab.

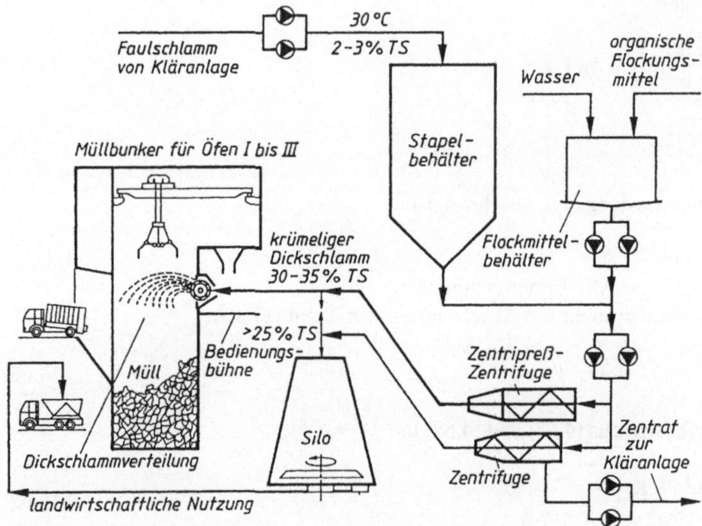

4.236 Schlammverbrennung nach Entwässerung durch eine Zentrifuge

Man kann die Trocknungsstufe mit der Verbrennungs-/Veraschungsstufe zusammenfassen. Hier kann eine begrenzte Vorentwässerung günstiger sein (z.B. bei Rohschlamm). Die Selbstgängigkeit der Veraschung ist bereits bei 70 bis 75% Wassergehalt gegeben. Für gut bis mittelmäßig entwässerbare Schlämme geht man auf diesen Wert bei Entwässerung und Trocknung zurück und erreicht damit etwa eine Kostenoptimierung des Gesamtverfahrens.

Kombinierte Schlammentwässerungs- und -trocknungsverfahren. Die konventionellen Trocknungsverfahren sind für große Leistungen von > 500 kg/h Trockensubstanz *TS* ausgelegt und sind auf kleineren Kläranlagen < 50000 EGW unwirtschaftlich. Allgemein sind Trocknungsverfahren durch Mischung in Investition und Betrieb preiswerter als Kontakttrockner. Alle Verfahren benötigen eine gleichmäßige Beschickung, um einen konstanten *TS*-Gehalt am Austritt zu erhalten. Das Rollfit-Verfahren vereinigt die wirtschaftliche Entwässerung durch Kammerfilterpressen mit der Vakuum-Kontakttrocknung in einem Aggregat. Dabei wird die Schlammentwässe-

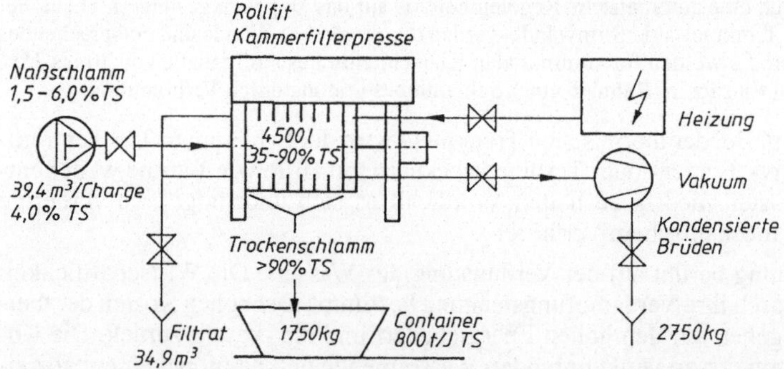

4.237 Kammerfilterpresse mit Vakuumtrocknung kombiniert (Rollfit-Verfahren) [1a]

rung mit speziellen Kammerplatten durchgeführt. Nach Beendigung der Filtration (Entwässerung) werden die Kammern unter Vakuum gesetzt und beheizt, bis der Schlammkuchen in den Kammern auf > 90% *TS* ausgetrocknet ist. Danach werden die Kammern geöffnet und der Schlammkuchen fällt in Stücken heraus. Je nach Entsorgungsabsicht sind der Austrag des Kuchens mit oder ohne Trocknung möglich. Das Verfahren erlaubt die Entsorgung des Klärschlamms in einer Verarbeitungsstufe für Filtration und Trocknung. Der Trockenklärschlamm enthält > 90% der Stickstoffverbindungen. Es ist möglich, vorhandene Kammerfilterpressen zu Trocknungsanlagen umzubauen (**4**.237).

Kaltlufttrockung (4.238) Hochdruckbandpresse und Kaltlufttrockung sind die wesentlichen Bestandteile des Verfahrens (Fa. Kleine). Zur Konditionierung werden dem Naßschlamm nach der Flockung mit Polyelektrolyten ≈ 20 bis 200% seines Feststoffgewichts als gemahlenes Trockengut beigemischt. Dadurch verbessern sich die Entwässerungseigenschaften, so daß die Schlämme in der Hochdruckpresse *TS*-Gehalte von 40 bis 60% erreichen. Der Preßkuchen wird danach zu einem Granulat von ≈ 5 mm Korngröße zerkleinert und 3 bis 5 cm hoch auf das Siebband verteilt. Dieses durchläuft einen Trocknerschacht. Hier strömt Umgebungsluft durch das Siebband und die Granulatschüttung. Wegen der kurzen Diffusionswege und der großen spezifischen Oberfläche verdunstet die Feuchtigkeit schnell. Der geringe Durchströmungswiderstand erfordert nur wenig Energie. Pro kg Verdunstungswasser werden ≈ 75 bis 80 Watt benötigt.

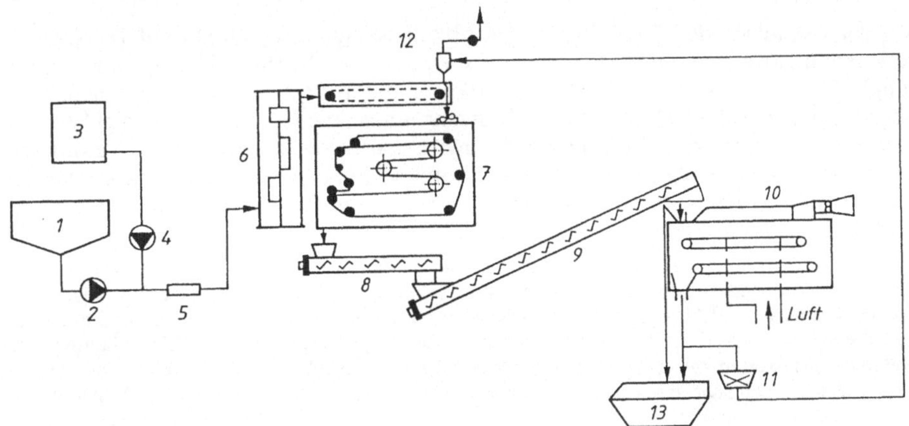

4.238 Prinzip der Kaltlufttrocknung (KKK-Verfahren (Fa. Kleine)
1 Schlammeindicker
2 Schlammdosierpumpe
3 Flockungsmittel-Aufbereitung
4 Flockungsmittel-Dosierpumpe
5 Variomischer
6 Reaktionsmischer
7 Hochdruck-Bandpresse
8 Paddelschnecke
9 Granulatschnecke
10 Kaltluft-Trockner
11 Mühle
12 Mahlgut-Vorratsbehälter
13 Container für Trockengut/Preßgut

4.6.6 Schlammbeseitigung

Hierunter ist die Beseitigung der nach der Schlammbehandlung und -entwässerung verbleibenden Feststoffe mit dem noch gebundenen Wasser zu verstehen.

4.6.6.1 Landwirtschaftliche Schlammverwertung und Schlammbeseitigung

Bisher wurde Klärschlamm überwiegend unter dem Gesichtspunkt der kostengünstigen Beseitigung an die Landwirtschaft abgegeben. Von den Inhaltsstoffen waren überwiegend die Pflanzennährstoffe von Bedeutung. Der Düngewert ist begrenzt. Eine Tonne

Klärschlamm enthält nur ≈ 40 kg N, ≈ 37 kg P und ≈ 4 kg Kalium [Landwikammer S-H]. Heute gewinnen die Inhaltsstoffe durch die Gefährlichkeit der Schwermetalle, vor allem das Cadmiums, eine neue Bedeutung:

Mit dem Aufbringen von Klärschlämmen werden dem Boden Schwermetalle in unterschiedlichen Mengen zugeführt, die sich langfristig anreichern und beim Überschreiten gewisser Grenzwerte eine Gefährdung von Pflanze, Tier und Mensch bedeuten. Dieser Vorgang ist nicht rückgängig zu machen, d. h. die in den Boden gelangten Schwermetalle bleiben dort erhalten.

Da dem Boden auch Schwermetalle durch Immissionen aus der Luft und über die Düngung zugeführt werden, sollte alles vermieden werden, was zu einer weiteren Anreicherung im Boden führt. Ein um den Grenzwert belasteter Boden ist nur bedingt oder gar nicht mehr für die landwirtschaftliche Nahrungsmittelproduktion geeignet. Die Sanierung ist kaum und nur mit hohem finanziellem Aufwand möglich. Zur Gesunderhaltung landwirtschaftlich genutzter Böden muß die Zufuhr schwermetallhaltiger Klärschlämme unterbunden werden. Klärschlamm darf in der Landwirtschaft nur dann eingesetzt werden, wenn er hygienisch einwandfrei und innerhalb der vorgegebenen Grenzwerte arm an Schadstoffen ist.

Auf der Grundlage des § 15, Abs. 2, des Abfallbeseitigungsgesetzes (AbfG) wurde eine Verordnung über das Aufbringen von Klärschlamm (Klärschlammverordnung), BMU, Novelle vom 15. 04. 92, erlassen, gültig ab 1. 07. 92. Zum Inhalt wäre festzustellen, daß alle Kläranlagen, die Klärschlamm an die Landwirtschaft abgeben, und auch die Klärschlamm aufnehmenden landwirtschaftlichen Flächen dieser Verordnung unterliegen. Einen wesentlichen Bestandteil bilden die Schwermetallgrenzwerte für den Klärschlamm und für den Boden sowie die Grenzwerte für die organischen Parameter PCB, Dioxine/Furane und AOX (Tafel **4.**72).

Die Klärschlammverordnung verlangt vor einer Erstbeschlammung die Untersuchung des Bodens auf seine Gehalte an sieben Schwermetallen. Zusätzlich wird generell vor jeder Beschlammung eine Bodenanalyse auf Phosphor, Kalium und Magnesium sowie den pH-Wert notwendig. Letzterer ist insofern von Bedeutung, als die Grenzwerte für Cadmium und Zink in Klärschlämmen und Böden bei pH-Werten zwischen 5 und 6 verschärft bzw. bei pH-Werten < 5 Beschlammungen untersagt werden. Die schärferen Grenzwerte für Cadmium und Zink gelten auch für Böden, die als leichte Böden (Sande, anlehmige Sande, lehmige Sande) eingestuft sind und deren Tongehalt unter 5% liegt. Die Analyse des Klärschlammes auf seine wertbestimmenden Inhaltsstoffe ist um die Parameter Ammoniumstickstoff sowie basisch wirksame Stoffe erweitert.

Analog zum Boden ist auch für die Schwermetalle im Klärschlamm eine weitere Grenzwertabsenkung für Zink und Cadmium für Schlämme vorgesehen, die auf leichten Böden oder auf Böden mit einem pH-Wert zwischen 5 und 6 aufgebracht werden sollen.

Der Klärschlamm muß im Abstand $\leq$ sechs Monaten auf seine Gehalte an adsorbierten organischgebundenen Halogenen (AOX) untersucht werden. Weiterhin darf Klärschlamm nur aufgebracht werden, wenn er im Abstand von längstens zwei Jahren auf seine Gehalte an polychlorierten Biphenylen (PCB) und polychlorierten Benzo-P-Dioxinen und -Furanen untersucht wird.

Die Beschlammung von Grünland und Forstflächen ist grundsätzlich verboten. Bei Ackerflächen, die auch zum Anbau von Feldgemüse genutzt werden, ist im Jahr der Aufbringung und im darauffolgenden Jahr der Anbau von Feldgemüse verboten. Bei Ackerflächen, die zum Anbau von Feldfutter genutzt werden, ist eine Klärschlammaufbringung nur vor der Aussaat mit anschließender tiefwendender Einarbeitung zulässig. Beim Anbau von Silo- oder Grünmais ist der Klärschlamm vor der Saat in den Boden einzuarbeiten. Das Aufbringen von Klärschlamm in Wasserschutzzonen 1 und 2 von Wasserschutzgebieten sowie auf Uferrandstreifen bis zu einer Breite von zehn Metern ist verboten.

Tafel **4.**72 Novellierte Klärschlammverordnung (AbfKlärV vom 15.4.1992) und Untersuchungshäufigkeiten von Klärschlämmen

Geltung auch für Kläranlagen < 5000 EW; Bodenuntersuchungen alle 10 Jahre

Bodenrichtwerte in mg/kg *TS*

	Leichte Böden oder pH 5 bis 6	Sonstige Böden
Blei	100	100
Cadmium	1,0	1,5
Chrom	100	100
Kupfer	60	60
Nickel	50	50
Quecksilber	1,0	1,0
Zink	150	200

Klärschlammrichtwerte in mg/kg *TS*

	Leichte Böden oder pH 5bis 6	Sonstige Böden
Blei	900	900
Cadmium	5	10
Chrom	900	900
Kupfer	800	800
Nickel	200	200
Quecksilber	8	8
Zink	2000	2500

Klärschlammgrenzwerte für organische Parameter

PCB	0,2 mg/kg *TS* und Einzelkongener
Dioxine/Furane	100 ng *TE**/kg *TS*
AOX	500 mg/kg *TS*

* *TE* = Toxizitätsäquivalente

Verbot der Beschlammung von Grünlandflächen und im Forst

Art	Untersuchungshäufigkeit pro Jahr
Trocknung Nährstoffe Schwermetalle	} 2
AOX	2
PCB	1/2
Dioxine	1/2
Gesamt	5

Auf die in § 1 der Verordnung genannten Böden dürfen durch Klärschlamm innerhalb von drei Jahren nicht mehr als 5 t Trockensubstanz je Hektar aufgebracht werden. Diese Menge kann bis auf das Dreifache erhöht werden, wenn in den auf das Aufbringungsjahr folgenden acht Jahren kein Klärschlamm aufgebracht wird. Die zuständige Behörde kann Ausnahmen zulassen, sofern dies mit dem Wohl der Allgemeinheit, insbesondere mit dem Schutz der Gesundheit von Mensch und Tier, vereinbar ist. Der Klärschlammverordnung unterliegt nach § 1, wer Abwasserbehandlungsanlagen betreibt und Klärschlamm zum Aufbringen auf landwirtschaftlich oder gärtnerisch genutzte Böden abgibt oder dort selbst aufbringt.

Bei der Herstellung von Gemischen beziehen sich die Schadstoffwerte sowohl auf den eingesetzten Klärschlamm und die Zuschlagsstoffe vor der Vermischung als auch auf das hergestellte Gemisch. Im Falle eines Gemisches bezieht sich die zulässige Aufbringungsmenge von 5 t *TS* je Hektar innerhalb von drei Jahren auf den Klärschlamm und nicht auf das Gemisch.

Die Klärschlammverordnung fordert, daß sich Art, Menge und Zeit der Klärschlammaufbringung am Bedarf der Pflanzen und des Bodens unter Berücksichtigung der im Boden verfügbaren Nährstoffe und organischen Substanz sowie den Standort- und Anbaubedingungen orientieren. Ferner gelten die Bestimmungen des Düngemittelrechts.

Spätestens zwei Wochen vor Abgabe des Klärschlammes soll der Betreiber der Abwasserbehandlungsanlage der für die Aufbringungsfläche zuständigen Behörde und der landwirtschaftlichen Fachbehörde die beabsichtigte Ausbringung und den Zeitpunkt der Lieferung durch Übersenden einer Durchschrift des Lieferscheines anzeigen. Der Lieferschein ist während des Transportes mitzuführen. Das Aufbringen des Klärschlammes ist vom Abnehmer zu bestätigen. Die Betreiber von Abwasserbehandlungsanlagen führen Register mit sämtlichen für eine Klärschlammverwertung notwendigen Angaben, wie erzeugte Schlammengen, Eigenschaften der Klärschlämme, Name und Anschrift der Empfänger sowie Ort der Verwendung und Ergebnisse der Bodenuntersuchungen.

Unter Verwertung ist danach nur noch die Verwendung unschädlichen Klärschlammes aus kommunalen Kläranlagen zu verstehen, der als Bodenverbesserungsmittel für die Landwirtschaft wertvoll ist, weil er meist reich an organischen Stoffen und arm an schädlichen Bestandteilen ist. Man bringt ihn naß, feucht oder trocken aufs Feld. In jedem Fall muß der Schlamm aus hygienischen Gründen ausgefault, möglichst auch eingedickt und pasteurisiert sein [36].

Naßschlamm wird gepumpt oder von Tankwagen transportiert. Die Stärke der aufzubringenden Schicht richtet sich nach Anbauart, Bodenart und den Wasserverhältnissen.

Feuchtschlamm ist Klärschlamm in mechanisch vorentwässertem Zustand, z.B. als Filterkuchen. Er läßt sich weniger gut transportieren.

Trockenschlamm wurde nach einer mechanischen Entwässerung oder durch Wärme so weit getrocknet, daß er zerkleinerungsfähig wird. Der Wassergehalt beträgt 40 bis 45%. Die Korngröße und der Wassergehalt müssen so groß sein, daß die Schlammteile nicht durch Luftbewegung vom Feld entfernt werden. Dieser Schlamm erhält dann als Streugut meist einen besonderen Vertriebsnamen. Er kann auch in kleinen Mengen abgepackt und weiter transportiert werden. Der Verkaufspreis ist wesentlich höher als beim Naßschlamm. Er kann durch ergänzende Bodennährstoffzusätze noch erhöht werden, jedoch werden die Erzeugungskosten in keinem Fall gedeckt.

Nach dem Abfallbeseitigungsgesetz ist Faulschlamm, der nicht verwertet oder auf klärwerkseigenen Schlammlagerplätzen untergebracht werden kann, wie Abfall zu behandeln. Dies bedeutet in der Regel Deponie zusammen mit Müll. Es gelten dann die Grundsätze der künstlichen Schlammentwässerung (s. Abschn. 4.6.5.3) und der geordneten Deponie von festen Abfallstoffen. Die Statistik sagt, daß in 15% aller Deponien auch Klärschlamm abgelagert wird. Deponieschlamm sollte folgende Bedingungen erfüllen:

a) Entwässerung so weit, daß der deponierte Schlamm befahren und verdichtet werden kann (min 35% Trockensubstanz).

b) Schädliche oder störende Stoffe sollten in stabile, wasserunlösliche Verbindungen umgesetzt sein.

c) Gele sollten zerstört sein, damit keine Rücklösungen möglich.

d) Keine oder nur noch alkalische anaerobe Vorgänge.

Die Mengenverhältnisse zwischen Klärschlamm und Hausmüll zeigt Tafel **4**.73.

Tafel **4**.73 Mengenverhältnisse von Hausmüll und Klärschlamm bei einer Deponie

Hausmüll	Klärschlamm in kg $TS/(E \cdot a)$ (WG = Wassergehalt)	Gewichtsverhältnis Hausmüll : Schlamm	Volumenverhältnis Verdicht. Hausmüll : Schlamm
200 bis 300 kg/(E · a)	25 bis 30	1 : 0,125	–
1,2 bis 1,6 $m^3/(E \cdot a)$ (unverdichtet)	500 bis 700 (95% WG)	1 : 2,5	1 : 1,2 bis 1,7
0,3 bis 0,6 $m^3/(E \cdot a)$ (verdichtet)	250 bis 350 (90% WG)	1 : 1,2	1 : 0,8 bis 0,6
	100 bis 140 (75% WG)	1 : 0,5	1 : 0,35 bis 0,23
	60 bis 90 (60% WG)	1 : 0,33	1 : 0,2 bis 0,15

4.6.6.2 Schlammkompostierung

Verfahrenstechnisch richtig ist der Begriff: aerob-mesothermophile Schlammstabilisierung in nicht fließfähigem Aggregatzustand.

Die Kompostierung ist ein aerober biologischer Vorgang, an dem Mikroorganismen in großer Zahl beteiligt sind. Das Kompostgut oder die Rotte wird in Gärsilos und in Mieten so umgewandelt, daß die pathogenen Organismen absterben. Der erzeugte Kompost wird dann landwirtschaftlich verwertet. Der Grad und die Geschwindigkeit der Verrottung werden durch die Anfangsfeuchtigkeit der Stoffe, die Sauerstoffzufuhr, die Temperatur und das Verhältnis von Kohlenstoff zu Sauerstoff C/N bestimmt. Ein Verhältnis C/N $\approx$ 10 bis 15 wird als optimal angesehen. Dies läßt sich nur durch die Mischung des Klärschlammes mit kohlenstoffintensiven Stoffen wie Müll oder Torf erreichen. Besonders Müll als zu beseitigender Abfallstoff bietet sich an. Da die Anfangsfeuchtigkeit des Gemisches zwischen 37 und 42% liegen soll, ist die Vorentwässerung des Schlammes (s. Abschn. 4.6.5) notwendig. Wenn man die auf den Einwohnergleichwert bezogenen äquivalenten Mengen und die Wassergehalte von Schlamm und Müll kennt, kann der Grad der notwendigen Vorentwässerung des Schlammes bestimmt werden. Kompostwerke arbeiten i. allg. mit finanziellen Zuschüssen. Der Wert von Schlamm-Müllkomposten wird höher angesetzt als der von reinen Müllkomposten.

4.6.6.3 Schlammverbrennung (-veraschung)

Der Heizwert des Klärschlammes wird von der Restfeuchte und vom Anteil der organischen Trockensubstanz *oTS* bestimmt. Die *oTS* wirkt positiv, das zu verdampfende Wasser negativ auf den Heizwert. Die Eigenschaften von entwässertem Klärschlamm kommen denen von Braunkohle nahe. Der Heizwert entscheidet darüber, ob die Verbrennung selbstgängig oder mit Stützfeuerung erfolgen muß. Ein Heizwert von 11 MJ/kg stellt nach dem KrW-AbfG (Kreislaufwirtschafts- und Abfallgesetz) eine Grenze zwischen thermischer Behandlung und anderer Verwertung dar. Der Aschegehalt von Klärschlamm beträgt bei ausgefaultem Schlamm $\approx$ 50% der *TS* und ist damit 5 bis 10 mal höher als bei Braunkohle. Dies bedeutet bei Verbrennung konsequente Flugstaubabscheidung und einen hohen Anteil Verbrennungsasche.

Während bei der Verbrennung von Müll wegen des hohen C/N-Wertes oft Wärmeenergie gewonnen wird, muß beim Klärschlamm Energie in geringer Menge zugeführt werden. Um diese Energiezufuhr möglichst gering zu halten, wird der Wassergehalt des Schlammes durch mechanische Entwässerung (s. Abschn. 4.6.5.3) vor der Verbrennung vermindert. Das Restwasser verdampft im Verbrennungsofen durch die Hitze der Rauchgase. Trocknung und Verbrennung der Schlammtrockensubstanz liegen zeitlich unmittelbar hintereinander. Um ein vollständiges Ausbrennen zu erreichen, wird der Schlamm im Ofen häufig umgelagert. Dies erreicht man durch entsprechende Ausbildung der Öfen. Die bekanntesten Ofenbauarten sind der Drehrohr-, der Muffel-, der Stockwerks-, der Wirbelschichtofen und der Schmelzzyklon. Der Schlamm rutscht auf Steilflächen ab, wird durch Krälarme abgeräumt oder durch Druckluft bewegt. Bei Temperaturen $< 800°C$ (d.h. unterhalb der Sintergrenze der Schlammasche) entsteht keine Schlacke, bei $> 700°C$ kein Geruch. Man heizt i. allg. mit Heizöl oder Klärgas, zusätzlich auch mit Kohle oder Müll. Grundsätzlich unterscheidet man zwischen Mono- und Mitverbrennung (Tafel **4.**74)

Der Aufwand an Energie ist abhängig vom Wassergehalt, vom Anteil an unbrennbarer Substanz und vom Heizwert des Schlammes. Nur der Wassergehalt ist durch geeignete Trocknungsmethoden beeinflußbar. Der Unterschied zwischen den Verbrennungsverfah-

Tafel **4**.74 Ofenarten der Mono-/Mitverbrennung, geeignete Anlagen für eine Mitverbrennung von Klärschlamm

Ofenarten der Mono-/Mitverbrennung	Anlagen für Mitverbrennung
Wirbelschichtofen	Hausmüllverbrennung
Drehrohrofen	Steinkohlekraftwerk
Stockwerksofen	Braunkohlekraftwerk
Stockwerkswirbelofen	Großkraftwerk, Industriekraftwerk
Schmelzzyklon	Zement-, Asphalt-, Klinkerindustrie

ren besteht neben der Ofenbauart in der Art der Schlammentwässerung. Die gebräuchlichsten Verfahren sind:

1. konventionelle Verfahren. Die Entwässerung ist vom Verbrennungssystem völlig unabhängig.

2. Schlamm-Asche-Verfahren. Die anfallende Asche wird als Filterhilfsmittel zur Schlammentwässerung verwendet (Precoat) (**4**.239).

3. Carbofloc-Verfahren. Verwendung von Dekantierzentrifugen. Auch kolloidale Feststoffe werden durch Behandlung des Schlammes mit Kalk und nachfolgender Neutralisation durch Kohlensäure zentrifugierbar.

4. Wirbelkammerverfahren. Zusätzliche Vertrocknung des Schlammes, Filterung unter Verwendung von Halbkoks.

Der Wirbelschichtofen besteht aus einer stehenden, zylindrischen Brennkammer. Im unteren Teil sind Luftverteilungskammer und Düsenboden. Daran schließt konisch die Wirbelkammer an. Oberhalb der Wirbelkammer Nachbrennraum mit Rauchgasaustritt (**4**.240 und **4**.241)

Der Gehalt an Trockensubstanz des aus dem Eindicker ankommenden Schlammes wird z.B. unter Zugabe eines Polyelektrolyten auf etwa 15 bis 25% *TS*-Gehalt erhöht. Der

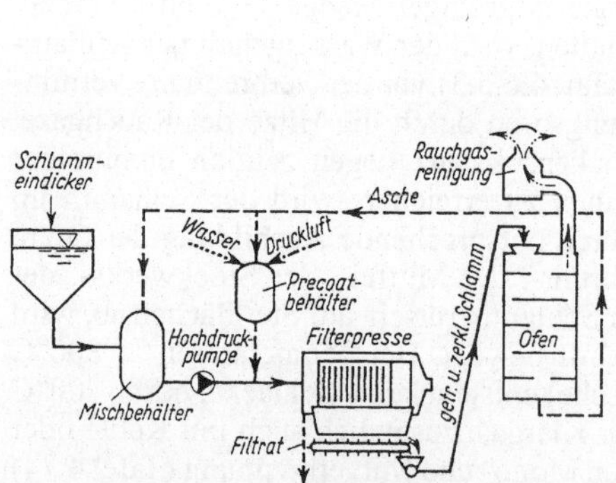

4.239 Schlamm-Asche-Verfahren (schematisch), Monoverbrennung

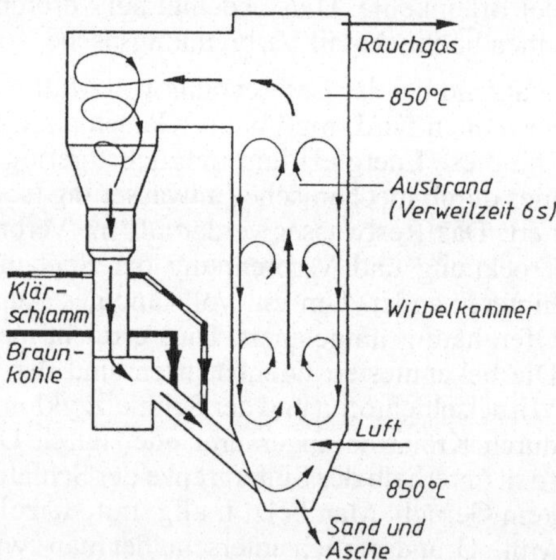

4.240 Schema der zirkulierenden Wirbelschichtfeuerung in der Klärschlamm-Mitverbrennung

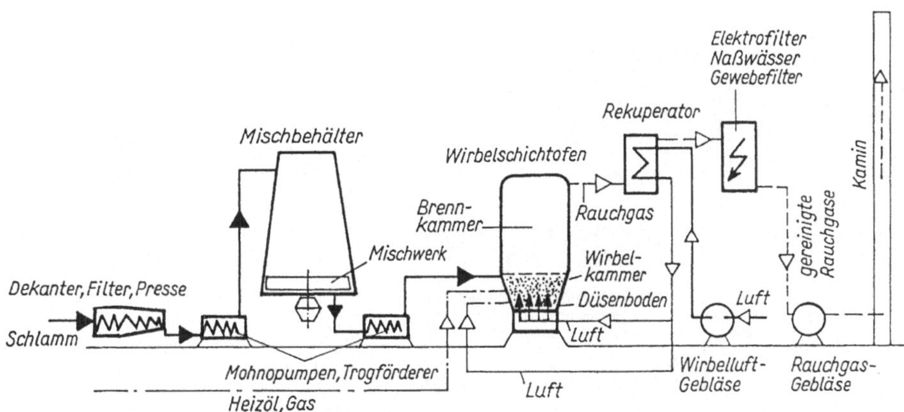

4.241 Schema Wirbelschichtverfahren (Fa. Uhde), Monoverbrennung

entwässerte Schlamm wird in einem Mischbehälter homogenisiert. In diesen Behälter können auch Abfälle wie Altöl, Ölemulsionen oder andere pastöse, pumpfähige Stoffe zugegeben werden. Eine Exzenterschneckenpumpe fördert den Schlamm zum Wirbelschichtofen. Die zuzuführende Verbrennungsluft kann zur Verbesserung der Energiebilanz rekuperativ auf etwa 500 °C vorgewärmt werden. Das Wirbelbett besteht aus Quarzsand mit 0,5 bis 2 mm Körnung. Der Anströmboden ist mit Spezialdüsen bestückt, die eine gute Luftverteilung bewirken. Die Luftgeschwindigkeit wird so eingestellt, daß ein vollkommenes Fluidisieren erreicht wird, etwa 1150 bis 1250 $m_L^3/(m^2 \cdot h)$.

Der in die etwa 850 °C heiße Wirbelschicht eintretende Schlamm wird sofort über das gesamte Wirbelbett verteilt, zerrieben, getrocknet und gezündet. Durch die Luftgeschwindigkeit werden die brennenden Teile in den Nachbrennraum mitgerissen und brennen dort bei Temperaturen von 900 bis 950 °C aus. Die Verweilzeit in der Brennkammer beträgt etwa 2 bis 6 s. Der Wirbelschichtofen wird so belastet, daß sich eine Luftüberschußzahl von $n = 1{,}1$ bis 1,2 einstellt. Reicht der Wärmehaushalt nicht aus, wird zusätzlich zum Schlamm Brennstoff in die Wirbelschicht eingedüst. Die gesamten Verbrennungsrückstände werden als Rauchgase ausgetragen. Diese verlassen den Ofen mit 900 °C und wärmen im Rekuperator die Verbrennungsluft auf etwa 500 °C vor. Sie kühlen sich dabei auf etwa 600 °C ab. In einem nachgeschalteten Verdampfungskühler werden die Rauchgase auf die für den Elektrofilter zulässige Temperatur von 350 °C abgekühlt. Zur Rauchgasreinigung können auch Naßwäscher oder Gewebefilter eingesetzt werden.

Etagenöfen und die Rauchgasnachverbrennung erfordern Heizöl und Erdgas als Zusatzbrennstoff. Eine neue Verfahrenskombination zeigt **4.**242. Rauchgas und Asche verlassen den Wirbelschichtofen mit ≈ 900 °C. Sie werden anschließend im Dampfkessel auf ≈ 250 °C abgekühlt und haben dann eine zur Entstaubung im Elektrofilter geeignete Temperatur. Mit dem im Dampfkessel erzeugten Dampf werden Scheibentrockner beheizt. In ihnen wird dem vorher durch Zentrifugen entwässerten Schlamm weiteres Wasser entzogen, so daß er im Ofen ohne Zufuhr weiterer Wärmeenergie verbrannt werden kann. Die Brüden aus dem Scheibentrockner werden im Brüdenkondensator durch Flüssigschlamm kondensiert. Dabei wird die Verdampfungswärme als Kondenswärme wiedergewonnen. Der so erwärmte Flüssigschlamm läßt sich besser entwässern und trocknen. Das warme Zentrifugat benutzt man zur Heizung der Faulbehälter. Das nicht mehr für Faulturmbe-

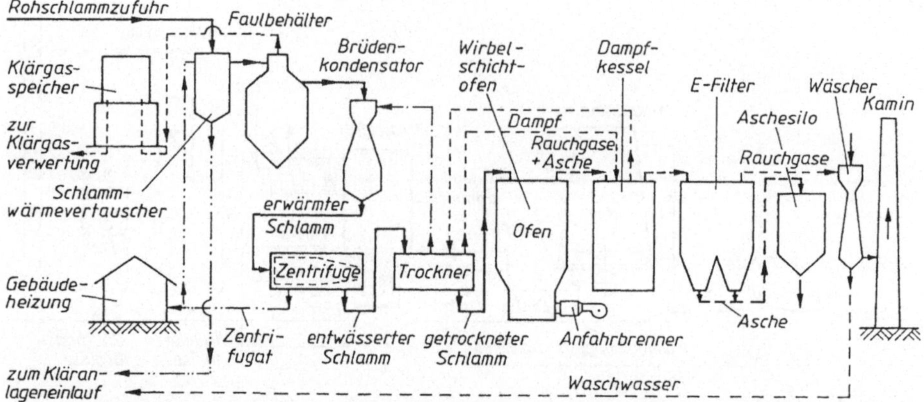

4.242 Wirbelschichtverfahren mit weitgehender Wärmenutzung, Raschka-Verfahren

heizung und Schlammverbrennung benötigte Klärgas wird in einer Aufbereitungsanlage auf Erdgasqualität gereinigt. Neben Klärschlamm können im Wirbelschichtofen auch Rechengut und Schwimmschlamm verbrannt werden.

5. Heißbehandlungs-Verfahren. Der Schlamm wird vor der Filterung bei 15 bar Druck und 200 °C in einem Autoklaven behandelt.

6. Naßverbrennung. Der eingedickte Schlamm wird in einem Reaktor bei 120 bar unter 200 °C unter Zugabe von Druckluft naß oxidiert.

7. Raymond-Verfahren. Der mechanisch vorgetrocknete Schlamm wird mit einer dreifachen Menge trockenen Schlammes gemischt und durch ein Rauchgasgebläse in einen Zyklon gegeben. Als Staub mit 5 bis 10% Wasser geht er dann in den Ofen oder zur Verwertung.

4.6.6.4 Gasgewinnung

Faulgas entsteht bei der anorganischen Zersetzung im Faulturm. Es besteht aus 65 bis 70% Methan und 30 bis 35% Kohlendioxid. Daneben treten verschiedene andere Gase in kleinen Mengen, auch der geruchstarke Schwefelwasserstoff (H_2S) auf. Der Methangehalt bestimmt den Heizwert des Gases; 1 m^3 Faulgas hat ≈ 25000 kJ = 5600 kcal. Die Gasmenge ermittelt man aus der mit dem Frischschlamm zugeführten Menge der organischen Trockensubstanz, aus der Faulzeit und der Faultemperatur (s. Bild **4.**215).

Die Gasgewinnung lohnt sich bei mittleren und großen Kläranlagen, wenn tiefe Faulräume vorhanden sind und eine Gasdecke baulich angeordnet werden kann. Bei zweistöckigen Absetzbecken ist die Absetzrinne zugleich Gasdecke; bei selbständigen Faulräumen wird eine feste oder schwimmende Decke verwendet. Wird der ausgefaulte Schlamm abgelassen, dann darf keine Luft in den Faulraum nachdringen, weil Faulgas bei einer Verdünnung 1:5 bis 1:15 explosiv ist.

Ein besonderer Gasbehälter ist notwendig, wenn der Faulraum eine feste Gasdecke hat oder wenn eine Gaskraftanlage betrieben wird. Der Behälter ist mit dem Faulraum verbunden und hat beim Ansteigen des Schlammspiegels den Druck des komprimierten Gases aufzunehmen. Wenn täglich einmal Gas abgelassen wird, muß der Gasbehälter das Volumen der abgelassenen bzw. der zugeführten täglichen Frischschlammenge haben.

Schlammgas wird zur Beheizung von Gebäuden, Rechengut-Verbrennungsöfen und Faulbehältern verwendet. Man kann auch die Gesamtenergie der Kläranlage durch Gasmotoren erzeugen. Die Abgabe an das städtische Gaswerk lohnt sich, wenn die Hauptgasleitungen nicht zu weit entfernt liegen. Es ist dann eine Mischanlage erforderlich, weil der Heizwert des Faulgases größer, aber seine Zündgeschwindigkeit kleiner ist als die des Stadtgases. Man entfernt Schwefelwasserstoff durch Raseneisenerzfilter, CO_2 durch Auswaschen.

4.6.7 Behandlung und Beseitigung von Schlamm aus Kleinkläranlagen (Fäkalschlamm)

4.6.7.1 Rechtsgrundlagen

Durch das 4. Gesetz zur änderung des Wasserhaushaltsgesetzes (WHG) vom 26. 04. 1976 wurden Vorschriften für die Abwasserbeseitigung in das Gesetz aufgenommen. Der § 18 a Abs. 1 definiert die Abwasserbeseitigung und ordnet die Entwässerung von Klärschlamm zusammen mit der Abwasserreinigung der Abwasser- und nicht der Abfallbeseitigung zu. Unter Klärschlamm ist hier auch Fäkalschlamm zu verstehen. Durch § 18 a Abs. 2 des WHG werden die Länder verpflichtet, die Abwasserbeseitigung grundsätzlich an Körperschaften des öffentlichen Rechts zu übertragen [31].

Die Landeswassergesetze (LWG) füllen diese Vorschriften aus, wobei die Länder frei sind in der Wahl der beseitigungspflichtigen Körperschaft und in der Festlegung des Umfangs der Beseitigungspflicht. Zweckmäßig erscheint es, die Gemeinden wegen ihrer Ortsnähe zu beauftragen.

Die Verpflichtung zur Abwasserbeseitigung umfaßt in der Regel auch das Abfahren des in abflußlosen Gruben gesammelten Abwassers und des Schlamms aus Hauskläranlagen und deren Einleitung und Behandlung in Abwasserbeseitigungsanlagen. Dies entspricht den Vorstellungen des Umweltschutzes, da vor einer abfalltechnischen Beseitigung, z.B. in der Form der landwirtschaftlichen Verwertung, eine Vorbehandlung dieser Stoffe und eine Kontrolle ihrer Beschaffenheit notwendig ist.

Tafel **4**.75 Zusammensetzung von Fäkalschlamm nach ATV-A 123 aus Mehrkammer-Kläranlagen

	Mittelwerte	Schwankungsbereiche
Schlammanfall	1,0 $m^3/(E \cdot a)$	0,3 bis 2
Wassergehalt	98,5 %	99,5 bis 95
organischer Anteil der Trockensubstanz	70 %	60 bis 75
absetzbare Stoffe	250 ml/l	100 bis 1000
BSB_5 (roh)	5000 mg/l	1000 bis 20000
BSB_5 (sed)	2500 mg/l	500 bis 5000
CSB (roh)	15000 mg/l	2000 bis 60000
CSB (sed)	6000 mg/l	1000 bis 15000
Gesamtstickstoff (roh)	550 mg/l	200 bis 1200
NH_4^+-Stickstoff (gelöst)	300 mg/l	100 bis 500
Gesamt-P (roh)	150 mg/l	50 bis 400
Organische Säuren	750 mg/l	100 bis 2000
pH	7,0	9,0 bis 6,0

4.6.7.2 Menge und Beschaffenheit

Es wird im allgemeinen davon ausgegangen, daß das Abwasser aus abflußlosen Sammelgruben in der Zusammensetzung dem in zentralen Kanalisationen gesammelten häuslichen Abwasser entspricht. Bei der Behandlung von Schlamm aus Hauskläranlagen ist zu berücksichtigen, daß dieser zwar in weit geringeren Mengen anfällt, aber eine erhöhte Schadstoffkonzentration enthält. Tafel **4.**75 zeigt, daß erhebliche Schwankungsbereiche bestehen. Die Werte bedürfen im einzelnen Planungsfall sorgfältiger Nachprüfung. Neben den organischen Verschmutzungen enthält der Fäkalschlamm auch grobe Verunreinigungen wie Sand, Steine, Textilien, Hygienestoffe, Glas, Plastik usw. Die Schwermetallkonzentrationen liegen nach amerikanischen und deutschen Untersuchungen unter den Grenzwerten für Klärschlamm und Boden nach der Klärschlammverordnung des BMU.

4.6.7.3 Kosten

Die Kosten für die Beseitigung des Fäkalschlamms setzen sich zusammen aus dem Anteil für die Abfuhr und dem Anteil für die Behandlung. Die Transportwege sollten so klein wie möglich gehalten werden, da die Mengen größer sind als bei festen Abfallstoffen. Es werden etwa 98% Wasser mitbefördert. Andererseits führt eine zu kleine Transportentfernung zu einer Vielzahl von Behandlungsanlagen, wodurch die Behandlungskosten entsprechend ansteigen.

Die Behandlung von Abwasser aus abflußlosen Sammelgruben ist zwar in DM/m^3 kostengünstiger als beim Fäkalschlamm. Die Menge dieses Abwassers jedoch beträgt nach ATV-A 123 20 l/(E · d) bzw. 7300 l/(E · a), ist also mehr als 7fach größer als die Schlammenge aus Hauskläranlagen (vgl. Tafel **4.**75).

Die Kosten für die Schlammabfuhr aus Hauskläranlagen liegen i. allg. niedriger als vergleichbare Kosten beim Anschluß an zentrale Ortsentwässerungsanlagen. Man übersieht bei diesem Vergleich oft, daß das aus den Hauskläranlagen abfließende Abwasser jedoch nur teilweise geklärt ist. Bei abflußlosen Sammelgruben liegen die Kosten jedoch aufgrund der größeren Menge erheblich darüber.

Tafel **4.**76 Kosten der Klärschlammentsorgung nach [88a] und [41] in 1993. In d) und e) sind Anteile für den Transport und die Entwässerung enthalten.

Verfahren der Schlammentsorgung	Kosten in DM/t Trockenrückstand *TR*	Verfahren der Schlammentsorgung	Kosten in DM/t Trockenrückstand *TR*
a) Verwertung von Naßschlamm ohne zusätzliche Speicherung	150 bis 400	d) Deponiekosten bei Ablagerung einschließlich Entwässerungskosten bis 35% *TS*	≈ 1600
mit zusätzlicher Speicherung	200 bis 600	e) Entwässerung, Trocknen, Verbrennen und Ablagern der Reststoffe auf Deponie bzw. Wiederverwertung der Asche	1110 bis 1400 bei Mitverbrennung in Kohle-Kraftwerken; 1600 bei Monoverbrennung
b) Klärschlammkompostierung	350 bis 1000		
c) Verwertung von entwässertem Schlamm mit zusätzlicher Speicherung	350 bis 1000		

4.6.7.4 Behandlung von Fäkalschlämmen und Schlamm aus Kleinkläranlagen in zentralen Kläranlagen

In der Bundesrepublik Deutschland muß das Abwasser von etwa 8 bis 10 Mio. Einwohnern in Mehrkammerausfaulgruben, Mehrkammergruben, abflußlosen Sammelgruben und in Kleinkläranlagen mit Abwasserbelüftung behandelt werden, weil aufgrund örtlicher Verhältnisse oder aus wirtschaftlichen Gründen der Anschluß an eine zentrale Ortsentwässerung ausscheidet.

Die Fäkalienannahmestation hat folgende Aufgaben zu übernehmen:

1. Messung der angelieferten Fäkalschlammenge, z.B. mittels induktiven Durchflußmessern oder Ultraschallgeräten,
2. Entfernung der sperrigen oder faserigen Stoffe, die in den nachfolgenden Behandlungsstufen zu Verschleiß, Verstopfung oder Ablagerung führen können,
3. Entfernung des Sandes (nicht in jedem Fall),
4. Speicherung des Fäkalschlammes in einem Stapelbehälter zum Ausgleich der ungleichmäßig angefahrenen Schlammenge.

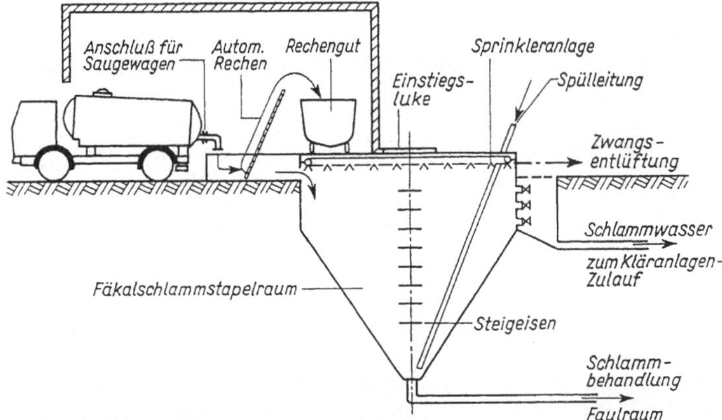

4.243 Fäkalschlamm-Stapelraum für Dosierung in den Faulbehälter nach [8]

Die Entfernung des Rechengutes erfolgt zweckmäßig durch eine Rechenanlage mit max. 25 mm Spaltweite. Die Rechenanlage sollte in einem geschlossenen Raum mit Zwangsentlüftung untergebracht werden. Die Abluft kann im Kompostfilter biologisch gereinigt oder im Waschturm chemisch behandelt werden. Wegen der Geruchsentwicklung ist die Behandlung des Rechengutes problematisch.

Die Speicherung des Fäkalschlammes zur Vermeidung von Überlastungen der Kläranlage ist Voraussetzung für einen störungsfreien Betrieb. Der hoch verschmutzte Fäkalschlamm kann in den belastungsschwachen Tagesstunden der Anlage zudosiert und in Zeiten starker Fäkalienzufuhr zu diesem Zweck über mehrere Tage gespeichert werden. Die Größe des Stapelraumes soll mindestens für die Anfuhr von 1 bis 3 Tageschargen bemessen werden. Für Fremdenverkehrsorte wird eine Speicherzeit bis zu 10 Tagen vorgeschlagen [8].

Die Stapelbehälter sollten folgende Konstruktionsmerkmale haben:

- kegelförmig ausgebildete Sohle mit mind. 60° Neigung;
- geschlossene Bauweise mit Zwangsentlüftung;
- Anschlußkupplungen für Saugwagen und Reinigungseinrichtung;
- Füllstands- und pH-Meßeinrichtung;
- Einstiegsluke.

1. Verfahren zur Mitbehandlung in konventionellen Kläranlagen

1.1 Mitbehandlung des Fäkalschlammes im Faulbehälter der zentralen Kläranlage. Dies gilt als die beste Methode der Fäkalschlammunterbringung in zentralen Kläranlagen. Die tägliche Zugabe von Fäkalschlamm in beheizte Faulbehälter mit 32° bis 35° Faultemperatur (mesophiler Temperaturbereich) führt nach ATV-A 123 nur dann nicht zu betrieblichen Störungen, wenn die Tagesmenge $< 1/20$ des Faulbehältervolumens beträgt. Größere Schlammengen können pH-Wert und CO_2-Gehalt im Faulgas verändern.

Eine Hemmung des Faulprozesses konnte nicht festgestellt werden. Der Gasanfall blieb proportional zur organischen Belastung. Bei nicht ausgelasteten Faulanlagen kann nach [8] mehr als 50% Fäkalschlamm täglich dem Faulbehälter zugeführt werden, wenn die Faulzeit größer als 30 Tage ist.

Als Folge der Fäkalschlammfaulung mit nachfolgender Schlammeindickung ist in der biologischen Stufe die zusätzliche BSB_5-Fracht aus dem Faulschlammwasser (Filtrat) zu berücksichtigen. Aus Sicherheitsgründen sollte je nach Art der Schlammbehandlung mit folgender Belastung durch das Schlammwasser gerechnet werden:

1,0 kg BSB_5/m^3 bei maschineller Schlammentwässerung ohne vorherigen Trübwasserabzug im Faulbehälter oder Nacheindicker. Bis 2,0 kg BSB_5/m^3, wenn Trübwasser (in der Praxis Dünnschlamm) aus dem Faulbehälter in die biologische Stufe eingeleitet wird.

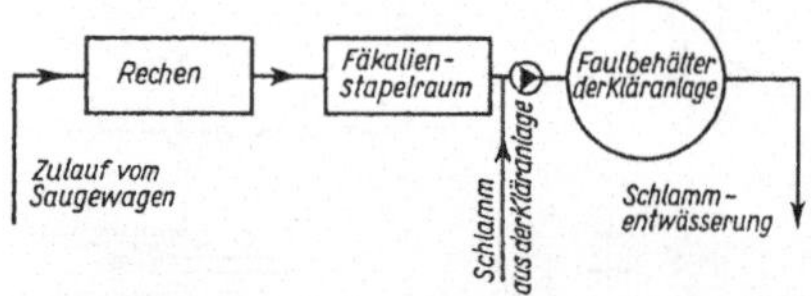

4.244 Schema der Fäkalschlamm-Mitbehandlung im Faulbehälter einer Kläranlage

4.245 Schema der Fäkalschlamm-Mitbehandlung in einer mechanisch-biologischen Kläranlage

In ausgelasteten Faulanlagen kann Fäkalschlamm nur dann aufgenommen werden, wenn der Faulbetrieb auf den thermophilen Temperaturbereich (etwa 50 °C) umgestellt wird. Erfahrungsgemäß kann dann die Faulzeit auf 10 Tage reduziert werden. Der spezifische Gasanfall (1 Gas/kg org. *TS*) liegt um 35 bis 40% höher als im mesophilen Bereich. Nachteilig verändert sich u.U. der Filterwiderstand (schlechtere Entwässerbarkeit).

1.2 Mitbehandlung des Fäkalschlammes in vollbiologischen Kläranlagen. Bei ausgelastetem Faulraum kann der Fäkalschlamm zusammen mit dem Abwasser in der mechanisch-biologischen Kläranlage behandelt werden. Dies ist eine schlechte Lösung, die meist zu einer schlechteren Reinigungsleistung führt. Die Vergrößerung der *CSB*-Verschmutzung im Kläranlagenablauf und Schlammentartungen in der biologischen Stufe können auch die Abwasserabgabe erhöhen.

Die Bedingungen, unter denen eine Fäkalschlammitbehandlung zugelassen werden kann, sind nach ATV-A 123 [1]:

1. Ausbaugröße über 10000 EG,
2. Leistungsreserven in der biologischen Stufe,
3. mehrstündiger Abstand zwischen den Schlammzugaben, wenn kein Speicherbehälter vorhanden ist, aber jeweils $Q_{\text{Fäkalschlamm}} < 1/20\, Q_{\text{Abwasser}}$ (m^3/h),
4. bei größeren Mengen Speicherbehälter vorsehen und Zugabe in den belastungsarmen Zeiten vornehmen.

Bei Annahme eines mittleren BSB_5 des Fäkalschlammes von $\leq$ 10 kg BSB_5/m^3 und 50%-igem BSB_5-Abbau in der Vorklärung können die zusätzliche Belastung des biologischen Teils der Kläranlage und das zusätzliche Faulraumvolumen aus ATV-A 123, abhängig vom Klärverfahren, abgelesen werden.

Bei Kläranlagen ohne Vorklärung können befriedigende Reinigungsleistungen nur erreicht werden, wenn die Fäkalschlammenge < 5% der Zulaufwassermenge beträgt und die Kläranlage ohne Berücksichtigung der Fäkalschlammzugabe im Stabilisierungsbereich arbeitet.

2. Verfahren zur getrennten Fäkalschlammbehandlung

2.1 Aerob-thermophile Stabilisierung. Ein Verfahren zur getrennten Behandlung des Fäkalschlammes auf einer Kläranlage ist die getrennte aerob-thermophile Stabilisierung.

Hierbei wird Schlamm oder hochverschmutztes Abwasser in einem besonderen Reaktorbehälter belüftet und umgewälzt. Durch die mikrobiellen Oxidationsprozesse wird Wärme frei, so daß sich eine Temperatur > 45°C einstellt (exothermer Prozeß, thermophile Stabilisierung).

Nach [43] kann dieser Prozeß jedoch nur aufrechterhalten werden, wenn die Schmutzkonzentration > 5000 mg $BSB_5/1$ beträgt. Neben dem Vorteil eines geringen Reaktorvolumens wird nach [83] bei > 2 Tagen Belüftungszeit und pH-Werten > 8,5 eine Entseuchung des Schlammes erreicht.

Der entseuchte, aerob stabilisierte Schlamm kann u. U. auf landwirtschaftlich genutzte Flächen aufgebracht werden.

2.2 Zweistufige, aerob-thermophile und anaerobe, Schlammbehandlung. Ein neueres Schlammstabilisierungsverfahren wurde von [46] auch in Deutschland vorgestellt. Bei diesem Verfahren kann die Leistungsfähigkeit einer ausgelasteten Faulanlage um etwa 100% erweitert werden, wenn vor der Faulstufe in einem Reaktor der Schlamm etwa 1 Tag aerob-thermophil behandelt wird. Die Belüftung erfolgt mit Sauerstoff. Die biologischen Oxidationsvorgänge erzeugen so viel Wärme, daß in einem isolierten Reaktor die Temperatur durch Begrenzung der O_2-Zufuhr bei etwa 55 °C konstant gehalten werden kann. Es erfolgt eine Entseuchung des Schlammes bei geringstmöglicher Oxidation organischer Substanz (**4**.246).

Der selbsterhitzte Schlamm wird nach dem Verlassen des Reaktors über Wärmetauscher auf 33 bis 35 °C abgekühlt und im mesophilen Milieu im Faulbehälter anaerob behandelt. Hier ist noch eine Faulzeit von 8 bis 10 Tagen erforderlich.

Die Merkmale des Verfahrens sind etwa folgende: der Schlamm wird gut stabilisiert; der Schlamm wird entseucht; die Gesamtaufenthaltszeit ist kurz; das Verfahren arbeitet energiesparend und ist betrieblich stabil; keine Geruchsbelästigungen durch geschlossene Bauweise; niedrige Investitions- und Betriebskosten; das Schlammwasser erfordert eine biologische Nachbehandlung; der angefaulte Fäkalschlamm wird zuerst aerob und dann wieder anaerob behandelt (Hemmung möglich); höhere Betriebskosten durch Sauerstoffzufuhr als bei anaerober Behandlung.

2.3 Zweistufige Schlammbehandlung nach dem anaeroben und aeroben Bele-

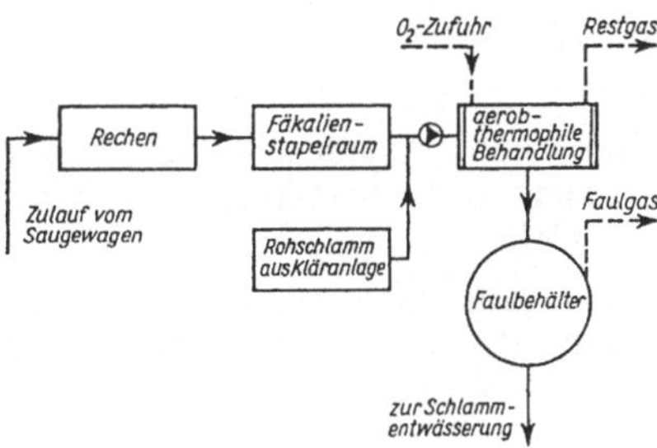

4.246
Schema der zweistufigen aerob-thermophilen und anaeroben Schlammbehandlung

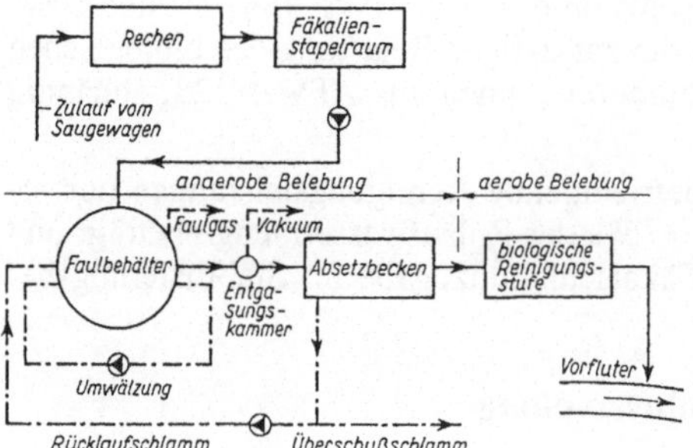

4.247
Schema der zweistufigen Schlammbehandlung nach dem anaeroben und aeroben Belebungsverfahren

bungsverfahren. Die Faulung hochkonzentrierter Abwässer ist in Deutschland mit Erfolg in der Nahrungsmittelindustrie angewandt worden. Bei schlammarmem Abwasser muß zur Erhaltung der Populationsdichte im Faulbehälter mit anaerobem Rücklaufschlamm in einer Kombination Faulbehälter/Absetzbecken nach **4.**247 gefahren werden. Nach [51], [67], [70] kann Fäkalschlamm erfolgreich mit diesem Verfahren vorbehandelt und in der biologischen Reinigungsstufe weiterbehandelt werden. Bei einer Aufenthaltszeit von 3 bis 10 Tagen im anaeroben Belebungsverfahren bei mesophiler Temperatur ist der Fäkalschlamm teilgereinigt. Die Restbehandlung erfolgt in einer biologischen Stufe.

4.6.7.5 Behandlung von Fäkalschlämmen in Abwasserteichen, durch maschinelle Systeme, Kalkzugabe und in Bodenfiltern

Wenn sich bei der Unterbringung des Fäkalschlammes zeigt, daß die freien Kapazitäten auf den zentralen Anlagen nicht ausreichen und für Einzugsgebiete keine geeigneten Anlagen zur Verfügung stehen oder Transportkosten zu hoch werden, muß abweichend von ATV-A 123 [1] der Schlamm auf klärtechnisch einfachen Anlagen behandelt werden, deren Schwerpunkt die Fäkalschlammbehandlung ist. Hierzu zählen Abwasserteiche und Anlagen, die eigens zur Fäkalschlammbehandlung errichtet werden [82].

Das Ziel der Fäkalschlammbehandlung bleibt auch hier:

1. Aufbereitung des Schlammes so weit, daß er den aus der Abfallbeseitigung zu stellenden Ansprüchen genügt oder landwirtschaftlich genutzt werden kann. Im Falle der endgültigen Beseitigung als Abfall muß weitgehend Geruchsfreiheit erzielt werden. Eine Hygienisierung wird im allgemeinen nicht gefordert. Der Trockensubstanzgehalt soll nach dem ATV-A 301 [1] $\geq 35\%$ betragen. Das Mengenverhältnis Hausmüll zu Schlamm ist wegen der Standsicherheit und Befahrbarkeit der Deponie zu überprüfen.

Soll eine landwirtschaftliche Verwertung vorgenommen werden, so ist der Schadstoffgehalt, z.B. Schwermetalle, zu beachten. Dieser kann mit den in der Abwasserreinigung üblichen Verfahren nicht verändert werden. Die landwirtschaftliche Verwertung verlangt keine besondere Entwässerung, wenn der Schlamm versprüht werden kann.

Wenn langfristig eine zulässige geringe Schadstoffkonzentration nicht gewährleistet werden kann, sollte man sich darauf einstellen, den Schlamm bis zur Deponiefähigkeit zu behandeln.

2. Behandlung des wässerigen Anteils. Die Art und Bemessung des Behandlungsverfahrens für den wässerigen Anteil sind vom Standort und der Art der Kläranlage abhängig. Bei der Einleitung in Gewässer sind die Mindestanforderungen nach der Abwasser-Verordnung einzuhalten. Es können noch höhere Anforderungen gestellt werden.

Verfahren der Fäkalschlammbehandlung in Teichen. Eine gemeinsame Behandlung des festen und des flüssigen Anteils in unbelüfteten Teichen ist nur zusammen mit der Abwasserreinigung für ein kanalisiertes Einzugsgebiet sinnvoll. Es müssen aber freie Kapazitäten vorhanden sein oder eine neu zu bauende Anlage muß dafür bemessen sein. Schwierigkeiten treten bei der Zudosierung des Schlammes auf. Die Schlammenge von 1 $m^3/(EG \cdot a)$ muß auf $\approx 2{,}75$ l/(EG · d) gedrosselt werden. Wegen der höheren Anlieferungsmengen/d wird eine intermittierende Beschickung notwendig. Die Beschickungsintervalle sollten möglichst kurz sein. Zum Ausgleich gegenüber den Antransporten ist dann ein, besser zwei Vorlagebehälter erforderlich, damit ein Behälter gegebenenfalls zur pH-Wert-Verbesserung genutzt werden kann. Für Dosierpumpe und Umwälzung ist ein Stromanschluß erforderlich. Einfacher ist es, den Schlamm direkt aus den Transportfahrzeugen zuzugeben. Dabei ist darauf zu achten, daß der erste Teich nicht anaerob wird. Ein gemessener Sauerstoffgehalt in der ersten Teichstufe liegt bei 6 g O_2/m^3 für Anlagen, die zu rund 75% ausgelastet sind. Die niedrigsten Werte wurden mit 2 g O_2/m^3 festgestellt. 1 g O_2/m^3 sollte der anzustrebende Mindestwert sein. Es könnten also maximal etwa 5 g O_2/m^3 für den Schlammabbau ausgenutzt werden, wenn das O_2-Defizit zeitgerecht wieder ausgeglichen wird.

Das spezifische Teichvolumen des ersten Teiches beträgt z.B. bei 30% der Oberfläche der Gesamtanlage und 1,2 m Teichtiefe

$$0{,}3 \cdot 15 \cdot 1{,}2 = 5{,}4\,\mathrm{m^3/EG} \text{ aus } \mathrm{m^2/(EG \cdot m)} \text{ Tiefe}$$

Bei $Q = 0{,}3\,\mathrm{m^3/(EG \cdot d)}$ ergibt sich eine rechnerische Durchflußzeit von

$$t_R = 5{,}4/0{,}3 = 18\,\mathrm{d}$$

Der *BSB* in 18 $d = 1{,}44 \cdot BSB_5$ (bei 20 °C) Die mögliche zusätzliche Belastung des Teiches beträgt dann

$$5/1{,}44 = 3{,}47\,\mathrm{g}\,BSB_5/\mathrm{m^3}$$

Um nur 1 m^3 Fäkalschlamm mit 6000 g BSB_5/m^3 einbringen zu können, wären

$$6000/3{,}47 = 1729\,\mathrm{m^3} \text{ Teichvolumen erforderlich}$$

Dies entspräche einem Teich für 1729/5,4 = 320 EG. Die Fäkalschlammanteile bei 320 zentral entsorgten Einwohnern sind aber in der Regel größer, so daß ohne eine Vergrößerung des Teichvolumens kein Fäkalschlamm eingeleitet werden dürfte. Man kann jedoch etwa vorhandene Bemessungsreserven ausnutzen. Bei kontinuierlicher Zugabe hat ein Einwohnergleichwert aus dem Fäkalschlamm eine BSB_5-Fracht von

$$1 \cdot 6000/365 = 16{,}4 \quad \text{in} \quad \frac{\mathrm{m^3/(EG \cdot a) \cdot g}\,BSB_5/\mathrm{m^3}}{\mathrm{d/a}} = \mathrm{g}\,BSB_5/(\mathrm{EG \cdot d})$$

$\hat{=}$ 16,4/60 · 100 = 27 % des BSB_5 aus der Abwasserreinigung, die zusätzliche aufgenommen werden müssen.

Schon diese Rechnung spricht für eine kontinuierliche Zugabe des Schlammes. Die BSB_5-Fracht aus dem Schlamm und die Fracht aus dem Abwasser darf die Bemessungsannahmen nicht überschreiten. Die Mitbehandlung der Fäkalschlämme vermehrt die Stapelmenge und verkürzt die Räumperioden.

Bei der alleinigen Behandlung von Fäkalschlamm in belüfteten Teichen treten ähnliche Probleme auf wie bei unbelüfteten Teichen. Aus der üblichen Raumbelastung von 30 g $BSB_5/(m^3 \cdot d)$ erhält man mit einer Teichtiefe von 1,8 m und einer Schmutzfracht von 16,4 g $BSB_5/(EG \cdot d)$ eine erforderliche Wasserfläche von etwa 0,3 m^2/EG:

$$\frac{16{,}4}{30 \cdot 1{,}8} = 0{,}3\,\mathrm{m^2/EG} \quad \text{in} \quad \frac{\mathrm{g}\,BSB_5/(\mathrm{EG \cdot d})}{\mathrm{g}\,BSB_5/(\mathrm{m^3 \cdot d}) \cdot \mathrm{m}} = \mathrm{m^2/EG}$$

Dies bedeutet bei einer Fäkalschlammenge = 1 $m^3/(EG \cdot a)$ eine Beschickungshöhe von

$$1{,}0/0{,}3 = 3{,}333\,\text{m/a} = 3333\,\text{mm/a} \quad \text{in} \quad \frac{m^3/(EG \cdot a)}{m^2/EG} = \text{m/a}$$

Bei 700 mm/a Niederschlag und 900 mm/a Verdunstung = −200 mm/a, ergibt sich ein Mengen-Bilanzüberschuß von 3333 − 200 = 3133 mm. Der Schlamm ist jedoch mit angenommenen 6000 g BSB_5/m^3 hochgradig verschmutzt. Zur Erzielung eines Ablaufes von < 30 g BSB_5/m^3 ist etwa eine Reinigungsleistung von 99,6% erforderlich:

$$\frac{6000 - 30}{6000} \cdot 100 = 99{,}5\%$$

Um diese Abbauleistung zu erreichen, reichen zwei Teichstufen nicht aus. Das Volumen und die Anzahl der Teiche wäre wesentlich zu vergrößern. Dies führt zu größerer Verdunstung und Aufkonzentrierung des Ablaufs. Belüftete Teiche sind damit zur alleinigen Behandlung der Fäkalschlämme nicht geeignet.

Einen Weg bietet die Mitbehandlung in belüfteten Teichanlagen zur Abwasserreinigung, in denen noch freie Kapazitäten vorhanden sind oder die Bemessung neuer Anlagen für beide Aufgaben. Im Falle der intermittierenden Beschickung treten bei der Sauerstoffdeckung in der 1. Teichstufe Mängel auf, die durch erhöhte Sauerstoffzufuhr ausgeglichen werden müßten.

Für die Fäkalschlammbehandlung außerhalb zentraler Anlagen ist eine getrennte Behandlung der festen und der flüssigen Anteile zu empfehlen. Dies gilt auch für eine aerobe Behandlung in einer nur für die Schlammbehandlung errichteten Belebungsanlage. Da ohnehin der anfallende Überschußschlamm weiterbehandelt werden muß, sollte man von vornherein die relativ guten Absetzeigenschaften des Fäkalschlammes zur Trennung vom Schlammwasser ausnutzen und ihn zusammen mit dem Überschußschlamm behandeln. Auch Geruchsemissionen kann man so verringern.

Versuche ergaben, daß sich Fäkalschlamm mit den herkömmlichen Entwässerungsverfahren eindicken lassen:

	Eindickleistung auf	BSB_5 des Filtrats in g BSB_5/m^3
Schwerkrafteindickung	5% *TS*	1100
Zentrifuge	16% *TS*	850
Siebbandpresse	30% *TS*	1300
Kammerfilterpresse	42% *TS*	2000

Diese Werte streuen stark, so daß man Sicherheitszuschläge machen sollte.

Die Verschmutzung des Filtrats ist aber immer so hoch, daß zur Erzielung der Mindestanforderungen ein biologischer Abbau von etwa 98% erreicht werden muß. Die Trennung des festen und flüssigen Anteils sollte deshalb darauf ausgerichtet sein, den BSB_5 des Filtrats möglichst gering zu halten. Sinnvoll erscheint eine Kombination von Schwerkrafteindickung mit chemischer Fällung oder eine Zugabe von Polyelektrolyten oder Kalk. Mit 1 bis 2 kg Kalk pro m^3 Fäkalschlamm wird der pH-Wert des Schlammes auf 8,5 bis 9 angehoben, wodurch die organischen Säuren neutralisiert werden und Geruchsverminderung eintritt. Absetzbecken in Erdbauweise sollten für > 0,6 m^3/EG bemessen werden, damit sich ein ausreichender Wasserüberstand bildet. Die Schlammräumung der Absetzbecken erfolgt etwa jährlich. Der vorentwässerte Schlamm kann durch fahrbare oder stationäre maschinelle Anlagen weiter behandelt werden. Zur Aufnahme des Filtrats aus der maschinellen Entwässerung empfiehlt es sich ein zweites Becken anzulegen.

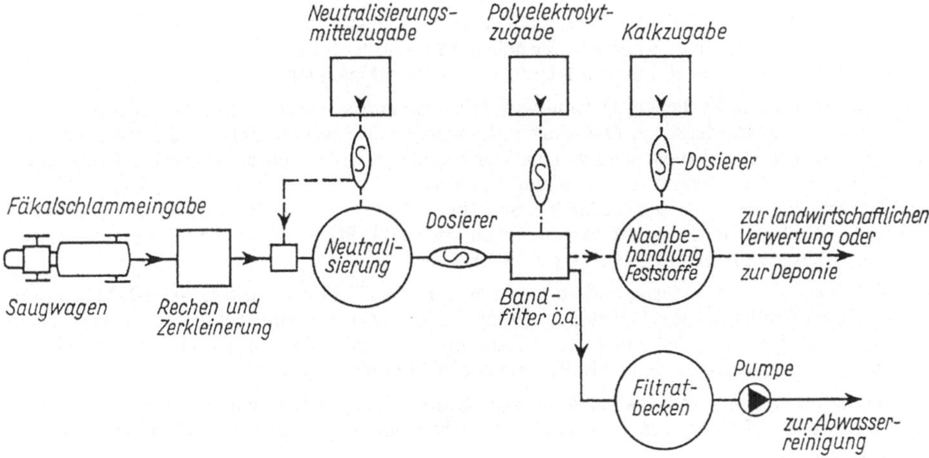

4.248 Schema einer Fäkalschlamm-Behandlung durch Neutralisierung, Bandfilter und Kalkzugabe

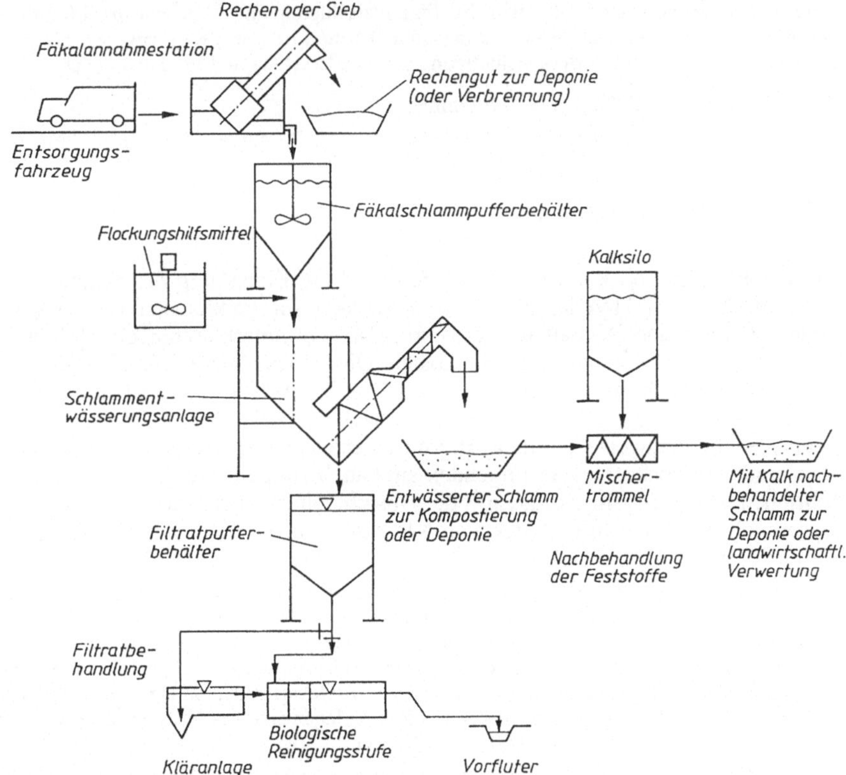

4.249 Schema einer Fäkalschlamm-Behandlungsanalge mit Pufferbehälter und Filtratbehandlung in der Kläranlage

Der denkbare Einsatz mobiler Systeme, z.B. „Moos", „Hamster" o. a., zur Fäkalschlammentwässerung an der Hauskläranlage ist wegen der hohen BSB_5-Werte des Filtrats oder der langen Arbeitsphase problematisch. Der Einsatz auf Kläranlagen ist zweckmäßiger.

Um den mit mobilen Systemen, Dekanter oder Siebbandpresse vorentwässerten Schlamm auf den für eine Deponie erforderlichen *TS*-Gehalt zu bringen, ist eine weitere Behandlung mit Branntkalk geeignet (**4**.248). Die Vermischung von Kalk und Schlamm erfolgt durch Schneckenförderer oder Zwangsmischer. Die Branntkalkbehandlung hygienisiert den Schlamm durch pH-Wert-Erhöhung und Erwärmung. Sie verbessert die landwirtschaftliche Nutzung. Zur Filtratbehandlung eignen sich bekannte Verfahren für geringe Abwassermengen, etwa 2,5 l/(EG · d), und hohe Schmutzfracht, etwa 1000 bis 2000 g BSB_5/m^3 = 2,5 bis 5,0 g BSB_5/(EG · d).

Da die Abwa-VO für Mindestanforderungen den Ablauf auf 150 mg *CSB*/l in der 2-h-Mischprobe (Kläranlagen-Größen-Klasse 1) begrenzt, ist auch dieser Meßwert zu beachten. Bei einem Zulauf von z.B. 3000 g CSB/m^3 wäre dann ein Abbau von 95% nötig. Dies fordert eine zusätzliche Behandlung zur normalen Biologie, z.B. Fällung oder Filtration.

Zur Filtration eignen sich bei kleinen Anlagen Sandfiltergräben, wie sie aus der DIN 4261 bekannt sind. Bei der geringen zu behandelnden Abwassermenge ergeben sich Filtergrabenlängen von 0,1 bis 0,2 m/EG.

Bodenfilter sollten nur angewandt werden, wenn das versickerte Abwasser in Dränagen aufgefangen und kontrolliert in Oberflächengewässer eingeleitet wird.

Bei Bemessung der Anlagen mit 10 m^2/EG für Fäkalschlamm und 40 m^2/EG aus abflußlosen Gruben beträgt mit 1 m^3/(EG · a) die Beschickungshöhe 0,1 m/a, bzw. mit 8 m^3/(EG · a) = 0,2 m/a. Damit trocknen die Flächen unter Berücksichtigung von Niederschlag und Verdunstung ab:

$$-900\text{mm/a} + 700\text{mm/a} = -200\text{mm/a}$$

$$-200\text{mm/a} + 100\text{mm/a} = -100\text{mm/a}, \quad \text{bzw.:} -200\text{mm/a} + 200\text{mm/a} = 0\text{mm/a}$$

4.7 Kleine Kläranlagen

Bei der Planung von kleinen Kläranlagen wird die Einhaltung der Mindestanforderungen (Abschn. 4.2.1.1) verlangt. Es wird damit auch für die kleinsten Gemeinden der Bau einer gut arbeitenden Kläranlage notwendig. Mehrkammerkläranlagen erfüllen diese Forderungen nicht. Die spezifischen Baukosten (DM/angeschlosser EG oder DM/m^3 Abwasser) steigen jedoch mit sinkender Größe sehr schnell an. Man versucht daher für kleine Anlagen bis etwa 30000 EG Typen zu entwickeln, welche die Klärelemente in Block- oder Schachtelbauweise vereinen. Hierdurch erreicht man wesentliche Einsparungen an Bau- und Betriebskosten. Im folgenden sind auch einige dieser kleinen Kläranlagen beschrieben. Die Auswahl erfolgte mit der Absicht, einen Überblick zu geben. Es gibt noch wesentlich mehr bewährte Typen von Kleinkläranlagen, vgl. auch [1] ATV-A 126, [9], [29], [52] und [65].

Belebungsanlagen mit gemeinsamer Schlammstabilisation sind in der Regel im Bau billiger, im Betrieb teurer als Tropfkörper oder Tauchkörperanlagen. Es ist keine getrennte Schlammbehandlung notwendig. Die für die aerobe Schlammstabilisierung notwendige geringe Schlammbelastung bedingt lange Aufenthaltszeiten (Puffervermögen). Es lassen sich dadurch schwer abbaubare organische Schmutzstoffe besser eliminieren (niedriger *CSB*-Gehalt im Kläranlagenablauf) und Stickstoffverbindungen werden weitgehend oxidiert. Diese Anlagen sind bei leistungsschwachen Vorflutern geeignet für Anschlußwerte von 1000 bis 10000 EG.

Tropfkörperanlagen sind wegen ihrer einfachen maschinellen Einrichtungen verhältnismäßig betriebssicher. Stoßbelastungen werden schlecht aufgefangen. Sie sind temperaturempfindlich. Geschädigter biologischer Rasen arbeitet sich aber nach kurzer Zeit wieder ein.

Offene Emscherbecken oder Absetzteiche sind für kleine Anschlußwerte geeignet. Diese Anlagen benötigen wegen ihrer nicht absolut geruchsfreien Arbeitsweise größere Abstände von der Bebauung. Bei höheren Anschlußwerten muß der Schlamm getrennt aerob oder anaerob behandelt werden. Die Wirtschaftlichkeit ist in diesem Größenbereich besonders problematisch. Für ca. bis 10000 EG sind Tropfkörperanlagen nur bei besonders günstigen topografischen Verhältnissen wirtschaftlich. Für die Schlammbehandlung können offene Faulräume eingesetzt werden, die gleichzeitig als Speicher dienen.

Tauchkörperanlagen sind ähnlich zu beurteilen wie Tropfkörperanlagen. Sie sind gegen Witterungseinflüsse durch Überbau zu schützen. Der Anwendungsbereich liegt bei Anschlußwerten für einige hundert EG. Tauchkörperanlagen haben einen geringen Energieverbrauch.

Kompaktanlagen vereinen mehrere Klärelemente in einem Baukörper. Meist sind sie kostengünstiger als Anlagen in aufgelöster Bauweise. Durch die Kopplung der verschiedenen Klärvorrichtungen können nicht immer die optimalen Bemessungsgrößen eingehalten werden. Erweiterungen können nur durch Vervielfältigung der Einheit erreicht werden.

Es gelten grundsätzlich die gleichen Überlegungen wie bei größeren Kläranlagen (Abschn. 4.5). Man versucht mit kleinstem Raum auszukommen und erhält ggf. wirtschaftliche Anlagen durch Einsparung der Vorklärbecken und der Schlammfaulräume.

Der Schlammzuwachs in Belebungsanlagen wird durch die Schlammbelastung wesentlich beeinträchtigt. Ein weiterer Maßstab ist das Schlammalter, die rechnerische Aufenthaltszeit des Schlammes im Belüftungsbecken, zu ermitteln als Verhältnis von Schlammenge im Becken zur Menge des Überschußschlammes. Man hat festgestellt, daß bei einer geringen BSB_5-Belastung der Schlammflocke oder bei großem Schlammalter der Schlammüberschuß stark absinkt. Nach v. d. Emde unterscheidet man 3 Wachstumsphasen des Schlammes (**4**.250). In der logarithmischen Phase wächst die Schlammenge bei großem Schmutzstoffangebot unbeschränkt, in der zweiten Phase nimmt das Wachstum ab, weil die Schmutzstoffmenge nicht mitwächst (Stationäre Phase), und in der dritten Phase dient

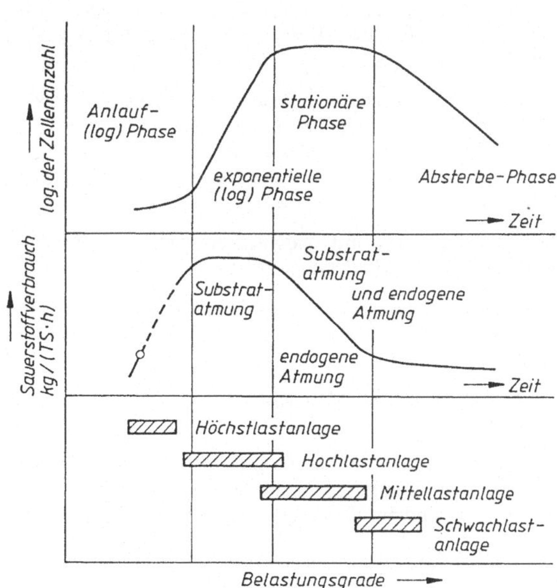

4.250
Wachstumsphasen und Sauerstoffverbrauch der Mikroorganismen (idealisiert) sowie Einordnung der Belebungssysteme nach v. d. Emde und Schlegel

die Substanz des Schlammes als Nahrung, weil die Schmutzstoffnahrung fehlt (Absterbe-Phase). Man spricht dann von aerober Mineralisierung oder Stabilisierung des Schlammes, die man in kleinen Belebungsanlagen zu erreichen sucht.

Betriebs- und Bauweisen von kleinen Belebungsanlagen. Es sind üblich:

– Belebungs- und Nachklärbecken als getrennte Bauwerke oder als Kombibecken (**4**.15, **4**.137, **4**.176);

– Belebungsanlagen mit Aufstaubetrieb (*SBR*-Anlagen), Becken meist aus Beton (**4**.276, **4**.265, **4**.266);

– Belebungsbecken in Erdbauweise (Teiche), ggf. mit schwimmend eingehängter Nachklärung (z.B. Biolak-B) (**4**.154).

Für kleine Kläranlagen ist die Belebung mit simultaner Schlammstabilisierung sehr günstig. Alle Varianten des Belebungsverfahrens haben etwa den gleichen Stromverbrauch, mechanische Belüfter (Rotoren, Kreisel) verbrauchen etwas mehr bei geringeren Investitionskosten.

Ein Problem ist die Regelung der geringen Zuflüsse.

Der Taktbetrieb einer zu groß bemessenen Pumpe ist wegen des Mengenausgleichs im Belebungsbecken möglich. Der vorgeschaltete Rechen und der Sandfang müssen aber für die Pumpleistung bemessen sein. Die Kompakteinheiten von Siebrechen und Sandfang in einem Bauwerk sind für kleine Anlagen brauchbar (**4**.38).

In der Planung ist zu entscheiden, ob aufgelöste oder Kombibauweise und parallele Einheiten oder nur eine Bahn.

Da die Endbelastung der Anlage selten feststeht, ist bei Kombibecken Vorsicht geboten. Hier ist die aufgelöste Bauweise sinnvoller. Da Bemessungsabhängigkeiten zwischen Belebung und Nachklärung bestehen, kann man bei veränderter Abwassermenge oder -konzentration die Volumen später mit geringerem Aufwand wieder aneinander anpassen (**4**.255).

Bei den strengen Reinhalteanforderungen ist es wichtig, bei den unvermeidlichen Reparaturen die Klärleistung zu erhalten. Das gelingt etwa durch parallele Einheiten oder durch betriebliche Ausweichmaßnahmen.

Als Belüftungseinrichtung hat sich die feinblasige Druckbelüftung mit Gummimembrankerzen bewährt. Der Oxidationsgraben mit Walzenbelüftung ist wegen seiner Vielseitigkeit oft angewandt. Man kann ihn intermittierend belüften, wenn Umwälzpropeller zusätzlich eingebaut werden. Er denitrifiziert bei entsprechender Bemessung, und man kann simultan Phosphor fällen (**4**.254, **4**.256, **4**.257).

Bei Nachklärbecken mit Saugräumern und einer Tauchpumpe für den Rücklaufschlamm ist es schwierig, die Rücklaufschlammenge zu regulieren.

Rundbecken kleiner Anlagen mit Mittelbauwerk und Schlammtrichter werden baulich teuer. Hier bieten sich Trichterbecken an. Eine brauchbare Lösung sind auch kleine Rundbecken mit zentralem Räumer (**4**.71).

Zur Förderung des Rücklaufschlammes sind Tauchpumpen, Schöpfräder oder kleine Rohrschnekken geeignet.

Bei parallelen Einheiten ist die gleichmäßige Verteilung von Abwasser und Rücklaufschlamm zu beachten. Die Verteilung kann durch Überfallwehre erfolgen. Symmetrische Abgänge aus dem Verteilerschacht sind nur dann geeignet, wenn die Wasserspiegel der Becken gleich hoch sind.

Neben den bis hierher beschriebenen Anlagen in technischer Bauweise, haben sich auch Teichkläranlagen unter bestimmten Bedingungen gut bewährt (Abschn. 4.5.3.5).

Tafel **4.77** Gültige Normen und Richtlinien für kleine Kläranlagen – Stand Mai 1995 nach ATV-M 200 [1]
|| ≙ Anwendung auch außerhalb der Bereichsgrenzen

4 EW bis 50 EG		50 EW bis 500 EG	500 EW bis 5000 EG
ATV-Arbeitsblatt A-106 vom Oktober 1995 Entwurf und Bauplanung von Abwasserbehandlungsanlagen			
ATV-Arbeitsblatt A-123 vom Juni 1985 Behandlung und Beseitung von Schlamm aus Kleinkläranlagen			
DIN 4261 Teil 1 vom Febr. 1991 Kleinkläranlagen Anlagen ohne Abwasserbelüftung Anwendung, Bemessung und Ausführung	DIN 4261 Teil 3 vom Sept. 1990 Kleinkläranlagen Anlagen ohne Abwasserbelüftung Betrieb und Wartung	ATV-Arbeitsblatt A-109 vom Januar 1983 Richtlinen für den Anschluß von Autobahnnebenbetrieben an Kläranlagen ATV-Arbeitsblatt A-129 vom Mai 1979 Abwasserbeseitigung aus Erholungs- und Fremdenverkehrseinrichtungen	
DIN-Prüfung durch DGWK (Deutsche Gesellschaft für Warenkennzeichung)			
DIN 4261 Teil 2 vom Juni 1984 Kleinkläranlagen Anlagen mit Abwasserbelüftung Anwendung, Bemessung, Ausführung und Prüfung	DIN 4261 Teil 4 vom Juni 1984 Kleinkläranlagen Anlagen mit Abwasserbelüftung Betrieb und Wartung	ATV-Arbeitsblatt A-122 vom Juni 1991 Grundsätze für Bemessung, Bau und Betrieb von kleinen Kläranlagen mit aerober biologischer Reinigungsstufe für Anschlußwerte zwischen 50 und 500 Einwohnerwerten	ATV-Arbeitsblatt A-126 vom Dezember 1993 Grundsätze für Abwasserbehandlung in Kläranlagen nach dem Belebungsverfahren mit gemeinsamer Schlammstabilisierung bei Anschlußwerten zwischen 500 und 5000 Einwohnerwerten
Prüfzeichenpflicht durch das Deutsche Institut für Bautechnik			ATV-Arbeitsblatt A-135 vom März 1989 Grundsätze für Bemessung von Tropfkörpen und Tauchkörpern mit Anschlußwerten über 500 Einwohnergleichwerten
		ATV-Arbeitsblatt A-201 vom Oktober 1989 Grundsätze für Bemessung, Bau und Betrieb von Abwasserteichen für kommunales Abwasser ATV-Hinweisblatt H 257 vom Oktober 1989 Grundsätze für Bemessung von Abwasserteichen und zwischengeschalteten Tropf- oder Tauchkörpen	
ATV-Hinweisblatt H 262 vom August 1989 Behandlung von häuslichen Abwassern in Pflanzenbeeten			
	ATV-Hinweisblatt H 254 vom November 1986 Allgemeine Beurteilungskriterien für Kläranlagen mit besonderen Verfahrenskombinationen oder -varianten für Ausbaugrößen bis 10000 Einwohnerwerte		
	ATV-Hinweisblatt H 258 vom Dezember 1987 Einsatz von Feinstrechen und Sieben auf kleinen kommunalen Kläranlagen		

4.7.1 Belebungsanlagen in Schachtbauweise

Diese Anlagen benutzen meist die Schlammbelebung und bestehen aus Vorklärung, Belüftung und Nachklärung (**4**.251). Die biologische Stufe arbeitet mit langen Aufenthaltszeiten des Schlammes, so daß eine Stabilisierung möglich ist. Die Belüftung erfolgt durch Druckluft (Gebläse) oder Injektoren und wirkt intermittierend, z.B.12 h/d. In **4**.251 betreibt das Gebläse zugleich die Drucklufthebung (Prinzip der Mammutpumpe) des Rücklauf- und Überschußschlammes von der Nach- zur Vorklärung.

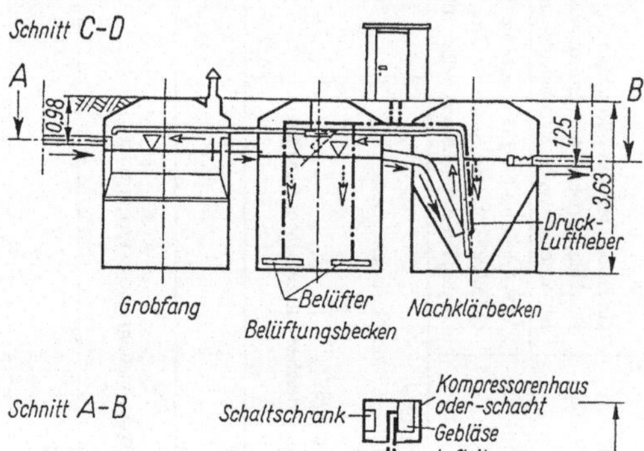

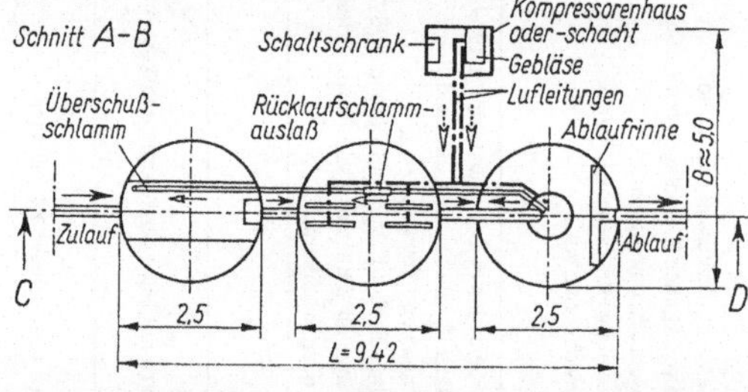

4.251 Funktionsschema einer OMS-Belebungsanlage für 60 EG

Der Rücklaufschlamm soll in anderen Anlagen durch die Verminderung des spezifischen Gewichts der Wassersäule im Belebungsbecken infolge Lufteintrag vom Nachklärbecken ohne Pumpen zurückfließen. Die Vorklärung ist mehrmals im Jahr zu entschlammen. Diese Anlagen werden vornehmlich für die Abwasserreinigung von geschlossenen Neubaugebieten für 50 bis 500 EG oder für Einzelhäuser eingesetzt, wenn noch keine allgemeine Ortsentwässerung besteht. Sobald diese nachgebaut wird, werden die Anlagen aufgehoben und das Gebiet an die größere Ortskläranlage angeschlossen.

Vom Betrieb und der Wartung her sind die Anlagen als Behelf zu bezeichnen. Es können jedoch bei nur häuslichem Abwasser gute Reinigungsleistungen erzielt werden.

4.7.2 Oxidationsgraben – Belebungsgraben

Oxidationsgräben werden vermehrt seit 1954 gebaut. Die methodischen Grundlagen entwickelte Dr. Pasveer, Den Haag [55]. Die Anlagen bestehen im wesentlichen aus einem großen Belüftungsbecken in Form eines ovalen Umlaufgrabens. An einer oder mehreren Stellen des Grabens ist eine Belüftungswalze installiert, die für den Lufteintrag und den Umlauf des Wassers sorgt. Die Reinigungsmethode besteht in der Belüftung des Abwassers und einer so weitgehenden Belüftung des Schlammes, daß er aerob mineralisiert und ohne Faulbehälter getrocknet werden kann. Anaerobe Faulprozesse sind ausgeschaltet. Dazu wird der Schlamm so lange in der Anlage zurückgehalten, bis ein hoher Gehalt an Schwebstoffen erreicht ist. Er beträgt das 10- bis 30fache der Schwebstoffmenge einer hochbelasteten Belebungsanlage. Die Schlammbelastung ist gering. Man rechnet mit etwa 50 bis 100 g BSB_5/(kg Trockensubstanz · d). Bei dieser geringen Substratmenge und einer hohen Sauerstoffzufuhr mineralisiert der Schlamm weitestgehend. Überschußschlamm wird ständig abgeführt, so daß der Schwebstoffgehalt konstant bleibt. Der Oxidationsgraben ist weitgehend unempfindlich gegen Stoßbelastung durch BSB_5-Zufuhr und anwendbar für aerob-biologisch ansprechbare Schmutzstoffe. Auch Abwässer aus Molkereien, Schlachthöfen, Brauereien, Kokereien und beschränkt aus Viehställen werden gut gereinigt. Sogar Giftstoffe können aufgefangen werden.

Die Schlammbelastung des Belebungsgrabens ist bis doppelt so groß wie beim Oxidationsgraben. Man unterscheidet im wesentlichen 3 Typen von Oxidations-(Belebungs-)gräben.

Der Aufstaugraben (**4**.252) ist geeignet für im Trennsystem entwässernde kleine Gemeinden oder Siedlungen bis 1000 EG. Der Graben wird nicht durchgehend gleichmäßig betrieben. Es gibt eine Belüftungs- und eine Absetzphase, während der sich die Walze abschaltet und der Schlamm zu Boden sinkt. Der Rinnenablauf öffnet sich, und das gereinigte Abwasser läuft über. Bei einem bestimmten Wasserstand schließt sich der Ablauf und die Walze schaltet sich wieder ein. Die Entnahme des Überschußschlammes geschieht durch eine oberhalb des Wasserspiegels liegende Rinne, die dem Mammutrotor

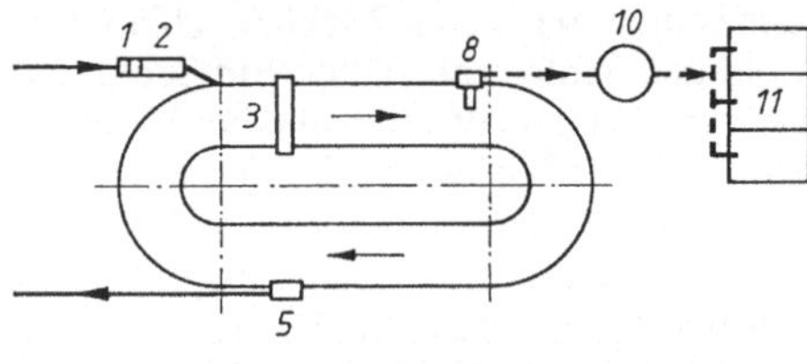

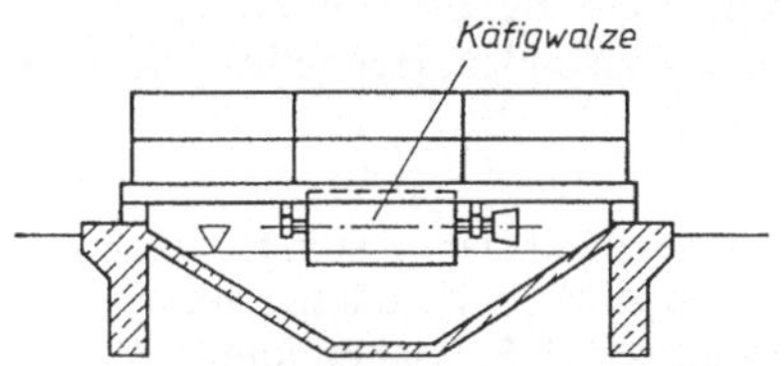

4.252 Aufstaugraben (Graben mit Belüftungsbrücke)
1 Grobrechen
2 Sandfang
3 Belüftungsbrücke mit Käfigwalze
4 Regenwasserüberlauf
5 Auslaufbauwerk
6 Nachklärbecken
7 Schlammhebewerk
8 Schlammfang
9 Verbindungsrinne mit Schlammfang
10 Schlammsilo
11 Schlammtrockenbeete
– – – – Überschußschlamm

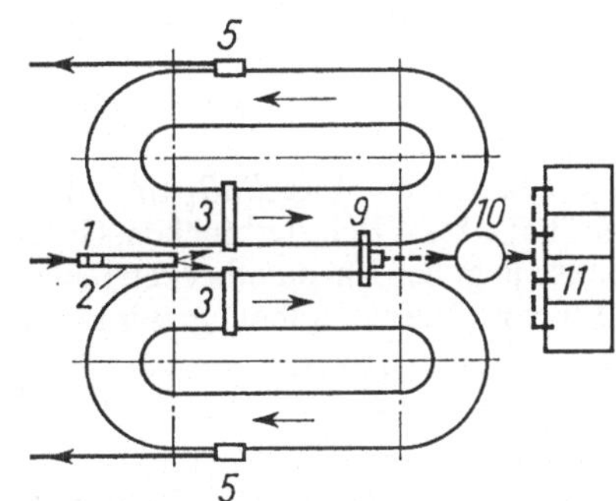

4.253 Doppelgraben mit Wechselbetrieb

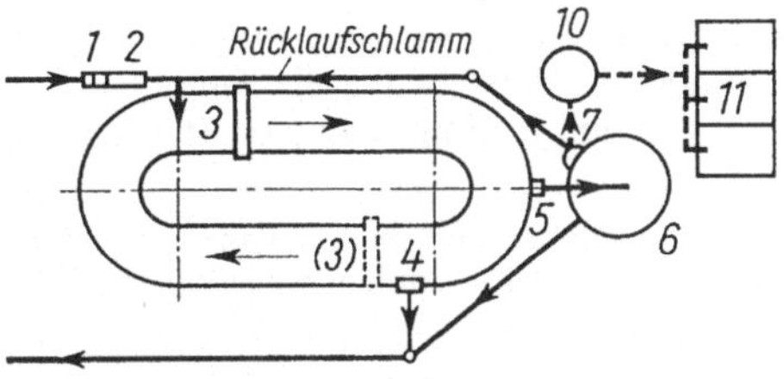

4.254 Graben mit nachgeschaltetem Absetzbecken

nachgeschaltet und in der wirksamen Länge verstellbar ist. Die Abnahme des Schlamm-Wassergemisches läßt sich so regulieren. Es durchströmt den Schlammbehälter das Wasser fließt in der Graben zurück. Der Aufstaugraben kann nicht als Belebungsgraben betrieben werden (*SBR*-Prinzip). Bemessungsgrundlage etwa

$$B_R = 0{,}15 \text{ bis } 0{,}2 \text{ kg } BSB_5/(\text{m}^3 \cdot \text{d});\ B_{TS} = 0{,}05 \text{ kg } BSB_5/(\text{kg } TS \cdot \text{d});$$

$$O_B = 2{,}5 \text{ bis } 3{,}5;\ 1 \text{ bis } 2 \text{ Belüfterbrücken je Graben; Mammutrotor } \varnothing\ 0{,}7 \text{ m.}$$

Im Doppelgraben mit Wechselbetrieb (**4**.253) wird das Abwasser dem einen oder dem anderen Graben zugeführt. Der Graben ohne Zufluß dient als Absetzbecken und zur Entnahme des gereinigten Abwassers. Das System wird durch eine automatische Schaltanlage bedient. Es ist geeignet für Gebiete mit Misch- oder Trennsystem von 700 bis 3000 EG. Eine 5- bis l0fache Regenwettermenge kann notfalls mitbehandelt werden. $Q_m = 2Q_s + Q_f$ ist anzustreben. Der Überschußschlamm wird beim Grabenwechsel des Abwassers durch eine Emscherrinne entnommen. Wegen der zeitweisen Verwendung des Grabenvolumens als Absetzraum kann der Doppelgraben nicht als Belebungsgraben verwendet werden (*SBR*-Prinzip mit zwei Reaktoren). Bemessungsgrundlage wie beim Einzelgraben.

Der Belebungsgraben mit nachgeschaltetem Absetzbecken (einfach oder doppelt) (**4**.254) arbeitet kontinuierlich. Es ist ein besonderes Absetzbecken nachgeschaltet, das vom Schlamm-Wasser-Gemisch durchströmt wird. Das gereinigte Abwasser verläßt das Becken durch Überlauf zum Vorfluter, der Schlamm geht als Rücklaufschlamm in den Graben zurück oder als Überschußschlamm in den Schlammbehälter. Ein Schlammhebewerk ist erforderlich. Der Graben ist geeignet bei Trennkanalisation und bei Mischkanalisation von 1000 bis 8000 EG. Als Nachklärbecken empfiehlt sich ein Trichterbecken. Der Graben kann auch als Belebungsgraben verwendet werden. Bemessung als Oxidationsgraben für B_R = 0,15 bis 0,2 kg $BSB_5/(\text{m}^3 \cdot \text{d}) \approx 3$ EG/m^3, als Belebungsgraben für B_R = 0,20 bis 1,0 kg $BSB_5/(\text{m}^3 \cdot \text{d})$; B_{TS} = 0,05 bis 0,3 kg $BSB_5/(\text{kg } TS \cdot \text{d})$; O_B = 2,5 bis 3,5; 1 bis 4 Belüfterbrücken. Grundrißform oval oder rund. Bei der Kombinationsbauweise liegt das Nachklärbecken innen und der Belebungsring außen. Herstellung meist in Ortbeton. Dieser Grabentyp wird bevorzugt eingesetzt.

Rechen und Sandfang vorsehen. Fließgeschwindigkeit im Graben $v \geq 0{,}30$ m/s. Bei standfesten Böden genügt Sicherung der Wasserspiegelzone, bei nicht standfesten Böden Befestigung der Grabenflächen durch Ortbeton, Betonplatten oder Ziegel, Bodenvermörtelung, Folie oder Zementestrich. Die Grabenböschung beträgt $\leq$ 1:1,5, Grabentiefe $\leq$ 1,2 m, mittl. Radius = 5,0 m, Wasserspiegelbreite 3,0 bis 5,0 m, Energiebedarf $\approx$ 18 kWh/(EG · a).

Ebenfalls als Belebungsgräben gelten Becken mit rechteckigem Fließquerschnitt und vertikalen Wänden als Umlaufbecken, dazu Nachklärbecken mit Rundräumer. Die Belüftung erfolgt mit 2 bis 4 Mammutrotoren von 1,0 m ∅, Anschlußwerte von 4000 bis 30000 EG. Die gleiche Ausführung als Rundbecken mit 1 bis 3 Mammutrotoren, Nachklärbecken innen (Kombinationsbauweise, Bemessungsabhängigkeit zwischen *BB*-Graben und *NKB* – **4**.255).

Belebungsgräben sind für simultane Nitrifikation und Denitrifikation sehr gut geeignet. P-Elimination kann ebenfalls simultan durch Fällung erfolgen (**4**.256).

Die Entfernung des Stickstoffs wird durch räumliche Anordnung und Steuerung der Belüfter erreicht. Es entstehen anoxische Zonen aus Abwasser und Rücklaufschlamm mit O_2-Gehalt $\rightarrow$ 0. Dort tritt Denitrifikation ein. Die Einsparung durch Rückgewinnn an $O_2 \cong$ etwa der Deni-Rate. 80 bis 90 % N-Elimination sind max. möglich. Der Vorteil für Umlaufbecken ist, daß Nitri- und

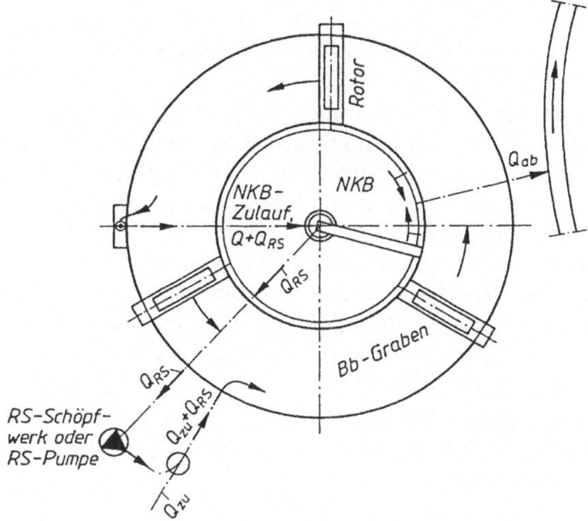

4.255 Kombination Bb-Graben/Nachklärbecken, rund, senkrechte Beckenwände

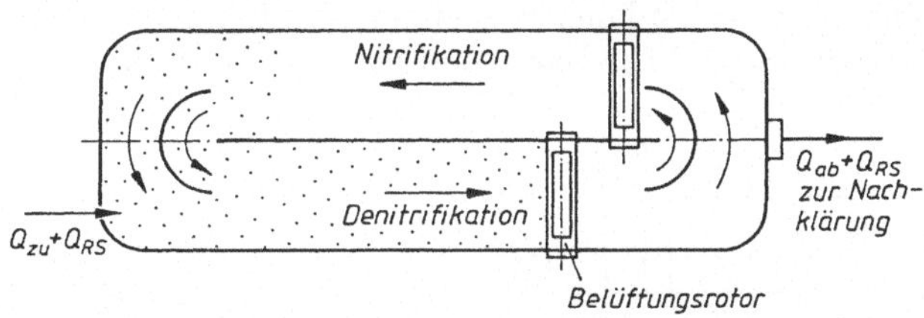

4.256 Ni- und Deni-Zonen in einem Belebungsgraben

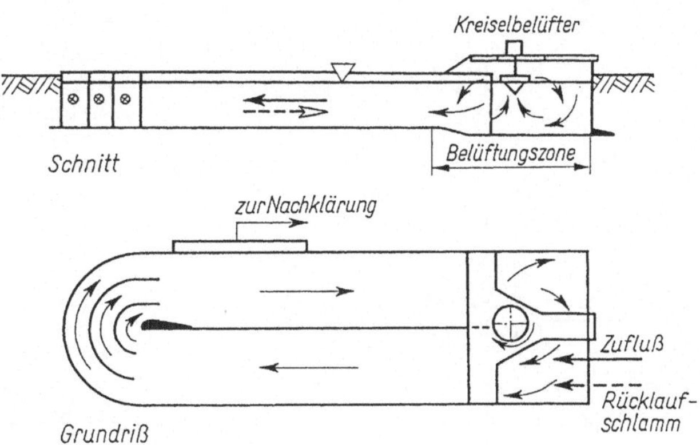

4.257 Funktionsschema eines Carrousel-Reaktors

Denitrifikation in einem Becken ohne internes Rückpumpen ablaufen. Der Wechsel aerob/anaerob bewirkt auch eine biologische P-Elimination. Bei geforderten niedrigen P-Werten muß zusätzlich P gefällt werden.

Aus den Belebungsgräben üblicher Bauart wurden in den Niederlanden für höhere Anschlußwerte die Carrousel-Reaktoren entwickelt (**4**.257). Ein Kreisel sorgt für die Belüftung und die Strömung in dem Umlaufbecken. Belüfter mit einem Sauerstoffeintrag von = 150 kg O_2/h lassen Beckentiefen bis zu 5 m zu. In der Belüftungszone herrscht eine Spiralströmung vor. Die Wassermenge erhält durch die Umlenkungen um 180° und den Kreisel eine spiralförmige Strömung. Es entsteht ein guter Austausch zwischen eingetragenen Luftteilen und dem Abwasser. Es wird im Verhältnis zu quadratischen Kreiselbekken weniger Energie benötigt. Abmessungen des Umlaufkanals und der Belüftungszone sowie der Kreiseltyp bestimmen die Strömungsgeschwindigkeit, welche so groß sein muß, daß der Schlamm in Schwebe gehalten wird.

Ein weiteres bekanntes Umlaufbecken ist das Kombibecken der Fa. OMS für 1000 bis 10000 EG. Belüftung erfolgt mit Staustrahl. Nachklärbecken und Schlammsilo liegen innerhalb der Umlaufrinne.

4.7.3 Die Schreiber-Tropfkörper-Kläranlage

Sie stellt eine vollbiologische Abwasserreinigungsanlage mit Tropfkörper in Blockbauweise dar. Alle notwendigen Klärelemente (**4**.258) für mechanische und biologische Reinigung sowie die Pumpen sind in einem Bauwerk zusammengefaßt. Diese Kläranlagen werden seit 1953 gebaut und haben sich hinsichtlich des Ausgleichs von Wassermen-

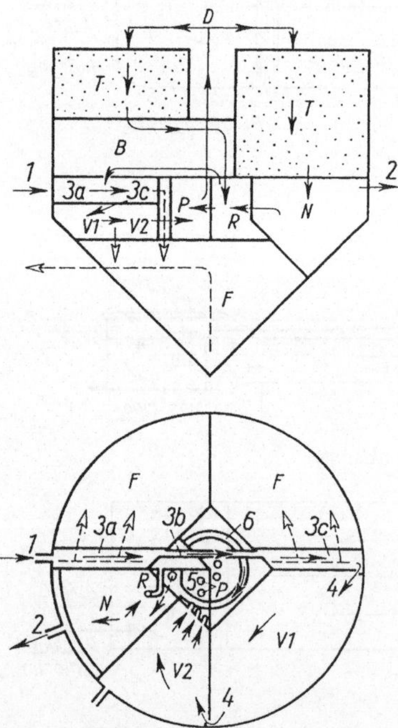

4.258
Schreiber-Kläranlage, Typ K
a) Schema der Funktion im senkrechten Schnitt
b) Lageplan der Kläreinheiten unterhalb der Zuflußebene (schematisch)
1 Zulauf
2 Auslauf
3a, 3c Emscherrinne
3b Verbindungsrohr
4 Verbindungsschlitze
5 Pumpensumpf
6 Sammelrinne

D Drehsprenger
V1, V2 Absetzkammern
B Betriebsraum
P Pumpen(-raum)
T Tropfkörper
N Nachklärbecken
R Rücklauf
F Faulkammer

ge, Verschmutzungsgrad, Temperatur und pH = Wert innerhalb des Klärwerks gut bewährt. Der Betrieb ist vollautomatisch bis auf die Schlammbeseitigung. Durch die kompakte Bauweise wird an Grundstücksfläche, Baumassen und Leitungslängen gespart. Die Klärwerke sind für 300 bis 15000 EG in einem Bauwerk zu erstellen mit $w_S = 100$ bis 200 l/(EG · d).

4.7.4 Becken mit Kreiselbelüftung

Diese Becken werden in Rundbauweise oder quadratisch ausgeführt (**4**.259). Der Sauerstoffeintrag erfolgt durch Hochleistungskreisel, die frei in der Wasseroberfläche oder über Steigrohren rotieren. Das Abwasser fließt im Belebungsraum abwärts und steigt zum Kreisel wieder auf. Durch den Kreisel erfolgt eine Oberflächenbelüftung und durch die gelenkte Wasserbewegung eine gute Durchmischung des Abwassers. Der Sauerstoffein-

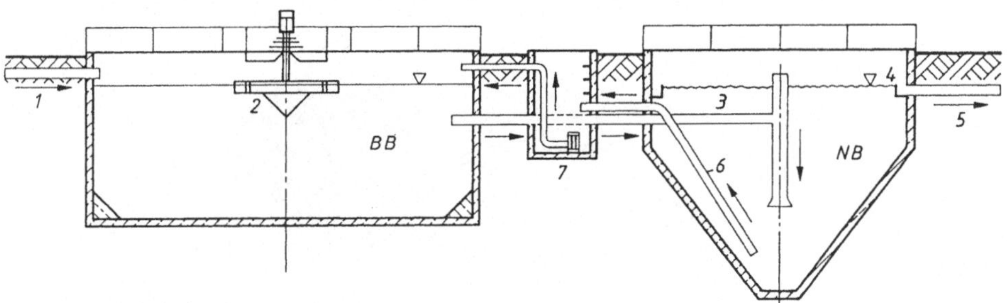

4.259 Becken mit Kreiselbelüftung und getrenntem Nachklärbecken
1 Zulauf; *2* Kreisel; *3* Ablauf vom BB; *4* Überlaufrinne; *5* Ablauf zum Vorfluter; *6* Steigrohr für RS und *ÜS*; *7* Pumpstation

trag kann durch Umdrehungszahl und Eintauchtiefe des Kreisels geregelt werden. Das Abwasser vom Belebungsraum fließt durch das Rohr (*3*) in das Nachklärbecken und über die Überlaufrinne (*4*) ab. Der belebte Schlamm sinkt im Nachklärbecken abwärts und geht über Rohr (*6*) und Pumpstation (*7*) zum Belebungsraum zurück. Der Überschußschlamm wird von der Pumpstation zur Schlammbehandlung abgepumpt.

Diese Becken werden für beliebig hohe Anschlußwerte hergestellt. Sie sind bei Trenn- und Mischsystem anwendbar. Der Platzbedarf für die Anlagen ist mäßig.

4.7.5 Das Gegenstrom-Rundbecken

Die Schreiber-Gegenstrom-Rundbecken (**4**.260) sind vollbiologische Belebtschlammanlagen, die mit Schlammbelastungen von 0,05 bis 0,4 kg BSB_5/(kg TS · d) arbeiten. Im Belebungsbecken erfolgt der Kontakt mit dem Belebtschlamm und die Belüftung durch Druckluft. Das Gegenstrom-Becken vereinigt im Prototyp Belebungs- und Nachklärbekken in einem Bauwerk. Das runde Nachklärbecken liegt in der Mitte, das Belebungsbecken kreisringförmig darum. Über beiden läuft eine Drehbrücke, welche im Bereich der Belebung Belüftungseinrichtungen mitführt (umlaufende Belüftung). Daneben können an bis zu vier Stellen der Beckensohle stationäre Belüfter angeordnet werden. Alle

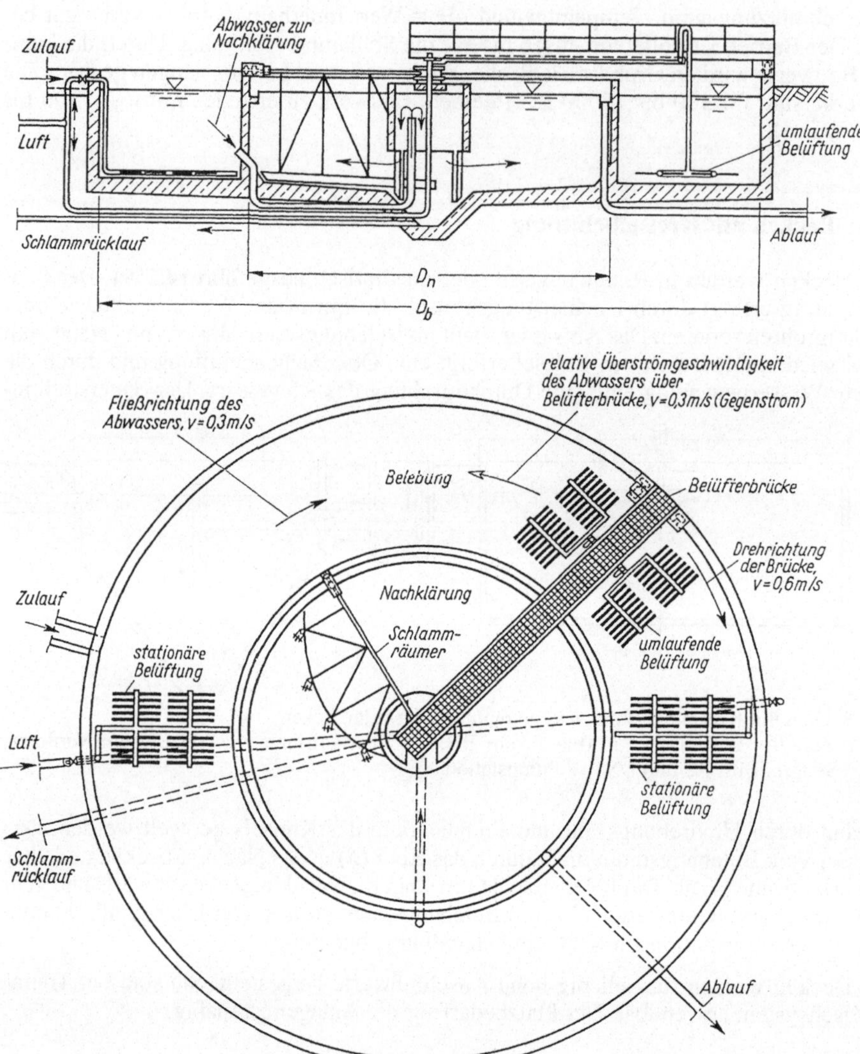

4.260 Schreiber-Gegenstrom-Rundbecken, Baureihe *GR* (auch ohne stationäre Belüftung), Einzelbecken

Einwohnerwerte	EGW	2000 bis 10000	
Durchmesser D_b	m	18,00 bis 42,00	Zwischenwerte: 1,00 m
Durchmesser D_n	m	9,00 bis 22,00	Zwischenwerte: 1,00 m
Wassertiefe	m	4,10 bis 5,10	

Hier nicht abgebildet: Baureihe *GRO*, nur Rund-Belebungsbecken mit umlaufender Belüftung, Beckengrößen 2000 bis 10000 m^3 für Kläranlagen von 10000 bis 75000 EGW.

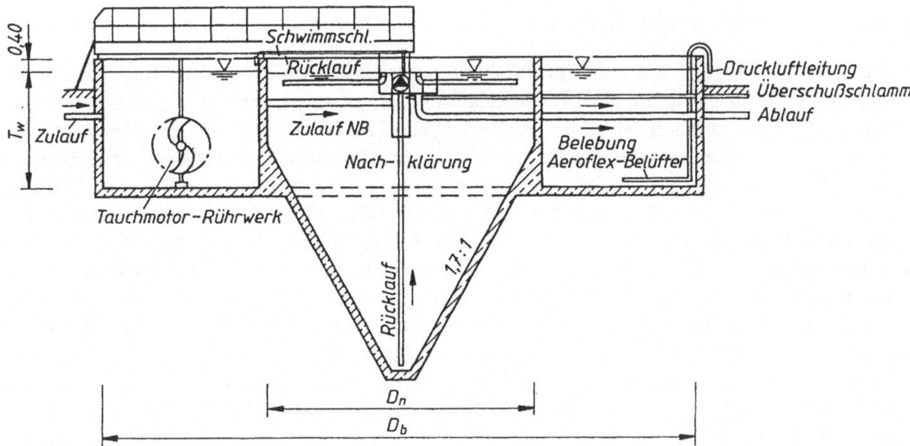

4.261 Belebungs- und Nachklärbecken (Baureihe ART, Fa. Schreiber), Rundbecken, in Kompaktbauweise einschl. Pumpwerk für Rücklauf-, Überschuß- und Schwimmschlamm. Bemessung nach ATV-A 126 [1]

EGW		500 bis	<5000
D_b	m	10,00 bis	24,00
D_n	m	5,00 bis	10,00
T_w	m	3,10 bis	4,10

Belüfter bestehen aus herausschwenkbaren Aeroflex-Filtern und werden von einer Gebläsestation mit Druckluft versorgt. Bemerkenswert ist die mit $v = 0{,}6\,\text{m/s}$ umlaufende Belüftung, welche das Abwasser auf eine mittlere Horizontalgeschwindigkeit $v = 0{,}3$ m/s beschleunigt. So strömt es mit $v = 0{,}3\,\text{m/s}$ über die stationären Belüfter und mit einer relativen Geschwindigkeit von $v = 0{,}6 - 0{,}3 = 0{,}3\,\text{m/s}$ entgegen der Brückendrehrichtung über die beweglichen Belüfter. Die Luft wird feinblasig eingetragen und die Luftblasen erhalten gegen die horizontale Wasserbewegung einen verlängerten Weg nach oben und damit eine längere Kontaktzeit zum Belebtschlamm. Die Sauerstoffausnutzung ist hoch und beträgt 3,0 bis 3,2 kg O_2/kWh. Außerdem entstehen geringe Energiekosten für die Aufrechterhaltung der Horizontalströmung. Die Umwälzung und der Schwebezustand des belebten Schlammes ist durch die rotierende Belüftung gewährleistet (0,5 bis 1,0 W/m^3). Die Becken werden in Kläranlagen mit unterschiedlichen Reinigungsaufgaben für 1000 bis 200000 EG hergestellt. Die Baureihen für gemeinsame Schlammstabilisierung überwiegen im Größenbereich 1000 bis 15000 EG.

Einsatz auch für die simultane C-, N- und P-Elimination, wobei sich die intermittierende Belüftung hinsichtlich B_R steigernd auswirkt.

Für kleinere Anschlußwerte 500 bis < 5000 EGW steht die Baureihe ART zur Verfügung. Das innenliegende Nachklärbecken ist ein Trichterbecken. Das Belebungsbecken als Außenring hat eine stationäre Belüftung und ein Tauchmotor-Rührwerk zur Umwälzung (**4**.261).

4.7.6 Kläranlagen mit Scheiben- oder Walzentauchkörpern

Scheibentauchkörper (*STK*) sind grundsätzlich für die Behandlung von biologisch abbaubaren Abwässern geeignet. Der Platzbedarf entspricht etwa dem von Spültropfkörpern. Besonders wirtschaftlich ist das *STK*-Verfahren für 100 bis 40000 EG. Tauchtropfkörper (**4**.262) bestehen aus runden Scheiben, die nebeneinander auf einer Welle befestigt sind. Sie drehen sich und tauchen mit dem unteren Teil in einen Trog, der vom Abwasser durchflossen wird. Innerhalb weniger Tage bildet sich auf den Scheiben ein biologischer Rasen wie beim Spültropfkörper (s. Abschn. 4.5.1). Dieser Rasen adsorbiert die organischen Schmutzstoffe, oxidiert sie oder wandelt sie in neuen biologischen Rasen um. Dieser Vorgang ist aerob. Der erforderliche Sauerstoff wird beim Auftauchen der Scheibe aus der Luft aufgenommen. Der Abfluß enthält Stoffwechselendprodukte der Mikroorganismen und überschüssigen, abgefallenen, biologischen Rasen, der im Trog weiter biologisch aktiv ist und in einem Nachklärbecken herausgenommen wird. Das Verfahren wurde von Hartmann entwickelt. Die organischen Schmutzstoffe werden in eine absetzbare Form übergeführt und bei den schwachbelasteten Verfahren die biologische Substanz völlig oxidiert (Schlammstabilisierung). Statt der Scheiben können auch z.B. gitterartig strukturierte Walzen eingesetzt werden. Das Trägermaterial ist meist PVC oder PE.

Über die Bemessung von *STK*-Anlagen ist in den ATV-Arbeitsblättern A 122, A 129, A 135 etwas gesagt, vgl. auch Tafel **4**.31. Folgende zusätzl. Merkmale sollten beachtet werden: Bei mehrstufigen *STK*-Anlagen soll für die erste Walze $B_A \leq 0{,}04$ bis $0{,}06$ kg $BSB_5/(m^2_{TK} \cdot d)$ sein; je m^2 Bewuchsfläche muß ein Wasservolumen ≥ 4 bis 6 l vorhanden sein; die Geschwindigkeitsdifferenz zwischen Scheibe und Abwasser ≤ 20 m/h; bei hintereinander geschalteten *STK* sind Zwischenwehre erforderlich, damit das Abwasser nicht direkt durchfließen kann.

Der Tauchtropfkörper ist ohne Nitrifikation etwa mit $B_A = 0{,}008$, bei 2 bis 0,01 kg $BSB_5/(m^2_{TK} \cdot d)$ bei 3 Walzen und mit $B_A = 0{,}004$ bei 3 Walzen bzw. 0,005 bei 4 Walzen mit Nitrifikation zu bemessen. Das Abwasser hat beim Durchfluß keinen Gefälleverlust. Die Scheiben haben einen ∅ von 1,0, 2,0 oder 3,0 m. Sie bestehen aus leichtem Kunststoff; Scheibenabstand ≥ 15 mm. Die Walzenlängen betragen 1 bis 6 m mit 30 bis 180 Scheiben. Die Walzen können hinter- und nebeneinander angeordnet werden (mehrstufiger Betrieb), Drehzahl 0,8 bis 4 Umdrehungen/min, Antrieb durch Getriebemotoren, Kraftbedarf bei 3-m-Scheiben ≈ 75 W/m Welle, bei 2-m-Scheiben ≈ 50 W/m Welle.

Die genauere Bemessung der *STK* erfolgt auch mit Hilfe einer Abbaukurve, welche die Werte A/Q liefert, A = Scheibenfläche. Q ist die Bemessungswassermenge, welche geringer als normal sein kann, weil Belastungsspitzen durch die hohe Adsorptionskraft schnell abgebaut werden.

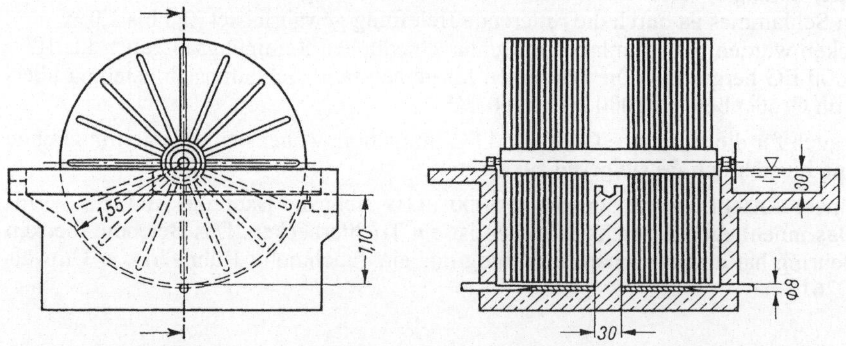

4.262 Tauchtropfkörper, mit zwei Scheibengruppen, Scheibendurchmesser 3,00 m

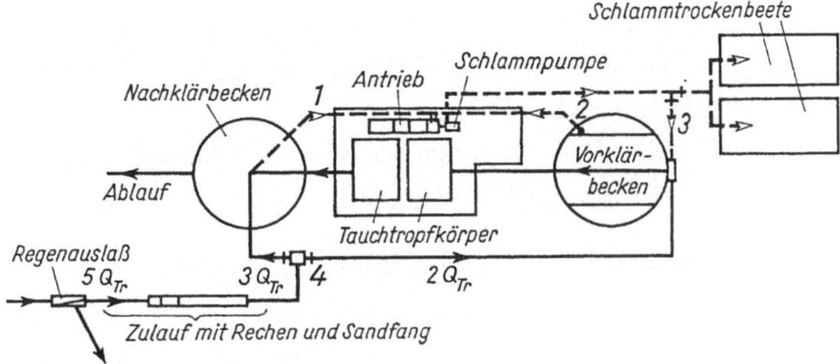

4.263 Kläranlagen mit Tauchtropfkörpern für 500 bis 2000 EG im Mischsystem
Q_{Tr} Trockenwetterzufluß
1 Schlammentnahme Nachklärbecken
2 Schlammentnahme Vorklärbecken
3 Schlammrückgabe zum Vorklärbecken
4 Verteilerbauwerk

	EG	≤ 400	400 bis 1500	≥ 1500	Großanlagen
Q	Vor und Nachklärbecken	Q_{t10}	Q_{t12}	Q_{t14}	Q_{t16} bis Q_{t18}
	Tauchtropfkörper	Q_{t16}	Q_{t18}	Q_{t18} bis Q_{t20}	Q_{t20} bis Q_{t22}

Überschläglich kann man die erforderliche Plattenfläche nach den EG ermitteln (Werte nach Vorklärung und Mittelwerte bei mehrstufigen Anlagen):

BSB_5-Abbau in %	95	90	Teilreinigung
A qm/EG	3 bis 10	2 bis 5	2 bis 0,5

Hierbei gilt w =100 bis 120 l/EG und $40\,\frac{\text{g}\,BSB_5}{\text{EG}\cdot\text{d}}$ vor dem Tauchtropfkörper, d. h. $60\,\frac{\text{g}\,BSB_5}{\text{EG}\cdot\text{d}}$ vor der Kläranlage. Vorklärbecken sollen $t_{VB} \geq 0{,}5$ bis 1 h Aufenthaltszeit haben, Nachklärbecken $t_{NB} \geq 2,5$ h; v_s des Nachbeckenschlammes ≈ 5 m/h. Die Becken werden als Emscher- oder Dortmundbrunnen und bei größeren Anlagen als Flachbecken ausgeführt. Bei sehr kleinen Becken vergrößert man die Aufenthaltszeit wegen der möglichen Kurzschlußströmungen. Es kann auch der von Spengelin entwickelte Trommelfilter, Typ Fangomat, als Nachklärfilter verwendet werden. Der Schlammfaulraum wird wie üblich bemessen, z.B. 100 l Faulraum/EG beim Emscherbrunnen. Der Schlamm des Nachbeckens wird mit einer Tauchmotorpumpe in Zeitschaltung zum Vorbeckenzulauf gefördert (**4**.263).

Das Scheibentauchkörperverfahren zeigt eine sichere Reinigungsleistung auch bei wechselnder Wassermenge oder Verschmutzung. *STK* sind auch geeignet als nachgeschaltete Nitrifikationsstufe von nichtnitrifizierenden Anlagen. *STK*-Anlagen können unkompliziert mit einer simultanen Phosphatfällung ausgerüstet werden. Die Betriebskosten sind gering, die Wartung ist einfach. Die Baukosten können bei Verwendung von Betonfertigteilen niedrig gehalten werden. Es tritt keine Fliegenbelästigung auf. Die Anlagen können leicht erweitert werden. Der Winterbetrieb ist möglich, wenn man die Tauchkörper durch Überbauung schützt.

Bemessungsbeispiel für einen Tauchtropfkörper:

$Q_{t,d}$ = 200 m³/d; Ablauf des *VB* BSB_5 = 220 mg/l;
NH_4-N = 40 mg/l
mittl. NH_4-N-Ablaufkonzentration bei 10 °C ≤ 10 mg/l

$$\text{erf}\,A = \frac{B_{\text{d, BSB}_5}}{B_\text{A}} = \frac{200 \cdot 220}{5} = 8800\,\text{m}^2;\; B_\text{A} = 5\,\text{g/(m}^2 \cdot \text{d)}$$

gewählt werden 6 Kaskaden → Korrekturfaktor = 0,85

$$\text{erf}\,A = 8800 \cdot 0{,}85 = 7480\,\text{m}^2;\ \text{jede Walze hat } 1246\ \text{m}^2\ \text{Bewuchsfläche}$$

$$\text{Belastung der ersten Walze } B_\text{A} = \frac{200 \cdot 220}{1246} = 35{,}3\ \text{g}\ BSB_5/(\text{m}^2 \cdot \text{d}) \leq 40$$

Tafel **4**.78 Korrekturfaktor für die erf Scheibenfläche *A*

Zahl der Kaskaden	Korrekturfaktor
2	1,0
3	0,91
4	0,87
> 4	0,85

Abschätzung der NH_4-N-Ablaufkonzentration

$$C_{\text{e, NH}_4} = NHW + \sqrt{(NHW)^2 + C_{\text{o, NH}_4} \cdot 2}$$
$$NHW = -0{,}5(2 - C_{\text{o, NH}_4} + v_{\text{N,max}} \cdot A/Q)\ \text{mit}$$

$C_{\text{e, NH}_4}$ ≙ NH_4-N-Ablaufkonzentration
$C_{\text{o, NH}_4}$ ≙ NH_4-N-Zulaufkonzentration vor dem Tauchkörper
NHW ≙ Nitrifikationshilfswert
$v_{\text{N, max}}$ ≙ max Nitrifikationsgeschwindigkeit in g/(m² · d)
A ≙ Bewuchsfläche in m²
Q ≙ Abwasserzufluß zum Tauchkörper, ggf. einschl. Rücklauf

zum Beispiel:

$$C_{\text{o, NH}_4} = 40\ \text{mg/l};\ v_{\text{N, max}} = 1{,}2\ \text{g/(m}^2 \cdot \text{d)};\ A = 7480\ \text{m}^2;\ Q_{\text{t,d}} = 200\ \text{m}^3\text{/d; kein Rücklauf}$$
$$NHW = -0{,}5(2 - 40 + 1{,}2 \cdot 7480/200) = -3{,}44\ \text{mg/l}$$
$$C_{\text{e, NH}_4} = -3{,}44 + \sqrt{(-3{,}44)^2 + 40 \cdot 2} = 6{,}14\ \text{mg/l} < 10\ \text{mg/l}$$

4.7.7 Anlagen mit Aufstaubetrieb (*SBR*-Verfahren)

Das *SBR*-Verfahren stellt eine Variante des Belebtschlammverfahrens dar, s. auch **4**.170-4. Beim konventionellen Belebungsverfahren durchfließt das Abwasser nacheinander eine Reihe von Becken, denen jeweils spezielle Reinigungsleistungen zugeordnet sind. Beim *SBR*-Verfahren (*S*equencing-*B*atch-*R*eactor) sind alle Prozesse in einem Reaktor zusammengefaßt. Die einzelnen Schritte laufen zeitlich hintereinander ab. Der Zulauf zum Reaktionsbecken erfolgt schubweise. Die Phasen Belüften, Rühren, Absetzen, Entleeren werden zeitlich gesteuert. Nach der Absetzphase wird das gereinigte Abwasser (≈ 30 bis 50% des Beckenvolumens) abgepumpt. Die Dauer eines Zyklus beträgt zwischen 6 und 12 h (**4**.264).

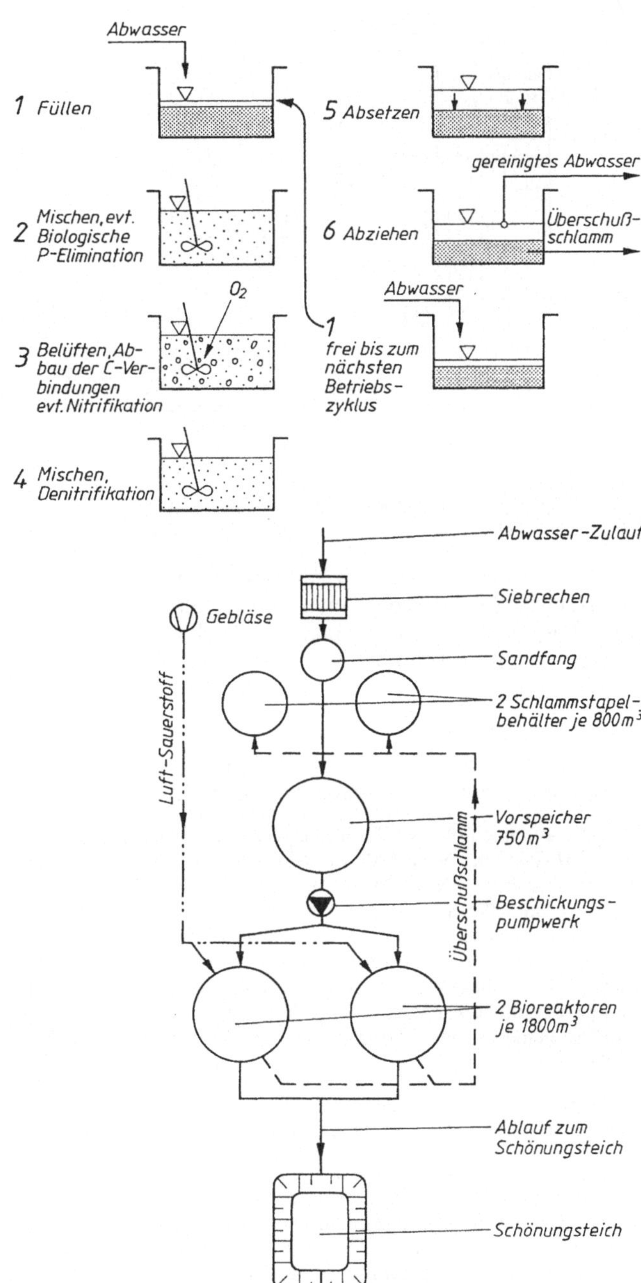

4.264
Verfahrensschritte beim Sequencing Batch Reactor (*SBR*)

4.265
Fließschema *SBR*-Anlage für 8000 EG

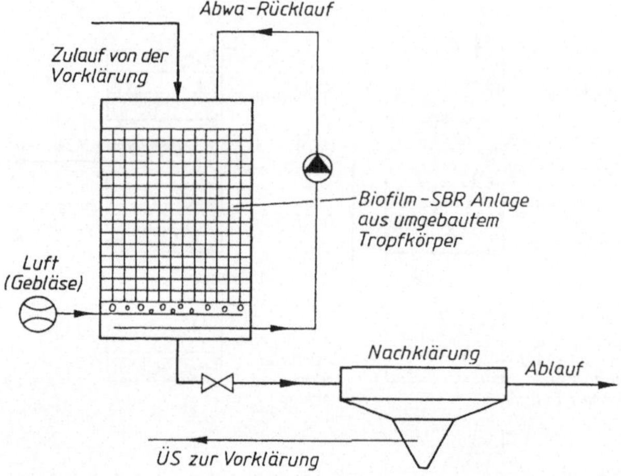

4.266 *SBR*-System mit Tropfkörpern (Fa. O. Schulze)

Der periodische Wechsel von Verfügbarkeit und Mangel an gelöstem Sauerstoff und dem organischen Substrat sorgt auch für die Entwicklung von Nitrifikanten, Denitrifikanten und phosphatspeichernden Bakterien. Neben dem Abbau der organischen Stoffe kann dadurch auch die Elimination der Pflanzennährstoffe Stickstoff und Phosphor erreicht werden.

Die *SBR*-Anlage besteht aus Vorspeicher und *SBR*-Becken. Im Vorspeicher werden die Zuflußschwankungen ausgeglichen. Der *SBR*-Reaktor wird mit konstanten Pumpleistungen zu festgelegten Zeiträumen beschickt.

Eine Anlage nach diesem Verfahren wurde in Hanerau-Hademarschen für 8000 EG gebaut. Den zwei *SBR*-Becken von je 1800 m^3 wird das Abwasser schubweise aus einem Vorlagebehälter von 750 m^3 zugeführt. Durch Prozeßsteuerung werden Umwälz-, Belüftungs- und Absetzphasen geregelt. N- und P-Verbindungen werden nacheinander abgebaut. Das Klarwasser wird über einen Dekantierteller unterhalb des Wasserspiegels abgezogen. Die beiden Reaktoren arbeiten um einen halben Zyklus zeitlich versetzt, damit im Störfall die vollkommene bzw. die Teilreinigung gesichert ist. Die Anlage kommt ohne P-Fällung aus. Sie erzeugt deutlich weniger Überschußschlamm als konventionelle Anlagen (**4**.265). Bei langen Frostperioden können betriebliche und klärtechnische Probleme auftreten. Positive Erfahrungen liegen mit der *SBR*-Anlage Holbaek (Dänemark) für 45000 EGW vor.

Bei Verringerung des dekantierten Anteils erhöht sich die N-Elimination. Wenn 30 bis 35% des Gesamtvolumens dekantiert werden, kann N mit > 70% eliminiert werden.

Eine Variante des *SBR*-Verfahrens sind umgerüstete Tropfkörper-Kläranlagen. Neben der Nitrifikation kann auch Denitrifikation erreicht werden (**4**.266). Erforderlich sind mindestens zwei Tropfkörper, die so umgebaut werden müssen, daß sie vollständig mit Abwasser gefüllt werden können. Der Bodenraum unter der Füllung mit Kunststoffelementen erhält eine Verteilung für Luft und für Rückspülwasser. Der Reaktor wird periodisch mit Abwasser gefüllt, belüftet oder nur umgewälzt. Nach Ablaß des gereinigten Abwassers bietet er Raum für eine neue Charge. Ergebnisse der TU Hamburg-Harburg bestätigen Reinigungsleistung und Prozeßstabilität.

4.7.8 Teichkläranlagen

Klärteiche sind Abwasserbehandlungsanlagen. Erst wenn diese Bedingung eingehalten ist, kann man sie auch landschaftsgerecht anlegen. Die Grundlagen für die Klärtechnik der Teiche sind in Abschn. 4.5.3.5 behandelt.

Hier sollen weitere planerische Hinweise gegeben werden. Gegenüber technischen kleinen Kläranlagen bieten Klärteiche oft erhebliche Kostenvorteile. Durch das sehr große Klärvolumen kann man auch große Regenwetterabflüsse des Mischverfahrens mitbehandeln. Sie haben eine relativ hohe Prozeßstabilität, eine sehr hohe Betriebssicherheit und geringen Wartungsaufwand. Klärtechnisch besonders sinnvoll ist die Verwendung von Teichen als zweite- oder Nachklärstufe hinter konventionellen Klärstufen.

Kleine Ortschaften mit Mischkanalisation haben entweder keine oder nur eine Regenentlastung am Ortsausgang. Oft ist der unzureichende Vorfluter der Grund. Das Mischwasser kann zeitweise stark verschmutzt sein, z.B. nach Trockenperioden und Ablagerungen im Kanalnetz.

Es empfiehlt sich, die Teiche mit Umgehungsleitungen anzulegen. Man kann dann einen Teil des Mischwassers umleiten oder aufstauen. Man kann die Teiche zwecks Schlammräumung einzeln außer Betrieb nehmen. Die erforderlichen Ablaufwerte sollen auch während der Teichräumung erreicht werden.

Wie und in welcher Höhe die Regenwassermenge in die Teichanlage geleitet wird, hängt von den örtlichen Gegebenheiten ab. Bei groß bemessenen unbelüfteten Teichen ist es möglich, das gesamte Mischwasser mitzubehandeln. Bei belüfteten Teichen ist dies i. allg. nicht möglich. Von der Länge, dem möglichen Gefälle des Sammlers zwischen Ortslage und Kläranlage oder ob das Abwasser gehoben werden muß, hängt es ab, an welcher Stelle der Sammler durch Regenüberlaufbauwerke oder -überlaufbecken entlastet werden sollte. Auch die Nähe des Vorfluters am Entlastungspunkt spielt eine Rolle. Aus den planerischen Überlegungen heraus kommt man oft dazu, das Entlastungsbauwerk an den Ortsausgang zu legen. Ist dies nicht möglich, bietet sich die Entlastung vor der Teichkläranlage an, wobei man alle oder die ersten Teiche als Stauteiche verwenden kann. Es gibt folgende Betriebsmöglichkeiten:

Die gesamte Mischwassermenge durchfließt nacheinander die einzelnen Teiche einer großzügig bemessenen Teichanlage.

Ist der erste Teich ein kleinvolumiger Absetzteich, so wird ihm nur der kritische Mischwasserabfluß zugeführt. Das vorgeschaltete Entlastungsbauwerk wirkt dann als Regenüberlauf. Die Entlastungswassermenge kann dem Vorfluter oder den nachfolgenden Teichen zugeführt werden.

Eine größere Belastung entsteht, wenn der gesamte Mischwasserzulauf mit dem ersten Schmutzstoß dem Absetzteich zugeführt wird. Durch Drosselung des Teichablaufes entsteht im Absetzteich ein Aufstau als Fangbecken. Nach erreichter Stauhöhe wird über den vorgeschalteten Beckenüberlauf abgeworfenes Mischwasser dem Vorfluter oder den nachfolgenden Teichen zugeleitet.

Das Speichervolumen im ersten Teich errechnet sich aus der Differenz zwischen der Wasserspiegellage bei Trockenwetterzufluß und dem Stauwasserspiegel. Diese Aufstauhöhe hängt von dem zulässigen Höchstwasserspiegel im Zulaufkanal ab. Er sollte den Scheitel nicht überstauen.

4.7.8.1 Unbelüftete Teiche

In Norddeutschland werden unbelüftete Teiche mit 10 bis 20 m^2/EG bemessen und die Gesamtfläche z.B. auf 2 bis 4 Teiche aufgeteilt. Der erste Teich hat zur Aufnahme des Schlammes eine Wassertiefe von $\geq$ 2,5 m, die sich zum Auslauf hin auf $\approx$ 1,2 m verringert. Dadurch wird der Schlammstapelraum so groß, daß eine Räumung erst nach ca. 6 bis 10 Jahren erforderlich wird. Wegen der großen Oberfläche des ersten Teiches steht auch ein entsprechender Stauraum für Regenwasser zur Verfügung.

In Bayern hat sich eine flächensparende Lösung entwickelt. Der erste Teich wird als Absetzteich mit 0,5 bis 1,0 m^3/EG ausgebildet. Der Schlamm muß etwa jährlich geräumt werden. Dies ist wegen der geringen Teichgröße nicht schwierig. Der Schlamm darf nicht über den Teichwasserspiegel hinausragen wegen der dann auftretenden Geruchsbelästigungen. Die folgenden Teiche werden mit 5 bis 10 m^2/EG bemessen und die Gesamtfläche auf zwei oder mehr Teiche verteilt.

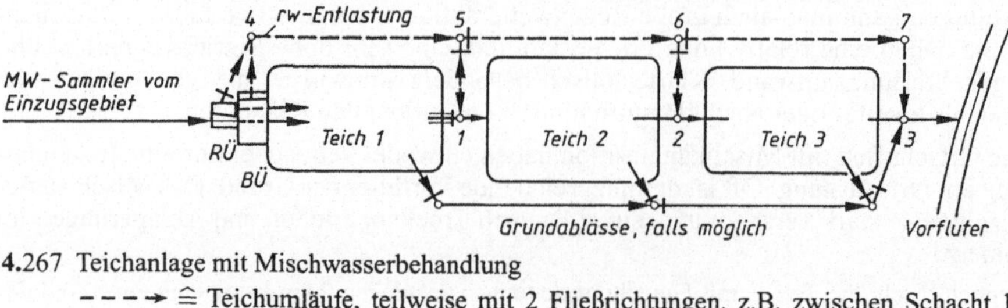

4.267 Teichanlage mit Mischwasserbehandlung
- - -→ ≙ Teichumläufe, teilweise mit 2 Fließrichtungen, z.B. zwischen Schacht 1 und 5, Sohlgefälle nach 5, Wasserspiegelgefälle für Q_{rw}, nach 1
—+— ≙ Schieber
═══ ≙ Drosselstrecke
RÜ ≙ Regenüberlauf
BÜ ≙ Beckenüberlauf

Bei unbelüfteten Abwasserteichen beträgt die Aufenthaltszeit meist mehr als 50 Tage. Eine weitgehende Oxidation der Stickstoffverbindungen und eine teilweise Denitrifikation ist möglich. Bei starkem Algenwuchs wird auch die Phosphatkonzentration verringert.

Die letzte Teichstufe oder Schönungsteiche werden gelegentlich mit Fischen besetzt. Es besteht die Gefahr der veränderten Nutzung. Aus dem Abwasserteich wird ein Fischteich.

Bei den Jahresgesamtkosten ist zu beachten, daß der hohe Anteil für Grunderwerb und Erdbauwerke nicht abgeschrieben zu werden braucht. Für die wöchentliche Kontrolle, das Bekämpfen von Schädlingen und für zweimaliges Mähen fallen etwa 100 bis 200 Arbeitsstunden im Jahr an. Da der Schlamm meist nur geringe Anteile an Schadstoffen enthält, kann er landwirtschaftlich verwertet werden.

4.7.8.2 Belüftete Teiche

Belüftete Abwasserteiche eignen sich auch bei Mischkanalisationen mit > 1000 EG und auch, wenn Abwasser aus Gewerbebetrieben wie Molkereien, Brauereien oder Schlachtereien mitbehandelt werden soll. Dabei werden Anlagen mit und ohne vorgeschalteten Absetzteich eingesetzt.

Ist kompliziertes oder wechselndes Abwasser zu behandeln, werden mehr als 2 Teiche empfohlen. Für die Bemessung ist es zweckmäßig, die Abbauwerte der einzelnen Teichstufen zu ermitteln. Für einige Teichsysteme sind nach Erfahrungswerten ungefähre Abbauleistungen ermittelt worden.

Die Teichform und -größe ist abhängig von der Belüftungsart.

Als Bemessungswert wurde in Abschn. 4.5.3.5 eine Raumbelastung von 10 bis 20 g $BSB_5/(m^3 \cdot d)$ empfohlen. Ein guter Leistungsbereich bis zu 25 g $BSB_5/(m^3 \cdot d)$ ist erwiesen. Bei belüfteten Teichen mit einer Raumbelastung $\leq$ 10 g $BSB_5/(m^3 \cdot d)$ kann im Sommer größere Stickstoffoxidation eintreten. Als Bemessungswert sollte aber

5 g $BSB_5/(m^3 \cdot d)$ eingesetzt werden. Die Aufteilung auf mehrere Teiche verbessert die Nitrifizierung.

Um keinen Schlammaustrag in den Vorfluter zu bekommen, ist als letztes eine Absetzzone oder ein Nachklärteich mit > einem Tag Durchfließzeit geeignet. Belüftete Teiche müssen entschlammt werden, sobald der abgesetzte Schlamm durch die Belüftung aufgewirbelt wird, oder 20 % der Teichtiefe erreicht hat.

In belüfteten Teichen ohne Absetzteich davor fällt bei häuslichem Abwasser eine Schlammenge von etwa 0,1 l/(E · d) mit einem Feststoffgehalt von 8 bis 10 % an. Der Schlamm ist mineralisiert, weitgehend geruchlos und kann bei Einhaltung der Grenzwerte für Schadstoffe landwirtschaftlich verwertet werden.

Durch häufige Anwendung der belüfteten Teiche sind viele spezielle Belüfter entwickelt worden. Eine einfache und robuste Ausführung mit wenig Wartungsaufwand ist von Vorteil. Es ist zu berücksichtigen, daß jedes Belüftungsaggregat ein eigenes Strömungsbild erzeugt und dadurch eine spezielle Teichform bedingt. Bei Oberflächenbelüftern ist im Winter mit Vereisung zu rechnen, bei feinblasiger Belüftung kann Intervallbetrieb Verstopfungen bewirken.

4.7.8.3 Teiche mit chemischer Fällung

Abwasserteichanlagen können auch mit Einrichtungen zur Phosphateliminierung ausgerüstet werden. Wegen der besseren Einmischung des Fällmittels ist diese bisher nur bei belüfteten Teichanlagen eingesetzt worden. In den Teichen findet ein weitgehender Konzentrationsausgleich statt, so daß eine wassermengenabhängige Dosierung genügt.

Das Fällmittel wird meist vor dem letzten belüfteten Teich direkt oder in einem Mischbecken mit dem Abwasser vermischt. Die Flockung erfolgt dann im Teich, in dem sich auch der chemische Schlamm absetzt.

Wegen der guten Absetzbarkeit der chemischen Flocken haben sich Eisensalze als Fällmittel bewährt. Da der Schlamm aus Abwasserteichen landwirtschaftlich oft verwertet wird, muß die Fällmittelwahl angepaßt werden.

Die biologische Reinigung wird durch die Fällung nicht beeinträchtigt. Phosphatrücklösungen aus dem abgesetzten Schlamm sind nicht zu erwarten, wenn dieser ständig von sauerstoffhaltigem Wasser überströmt wird. Die Schlammengen werden durch den chemischen Schlamm beachtlich vermehrt.

4.7.8.4 Belüftete Teiche mit Schlammrückführung

Um den großen Flächenbedarf einzuschränken, sind auch belüftete Teichanlagen mit Schlammrückführung entwickelt worden. Die Teiche werden mit einem Feststoffgehalt bis 500 mg *TS*/l betrieben. Das Teichvolumen ist entsprechend verkleinert.

Teiche mit Schlammrückführung sind verfahrenstechnisch als schwach belastete Belebungsanlagen in Erdbauweise einzustufen. Sie sind wartungsintensiver und störanfälliger als belüftete Teiche.

4.7.8.5 Teiche in Kombination mit Tropfkörpern, Tauchkörpern oder Belebungsanlagen

Diese Kombinationen entstehen, um bestehende Teichanlagen oder technische Anlagen zu erweitern, ihre Reinigungsleistung zu verbessern oder um bei Teichanlagen den Flächenbedarf zu verringern. Vgl. auch ATV-A 257 [1].

In der Regel können belüftete Abwasserteiche eine stabile Nitrifikation nicht leisten. Nur in stark unterbelasteten belüfteten Abwasserteichen kann es zu einer weitgehenden Stickstoffoxidation kommen. Während der wärmeren Jahreszeit kann Nitrifikation auch in normal belasteten belüfteten Teichen auftreten. Um weitgehende Nitrifikation zu erreichen, wird eine BSB_5-Raumbelastung von weniger als 5 g/(m³ · d) gefordert, was zu durchschnittlichen Aufenthaltszeiten von 40 bis 60 Tagen und zu sehr großflächigen Teichanlagen führt.

Durch den Einbau von nachgeschalteten Scheibentauchkörpern oder Tropfkörpern können weitergehende Anforderungen an den Kläranlagenablauf bezüglich einer Stickstoffoxidation erfüllt werden, wenn die Festbettreaktoren nach den Bemessungsansätzen für Stickstoffoxidation ausgelegt sind. Gleichzeitige Forderungen nach *CSB*- und BSB_5-Werten, die die Mindestanforderungen weit übertreffen, sind auf diese Weise jedoch nicht sicher zu erfüllen. Überwachungswerte z.B. für einen BSB_5 von unter 12 mg/l oder *CSB* unter 50 mg/l erfordern BSB_5-Flächenbelastungen unter 4 g/(m² · d) für *STK* bzw. BSB_5-Raumbelastungen unter 0,2 g/(m³ · d) für *TK*. Damit ist die Wirtschaftlichkeit dieser Verfahrenskombination in diesem Falle fragwürdig. Eine nennenswerte, aber unkonstante Verminderung des anorganischen Stickstoffes ist als Folge der Rezirkulation des Abwassers und der damit einhergehenden Denitrifikation anzusehen.

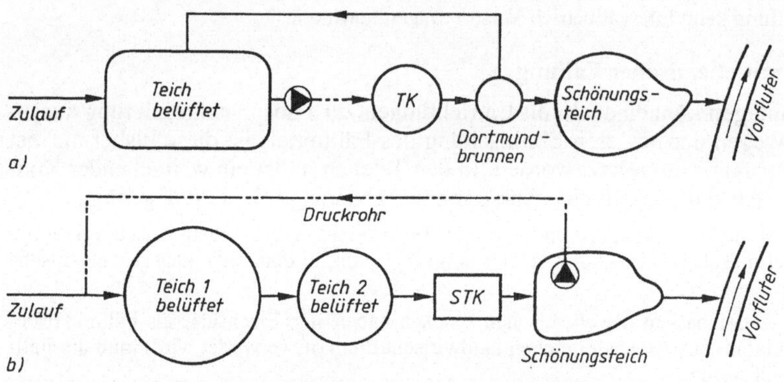

4.268 Mögliche Anordnung von Tropfkörpern in Teichkläranlagen
a) mit einem Tropfkörper *TK*
b) mit einem Scheibentropfkörper *STK*

Tropfkörper werden meist hinter dem ersten Teich angeordnet, der mindestens als Absetzteich mit 0,5 m³/E zu bemessen ist. Der mit Raumbelastungen $B_R \leq 0,4$ kg BSB_5/(m³ · d) bemessene Tropfkörper wird gleichmäßig beschickt. Der Rücklauf wird aus einem Nachklärbecken oder aus einem der nachgeschalteten Teiche entnommen. Die Aufenthaltszeit im Nachklärteich sollte > ein Tag sein. Zur Grobentschlammung können auch Siebanlagen eingesetzt werden (**4**.268a). Weitere Bemessungswerte nach Tafel **4**.31.

Wegen des geringeren Energiebedarfs werden auch Tauchkörper mit Abwasserteichen kombiniert. Weil Tauchkörper bei angefaultem Abwasser eine geringere Reinigungsleistung erbringen, sollte bei vorgeschalteten Schlammteichen ihre Bemessung mit $B_A \leq 8$ g BSB_5/(m² · d) erfolgen, und ≥ zwei Tauchkörperwalzen hintereinander eingesetzt werden (**4**.268b). Bemessungswerte nach Tafel **4**.31.

Im Falle der weitergehenden Abwasserreinigung können belüftete Teiche durch Tauchkörperstufen für die Nitrifikation ergänzt werden. Belüftete Festbettreaktoren sind geeignet. Denitrifikation ist durch Rezirkulation des nitrathaltigen Abwassers in den ersten Teich möglich. Durch Dosierung von Fällmitteln kann Phosphor eliminiert werden. **4**.269 zeigt den Lageplan einer Teichanlage mit belüftetem Festbettreaktor hinter der 2. Teichstufe.

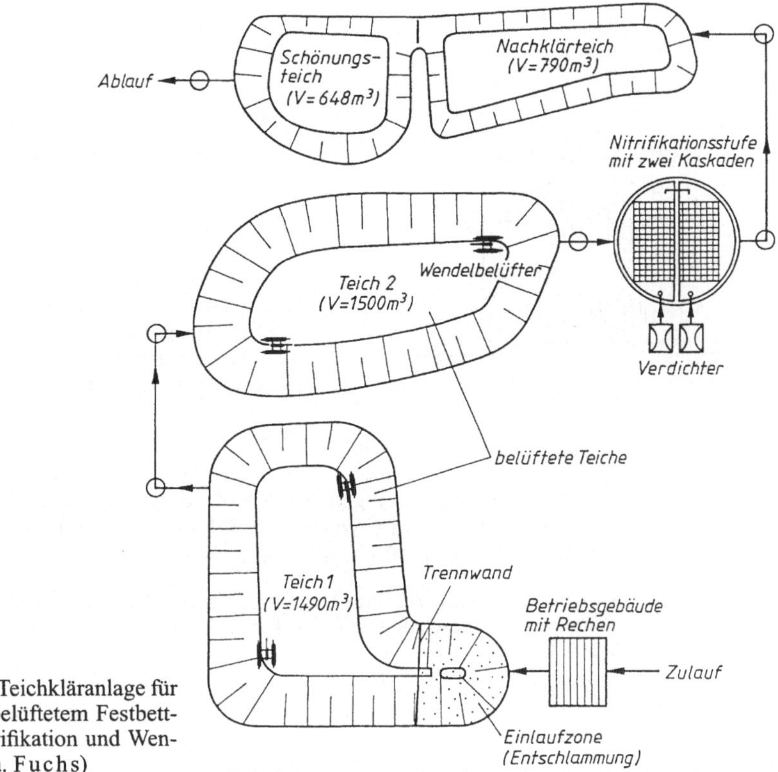

4.269
Lageplan einer Teichkläranlage für 1000 EW mit belüftetem Festbettreaktor zur Nitrifikation und Wendelbelüftern (Fa. Fuchs)

Als Kombination von Teichen mit Bestandteilen des Belebungsverfahrens wäre der Einsatz eines Belebungsbeckens für Teilreinigung und nachgeschalteten Teichen zu nennen. Einer mehrstufigen Teichanlage wird z.B. eine Hochlaststufe, bestehend aus belüftetem Sandfang, der zugleich als Belebungsbecken dient, und ein Zwischenklärbecken vorgeschaltet. Die Teiche dienen auch als Speicher für den Schlamm dieser Vorklärstufe. Eine BSB_5-Abbauleistung in der Vorstufe von $\geq$ 60% ist möglich. Die Teiche besorgen als zweite, Schwachlaststufe, die Restreinigung. Damit läßt sich der Einsatzbereich von Teichen bis ca. 15000 EG erhöhen. Besonders geeignet sind Gemeinden mit wechselnden Anschlußwerten (Saisonbetrieb). Die Vorklärstufe kann dann außerhalb der Saison stillgelegt werden. Einarbeitungszeit beträgt ca. 2 bis 4 Wochen.

Ähnlich aufgebaut sind Adsorptions-Teichanlagen nach Böhnke. Die den Teichen vorgeschalteten Adsorptionsstufen, meist zwei, sind Höchstlaststufen mit $B_{TS} > 2{,}0$, möglichst 5,0 kg BSB_5/(kg $TS \cdot$ d) (**4**.141).

4.7.8.6 Teiche mit Einrichtungen zur Nitrifikation und zur Denitrifikation

Bei den meisten Abwasserteichanlagen ist wegen ihres geringen Gehaltes an sessiler aerober Biomasse nur eine niedrige Nitrifikationsleistung zu erreichen.

Die Herstellung einer ausreichenden und stabilen Nitrifikation ist aber Voraussetzung für die Denitrifikation.

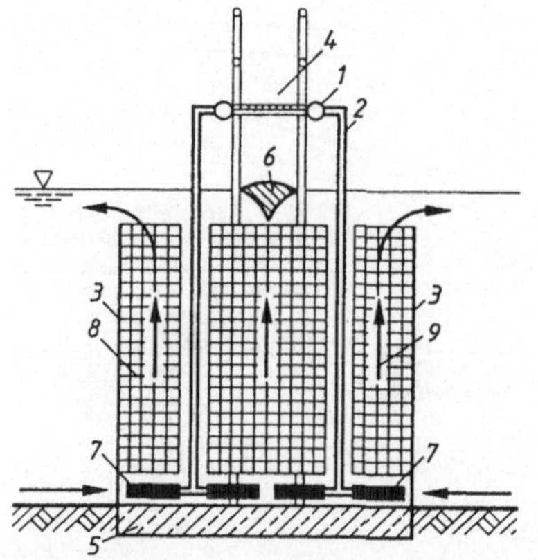

4.270
Systemskizze eines nitrifizierenden Linienbelüfters mit Festbett in einer Teichanlage

1 Hauptluftleitung
2 Belüfterrohre
3 Leitwände
4 Laufsteg
5 Fundamentplatte
6 Umlenkeinrichtung (Schwimmkörper)
7 Belüfterkerzen
8 Festkörperfüllung
9 Stromrichtung Luft und Wasser

Diese kann im Belüftungsteich dadurch verbessert werden, daß bei der Linienbelüftung (**4**.270) oberhalb der Lufteinblasvorrichtung ein dem Schachtquerschnitt entsprechender Festbettkörper, z.B. aus wasserbeständigem Kunststoff, eingesetzt wird. Damit wird eine zusätzliche Anwuchsfläche für die nitrifizierenden Bakterien geschaffen. Die spezifische Oberfläche des Festbettes kann ca. 600 m^2/m^3 betragen (s. Tafel **4**.36).

Teiche mit vorgeschalteter Denitrifikation. Die Denitrifikation kann man dem Belüftungsteich vor- oder nachschalten. Die vorgeschaltete Denitrifikation ist bisher häufiger ausgeführt worden. Sie wird hier erläutert (**4**.271).

Von Vorteil ist es, den Absetzteich in zwei getrennte Zonen zu unterteilen [74a]. Im Einlaufbereich erfolgt die Denitrifikation in einer Tiefzone (anoxische Zone), und im Ablaufbereich des Absetzteiches beginnt die Nitrifikation, welche im nachfolgenden Belüftungsteich fortgesetzt wird.

Die Rückführung des nitrifizierten Abwassers in die anoxische Zone wird aus dem Schönungsteich oder dem Auslauf des Belüftungsteiches in den Zulauf des Absetzteiches durch eine Pumpe bewirkt.

Um die im Absetzteich angestrebte Denitrifikation in der Tiefzone zu begünstigen, ist zwischen der

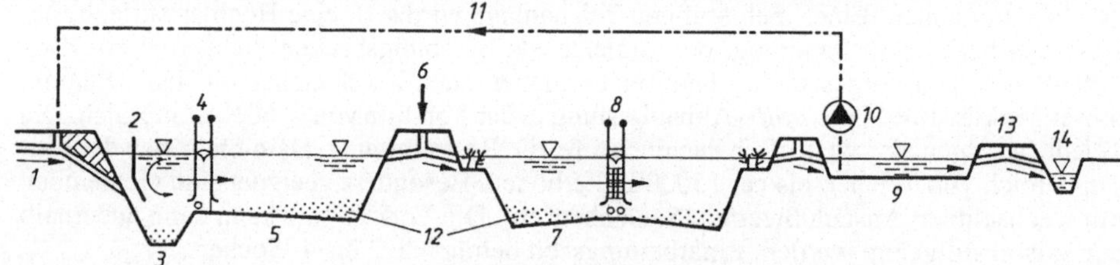

4.271 Längsschnitt durch denitrifizierende Teichanlage nach [74a]

1 Abwasserzulauf
2 tiefe Tauchwand
3 Tiefzone 1. Teich
4 Linienbelüfter mit einseitiger Kerzenausstattung zum Umwälzen der Tiefzone
5 Absetzteich
6 evtl. Fällmittelzugabe
7 Belüfteter Teich 2
8 Linienbelüfter mit Festbett zur erhöhten Nitrifikation
9 Schönungsteich, unbelüftet
10 Rücklaufpumpe
11 Druckleitung zur Rückführung des nitrifizierten Wassers
12 Schlammzonen
13 Kläranlagenablauf
14 Vorfluter

Ausmündung der Zulaufleitung und der Tiefzone des Absetzteiches eine bis dicht über den Teichgrund hinab reichende Tauchwand angebracht. Hierdurch wird erreicht, daß das in den Absetzteich einströmende Zulaufwasser vermischt mit dem rückgeführten nitrifizierten Abwasser die Tiefzone des Absetzteiches durchströmt.

Die Bemessungswerte der Teiche werden nicht beeinflußt, vgl. Tafel **4.46**.

Es besteht bei vielen bisher gebauten Teichanlagen die Möglichkeit, durch Umbau Denitrifizierung in höherem Maße zu erreichen.

Die hier beschriebene Verfahrenstechnik begrenzt sich auf Teiche bis etwa 2000 EGW. Bei größeren Teichanlagen sollte man auf konventionelle Vorklärstufen zur Denitrifizierung oder zusätzliche Filter mit Zwischenklärbecken zurückgreifen.

Zum *SBR*-Verfahren umgerüstete Teiche. Eine belüftete Klärteichanlage kann zu einer technischen Kläranlage umgerüstet werden, um erhöhte Anschlußwerte zu erreichen und/ oder um eine Stickstoff- und Phosphatelimination zu betreiben. Kostengünstig ist dies durch Umrüstung auf das *SBR*-Verfahren (Aufstauverfahren) zu erreichen. Die Umstellung erhöht die Kläranlagenkapazität etwa auf das Dreifache (s. Abschn. 4.7.9).

Nach Rechen und Sandfang gelangt das Abwasser in den ersten Teich, der nach Einbau einer Leitwand und von Rührwerken Vorspeicher wird. Hier wird das diskontinuierlich zufließende Abwasser zwischengespeichert und nach der eingestellten Zyklusfolge weitergegeben. Es wird in das *SBR*-Becken, den bisherigen zweiten Klärteich, gepumpt. Dieser Teich ist nun das kombinierte Reaktions- und Nachklärbecken. Er wird mit Belüftungs- und Rühraggregaten ausgestattet. Am Ende des Reinigungszyklus wird das Abwasser über eine Schwimmpumpe zum Kläranlagenablauf oder in die vorhandenen restlichen Teiche, die nun als Nachklärteiche dienen, gepumpt. Das *SBR*-Becken beansprucht nur einen Teil des zweiten Klärteichs, der Rest bleibt in Reserve (**4**.272).

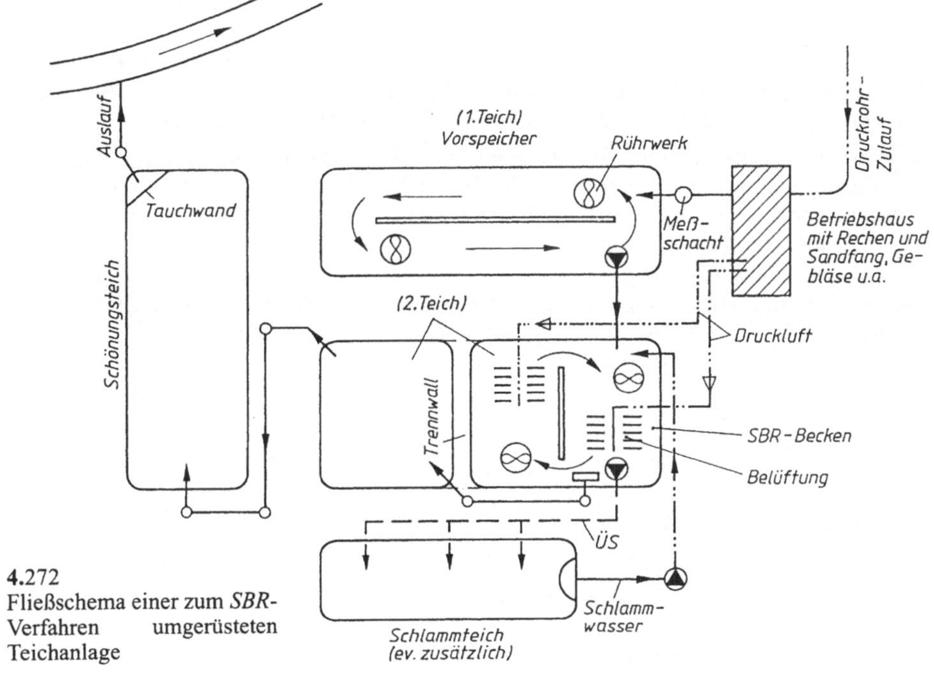

4.272
Fließschema einer zum *SBR*-Verfahren umgerüsteten Teichanlage

Beim *SBR*-Verfahren bleibt der Belebtschlamm im System und zeitweise in Schwebe. Vor dem Ablassen des geklärten Überstandswassers ist der Schlamm sedimentiert. Es werden Schlammkonzentrationen wie beim Belebtschlammverfahren erreicht.

4.7.8.7 Ablaufbehandlung im Schönungsteich

Durch die Nachbehandlung des biologisch gereinigten Ablaufs in flachen Teichen mit 1 m bis 1,50 m Wassertiefe und einer Aufenthaltszeit von etwa 2,5 Tagen, kann eine weitere Abnahme der suspendierten Stoffe erreicht werden. Das Algenwachstum wird gefördert und führt zu einem Anstieg des Schwebstoffgehaltes im Teichablauf. Dieser läßt sich durch Leitwände oder -dämme verhindern. Bleibt das Wasser im Sommer länger als drei Tage im Teich, so besteht die Gefahr starker Algenproduktion. Diese ist erwünscht, wenn weitere Nährstoffelimination erfolgen soll. Daneben werden im Schönungsteich auch die hygienischen und ästhetischen Eigenschaften des Kläranlagenablaufs verbessert. Die Abnahme der Gesamtkeimzahl und der Colibakterien beträgt ein bis zwei Zehnerpotenzen.

4.7.9 Bemessung von Kläranlagen für kleine Gemeinden

a) Belebtschlammverfahren

Die Kläranlagen mit gemeinsamer Schlammstabilisation arbeiten mit einer niedrigen Schlammbelastung. Der Schlamm wird schwach ernährt und bildet nur wenig organische Zellsubstanz. Er wird unter aeroben Bedingungen neben dem Klärprozeß abgebaut. Der Überschußschlamm zeichnet sich durch geringe Fäulnisfähigkeit aus. Die Entwässerbarkeit ist deutlich schlechter als bei anaerob ausgefaultem Schlamm. Ein Vorklärbecken kann entfallen, Rechen und Sandfang nicht. Die Vorteile des Verfahrens sind der große Belastungsspielraum und die einfache Schlammbehandlung. Die Reinigung einer begrenzten Regenwassermenge ist ohne Rückhaltebecken vor der Anlage möglich.

Anlagen mit getrennter Schlammstabilisation haben neben dem Belebungsbekken ein Stabilisierungsbecken für die aerobe Stabilisierung des Schlammes.

Kennwerte der Bemessung. Die Anlagen arbeiten zufriedenstellend, wenn bestimmte Bemessungswerte eingehalten werden. In Tafel **4.**79 sind diese Werte zusammengestellt. Entscheidend ist, daß der Betrieb die Einhaltung der Werte gewährleistet. Auf das ATV-Arbeitsblatt A 126 [1] wird hingewiesen. Vgl. auch Tafel **4.**37.

Bemessungsbeispiel (vgl. Bezeichnungen im Abschn. 4.5.2). Für eine kleine Gemeinde mit 2000 E soll eine Belebungsanlage mit gemeinsamer Schlammstabilisation ohne Vorklärbecken bemessen werden.

Kanalisation: Mischsystem. Bioch. Sauerstoffbedarf = 60 g BSB_5/(E · d), ISV = 100 ml/g TS

$$q_d = 150\,\text{l/(E} \cdot \text{d)}$$

$$Q_d = \frac{2000 \cdot 150}{1000} = 300\ \text{m}^3/\text{d}$$

$$Q_S = Q_{12} = \frac{300}{12} = 25\ \text{m}^3/\text{h}$$

$$Q_f = 5\ \text{m}^3/\text{h}$$

$$Q_t = Q_{t12} = 25 + 5 = 30\ \text{m}^3/\text{h} = 8{,}33\ \text{l/s}$$

nach ATV-A 126 gilt als Bemessungwert = 0,004 l/(E · s), hier 0,004 · 2000 = 8 l/s.

Tafel **4.79** Bemessungswerte für Kläranlagen kleiner Gemeinden nach dem Belebungsverfahren mit Schlammstabilisation ohne Vorklärung (500 bis 5000 EG) vgl. ATV-A 126 [1]

1	2	3	4	5	6	7
lfd. Nr.	Kläreinheit	Bemessungsgrößen	Kurzzeichen	Einheiten	gemeinsame Stabilisierung bei max Trockenwetterzufluß Q_t und bei Regenwetterzufluß Q_{rw}	getrennte Stabilisierung Trockenwetterzufluß
1	Belebungsbecken	Schlammindex, Belebtschlamm	ISV	ml/g		
		häusl. Abwasser			75 bis 100	
		mit mittlerem Anteil von gewerblichem Abwasser			100 bis 150	
		mit erheblichem Anteil an gewerblichem Abwasser			150 bis 200	
2		BSB_5-Raumbelastung	B_R	kg BSB_5/(m^3_{BB} · d)	$\leq 0{,}25$ (bei ISV 75 bis 100); $\leq 0{,}20$ (bei ISV 100 bis 150); $\leq 0{,}15$ (bei ISV 150 bis 200)	0,4 bis 1,0
3		Schlammbelastung	B_{TS}	kg BSB_5/(kg TS · d)	$\leq 0{,}05$ (bei ISV 75 bis 100); $\leq 0{,}05$ (bei ISV 100 bis 150); $\leq 0{,}05$ (bei ISV 150 bis 200)	0,1 bis 0,3
4		Schlamm-Trockengewicht	TS_{BB}	kg TS/m^3_{BB}	≤ 5 (bei ISV 75 bis 100); ≤ 4 (bei ISV 100 bis 150); ≤ 3 (bei ISV 150 bis 200)	2 bis 10
5		Überschlußschlamm Anfall $ÜS_B$	$ÜS_R/B_R$	kg TS/kg BSB_5	$\approx 1{,}0$	$\approx 1{,}0$
6		Schlammalter t_{TS}	$TS_{BB}/ÜS_R$	d	≥ 20, bei Denitrifikation ≥ 25	4 bis 10
7		O_2 Gehalt	C_o	mg O_2/l	$\geq 2{,}0$	$\geq 2{,}0$
8		O_2 Sättigung im BB	C_s	mg O_2/l	9	9
9		Reziproker Wert des O_2 Sättigungsdefizits	$C_s/(C_s - C_o)$	–	1,28	1,28
10		O_2-Zufuhr, 24 h-Mittel.	αOC_{24}	kg O_2/h	$0{,}1\,B_d$	
11		O_2-Last (Bemessung)	$\alpha OC/B_R$	kg O_2/kg BSB_5	$\geq 2{,}5$	≥ 3
12		Sauerstoffertrag	αOC_N	kg O_2/kWh	1,0 bis 1,6	1,0 bis 1,6
13		Arbeitsaufwand	E_B	kWh/kg BSB_5 Abbau	$\approx 1{,}0$	
14		Umwälzleistung	W_R	Watt/m^3_{BB}	≥ 3 bis 8	3 bis 8
15		Sauerstoffeintrag	f_{O_2}	g O_2/(m_L · m)		
		– ohne getrennter Umwälzung			8 bis 10	8 bis 10
		– mit getrennter Umwälzung			12 bis 15	12 bis 15
16	Nachklärbecken	Schlamm-Trockengewicht des Rücklaufschlammes [1])	$TS_{RS} = 1200/ISV$	kg TS/m^3	6 bis 16	
17		Durchflußzeit	t_{NB}	h	$> 2{,}5$	
18		Oberflächenbeschickung	$q_A = \dfrac{q_{sv}}{TS_{BB} \cdot ISV}$	m/h	0,75 bis 1,2	
19		Schlammvolumenbeschickung *)	$q_{SV} = q_A \cdot VSV$	l/(m^2 · h)	$\leq 450\,H$, $\leq 600\,V$	
20		Überfallschwellenbeschickung	q_1	m^3/(m · h)	≤ 10	
21	Schlammspeicher	Stapelzeiten bei ganzjährig gesicherter Abfuhr	t_S	Monat	≥ 1	
		bei landwirtsch. Verwendung		Monat	≥ 6	
22		Schlammanfall	s_{EG}			
		nicht eingedickt ≈ 99% WG		l/(EG · d)	5	
		voreingedickt ≈ 97,5% WG		l/(EG · d)	2	
		gelagert ≈ 95% WG		l/(EG · d)	1	

[1]) s. Bild **4.78** *) $H \,\hat{=}\,$ Horizontaldurchfluß; $V \,\hat{=}\,$ Vertikaldurchfluß; $WG \,\hat{=}\,$ Wassergehalt

Bei max Regenwetter Verdünnung vor der Kläranlage auf

$$Q_{rw} = (1+m) \cdot Q_{t12} = (1+2) \cdot 30 = 90\ m^3/h > 2 \cdot Q_{12} + Q_f = 2 \cdot 25 + 5 = 55\ m^3/h$$

$$\text{tägl. } BSB_5 = B_d = \frac{2000 \cdot 60}{1000} = 120\,\text{kg}\ BSB_5/\text{d}$$

Bemessung Belebungsbecken = BB-Becken

$$\text{gewählt } B_R \text{ (nach Tafel 4.79)} = 0{,}2\ \text{kg}\ BSB_5/(m^3_{BB} \cdot d)$$
$$\text{gewählt } B_{TS} \text{ (nach Tafel 4.79)} = 0{,}05\ \text{kg}\ BSB_5/(\text{kg}\ TS \cdot d)$$
$$TS_{BB} = B_R/B_{TS} = 0{,}20/0{,}05 = 4\,\text{kg}\ TS/m^3_{BB}$$
$$V_{BB} = \frac{\text{tägl. } BSB_5}{B_R} = \frac{120}{0{,}2} = 600\ m^3$$

Belüftungszeit

$$t_{BB,t} = \frac{V_{BB,t}}{Q_{t12}} = \frac{600}{30} = 20{,}0\,h \qquad t_{BB,rw} = \frac{V_{BB}}{Q_{rw}} = \frac{600}{90} = 6{,}7\,h$$

Gewählt wird ein Belebungsgraben nach Abschn. 4.7.2 mit dem Querschnitt $A = 1{,}2(5{,}1+1{,}5)/2 = 3{,}96\,m^3$ (**4**.273) und der umlaufenden Länge $L = V_{BB}/A = 600/3{,}96 = 151{,}5\,m$

Belüftung: erf O_2-Menge = 2,5 · 120 = 300 kg O_2/d; O_2/h = 300/24 = 12,5 kg O_2/h

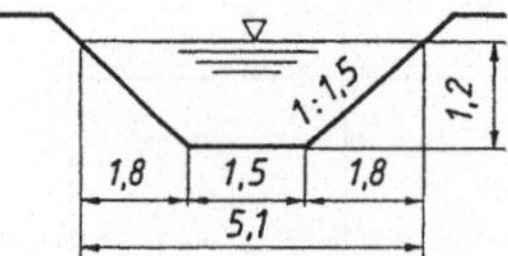

4.273
Querschnitt durch den Belebungsgraben

Die erf O_2-Menge wird durch 2 Belüftungswalzen ⌀ 700 mm, L = 3,0 m eingetragen. Bei einer Eintauchtiefe von 14 cm beträgt $OC = \alpha \cdot OC/m_{Walze} \cdot 3 \cdot 2 = 0{,}8 \cdot 2{,}7 \cdot 3 \cdot 2 = 13\,\text{kg}\ O_2/h$.

Leistungsaufnahme P = 3,9 kW je Walze. Abbauaufwand $= \dfrac{2 \cdot 3{,}9 \cdot 24}{0{,}96 \cdot 120} = 1{,}63\,\text{kWh/kg}\ BSB_5$-Abbau.

Die Leistungsdichte beträgt dann $P_R = 2 \cdot 3{,}9 \cdot 1000/600 = 13\ W/m^3_{BB}$. Nach **4**.104 ist dieser Wert ausreichend für ein Becken mit Tiefe/Breite von 1 : 4, hier $1{,}2 : 5{,}1 = 1 : 4{,}25$.

Bemessung Nachklärbecken = NB (vertikal durchströmt)

$$ISV = 100\,\text{ml/g angenommen}$$

Trockenwetterzufluß:

$$VSV = TS_{BB} \cdot ISV = 4 \cdot 100 = 400\,\text{ml/l}$$
$$\text{gewählt } q_A = 400/(4 \cdot 100) = 1{,}0\,\text{m/h}$$
$$\text{erf} A_{NB} = \max Q_t/q_A = 30/1{,}0 = 30\,m^2; \quad \text{vorh } A_{NB} = 78{,}54\,m^2 \quad \text{(s.S. 659)}$$
$$RV = Q_{RS}/Q_{t12} = \frac{4}{12-4} = 0{,}5$$
$$TS_{RS} = 12\,\text{kg}\ TS/m^3 \quad (\mathbf{4}.78)$$
$$q_{sv} = 1{,}0 \cdot 400 = 400\ l/(m^2 \cdot h)$$
$$\text{vorh} q_A = 30/78{,}54 = 0{,}38\,\text{m/h}; \quad \text{vorh} q_{sv} = 0{,}38 \cdot 400 = 152\ l/(m^2 \cdot h) \text{ bei } Q_{t12}$$

Regenwetterzufluß:

$TS_{RS,\,rw} = 12 + 2 = 14\,\text{kg}\ TS/\text{m}^3$ (**4**.78) eingesetzt; $TS_{RS,\,rw} = TS_{RS,\,m}$

$TS_{BB,\,rw} = 4 - 1{,}3 = 2{,}7\,\text{kg}\ TS/\text{m}^3_{BB}$ nach Tafel **4**.29.

$(\Delta TS_{BB} = 1{,}3)$

$$RV = \frac{TS_{BB,\,rw}}{TS_{RS,\,rw} - TS_{BB,\,rw}} = \frac{2{,}7}{14 - 2{,}7} = 0{,}24$$

$VSV = TS_{BB,\,rw} \cdot ISV = 2{,}7 \cdot 100 = 270$

$\text{erf}\,q_{sv} \leq 600$

$\text{erf}\,q_A \leq q_{sv}/VSV = 600/270 = 2{,}2$

gewählt 1,5 m/h

$\text{erf}\,A_{NB} = Q_{rw}/Q_A = 90/1{,}5 = 60\,\text{m}^2$, maßgebend, vgl. Ansatz Trockenwetterzufluß

Bemessung: gewählt Trichterbecken mit $D = 10\,\text{m}$

$$\text{vorh}\,A_{NB} = \frac{\pi \cdot D^2}{4} = \frac{\pi \cdot 10^2}{4} = 78{,}54\,\text{m}^2$$

Trichterneigung 1,7:1; Trichtertiefe = $1{,}7(5 - 0{,}4) = 7{,}82\,\text{m}$

Beckentiefe = $7{,}82 + 1{,}75 = 9{,}57\,\text{m}$

Die Zonen des Nachklärbeckens (**4**.274) sollen nach ATV-A 131 [1] folgende Tiefen bzw. Volumen haben in m bzw. m³, vgl. Formeln in Tafel **4**.29.

Klarwasserzone $h_1 = 0{,}5\,\text{m}$

Trennzone h_2 noch im zylindrischen Teil

$$h_2 = \frac{0{,}5 \cdot 1{,}0(1 + 0{,}5)}{1 - 400/1000} = 1{,}25\,\text{m}$$

Speicherzone V_3; wirksame Oberfläche A_{NB} noch im zylindrischen Teil

$$\text{erf}\,V_3 = \frac{0{,}45 \cdot 400(1 + 0{,}5)}{500} \cdot 78{,}54 = 42{,}42\,\text{m}^3$$

mit

$q_{SV} = 400\,\text{l}/(\text{m}^2 \cdot \text{h})$

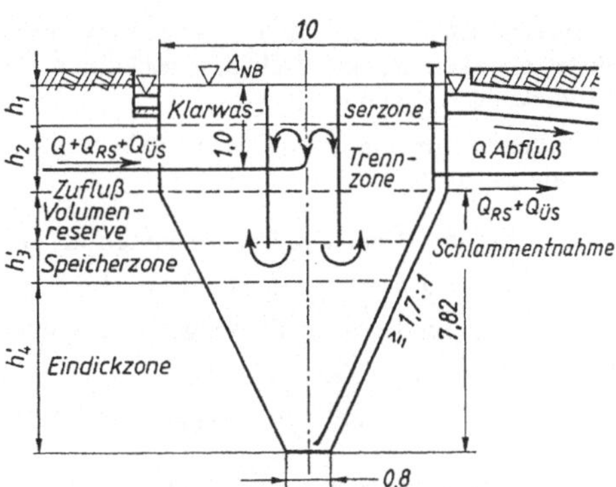

4.274
Bemessung des Nachklärbeckens

Eindickzone V_4 mit $t_E = 2{,}0\,h$

$$\text{erf}\,V_4 = \frac{400(1+0{,}5)\cdot 2{,}0}{1100}\cdot 78{,}54 = 85{,}68\,m^3$$

V_3 und V_4 bilden den Trichter-Teil des Beckens erf $V_{3+4} = 42{,}42 + 85{,}68 = 128{,}1\,m^3$

Vorhandene Abmessungen nach **4.**274:

$$\begin{aligned} &\text{Trichter-Teil} && = \frac{\pi\cdot 7{,}82}{12}(10^2 + 10\cdot 0{,}8 + 0{,}8^2) && = 222{,}4\,m^3 \quad > 128{,}1 \\ &\text{Zylindr. Teil} && = 78{,}54\cdot(1{,}25+0{,}5) && = 137{,}5\,m^3 \\ & && && V_{NB} = 359{,}9\,m^3 \end{aligned}$$

erf. $h_3' \approx 0{,}87\,m$; erf. $h_4' \approx 5{,}50\,m$; erf. $h_3' + h_4' > 6{,}37\,m$, vorh. 7,82 m

Die rechnerischen Durchflußzeiten betragen:

$$t_{NB,t} = \frac{359{,}9}{30} = 12\,h \quad t_{NB,rw} = \frac{359{,}9}{90} = 4\,h$$

Bemessungsbeispiel für getrennte Stabilisierung bei Normaltemperatur. Es soll das vorstehende Beispiel für getrennte Stabilisierung berechnet werden. Es ändert sich das Belebungsbecken und ein Stabilisierungsbecken kommt hinzu.

Bemessung Belebungsbecken. Das Schlammalter t_{TS} im Belebungsbecken wird für Vollreinigung mit Nitrifikation mit 10 d gewählt. Nach Tafel **4.**37 ergibt sich mit $TS_{BB} = 4{,}5\,kg\,TS/(m^3_{BB})$ die Überschußschlammproduktion.

$$\ddot{U}S_R = TS_{BB}/t_{TS} = 4{,}5/10 = 0{,}45\,kg\,TS/(m^3_{BB}\cdot d)$$

Diesem erhöhten Wert entspricht eine höhere Raumbelastung nach Tafel **4.**37:

$$\begin{aligned} B_R &= \ddot{U}S_R/0{,}9 = 0{,}5\ kg\ BSB_5/(m^3\cdot d) \\ B_{TS} &= B_R/TS_{BB} = 0{,}5/4{,}5 = 0{,}11\ kg\ BSB_5/(kg\,TS\cdot d) \\ V_{BB} &= \frac{\text{tägl.}BSB_5}{B_R} = \frac{120}{0{,}5} = 240\ m^3 (\text{gegenüber } 600\ m^3 \text{ bei der gemeins. Stabilisierung}) \\ t_{BB} &= \frac{V_{BB}}{Q_{t12}} = \frac{240}{30} = 8\,h \end{aligned}$$

Bemessung Stabilisierungsbecken. Im Stabilisierungsbecken wird der Schlamm weiter belüftet, aber kein Rücklaufschlamm zugeführt. Das Schlammalter = der Aufenthaltszeit, wenn keine Eindickung erfolgen würde.

Bei einem angenommenen Gesamtschlammalter von 25 d verbleiben 25 − 10 = 15 d für das Stabilisierungsbecken.

Tägliche Überschußschlammenge aus der Belebung $\ddot{U}S = 0{,}45\cdot 240 = 108\,kg\,TS/d$,

$oTS = 0{,}7\cdot 108 = 75{,}6\,kg/d$

mittlerer Trockensubstanzgehalt des Stabilisierungsbeckens $= 108\cdot 15 = 1620\,kg\,TS$,

$oTS = 0{,}7\cdot 1620 = 1134\,kg$

erf. $V_{StB} = 75{,}6/1{,}2 = 63\,m^3$ mit $1{,}2\,kg\,oTS/(m^3\cdot d)$ = organische Reststoffbelastung

Vergleiche die etwas höheren Erfahrungswerte im Abschn. 4.6.2.2.

Tafel 4.80 Zusammenstellung der Bauweisen von kleinen Kläranlagen mit Anschlußwerten bis ≈ 5000 EG

Kriterien	Pflanzenanlagen	Unbelüftete Teiche	Belüftete Teiche	Mechanisch-biologische Kläranlagen Aufgelöste Bauweise	Kombinationsbauweise
Bemessung	Unterschiedliche Vorschläge für Aufbau und Fläche	geregelt in A 201		A122, A126, A155	
Maschinen- u. Elektro-Ausrüstung	keine	keine bis gering	gering	hoch, verfahrensabhängig	hoch bis sehr hoch
Konstruktive Gesichtspunkte	Abwasserbeschickung und -abzug bedarf voll funktionsfähiger Einrichtungen	keine	Anpassung der Teichform an Belüftungssystem	erprobte Lösungen für alle Details vorhanden	systemabh. Einheitskonstruktionen, Kombination der Bauwerke kann zu Bemessungsabhängigkeiten führen
Aufnahmevermögen gegenüber Schmutzstößen	groß			begrenzt, Langzeitbelebung günstig, *TRK* weniger günstig	
Speichervermögen gegenüber MW-Zuflüssen	begrenzt	sehr groß		gering, Regenbecken erforderlich. Bei kleineren Anlagen RB-Entleerung schwierig	
Reinigungsleistung – allgemein	Erfahrungen entstehen	erprobt		erprobt	meist erprobt
– organ.Stoffe	MA einhaltbar für GK 1	MA = Mindestanforderungen können eingehalten werden			
– Nährstoffe	mäßig bis gering bei funktionsfähigen Anlagen	mäßig	gering, durch zusätzl. Aufwand zu verbessern		
– Keime	gut bei funktionsfähigen Anlagen	erheblich	deutlich	gering, zus.Aufwand erforderlich	
Einfahrzeit	mehrere Wochen	keine		2 bis 4 Wochen	
Betriebskontrollen Wartung	> bei unbel.Teichen, erhöhte Anforderungen für Pflanzenpflege	sehr gering	gering	täglich	
Betriebsicherheit	Verstopfungsgefahr, Winterbetrieb fraglich	sehr groß	sehr groß bis groß	systemabhängig	
Reststoffe	Vorklärung erforderlich, Schlammbeseitigung notwendig	Schlammräumung nach ein- bis mehrjährigem Betrieb		Schlammräumung häufig. Schlammbeseitigung nach Zwischenlager	
Betriebskosten	> bei unbelüfteten Teichen, besondere Pflanzenpflege	sehr gering	gering, Stromkosten beachtlich	hoch	
Baukosten	nicht niedriger als bei Teichen, mäßig	mäßig	mäßig bis hoch	hoch	mäßig bis hoch
Flächenbedarf	sehr groß bis groß	sehr groß	groß	gering	sehr gering
Umweltbelange	landschaftl.Einbindung möglich, Geruchsentwicklung möglich		Geräuschkontr. erf.	bes. Maßnahmen zur landschaftl. Einbindung erforderlich Geruchsentwicklung möglich, aber leicht zu bekämpfen	
Anwendungsbereich	mit mech. Vorstufe für kleine Anlagen, als nachgesch. Stufe zur weitergehenden Abwasserreinigung	für ländl. Orte ≤ 1000 EG, auch bei Mischkanalisation	für Orte >1000 EG, bes. geeignet für Saisonbetrieb	Systemanpassung nach örtl. Verhältnissen	sorgfältige Systemauswahl bezügl. Verfahrenstechnik und Kosten. Bei Trennkanalisation geeigneter als bei Mischkanalisation

b) EG-bezogene Bemessungswerte für kleine Belebungsanlagen
Grundlage ATV-A 131 (Tafel **4.**53 und **4.**54)

Ausgangswerte: BSB_5 = 60 g/(EG · d), TS_o = 70 g/(EG · d), TS_o/BSB_5 = 1,17, Phosphor = 2,5 g/(EG · d), t_{TS} = 25 d.

$$\ddot{U}S_{BSB_5} = 0{,}98\,\text{kg}\,TS/\text{kg}\,BSB_5; \quad TS_{BB} = 5{,}0\,\text{kg}\,TS/\text{m}^3$$

$$B_R = \frac{TS_{BB}}{\ddot{U}S_B \cdot t_{TS}} = \frac{5{,}0}{0{,}98 \cdot 25} = 0{,}20\,\text{kg}\,BSB_5/(\text{m}^3 \cdot \text{d})$$

$$\text{erf.}\,V_{BB} = 0{,}060/0{,}20 = 0{,}30\,\text{m}^3/\text{EG}$$

Soll Phosphor durch Simultanfällung entfernt werden, so entsteht ein zusätzlicher Schlammanfall

$$\ddot{U}S_P = 6{,}8 \cdot P/BSB_5 = 6{,}8 \cdot 2{,}5/60 = 0{,}28\,\text{kg}\,TS/\text{kg}\,BSB_5$$

$$\ddot{U}S_B = \ddot{U}S_{BSB_5} + \ddot{U}S_P = 0{,}98 + 0{,}28 = 1{,}26\,\text{kg}\,TS/\text{kg}\,BSB_5$$

$$B_R = \frac{5{,}0}{1{,}26 \cdot 25} = 0{,}16\,\text{kg}\,BSB_5/(\text{m}^3 \cdot \text{d})$$

$$\text{erf.}\,V_{BB} = 0{,}060/0{,}16 = 0{,}375\,\text{m}^3/\text{EG}$$

$$\ddot{U}S = 0{,}98 \cdot 60 = 60\,\text{g}\,TS/(\text{EG} \cdot \text{d}) \quad \text{bzw.} \quad \ddot{U}S = 1{,}26 \cdot 60 = 75\,\text{g}\,TS/(\text{EG} \cdot \text{d}) \text{ nach Tafel } \mathbf{4.}54$$

$$\text{aus g}\,TS/(\text{EG} \cdot \text{d}) = \frac{\text{g}\,TS \cdot \text{g}\,BSB_5}{\text{g}\,BSB_5 \cdot \text{EG} \cdot \text{d}}$$

Bei einem Flüssigschlammspeicher sollte der Eingabewert des Wassergehalts $\geq$ 97% angenommen werden. Aus $60/1000 = 3/100 \cdot s$ bzw. $75/1000 = 3/100 \cdot s$ ergibt sich dann

$$s = 2{,}0\,\text{l}/(\text{EG} \cdot \text{d}) \quad \text{bzw.} \quad s = 2{,}5\,\text{l}/(\text{EG} \cdot \text{d})$$

Der Sauerstoffverbrauch OV setzt sich zusammen aus OV_C und OV_N. Wiedergewinn von O_2 durch Denitrifikation kann abgezogen werden.

$$OV_N = (4{,}6 \cdot NO_3\text{-}N_e + 1{,}7 \cdot NO_3\text{-}N_D)/BSB_5 \quad \text{in} \quad \text{kg}\,O_2/\text{kg}\,BSB_5 \quad (\text{vgl. Gl. (4.27)})$$

Bei 11,0 g NO_3-N/(EG · d) und 1,0 g NO_3-N/(EG · d) für Aufnahme durch den Schlamm verbleiben 10,0 g NO_3-N/(EG · d). Bei einer Deni-Leistung von 70% ergibt sich 3 g NO_3-N_e/(EG · d) und 7 g NO_3-N_D/(EG · d):

$$OV_N = 4{,}6 \cdot 3 + 1{,}7 \cdot 7 = 25{,}7\,\text{g}\,O_2/(\text{EG} \cdot \text{d}) \quad \text{aus} \quad \frac{\text{g}\,O_2 \cdot \text{g}\,NO_3\text{-N}}{\text{g}\,NO_3\text{-N} \cdot (\text{EG} \cdot \text{d})} + \frac{\text{g}\,O_2 \cdot \text{g}\,NO_3\text{-}N_D}{\text{g}\,NO_3\text{-}N_D \cdot (\text{EG} \cdot \text{d})}$$

Der Wert für den Kohlenstoffabbau beträgt $OV_C = 1{,}60\,\text{kg}\,BSB_5$ nach Tafel **4.**54

$$OV_C = 1{,}60 \cdot 60 = 96\,\text{g}\,O_2/(\text{EG} \cdot \text{d}) \quad \text{in} \quad \text{g}\,O_2/(\text{EG} \cdot \text{d}) = \frac{\text{g}\,O_2 \cdot \text{g}\,BSB_5}{\text{g}\,BSB_5 \cdot \text{EG} \cdot \text{d}}$$

$$OV = OV_C + OV_N = 96 + 25{,}7 = 122\,\text{g}\,O_2/(\text{EG} \cdot \text{d})$$

Als Stoßfaktoren sind $f_C = 1{,}1$ und $f_N = 1{,}5$ zu beachten.

Bei simultaner oder intermittierender Denitrifikation ist ohne Vorklärung ein $V_D/V_{BB} = 0{,}3$ ausreichend, d.h. die Luft zur Nitrifizierung muß in 70% der Zeit, in $\approx$ 17 h/d, eingetragen werden. Für $C_x = 2{,}0$ mg/l ergibt sich $C_S/(C_S - C_x) = 10/(10-2) = 1{,}25$

$$\text{erf.}\,O_B = C_S/(C_S - C_x) \cdot (OV_C \cdot f_C + OV_N \cdot f_N) \quad \text{in} \quad \text{kg}\,O_2/\text{kg}\,BSB_5 \quad \text{bzw.} \quad \text{g}\,O_2/(\text{EG} \cdot \text{d})$$

$$\text{erf.}\,O_B = \underbrace{1{,}25(96 + 25{,}7 \cdot 1{,}5)}_{168{,}2}/17 \approx 10\,\text{g}\,O_2/(\text{EG} \cdot \text{h}) \quad \text{in} \quad \frac{\text{g}\,O_2 \cdot \text{d}}{\text{EG} \cdot \text{d} \cdot \text{h}}$$

$f_C = 1{,}0$ gesetzt, da OV_C und OV_N teilweise zeitlich versetzt auftreten.

Tafel **4.**81 Faustwerte für kleine Belebungsanlagen, EG-bezogen [26b]

Belebungsbecken	ohne/mit Fällung
Volumen	0,30/0,375 m^3/EG
Schlammanfall (Trockensubstanz)	60/75 g/(EG · d)
Im Speicher eingedickter Schlamm	2,0/2,5 l/(EG · d)
Sauerstoffverbrauch (OV_C=96, OV_N = 25,7)	122 g O_2/(EG · d)
erf. Sauerstoffzufuhr (Spitzenstunde) O_B	10 g O_2/(EG · h)
Nachklärbecken (vertikaler Durchfluß, q_A = 0,9 m/h)	
Orte mit Trennkanalisation	23 bis 33 m^2/1000 EG
Orte mit Mischkanalisation	40 bis 50 m^2/1000 EG

Für die Leistungsaufnahme der Gebläse kann man mit 1,7 g O_2/Wh rechnen (s. Tafel **4.**38).

$$P = 10/1{,}7 = 6\,\text{W/EG} \quad \text{in} \quad \text{W/EG} = \frac{\text{g}O_2 \cdot \text{Wh}}{\text{EG} \cdot \text{h} \cdot \text{g}O_2}$$

Zur Bio-P-Elimination kann man der Belebung ein Mischbecken vorschalten, Aufenthaltszeit für $Q_t + Q_{RS} = 0{,}5$ bis $0{,}75\,\text{h}$. Zusätzlich ist P-Fällung bei niedrigen geforderten P-Ablaufwerten, z.B. $\leq 2\,\text{mg/l}$ vorzusehen.

Die Nachklärung kann mit folgenden Werten berechnet werden:

$$ISV = 100\,\text{ml/g}; \quad TS_{BB} = 5{,}0\,\text{kg/m}^3; \quad VSV = 500\,\text{l/m}^3; \quad q_A = 0{,}9\,\text{m/h}$$

$$q_{SV} = 0{,}9 \cdot 5{,}0 \cdot 100 = 450\ \text{l/(m}^2 \cdot \text{h)}$$

Der Abwasseranfall sollte auch bei kleinen Anlagen mit

$$q_s = 150\,\text{l/(EG} \cdot \text{d)} \quad \text{und} \quad Q_{10} = 15\,\text{l/(EG} \cdot \text{d)} \quad \text{angesetzt werden.}$$

Eine wesentliche Rolle spielt das Fremdwasser. Es gilt

$$Q_t = Q_s + Q_f \quad \text{und} \quad Q_m = 2Q_s + Q_f$$

Die Werte für Q_t und Q_m sind in Tafel **4.**82 für $Q_f = 0$; 50 und 100% von Q_{10} sowie für 100% von $Q_{s,d}$ zusammengestellt. Die Entleerungszeit der Regenbecken durch Q_m wurde mit 12 h angenommen. In Klammern $Q_{d,RW}$ bei ungünstigem Zufluß von Q_m über 24 h.

Tafel **4.**82 Einwohnerbezogener spezifischer Abwasseranfall $Q_{s,d}$ = 150 l/(EG · d); $Q_x = Q_{10}$

l/(EG · h)				l/(EG · d)	l/(EG · h)			l/(EG · d)	
Q_{10}	Q_f		Q_{t10}	$Q_{d,TW}$	$2Q_{10}$	Q_f	$Q_m = 2Q_{10} + Q_f$	$Q_{d,RW}$	
15	0	– –	15	150	30	– –	30	330	(720)
15	100% v. Q_{sd}	6	21	294	30	6	36	474	(864)
15	50% v. Q_{10}	7,5	22,5	330	30	7,5	37,5	510	(900)
15	100% v. Q_{10}	15	30	510	30	15	45	690*)	(1080)

*) $690 = 45 \cdot 12 + 15 \cdot 12 - 2 \cdot 15 = 540 + 180 - 30$ als Beispiel

$45 \cdot 12$: Q_m über 12 h, einschl. Q_{10} über 12 h (2 h zu viel); $15 \cdot 12$: Q_r über 12 h; $2 \cdot 15$: Q_{10} über 2 h (Abzug, weil bei Q_m 2 h zu viel)

$Q_{f,24} \approx 6\,l/(EG \cdot h) = 150/24$ der Annahme von 100% Fremdwasser, bezogen auf $Q_{s,d}$. Bezogen auf Q_{10} sind 100% = 15 l/(EG · h). Nachklärbecken kann man danach bemessen bei

Trennkanalisation für $Q_t = 21$ bis $30\,l/(EG \cdot h) = (15+6)$ bis $2 \cdot 15$
Mischkanalisation für $Q_m = 36$ bis $45\,l/(EG \cdot h) = (2 \cdot 15+6)$ bis $3 \cdot 15$

Mit $q_A = 0{,}9\,m/h$ (vertikaler Durchfluß) ergeben sich die Nachklärbeckenoberflächen bei

Trennkanalisation $A_{NB} = 23$ bis $33\,m^2/1000\,EG$
Mischkanalisation $A_{NB} = 40$ bis $50\,m^2/1000\,EG$

Die Werte in Tafel **4.**81 und **4.**82 sind nur unter den angegebenen Annahmen anwendbar. Im Einzelfall ist eine genaue Bemessung notwendig.

c) Bemessungsbeispiel für eine Aufstauanlage (SBR)
Das Schlammalter beträgt nach ATV-A 131 (Tafel **4.**53) = 25 d. Das Reaktionsvolumen ≙ dem von konventionellen Anlagen: nach Tafel **4.**81 V_{BB} = 0,3 bzw. 0,375 m³/EG. Da die Absetz- und Entleerungszeiten hinzukommen, ergibt sich

$$V_{SBR} = V_{BB} \cdot t_Z / t_r$$

Für 1000 EG mit einer BSB_5-Fracht von 60 kg/d beträgt $V_{BB} = 0{,}3 \cdot 1000 = 300\,m^3$. Mit $t_z = 8$ und $t_r = 6\,h$, d.h. $t_0 = 2\,h$ für Absetzen und Entleeren, wird

$$V_{SBR} = 300 \cdot 8/6 = 400\,m^3; \quad V_A = 0{,}4 \cdot V_{SBR} = 160\,m^3$$

V_A/t_Z = max. Zufluß, hier $160/8 = 20\,m^3/h$. Das ≙ etwa dem Zufluß bei Trennsystem mit Q_f = 100% von Q_d. Tafel **4.**83 zeigt Werte verschiedener Zyklusdauer. Bei t_Z = 6 h ist ein Durchsatz von 30 bzw. 37 m³/h möglich, nach Tafel **4.**82 ausreichend für Mischsystem mit Q_f = 100% von Q_d.

Bei der Bemessung legt man das max. Füllvolumen fest, z.B.

$$V_{SBR} = 450\,m^3 \quad \text{für} \quad 1000\,EG; \quad V_A = 180\,m^3; \quad V_A/V_{SBR} = 0{,}4; \quad \max Q_{zu} = 30\,m^3/h.$$

Der verminderte Reaktorinhalt nach Klarwasserabzug beträgt dann $450 - 180 = 270\,m^3$.

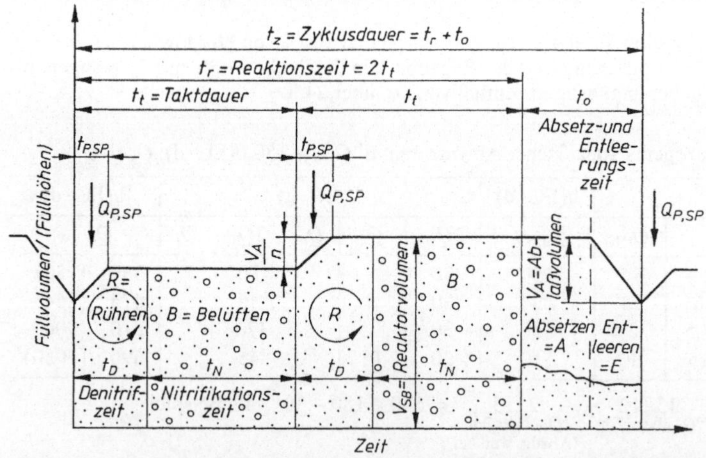

4.275 Verfahrensablauf in Aufstauanlagen, hier mit $n = 2$ Takten pro Zyklus nach [26a]

Tafel **4.**83 Bemessungswerte für eine Aufstauanlage von 1.000 EG, in Klammern mit Simultanfällung nach Kayser [26a], vgl. auch **4.**275

t_Z	in h	Zyklusdauer, umfaßt die Reaktionszeit und die Absetz- und Dekantierzeit $t_Z = t_r + t_0$
n	–	Anzahl der Takte pro Zyklus
t_r	in h	Reaktionszeit, unterteilt in $n \cdot t_D$ und $n \cdot t_N$ auch $t_r = n \cdot t_t$
t_t	in h	Taktdauer, $t_t = t_D + t_N$
t_0	in h	Absetz- plus Dekantierzeit / Zyklus
t_D	in h	Denitrifikationszeit / Takt
t_N	in h	Nitrikationszeit / Takt
t_p	in h/d	Laufzeit der Pumpe zur Förderung des Abwassers in die Reaktoren $\approx n \cdot t_D \cdot \text{Zyklen/d} \cdot 0{,}5$
V_{SBR}	in m³	*SBR*-Volumen (Reaktor-Volumen)
V_A	in m³	Ablaß-Volumen / Zyklus
t_B	in h/d	Belüftungszeit / d
$Q_{P,SP}$	in m³/h	Pumpleistung aus dem Speicher
V_{SP}	in m³	Speichervolumen

Zyklen/d		2	3	4
t_Z	h	12	8	6
t_0	h	2	2	2
t_r	h	10	6	4
$V_{SBR} = V_{BB} \cdot t_Z/t_r$	m³	360 (450)	400 (500)	450 (560)
$V_A = 0{,}4 \cdot V_{SBR}$	m³	144 (180)	160 (200)	180 (224)
zul. $Q = V_A/t_Z$	m³/h	12 (15)	20 (25)	30 (37)
zul. $Q_d = 24 \cdot \text{zul.}\, Q$	m³/d	288 (360)	480 (600)	720 (900)
$Q_{P,SP} = \dfrac{\text{Zufluß während } t_Z}{\text{Pumpzeit in } t_P}$	m³/h	96 (140)	178[1] (275)	300[2] (375)
$V_{SP} = (t_0 + t_t) \cdot \text{zul}\, Q$	m³	84[3] (105)	100 (125)	180[4] (224)
n (Takte)	–	2	2	1
$t_t = (t_z - t_0)/n$	h	5	3	4
$V_D/V_{SBR} = t_D/t_t$	–	0,3	0,3	0,3
$t_D = t_t \cdot t_D/t_t$	h	1,50	0,90[5]	1,20[6]
η_N	%	> 80	> 80	> 60
$t_B = \text{h/d} - \text{Zyklen/d} \cdot (t_0 + n \cdot t_D)$	h/d	14[7]	12,6[8]	11,2[9]
erf. $O_B = 168{,}2/t_B$	kg O₂/h	12,3	13,6[10]	15,3

[1] $178 = 20 \cdot 8/(2 \cdot 0{,}45)$ [2] $300 = 30 \cdot 6/0{,}6$ [3] $84 = 12(5+2)$ [4] $180 = 30(4+2)$
[5] $0{,}90 = 3 \cdot 0{,}3$ [6] $1{,}20 = 4 \cdot 0{,}3$ [7] $14 = 24 - 2(2 + 2 \cdot 1{,}5)$ [8] $12{,}6 = 24 - 3(2 + 2 \cdot 0{,}9)$
[9] $11{,}2 = 24 - 4(2 + 1{,}2)$ [10] $13{,}3 = 168{,}2/12{,}6$

$t_Z \geq 5$ h wählen, betrieblich einfacher sind 6; 8 oder 12 h. Wird das Abwasser zugepumpt, benötigt man einen Pumpensumpf, um Absetz- und Entleerungsphase zu überbrücken, ≈ 2 h Dauer. Bei Trennsystem mit 1000 EG und $Q_{zu} = 20\,\text{m}^3/\text{h}$ benötigt man $2 \cdot 20 = 40\,\text{m}^3$, bei Mischsystem $70\,\text{m}^3$ (**4.**276).

Die Pumpenleistung soll man so groß wählen, daß in der halben Deni-Zeit zugepumpt werden kann. Dann ergeben sich

$$Q_{P,SP} = 96(140) \text{ oder } 300(375)\,\text{m}^3/\text{h} = 8 \text{ bis } 10\text{fach max } Q_{zu}$$

Ein Speicherbecken wird erforderlich (Tafel **4.**83).

V_{SP} für max Q_{zu} während $t_t + t_0 = 84(105)$ bis $180(224)\,\text{m}^3$. V_{SP} bleibt bei doppeltem Zufluß und zwei parallelen Anlagen gleich, weil die Zyklen um $t_Z/2$ versetzt sind.

Die Stickstoffelimination läßt sich abschätzen. Annahmen:

Nach t_D : NO_3-N = 0, nach t_N : NH_4-N = 0
N-Zufluß = N-Menge im *SBR*-Becken (N_0; N_e $\widehat{=}$ N-Gehalte in Zu- bzw. Ablauf)

$$V_A/n \cdot N_0 = V_{SBR} \cdot N_e \rightarrow V_A/n : V_{SBR} = N_e/N_0$$

$$\eta_N = (N_0 - N_e)/N_0 = 1 - N_e/N_0 = 1 - V_A/(V_{SBR} \cdot n)$$

Durch die Wahl eines kleinen Wertes V_A/V_{SBR} kann η_N erhöht werden, d.h. aber Verkürzung der Taktdauer t_t (**4**.275). Nach Tafel **4**.83 ist $\eta_N > 80\%$ bzw. $> 60\%$.

Bio-P-Elimination stellt sich ein bei Betrieb in zwei Takten. In t_D des 1. Taktes wird Denitrifiziert, in t_D des 2. Taktes stellt sich unter anaeroben Verhältnissen Bio-P-Elimination ein. Die erf. O_2-Zufuhr betrug nach Tafel **4**.81 = 10 g O_2/(EG · h) für $t_B = 17$ h/d. Hier ergeben sich etwas kürzere Belüftungszeiten t_B in h/d:

$$t_B = t_N/t_t \cdot t_r \cdot \text{Zyklen/d}$$

Mit dem Werten der Tafel **4**.83 ist

$$\text{erf. } O_B = 1{,}25(96 + 1{,}5 \cdot 25{,}7)/t_B = 168{,}2/t_B$$

$$\text{für z.B. } t_B = 14\,\text{h} \rightarrow 168{,}2/14 = 12{,}0\,\text{g}\,O_2/(\text{EG} \cdot \text{h}) = 12{,}0\,\text{kg}\,O_2/(1000\ \text{EG} \cdot \text{h})$$

Als Abzugsvorrichtung für das Klarwasser benutzt man schwimmende Einrichtungen, absenkbare Arme oder Tauchpumpen.

Für die Beschickung ist es möglich, im festen Zeitzyklus zu beschicken. Dann haben die Zyklen unterschiedliche Füllvolumen, wenn kein Ausgleichbecken vorhanden ist, oder man wartet, bis die max. Füllmenge für einen Zyklus erreicht ist und beschickt dann. Daraus ergeben sich verschieden lange Zyklusdauern.

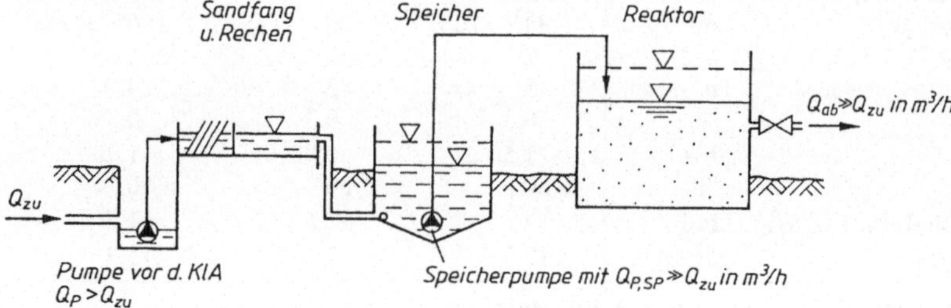

4.276 Schematischer Längsschnitt durch eine Aufstauanlage

Die Prozeßregelung kann erfolgen über

– den Schlammgehalt und den Überschußschlammabzug. Bei t_{TS} = 25 d genügt es, wenn 1 bis 2 mal/Woche Schlamm abgezogen wird.

– die O_2-Zufuhr. O_2-Gehalt messen und danach Belüftung schalten.

– die N-Elimination. Möglich ist ein Redox-Meßgerät. Belüftung wird eingeschaltet, wenn NO_3-N→ 0

Überschläglicher Vergleich zwischen *SBR*-Anlage und konventioneller Belebung im Durchlaufbetrieb für 12000 EG und Q_m = 300 m³/h

SBR-Anlage, gewählt 3 Zyklen/d,

$$t_Z = 24/3 = 8\,\text{h}, \quad t_0 = 2{,}0\,\text{h}, \quad t_r = 6{,}0\,\text{h},$$
$$t_t = 3{,}0\,\text{h}, \quad t_D/t_t = 0{,}3.$$

$V_{SBR} = V_{BB} \cdot t_Z/t_r = 0{,}375 \cdot 12000 \cdot 8/6 = 6000\,\text{m}^3$, gewählt 3 Reaktoren mit je 2000 m³.

$$V_A = Q_m \cdot t_Z = 300 \cdot 8 = 2400\,\text{m}^3; \quad V_A/V_{SBR} = 2400/6000 = 0{,}4 < 0{,}5$$

Die 3 Reaktoren werden zeitversetzt um $(t_t + t_0)/3 = (3+2)/3 = 1{,}67\,\text{h}$ beschickt, damit ergibt sich

$$V_{SP} = 300 \cdot 1{,}67 \approx 500\,\text{m}^3$$

Konventionelle Belebungsanlage, gewählt 2 BB-Becken mit je $0{,}375 \cdot 12000/2 = 2250\,\text{m}^3 = V_{BB1}$, zusammen 4500 m³.

Dazu kämen mit $q_A = 1{,}0\,\text{m/h}$ 2 Nachklärbecken mit je $V_{NB1} \approx 500\,\text{m}^3$.

d) Tropfkörperverfahren

Tropfkörperanlagen werden wie unter Abschn. 4.5.1.1, nach Tafel **4.**31 und nach Tafel **4.**84 bemessen.

Tafel **4.**84 Bemessungswerte für Tropfkörpernachklärbecken

Anlagengröße		> 500 EG	500 > EG > 50	< 50 EG
Richtlinie		ATV-Arbeitsblatt A 135	ATV-Arbeitsblatt A 122	DIN 4261 Teil 2
Oberflächenbeschickung q_A in m/h	Q_t Q_{rw}	< 1,00	0,40 bis 0,60	< 0,40
Aufenthaltszeit t_{NB} in h	Q_t Q_{rw}	> 2,50 > 1,50	≥ 3,00	> 3,50
horizontale Fließgeschwindigkeit in m/h	Q_t Q_{rw}	< 30		
Beckentiefe in m		> 2,50		> 1,00
Beckenoberfläche in m²				> 0,70

4.7.10 Kleine Kläranlagen für besondere Reinigungsleistungen

4.7.10.1 Kläranlagen mit Direktfällung (4.277)

Die Reinigung der Abwässer erfolgt auf chemisch-physikalischem Wege. Neben den organischen Kohlenstoffen werden auch andere organische Stoffe, wie Phosphor, abgebaut. Der erforderliche Reinigungsgrad kann den örtlichen Verhältnissen angepaßt werden. Die Reinigungsleistung wird durch die Bemessung und die einzusetzende Menge an Fällmitteln bestimmt. Das System dieser Kläranlage eignet sich für alle häuslichen Abwässer oder diesen ähnliche Abwasserarten.

Fällungsbecken. Das Rohabwasser wird im Fällungsbecken mit den zudosierten Fällungschemikalien vermischt. Die notwendige Bewegung innerhalb des Fällungsbeckens kann durch Rührwerke oder Druckluft erzeugt werden. Aufenthaltszeit im Flockungsbecken ≈ 15 min. Ein wesentlicher Kostenfaktor ist die verbrauchte Chemikalienmenge. Gute Reinigungsergebnisse lassen sich bereits ab 300 g $Al_2(SO_4)_3$/m³ und 2 g Polyelektrolyte/m³ erzielen.

Dosierung. Die Dosierung der Fällungschemikalien ist zweckmäßig mit der Zuleitungspumpe gekoppelt.

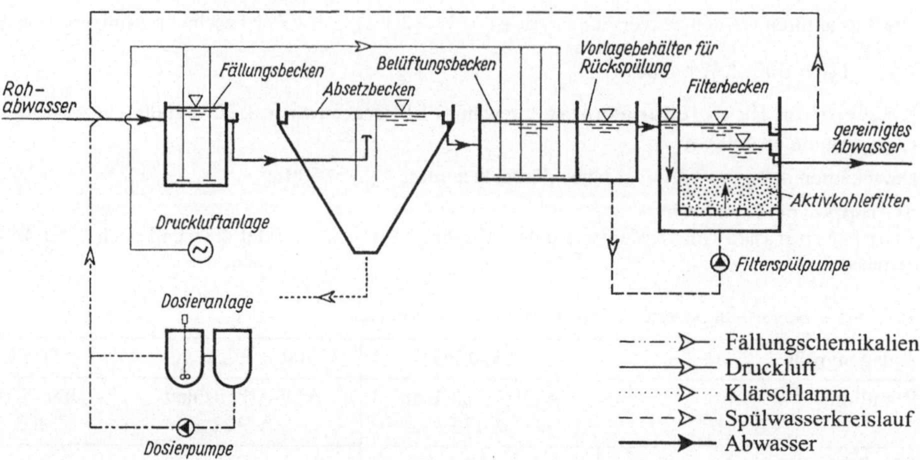

4.277 Schema einer Kläranlage mit Direktfällung (System Biosorbe)

Absetzbecken. In dieser Stufe werden die absetzbaren Stoffe zusammen mit dem Flokkenschlamm ausgeschieden. Die Absetzzeit beträgt etwa 1 h. Die Reinigungsleistung dieser ersten Stufe beträgt gemessen am *CSB* bzw. BSB_5 über 70% und gemessen am Phospor über 90%.

Belüftung. Für die Belüftung sind die üblichen Verfahren geeignet. Zweckmäßigerweise wählt man bei kleineren Anlagen Druckluft in Kombination mit dem Fällungsbecken. Ein Gebläse übernimmt dann die Belüftung im Fällungs- und im Belüftungsbecken. Die Belüftungszeit beträgt 20 bis 30 min.

Filterung. Das belüftete, feststofffreie Abwasser wird in der letzten Stufe über ein Aktivkohle-Filter geleitet, Korngröße des Filtermaterials 0,6 bis 1,6 mm. Der Filter wird von unten nach oben durchflossen. Die max. Strömungsgeschwindigkeit beträgt 4 m/h; Filterschichthöhe 90 cm (10 cm Stützschicht, 80 cm Aktivkohlematerial). Im Filterporenvolumen lagern sich die durch die Vorbehandlung gebildeten Feinstflocken ab. Dabei spielt die adsorptive Wirkung der Aktivkohle eine Rolle. Der Filterwiderstand beträgt im sauberen Filter $\approx$ 10 cm und erhöht sich im Laufe eines Tages auf $\approx$ 30 bis 35 cm. Der innerhalb des Filters angelagerte Schlamm muß dann herausgespült werden. Der Filter wird ebenfalls von unten nach oben durchspült. Die Rückspülgeschwindigkeit beträgt 20 m/h. Infolge der Spülungsgeschwindigkeit lockert sich das Filterbett auf. Der darin enthaltene Schlamm tritt zusammen mit dem Spülwasser aus. Spüldauer 15 bis 20 min. Das Spülwasser wird in den Zulauf der Kläranlage zurückgeführt. Der ausgespülte Schlamm ist flockig und besitzt gute Absetzeigenschaften.

Chemische Fällverfahren sind für die Vorreinigung von gewerblichem Abwasser bei Indirekteinleitungen besonders geeignet um die biologische Zentralkläranlage nicht zu gefährden. Die gelösten Hydroxide der Metalle können bei folgenden pH-Werten ausgefällt werden:

Metall	Eisen3	Chrom3	Kupfer	Zink	Nickel
pH-Wert	4	6	7,5	8,8	8,9

4.7.10.2 Mehrstufige kleine Kläranlagen unter erschwerten Wasserversorgungs- und Vorflutverhältnissen

Eine hohe Reinigungsleistung ist in diesen Fällen immer gefordert, erreichbar durch Mehrstufigkeit. Die differenzierte Behandlung des Schmutzwassers nach Grauwasser (SW ohne Fäkalien) und Fäkalabwasser, wie auch bei Bodenkörpern, ist wirtschaftlich und reduziert den Wasserverbrauch. Exemplarisch wird die Abwasserbehandlung für eine Alpin-Hütte dargestellt [7a].

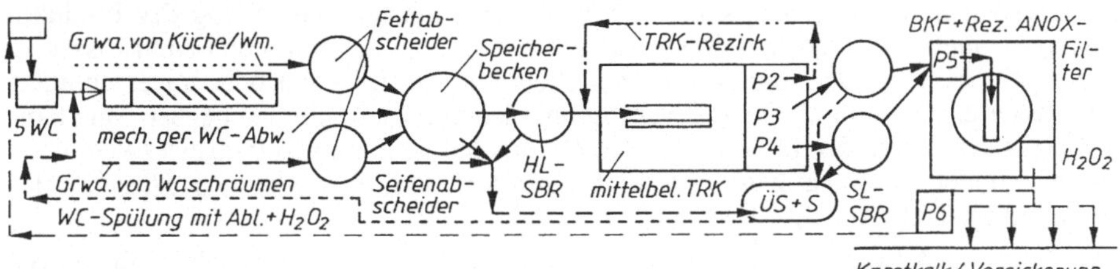

4.278 Mehrstufige Abwasserreinigung einer alpinen Station (Simony-Hütte, Dachstein, 2203 m über NN) für 120 EGW_{60} [7a]

HL, SL	≙ Hoch- bzw. Schwachlast	Grwa	≙ Grauwasser (i.a. Schmutzwasser ohne Fäkalien)
TRK	≙ Tropfkörper	SBR	≙ Sequ. Batch Reaktor (Aufstau-Reaktor)
P	≙ Pumpe	H_2O_2	≙ Wasserstoffperoxid

Die Simony-Hütte im Dachsteinmassiv liegt auf einer Bergschulter aus karstigem Kalkmaterial. Trockenaborte und die Wasserversorgung aus Regen- bzw. Schmelzwasser verringerten die Q-Menge. Da der Gletscherwasserablauf unterhalb teilweise als Trinkwasser genutzt werden sollte, wurde eine weitgehende Reinigung und Entkeimung erforderlich. **4.**278 zeigt den derzeitigen Stand der Anlage. Es werden folgende Reinigungsleistungen erzielt (min/max-Werte):

Hüttenleistung 0/l bis 120 EGW_{60}	Q_d l/d	CSB mg/l	BSB_5 mg/l	NH_4-N mg/l	NO_3-N mg/l	P_{ges} mg/l
Grauw. + Urin + Sickerw.	200/2400	1000/6000	500/3000	300/1200	0	15 bis 50
Ablauf Kläranlage	200/2400	70/ 150	10 bis 40	15/ 40	5 bis 50	5 bis 15
Reinigungsleistung in % (ohne Kompostanlage)		93/97,5	98/99	95/97	–	67/70

Durch den Einsatz von Fällmitteln läßt sich die P-Eliminierung noch verbessern. Bei der max Belastung von 120 EGW_{60} verbleiben im Ablauf noch $2{,}4 \cdot 0{,}04/0{,}06 = 1{,}6$ $EGW_{60} = 1{,}6/120 \cdot 100 \approx 1{,}3\,\%$. Dieser Ablauf soll noch entkeimt werden (Hypochlorit, H_2O_2, UV). Der sparsame Energieverbrauch wird durch Generator, Batteriesatz und Wechselricher ermöglicht. Durch eine Cross-Flow-Filtration, Umkehrosmose, Mikrofiltration o.a. bis zur Verdampfung ist eine fast vollkommene Steigerung technisch möglich.

4.8 Gewerbliches und industrielles Abwasser

Von dem in Flüsse und Seen geleiteten geklärten Schmutzwasser ist der Anteil des Industrieabwassers etwa 3- bis 4fach so groß wie der des häuslichen Abwassers, jedoch sind davon etwa 60 % unverschmutztes Kühlwasser. Der Rest des ungeklärten Schmutzwassers ist aber so vielfältig und intensiv verschmutzt, daß ein erheblicher Kläraufwand mit teilweise speziellen Techniken betrieben werden muß. Ein großer Teil des Industrieabwassers gelangt, von den Betrieben geklärt, direkt in die Gewässer, nur der kleinere Teil fließt in der städtischen Kanalisation über Kläranlagen ab. Literaturhinweise [5], [6], [69], [70], [74].

Es soll mit Tafel **1**.4 und den Beispielen **4**.280 bis **4**.297 ein Überblick und ein kurzer Einblick in die Aufgaben der Reinigung industriellen Abwassers gegeben werden. Jemand, der sich mit der Beseitigung von Industrieabwasser befaßt, kann sich nicht mit allgemeinen Angaben zufriedengeben, sondern benötigt eine genaue Darstellung des Produktionsganges, auch der Teilproduktionen mit ihrem Anteil an Schmutz- und Kühlwasser. Er wird vielleicht feststellen, daß Wasser der Produktion u. U. leicht oder unverschmutzt, Kühlwasser dagegen durch Öle o.a. verschmutzt ist und der Reinigung bedarf. Man kann auch nicht die Zahlen der Tafeln **1**.4 und **4**.93 vorbehaltlos für einen Industriezweig übernehmen, sondern muß das Werk und seine speziellen Bedürfnisse kennen. Diese Zahlen dienen lediglich als Anhalt.

Bevor man eine Abwasserreinigung durchführt, ist die Trennung des zu behandelnden von dem unverschmutzten Abwasser nötig, um zu wirtschaftlichen Lösungen zu kommen. Zur Wassersparnis sollte man Abwasserkreisläufe (Wiederverwendung des Wassers), Drosselung von Spülstrecken, o.a. einrichten. In neu entstehenden Betrieben sind die Kosten tragbar. Müssen jedoch diese Maßnahmen in vorhandenen Betrieben nachträglich verwirklicht werden, so erwachsen erhebliche Kosten.

Die Verfahrenstechnik bei der Behandlung von anorganischem Abwasser richtet sich nach den jeweiligen chemisch-physikalischen Eigenschaften der zu entfernenden Stoffe.

Tafel **4**.85 Fällungs-pH-Bereiche der Metalle nach [53a]
N ≙ Natriumlauge, K ≙ Kalkmilch, S ≙ Soda

Metallionen		pH-Bereiche für Beginn der Ausfällung	Fällung quantitativ	Rücklösung	Fällungschemikalie			Löslichkeit in mg/l
Eisen	Fe^{3+}	2,8	3,5	–	N	K	S	2
Chrom	Cr^{3+}	5,5	6,3 bis 6,5	9,2	N		S	2
Chrom	Cr^{3+}	5,5	6,3 bis 6,5	–		K		–
Kupfer	Cu^{2+}	5,8	7,5	–	N	K		1
Kupfer	Cu^{2+}	5,8	8,5	–			S	–
Zink	Zn^{2+}	7,6	8,3	> 11	N			3
Zink	Zn^{2+}	7,6	8,3	–		K		–
Zink	Zn^{2+}	7,4	7,9	> 11			S	–
Blei	Pb^{2+}	7,0	9,5	–	N	K		–
Blei	Pb^{2+}	5,5	6,5	9,0 kol			S	–
Cadmium	Cd^{2+}	9,1	9,5 bis 9,8	–	N	K		3
Cadmium	Cd^{2+}	7,0	7,2	–			S	–

Die chemisch-physikalischen Verfahren der Abwasserbehandlung arbeiten mit chemischen oder chemischen und physikalischen Reaktionen. Die biologisch-bakteriologischen Vorgänge sind fast ausgeschaltet. Es gibt Prozesse mit und ohne Stoffumwandlung. Die Behandlung kann auch über mehrere Reaktionsstufen gehen. Nachfolgend werden einige chemisch-physikalische Grundreaktionen beschrieben. Diese Darstellungen haben nur den Charakter einer Übersicht. Auf die einschlägige Literatur wird hingewiesen, z.B. [1], [36a], [39d], [39e], [40], [43], [74].

Fällung und Neutralisation

Die Neutralisation des Abwassers hat zwei Ziele. Einmal sollen die gelösten Schwermetalle in schwerlösliche Hydroxide oder basische Salze übergeführt werden, zum anderen soll ein pH-Wert erreicht werden, der für die Biologie unschädlich ist. Nicht immer kann man beides gleichzeitig erreichen. U.U. ist die gemeinsame Behandlung von Industrie- und kommunalen Abwasser eine Lösung.

Bei stärkeren Abweichungen vom pH-Wert 7 werden die Lebewesen geschädigt oder getötet, wodurch wesentliche biologische Vorgänge unterbunden werden. Begrenzte Abweichungen in den basischen Bereich (pH ≥ 7) sind weniger schädlich als solche in den Bereich ≤ 7.

Bei der Fällung versucht man, schwerlösliche Stoffe zu erhalten, welche man abtrennen kann, z.B.

$$Fe_2(SO_4)_3 + 3\,Ca(OH)_2 = 2\,Fe(OH)_3 + 3\,CaSO_4$$
Eisensulfat + Calciumhydroxid = Eisenhydroxid + Calciumsulfat

Bei der Neutralisation entstehen meist Salze, welche durch Sedimentation oder Eindampfen abgetrennt werden können

$$H_2SO_4 + 2\,NaOH = Na_2SO_4 + 2\,H_2O$$
Schwefelsäure + Natriumhydroxid = Natriumsulfat + Wasser

Stark saures oder alkalisches Wasser wirkt auf viele Lebewesen hemmend oder toxisch. Bei der Ableitung von Abwasser in Kanäle und Vorfluter wird deshalb ein neutraler pH-Wert (um 7) verlangt. Man erreicht ihn durch Vermischung von saurem mit alkalischem Abwasser oder durch Zugabe einer Säure (meist Schwefelsäure) bzw. Lauge (meist Natronlauge). Tafel **4.**86 zeigt ein Nomogramm zur Ermittlung der erforderlichen Neutralisations-Chemikalienmenge bzw. des resultierenden pH-Wertes bei Vermischung zweier Abwasserströme bei 24 °C.

Der pH-Wert ist der negative dekadische Logarithmus der H^+-Ionen-Konzentration. pH = 7 $\widehat{=}$ neutral, pH > 7 basisch, pH < 7 sauer. 4%ige Natronlauge hat z.B. einen pH-Wert von 14.

Beispiel für die Anwendung von Tafel **4.**86:

a) Wieviel ml 45%ige Natronlauge bzw. 98%ige Schwefelsäure wird benötigt, um auf pH 7 zu neutralisieren bzw. anzusäuern oder zu alkalisieren?

Bei $pH = 3{,}7 = pH(3 + 0{,}7)$ (Vorzeichen der Dezimalen nach Tafel **4.**86 beachten!)

erforderlich sind $60 \cdot 0{,}2 = 12$ ml NaOH beim Neutralisieren

erforderlich sind $27{,}2 \cdot 0{,}2 = 5{,}4$ ml H_2SO_4 beim Ansäuern

bei $pH = 11{,}4 = pH(12 - 0{,}6)$

erforderlich sind $272 \cdot 0{,}25 = 68$ ml H_2SO_4 beim Neutralisieren

erforderlich sind $600 \cdot 0{,}25 = 150$ ml NaOH beim Alkalisieren

b) Ermittlung des pH-Wertes von Mischwasser. 10 m^3 Wasser mit pH = 3 sollen mit 20 m^3 Wasser mit pH = 5 gemischt werden. Gesucht ist der pH-Wert des Mischwassers.

10 m^3 mit pH = 3 $\rightarrow$ $10 \cdot 60$ entsprechen 600 ml NaOH 45%

20 m^3 und pH = 5 $\rightarrow$ $20 \cdot 0{,}6$ entsprechen 12 ml NaOH 45%

30 m^3 entsprechen 612 ml NaOH 45%

1 m^3 entspricht 612/30 = 20,4 ml NaOH 45% als Neutralisationsmittel. pH-Wert zwischen 3 und 4. Zwischenwert-Faktor 20,4/60 = 0,34 ergibt einen Zwischenwert von 0,53. Das Mischwasser hat pH $\approx 3{,}53$.

Tafel **4**.86 Nomogramm zur Ermittlung der Neutralisations-Chemikalienmenge in ml nach [88a], Hartmann und Braun. Die Chemikalienmenge bezieht sich auf 1 m^3 Wasser. Anwendung der Tafel nur bei sonst wenig belastetem Wasser, für Abwasser nur beschränkt geeignet.

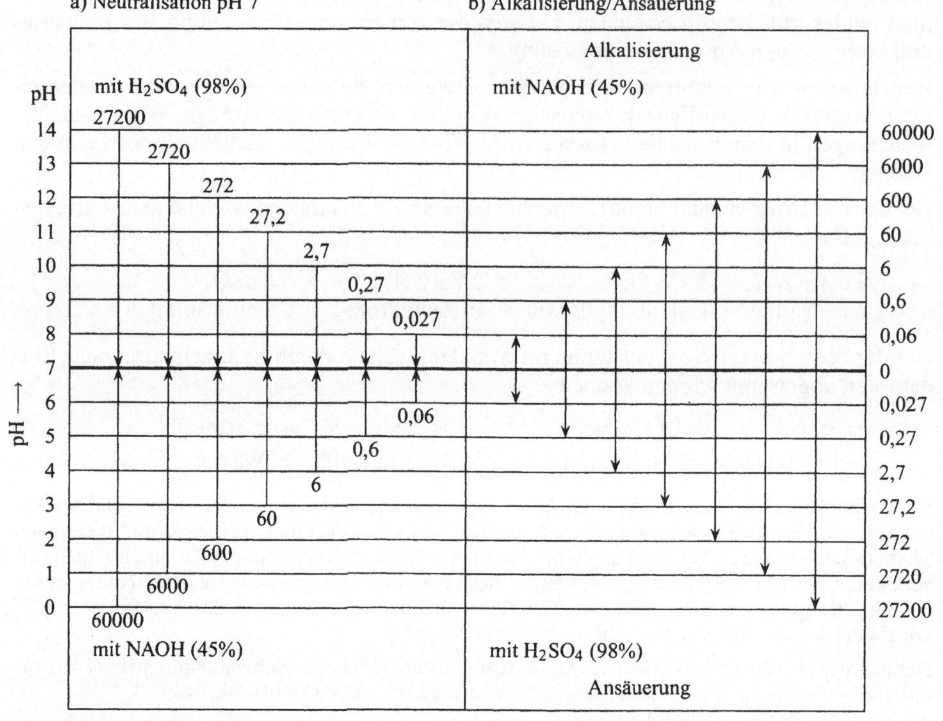

Faktoren für pH-Zwischenwerte:

pH 0 bis 7	0,0	0,1	0,2	0,3	0,4	0,5	0,6	0,7	0,8	0,9	1,0
pH 14 bis 7	−0,0	−0,1	−0,2	−0,3	−0,4	−0,5	−0,6	−0,7	−0,8	−0,9	−1,0
Faktor	1,0	0,79	0,63	0,50	0,40	0,32	0,25	0,20	0,16	0,13	0,10

Für die Praxis der Neutralisation und Fällung ist folgendes zu beachten:

– Auswahl des geeigneten Neutralisationsmittels für die Fällung unter Berücksichtigung aller im Abwasser enthaltenen Metallionen;

– Herstellung des optimalen pH-Wertes (Tafel **4**.85). Berücksichtigung der Neutralsalze auf die Löslichkeit der Hydroxide;

– Berücksichtigung der pH-Wertverringerung nach der Neutralisation.

Die Neutralisation alkalischer Wässer mit Kohlensäure bzw. Rauchgas (CO_2) wird immer häufiger eingesetzt. Die Vorteile dieses einfachen Verfahrens liegen darin, daß der Salzgehalt nicht erhöht wird und gut gepufferte Wässer entstehen. Bei Neutralisation mit Rauchgasen ist zu beachten, daß gegenüber flüssiger Kohlensäure große Gasmengen benötigt werden, weil ihr CO_2-Gehalt unter 20% liegt. Für die Neutralisation günstig wirkt

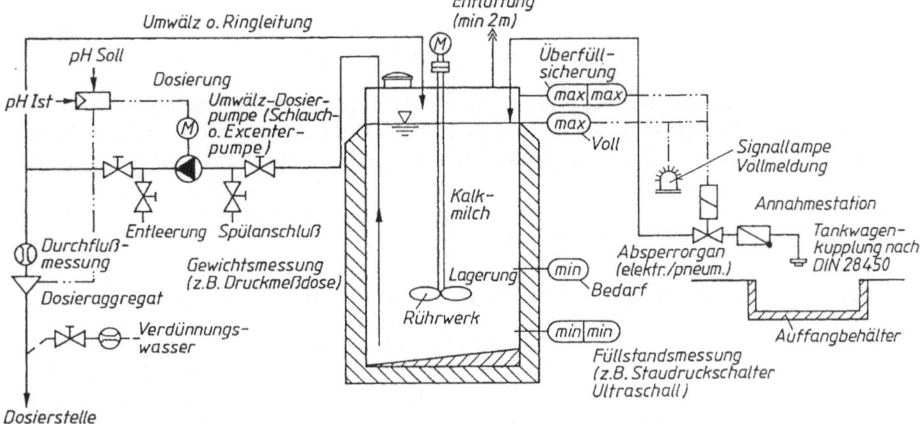

4.279 Schema einer Kalkmilch-Dosierung (s.a. Abschn. 4.5.4.1)

sich chemisch das im Rauchgas enthaltene SO_2 aus, doch bewirkt dies Aufsalzung und Korrosionsgefährdung.

Die Wirkung von Kalkmilch als Fällmittel ist mit der Natronlauge vergleichbar. Wegen der geringeren Tendenz zur Wiederauflösung von Chrom- oder Zinkhydroxiden ist Kalkmilch jedoch geeigneter. Berücksichtigt man aber den damit verbundenen höheren Schlammanfall, fährt man bei Natronlauge, mit geringem Zusatz löslicher Calciumverbindungen, günstiger. Durch Kalk werden weiterhin Sulfate, Phosphate und Fluoride als Calciumsalze ausgefällt [88a].

Oxidation und Reduktion. Unter Oxidation versteht man im einfachsten Fall die Vereinigung eines Stoffes mit Sauerstoff, unter Reduktion die Wegnahme von Sauerstoff aus einer Verbindung. Die Redox-Spannung in mV kennzeichnet das Verhältnis zwischen reduzierten und oxidierten Stoffen.

Bei der chemischen Oxidation entstehen Sauerstoffverbindungen, welche unschädlich oder abtrennbar sind, z.B. Reaktion Natriumcyanid mit Chlorwasser

$$\begin{aligned} NaCN + HOCl &= NaOH + CNCl \\ CNCl + H_2O &= HCNO + HCl \\ 2\,HCNO + 3\,Cl_2 + 2\,H_2O &= 2\,CO_2 + N_2 + 6\,HCl \end{aligned} \qquad (4.70)$$

Stickstoff entweicht. Kohlendioxid und Salzsäure bleiben ungelöst. Die Salzsäure wird neutralisiert durch vorhandene Base.

Die Reduktion von sechswertigem Chromoxid mit schwefeliger Säure führt zu dreiwertigem Chromsulfat, welches wasserlöslich ist und durch weitere alkalische Zusätze in unlösliches Hydroxid überführt wird, welches ausfällt

$$2\,CrO_3 + 3\,SO_2 = Cr_2(SO_4)_3$$

Bezogen auf die kommunale biologische Abwasserreinigung nennt man alle anaeroben Abbauvorgänge Reduktionen. So befinden sich im Zufluß der Kläranlage überwiegend Substanzen mit reduzierenden Eigenschaften. Die Redox-Spannung ist niedrig, ca. -200 bis -400 mV. Durch den Sauerstoff-Eintrag in der Belebung z.B. und den aeroben Stoffwechselprozeß entstehen Oxidationen, und die Redox-Spannung nimmt zu. Bei der bakteriellen Denitrifikation sinkt die Redox-

Spannung wieder ab, weil mit dem Nitrat NO_3 ein oxidierter Stoff entfernt wird. Man kann die gemessene Redox-Ganglinie zur Steuerung des Denitrifikations-Prozesses benutzen.

Adsorption (Bild **4**.280). Bei der physikalischen Adsorption im Abwasser wird über elektrostatische Anziehungs- und van-der-Waals-Kräfte die abzutrennende Komponente (Adsorptiv) nur locker an den Adsorber (grenzflächenaktiver Feststoff) gebunden. Dieser auch Physisorption genannte Prozeß ist wegen der geringen Haltekräfte umkehrbar. Anders bei der Chemisorption, bei der Valenzkräfte (Coulombsche Kräfte) zwischen Adsorbens und der angelagerten Komponente (Adsorpt) wirken [36a].

$$\text{Adsorptiv} + \text{Adsorbens} \rightarrow \text{Adsorpt/Adsorbens} = \text{Adsorbat}$$

Das Adsorbens kann entweder im Abwasser gebildet (Flocculation) oder in Pulverform (Aktivkohle oder synthetische Polymere) bzw. gekörnt eingetragen werden; man spricht dann von einem Einrührverfahren. Dies wird als Pulverkohle-Biologie bei größeren Chemieklärwerken eingesetzt (PACT-Verfahren) oder in Wirbelschichtanlagen. Das Adsorbens wirkt dann auch als Aufwuchsfläche. Bei den Filterverfahren wird das Abwasser über granulierte Adsorbentien geleitet, deren Zonen wegen der hohen Beladung im Zulauf- und der viel geringeren im Ablaufbereich unterschiedlich ausgenutzt werden. Beim Rutschbett-Adsorber wird dieser Nachteil korrigiert.

4.281 stellt exemplarisch einen Adsorptionsreaktor vor. Im Abwasserbereich werden zur Dimensionierung meist Vorversuche gemacht.

Die Aktivkohle-Adsorption ist wegen ihrer großen Oberfläche das häufigste Verfahren. Aber auch Eisen- und Aluminium-Hydroxide und Tonerden (Aktivtonerde, Bentonit) sowie Ionenaustauscherharze mit großen Oberflächen (Tafel **4**.87) wirken adsorbierend. So werden Adsorberharze zur Entfernung gelöster, organischer Stoffe z.B. zur Entfärbung von Lösungen (Huminstoffe, Ligninsulfonsäuren), eingesetzt. Auch die Belebtschlammflocke bzw. der Biofilm beim Tropfkörper stellen

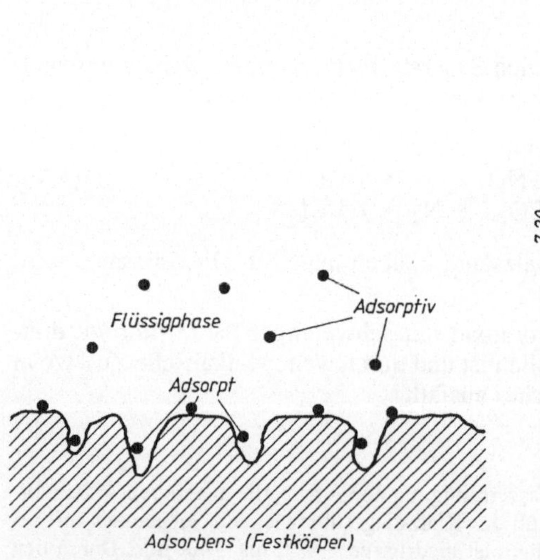

4.280 Schematische Darstellung der Adsorption

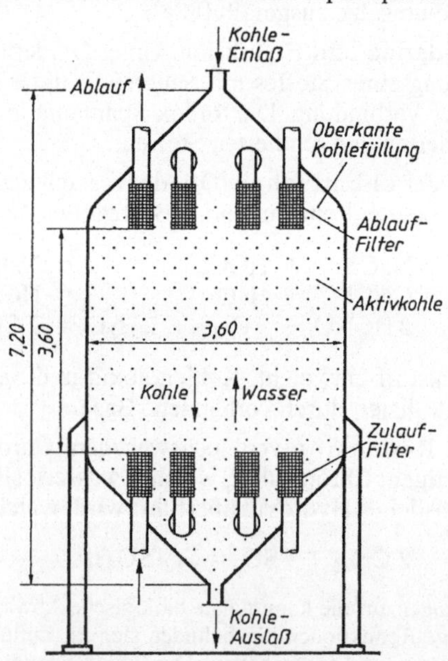

4.281 Adsorptionsreaktor im Gegenstrom-Verfahren

Tafel **4.**87 Eigenschaften von technischen Adsorbienten

Technische Absorbienten	Bezeichnung	besondere Merkmale	Einsatzform	spez. Oberfläche in m^2/g	Schüttdichte in kg/m^3
auf Basis von Kohlenstoff	Aktivkohle, Aktivkoks, C-Molekularsiebe	hydrophob, Dampf- oder chemische Aktivierung	Pulver oder Granulat mit ca. 0,25 bis 4 mm	600 bis 1500 100 500 bis 1000	300 bis 500 600 600 bis 900
auf Basis von Al_2O_3	Aktivtonerde, Tonerdegel, Al-Oxid-Gel	aktiviert durch Kalzination	Granulat oder Strangpreßling ca. 2 bis 4 mm	100 bis 400	700 bis 850
auf Basis von SiO_2	Kieselgel, Zeolithe	Katalysatorträger	Granulate ca. 2 bis 8mm, Pulver, Kugeln 0,3 bis 5 mm	250 bis 850	400 bis 800

ein Adsorbens dar. Aus der Verfahrensgrundlage wird deutlich, daß die weitgehende Feststofffreiheit des Abwassers Voraussetzung für die Entfernung gelöster organischer oder anorganischer Verbindungen ist. Die Adsorption kann deshalb als nachgeschaltetes Verfahren eingesetzt werden.

Die chemische Flockung kann man ebenfalls als Adsorptionsvorgang bezeichnen. Das Adsorptionsmittel wird chemisch erst gebildet und wirkt im Entstehen, z.B.

$$FeCl_3 + 3\,NaOH = \underset{\text{Adsorptionsmittel}}{Fe(OH)_3} + 3\,NaCl$$

$$\text{Wasser mit Farbstoff} + Fe(OH)_3 = \text{Wasser} + Fe(OH)_3 \text{ mit Farbstoff}$$

Es entstehen Eisenhydroxid-Flocken mit Farbstoff, welche sich absetzen.

Entstehen Reaktionsprodukte mit einem spezifischen Gewicht kleiner als Wasser, so schwimmen sie auf und werden von der Oberfläche abgenommen. Man spricht von einer Flotation, s. Abschn. 4.4.5.

Ionenaustauscher. Sie gelten als Standardverfahren zur Wasserentsalzung, neben der Umkehrosmose und zur Schlußreinigung schwermetallhaltiger Abwässer. Hier handelt es sich nicht um die Entgiftungsanlagen, sondern um Herausnahme der Gifte aus dem im Kreislauf geführten Abwasser (Konzentrator). Diese Stoffe werden bis zum tausendfachen der Rohwasserkonzentration im Ionenaustauscher gesammelt und bei der Regeneration des Austauschers in einer einfachen Entgiftungsanlage unschädlich gemacht. Maßgebend für die Bemessung ist der Salzgehalt des aufzubereitenden Abwassers. Das Prinzip der Ionenaustauscher beruht darauf, daß zwischen den Ionen einer Lösung und festen, unlöslichen Körpern ein Austausch stattfindet. Sie bestehen aus festen Kunstharzen, in Kugelform ∅ 0,3 bis 1,5 mm, auf die austauschaktive Stoffe aufgebracht wurden, welche Säuren und Laugen in fester Form darstellen. Die Austauscher bestehen aus Gerüsten in Säulenform, die in Schüttungen gepackt sind (**4.**282).

Das zu behandelnde Abwasser wird über die Ionenaustauschharze geschickt. Es findet ein Austausch von Ionen statt. In einem Kationenaustauscher werden positiv geladene Schwermetall- und Erdalkali-Ionen an das Harzmaterial angelagert, in einem Anionenaustauscher negativ geladene, wie Chlorid, Nitrat und Sulfat oder anionaktive Metalle. Die Aufnahmekapazität der Harze ist begrenzt, weshalb Kationenaustauscher meist mit Salzsäure (HCl) und Anionenaustauscher vorwiegend mit Natronlauge (NaOH) rückgespült werden. Bei der Rückspülung fällt ein Regenerat an,

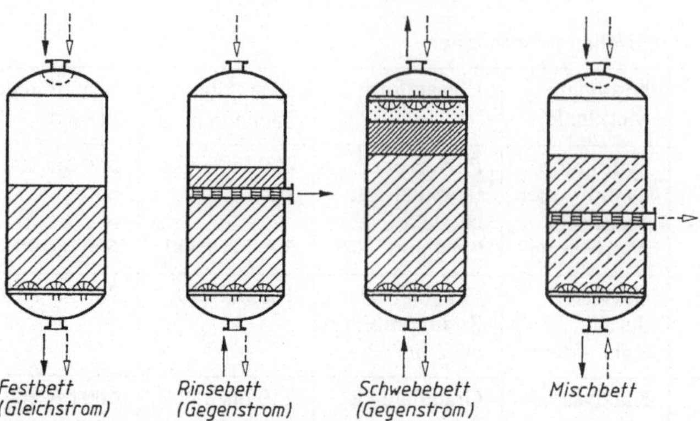

4.282 Bauarten von Ionenaustauschern nach [15c]
Regenerier-Chemikalien ⟵ Wasser ⟵

das die ausgetauschten Wasserinhaltsstoffe in konzentrierter Form enthält. Nicht alle zugeführten Ionen haben Kontakt mit Austauscherharz. Es entsteht ein Schlupf. Um diesen gering zu halten und die Anlage kontinuierlich betreiben zu können, werden verschiedene Bauarten eingesetzt (**4.**282).

Beim Gleichstrom-Verfahren wird die Harzschüttung im Betrieb und bei der Regeneration in gleicher Richtung durchströmt. Die Regeneriermittelmenge (250 bis 400% des stöchiometrischen Bedarfs) ist hoch, da auch das Harz auf der Reinwasserseite sicher erreicht werden muß. Beim Gegenstrom-Prinzip (Schwebebettverfahren: Rinse- oder Liftbett-) wird zunächst das Harz der Feinreinigungszone regeneriert; dadurch kann der Chemikalienaufwand auf 120 bis 150% gesenkt werden. Dieser Chemikalieneinsparung stehen erhöhte apparative Aufwendungen (Rückspülbehälter zur Auslagerung des Harzbettes) gegenüber, so daß erst bei höheren Durchsätzen das Gegenstromverfahren wirtschaftlich wird. Tafel **4.**88 nennt einige Einsatzbereiche [36a].

Elektrochemische Verfahren. Darunter versteht man Verfahren, bei denen durch Anlegen eines elektrischen Feldes eine Aufkonzentrierung bestimmter Ionen erfolgt und zu dem durch die elektrolytische Erzeugung von Wasserstoff und Sauerstoff Oxidations- bzw. Reduktionsprozesse mit Abwasserinhaltsstoffen ablaufen. Hierzu rechnen die Elektrolyse und die Elektrodialyse.

Bei der Elektrolyse werden durch eine angelegte Gleichspannung Ionen durch eine wäßrige Lösung (Elektrolyt) transportiert. In einem galvanischen Aktivbad dagegen sind die abzuscheidenden Metalle als Salze gelöst und die positiv geladenen Metallionen wandern zur Katode. Hier nehmen sie Elektronen auf und werden auf der Katode abgeschieden [36a].

In der Abwasserreinigung kommen elektrochemische Verfahren im Bereich metallhaltiger (auch komplexer) und emulgierter Abwässer zur Anwendung. Industriell haben sie bei der Rückgewinnung von Metallen Bedeutung, da keine Chemikalien notwendig werden und die Metallionen auf dem Katodenmaterial (Graphit, Stahl, Edelstahl, Blei oder platiniertes Titan) abgeschieden werden.

Vor und Nachteile des Verfahrens sind: keine Vorbehandlung des Abwassers erforderlich; es entstehen keine Schlämme, direkte Metallrückgewinnung möglich; parallele Oxidation und Reduktion organischer Inhaltsstoffe möglich; keine Aufsalzung.

Aber erforderlich sind: Spezielle Anlagen-Auslegung; Abstimmung des Apparatekonzeptes; Installationen zur Stromversorgung; mehrere Reaktorstufen zweckmäßig. Bei den Reaktorbauweisen gibt es verschiedene Konstruktionen:

Zu den Konzentratoren rechnet man gerollte Elektrolysezellen, Zellen mit porösen Katoden, Festbettkatoden und Katoden aus Kohlenstoff-Fasern.

Tafel **4.**88 Einsatzbereiche von Ionenaustauschern nach [21e]

Austauscherarten	Austauschaktive Gruppen	Einsatzmöglichkeiten	Beladungsform des Austauschers
Kationenaustauscher, starksauer	$-SO_3H$	Spülwasserkreislauf, Reinigung saurer Prozeßlösungen	H^+ H^+
Kationenaustauscher, schwachsauer	–COOH	Rückgewinnung von Buntmetallen	Na^+
(komplexbildend)	$-N(CH_2 \cdot COOH)_2$	Rückgewinnung von Buntmetallen, Nachreinigung behandelter metallhaltiger Abwässer	Na^+ Na^+
Anionenaustauscher, schwachbasisch	tertiäre Aminogruppen	Spülwasserkreislauf, Rückgewinnung von CrO_3, Rückgewinnung von Edelmetallen (reversibel)	OH^- OH^- Cl^-, OH^-
Anionenaustauscher, starkbasisch	$-N(CH_3)_3OH$ (Typ I) $-N[(CH_3)_2(C_2H_4OH)]OH$ (Typ II)	Spülwasserkreislauf, Rückgewinnung von Edelmetallen (irreversibel), Trennung freier Säuren von ihren Salzen	OH^- OH^-, Cl^-
Spezialaustauscher	–SH	Nachreinigung behandelter quecksilberhaltiger Abwässer	entspricht dem gemeinsamen Na^+

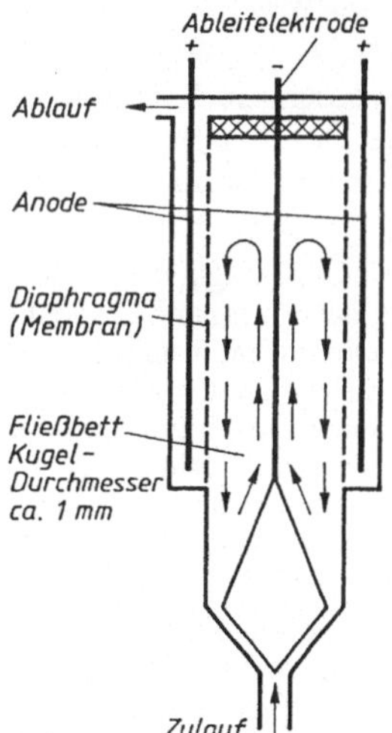

4.283 Elektrolysezelle als Wirbelbett

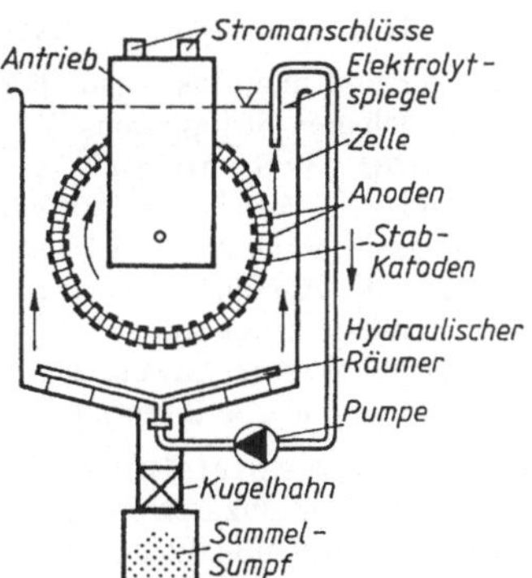

4.284 Wälzrohrreaktor mit Schlagstabelektroden

Zu den Metallgewinnungsreaktoren gehören Zellen mit rotierenden Katoden und Fließbettzellen.

Beim Wirbelbettreaktor (**4.**283) wird durch leitende oder nicht leitende Partikel im Katodenraum, der durch eine Membran von den Anoden abgetrennt ist, eine hohe Relativbewegung zwischen der Katode und der Lösung erreicht. Oft entsprechen die Partikel den abzuscheidenden Metallen. Mit der Zunahme der Partikelmasse sinken die schwereren Teilchen nach unten und werden kontinuierlich aus dem Reaktor ausgeschleust. Bei den nicht leitenden Partikeln handelt es sich um Glaskugeln, die mechanisch auf die Elektrodenoberfläche einwirken, um den Metallbelag abzuschlagen.

Beim Wälzrohr-Reaktor (**4.**284) befinden sich in einer Walze, deren Mantel aus Anodenmaterial besteht, Katodenschüttungen, die ständig mechanisch umgewälzt werden.

Beim Schlagstab-Reaktor befindet sich im Walzenumfang die Katode aus Stäben, die intermittierend aufeinanderprallen, damit sich der Belag ablöst. Die abgeschlagenen Metallpartikel werden im Sumpf aufgefangen. Bewegte Katoden haben eine wesentlich bessere Metallabscheidung als Festbettkatoden.

Die Elektrodialyse arbeitet mit Membranen. Durch Anlegen eines elektrischen Feldes erfolgt die Konzentrierung von Ionen entsprechend ihrer Ladungsgröße in dafür vorgesehenen Kammern. Rückgewonnene Lösungen müssen meist in Bädern nachgeschärft werden.

Elemente der Elektrodialyse sind Membranwände. Zwischen diesen fließen abwechselnd zwei Flüssigkeiten verschiedener Ionenkonzentration hindurch: durch Anlegen von Gleichstrom und die Anwendung von kationen- bzw. anionentrennenden Membranen gelangen die gelösten Ionen aus der Flüssigkeit mit geringerer Ionenkonzentration in die mit höherer Ionenkonzentration.

Der Einsatzbereich erstreckt sich auf die Rückgewinnung von Verschleppungsverlusten aus metallabscheidenden Elektrolyten (Kationen und Anionen).

Einsetzbar für die Elektrolyte sind: saures Nickelbad, cyanidisches und saures Kupferbad, saures Zinkbad, cyanidisches Silberbad, cyanidisches Cadmiumbad.

Als Zweikammerzelle zur Chromsäurerückgewinnung durch Eisenabtrennung, Entfernung von Fremdmetallen aus Elektrolyten (z.B. aus Zink-Bädern, Fe aus Schwefelsäurebeizen); Regeneration von Ionenaustauschern durch Festbettelektrolyse, Wasserentsalzung, Trinkwassergewinnung aus Brack- oder Meerwasser; Molkeentsalzung.

Thermische Verfahren. Bei den thermischen Trennverfahren werden die Inhaltsstoffe des Abwassers entsprechend ihrer Flüchtigkeit vom Wasser durch Destillation oder über den Entzug von Wasser aufkonzentriert. Man unterscheidet Strippen, Verdunsten, Verdampfen, Verbrennen, Kristallisieren, Extrahieren.

Unter Strippen versteht man das Austreiben flüchtiger Bestandteile aus Flüssigkeiten mittels Dampf oder unwandelbaren Strippgasen. Wird ein Teil der Flüssigkeit dabei verdampft, spricht man von Destillation. Desorption dagegen ist das Austreiben von gelösten Gasen aus Flüssigkeitsgemischen. Bei jedem Verfahren mit offener Wasseroberfläche sind Strippeffekte festzustellen, auch beim Belebungsverfahren mit Druckluft. Technisch nutzt man Kolonnenböden und Gebläse oder Dampferzeuger. Die Ausführung einer Strippanlage hängt davon ab, wie die flüchtigen Komponenten weiterbehandelt werden sollen. Bild **4.**285 zeigt die Ammoniak-Strippung bei Ammoniak-Gehalten größer als 1%: weitere Anwendungen des Strippens bei Chlorkohlenwasserstoff-Austreibung (C_o = 200 bis 500 ppm), die Entfernung von H_2S und Kohlenwasserstoffen.

Verdunster und Verdampfer (Bild **4.**286) sollen den Wasseranteil eines Gemisches herabsetzen, um dieses dann wieder einzusetzen oder nach Trocknung des Rückstandes entsorgen zu können. Während bei der Destillation die flüchtigen Bestandteile abgetrennt und evtl. behandelt werden sollen, werden beim Verdampfen die nichtflüchtigen Bestandteile abgetrennt und weiter behandelt.

Physikalisch unterscheiden sich Verdunsten und Verdampfen nicht. Die technischen Lösungen sind jedoch unterschiedlich (Tafel **4.**89, Tafel **4.**90).

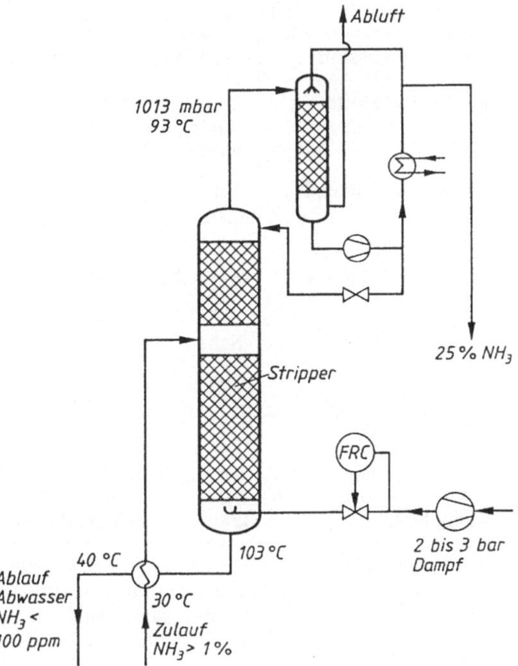

4.285
Strippung von Abwasser. Entfernung von Ammoniak nach Alkalisierung von Ammonium

Beim Verdunsten werden z.B. in Rieselkühltürmen große Luftmengen mit Wasser gesättigt. Beim Verdampfen wird eine mit Wasser übersättigte Gasphase erzeugt. Beide Verfahren benötigen Energie, die beim Verdunsten dem System entzogen wird. Dabei kühlt die Lösung sich ab. Beim Ver-

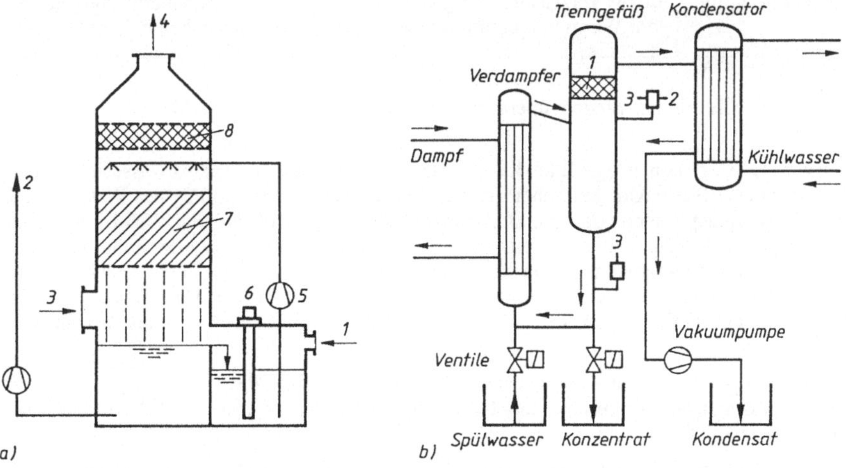

4.286 Verdunster und Verdampfer:

a) Rieselkühlturm zur Verdunstung von Spülwasser
b) Vakuum-Verdampfung zur Elektrolyt-Rückgewinnung

Tafel **4.**89 Einflüsse der Abwasserinhaltsstoffe auf die Wahl der Eindampfanlage nach [79b]

Abwasserinhaltsstoffe	Herkunft/Auswirkungen	Eindampfanlage
ungelöste Feststoffe	bereits enthalten oder durch Ausfällung entstehend	Verdampfer mit geringer Neigung zur Verkrustung, mechanische Abschälung, Abzug für Feststoffe
flüchtige oder harzende Stoffe	bei thermischer Zersetzung	Verdampfer mit geringer Aufenthaltszeit und/oder geringer Temperaturdifferenz zwischen Heiz- und Siederaum
wasserdampfflüchtige Stoffe	mit hoher Konzentration in der Ausgangslösung	Verdampfer mit besonderem Brüdenbehandlungskonzept
grenzflächenaktive Stoffe	Schaumbildung	Verdampfer mit besonderer Abscheiderkonstruktion und/oder unter Vakuum

Tafel **4.**90 Verdampferbauarten nach [79b]

Verdampferart	Eignungen nach der Abwasserart
Umlaufverdampfer	für Abwässer, die zur Verkrustung neigen, da durch große Temperaturdifferenzen guter Wärmeübergang und hohe Strömungsgeschwindigkeit im Naturumlaufverdampfer realisiert sind; bei Gefahr der Zersetzung von Inhaltsstoffen Zwangsumlaufverdampfer
Dünnschichtverdampfer	für schäumende und harzende Abwässer, da die Verweildauer im Sekundenbereich liegt und die Lösung über Rotoren verteilt bzw. über Wischerblätter abgestreift wird; bis zur Trocknung betreibbar
Rührwerksverdampfer	für viskose Flüssigkeiten, selten im Abwasserbereich anzutreffen
Tauchbrennerverdampfer	für zur Verkrustung neigende Medien, da die Wärmeübertragung direkt vom Wärmeträger auf die zu verdampfende Flüssigkeit erfolgt.

dampfen wird Energie bis zur Siedetemperatur zugeführt. Meist wird unter Vakuum bei 0,2 bar gearbeitet.

Bei der Abwasserverbrennung (Tafel **4.**91) werden bevorzugt organische Abwasserinhaltsstoffe mittels Luftsauerstoff drucklos bei hoher Temperatur und unter Verdampfung des Wasseranteils chemisch oxidiert (Gasphasenoxidation). Bei Konzentrationen ab 100 000 mg *CSB*/l kommt die Verbrennung in Betracht. Die Oxidation verläuft zwar exotherm (13 kJ/g *CSB*), der hohe Wasseranteil erfordert aber eine Stützfeuerung. Deshalb werden einer Verbrennung Eindampfanlagen zur Verminderung des Wasseranteils vorgeschaltet. Wichtige Kriterien sind der Heizwert und die übrigen Abwasserinhaltsstoffe. Wegen der hohen Energiekosten sind andere Verfahren alternativ zu prüfen.

Bei der Naßoxidation handelt es sich um ein Verfahren, bei dem die Umsetzung organischer Verbindungen im Gegensatz zur Verbrennung bei Temperaturen von nur 150 bis 370 °C und Drücken von ca. 10 bis 220 bar erfolgt.

Kristallisatoren können bei Abwässern mit hohen Salzgehalten eingesetzt werden. Die technischen Kristallisatoren ähneln dem Verfahren bei der Kochsalzgewinnung. Sie arbeiten bei niedrigeren Temperaturen als Destillationskolonnen. Neue Entwicklungen ermöglichen die Aufarbeitung von Waschwässern aus der Rauchgasreinigung und von Salzschlacken der Aluminiumindustrie.

Tafel **4.**91 Parameter für eine Abwasserverbrennung nach [79b]

Abwasserinhaltsstoffe	Verfahrenseigenheiten
Flüchtige organische gelöste Stoffe ohne Heteroatome	keine Asche-, Staub- und Emissionsprobleme, dampfförmige Einspeisung und Dampfgewinnung möglich
Gelöste oder suspendierte, auch emulgierte nicht flüchtige organische Stoffe	keine Asche- und Staubprobleme; evtl. Emissionsprobleme bei halogen- oder schwefelhaltigen Stoffen; keine dampfförmige Einspeisung möglich
Gelöste anorganische Salze	Emission von schwer entfernbaren Aerosolen beachten; spezielle Abscheider erforderlich; Dampfgewinnung erschwert, Taupunktunterschreitung problematisch; Anfall von Schmelze, Asche und Staub; Schäden an keramischem Material durch Phosphate und Carbonate
Mineralsäuren oder Alkalien	Korrosion an Metallteilen; Emissionsprobleme, keramische Teile werden von alkalischen Schmelzen angegriffen; Dampfgewinnung erschwert
Suspendierte organische Stoffe	Emissionsprobleme; Staub- und Ascheanfall; Gefahr der Verkrustung und Verstopfung bei der Brennraumzuführung im Wärmerückgewinnungsteil und im Abhitzekessel

Die Extraktion kommt in der Abwasserreinigung lediglich als Solvent- oder Flüssig-Flüssig-Extraktion in Betracht, bei der mit gezielten Lösungsmitteln flüssige Stoffe aus flüssigen Stoffgemischen herausgelöst werden. Die Extraktion kann jedoch nur als erste Stufe für höher konzentrierte Lösungen angesehen werden. Mehrstufige Gegenstromverfahren sind geeignet. Der Rückgewinnungswert ist für das Verfahren wirtschaftlich ausschlaggebend. Wichtig ist ein Lösungsmittel, das einen hohen Verteilungskoeffizienten für die zu entfernende Komponente aufweist [36a].

Während bei der Destillation die leichter flüchtige Verbindung in die Dampfphase übergeht, beruht die Extraktion auf dem Übergang der leichter löslichen Komponente in eine andere flüssige Phase. Ein bekanntes Verfahren ist die Gewinnung der Phenole aus Schwelwasser. Auch im Abwasserbereich erfolgt die Entphenolung durch Extraktion.

Die Extraktion verläuft in mehreren Schritten: Durchmischung der zu extrahierenden Flüssigkeit mit dem Extraktionsmittel (Lösungsmittel); Trennung der beiden Phasen in einem Abscheider in eine Extrakt- und Raffinatschicht; Aufarbeitung der Extraktphase mit Herausnahme der extrahierten Stoffe und Rückgewinnung des Lösungsmittels; Aufarbeitung der Raffinatphase durch Entfernung der Lösemittelreste.

Beim Gegenstromverfahren werden die zu extrahierende Flüssigkeit und das Extraktionsmittel gegeneinander geführt. Raffinat und Extrakt werden kontinuierlich abgenommen.

Das Lösungsmittel darf nur regional mit der zu extrahierenden Flüssigkeit mischbar sein, wenn die Phasentrennung schnell erfolgen soll. Dies kann durch einen Dichteunterschied und mit Hilfe von Trennungshilfsmitteln gefördert werden. Neben einer hohen Trennfähigkeit soll das Lösungsmittel auch noch ein gutes Lösevermögen für die zu extrahierenden Stoffe besitzen. Neben der Reinigung phenolhaltiger Kokereiabwässer und der Extraktion von chlorierten Phenolen wird das Verfahren auch in der Hydrometallurgie eingesetzt.

Nachfolgend sind einige Reinigungsprozesse industrieller Anlagen beschrieben. Es handelt sich um eine Auswahl, die lediglich als Einführung in die besonderen Verfahrensabläufe gedacht ist.

4.8.1 Hochofenwerke

Das Wasser wird im Kreislauf genutzt (**4**.287). Außerdem kann noch eine Erzwäsche vorgeschaltet werden, die stark schlammhaltiges Abwasser liefert. Das Frischwasser wird aus dem Vorfluter, ausnahmsweise auch aus dem Grundwasser entnommen und in einem Klär- und Rückgewinnungsbecken (*Kl 1*) gesammelt. Der große Kreislauf nimmt das wenig verschmutzte Abwasser aus den Hochöfen, der Kraftzentrale, dem Kühler der Kokerei und den Betrieben auf. Einen besonderen Kreislauf haben die Gichtgasreinigung mit vorgeschaltetem Elektrofilter, die Kokerei, die Schlackengranulierung und die Masselgießmaschine. Das Schmutzwasser dieser Einrichtungen fließt in einem werkseigenen SW-Kanal ab und der städtischen Kanalisation zu. Das biochemisch zu reinigende Abwasser der Kokerei und der Betriebe geht über eine biologische Kläranlage wieder in den großen Kreislauf.

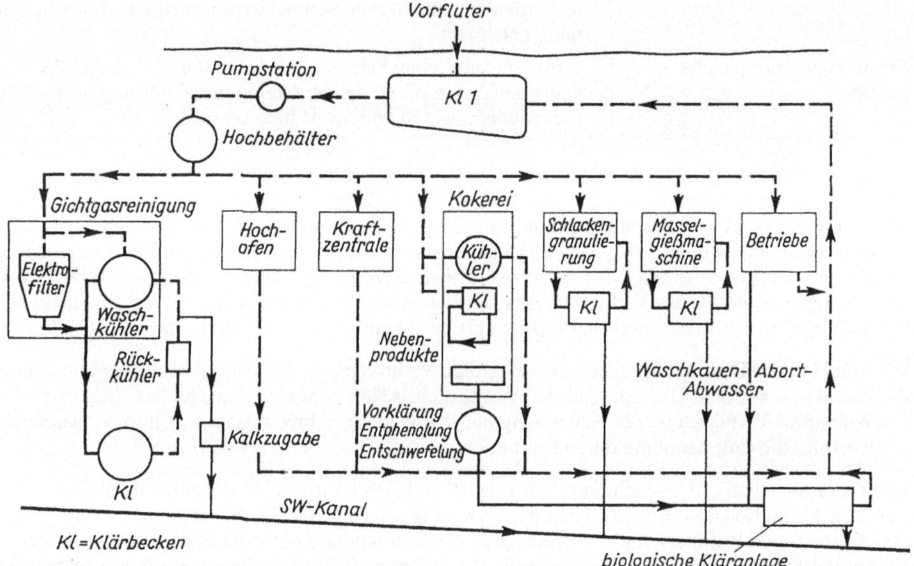

4.287 Wasserkreislauf eines Hochofenwerkes

Die Gichtgase werden naß gereinigt. Das dabei entstehende Abwasser enthält die absetzbaren Teile der Asche, Eisenoxid, Kieselsäure, Schlacke und Erzteilchen sowie Kalk, Kohlenstoff und Magnesia, außerdem Cyanid, Schwefel, Phenol u.a. Zur Reinigung benutzt man Absetzbecken (s. Abschn. 4.4.4) mit $t_R \geq 2$ h. Durch Zugabe von Fällungsmitteln, z.B. Kalkmilch (0,1 bis 0,2 g Kalk/l) kann das Absetzen gefördert werden. Vor den Beckenabläufen verwendet man Koksfilter, die den feinsten Restschlamm zurückhalten. Sehr unangenehm sind die giftigen Cyanidverbindungen, welche sich bei der anschließenden Weiterverwendung des geklärten Abwassers im Kreislauf stetig vermehren. Ist die Cyanidmenge zu groß, wird das Abwasser zusätzlich mit Ferrosulfat, Natronlauge und Schwefelsäure unter Zugabe von Luft oder durch Verdüsung dosiert behandelt und durch Filterpressen gedrückt. Der Filterschlamm (Blauschlamm) enthält etwa 45% Eisencyanidkalium. Man behandelt die Cyanidverbindungen auch durch Chlor in alkalischer Lösung.

Phenolhaltiges Abwasser entsteht in der Kokerei. Phenol kann in einer biologischen Kläranlage abgebaut werden, da sich die Bakterien auf Phenole einstellen. Der Gehalt an Phenol muß < 0,5% sein. Man verwendet oft den Aero-Accelator (Fa. Lurgi, Frankfurt/Main) (**4**.288). Diese Anlage arbeitet nach dem Belebtschlammprinzip. Sie besteht aus einem runden Behälter, der durch einen glockenförmigen, inneren Einbau in eine Belüftungszone (*B*) und eine äußere Klär- und Rücklaufzone (*KL*) unterteilt ist.

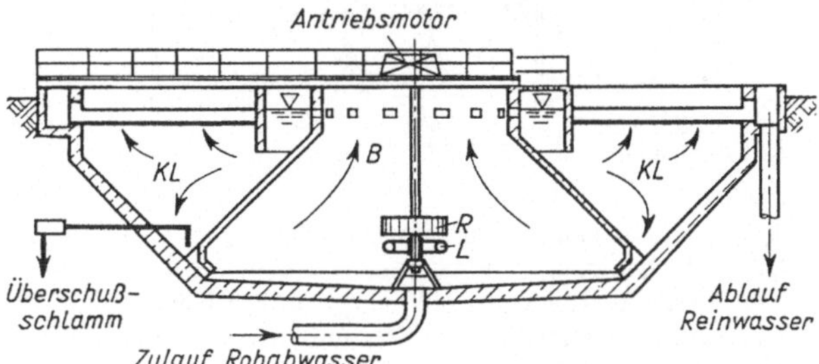

4.288
Aero-Accelator (Lurgi)
(Längsschnitt)

Im unteren Teil von (*B*) befindet sich ein Rotor (*R*) zur Durchmischung des Rohabwassers mit dem vorhandenen Belebtschlamm und zur Zerteilung der Luft, welche aus einem ringförmigen Verteiler (*L*) eintritt. Das Reinwasser wird in Höhe des Wasserspiegels über konzentrische oder radiale Überlaufrinnen abgezogen. Der Überschußschlamm wird aus dem unteren Beckenraum abgeleitet. Um den oberen Teil der Glocke sitzt eine Tauchwand, die als Leitwand das aus (*B*) austretende Abwasser nach unten ablenkt. Die mitaustretenden Teilchen des Belebtschlammes rutschen durch die Schlitze nach (*B*) zurück. Das gereinigte Abwasser wird in (*KL*) vom Belebtschlamm getrennt. Der Accelator findet auch Anwendung in der Lebensmittel- und Textilindustrie, in Papier, Leder-, Zuckerindustrie u.a. Man kann für Kokereien auch andere Belüftungssysteme (s. Abschn. 4.5.2) und konventionelle Nachklärbecken verwenden. Wichtig ist die sofortige Durchmischung von Rohabwasser mit dem Inhalt des Belüftungsraumes. Bei hoher Phenolkonzentration (> 3 mg/l) kann man auch Extraktionsanlagen anwenden.

Die Hochofenschlacke findet als Baumaterial Verwendung (Straßenbau, Betonmaterial). Der Schlackensand ist Grundstoff für den Hochofenzement. Man leitet die aus dem Hochofen kommende glühende Schlacke in rasch fließendes Wasser. Sie erstarrt durch Abkühlen sofort und zerfällt in kleine blasige Körner. In Klärbecken (Fanggruben) wird die Körnung von dem Wasser getrennt. Um die Reste des Schlackensandes aus dem wiederzuverwendenden Wasser herauszuholen, hat man hinter die Absetzbecken noch Trommelfilter geschaltet.

4.8.2 Papierfabriken

Außer Zellstoff, Holzschliff, Lumpen werden in den Papierfabriken Füll-, Leim- und Farbstoffe verwendet. Zum Bleichen benutzt man Chlor oder Chlorkalk. Die Abwassermenge ist sehr groß. Man versucht es daher nach Klärung wieder in den Betrieb zurückzunehmen (Kreislauf). Das Abwasser enthält Faserstoffe in großer Menge, Füllstoffe, Harzseifen und Stärke, gelöste mineralische und organische Stoffe. Als Kläreinrichtungen benutzt man Absetzbecken, Siebfilter; Druckfilter, Absetztrichter (Hochleistungsstoffänger), Fällungsbecken. Das Pista-Eisenungsverfahren (Fa. Passavant) führt das Abwasser durch Ausgleichbecken, Vorbelüfter, Pista-Eisenungsgeräte (Zugabe von Graugußspänen und Luft). Durch anschließende Kalkmilchzugabe werden Flocken erzeugt, die Schwebstoffe und Kolloide adsorbieren und in Absetzbecken aus dem Wasserkreislauf genommen werden.

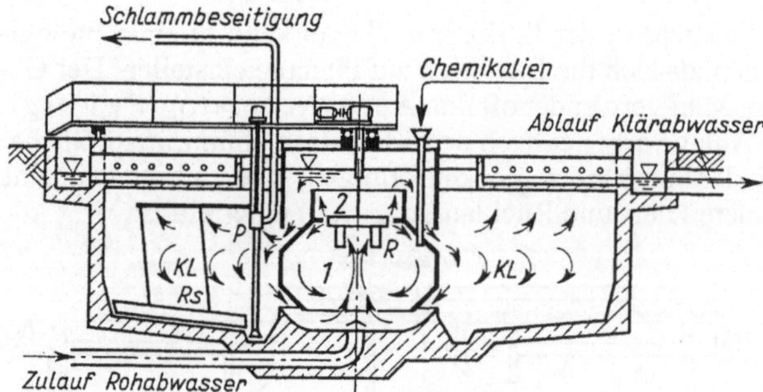

4.289
Cyclator (Lurgi) (Längsschnitt)

Der Cyclator (Fa. Lurgi, Frankfurt/Main) vereinigt die Reinigungsphasen in einem Bauwerk (**4**.289). Er hat innen zwei übereinanderliegende Reaktionsräume (*1*) und (*2*) und außen eine Klärzone (*KL*). Ein Rührkreisel (*R*) sorgt für die Umwälzung. Ein Rundräumer mit Tauchpumpe (*P*) und Räumschild (*Rs*) dient der Schlammbeseitigung. Das geklärte Abwasser wird über Radial- oder Rundrinnen abgeleitet. Das Rohabwasser läuft von unten zu und wird zunächst mit Kreislaufwasser aus (*KL*), das bereits Schlammflocken mitführt, vermischt. Durch Zusatz von Chemikalien in die untere Reaktionszone (*1*) bilden sich Flocken, die sich zusammenschließen und durch ihre Schwere sich in (*KL*) absetzen. Die chemische Reaktion und das Flockenwachstum sollen in der oberen Zone (*2*) zum Abschluß kommen.

Durch Regelung der Drehgeschwindigkeit des Rührkreisels können die für Flockenbildung und Absetzen optimalen Strömungsbedingungen geschaffen werden. Der Cyclator eignet sich für Abwasser der Eisen- und Stahlindustrie, chemischen Industrie, für stark verschmutztes häusliches Abwasser, u.a.

4.8.3 Steinkohlenbergbau

Es fallen folgende Abwasserarten an:

1. Grundwasser aus den Stollen (sauber)
2. Abwasser beim Versatz der ausgebauten Flöze durch Einspülen des Versatzgutes Sand, Schlacke, Schiefer u.a.
3. Kohlenwaschwasser
4. Auswaschwasser der Schutthalden durch Niederschläge
5. menschliche Abfallstoffe und Waschkauenabwasser
6. Abwasser der Naßentstaubung bei Brikettfabrikation

Die Kohlenwäsche ist notwendig, weil das frisch gebrochene Gut neben der Kohle auch noch Gestein und Asche enthält. Es wird meist das aus der Grube hochgepumpte Grundwasser benutzt, das möglichst lange im Kreislauf geführt wird. Dabei vermehrt sich der Gehalt an Feinkohlestoffen (Kohlenschlamm). Zur Reinigung werden Rundeindicker mit trichterförmigem Boden und einem Schlammabzug in Trichtermitte verwendet (**4**.290). Das Schmutzwasser wird ebenfalls in der Mitte zugeführt. Das Reinwasser fließt über Rinnen ab. Der Schlamm setzt sich auf der Beckensohle ab und wird durch ein Krälwerk zur Trichterspitze geräumt. Bild **4**.290 zeigt einen Rundeindicker für eine Leistung von 2000 m^3 Abwasser/h. Dieses Becken ist durch radial angeordnete Scheiben gegen Setzungen durch Bergschäden gesichert.

Die rechnerische Bodenpressung ist mit 50 N/cm^2 so hoch gewählt, damit beim Überschreiten der Spannung infolge ungleichmäßiger Setzungen an anderen Stellen der Boden nachgibt. Der Behälter

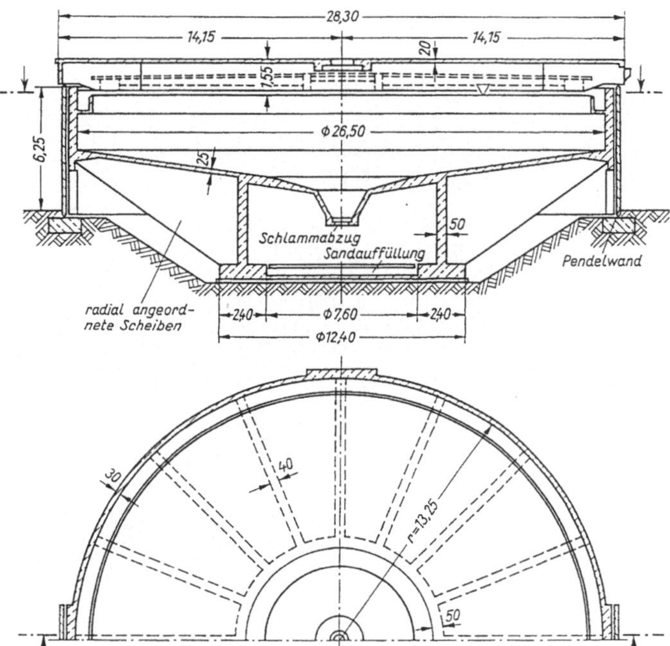

4.290 Rundeindicker für Kohlenwäsche

ist vorgespannt und wird nicht beschädigt. Das Krälwerk mit Antrieb sitzt an einer 28,30 m langen festen Brücke, die auf 2 Pendelwänden vor der Behälterwand abgestützt ist.

4.8.4 Metallindustrie

Es fallen Abwasserarten verschiedener, schwieriger Zusammensetzung bei der Beizerei und der galvanischen Behandlung der Werkstücke an. Verfahrenstechnisch ist dieses Abwasser zu unterteilen in:

1. Laugen (Al, Sn, Zn)
2. Säuren (Metallionen)
3. cyanidische (alkalische) und
4. chromhaltige (saure) Komponenten

Beizerei-Abwasser. Seine Aufbereitung ist verhältnismäßig einfach. Durch das Beizen soll die bei der Verformung des Eisens entstehende Oxidschicht (Zunder, Sinter, Hammerschlag) entfernt werden. Beizen enthalten HCl, H_2SO_4, HNO_3, Chromsäure, NaOH, Essigsäure, H_2F_2 oder H_3PO_4, je nach Metallart und -güte. Die Restbeizen sind bis auf $\approx$ 4% verbraucht, enthalten jetzt aber entsprechende Mengen der abgebeizten Metalle. Man beizt in Badform und spült die Werkstücke anschließend mit Frischwasser ab. Das Abwasser muß also durch Neutralisation aufbereitet werden. Man benutzt das Stand- oder das Durchlaufverfahren und als Neutralisationsmittel Kalkmilch oder Natronlauge. Beim Standverfahren gibt man zu dem in einem Becken gesammelten Abwasser Kalkmilch bis zur Neutralisation hinzu. Dann oxidiert man durch Lufteintrag den Schlamm und flockt die Metallsalze aus. Nach einer längeren Absetzzeit wird das geklärte Abwasser in den Vorfluter abgelassen. Der Schlamm wird getrocknet. Er ist unschädlich.

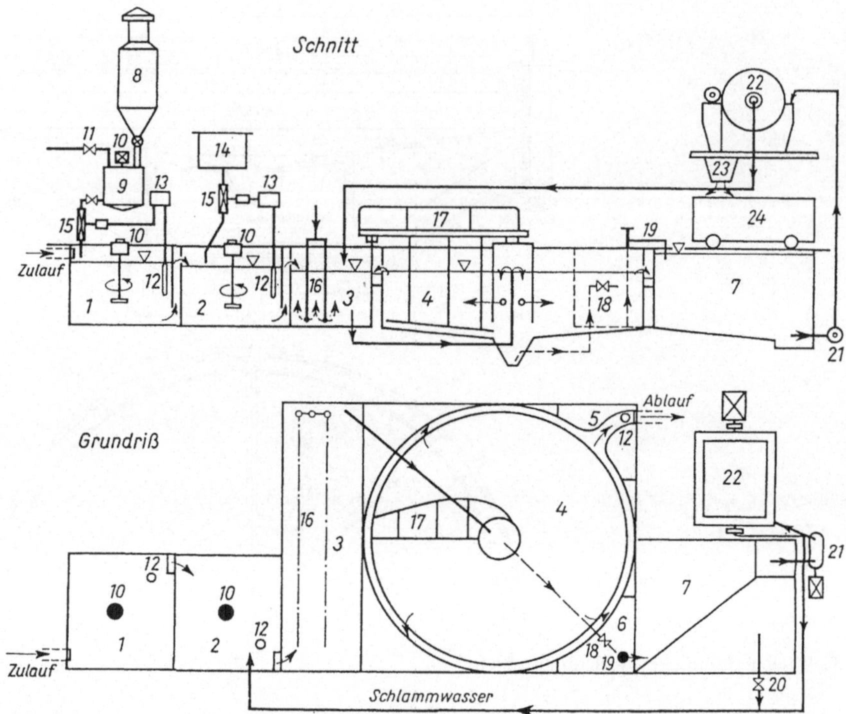

4.291 Durchlaufanlage zur Neutralisation von saurem und alkalischem Abwasser mit Kalkmilchbereitung und Schlammentwässerung

1 Neutralisationsbecken für Kalkmilchzugabe
2 Neutralisationsbecken für Säurezugabe
3 Belüftungsbecken
4 Rundklärbecken mit Schlammräumer
5 Auslauf- und Kontrollschacht
6 Dünnschlammbecken
7 Schlammeindicker
8 Kalksilo mit Abluftfilter
9 Kalkmilchbereiter
10 Mischer
11 Frischwasserventil
12 pH-Elektroden
13 pH-Meß- und Regelgeräte
14 Säurebehälter
15 Regelventil
16 Belüftungsrohre
17 Schlammräumer
18 Schlammablaß
19 Schlammheber
20 Klarwasserrücklauf
21 Schlammpumpe
22 Schlammfilter
23 Schlammbunker
24 Fahrzeug

Eine größere Durchlaufanlage zur Neutralisation von saurem und alkalischem Abwasser mit Kalkmilchaufbereitung und Schlammentwässerung ist in **4.**291 schematisch dargestellt. Das teils saure, teils alkalische Spülwasser fließt in das säurefest ausgekleidete Reaktionsbecken (*1*), das mit automatisch arbeitenden pH-Meß- und Regelgeräten ausgestattet ist. Die Neutralisation erfolgt mit Kalkmilch, die selbsttätig in einem Kalkmilchbereiter (*9*) aus dem im Kalksilo (*8*) pulverförmig lagernden Kalkhydrat angesetzt wird. In dem Reaktionsbecken (*2*) wird automatisch die Säure zugegeben, sofern alkalisches Abwasser anfällt. Bei Anwesenheit von zweiwertigem Eisen wird im Belüftungsbecken (*3*) durch das Einblasen von Druckluft die Oxidation zu dreiwertigem Eisen durchgeführt. Das neutralisierte, schlammhaltige Wasser fließt anschließend ins runde Klärbecken (*4*), wo bei kleiner Strömungsgeschwindigkeit sich der ausgefällte Schlamm ablagert. Bevor das gereinigte und geklärte Abwasser in den Vorfluter abfließt, wird im Auslauf- und Kontrollschacht (*5*) noch eine Kontrolle und Registrierung des Abfluß-pH-Wertes durchgeführt. Aus dem Trichter des Klärbeckens wird der Schlamm in den Schlammeindicker (*7*) gefördert. Nach weiterer Entwässerung im Schlammfilter (*22*) kann er abgefahren werden. Dieses Schema einer Reinigung von Beizerei-Abwasser läßt verschiedene Varianten zu.

Galvanik-Abwasser entsteht bei der chemischen oder elektrochemischen Oberflächenveredelung der Werkstücke. Die galvanischen Bäder enthalten Metallsalze des veredelnden Metalls in Wasser gelöst. Saure Bäder enthalten CrO_4^{2-}, Cu, Ni, Zn, Al, Sn, Pb mit H_2SO_4, HCl oder Borsäure.

Alkalische Bäder sind (außer bei Verzinnung) immer cyanidhaltig (CN^-). Sie enthalten Cu, Ag, Zn, Cd. Glanz-, Hartverchromungs- und Chromatierbäder enthalten Fe, Ni, Cr, Al mit Chrom- oder Schwefelsäure. Galvanische Bäder bleiben lange Zeit in Betrieb. Das Galvanisiergut wird laufend ersetzt. Problematisch ist jedoch das Spülwasser, welches beim Abspülen der Werkstücke nach dem Bad benutzt wird. Es enthält die Gifte, zwar stark verdünnt, aber immer noch zu stark, um in die öffentlichen Entwässerungsanlagen abgeleitet werden zu können. Die Auflagen der Behörden sind verschieden, jedoch soll i. allg. die Cyanid- oder Chromatkonzentration $\leq 0{,}1$ mg/l, Schwermetallionenkonzentration $\leq 0{,}5$ mg/l und der pH-Wert 8 bis 8,5 sein.

Das Abwasser muß bereits am Ort des Anfalls je nach Beschaffenheit getrennt werden. Insbesondere darf saures Abwasser nicht mit cyanidhaltigem zusammengeführt werden, da sich Blausäure bilden kann. Ebenso soll chromathaltiges Abwasser nicht mit alkalischem zusammenfließen, da die Reduktion erschwert wird. Jedoch kann chromathaltiges Abwasser mit saurem zusammengebracht werden. Man hat meist 3 getrennte Ableitungen: 1. cyanidhaltig, 2. chromathaltig, 3. übriges saures und alkalisches Abwasser.

Cyanidhaltiges Abwasser wird meist mit Chlor (a) oder Hypochloritlösung (b) behandelt. Der pH-Wert der Lösung bei (a) wird auf 8,5 gebracht, weil die Reaktion mit Cl Säure freisetzt:

a) NaCN + Cl_2 = CNCl + NaCl
Natriumcyanid + Chlor = Chlorcyan + Natriumchlorid

b) 1. 2 NaCN + 2 NaOCl + 2 H_2O = 2 CNCl + 4 NaOH
Natriumcyanid + Natriumhypochlorit + Wasser = Chlorcyan + Natronlauge

2. 2 CNCl + 4 NaOH = 2 NaCNO + 2 H_2O + 2 NaCl
Chlorcyan + Natronlauge = Natriumcyanat + Wasser + Natriumchlorid

3. 2 NaCNO + 3 NaOCl + H_2O = 2 CO_2 + N_2 + 3 NaCl + 2 NaOH
Natrium-cyanat + Natrium-hypochlorit + Wasser = Kohlen-dioxid + Stick-stoff + Natrium-chlorid + Natron-lauge

Das cyanidhaltige Abwasser wird in ein Oxidationsbecken geleitet und Chlor oder Natriumhypochlorit je nach Cyanidgehalt dosiert eingegeben. Durchmischung erfolgt durch ein Rührwerk. Aufenthaltszeit t_R = 0,5 bis 1,0 h. Ablauf zum Neutralisationsbecken. *Chromathaltiges Abwasser* wird meist durch Hydrogensulfit oder SO_2 reduziert. Die Zugabe von zweiwertigem Eisen durch Verwertung von Restbeizen steigert den Schlammanfall (nur in alkalischer Lösung):

CrO_4 + 3 Fe + 4 OH + 4 H_2O = $Cr(OH)_3$ + 3 $Fe(OH)_3$
Chromoxid + Eisen + Hydroxid + Wasser = Chromhydroxid + Eisenhydroxid

Chromsaures Abwasser geht mit pH $< 2{,}5$ (durch Zugabe von H_2SO_4) in das Reduktionsbecken. Natriumhydrogensulfit wird je nach Chromgehalt dosiert eingegeben.

Tafel **4.**92 Behandlung von Abwässern der metallverarbeitenden Industrie nach [36a]

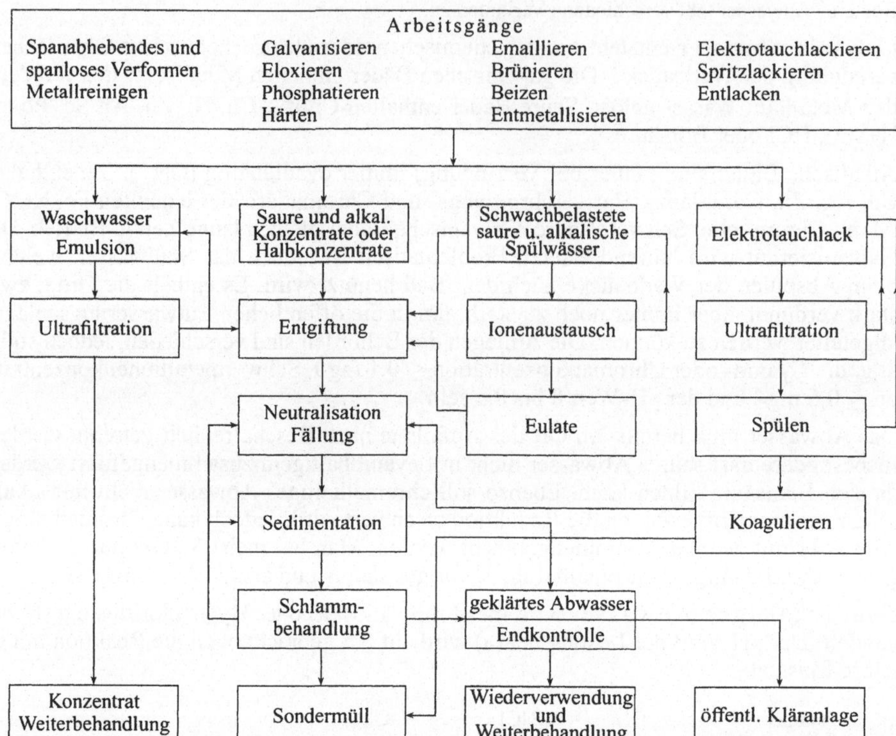

Durchmischung erfolgt durch Druckluft. Aufenthaltszeit t_R = 0,5 bis 1,0 h. Ablauf zum Neutralisationsbecken. Man benutzt für beide Abwasserarten meist das Durchlaufverfahren wie in Bild **4.**291, jedoch mit Einschaltung der entsprechenden Becken.

Laugen und Säuren. Nach Oxidation des Cyanids bzw. Reduktion des Chromats kann dieses Abwasser wie das der Beizerei behandelt werden. Zu beachten ist, daß eine neue Oxidation des Chroms durch überschüssiges Hypochlorit eintreten kann. Die Aufbereitung des nur sauren oder basischen Abwassers läuft auf einen Konzentrationsausgleich hinaus.

Tafel **4.**92 gibt eine Übersicht der Verfahrensschritte zur Behandlung von Abwässern der metallverarbeitenden Industrie.

4.8.5 PVC-Abwasserreinigung mit Rohstoff-Recycling

Bei der Produktion von PVC fällt Abwasser mit Resten an suspendiertem und emulgiertem PVC an.

Die Fa. Passavant hat eine Lösung entwickelt, das PVC weitgehend aus dem Abwasser zu entfernen und zur Wiederverwertung vorzubereiten. Mit der Mehrkammerflockung (**4.**292) gelingt es, das Abwasser durch Emulsionsspaltung, Flockung und Sedimentation im Turbo-Koagulator zu reinigen und den Schlamm auf einen Feststoffgehalt $TS = 15\%$ einzudicken. Dieser PVC-haltige Schlamm

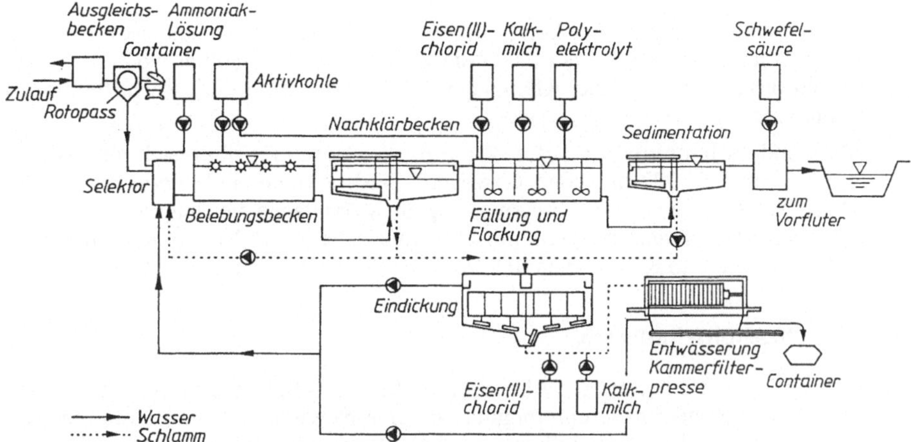

4.292 Verfahrensschema für die Reinigung von Textilabwasser eines größeren Betriebes mit einer biologischen Stufe, Mehrkammerflockung sowie Schlammbehandlung

wird dann in einer Kammerfilterpresse bei 15 bar Druck auf $TS > 50\%$ entwässert. Danach kann er bei der Herstellung von Kunststoffartikeln als Rohstoff genutzt werden.

4.8.6 Textilindustrie

Der Wasserverbrauch der Textilindustrie ist erheblich. Fast das gesamte Wasser wird als Abwasser zurückgegeben. Die Betriebe der Textilindustrie stellen entweder aus Rohstoffen Halbfabrikate her, oder sie verarbeiten diese dann zu Fertigwaren. Kombinationen von beiden Fabrikationszweigen sind möglich. Die Aufgaben der Abwasserreinigung sind vielfältig und für die Werke spezifisch. Sie bestehen in der Beseitigung von Chemikalien und Farbstoffen. Kolloidal gelöste Stoffe (u.a. Waschmittel) beseitigt man z.B. durch Ausfällen (**4**.293). Man gibt dem Abwasser Eisensalze zu. Sie werden mit dem Abwasser umgewälzt, wobei fällungsaktives Eisenhydroxid entsteht. Aufenthaltszeit $t_R = 0{,}5$ bis 1,0 h. Der noch verbleibende Schaum, biologisch nicht abbaubar, kann durch Abfallöle

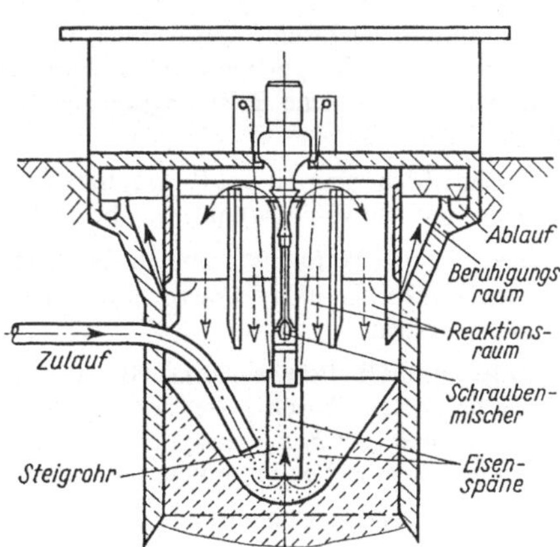

4.293
Eisenfällungsbecken

bekämpft werden, die jedoch nur kurzfristig wirken und biologisch abbaubar sein müssen. Bei größeren Betrieben bewährt sich die gemeinsame Behandlung von häuslichem und Produktionsabwasser in einer Kläranlage. **4.**292 zeigt die Verfahrensschritte für eine Direkteinleitung.

In Deutschland dürfen synthetische Waschrohstoffe (Tenside) nach dem Waschmittelgesetz vom 5.3.1987 nur noch verwendet werden, wenn sie biologisch abbaubar sind. Diese Stoffe können die Absetzwirkung in Kläranlagen verringern, weil sie an Schwebstoffen adsorbieren und damit aufschwimmen. Fette werden emulgiert und nicht mehr zurückgehalten. In Kläranlagen und Vorflutern bildet sich starker Schaum.

4.8.7 Lebensmittelindustrie

Gemeinsame Eigenschaften für die Abwässer der Lebensmittelindustrie sind vorwiegend organische und biologische Verunreinigung und eine Neigung zur Versäuerung und zur schnellen Gärung. Stickstoff- und Phosphorgehalt oft mangelhaft [15a].

Milchindustrien. Die Betriebe zur Pasteurisierung und Einsackung von Vollmilch leiten nur Waschwasser ab, das einer verdünnten Milch entspricht. Es können saure oder alkalische Spitzen auftreten, die von der Verwendung von Salpetersäure oder Natronlauge zur Reinigung herstammen.

Käsereien und Kaseinwerke erzeugen außerdem ein Serum, das reich an Milchzucker, aber arm an Proteinen ist. Butterfabriken erzeugen Buttermilch, die reich an Milchzucker und Proteinen, aber arm an Fettstoffen ist. Buttermilch und Serum stellen eine starke Schmutzstoffbelastung dar, der BSB_5 beträgt 20000 bis 40000 mg/l. Zur Klärung kann eine anaerobe Ausfaulung durchgeführt werden. In der Praxis werden die Nebenprodukte oft wiedergewonnen. Es erfolgt nur die Klärung von Waschwasser im technischen Maßstab.

Menge und Zusammensetzung des Abwassers schwanken stark nach den Fabrikationsbedingungen: Milchverluste, Vermischung mit Kühlwasser, eigentliche Milchaufbereitung.

Die Belastung, die von einem Betrieb ausgeht, kann folgendermaßen abgeschätzt werden:

In jedem Betrieb, in dem Milch aufbereitet wird, beträgt der $BSB_5 \approx 150$ g/l an behandelter Milch;

Butter- und Käseherstellung zusätzlich noch 5 kg BSB_5 pro 100 kg erzeugter Butter oder Käse;

Herstellung von Kondensmilch zusätzlich 500 g BSB_5 pro 100 kg Kondensmilch.

Häufig muß man den Sand aus dem Abwasser entfernen. Mit mechanisch-chemischen Aufbereitungen erreicht man nur Teillösungen. Die angemessenste Lösung besteht in der biologischen Reinigung durch Belebtschlammverfahren mit Überlüftung. Mit der Überlüftung wird die erzeugte Schlammenge gering gehalten. Dieses Verfahren bietet zugleich durch große Belüftungszeiten eine Pufferkapazität, welche Belastungsspitzen, die bei dieser Industrieart besonders häufig sind, auffängt.

Wenn die Milch- oder Serum-Konzentration im Abwasser über 1 bis 2% liegt, führt dies zur sauren, aeroben Gärung (Milchgärung), welche die biologische Aktivität vollkommen blockieren kann.

Berieselung und Verregnung sind zur Beseitigung dieser Abwässer ebenfalls geeignet. Die Mengen müssen auf 20 bis 40 m^3 Wasser pro Tag und Hektar, je nach der Durchlässigkeit des Bodens, begrenzt werden.

Gemüse- und Obstkonservenfabriken. Diese sind jahreszeitlich tätig. Die Abflüsse bestehen aus gering belastetem Waschwasser und Abwasser aus den Bleichgeräten, welches stark konzentrierte Brühen enthält (der BSB_5 beträgt etwa 25000 mg/l). Die Belastung ist je nach den Produktionsverfahren und behandelten Produkten sehr unterschiedlich.

Die Abflüsse sind meist reich an Kohlehydraten, haben genügend Stickstoff, und der Phosphorgehalt ist oft zu gering.

Die Aufbereitung des Abwassers sollte mit einer feinen Siebung beginnen, um Reste von Gemüse, Blättern und Schalen zurückzuhalten. Diese Rückstände sollen entweder für Kompost verwendet oder verbrannt werden. Bewässerung oder Verregnung sind möglich. In der Praxis werden sie jedoch häufig unter Bedingungen durchgeführt, die nicht zufriedenstellend sind, da man nicht über genügend große Flächen verfügt und das Wasser leicht gärt. Da es sich um jahreszeitliche Belastungen handelt, eignet sich die Aufbereitung in belüfteten Teichen.

Schlachthöfe und Fleischkonservenfabriken. Die Abflüsse sind nach der Entfernung der Fäkalien, der Größe des Darmbetriebs und der Art der abgeschlachteten Tiere, verschieden. Je kg aufbereitetes Fleisch kann man als Abflußmengen schätzen:

Schweine etwa 8 l, Großvieh etwa 13 l bei trockener Mistbeseitigung, etwa 27 l bei -abschwemmung.

Für die Nebenindustrien kann man mit folgenden Werten rechnen: 3 bis 5 kg BSB_5/kg Produkt für Pökelfleisch.

Der Abfluß von Schlachthofabwasser in ein Kanalnetz erfordert eine Aufbereitung, welche aus Sandentfernung, Fettabscheidung, Rechenreinigung und möglichst einer Feinsiebung besteht. Dadurch wird die BSB_5-Belastung um etwa 10 bis 15% herabgesetzt. Es wird empfohlen, ein belüftetes Speicherbecken anzulegen, welches die Belastungsspitzen auffangen kann.

Die Belastung der Abflüsse hängt von dem Grade der Blutrückgewinnung, von der Größe des Darmbetriebs und der Mistbeseitigung ab.

Eine chemische Flockungsbehandlung für dieses Abwasser ist nicht empfehlenswert, da mit diesem Verfahren die organische Belastung nur um 50% herabgesetzt wird und zusätzlich Schlamm entsteht. Dieser ist stark kolloidal und gärbar, wodurch Trocknungs- und Abführungsprobleme entstehen, die wirtschaftlich nicht lösbar sind.

Die ideale Lösung ist eine biologische Aufbereitung. Mineralstoff-Tropfkörper werden weniger benutzt, da die Gefahr der Verstopfung durch Fett groß ist, Kunststofftropfkörper sind besser geeignet. Die Überlüftung oder die schwachbelastete Reinigung mit getrennter aerober Schlammstabilisierung sind anwendbar, da neben der guten Klärleistung die anaerobe Faulung des Schlammes vermieden wird. Auch das Verfahren der anaeroben Faulung zur direkten Reinigung des Abwassers ist für die Abläufe großer Betriebe anwendbar, besonders wenn die BSB_5-Belastung stark ist und 1500 bis 2000 mg/l BSB_5 überschreitet.

Brauereien und Gärungsindustrien. Abflüsse aus Brauereien stammen von der Reinigung der Brauhallen, Kühlbecken, Gär- und Lagerbehälter sowie der Flaschen- und Faßreinigung. Zu diesem Abwasser, das mit Schwebstoffen, stickstoffhaltigen Stoffen, Bier und Heferesten, Schlempenpartikeln und Kieselgur verschmutzt ist, fügt man manchmal Kühlwasser, das nur schwach belastet ist, hinzu.

Während die Abflüsse aus der Flaschenreinigung wenig belastet sind (BSB_5 von 200 bis 400 mg/l), erreicht das Reinigungswasser der Gärbehälter oder Filter 3000 mg/l BSB_5 und das aus der Spülung der Lagertanks bis zu 16000 mg/l. Für diese Abflüsse ist eine schwachbelastete Belebung sehr wirksam, da man die Entwicklung von faserigen Bakterien vermeiden kann, welche die Tropfkörper verstopfen würden. Mit einer solchen Anlage läßt sich der BSB_5 um $> 95\%$ herabsetzen.

Man beachte den großen Raumbedarf der Anlagen. Die Herstellung von 1 Hektoliter Bier erzeugt Abwasser mit etwa 800 g BSB_5.

Der erhaltene Frischschlamm kann nach Eindickung durch Vakuumfilterung aufbereitet werden. Hier empfiehlt sich eine klassische Konditionierung mit Eisensalzen und Kalk. Möglich ist auch Zentrifugieren mit organischen Flockungsmitteln.

Bei Einsatz einer hochbelasteten Belebung sollte man mit zwei Stufen arbeiten. Die Vorstufe dient der Grobbehandlung und der Entfernung von Zucker. Hierfür ist z.B. ein Tropfkörper mit Kunststoffüllung geeignet. Die Behandlung von Brauerei-Abwasser durch Anaerob-Stufe und Belebung zeigt **4**.294.

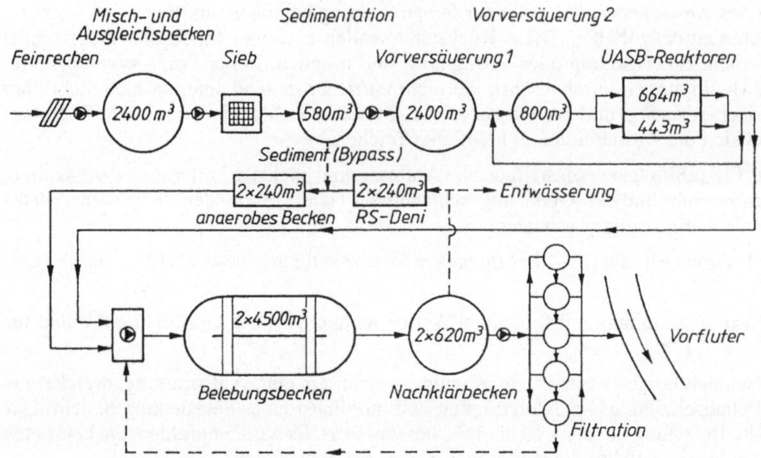

4.294 Fließschema der Betriebskläranlage einer Privatbrauerei (Fa. Licher)

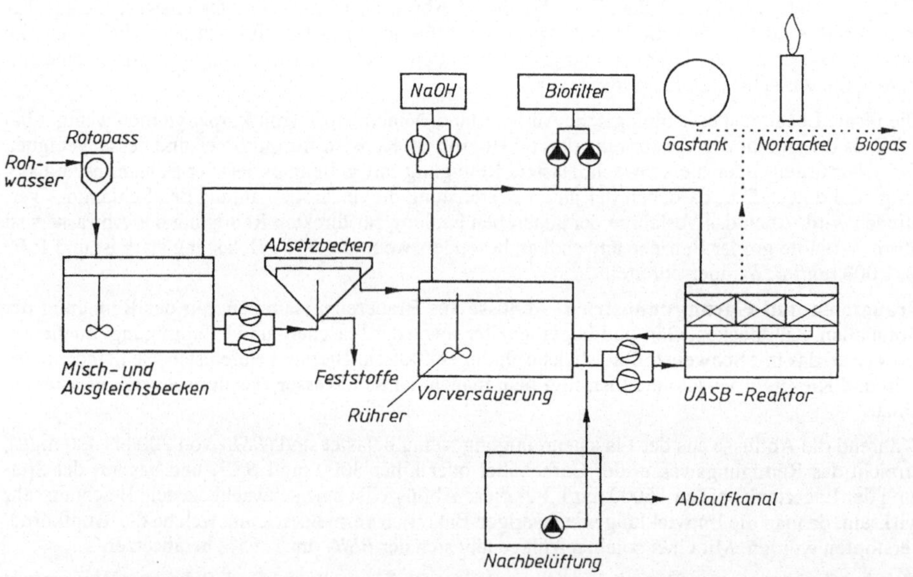

4.295 Verfahrensschema für die anaerobe Abwasserreinigung in der Weinbauindustrie am Beispiel der Weinkellerei Trautwein in Rheinhessen. Es handelt sich um eine Indirekteinleitung. Die Schmutzfracht war auf 700 EG (42 kg BSB_5/d) zu reduzieren, die Restreinigung erfolgt in der kommunalen Kläranlage. Die Anlage hat u.a. folgende Zulaufdaten:

Abwassermenge	50 m^3/d
CSB-Fracht	500 kg/d
Reaktorvolumen	50 m^3
Raumbelastung	10 kg/($m^3 \cdot$ d)
CSB-Abbau	90 %

Chemische und pharmazeutische Industrien, welche Gärverfahren anwenden, erzeugen konzentrierte Abflüsse, die Brauereiabwässern sehr ähnlich sind. Alle Methoden der biologischen Aufbereitung sind hier anwendbar. Die Bakterien haben eine große Anpassungsfähigkeit. Auf diese Weise können z.B. die Abflüsse aus der Antibiotika-Herstellung mit Belebtschlamm behandelt werden.

Abwasserreinigung in der Weinbauindustrie. Es wurde eine anaerobe Biologie eingesetzt. Das Verfahren hat folgende Stufen (**4**.295): Grobstoffentnahme; Ausgleichsbecken mit einer Speicherzeit von 2 d; Absetzbecken; Vorversäuerung mit Nährstoffzugabe und pH-Korrektur; UASB-Reaktor der Fa. Passavant mit 50 m^3 Inhalt.

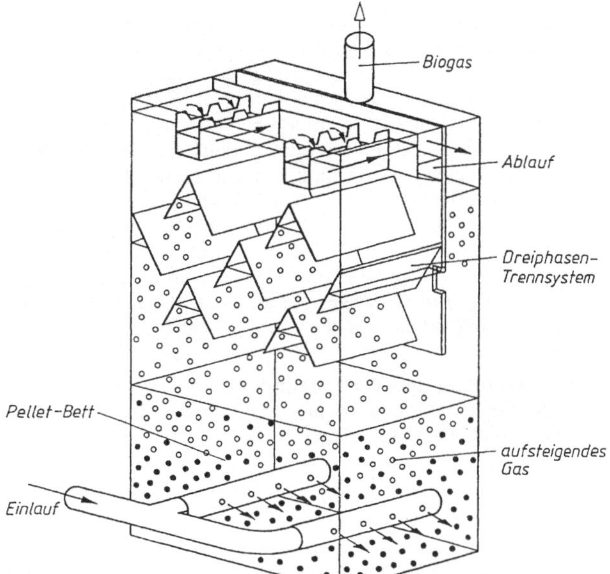

4.296
Vertikalschnitt (perspektivisch) durch den UASB-Reaktor (Fa. Passavant)

Im UASB-Reaktor (**4**.296) wird durch Mikroorganismen ein Teil der gelösten organischen Stoffe in Biogas umgewandelt. Das Abwasser wird verteilt über der Reaktorsohle eingeleitet und durchsteigt das Pellet-Bett (Pellets $\widehat{=}$ Kugeln gleichen Durchmessers γ wenig $> 1{,}0$) der Mikroorganismen. Im oberen Bereich erfolgt die Trennung in 3 Phasen. Das Biogas entweicht aus dem Abwasser-Pellet-Gemisch, wodurch der Auftrieb verringert wird und die aufgestiegenen Pellets wieder herabsinken. Überlaufrinnen leiten das gereinigte Abwasser ab. Das System kann bei *CSB*-Werten > 1000 mg/l rentabel genutzt werden. Das gereinigte Abwasser wird zur Stabilisierung des Abbauvorgangs in die Vorversäuerung zurückgegeben. Dieser Kreislauf verbessert auch den Reaktordurchsatz und die Abbauleistung. Ein Brennwertkessel erwärmt mit dem erzeugten Biogas das Abwasser auf die Arbeitstemperatur.

Zuckerwerke und Brennereien. Die Verunreinigungen aus den Zuckerfabriken haben folgenden Ursprung:

- das schlammige Wasser aus der Rübenwaschung;
- das Prozeß-Wasser (Diffusionswasser, Wasser aus den Pülppressen und Schaumtransportwasser);
- die Abflüsse aus der Regenerierung der Entsalzungsanlagen für Zuckersäfte.

Im allgemeinen wird das Wasser, das für Reinigung und Transport der Rüben dient, im Kreislauf verwendet. Man schaltet in den Kreislauf Absetz- und Eindickungsbecken ein, um den Schwebstoffgehalt im Abwasser herabzusetzen. Der Schmutzanteil der rohen Rüben bestimmt die Konzentration an Schwebstoffen im Waschwasser und damit die Abmessungen des Absetzbeckens. Durch den Absetzvorgang erhält man einen Schlamm, dessen Konzentration 300 g *TS*/l überschreiten kann.

Es empfiehlt sich, vor dem Absetzbecken eine Rechenreinigung und einen Sandfang anzuordnen. Um den Absetzvorgang zu verbessern, wird manchmal Kalk zugefügt. Üblicherweise leitet man den Schlamm in große Erdbecken. Aus diesen Becken fließt stark belastetes und sehr gärfähiges Wasser ab.

Während der Kampagne, die in Europa etwa 2 bis 3 Monate dauert, wird das Waschwasser mit Schmutzstoffen, die von den angeschnittenen Wurzeln und vom Humus selbst stammen, angereichert. Man hat schon BSB_5-Anstiege von 70 mg/l pro Tag beobachtet, wobei am Schluß der Arbeitssaison die Abwasserbelastung bis zu 3000 oder 5000 mg/l BSB_5 erreichen kann.

Die anaerobe Faulung der gesamten Abflüsse einer Zuckerfabrik, die während der ganzen Dauer der Zwischensaison in großen Becken gelagert werden, ist ein übliches Verfahren. Wenn der Prozeß gut überwacht wird, die Becken groß genug sind, die Versickerungsverluste kontrolliert werden, so ist diese Technik immer noch die wirtschaftlichste und sicherste. Es werden jedoch große Geländeflächen benötigt und u.U. Emissionen hervorgerufen. Es ist auch möglich, belüftete Teiche zu verwenden, wobei dann der Energieverbrauch ansteigt. Die Brennereien gießen ausgelaugte Molassen oder Schlempen aus, die stark konzentriert und hoch belastet sind (BSB_5 bis zu 40000 mg/l für Schlempen und 5000 bis 10 000 mg/l für die gesamten Abflüsse). Die anaerobe direkte und kontrollierte Ausfaulung dieser Abflüsse scheint eine mögliche Lösung zu sein. Die Faulung muß man durch Kalkzugabe auf einem pH-Wert nah an der Neutralität halten, und die Temperatur soll ständig um 35 °C liegen. Das so aufbereitete Wasser wird vorgeklärt und der erhaltene anaerobe Schlamm in den Faulraum gefördert. Dieses Verfahren kann den BSB_5 um 90% herabsetzen. Danach sollte eine zweite Stufe folgen, vorzugsweise aerob, wenn niedrige Belastungswerte für den Ablauf angestrebt werden.

Stärkeherstellung und Kartoffelindustrien. Die Abflüsse dieser Industrien sind stark gärbar, da sie mit Stärke und Proteinen belastet sind. Ihre Bedeutung wächst gleichzeitig mit dem Verkauf von Kartoffel-Chips, Püree in Pulverform usw.

Das Schmutzwasser aus der Kartoffelindustrie hat zweierlei Ursprung. Einerseits das Spül- und Transportwasser der Kartoffeln, das Erde, Pflanzenreste und Kartoffelstücke enthält, und andererseits das Wasser aus den Schälmaschinen, das Kartoffelschalen und -fleisch mit sich führt. Die Menge an Restpülpe kann so hoch sein, daß ihre Wiedergewinnung als Viehfutter betrieben werden kann. Dies ist schwierig und läßt sich durch einfaches Absetzen erreichen. Anschließend wird die abgesetzte Pülpe zentrifugiert und danach in einer Trockentrommel entwässert. Der Überlauf aus dem Absetzbecken kann mit dem Waschwasser vermischt und durch Belebtschlamm unter schwacher oder mittlerer Belastung aufbereitet werden. Die BSB_5-Konzentration am Eingang der biologischen Behandlung kann 500 bis 1200 mg/l betragen. Es kann eine Aufbereitung in zwei Stufen oder durch Überlüftung vorgenommen werden.

Bei Stärkefabriken ist die Belastung der Abläufe bedeutend höher, da noch Zusätze aus den Verdampfungskondensaten und aus dem Stärkewaschwasser hinzukommen. Die durchschnittliche Belastung erreicht normalerweise einen BSB_5-Wert von 1500 bis 2500 mg/l und kann noch biologisch aerob behandelt werden. Wenn 5000 mg/l BSB_5 überschritten werden, kann man eine erste Stufe mit anaerober Faulung in Betracht ziehen.

Beispiel für die Abwasserbehandlung einer Stärkefabrik. Diese zweistufige aerobe Anlage wird von der Kartoffel- und Weizenstärkefabrik in Emlichheim betrieben [69a]. Das Fließschema zeigt **4**.297 (Stand 1982).

Das Kreislaufwasser (300 m^3/d) der Kartoffelschwemme und -wäsche wird zunächst über ein Sieb von groben Teilen befreit und anschließend in einem Sandfang behandelt.

Zur Entfernung der überwiegend mineralischen Schwebstoffe (Lehm, Ton, Schluff usw.) wird das Kreislaufwasser mit Kalkhydrat im pH-Wert eingestellt und danach mit 500 bis 1000 g AVR/m^3 geflockt; die ausgeflockten Schwebstoffe werden dann in zwei Absetzbecken mit zusammen 250 m^3 abgeschieden. Um Verstopfungen in den Schlammtrichtern der Absetzbecken zu vermeiden, wird der sedimentierte Schlamm relativ dünn abgelassen und in einem Eindicker von 180 m^3 unter Zugabe von Flockungshilfsmitteln eingedickt. Der Trübwasserüberlauf wird in den Schwemm-

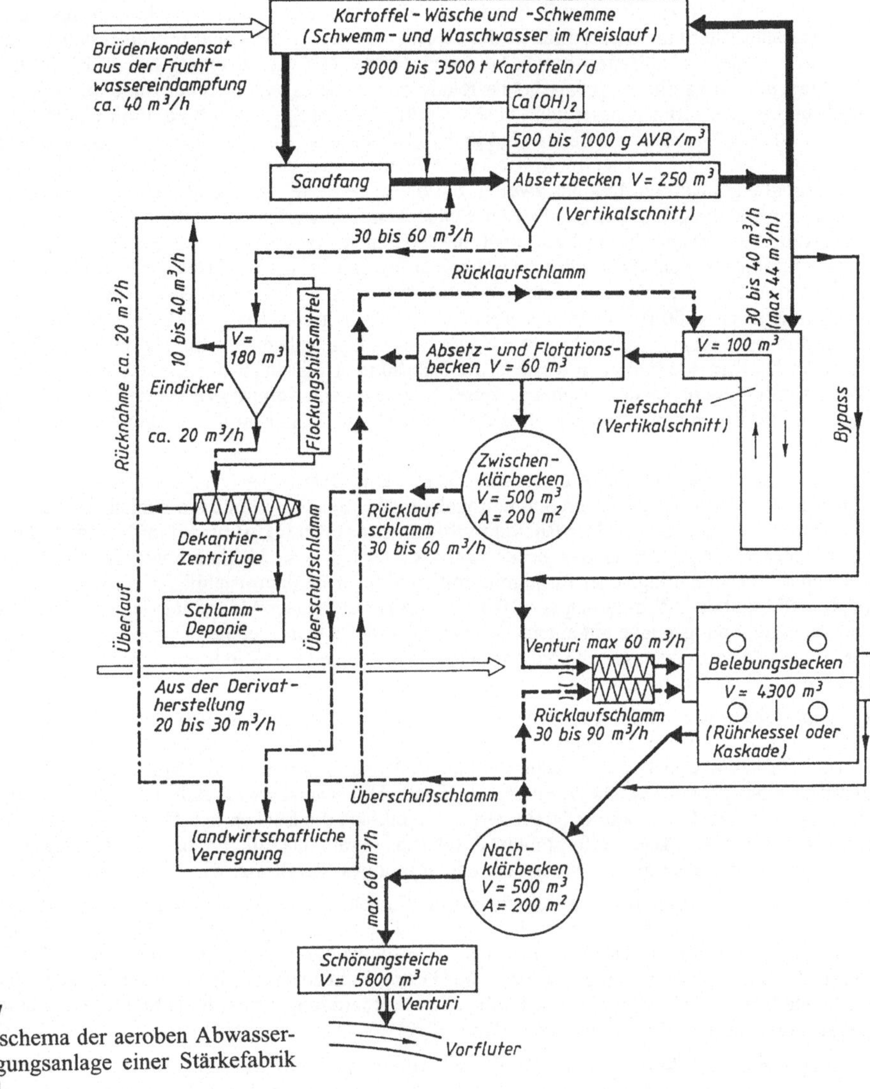

4.297
Fließschema der aeroben Abwasserreinigungsanlage einer Stärkefabrik [69a]

und Waschwasserkreislauf zurückgegeben. Der Überschuß des Schwemm- und Waschwassers fließt der ersten biologischen Stufe, dem Tiefschacht zu. Dieser ist für einen maximalen Abwasserzufluß von 44 m³/h ausgelegt. Die Schmutzfracht beträgt $B_{d,\,BSB_5} = 2112$ kg/d. In dem anschließenden Absetz- und Flotationsbecken, von 50 m³, wird ein Teil des belebten Schlammes zurückgehalten und in den Tiefschacht zurückgegeben. Danach wird das Abwasser in einem Zwischenklärbecken mit $V = 500$ m³ und einer Oberfläche von 200 m² nachgereinigt. Der sedimentierte Schlamm wird als Rücklaufschlamm in den Tiefschacht gegeben bzw. als Überschußschlamm zur landwirtschaftlichen Verregnung gepumpt. Bei Betriebsstörungen oder bei Überlastung des Tiefschachts kann das Abwasser über einen Bypass in die zweite Stufe geleitet werden.

Die zweite biologische Stufe besteht aus einer schwach belasteten Belebung mit simultaner Schlammstabilisierung. Dieser fließen der Ablauf aus dem Tiefschacht mit einer Verschmutzung von etwa $C_{o,\,BSB_5}$ = 1000 mg/l sowie Abwasser aus der Derivatherstellung mit 20 bis 30 m^3/h zu. Die Verschmutzung dieses Abwassers ist relativ gering, da es sich in erster Linie um Reinigungs-, Spül- und Regenerationswasser handelt. Kurzzeitig können Spitzen auftreten mit einem $C_{o,\,BSB_5}$ = 500 bis 600 mg/l. Über kurze Zeiten sind in dem Derivatabwasser auch höhere Salzkonzentrationen vorhanden, die in der zweiten biologischen Stufe zu Werten von normalem kommunalem Abwasser ausgeglichen werden. Das der zweiten biologischen Stufe zufließende Abwasser wird in einer Venturimeßstrecke gemessen und über ein Schneckenpumpwerk in das Belebungsbecken gefördert. Die zweite biologische Stufe ist auf einen maximalen Abwasserzufluß von 60 m^3/h ausgelegt. Die Schmutzfracht aus dem Ablauf der Zwischenklärung und aus dem Derivatabwasser beträgt $B_{d,\,BSB_5}$ = 1290 kg/d bei einer Schmutzkonzentration von $C_{o,\,BSB_5}$ = 900 mg/l. Das Belebungsbecken hat einen Inhalt von 4300 m^3. Geplant ist ein Schlammgehalt von TS_{BB} = 6 kg/m^3. Die theoretische Durchflußzeit errechnet sich zu t_{BB} = 3 Tage. Das Belebungsbecken kann als durchmischtes Bekken oder als Kaskade betrieben werden; die Belüftung erfolgt über vier Kreisel mit je 50 kg O_2/h Sauerstoffeintragungsleistung. Jedem Kreisel ist eine eigene Kammer zugeordnet, da beim Betrieb mehrerer Kreisel in einem Becken ohne Zwischenwände die Sauerstoffeintragungsleistung zurückgeht.

Das Nachklärbecken hat ein Volumen von 500 m^3, eine Oberfläche von 200 m^2 und eine Tiefe von 2,6 m. Bei der Planung wurde ein Schlammgehalt von TS_{BB} = 6 g/l und ein Schlammindex von ISV = 150 ml/g zugrundegelegt. Der Rücklaufschlammstrom beträgt 30 bis 90 m^3/h. Eine Schneckenpumpe fördert ihn zum Belebungsbecken zurück. Der Überschußschlamm wird landwirtschaftlich verregnet. Bei vollbiologischer Reinigung mit simultaner Schlammstabilisierung wird ein Ablauf-BSB_5 im Ablauf der Nachklärung von 10 bis 20 mg/l erreicht. Der Ablauf des Nachklärbeckens wird sodann in Schönungsteiche mit einem Volumen von rd. 5800 m^3 geleitet. Hier erfolgt eine Nachreinigung des Abwassers; zugleich können auch Schwankungen durch Betriebsstörungen ausgeglichen werden.

Öl- und Seifenindustrie. Die Abwässer dieser Industrien weisen oft einen extremen pH-Wert auf, je nach Art der Betriebe. Die Fabriken, wo Fettstoffe gewaschen werden, lassen sehr saures Wasser ab (pH liegt zwischen 1 und 2), während bei der Verseifung von fetten Säuren die Abflüsse stark alkalisch sind (pH bei 13). Die Vermischung dieser Abflüsse ist also vorteilhaft und erfordert große Pufferbecken. Da das Abwasser leicht gärbar ist, müssen die Becken belüftet werden. Die Fettentfernung aus den Abwässern erfolgt meist durch saure Krackung, die mit einer Flockung kombiniert sein kann. Man verwendet Schwefelsäure oder ein saures Metallsalz, wie Aluminiumsulfat.

Im allgemeinen setzt die physikalisch-chemische Vorbehandlung der Fettabscheidung und der Flokkung die organische Verschmutzung um 50 bis 70% herab. Es folgt dann eine biologische Aufbereitung mit Belebtschlamm. Der Schlamm aus der Vorbehandlung ist leicht gärbar und die Trocknung durch Vakuumfilter ist nur möglich, wenn die Gärung nicht zu weit fortgeschritten ist. Der Schlamm darf nicht lange in den Absetzbecken bleiben. Die Aufbereitungstechnologie für diese Abflüsse muß genau abgestimmt und gut durchdacht sein.

Gerbereien und Lederindustrie. Der Wasserverbrauch ist sehr groß und erreicht 5 m^3 pro 100 kg trockene, präparierte Felle. Die Abflüsse sind hoch verschmutzt und enthalten proteinische Kolloide, Fette und Gerbstoffe, Hautreste und Haare, Farbstoffe und toxische Elemente, wie Sulfide aus den äschernwerkstätten, und besonders Chrom aus der chemischen Gerberei. Der BSB_5 steigt leicht auf 700 bis 900 mg/l. Vor jeder Aufbereitung ist eine Rechenreinigung notwendig.

Wenn man alle Abwässer vermischt, erhält man einen alkalischen Abfluß, in welchem sich das Chrom im dreiwertigen Zustand niederschlägt und sich dann im Schlamm befindet. Eine anaerobe Faulung dieses Schlammes ist nicht möglich, da Chrom die Methanfaulung hemmt. Die Sulfide werden langsam durch natürliche Oxidation abgebaut. Will man diesen Vorgang beschleunigen, so muß man Katalysatoren wie Kobalt- oder Mangansalze verwenden. Man kann auch ein saures Stripping des schwefelhaltigen Wassers durchführen. Nach Lagerung und Homogenisierung, sowie Absetzen und Neutralisation, kann man eine biologische Aufbereitung anweden, die sich mit hohen

Belastungen durchführen läßt. Zu beachten ist eine starke Schaumbildung, die man durch Berieselung und Anwendung eines Antischaummittels bekämpft. Die pflanzlichen Gerbstoffe entgehen der biologischen Behandlung und färben das gereinigte Wasser hellbraun.

Die Abflüsse aus der Herstellung von tierischen Leimen und Gelatinen aus Abfällen, wie Haut, Knochen und Fischresten sind stark belastet. Man muß mit 5 kg BSB_5 je 100 kg Leim rechnen. Durch eine Ausflockung mit Kalk erreicht man schon eine gute Reinigung. Danach kann eine biologische Behandlung folgen.

Schweine- und Viehzuchtabwässer. Der Umfang der Abwassermengen und Schmutzstoffbelastungen hängt von der Reinigungsart der Ställe ab, die entweder hydraulisch, trocken oder gemischt erfolgen kann. Die Mengen der flüssigen Abflüsse betragen 17 bis 18 l pro Tag und Schwein bei einer Wasserreinigung (11 bis 13 l im Falle einer Trockenreinigung). Die organische Belastung ist groß. Man kann mit 150 bis 200 g BSB_5 pro Tag und Schwein bei hydraulischer Reinigung und mit 80 bis 100 g BSB_5 pro Tag und Schwein bei Trockenreinigung rechnen.

Man sollte den Mist vom Wasser mittels eines mechanischen Verfahrens trennen. Der Rückstand kann dann mit Ätzkalk oder Dolomit vermischt werden, um ein abfüllbares Düngemittel zu erhalten. Der flüssige Anteil der Exkremente kann durch Überlüftung biologisch aufbereitet werden. Der Abfluß weist einen hohen Gehalt an Ammoniak auf. Ein ähnliches Verfahren kann in der Geflügelzucht angewandt werden.

Tafel **4.**93 Entstehung und Eigenschaften von Industrieabwasser nach [15a]

Industriezweig	Entstehung der wichtigsten Abflüsse	Eigenschaften
Landwirtschafts- und Nahrungsmittelindustrie		
Gemüse- und Obstkonserven Kartoffelindustrie	Reinigung, Pressung, Bleichung und Trocknung von Obst und Gemüse	Hoher Gehalt an *TS*, kolloidalen und gelösten organischen Stoffen, pH-Wert manchmal alkalisch, Stärke
Fleischkonserven und Pökelfleisch	Stallungen, Schlachthöfe, Kondensate, Fette und Spülwasser	Starke Konzentration an gelösten und schwebenden organischen Stoffen (Blut, Proteine), Fette, NaCl
Viehfutter	Zentrifugier- und Preßrückstände, Abflüsse aus der Verdampfung und Rückstände aus Spülwasser	Sehr hoher *BSB*, nur organische Stoffe, Geruch, Lösungsmittel
Molkereien	Verdünnen von Vollmilch, entfetteter Milch, Buttermilch und Serum	Hohe Konzentration an gelösten organischen Stoffen, hauptsächlich Proteine, Laktose, Fette
Zuckerfabriken	Reinigung und Transport der Zuckerrüben, Diffusion, Transport von Schaum, Verdampfungskondensate, Regeneration von Ionenaustauschern	Hohe Konzentration an gelösten und emulgierten organischen Stoffen (Zucker und Protein)
Brauereien und Brennereien	Einweichen und Pressen von Korn, Rückstände aus der Alkoholdestillation, Verdampfungskondensate	Hoher Gehalt an gelösten organischen Stoffen, die Zucker und gegorene Stärke enthalten

Tafel 4.93 (Fortsetzung)

Industriezweig	Entstehung der wichtigsten Abflüsse	Eigenschaften
Landwirtschafts- und Nahrungsmittelindustrie		
Hefefabriken	Rückstande aus der Filterung von Hefe	Hoher Gehalt an Trockenstoffen (besonders organische) und an *BSB*. Hoher Säuregrad
Ölfabriken, Margarineherstellung	Gewinnung und Verfeinerung	Fettstoffe, hoher Säure- und Salzgehalt, sehr hoher *BSB*
Trocken- und konzentrierte Nahrungsmittel	Lyophilisierung, verschiedene Prozesse, Extrakte usw.	Schwebstoffe, verschiedene Rückstände, hoher *BSB* und Färbung, verschiedene Fettstoffe und Öle
Alkoholfreie Getränke	Flaschen-, Boden- und Materialreinigung, Abflüsse aus den Siruplagerbottichen	Hohe Alkalität, hoher Gehalt an Schwebstoffen und hoher *BSB*, Detergentien
Gerbereien	Einweichen, Äschern, Anfeuchten, Entwollen und Pikkeln von Fellen, Gerb- und Farbbäder	Hoher Gehalt an Totaltrockenstoffen, Härte, Salz, Sulfide, Chrom, gefällter Kalk und *BSB*
Stärke- und Glukosenherstellung	Verdampfungskondensate, Sirup aus der Endspülung	Hoher Gehalt an *BSB* und gelösten organischen Stoffen (besonders Stärke und Nebenprodukte)
Chemie- und Syntheseindustrie		
Phosphate, Phosphorsäure, phosphathaltige Düngemittel	Waschung, Rechenreinigung und Flotation des Erzes, Superphosphate	Ton, Lehm und Öle, niedriger pH-Wert, hoher Gehalt an Schwebstoffen und kiesel- und fluorhaltigen Produkten (SiF_4)
Synthetische Farbstoffe	Anilinische und nitrierte Farbstoffe	Stark saures Wasser, Phenole, Stickstoffverbindungen, hoher *CSB*
Gummi und synthetische Polymere	Latexwaschung, Beseitigung der Verunreinigungen im Rohgummi und in Formelprodukten	Starker *BSB* und Geruch, hoher Gehalt an Schwebstoffen, schwankender pH-Wert, hoher Gehalt an Chloriden
Insekten- und Schädlingsbekämpfungsmittel	Waschungs- und Reinigungsprodukte	Hoher Gehalt an organischen Stoffen, Benzol, toxisch für Bakterien und Fische, Säuren
Raffinerien und Petrochemie	Prozeßwasser, Entsalzung, Steam-cracking, katalytische Crackung, Abwasser aus den Handhabungs- und Lagerbereichen	Aliphatische und aromatische Kohlenwasserstoffe, die mehr oder weniger emulgiert sind, Sulfide, Schwebstoffe, geringer *BSB* (außer phenolhaltigem Prozeßwasser)
Textilindustrie		
Wäschereien	Gewebewaschung	Hoher Gehalt an Alkalität und organischen Stoffen, Detergentien
Faserherstellung	Kunstfasern, Viskose, Polyamide, Polyester, Vinylprodukte	Anwesenheit von Lösungsmitteln, Enzymierungsprodukten, Farbstoffen, neutrales Wasser mit *BSB*-Belastung

Tafel **4**.93 (Fortsetzung)

Industriezweig	Entstehung der wichtigsten Abflüsse	Eigenschaften
Textilindustrie		
Faserbehandlung	Waschung, Farbechtheitsprobe, Bleichung, Färbung, Bedruckung und Appretur, Wollkämmung	Hoher oder mittlerer Gehalt an Schwebstoffen, alkalisches oder saures Wasser. Sehr hoher und schwankender *BSB*, Farbstoffe, chemische Produkte, Reduktions- oder Oxidationsmittel, manchmal Sulfide, Fett, Wollfett
Papierindustrie		
Zellstoff	Aufkochung, Bleichung, Faserreinigung, Verfeinerung des Zellstoffes	Hoher *CSB* und *BSB*, Farbstoffe, hoher Gehalt an Schwebstoffen, kolloidalen und gelösten Stoffen, Sulfite, schwankender pH-Wert
Papier und Pappe	Maschinelle Herstellungsprozesse, Dosierung, Mischung, Überschußwasser	Weißes und organisches Wasser, Fasern, Tonerde, Titan, Kaolin, Baryt, Pigmente, Latex, Quecksilbersalze
Weitere Industriezweige		
Eisenhütten	Waschung von Hochofengas, Schlackenkörnungswasser	Im allgemeinen neutrales Wasser, manchmal mit Cyanid oder Sulfid belastet
Kohleindustrie	Reinigung und Sortierung von Kohle, Wasserwaschung der Schieferschichten, Koksherstellung, Carbochemie	Hoher Gehalt an Schwebstoffen (besonders Kohle), geringer pH-Wert, Phenole, Ammoniakflüssigkeiten, Cyanide, Thiocyanate
Mechanische Industrie	Bearbeitung, Schleifen, Polieren, Abbimsen	Fette, Öle, Abschliffprodukte, lösliche Öle, neutrale Wasser
Behandlung von metallischen Oberflächen	Beizen, Phospatieren, elektrolytische Bezüge, Anodisierung, Färben, Elektrophorese	Saure oder alkalische Wässer, chromat-, cyanid-, fluorhaltig, mit Angriffsprodukten belastet (Fe, Cu, Al), Pigmente, Tenside
Glas- und Spiegelherstellung	Reinigung und Polieren von Glas, Silberbäder	Rote Farbstoffe, alkalische, nicht absetzbare Schwebstoffe, Silber
Kernenergie und radioaktive Körper	Erzenergie, Reinigung von verseuchten Kleidungsstükken, Abfälle aus Forschungslabor, Brennstofferzeugung, Kühlwasser	Radioaktive Elemente, die sehr sauer und „heiß“ sein können
Elektronik	Glasbehandlung, Herstellung von elektronischen Komponenten und Magnetiten	Säuren, Flußsäure, Chlorid, Schwebstoffe, Eisen, Ferrite
Elektrochemie und Elektrometallurgie	Elektrolytische Herstellung von Chlor und Soda, Aluminiumerzeugung	Quecksilber, Fluoride, SO_2, Schwebstoffe

Literaturverzeichnis

[1] ATV-Arbeitsblätter (im Buchtext: ATV-A...)
A ≙ Arbeitsblatt, E ≙ Entwurf, H ≙ Hinweis, M ≙ Merkblatt, AB ≙ Arbeitsbericht (Stand 9/96)
ATV ≙ Abwassertechnische Vereinigung, KA ≙ Korrespondenz Abwasser
ATV-Arbeitsblatt A 101, 5/96: Planung von Entwässerungsanlagen, Neubau, Sanierungs- und Erneuerungsmaßnahmen
ATV-Arbeitsblatt A 102, 11/90: Allgemeine Hinweise für die Planung von Abwasserableitungen und Abwasserbehandlungsanlagen bei Industrie- und Gewerbebetrieben
ATV-Arbeitsblatt A 105, 1/83: Hinweise für die Wahl des Entwässerungsverfahrens (Mischverfahren/Trennverfahren)
ATV-Arbeitsblatt A 106, 10/95: Entwurf und Bauplanung von Abwasserbehandlungsanlagen
ATV-Arbeitsblatt A 109, 1/83: Richtlinien für den Anschluß von Autobahnnebenbetrieben an Kläranlagen
ATV-Arbeitsblatt A 110, 8/88: Richtlinien für die hydraulische Dimensionierung und den Leistungsnachweis von Abwasserkanälen und -leitungen
ATV-Arbeitsblatt A 111, 2/94: Richtlinien für die hydraulische Dimensionierung und den Leistungsnachweis von RW-Entlastungsanlagen in Abwasserkanälen und -leitungen
ATV-Arbeitsblatt A 115, 10/94: Einleiten von Abwasser in eine öffentliche Abwasseranlage
ATV-Arbeitsblatt A 116, 9/92: Besondere Entwässerungsverfahren: Unterdruckentwässerung – Druckentwässerung
ATV-Arbeitsblatt A 117, 11/77: Bemessung von Regenrückhalteräumen
ATV-Arbeitsblatt A 118, 7/77: Richtlinien für die hydraulische Berechnung von Schmutz-, Regen- und Mischwasserkanälen
ATV-Arbeitsblatt A 119, 10/84: Grundsätze für die Berechnung von Entwässerungsnetzen mit elektronischen Datenverarbeitungsanlagen
ATV-Arbeitsblatt A 120; 8/79: Richtlinien für das Prüfen elektronischer Berechnungen von Kanalnetzen
ATV-Arbeitsblatt A 121, 12/85: Niederschlag-Starkregenauswertung nach Wiederkehrzeit und Dauer – Niederschlagsmessungen, Auswertung
ATV-Arbeitsblatt A 122, 6/91: Grundsätze für Bemessung, Bau und Betrieb von kleinen Kläranlagen mit aerober biologischer Reinigungsstufe für Anschlußwerte zwischen 50 und 500 Einwohner
ATV-Arbeitsblatt A 123, 6/85: Behandlung und Beseitigung von Schlamm aus Kleinkläranlagen
ATV-Arbeitsblatt A 124, 11/89: Dienst- und Betriebsanweisungen für das Personal von Kläranlagen
ATV-Arbeitsblatt A 125, 12/75: Rohrvortrieb
ATV-Arbeitsblatt A 126, 12/93: Grundsätze für die Abwasserbehandlung in Kläranlagen nach dem Belebungsverfahren mit gemeinsamer Schlammstabilisierung bei Anschlußwerten zwischen 500 und 5000 Einwohnerwerten
ATV-Arbeitsblatt A 127, 12/88: Richtlinie für die statische Berechnung von Entwässerungskanälen und -leitungen, 2. Auflage
ATV-Arbeitsblatt M 127 T1: Richtlinie für die statische Berechnung von Entwässerungsleitungen für Sickerwasser aus Deponien. Erg. zum ATV-A 127

ATV-Arbeitsblatt A 128, 4/92: Richtlinien für die Bemessung und Gestaltung von Regenentlastungen in Mischwasserkanälen

ATV-Arbeitsblatt A 129, 5/79: Abwasserbeseitigung aus Erholungs- und Fremdenverkehrseinrichtungen

ATV-Arbeitsblatt A 130, 4/78: Musterleistungsverzeichnis, Wasserhaltungsarbeiten

ATV-Arbeitsblatt A 131, 2/91: Bemessung von einstufigen Belebungsanlagen ab 5000 Einwohnerwerten

ATV-Arbeitsblatt A 132, 8/81: Standardleistungsbuch für das Bauwesen (StLB) Leistungsbereich 911 – Rohrvortrieb, Durchpressungen

ATV-Arbeitsblatt A 133, 9/96: Erfassung, Bewertung und Fortschreibung des Vermögens kommunaler Entwässerungseinrichtungen

ATVArbeitsblatt A 134, 8/82: Planung und Bau von Abwasserpumpwerken mit kleinen Zuflüssen

ATV-Arbeitsblatt A 135, 3/89: Grundsätze für die Bemessung von Tropfkörpern mit Anschlußwerten über 500 Einwohnergleichwerten

ATV-Arbeitsblatt A 136, 12/85: Niederschlag – Aufbereitung und Weitergabe von Niederschlagsregistrierung – Niederschlagsauswertung – Datenverarbeitung

ATV-Arbeitsblatt A 137, 12/85: Die Verwendung von Steighilfen in Bauwerken der Ortsentwässerung

ATV-Arbeitsblatt A 138, 1/90: Bau und Bemessung von Anlagen zur dezentralen Versickerung von nicht schädlich verunreinigtem Niederschlagswasser

ATV-Arbeitsblatt A 139, 10/88: Richtlinien für die Herstellung von Entw.-Kanälen und -leitungen

ATV-Arbeitsblatt A 140, 3/90: Regeln für den Kanalbetrieb, Teil 1: Kanalnetz

ATV-Merkblatt M 141, 5/87: Vorsorgemaßnahmen für Notfälle bei öffentlichen Abwasseranlagen

ATV-Merkblatt M 143: Inspektion, Instandsetzung, Sanierung und Erneuerung von Entwässerungskanälen und -leitungen

12/89: Teil 1: Grundlagen

6/91: Teil 2: Optische Inspektion

4/93: Teil3: Relining

ATV-Merkblatt M 147, 3/95 und 5/95: Betriebskosten für die Kanalisation

ATV-Merkblatt M 151, 6/85: Allgemeine Grundsätze für Rohrverbindungen von Entwässerungskanälen und -leitungen beim Rohrvortrieb

ATV-Arbeitsblatt A 161, 1/90: Statische Berechnung von Vortriebsrohren

ATV-Merkblatt M 165, 4/94: Anforderungen an Niederschlags-Abfluß-Berechnungen in der Stadtentwässerung

ATV-Arbeitsblatt A 201, 10/89: Grundsätze für Bemessung, Bau und Betrieb von Abwasserteichen für kommunales Abwasser, 2. Auflage

ATV-Arbeitsblatt A 202, 10/92: Verfahren zur Elimination von Phosphor aus Abwasser

ATV-Arbeitsblatt A 203, 4/95: Abwasserfiltration durch Raumfilter nach biologischer Reinigung

ATV-Arbeitsblatt A 241, 3/94: Bauwerke in Entwässerungsanlagen

ATV-Arbeitsblatt A 257, 10/89: Grundsätze für die Bemessung von Abwasserteichen und zwischengeschalteten Tropf- oder Tauchkörpern

ATV-Arbeitsblatt A 301, 10/89: Klärschlammeinbau in Deponien

ATV-Merkblatt M 200, 5/95: Grundsätze für die Abwasserentsorgung im ländlichen Raum

ATV-Merkblatt M 209, 6/96: Messung der Sauerstoffzufuhr von Belüftungseinrichtungen in Belebungsanlagen im Reinwasser und in belebtem Schlamm

ATV-Merkblatt M 250, 9/85: Maßnahmen zur Sauerstoffanreicherung von Oberflächengewässern

ATV-Merkblatt M 251, 5/88: Einleitung von Kondensaten aus gas- und ölbetriebenen Feuerungsanlagen in öffentliche Abwasseranlagen und Kleinkläranlagen

ATV-Hinweis H 252, 11/85: Empfehlungen zur Gestaltung von Stromlieferungsverträgen bei Kläranlagen
ATV-Hinweis H 253, 11/86: Einsatz von Prozeßdatenverarbeitungsanlagen auf Klärwerken
ATV-Hinweis H 254, 11/86: Allgemeine Beurteilungskriterien für Kläranlagen mit besonderer Verfahrenskombinationen oder -varianten für Ausbaugrößen bis 10 000 Einwohnerwerte
ATV-Hinweis H 258, 12/87: Einsatz von Feinstrechen und Sieben auf kleinen kommunalen Kläranlagen
ATV-Hinweis H 259, 2/88: Auf Kläranlagen Stromkosten sparen!
ATV-Arbeitsblatt A 262 (E), 8/89: Grundsätze für Bemessung, Bau und Betrieb von Pflanzenbeeten für kommunales Abwasser bei Ausbaugrößen $\leq$ 1000 E
ATV-Hinweis H 353, 10/87: Gemeinsame Verwertung von Gülle und Klärschlamm
ATV-Arbeitsblatt A 400, 1/94: Grundsätze für die Erarbeitung des Regelwerkes
ATV-Arbeitsblatt A 701, 4/86: Grundsätze für Bemessung und Betrieb von Abwasserreinigungsanlagen in Erdölraffinerien
ATV-Merkblatt M 752, 2/92: Abwässer bei der Herstellung von elektrischen Akkumulatoren und Primärzellen
ATV-Merkblatt M 753, 4/91: Abwässer der Kartoffelveredelungsindustrie
ATV-Merkblatt M 756, 9/86: Abwasser bei der Herstellung von Düngemitteln
ATV-Merkblatt M 757, 1/93: Abwasser der Mineralfarbenindustrie
ATV-Merkblatt M 758, 12/91: Abwasser aus Wärmebehandlungsbetrieben
ATV-Hinweis H 760, 4/86: Aufbau und Betrieb von Pilotanlagen zur Abwasserbehandlung
ATV Arbeitsbericht: Mehrstufige Kläranlagen. KA 1989, H 2, S. 181
ATV Arbeitsbericht: Abwasser der Stärkeindustrie. KA 1992, H 8, S. 1177
ATV Arbeitsbericht: Versickerung von Niederschlagswasser. KA 5/95, S. 797

[1a] Aigeldinger, J.-C.: Das schonende und wirtschaftliche Klärschlamm-Entw. und Trockn.-Verfahren n. Rollfit. KA 1996, H. 4

[2] Annen, G., Londong, D.: Vergleichende Betrachtungen zu Bemessungsverfahren von Rückhaltebecken. Technisch-Wissenschaftliche Mitteilungen der Emschergenossenschaft und des Lippeverbandes 3 (1960)

[4] Ausschuß „Elektronik im Bauwesen" GAEB im Deutschen Normenausschuß: Standardleistungsbuch (StLB), Leistungsbereich 02 (Erdarbeiten), Leistungsbereich 09 (Abwasserkanalarbeiten), Berlin/Köln/Frankfurt 1970

[4a] Bäumer, K.A.: Untersuchungen zum Einsatz unterschiedlicher Trägermaterialien in Wirbelbettreaktoren

[5] Bayerische Landesanstalt für Wasserforschung München: Behandlung von Industrieabwässern. Band 28. München 1977

[6] –: Moderne Abwasserreinigungsverfahren. Band 29. München 1978

[7] –: Schadstoffe im Oberflächenwasser und im Abwasser. Band 30. München 1978

[7a] Becker, W.: Übersicht über den Stand der Technik in der Abwasserreinigung im Gebirge / Anfang 1995. Institut Umwelt-Technik, Universität Innsbruck 1995

[8] Bischofberger, W., Baumgart, P., Resch, H.: Forschungsvorhaben Abfallbeseitigung „Sammlung, Behandlung, Beseitigung und Verwertung von Schlämmen aus Hauskläranlagen" – Vorläufiger Schlußbericht, 1980

[8a] Bischofsberger, W., Teichmann, H.: Abwassertechnik. Taschenbuch der Wasserwirtschaft. Hamburg 1993.

[9] Böhnke: Kombinierter Emscherbrunnen für biologische Kläranlagen kleinerer Gemeinden. Kommunalwirtschaft 9 (1960)

[9a] –, Bischofsberger, W., Seyfried, C.F.: Anaerobtechnik. Berlin, Heidelberg, New York 1993

[10] –: Erfahrungen aus zweistufigen Versuchsanlagen und Folgerungen für die Verfahrenstechnik. Z. Korrespondenz Abwasser 3 (1980)

[11] –: Belüftete Abwasserteiche. Vortrag 15. Essener Tagung, 1982

[12] –: Das Adsorptions-Sauerstoffbegasungsverfahren. Z. Wissenschaft + Umwelt 1 (1979)

12a] –: Weitergehende CSB- und Reststoffelimination aus kommunalen Abwässern. Z. KA 3 (1992)

12b] Boller, M.: Verfahren zur Abwasserfiltration. Vortrag zum ATV Fortbildungskurs „Abwasserreinigung im Lichte neuer Forderungen", Fulda, 1988

12c] Bundesverband der Deutschen Zementindustrie, Köln: Betonbauwerke in Abwasseranlagen. 2. Aufl. 1992

13] Braha: Projektierung von Langsandfängen mit konstanter Durchflußgeschwindigkeit. GWF Jg. 112 (1971)

13a] Brombach, H.J., Wöhrle, Ch.: Gemessene Entlastungsaktivität von Regenüberlaufbecken

14] Bucksteeg, K.: Beitrag zum Thema: Baukosten von Kläranlagen. GWF H. 3 (1971), S. 163

15] –: Abwasserreinigung in unbelüfteten Teichen und in Pflanzenanlagen. Vortrag 15. Essener Tagung, 1982

15a] Degrémont, G.: Handbuch Wasseraufbereitung, Abwasserreinigung. Wiesbaden u. Berlin, 1974.

15b] Demoulin, G., Goronzy, M., Amerer, L.: Parallelbetrieb eines zykilschen und eines konventionellen Belebtschlammsystems auf der Kläranlage Großarl. KA 8 (1996)

15c] Dengler, H.: Ionenaustauschverfahren für die Abwasserbehandlung in der Oberflächentechnik. Galvanotechnik 79 (1988) 12, S. 4028.

16] Diering, B.: Weitergehende biologische Abwasserreinigung Stadt Krefeld. ATV Lehrgang Laasphe, 1978

16a] Diering, B., Heetkamp, I.: Erweiterungsplanung des Klärwerks Düsseldorf-Süd mit weitergehender Stickstoff- und Phosphorelimination. Korrespondenz Abwasser (1988) H. 4

16b] Dorias, B.: Stickstoffelimination mit Tropfkörpern. Dissertation an der Universität Stuttgart, Stuttgarter Berichte zur Siedlungswasserwirtschaft, Bd. 138. München, 1995

17] DVGW-Regelwerk: Arbeitsblatt W 305, Kreuzungen von Wasserleitungen mit Bundesbahngelände

18] Allgemeine Rahmen-Verwaltungsvorschrift über Mindestanforderungen an das Einleiten von Schmutzwasser in Gewässer – Allgemeine Rahmen-VwV – vom 8. 9.1989 (Anhang)

19] Fair, G.M., Geyer, C.: Wasserversorgung und Abwasserbeseitigung. München 1962

19a] Fuchs, L.: Hystem/Extran: Ein Modell zur hydrodynamischen Kanalnetzberechnung. H. 6, Hamburger Berichte zur Siedlungswasserwirtschaft, 1988

Geiger, H.: Sandfänge für Abwasserkläranlagen. Maschinenfabrik Geiger, Karlsruhe

19b] Godart, B., Lenz, G.: Planung, Bau und Betrieb der Flockungsfiltrationsanlagen des Wupperverbandes. KA 1996, H. 4

Howe, H.: Der Einsatz von Steinzeugrohren bei Steilstrecken, Steinzeug-Information 2 (1966)

20] Fair, G.M., Geyer, C., Okun, D.A.: Elements of water supply and wastewater disposal. London 1971

20a] Firk, W.: Weitergehende Abwasserreinigung durch den kombinierten Einsatz der Fällung, der Flockung und Filtration. Gewässerschutz, Wasser, Abwasser, Aachen, 1985

20b] Gassen, M. u.a.: Kanalnetzberechnung. KA 1978, S. 319

21] Gesetz über Abgaben für das Einleiten von Abwasser in Gewässer (Abwasserabgabengesetz – AbwAG) vom 13.09.1976, BGBl. I S 2721, berichtigt Nr. 3007 und 4 Novellen

21a] Giehl, K.-U.: Mechanische Abwasser-Reinigungsvorrichtung zur Schwimmstoff-Rückhaltung an Überläufen. KA 11/1996, S. 1888

[21b] Haendel, H.: Kanalnetzberechnung mit EDV Anlagen. KA 1977, S. 300; KA 1982, S. 750; KA 1984, S. 779

Hager, W.H.: Abwasserhydraulik. Berlin, Heidelberg, New York 1994

[21c] Hahn, H.H.: Wassertechnologie. Berlin, Heidelberg, New York 1987

[21d] Harms, R.W, Verworn, H.R.: Hystem, ein hydrologisches Stadtentwässerungsmodell. KA, Heft 2, 1984

[21e] Hartinger, L.: Verringerung der Abwassermenge und der Metallfracht durch Einsatz von Ionenaustauschern in der metallverarbeitenden Industrie. KA, H. 33 (1986), S. 885

[21f] Hartmann, L.: Biologische Abwasserreinigung. Berlin, Heidelberg, New York 1992

[22] Helmer, R., Sekoulov, J.: Weitergehende Abwasserreinigung. Mainz, Wiesbaden 1977
[23] Hünerberg, K.: Handbuch für Asbestzementrohre. Berlin, Heidelberg, New York 1977
[24] Imhoff, K., Klaus, R.: Taschenbuch der Stadtentwässerung. 25. Aufl. München 1979
[24a] Imhoff, K., Klaus, R.: Taschenbuch der Stadtentwässerung. 27. Aufl. München 1990
[25] Imhoff, K.-R.: Leistungsvergleich ein- und zweistufiger biologischer Abwasserreinigungsverfahren. Vortrag 15. Essener Tagung, 1982, auch GWA Bd.59, S. 337
[26] Kayser, R.: Nitrifikation und Denitrifikation in ein- und zweistufigen Belebungsanlagen. Vortrag 15. Essener Tagung, 1982
[26a] –: Weitergehende Abwasserreinigung in kleinen und mittelgroßen Kläranlagen. Vortrag Norden 1994
[26b] Kayser, R., Ermel, G.: Abschätzung der Einsetzbarkeit der biologischen P-Elimination in kommunalen Kläranlagen der BRD. Hoechst-Symposium am 15.06.1982
[27] Kalbskopf, K.-H.: Luftmengenberechnung für Belebungsanlagen. GWF Jg. 102 (1961)
[28] Kehr, D.: Die Berechnung von Regenwasserabläufen. München 1933
–: Das Hamburgbecken. Schweizerische Zeitschrift für Hydrologie (1960)
[29] –: Über die Totalkläranlage des Instituts für Siedlungswasserwirtschaft der Technischen Hochschule Hannover GWF Jg. 104 (1963), S. 285
[30] –, und Möhle, K.A.: Erfahrungen mit dem Tropfkörperverfahren als zweite biologische Reinigungsstufe. Korrespondenz Abwasser 11 (1966)
[31] Kesting, D.: Rechts- u. Planungsgrundlagen für die Fäkalschlammbeseitigung. Vortrag Seminar „Behandlung von Schlämmen aus Hauskläranlagen", Rendsburg, 1981
[32] Kirschmer, O.: Die Berechnungsgrundlagen für die Strömung in Rohren. Rohrleitungsbau 1 (1965)
[33] –: Tabellen zur Berechnung von Rohrleitungen nach Prandtl-Colebrook. Heidelberg 1963
[34] –:Tabellen zur Berechnung von Entwässerungsleitungen nach Prandtl-Colebrook. Heidelberg 1966
Koppe, P., Stozek, A.: Kommunales Abwasser. Essen 1986
[35] Köhler, R.: Industrieabwässer (1971) Düsseldorf
[36] Kumpf, Maas, Straub: Müll- und Abfallbeseitigung. Handbuch. Berlin 1964
[36a] Kunz, P.: Behandlung von Abwasser 2. Aufl. Würzburg 1990
–: Prozeßführung von Kläranlagen. Berlin, Heidelberg, ... 1988
[37] Langbein-Pfanhauser Werke AG: Abwasserreinigung in der Galvanotechnik
[38] Lautrich, R.: Der Abwasserkanal. 4. Aufl. Hamburg 1977
[38a] LAWA: Leitlinien zur Durchführung von Kostenvergleichsrechnungen. 1993
[39] ATV-Handbuch der Abwassertechnik. 3. Aufl. Band I. Wassergütewirtsch. Grundlagen, Bem. u. Planung von Abwasserleitungen. Berlin 1982
[39a] –, 4. Aufl. Band II. Planung der Kanalisation. Berlin 1994
[39b] –, 3. Aufl. Band III. Grundlagen f. Planung u. Bau von Abwasserkläranlagen und mechanische Klärverfahren. Berlin 1983
–, 4. Aufl. Betriebstechnik, Kosten und Rechtsgrundlagen der Abwasserreinigung. Berlin 1995
–, 4. Aufl. Mechanische Abwasserreinigung. Berlin 1997
–, 4. Aufl. Biologisch u. weitergehende Abwasserreinigung. Berlin 1997
[39c] -, 3. Aufl. Band IV. Biologisch-chemische u. weitergehende Abwasserreinigung. Berlin 1985
[39d] -, 3. Aufl. Band V. Organisch verschmutzte Abwässer der Lebensmittelindustrie. Berlin 1985
[39e] Lehr- und Handbuch der Abwassertechnik. 3. Aufl. Band VI. Organisch verschmutzte Abwässer sonstiger Industriegruppen. Berlin 1986
[40] –, Band VII. 3. Aufl. Industrieabwässer mit organischen Inhaltsstoffen. Berlin 1986
[41] -, 4. Aufl. Klärschlamm. Berlin 1996
[41a] Lengwick, H.: Kanalnetzberechnung, KA 1982, S. 840.
[42] Lohr: Kläranlagen für kleine Gemeinden nach dem Belebungsverfahren mit Schlammstabilisation. GWF Jg. 106 (1965), S. 53
[43] Loll, U.: Stabilisierung hochkonzentrierter organischer Abwässer und Abwasserschlämme durch aerob-thermophile Abbauprozesse. Dissertation. Techn. Hochsch. Darmstadt (1974)

[44] Malpricht, E.: Planung und Bau von Regenrückhaltebecken. Berichte der Abwassertechnischen Vereinigung. 15 (1962)
[45] Manz: Die Planung der Kläranlage Bristol. GWF Jg. 107 (1966)
[46] Matsch, L.C.: Zweistufige aerobe-anaerobe Schlammbehandlung unter besonderer Berücksichtigung des erforderlichen Energieaufwandes und des zu erwartenden Gasanfalls. Gewässerschutz – Wasser – Abwasser (1981) Band 45, S. 137
[46a] Matsché, N.: Biologische Phosphorentfernung. Zeitschrift Entsorgungspraxis, Heft Juni 1991
[47] Maurer, M., Winkler, J.-P : Biogas. Karlsruhe 1980
[48] Merkblatt zum Verfüllen von Leitungsgräben. Forschungsgesellschaft für Straßenwesen 1970
[49] Meysenburg, C.M.v.: Kunststoffkunde für Ingenieure. 3. Aufl. München 1968
[50] Moser, E.: Grundlagen der Abwasserreinigung. München, Wien 1981, Bd. 1 und 2
[51] Mönnich, K.-H.: Beitrag zur Frage der gemeinsamen oder getrennten Reinigung hochverschmutzter Abwässer der chemischen Industrie und kommunaler Abwässer. Veröffentl. des Inst. für Siedlungswasserwirtschaft der TU Hannover, Heft 41, (1975)
Mudrack, K., Kunst, S.: Biologie der Abwasserreinigung. Stuttgart 1985
[51a] Muth, W.: Rgenüberlaufbecken – Strömungsuntersuchungen an Durchlaufbecken. KA 1992, Nr. 6
[52] Müller-Neuhaus: Die getrennte aerobe Schlammstabilisierung. GWF Jg. 112 (1971), S. 392
[53] –: Die Berechnung von Rückhaltebecken. Gesundheitsingenieur 74 (1953)
[53a] Naujoks, R.: Einsatzmöglichkeiten von Ionenaustauschern. Galvanotechnik 79 (1988) 4, S. 1132
Orth, H.: Dekompositionsmethoden – Ein Hilfsmittel bei der Planung regionaler Abwasserbeseitigungssysteme. GWF Jg. 114 (1973)
Die mathematische Optimierung als Hilfsmittel bei der Planung regionaler Abwasserbeseitigungssysteme. GWF Jg. 115 (1974)
[54] Passavant-Werke: Tropfkörper, Bauart Passavant
[55] Pasveer, A.: Abwasserreinigung im Oxydationsgraben. Bauamt und Gemeindebau 31 (1958)
[55a] Paulsen, O.: Kontinuierliche Simulation von Abflüssen und Stofffrachten in der Trennkanalisation. Mitt. J. f. Wasserwirtschaft Hannover, H. 62, 1987
[56] Pecher: Der Abflußbeiwert und seine Abhängigkeit von der Regendauer. Berichte aus dem Institut für Wasserwirtschaft und Gesundheitswesen der TH München 1969
[56a] –: Bau- und Betriebskosten bestehender Anlagen zur Abwasserentsorgung in der BRD Deutschland. KA 1994, S. 2188
[56b] –, K.H.: Neue Erkenntnisse über die Bemessung von Regenüberlaufbecken. Bericht aus ISWW, TH Aachen 1996
[58] Pöpel, J.: Die Elimination von Phosphaten, Dissertation, TH Stuttgart. 1966
[58a] Pöppinghaus, K.: Abwassertechnologie, 2. Aufl. 1994
[59] Randolf, R.: Berechnung von Rückhaltebecken in der Regenwasserkanalisation. Wasserwirtschaft/Wassertechnik 9 (1959)
[59a] Reinheimer, G., Hegemann, W., Raff, J., Sekoulov, I.: Stickstoffkreislauf im Wasser. München, Wien 1988
[60] Reinhold, E.: Die Berechnung von Regen- und Mischwasserleitungen nach dem Zeitbeiwertverfahren. Österreichische Bauzeitschrift (1955)
–: Regenspenden in Deutschland. Grundwerte für die Entwässerungstechnik. Archiv für Wasserwirtschaft (1940)
–: Zur Ermittlung von Abflußmengen aus Niederschlagsbeobachtungen. Wasserwirtschaft (1952/53)
[61] Riegler, G.: Eine Verfahrensgegenüberstellung von Varianten zur Klärschlammstabilisierung. Dissertation. Darmstadt 1981
[62] Roediger, H.: Die anaerobe alkalische Schlammfaulung. 4. Aufl. München 1990
[63] Roske, K.: Betonrohre nach DIN 4032. Wiesbaden 1961

[64] Rössert, R.: Hydraulik im Wasserbau. 3. Aufl. München 1976
[65] Rüffer, H.: Untersuchungen zur Charakterisierung aerob-biologisch stabilisierter Schlämme. Institut für Siedlungswasserwirtschaft der TH Hannover 1968
[66] Schewior-Press: Hilfstafeln zur Lösung wasserwirtschaftlicher und baulicher Aufgaben, 10. Aufl. Berlin 1958
[67] Schlegel, S.: Die anaerobe Behandlung von Filtratwässern thermisch konditionierter Schlämme. Veröffentl.des Inst.für Siedlungswasserwirtschaft der TU Hannover, Heft 39, (1974)
[67a] Schluff, R.: Unterdruckentwässerung, Abwasserbeseitigung im ländlichen Raum. Eigendruck 1990
[68] Sekoulov, J.: Die Phosphorelimination mit Hilfe von kontinuierlich belichteten Blaualgen, Dissertation, Universität Stuttgart, 1971
[69] Seyfried, C.F., Saake, M.: Entwicklung in der Prozeßtechnik zur anaeroben Abwasser und Schlammbehandlung. Vortrag 15. Essener Tagung, 1982
[69a] –: Stärkefabriken, Stärkezucker und Stärkesirupherstellung. Lehr- und Handbuch der Abwassertechnik, Bd. V, S. 182 bis 213 (1985)
[69b] –: Verfahrenstechnik in der Industriebabwasserbehandlung – Biologische Verfahren – Vortrag ATV-Bundestagung 1996
[69c] Seyfried, C.F., Lohse, M., Bebendorf, G., Schüßler, H.: Vergleich der Reinigungsleistung von Rechen, Sieben und Siebrechen sowie deren Einfluß auf die weiteren Reinigungsstufen. Veröffentlichungen des Instituts für Siedlungswasserwirtschaft und Abfalltechnik der Universität Hannover. Heft. 58, 1985
[70] Sixt, H.: Reinigung organisch hochverschmutzter Abwässer mit dem anaeroben Belebungsverfahren am Beispiel von Abwässern der Nahrungsmittelherstellung. Veröffentl. des Inst. für Siedlungswasserwirtschaft der TU Hannover, Heft 50, (1979)
[70a] Schleipen, P., Nordmann, W.: N- und P-Elimination an einer zweistufigen Belebungs-Tropfkörperanlage. KA Dez. 94, S. 2242
[70b] Schmitt, T.G., Hahn, H.H.: Variable, belastungsabhängige Zeitschrittwahl in der hydrodynamischen Kanalnetzberechnung. KA, H. 9, 1983
[71] Schmitz-Lenders, E.: Schachtelbecken, GWF Jg. 101 (1960)
[72] Simmer, K.: Grundbau. 19. und 17. Aufl. Stuttgart, 1994 u. 1992
[73] Sickert: Bau- und Betriebskosten von biologischen Kläranlagen, Entwicklung und Folgerungen. GWF 6 (1972)
[73a] Sieker, F., Uhl, M.: Hydrologische Grundlagen der Bemessung von Mischwasserentlastungen. KA 33. 1986. Heft 12
[74] Sierp, F.: Die gewerblichen und industriellen Abwässer. 3. Aufl. Berlin/Heidelberg 1967
[74a] Sonnenburg, R.: Verfahrensentwicklung zur Nitri- und Denitrifikation an einer belüfteten Abwasserteichanlage. KA, Okt. 1991
[75] Spangler, M.W.: Stresses in pressure pipelines and protective casing pipes. Journ. Structural Dir. Nr. St 5, Proc. Am. Soc. Civ. Eng. 82 (1956)
[75a] Stein, D., Niederehe, W.: Instandhaltung von Kanalisationen. Berlin 1992
[75b] Stein, D.: Instandhaltung von Kanalisationen - Probleme und Lösungsmöglichkeiten. Handbuch Versorgungs- und Abwasser-Technik. 3. Aufl. Essen 1989
[76] Steinzeug-Gesellschaft: BKK-Kompaktschacht NW 1000 für Steinzeug-Kanalleitungen
[77] Stengelin, Conrad, Firma, Tuttlingen (Donau)
[77a] Strohmeyer, A,: Einsatzmöglichkeiten und Erfahrungen mit der Biofiltration in der weitergehenden Abwasserreinigung. ATV-Infotage 6. und 7.4.1994 Nürnberg
[78] Thon, R.: Konstruktive und wirtschaftliche Gesichtspunkte beim Bau von Faulbehältern. Vortrag ATV-Tagung. Berlin 1963
[79] Thormann, A.: Schadstoffe in Klärschlämmen. KA 27 (1980), H. 2, S. 105
Timm/Fritz: Hydromechanisches Berechnen.2. Aufl. Stuttgart 1970
[79a] Unger, P.: Tabellen zur hydraulischen Dimensionierung von Abwasserleitungen. Lich 1988
[79b] VCI: Verfahrensberichte zur Abwasserbehandlung – Abwasserverbrennung und Abwassereindampfung. Frankfurt 1988

[80] Volger, K., Laasch, E.: Haustechnik. 9. Aufl. Stuttgart 1994

[81] Voss, K.: Abbau in belüfteten Abwasserteichen, Z. Wasser u. Boden, Heft 5, 1980

[82] Voss, K.: Behandlung von Fäkalschlämmen in Abwasserteichen, Bodenfiltern und bei mobilen Systemen. Vortrag-Schlammseminar, Rendsburg 1981
WAR.: 13. Wassertechn. Seminar: Landwirtschaftliche Klärschlammverwertung. Darmstadt 1988

[83] Wassen, H.: Hygienische Untersuchungen über die Verwendbarkeit der Umwälzbelüftung (System Fuchs) zur Aufbereitung von flüssigen Abfällen aus dem kommunalen und landwirtschaftlichen Bereich. Dissertation, Gießen (1975)

[84] Wendehorst/Muth: Bautechnische Zahlentafeln. 27. Aufl. Stuttgart 1996

[86] Wetzorke, M.: Über die Bruchsicherheit von Rohrleitungen in parallelwandigen Gräben. Hannover 1960

[87] Wetzorke/Stobbe: Zulässige Einbautiefen für Awadukt-Rohre NW 150 bis 400 mm

[88] Wilderer, P., Hartmann, L.: Grundsätze zur Biotechnologie des Belebungsverfahrens Aufsatz in Band 29 der Bayr. Landesanstalt für Wasserforschung. München 1978

[88a] Winkel, P : Wasser und Abwasser. Saalgau 1992

[88b] Witte, H. und Keding, M.: Klärschlammverwertung auf landwirtschaftlichen Flächen. Zeitschrift Entsorgungspraxis, Heft Juni 1991

[89] Zander, B.: Druckentwässerung – ein neuzeitliches Verfahren zur Ableitung von Abwasser. GWF 10 (1972)

[90] div., : Schriftenreihe Siedlungswasserwirtschaft Univ.-Gesamthochschule Kassel: Planungshilfen zur weitergehenden Abwasserreinigung und Klärschlammentsorgung

[91] Zech, H.: Einsatz des Multi-Rohr-Schachtes für modifizierte Entwässerungssysteme. KA Heft 11/96

Normen zur Abwassertechnik (Auswahl)

(E ≙ Entwurf, Bbl. ≙ Beiblatt, EN ≙ Euronorm)

Die Normen sind z.Zt. wegen Erfüllung der EU-Richtlinien in Umstellung und Weiterentwicklung begriffen.

Norm	Ausgabe-datum	Titel
DIN 591-1	(8.89)	Kellerabläufe Klasse L 15 mit Reinigungsöffnung; Zusammenstellung
DIN 591-2	(8.89)	–; Einzelteile
DIN 1180	(11.71)	Drainrohre aus Ton; Maße, Anforderung, Prüfung
DIN 1185-1	(12.73)	Dränung; Regelung des Bodenwasser-Haushaltes durch Rohrdränung, Rohrlose Dränung und Unterbodenmelioration; Allgemeine Hinweise und Sonderfälle
DIN 1185-2	(12.73)	–;Wesentliche Angaben für Planung und Bemessung
DIN 1185-3	(12.73)	–; Ausführung
DIN 1185-4	(12.73)	–; Entwurf- und Bestandszeichnung
DIN 1185-5	(12.73)	–; Unterhaltung
DIN 1187	(11.82)	–; Drainrohre aus weichmacherfreiem Polyvinylchlorid (PVC hart), Maße, Anforderungen, Prüfungen
DIN 1211-1	(10.86)	Steigeisen für zweiläufige Steigeisengänge; Steigeisen zum Einmauern oder Einbetonieren
DIN 1211-2	(10.86)	–; Steigeisen zum Einbauen in Betonfertigteile
DIN V 1211-3	(4.93)	–; Steigeisen zum An- und Durchschrauben
DIN 1212-1	(10.86)	–; Steigeisen mit Aufkantung zum Einmauern oder Einbetonieren
DIN 1212-2	(10.86)	–; Steigeisen mit Aufkantung zum Einbauen in Betonfertigteile
DIN V 1212-3	(4.93)	–; Steigeisen mit Aufkantung zum An- und Durchschrauben
DIN 1221	(2.92)	Schmutzfänger für Schachtabdeckungen
DIN EN 124	(8.94)	–; Aufsätze und Abdeckungen für Verkehrsflächen; Baugrundsätze, Prüfungen, Kennzeichnung, Güteüberwachung
DIN 1230-1	(2.92)	Steinzeug für die Kanalisation; Sonderformstücke und Übergangsbauteile mit Steckmuffe und Zubehörteile; Maße
DIN 1230-3	(1.80)	–; Sohlschalen, Profilschalen, Halbschalen und Platten; Maße, Technische Lieferbedingungen
DIN 1230-6	(2.92)	–; Sonderformstücke und Übergangsbauteile mit glatten Enden und Zubehörteile; Maße
DIN EN 295-1	(11.96)	Steinzeugrohre, Formstücke, Rohrverbindungen für Abwasserleitungen und Kanäle; Anforderungen
DIN EN 295-2	(11.91)	–; Güteüberwachung und Probennahme
DIN EN 295-3	(11.91)	–; Prüfverfahren
DIN EN 295-4	(5.95)	–; Anforderungen an Sonderformstücke, Übergangsbauteile und Zubehörteile
DIN N 295-5	(8.94)	–; Anforderungen an gelochte Rohre und Formstücke
DIN EN 295-6	(12.95)	–; Anforderungen für Steinzeugschächte
DIN EN 295-7	(12.95)	–; Anforderungen an Steinzeugrohre und Verbindungen beim Rohrvortrieb

Norm	Ausgabe-datum	Titel
DIN 1236-1	(11.81)	Betonteile u. Eimer für Abläufe; Kl. A u. B; Bauart, Einbau und Zusammenstellungen
DIN 1236-2	(11.81)	–; Betonteile
DIN 1986-1	(6.88)	Entwässerungsanlagen für Gebäude und Grundstücke; Technische Bestimmungen für den Bau
DIN 1986-2	(3.95)	–; Ermittlung der Nennweiten von Abwasser- und Lüftungsleitungen
DIN 1986-3	(7.82)	–; Regeln für Betrieb und Wartung
DIN 1986-4	(11.94)	–; Verwendungsbereiche von Abwasserrohren und -formstücken verschiedener Werkstoffe
DIN 1986-30	(1.95)	–; Instandhaltung
DIN 1986-31	(6.86)	–; Abwasserhebeanlagen; Inbetriebnahme, Inspektion und Wartung
DIN 1986-32	(6.86)	–; Rückstauverschlüsse für fäkalienfreies Abwasserhebeanlagen; Inspektion und Wartung
DIN 1986-33	(10.87)	–; –;
DIN 1997-1	(5.84)	Absperrvorrichtungen für Grundstücksentwässerungsanlagen; Rückstauverschlüsse für fäkalienfreies Abwasser; Baugrundsätze
DIN 1997-2	(5.84)	–; Prüfgrundsätze
DIN 1998	(5.78)	Unterbringung von Leitungen und Anlagen in öffentlichen Flächen – Richtlinien für die Planung
DIN 1999-1	(8.76)	Abscheider für Leichtflüssigkeiten – Benzinabscheider, Heizölabscheider; Baugrundsätze
DIN 1999-2	(7.89)	–; –; Bemessung, Einbau und Betrieb
E DIN EN 858-1	(1.93)	Abscheideranlagen für Leichtflüssigkeiten (z.B. Öl und Benzin); Bau-, Funktions- und Prüfgrundsätze, Kennzeichnung und Güteüberwachung
DIN EN 1825-1	(4.95)	Abscheideranlagen für Fette; Bau-, Funktions- und Prüfgrundsätze, Kennzeichnung und Güteüberwachung
DIN 2410-1	(1.68)	Rohre; Übersicht über Normen für Stahlrohre
DIN 2410-3	(3.78)	–; Übersicht über Normen für Rohre aus Beton, Stahlbeton und Spannbeton
DIN 2410-4	(11.94)	–; Übersicht über Normen für Rohre, Schächte, u.a. aus Faserzement
DIN 2425-1	(8.75)	Planwerke für die Versorgungswirtschaft, die Wasserwirtschaft und für Fernleitungen; Rohrnetzpläne der öffentlichen Gas- und Wasserversorgung
DIN 2425-3	(5.80)	–; Pläne für Rohrfernleitungen, Technische Regeln des DVGW
DIN 2425-4	(5.80)	–; Kanalnetzpläne öffentlicher Abwasserleitungen
DIN 2425-5	(10.83)	–; Karten und Pläne der Wasserwirtschaft
DIN 2425-6	(2.82)	–; Karten und Pläne für den Gewässerausbau, den Hochwasser- und Küstenschutz
DIN 4030-1	(6.91)	Beurteilung betonangreifender Wässer, Böden und Gase; Grundlagen und Grenzwerte
DIN 4032	(1.81)	Betonrohre und -formstücke; Maße, Technische Lieferbedingungen
DIN 4034-1	(9.93)	Schächte aus Beton- und Stahlbetonfertigteilen; Schächt für erdverlegte Abwasserkanäle und Leitungen; Maße, Technische Lieferbedingungen
DIN 4034-2	(10.90)	–; Schächte für Brunnen- und Sickeranlagen; Maße, Technische Lieferbedingungen
DIN 4035	(8.95)	Stahlbetonrohre und zugehörige Formstücke; Maße, Technische Lieferbedingungen
DIN 4040-1	(3.89)	Abscheideanlagen für Fette; Begriffe, Nenngrößen, Anforderungen, Prüfungen

Norm	Ausgabe-datum	Titel
DIN 4040-2	(3.89)	Abscheideanlagen für Fette; Bemessung, Einbau und Betrieb
E DIN 4040-2	(9.96)	–; Wahl der Nenngröße, Einbau, Betrieb und Wartung
DIN 4043	(10.82)	Sperren für Leichtflüssigkeiten (Heizölsperren); Baugrundsätze, Einbau, Betrieb, Prüfungen
DIN 4045	(12.85)	Abwassertechnik; Begriffe
DIN 4049-1	(12.92)	Hydrologie; Grundbegriffe
DIN 4049-2	(4.90)	–; Begriffe der Gewässerbeschaffenheit
DIN 4049-3	(10.94)	–; Begriffe zur quantitativen Hydrologie
DIN 4051	(8.76)	Kanalklinker; Anforderungen, Prüfung, Überwachung
DIN 4052-1	(9.77)	Betonteile und Eimer für Straßenabläufe; Bauart und Einbau
DIN 4052-2	(9.77)	–; Zusammenstellungen
DIN 4052-3	(9.77)	–; Betonteile
DIN 4060	(12.88)	Dichtmittel aus Elastomeren für Rohrverbindungen von Abwässerkanälen und -leitungen; Anforderungen und Prüfungen
DIN 4261-1	(2.91)	Kleinkläranlagen; Anlagen ohne Abwasserbelüftung; Anwendung, Bemessung und Ausführung
DIN 4261-2	(6.84)	–; Anlagen mit Abwasserbelüftung; Anwendung, Bemessung und Ausführung
DIN 4261-3	(9.90)	–; Anlagen ohne Abwasserbelüftung; Betrieb und Wartung
DIN 4261-4	(6.84)	–; Anlagen mit Abwasserbelüftung; Betrieb und Wartung
DIN 4263	(4.91)	Formen, Maße und geometrische Werte von Kanälen und Leitungen im Wasserwesen
DIN 4271-1	(4.90)	Schachtabdeckungen, Klasse B 125; Zusammenstellung
DIN 4279-1	(11.75)	Innendruckprüfungen von Druckrohrleitungen; Allgemeine Angaben
DIN 4279-10	(11.77)	–; Übersicht
DIN 4281	(3.85)	Beton für Entwässerungsgegenstände; Herstellung, Anforderungen und Prüfungen
E DIN 4281	(3.93)	–; Herstellung, Lastannahmen, Anforderungen und Prüfungen
DIN 8061	(8.94)	Rohre aus weichmacherfreiemPolyvinylchlorid; Allgemeine Qualitätsanforderungen
DIN 8062	(11.88)	Rohre aus weichmacherfreiemPolyvinylchlorid (PVC-U, PVC-H); Maße
DIN 8072	(7.72)	Rohre aus PE weich (Polyethylen weich); Maße
DIN 8073	(3.76)	–; Allgem. Güteanforderungen, Prüfung
DIN 8074	(9.87)	Rohre Polyethylen hoher Dichte (PE-HD); Maße
DIN 8075	(5.87)	Rohre aus Polyethylen hoher Dichte (PE-HD); Allgemeine Anforderungen
E DIN 8075	(8.97)	Rohre aus Polyethylen (PE) hoher Dichte PE 63, PE 80, PE 100; Allgemeine Güteanforderungen, Prüfungen
DIN 18022	(11.89)	Küchen, Bäder und WCs im Wohnungsbau; Planungsgrundlagen
DIN 18299	(6.96)	VOB Verdingungsordnung für Bauleistungen Teil C: Allgemeine Technische Vertragsbedingungen für Bauleistungen (ATV); Allgemeine Regelungen für Bauarbeiten jeder Art
DIN 18300	(6.96)	–; Erdarbeiten
DIN 18303	(5.98)	–; –; Verbauarbeiten
DIN 18305	(6.96)	–; –; Wasserhaltungsarbeiten
DIN 18307	(5.98)	–; –; Druckrohrleitungen im Erdreich
DIN 18381	(5.98)	–; –; Gas-, Wasser und Abwasser-Installationsarbeiten innerhalb von Gebäuden
DIN 19520	(5.64)	Abwasser aus Krankenanstalten; Richtlinien für die Behandlung
DIN 19522-1	(2.83)	Gußeiserne Abflußrohre und Formstücke ohne Muffe (SML); Maße
DIN 19522-2	(2.83)	–; Technische Lieferbedingungen

Norm	Ausgabe-datum	Titel
DIN 19531	(11.87)	Rohre und Formstücke aus weichmacherfreiem Polyvinylchlorid (PVC-H) mit Steckmuffe für Abwasserleitungen innerhalb von Gebäuden; Maße, Technische Lieferbedingungen
DIN V 19534-1	(11.92)	Rohre und Formstücke aus weichmacherfreiem Polyvinylchlorid (PVC-H), mit Steckmuffe für Abwasserkanäle und -leitungen, Maße
DIN V 19534-2	(11.92)	–; Technische Lieferbedingungen
DIN 19537-1	(10.83)	Rohre und Formstücke aus Polyethylen hoher Dichte (HDPE) für Abwasserkanäle und -leitungen, Maße
DIN 19537-2	(1.88)	–; Technische Lieferbedingungen
DIN 19551-1	(12.75)	Kläranlagen; Rechteckbecken mit Schildräumer, Hauptmaße
DIN 19551-2	(11.75)	–; Rechteckbecken mit Bandräumer, Hauptmaße
DIN 19551-3	(8.78)	–; Rechteckbecken als Sandfänge mit Saugräumer, Hauptmaße
DIN 19551-4	(5.84)	–; Rechteckbecken mit Saugräumer; Hauptmaße
DIN 19552-1	(9.72)	–; Rundbecken mit Schildräumer, Hauptmaße
DIN 19552-2	(12.75)	–; Rundbecken mit Saugräumer, Hauptmaße
DIN 19552-3	(8.78)	–; Rundbecken als Eindicker mit Zentralantrieb, Hauptmaße
DIN 19553	(10.84)	–; Tropfkörper mit Drehsprenger, Hauptmaße
DIN 19554-1	(4.77)	–; Rechenbauwerk und geradem Rechen
DIN 19554-3	(12.84)	–; Rechenbauwerk mit geradem Rechen, Gegenstromrechen; Hauptmaße
DIN V 19555	(8.94)	Steigeisen für einläufige Steigeisengänge; Steigeisen zum Einbau in Beton
DIN 19556	(8.78)	Kläranlagen; Rinne mit Absperrorgan, Hauptmaße
DIN 19557-1	(5.84)	–; Mineralische Füllstoffe für Tropfkörper; Anforderungen, Prüfung, Einbringen
DIN 19558	(9.90)	–; Überfallwehr und Tauchwand, Befestigung, Hauptmaße und Abfluß
DIN 19559-1	(7.83)	Durchflußmessung von Abwasser in offenen Gerinnen und Freispiegelleitungen; Allgemeine Angaben
DIN 19559-2	(7.83)	–; Venturi-Kanäle
DIN 19584-1	(11.96)	Schachtabdeckungen für Einsteigschächte – Klasse D 400; Zusammenstellung
DIN 19584-2	(6.97)	–; Einzelteile
DIN 19800-1	(1.73)	Asbestzementrohre und -formstücke für Druckrohrleitungen; Rohre; Maße
DIN 19800-3	(3.79)	–; Rohrverbindungen, Maße
DIN 19840-1	(5.89)	Faserzement-Rohre und -Formstücke für Abwasserleitungen; Maße
DIN 19850-1	(11.96)	Faserzement-Rohre und -Formstücke für Abwasserleitungen; Maße von Rohren, Abzweigen, Bogen
DIN 19850-2	(11.96)	–; Maße von Rohrverbindungen
DIN 19850-3	(11.90)	Faserzementrohre, -formstücke und Schächte für erdverlegte Abwasserkanäle und -leitungen; Schächte, Maße, Technische Lieferbedingungen
DIN EN 588-1	(11.96)	Faserzementrohre für Abwasserleitungen und -kanäle; Rohre, Rohrverbindungen und Formstücke für Freispiegelleitungen
E DIN EN 588-2	(11.95)	–; Einsteig- und Inspektionsschächte
DIN 19999	(5.84)	Begriffe im Wasserwesen; Übersicht über genormte Benennungen
DIN 38402 DIN 38404 DIN 38405 bis DIN 38414		Deutsche Einheitsverfahren zur Wasser-, Abwasser- und Schlammuntersuchung mit zahlreichen (hier nicht aufgeführten) Teilnormen

Stand der europäischen Normung in der Abwassertechnik

(Übersichts-Stand Juni 1998)

Arbeitsgruppe	Normen (DIN EN)	Norm-entwürfe (E DIN EN)	Ausgabe	Titel
WG 1: Allgemeine Anforderungen	476		08.97	Allgemeine Anforderungen an Bauteile für Abwasserkanäle und -leitungen für Schwerkraftentwässerungssysteme
		773	10.92	Allgemeine Anforderungen an Bauteile für hydraulisch betriebene Abwasserdruckleitungen
		1293	05.94	Allgemeine Anforderungen an Bauteile von mit Druckluft betriebenen Abwasserdruckleitungen
WG 2: Steinzeugrohre				Steinzeugrohre und Formstücke sowie Rohrverbindungen für Abwasserleitungen und Kanäle
	295-1		11.96	Teil 1: Anforderungen
	295-2		10.91	Teil 2: Güteüberwachung und Probenahme
	295-3		10.91	Teil 3: Prüfverfahren
	295-4		05.95	Teil 4: Anforderungen an Sonderformstücke, Übergangsbauteile und Zubehörteile
	295-5		08.94	Teil 5: Anforderungen an gelochte Steinzeugrohre und Formstücke
	295-6		12.95	Teil 6: Steinzeugschächte
	295-7		12.95	Teil 7: Steinzeugrohre und Verbindungen beim Rohrvortrieb
WG 4: Abläufe und Abdeckungen		1433	07.94	Entwässerungsrinnen für Verkehrsflächen; Klassifizierung, Bau- und Prüfgrundsätze, Kennzeichnung und Güteüberwachung
	124		08.94	Aufsätze und Abdeckungen für Verkehrsflächen; Klassifizierung, Baugrundsätze, Prüfungen, Kennzeichnung und Güteüberwachung
WG 5: Faserzementrohre				Faserzementrohre für Abwasserleitungen und -kanäle;
	588-1		11.96	Teil 1: Rohre, Rohrverbindungen und Formstücke für Freispiegelleitungen
		588-2	11.95	Teil 2: Einstieg und Inspektionsschächte
WG 6: Abwasserleitungen aus Gußeisen	598		11.94	Rohre, Formstücke, Zubehörteile aus duktilem Gußeisen und ihre Verbindungen für die Abwasserentsorgung; Anforderungen und Prüfverfahren
				Rohre und Formstücke aus Gußeisen, deren Verbindungen und Zubehör zur Entwässerung von Gebäuden (gemeinsam mit TC 203)
		877-1	01.93	Teil 1: Technische Anforderungen
		877-2	01.93	Teil 2: Prüfung und Güteüberwachung

Arbeitsgruppe	Normen (DIN EN)	Norm-entwürfe (E DIN EN)	Ausgabe	Titel
WG 7: Stahlrohre				Rohre und Formstücke aus längsnahtgeschweißtem Stahlrohr, feuerverzinkt, mit Steckmuffe für Abwasserleitung
		1123-1	12.93	Teil 1: Technische Lieferbedingungen
		1123-2	12.93	Teil 2: Maße
				Rohre und Formstücke aus längsnahtgeschweißtem, nicht rostendem Stahlrohr mit Steckmuffe für Abwasserleitungen
		1124-1	12.93	Teil 1: Technische Lieferbedingungen
		1124-2	12.93	Teil 2: Maße
		1124-3	08.95	Teil 3: System X; Maße
WG 8: Abscheider				Abscheideranlagen für Leichtflüssigkeiten
		858-1	01.93	Teil 1: Bau- und Prüfgrundsätze, Kennzeichnung und Güteüberwachung
		1825-1	04.95	Abscheideranlagen für Fette, Bau-, Funktions- und Prüfgrundsätze, Kennzeichnung und Güteüberwachung
WG 9: Beton- und Stahlbetonrohre		1916	08.95	Rohre und Formstücke aus Beton, Stahlfaserbeton und Stahlbeton
		1917	08.95	Einsteig- und Kontrollschächte aus Beton, Stahlfaserbeton und Stahlbeton
WG 10: Rohrverlegung und Rohrstatik	1295-1		09.97	Statische Berechnung von erdverlegten Rohrleitungen unter verschiedenen Belastungsbedingungen
	1610		10.97	Technische Regeln für die Bauausführung von Abwasserleitungen und -kanälen
WG 11: Ablaufgarnituren und Geruchverschlüsse	274		03.92	Ablaufgarnituren für Waschtische, Sitzwaschbecken und Badewannen. Allgemeine technische Anforderungen
	329		02.94	Sanitärarmaturen, Ablaufgarnituren für Duschwannen; Allgemeine technische Anforderungen
	411		06.95	Sanitärarmaturen, Ablaufgarnituren für Spülen; Allgemeine technische Anforderungen
				Abläufe für Gebäude
		1253-1	03.94	Teil 1: Anforderungen
		1253-2	03.94	Teil 2: Prüfverfahren
WG 21: Entwässerungssysteme innerhalb von Gebäuden				Abwasserhebeanlagen für die Grundstücksentwässerung; Bau- und Prüfgrundsätze
		12050-1	10.95	Teil 1: Fäkalienhebeanlagen
		12050-2	10.95	Teil 2: Abwasserhebeanlagen für fäkalienfreies Wasser
		12050-3	10.95	Teil 3: Fäkalienhebeanlagen zur begrenzten Verwendung

Arbeitsgruppe	Normen (DIN EN)	Norm-entwürfe (E DIN EN)	Ausgabe	Titel
WG 21: Entwässerungs-systeme innerhalb von Gebäuden (Fortsetzung)		12050-4	10.95	Teil 4: Rückflußverhinderer für fäkalienfreies und fäkalienhaltiges Abwasser
				Schwerkraftentwässerungsanlagen innerhalb von Gebäuden
		12056-1	10.95	Teil 1: Anwendungsbereich, Begriffe, allgemeine Anforderungen und Ausführungsanforderungen
		12056-2	10.95	Teil 2: Schmutzwasseranlagen, Planung und Berechnung
		12056-3	10.95	Teil 3: Dachentwässerung, Planung und Berechnung
		12056-4	10.95	Teil 4: Abwasserhebeanlagen, Planung und Berechnung
		12056-5	10.95	Teil 5: Installation, Wartung und Betriebsanleitungen
		12056-6	10.95	Teil 6: Abnahme und Prüfung
WG 22: Entwässerungs-systeme außerhalb von Gebäuden				Entwässerungssysteme außerhalb von Gebäuden
	752-1		01.96	Teil 1: Allgemeines
	752-2		09.96	Teil 2: Anforderungen
	752-3		09.96	Teil 3: Planung
	752-4		11.97	Teil 4: Hydraulische Berechnung und Umweltschutzaspekte
	752-5		11.97	Teil 5: Sanierung
		752-6	04.95	Teil 6: Pumpanlagen
		752-7	04.95	Teil 7: Betrieb und Unterhalt
WG 23: Druck- und Unterdruck-entwässerungs-systeme	1091		02.97	Unterdruckentwässerung außerhalb von Gebäuden; Leistungsanforderungen
	1671		08.97	Druckentwässerungssysteme
				Unterdruckentwässerung innerhalb von Gebäuden
WG 42: Kläranlagen, Allgemeine Verfahren				Abwasserbehandlungsanlagen
		12255-2	12.95	Teil 2: Anforderungen an Abwasserpumpanlagen
		12255-3	12.95	Teil 3: Abwasservorreinigung
		12255-4	05.97	Teil 4: Vorklärung
		12255-5	12.95	Teil 5: Abwasserteiche
		12255-6	05.97	Teil 6: Belebungsverfahren
		12255-7	07.97	Teil 7: Biofilmreaktoren
		12255-8	12.97	Teil 8: Schaumbehandlung und Deponierung
		12255-10	02.97	Teil 10: Sicherheitstechnische Baugrundsätze
WG 43: Kläranlagen, Allgemeine Anforderungen und spezielle Verfahren	1085		07.97	Begriffe für das Gebiet der Abwasserbehandlung
		12255-1	09.96	Abwasserbehandlungsanlagen – Allgemeine Baugrundsätze

Sachverzeichnis

Abbaugeschwindigkeiten 501
Abbauprozeß, anaerober 491
Abfallzerkleinerer 71
Abflußbeiwert 17, 18, 20, 62
–, konstanter 21, 36
–, –, für Einzugsgebiet 22
Abflußbeiwerte 66
Abflußganglinien 43, 45
Abflußkennzahl 63
Abflußmenge 22, 23
Abflußspende 18, 20
Abflußvorgänge 82
Ablagerungen 313, 314
Ablauflinie 31
Abriebbeständigkeit 207
Abriebfestigkeit 157, 165
Abschreibung 363
Abschreibungssätze 182
Absetzanlagen, kombinierte 405
Absetzbecken 391
–, Beckenbereiche 391
–, Berechnung von 412
Absetzen 366
Absetzteiche 633
Absetzzeit 392
Absturz, innerer 209
Absturzbauwerke 204, 209, 222
Abwasser, gewerbliches 1, 5
–, –, industrielles 669
–, industrielles 1, 5
–, Zusammensetzung 323
Abwasserabgabe 364
Abwasserabgabegesetz (AbwAG) 333
Abwasseranfall, einwohnerbezogener 663
Abwasserbehandlung, anaerobe 490
–, Anforderungen 334
–, Mindestanforderungen 334
Abwasserbehandlungsanlagen, Größenklassen 335
Abwasserentsorgung, Kosten 356
Abwasser-Fischteiche 506
Abwasserförderung, pneumatische 294
Abwassergebühr 363
Abwasserhebe-Anlage 69
– mit Grobstoffstau 281
Abwasserhebung 102, 270
Abwasserinhaltsstoffe 680
Abwasserlast 344
Abwassermenge als Bemessungswert 4
Abwasserpumpen, Anwendungsbereiche 276
Abwasserpumpwerke 102, 103, 277
Abwasserreinigung, anaerobe 692
–, biologische 423
–, mechanische 365
–, weitergehende 507
–, –, Berechnungsbeispiel 542
Abwasserreinigungsverfahren 348
Abwasserschlamm 575
Abwasserschlämme, Konditionierung 609
Abwasserteich, unbelüfteter 74, 75, 321
Abwasserteiche 494, 497
–, Bemessungsgrößen 505
–, künstlich belüftete 499
–, natürlich belüftete 498
Abwasserverbrennung 681
Abwasser-Verordnung 334
Abwasserverschmutzung, Parameter 325
Abzweige 159
Adsorption 674
Adsorptions-Belebungs-Verfahren 485
Adsorptionsreaktor 674
Algenpräparate 574
Anaerober Teich 497
Anaerob-Reaktoren 491
Angriffsgrad 169
Anlauflinie 29, 31, 32
Anschlußkanal 57
Anschlußleitungen 59, 107
Anschlußwerte 62, 63
–, Reduktion der 65
–, Tafel 64
Antriebsmaschine, Wirkungsgrad 287
AOX 330
Atmung, endogene 327
ATV-Arbeitsblätter 700
Aufstauanlage, Längsschnitt 666

Aufstauanlage, Verfahrensablauf 664
Aufstaubetrieb, Anlagen 646
Aufstaugraben 637
Aufstromfiltration 562, 564
Ausbaugröße 359
Ausbauverfahren 197
Ausbruchverfahren 197
Ausladung 138
Auspreßverfahren 316

Bahnkreuzungen 270
Bakterien, fäkalcoliforme 329
–, gesamtcoliforme 329
–, versäuernde, methanogene 582
Bakterienpräparate 574
Bandfilterpressen (Siebbandpressen) 610
Bankettfläche 226
Baugrube, Einsteifen 186
–, geböschte 131, 133
–, Verdichtung 198
Baugrubenbreite 132
Baukosten 359
Baulänge 156
Bauweisen, geschlossene 196
–, offene 184
Bauwerke, Ortsentwässerung 213
Becken, volldurchmischte 468
Beckenausläufe 398
Beckentiefe 416
Belebtschlammflocke 478
Belebungsanlage, Fließschema 358
Belebungsanlagen 632
–, Auslegung 484
–, EG-bezogene Bemessungswerte 662
–, kleine, Bauweisen 634
–, mehrstufige 484
– nach ATV-A 131 535
Belebungsbecken, Bauformen 467
–, Berechnung 458
–, Betriebsformen 475
–, BSB_5-EG 4
Belebungsgraben 636, 658
Belebungsverfahren 347, 448
–, Bemessung von Nachklärbecken 414
–, Kennwerte 452
–, Kleinkläranlage 73
–, Zellenentwicklung 450
Belüfterketten 506
Belüftung, feinblasige 475
–, kombinierte 479
Belüftungsrinne 463
Belüftungssysteme 461, 465
Belüftungszeit 451
Bemessungshäufigkeiten 15, 16
Bemessungsregen bei Versickerung 54
Benetzungsverlust 18, 44
Benzinabscheider 70
Berechnungsregen 15, 22, 24, 25, 27, 36
Berechnungsregenspende 37
Berechnungsverfahren, hydrodynamische 42
–, hydrologische 41
Beregnungsverfahren 496
Berstverfahren 318
Beschichtungsverfahren 316
Bestandspläne 130
Beton-Keramik-Rohr 182
Beton-Kunststoff-Rohr 182
Betonrohre 164
–, Scheiteldruckkräfte 168
Betriebskosten 361, 363
Bettungssteifigkeit 140
Bewegungsgleichung 82
Biochemischer Sauerstoffbedarf als Bemessungsgrundlage 4
– – – EG 9
Biofilmanlagen 73
Biofilmreaktoren 494
Biofilmsysteme, Übersicht 425
Biofilmverfahren 424
Biofiltration 565
Biogas 598
Biologische Kläranlage, Abbauaufwand 430
– Phosphorelimination, Verfahren 515
Bioreaktor 449
Blockfilter 563
Blockheizkraftwerk 598
Böden, Stabilisierung 212
Bodenarten, Kennwerte 134
Bodenaushub 185
Bodenentnahmeverfahren 202
Bodenfilter 495
Bodenreinigungsstufe 75
Bogenrechen 374
Bohrgerät, Horizontal- 199
Brauereien 691
Brennereien 693
BSB_5-Bestimmung 328

C:N:P-Verhältnis 330
Carrousel-Reaktor 639
CAST-Verfahren 488
Chemieindustrie 698
Chitin 574

Dammbedingung 132
Deformationsschicht 144, 152
Denitrifikation 443, 456, 520, 523
–, Bemessung von Belebungsanlagen 528

Denitrifikation, intermittierende 482
–, simultane 482
–, Tropfkörperanlagen 442
–, Verfahren 524
–, vorgeschaltete 530
Denitrifikationskapazität 537
Denitrifikationszone, Größe 533
Doppelbaugrube 132
–, Berechnungsbeispiel 144
Doppelschächte 221
Drosselstrecke 243
Druckbelüfter, schwimmender 474
Druckentwässerung 300
Druckleitung, Berechnung 297
Druckluft, Belüftung mit 472
Druckluftbecken 475
Druckluftbelüftung 461
Drucklufteintrag, Möglichkeiten 473
Drucklufterzeugung 462
Drucklufttheber 276
Druckrohre 284
–, Werkstoffe 291
Druckrohrleitung 290
Druckstöße 292
Düker 263
Dükerbündel 266
Durchflußdauer 23
Durchflußzeiten 412

Einbauziffern 141, 143
Einbettungsbedingungen 142
Eindickbehälter 602
Eindicken 602
Eindickzone 417
Einkanalradpumpen 275
Einlaufbauwerke 221
Einschaufelrad 270, 271
Einstauhäufigkeit 16
Einsteigschächte 105, 216
Einwohnergleichwert 4
–, BSB_5 327
Einzugsgebiet 8, 9, 22
–, ungleichmäßiges 36
–, Ungleichmäßigkeit 126
Eiprofil 80
–, Füllungskurve 95
Eiprofile, $k_{St} = 80$ 85
Eisenhütten 699
Elektrodialyse 676
Elektrolyse 676
Elektronik 699
Empirische Geschwindigkeitsformeln 83
Emscherbecken 406
Energiebedarf 466
Energiegleichung 43
Entlastungskanal 246
Entspannungs-Flotation 409
Entwässerung, vollkommene 55
Entwässerungsanlagen, Unterhaltung und Betrieb 311
Entwässerungsantrag 57
Entwässerungsentwurf, Bearbeiten 112
–, generelle Lösung 113
–, Grundlagen 55
–, Lageplan 113
Entwässerungsgebiet 101
–, aufgeteilt 115
–, Aufteilung 114
Entwässerungsgegenstände 64
Entwässerungsleitungen, Baustoffe 155
–, Sohlengefälle 110
–, statische Berechnung 131
Entwässerungslösungen, alternativ 79
Entwässerungsverfahren 76
Erdlast 133
Erläuterungsbericht 129
Europäische Normung, Abwassertechnik 712

Fäkalienhebeanlage 70
Fäkalschlamm 623
–, Dosierung 625
– in Abwasserteichen, Bodenfilter 628
–, Zusammensetzung 623
Fäkalschlammbehandlung, getrennte 627
Fäkalschlamm-Mitbehandlung 626
Falleitungen 61, 63
Fällmittel-Grundsubstanzen 509
Fällungschemikalie 668, 670
Fällungs-pH-Bereiche 670
Fällverfahren 668
Falzrohre, Rohrverbindungen 171
Fangbecken 257
Faserzementrohre 175
Faulbehälter, Inhaltsberechnung 596
Faulgas-Einpressung 586
Faulgasmenge 593
Fäulnisfähigkeit 593
Faulräume 582
–, Bemessen 592
–, selbständige 592
Faulraumbeheizung 587
Faulraumbelastung 592
Faultürme, Behälterformen 594
Faulwasserabgabe 593
Faulzeiten 592
Fehlanschlüsse 78
Feinrechen 370
Fermentation, aerob-thermophile 599

Fernwirksysteme 299
Fertigteilschächte 225
Festbettkörper, getauchte 442
Festbettkörperverfahren 424
Festbettstufen 444
Fettabscheider 71
Filter, Bemessung und Betrieb 570
–, kontinuierlich betriebene 565
Filtermodul 568
Filterrohrbelüftung 465
Filtertrommel 567
Filterung 668
Filtration 600
Filtrationsverfahren 557
Flachbecken 393, 396
Flächen, abflußliefernde 51
Flächenbelastung 435
– bei natürlich-biologischen Verfahren 497
Flächenbeschickung 412, 415
Flächenlasten auf der Oberfläche 134
Flächenversickerung 49, 52, 54
Fließbettreaktoren 492
Fließgeschwindigkeit 23
Fließgewässer 322
–, Gütegliederung 339
Fließzeit 23–25
Flocken, Absetzen 367
Flockungsfiltration 512, 559, 569
–, Kenndaten 571
Flotation 408
Flotationswirkung 411
Flußkläranlage 355, 357
Flutflächen 24, 25
Flutlinien 23
Flutplan 26
Förderhöhe 284, 288
Förderstrom 282
Formstücke 156
Freistromrad 270, 271
Fremdwasser 4, 5, 7, 313
Füllungsgrad 62, 100
Füllungskurven 30, 92

Galvanik-Abwasser 687
Ganglinie 26
–, BSB_5 467
Gasgewinnung 622
Gefälledruckentwässerung 300, 309
Gefälle-Druckleitung 311
Gegenstromrechen 373
Gegenstrom-Rundbecken 641
Geländeneigungsbereiche 38
Gerbereien 696
Gerinne 99
Gerinne, Abfluß in 100
Geruchsbelästigungen 314
Gesamtbelastung, vertikale 140
Geschwindigkeitsformel, Gauckler-Manning-Strickler 83
–, Prandtl-Colebrook 86
Gewässer, Abwassereinleitungen 319
–, eutrophes 320
–, Selbstreinigung 321
Grabenbedingung 131
Grabenbreite 133
Grabenwände, Abminderungsfaktor 133
Greiferrechen 373
Grenztiefe 205
Grundatmung 454, 456
Grundleitungen 60
Grundstücksentwässerung 21, 55
–, Rohrweiten 61
Grundwasserabsenkung 211

Hauptstromverfahren 515
Hausanschlußschächte 306
Hausanschlüsse 108
Hauskläranlage 71
Heber 269
Heberwehr 247
Heizölabscheider 70
Heizwert des Gases 622
Hochdruckspülverfahren 312
Hochofenwerke 682
Hydrozyklon 390

Impfschlamm 581
Industrieabwasser, Eigenschaften 697
Industriesubstrate zur Denitrifikation 527
Injektionsverfahren 318
Inspektionsverfahren 313
Ionenaustauscher 675

Jahreskosten 362

Kalkulatorische Kosten 363
Kaltlufttrocknung 615
Kammerfilterpresse 610
Kanäle, Achsabstand 131, 132
–, hydraulische Berechnung 119
–, Längsschnitte 118
–, Vorkotierung 114
Kanalaufstau 111
Kanaldielen 187, 188
Kanalhaltungen, Gefälle- und Höhenverhältnisse 118
–, Verbindungen von 111
Kanalklinker 174

Kanalnetz, Kotierungsübung 116
–, SW-Menge 9
Kanalnetzberechnung, Anwendungsbreiche 46
–, elektronische 47
Kanalprüfung 314
Kanalstauräume 256, 260
Kartoffelindustrie 694
Kaskaden 447
Kaskadenbauweise 468
Kernenergie 699
Kjeldal-Stickstoff 443, 457
Kläranlage, Bestandteile 349
–, Fließbild 358
–, Schreiber-Tropfkörper 640
–, Standort 102
–, Umrüstung 481
Kläranlagen, Direktfällung 667
–, hydraulischer EG 4
–, kleine 632
– kleiner Gemeinden, Bemessungswerte 657
– mit Scheibentauchkörpern 644
–, Reinigungswirkung 346
–, zweistufige 552
Kläranlagensysteme, Flächenbedarf 506
Klärprozeß, Simulation 556
Klärschlamm, Entseuchung 597
–, Ofenarten der Mono-/Mitverbrennung 620
– und Hausmüll 618
Klärschlamm-Behandlung 577
Klärschlammentsorgung, Kosten 624
Klärschlammverordnung 616
Klarwasserzone 416
Kleine Belebungsanlagen, Faustwerte 663
– Kläranlagen, Bauweisen 661
Kleingewerbe 4
–, Wasserverbrauch 5
Kleinkläranlagen 72
Kleinpumpwerk 280
Koaleszenzabscheider 71
Kohleindustrie 699
Kohlenstoff, organischer 325
Kohlenstoff-Stickstoff-Verhältnis 449
Kohlenwäsche 685
Kommunales Abwasser, Inhaltsstoffe 322
Konservenfabriken 690
Kontinuitätsgleichung 43, 80, 82
Kontrollrohr 309
Kontrollschacht 59, 60, 61
Konzentrationsfaktor 139
Kostenaufwand, jährlicher 364
Kreisel, Oberflächenbelüftung 469
Kreiselbelüfter 470
Kreiselbelüftung, Belebungsbecken 466
Kreisprofil 80
Kreisprofil, Bezeichnungen 30
–, Füllungskurve 94
–, Teilfüllungswerte 93
Kreisprofile, $k_{St} = 80\ m^{1/3}/s$ 84
Kreis- und Eiprofile, $k_b = 0{,}75$ mm, Tafel 90
–, $k_b = 1{,}5$ mm, Tafel 88
Kreuzungsbauwerke 263
Kunststoffrohre, glasfaserverstärkt 178
Kunststofftropfkörper 437
Küstengewässer 322
Kuttersche Formel 83

Lageplan 28
Lagerungsfälle 140
Lamellenseparator 418, 603
Langbecken 396
Langsandfang 366, 378, 379
–, belüfteter 380
Längsbiegung 162
Längsschnitte, Korrektur der 121
–, Plan der 120
Lastkonzentration 138
Lavaschlackenfüllung 436
Lebensmittelindustrie 690
Leistungsbeschreibungen 128
Leistungsdichte 461, 533
Leitungen, Gefälle 109
–, hydraulische Berechnung 80
– im Straßenkörper 104
–, liegende 63
–, Querschnittsformen 80
–, Tiefenlage 106
–, Verlegen 195
Leitungsbau 184
Leitungsnetz 103
Leitungsquerschnitte 81
Linienbelüfter 501
Listenrechnung 35
–, RW-Kanäle 124, 126
–, SW-Kanäle 122
Lufteinschluß, Wassertransport 298
Lüftungsleitungen 68

Mammutrotor 468
Massenermittlung 124, 128
Mauerwerk 174
Maulprofil 80
–, Füllungskurve 96
Maulprofile, $K_{St} = 80\ m^{1/3}/s$ 85
Mehrkammerausfaulgruben 72
Mehrkammergruben 72
Membranfilterpresse 611
Membran-Trennverfahren 572
Metallindustrie 685

Methanbakterien 581
Methangehalt 622
Mikroorganismen, Wachstumsphasen 633
Milchindustrien 690
Mindesttiefen für Kanäle 107
Minimumfaktor 320
Mischreaktor 478
Mischverfahren 76
–, Vor- und Nachteile 77
Mischwasser 1
–, liegende Leitungen 66
Mischwasserabfluß 230
–, kritischer 231
Mittelbauwerk, Rundbecken 402
Momenten- und Normalkraftbeiwerte 147
Motorleistung 289
Mulden-Rigolen-System 50
Muldenverlust 18
Muldenversickerung 49, 53

Nachblasvorgang 299
Nachklärbecken 449, 451
–, Bemessung 659
–, BSB_5-EG 4
Nachrüstung, Mehrkammeranlagen 72
Nachtmittel 8
Nahrungsmittelindustrie 697
Nebenstromverfahren 515
N-Elimination, Verfahrensschritte 522
Neutralisation 671, 686
Niederdruckentwässerung 280, 300
Niederschlagshöhen des Deutschen Wetterdienstes 256
Niederschlagswasser 1, 49
Nitrifikation 327, 456, 520, 524

Oberflächenabfluß 43
Oberflächenabflußmodelle 46
Oberflächenbelüftung 461, 468
öffentliche Einrichtungen 4
– –, Wasserverbrauch 5
O_2-Last 458
Organische Stoffe im Abwasser 332
Ortsentwässerung, Entwurf 101
–, Hauptteile 101
Oxidation 673
Oxidationsgraben 636
Oxidationsteiche 497

Papierfabriken 683
Papierindustrie 699
Pflanzenanlagen 74, 75, 495
Phosphat-Fällung 508
Phosphatrücklösung 518
Phosphor 320, 329, 507
Phosphorelimination, biologische 513
–, –, Abschätzung der Wirkung 519
Phosphorentfernung, biologische 539
–, Fällmittel 539
Plattenbelüfter 474
Plattenbelüftung 461
Polymerbeton 170, 228
Polymere 573
Proportionalitätsmaßstab 32
Pumpe, Wirkungsgrad 287
Pumpen, Antriebsmaschinen 270
Pumpenbauarten 271
Pumpenkennlinien 289
Pumpenschacht, Kunststoff- 308
–, montagefertig 308
Pumpensumpf 283, 288
Pumpstationen, hydraulischer EG 4
–, kleine 279
Pumpwerke, Ausrüstungsvergleich 278
PVC-Abwasser 688

Quernetz 104

Rauchgas 672
Rauhigkeit, betriebliche, k_b 87
Rauhigkeitswerte 286
Raumbelastung 451, 459
Räumer 394
Räumerlaufbahnen 395
Raumfilter 560
Räumschilde, Formen 400
Rechen 367
Rechenbauwerke 372
Rechengutmenge 371
Rechengutzerkleinerer 388
Rechennetzplan 45
Rechenstäbe, Formfaktoren 376
Rechentrommeln 374
Rechteckbecken 393
– mit Schildräumer, Maße 394
Reduktion 673
Regenabflußdiagramm 34
Regenbecken 78
Regendauer 10, 12, 23–25, 54
Regendiagramm 27
Regenentlastungsbauwerke 229
Regenhäufigkeit 12, 17, 20, 37
Regenhöhe 10
Regenklärbecken 247
Regenreihen 10, 11, 12
Regenrückhaltebecken 235
Regenschreiberaufzeichnung 11
Regenspende 10, 11, 14, 15, 20–22, 27, 62

Regenstärke 10
Regenüberlaufbecken 234, 247, 256
Regenüberläufe 233, 239
Regenwasser, Menge 10
Regenwasserabfluß, kritischer 231
Regenwasserbecken 247
Regenwasserklärbecken 263
Regenwasserrückhaltebecken 247
Regenwetterpumpen 78
Regenzyklonbecken 255
Reibungsgefälle 82
Reinigungsverfahren 4
Reinigungsverlauf, Teiche 500
Relining 316
Reynoldsche Zahl 86
Rieselverfahren 494
Rigolen-Systeme 50
Rigolen- und Rohrversickerung 52
Rohabwasser 1
Rohre 156
–, eiförmige 166
–, gußeiserne 179
–, kreisförmige 166
Rohrbelastung 133
Rohrbelüfter 476
Rohrbrücken 269
Rohrlagerung 194
Rohrsteifigkeit 140
Rohrverbindungen 157, 165, 167, 170
Rohrverlegung, Kontrollen 196
Rohrweiten von Grundstücksentwässerungsleitungen 67
Rohstoff-Recycling 688
Rückbau 192
Rückhaltebauwerke bei Versickerung 50
Rücklaufschlammenge 460
Rücklaufverhältnis 415, 451, 460
Rückpumpen 425
Rückstau 68
Rückstau-Doppelverschluß 69
Rundbecken 399
–, Hauptmaße 400
Rundsandfang 388
–, Absetzzeit 389

Sammlergebiete, Abgrenzung 104
Sandfang, belüfteter 379
Sandfänge 376
Sandmenge im belüfteten Sandfang 383
Sanierung von Kanälen 315
Sauerstoffaufnahme, Gewässer 340
Sauerstoffbedarf, biochemischer 325
–, chemischer 325
Sauerstoffbegasung 477, 479, 481
Sauerstoffübertragungsfaktor 458
Sauerstoffverbrauch 454, 456, 537
Sauerstoffzufuhr 464, 465
Säurekapazität 540
SBR-Verfahren 646
Schachtanschluß 173, 177
Schachtbauweise 636
Schachtbauwerke 222
Schachtgrundriß 224
Schachtringe 219
Schachtunterteile 219
Schachtversickerung 50, 52
Schadstoffe, AbwAG 333
Scheibentauchkörper 555
Scheitelabflußbeiwert 18, 20, 21
Scheitelabflußbeiwerte, Tafel 38
Scheiteldruckfestigkeit 165
–, Betonrohre 165
Scheiteldruckkraft 143, 161
Scheiteldruckversuch 133
Schichtung, thermische 319, 321
Schlachthöfe 691
Schlagstab-Reaktor 678
Schlamm im Flachbecken 392
Schlämme, Feststoffkonzentration 577
–, Konsistenz 577
Schlammalter 454, 464, 538
Schlammanfall in Teichen 504
Schlammbehandlung, mehrstufige 589
Schlammbelastung 459
Schlammbeseitigung 615
Schlammeindicker, Bemessung 603
Schlammenge als Bemessungsgrundlage 4
– und Schlammbeschaffenheit, Schlammliste 591
Schlammentwässerung 600
–, künstliche 608
Schlammfaulturm 584
Schlammfaulung 580
Schlammförderung 275
Schlammhebewerk 475
Schlammindex 451, 460
Schlamminhaltsstoffe 576
Schlammkompostierung 619
Schlammplätze 606
Schlammpolder 608
Schlammproduktion 541
Schlammräumsysteme 403
Schlammstabilisation, aerobe 578
–, aerob-thermophile 578
Schlammstabilisierung, duale biologische 597
Schlammteiche 608
Schlammtrichter 423
Schlammtrockenbeete 607

Schlammtrocknung 613
Schlamm-Umwälzheizung 587
Schlammverbrennung 614, 619
Schlammverwertung 615
Schlammvolumenbeschickung 413
Schlammwasser 576
–, Arten 600
Schleppspannung 109
Schmutzbeiwerte 8
–, Gewerbe und Industrie 6
Schmutzfrachten 412
Schmutzfracht-Methode 235, 237
Schmutzwasser, häusliches 1
–, Menge 2
Schmutzwasseranfall 3, 7
Schneckenhebewerk 273
Schnellfilter 559
Schnittkräfte 149
Schönungsteich 656
Schwebekörper-Verfahren 447
Schwellenlänge 246
Schweretrennung 602
Schwermetalle 331
Sedimentationsrate in Absetzräumen 248
Seen und Küstengewässer, Abwasser in 345
Seifenindustrie 696
Seitendruck 141
Seitenzulauf, Rohre 167
Sicherheitsbeiwerte 142, 143
Sicherheitsfaktor 143
Sickerweg 53
Siebe 367
Siebrechen 370
Simultanteich 498
Sinkgeschwindigkeit absetzbarer Teile 378
Spannungsermittlung, Berechnungsbeispiel 148
Spannungsnachweis 146
Spannungsumlagerungen im Boden 139
Speicherwirkung 30
Speicherzone 417
Spitzenabflußbeiwert 15, 21, 35
Stabilisierung, getrennte 660
Stabilisierungsgrad, Klärschlamm 580
Stabrechen 371
–, Berechnung 375
Stahlbetondruckrohre 172
Stahlbetonrohre 172
Stahlrohre 179
Stand der Technik 336
Stärkeherstellung 694
Stauprofile 383
Stauraumkanäle 234
Steilstrecken 204
Steinkohlenbergbau 684
Steinzeug 155
Steinzeug-Rohre 158
Stickstoff 320, 329
Stickstoffelimination, mehrstufige Kläranlagen 549
Stickstofftrennung, Phasen 520
Stoßfaktoren 537, 541, 662
Straßenabläufe 108, 213
Streichwehr 240, 242
Strippung, Abwasser 679
Strömungswalze 445
Stufenentwässerung 300, 308
Stundenabfluß 3
Substratatmung 327, 454
Summenlinie 26
Summenlinienverfahren 28
–, Flutplan 25
– mit Speicherwirkung 30
–, verbessertes 33
Systemschacht 228
Systemsteifigkeit 151

Tagesmittel 8
Tagesspitze 4, 9
Tauchbelüfter 480
Tauchkörper 73
Tauchkörperanlagen 633
Tauchkörperstufe 446
Tauchmotorpumpen 273
Tauchrohr 399
Tauchrührwerk 471
Technische Faulgrenze 593
Teiche, belüftete 650
– mit Belebungsanlagen 651
– – chemischer Fällung 651
– – Schlammrückführung 651
– – Tauchkörpern 651
– – Tropfkörpern 651
–, (*SBR*-Verfahren) 655
–, unbelüftete 649
– zur Nitrifikation und zur Denitrifikation 653
Teichanlage, Adsorptionsstufe 488
–, Mischwasser 650
–, Reaktionszonen 499
Teichkläranlagen 634, 649
Teichstufe 503
Teilentwässerung 55
Teilfüllung 29, 92
Teilfüllungskurven, weitere Profile 97
Teilreinigung 450
Teleskopschacht 310
Teller-Belüftung 461
Tenside 690
Textilindustrie 689, 698

Tiefsandfang 386
Tiefstrombelüftung 478
Tragfähigkeit 143
Tragfähigkeitsklasse 161
Tragfähigkeitsnachweis 143
Transportmodelle, hydrodynamische 46
Trennverfahren 76
–, thermische 678
–, Vor- und Nachteile 77
Trennzone 416
Trichterbecken 404, 483
Trinkwasserschutzgebiete 53
Trockenbeete 606
Trockenfiltration 561
Trockenwetterabfluß 8, 230
Trockenwetterkonzentration 232
Trockenwettermenge 7
Trockenwetterpumpen 78
Trommelfilter 610
Tropfkörper 73, 424
–, Abbaukurve 435
– bei zwei biologischen Reinigungsstufen 440
–, Berechnung von 426
–, denitrifizierende 550
–, Hauptmaße 433
–, Kontaktzeit 435
– mit Kunststoffüllung, Leistungsdiagramm 439
– und Tauchtropfkörper, Bemessungswerte 427
Tropfkörperanlage 632
–, Adsorptions- 441
Tropfkörperfüllstoffe 438
Tuchfilter 567
Turmbiologie 479

Überdeckungshöhe 133
Überdruckfilter 610
Überfahren von Leitungen 318
Überflutungshäufigkeit 16, 17
Überlaufbauwerk 241
Überlaufkanten 423
Überschreitungshäufigkeit bei Versickerung 54
Überschußschlamm 452
Überschußschlammproduktion 464, 537
Überstaufiltration 561
Überstauhäufigkeit 16
Überstauungshäufigkeit 251
Umlaufbecken 467
Umwälzung 467
Umweltverträglichkeitsprüfung 337
Unrundheit 180
Unterdruckentwässerung 304
Unterdruckfilter 609
Untergrundbeschaffenheit 52

Vakuumfilter 609
Vakuumstation 305, 307
Vakuumtrocknung 614
Vakuumverfahren 300, 305
–, Grundwasserabsenkung 211
Venturigerinne 384
Verästelungsnetz 104
Verbau, senkrechter 188
–, waagerechter 187
Verbauplatten 191, 193
Verbindungsbauwerke 222
Verbindungssystem 163
–, Muffenrohre 171
Verbundsystem mit pneumatischer Abwasserförderung 298
Verdampfer 679
Verdampferbauarten 680
Verdrängerpumpe 275
Verdunster 679
Verdunstung 18, 44
Verfahren, natürlich-biologische 494
Verformung, Berechnungsbeispiel 153
Verformungsbeiwerte 142
Verformungsmoduln des Bodens 141
Verformungsnachweis 151
Vergleichsschlammvolumen 413
Verkehrslasten 134
–, Überdeckungshöhen, LKW12 137
–, –, SLW30 136
–, –, SLW60 135
Verlusthöhen 267
Versickerung 18, 19, 44
–, dezentrale 22
–, –, von Niederschlagswasser 49
–, hydraulische Grundlagen 53
– von nicht schädlich verunreinigtem Niederschlagswasser in Grundwasserschutzzonen 52
Versickerungsmulden 49
Verteilerturm 431
Vertikalrührwerk 471
Verzinsung 363
Viehzuchtabwässer 697
Vollfüllung 30
Vollreinigung 450
Vorfluter, Selbstreinigung 339
Vorpreßverfahren 200
Vortriebsrohre, Steinzeug 160
Vortriebsverfahren 197, 201

Wälzrohr-Reaktor 678
Wandrauheit 157, 165
Wärmerückgewinnung 599
Wasserdichtheit 165

Wasserdruckprüfung 197
Wasserhaltung, offene 210
Wasserrechtlicher Bescheid 336
Wasserschlag 293
Wasserverbrauch 2, 5, 8
–, Gewerbe und Industrie 6
Weinbauindustrie 693
Werkstoffkennwerte der Rohre 141
Widerstandsbeiwerte 285
Wirbelbettreaktor 678
Wirbelradpumpen 273
Wirbelschichtofen 620

Zeitabflußfaktor 18, 37
–, Listenrechnung 40
–, Tafel 39
Zeitbeiwert 12, 13
Zeitbeiwertverfahren 34, 37
Zellenfilter 568
Zentrifugen 611
Zerkleinerungspumpen 303
Zuckerwerke 693
Zusatzstoffe, biologische 574
Zweikanalrad 270
Zweipunktfällung 510